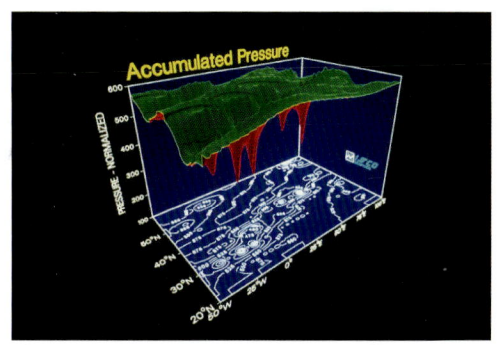

彩图 1　在地平面上绘制二维等高线投影，上面用曲面形式绘制高度场（美国加州圣迭戈 ISSCO Graphics 公司提供）

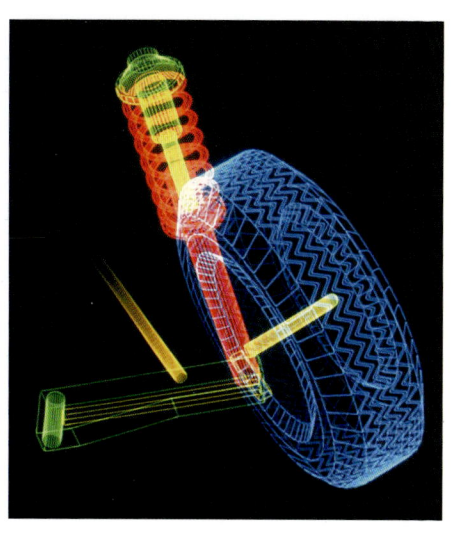

彩图 2　汽车轮胎安装的彩色线框图显示（Evans & Sutherland 公司提供）

(a)

(b)

彩图 3　建筑设计的三维绘制：(a) 一座住宅关于结构问题的剖切模型（Dorling Kindersley 提供）；(b) 一座现代豪华住宅的外观（Zastol'skiy Victor Leonidovich/Shutterstock 提供）

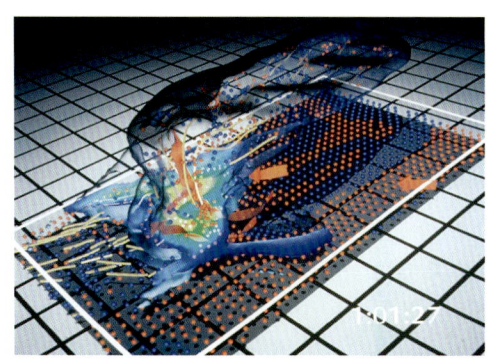

彩图 4　雷暴雨内部气流的数值模型［美国国家超级计算应用中心（NCSA）和伊利诺伊大学理事会提供］

彩图 5　虚拟现实环境 CAVE 中科学家与分子结构的立体图进行交互（NCSA 和伊利诺伊大学理事会提供）

彩图 6　Time Arts 公司的 John Derry 用无线压感触笔和 Lumena gouache-brush 软件创作的电子水彩画（John Derry 提供，经授权后重新印制）

彩图 7　NASA 控制塔模拟器的 360°观察系统，名为 FutureFlight Central Facility（SGI 公司提供）

彩图 8　展示在半圆屏幕上的地球物理可视化，水平范围 160°，垂直范围 40°（SGI 公司提供）

彩图 9 通过透视投影、光照效果和选择表面特征生成的真实感房间显示（加州理工学院 John Snyder、Jed Lengyel、Devendra Kalra 和 Al Barr 提供，© 1992 Caltech）

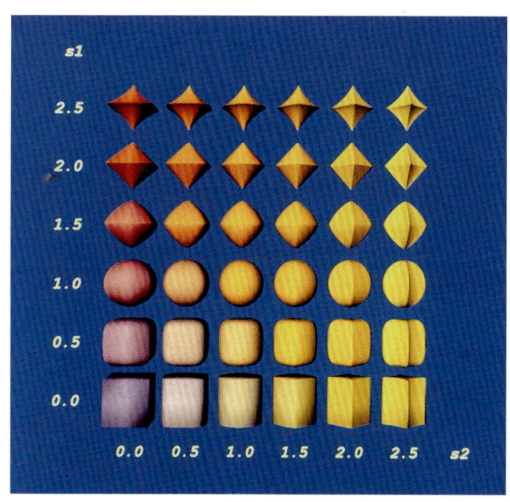

彩图 10 $r_x = r_y = r_z$ 且参数值 s_1 和 s_2 的范围从 0.0 到 2.5 的超椭球面形状

(a)

(b)

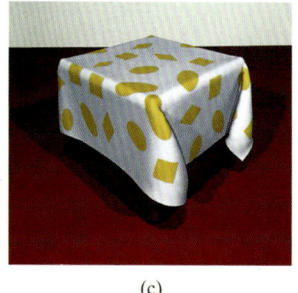
(c)

彩图 11 使用能量函数最小化模拟(a)棉、(b)毛、(c)塑料的特征（Rensselaer 工业学院设计研究中心 David E. Breen 和 Donald H. House 提供）

(a) (b) (c) (d)

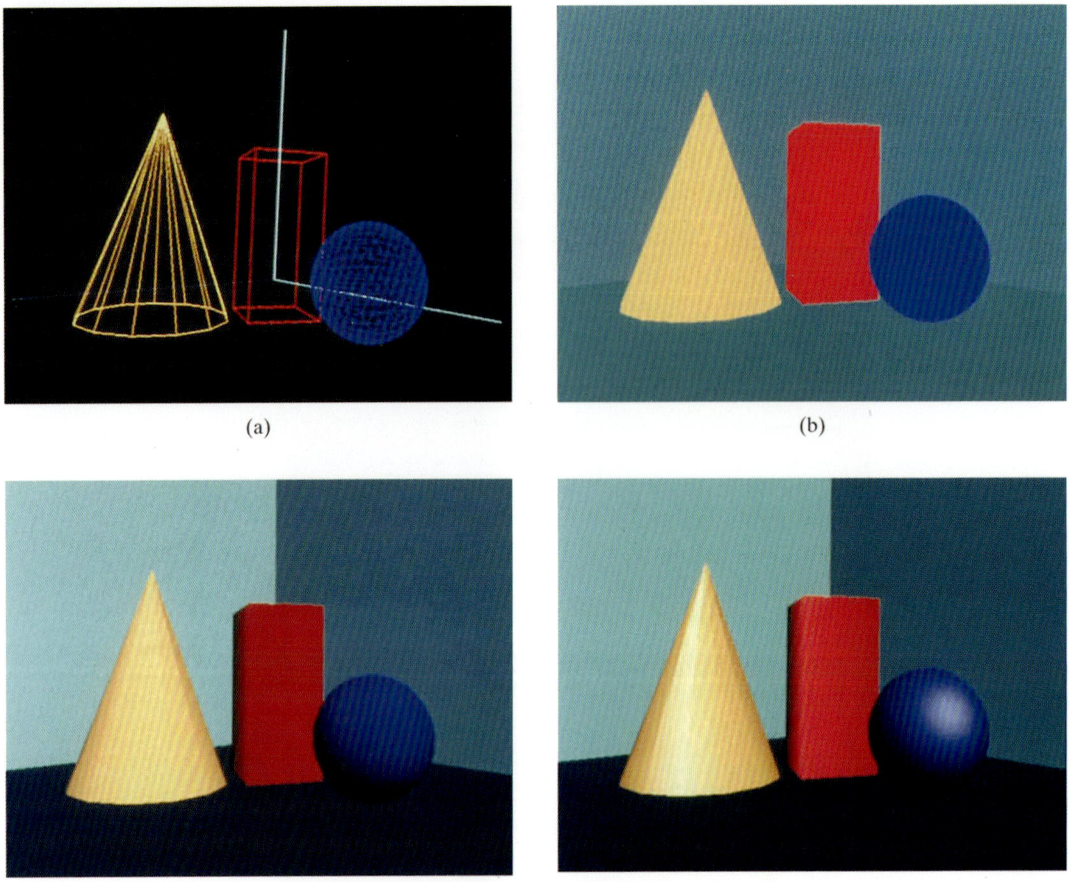

彩图 12　(a) 中为一场景的线框图；(b) 中只考虑环境光效果，使用不同颜色来表示每个物体的不同的表面；(c) 中的光照效果考虑了从单个点光源产生的（设置表面 k_s=0）环境光和漫反射；(d) 中的光照效果是在单个点光源场景中同时考虑环境光、漫反射和镜面反射的结果

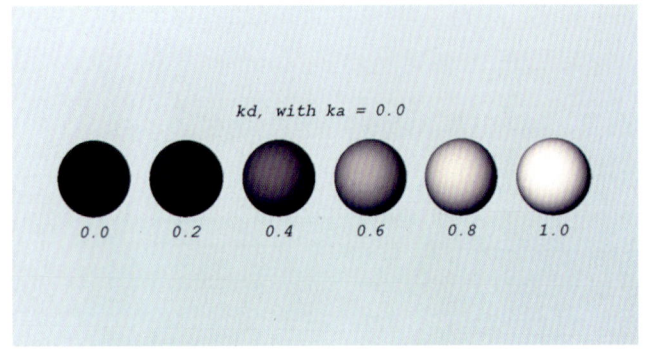

彩图 13　漫反射系数 k_d 介于 0.0 和 1.0 之间时球面在单个点光源照明下产生的漫反射

彩图 14 一个黑色尼龙坐垫表面的光线反射,它选用织布材质,并由 Monte-Carlo 光线跟踪法绘制而成(康奈尔大学计算机图形学项目组 Stephen H.Westin 提供)

彩图 15 一个茶壶的光线反射,其反射参数设置为模拟磨光的铝表面,采用 Monte-Carlo 光线跟踪法绘制而成(康奈尔大学计算机图形学项目组 Stephen H.Westin 提供)

彩图 16 长号的光线反射,其反射参数设置为模拟光滑黄铜表面(SOFTIMAGE 公司提供)

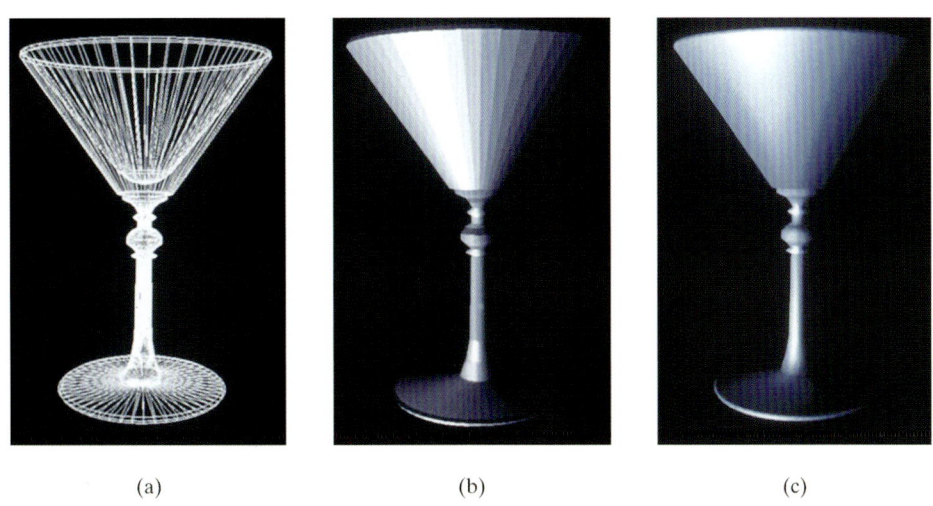

(a) (b) (c)

彩图 17 (a)一个对象的多边形网格近似;(b)平面明暗处理;(c)Gouraud 表面绘制

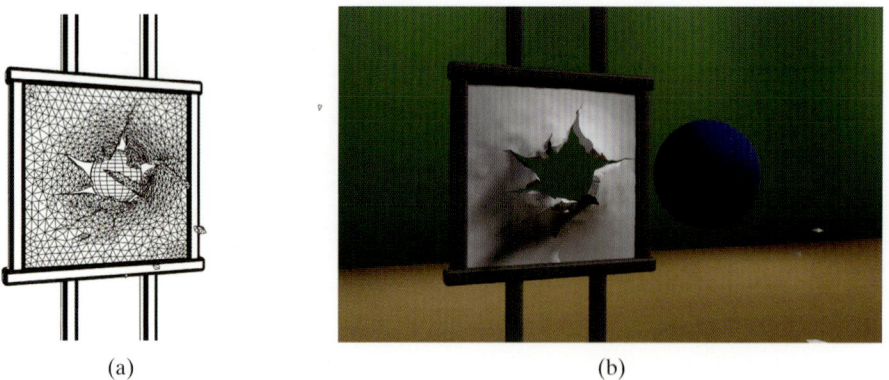

彩图 18 对一个方形板被一个钢弹击中的效果进行仿真时的建模和渲染阶段：(a)场景的线框图；(b)最终的渲染效果(James F. O'Brien 提供)

彩图 19 展示用计算机图形学为各种对象生成表面细节的场景：(a)带有刺和花的仙人掌(Calgary 大学 Deborah R. Fowler、Przemyslaw Prusinkiewicz 和 Johannes Battjes 提供)；(b)有各种图案和凹槽表面的海洋贝壳(Calgary 大学 Deborah R. Fowler、Hans Meinhardt 和 Przemyslaw Prusinkiewicz 提供)；(c)满桌水果(SOFTIMAGE 公司提供)；(d)用纹理映射方法生成的棋子和棋盘的表面图案(SOFTIMAGE 公司提供)

彩图 20　一个使用实体纹理方法的对象特征建模的场景(犹他大学计算机科学系 Peter Shirley 提供)

彩图 21　使用凹凸映射方法绘制表面粗糙的物体 [(a)和(b)分别由犹他大学计算机科学系 Peter Shirley 与 SOFTIMAGE 公司提供]

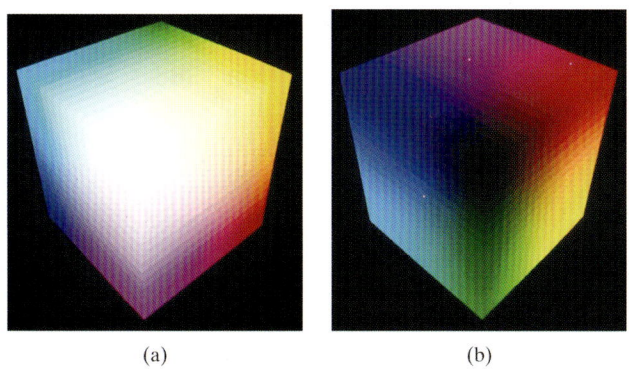

彩图 22　RGB 颜色立方体的视图：(a)从白到黑的灰度对角线；(b)从黑到白的灰度对角线

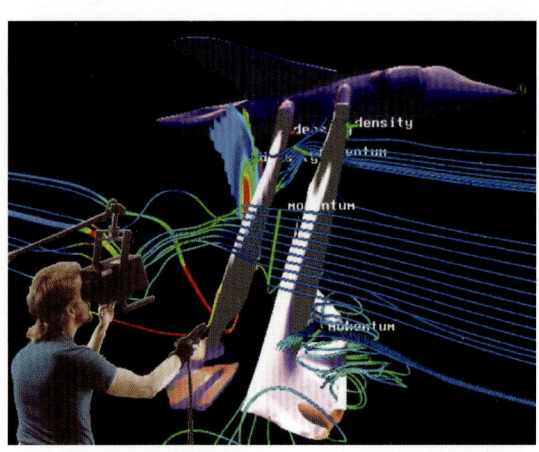

彩图 23　展示艺术家绘画软件的一种界面的
　　　　屏幕布局(Thomson Digital Image 提供)

彩图 24　使用称为 BOOM(Fake Space 实验室)的立体显
　　　　示器和数据手套(VPL 公司)，研究人员交互地操
　　　　纵 Harrier 喷气式飞机四周的不稳定气流中的探
　　　　针。软件由 Steve Bryson 开发，数据由 Harrier
　　　　提供(NASA Ames 研究中心 Sam Uselton 提供)

彩图 25　一个被光线跟踪的场景，显示由物体表面生成的
　　　　全局反射和透射效果(Evans & Sutherland 提供)

彩图 26　由 7381 个球面和 3 个光源绘制而
　　　　成的 Sphereflake(Eric Haines 3D
　　　　公司提供，经授权后重新印制)

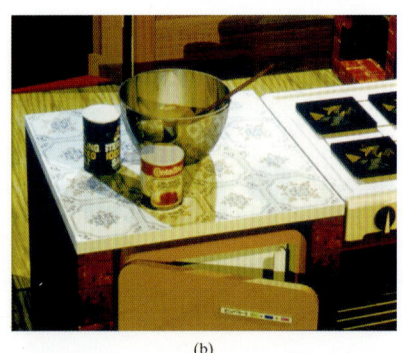

(a)　　　　　　　　　　　　　(b)

彩图 27　一个由 5 个光源照明的室内场景。(a)用光线跟踪与光线缓存技术来处理阴影光线，
　　　　(b)为(a)中的部分室内场景以表示全局光照效果。室内场景由 1298 个多边形、4 个
　　　　球、76 个圆柱体和 35 个四面体建模生成，在 DEC VAX 11/780 上的绘制时间为 246 分
　　　　钟，而不使用光线缓存则需 602 分钟(Eric Haines 提供，经授权后重新印制)

8

彩图 28　结合光线跟踪和辐射度方法生成的场景的聚焦、反走样及光照效果，真实感的物理光照模型用于生成包括酒瓶阴影中的液体的折射效果（犹他大学计算机科学系 Peter Shirley 提供）

彩图 29　John Wallace 与 John Lin 使用 Hewlett-Packard Starbase Radiosity & Ray Tracing 软件，采用逐步求精辐射度方法绘制出来的 Chartres 大教堂的正厅，其中辐射度形状因子由光线跟踪技术计算出来（Autodesk 公司 John Wallace 提供，经授权后重新印制）

彩图 30　使用逐步求精辐射度方法绘制的建构主义博物馆场景（康奈尔大学计算机图形学项目，Shenchang Eric Chen、Stuart I. Feldman 和 Julie Dorsey 提供，经授权后重新印制）

彩图 31　使用逐步求精辐射度方法模拟康奈尔大学的工程理论中心大楼里的楼梯（康奈尔大学计算机图形学项目，Keith Howie 和 Ben Trumbore 提供，经授权后重新印制）

彩图 32 用 GLSL 着色器实现 Phong 绘制的例子。每个球体有自己的材质参数，场景用单个白色的方向光源照明

彩图 33 将地球表面纹理映射到一个方形区域的结果（地球表面图案由 James Hastings-Trew 提供）

彩图 34 将地球表面纹理映射到一个球体表面的结果（地球表面图案由 James Hastings-Trew 提供）

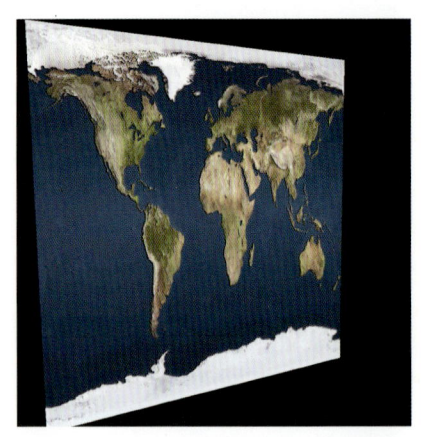

彩图 35 地球表面纹理的凹凸映射效果，原图案的颜色信息用来控制表面法向量的变化（地球表面图案由 James Hastings-Trew 提供）

彩图 36 使用多个物体来模拟一场景，分形叶附在一棵树上，几棵树形成树丛。草丛用多个绿色锥体来模拟（John C. Hart 提供，经授权后重新印刷）

彩图 37　分形树林由叶、松针、草地和树茎等多个物体模拟生成 (John C. Hart 提供，经授权后重新印制)

彩图 38　使用分形布朗运动模拟的地面特征变化 [(a) 由 R. V. Voss 和 B. B. Mandelbrot 提供；(b) 和 (c) 由耶鲁大学数学和计算机科学系 Ken Musgrave 与 Benoit B. Mandelbrot 提供]

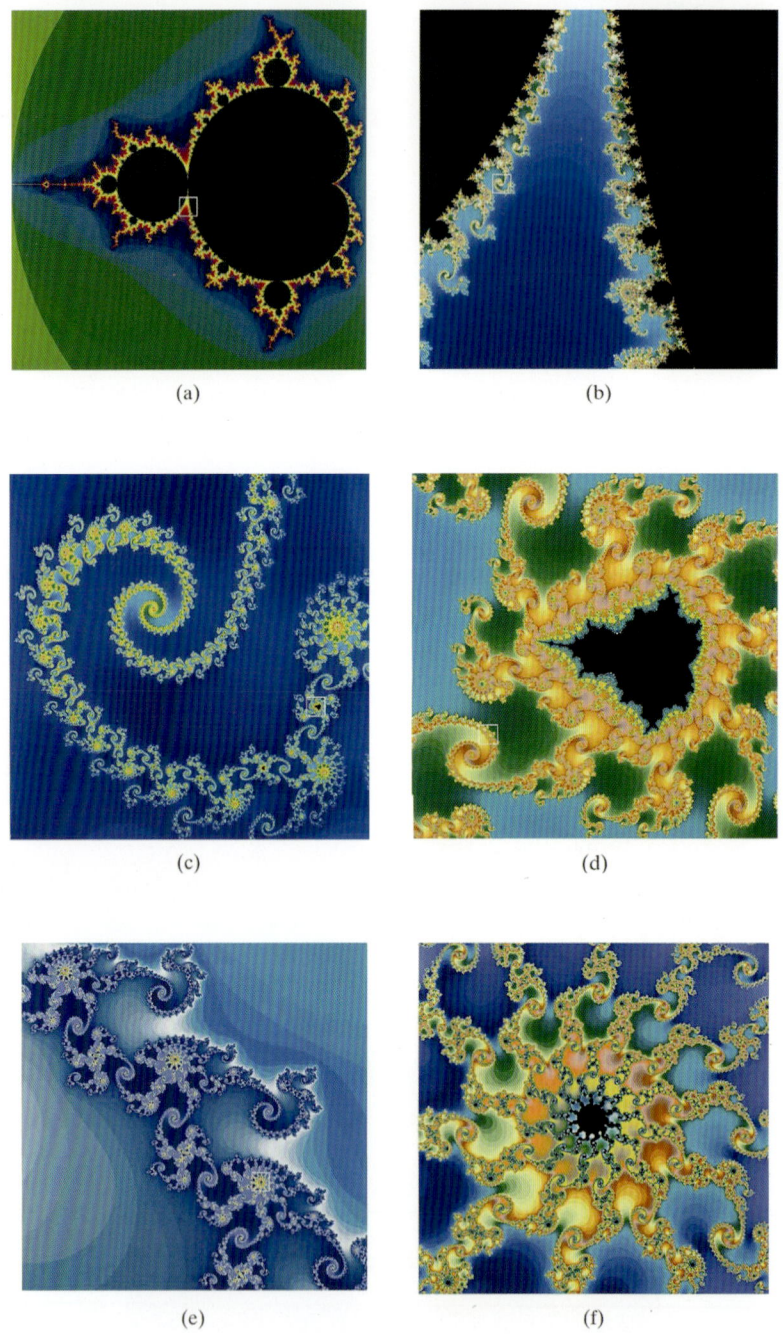

彩图 39　按变换(23.11)绘制的分形边界的放大显示。从 Mandelbrot 集的一个显示开始，对于(a)中的黑色区域及其周围区域，放大选定边界区域(b)到(f)。白色方框表示选定的下一个要放大的窗口(Brian Evans 版权所有，经授权后重新印制)

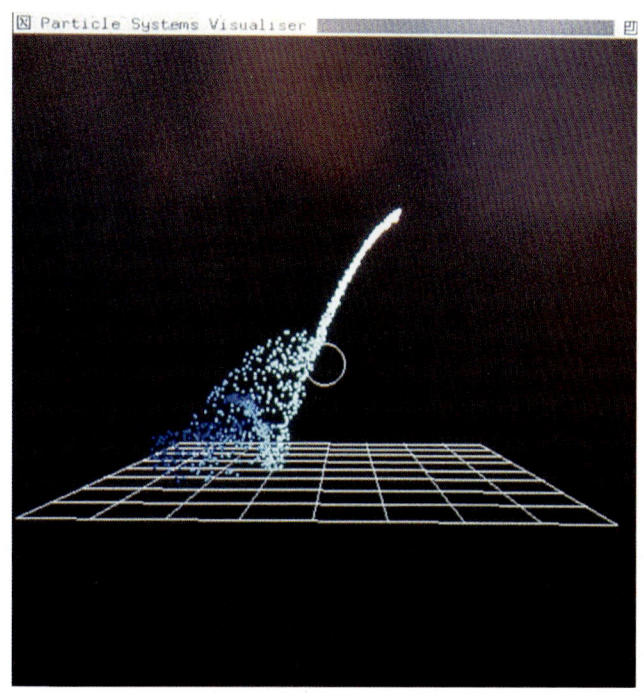

彩图 40　瀑布撞击一石头(圆形)的效果模拟。水流被石头阻挡，然后散落到地面(Toby Howard 提供，经授权后重新印制)

彩图 41　标题为 Road to Point Reyes 的一个场景，显示了用粒子系统建模的草丛、分形山和纹理映射后的表面(Pixar 提供，© 1983 Pixar)

彩图 42　使用 TDI-AMAP 软件包生成的真实场景，由超过 100 种的各种树和植物组成，使用了基于植物学法则的程序（Thomson Digital Image 提供）

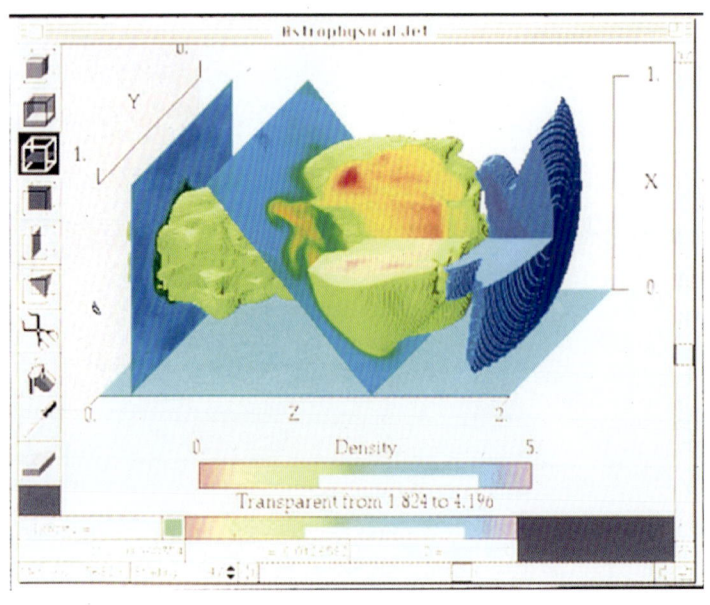

彩图 43　三维数据集的剖面部分（Spyglass 公司提供）

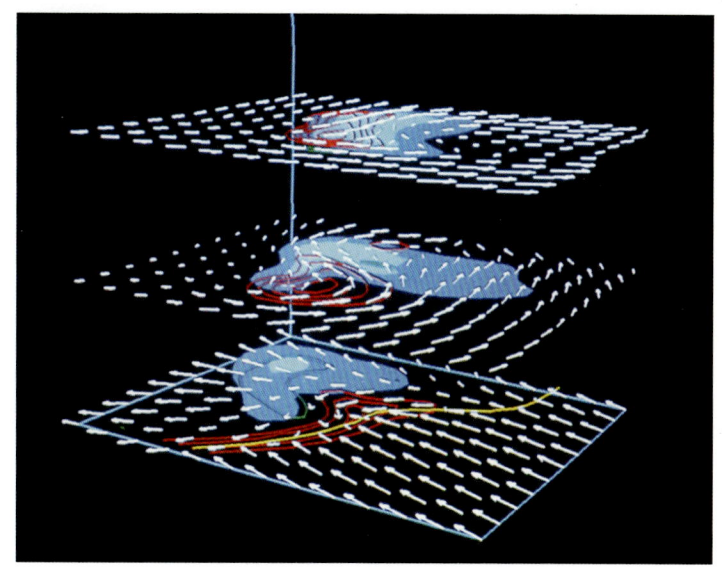

彩图 44 在剖面上的向量域的箭头表示
(NCSA 和伊利诺伊大学理事会提供)

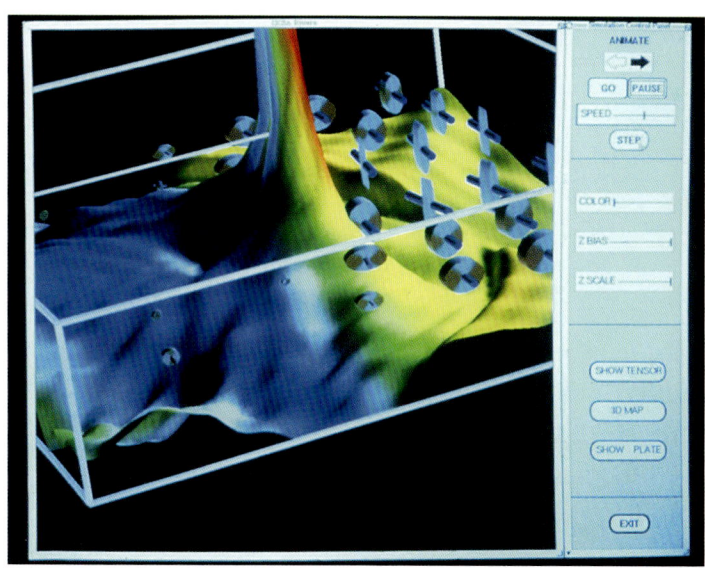

彩图 45 利用椭圆及在受力物质表面上的椭圆盘来表示应力
和应变张量(NCSA 和伊利诺伊大学理事会提供)

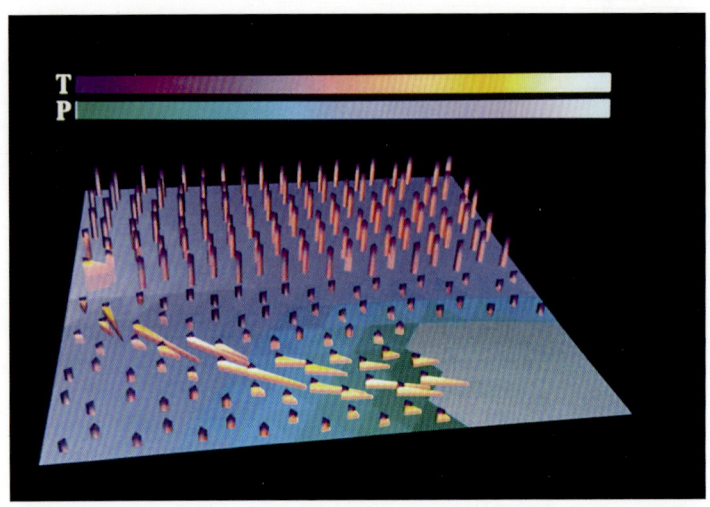

彩图 46　使用点符的时变型多变量数据域的可视化（动画中的一帧）。点符的楔形部分指示了向量在每一点的方向（NCSA 和伊利诺伊大学理事会提供）

国外计算机科学教材系列

计算机图形学
（第四版）

Computer Graphics with OpenGL

Fourth Edition

［美］ Donald Hearn
M. Pauline Baker 著
Warren R. Carithers

蔡士杰　杨若瑜　译

电子工业出版社
Publishing House of Electronics Industry
北京·BEIJING

内 容 简 介

本书是一本内容丰富、取材新颖的计算机图形学著作，在其前一版的基础上进行了全面扩充，增加了许多新的内容，覆盖了计算机图形学的相关发展和成就。全书层次分明、重点突出，并附有使用OpenGL编写的大量程序及各种效果图，是一本难得的优秀教材。全书分为24章，全面系统地讲解了计算机图形学的基本概念和相关技术。作者首先对计算机图形学进行了综述；然后讲解了二维图形的对象表示、算法和应用，以及三维图形的相关技术、建模和变换等；接着介绍了光照模型、颜色模型和动画技术；最后还介绍了计算机图形学中用到的基本数学概念、图形文件格式及OpenGL的相关内容。

本书可作为信息技术等相关专业本科生和研究生的教材或参考书，也可作为计算机图形学技术人员的参考资料。

Authorized Translation from English language edition, entitled Computer Graphics with OpenGL, Fourth Edition by Donald Hearn, M. Pauline Baker, and Warren R. Carithers, published by Pearson Education, Inc., Copyright © 2011 by Pearson Education, Inc.

All rights reserved. No part of this book may be reproduced or transmitted in any form or by any means, electronic or mechanical, including photocopying, recording or by any information storage retrieval system, without permission from Pearson Education, Inc.

CHINESE SIMPLIFIED language edition published by PUBLISHING HOUSE OF ELECTRONICS INDUSTRY CO., LTD., Copyright © 2023.

本书中文简体字版专有出版权由Pearson Education（培生教育出版集团）授予电子工业出版社。未经出版者预先书面许可，不得以任何方式复制或抄袭本书的任何部分。

本书贴有Pearson Education（培生教育出版集团）激光防伪标签，无标签者不得销售。

版权贸易合同登记号　图字：01-2011-3684

图书在版编目(CIP)数据

计算机图形学：第四版/（美）唐纳德·赫恩（Donald Hearn），（美）M. 波林·巴克（M. Pauline Baker），（美）沃伦·R. 卡里瑟斯（Warren R. Carithers）著；蔡士杰，杨若瑜译. —北京：电子工业出版社，2023.1
书名原文：Computer Graphics with OpenGL, Fourth Edition
国外计算机科学教材系列
ISBN 978-7-121-43950-6

Ⅰ. ①计⋯　Ⅱ. ①唐⋯ ②M⋯ ③沃⋯ ④蔡⋯ ⑤杨⋯　Ⅲ. ①计算机图形学－高等学校－教材
Ⅳ. ①TP391.411

中国版本图书馆CIP数据核字（2022）第119256号

责任编辑：冯小贝
印　　刷：三河市鑫金马印装有限公司
装　　订：三河市鑫金马印装有限公司
出版发行：电子工业出版社
　　　　　北京市海淀区万寿路173信箱　邮编　100036
开　　本：787×1092　1/16　印张：38.5　字数：1333千字　彩插：8
版　　次：2002年5月第1版（原著第2版）
　　　　　2023年1月第3版（原著第4版）
印　　次：2023年12月第2次印刷
定　　价：139.00元

凡所购买电子工业出版社图书有缺损问题，请向购买书店调换。若书店售缺，请与本社发行部联系，联系及邮购电话：(010)88254888，88258888。
质量投诉请发邮件至zlts@phei.com.cn，盗版侵权举报请发邮件至dbqq@phei.com.cn。
本书咨询联系方式：fengxiaobei@phei.com.cn。

译　者　序

　　交互式计算机图形学的飞速发展令人兴奋，其广泛的应用使科学、艺术、工程、商务、工业、医药、政府、娱乐、广告、教学、培训和家庭等各领域均获得巨大收益。由 Donald Hearn 和 M. Pauline Baker 合著的 *Computer Graphics* 初版于 1986 年，在 1994 年进行了部分修改，1997 年两位作者又将其重写，推出了第二版。2004 年，两位作者再次对本书第二版进行了大幅度的修改，推出了第三版。本书第二版和第三版的中文翻译版深受广大读者的欢迎。作者在总结多年教学实践的基础上，对第三版再次进行了从内容到练习题的全面扩充，覆盖了计算机图形学的最新进展，并对主题顺序进行了更加合理的组织，推出了现在的第四版。

　　为了适应计算机图形学的发展并促进其应用，几乎所有的高等院校均已开设了计算机图形学课程，人们都希望有更好的计算机图形学教材。基于对本书不断修改、越来越完善的认同，我们继续把本书第四版介绍给国内读者，希望能对计算机图形学的教学、研究与应用起到积极的作用。本书由蔡士杰和杨若瑜共同翻译。蔡士杰翻译了第 1 章～第 13 章，杨若瑜翻译了其余部分。由于译者的水平有限，书中难免出现错误和不妥之处，敬请读者不吝赐教。

前　言[1]

　　计算机图形学是快速增长的现代技术之一。自本书第一版出版以来，使用计算机图形学技术已成为应用软件和普通计算机系统的标准特性。计算机图形学方法已被应用到许多产品的设计之中，如用于仿真、音乐视频和电视广告的制作、数据分析、科学研究、医疗等领域。这些应用领域使用了大量的现代技术和硬件设备或正在研发新的技术和硬件设备。如今的计算机图形学研究重点仍在于增强有效性、现实性和图片生成的速度方面。这些领域的复杂材质（如头发、布料）和液压传动研究的现实渲染，以及图像处理、动画和表面表示，仍是研究人员关注的焦点。高级图形硬件作为一种商品，其可用性意味着任何计算机实际上都可以生成高质量的图像，并且可编程图形处理单元的使用已经成为人们日益关注的研究领域。

第四版的新特性

　　过去几年授课用的各种讲义已添加到本书第四版中，包括计算机图形学导论、高级计算机图形学、科学可视化、专题和项目课程的相关内容。

- 罗切斯特理工大学的 Warren R. Carithers 教授加入了本书的编写工作。
- 新增了通过 OpenGL Shading Language（GLSL）介绍可编程着色器的一章。
- 给出了关于 OpenGL 演化的内容，并简要介绍了 OpenGL 3.x 和 4.x 的不同，以及 GPU 体系结构的过去、现在与将来。
- 解释了在非 C 和 C++ 语言（如 Java 和 Python 语言）中使用 OpenGL 的方法。
- 将图元和属性的实现算法组织到单独的一章中。
- 将光照模型、纹理映射和全局光照的内容重新组织到更为紧凑的几章中。
- 更早地探讨了分层建模和动画的内容。
- 重新组织了关于三维对象表示的内容。
- 重新组织了关于二维和三维变换及观察的内容。
- 更新了 150 道练习题。

灵活的主题顺序

　　讲授计算机图形学导论课程要使用许多方法和主题，我们重新组织了许多章节的内容和顺序，以便更灵活地呈现各个主题。从本书结构来看，图元和属性的实现算法已经组合为单独的一章，而涉及许多主题的较大章节则拆分为几个更小的章节，以便重点探讨各个主题的内容。

150 道更新的练习题和新增习题集

　　与前一版相比，第四版更新了 150 道练习题，并在大部分章的练习题部分新增了名为"附加综合题"的一组习题集。这些练习题衔接了各章的内容，允许学生以一种高级方式来开发 OpenGL 程序。

---

[1] 中文翻译版的一些字体、正斜体、图示等沿用了英文原版的写作风格，特此说明。

OpenGL 的变化

在使用可编程 GPU 的情形下，许多图形 API（包括 OpenGL）正在转为使用可编程着色器来对强大的硬件提供直接访问。相应地，书中也添加了相关的内容，这些内容以一种灵活的方式呈现。本书新增了一个附录来专门介绍 OpenGL 的演化、OpenGL 在非 C 和 C++ 语言中的使用、GPU 的性能等。自本书前一版出版以来，OpenGL 的性能已经在很大程度上得到了改善。那时，OpenGL 推出仅十多年，并且刚发布的版本为 OpenGL 1.5。尽管那时 OpenGL 的功能已经很强大，但仍是使用原始的定点函数流水线模型实现的。自那以后，OpenGL 的内部组成得到了很大提升，可以更好地使用当前的图形硬件；这些提升进而导致了 OpenGL API 的重要变化。

在准备本书的这一版时，我们讨论过是否需要完全修订关于 OpenGL 及 API 的内容。经过与教师的仔细探讨及沟通，我们决定在这一版中继续使用最初的接口和例子，原因如下：

- 本书提供的只是 OpenGL 的简单介绍，并且最初的 API 对于选修图形学课程的学生来说更易于掌握。
- 在现在及可以预见的将来，仍存在大量使用最初的 API 的原有 OpenGL 代码。
- OpenGL 的最新版本仍以一种兼容的方式支持最初的 API。
- 对于几种流行的操作系统，唯一可用的 OpenGL 实现仅支持最初的 API。

关于封面

英文原版书的封面图像是一块方形板被钢弹击中时破裂的静态仿真画面。这一仿真是使用有限元代码计算的，有限元代码动态地重构了仿真过程中的网格。重新划分网格也调整了仿真网格的分辨率，因此足以解决破裂这一复杂的物理效果。这一方法的详细描述请参阅 Martin Wicke、Daniel Ritchie、Bryan M. Klingner、Sebastian Burke、Jonathan R. Shewchuk 和 James F. O'Brien 于 2010 年 7 月在学报 ACMSIGGRAPH 上发表的文章"Dynamic Local Remeshing for Elastoplastic Simulation"。

编程示例

第四版中提供了 20 多个完整的 C++ 程序，这些程序使用了 OpenGL、GLU 和 GLUT 库文件。这些程序演示了基本的构图技术、二维和三维几何变换、二维和三维观察方法、透视投影、样条生成、分形方法、交互式鼠标输入、拾取操作、菜单和子菜单显示及动画技术的应用。此外，本书给出了 100 多个 C++/OpenGL 程序段，演示了剪切、光照效果、表面渲染、纹理映射、可编程着色和许多其他计算机图形学方法的算法实现。

先修课程要求

我们假定读者之前并不了解计算机图形学，但要求读者具备计算机编程能力和基本的数据结构知识（如数组、指针链表、文件和记录等）。在计算机图形学算法中，使用了许多数学方法，在附录 A 中给出了它们的详细描述。附录 A 中包含的数学主题有解析几何、线性代数、向量和张量分析、复数、四元数、基本积分学和数值分析等。第四版既可作为之前无计算机图形学背景的学生的教材,也可作为专业人士的参考书。本书的重点在于设计、使用和理解计算机图形系统时所需的基本原理,并且提供了大量的示例程序来演示每个主题的方法与应用。

课程教学建议

一学期或两学期课程

对于一学期课程,可根据课程设置的要求,选择讲授关于二维方法的主题,或组合讲授二维与三维方法的主题。对于两学期课程,可先在第一学期介绍基本的图形学概念与算法,然后在第二学期介绍高级的三维方法。

对于本科生的计算机图形学导论课程,可选择讲授第2章至第10章及第17章至第20章的内容。从这些章节中,仅选择关于二维或三维(或二维和三维的组合)方法的小节,以及关于光照和颜色的部分内容。另外一些主题,如分形表示、样条曲线、纹理映射或深度缓存,可在第一次计算机图形学课程中介绍。

对于研究生导论性课程或高年级本科生课程,则要将重点放在三维观察、三维建模、光照模型和表面渲染方法上。但一般来说,两学期课程可以更好地覆盖二维和三维计算机图形学方法的基础知识,包括样条表示、表面渲染和光线跟踪等。

对于具备基本计算机图形学知识的学生,可以在一两个领域开设专题课程,如可视化技术、分形几何、光线跟踪、辐射度和计算机动画。

自学者

对于自学者,可先学习前面的几章来了解图形学的基本概念,然后从后面的几章中选学相关的主题。

章节内容

第1章通过研究人们使用图形软件包生成的各类图片来说明计算机图形学应用的多样性。第2章给出计算机图形学的基本术语,并简单介绍图形系统的硬件和软件组成。第3章详细介绍OpenGL,并给出一个完整的OpenGL示例程序。第4章至第6章介绍简单对象表示与显示的基本方法,并探讨生成基本图片成分(如多边形和圆)的方法,以及设置对象颜色、大小和其他属性的方法。第4章和第5章介绍这些主题并探讨它们在OpenGL中的使用;第6章介绍绘制图元并修改属性的底层算法。第7章和第8章讨论在二维场景中实现几何变换(如旋转和缩放)和观察变换的算法;第9章和第10章讨论在三维场景中实现几何变换和观察变换的算法。第11章介绍复杂系统的分层建模方法。第12章介绍计算机动画技术。第13章、第14章和第15章讨论复杂对象(如二次曲面、样条和实心几何体)的显示方法。第16章介绍在三维场景中识别可视对象的各种计算机图形学技术。第17章介绍光照模型和对场景应用光照条件的方法。第18章介绍表示表面细节的纹理与方法。第19章介绍计算机图形学中的各种颜色模型和设计颜色时考虑的因素。第20章介绍交互式图形输入和设计图形用户界面的方法。第21章介绍与全局光照相关的概念。第22章介绍可编程着色器。第23章介绍分形、粒子系统和其他建模技术。第24章讨论数据集可视化。

教学资源[①]

本书提供以下教学资源：

- 习题解答手册。
- 源代码。
- 插图幻灯片。

致谢

过去几年来，许多人以各种方式对本书做出了贡献。

对于提供照片和其他内容的组织与个人，我们表示衷心的感谢。还要感谢参加各种计算机图形学和可视化课程的学生所提供的意见。感谢那些为本书内容提供建议、意见的专家，也向未能采用其建议与意见的专家表示歉意。

感谢 Ed Angel、Norman Badler、Phillip Barry、Brian Barsky、Hedley Bond、Bart Braden、Lara Burton、Robert Burton、Greg Chwelos、John Cross、Steve Cunningham、John DeCatrel、Victor Duvaneko、Gary Eerkes、Parris Egbert、Tony Faustini、Thomas Foley、Thomas Frank、Don Gillies、Andrew Glassner、Jack Goldfeather、Georges Grinstein、Eric Haines、Robert Herbst、Larry Hodges、Carol Hubbard、Eng-Kiat Koh、Mike Krogh、Michael Laszlo、Suzanne Lea、Michael May、Nelson Max、David McAllister、Jeffrey McConnell、Gary McDonald、C. L. Morgan、Greg Nielson、James Oliver、Lee-Hian Quek、Laurence Rainville、Paul Ross、David Salomon、Günther Schrack、Steven Shafer、Cliff Shaffer、Pete Shirley、Carol Smith、Stephanie Smullen、Jeff Spears、William Taffe、Wai Wan Tsang、Spencer Thomas、Sam Uselton、David Wen、Bill Wicker、Andrew Woo、Angelo Yfantis、Marek Zaremba 和 Michael Zyda。

特别感谢为本书提供相关内容的专家，包括 Rosario Leonardi（PERCRO Scuola Superiore Sant'Anna）、Paul Nagin（Chimborazo Publishing, Inc.）、James O'Brien（University of California, Berkeley）、Emanuele Ruffaldi（PERCRO Scuola Superiore Sant'Anna）和 Graham Sellers（Advanced Micro Devices, Inc.）。

还要感谢我们的评审专家 Emmanuel Agu（Worcester Polytechnic Institute）、Ye Duan（University of Missouri, Columbia）、John Hart（University of Illinois）、Jong Kwan Lee（Bowling Green State University）、Stephen Mann（University of Waterloo）、Timothy Newman（University of Alabama, Huntsville）、Amar Raheja（California State Polytechnic Institute, Pomona）、Adrian Rusu（Rowan University）、Jergen Schulze（University of California, San Diego）、Soon Tee Teoh（San Jose State University）、Iren Valova（University of Massachusettes, Dartmouth）、Stephen Wismath（University of Lethbridge）和 Dana Wortman（University of Colorado, Colorado Springs）。

最后，感谢本书的编辑出版团队，他们是 Tracy Dunkelberger、Melinda Haggerty、Marilyn Lloyd 和 Martha Wetherill，感谢他们在第四版的出版过程中所给予的帮助与建议。

[①] 申请方式请参见目录后的教辅申请表。

关于作者

Donald Hearn 从 1985 年开始任教于美国伊利诺伊大学 Urbana-Champaigh 分校的计算机科学系。Hearn 博士担任过多门课程的教学工作，包括计算机图形学、科学计算可视化、计算科学、数学和应用科学等。他还指导过多个研究项目并在相关领域发表了许多学术论文。

M. Pauline Baker 是美国印第安纳大学-普度大学 Indianapolis 联合分校（IUPUI）信息学院的教授。Baker 教授主持印第安纳大学可视化和交互空间渗透技术实验室的相关工作，也是伊利诺伊大学美国国家超级计算应用中心（NCSA）的主任。Baker 教授在康奈尔大学获得心理学学士学位，在 Syracuse 大学获得教育学硕士学位，并在伊利诺伊大学获得计算机科学博士学位。

Warren R. Carithers 于 1981 年加入美国罗切斯特理工大学计算机科学系。除了担任多个院系计算机图形学课程的授课，Carithers 教授还讲授其他领域的课程，包括操作系统、计算机体系结构与组织、系统软件、编程语言设计和计算机安全等。

目 录

第1章 计算机图形学综述 ··· 1
- 1.1 图和表 ··· 1
- 1.2 计算机辅助设计 ··· 1
- 1.3 虚拟现实环境 ··· 2
- 1.4 数据可视化 ··· 3
- 1.5 教学与培训 ··· 3
- 1.6 计算机艺术 ··· 3
- 1.7 娱乐 ··· 4
- 1.8 图像处理 ··· 4
- 1.9 图形用户界面 ··· 5
- 1.10 小结 ··· 5
- 参考文献 ··· 5

第2章 计算机图形硬件 ··· 6
- 2.1 视频显示设备 ··· 6
- 2.2 光栅扫描系统 ··· 14
- 2.3 图形工作站和观察系统 ··· 17
- 2.4 输入设备 ··· 18
- 2.5 硬拷贝设备 ··· 21
- 2.6 图形网络 ··· 22
- 2.7 因特网上的图形 ··· 22
- 2.8 小结 ··· 23
- 参考文献 ··· 23
- 练习题 ··· 23
- 附加综合题 ··· 24

第3章 计算机图形软件 ··· 26
- 3.1 坐标表示 ··· 26
- 3.2 图形功能 ··· 27
- 3.3 软件标准 ··· 28
- 3.4 其他图形软件包 ··· 28
- 3.5 OpenGL 简介 ··· 29
- 3.6 小结 ··· 35
- 参考文献 ··· 35
- 练习题 ··· 36
- 附加综合题 ··· 36

第4章 输出图元 ... 37

4.1 坐标系 ... 37
4.2 在 OpenGL 中指定二维世界坐标系 ... 38
4.3 OpenGL 画点函数 ... 39
4.4 OpenGL 画线函数 ... 40
4.5 OpenGL 曲线函数 ... 42
4.6 填充区图元 ... 42
4.7 多边形填充区 ... 43
4.8 OpenGL 多边形填充区函数 ... 51
4.9 OpenGL 顶点数组 ... 55
4.10 像素阵列图元 ... 57
4.11 OpenGL 像素阵列函数 ... 58
4.12 字符图元 ... 61
4.13 OpenGL 字符函数 ... 62
4.14 图形分割 ... 63
4.15 OpenGL 显示表 ... 63
4.16 OpenGL 显示窗口重定形函数 ... 65
4.17 小结 ... 67
示例程序 ... 69
参考文献 ... 76
练习题 ... 76
附加综合题 ... 77

第5章 图元的属性 ... 78

5.1 OpenGL 状态变量 ... 78
5.2 颜色和灰度 ... 78
5.3 OpenGL 颜色函数 ... 80
5.4 点的属性 ... 84
5.5 OpenGL 点属性函数 ... 84
5.6 线的属性 ... 85
5.7 OpenGL 线属性函数 ... 86
5.8 曲线属性 ... 88
5.9 填充区属性 ... 88
5.10 OpenGL 填充区属性函数 ... 89
5.11 字符属性 ... 93
5.12 OpenGL 字符属性函数 ... 95
5.13 OpenGL 反走样函数 ... 96
5.14 OpenGL 查询函数 ... 96
5.15 OpenGL 属性组 ... 97
5.16 小结 ... 97
参考文献 ... 99

练习题 · · · · · · 99
　　附加综合题 · · · · · · 100

第6章　实现图元及属性的算法 · · · · · · 101
　6.1　画线算法 · · · · · · 101
　6.2　并行画线算法 · · · · · · 107
　6.3　设定帧缓存值 · · · · · · 108
　6.4　圆生成算法 · · · · · · 109
　6.5　椭圆生成算法 · · · · · · 114
　6.6　其他曲线 · · · · · · 121
　6.7　并行曲线算法 · · · · · · 123
　6.8　像素编址和对象的几何要素 · · · · · · 123
　6.9　直线段和曲线属性的实现 · · · · · · 126
　6.10　通用多边形扫描线填充算法 · · · · · · 129
　6.11　凸多边形的扫描线填充 · · · · · · 133
　6.12　曲线边界区域的扫描线填充 · · · · · · 133
　6.13　不规则边界区域的填充方法 · · · · · · 133
　6.14　填充模式的实现方法 · · · · · · 136
　6.15　反走样的实现方法 · · · · · · 138
　6.16　小结 · · · · · · 144
　　参考文献 · · · · · · 144
　　练习题 · · · · · · 145
　　附加综合题 · · · · · · 147

第7章　二维几何变换 · · · · · · 148
　7.1　基本的二维几何变换 · · · · · · 148
　7.2　矩阵表示和齐次坐标 · · · · · · 153
　7.3　逆变换 · · · · · · 155
　7.4　二维复合变换 · · · · · · 155
　7.5　其他二维变换 · · · · · · 165
　7.6　几何变换的光栅方法 · · · · · · 168
　7.7　OpenGL 光栅变换 · · · · · · 170
　7.8　二维坐标系间的变换 · · · · · · 170
　7.9　OpenGL 二维几何变换函数 · · · · · · 172
　7.10　OpenGL 几何变换程序示例 · · · · · · 174
　7.11　小结 · · · · · · 176
　　参考文献 · · · · · · 177
　　练习题 · · · · · · 177
　　附加综合题 · · · · · · 178

第8章　二维观察 · · · · · · 179
　8.1　二维观察流水线 · · · · · · 179
　8.2　裁剪窗口 · · · · · · 180

8.3 规范化和视口变换 ······ 182
8.4 OpenGL 二维观察函数 ······ 185
8.5 裁剪算法 ······ 191
8.6 二维点裁剪 ······ 192
8.7 二维线段裁剪 ······ 192
8.8 多边形填充区裁剪 ······ 201
8.9 曲线的裁剪 ······ 208
8.10 文字的裁剪 ······ 209
8.11 小结 ······ 210
参考文献 ······ 212
练习题 ······ 212
附加综合题 ······ 213

第9章 三维几何变换 ······ 214

9.1 三维平移 ······ 214
9.2 三维旋转 ······ 215
9.3 三维缩放 ······ 224
9.4 三维复合变换 ······ 226
9.5 其他三维变换 ······ 228
9.6 三维坐标系间的变换 ······ 230
9.7 仿射变换 ······ 230
9.8 OpenGL 几何变换函数 ······ 230
9.9 OpenGL 几何变换编程示例 ······ 231
9.10 小结 ······ 233
参考文献 ······ 234
练习题 ······ 234
附加综合题 ······ 235

第10章 三维观察 ······ 236

10.1 三维观察概念综述 ······ 236
10.2 三维观察流水线 ······ 238
10.3 三维观察坐标系参数 ······ 239
10.4 世界坐标系到观察坐标系的变换 ······ 241
10.5 投影变换 ······ 242
10.6 正投影 ······ 243
10.7 斜投影 ······ 247
10.8 透视投影 ······ 251
10.9 视口变换和三维屏幕坐标系 ······ 261
10.10 OpenGL 三维观察函数 ······ 262
10.11 三维裁剪算法 ······ 266
10.12 OpenGL 任选裁剪平面 ······ 271
10.13 小结 ······ 271

参考文献 ··· 272
　　练习题 ··· 272
　　附加综合题 ··· 274

第11章　层次建模 ·· 275
　11.1　基本建模概念 ·· 275
　11.2　建模软件包 ·· 277
　11.3　通用层次建模方法 ·· 277
　11.4　使用OpenGL显示表的层次建模 ··· 279
　11.5　小结 ·· 280
　　参考文献 ··· 280
　　练习题 ··· 280
　　附加综合题 ··· 281

第12章　计算机动画 ·· 282
　12.1　计算机动画的光栅方法 ·· 282
　12.2　动画序列的设计 ·· 283
　12.3　传统动画技术 ·· 284
　12.4　通用计算机动画功能 ·· 285
　12.5　计算机动画语言 ·· 285
　12.6　关键帧系统 ·· 286
　12.7　运动的描述 ·· 290
　12.8　角色动画 ·· 291
　12.9　周期性运动 ·· 293
　12.10　OpenGL动画子程序 ·· 293
　12.11　小结 ··· 296
　　参考文献 ··· 297
　　练习题 ··· 297
　　附加综合题 ··· 298

第13章　三维对象的表示 ·· 299
　13.1　多面体 ·· 299
　13.2　OpenGL多面体函数 ··· 299
　13.3　曲面 ·· 302
　13.4　二次曲面 ·· 302
　13.5　超二次曲面 ·· 304
　13.6　OpenGL二次曲面和三次曲面函数 ······································· 305
　13.7　小结 ·· 309
　　参考文献 ··· 310
　　练习题 ··· 310
　　附加综合题 ··· 310

第14章　样条表示 ·· 312
　14.1　插值和逼近样条 ·· 312

14.2 参数连续性条件 ………………………………… 313
14.3 几何连续性条件 ………………………………… 314
14.4 样条描述 ………………………………………… 314
14.5 样条曲面 ………………………………………… 315
14.6 修剪样条曲面 …………………………………… 315
14.7 三次样条插值方法 ……………………………… 316
14.8 Bézier 样条曲线 ………………………………… 322
14.9 Bézier 曲面 ……………………………………… 328
14.10 B 样条曲线 ……………………………………… 329
14.11 B 样条曲面 ……………………………………… 336
14.12 beta 样条 ………………………………………… 337
14.13 有理样条 ………………………………………… 338
14.14 样条表示之间的转换 …………………………… 339
14.15 样条曲线和曲面的显示 ………………………… 340
14.16 OpenGL 的逼近样条函数 ……………………… 343
14.17 小结 ……………………………………………… 351
参考文献 ……………………………………………… 352
练习题 ………………………………………………… 352
附加综合题 …………………………………………… 354

第 15 章　其他三维对象的表示 ………………………… 355
15.1 柔性对象 ………………………………………… 355
15.2 扫描表示法 ……………………………………… 356
15.3 结构实体几何法 ………………………………… 357
15.4 八叉树 …………………………………………… 359
15.5 BSP 树 …………………………………………… 361
15.6 基于物理的方法 ………………………………… 361
15.7 小结 ……………………………………………… 362
参考文献 ……………………………………………… 362
练习题 ………………………………………………… 363
附加综合题 …………………………………………… 363

第 16 章　可见面判别算法 ……………………………… 364
16.1 可见面判别算法的分类 ………………………… 364
16.2 后向面判别 ……………………………………… 364
16.3 深度缓存算法 …………………………………… 365
16.4 A 缓存算法 ……………………………………… 368
16.5 扫描线算法 ……………………………………… 369
16.6 深度排序算法 …………………………………… 370
16.7 BSP 树算法 ……………………………………… 372
16.8 区域细分算法 …………………………………… 373
16.9 八叉树算法 ……………………………………… 375

- 16.10 光线投射算法 · 376
- 16.11 可见性检测算法的比较 · 376
- 16.12 曲面 · 377
- 16.13 线框图可见性算法 · 378
- 16.14 OpenGL 可见性检查函数 · 379
- 16.15 小结 · 381
- 参考文献 · 382
- 练习题 · 382
- 附加综合题 · 384

第 17 章 光照模型与面绘制算法 · 385

- 17.1 光源 · 385
- 17.2 表面光照效果 · 388
- 17.3 基本光照模型 · 389
- 17.4 透明表面 · 396
- 17.5 雾气效果 · 398
- 17.6 阴影 · 399
- 17.7 照相机参数 · 399
- 17.8 光强度显示 · 399
- 17.9 半色调模式和抖动技术 · 402
- 17.10 多边形绘制算法 · 407
- 17.11 OpenGL 光照和表面绘制函数 · 410
- 17.12 小结 · 417
- 参考文献 · 419
- 练习题 · 419
- 附加综合题 · 420

第 18 章 纹理与表面细节添加方法 · 421

- 18.1 用多边形模拟表面细节 · 421
- 18.2 纹理映射 · 421
- 18.3 凹凸映射 · 425
- 18.4 帧映射 · 426
- 18.5 OpenGL 纹理函数 · 426
- 18.6 小结 · 435
- 参考文献 · 436
- 练习题 · 436
- 附加综合题 · 436

第 19 章 颜色模型和颜色应用 · 437

- 19.1 光的特性 · 437
- 19.2 颜色模型 · 438
- 19.3 标准基色和色度图 · 439
- 19.4 RGB 颜色模型 · 442

- 19.5 YIQ 颜色模型 ········· 443
- 19.6 CMY 和 CMYK 颜色模型 ········· 444
- 19.7 HSV 颜色模型 ········· 445
- 19.8 HLS 颜色模型 ········· 448
- 19.9 颜色选择及其应用 ········· 448
- 19.10 小结 ········· 449
- 参考文献 ········· 449
- 练习题 ········· 450
- 附加综合题 ········· 450

第 20 章 图形用户界面和交互输入方法 ········· 451

- 20.1 图形数据的输入 ········· 451
- 20.2 输入设备的逻辑分类 ········· 451
- 20.3 图形数据的输入功能 ········· 454
- 20.4 交互式构图技术 ········· 455
- 20.5 虚拟现实环境 ········· 458
- 20.6 OpenGL 支持交互式输入设备的函数 ········· 458
- 20.7 OpenGL 的菜单函数 ········· 471
- 20.8 图形用户界面的设计 ········· 475
- 20.9 小结 ········· 478
- 参考文献 ········· 479
- 练习题 ········· 480
- 附加综合题 ········· 481

第 21 章 全局光照 ········· 483

- 21.1 光线跟踪方法 ········· 483
- 21.2 辐射度光照模型 ········· 493
- 21.3 环境映射 ········· 498
- 21.4 光子映射 ········· 499
- 21.5 小结 ········· 500
- 参考文献 ········· 500
- 练习题 ········· 501
- 附加综合题 ········· 501

第 22 章 可编程着色器 ········· 502

- 22.1 着色语言的发展历史 ········· 502
- 22.2 OpenGL 渲染流水线 ········· 505
- 22.3 OpenGL 着色语言 ········· 508
- 22.4 着色器效果 ········· 517
- 22.5 小结 ········· 524
- 参考文献 ········· 524
- 练习题 ········· 525
- 附加综合题 ········· 525

第23章	基于算法的建模	527
23.1	分形几何方法	527
23.2	粒子系统	545
23.3	形状语法和其他过程方法	546
23.4	小结	547
	参考文献	547
	练习题	548
	附加综合题	548
第24章	数据集可视化	549
24.1	标量场的可视化表示	549
24.2	向量场的可视化表示	551
24.3	张量场的可视化表示	551
24.4	多变量数据场的可视化表示	551
24.5	小结	552
	参考文献	552
	练习题	552
	附加综合题	552

索引 553

OpenGL 函数索引 593

本书的参考资料可扫描二维码查看。

（附录 A ~ 附录 C 及参考文献）

尊敬的老师:

您好!

为了确保您及时有效地申请培生整体教学资源,请您务必完整填写如下表格,加盖学院的公章后传真给我们,我们将会在 2~3 个工作日内为您处理。

请填写所需教辅的开课信息:

采用教材				☐中文版 ☐英文版 ☐双语版
作　者			出版社	
版　次			ISBN	
课程时间	始于　年　月　日		学生人数	
	止于　年　月　日		学生年级	☐专　科　　☐本科 **1/2** 年级 ☐研究生　　☐本科 **3/4** 年级

请填写您的个人信息:

学　校			
院系/专业			
姓　名		职　称	☐助教 ☐讲师 ☐副教授 ☐教授
通信地址/邮编			
手　机		电　话	
传　真			
official email(必填) (eg:XXX@ruc.edu.cn)		email (eg:XXX@163.com)	

是否愿意接收我们定期的新书讯息通知:　　☐是　　☐否

系 / 院主任:＿＿＿＿＿＿（签字）

（系 / 院办公室章）

＿＿年＿＿月＿＿日

资源介绍:

—教材、常规教辅（PPT、教师手册、题库等）资源:请访问。

（免费）

—MyLabs/Mastering 系列在线平台:适合老师和学生共同使用;访问需要 Access Code。

（付费）

100013　北京市东城区北三环东路 36 号环球贸易中心 D 座 1208 室

电话:（8610）57355003　　传真:（8610）58257961

Please send this form to:

第1章 计算机图形学综述

计算机已经成为快速、经济地生成图片的强大工具。实际上已经没有哪个领域不能从使用图形显示中获益,因此也就不奇怪为什么计算机图形学的应用是那么广泛。虽然早期的工程和科学上的应用必须依赖于昂贵而笨重的设备,但是计算机技术的发展已经将交互式计算机图形学变成了一种实用工具。现在,我们可以看到计算机图形学已经频繁地应用于多个领域,如科学、艺术、工程、商务、工业、医药、政府、娱乐、广告、教学、培训和家庭等各方面的应用。我们还可以通过因特网将图像传播到世界各地。在深入了解计算机图形学如何工作以前,我们先简要地了解一下图形学的应用。

1.1 图和表

计算机图形学的一个早期应用是显示简单的数据图,通常在字符打印机上进行绘制。数据绘图现在仍然是最普遍的图形应用之一,但是如今可以很容易地为打印报告或使用 35 mm 幻灯片、透明胶片及动感视频的演示而生成能展现高度复杂数据关系的图片。在研究报告、管理总结、消费信息公报和其他类型的出版物中,常常使用图和表来总结财政、统计、数学、科学、工程和经济数据。现在有各种商用绘画软件包、工作站设备和服务部门,专门用来将屏幕显示转换成用于演示和存档的电影胶片、幻灯片或投影用的透明胶片。典型的数据绘图有折线图、直方图、饼图、曲面图、等高线图,以及其他给出二维、三维或多维空间中多个参数之间关系的显示图。

三维的图和表用来增加显示的信息量,有时仅仅是为了改善效果,表达出引人注目的数据之间的相互关系。彩图 1 是一个以曲面方式绘制的三维图例子,展示了一个高度场曲面和它的二维等高线投影。

在项目管理中,经常使用时间图和任务网络分布来制订日程表及管理项目进展。

1.2 计算机辅助设计

尽管现在几乎所有的产品都已经使用计算机进行设计,但是计算机图形学的主要应用还是在设计过程中,尤其是在工程和建筑系统中。简称为 CAD 的**计算机辅助设计**(computer-aided design)或简称为 CADD 的**计算机辅助绘图和设计**(computer-aided drafting and design)方法,现在已频繁地应用于大楼、汽车、飞机、轮船、宇宙飞船、计算机、纺织品、家庭用品和许多其他产品的设计中。

在某些设计中,对象首先是以线框轮廓的形式显示出来,从而展现其整个外形及该对象的内部特征。显示线框图可以让设计者很快地看到对设计的外形进行调整的结果,而不用等待对象表面全部生成。彩图 2 给出了在设计应用方面的一个线框图例子。

CAD 应用软件包通常为设计者提供多窗口环境。不同的显示窗口展示对象的局部放大或不同视图。

电路及通信网络、供水系统等设施都通过少量图形的反复布局来构建。在设计中使用的图形代表不同的网络或电路部件。而用于机械、电气、电子及逻辑电路的标准图形,则通常由设计软件包提供。在其他一些应用中,设计者可以设计个性化的符号来构建网络或电路。通过依次在布局图中安放部件,并由图形软件包自动提供部件之间的联系来完成对该系统进行的设计。

这使得设计者能够快速测试不同的电路设计方案，从而减少系统需要使用的部件数量或空间。

CAD 应用中还经常使用动画。在视频监视器上显示线框式的实时动画，对于测试汽车及系统的性能是很有用的。因为线框图的显示并不需要绘制表面，其每帧的计算可快速完成，从而使屏幕上的运动平稳。线框图显示还可让设计者观察飞行器的内部结构，以及在运动时内部构件的变化情况。

在对象设计完成或将要完成的时候，应用逼真的光照模型和曲面绘制技术，可以生成最终产品的外形图。在汽车和其他交通工具的广告中也使用特殊的光照效果及背景场景来产生真实感效果的显示。

制造过程也和设计对象的计算机描述联系起来，因此使用**计算机辅助制造技术**（computer-aided manufacturing，CAM），可以实现产品安装的自动化。例如，电路板布局可转换成构造该电路图的各个过程的描述。某些机械零件按照指定如何使用机床来加工表面的描述（即指定机床加工一个零件时在表面上的路径）来制造。而数控机床则按该指定路径来加工零件。

建筑设计师使用交互式图形技术来设计平面布局，图 1.1 给出了房间、门、窗户、楼梯、架子、柜台等的位置及其他建筑特征。面对监视器上显示的大楼平面布局图，电气设计师可以实际测试布线设计、电源插座和防火警报系统的不同安排。同样也可以使用设备布置软件来优化一个办公室或车间的空间使用。

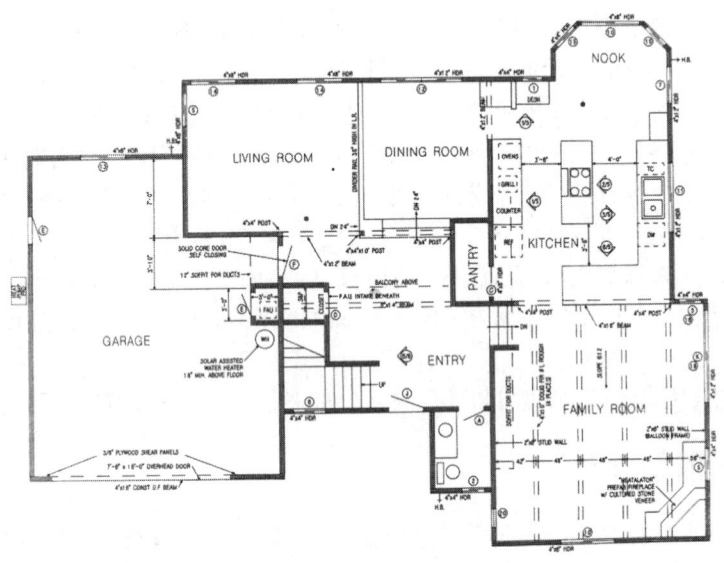

图 1.1　大楼的建筑 CAD 平面布局（Rogue Wave Software 公司提供）

彩图 3 给出了建筑设计的逼真显示例子，这样可以让建筑设计师和他们的客户一起研究学校或工业区的一座或一群大楼的外貌。除了大楼外貌的真实感显示，建筑 CAD 软件包还可提供三维的室内布局和光照的功能。

还有许多其他类型的系统和产品也使用了通用 CAD 软件包或专门开发的 CAD 软件进行设计。

1.3　虚拟现实环境

计算机图形学的一个最新应用是生成**虚拟现实环境**（virtual-reality environment），在此环境中，用户可与三维场景中的对象进行交互。虚拟现实环境中有专门的硬件设备提供三维观察效果，并允许用户在场景中拾取对象。

虚拟现实环境中的动画常用来训练大型设备的操作员或分析各种机舱配置和控制安排的有效性。例如，用于训练拖拉机驾驶员的虚拟现实环境可能包括一组和头盔结合的拖拉机模拟控制，头盔中显示出前铲斗或反向铲的立体视图，就好像驾驶员坐在真的拖拉机驾驶座上那样。这使设计者可以了解在驾驶员位置可能看不到的前铲斗和反向铲的各种位置，以便在整个设计中更好地考虑它们。

有了虚拟现实系统，设计者和其他人可以使用各种方式移动对象并与之进行交互。人们可以通过仿真方式"走入"房间或围绕大楼转圈欣赏特定设计的整体效果，从而测试建筑设计。我们甚至可以借助于一种专门的手套从场景中"抓取"对象、将其放回场景或从一处移到另一处。

1.4 数据可视化

为科学计算、工程和医药数据集或过程生成图形表示，通常称为**科学计算可视化**（scientific visualization）。而术语**商务可视化**（business visualization）则用在与贸易、工业和其他非科学计算领域相关的数据可视化中。

研究员、分析员和其他有关人员经常要分析大量的信息或研究高度复杂过程的行为。例如，计算机上进行的数值模拟可以不断生成包含成千上万数值的数据文件。同样，卫星摄像机等也在快速地积聚大量的数据文件，这要比数据得到解释的速度快得多。扫描大容量数据以确定趋势及相互关系是一个乏味和低效的过程。但是，如果将这些数据转换成可视形式，则趋势和模式就可以立刻呈现出来。一旦我们按这种方法绘出密度值，就可以很容易地看到整个数据模式。

数据集的类型有许多种，而高效的可视化方法依赖于数据的特征。一组数据可以包含标量、向量、高次张量或这些数据类型的组合。数据集可能分布在二维、三维或更高维的空间区域。颜色编码仅仅是数据集可视化的一种方法。另外还有等值线、常数值表面或其他空间区域的绘制，以及专门设计用来表达不同数据类型的形态等绘制技术。

可视技术还用于帮助理解与分析复杂的过程和数学函数。科学家们还正在开发对一般数据进行可视化的方法。

彩图 4 和彩图 5 给出了另外一些可视化应用的例子。彩图 4 给出了雷暴雨的数值模型，彩图 5 给出了一个科学家在虚拟现实环境中与分子结构的立体图进行交互的情景。

1.5 教学与培训

计算机生成的物理模型、财政模型和经济模型常用作教学的辅助工具。物理过程、生理功能、人口趋势模型或设备的模型等都可以帮助学生理解系统的操作。

有些方面的培训要设计专门的硬件系统。例如，用于船长、飞行员、大型设备操作员和空中交通管制人员实习与培训的模拟系统就是这样一种专用系统。有些模拟器没有显示屏幕——例如一个飞行模拟器可能只有用于飞行的仪表控制板——但是大多数模拟器配有用于模拟外部环境的屏幕。

1.6 计算机艺术

美术和商务艺术也都应用了计算机图形学方法。艺术家使用各种计算机方法，包括专用硬件、商业化的软件包（如 Lumena）、符号数学程序（如 Mathematica）、CAD 软件包、桌面印制软件和动画软件来设计物体的外形及描述物体的运动。

画笔程序（paint brush program）是艺术家和设计师可在监视器上"绘"画的计算机化工具的一个例子。实际上，绘画是以电子方式画在带有触笔的数据板上，该触笔能模拟不同的笔划、粗细及颜色。

彩图6中的水彩画使用配有无绳压感触笔的画笔系统生成。触笔将变化的手的压力转换成各种笔划粗细、尺寸和颜色等级；另外还有软件允许艺术家创作模拟不同的干燥时间、水分和轨迹的水彩画、粉笔画或油画效果。

美术家使用各种计算机技术来生成图像，包括混合地使用三维建模软件包、纹理映射软件、绘画软件及CAD软件，以及无须美术家干预就能生成"自动绘图"的CAD软件。

还可以生成"数学"美术。艺术家可混合使用数学函数、分数维过程、软件、喷墨打印机和其他系统来生成各种三维和二维形状及立体感图像。另一个通过数学关系生成电子画的例子是，通过改变与作曲中的频率变化和其他参数相关的绘画特征来集成视频和音频。

商务艺术也将这些"绘画"方法用于标牌等商用美术设计、图文组合的页面布局设计及电视广告等领域。和许多其他计算机图形应用一样，商务艺术经常使用照相式逼真技术来绘制设计、产品和场景的图片。

电视商业片中也经常使用计算机动画。电视广告一帧一帧地绘制生成，每帧以独立的图像文件来存储。通过将后继帧中的物体位置相对于前一帧进行微小的移动来实现对动画中运动场景的模拟。绘制好动画序列中的所有帧以后，将这些帧传送到胶片上或存储到视频缓存中以备重播。电影动画需要每秒按顺序播放24帧。如果在视频显示设备上重播动画，则需每秒30帧。

将一个物体形状转换为另一个的变形(morphing)技术是许多电视商业片中常用的一种计算机图形学方法。在电视商业片中使用该方法可将一个油桶变成一个汽车引擎，将一部汽车变成一只老虎，将一潭水变成一只轮胎，将一个人的脸变成另一个人的脸。

1.7 娱乐

电视产品、动画片和音乐视频等也频繁地使用计算机图形学方法。有时将图形场景与演员及实际场景相混合，有的电影则完全由计算机绘制和动画技术生成。

许多电视剧经常使用计算机图形学方法来产生特技效果。有些电视节目也使用动画技术将计算机生成的人、动物或卡通人物与真正的演员在场景中混合，或者将一个演员的脸变换成另外的形状。许多节目使用计算机图形学来生成大楼、地表特征或场景的背景等。

计算机生成的特技效果、动画、人物素描和场景广泛地应用于当代电影中。许多获奖电影的制作者使用先进的计算机建模和面绘制方法，使得日常的玩具、灯泡和餐具等成为有生命的"角色"。还有一些电影使用计算机建模、绘制和动画生成完整的拟人化角色。照相级真实感技术为电影中计算机生成的人物角色提供肌肤色调、真实感的面部特征和皮肤缺陷(如痣、雀斑和粉刺)等。

计算机图形学方法还可用来仿真真正的演员。使用记录演员脸部特征的数字文件，动画程序可生成包含这个人的计算机复制结果的电影片段，或数字化地用一个演员取代另一个演员。

在音乐视频中，可以按照多种不同的方式应用图形学。可以将图形对象混合进实景中，图形学和图像处理技术也可用来将一个人或对象变成另一个(变形)。

1.8 图像处理

照片和电视扫描片等现有图片的修改或解释称为**图像处理**(image processing)。尽管在计算机图形学和图像处理中所使用的技术有所重叠，但这两个领域各自着重于本质上不同的操作。在计算机图形学中，计算机用于生成图形；而图像处理技术用于改善图片质量、分析图像或为机器人应用识别可视图形。然而，图像处理技术经常应用于计算机图形学，计算机图形学方法也频繁应用于图像处理。

一般而言，照片或其他图片在使用图像处理方法之前先数字化成一个文件。然后使用数字方法重新安排图片的各部分、提高颜色分离度或改善着色质量。这些技术被广泛地应用于商务艺术应用，包括对照片的某部分和其他美术作品进行调色或重新处理。类似的方法还用于分析地球的卫星照片或银河星系的天文望远镜记录图片。

医学上也广泛地将图像处理技术应用于图片增强、层析 X 射线造影术和外科手术模拟等方面。层析 X 射线造影术是一种 X 射线照相技术，它能将生理系统的剖面显示出来。计算机控制 X 射线断层造影术（computed X-ray tomography，CT）、定位发射造影术（position emission tomography，PET）和计算机轴向造影术（computed axial tomography，CAT）等均使用投影方法从数字数据中重建剖面。这些技术也用于在进行外科手术时监视身体的内部功能和显示剖面。其他医学图像处理技术包括超声波和核子医学扫描仪。超声波扫描仪使用高频声波代替 X 射线来产生数字数据。核子医学扫描仪从吸收的放射性核素的放射过程中收集数据并绘制彩色图像。

图像处理和计算机图形学在许多医学应用中常常结合在一起，用于对机体功能进行建模和研究、设计人造肢体及计划和练习手术等。还有一种应用称为计算机辅助手术（computer-aided surgery）。通过使用图像处理技术可以获得身体的二维剖面图，然后使用计算机图形学方法模拟实际的手术过程，从而观察和管理每一剖面，并实验不同的手术位置。

1.9 图形用户界面

现在的应用软件提供**图形用户界面**（graphical user interface，GUI）是非常普遍的。GUI 的主要部分是一个允许用户显示多个矩形屏幕区域窗口的窗口管理程序。对每一个屏幕区域可以进行不同的处理，展示图形或非图形信息，并且显示窗口可以用多种方法激活。可以通过使用鼠标之类的交互式点击设备将屏幕光标定位到某系统的显示窗口区域，并按下鼠标左键来激活该窗口。有的系统还可以通过点击标题条来激活显示窗口。

界面提供菜单和图标用于选择显示窗口、处理选项或参数值。图标是一个设计成能暗示所选对象的图形符号。图标的优点是它比相应的文本描述占用较少的屏幕空间，如果设计得好，可以很容易理解。一个显示窗口与相应的图标表示可以相互转换，而菜单中可以包含一组文字描述或图标。

1.10 小结

本章综述了计算机图形学技术应用的许多领域，包括数值图、CAD、虚拟现实、科学计算可视化、教育、艺术、商务、图像处理和 GUI。但是还有许多其他领域没有提到，我们也无法将其他应用领域的例子都放进本书。后面几章将对本章讨论的应用及其他一些应用中使用的设备和方法进行探讨。

参考文献

计算机图形学方法在艺术、科学、数学和技术等方面的应用在 Bouquet（1978）、Yessios（1979）、Gardner and Nelson（1983）、Grotch（1983）、Tufte（1983，1990）、Wolfram（1984）、Huitric and Nahas（1985）、Glassner（1989）和 Hearn and Badker（1991）等文献中讨论。图形学方法在音乐可视化中的应用参见 Mitroo，Herman，and Badler（1979）。多个工业领域的 CAD 和 CAM 在 Pao（1984）中有详细讨论。飞行仿真中的图形学技术请参见 Schachter（1983）。Fu and Rosenfeld（1984）讨论了视觉的模拟，Weinberg（1978）报道了宇宙飞船的仿真。图符和符号概念在 Lodding（1983）和 Loomis，et al.（1983）中给出。关于医学应用的更多信息请参考 Hawrylyshyn，Tasker，and Organ（1977）、Preston et al.（1984）和 Rhodes et al.（1983）。

第 2 章 计算机图形硬件

现在,计算机图形学的功能与应用已经得到了广泛认同,大量的图形硬件和软件系统已经应用到几乎所有的领域。通用计算机甚至许多手持计算器也已经普遍具备二维及三维应用的图形功能。在个人计算机上也可以配用多种交互输入设备及图形软件包。对于高性能应用,可以选择许多高级的专用图形硬件系统和技术。本章将探讨图形硬件和图形软件包的基本特性。

2.1 视频显示设备

图形系统一般使用视频监视器作为其基本的输出设备。一直以来,大部分视频监视器的操作是基于标准的**阴极射线管**(cathode ray tube,**CRT**)设计的,但是也已经出现一些其他技术。近年来,平板(flat-panel)显示器由于其耗电少和薄型设计而变得越来越流行。

2.1.1 刷新式 CRT

图 2.1 给出了 CRT 的基本工作原理。由电子枪发射出的电子束(阴极射线)通过聚焦系统和偏转系统,射向屏幕上涂覆有荧光层的指定位置。在电子束轰击的每个位置,荧光层都会产生一个小亮点。由于荧光层发射的光会很快衰减,因此必须采用某种方法来保持屏幕图像。一种方法是将图形信息作为电荷分布存储在 CRT 上。这种电荷分布用来保持荧光粉处于激活状态。但用得较多的维持荧光粉亮度的办法是快速控制电子束反复重画图像。这类显示器称为**刷新式 CRT**(refresh CRT),在屏幕上重复画图的频率称为**刷新频率**。

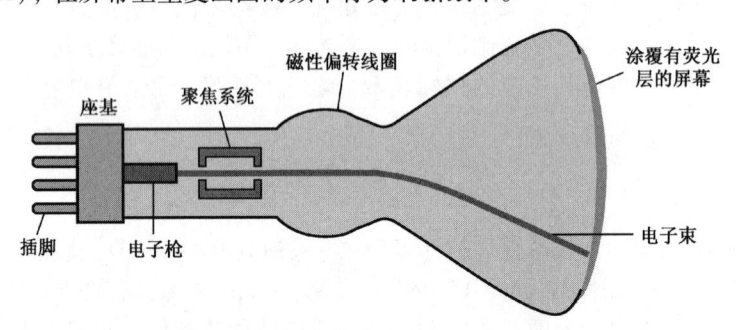

图 2.1 磁性偏转 CRT 的基本工作原理

CRT 电子枪的主要元件是受热激发的金属阴极和控制栅极(参见图 2.2)。通过给称为灯丝的线圈通电来加热阴极,引起受热的电子"沸腾出"阴极表面。在 CRT 封装内的真空里,带负电荷的自由电子在较高的正电压的作用下加速冲向荧光层。该加速电压可由 CRT 封装内靠近荧光层处充以正电荷的金属涂层生成,或者采用加速阳极(参见图 2.2)。有时,电子枪结构中把加速阳极和聚焦系统放在同一部件中。

电子束的强度受设置在控制栅极上的电压电平控制。控制栅极是一个金属圆筒,紧挨着阴极安装。若在控制栅极上加上较高的负电压,则将阻止电子活动从而截断电子束,使之停止从控制栅极末端的小孔通过。而在控制栅极上施以较低的负电压,则仅仅减少了通过的电子数量。由于荧光层发射光的强度依赖于轰击屏幕的电子数量,因此可以通过改变控制栅极的电压来控制显示的光强。我们使用图形软件命令来设定各个屏幕位置的亮度等级,这将在第 3 章进行讨论。

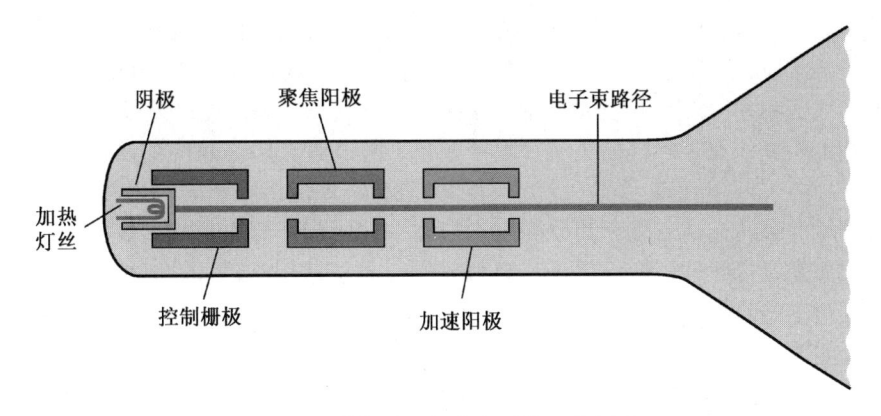

图 2.2 带加速阳极的电子枪工作原理

CRT 的聚焦系统用来控制电子束在轰击荧光层时汇聚到一个小点。否则，由于电子互相排斥，电子束在靠近屏幕时会散开。聚焦既可以用电场实现，也可以用磁场实现。对于静电聚焦，电子束通过如图 2.2 所示的带正电荷的金属圆筒，该圆筒形成一个静电透镜。静电透镜的作用是使电子束聚焦在屏幕的中心，正如光学透镜将光束聚焦在指定的焦距一样。类似透镜的聚焦效果，可以由环绕 CRT 封装外部安装的线圈所形成的磁场来实现。磁性聚焦透镜能在屏幕上产生最小尺寸的亮点。

在高精度系统中，还使用附加的聚焦硬件，以保持电子束能聚焦到所有屏幕位置。因为多数 CRT 弯曲部分的直径大于从聚焦系统到屏幕中心的距离，所以电子束到屏幕不同点所经过的距离是不同的。因此，电子束只能在屏幕中心正确聚焦。当电子束移到屏幕边框时，所显示的图像会变得模糊。系统可按电子束的屏幕位置来调整聚焦，从而弥补这一缺陷。

电子束的偏转受电场或磁场控制。CRT 通常配备一个装在其封装外部的磁性偏转线圈，如图 2.1 所示。可以使用两对线圈，将它们成对地安装在 CRT 封装的颈部，一对安装在颈部的顶部和底部，另一对设置在颈部两侧。每对线圈产生的磁场造成横向偏转力，该力正交于磁场方向，也垂直于电子束的行进方向。一对线圈实现水平偏转，另一对则实现垂直偏转。调节通过线圈的电流可得到适当的偏转量。当采用静电偏转时，则在 CRT 封装内安装两对平行极板。一对为水平放置，控制垂直偏转；另一对为垂直放置，控制水平偏转（参见图 2.3）。

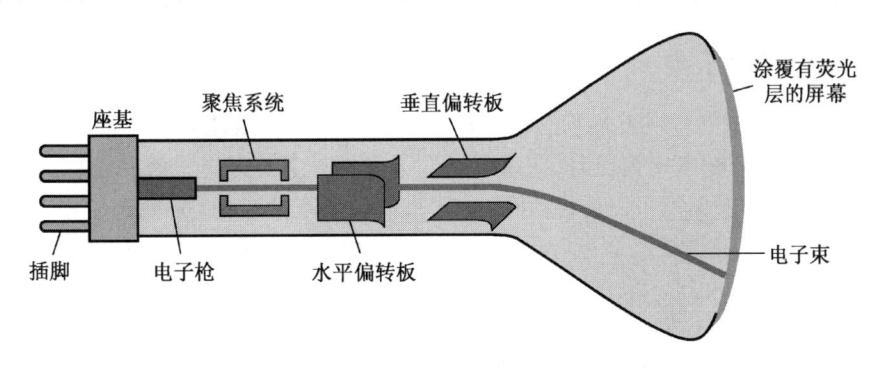

图 2.3 CRT 电子束的静电偏转

通过将 CRT 电子束的能量转移到荧光层，就可以在屏幕上形成亮点。当电子束的电子撞击到荧光层并停止运动时，其动能被荧光层吸收。电子束能量的一部分因摩擦而转换为热能，余下部分导致荧光层原子的电子跃迁到较高的量子能级。经过一段短暂的时间之后，"激活"的荧光层电子释放了较小的量子光能,开始回落到自身的稳定状态。我们在屏幕上看到的是所有的电子光发射的组合效应:发光点随所有激活的荧光层电子转移到自身的基本能级后,会很快衰减。荧光层发射光线的频率(或颜色)同被激活量子态与基本状态之间的能级差成正比。

CRT 采用的荧光层有着不同的类型。除了颜色,这些荧光层之间的主要差异是它们的**余辉**(persistence)时间:CRT 电子束移走后,它们将继续发光(即激活电子转为基本态)多长时间。余辉时间定义成从屏幕发光到衰减为其原亮度十分之一的时间。具有较短余辉时间的荧光层需要较高的刷新频率来保持屏幕图形不闪烁。短余辉的荧光层适用于动画,而长余辉的荧光层则适用于显示高复杂度的静态图形。虽然有的荧光层的余辉时间大于 1 秒,但是对于图形监视器,通常采用余辉时间为 10~60 ms 的材料制成。

图 2.4 表明了屏幕上一个亮点的亮度分布。亮点中心位置的亮度最大,并按高斯分布向亮点的边缘衰减。这个分布依赖于 CRT 电子束横截面的电子密度分布。

CRT 无重叠显示的最多点数称为**分辨率**(resolution)。虽然它常常简述为每个方向的总点数,但更精确的分辨率定义是在水平和垂直方向上每厘米可绘制的点数。亮点的强度满足高斯分布(参见图 2.4),因此要使两个相邻亮点可区分,其间隔应大于亮点亮度在最大强度值的 60% 时的亮点直径。这种覆盖位置如图 2.5 所示。亮点尺寸也依赖于亮度。当每秒有更多的电子加速飞向荧光层时,CRT 电子束的直径及发光亮点的面积增大。此外,增大的激活能量趋向于传播到邻近的荧光原子,而不是正对着电子束的路径,这就进一步加大了亮点直径。因此,CRT 的分辨率取决于荧光层的类型、显示的亮度、聚焦系统及偏转系统。典型的高质量系统的分辨率为 1280 × 1024,在许多系统中还要用到更高的分辨率。高分辨率系统常常称为高清晰度系统(high-definition system)。图形监视器的物理尺寸是由屏幕对角线的长度给定的。可从 12 英寸(1 英寸 =2.54 厘米)到 27 英寸或更大一些。CRT 监视器可与各类计算机系统相连接,因此可实际绘制的屏幕点数依赖于与它相连的系统的性能。

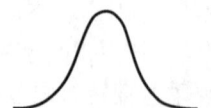

图 2.4 CRT 屏幕上发光荧光层亮点的亮度分布

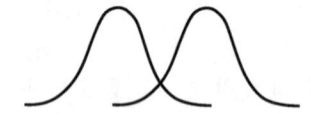

图 2.5 若两个发光荧光层亮点的间隔大于亮点亮度衰减到最大强度值的 60% 时的亮点直径,则这两个亮点是可区分的

2.1.2 光栅扫描显示器

使用 CRT 的普通图形监视器是基于电视技术的**光栅扫描显示器**(raster-scan display)。在光栅扫描系统中,电子束横向扫描屏幕,一次一行,从顶到底依次进行,每一行称为一个**扫描行**(scan line)。当电子束横向沿每一行移动时,电子束的强度不断变化,从而建立亮点组成的一个图形。图形定义保存在称为**刷新缓存**(refresh buffer)或**帧缓存**(frame buffer)的存储器中,这里的**帧**(frame)是指整个屏幕范围。该存储器保存一组对应屏幕所有点的强度值。电子束在屏幕上逐点移动时由从刷新缓存取出的强度值控制其强度。这样,如图 2.6 所示,在屏幕上"画图"时是每次一行。每个可由电子束点亮的屏幕点称为一个**像素**(pixel 或 pel,是 picture element 的简写)。由于刷新缓存用来存储屏幕颜色值,因此它也称为**颜色缓存**(color buffer)。除了颜色,像素的其他信息也存储在缓存中,因而不同的缓存区域有时统称为"帧缓存"。光栅扫描系统对于屏幕的每一点具都有存储强度信息的能力,从而使之较好地适用于包含细微阴影和彩色模式的场景的逼真显示。家用电视和打印机是另一类使用光栅扫描方式的例子。

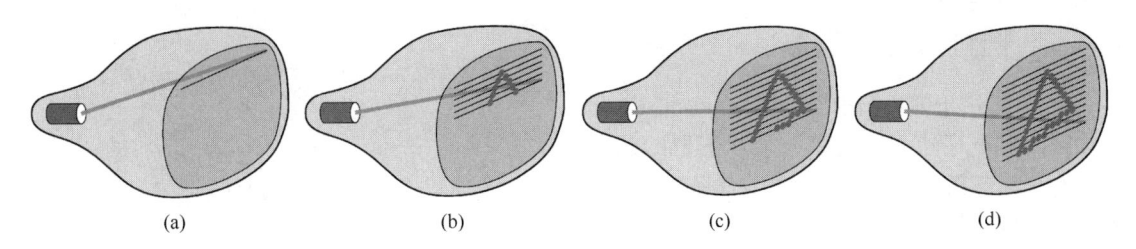

图 2.6 光栅扫描系统将对象作为沿每一条扫描线的离散点集来显示

光栅系统常用称为分辨率的像素个数作为其特征。视频显示设备的另一特征是**纵横比**(aspect ratio),定义为系统能显示的像素列数除以行数的结果(有时术语"纵横比"用来表示扫描行数除以像素列数的结果)。纵横比还可用在屏幕上显示水平和垂直方向相同长度线段所需的点数之比来描述。因此,纵横比为4/3表示用4点绘出的水平线与用3点绘出的垂直线有相同的物理长度(如相同的厘米数)。类似地,任意矩形(包括整个屏幕)的纵横比可用其宽度除以高度所得的结果来描述。

光栅系统可以显示的颜色或灰度等级依赖于 CRT 使用的荧光粉类型及每一像素对应的帧缓存中的位数。对于一个简单的黑白系统来说,每一个屏幕点或亮或暗,因此每个像素只需一位来控制屏幕位置上的亮度。该位取值为1,表示电子束在该位置时开通;取值为0,表示电子束在该位置时关闭。如果要使电子束除"开"、"关"两状态外有更多的强度等级,那么就需要提供附加位。在高性能系统中每一像素可多达24位,这时分辨率为1024×1024的屏幕要使用3 MB 容量的刷新缓存。每像素的位数有时也称为缓存**深度**(depth)或**位平面**(bit plane)数。每像素一位的帧缓存通常称为**位图**(bitmap),而每像素多位的帧缓存称为**像素图**(pixmap),这些术语也用来表述任意个二进制值的阵列或彩色阵列像素图。

当刷新频率不太低时,我们会感觉到刷新过程中相邻两帧的内容是平稳过渡的。在每秒24帧以下时,我们会感觉到屏幕上相邻图像之间有间隙,即图像出现闪烁。例如,早期的无声电影以每秒16帧的速率拍摄,因而放映时有闪烁现象。在20世纪20年代开发有声系统时,电影速率已增加到每秒24帧,因而消除了闪烁及演员的不稳定运动。早期的光栅计算机系统按每秒刷新30帧来设计,因而产生了较好的结果,但由于监视器上的显示技术与电影拍摄技术有着根本的不同,因此图片质量的改善还依赖于监视器更高的刷新频率。电影放映机可以通过持续放映一帧直到下一帧开始放映来保持显示结果的连续性。但是在视频监视器上,荧光点在点亮后立即开始衰退。因此,现在多数扫描显示器使用每秒60~80帧的刷新频率,部分系统达到每秒120帧的刷新频率。有些图形系统设计成使用可变刷新频率。例如,为立体显示应用选择高刷新频率,使其在交替显示场景的两个视图时不会闪烁。这一类应用通常使用多个帧缓存的方法。

有时,刷新频率以每秒多少周期或赫兹(Hz)为单位进行描述,其中一个周期对应于一帧。因此,我们可以将每秒60帧的刷新频率简单地称为60 Hz。在每条扫描线末端,电子束返回到屏幕的左边,然后又开始显示下一条扫描线。刷新每条扫描线后,电子束返回到屏幕左端,这称为电子束的**水平回扫**(horizontal retrace)。而在每帧(以1秒的1/80到1/60显示)的终止处,电子束返回(**垂直回扫**,vertical retrace)到屏幕的左上角,开始显示下一帧。

在某些光栅扫描系统和 TV 中,采用了隔行(interlaced)刷新方式分两次显示每一帧。第一次,电子束从顶到底,一行隔一行地扫描。垂直回扫后,电子束再扫描另一半扫描线(参见图2.7)。这种隔行扫描方式使得在逐行扫描所需时间的一半时,就能看到整个屏幕显示。隔行扫描技术主要适用于较慢的刷新频率。例如,对于一个老式的、每秒30帧的非隔行扫描显示器,可能会注意到它产生了闪烁。但是,采用隔行扫描,两次扫描中的每一次可以用1/60秒完成,也就是刷新频率接近每秒60帧。这是避免闪烁且提供相邻扫描线包含类似显示信息的有效技术。

2.1.3 随机扫描显示器

当 CRT 用于**随机扫描显示器**(random scan display)时，其电子束只在屏幕上显示图形的部分移动。电子束逐条地跟踪图形的组成线条，从而生成线条图。因此，随机扫描显示器也称为**向量显示器**(vector display)、**笔划显示器**(stroke-writing display)或**笔迹显示器**(calligraphic display)。图形的组成线条由随机扫描系统按任意指定的顺序绘制并刷新(参见图 2.8)。笔式绘图仪也以类似的方式工作，它是随机扫描、硬拷贝设备的一个例子。

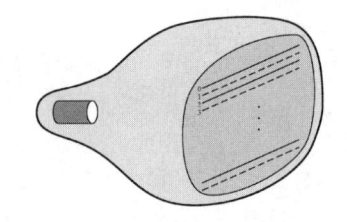

图 2.7　光栅扫描显示的隔行扫描线，首先显示偶数(实线)扫描线的所有点，然后显示奇数扫描线(虚线)的所有点

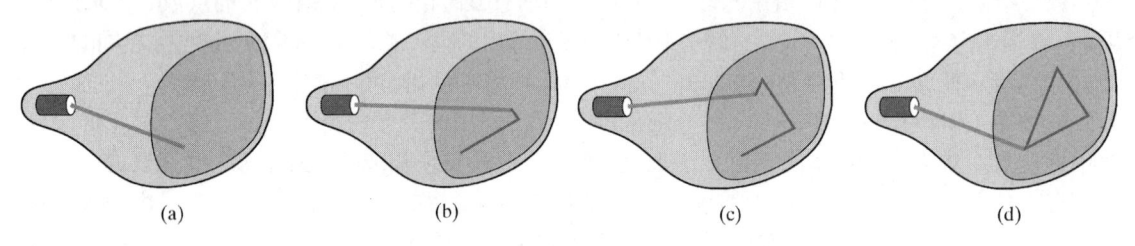

图 2.8　随机扫描系统以任意指定的顺序画出对象的组成线条

随机扫描系统的刷新频率依赖于显示的线数。这时图形的定义是存放在称为**显示表**(display list)、**刷新显示文件**(refresh display file)、**向量文件**(vector file)或**显示程序**(display program)等存储区域的一组画线命令。为了显示指定的图形，系统周期地按显示文件中的一组命令依次画出其组成线条。当所有画线命令处理完后，系统周期地返回到该列表的第一条画线命令。随机扫描显示器设计成每秒 30 ~ 60 次画出图形的所有线条。高性能的向量系统在这样的刷新频率中能处理约 100 000 条短线。当显示的线条很少时，则延迟每个刷新周期，以避免刷新频率超过每秒 60 帧。否则，线条的刷新过快，可能会烧坏荧光层。

随机扫描系统用于画线应用，如建筑和工程布局图等，它不能显示逼真的有阴影的场景。由于图形定义是作为一组画线命令来存储而非所有屏幕点的强度值，所以向量显示器一般具有比光栅系统更高的分辨率。另外，向量显示器的 CRT 电子束直接按线条路径画线，因而生成光滑线条。相比之下，光栅系统通过显示一组离散点来画线，因而生成锯齿状线条。但是，光栅系统极大的灵活性和提高的画线能力还是淘汰了向量技术。

2.1.4 彩色 CRT 监视器

CRT 监视器利用能发射不同颜色光的荧光层的组合来显示彩色图形。不同荧光层的发射光组合起来，可以生成一种按其比例而定的可见颜色。

显示彩色图形的一种方法是在屏幕上涂上多层不同的荧光粉。发射颜色由电子束在荧光层中的穿透深度决定。这种方法称为**电子束穿透法**(beam-penetration)，它常用于红、绿两层结构。速度慢的电子束只激活外面的红色层，速度快的电子束能穿过红色层并激活里面的绿色层。而中速的电子束通过发射红、绿光的组合来生成另外的两种颜色：橙色和黄色。电子的速度，也就是屏幕上任意一点的颜色，受电子束的加速电压控制。电子束穿透法是随机扫描显示器生成彩色图形的廉价途径，但是只能有较少的颜色种类，而且图形质量不如其他方法的好。

荫罩法(shadow-mask)常用于光栅扫描系统(包括彩色电视机)，因为它能产生的颜色范围比电子束穿透法产生的大得多。这种方法基于我们熟悉的由红、绿、蓝三原色来组合颜色的原理，

称为 **RGB 颜色模型**（RGB color model）。对于每个像素位置，荫罩 CRT 有三个荧光彩色点：一个荧光点发射红光，另一个发射绿光，而第三个发射蓝光。这类 CRT 有三支电子枪，与每个彩色点一一对应，而荫罩栅格位于紧靠涂覆有荧光层的屏幕之后。由于人眼可将三点发出的光结合成一种组合色，因此三种荧光粉发射出的光生成像素位置的一个小颜色点。图 2.9 给出了通常用于彩色 CRT 系统的 delta-delta 荫罩法。其中的三支电子束一起被偏转、聚焦并发射到荫罩上。荫罩上有按荧光点模式分布的一系列孔。当三支电子束通过荫罩上的孔时，将激活一个点三角形，从而在屏幕上显示一个小的彩色亮点。荧光点以三角形排列，并使每支电子束通过荫罩时，只能激活与之对应的彩色点。三支电子枪的另一配置结构是按线（in-line）排列。其中，三支电子枪及屏幕上相应的 RGB 彩色点都沿扫描线而不是成三角形模式排列。这种电子枪的按线排列容易保持对齐状态，通常用于高分辨率的彩色 CRT。

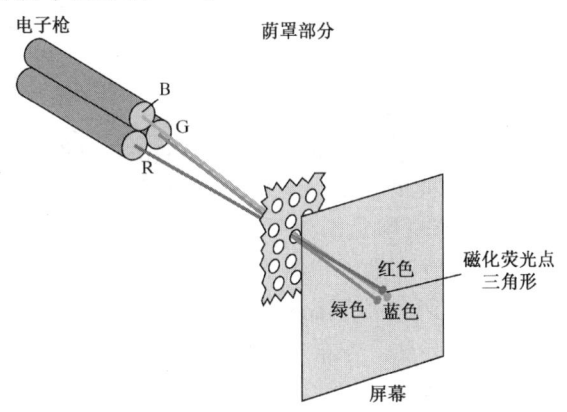

图 2.9 delta-delta 荫罩 CRT 的工作原理。与屏幕上的三角形彩色点模式对应的三支电子枪由荫罩控制指向每个点三角形

改变三支电子束的强度等级，可以改变荫罩 CRT 显示的颜色。关掉三支枪中的两支，我们只能得到来自单个激活荧光点的颜色（红、绿、蓝）。在以相同的电子束强度激活三点时，我们将看到白色。黄色由相同强度的绿点和红点产生，品红由相同强度的蓝点和红点产生。而当蓝点和绿点的激活程度相同时，将呈现青色。在某些廉价系统中，电子束只能置为开或关，因此只能显示 8 种颜色。较高级的系统可以为电子束设置中间强度等级，这样就允许生成几百万种不同的颜色。

彩色图形系统可以通过配用多种 CRT 显示设备进行设计。某些廉价的家用计算机系统和电视游戏机则设计成能配用彩色电视机和 RF（radio-frequency，无线电频率）调制器。RF 调制器的作用是模拟广播电视台的信号。这意味着必须组合图形的颜色和亮度信息，并叠加到广播频率载波信号上作为电视机的输入。然后，电视机中的电路从 RF 调制器接收这种信号，抽取图形信息，并在屏幕上进行显示。正如我们可以预料的，由于 RF 调制器和 TV 电路对图形信息的额外处理，将会降低图像显示的质量。

合成式监视器（composite monitor）是用于允许广播电路旁路的电视适配设备。这些显示设备仍然要求组合图形信息，但无须载波信号。它将图形信息组合为合成信号，然后由监视器分离，所得图形的质量仍然不是太好。

人们将图形系统的彩色 CRT 设计成 **RGB 监视器**（RGB monitor）。这些监视器采用荫罩法且不经任何中间处理，直接从计算机系统取得每支电子枪（红、绿和蓝）的强度等级。在高质量的光栅系统的帧缓存中，每个像素对应 24 位，每支电子枪允许 256 级电压设置，因而每个像素有近 1700 万种颜色可供选择。每个像素具有 24 个存储位的 RGB 彩色系统通常称为**全彩色系统**（full-color system）或**真彩色系统**（true-color system）。

2.1.5 平板显示器

平板显示器(flat-panel display)代表一类相比 CRT 能减小体积、减轻重量并节省功耗的视频显示设备。平板显示器的一个有意义的特性是比 CRT 要薄，可以把它们挂在墙上或戴在手腕上。有些平板显示器上甚至还可以进行书写，因此它们可用于笔记本设备。平板显示器还用于小型 TV 监视器、计算器、掌上游戏机、笔记本电脑、航空座椅靠背上的娱乐设备、电梯内的告示牌，以及在要求不高的便携式监视器的应用场合中作为图形显示器。

我们可以把平板显示器分为两类：**发射显示器**(emissive display)和**非发射显示器**(nonemissive display)。发射显示器是将电能转换为光能的设备。等离子体显示板、薄膜光电显示器及发光二极管都是发射显示器的实例。平板 CRT 也已发明出来，其中的电子束以平行于屏幕的方向加速，然后偏转 90°轰击屏幕。但是，还未证实平板 CRT 同其他发射设备一样可以实际应用。非发射显示器利用光学效应将太阳光或来自某些其他光源的光转换为图形模式。液晶设备是非发射平板显示器最重要的例子。

等离子体显示板(plasma panel)也称**气体放电显示器**(gas-discharge display)，通过将通常包含氖气的混合气体充入两块玻璃板之间的区域而构成。一块玻璃板上放置一系列垂直导电带，而另一块玻璃板上构造一组水平导电带(参见图 2.10)。在成对的水平和垂直导电带上施加点火电压，导致两导电带交叉点处的气体进入电子和离子的辉光放电等离子区。图形的定义存储在刷新缓存中，点火电压以每秒 60 次的速率刷新像素位置(导电带的交叉处)。使用交变电流方法快速提供点火电压，可以得到较亮的显示。像素之间的分隔是由导电带的电场提供的。等离子体显示板有一个缺点，即它是一种严格的单色设备，但已经开发出能显示彩色和灰度等级的等离子显示器。

薄膜光电显示器(thin-film electroluminescent display)具有与等离子体显示板类似的结构。不同之处是它在玻璃板之间的区域充以荧光物(诸如硫化锌与锰的胶状物)而不再是气体(参见图 2.11)。当一个足够高的电压加到一对交叉的电极时，荧光层在两电极交叉区域成为一个导电体。电能由锰原子吸收，然后释放能量成为一发光亮点，这类似于等离子体显示板的辉光放电的等离子体效应。薄膜光电显示器比等离子体显示板需要更大的功率，而且难以达到好的颜色和灰度等级显示。

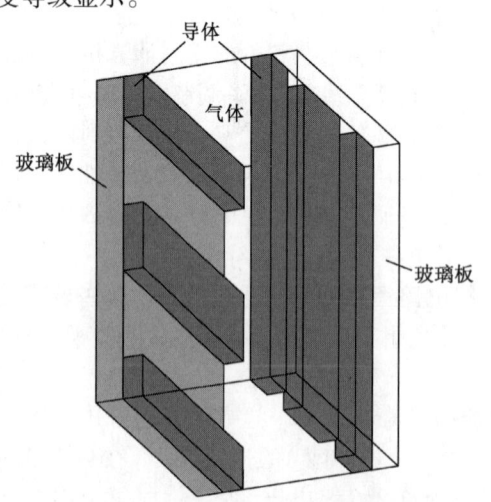

图 2.10 等离子体显示板的基本设计 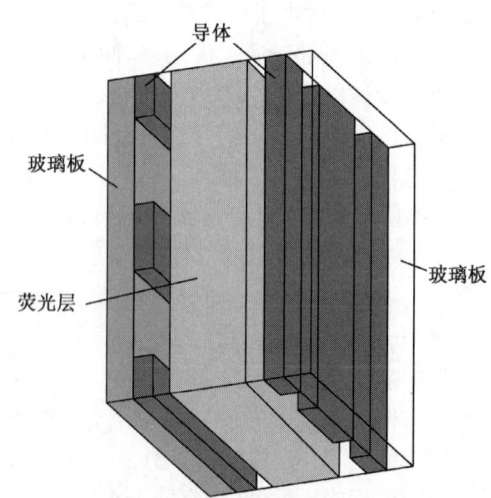　　图 2.11 薄膜光电显示器的基本设计

第三类发射设备是**发光二极管**(light-emitting diode，LED)。二极管以矩阵排列形成显示器的像素位置，图形的定义存储在刷新缓存中。如同 CRT 的扫描线刷新一样，信息从刷新缓存读出，并转换为电压电平，然后应用于二极管，在显示器上产生发光图案。

液晶显示器(liquid-crystal display，LCD)通常用于小型系统，如笔记本电脑及计算器(参见图 2.12)。这些非发射设备生成图形的原理是，通过能阻塞或传递光的液晶材料，传递来自周围的或内部光源的偏振光。

术语"液晶"是指这些化合物具有晶状结构的分子，并且可以像液体那样流动。平板显示器通常使用线状液晶化合物，它们趋向于保持杆状分子的长轴排列。因此平板显示器可用线状液晶构成，如图 2.13 所示。其中有两块玻璃板，每块都有一个光偏振器，与另一块形成合适的角度，内部充以液晶材料。在一块板上排放水平透明导体行，而在另一块板上则放置垂直透明导体列。行、列导体的交叉处定义一个像素位置。通常，分子按图 2.13 中所示的"开态"排列。经过该材料的偏振光被扭曲，使之通过对面的偏振器，从而将光反射给观察者。如果要关掉像素，我们可以将电压置于两交叉导体，使分子对齐，从而不再扭曲偏振光。这类平板显示设备可视为**无源矩阵**(passive-matrix)LCD。图形的定义存储在刷新缓存中，以每秒 60 帧的频率刷新屏幕，与发射设备相同。使用固态电

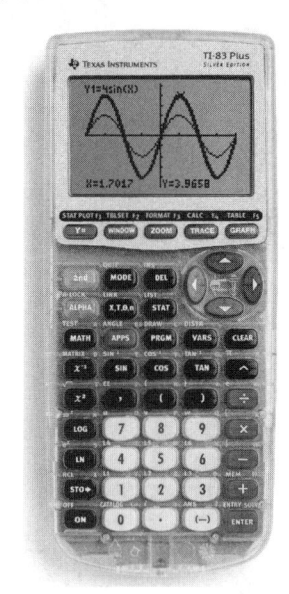

图 2.12 带 LCD 屏幕的计算器
(Texas Instruments 提供)

子设备时，通常也利用背光，因而系统不完全依赖于外部光源。可以使用不同的材料或染料来显示颜色，并在每个屏幕位置放置一个三合一的彩色像素。构成 LCD 的另一种办法是在每个像素位置放置一个晶体管，并采用薄膜晶体管技术。晶体管用来控制像素位置的电压，并阻止液晶单元慢性漏电。这些设备称为**激活矩阵**(active-matrix)显示器。

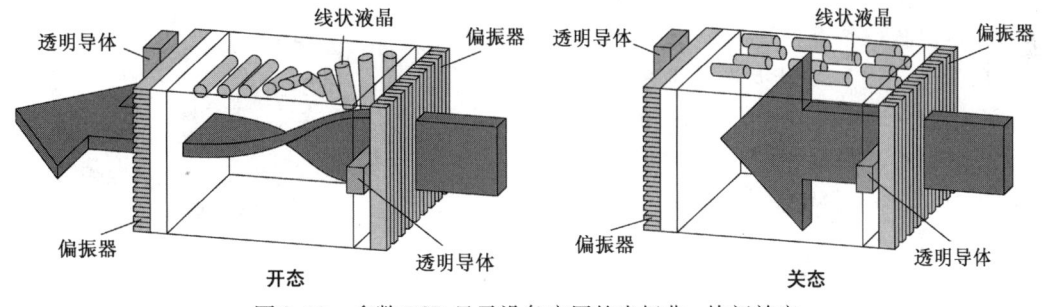

图 2.13 多数 LCD 显示设备应用的光扭曲、快门效应

2.1.6 三维观察设备

显示三维场景的图形监视器的设计，采用了从振动的柔性镜面反射 CRT 图像的技术。此类系统的操作原理如图 2.14 所示。当变焦反射镜振动时改变焦距长度。这些振动是与 CRT 上对象的显示同步的。因此，将该对象上的每一点从镜面反射到空间位置，对应于该点到指定观察位置的距离。这样就允许我们围绕着一个对象或场景行走，并从不同的角度进行观察。

除了显示三维图像，这些系统也能显示选定对象在不同深度横截面的二维"切片"，例如在医学应用中分析来自超声波造影和 CAT 扫描设备的数据；在地质应用中，可以分析地形的地震数据，在设计应用中引入实体对象，以及实现分子系统和地形系统的三维仿真应用。

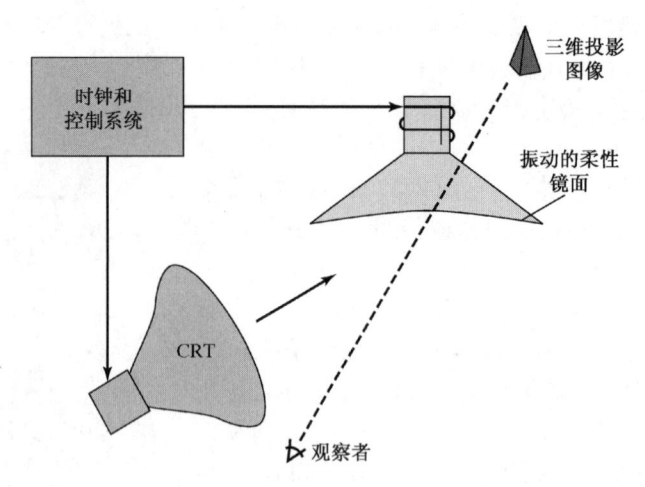

图 2.14 采用振动反射镜的三维显示系统的操作,振动反射镜通过改变焦距长度来匹配场景中点的深度

2.1.7 立体感和虚拟现实系统

表示三维对象的另一种技术是显示具有立体感的视图。这种方法并不生成真实的三维图像,而是为观察者的每只眼睛给出不同的视图来提供三维效果,从而使场景带有深度。

为得到具有立体感的投影,首先需要得到从相对于每只眼睛(左眼与右眼)的观察方向上产生的有关场景的两个视图。可以通过指定不同的观察位置,并由计算机生成场景来获得这两个视图,或者用一对立体照相机拍摄某些对象或场景来获得这两个视图。当我们同时用左眼得到左视图、用右眼得到右视图时,则两个视图合成为单个图像,并感觉到场景带有深度。

产生立体感效果的途径之一是使用光栅系统在不同的刷新周期交替显示两种视图。通过眼镜观察屏幕,每个镜片设计成高速交替的快门,这种快门能同步阻止另一视图的显示,图 2.15 是使用液晶快门和使眼镜与屏幕视图同步的红外线发射器的一种设计。

立体感视图也是**虚拟现实**(virtual-reality)系统的一个组成部分。用户可以步入场景并同环境进行交互。带有生成立体感视图的光学系统的头套可用来连接交互输入设备,从而定位并操纵场景中的对象。头套内的传感系统跟踪观察者的位置,以便在观察者"走进"并同显示进行交互时,能看见对象的正面和背面。另一种生成虚拟环境的方法是使用投影仪在布局好的墙上生成场景,观察者使用头套和戴在右手的数据手套同虚拟场景进行交互(参见 2.4 节)。

图 2.15 观察立体感三维场景的眼镜
(XPAND, X6D USA公司提供)

低成本交互虚拟现实环境可以用视频监视器、立体眼镜和头部跟踪设备构建。跟踪设备放置在视频显示设备的顶部,并用来监视头部的运动。因此,对场景的观察位置可跟随头部位置的变化而变化。

2.2 光栅扫描系统

交互式光栅系统通常使用几个处理部件,除了中央处理器(CPU),还使用一个**视频控制器**(video controller)或**显示控制器**(display controller)来控制显示设备的操作。简单的光栅系统的组织结构如图 2.16 所示。其中，帧缓存可以位于系统存储器的任意位置，视频控制器通过访问帧缓存来刷新屏幕。更高级的光栅系统除了使用视频控制器，还使用其他处理器作为协处理器和加速器来完成各种图形操作。

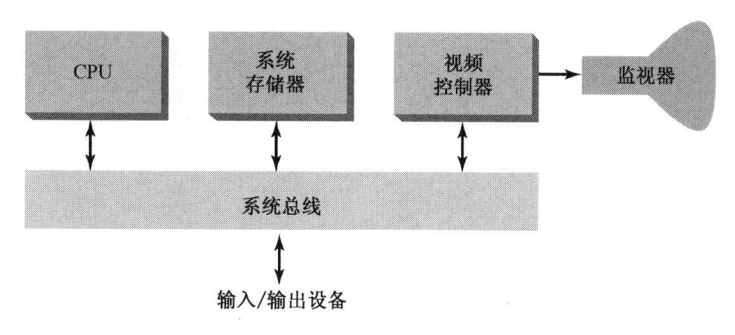

图 2.16　简单的光栅系统的组织结构

2.2.1　视频控制器

图 2.17 给出了常用的光栅系统的组织结构。帧缓存使用系统存储器的固定区域且由视频控制器直接访问。

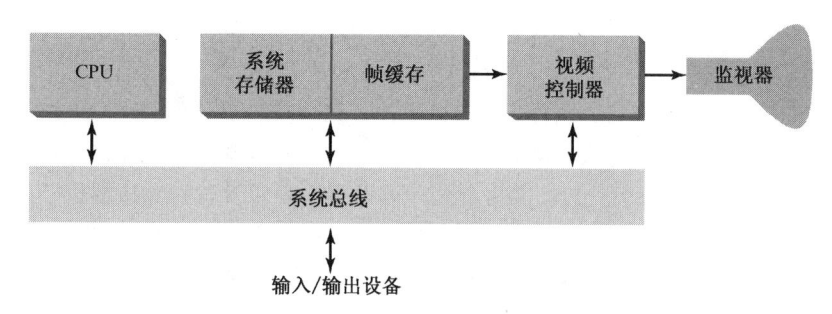

图 2.17　在系统存储器中有固定帧缓存入口的光栅系统的组织结构

帧缓存的位置及相应的屏幕位置均使用笛卡儿（Cartesian）坐标。应用程序使用图形软件包的命令来设定显示对象相对于笛卡儿坐标系原点的坐标位置。尽管在特定系统中我们可以将原点设定在任意方便的位置，但多数情况下将原点定义在屏幕的左下角。图 2.18 给出了一个原点在屏幕左下角的二维笛卡儿坐标参照系。屏幕表面则表示二维坐标系的第一象限，正 x 值向右递增，正 y 值从下到上递增。像素位置用整数 x 从屏幕左边的 0 到右边的 x_{max} 和整数 y 从底部的 0 到顶部的 y_{max} 来赋值。但在屏幕刷新等硬件处理及某些软件系统中，像素位置以屏幕左上角为参考。

图 2.19 给出了视频控制器的基本刷新操作流程。有两个寄存器用来存放屏幕像素的坐标。开始时，对于顶部扫描行，将 x 寄存器置为 0、将 y 寄存器置为顶部扫描行号。存储在帧缓存中该像素对应位置的值被取出，并用来设置 CRT 电子束的强度值。然后，x 寄存器增加 1，并且该过程对顶部扫描线上的下一个像素重复执行，并沿该扫描线对每个像素重复执行。在处理完顶部扫描线的最后一个像素之后，x 寄存器复位为 0，y 寄存器减 1，指向顶部扫描行的下一行。然后，依次处理沿该扫描线的各像素，并且该过程对每条后继的扫描线重复执行。当循环处理完底部扫描线的所有像素后，视频控制器将寄存器复位为最高行扫描线上第一个像素的位置，刷新过程重复开始。

因为屏幕必须按每秒最少 60 帧的频率刷新，所以如图 2.19 所示的简单过程不能使用循环周期太长的 RAM 芯片。为了加速像素处理，视频控制器每次从刷新缓存中取出多个像素值。这些像素强度则存放在单独的寄存器中，用来为一组相邻的像素控制 CRT 电子束的强度。当处理完该组像素后，从帧缓存取出下一组像素值。

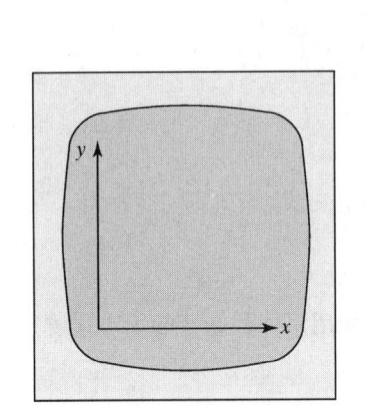

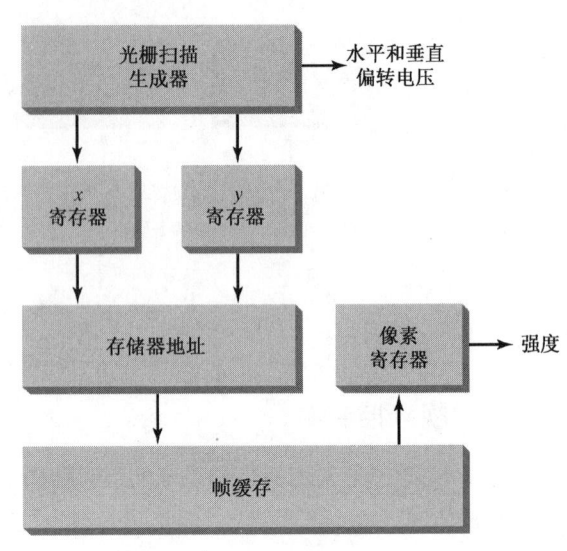

图 2.18　原点在屏幕左下角的二维笛卡儿坐标参照系　　图 2.19　基本的视频控制器刷新操作

视频控制器还能执行一些其他操作。对于多类应用，视频控制器在不同的刷新周期内可以从不同的存储区中取出像素强度值。例如，在高性能系统中，常常提供两个帧缓存，一个缓存用来刷新，另一个以强度值填充。然后，这两个缓存可以互换角色。这种方法提供了生成实时动画的快速机制，因为正在移动的对象的不同视图可以逐一装入刷新缓存中而不用中断刷新周期。同样，视频控制器可以完成像素块的变换。在一个刷新周期内，屏幕区域可以放大、缩小，或从一个位置移向另一个位置。此外，视频控制器常常包含一个查找表，帧缓存中的像素值用来访问查找表，而不是直接控制 CRT 电子束强度。这提供了改变屏幕强度值的快速方法，我们将在第 5 章更详细地讨论查找表。最后，可以将某些系统设计成允许视频控制器将来自摄像机或其他输入设备的输入图像与帧缓存图像进行混合。

2.2.2　光栅扫描显示处理器

图 2.20 给出了建立光栅系统的一种方法，其中包含独立的**显示处理器**(display processor)，有时也指**图形控制器**(graphics controller)或**显示协处理器**(display coprocessor)。显示处理器的用途是使 CPU 从图形的复杂处理中解脱出来。除了系统存储器，还可以提供独立的显示处理器的存储区域。

显示处理器的主要任务是将应用程序给出的图形定义数字化为一组像素强度值，并存放在帧缓存中，这个数字化过程称为**扫描转换**(scan conversion)。扫描转换将给定直线和其他几何对象的图形命令转换为一组与屏幕像素位置对应的离散点。例如，直线段的扫描转换意味着必须确定最接近于直线路径的像素位置，并把每个位置的强度值存入帧缓存。图形定义中其他对象的扫描转换也使用类似的方法。字符可以用如图 2.21 所示的矩形像素点阵进行定义，或者用如图 2.22 所示的曲线轮廓来定义。字符网格矩阵的大小可以从 5×7 到 9×12，对于高质量显示则还要大一些。字符的点阵显示是把矩形点阵模式附加到帧缓存中指定的坐标位置。对于使用曲线轮廓定义的字符，通过确定最接近轮廓的像素位置将字符形状扫描转换到帧缓存中。

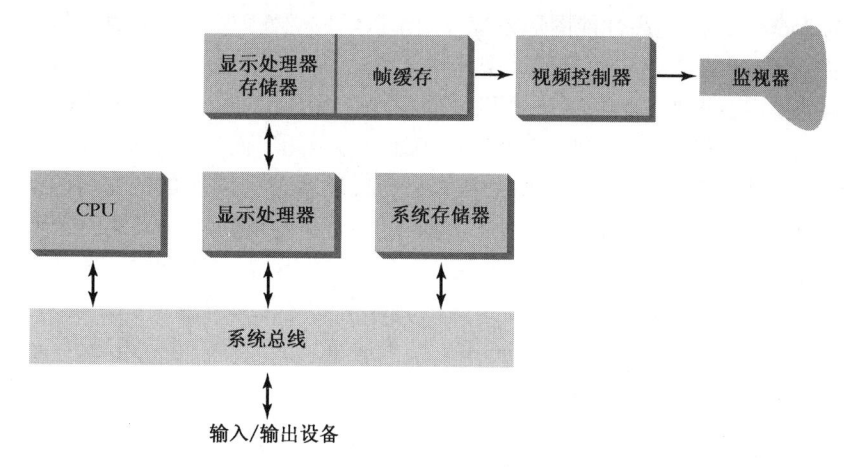

图 2.20 带显示处理器的光栅系统的组织结构

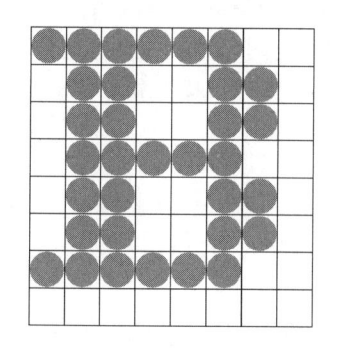

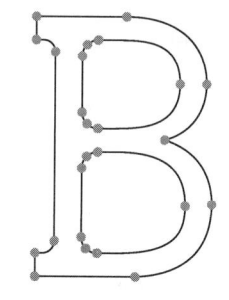

图 2.21 使用矩形像素点阵定义的字符　　图 2.22 使用曲线轮廓定义的字符

显示处理器也能执行某些附加的操作。这些功能包括生成各种线型(虚线、点线或实线)、显示彩色区域，以及对显示对象执行某些变换和管理。显示处理器一般都有与鼠标等输入设备的接口。

为了减少光栅系统中对存储量的需求，使用了将帧缓存组织成链表且对强度信息进行编码的方法。一种实现方法是将每行扫描线作为一组整数对来存储，每对中的一个整数指示强度值，另一个整数设定该扫描线上具有此强度的相邻像素数。这种技术称为**行程长度编码**(run-length encoding)。如果图形几乎都是由每个单色的长行程构成的，则可以节省大量的存储空间。当像素强度变化为线性时，也能采用类似的方法。另一种方法是将光栅按一块块矩形区域编码(**单元编码**，cell encoding)。行程编码的缺点是强度的改变难以记录，而当行程长度减小时，存储量开销急剧增加。此外，当包括许多短行程时，显示控制器很难处理光栅。由于存储器成本的急剧下降，帧缓存的大小已不再是主要的考虑因素。然而，编码方法可用于数字存储器和图像信息的传递。

2.3 图形工作站和观察系统

目前，大多数图形监视器以光栅扫描显示的方式工作，一般使用 CRT 或平板系统。图形系统的范围从小型通用计算机系统到多监视器及超大幅面观察屏幕。个人计算机的屏幕分辨率从 640×480 到 1280×1024，屏幕对角线从 12 英寸到 21 英寸。多数通用系统的彩色显示能力相当强，许多具备全彩色功能。为图形应用专门设计的桌面工作站的屏幕分辨率从 1280×1024 到 1600×1200，屏幕对角线为 18 英寸或更大些。商用工作站常配套专门应用的各种设备。

分辨率为2560×2048的高性能图形系统常用于医学成像处理、空中交通控制、仿真和CAD。许多高端图形工作站也配有指定性能的大型观察屏幕。

多板显示屏幕用在需要"墙幅面"观察区域的各种应用中。这些系统专为会议、学术交流、集会、交易展示、百货商店、博物馆和旅客候机厅等地方显示图形而设计。多板显示用于给出单个场景的大幅面显示或多个独立图像。系统中每一块板显示整个图形的一部分。彩图7给出了NASA控制塔模拟器(用于训练和测试解决机场空中交通和跑道问题的方法)的360°观察系统。大幅面、曲面式屏幕系统在彩图8所示的许多人一起研究特定图形应用时特别有用。配有一组标准监视器的控制中心允许操作员观察大幅面显示的各个部分并通过触摸屏菜单来控制语音、视频、灯光及投影系统。系统投影机提供了不常见的多通道显示，其中包括边融合、变形校正和彩色平衡。环绕音响系统用来提供语音环境。

2.4 输入设备

可用于图形工作站数据输入的设备有很多种。多数系统有一个键盘和一个或多个专门为交互输入而设计的其他设备。这些设备包括鼠标、跟踪球、空间球和操纵杆。适合特殊应用的其他输入设备有数据手套、数字化仪、旋钮、按钮盒、触摸板、图像扫描仪和语音系统。

2.4.1 键盘、按钮盒和旋钮

图形系统的字母数字**键盘**(keyboard)主要用于录入文本串、发布一定的命令和选择菜单项。键盘是输入那些与图形显示有关的图形标记等非图形数据的高效设备。键盘也能用来进行屏幕坐标的输入、菜单选择或图形功能选择。

光标控制键和功能键是通用键盘的组成部分。功能键允许用户以单一击键来输入常用的操作，而光标控制键可用来选择显示的对象，或通过定位屏幕光标来确定坐标位置。除了用来快速输入数值数据的数字键盘，键盘上可以包含其他类型的光标定位设备，如跟踪球或操纵杆。此外，某些键盘按人体工程学原理进行设计，可以减少操作员的疲劳。

对于某些特殊任务，图形应用的输入可能来自一组按钮、旋钮，或者是选择数据值或自定义的图形操作的开关。按钮和开关常用来输入预定的功能，而旋钮是用于输入标量值的常用设备，某些定义范围内的实数可以通过旋钮的旋转来选择输入。首先用电压计量器来测量旋钮的旋转量，然后再转变为相应的数值。

2.4.2 鼠标设备

鼠标(mouse)是一个通过在平板上移动而给光标定位的小型手持盒。鼠标顶部通常有一个或多个按钮，用来向计算机发出某些操作的选择信号；而鼠标底部的转轮或滚轮可用来记录移动的总量和方向。另一种检测鼠标运动的办法是使用光学感应器。某些光学鼠标在特殊的有水平线和垂直线网格的鼠标衬板上移动。光学感应器检测跨越网格线的移动量。另一些光学鼠标可在任意的表面上工作，有的无线鼠标通过数字无线电技术与计算机进行通信。

由于鼠标可以在某一位置提起并在另一位置放下却不会使光标移动，因而鼠标可用于控制屏幕光标位置的相对变化。鼠标顶部通常有一个、两个或三个按钮，用来给出某些操作的执行信号，如记录光标位置或调用某个功能。现在，多数通用图形系统以鼠标和键盘作为主要的输入设备。

基本的鼠标设计中也可以包括一些附加设备，从而增加允许的输入参数数量和鼠标的功能。图2.23中的Logitech G700无线鼠标设计中具备13种可独立编程的输入控制功能。每一种输入可配置来完成从传统的单击输入到包括多键、鼠标事件和预编程的操作间延缓等多种宏操作功能。基于激光的光学感应器可用来控制鼠标的敏感度，从而可在对光标移动的不同等级控制下使用鼠标。另外，鼠标可保持 5 种配置格式，以便在应用改变时转换配置。

2.4.3 跟踪球和空间球

跟踪球(trackball)是一个球设备，可以通过手指或掌心对其旋转而使屏幕光标移动。与球相连的电压计量器测量球的旋转量和方向。笔记本电脑的键盘中常配有跟踪球来取代鼠标所需的空间。跟踪球也可以安装在其他设备上，或作为包含两个或三个控制键的附加部件。

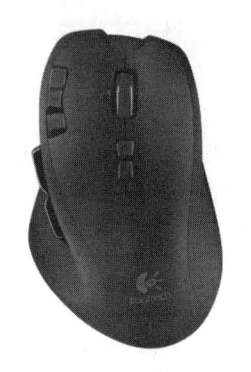

图 2.23 一个设计有多种可编程控制的无线鼠标(Logitech公司提供)

空间球(spaceball)是二维跟踪球概念的扩展，它提供了 6 个自由度。与跟踪球不同的是，空间球实际并不移动。当在不同方向上推拉球时，张力标尺测量施加于空间球的压力，从而提供空间定位和方向的输入。空间球用于虚拟现实系统、建模、动画、CAD 和其他应用中的三维定位与选择操作。

2.4.4 操纵杆

操纵杆(joystick)是另一类定位设备，它由小的垂直杆(称为手杆)安装在一个基座上构成。操纵杆用于操纵屏幕光标。多数操纵杆以杆的实际移动来选择屏幕位置，而其他操作则根据杆上的压力进行选择。有些操纵杆安装在键盘上，有些则作为独立的部件进行设计。

手杆从其中心位置向任意方向移动的距离对应于屏幕光标向该方向的移动量。安装在操纵杆底部的电压计量器用来测量移动量，弹力将被释放的手杆弹回到中心位置。可以通过编程将一个或多个按钮用作输入开关，从而在选定屏幕位置时给出某些操作信号。

在另一类可移动操纵杆中，手杆用来激活开关，从而引起屏幕光标在选定方向上以恒定速度移动。有时提供 8 个开关并排成一圈，从而可以使用手杆选择 8 个方向中的任意方向来移动光标。压力感应式操纵杆[也称**等轴操纵杆**(isometric joystick)]有一个不可移动的手杆。由张力标尺测量施于手杆的压力或拉力，并将其转换为指定方向的屏幕光标移动量。

2.4.5 数据手套

数据手套(data glove)是一种可以套在用户手上并用来抓取"虚拟对象"的设备。手套由一系列检测手和手指运动的传感器构成。发送天线和接收天线之间的电磁耦合用来提供手的位置和方向等信息。发送和接收天线各由一组三个互相垂直的线圈构成，形成三维笛卡儿坐标系。来自手套的输入可用来定位或操纵虚拟场景中的对象。该场景的二维投影可在视频监视器上观察，而三维投影则使用头套观察。

2.4.6 数字化仪

数字化仪(digitizer)是绘画、着色或交互式选择坐标位置的常用设备。这类设备可用来输入二维或三维空间的坐标值。在工程和建筑应用中，数字化仪常用来描绘一张工程图或一个对象并输入一组离散的坐标位置。这些输入位置按直线段相连来逼近曲线或表面形状。

图形数据板(graphics tablet，也称数据板)是一种数字化仪，用来在平板表面选定位置时，通过手持光标或触笔激活二维坐标的输入。手持光标使用交叉发丝指示位置，而触笔是在数据板上指示位置的笔形设备。数据板的尺寸有许多种，台式为 12 英寸 × 12 英寸，落地式可为 44 英寸 × 60 英寸或更大些。图形数据板提供选择坐标位置的高精度方法，精度可从台式的约 0.2 mm 到较大型号的约 0.05 mm 或更小。

许多图形数据板是在板表面铺设矩形网格线而构成的。沿金属线生成电磁脉冲序列，激活触笔或手持光标，在线圈内感应出电信号，从而记录数据板的位置。采用这种技术，可按信号强度、编码脉冲或相移来确定在数据板上的位置。

声学(acoustic)或声音(sonic)数据板利用声波来检测触笔位置。可以使用条式麦克风或点式麦克风检测来自触笔端的电火花发出的声音。触笔的位置由其声音到达不同麦克风的时间来计算。二维声学数据板的好处是，麦克风可放置在任何表面位置以形成数据板工作区域。例如，可将麦克风放在一张书页上，从而在手指碰到该页时对其进行数字化。

三维数字化仪使用声音或电磁传播来记录位置。电磁传播的方法之一与数据手套所使用的方法相类似：发送器和接收器之间的耦合用来计算触笔在对象表面移动时的位置。在非金属物体表面选择点的时候，表面的线框轮廓显示在计算机屏幕上。一旦形成表面轮廓，可以利用光照效应进行绘制，从而产生该物体的逼真显示。

2.4.7 图像扫描仪

工程图、表格、照片或文本可以使用**图像扫描仪**(image scanner)中的光学扫描装置通过扫描来存入计算机。灰度或彩色等级被记录成一个阵列。一旦获得了图形的内部表示，就可以施加变换、旋转、按比例缩放等操作，或者剪辑该图形使之适合特定的屏幕区域。我们也可以使用各种图像处理方法，从而修改该图形的阵列表示。对于扫描输入的文本可以进行各种编辑操作。扫描仪有不同的尺寸和功能，包括小型的手持扫描仪、鼓式扫描仪和平板式扫描仪。

2.4.8 触摸板

顾名思义，**触摸板**(touch panel)允许用手指触摸来选择显示的物体或屏幕位置。触摸板的典型应用是对用图形符号菜单表示的处理选项进行选择。有些监视器设计成具有触摸屏功能。其他一些系统则通过在视频监视器的屏幕上贴上一个透明的、有触感机能的设备来进行触摸输入。触摸输入可以使用光学、电子或声学方法进行记录。

光学触摸板在沿框的一条垂直边和一条水平边上各使用一行红外线发光二极管(LED)，而相对的垂直边和水平边分别安置光电探测器。这些感应器用来记录当触摸到板面时，实际打断了哪些光束。被打断的两条交叉光束确定所选屏幕位置的水平和垂直坐标。当前选择的位置精度约为 1/4 英寸。对于密排的 LED，有可能同时打断两条水平光束或两条垂直光束。此时，则记录两条被打断光束之间的平均位置。LED 工作在红外线频率上，因而对用户来说这种光是不可见的。

电子触摸板由相互之间有一较小距离的两块透明板构成。其中一个板面涂以导电材料，另一个板面涂以电阻材料。当外面一块被触摸时会触及里面一块，这将引起沿电阻板的电压降低，该压降转换为所选屏幕位置的坐标值。

在声学触摸板中，沿一块玻璃板的水平方向和垂直方向产生高频声波。触摸屏幕引起每个声波的一部分从手指反射到发射器。接触点的屏幕位置通过测量每个声波发送与反射到发射器的时间间隔进行计算。

2.4.9 光笔

光笔(light pen)是一种通过检测来自 CRT 屏幕上某一点的光来选定屏幕位置的笔式设备。它们对电子束打到特定点时荧光层瞬时发射的突发光很敏感。但光笔检测不到房间里的背景光等其他光源。如果正在工作的光笔指向屏幕上正被电子束点亮的点,则生成一个电子脉冲,从而记录该电子束的坐标位置。当光笔作为光标定位设备使用时,记录的光笔坐标可用来定位对象或选择处理选项。

虽然现在光笔仍有人使用,但它们不再像以前那样流行。因为同其他已开发的输入设备相比较,光笔有其不足之处。其一,当光笔指向屏幕时,手和笔将遮挡屏幕图像的一部分。而且长时间使用光笔,会造成手臂的疲劳。对于某些应用,光笔需要经过特殊的加工,因为它们不能检测黑暗区域内的位置。为了使光笔能选择任何屏幕区域的位置,我们应该将每个屏幕像素设定为一些非零亮度;另外,有时因房间发光背景的影响,光笔会产生误读现象。

2.4.10 语音系统

语音识别器在某些图形工作站中是用于接收声音命令的输入设备。**语音系统**(voice system)的输入可用于图形操作的初始化或输入数据。这些系统通过将输入与预定义的字典中的单词和词组进行匹配来进行识别。

字典通过重复多次读出命令单词而建立。系统分析每一个单词并将单词的频率模式与将要执行的相应功能一起放到字典中。然后,在给出一个语音命令时,该系统检索字典中与其匹配的频率模式及其对应的内容。对每一个使用该系统的用户有必要建立一个单独的字典。一般对着安装在耳机上的麦克风进行语音输入。麦克风设计成将其他背景声音的输入降为最小。语音系统具有某些优于其他输入设备的长处,因为在输入命令时,操作员的注意力不需要从一个设备切换到另一个。

2.5 硬拷贝设备

我们可以使用几种格式来获得图像的硬拷贝输出。为了演示或存档,可以将图像文件传送到生成投影胶片、35 mm 幻灯片或电影胶片的设备与服务部门。也可将图形输出到打印机或绘图仪上,从而在纸上打印出图像。

输出设备生成图像的质量依赖于可显示的点的大小和每英寸的点数或每英寸的行数。为了打印精细的图像,高质量的打印机要移动点的位置,使相邻点之间有部分重叠。

打印机以击打式或非击打式打印方式产生输出。击打(impact)式打印机隔着色带将某种格式的字符压在纸上。行式打印机是击打设备的一个例子,其字样安装在色带、链条、磁鼓或滚轮上。非击打(nonimpact)式打印机和绘图仪使用激光技术、喷墨技术、静电方式和热转印方式把图像打印在纸上。

字符击打式打印机常常有一个点阵(dot-matrix)打印头,其中包含矩形阵列结构的一组伸出的金属针,针的总数决定着打印机的质量,打印单个字符或图案时,可以缩回某些针而让余下的针进行打印。图 2.24 给出了用点阵打印机打印的图像。

图 2.24 点阵打印机打印的图像,展示如何通过改变点图案的密度来生成明暗区域(Apple Computer公司提供)

在激光（laser）设备里，激光束在涂覆光电材料（如硒）的旋转鼓上建立电荷分布。调色剂施加于旋转鼓，然后转印到纸上。喷墨（ink-jet）法产生的输出，是沿着裹在鼓上的纸卷，逐行水平地将墨水喷于纸上而实现的。带有电荷的墨水流受到电场影响而偏转，从而产生点阵图案。静电（electrostatic）设备每次一整行地将负电荷置于纸上。然后，这张纸将面对带正电荷的调色剂曝光。这使得调色剂附加到负电荷区域，从而产生指定的输出。热转印（electrothermal）打印是另一种输出技术。该系统将点阵打印头加热，在热感应纸上输出图案。

采用不同颜色的色带，可以在击打式打印机上得到有限的彩色输出。非击打式设备利用各种技术，组合三种彩色颜料（青、品红和黄）来产生一定范围的彩色图案。激光和复印设备分几次沉积三种颜料，喷墨法则将三种颜料沿每个打印行同时喷射在纸上。

布局草图和其他工程图一般由喷墨或笔式绘图仪生成。笔式绘图仪中的一支或多支笔安装在横跨纸的笔架或滑杆上，各种颜色和不同粗细的笔用来产生各种阴影和线型。湿墨水笔、圆珠笔和毡尖笔都可用于笔式绘图仪。绘图仪的纸可以铺在平板上或卷在旋转鼓及色带上。滑杆可以是移动的或固定的，笔可以沿杆前后移动。纸的定位通过使用夹板、真空或静电荷来保持。

2.6 图形网络

到目前为止，我们主要考虑了单用户独立系统中的图形应用。但是，多用户环境和计算机网络是目前许多图形应用的普遍特点。处理器、打印机、绘图仪和数据文件等许多资源都分布在网络中并为多个用户所共享。

图形监视器在网络中一般称为**图形服务器**（graphics server），或简称**服务器**。通常，监视器包含标准的输入设备，如一个键盘和一个鼠标或跟踪球。此时，该系统除了作为一个输出服务器，还可以输入信息。网络上正在运行图形应用程序的计算机称为**客户**（client），其程序的输出在服务器上显示。包含处理器、监视器和输入设备的工作站可以完成服务器和客户两种功能。

在网络上工作时，客户计算机可以向监视器（服务器）发送要求显示一个图形的指令。一般要将指令打包后传送，而不是在网络上逐条地传递指令。因此，图形软件包除了有生成图形的命令，还会包含与打包传送有关的命令。

2.7 因特网上的图形

现在，大量的图形开发工作在全球性计算机网络——**因特网**（Internet）上进行。因特网上的计算机使用传输控制协议/网际互连协议（TCP/IP）进行通信。**万维网**（World Wide Web）提供了超文本系统，使用户可以放入或阅读包含文本、图形和视频的文档。图形文件等资源由统一资源定位器（uniform resource locator，URL）来识别。每个 URL 包含两个部分：(1) 传送文档的协议；(2) 包含文档和可选的服务器位置（目录）的服务器。例如，URL http://www.******.org 指出要用超文本传输协议（hypertext transfer protocol，http）传送一个文档，并且服务器是 www.******.org。URL 的另一种常用类型以"ftp://"开头。这表明一个可以使用文件传输协议（file-transfer protocol，FTP）下载程序和其他文件的"ftp 场所"。

因特网上的文档可用超文本标记语言（hypertext markup language，HTML）来组织。HTML 提供了一种简单方法来描述文本、图形和对其他文档的引用（超链接）。尽管使用 HTML 和 URL 寻址可以找到资源，但在因特网上寻找信息还是很困难的。因此，美国超级计算应用国家中心（National Center for Supercomputing Application，NCSA）开发了一个称为 Mosaic 的浏览器，可以使用户比较容易地查找 Web 资源。Mosaic 浏览器后来发展成为 Netscape Navigator。接下来，Netscape Navigator 又促进了 Mozilla 浏览器系列的著名成员 Firefox 的诞生。

超文本标记语言（HTML）提供了一种在因特网上开发图形应用的简单方法，但其功能有限。因此，其他一些用于因特网图形应用的语言也已开发出来，第 3 章将讨论这些语言。

2.8 小结

在这一章中，我们简要介绍了计算机图形系统的主要硬件和软件的配置。硬件部分有视频监视器、硬拷贝输出设备、各种输入设备及与虚拟环境交互的部件。

基于电视技术的光栅刷新监视器是主流的显示设备。光栅系统使用帧缓存来存储每一屏幕位置（像素）的颜色值。CRT 电子束从上到下扫描屏幕每一行时从帧缓存（也称为刷新缓存）中取出这些信息，从而在屏幕上画出图形。老式的向量显示器通过在指定的端点之间画出直线段来构成图形。图形以一组画线指令的形式存放。

现在已经出现了许多其他的视频显示设备。尤其是平板显示技术正在快速发展，而这些设备现在已应用于包括台式计算机和笔记本电脑的各种系统中。等离子和液晶设备是平板显示器的两个例子。其他的技术有三维和立体观察系统等。虚拟现实系统使用立体显示头套或标准的视频监视器。

对于图形输入，可以选择的设备很多。键盘、按钮盒和旋钮用于输入文字、数值或程序选项。鼠标是最流行的"指点"设备，而跟踪球、空间球、控制杆也用来对屏幕光标进行定位。在虚拟现实环境中经常使用数据手套。其他一些输入设备有图像扫描仪、数字化仪、触摸板、光笔和语音系统。

图形工作站的硬拷贝设备包括标准打印机和绘图仪，还有能生成幻灯片胶片和电影胶片输出的设备。打印方法包括点阵、激光、喷墨、静电和热转印。图表可用喷墨式绘图仪或混合打印-绘图功能的设备生成。

参考文献

电子显示器的一般处理可参见 Tannas（1985）和 Sherr（1993）。在 Depp and Howard（1993）中讨论了平板设备。关于光栅图形结构的其他信息可参见 Foley et al.（1990）。三维和立体显示的讨论请参见 Johnson（1982）和 Grotch（1983）。头套显示器和虚拟现实环境在 Chung et al.（1989）中讨论。

练习题

2.1 列出下列显示技术的工作特性：光栅刷新系统、向量刷新系统、等离子体显示板和 LCD。

2.2 列出前一练习题所描述的每种显示技术适合的某些应用。

2.3 如果使用读者系统中的视频监视器，请确定 x 和 y 方向上的分辨率（每厘米像素数）。确定纵横比，并说明该系统怎样保持对象的相对比例。

2.4 考虑三个不同的光栅系统，分辨率依次为 800×600、1280×960、1680×1050。如果每个像素存储 16 位，那么这些系统各需要多大的帧缓存（字节数）？如果每个像素存储 32 位，这些系统各需要多大的存储量？

2.5 假设RGB光栅系统的设计采用8英寸×10英寸的屏幕,每个方向的分辨率为每英寸100个像素。如果每个像素占6位,并存放在帧缓存中,则帧缓存需要多大的存储量(字节数)?

2.6 如果每秒能传输10^5位,每个像素有16位,则装入800×600的帧缓存需多长时间?若每个像素有32位,分辨率为1680×1050,用同样的传输速率装入帧缓存要多长时间?

2.7 假设计算机字长为32位,传输速率为1 mip(每秒100万条指令)。如果使用300 dpi(每英寸点数)的激光打印机,那么在页面大小为8.5英寸×11英寸时,要填满帧缓存需要多长时间?

2.8 考虑分辨率为800×600和1680×1050的两个光栅系统。若显示控制器刷新屏幕的频率为每秒60帧,那么在各个系统中,每秒应访问多少个像素?各个系统访问每个像素的时间是多少?

2.9 假设视频监视器的显示区域为12英寸×9.6英寸。如果分辨率是1280×1024,纵横比为1,屏幕上每一点的直径是多少?

2.10 有一种光栅系统的分辨率为1680×1050,刷新频率为每秒30帧。在屏幕刷新期间,横向扫描每行像素需要多长时间?

2.11 考虑一个非隔行光栅监视器,分辨率为$n×m$(m行扫描行,每扫描行有n个像素),刷新频率为每秒r帧,水平回扫时间为t_{horiz},而垂直回扫时间为t_{vert}。那么电子束回扫时的开销占每帧总刷新时间的多少(分数)?

2.12 一个非隔行光栅系统,分辨率为1680×1050,刷新频率为65 Hz,水平回扫时间是4 μs,垂直回扫时间是400 μs,则电子束回扫的开销占每帧总刷新时间的多少(分数)?

2.13 假设某种全彩色(每像素24位)RGB光栅系统有1024×1024的帧缓存,那么可以使用多少种不同的颜色选择(亮度等级)?在任意时刻可以显示多少种不同的颜色?

2.14 使用变焦镜的三维监视器与立体感系统相比的优点和缺点是什么?

2.15 列出在虚拟现实系统中使用的输入和输出部件。然后说明用户如何与使用不同的输出设备(如二维和立体感监视器)显示的虚拟场景进行交互?

2.16 说明虚拟现实系统如何用于设计应用。虚拟现实系统还可应用于其他什么方面?

2.17 列出大屏幕显示的几种应用。

2.18 说明为程序员设计的通用图形系统和作为专门应用的、为建筑设计而开发的软件包有什么不同?

附加综合题

2.1 在本课程中,为了体会每一章的概念,你需要设计并逐步构建一个图形应用。在阅读第1~2章后,你应该对计算机图形学的应用类型有一个基本认识。伴随本课程的阅读,尝试构想关于你有兴趣开发的一个或多个特定应用的思路。注意将本书每一章包含的技术结合进去,并反映出你对实现这些概念的替代方法的理解。为此,选择的应用既要足够简单,以便让你能在适当的时间里真正实现;又要足够复杂,以便能体现本书中的每一个相关概念。某种视频游戏是一个很好的例子,用户可以在其中与虚拟环境交互,该虚拟环境在初期可以使用二维显示,以后再使用三维显示。所考虑的概念包括各种形态(有的简单,有的复杂到包含曲面等)的二维和三维对象、对象表面的复杂绘制、各种光照技术和某些类型的动画。随着从本课程内容中获得更多知识,写出至少包含3~4个可以在后续章节中实现的思路报告。注意,一类应用可能比其他应用更适合展示某个特定概念。

2.2 从你所使用系统的说明书中找出图形控制器和显示设备的图形性能。记录如下信息：
- 图形控制器能绘制的最大分辨率是多少？
- 显示设备的最大分辨率是多少？
- 图形控制器包括什么样的硬件？
- GPU 的时钟速度是多少？
- 图形存储器的容量有多大？

如果你有一个比较新的系统，你未必会将该图形设备投入到本书的应用开发中。但是，了解你的图形系统的性能，将让你知道它能做多少事。

第 3 章 计算机图形软件

图形软件有两个大类：专用软件包和通用图形编程软件包。专用软件包是为非程序员设计的，用于在某些应用中生成图形、表格，而不必关心显示所需的图形函数。专用软件包的接口通常是一组菜单，用户通过菜单用自己的术语与程序进行通信。这类应用的例子包括艺术家绘画程序和各种建筑、商务、医学及工程 CAD 系统。相反，通用图形编程软件包提供一个可用于 C、C++、Java 或 FORTRAN 等高级程序设计语言的图形函数库(简称图形库)。典型的图形函数库中的基本函数用来描述图元(直线、多边形、球面和其他对象)、设定颜色、选择观察的场景及进行旋转或其他变换等。通用图形编程软件包有 GL(Graphics Library)、OpenGL、VRML(virtual-reality modeling language，虚拟现实建模语言)、Java 2D 和 Java 3D 等。由于图形函数库提供了编程语言(如 C++)和硬件之间的软件接口，因此这一组图形函数称为**计算机图形应用编程接口**(computer-graphics application programming interface，CG API)。在我们使用 C++ 编写应用程序时，可以使用图形函数组织图形并将其显示在输出设备上。

3.1 坐标表示

使用通用图形编程软件包(简称图形软件包)生成图形时，首先需要给出显示对象的几何描述。该描述确定对象的位置和形状。例如，一个立方体由它的顶点位置来描述，一个球由其中心位置和半径来定义。除了少数的例外情况，图形软件包要求在标准的、右手系的笛卡儿坐标参照系(参见附录 A)中给出几何描述。如果一个图形的坐标值是在某个其他参照系(球面坐标、双曲坐标等)中指定的，那么必须先将其转换为笛卡儿坐标再输入图形软件包。某些针对专门应用的图形软件包允许采用适合该应用的其他坐标系。

通常，在构造和显示一个场景的过程中会使用几个不同的笛卡儿坐标参照系。首先在各自的参照系中构造每一对象(比如树或家具)的形状。这些参照系称为**建模坐标系**(modeling coordinate)，有时也称为**局部坐标系**(local coordinate)或**主坐标系**(master coordinate)。一旦指定了单个对象的形状，我们可将对象放到称为**世界坐标系**(world coordinate)的场景参照系中的适当位置。这一步涉及从单独的建模坐标系到世界坐标系的指定位置和方向的变换。作为一个例子，我们可以在各个独立的建模坐标系中定义自行车的零件(车轮、车架、坐垫、车把手、齿轮、链条、踏板等)，然后将这些零件在世界坐标系中装配起来。如果两个车轮尺寸相同，我们只需在局部坐标系中定义一个车轮。该车轮将装配到世界坐标系的两个位置。如果场景不是很复杂，那么对象的各部分可以直接在世界坐标系中建立，从而跳过建模坐标和建模变换两步。在建模坐标系和世界坐标系中可以使用任何浮点数或整数值来给出几何描述，而不受特定输出设备的约束。对于某些场景，可能要用一英尺的分数值来指定物体尺寸；而对于其他的应用场合，我们可能要用毫米、千米或光年等单位。

在描述好场景的所有部分之后，要将该场景的世界坐标系经各种处理变换到一个或多个输出设备参照系来显示。这个过程称为**观察流水线**(viewing pipeline)。世界坐标系的位置首先转换到与我们要对场景进行观察所对应的观察坐标系，该转换依据假想照相机的位置和方向来进行。然后，对象位置变换到该场景的一个二维投影，该投影对应于我们在输出屏幕上看到的结果。然后将该场景存入**规范化坐标系**(normalized coordinate)，其坐标范围从 −1 到 1 或从 0 到 1，这取决于不同的系统。规范化坐标系也称为规范化设备坐标系，使用该表示可使图形软件包与任何特定输出设备的坐标范围无关。我们还要识别可见面并清除在显示设备上观察边界之外的图形部分。最后，图形经扫描转换到光栅系统的刷新缓存中进行显示。显示设备的坐标系称为**设备坐标系**(device coordinate)，或对视频监视器而言称为**屏幕坐标系**(screen coordinate)。规范化坐标系和屏幕坐标系都是左手系，即离开 xy 平面（屏幕或观察平面）的正距离增加方向可解释为远离观察位置而去。

图 3.1 给出了对于一个三维对象从建模坐标系到设备坐标系的变换序列。图中初始的建模坐标系位置 (x_{mc}, y_{mc}, z_{mc}) 变换为世界坐标系，接着是观察坐标系和投影坐标系，然后是左手、规范化设备坐标系，最后变换为设备坐标系位置 (x_{dc}, y_{dc})，其序列为

$$(x_{mc}, y_{mc}, z_{mc}) \rightarrow (x_{wc}, y_{wc}, z_{wc}) \rightarrow (x_{vc}, y_{vc}, z_{vc}) \rightarrow (x_{pc}, y_{pc}, z_{pc})$$
$$\rightarrow (x_{nc}, y_{nc}, z_{nc}) \rightarrow (x_{dc}, y_{dc})$$

对于特定的输出设备，设备坐标 x_{dc} 和 y_{dc} 是整数，范围为 $(0, 0)$ 到 (x_{max}, y_{max})。除了观察表面的二维坐标 (x_{dc}, y_{dc})，还保存每一设备坐标位置的深度信息，用于各种可见性和面处理算法。

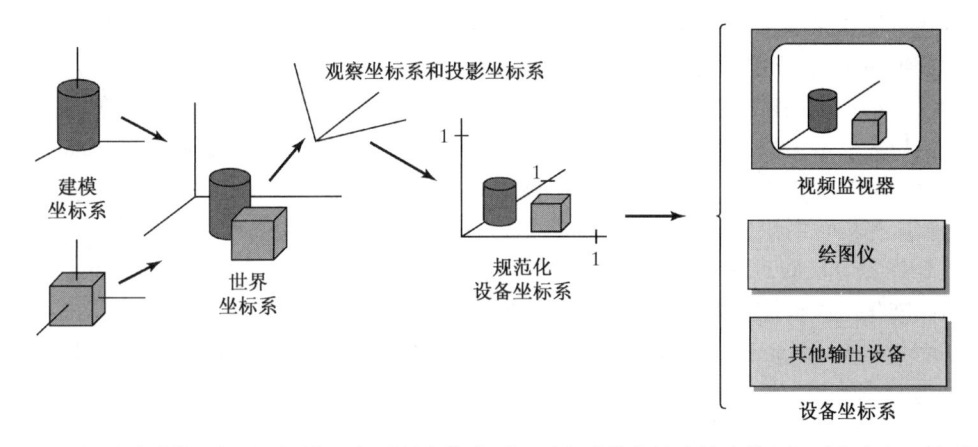

图 3.1 三维场景从建模坐标系到设备坐标系的变换序列。对象形状在单独的建模坐标系中定义。然后该形状定位到总的世界坐标系场景内。接着，世界坐标系又变换到观察坐标系和投影坐标系，然后是规范化设备坐标系。最后一步，独立的设备驱动器将该场景的规范化坐标表示变换到输出设备，并进行显示

3.2 图形功能

图形软件包为用户提供建立和管理图形的各种功能。这些子程序可以按照它们处理输出、输入、属性、变换、观察、图形分割或一般的控制而进行分类。

图形的基本构造块称为**图形输出图元**(graphics output primitive)，其中包括字符串和几何成分，如点、直线、曲线、填充区（通常为多边形）及由彩色阵列定义的形状。此外，有些图形软件包提供关于复杂形体（如球体、锥体和柱体）的显示函数。生成输出图元的函数提供了构造图形的基本工具。

属性(attribute)是输出图元的特性。也就是说，属性描述一个特定图元是怎样显示出来的，包括颜色设定、线型或文本格式及区域填充图案等。

我们可以使用**几何变换**(geometric transformation)来改变场景中一个对象的大小、位置或方向。某些图形软件包给出一组函数实现**建模变换**(modeling transformation)，将建模坐标系中给出的对象描述组织成场景。这些软件包通常提供描述复杂对象（如电子线路或自行车）的树形结构。另外一些软件包仅简单地提供几何变换函数，而将建模细节留给了程序员。

利用对象形状及其属性的描述函数构造场景之后，图形软件包将选定视图投影到输出设备。**观察变换**(viewing transformation)用来指定将要显示的视图、使用的投影类型及在输出显示区域出现的范围。另有一些函数通过指定位置、大小和结构来管理屏幕显示范围。对于三维场景，还要判定可见对象并应用光照条件。

交互式图形应用使用多种输入设备，如鼠标、数据板或操纵杆。**输入函数**(input function)用于控制和处理来自这些交互设备的数据流。

有些图形软件包也提供将一个图形描述分割成一组命名的组成部件的函数。另外有一些函数以各种方式管理这些图形部件。

最后，图形软件包常常包含许多事务性任务，如将显示屏变成指定颜色及对参数进行初始化。我们可以将这类处理事务性任务的功能归入**控制操作**(control operation)类。

3.3 软件标准

标准化图形软件包的最主要目标是可移植性。当软件包按标准图形功能设计时，软件可以方便地从一个硬件系统移植到另一个，并且用于不同的实现和应用。如果没有标准，那么不经过大量的重新编写，常常不能将一个为硬件系统设计的程序移植到另一个系统。

国际组织和许多国家的标准化组织进行了合作，努力开发能被大家接受的计算机图形标准。在付出了相当大的努力后，最终在 1984 年推出了**图形核心系统**(Graphical Kernel System，GKS)。该系统成为国际标准化组织(International Standards Organization，ISO)和许多国家的标准化组织，包括美国国家标准化组织(American National Standards Institute，ANSI)接受的第一个图形软件标准。虽然 GKS 最初的设计是一个二维图形软件包，但三维 GKS 扩展随后也开发出来。已制定出来并得到标准化组织批准的第二个图形软件标准是**程序员级的分层结构交互图形标准**(Programmer's Hierarchical Interactive Graphics Standard，PHIGS)，它是对 GKS 的扩充。PHIGS 提供了层次式对象建模、颜色设定、表面绘制和图形管理等功能。此后，PHIGS 的扩充称为 PHIGS +，用于提供 PHIGS 所没有的三维表面明暗处理功能。

随着 GKS 和 PHIGS 得到开发，SGI 公司的图形工作站逐渐流行。这些工作站使用称为 **GL**(Graphics Library)的函数集，GL 很快成为图形界广泛使用的图形软件包。因此 GL 成为事实上的图形标准。GL 函数为快速、实时绘制而设计，很快便扩展到其他硬件系统中。结果，作为 GL 的与硬件无关的版本，OpenGL 在 20 世纪 90 年代早期就制定出来。这一图形软件现在由代表许多图形公司和组织的 **OpenGL 结构评议委员会**(OpenGL Architecture Review Board)进行维护和更新。OpenGL 函数库专为高效处理三维应用而设计，但它也能按 z 坐标为零的三维特例来处理二维场景描述。

图形函数定义为独立于任何程序设计语言的一组规范。**语言绑定**(language binding)则是为特定的高级程序语言而定义的。它给出该语言访问各种图形函数的语法。每一个语言绑定以最佳地使用有关的语言功能及处理好数据类型、参数传递和出错等各种语法问题为目标来定义。图形软件包在特定语言中的实现描述由国际标准化组织来制定。OpenGL 的 C 和 C++ 语言绑定也一样如此。OpenGL 的 Java 及 Python 等语言绑定也已经问世。

在本书后面，我们把 OpenGL 的 C 和 C++ 语言绑定作为讨论基本图形概念和图形软件包设计及应用的框架，并且使用 C++ 语言的程序例子来给出 OpenGL 的应用及图形函数的实现算法。

3.4 其他图形软件包

已开发的计算机图形程序库有很多，有些提供通用的图形函数，有些则以专门应用或动画、虚拟现实及因特网图形等计算机图形学的特定应用为目标。

Open Inventor 软件包给出一组用来描述场景的面向对象函数，其描述的场景通过 OpenGL 来显示。虚拟现实建模语言(Virtual-Reality Modeling Language，VRML)最初是 Open Inventor 的一个子集，可用来建立因特网上虚拟世界的三维模型。我们也可以使用为 Java 3D 语言开发的图形库来构造 Web 图形。还可以用 Java 2D 创建 Java applet 中的二维场景，或者使用 Java 3D 生成三维 Web 显示。Pixar 公司的 RenderMan Interface 可用来生成各种光照模型下的场景。最后，Mathematica、MatLab 和 Maple 等另一类系统中也经常提供图形库。

3.5 OpenGL 简介

OpenGL 中提供的函数库用来描述图元、属性、几何变换、观察变换和进行许多其他的操作。如上节所指出的，OpenGL 被设计成与硬件无关，因此输入和输出函数等许多操作均不包括在其基本库中。但在为 OpenGL 开发的辅助库中有输入和输出函数及许多附加函数。

3.5.1 基本的 OpenGL 语法

OpenGL 基本库(也称为 **OpenGL 核心库**)中的函数名要以 gl 为前缀，并且函数名中每一个组成词的第一个字母要大写。下列例子给出了这种命名规范：

  glBegin, glClear, glCopyPixels, glPolygonMode

有些函数要求一个(或多个)变量用符号常量赋值，如参数名、参数的值或特定的模式。所以这些常量均以大写字母 GL 开头。另外，常量名中每一个组成词均采用大写，单词之间用下画线(_)分隔开。下面列出 OpenGL 函数使用的几百个符号常量中的几个例子：

  GL_2D, GL_RGB, GL_CCW, GL_POLYGON, GL_AMBIENT_AND_DIFFUSE

OpenGL 函数也要求专门的数据类型。例如，OpenGL 函数的参数可以要求一个 32 位整数类型的值。但是，不同机器上的整数描述范围可能有所不同。OpenGL 采用专门的内置数据类型名来描述数据类型，例如，

  GLbyte, GLshort, GLint, GLfloat, GLdouble, GLboolean

每个数据类型名以大写字母 GL 开头，名字中其余部分是用小写字母表示的标准数据类型名。

OpenGL 函数的某些变量可以采用数组赋值，从而列出一组数据的值。这是作为指向数组的指针来指定一组数值而不是作为显式变量指定该组数据中每一个数据的替代方法。指定 xyz 坐标值就是该方法的典型例子。

3.5.2 相关库

除了 OpenGL 基本(核心)库，还有一些用于处理专门操作的附加库。**OpenGL 实用函数库**(OpenGL Utility，GLU)提供了一些例程，可以设置观察和投影矩阵，利用线条和多边形近似法来描述复杂对象，使用线性近似法显示二次曲线和样条曲线，处理表面绘制操作，以及完成其他的复杂任务。每一个 OpenGL 实现中都包括 GLU，所有 GLU 函数名均用前缀 glu 开头。还有一个称为 **Open Inventor** 的基于 OpenGL 的面向对象工具包，它为交互式三维应用提供函数和预定义的对象形状。该工具包采用 C++ 编程。

为了使用 OpenGL 建立一个图形，首先必须在视频屏幕上设置**显示窗口**(display window)。它是一个屏幕上的简单矩形，图形将在其中显示。我们不能直接使用基本的 OpenGL 函数来创建显示窗口，因为该库中只有与设备无关的函数，并且窗口管理操作依赖于所用的计算机。但是，有多个支持各种计算机上的 OpenGL 函数的窗口系统库。**OpenGL 的 X 窗口系统扩充**(OpenGL Extension to the X Window System，GLX)提供了一组以 glX 为前缀的函数。Apple 系统可使用 **Apple GL**

(AGL)接口进行窗口管理操作,该库的函数名以 agl 为前缀。对于 Microsoft 的 Windows 系统,WGL 函数提供了 Windows 到 OpenGL 的接口,这些函数以 wgl 为前缀。Presentation Manager to OpenGL(PGL)是一个用于 IBM OS/2 的接口,它使用 pgl 作为库函数的前缀。**OpenGL 实用函数工具包**(OpenGL Utility Toolkit, GLUT)提供了与任意屏幕窗口系统进行交互的函数库。GLUT 库函数以 glut 为前缀,该库中也包含了描述与绘制二次和样条曲线及曲面的方法。

由于 GLUT 是一个与其他依赖于设备的窗口系统之间的接口,我们可以利用它使得程序成为与设备无关的。

3.5.3 头文件

在我们所有的程序中,需要包含一个头文件来引入 OpenGL 基本库。在许多应用中,我们都需要 GLU,并且在许多系统中都需要包含引入窗口系统的头文件。例如,对于 Microsoft 的 Windows 系统,存取 WGL 函数的头文件是 windows.h。该头文件必须列在 OpenGL 和 GLU 头文件之前,因为它包含了 OpenGL 库的 Microsoft 版本所需的宏。因此,源程序的开头几行是

```
#include <windows.h>
#include <GL/gl.h>
#include <GL/glu.h>
```

然而,如果我们使用 GLUT 处理窗口管理操作,就不需要引入 gl.h 和 glu.h,因为 GLUT 保证了它们的正确引入。因此,我们可以使用

```
#include <GL/glut.h>
```

来代替 OpenGL 和 GLUT 的头文件。(也可以再次引用 gl.h 和 glu.h,但这将造成冗余且影响了程序的可移植性。)在某些系统中,OpenGL 和 GLUT 子程序的头文件可以放在文件系统的不同位置。例如,在 Apple OS X 系统中,头文件引入语句是

```
#include <GLUT/glut.h>
```

此外,我们总是要引入 C++ 程序所需的头文件。例如,

```
#include <stdio.h>
#include <stdlib.h>
#include <math.h>
```

对应于 ISO/ANSI 的新的 C++ 标准,这些头文件称为 cstdio、cstdlib 和 cmath。

3.5.4 使用 GLUT 管理显示窗口

我们从使用简化的、最少的操作来显示一个图开始。使用 OpenGL 实用函数库的第一步是初始化 GLUT。该初始化函数也能处理任何命令行变量,但不需要在第一个示例程序中使用参数。完成 GLUT 初始化的语句是

```
glutInit (&argc, argv);
```

接着,需要说明的是显示窗口在创建时要给定一个标题。这是用下列语句实现的:

```
glutCreateWindow ("An Example OpenGL Program");
```

这里的单一变量可以是用作显示窗口标题的任意字符串。

下面,我们需要指定显示窗口中要显示什么内容。为此,使用 OpenGL 函数创建一个图并将图的定义传递给 GLUT 函数 glutDisplayFunc,即将图赋给显示窗口。作为一个例子,假定我们在称为 lineSegment 的过程中已经有了线段的 OpenGL 描述程序,则调用下列函数就将线段描述送到显示窗口:

```
glutDisplayFunc (lineSegment);
```
但是显示窗口还未出现在屏幕上。我们需要使用另一个 GLUT 函数来完成窗口处理操作。在执行下列语句后，所有已创建的显示窗口连同其中的图形内容将被激活：
```
glutMainLoop ( );
```
该函数必须是程序中的最后一个。它显示初始图形并使程序进入检查鼠标或键盘等设备输入的无穷循环之中。我们的第一个例子不是交互式的，所以程序仅仅显示其中的图形直到显示窗口关闭。在后面的几章里，我们将考虑怎样修改 OpenGL 程序，使之能处理交互输入。

尽管我们创建的显示窗口有默认的位置和大小，但还是可以使用另外的 GLUT 函数来设定这些参数。`glutInitWindowPosition` 可用来给出显示窗口左上角的初始位置。该位置使用以屏幕左上角为原点的整数坐标来表示。例如，下面的语句指定了显示窗口左上角应该在屏幕左边界向右 50 像素、屏幕上边界之下 100 像素的位置上：
```
glutInitWindowPosition (50, 100);
```
类似地，`glutInitWindowSize` 函数用来设定显示窗口的初始宽度和高度的像素数。因此，要指定一个宽度为 400 像素、高度为 300 像素（如图 3.2 所示）的显示窗口，相应的语句为
```
glutInitWindowSize (400, 300);
```
在显示窗口已出现在屏幕上之后，我们可重新设定它的位置和大小。

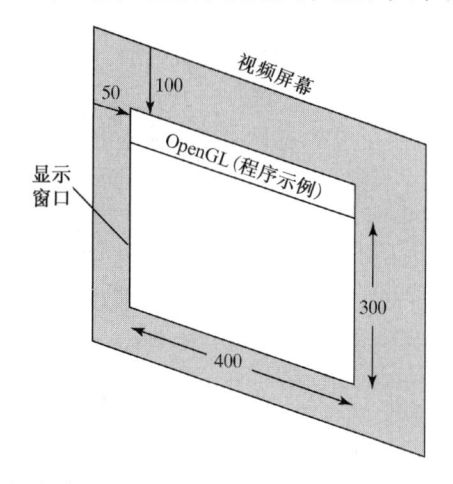

图 3.2 位于相对于视频监视器左上角的(50, 100)位置的 400×300 显示窗口

我们还可以使用 `glutInitDisplayMode` 函数来设定显示窗口的缓存和颜色模型等选项。该函数的变量使用符号化 GLUT 常量来赋值。例如，下面的命令指出显示窗口使用单个缓存且使用由红、绿、蓝（RGB）三元素组成的颜色模型来选择颜色值：
```
glutInitDisplayMode (GLUT_SINGLE | GLUT_RGB);
```
传送给该函数的常量值利用逻辑或操作组合起来。实际上，单缓存和 RGB 颜色模型是默认的选项。但现在使用该函数是为了强调要使用这些选项来设定我们的显示。后面将会更详细地讨论颜色模型及动画应用的双缓存和观察三维场景的参数选项等其他显示选项。

3.5.5 一个完整的 OpenGL 程序

给出构成一个完整程序的所有部分之前还有一些任务需要完成。对于显示窗口，我们可以选择背景颜色。我们需要组织一个过程来包含创建显示图形所必需的 OpenGL 函数。

要像图 3.2 那样使用 RGB 颜色值将显示窗口的背景颜色设定为白色,可以使用 OpenGL 函数:

```
glClearColor (1.0, 1.0, 1.0, 0.0);
```

该函数前面的三个变量将红、绿、蓝三个颜色分量设定为 1.0。这样就得到了白色背景的显示窗口。如果不是 1.0,而是将这些颜色分量都设定为 0.0,则得到黑色的背景。如果红、绿、蓝三分量的每一个设定为 0.0 到 1.0 之间的同一个值,将得到某种灰色。glClearColor 函数的第四个参数称为指定颜色的 α(alpha)值。α 值的一个用途是作为"调和"参数。在激活 OpenGL 调和参数时,α 值用来为两个重叠对象确定结果颜色。α 值为 0.0 表示完全透明的对象,而 α 值为 1.0 表示不透明的对象。调和操作暂时不会使用,因此 α 值与我们前面提到的程序无关。现在,我们简单设定 α 值为 0.0。

尽管 glClearColor 命令将某颜色赋给显示窗口,但它不能让显示窗口在屏幕上出现。要显示赋值的窗口,必须引入下面的 OpenGL 函数:

```
glClear (GL_COLOR_BUFFER_BIT);
```

变量 GL_COLOR_BUFFER_BIT 是一个 OpenGL 符号常量,用来指定它是颜色缓存(刷新缓存)中的位值,该缓存将使用 glClearColor 函数中指定的值来设定。(OpenGL 有多个可以管理的缓存,在第 4 章中将讨论其他缓存。)

除了设定显示缓存的背景色,还可以为要显示的场景中的对象选择各种颜色。对于最初的程序设计例子,我们简单地把对象颜色设定为深蓝色而把各种颜色选项的讨论放到第 5 章:

```
glColor3f (0.0, 0.4, 0.2);
```

glColor 函数的后缀 3f 表示我们在指定三个 RGB 颜色分量时使用浮点数。该函数要求这些值必须在 0.0 到 1.0 的范围内,这里设定 R = 0.0,G = 0.4,而 B = 0.2。

在第一个程序中,我们要显示一条简单的二维线段。为此,需要告诉 OpenGL 怎样将图形投影到显示窗口中,因为在 OpenGL 中把生成二维线段看成生成三维线段的特例。因此,尽管我们只要生成很简单的二维线段,OpenGL 还是采用完整的三维观察操作来处理该图形。我们可以使用下面两个函数来设置投影类型(模式)和其他观察参数:

```
glMatrixMode (GL_PROJECTION);
gluOrtho2D (0.0, 200.0, 0.0, 150.0);
```

这表示使用正投影将世界坐标系二维矩形区域的内容映射到屏幕上,区域的 x 坐标值从 0.0 到 200.0,y 坐标值从 0.0 到 150.0。只要是在该矩形内定义的对象,都会出现在显示窗口中。任何在坐标范围外的内容都不会显示出来。因此,GLU 函数 gluOrtho2D 定义了显示窗口以 (0.0, 0.0) 为左下角、以 (200.0, 150.0) 为右上角。由于我们仅仅描述了一个二维对象,正投影只是将前面定义的图形"贴"到显示窗口中。现在使用与显示窗口具有一样纵横比的世界坐标矩形,从而使图形不产生变形。后面将考虑如何在不依赖显示窗口描述的情况下保持纵横比。

最后,要调用合适的函数来建立线段。下面的程序定义了一个从整数笛卡儿端点坐标 (180, 15) 到 (10, 145) 的二维直线段。第 4 章将给出这些函数及用来生成图元的其他 OpenGL 函数的详细解释。

```
glBegin (GL_LINES);
    glVertex2i (180, 15);
    glVertex2i (10, 145);
glEnd ( );
```

现在,我们已经可以将各部分组合起来。下面的 OpenGL 程序按三个过程来组织。将所有初始化和有关的一次性的参数设定放在函数 init 中。要显示图形的几何描述放在函数

lineSegment 中,该过程将由 GLUT 函数 glutDisplayFunc 调用。函数 main 包含设定显示窗口及将线段送到屏幕的 GLUT 函数。图 3.3 给出了由该程序生成的显示窗口和线段。

```
#include <GL/glut.h>        // (or others, depending on the system in use)
void init (void)
{
    glClearColor (1.0, 1.0, 1.0, 0.0);   // Set display-window color to white.

    glMatrixMode (GL_PROJECTION);        // Set projection parameters.
    gluOrtho2D (0.0, 200.0, 0.0, 150.0);
}
void lineSegment (void)
{
    glClear (GL_COLOR_BUFFER_BIT);       // Clear display window.

    glColor3f (0.0, 0.4, 0.2);           // Set line segment color to green.
    glBegin (GL_LINES);
        glVertex2i (180, 15);            // Specify line-segment geometry.
        glVertex2i (10, 145);
    glEnd ( );

    glFlush ( );    // Process all OpenGL routines as quickly as possible.
}
void main (int argc, char** argv)
{
    glutInit (&argc, argv);                         // Initialize GLUT.
    glutInitDisplayMode (GLUT_SINGLE | GLUT_RGB);   // Set display mode.
    glutInitWindowPosition (50, 100);   // Set top-left display-window position.
    glutInitWindowSize (400, 300);      // Set display-window width and height.
    glutCreateWindow ("An Example OpenGL Program"); // Create display window.

    init ( );                           // Execute initialization procedure.
    glutDisplayFunc (lineSegment);      // Send graphics to display window.
    glutMainLoop ( );                   // Display everything and wait.
}
```

过程 lineSegment 的最后是函数 glFlush,我们还未讨论它。该函数强制执行由计算机系统存放在缓存中不同位置的 OpenGL 函数,其位置依赖于 OpenGL 的实现。例如在繁忙的网络中,可能因处理某些缓存而出现延缓现象,但 glFlush 的调用将强制清空所有缓存来处理 OpenGL 函数。

我们将描述图形的函数 lineSegment 称为一个显示回调函数(display callback function)。该函数由 glutDisplayFunc 作为在显示窗口需要重新显示时引入的函数来"注册"。例如,显示窗口移动时会出现这种情况。在后面几章中,我们将看到其他类型的回调函数及辅助的对它们注册的 GLUT 函数。一般情况下,OpenGL 程序组织成一组在一定行为发生时回调函数的集合。

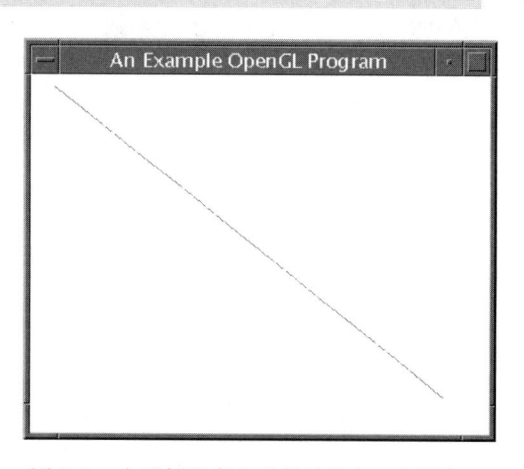

图 3.3 由示例程序生成的显示窗口和线段

3.5.6 OpenGL 的出错处理

OpenGL API 中的许多方面很有特色。但它们也很容易被混淆,尤其是对于那些刚刚学习使用它们的程序员。因而，我们宁愿相信，我们的 OpenGL 程序有可能（如果不是经常）包含错误。所以，有必要花费一些时间来讨论 OpenGL 程序的出错处理。

OpenGL 和 GLU 记录错误的方法比较简单。当 OpenGL 发现在对基本库子程序或 GLU 子程序的一次调用中有错误时，就在内部记录一个出错编码，而造成出错的子程序被忽略（因此该错误不影响 OpenGL 的内部状态，也不影响帧缓存的内容）。但是，OpenGL 每次只记录一个出错编码。一旦出现一个出错编码，在你的程序明确查询 OpenGL 出错状态之前不会再记录另外的出错编码：

```
GLenum code;

code = glGetError ();
```

该调用返回当前的出错编码并清除内部出错标志。如果返回的值等于 OpenGL 符号常量 GL_NO_ERROR，则什么事也没有。任何其他返回值都表示出现问题。

OpenGL 基本库定义了一些代表各种出错编码的符号常量；表 3.1 列出了经常出现的一些符号常量。GLU 也定义了一些出错编码，但其中多数都使用没有什么意义的名字，比如 GLU_NURBS_ERROR1、GLU_NURBS_ERROR2，等等。（实际上这些名字也不是一点意义都没有，但是在后面几章讨论更新的概念之前，它们的意义并不明显。）

表 3.1 OpenGL 的出错编码

符号常量	含义
GL_INVALID_ENUM	GLenum 的参数超出范围
GL_INVALID_VALUE	数值参数超出范围
GL_INVALID_OPERATION	当前 OpenGL 状态中有一个操作非法
GL_STACK_OVERFLOW	该命令将引起栈向上溢出
GL_STACK_UNDERFLOW	该命令将引起栈向下溢出
GL_OUT_OF_MEMORY	没有足够的存储空间可以用于执行命令

这些符号常量是有帮助的，但直接打印出来并不提供特别的信息。幸而，GLU 包含有一个函数，可以为每个 GLU 和 GL 错误返回一个描述性字符串，并将其作为一个参数传递给该函数。返回值可以使用 C 语言的标准库函数 fprintf 来打印，例如：

```
#include <stdio.h>
GLenum code;
const GLubyte *string;

code = glGetError ();
string = gluErrorString (code);
fprintf( stderr, "OpenGL error: %s\n", string );
```

gluErrorString 返回的值指向位于 GLU 内部的一个字符串。这不是一个动态分配的字符串，所以不能由我们的程序重新分配。同样也不能由我们的程序对其进行修改（因而有字符串声明的常数修改器）。

我们可以很容易将这些函数嵌入程序的通用出错报告函数中。下面的函数用来获取当前出错编码、打印描述性出错字符串并返回调用子程序的编码：

```
#include <stdio.h>

GLenum errorCheck ()
{
    GLenum code;
    const GLubyte *string;
```

```
   code = glGetError ();
   if (code != GL_NO_ERROR)
   {
      string = gluErrorString (code);
      fprintf( stderr, "OpenGL error: %s\n", string );
   }

   return code;
}
```

我们鼓励按上面的方式开发 OpenGL 程序。比较好的做法是在每一个显示回调子程序中至少检查一次出错情况,当你使用一个之前未使用过的功能时,或当你在程序生成的图像中看到不正常或非预期的结果时,常常需要安排出错检查。

3.6 小结

这一章概括了图形软件系统的主要特点。某些软件系统,如 CAD 软件包和绘图程序,是为特定应用而设计的。另外一些软件系统则提供可以在诸如 C 的编程语言中使用的一个通用图形子程序库,用来为任何应用生成图片。

ISO 和 ANSI 开发与批准的标准图形编程软件包有 GKS、3D GKS、PHIGS 和 PHIGS +。另外已经成为标准的有 GL 和 OpenGL。还有许多图形库可用于编程语言,包括 Open Inventor、VRML、RenderMan、Java 2D 和 Java 3D 等。其他如 Mathematica、MatLab 和 Maple 等系统通常提供一组图形程序设计函数。

通常,图形软件包要求坐标描述在笛卡儿坐标系中给出。场景的每个对象可定义在单独的建模笛卡儿坐标系中,然后映射到世界坐标系,并构造该场景。三维对象从世界坐标系投影到二维平面的规范化设备坐标系中,然后再变换到最终的显示设备坐标系。从建模坐标到规范化设备坐标的变换,是独立于应用中使用的特定设备的。设备驱动器则用于将规范化坐标变换到整数设备坐标。

图形软件包的函数可分为几类:输出图元、属性、几何和建模变换、观察变换、结构操作、输入函数、图形-结构操作和控制操作。

OpenGL 系统由独立于设备的函数集(基本库)、实用函数库(GLU)和实用函数工具包(GLUT)三部分组成。在 GLU 的辅助函数集中有用来生成复杂对象、指定二维观察应用的参数及处理表面绘制操作和完成其他支持任务的函数。在 GLUT 中有大量的函数用来管理显示窗口、与屏幕窗口系统的交互及生成某些三维形体。我们可以用 GLUT 也可以用 GLX、Apple GL、WGL 或其他专用系统的软件包来与任意计算机系统接口。

参考文献

OpenGL 的标准信息源参见 Woo et al. (1999), Shreiner(2000) 和 Shreiner(2010)。Open Inventor 在 Wernecke(1994) 中讨论。VRML 的讨论参见 McCarthy and Descartes (1998)。Upstill (1989) 展示了 RenderMan。Knudsen(1999)、Hardy(2000) 和 Horstmann and Cornell(2001) 给出了用 Java 2D 进行图形编程的例子。Sowizral et al. (2000)、Palmer(2001)、Selman(2002) 和 Walsh and Gehringer(2002) 探讨了用 Java 3D 进行图形编程。

关于 PHIGS 和 PHIGS + 的信息参见 Howard et al. (1991)、Hopgood and Duce(1991)、Gaskins (1992) 和 Blake(1993)。二维 GKS 标准及图形标准的进展可参见 Hopgood et al. (1983)。GKS 的其他信息参见 Enderle et al. (1984)。

练习题

3.1 什么命令可用来将 OpenGL 显示窗口的颜色设定为浅灰色？什么命令可用来将 OpenGL 显示窗口的颜色设定为黑色？

3.2 列出将 OpenGL 显示窗口左下角设定到像素位置(75, 200)、窗口宽度为 200 像素且高度为 150 像素的语句。

3.3 显示窗口的宽度为 150、高度为 250，请列出从窗口右上角到左下角绘制一条线段的 OpenGL 语句。

3.4 请说明 OpenGL 基本(核心)库、OpenGL 实用函数库及 OpenGL 实用函数工具包之间的差别。

3.5 请说明术语"OpenGL 显示回调函数"的含义。

3.6 请说明建模坐标系和世界坐标系的差别。

3.7 请说明规范化坐标系是什么？为什么它对图形软件包有用？

附加综合题

3.1 从你在前几章练习题中开发的应用思路中选择一个或几个，指出并描述你将在应用中对其进行图形处理的对象。详细解释这些对象具有吸引力的物理和可视特征，然后你可以具体确定在以后练习中为它们开发什么属性。考虑以下方面：

- 该对象的形状或纹理复杂吗？
- 该对象可以用简单形状来比较恰当地近似表达吗？
- 某些对象是否由比较复杂的曲面构成？
- 这些对象是否可以先使用二维表示，尽管真实感不够好？
- 这些对象能表示成一组小对象或零件的层次结构吗？
- 这些对象能随着用户的输入操作而改变位置和方向吗？
- 应用中的光照条件会改变吗？对象的外观随之变化吗？

如果你的应用中所有对象关于这些问题都回答"no"，则要考虑修改应用或修改你的设计和实现方法，使得至少有一个对象具备上述特征。这会使以后的练习比较容易完成。另外，提出两个或多个应用，其中至少有一个包含满足上述特征的对象。使用可视流程图和/或正文来给出大概的描述，列出应用中对象的特征。在后续的应用开发中使用并修改该描述。

3.2 你将使用 OpenGL 的 API 来开发应用。为此，需要一个编辑、编译并运行 OpenGL 程序的编程环境，而且要经历若干步操作来建立该环境并使其在你的机器上运转。建立该环境后，使用本章在显示窗口中画一条直线段的例子给出的源程序来创建一个新课题。确信你能编译并运行这一程序。确信你已经获得了所有必需的库，包括 GLU 和 GLUT。本书中的例子均使用 C++ 语言编程。可以在你的导师指导下使用其他语言(可获得相应的 OpenGL 绑定)编程。

第4章 输 出 图 元

用于图形应用的通用软件包称为计算机图形应用编程接口(CG API),它提供可以在 C++ 等编程语言中用来创建图形的函数库。如第 3 章所指出的,函数库可以分成几种类型。创建图形时最先要做的一件事就是要描述显示场景的组成部分。图形的组成部分可以是树木和地形、家具和墙壁、商店铺面和街景、汽车和广告牌、原子和分子或者星星和银河。对于每一类场景,要描述每一对象的结构及其在场景中的坐标位置。图形软件包中用来描述各种图形元素的函数称为**图形输出原语**(graphics output primitive),或简称为**图元**(primitive)。描述对象几何要素的输出图元一般称为**几何图元**(geometric primitive)。点的位置和直线段是最简单的几何图元。图形软件包中另外的几何图元有圆和其他二次曲线、二次曲面、样条曲线和曲面及多边形填色区域。多数图形系统还提供某些显示字符串的函数。在选定的坐标系中指定一个图形的几何要素后,输出图元投影到与该输出设备显示区域对应的二维平面上,并扫描转换到帧缓存的整数像素位置。

本章将介绍 OpenGL 中的输出图元并讨论它们的应用。第 6 章再讨论实现输出图元的设备级算法。

4.1 坐标系

为了描述图形,首先必须确定一个称为世界坐标系的合适的二维或三维笛卡儿坐标系。接着通过给出世界坐标系中的位置等几何描述来定义图形中的对象。例如,通过两个端点定义一条直线段,通过一组顶点位置定义一个多边形。这些坐标位置与该对象的颜色、**坐标范围**(coordinate extent),即对象坐标 x、y、z 的最小值和最大值等其他信息一起存储在场景描述中。坐标范围也称为对象的**包围盒**(bounding box)。对于二维图形来说,坐标范围也称为对象的**包围矩形**(bounding rectangle)。通过将场景信息传送给观察函数、由观察函数识别可见面、将对象映射到视频监视器上来实现对象的显示。扫描转换过程将颜色值等场景信息保存到帧缓存的相应位置,从而在输出设备上显示场景中的对象。

4.1.1 屏幕坐标

视频监视器上的位置使用与帧缓存中的像素位置相对应的整数**屏幕坐标**(screen coordinate)进行描述。像素的坐标值给出扫描行号(y 值)和列号(扫描行的 x 值)。屏幕刷新等硬件处理一般从屏幕的左上角开始对像素进行编址。从屏幕最上面的 0 行到屏幕最下面的某整数值 y_{max} 行对扫描行进行编号,每一行中的像素位置从左到右、从 0 到 x_{max} 进行编号。但是,使用软件命令可以按照任何方式设定屏幕位置的参照系。例如,我们可以设定屏幕区域左下角为原点,用整数坐标(参见图 4.1)或非整数笛卡儿坐标来描述图形。描述场景几何要素的坐标值由观察函数转换为帧缓存中的整数像素位置。

图元的扫描转换算法使用定义的坐标描述来确定要显示像素的位置。例如,给定一直线段的两个端点,其显示函数必须计算出两端点间位于直线段上所有像素的位置。由于一个像素位置占有屏幕上的一个有限范围,因此实现算法必须考虑像素的有限大小。目前,我们假设每一整数屏幕位置代表像素区域的中心。(我们将在 6.8 节考虑其他的像素编址方法。)

一旦确定了一个对象的像素位置,必须将合适的颜色值存入帧缓存。为此,我们要使用一个底层函数

```
setPixel (x, y);
```
该函数将当前颜色设定值存入帧缓存的整数坐标位置(x, y)处，该位置相对于屏幕坐标原点而选定。有时我们也希望获得一个像素位置的当前帧缓存设置。使用下列底层函数可以获得帧缓存的颜色值：

```
getPixel (x, y, color);
```
在这一函数中，参数 color 得到一个与存储在位置(x, y)的像素中的红色、绿色和蓝色(RGB)组合对应的整数值。

对于二维图形来说，仅需在(x, y)位置指定颜色值；但是对于三维图形来说，还需要其他的屏幕坐标信息。这时，屏幕坐标按三维值来存储，第三维表示对象位置相对于观察位置的深度。在二维场景中，深度值均为 0。

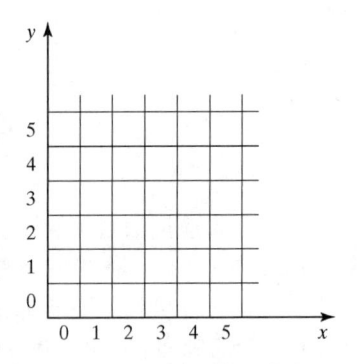

图 4.1 相对于屏幕区域左下角指定的像素位置

4.1.2 绝对和相对坐标描述

到目前为止，我们讨论的坐标均为**绝对坐标**(absolute coordinate)。这表示指定的值是所在坐标系中的实际位置。

然而，有些图形软件包还允许使用**相对坐标**(relative coordinate)来描述位置。该方法在许多图形应用中很有用，比如用笔式绘图仪、艺术家绘画系统进行绘图及出版和印刷应用的图形软件包。使用这一方法，我们可以使用从离开最后一次引用的位置(称为**当前位置**，current position)的位移量来指定坐标位置。例如，如果位置(3, 8)是应用程序刚刚引用的位置，则相对坐标描述(2, -1)与绝对位置(5, 7)相对应。有一个函数专门用来在指定任何图元坐标前设定当前位置。在描述一串首尾相连的直线段场景时，我们可以在建立开始位置后仅给出一串相对坐标(位移)。图形系统中会给出指定位置时使用相对坐标还是绝对坐标的选项。在此后的讨论中，除非特别声明，我们假定都使用绝对坐标。

4.2 在 OpenGL 中指定二维世界坐标系

第一个示例程序(在 3.5 节讨论过)介绍了 gluOrtho2D 函数，我们可以利用该指令设定一个二维笛卡儿坐标系。该函数的变量是指定显示图形的 x 和 y 坐标范围的四个值。由于 gluOrtho2D 函数指定正交投影，因此我们也要确定坐标值放进了 OpenGL 投影矩阵中。此外，我们可以将世界坐标范围设定前的投影矩阵定义为一个单位矩阵。这样可保证坐标值不会受以前设置的投影矩阵的影响。因此，对于最初的二维例子，我们可以通过下列语句定义屏幕显示窗口的坐标系：

```
glMatrixMode (GL_PROJECTION);
glLoadIdentity ( );
gluOrtho2D (xmin, xmax, ymin, ymax);
```

如图 4.2 所示，显示窗口被指定为其左下角位于坐标(xmin, ymin)处，右上角位于坐标(xmax, ymax)处。

我们随后可使用 gluOrtho2D 函数描述的坐标系来指定一个或多个要显示的图元。如果一个图元的坐标范围完全在显示窗口的坐标范围内，则该图元将完整地显示出来。否则，仅仅在显示窗口坐标范围内的图元部分被显示。同样，在建立图形的几何描述时，所有 OpenGL 图元的位置必须用 gluOrtho2D 函数定义的坐标系中的绝对坐标给出。

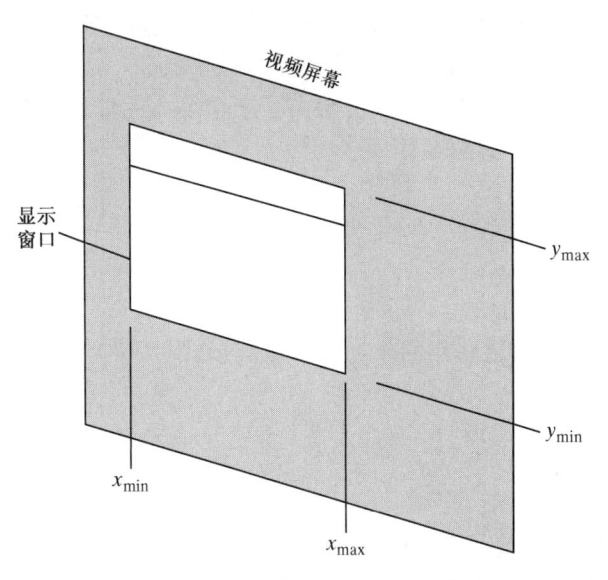

图 4.2 gluOrtho2D 函数指定的显示窗口的世界坐标范围

4.3 OpenGL 画点函数

要描述一个点的几何要素，我们只需在世界坐标系中指定一个位置。然后该坐标位置和场景中已有的其他几何描述一起被传递给观察子程序。除非指定其他属性值，OpenGL 图元按默认的大小和颜色来显示。默认的图元颜色是白色，而默认的点大小等于单一屏幕像素大小。

使用下面的 OpenGL 函数可指定一个点位置的坐标值：

```
glVertex* ( );
```

这里的星号(*)表示该函数要有后缀码。这些后缀码用来指明空间维数、坐标值变量的数据类型和可能的向量形式坐标描述。在 glBegin 函数和 glEnd 函数之间必须插入对 glVertex 函数的调用。glBegin 函数的变量用来指定要显示的输出图元的类型，而 glEnd 函数没有变量。对于点的绘制，glBegin 函数的变量是符号常量 GL_POINTS。因此，一个点位置的 OpenGL 描述形式是

```
glBegin (GL_POINTS);
    glVertex* ( );
glEnd ( );
```

尽管术语"顶点"(vertex)严格地代表一个多边形的"角"点、一个角两边的交点、椭圆和其主轴的交点或几何结构中其他类似的坐标位置，但是 OpenGL 中的 glVertex 函数可用于描述任意一点的位置。这样，使用一个简单的函数来描述点、线段和多边形，而更多地使用多边形面片来描述场景对象。

OpenGL 中的坐标位置可以有二维、三维或四维形式。glVertex 的后缀为 2、3 或 4 表示其坐标位置的维数。四维描述意味着齐次坐标(homogeneous-coordinate)表示，其中的齐次参数 h(第四维坐标)是笛卡儿坐标值的比例因子。齐次坐标表示对利用矩阵形式表达变换操作很有用，第 7 章将对其进行详细讨论。由于 OpenGL 将二维作为三维的特殊情况来处理，任意 (x, y) 坐标描述等同于三维坐标描述 $(x, y, 0)$。此外，OpenGL 在内部用四维坐标表示顶点，因此上面的描述等同于四维坐标 $(x, y, 0, 1)$。

我们需要指出在坐标的数值描述中使用什么样的数据结构。这由 glVertex 函数的第二个后缀来完成。用于指定数值数据类型的后缀是：i(整数)、s(短整数)、f(浮点数)和 d(双精度

浮点数)。最后，glVertex 中可以使用显式的坐标值或引入矩阵形式坐标位置的单个变量。如果使用矩阵形式的坐标位置，则需要第三个后缀码：v(向量)。

在下面的例子中，在斜率为 2 的直线上绘出了三个等距离的点(参见图 4.3)。坐标用整数对给出：

```
glBegin (GL_POINTS);
    glVertex2i (50, 100);
    glVertex2i (75, 150);
    glVertex2i (100, 200);
glEnd ( );
```

换一种方法，我们可以将前面这些点的坐标值以矩阵形式描述：

```
int point1 [ ] = {50, 100};
int point2 [ ] = {75, 150};
int point3 [ ] = {100, 200};
```

并且调用 OpenGL 函数来绘出这三个点：

```
glBegin (GL_POINTS);
    glVertex2iv (point1);
    glVertex2iv (point2);
    glVertex2iv (point3);
glEnd ( );
```

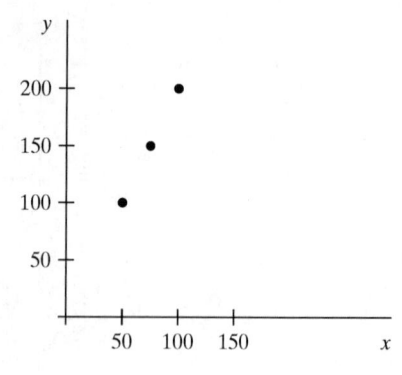

图 4.3 用 glBegin(GL_POINTS) 生成的三个点的显示

下面再给出一个在三维世界坐标系中描述两个点位置的例子。这里按显式浮点数方式给出坐标：

```
glBegin (GL_POINTS);
    glVertex3f (-78.05, 909.72, 14.60);
    glVertex3f (261.91, -5200.67, 188.33);
glEnd ( );
```

我们还可以为各种维数中描述的点位置定义 C++ 类或结构(struct)。例如，

```
class wcPt2D {
public:
    GLfloat x, y;
};
```

有了这一类定义，我们可以使用下列语句描述一个二维世界坐标系中的点位置：

```
wcPt2D pointPos;

pointPos.x = 120.75;
pointPos.y = 45.30;
glBegin (GL_POINTS);
    glVertex2f (pointPos.x, pointPos.y);
glEnd ( );
```

我们也可以在 C++ 过程中使用 OpenGL 画点函数来实现 setPixel 命令。

4.4 OpenGL 画线函数

图形软件包一般都提供一个描述一条或多条直线段的函数，其中每一直线段由两个端点坐标位置定义。在 OpenGL 中，和选择一个点位置一样，使用 glVertex 函数选择单个端点的坐标位置。我们可以使用 glBegin/glEnd 的配对来引入一串端点位置。有三个 OpenGL 符号常量可以用于指定如何把这一串端点位置连接成一组直线段。默认情况下，每一符号常量显示白色的实线。

使用图元线常量 GL_LINES 可连接每一对相邻端点而得到一组直线段。通常，由于 OpenGL 仅在线段共享一个顶点时承认其相连；交叉但不共享顶点的线段则不被承认相连，这会导致一组未连接的线段，除非某些坐标位置是重复的。如果只描述了一个端点，则什么也不会显示，如果列出的端点数为奇数，则最后一个端点不被处理。例如，如果我们有 5 个坐标位置，标成 p1 到 p5，每一个用二维数组表示，则下列程序能生成图 4.4(a)：

```
glBegin (GL_LINES);
    glVertex2iv (p1);
    glVertex2iv (p2);
    glVertex2iv (p3);
    glVertex2iv (p4);
    glVertex2iv (p5);
glEnd ( );
```

这样，我们在第一和第二坐标位置之间得到一条直线段并在第三和第四位置之间得到另一条直线段。此时，指定的端点数为奇数，因此最后一个坐标位置被忽略。

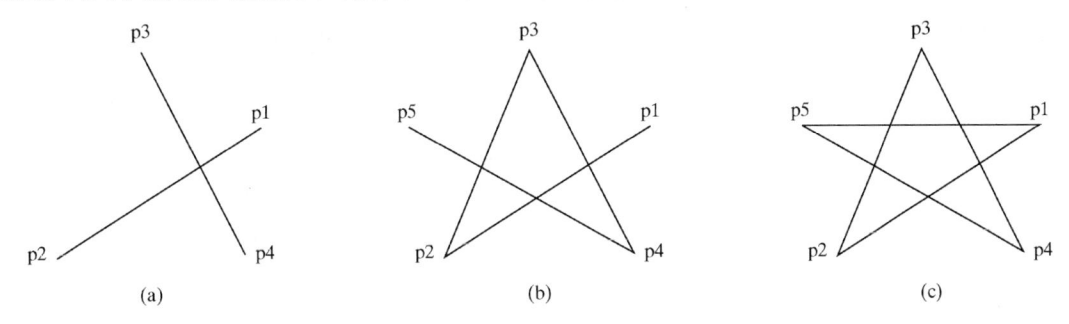

图 4.4 OpenGL 中使用 5 个端点坐标可以显示的线段：(a)使用图元常量 GL_LINES 生成一组未连接的线段；(b)使用 GL_LINE_STRIP 生成一折线；(c)使用 GL_LINE_LOOP 生成封闭折线

使用 OpenGL 的图元常量 GL_LINE_STRIP 可以获得**折线**(polyline)。此时，显示从第一个端点到最后一个端点之间一组首尾相连的线段。第一条线段在第一端点和第二端点之间显示；第二条线段在第二端点和第三端点之间显示；依次进行，直到最后一个端点。如果不列出至少两个坐标位置，则什么也不显示。使用上例中的 5 个坐标位置，我们用下列程序生成图 4.4(b)：

```
glBegin (GL_LINE_STRIP);
    glVertex2iv (p1);
    glVertex2iv (p2);
    glVertex2iv (p3);
    glVertex2iv (p4);
    glVertex2iv (p5);
glEnd ( );
```

第三个 OpenGL 图元常量是生成**封闭折线**(closed polyline)的 GL_LINE_LOOP。主要的线段和使用 GL_LINE_STRIP 一样画出，但是增加了一条直线段，将最后一个端点与第一个端点相连接。图 4.4(c)给出了使用这一线选项对端点组的显示：

```
glBegin (GL_LINE_LOOP);
    glVertex2iv (p1);
    glVertex2iv (p2);
    glVertex2iv (p3);
    glVertex2iv (p4);
    glVertex2iv (p5);
glEnd ( );
```

如前所述，世界坐标系中描述的图形部分最终要映射到输出设备坐标系中。然后图中的几何信息被扫描转换到像素位置。在 6.1 节，我们将讨论实现 OpenGL 画线函数的扫描转换算法。

4.5　OpenGL 曲线函数

生成圆和椭圆等基本曲线的函数并未作为图元功能包含在 OpenGL 核心库中。但该库包含了显示 Bézier 样条的功能，该曲线是由一组离散点定义的多项式。OpenGL 实用函数库（GLU）中包含有球面和柱面等三维曲面函数及生成有理 B 样条的函数，它是包含简化 Bézier 曲线的样条曲线的总集。我们可以使用有理 B 样条显示圆、椭圆和其他二维曲线。此外，OpenGL 实用函数工具包（GLUT）中还有可以用来显示某些三维曲面（如球面、锥面和其他形体）的函数。然而，所有这些函数比本章中介绍的基本图元应用得更多，因此我们将在第 13 章进一步讨论这一组函数。

我们还可以使用折线来近似地显示简单曲线。仅需确定一组曲线上的点并将它们连接成一组直线段。折线中的线段越多，曲线越平滑。图 4.5 给出了用于表示圆弧的几种折线显示。

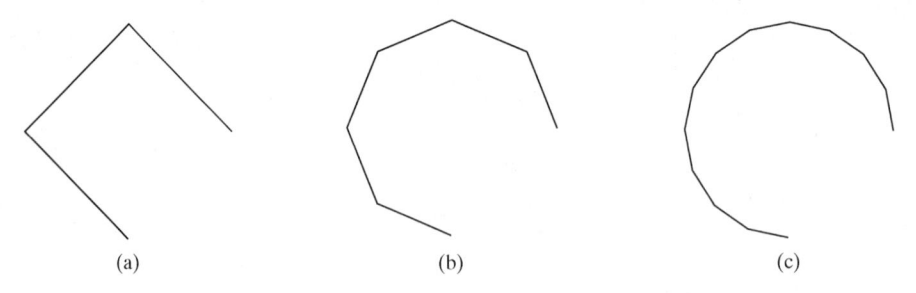

图 4.5　近似表示一段圆弧，使用（a）三条线段、（b）六条线段、（c）十二条线段

第三种可选方法是按后面章节中给出的算法来写出自己的曲线生成函数。第 6 章将讨论生成圆和椭圆的高速算法，以及生成其他二次曲线、多项式和样条曲线的函数。

4.6　填充区图元

除了点、直线段和曲线，另外一种有用的描述图形组成部分的结构是使用某种颜色或图案进行填充的区域。这种类型的图形部分一般称为**填充区**（fill area）或**填充的区域**（filled area）。通常，填充区用于描述实体表面，但在许多其他应用中也很有用。填充区常常是一个平面表面，主要是多边形。但一般而言，图形中可能有多种形状的区域选用某种颜色填充。图 4.6 给出了几种可能的填充区形状。目前，我们假定填充区只用指定的某种颜色显示。第 6 章将讨论其他的填充选项。

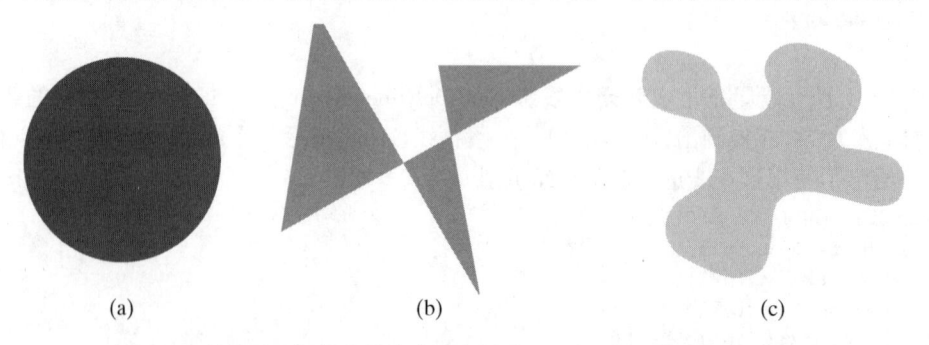

图 4.6　用多种边界指定的实心颜色填充区：（a）圆形填充区；（b）封闭折线围成的填充区；（c）不规则曲线边界围成的填充区

尽管有可能使用各种形状，但图形库一般不支持任意填充形状的描述。多数库函数要求将填充区指定为多边形。由于多边形有线性边界，因而比其他填充形状更容易处理。另外，多数曲面可用一组适当的多边形面片来逼近，就如同曲线可用一组直线段逼近一样。在使用光照效果和表面处理时，逼近曲面可以显示得相当逼真。利用多边形面片对一曲面进行的逼近有时称为表面细分（surface tessellation），或者可以使用多边形网格（polygon mesh）来拟合曲面。图4.7给出了一个用轮廓线形式的多边形网格逼近的金属圆柱体。作为线框（wire-frame）图，因其仅给出一般标识表面结构的多边形的边，所以能快速地显示这类图。线框模型经绘制处理，生成具有自然材料表面的显示。使用一组多边形面片描述的对象称为**标准图形对象**（standard graphics object）或**图形对象**（graphics object）。

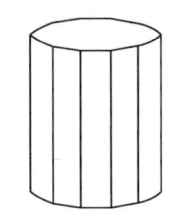

图4.7 一个圆柱的线框表示，仅仅给出用来近似表示表面的多边形网格的前向（可见）面

通常，我们可以使用任何边界描述来建立填充区，比如圆或互相连接的样条曲线段。下一节讨论的一些多边形方法可用来显示具有非线性边界的填充区。曲线边界对象的其他填充方法将在第6章讨论。

4.7 多边形填充区

一个**多边形**（polygon）在数学上定义为由三个或更多称为顶点的坐标位置描述的平面图形，这些顶点由称为多边形的边（edge或side）顺序连接。进一步来看，几何上要求多边形的边除端点外没有其他的公共点。因此，根据定义，一个多边形的所有顶点必须在同一个平面上且所有的边之间无交叉。多边形的例子有三角形、矩形、八边形和十六边形等。有时，任意有封闭折线边界的平面图形暗指一个多边形，而若其没有交叉边则称为标准多边形（standard polygon）或简单多边形（simple polygon）。为了避免对象引用的混淆，我们把术语"多边形"限定为那些有封闭折线边界且无交叉边的平面图形。

在计算机图形学的应用中，用于指定多边形的一组顶点并不严格地在一个平面上。这可能由数值计算的舍入误差、对坐标位置的选择错误或更一般地由于使用一组多边形面片逼近曲面而引起。纠正该问题的一种方法是简单地将指定曲面网格分割成三角形。但有时必须保留网格面片的原始形状，以便开发用平面图形逼近非平面多边形的方法。我们将在平面方程的有关内容中讨论如何计算这些逼近平面。

4.7.1 多边形分类

多边形的一个**内角**（interior angle）是由两条相邻边形成的多边形边界之内的角。如果一个多边形的所有内角均小于180°，则该多边形为**凸**（convex）**多边形**。凸多边形的一个等价定义是它的内部完全在它的任意一边及其延长线的一侧。同样，如果任意两点位于凸多边形的内部，则其连线也位于内部。不是凸多边形的多边形称为**凹**（concave）**多边形**。图4.8给出了凸多边形和凹多边形的例子。

退化多边形（degenerate polygon）常用来描述共线或重叠坐标位置的顶点集。共线顶点生成一条线段。重叠顶点位置可以生成有多余线段、重叠边或长度为0的边的多边形。有时退化多边形也用于少于三个坐标位置的顶点队列。

为了保证软件的健壮性，图形软件包可以拒绝采用退化或非平面的顶点集。但这要求额外的识别该问题的处理机制，因此图形系统常把这种问题留给程序员。

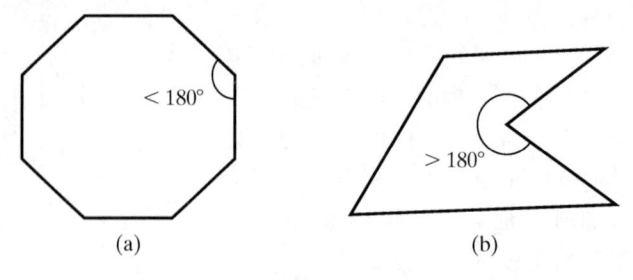

图 4.8 （a）一个凸多边形和（b）一个凹多边形

凹多边形也会有相关的一些问题。对凹多边形的填充算法和其他图形子程序的实现比较复杂，因此在处理前常将凹多边形分割成一组凸多边形以便提高效率。和其他的多边形预处理算法一样，凹多边形的分割一般也不包括在图形库中。OpenGL 等图形软件包要求所有的填充多边形为凸多边形。有些系统仅接受三角形填充区，这将大大简化许多显示算法。

4.7.2 识别凹多边形

凹多边形中至少有一个内角大于 180°。凹多边形某些边的延长线会与其他边相交且有时一对内点之间的连线会与多边形边界相交。因此，我们可以将凹多边形的这些特征中的任意一个作为基础来设计识别算法。

如果为每一条边建立一个向量，则可使用相邻边的叉积来测试凸凹性。凸多边形的所有向量叉积均同号。因此，如果某些叉积取正值而另一些为负值，可确定其为凹多边形。图 4.9 给出了识别凹多边形的边向量叉积方法。

识别凹多边形的另一种方法是观察多边形顶点位置与每条边延长线的关系。如果有些顶点在某一边延长线的一侧而其他一些顶点在另一侧，则该多边形为凹多边形。

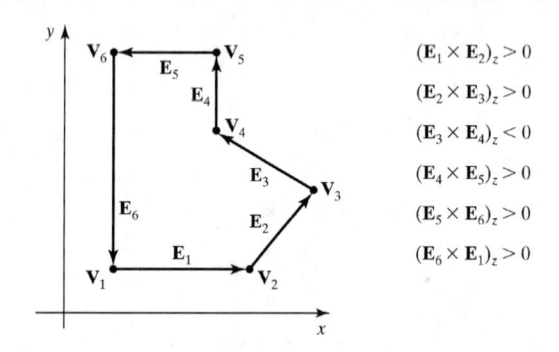

图 4.9 通过计算连续两边向量的叉积来识别凹多边形

4.7.3 分割凹多边形

一旦识别出凹多边形，我们可以将它切割成一组凸多边形。这可使用边向量和边叉积来完成。我们可以利用顶点和边延长线的关系来确定哪些顶点在其一侧、哪些顶点在另一侧。在下面的算法中，我们假定所有多边形均在 xy 平面上。当然，在世界坐标系中描述的多边形的初始位置可能不在 xy 平面上，但我们可以使用第 7 章讨论的变换方法将它们移到 xy 平面上。

对于分割凹多边形的**向量方法**(vector method),我们首先要形成边向量。给定相继的向量位置 $\mathbf{V}_k$ 和 $\mathbf{V}_{k+1}$,定义边向量

$$\mathbf{E}_k = \mathbf{V}_{k+1} - \mathbf{V}_k$$

接着按多边形边界顺序计算连续的边向量的叉积。如果有些叉积的 z 分量为正而另一些为负,则多边形为凹多边形;否则,多边形为凸多边形。这意味着不存在三个连续的顶点共线,即不存在连续两个边向量其叉积为 0。如果所有顶点共线,则得到一个退化多边形(一条线段)。我们可以通过逆时针方向处理边向量来应用向量方法。如果有一个叉积的 z 分量为负值(如图 4.9 所示),那么多边形为凹且可沿叉积中第一边向量的直线进行切割。下面的例子给出了分割凹多边形的这一方法。

例 4.1 分割凹多边形的向量方法

图 4.10 给出了一个有 6 个顶点的凹多边形。该多边形的边向量表示为

$$\mathbf{E}_1 = (1, 0, 0) \quad \mathbf{E}_2 = (1, 1, 0)$$
$$\mathbf{E}_3 = (1, -1, 0) \quad \mathbf{E}_4 = (0, 2, 0)$$
$$\mathbf{E}_5 = (-3, 0, 0) \quad \mathbf{E}_6 = (0, -2, 0)$$

这里的 z 分量均为 0,因为所有边均在 xy 平面上。两个连续的边向量的叉积 $\mathbf{E}_j \times \mathbf{E}_k$ 是垂直于 xy 平面的向量,其分量等于 $E_{jx}E_{ky} - E_{kx}E_{jy}$:

$$\mathbf{E}_1 \times \mathbf{E}_2 = (0, 0, 1) \quad \mathbf{E}_2 \times \mathbf{E}_3 = (0, 0, -2)$$
$$\mathbf{E}_3 \times \mathbf{E}_4 = (0, 0, 2) \quad \mathbf{E}_4 \times \mathbf{E}_5 = (0, 0, 6)$$
$$\mathbf{E}_5 \times \mathbf{E}_6 = (0, 0, 6) \quad \mathbf{E}_6 \times \mathbf{E}_1 = (0, 0, 2)$$

因为叉积 $\mathbf{E}_2 \times \mathbf{E}_3$ 的 z 分量为负,我们沿向量 $\mathbf{E}_2$ 所在的直线分割多边形。该边的直线方程中斜率为 1 而 y 轴截距为 -1。然后我们可以确定该直线和其他边的交点来将多边形分割成两片。其他边叉积不为负,所以得到的两个多边形均为凸多边形。

我们还可以使用**旋转方法**(rotational method)来分割凹多边形。沿多边形的边的逆时针方向,逐一将顶点 $\mathbf{V}_k$ 移到坐标系原点。然后顺时针旋转多边形,使下一顶点 $\mathbf{V}_{k+1}$ 落在 x 轴上。如果再下一个顶点 $\mathbf{V}_{k+2}$ 位于 x 轴下面,则为凹多边形。然后我们利用 x 轴将多边形分割成两个新多边形,并对这两个新多边形重复使用凹测试。上述步骤一直重复到多边形中所有顶点均经过测试。对象位置旋转和平移的方法将在第 7 章和第 9 章详细讨论。图 4.11 给出了分割凹多边形的旋转方法。

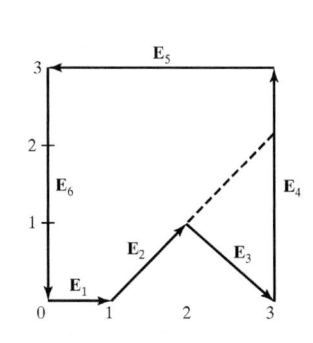

图 4.10 使用向量方法分割凹多边形

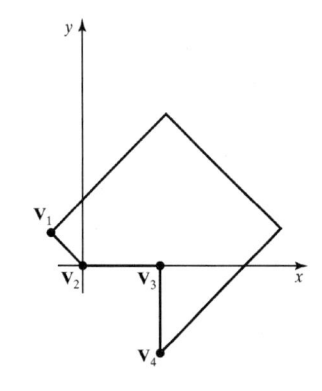

图 4.11 使用旋转方法分割一个凹多边形。在将 $\mathbf{V}_2$ 移到坐标系原点且将 $\mathbf{V}_3$ 旋转到 x 轴后,发现 $\mathbf{V}_4$ 在 x 轴下方。故可沿 $\overline{\mathbf{V}_2\mathbf{V}_3}$ 即 x 轴分割该多边形

4.7.4 将凸多边形分割成三角形集

一旦有了一个凸多边形的顶点集，我们可以将其变成一组三角形。这通过将任意顺序的三个连续顶点定义为一个新多边形（三角形）来实现。然后将三角形的中间顶点从多边形原顶点队列中删除。接着使用相同的过程处理修改后的顶点队列来分出另一个三角形。这种分割一直进行到原多边形仅留下三个顶点，它们定义三角形集中的最后一个。凹多边形也可以使用这种方法分割为三角形集，但要求连接所选择的第一、三顶点之间的线段不穿过多边形的凹区域，并且每次三顶点形成的内角小于180°（一个"凸"角）。

4.7.5 内-外测试

各种图形处理常需要鉴别对象的内部区域。识别简单对象如凸多边形、圆或椭圆的内部通常是很容易的。但有时我们必须处理较复杂的对象。例如，我们可能描述一个图4.12所示的有相交边的复杂填充区。在该形状中，xy 平面上哪一部分为对象边界的"内部"、哪一部分为"外部"并不总是一目了然的。奇偶规则和非零环绕规则是识别平面图形内部区域的两种常用方法。

奇偶规则（odd-even rule）也称奇偶性规则（odd-parity rule）或偶奇规则（even-odd rule），该规则从任意位置 **P** 到对象坐标范围以外的远点画一条概念上的直线（射线），并统计沿该射线与各边的交点数目。假如与这条射线相交的多边形边数为奇数，则 **P** 是内部（interior）点，否则 **P** 是外部（exterior）点。为了得到精确的相交边数，必须确认所画的直线不与任何多边形顶点相交。图4.12(a)给出了根据奇偶规则得到的自相交封闭折线的内部和外部区域。我们可以使用该过程对两个同心圆或两个同心多边形的内部填上指定颜色。

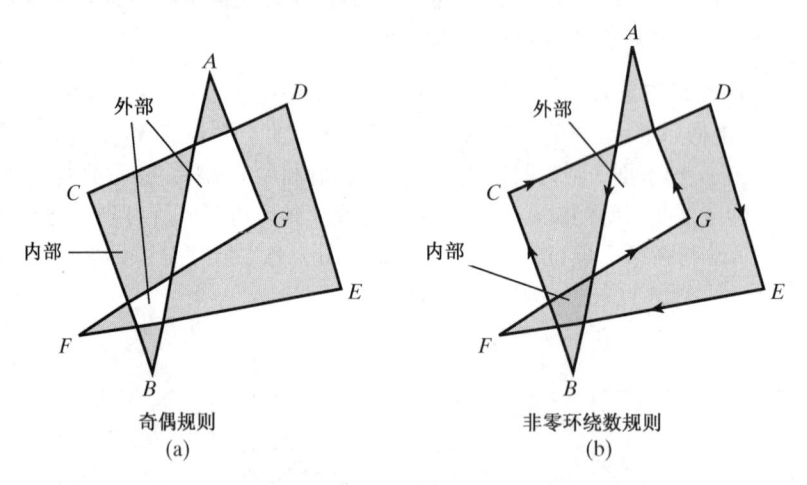

图4.12 自相交封闭折线围成的内部和外部区域

另一种定义内部区域的方法是采用**非零环绕数**（nonzero winding-number）规则。该方法统计多边形边以逆时针方向环绕某一特定点的次数。这个数称为**环绕数**（winding-number），二维对象的内部点是那些具有非零值环绕数的点。在对多边形应用非零环绕数规则时，将环绕数初始化为零。设想从任意位置 **P** 到对象坐标范围外的远处一点画一条射线。所选择的射线不能与多边形的任何顶点相交。当从 **P** 点沿射线方向移动时，统计穿过该射线的边的方向。每当多边形从右到左穿过射线时，边数加1；从左到右时，边数减1。在所有穿过的边都已计数后，环绕数的最终值决定了 **P** 的相对位置。假如环绕数为非零，则 **P** 将定义为内部点，否则 **P** 是外部点。

图4.12(b)给出了使用非零环绕数规则得到的自相交封闭折线的内部和外部区域。对于多边形和圆简单对象，非零环绕数规则和奇偶规则给出了相同的结果；但对于比较复杂的形状，两种方法可能会产生如图4.12所示不同的内部和外部区域。

一种确定有向边界穿越的方法是沿对象边建立向量(或边界线)，将从 **P** 点出发的射线向量 **u** 与穿过射线的每条边的边向量 **E** 进行叉积运算。假定在 xy 平面上有一个二维对象，每一叉积的方向或者在 $+z$ 方向、或者在 $-z$ 方向。如果对于某一特定的边，叉积 **u** × **E** 的 z 分量为正，那么边从右到左穿过射线，环绕数加1。否则，边从左到右穿越射线，环绕数减1。边向量可以使用边的终止端点位置减去边的起始顶点位置进行计算。

计算有向边界穿越的更简单的方法是使用点积代替叉积。为此，建立与向量 **u** 正交且当站在 **P** 点沿 **u** 方向看时从右到左方向的一个向量。如果 **u** 的分量表示为 (u_x, u_y)，则这个垂直于 **u** 的向量的分量为 $(-u_y, u_x)$(详情参见附录A)。现在，如果该正交向量与边界线向量的点积为正，表示从右向左穿越，让环绕数加1。否则，边界从左向右穿过参考线，环绕数减1。

非零环绕数规则将有些区域定为内部而奇偶规则将其定为外部，这在一些应用中可以是有益的。一般情况下，平面图形可定义为多个不相连的组成部分，通过为每一不相连的边界集指定方向，实现内部和外部的区分。这种例子有字符(如阿拉伯数字和标点符号)、拼接的多边形及同心圆或椭圆。对于曲线，奇偶规则通过计算与曲线路径的交点来应用。类似地，使用非零环绕数规则，我们需要在曲线从 **P** 点出发的射线相交点处计算切向量。

非零环绕数规则的变形可用于以另一种方法定义的内部区域。例如，我们可以在环绕数为正或为负时定义一个点为内点。我们也可以使用任何其他的规则来生成各种填充区。有时，使用布尔操作指定填充区为两区域的混合。布尔操作的一种实现方法是使用非零环绕数规则的一个变形。在这种方法下，先为每一区域定义简单的无相交的边界。然后如果考虑每一边界的方向为逆时针，那么两区域的并包含那些使环绕数为正的点(参见图4.13)。类似地，逆时针边界的两区域的交包含那些使环绕数大于1的点，如图4.14所示。要建立两区域的差的填充区，如 A − B，我们可以对 A 使用逆时针边界和对 B 使用顺时针边界。其差区域(参见图4.15)即为那些使环绕数为正的点。

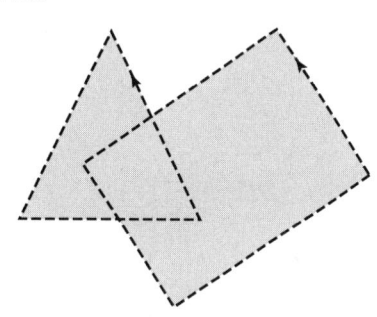

图4.13　环绕数为正定义的填充区。该填充区为两个逆时针边界区域的并

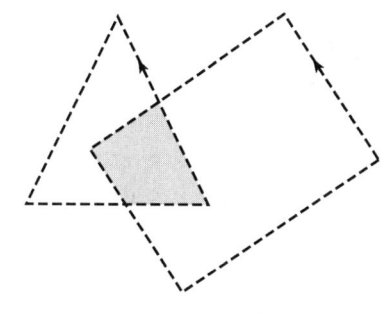

图4.14　环绕数大于1定义的填充区。该填充区是两个逆时针边界区域的交

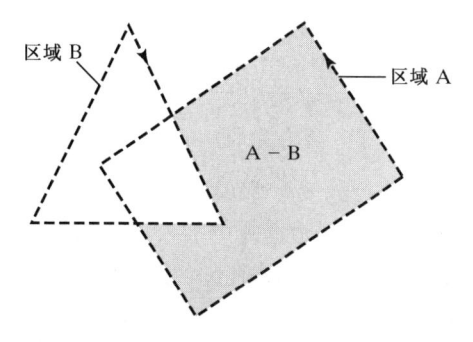

图4.15　环绕数为正定义的填充区。该填充区是两区域的差，即 A − B，其中A使用正边界方向(逆时针)，B使用负边界方向(顺时针)

4.7.6 多边形表

场景中的对象一般用一组多边形面片来描述。实际上，图形软件包经常提供以多边形网格形式描述表面形状的函数。对每一个对象的描述包括指定多边形面片的几何信息和其他表面参数(如颜色、透明性及光反射特性)。在输入每个多边形的信息时，数据放进一些表格中等待后续处理、显示和场景的对象管理。这些多边形数据表分成两组：几何数据表和属性数据表。几何数据表包含顶点坐标和标识多边形面片空间方向的参数。对象的属性信息包含指定对象的透明程度及其表面的反射性能和纹理特征。

场景中对象的几何数据简单地组织为三张表：顶点表、边表和面片表(简称为面表)。对象的每一顶点的坐标存储在顶点表中。边表包含指向顶点表的指针以确定每一多边形的边的端点。而面片表包含指向边表的指针以确定每个多边形的边。图 4.16 给出了对象表面两个相邻多边形面片的相关表。另外，对象及其组成多边形均可赋以对象和面片标识，这样可以比较容易地引用它们。

顶点表	边表	面片表
V_1: x_1, y_1, z_1	E_1: V_1, V_2	S_1: E_1, E_2, E_3
V_2: x_2, y_2, z_2	E_2: V_2, V_3	S_2: E_3, E_4, E_5, E_6
V_3: x_3, y_3, z_3	E_3: V_3, V_1	
V_4: x_4, y_4, z_4	E_4: V_3, V_4	
V_5: x_5, y_5, z_5	E_5: V_4, V_5	
	E_6: V_5, V_1	

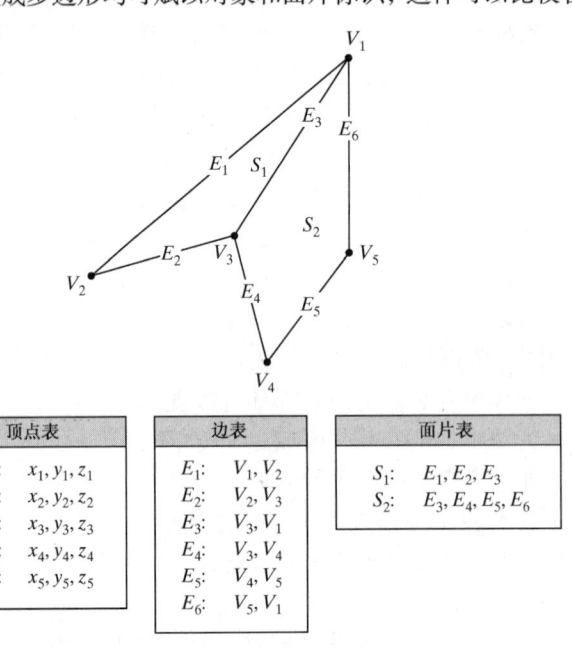

图 4.16 一对象中分别由 6 条边及 5 个顶点形成的两个相邻多边形的几何数据表

图 4.16 中将几何数据放在三张表中的做法为引用各个组成部分(每个对象的顶点、边和面片)提供了方便。使用标识多边形边界的边表数据还可以高效地显示对象。另一种安排是只用两张表：顶点表和面片表。但这种方案不够方便，有些边会在线框图中画两次。另一种可能是仅使用一张面片表，这会引起坐标信息的重复，因为每一面片中都使用了显式的坐标值。边和面的关系也必须从面片表的顶点清单中进行重建。

可以在图 4.16 的数据表中加入附加信息来提高信息的提取速度。例如，扩充边表使其包含指向面片表的指针，从而使属于两个多边形的公共边能被快速标识(参见图 4.17)。这对需要从一个多边形到下一个平滑过渡着色的绘制过程特别有用。类似地，顶点表也可以扩充指向相应边的指针，以便快速提取信息。

另外一些常常存储在数据表中的几何信息包括每一条边

E_1: V_1, V_2, S_1
E_2: V_2, V_3, S_1
E_3: V_3, V_1, S_1, S_2
E_4: V_3, V_4, S_2
E_5: V_4, V_5, S_2
E_6: V_5, V_1, S_2

图 4.17 图 4.16 中面的边表扩充了指向面片表的指针

的斜率和多边形边、多边形面片及场景中每一对象的坐标范围。输入顶点时,我们可以计算边的斜率并通过扫描坐标值来确认单条线段及多边形的最小和最大的 x、y、z 值。由于几何数据表可以包含场景中大量的复杂对象的顶点和边,检查其一致性和完整性是十分重要的。特别是在交互应用中,有可能在描述顶点、边和多边形的过程中,产生一些输入错误使对象的显示变形。

数据表中包含的信息越多,错误的检查越容易。因此,当使用三张数据表(顶点、边和面片)时错误的检查比较容易,因为这个方案提供了最多的信息。可由图形软件包来完成的测试有:(1)每一顶点至少有两条边以其作为端点,(2)每条边至少是一个多边形的组成部分,(3)每一个多边形都是封闭的,(4)每个多边形至少有一条共享边,(5)如果边表包含指向多边形的指针,那么由多边形指针引用的每条边都有一个反向指针指回该多边形。

4.7.7 平面方程

要完成一个三维场景的显示,图形系统要对输入数据进行若干步处理。这些处理包括在观察流水线中的模型坐标和世界坐标描述的变换、可见面判定及对各面片的绘制。其中有些处理需要对象表面的空间方向信息。该信息可从顶点坐标值和描述多边形表面的方程中获得。

场景中的每一个多边形包含在一个无限平面中。平面的一般方程为

$$Ax + By + Cz + D = 0 \tag{4.1}$$

其中 (x, y, z) 是平面中的任意一点,系数 A、B、C、D(称为平面参数,plane parameter)是描述平面空间特征的常数。用平面上三个非共线点的坐标代入,获得三个平面方程,求解后便得出 A、B、C、D 的值。为此,可选择逆时针凸多边形的三个连续顶点 (x_1, y_1, z_1)、(x_2, y_2, z_2) 和 (x_3, y_3, z_3) 并解下列联立方程组来求 A/D、B/D 和 C/D:

$$(A/D)x_k + (B/D)y_k + (C/D)z_k = -1, \quad k = 1, 2, 3 \tag{4.2}$$

这组方程的解可使用 Cramer 法则以行列式形式求出:

$$A = \begin{vmatrix} 1 & y_1 & z_1 \\ 1 & y_2 & z_2 \\ 1 & y_3 & z_3 \end{vmatrix} \quad B = \begin{vmatrix} x_1 & 1 & z_1 \\ x_2 & 1 & z_2 \\ x_3 & 1 & z_3 \end{vmatrix}$$

$$C = \begin{vmatrix} x_1 & y_1 & 1 \\ x_2 & y_2 & 1 \\ x_3 & y_3 & 1 \end{vmatrix} \quad D = -\begin{vmatrix} x_1 & y_1 & z_1 \\ x_2 & y_2 & z_2 \\ x_3 & y_3 & z_3 \end{vmatrix} \tag{4.3}$$

展开行列式,可得计算平面系数的表达式:

$$\begin{aligned} A &= y_1(z_2 - z_3) + y_2(z_3 - z_1) + y_3(z_1 - z_2) \\ B &= z_1(x_2 - x_3) + z_2(x_3 - x_1) + z_3(x_1 - x_2) \\ C &= x_1(y_2 - y_3) + x_2(y_3 - y_1) + x_3(y_1 - y_2) \\ D &= -x_1(y_2 z_3 - y_3 z_2) - x_2(y_3 z_1 - y_1 z_3) - x_3(y_1 z_2 - y_2 z_1) \end{aligned} \tag{4.4}$$

这种计算对任意三个坐标位置均有效,包括 $D = 0$ 的情况。将顶点坐标和其他信息装入多边形的数据结构中后,计算每个多边形 A、B、C、D 的值并与其他的多边形信息一起保存。

定义一个多边形面片的坐标有可能不在一个平面中。这样的问题可通过将面片分割成若干个三角形来解决。也可以为该顶点集找到一个逼近平面来解决。获得逼近平面的一种方法是将顶点集分成若干子集,每个子集内有三个顶点,计算每一子集的平面参数 A、B、C、D。将每一组

平面参数求平均值就得到逼近平面。另一种方法是将顶点集投影到一个坐标平面上。然后按多边形面积与其在 yz 平面上的投影面积之比求得 A，按与其在 xz 平面上的投影面积之比求得 B，按与其在 xy 平面上的投影面积之比求得 C。投影方法较多地用于光线跟踪应用中。

4.7.8 前向面与后向面

由于我们通常处理包围对象内部的多边形表面，因此需要区分每个面的两侧。向着对象内部的一侧称为后向面(back face)，可见或朝外的一侧称为前向面(front face)。判定一个点相对于多边形前向面和后向面的空间位置是许多图形算法的基本任务，例如在判定对象可见性中。每一多边形包含在将空间分为两区域的一个无限平面中。任何一个不在平面上且可看见对象前向面的点称为在平面的前方(或外部)，因此该点在对象的外部。任何可看见多边形后向面的点均称为在平面后方(或内部)。位于所有多边形所在平面后方(内部)的点是对象的内点。必须注意，这种内/外分类是与包含多边形的平面联系在一起的，而前面使用环绕数或奇偶规则的内/外测试则针对某些二维边界的内部。

平面方程可用于判定空间一点与对象的多边形面片的相对位置关系。如果任意点 (x, y, z) 不在参数为 A、B、C、D 的平面上，则

$$Ax + By + Cz + D \neq 0$$

因此我们可以按 $Ax + By + Cz + D$ 的符号来判定一个点是否在该面中多边形的后方或前方：

如果 $Ax + By + Cz + D < 0$，则点 (x, y, z) 在平面后方

如果 $Ax + By + Cz + D > 0$，则点 (x, y, z) 在平面前方

这些不等式测试在右手笛卡儿坐标系中有效，其中参数 A、B、C、D 使用从前往后观察平面时严格按逆时针顺序排列的坐标位置中选出的坐标值计算而得。例如，图 4.18 中任意一个在着色多边形外部(前方)的点满足不等式 $x - 1 > 0$，而任意内部(后方)的点的 x 坐标小于 1。

多边形表面的空间方向可用其所在平面的**法向量**(normal vector)来描述，如图 4.19 所示。该表面法向量与平面垂直且以 (A, B, C) 为其笛卡儿坐标分量，其中 A、B 和 C 是用方程(4.4)计算而得的平面系数。法向量从平面的内部指向外部，即从多边形的后方指向前方。

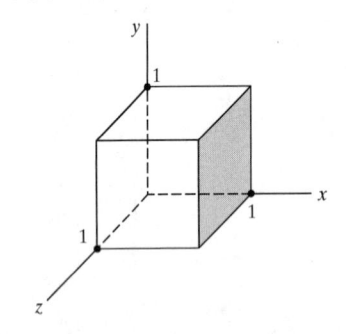

图 4.18　单位立方体的着色多边形的平面方程为 $x - 1 = 0$

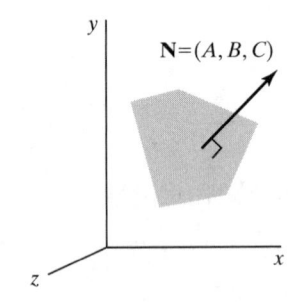

图 4.19　方程 $Ax + By + Cz + D = 0$ 所描述平面的法向量 **N** 与该平面垂直并有笛卡儿分量 (A, B, C)

作为计算多边形法向量即平面参数的例子，我们选择图 4.18 中单位立方体着色面的三个顶点。这些顶点按从外向其中心方向观察立方体时的逆时针方向排序。按此顺序选择的顶点坐标用于方程(4.4)获得平面系数：$A = 1$、$B = 0$、$C = 0$、$D = -1$。因此，该平面的法向量是 **N** = $(1, 0, 0)$，即 x 轴的正方向。也就是说，法向量从立方体内部指向外部且与平面 $x = 1$ 垂直。

法向量的分量也可通过向量叉积计算获得。假定我们有一个凸多边形面片和一个右手坐标系，再选任意三个顶点：$\mathbf{V}_1$、$\mathbf{V}_2$ 和 $\mathbf{V}_3$，满足从对象外部向内观察时的逆时针排序。形成两个向量，一个从 $\mathbf{V}_1$ 到 $\mathbf{V}_2$ 而第二个从 $\mathbf{V}_1$ 到 $\mathbf{V}_3$，按向量叉积计算 $\mathbf{N}$：

$$\mathbf{N} = (\mathbf{V}_2 - \mathbf{V}_1) \times (\mathbf{V}_3 - \mathbf{V}_1) \tag{4.5}$$

这样生成了平面参数 A、B 和 C，接下来将这些值和一个多边形顶点坐标代入平面方程(4.1)，可解出 D。使用法向量 $\mathbf{N}$ 和平面上任意一点 $\mathbf{P}$ 可给出向量形式的平面方程

$$\mathbf{N} \cdot \mathbf{P} = -D \tag{4.6}$$

对于凸多边形来说，我们也可以使用两个连续的边向量的叉积来获得平面参数。对于凹多边形，我们可以选择这样的三个顶点，使得用于叉积计算的两条边的夹角小于 180°。否则，我们取叉积的反向量来获得正确的多边形法向量方向。

4.8 OpenGL 多边形填充区函数

描述填充多边形的 OpenGL 过程与描述点和折线类似，但有一个例外。函数 glVertex 用来输入多边形的一个顶点坐标，而完整的多边形用从 glBegin 到 glEnd 之间的一组顶点来描述。但有另外一个函数可以用来显示具有完全不同格式的矩形。

默认时多边形内部显示为单色，由当前的颜色设定来确定其颜色。作为选项(将在第 5 章对其讨论)，可以用图案来填充多边形且显示多边形的边作为内部填充的边界。函数 glBegin 中指定多边形填充区的变量可使用六个不同的符号常量。这六个基本常量可用来显示单一填充多边形、一组不相连的填充多边形或一组相连的填充多边形。

OpenGL 中的填充区必须指定为凸多边形。因此，一个填充多边形的顶点集中至少包含三个顶点，其中无相交边且多边形所有内角均小于 180°。单个多边形填充区只使用一个顶点集来描述，其内部不能包含图 4.20 所示的洞。那样的图形可用两个重叠的凸多边形来描述。

我们描述的每一个多边形有两个面：后向面和前向面。在 OpenGL 中，可以为每个面分别设定填充颜色和其他属性，并且在二维和三维观察子程序中要求有后向/前向标志。因此，多边形按从"外部"观察它时的逆时针方向描述。这标识了该多边形的前向面。

因为图形显示中经常包含矩形的填充区，OpenGL 提供了一个特殊的矩形函数，直接在 xy 平面中描述顶点。在有些 OpenGL 的实现中，下面的函数比用 glVertex 描述的填充区有更高的效率：

glRect* (x1, y1, x2, y2);

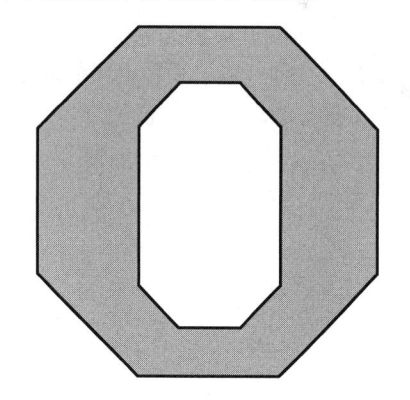

图 4.20 有复杂内部结构的多边形，不能用单个顶点集来描述

该矩形的一个角位于坐标位置($x1$, $y1$)处，而与其相对的一个角位于坐标位置($x2$, $y2$)处。glRect 的后缀码指出坐标数据类型及是否用数组元素来表示坐标。这些编码是 i(整数)、s(短整数)、f(浮点数)、d(双精度浮点数)和 v(向量)。矩形的边平行于 x、y 坐标轴。作为一个例子，下面的语句定义了图 4.21 中给出的正方形：

glRecti (200, 100, 50, 250);

如果将坐标值放在数组中，可用下列语句生成同样的正方形：

```
int vertex1 [ ] = {200, 100};
int vertex2 [ ] = {50, 250};

glRectiv (vertex1, vertex2);
```

利用函数 glRect 生成矩形时，多边形的边按顶点序列（$x1$，$y1$）、（$x2$，$y1$）、（$x2$，$y2$）、（$x1$，$y2$），然后返回到（$x1$，$y1$）来形成。在该例子中，我们生成了顺时针次序的顶点集。在许多二维应用中，前向面和后向面的确定是不重要的。但如果确实要将不同的特性赋给矩形的前向面和后向面，那就应该将本例中的两个顶点次序倒过来，从而得到逆时针的顶点次序。第 5 章将讨论另一种可以颠倒前向面和后向面描述的方法。

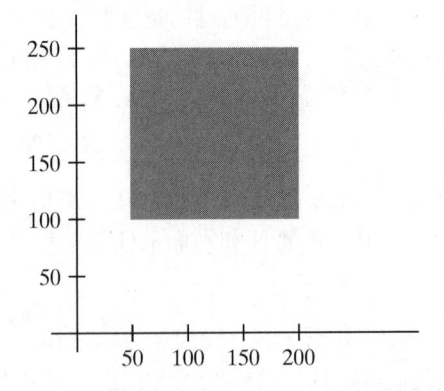

图 4.21 用 glRect 显示一个矩形填充区

另外六个 OpenGL 多边形填充图元的每一个都用 glBegin 函数中的符号常量及一组 glVertex 命令描述。使用 OpenGL 图元常量 GL_POLYGON 可以显示图 4.22(a) 那样的单个多边形。在该例子中，我们假定有六个顶点，标号为 p1 到 p6，描述一个逆时针次序的二维多边形顶点位置。每一点用一个数组（x，y）坐标值表示：

```
glBegin (GL_POLYGON);
    glVertex2iv (p1);
    glVertex2iv (p2);
    glVertex2iv (p3);
    glVertex2iv (p4);
    glVertex2iv (p5);
    glVertex2iv (p6);
glEnd ( );
```

一个多边形的顶点集至少包含三个顶点，否则什么也不显示。

如果改变前一例子中顶点集的次序并将图元常量改变成 GL_TRIANGLES，就获得图 4.22(b) 所示的两个分开的三角形填充区：

```
glBegin (GL_TRIANGLES);
    glVertex2iv (p1);
    glVertex2iv (p2);
    glVertex2iv (p6);
    glVertex2iv (p3);
    glVertex2iv (p4);
    glVertex2iv (p5);
glEnd ( );
```

此时，前面三个坐标点定义一个三角形的顶点，后面三点定义下一个三角形，以此类推。对于每一个三角形填充区，我们指定逆时针次序的顶点位置。除非重复使用某些顶点，否则该图元常量仅显示不相连的三角形。如果顶点数小于 3，则什么也不显示；而如果指定的顶点数不是 3 的倍数，则最后一个或两个顶点没有用。

再次改变顶点集次序并将图元常量改为 GL_TRIANGLE_STRIP，可显示图 4.22(c) 所示的一组连接的三角形：

```
glBegin (GL_TRIANGLE_STRIP);
    glVertex2iv (p1);
    glVertex2iv (p2);
    glVertex2iv (p6);
    glVertex2iv (p3);
    glVertex2iv (p5);
    glVertex2iv (p4);
glEnd ( );
```

假定在 N 个顶点的集合中没有重复的坐标位置,可获得 $N-2$ 个三角形的带。很清楚,必须有 $N \geq 3$,否则什么也不显示。在该例子中,$N=6$,得到四个三角形。每一后继三角形共享前面定义的三角形的一条边,因此顶点次序的设定必须保证显示的一致性。一个三角形在前面两个顶点的基础上再加一个顶点来定义。因此,最前面三个顶点必须按从前面(外部)观察三角形表面时的逆时针次序列出。随后,顶点表中用于另外三个三角形的三个顶点安排成顺时针次序。这通过按次序 $n=1$,$n=2$,$\cdots$,$n=N-2$ 处理顶点集中的位置 n,并按 n 是否为奇数或偶数确定相应的三顶点集次序来实现。如果 n 是奇数,三角形顶点的多边形列表次序是 n,$n+1$,$n+2$。如果 n 是偶数,则三角形顶点次序为 $n+1$,n,$n+2$。在前面的例子中,第一个三角形($n=1$)的顶点次序为(p1,p2,p6)。第二个三角形($n=2$)的顶点次序为(p6,p2,p3)。第三个三角形($n=3$)的顶点次序为(p6,p3,p5)。多边形表中第四个三角形($n=4$)的顶点次序为(p5,p3,p4)。

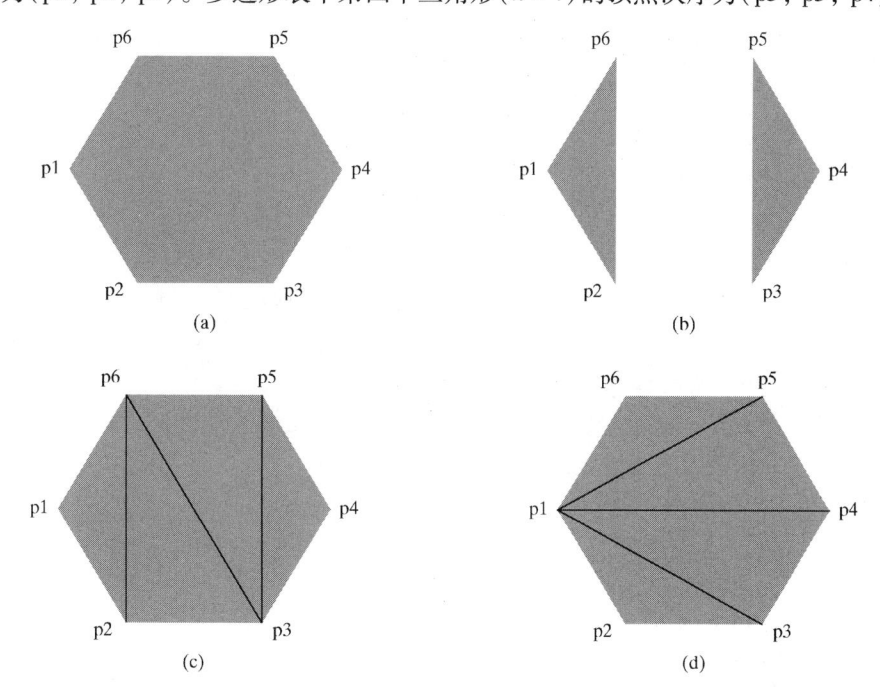

图 4.22 使用六个顶点位置显示多边形填充区:(a)用图元常量 GL_POLYGON 生成单个凸多边形填充区;(b)用图元常量 GL_TRIANGLES 生成两个不相连的三角形;(c)用图元常量 GL_TRIAN-GLE_STRIP 生成四个相连的三角形;(d)用 GL_TRIANGLE_FAN 生成四个相连的三角形

生成一组相连三角形的另一种方法是使用图 4.22(d)所示的"扇形"方法,其中有一个顶点被所有的三角形共享。使用图元常量 GL_TRIANGLE_FAN 和六个顶点的原有次序可以获得这样的设置:

```
    glBegin (GL_TRIANGLE_FAN);
        glVertex2iv (p1);
        glVertex2iv (p2);
        glVertex2iv (p3);
        glVertex2iv (p4);
        glVertex2iv (p5);
        glVertex2iv (p6);
    glEnd ( );
```

N个顶点可获得$N-2$个三角形,不需要重复使用任何顶点,但必须至少列出三个顶点。另外,必须合适地描述顶点次序,以便正确定义每一个三角形的前向面和后向面。第一个列出的顶点(此时为p1)是扇形中每一个三角形共享的顶点。如果我们再按$n=1$, $n=2$, $\cdots$, $n=N-2$来计算多边形和坐标位置,则多边形表中第n个三角形的顶点次序为1, $n+1$, $n+2$。因此,三角形1由顶点集(p1, p2, p3)定义;三角形2的顶点次序为(p1, p3, p4);三角形3的顶点次序为(p1, p4, p5);而三角形4的顶点次序为(p1, p5, p6)。

除了三角形和一般多边形的图元函数,OpenGL还可描述两类四边形。用GL_QUADS图元常量和下面二维坐标数组指定的八个顶点,可生成图4.23(a)的显示结果:

```
    glBegin (GL_QUADS);
        glVertex2iv (p1);
        glVertex2iv (p2);
        glVertex2iv (p3);
        glVertex2iv (p4);
        glVertex2iv (p5);
        glVertex2iv (p6);
        glVertex2iv (p7);
        glVertex2iv (p8);
    glEnd ( );
```

前面四个点定义一个四边形的顶点,接下来四个点定义下一个四边形,以此类推。我们为每一个四边形填充区指定逆时针次序的顶点位置。如果没有重复的顶点位置,则显示一组不相连的四边形填充区。使用该图元时至少要列出四个顶点,否则什么也不显示。而如果指定的顶点数不是4的倍数,则多余的顶点将被忽略。

将前面的四边形程序示例中的顶点集重新安排,并将图元常量改为GL_QUAD_STRIP,我们得到图4.23(b)中一组相连的四边形:

```
    glBegin (GL_QUAD_STRIP);
        glVertex2iv (p1);
        glVertex2iv (p2);
        glVertex2iv (p4);
        glVertex2iv (p3);
        glVertex2iv (p5);
        glVertex2iv (p6);
        glVertex2iv (p8);
        glVertex2iv (p7);
    glEnd ( );
```

在先指定两个顶点后,每个四边形用再两个顶点指定,而且我们必须列出能使每一个四边形获得正确的逆时针顶点次序的顶点集。在$N \geq 4$时,N个顶点可生成$N/2-1$个四边形。如果N不是4的倍数,顶点集中多余的坐标位置则不被使用。我们可按$n=1$, $n=2$, $\cdots$, $n=N/2-1$对填充多边形和顶点计数。这样,多边形表中第n个四边形的顶点次序为$2n-1$, $2n$, $2n+2$, $2n+1$。在本例中,$N=8$,因而有三个四边形组成一个带。因此,第一个四边形($n=1$)的顶点次序为(p1, p2, p3, p4)。第二个四边形($n=2$)的顶点次序为(p4, p3, p6, p5)。而第三个四边形($n=3$)的顶点次序为(p5, p6, p7, p8)。

多数图形软件包使用逼近平面片来显示曲面。这是因为平面方程是线性的,而处理线性方程比二次或其他类曲线方程快得多。因此 OpenGL 和其他图形软件包提供多边形图元来实施曲面的逼近。对象用多边形网格来建模,而几何和属性信息的数据库按处理多边形面片的目标来建立。在 OpenGL 中,可用于此目的的图元有三角形带(triangle strip)、三角形扇形(triangle fan)和四边形带(quad strip)。高性能图形系统使用快速多边形硬件绘制,使得显示速度达到每秒形成一百万个多边形(通常为三角形),包括使用表面纹理和特殊的光照效果。

尽管 OpenGL 的基本函数库只允许凸多边形,但实用函数库(GLU)提供了相关函数来处理凹多边形和其他有线性边界的非凸对象。可使用一组 GLU 多边形细分子程序来将那些形状转换成三角形、三角形网络、三角形扇形和直线段。一旦那些形状被分解,就可以使用 OpenGL 函数进行处理。

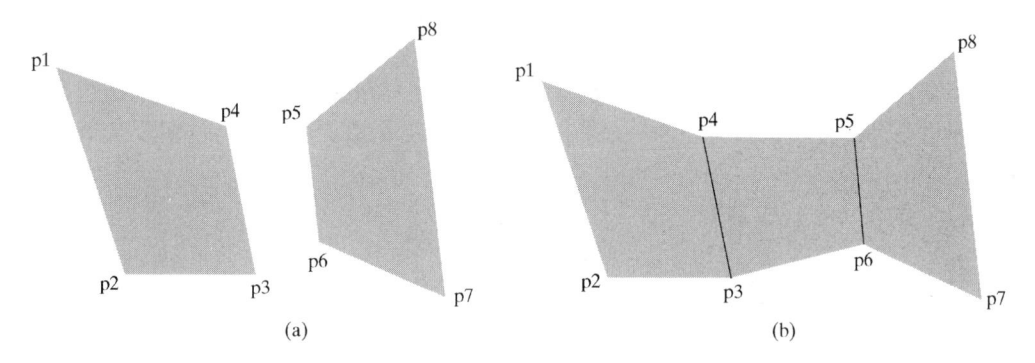

图 4.23 用八个顶点显示四边形填充区:(a)用 GL_QUADS 生成两个不相连的四边形;(b)用 GL_QUAD_STRIP 生成三个相连的四边形

4.9 OpenGL 顶点数组

尽管前面给出的例子中只包含少量的坐标位置,但描述包含若干个对象的场景一般会复杂得多。我们先考虑描述一个简单的很基本的对象:图 4.24 中的单位立方体,为简化后面的讨论而使用了整数坐标。定义顶点坐标的直接方法是用一个双下标数组,例如

```
GLint points [8][3] = { {0, 0, 0}, {0, 1, 0}, {1, 0, 0}, {1, 1, 0},
                        {0, 0, 1}, {0, 1, 1}, {1, 0, 1}, {1, 1, 1} };
```

也可以先定义一个三维顶点位置的数据类型,然后给出作为单下标数组元素的每一顶点位置的坐标,例如,

```
typedef GLint vertex3 [3];

vertex3 pt [8] = { {0, 0, 0}, {0, 1, 0}, {1, 0, 0}, {1, 1, 0},
                   {0, 0, 1}, {0, 1, 1}, {1, 0, 1}, {1, 1, 1} };
```

下面要定义该对象的六个面。为此,分六次调用 glBegin(GL_POLYGON)或 glBegin(GL_QUADS)。我们必须明确每一个面的顶点顺序符合从立方体外部对其观察时为逆时针次序的要求。在下面的程序段中,我们指定每个立方体面为一个四边形,并且使用一个函数调用将数组下标值传给 OpenGL 图元子程序。图 4.25 给出了与立方体顶点位置对应的数组 pt 的下标值。

```
void quad (GLint n1, GLint n2, GLint n3, GLint n4)
{
    glBegin (GL_QUADS);
        glVertex3iv (pt [n1]);
        glVertex3iv (pt [n2]);
        glVertex3iv (pt [n3]);
        glVertex3iv (pt [n4]);
    glEnd ( );
}
void cube ( )
{
    quad (6, 2, 3, 7);
    quad (5, 1, 0, 4);
    quad (7, 3, 1, 5);
    quad (4, 0, 2, 6);
    quad (2, 0, 1, 3);
    quad (7, 5, 4, 6);
}
```

这样，指定一个面要用六个 OpenGL 函数，共有六个面需要指定。在加入颜色描述和其他参数后，显示立方体的程序很容易包含一百个以上的 OpenGL 函数调用。而有许多复杂对象的场景会需要更多的函数调用。

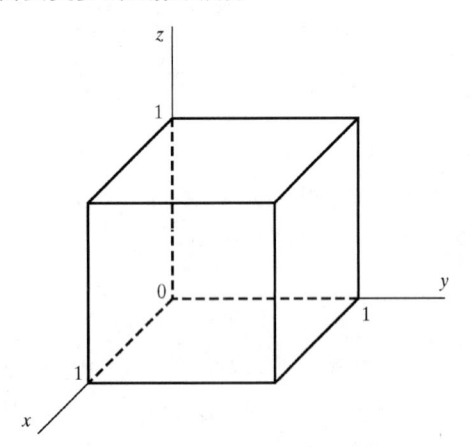

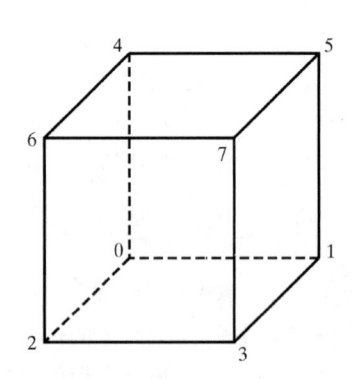

图 4.24　边长为 1 的立方体　　　　图 4.25　与图 4.24 中立方体顶点对应的数组 pt 的下标值

从上面的立方体例子中可以看出，复杂的场景描述需要使用几百或几千个坐标描述。另外还必须为各个对象建立各种属性和观察参数。因此，对象和场景描述要使用大量的函数调用，这对系统资源提出了要求并减慢了图形程序的执行速度。复杂显示进一步的问题是对象表面(如图 4.24 中的立方体)通常有共享顶点。使用已讨论过的方法，这些共享顶点需要多次指定。

为了简化这些问题，OpenGL 提供了一种机制来减少处理坐标信息的函数调用数量。通过使用**顶点数组**(vertex array)，可以利用很少的函数调用来安排场景的描述信息。步骤如下：

1. 引用函数 `glEnableClientState(GL_VERTEX_ARRAY)` 激活 OpenGL 的顶点数组特性。
2. 使用函数 `glVertexPointer` 指定顶点坐标的位置和数据格式。
3. 使用子程序如 `glDrawElements` 显示场景，该子程序可处理多个图元而仅需少量的函数调用。

使用前面定义的 pt 数组,实现下列程序示例中的三步:
```
glEnableClientState (GL_VERTEX_ARRAY);
glVertexPointer (3, GL_INT, 0, pt);

GLubyte vertIndex [ ] = (6, 2, 3, 7, 5, 1, 0, 4, 7, 3, 1, 5,
    4, 0, 2, 6, 2, 0, 1, 3, 7, 5, 4, 6);

glDrawElements (GL_QUADS, 24, GL_UNSIGNED_BYTE, vertIndex);
```

第一条命令 `glEnableClientState(GL_VERTEX_ARRAY)` 激活了客户/服务器系统中客户端的能力(此时是顶点数组)。因为客户端(运行主程序的机器)保留图形的数据,顶点数组必须在那里。如第 2 章所指出的,服务器(如工作站)发出命令并显示图形。当然,单个计算机既是客户端又是服务器。OpenGL 的顶点数组特性用下列命令来使其无效:

```
glDisableClientState (GL_VERTEX_ARRAY);
```

接下来为函数 `glVertexPointer` 提供对象顶点坐标的位置和格式。`glVertexPointer` 的第一个参数在此例中为 3,指出每一个顶点描述中的坐标数目。顶点坐标的数据类型用函数中第二个参数 OpenGL 符号常量来指定。此例中的数据类型为 `GL_INT`。另外的数据类型用符号常量 `GL_BYTE`、`GL_SHORT`、`GL_FLOAT` 和 `GL_DOUBLE` 来指定。第三个参数用来给出连续顶点之间的字节位移。使用这一参数的目的是允许多种类型的数据(如坐标和颜色)捆绑在同一个数组内。由于我们仅给出坐标数据,因此这个位置参数赋值为 0。函数 `glVertexPointer` 的最后一个参数指向包含坐标值的顶点数组。

立方体顶点的所有索引存放在数组 `vertIndex` 中。其中每一个索引是对应于该顶点值的数组 `pt` 的下标。该索引表被当作函数 `glDrawElements` 的最后一个参数,并由显示立方体的四边形表面的第一个参数——图元 `GL_QUADS` 使用。第二个参数指定数组 `vertIndex` 中的元素数量。因为一个四边形有 4 个顶点,所以我们指定为 24,`glDrawElements` 函数每次取出 4 个顶点来显示一个立方体面,直到 24 个顶点用完。这样,使用一个函数调用完成了整个立方体所有面的显示。`glDrawElements` 函数的第三个参数给出索引值的类型。因为此时所用的索引是小整数,我们指定其为 `GL_UNSIGNED_BYTE` 类型。另外两种可用的索引类型是 `GL_UN-SIGNED_SHORT` 和 `GL_UNSIGNED_INT`。

也可将其他的信息与坐标值一起放进顶点数组中用于场景描述。我们可以在数组(由函数 `glDrawElements` 引用)中指定对象的颜色值和其他属性。为了提高效率,可以交替使用各种数组。第 6 章将讨论实现这些属性的方法。

4.10 像素阵列图元

除了线段、多边形、圆和其他图元,图形软件包经常提供一些子程序用于显示由矩形的彩色阵列定义的各种形状。矩形的网格图案可通过数字化(扫描)一张照片或其他图形来获得,也可以使用图形程序来生成。阵列中每一颜色值映射到一个或多个屏幕像素位置。如第 2 章所指出的,一个彩色像素阵列称为一个像素图(pixmap)。

像素阵列的参数包括指向颜色矩阵的指针、矩阵的大小及其将要影响的屏幕区域。图 4.26 给出了用像素阵列映射到屏幕区域的例子。

实现像素阵列的另一种方法是将矩阵中的每一元素赋值为 0 或 1。此时,阵列简化成位图(bitmap),有时也称为掩模(mask),它指出一个像素是否被赋予预定颜色。

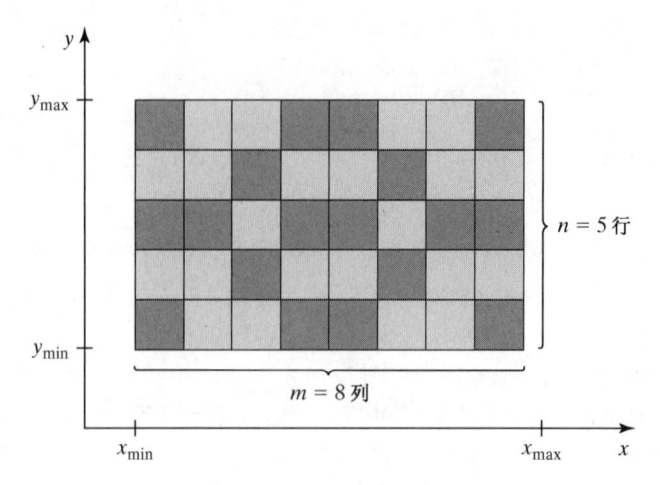

图 4.26　将 $n \times m$ 的彩色阵列映射到屏幕坐标系中的一个区域

4.11　OpenGL 像素阵列函数

OpenGL 中有两个函数可用于定义矩形阵列的形状或图案。一个函数定义位图,另一个定义像素图。OpenGL 也提供若干的函数用于存储、复制及管理像素值阵列。

4.11.1　OpenGL 位图函数

下面的函数定义一个二值的阵列:

```
glBitmap (width, height, x0, y0, xOffset, yOffset, bitShape);
```

函数中的参数 width 和 height 分别给出阵列 bitShape 的列数和行数。bitShape 的每一元素赋值为 0 或 1。值为 1 表示对应像素用前面设定的颜色显示;否则,对应像素不受该位图影响(作为一个选项,可使用 1 表示将指定颜色与存储在刷新缓存中对应位置的颜色值相结合)。参数 x0 和 y0 定义了矩形阵列"原点"的位置。原点位置指定为 bitShape 的左下角,而 x0 和 y0 可正、可负。另外,需要指定帧缓存中应用图案的位置。该位置称为**当前光栅位置**(current raster position),而位图在将原点置于当前光栅位置后显示。赋给 xOffset 和 yOffset 的值用作位图显示后更新帧缓存当前光栅位置的坐标位移。

x0、y0、xOffset、yOffset 和当前光栅位置的坐标值使用浮点数格式。位图当然用整数的像素位置。但浮点数的坐标允许将一组位图以任意的间隔安排,这在某些应用如用位图字符形成字符串中很有用。

可以使用下面的子程序来设定当前光栅位置:

```
glRasterPos* ( )
```

参数和后缀码与 glVertex 函数中的一样。因此,当前光栅位置在世界坐标系中给出,由观察变换将其变换到屏幕坐标系。在我们的二维例子中,可以直接使用整数屏幕坐标指定当前光栅位置的坐标。当前光栅位置的默认值是世界坐标系中的原点(0, 0, 0)。

位图的颜色使用 glRasterPos 被引用时的有效颜色。任何后来的颜色改变不会影响该位图。

矩形的位阵列中的每一行以 8 位为单位组织存放,即安排成一组 8 位无符号字符。但我们可以使用任何方便的网格大小来描述形状。作为一个例子,图 4.27 给出了一个用 10 行、9 列的网格定义位阵列,这时每行使用 16 个二进制位来描述。在将该图案应用于帧缓存像素时,第 9 列之后的所有位值均被忽略。

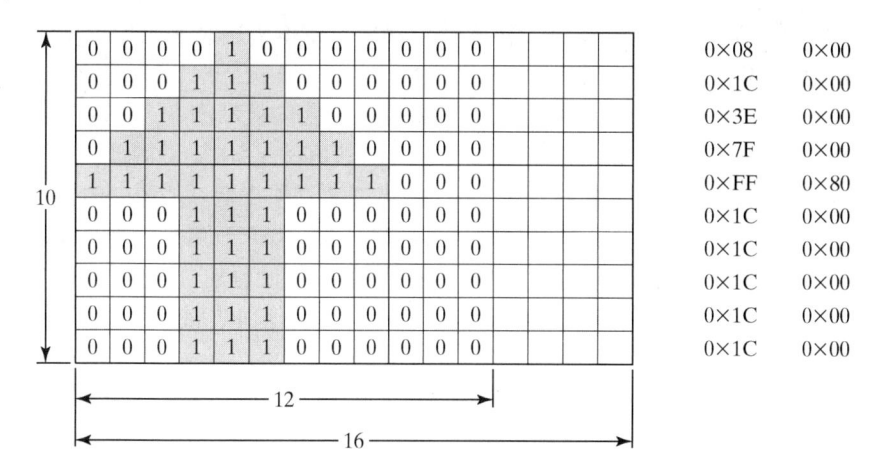

图 4.27　用 10 行、9 列的网格指定的一个位图存放在每行 16 位的 10 行、8 位的块中

使用下面的程序段可将图 4.27 中的位图应用于帧缓存中：

```
GLubyte bitShape [20] = {
    0x1c, 0x00, 0x1c, 0x00, 0x1c, 0x00, 0x1c, 0x00, 0x1c, 0x00,
    0xff, 0x80, 0x7f, 0x00, 0x3e, 0x00, 0x1c, 0x00, 0x08, 0x00};

glPixelStorei (GL_UNPACK_ALIGNMENT, 1);   // Set pixel storage mode.

glRasterPos2i (30, 40);
glBitmap (9, 10, 0.0, 0.0, 20.0, 15.0, bitShape);
```

bitShape 的阵列值从矩形网格的底部开始逐行指定。接着使用 OpenGL 函数 glPixelStorei 设定位图的存储模式。该函数中使用参数值 1 表明数据值用字节边界对齐。glRasterPos2i 用来设定当前光栅位置为 (30, 40)。最后，函数 glBitmap 指定位阵列在阵列 bitShape 中给出，并且该阵列有 9 列、10 行。这个阵列的原点坐标在 (0.0, 0.0)，即在网格的左下角。我们给出坐标位移为 (20.0, 15.0)，尽管在本例中该位移没有用。

4.11.2　OpenGL 像素图函数

函数

　　glDrawPixels (width, height, dataFormat, dataType, pixMap);

将用颜色阵列定义的图案应用到一块帧缓存的像素位置。其中的 width 和 height 也分别给出像素位图的列数和行数 (阵列 pixMap)。参数 dataFormat 用一个 OpenGL 常量赋值，指出如何为阵列指定值。例如，使用常量 GL_BLUE 可指定所有像素都使用蓝色，使用常量 GL_BGR 可按蓝、绿、红次序指定颜色分量。还可能有一些其他的颜色指定方法，我们在第 5 章将详细讨论颜色选择的方法。参数 dataType 设定为 OpenGL 常量 GL_BYTE、GL_INT 或 GL_FLOAT，以指定阵列中颜色的数据类型。该颜色阵列的左下角映射到由 glRasterPos 设定的当前光栅位置。作为一个例子，下面的语句显示一个 128×128 的 RGB 彩色阵列定义的像素图：

　　glDrawPixels (128, 128, GL_RGB, GL_UNSIGNED_BYTE, colorShape);

　　由于 OpenGL 提供了若干个缓存，将某缓存选为 glDrawPixels 子程序的目标即可将一个阵列送进该缓存。有的缓存存放颜色值，而有的存放另外的像素数据。例如，深度缓存 (depth buffer) 用来存放对象离开观察位置的距离，而模板缓存 (stencil buffer) 用来存放场景的边界图案。glDrawPixels 函数中的 dataFormat 参数设定为 GL_DEPTH_COMPONENT 或 GL_STENCIL_

INDEX 就可在两个缓存中选定一个。我们需要使用深度值或模板信息来设定像素阵列。后面几章将详细考察这些缓存。

OpenGL 有 4 个颜色缓存(color buffer)用于屏幕刷新。立体显示中左、右两个场景使用两个颜色缓存。对于立体显示缓存中的每一个，各有一对前-后双缓存用于动画显示。在 OpenGL 的特殊实现中，可能不支持立体显示或双缓存之一，或者二者都不支持。如果立体显示和双缓存都不支持，则仅有单一的刷新缓存用作**前-左颜色缓存**(front-left color buffer)。这是在双缓存无效时的默认缓存。如果双缓存有效，默认是后-左和后-右缓存或仅仅是后-左缓存，取决于立体观察的当前状态。同样，还支持一些用户定义的辅助颜色缓存用于任何非刷新用途，如保存图片用于以后复制到刷新缓存去显示。

使用下面的命令可选择单一的颜色或辅助缓存，或选择混合缓存来存储像素图：

```
glDrawBuffer (buffer);
```

参数 buffer 可赋以多种 OpenGL 符号常量，来指定一个或多个"绘图"缓存。例如，可用 GL_FRONT_LEFT、GL_FRONT_RIGHT、GL_BACK_LEFT 或 GL_BACK_RIGHT 来选定单一的缓存。使用 GL_FRONT 来选择两个前缓存，而用 GL_BACK 选择两个后缓存。这假定立体显示已有效。否则，前面两个符号常量仅指定单一缓存。类似地，我们可以用 GL_LEFT 或 GL_RIGHT 指定一对左缓存或一对右缓存，并且可以使用 GL_FRONT_AND_BACK 来选择所有可用的颜色缓存。辅助缓存通过常量 GL_AUXk 来选择，其中 k 是 0 到 3 的一个整数，某些 OpenGL 实现中有多于 4 个的辅助缓存。

4.11.3 OpenGL 光栅操作

除了将像素阵列存入缓存，我们可以从缓存中取出一块值或将一块值复制到另一缓存区域。可以对像素阵列执行各种其他操作。一般情况下，术语**光栅操作**(raster operation)用于描述以某种方式处理一个像素阵列的任何功能。将一个像素阵列的值从一个位置移到另一位置的光栅操作也称为像素值的**块移动**(block transfer)或 **bitblt 移动**(bit-block transfer)，尤其是在该功能由硬件实现时。在多层次的系统中，术语 **pixblt** 用于块移动。

使用下列函数可在指定缓存中选择一个矩形块的像素值：

```
glReadPixels (xmin, ymin, width, height,
              dataFormat, dataType, array);
```

要提取的矩形块的左下角是屏幕坐标位置(xmin, ymin)。参数 width、height、dataFormat 和 dataType 与 glDrawPixels 子程序中的相同。存入参数 array 中的数据类型依赖于选择的缓存。我们可通过给参数 dataFormat 赋值 GL_DEPTH_COMPONENT 或 GL_STENCIL_INDEX 来选择深度缓存或模板缓存。

用函数

```
glReadBuffer (buffer);
```

可以为 glReadPixels 子程序选择颜色或辅助缓存的特殊组合。指定一个或多个缓存的符号常量与 glDrawBuffer 子程序中的一样，但不能选择所有四个颜色缓存。默认选择是由立体观察状态所确定的前左-右缓存对组合或仅仅是前-左缓存。

使用下面的函数可将一块像素数据从 OpenGL 缓存的一个位置复制到另一个位置：

```
glCopyPixels (xmin, ymin, width, height, pixelValues);
```

块的左下角是屏幕坐标位置(xmin, ymin)，参数 width 和 height 被赋以正整数，分别指出要复制的列数和行数。参数 pixelValues 被赋以 GL_COLOR、GL_DEPTH 或 GL_STENCIL 来指定要复制的数据种类：颜色值、深度值或模板值。另外，将一块像素值从源缓存(source buffer)复制到目标缓存(destination buffer)，其左下角映射到当前光栅位置。源缓存用 `glReadBuffer` 命令选择，而目标缓存用 `glDrawBuffer` 命令选择。提供和接受复制的两个区域都必须在屏幕坐标的边界内。

为了实现用 `glDrawPixels` 或 `glCopyPixels` 将一块像素值放入缓存的不同效果，我们可以使用各种方式将取出的值与缓存原来的值进行组合。例如，使用与(and)、或(or)和异或(exclusive or)等逻辑操作来组合两个块的像素值。在 OpenGL 中，可以使用下面的函数来选择按位逻辑操作，将取出的值和目标的像素颜色值进行组合：

```
glEnable (GL_COLOR_LOGIC_OP);
```

```
glLogicOp (logicOp);
```

参数 `logicOp` 可被赋以多种符号常量，包括 GL_AND、GL_OR 和 GL_XOR。另外，取出的值和目标位值可以颠倒（即 0 和 1 互换）。使用常量 GL_COPY_INVERTED 可将取出的颜色位值颠倒后再取代目标位值。使用 GL_INVERT 则仅仅颠倒了目标位值而不使用取出的值。各种颠倒操作还可与逻辑与、或及异或操作进行组合。其他操作包括将目标位清零(GL_CLEAR)，或设定所有的目标位为 1(GL_SET)。`glLogicOp` 子程序的默认值是 GL_COPY，简单地用取出的值去替代目标位值。

还有一些 OpenGL 子程序用来管理由 `glDrawPixels`、`glReadPixels` 和 `glCopyPixels` 等函数处理的像素阵列。例如，`glPixelTransfer` 和 `glPixelMap` 子程序可用来移动或调整颜色值、深度值或模板值。我们在以后几章中讲解计算机图形软件包的其他方面时再讨论像素操作。

4.12　字符图元

图形显示中常包括文字信息，如图表上的标记、大楼或汽车上的牌号及模拟和可视化应用中的标识信息。多数图形软件包中都有生成字符图元的子程序。有些系统提供庞大的字符函数集，而其他的系统则仅提供对字符生成的有限支持。

字母、数字和其他字符可以显示成不同的大小和风格。一组字符的完整设计风格称为**字样**(typeface)。目前，有上百种字样可供计算机的应用程序使用。常用的字样有 Courier、Helvetica、New York、Palatino 和 Zapf Chancery 等。早先，术语**字体**(font)指的是一组按照特定尺寸和格式的模板字符式样。例如 10 磅 Courier 斜体，或 12 磅 Palatino 黑体。14 磅字体的字符高度约为 0.5 厘米。换句话说，72 磅大约等于 2.54 厘米(1 英寸)。现在术语"字体"和"字样"经常互用，因为印刷过程不再使用金属模板。

字体可分成两大类：有衬线(serif)和无衬线(sans serif)。有衬线字体在字符主笔划末端带有细线或是笔划加重，而无衬线字体则没有加重。有衬线字体的可读性较好，即在正文的较长段落中容易阅读。另一方面，无衬线字体的单个字符易被识别。由于这个原因，无衬线字体被认为是字迹清楚的。由于可以很快地识别无衬线字符，因而这种字体特别适用于标识和短标题。

字体也按是否为单一宽度(monospace)或比例宽度(proportional)而进行分类。单一宽度字体中的所有字符有同样的宽度，比例宽度字体中有多种字符宽度。

存储的计算机字体有两种不同的表示方法。一种表示某种字体字符形状的简单办法是使用矩形网格图案。这样的字符组称为**位图字体**(bitmap font，或**位图化的字体**)。位图化的字符集有时也称为**光栅字体**(raster font)。另一种更灵活的方法是用直线和曲线段来描述字符形状，例如在 PostScript 中的处理，这种字符组称为**轮廓字体**（outline font）或**笔划字体**（stroke font）。图 4.28 给出了两种字符的表示方法。当把图 4.28(a) 中的图案复制到帧缓存的某个区域时，值为 1 的位确定监视器上对应的哪一个像素位置将要用指定颜色显示。为了显示图 4.28(b) 中的字符形状，字符轮廓的内部按填充区处理。

位图字体的定义和显示最简单，仅需将字符网格映射到帧缓存位置。但是，因为每种（尺寸和格式的）变化都必须存储在字形的高速缓存中，所以位图字体通常需要更多的存储空间。尽管有可能从一组点阵字符生成不同尺寸及类似粗体、斜体等其他变体的字体，但通常结果并不是很好。我们只能以像素大小的整数倍方式增加或减少字符位图的尺寸。两倍尺寸的字符需要位图中的四倍像素，但这增加了边缘的粗糙表现。

与位图字体相比，轮廓字体在增加大小时其字符形状不会变形。轮廓字体需要较少的存储空间，因为每种变体并不需要各自的字形缓存。通过控制字符轮廓的曲线定义，可以产生粗体、斜体或不同尺寸的字体。但这需要更多的时间来处理轮廓字体，因为必须将它们扫描转换到帧缓存中。

可用于字符显示的函数有许多个。有的图形软件包提供的函数可接受任意的字符串及相应的帧缓存起始位置。另一类函数仅在选定的一处或几处显示字符串。由于字符子程序对为网状布局或离散数据集显示给定标记很有用，因此该子程序显示的字符有时称为**标记符号**（marker symbol）或**多点标记**（polymarker），这与折线图元类似。另外，标准字符、点、圆和十字等常用作标记符号。图 4.29 给出了用星号作为标记的离散点集图。

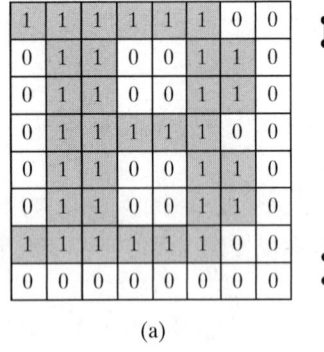

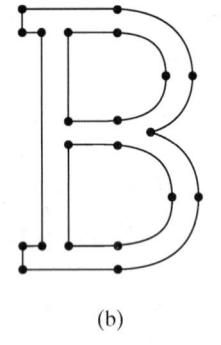

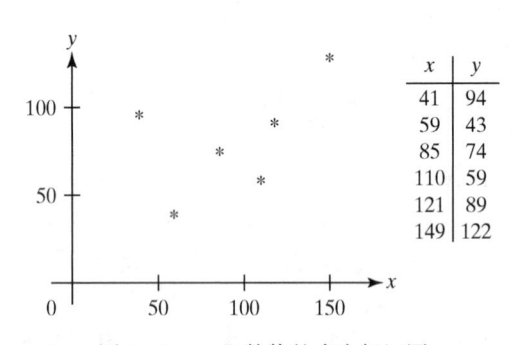

图 4.28　字符 B 表示为：(a) 8×8 二值点阵图案；
　　　　　(b) 用直线段和曲线段定义轮廓形状

图 4.29　一组数值的多点标记图

和其他图元一样，字符的几何描述在世界坐标系中给出，该信息由观察变换映射到屏幕坐标系。位图字符使用矩形网格的二进制值及网格参考位置来描述。该位置随后被映射到帧缓存中的指定位置。轮廓字符由一组用曲线段或直线段连接的坐标位置和参考位置来定义，该参考位置随后也映射到给定的帧缓存位置。参考位置可用于一个字符或一个字符串。一般情况下，字符子程序可生成二维或三维字符显示。

4.13　OpenGL 字符函数

OpenGL 基本库仅为显示单个字符和文字串提供了基本的支持。我们可以定义图 4.27 中的位图字符，并将一个位图集作为字库存储。一个文字串通过将从字库中选择的位图序列映射到帧缓存的相邻位置来显示。

但是，实用函数工具包（GLUT）中有一些预定义的字库。因此我们不用创建自己的位图字形库,除非需要显示 GLUT 中没有的字体。GLUT 子程序可显示位图和轮廓字体。GLUT 位图字体由 OpenGL 的 glBitmap 函数来绘制,而轮廓字体由折线边界(GL_LINE_STRIP)生成。

使用下面的函数可显示 GLUT 位图字符:

```
glutBitmapCharacter (font, character);
```

这里参数 font 用 GLUT 符号常量赋值,用来指定一特定字形集,参数 character 赋以 ASCII 编码或其他要显示的字符。这样,要显示大写的"A",可以使用 ASCII 编码 65 或指定为'A'。同样,编码 66 与'B'等效,编码 97 与小写字符'a'等效,编码 98 与'b'等效,以此类推。固定宽度或比例间隔字体都可以使用。可用 GLUT_BITMAP_8_BY_13 或 GLUT_BITMAP_9_BY_15 来选择一种固定宽度字体并确定其参数。也可用 GLUT_BITMAP_TIMES_ROMAN_10 或 GLUT_BITMAP_HELVETICA_10 来选择 10 磅的比例间隔字体。12 磅的 Times-Roman 字体和 12 磅及 18 磅的 Helvetica 字体都可以选择。

利用 glutBitmapCharacter 函数显示的字符以当前光栅位置作为其位图原点(左下角)。在字符位图装入刷新缓存后,当前光栅位置的 x 坐标获得一个字符宽度的增量。例如,我们可以使用下列程序显示一个包括 36 个位图字符的文字串:

```
glRasterPosition2i (x, y);
for (k = 0; k < 36; k++)
    glutBitmapCharacter (GLUT_BITMAP_9_BY_15, text [k]);
```

该字符串用执行 glutBitmapCharacter 函数前指定的颜色来显示。

用下面的函数可显示一个轮廓字符:

```
glutStrokeCharacter (font, character);
```

在这个函数中,我们可以将参数 font 赋值为 GLUT_STROKE_ROMAN 来显示比例间隔字体,或赋值为 GLUT_STROKE_MONO_ROMAN 来显示常量间隔字体。字符的大小和位置通过在执行 glutStrokeCharacter 子程序前指定变换操作(将在第 7 章中讨论)来控制。每个字符显示后,自动实施坐标位移,从而使下一字符在当前字符的右边显示。轮廓字符生成的文字串是二维或三维场景的一部分,因为它们用线段构成。这样,它们可从各种方向来观察,并在对它们进行缩放时不会变形,还可以通过其他方式对它们进行变换。但与位图字符相比,绘制速度比较慢。

4.14 图形分割

有的图形软件包中提供了子程序,描述由多个命名部分组合而成的图形并管理每一部分。使用这些函数可以创建、编辑、删除或移动图形的一个组成部分。我们也可使用图形软件的这个功能来进行层次式建模(参见第 11 章),其中一个对象可以用包括一定层次的子对象的树结构方式来描述。

图形子部分的名称有多种说法。有些图形软件包称它们为结构(structures),另一些则称为段(segments)或对象(objects)。同样,在不同的图形软件包中允许的对子部分进行的操作也不相同。例如,建模软件包提供很多描述和管理图形元素的操作。另一方面,在任意图形库中,我们总可以在 C++ 等高级语言中使用过程元素来构造和管理图形的组成部分。

4.15 OpenGL 显示表

把对象描述成一个命名的语句序列(或任何其他的命令集)并存储起来既方便又高效。在 OpenGL 中使用称为**显示表**(display list)的结构就可以实现这一点。一旦建立了显示表,就可以用不同的显示操作来多次引用该表。在网格中,描述图形的显示表存放在服务器中,以避免每次显示场景时都要传送表中的命令。我们可以为以后的执行来建立并存储显示表，或指定表中的命令立即执行。显示表对层次式建模特别有用，因为一个复杂的对象可以用一组简单的对象来描述。

4.15.1 创建和命名 OpenGL 显示表

使用 glNewList/glEndList 函数对来包围一组 OpenGL 命令就可形成显示表。例如，

```
glNewList (listID, listMode};
     .
     .
     .
glEndList ( );
```

该结构用赋予参数 listID 的正整数作为表名来形成一个显示表。参数 listMode 可赋以 OpenGL 符号常量 GL_COMPILE 或 GL_COMPILE_AND_EXECUTE 之一。如果希望为以后执行而存储该表，则使用 GL_COMPILE。否则，放入表中的命令立即执行，但仍然可以在以后再执行它。

显示表创建后，立即对包含如坐标位置和颜色分量等参数的表示进行赋值计算，从而使表中仅仅存储参数的值。对这些参数的任何后继修改都不起作用。因为不能修改显示表的值，所以在显示表中不能包含如顶点表指针等 OpenGL 命令。

我们可以创建任意多的显示表并通过调用一个标识来执行特定的显示表。一个显示表还可以嵌套在另一个显示表内。但如果一个显示表被赋予一个已经使用的标识，则它取代原来的显示表内容。因此，为了避免因故重用标识而造成显示表的丢失，可以让 OpenGL 为我们生成一个标识，如下所示：

```
listID = glGenLists (1);
```

该语句将一个未使用的正整数标识赋给变量 listID。如果将 glGenLists 中的变量由 1 改成另外一个正整数，则得到一个未使用的显示表标识段。例如，假如引用 glGenLists(6)，则保留 6 个连续正整数并将其中第一个赋给变量 listID。如果有错或系统不能产生所要数量的连续整数，则返回 0。因此，在使用从 glGenLists 子程序获得的标识之前要先检查它是否为 0。

尽管使用 glGenList 可生成未使用的标识，我们还是可以单独向系统查询指定整数值是否已用作显示表的名字。实现该功能的函数是

```
glIsList (listID);
```

如果返回值为 GL_TRUE，则 listID 中的值已经用作某个显示表的名字。如果该整数尚未被使用，则 glIsList 函数的返回值为 GL_FALSE。

4.15.2 执行 OpenGL 显示表

用下面的语句可执行一个显示表：

```
glCallList (listID);
```

下面的程序段用于创建并执行一个显示表。我们先在 xy 平面上建立以 $(200, 200)$ 为中心坐标、半径为 150 的圆周上六个等距顶点描述的规则六边形的显示表。然后调用 glCallList 函数来显示该六边形。

```
const double TWO_PI = 6.2831853;

GLuint regHex;

GLdouble theta;
GLint x, y, k;
```

```
/*  Set up a display list for a regular hexagon.
 *  Vertices for the hexagon are six equally spaced
 *  points around the circumference of a circle.
 */
regHex = glGenLists (1);  //  Get an identifier for the display list.
glNewList (regHex, GL_COMPILE);
    glBegin (GL_POLYGON);
        for (k = 0; k < 6; k++) {
            theta = TWO_PI * k / 6.0;
            x = 200 + 150 * cos (theta);
            y = 200 + 150 * sin (theta);
            glVertex2i (x, y);
        }
    glEnd ( );
glEndList ( );

glCallList (regHex);
```

使用下列两条语句可以执行多个显示表：

```
glListBase (offsetValue);

    glCallLists (nLists, arrayDataType, listIDArray);
```

要执行的显示表数量赋给参数 nLists，而参数 listIDArray 是显示表标识的数组。一般而言，listIDArray 可包含任意多的元素，而无效的标识会被忽略。同样，listIDArray 中的元素可指定为多种数据格式，而参数 arrayDataType 用来指出数据类型，例如 GL_BYTE、GL_INT、GL_FLOAT、GL_3_BYTES 或 GL_4_BYTES。显示表标识通过将 listIDArray 中一个元素的值与 offsetValue 的整数值相加而得。offsetValue 的默认值为 0。

这种指定要执行的一串显示表的机制使我们能建立一组相关的显示表，其标识用符号名或编码形成。一个典型的例子是一个字库集，其中每一显示表标识是一个字符的 ASCII 值。在定义几个字库时，使用 glListBase 函数中的 offsetValue 来获得数组 listIDArray 中描述的特定字库。

4.15.3 删除 OpenGL 显示表

要删除连续的一组显示表，可调用函数

```
glDeleteLists (startID, nLists);
```

参数 startID 给出最前面的显示表标识，而参数 nLists 给出要删除的显示表总数。例如，语句

```
glDeleteLists (5, 4);
```

删除 4 个显示表，其标识为 5、6、7 和 8。没有显示表对应的标识被忽略。

4.16 OpenGL 显示窗口重定形函数

在介绍性的 OpenGL 程序(参见 3.5 节)中，我们讨论了建立初始显示窗口的函数。但是在生成图形后，常需要用鼠标将显示窗口拖到屏幕的另一位置或改变其形状。改变显示窗口的尺寸可能改变其纵横比并引起对象形状的改变。

为了允许对显示窗口尺寸的改变做出反应，GLUT 提供下面的函数：

```
glutReshapeFunc (winReshapeFcn);
```

该函数可以和其他 GLUT 函数一起放在程序的主过程中，它在显示窗口尺寸输入后立即激活。该

GLUT 函数的变量是接受新窗口宽度和高度的过程名。我们可以接着使用新尺寸去重新设置投影参数并完成任何其他操作，包括改变显示窗口颜色。另外，我们可以保存宽度和高度给程序中的其他过程使用。

作为一个例子，下列程序展示了怎样构造 winReshapeFcn 过程。命令 glLoadIdentity 包含在重定形函数中，从而使前面任意的投影参数值对新的投影设置不起作用。该程序显示了 4.15 节讨论的规则六边形。尽管本例中的六边形中心（在圆的中心位置）用显示窗口参数的概念描述，但是该六边形的位置不受显示窗口尺寸的任何改变的影响。这是因为六边形在显示表中定义，并且仅仅是最初的中心坐标存储在表中。如果希望在改变显示窗口尺寸时改变六边形的位置，则需要使用另一种方法来定义六边形或改变显示窗口的坐标参考。图 4.30 给出了该程序的输出。

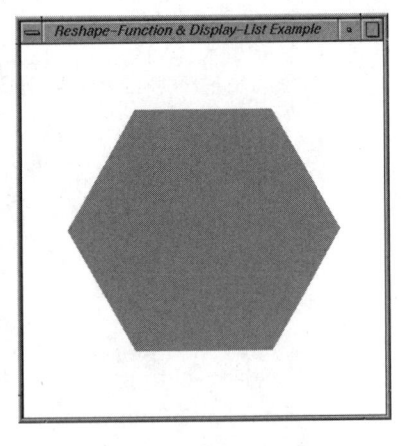

图 4.30 由展示重定形函数应用的示例程序给出的显示窗口

```
#include <GL/glut.h>
#include <math.h>
#include <stdlib.h>

const double TWO_PI = 6.2831853;

/*  Initial display-window size.  */
GLsizei winWidth = 400, winHeight = 400;
GLuint regHex;

class screenPt
{
    private:
        GLint x, y;
    public:
        /*  Default Constructor: initializes coordinate position to (0, 0).  */
        screenPt ( ) {
            x = y = 0;
        }

        void setCoords (GLint xCoord, GLint yCoord) {
            x = xCoord;
            y = yCoord;
        }

        GLint getx ( ) const {
            return x;
        }

        GLint gety ( ) const {
            return y;
        }
};
static void init (void)
{
    screenPt hexVertex, circCtr;
    GLdouble theta;
    GLint k;

    /*  Set circle center coordinates.  */
    circCtr.setCoords (winWidth / 2, winHeight / 2);

    glClearColor (1.0, 1.0, 1.0, 0.0);      //  Display-window color = white.
```

```
   /* Set up a display list for a red regular hexagon.
    * Vertices for the hexagon are six equally spaced
    * points around the circumference of a circle.
    */
   regHex = glGenLists (1);   // Get an identifier for the display list.
   glNewList (regHex, GL_COMPILE);
      glColor3f (1.0, 0.0, 0.0);    // Set fill color for hexagon to red.
      glBegin (GL_POLYGON);
         for (k = 0; k < 6; k++) {
            theta = TWO_PI * k / 6.0;
            hexVertex.setCoords (circCtr.getx ( ) + 150 * cos (theta),
                                 circCtr.gety ( ) + 150 * sin (theta));
            glVertex2i (hexVertex.getx ( ), hexVertex.gety ( ));
         }
      glEnd ( );
   glEndList ( );
}

void regHexagon (void)
{
   glClear (GL_COLOR_BUFFER_BIT);

   glCallList (regHex);

   glFlush ( );
}

void winReshapeFcn (int newWidth, int newHeight)
{
   glMatrixMode (GL_PROJECTION);
   glLoadIdentity ( );
   gluOrtho2D (0.0, (GLdouble) newWidth, 0.0, (GLdouble) newHeight);

   glClear (GL_COLOR_BUFFER_BIT);
}

void main (int argc, char** argv)
{
   glutInit (&argc, argv);
   glutInitDisplayMode (GLUT_SINGLE | GLUT_RGB);
   glutInitWindowPosition (100, 100);
   glutInitWindowSize (winWidth, winHeight);
   glutCreateWindow ("Reshape-Function & Display-List Example");

   init ( );
   glutDisplayFunc (regHexagon);
   glutReshapeFunc (winReshapeFcn);

   glutMainLoop ( );
}
```

4.17 小结

本章中讨论的输出图元为使用直线、曲线、填充区、单元阵列样式和文本构造图形提供了基本的工具。我们通过在笛卡儿世界坐标系中给出几何描述来指定图元。

一个填充区是一个显示成单色或彩色图案的平面区域。一般来说，我们可以用任何边界来指定填充区。很多图形软件包仅允许凸多边形填充区。这时，凹多边形填充区可以通过分割成一组凸多边形来显示。三角形是最容易填充的多边形，因为每条扫描线只和三角形的两条边相交(假定扫描线不和三角形顶点相交)。

奇偶规则可用来判定平面区域的内点。其他一些方法也可用于定义对象内部，特别是不规则的自相交对象。非零环绕数规则是一个有代表性的例子。该规则比奇偶规则在处理用多个边界定义的对象时更加灵活。我们还可以根据环绕数规则的变形，使用布尔操作来组合平面区域。

每一多边形都有确定多边形平面空间方向的前向面和后向面。该空间方向可用与多边形平面正交且从后向面指向前向面的法向量来确定。可以从多边形平面方程或使用平面上逆时针排列且其三个夹角均小于 180° 的三个点求向量叉积来计算法向量的分量。一个场景的所有坐标值、空间方向和其他几何数据分别放入顶点表、边表和面片表中。

图形软件包中其他一些可用的图元有图案阵列和字符串。图案阵列可用于描述各种二维形状，包括使用矩形结构的二值或彩色值集合表达的字符集。字符串用来为图形提供标记。

使用 OpenGL 基本库中的图元函数可以生成点、直线段、凸多边形填充区和位图或像素图的图案阵列。GLUT 中有显示字符串的子程序。圆、椭圆和凸多边形填充区等其他图元能利用这些函数构造或逼近，也可利用 GLU 和 GLUT 的子程序生成。所有坐标值在右手笛卡儿坐标系中用绝对坐标表示。描述场景的坐标位置可在二维或三维参照系中给出。可以用整数或浮点数来给出坐标值，也可用指向坐标值数组的指针来表示位置。场景描述经观察函数变换成视频监视器等输出设备的二维显示。除 glRect 函数外，顶点、线段或多边形的每一位置均在 glVertex 函数中指定。定义每一图元的一组 glVertex 函数用一对语句 glBegin/glEnd 来包含，其中的图元类型根据作为 glBegin 函数变量的符号常量来标识。在描述包含许多多边形填充表面时，可以使用 OpenGL 顶点数组来指定几何和其他数据，从而高效地生成显示结果。

在表 4.1 中，我们列出了 OpenGL 中生成输出图元的基本函数。某些相关子程序也列在此表中。

表 4.1　OpenGL 输出图元函数及相关子程序小结

函　数	描　述
gluOrtho2d	指定二维世界坐标系
glVertex *	选择一坐标位置。该函数必须放在 glBegin/glEnd 之间
glBegin(GL_POINTS);	绘出一个或多个点，每个都在 glVertex 函数中指定。该位置串用 glEnd 语句来结束
glBegin(GL_LINES);	显示一组直线段，其端点坐标在 glVertex 函数中指定，该端点串最后由 glEnd 语句来结束
glBegin(GL_LINE_STRIP);	显示用与 GL_LINES 同样的结构指定的折线
glBegin(GL_LINE_LOOP);	显示用与 GL_LINES 同样的结构指定的封闭折线
glRect *	显示 xy 平面上的一个填充区
glBegin(GL_POLYGON);	显示一个填充多边形，其顶点在 glVertex 中给出且由 glEnd 语句结束
glBegin(GL_TRIANGLES);	显示一组填充三角形，其描述结构与 GL_POLYGON 相同
glBegin(GL_TRIANGLE_STRIP);	显示一个填充三角形带，其描述结构与 GL_POLYGON 相同
glBegin(GL_TRIANGLE_FAN);	显示一扇形的填充三角形带，所有三角形都与第一顶点相连，其描述结构与 GL_POLYGON 相同
glBegin(GL_QUADS);	显示一组填充四边形，其描述结构与 GL_POLYGON 相同
glBegin(GL_QUAD_STRIP);	显示一组填充四边形带，其描述结构与 GL_POLYGON 相同
glEnableClientState (GL_VERTEX_ARRAY);	激活 OpenGL 的顶点数组特性
glVertexPointer(size, type, stride, array);	指定一坐标值数组
glDrawElements (prim, num, type, array);	从数组数据中显示一指定图元类型

(续表)

函　　数	描　　述
glNewList(listID, listMode)	把一组命令定义为一个显示表,用glEnd语句结束
glGenLists	生成一个或多个显示表标识
glIsList	确定一显示表标识是否被使用的查询函数
glCallList	执行一个显示表
glListBase	指定显示表标识数组的位移
glCallLists	执行多个显示表
glDeleteLists	删除指定的一串显示表
glRasterPos*	为帧缓存指定一个二维或三维当前位置。该位置作为位图和像素图图案的参考
glBitmap (w, h, x0, y0, Xshift, yshift, pattern);	指定要映射到与当前位置对应的像素位置的位图图案
glDrawPixels(w, h, type, format, pattern);	指定要映射到与当前位置对应的像素位置的像素图图案
glDrawBuffer	选择存储像素图的一个或多个缓存
glReadPixels	将一块像素存入指定的数组
glCopyPixels	将一块像素从一个缓存复制到另一个
glLogicOp	在用常量GL_COLOR_LOGIC_OP激活后选择一种逻辑操作来组合两个像素阵列
glutBitmapCharacter (font, char);	选择一种字体和一个位图字符来显示
glutStrokeCharacter (font, char);	选择一种字体和一个轮廓字符来显示
glutReshapeFunc	指定显示窗口尺寸改变时的工作

示例程序

这里,我们给出一些OpenGL程序来展示输出图元的使用。每个程序使用了表4.1中列出的一个或几个函数。每个程序使用第3章讨论的GLUT子程序,并在建立的显示窗口中给出输出。

第一个程序展示使用一条折线、一组多点标记和位图字符标号来生成一年内按月的折线图。尽管固定宽度字体与图中的位置比较容易对齐,但此处给出了比例间隔字体。由于位图左下角提供了当前光栅位置的参考,所以我们必须移动参考位置以使文字串中心与绘制数据的位置对齐。图4.31给出了折线图程序的输出。

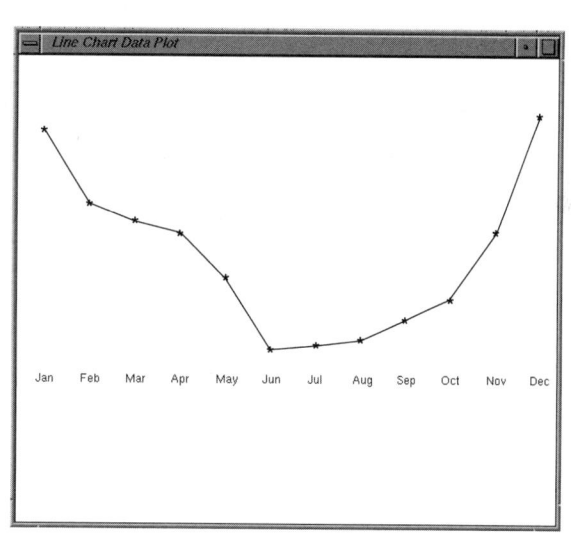

图4.31　lineGraph子程序输出的数据点折线和多点标记绘制

```
#include <GL/glut.h>

GLsizei winWidth = 600, winHeight = 500;   // Initial display window size.
GLint xRaster = 25, yRaster = 150;         // Initialize raster position.
```

```c
GLubyte label [36] = {'J', 'a', 'n',   'F', 'e', 'b',   'M', 'a', 'r',
                      'A', 'p', 'r',   'M', 'a', 'y',   'J', 'u', 'n',
                      'J', 'u', 'l',   'A', 'u', 'g',   'S', 'e', 'p',
                      'O', 'c', 't',   'N', 'o', 'v',   'D', 'e', 'c'};

GLint dataValue [12] = {420, 342, 324, 310, 262, 185,
                        190, 196, 217, 240, 312, 438};

void init (void)
{
    glClearColor (1.0, 1.0, 1.0, 1.0);      // White display window.
    glMatrixMode (GL_PROJECTION);
    gluOrtho2D (0.0, 600.0, 0.0, 500.0);
}

void lineGraph (void)
{
    GLint month, k;
    GLint x = 30;                           // Initialize x position for chart.

    glClear (GL_COLOR_BUFFER_BIT);          // Clear display window.
    glColor3f (0.0, 0.0, 1.0);              // Set line color to blue.

    glBegin (GL_LINE_STRIP);                // Plot data as a polyline.
        for (k = 0; k < 12; k++)
            glVertex2i (x + k*50, dataValue [k]);
    glEnd ( );

    glColor3f (1.0, 0.0, 0.0);              // Set marker color to red.
    for (k = 0; k < 12; k++) {              // Plot data as asterisk polymarkers.
        glRasterPos2i (xRaster + k*50, dataValue [k] - 4);
        glutBitmapCharacter (GLUT_BITMAP_9_BY_15, '*');
    }

    glColor3f (0.0, 0.0, 0.0);              // Set text color to black.
    xRaster = 20;                           // Display chart labels.
    for (month = 0; month < 12; month++) {
        glRasterPos2i (xRaster, yRaster);
        for (k = 3*month; k < 3*month + 3; k++)
           glutBitmapCharacter (GLUT_BITMAP_HELVETICA_12, label [k]);
        xRaster += 50;
    }
    glFlush ( );
}

void winReshapeFcn (GLint newWidth, GLint newHeight)
{
    glMatrixMode (GL_PROJECTION);
    glLoadIdentity ( );
    gluOrtho2D (0.0, GLdouble (newWidth), 0.0, GLdouble (newHeight));

    glClear (GL_COLOR_BUFFER_BIT);
}

void main (int argc, char** argv)
{
    glutInit (&argc, argv);
    glutInitDisplayMode (GLUT_SINGLE | GLUT_RGB);
```

```
   glutInitWindowPosition (100, 100);
   glutInitWindowSize (winWidth, winHeight);
   glutCreateWindow ("Line Chart Data Plot");

   init ( );
   glutDisplayFunc (lineGraph);
   glutReshapeFunc (winReshapeFcn);

   glutMainLoop ( );
}
```

第二个程序使用同样的数据集生成图 4.32 所示的直方图。该程序展示了矩形填充区及位图字符标号的应用。

```
void barChart (void)
{
   GLint month, k;

   glClear (GL_COLOR_BUFFER_BIT);  //  Clear display window.

   glColor3f (1.0, 0.0, 0.0);      //  Set bar color to red.
   for (k = 0; k < 12; k++)
      glRecti (20 + k*50, 165, 40 + k*50, dataValue [k]);

   glColor3f (0.0, 0.0, 0.0);      //  Set text color to black.
   xRaster = 20;                   //  Display chart labels.
   for (month = 0; month < 12; month++) {
      glRasterPos2i (xRaster, yRaster);
      for (k = 3*month; k < 3*month + 3; k++)
         glutBitmapCharacter (GLUT_BITMAP_HELVETICA_12,
                                           label [h]);
      xRaster += 50;
   }
   glFlush ( );
}
```

饼图用来给出整体中各部分的分布比例。下一程序使用中点算法子程序来构造一个饼图。例子中的值用于确定扇形的数量和大小，该程序的输出请参见图 4.33。

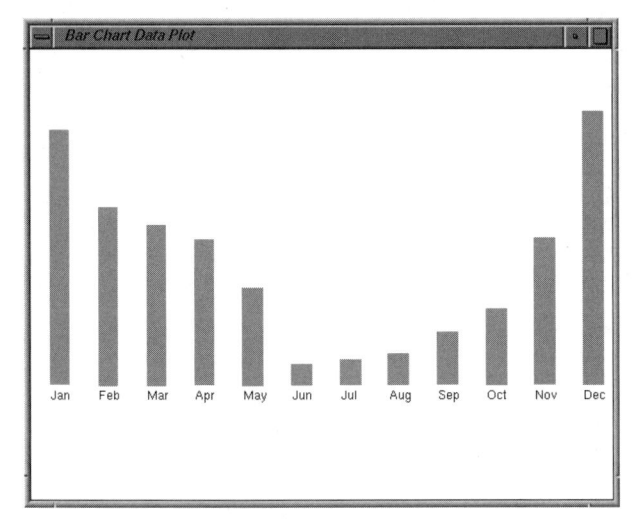

图 4.32 barChart 过程生成的直方图 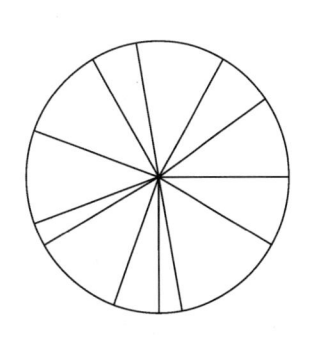   图 4.33 pieChart 过程生成的输出

```
#include <GL/glut.h>
#include <stdlib.h>
#include <math.h>

const GLdouble twoPi = 6.283185;

class scrPt {
public:
    GLint x, y;
};

GLsizei winWidth = 400, winHeight = 300;    // Initial display window size.

void init (void)
{
    glClearColor (1.0, 1.0, 1.0, 1.0);

    glMatrixMode (GL_PROJECTION);
    gluOrtho2D (0.0, 200.0, 0.0, 150.0);
}

        .                       //  Midpoint routines for displaying a circle.
        .
        .

void pieChart (void)
{
    scrPt circCtr, piePt;
    GLint radius = winWidth / 4;                // Circle radius.

    GLdouble sliceAngle, previousSliceAngle = 0.0;

    GLint k, nSlices = 12;                      // Number of slices.
    GLfloat dataValues[12] = {10.0, 7.0, 13.0, 5.0, 13.0, 14.0,
                              3.0, 16.0, 5.0, 3.0, 17.0, 8.0};
    GLfloat dataSum = 0.0;

    circCtr.x = winWidth / 2;                   // Circle center position.
    circCtr.y = winHeight / 2;
    circleMidpoint (circCtr, radius);   // Call a midpoint circle-plot routine.

    for (k = 0; k < nSlices; k++)
        dataSum += dataValues[k];

    for (k = 0; k < nSlices; k++) {
        sliceAngle = twoPi * dataValues[k] / dataSum + previousSliceAngle;
        piePt.x = circCtr.x + radius * cos (sliceAngle);
        piePt.y = circCtr.y + radius * sin (sliceAngle);
        glBegin (GL_LINES);
            glVertex2i (circCtr.x, circCtr.y);
            glVertex2i (piePt.x, piePt.y);
        glEnd ( );
        previousSliceAngle = sliceAngle;
    }
}

void displayFcn (void)
{
    glClear (GL_COLOR_BUFFER_BIT);      //  Clear display window.

    glColor3f (0.0, 0.0, 1.0);          //  Set circle color to blue.
```

```
    pieChart ( );
    glFlush ( );
}

void winReshapeFcn (GLint newWidth, GLint newHeight)
{
    glMatrixMode (GL_PROJECTION);
    glLoadIdentity ( );
    gluOrtho2D (0.0, GLdouble (newWidth), 0.0, GLdouble (newHeight));

    glClear (GL_COLOR_BUFFER_BIT);

    /*  Reset display-window size parameters.  */
    winWidth = newWidth;
    winHeight = newHeight;
}

void main (int argc, char** argv)
{
    glutInit (&argc, argv);
    glutInitDisplayMode (GLUT_SINGLE | GLUT_RGB);
    glutInitWindowPosition (100, 100);
    glutInitWindowSize (winWidth, winHeight);
    glutCreateWindow ("Pie Chart");

    init ( );
    glutDisplayFunc (displayFcn);
    glutReshapeFunc (winReshapeFcn);

    glutMainLoop ( );
}
```

最后一个程序显示了圆公式的某些变化，其中使用了参数极坐标方程(6.28)来计算曲线路径的点。这些点用作显示弧的逼近折线中直线段的端点。图 4.34 中的弧通过圆半径 r 的变化来生成。按照 r 的不同变化，可生成蜗形线、心形线、螺旋线或其他类似的图形。

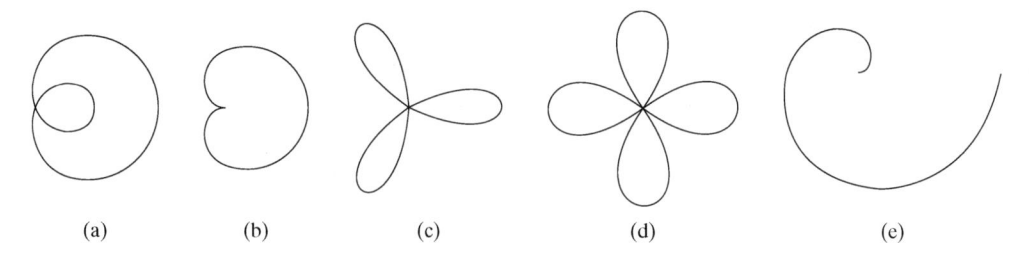

图 4.34 drawCurve 显示的曲线图：(a)蜗形线；(b)心形线；(c)三叶曲线；(d)四叶曲线；(e)螺旋线

```
#include <GL/glut.h>
#include <stdlib.h>
#include <math.h>

#include <iostream.h>

struct screenPt
{
    GLint x;
    GLint y;
};

typedef enum { limacon = 1, cardioid, threeLeaf, fourLeaf, spiral } curveName;
```

```
GLsizei winWidth = 600, winHeight = 500;     // Initial display window size.

void init (void)
{
    glClearColor (1.0, 1.0, 1.0, 1.0);

    glMatrixMode (GL_PROJECTION);
    gluOrtho2D (0.0, 200.0, 0.0, 150.0);
}

void lineSegment (screenPt pt1, screenPt pt2)
{
    glBegin (GL_LINES);
        glVertex2i (pt1.x, pt1.y);
        glVertex2i (pt2.x, pt2.y);
    glEnd ( );
}

void drawCurve (GLint curveNum)
{
    /*  The limacon of Pascal is a modification of the circle equation
     *  with the radius varying as r = a * cos (theta) + b, where a
     *  and b are constants.  A cardioid is a limacon with a = b.
     *  Three-leaf and four-leaf curves are generated when
     *  r = a * cos (n * theta), with n = 3 and n = 2, respectively.
     *  A spiral is displayed when r is a multiple of theta.
     */

    const GLdouble twoPi = 6.283185;
    const GLint a = 175, b = 60;

    GLfloat r, theta, dtheta = 1.0 / float (a);
    GLint x0 = 200, y0 = 250;   // Set an initial screen position.
    screenPt curvePt[2];

    glColor3f (0.0, 0.0, 0.0);         // Set curve color to black.

    curvePt[0].x = x0;        // Initialize curve position.
    curvePt[0].y = y0;

    switch (curveNum) {
        case limacon:    curvePt[0].x += a + b;    break;
        case cardioid:   curvePt[0].x += a + a;    break;
        case threeLeaf:  curvePt[0].x += a;        break;
        case fourLeaf:   curvePt[0].x += a;        break;
        case spiral:     break;
        default:         break;
    }

    theta = dtheta;
    while (theta < two_Pi) {
        switch (curveNum) {
            case limacon:
                r = a * cos (theta) + b;       break;
            case cardioid:
                r = a * (1 + cos (theta));     break;
            case threeLeaf:
                r = a * cos (3 * theta);       break;
            case fourLeaf:
                r = a * cos (2 * theta);       break;
            case spiral:
                r = (a / 4.0) * theta;         break;
```

```
                    default:                             break;
            }

        curvePt[1].x = x0 + r * cos (theta);
        curvePt[1].y = y0 + r * sin (theta);
        lineSegment (curvePt[0], curvePt[1]);

        curvePt[0].x = curvePt[1].x;
        curvePt[0].y = curvePt[1].y;
        theta += dtheta;
    }
}

void displayFcn (void)
{
    GLint curveNum;

    glClear (GL_COLOR_BUFFER_BIT);   //  Clear display window.

    cout << "\nEnter the integer value corresponding to\n";
    cout << "one of the following curve names.\n";
    cout << "Press any other key to exit.\n";
    cout << "\n1-limacon, 2-cardioid, 3-threeLeaf, 4-fourLeaf, 5-spiral:  ";
    cin  >> curveNum;

    if (curveNum == 1 || curveNum == 2 || curveNum == 3 || curveNum == 4
        || curveNum == 5)
        drawCurve (curveNum);
    else
        exit (0);

    glFlush ( );
}

void winReshapeFcn (GLint newWidth, GLint newHeight)
{
    glMatrixMode (GL_PROJECTION);
    glLoadIdentity ( );
    gluOrtho2D (0.0, (GLdouble) newWidth, 0.0, (GLdouble) newHeight);

    glClear (GL_COLOR_BUFFER_BIT);
}

void main (int argc, char** argv)
{
    glutInit (&argc, argv);
    glutInitDisplayMode (GLUT_SINGLE | GLUT_RGB);
    glutInitWindowPosition (100, 100);
    glutInitWindowSize (winWidth, winHeight);
    glutCreateWindow ("Draw Curves");

    init ( );
    glutDisplayFunc (displayFcn);
    glutReshapeFunc (winReshapeFcn);

    glutMainLoop ( );
}
```

参考文献

关于 Bresenham 算法的基本资料可在 Bresenham(1965,1977)中找到。有关中点算法的信息，请参见 Kappel(1985)，生成直线和圆的并行算法在 Pang(1990)和 Wright(1990)中讨论。生成和处理图元的许多其他方法在 Glassner(1990)、Arvo(1991)、Kirk(1992)、Heckbert(1994)和 Paeth(1995)中讨论。

使用 OpenGL 图元函数的其他编程例子可参见 Woo et al.(1999)。所有 OpenGL 图元函数的列表可在 Shreiner(2000)中找到。Kilgard(1996)中有完整的 GLUT 资料。

练习题

4.1 建立一个如图 4.16 所示的单位立方体的几何数据表。

4.2 使用顶点表和面片表建立一个单位立方体的几何数据表，然后仅使用面片表存储同样的信息。将这两种表示单位立方体的方法与使用图 4.16 中三张表的表示方法进行比较。估计每一种方法的存储开销。

4.3 编写一个为定义三维对象表面的多边形面片而输入的任意点集建立几何数据表的过程。

4.4 设计一个用来检查图 4.16 中三维几何数据表的一致性和完整性的子程序。

4.5 计算一个中心在世界坐标系原点的单位立方体每一面的平面参数 A、B、C 和 D。

4.6 编写一个为多边形面片输入计算参数 A、B、C 和 D 的程序。

4.7 给定多边形的参数 A、B、C 和 D，编写确定一个输入坐标点是否在该多边形表面的前方或后方的程序。

4.8 编写一个过程，可用来判定一个给定点是否在由给定的一组坐标生成的立方体的内部还是外部。

4.9 如果一场景的坐标从一个右手系改变为左手系统，我们需要对表面的平面参数 A、B、C 和 D 做什么样的修改来保证平面的方向描述还是正确的。

4.10 使用五边形前三个顶点 V_1、V_2 和 V_3 计算出的平面参数是 $A=15$，$B=21$，$C=9$，$D=0$，而后两个顶点是 $V_4=(2,-1,-1)$ 和 $V_5=(1,-2,2)$，请判定该五边形是不是在一个平面上。

4.11 开发一个识别非共面四边形顶点表的程序。

4.12 扩展前一练习题的程序，使之识别包含 4 个以上坐标位置的非共面顶点表。

4.13 编写将一组四边形顶点位置分解为一组三角形的程序。

4.14 将由 V_1、V_2、V_3、V_4、V_5、V_6、V_7、V_8 确定的八边形分割成一组三角形，给出组成每一个三角形的顶点位置。

4.15 编写一个将一组 $n(n>4)$ 边形顶点位置分解为一组三角形的程序。

4.16 设计一个识别可能包含重复顶点或共线顶点的退化多边形顶点表的算法。

4.17 设计一个识别包含自相交边的多边形顶点表的算法。

4.18 编写一个通过计算一对边向量叉积来识别凹多边形的子程序。

4.19 编写一个利用向量方法分解凹多边形的子程序。

4.20 编写一个利用旋转方法分解凹多边形的子程序。

4.21 利用非零环绕数规则和叉积计算来鉴别相交边方向的方法，设计对任何一组输入顶点确定内部区域的算法。

4.22 利用非零环绕数规则和点积计算来鉴别相交边方向的方法，设计对任何一组输入顶点确定内部区域的算法。

4.23 图4.12中自相交折线的哪一个区域有正的非零环绕数？哪些是有负的非零环绕数的区域？哪个区域的非零环绕数大于1？

4.24 编写一个实现文字串函数的子程序，该子程序有两个参数：一个参数指定一个世界坐标位置而另一参数指定文字串。

4.25 编写一个实现多点标记函数的子程序，该子程序有两个参数：一个参数指定显示的字符而另一参数指定一串世界坐标位置。

4.26 修改4.16节的示例程序使显示的六边形总是在显示窗口的中间，不管显示窗口大小如何变化。

4.27 编写一个显示直方图的程序。对程序的输入包括数据点及 x 和 y 轴所需的标记，程序应能够缩放数据点，从而使图形充满整个屏幕区域。

4.28 编写一个在显示窗口中的任意选定区域显示直方图的程序。

4.29 对于任意输入的一组数据点，编写一个在屏幕的任意选定区域内显示折线图的程序，并对输入的数据组进行缩放，使其充满所选择的屏幕区域。数据点位置用星号显示并用线段连接，然后按照输入的规则给 x 和 y 轴加上标记（也可以用小圆或其他符号代替绘制的数据点）。

4.30 利用圆函数，编写一个程序，显示具有合适标记的饼图。程序的输入包括：在某些区间上给定数据分布的数据组，饼图的名称和区间的名称。每部分的标记将显示在饼图边界外靠近对应饼图部分的地方。

附加综合题

4.1 在接下来的几章中，你将要为应用开发一个二维版本。在本题中，为你的应用中出现的类似什么的"快照"画一个粗略的草稿并编写显示该快照的程序。选择背景色和默认的窗口尺寸。快照至少包含若干个对象。用多边形近似表达真实对象。每个对象选择不同的形状。至少有一个对象为凹多边形。每个对象的颜色有别于背景色。为每个对象（或对象类）编写单独的描述函数，以便之后可以用更复杂的对象表示来替换这些简单对象表示。在后面的练习题中，仅需修改函数内容而不必修改多处程序。使用显示表来创建和显示每一对象。还包括一个窗口重定型函数，在窗口大小改变时恰当地重新显示场景。

4.2 选择一个在前一综合题中生成的凹多边形，为该形状建立4.7节描述的顶点表、边表、面片表。使用该节中给出的向量方法将该形状分割成一组凸多边形。再使用4.7节的方法将每一个生成的凸多边形分割成一组三角形。最后，为生成的三角形建立顶点、边和面片表。比较两组表及各自所需的存储量。

第 5 章 图元的属性

任何影响图元显示方法的参数一般称为**属性参数**(attribute parameter)，例如颜色和大小等属性参数确定了图元的基本特性。其他则指出在特定条件下怎样显示图元。特定条件属性的例子有在交互式对象选择程序中的可见性或可检测性。这类特定条件属性将在后面几章中详细讨论。这里，我们仅仅考虑控制图元基本显示特性的属性，而不考虑特定的条件。例如，线段可以是点线或划线、粗线或细线及为蓝色或橙色。区域可以使用一种颜色或多色图案填充。文本可以按从左到右的阅读方式进行显示，也可以沿屏幕对角线的倾斜方向或是按垂直列向进行显示。每一字符可以使用不同字体、颜色和大小来显示。我们也可以在对象的边上应用亮度变化来平滑光栅的阶梯效果。

将属性选择加入图形软件包的一种方法是，为每个输出图元函数扩充相关的参数表，从而引入合适的属性。例如，画线功能除了包括端点坐标，还可以包含颜色、宽度和其他属性的参数。另一种方法是提供一张系统当前属性值表，并使用包含在图形软件包中的独立函数来为属性表设置当前值。为了生成一个输出图元，系统要检测相关的属性，并使用当前属性设置来调用该显示程序。有些图形软件包使用两种属性值设定方法的组合，而 OpenGL 等其他图形库则使用更新系统属性表的独立函数来设定属性。

维护属性和其他参数当前值表的图形系统称为**状态系统**(state system)或**状态机**(state machine)。输出图元的属性和当前帧缓存位置等其他参数称为**状态变量**(state variable)或**状态参数**(state parameter)。在给一个或几个状态参数赋值时，系统进入一个特定状态。该状态一直保留到状态参数的值再次改变。

5.1 OpenGL 状态变量

属性值和其他参数设置由定义当前 OpenGL 状态的独立函数指定。OpenGL 中的状态变量有颜色和其他图元属性、当前矩阵模式、模型观察矩阵的元素、缓存当前位置和场景光照效果参数等。所有 OpenGL 参数都有默认值，它们在被指定新值前保持不变并发挥作用。任何时候我们都可以查询系统状态参数的当前值。本章的后面几节只讨论输出图元的属性设定，后面几章将会涉及其他参数。

OpenGL 的所有图元使用当前状态表中的属性显示。改变一个或几个属性设定只能影响 OpenGL 状态改变后指定的那些图元。因此，我们可以先显示一条绿色线段，接着将当前颜色改为红色，然后再定义另一条线段。这样可以一起显示绿色线段和红色线段。同样，有些 OpenGL 状态的值可以在 glBegin/glEnd 函数对的中间和坐标值一起指定，从而使参数设定可以因坐标位置而变化。

5.2 颜色和灰度

颜色是所有图元的一个基本属性。用户可以按照特定系统的能力和设计目标来选择多种颜色。颜色可以用数值指定，也可以从菜单或显示的标尺中选择。对于视频监视器而言，这些颜色编码转换成控制电子束的强度等级。在彩色绘图仪中，颜色编码可用来控制喷墨量或笔的选择。

5.2.1 RGB 颜色分量

在彩色光栅系统中，可以选用的颜色数量依赖于帧缓存中提供的存储容量。颜色信息可以用两种方式存储在帧缓存中：直接在帧缓存中存储红色、绿色和蓝色（RGB）编码，或将颜色编码存入一个独立的表中并在像素位置存储指向颜色表表项的索引。在使用直接存储方案时，当应用程序指定一特定的颜色编码后，该颜色信息被放入将用该颜色显示的输出图元的组成像素位置的帧缓存中。表 5.1 给出了使用每像素 3 位的这种方案可以提供的有限颜色。每一位置的 3 位值用来控制 RGB 监视器相应的电子枪的强度等级（此时，开或关）。最左边一位控制红色电子枪，中间位控制绿色电子枪，而最右边的一位控制蓝色电子枪。在帧缓存中增加一些位可增加可选择的颜色数量。每像素有 6 位时，每一支枪可用 2 位来控制。这可以使三支电子枪中的每一支得到 4 个不同强度的控制，而使每个屏幕像素有 64 种颜色可选用。随着颜色数量的增加，帧缓存容量也要增加。1024×1024 分辨率的全彩色（每像素 24 位）RGB 系统需要 3 MB 的帧缓存容量。

表 5.1 每像素 3 位缓存的 8 种 RGB 颜色编码

颜色编码	红色	绿色	蓝色	显示颜色
0	0	0	0	黑色
1	0	0	1	蓝色
2	0	1	0	绿色
3	0	1	1	青色
4	1	0	0	红色
5	1	0	1	黑色
6	1	1	0	品红
7	1	1	1	白色

颜色表是一种不需要大的帧缓存也能为用户扩充彩色功能的替代方法。这种方法曾经是非常重要的一种可选方式。但是现在的硬件成本已大幅下降，甚至在低端的个人计算机系统中也普遍扩展了彩色功能。因此，我们的多数例子中将简单地假定 RGB 编码直接存储在帧缓存中。

5.2.2 颜色表

图 5.1 给出了在**颜色查找表**（color lookup table）或**颜色表**（color map）中存储颜色值的一种可能方案。有时还将颜色表称为**视频查找表**（video lookup table）。这时帧缓存中的值用作指向颜色表的索引。在本例中，每一像素可引用 256 个表位置中的任意一个，而每一表项使用 24 位来指定一个 RGB 颜色。十六进制颜色编码 0x0821 使像素位置 (x, y) 处显示绿蓝混合色。使用这种特殊的查找表的系统让用户可从近 1700 万种颜色中任选 256 种颜色同时显示。与全彩色系统相比，这种方案减少了可同时显示的颜色数量，但也使帧缓存容量减少到只要 1 MB。处理反走样等特殊的绘制应用及有多个输出设备时，有时需要多个颜色表。

颜色表可以用于许多应用中，既提供了"合理"数量的可同时显示的颜色，又不要求大容量帧缓存。在多数应用中，256 种或 512 种颜色对显示一幅图是足够的。另外，表项内容可以在任何时候进行修改，使用户可以很容易地实验设计、场景和图表中的不同颜色组合，而无须改变图形数据结构中的属性设定。当颜色表中某项的值改变时，所有使用该颜色索引的像素都将改成新颜色。如果不使用颜色表，则只能通过在帧缓存位置存入新颜色来修改某些像素的颜色。类似地，数据可视化应用可以将某些物理量（如能量的值）存入帧缓存，并使用查找表实验各种颜色组合而不必改变像素值。在可视化和图像处理应用中，颜色表是很方便的工具，用来设定阈值、使像素值低于指定阈值时均显示同一颜色。

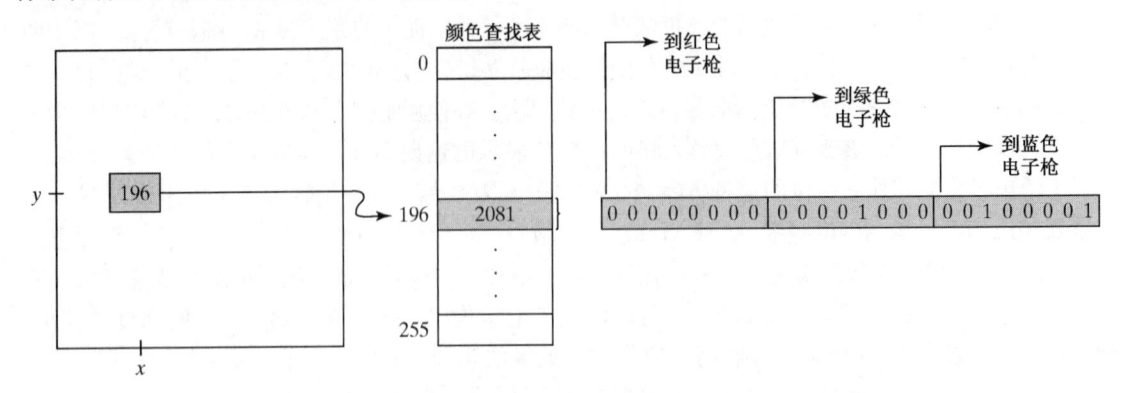

图 5.1 由每像素 8 位的帧缓存来访问的每项 24 位的颜色查找表。像素位置 (x, y) 存放值 196，指向该表中包含十六进制颜色编码 0x0821（十进制值为 2081）的表项位置。该表项的每一个 8 位的段控制 RGB 监视器中三支电子枪中的一支

5.2.3 灰度

由于计算机图形系统都具有彩色功能，我们可以在应用程序中使用 RGB 颜色函数来设定灰色程度或**灰度**(grayscale)。当 RGB 函数中指定相同量的红色、绿色和蓝色时，结果是某种程度的灰色。靠近 0 的值生成暗灰色，而靠近 1 的值生成亮灰色。灰度显示方法的应用包括增强黑白照片和产生可视化效果。

5.2.4 其他颜色参数

除了 RGB 颜色描述，计算机图形应用还使用一些其他的三分量颜色描述。例如，打印机输出颜色用青色、品红和黄色三分量来描述，而颜色的界面有时用亮和暗来选择颜色。通常意义下的颜色和光是一种复杂现象，在光学、辐射度和心理学中提出了许多术语及概念，用来描述光源和光照效果的各个方面。在物理上，一种颜色可以描述为有一定频率范围和能量分布的电磁辐射，但也涉及我们对颜色的感觉。因此，我们使用物理术语强度(intensity)来量化一个时间段中在特定方向的光能辐射，而用心理学术语亮度(luminance)来描述感觉光亮的特征。我们将在介绍光照效果建模方法(参见第 17 章)及描述颜色的各种模型(参见第 19 章)时详细讨论这些术语和其他颜色概念。

5.3 OpenGL 颜色函数

第 3 章末尾的示例程序中给出了几个 OpenGL 颜色子程序。其中一个函数用来设定显示窗口的颜色，另一个指定直线段的颜色。同样，可以用下面的函数将**颜色显示模式**(color display mode)设定为 RGB 模式，

```
glutInitDisplayMode (GLUT_SINGLE | GLUT_RGB);
```

变量表中的第一个常量指示正在使用单个帧缓存，第二个常量设定为 RGB 模式，即默认模式。如果要用指向颜色表的索引来指定颜色，则用 OpenGL 常量 GLUT_INDEX 取代 GLUT_RGB。在需要为图元指定一组特殊的颜色值时，将 OpenGL 定义成这种颜色状态。新的颜色描述仅影响改变颜色之后再定义的对象。

5.3.1 OpenGL 的 RGB 和 RGBA 模式

多数 OpenGL 颜色设定使用 **RGB 模式**(RGB mode)。正如 3.5 节所介绍的,除了红色、绿色和蓝色分量,还有称为 α **系数**(alpha coefficient)的第四个分量,用于控制颜色调和。这种四维的颜色描述称为 RGBA 模式,可以在调用函数 glutInitDisplayMode 时使用 OpenGL 常量 GLUT_RGBA 来选择这种模式。颜色调和的一个重要应用是模拟透明效果。在这样的计算中,α 值与透明性(或不透明性)设定相对应。α 值是任选的,RGB 和 RGBA 模式之间的唯一差别是我们是否将它用于颜色调和。

在 RGB(或 RGBA)模式中,使用下面的函数来选择当前颜色分量:

```
glColor* (colorComponents);
```

后缀码与 glVertex 函数中的相同。使用 3 或 4 及数值的数据类型码和一个任选的向量后缀一起指定 RGB 或 RGBA 模式。该数值数据类型为 b(字节)、i(整数)、s(短整数)、f(浮点数)和 d(双精度浮点数)及无符号数值。颜色分量的浮点数范围从 0.0 到 1.0,glColor 包括 α 值的默认颜色分量是 (1.0, 1.0, 1.0, 1.0),它将 RGB 颜色设成白色而 α 值为 1.0。如果我们使用 RGB 描述(即使用 glColor3 代替 glColor4),则 α 分量自动地设成 1.0,表示不需要颜色调和。作为例子,下面的语句在 RGB 模式下使用浮点值将图元当前颜色设定为青色(绿色和蓝色最高强度的混合):

```
glColor3f (0.0, 1.0, 1.0);
```

如果要使用数组指定三个颜色分量,则可按如下方式设定这个例子中的颜色:

```
glColor3fv (colorArray);
```

使用 glBegin/glEnd 函数对可为单个点位置设定选择的 OpenGL 颜色。

在 OpenGL 的内部,颜色信息用浮点数表示。我们也可以用整数来描述颜色,但它们被自动地转换成浮点数。该转换依赖于我们选择的数据类型和该类型数据能描述的范围。对无符号类型,最小值转换成浮点数 0.0,最大值转换成浮点数 1.0;对带符号的类型,最小值转换成 −1.0 而最大值转换成 1.0。例如,无符号字节型数值(后缀码为 ub)的范围从 0 到 255,对应于某些窗口系统中使用的颜色描述。我们可以在前面的例子中按如下方式来指定青色:

```
glColor3ub (0, 255, 255);
```

然而,如果用无符号 32 位整数(后缀码为 ui),范围是 0 ~ 4 294 967 295。在这种尺度下,颜色分量的小变化基本上表现不出来;例如,如果我们需要单个分量的强度变化百分之一,则要对该分量的值变动 42 949 673。因此,用得较多的数据类型是浮点数和小整数类型。

5.3.2 OpenGL 颜色索引模式

OpenGL 中也可以使用指向颜色表的**颜色索引模式**(color-index mode)来指定颜色。在该模式下,通过指定一个指向颜色表的索引来设定当前颜色:

```
glIndex* (colorIndex);
```

参数 colorIndex 被赋予一个非负整数。该索引值被存储到随后指定的图元对应的帧缓存位置中。我们可以将索引指定为如下数据类型:无符号字节、整数和浮点数。参数 colorIndex 的数据类型由后缀码 ub、s、i、d 和 f 来指定,而颜色表的索引位置数总是 2 的幂,如 256 或 1024。每一表项的位数依赖于系统的硬件设施。作为索引模式的颜色指定示例,下面的语句将当前颜色索引设定为 196:

```
glIndexi (196);
```

所有在这个语句后定义的图元都被赋予颜色表该位置中存储的颜色,直到当前颜色再次改变。

在 OpenGL 基本库中没有装载颜色查找表的函数,因为表处理子程序是窗口系统的一部分。有的窗口系统支持多个颜色表,而另外一些则仅有一个颜色表及有限的选择。然而,有一个 GLUT 子程序可用来与窗口系统进行交互,从而为给定的一个索引位置指定颜色如下:

```
glutSetColor (index, red, green, blue);
```

颜色参数 red、green 和 blue 被赋予从 0.0 到 1.0 范围中的浮点数。该颜色被装入用参数 index 的值指定的表项中。

OpenGL 核心库扩充了处理另外三个颜色表的子程序。它们是 **OpenGL 成像子集**(Imaging Subset)的一个部分。存在这些表中的颜色值可通过各个缓存处理来修改像素值。使用这些表的例子有设定照相机的聚焦效果、从图像中过滤掉某些颜色、增强某种强度或调整亮度、将灰度照片转换成彩色及显示的反走样等。可以利用这些表来改变颜色模型,即将 RGB 颜色改变为使用另外三个"基色"(如青色、品红和黄色)的颜色描述。

OpenGL 成像子集中使用 GL_COLOR_TABLE、GL_POST_CONVOLUTION_COLOR_TABLE 或 GL_POST_COLOR_MATRIX_COLOR_TABLE 名字的特定颜色表由 glEnable 函数来激活。我们可以用成像子集中的子程序来选择特定颜色表、设定颜色表的值、复制表的值或指定需要改变像素颜色的哪一个分量及如何改变它。

5.3.3 OpenGL 颜色调和

在许多应用中,很容易混合重叠对象的颜色或将一个对象与背景调和。这样的例子有模拟画笔效果、将两张或多张照片混合成一张、透明效果建模和场景中对象的反走样。许多图形软件包提供生成多种颜色调和效果的方法,这些函数称为**颜色调和函数**(color-blending function)或**图像混合函数**(image-compositing function)。在 OpenGL 中,通过先将第一个对象装载进帧缓存,再将第二个对象的颜色与帧缓存颜色相混合来实现两个对象颜色的调和。当前帧缓存颜色称为 OpenGL 目标颜色(destination color),而第二个对象的颜色称为 OpenGL 源颜色(source color)。调和方法仅在 RGB 或 RGBA 模式下完成。要在应用中进行颜色调和,必须先用下面的函数激活这个 OpenGL 特性:

```
glEnable (GL_BLEND);
```

使用下面的函数将关闭 OpenGL 的颜色调和子程序:

```
glDisable (GL_BLEND);
```

如果颜色调和没有被激活,则一个对象的颜色将简单地取代帧缓存中相应位置的内容。

颜色可按要达到的效果进行多种调和,通过指定两组调和因子来生成不同的颜色效果。一组调和因子针对帧缓存中的当前对象("目标对象"),而另一组调和因子针对新来的("源")对象。将要装入帧缓存的新的调和颜色计算如下:

$$(S_r R_s + D_r R_d, S_g G_s + D_g G_d, S_b B_s + D_b B_d, S_a A_s + D_a A_d) \tag{5.1}$$

这里,RGBA 源颜色分量为 (R_s, G_s, B_s, A_s),目标颜色分量为 (R_d, G_d, B_d, A_d),源调和因子为 (S_r, S_g, S_b, S_a),而目标调和因子为 (D_r, D_g, D_b, D_a)。计算出的组合颜色分量归一到 0.0 到 1.0 之间。即任何大于 1.0 的总和均设为 1.0,而任何小于 0.0 的总和均设为 0.0。

使用下列函数可选调和因子的值:

```
glBlendFunc (sFactor, dFactor);
```

参数 sFactor 和 dFactor,即源和目标因子,都用 OpenGL 符号常量赋值以指定为预定义的一组四元素调和系数。例如,常量 GL_ZERO 表示调和因子(0.0, 0.0, 0.0, 0.0),而 GL_ONE 表示

(1.0, 1.0, 1.0, 1.0)。我们可以使用 GL_DST_ALPHA 或 GL_SRC_ALPHA 将四个调和因子设为目标 α 值或源 α 值。其他可用来设定调和因子的 OpenGL 常量有 GL_ONE_MINUS_DST_ALPHA、GL_ONE_MINUS_SRC_ALPHA、GL_DST_COLOR 和 GL_SRC_COLOR。这些调和因子常用于模拟透明性,这将在 8.4 节详细讨论。sFactor 的默认值是 GL_ONE,而 dFactor 的默认值是 GL_ZERO。因此,这两组调和因子的默认值将导致新来的颜色值取代帧缓存中的当前颜色值。

5.3.4 OpenGL 颜色数组

我们也可以在顶点数组中和坐标值混合来指定场景的颜色值(参见 4.9 节)。这既可在 RGB 模式下也可在 RGBA 模式下进行。与顶点数组一样,必须先使用如下函数激活 OpenGL 的颜色数组:

```
glEnableClientState (GL_COLOR_ARRAY);
```

然后,对 RGB 模式要指定颜色分量的位置和格式:

```
glColorPointer (nColorComponents, dataType,
    offset, colorArray);
```

参数 nColorComponents 赋值为 3 或 4,取决于是否在数组 colorArray 中列出 RGB 或 RGBA 颜色分量。OpenGL 符号常量如 GL_INT 或 GL_FLOAT 赋给参数 dataType 来指向颜色值的数据类型。对于一个单独的颜色数组,我们可将 0 赋给参数 offset。但是如果将颜色数据和顶点数据组合在同一个数组中,则 offset 的值是数组中每一组颜色分量的字节数。

我们可以修改 4.9 节中的顶点数组例子使之包含颜色数组,从而给出使用颜色数组的例子。下面的程序段设定立方体前向面所有顶点的颜色为蓝色,设定后向面所有顶点的颜色为红色:

```
typedef GLint vertex3 [3], color3 [3];

vertex3 pt [8] = { {0, 0, 0}, {0, 1, 0}, {1, 0, 0},
    {1, 1, 0}, {0, 0, 1}, {0, 1, 1}, {1, 0, 1}, {1, 1, 1} };
color3 hue [8] = { {1, 0, 0}, {1, 0, 0}, {0, 0, 1},
    {0, 0, 1}, {1, 0, 0}, {1, 0, 0}, {0, 0, 1}, {0, 0, 1} };

glEnableClientState (GL_VERTEX_ARRAY);
glEnableClientState (GL_COLOR_ARRAY);

glVertexPointer (3, GL_INT, 0, pt);
glColorPointer (3, GL_INT, 0, hue);
```

我们可以将颜色和顶点坐标一起装入一个**交错数组**(interlaced array)。每一个指针用适当的位移值指向单一的交错数组。例如,

```
static GLint hueAndPt [ ] =
    {1, 0, 0, 0, 0, 0, 1, 0, 0, 0, 1, 0,
     0, 0, 1, 1, 0, 0, 0, 0, 1, 1, 1, 0,
     1, 0, 0, 0, 0, 1, 1, 0, 0, 0, 1, 1,
     0, 0, 1, 1, 0, 1, 0, 0, 1, 1, 1, 1};

glVertexPointer (3, GL_INT, 6*sizeof(GLint), hueAndPt[3]);
glColorPointer (3, GL_INT, 6*sizeof(GLint), hueAndPt[0]);
```

该数组的前三个元素指定一个 RGB 颜色值,接下来的三个元素指定一个顶点坐标(x, y, z),这样交错下去直到最后。将 offset 设定为相邻颜色或顶点值之间的字节数,即两者均为 6 * sizeof(GLint)。颜色值从交错数组的第一个元素即 hueAndPt[0]开始,顶点值从第四个元素即 hueAndPt[3]开始。

由于一个场景通常包括若干个对象，每个对象有多个平表面，因此 OpenGL 提供了一个可以一次性指定所有顶点和颜色数组及其他类型信息的函数。如果我们要将上例中的颜色和顶点值改为浮点数，则需按照下面的格式使用该函数：

```
glInterleavedArrays (GL_C3F_V3F, 0, hueAndPt);
```

第一个参数是一个 OpenGL 常量，用来指定颜色(C)和顶点(V)的三元素浮点描述。而数组 hue-AndPt 按每个顶点的颜色放在其坐标前的方式交错。该函数也自动地激活顶点和颜色数组。

在颜色索引模式下，使用下面的语句定义一个颜色索引数组：

```
glIndexPointer (type, stride, colorIndex);
```

颜色索引在数组 colorIndex 中列出，而参数 type 和 stride 与 glColorPointer 中的相同。由于颜色表索引使用单个值描述，所以不需要 size 参数。

5.3.5 其他 OpenGL 颜色函数

在 3.5 节的第一个编程例子中，我们介绍了下面这个用来为显示窗口选择 RGB 颜色分量的函数：

```
glClearColor (red, green, blue, alpha);
```

(red, green, blue)中的每一个分量及 α 参数均赋以 0.0 到 1.0 范围中的浮点数值。四个参数的默认值都是 0.0，它们生成黑色。如果每一个颜色分量置为 1.0，则该净颜色是白色。颜色分量为 0.0 到 1.0 之间的相等值时得到各种灰色。第四个参数 α 提供对前面颜色和当前颜色调和的选项。这仅仅在激活了 OpenGL 的调和特性后才会发生，颜色调和不可能作用于颜色表指定的值。

如同在 4.11 节中所指出，OpenGL 中有几个颜色缓存可用作显示场景的当前刷新缓存，而函数 glClearColor 指定所有颜色缓存的颜色。然后用下面的命令将净颜色用于这些颜色缓存：

```
glClear (GL_COLOR_BUFFER_BIT);
```

我们也可以用 glClear 函数设定 OpenGL 中有效的其他缓存的初始值。它们是存放调和颜色信息的累积缓存(accumulation buffer)、存放场景对象深度值(离观察位置的距离)的深度缓存(depth buffer)及存放定义图形范围的模板缓存(stencil buffer)。

在颜色索引模式下，使用下面的函数(而不是 glClearColor)设定显示窗口的颜色：

```
glClearIndex (index);
```

窗口背景色用存放在颜色表中 index 位置的颜色来指定。执行 glClear(GL_COLOR_BUFFER_BIT)函数后窗口就以该颜色显示。

OpenGL 函数库中还有另外一些颜色函数用来处理各种任务，如改变颜色模式、设定场景光照效果、描述照相机效果及绘制对象表面。我们在分析计算机图形系统的各种处理时将讨论其他的颜色函数。但现在，我们把讨论限制在与图元的颜色描述有关的那些函数范围内。

5.4 点的属性

一般情况下，我们可以设定点的两个属性：颜色和大小。在一个状态系统中，点的显示颜色和大小由存放在属性表中的当前值确定。颜色分量用 RGB 值或指向颜色表的索引值设定。对于光栅系统而言，点的大小是像素大小的整倍数，因此一个大的点显示成一个像素方块。

5.5 OpenGL 点属性函数

指定点位置的显示颜色由状态表中的当前颜色值控制。而该颜色用 glColor 函数或 glIndex 函数来指定。

我们使用下面的函数来指定 OpenGL 中点的大小：

```
glPointSize (size);
```

该点以像素方块的形式显示。参数 size 用正浮点数值指定，该值舍入到一个整数（除非该点经反走样处理）。显示该点的水平和垂直像素数由参数 size 决定。这样，点大小为 1.0 时显示一个像素，而点大小为 2.0 时显示 2×2 的像素阵列。如果激活 OpenGL 的反走样特性，显示像素块的尺寸将按平滑边界的要求进行修改。点的默认大小是 1.0。

属性函数可以出现在 glBegin/glEnd 函数对之内或之外。例如，下列程序段绘制三个不同颜色和大小的点。第一个是标准大小的红色点，第二个是双倍尺寸的绿色点，而第三个是三倍尺寸的蓝色点：

```
glColor3f (1.0, 0.0, 0.0);
glBegin (GL_POINTS);
   glVertex2i (50, 100);
   glPointSize (2.0);
   glColor3f (0.0, 1.0, 0.0);
   glVertex2i (75, 150);
   glPointSize (3.0);
   glColor3f (0.0, 0.0, 1.0);
   glVertex2i (100, 200);
glEnd ( );
```

5.6 线的属性

直线段可以使用三个基本属性来显示：颜色、线宽和线型。线的颜色使用对所有图元相同的函数进行设定，而线宽和线型则使用单独的线函数选择。另外，线还可以生成如画笔和笔刷等其他效果。

5.6.1 线宽

线宽选择的实现取决于输出设备的能力。在视频监视器上的粗线可以用相邻的平行线进行显示，而在笔式绘图仪上则可能需要更换画笔来绘制粗线。

在光栅实现中，类似于 Bresenham 算法（参见 6.1 节），通过在每个取样位置处使用一个像素来生成标准线宽。其他线宽则是作为标准线宽的正整数倍，通过沿相邻平行线路径绘制额外的像素而显示。

5.6.2 线型

可以选用的线型属性有实线、虚线和点线等。通过设置沿线路径显示的实线线段的长度和间距来修改画线算法，可以生成各种类型的线。可以通过在实线线段之间插入与实线线段等长的空白段来显示虚线，许多图形系统都允许选择划线长度和划线间隔的长度。

5.6.3 画笔或画刷的选择

在有些图形软件包尤其是绘画系统中，可以直接选择不同的画笔和画刷类型。这种类型的选项有形状、尺寸和画笔或画刷的图案。图 5.2 给出了一些可能的画笔和画刷形状。

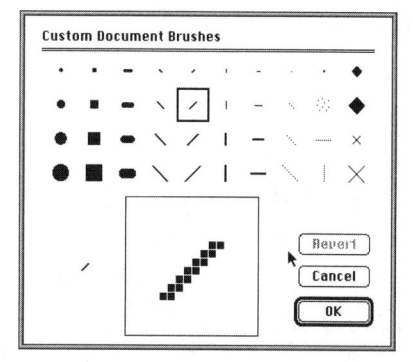

图 5.2 画笔或画刷形状

5.7 OpenGL 线属性函数

可以用颜色、线宽和线型等三个属性设定来控制 OpenGL 直线段的外在表示。我们已经看到了如何选择颜色，OpenGL 还提供了一个设定线宽的函数和另外一个设定短划或点线等线型的函数。

5.7.1 OpenGL 线宽函数

用下面的 OpenGL 函数可设定线宽：

```
glLineWidth (width);
```

参数 width 赋以实数，该值舍入到最近的非负整数。如果输入值舍入到 0.0，则线段用默认的标准宽度 1.0 显示。然而，在对线段进行反走样时，其边界进行光滑处理以减少阶梯现象，因而有可能出现小数宽度。有些线宽函数的实现仅支持有限的几种线宽，其他一些则不支持 1.0 以外的线宽。

OpenGL 的线宽函数用 6.9 节的方法实现。即通过比较线段端点的水平和垂直距离 Δx 和 Δy 来确定使用垂直像素区段或水平像素区段生成粗线段。

5.7.2 OpenGL 线型函数

默认状态下，直线段显示成实线。但也可以显示划线、点线或短划和点混合的线段。还可以改变短划及短划或点之间的长度。可以利用下面的 OpenGL 函数设定当前线型：

```
glLineStipple (repeatFactor, pattern);
```

参数 pattern 用来引入描述如何显示线段的一个 16 位整数。值为 1 的位对应一个"开"像素，值为 0 的位对应一个"关"像素。该模式从低位开始应用于线路径。默认模式为 0xFFFF（每一位的值均为 1），它生成实线。整数参数 repeatFactor 说明模式中每一位重复应用多少次才轮到下一位。默认的重复值是 1。

对于一条折线来说，指定的线型模式并非在每一线段的始端重新开始。它从折线的第一个端点开始，到最后一条线段的最终一个端点结束，连续地应用于折线中的所有线段。

作为指定一个线型的例子，假定参数 pattern 赋予了十六进制数 0x00FF 而重复因子为 1。这将显示一条由 8 像素短划和 8 像素短划间隔的划线。同样，由于先应用低位值，线段从始端开始先显示一个 8 像素短划。接着是一个 8 像素间隔，然后再显示一个 8 像素短划，如此直到第二个端点。

在使用当前线型显示线段之前，必须先激活 OpenGL 的线型特性。下面的函数可实现这一点：

```
glEnable (GL_LINE_STIPPLE);
```

如果忘记使用这一激活函数，则显示实线；即使用默认模式 0xFFFF 显示线段。在任何时候都可以使用下列函数来关闭线型特性

```
glDisable (GL_LINE_STIPPLE);
```

该函数使用默认模式（实线）取代当前线型。

在下面的程序中，通过绘制三条不同线型和线宽的线段来展示 OpenGL 线属性函数的应用。图 5.3 给出了可由该程序生成的数据图。

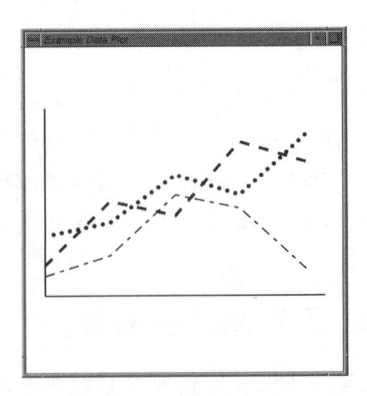

图 5.3 使用不同的 OpenGL 线型和线宽绘制三个数据集：单宽度划-点模式、双倍宽短划模式和三倍宽度点模式

```
/* Define a two-dimensional world-coordinate data type. */
typedef struct { float x, y; } wcPt2D;

wcPt2D dataPts [5];

void linePlot (wcPt2D dataPts [5])
{
   int k;

   glBegin (GL_LINE_STRIP);
      for (k = 0; k < 5; k++)
         glVertex2f (dataPts [k].x, dataPts [k].y);

   glFlush ( );

   glEnd ( );
}

/* Invoke a procedure here to draw coordinate axes.  */

glEnable (GL_LINE_STIPPLE);

/* Input first set of (x, y) data values. */
glLineStipple (1, 0x1C47);     // Plot a dash-dot, standard-width polyline.
linePlot (dataPts);

/* Input second set of (x, y) data values. */
glLineStipple (1, 0x00FF);     // Plot a dashed, double-width polyline.
glLineWidth (2.0);
linePlot (dataPts);

/* Input third set of (x, y) data values. */
glLineStipple (1, 0x0101);     // Plot a dotted, triple-width polyline.
glLineWidth (3.0);
linePlot (dataPts);

glDisable (GL_LINE_STIPPLE);
```

5.7.3 其他 OpenGL 线效果

除了指定线宽、线型和实心颜色，还可以使用颜色渐变来显示线段。例如，我们可以在定义线段时通过为每一端点赋以不同颜色来显示沿线段改变颜色的实线。在下列程序段中，通过将蓝色赋给线段的一个端点而将红色赋给另一端点来展示这一点。线段按两端点颜色的线性插值方式进行显示：

```
glShadeModel (GL_SMOOTH);

glBegin (GL_LINES);
   glColor3f (0.0, 0.0, 1.0);
   glVertex2i (50, 50);
   glColor3f (1.0, 0.0, 0.0);
   glVertex2i (250, 250);
glEnd ( );
```

函数 glShadeModel 可以有另一个变量 GL_FLAT。在这种情况下，线段用单一颜色即第二个点 (250, 250) 的颜色来显示，即显示一条红色线段。实际上，GL_SMOOTH 是默认值，因此，即使未使用该函数也会显示一条均匀颜色插值的线段。

我们还可以通过使用不同的颜色和线型显示相邻段来产生另外的效果。可以通过用不同的

α值添加到线段或其他对象中来使用OpenGL的颜色调和特性。使用像素阵列和颜色调和可以模拟毛笔笔划和其他画笔效果。可以通过交互地移动像素阵列来生成线段。像素阵列中的单个像素可赋予不同的α值，用于显示画刷或笔划式线段。

5.8 曲线属性

曲线属性的参数与线段相同，可以使用各种颜色、宽度、点划线模式和有效的画笔和笔刷选择来显示曲线。采用画曲线算法来实现属性选择，这一点类似于画直线。

绘画程序提供了交互方式，可以使用触笔和图形板等指点设备来构造图形。图5.4给出了这类曲线图案的例子。绘画软件中可另外提供模拟毛笔笔划显示的选项。

严格地说，OpenGL并不把曲线作为和点及线段一样的图元来考虑。在OpenGL中可使用几种方法来显示曲线。最简单的方法可能是使用一组短线段逼近曲线，如图4.5给出的那样。另外，曲线段可以用样条(spline)来画。这可以使用OpenGL的evaluator函数来绘制，或者使用OpenGL实用函数库(GLU)中画样条的函数来绘制。这些替代方法将在第14章讨论。

图5.4 绘画程序用各种形状和图案所画的曲线。从左到右的刷子形状为：方块、圆、对角线、点阵和渐变喷刷

5.9 填充区属性

多数图形软件包将填充区限定为多边形，因为它们用线性方程来描述。更进一步的限制是要求填充区是一个凸多边形，因此扫描线不会与两条以上的边相交。然而，我们一般可以填充任意指定的区域，包括圆、椭圆和其他有曲线边界的对象。而像绘画程序等应用系统则提供针对任意形状区域的填充功能。

5.9.1 填充模式

一般的图形软件包提供的基本填充属性是内部的显示模式。我们可以将一区域显示为单一颜色、指定填充图案或只给出边界的"空心"模式。图5.5给出了这三种模式。我们也可以使用各种笔刷模式、颜色调和或纹理对场景中的指定区域进行填充。其他选项包括指定填充区边界。对于多边形来说，可以使用不同颜色、线宽和线型来给出其边界。还可以为区域的前向面和后向面选择不同的显示属性。

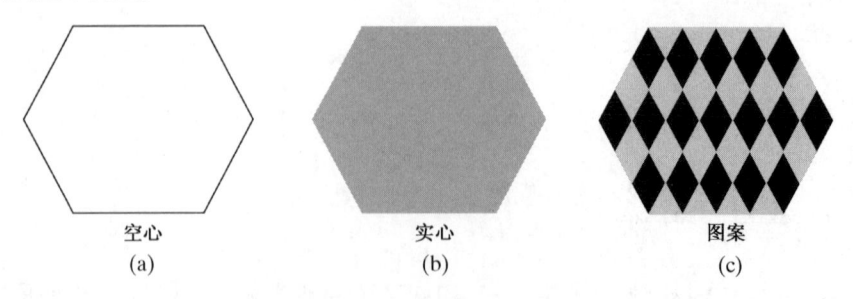

空心　　　　　　　实心　　　　　　　图案
(a)　　　　　　　(b)　　　　　　　(c)

图5.5 基本的多边形填充模式

填充图案可以使用一个为不同位置指定不同颜色的矩形颜色阵列来给出。换种说法，一个填充图案可当作一个点阵来指定，其中每一位置指定显示一个选定颜色。描述填充图案的矩阵

是一个应用于显示区域的掩模。有些图形系统提供对覆盖掩模的初始位置的选择。从该初始位置开始，掩模在水平和垂直方向反复填充，直到所有显示区域都填满了无重叠的掩模。在使用图案覆盖的填充区，矩阵掩模指出哪些像素应该使用特定颜色显示。这种用矩形图案填充一个区域的处理称为**平铺**(tiling)，而矩形填充图有时称为**平铺图案**(tiling pattern)。有时，系统中有预定义的填充图案，如图 5.6 所示的影线。

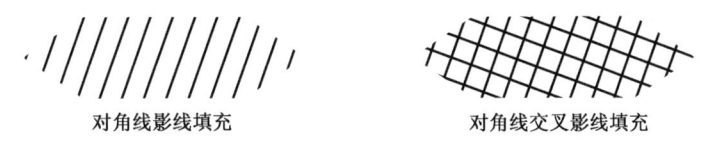

对角线影线填充　　　　对角线交叉影线填充

图 5.6　使用影线模式的区域填充

5.9.2　颜色调和填充区

也可以按照多种方式将填充图案和背景颜色混合。图案和背景色混合时使用透明因子来确定背景中有多少应该混合到对象颜色中。

某些使用调和颜色的填充方法称为**软填充**(soft-fill)或**色彩填充**(tint-fill)算法。这些填充方法的一种作用是，减弱在已经模糊的对象边界上的填充颜色，从而实现对边的反走样。另一种用途是允许对原来用半透明笔刷填充的颜色区域进行重新涂色。这时，当前颜色与笔刷颜色及区域"后面"的背景色进行混合。无论是何种情况，都要求新的颜色在区域上与当前填充颜色具有相同的变化。

5.10　OpenGL 填充区属性函数

OpenGL 中仅提供对凸多边形的填充区子程序。显示一个填充凸多边形要经过下面四个步骤：

1. 定义一个填充图案。
2. 引用多边形填充子程序。
3. 激活 OpenGL 多边形填充特性。
4. 描述要填充的多边形。

多边形填充图案一直显示到包括多边形的边。因此，填充区中没有边界线，除非特别指定要显示边界线。

除了为多边形内部指定一个填充图案，还有其他多个选项。一个选项是显示一个空心多边形，其中仅生成边而没有内部颜色或图案。空心多边形与显示一个封闭多边形图元等价。另一选项是只显示多边形顶点而没有内部填充且没有边。同样，我们也可以为多边形填充区的前向面和后向面指定不同的属性。

5.10.1　OpenGL 填充图案函数

默认时，凸多边形使用当前颜色设定显示成一个实心颜色区域。为了用 OpenGL 的图案填充一个多边形，我们使用 32×32 的位掩模。掩模中值为 1 表示对应像素设为当前颜色，值为 0 表示对应的帧缓存位置的值不变。填充图案使用 OpenGL 数据类型 GLubyte 以无符号字节进行描述，如同在 glBitmap 函数中一样。例如，用十六进制值定义一个位图：

```
GLubyte fillPattern [ ] = {
    0xff, 0x00, 0xff, 0x00, ... };
```

如 4.11 节中的 `bitShape` 一样,这些位必须从图案的底行开始描述,直到图案的最高行(32)。该图案从显示窗口的左下角开始,在整个显示窗口中重复,而指定的多边形用与其重叠的图案部分填充(参见图 5.7)。

一旦建立了一个掩模,可以使用下列函数将其用作当前填充图案:

```
glPolygonStipple (fillPattern);
```

接下来,在指定要使用当前图案填充的多边形顶点之前必须激活填充子程序。这使用下列语句来实现:

```
glEnable (GL_POLYGON_STIPPLE);
```

类似地,使用下列语句关掉图案填充:

```
glDisable (GL_POLYGON_STIPPLE);
```

图 5.8 给出了 3×3 的点阵如何覆盖 32×32 的位掩模,该掩模可用于填充一个平行四边形。

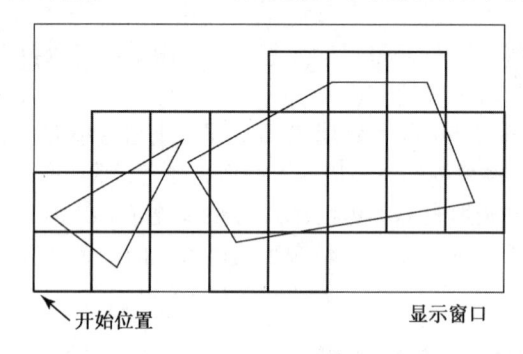

图 5.7 通过将矩形填充图案平铺穿越显示窗口来填充两个凸多边形

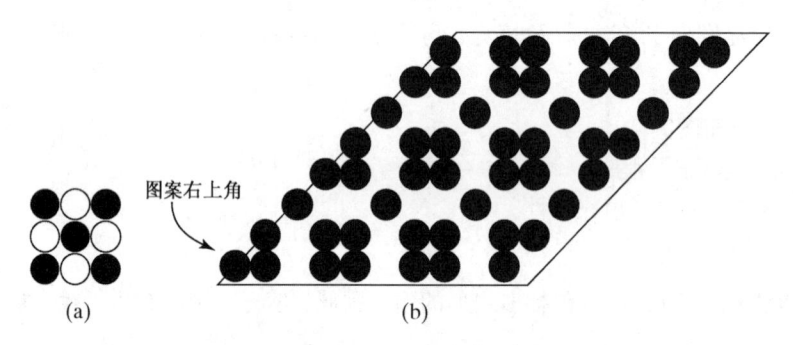

图 5.8 (a)3×3 的点阵图案;(b)放到平行四边形中以生成填充区,其中图案的右上角与平行四边形的左下角对齐

5.10.2 OpenGL 纹理和插值图案

填充多边形的另一种方法是使用将在第 10 章中讨论的纹理。这将生成仿真木材、砖、拉丝钢(brushed steel)或某些其他材料外貌的图案。也可以仿照线图元中的做法得到多边形内部的插值颜色。为此,我们对多边形的顶点赋以不同颜色。插值填充用来为各种光照条件下的着色表面生成真实感显示。

作为插值填充的例子,下面的程序段将蓝色、红色和绿色分别赋给一个三角形的三个顶点。多边形填充就是在三个顶点间的颜色插值:

```
glShadeModel (GL_SMOOTH);

glBegin (GL_TRIANGLES);
   glColor3f (0.0, 0.0, 1.0);
   glVertex2i (50, 50);
   glColor3f (1.0, 0.0, 0.0);
   glVertex2i (150, 50);
   glColor3f (0.0, 1.0, 0.0);
   glVertex2i (75, 150);
glEnd ( );
```

当然，如果为三角形整体设定一个单色，则用一种颜色来填充多边形。而如果将 `glShadeModel` 函数中的变量改变为 `GL_FLAT`，则多边形用最后指定的颜色(绿色)来填充。值 `GL_SMOOTH` 是着色的默认值，但包含这一描述可提醒我们多边形将用顶点插值法填充。

5.10.3 OpenGL 线框图方法

我们也可以仅显示多边形的边，来生成线框图或多边形的空心显示。还可以通过显示一组顶点来显示多边形。这些选项通过下面的函数来选定

```
glPolygonMode (face, displayMode);
```

参数 `face` 用来指定在多边形的哪一个面上仅显示边或顶点。它赋以 `GL_FRONT`、`GL_BACK` 或 `GL_FRONT_AND_BACK`。然后，如果选择仅显示多边形的边，就将 `GL_LINE` 赋给参数 `displayMode`。如果仅绘出多边形顶点，则将 `GL_POINT` 赋给参数 `displayMode`。第三个选项是 `GL_FILL`。但这是默认的显示模式，所以我们通常仅在需要设定多边形边或顶点属性时引用 `glPolygonMode`。

另一个显示多边形的选项是在填充内部的同时使用不同的颜色或图案来显示它的边或顶点。这可以通过指定该多边形两次来实现：先将 `displayMode` 设定为 `GL_FILL`，然后再设定为 `GL_LINE`(或 `GL_POINT`)。例如，下面的程序段用绿色填充多边形内部，而用红色显示边：

```
glColor3f (0.0, 1.0, 0.0);
/* Invoke polygon-generating routine. */

glColor3f (1.0, 0.0, 0.0);
glPolygonMode (GL_FRONT, GL_LINE);
/* Invoke polygon-generating routine again. */
```

对于一个三维多边形(即并不是所有顶点都在 xy 平面内)来说，这种显示填充多边形边的方法可能在边之间生成缝隙。这种称为**缝线**(stitching)的效果由扫描线填充算法和边的画线算法的计算差别造成。在对一个三维多边形进行填充时，深度值(离 xy 平面的距离)按每一 (x, y) 位置计算。但是在多边形一条边上的这个深度值通常与在同一 (x, y) 位置用画线算法计算所得的深度值不完全相同。因此，在进行可见性测试时，内部填充色可用来代替边的颜色以显示沿多边形边界的点。

消除三维多边形显示边缝隙的一个办法是移动由填充子程序计算的深度值，使它们与多边形的边深度值不重叠。下列两个函数用来实现这一点：

```
glEnable (GL_POLYGON_OFFSET_FILL);
glPolygonOffset (factor1, factor2);
```

第一个函数激活扫描线填充的位移子程序，而第二个函数用来设定一对计算深度位移总量的浮点值 `factor1` 和 `factor2`。这一深度位移的计算是

$$\text{depthOffset} = \text{factor1} \cdot \text{maxSlope} + \text{factor2} \cdot \text{const} \tag{5.2}$$

这里，maxSlope 是多边形的最大斜率，const 是实现常量。对于 xy 平面上的一个多边形来说，斜

率为0。否则,最大斜率用多边形深度的变化除以 x 或 y 的变化而得。两因子的典型值是 0.75 和 1.0,尽管某些经验因子值对生成好的结果是必要的。作为对位移因子赋值的例子,我们可以把前一程序段修改如下:

```
glColor3f (0.0, 1.0, 0.0);
glEnable (GL_POLYGON_OFFSET_FILL);
glPolygonOffset (1.0, 1.0);
/* Invoke polygon-generating routine. */
glDisable (GL_POLYGON_OFFSET_FILL);

glColor3f (1.0, 0.0, 0.0);
glPolygonMode (GL_FRONT, GL_LINE);
/* Invoke polygon-generating routine again. */
```

现在将多边形的内部填充往更深处加强了一些,因此它不妨碍其边的深度值。也有可能通过把位移应用于画线算法,即通过将 glEnable 函数的变量改变为 GL_POLYGON_OFFSET_LINE 来实现该方法。此时,我们要使用负因子来使边的深度值靠近些。如果仅需要显示多边形顶点位置的不同颜色点而不是醒目的边,那么 glEnable 函数的变量将是 GL_POLYGON_OFFSET_POINT。

另一种消除多边形边上缝线效果的方法是使用 OpenGL 的模板缓存来限制多边形内部填充,从而使它和边不重叠。但这种方法较为复杂且一般较慢,因而多数使用深度位移方法。

为了使用 OpenGL 函数显示一个凹多边形,必须先将它分割为一组凸多边形。凹多边形一般用 4.7 节讨论的方法分割为一组三角形。然后通过填充这些三角形来显示填充的凹多边形。类似地,如果只要显示多边形顶点,我们可以只绘制三角形顶点。但为了显示原凹多边形的线框图,就不能将显示模式设定为 GL_LINE,因为这将把作为多边形内部的所有三角形的边显示出来(参见图 5.9)。

幸好,OpenGL 提供了从线框图显示中消除选定边的机制。每一个多边形顶点与一个指示该顶点是否通过边界上的边与下一顶点连接的一位标志一起存储。我们要做的就是将该位标志设为"关",从而使得在这个顶点之后的边不被显示。使用下列函数可以设定一条边的这个标志。

```
glEdgeFlag (flag);
```

要指明一个顶点不在边界的边的前面,需要将 OpenGL 常量 GL_FALSE 赋给参数 flag。这将作用于所有其后的顶点直至再次调用 glEdgeFlag。OpenGL 常量 GL_TRUE 再次将标志置回工作状态,即默认状态。函数 glEdgeFlag 可放在 glBegin/glEnd 之间。作为边标志应用的一个展示,下列程序段仅显示所定义三角形的两条边(参见图 5.10):

```
glPolygonMode (GL_FRONT_AND_BACK, GL_LINE);

glBegin (GL_POLYGON);
    glVertex3fv (v1);
    glEdgeFlag (GL_FALSE);
    glVertex3fv (v2);
    glEdgeFlag (GL_TRUE);
    glVertex3fv (v3);
glEnd ( );
```

多边形边标志也可以在一个数组中指定,该数组可以与顶点数组混合或作为其附加数组(参见 4.9 节和 5.3 节)。创建一个边标志数组的语句为

```
glEnableClientState (GL_EDGE_FLAG_ARRAY);
glEdgeFlagPointer (offset, edgeFlagArray);
```

参数 offset 指出数组 edgeFlagArray 中边标志值之间的字节数。参数 offset 的默认值是 0。

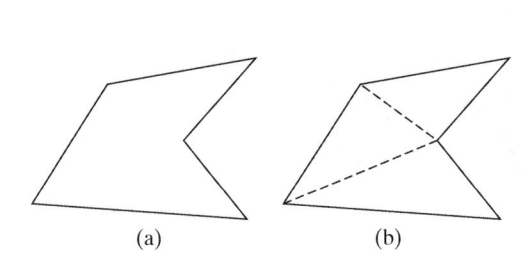

图 5.9 将(a)中的凹多边形分割为(b)中的一组三角形,生成的三角形边(划线)是原凹多边形的内部

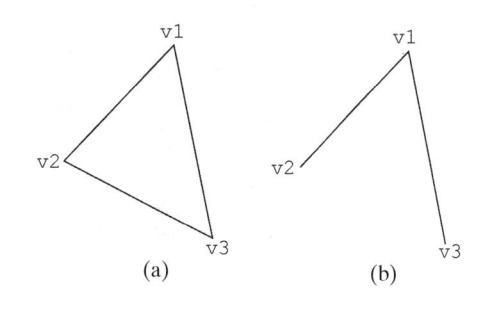

图 5.10 设顶点按逆时针次序指定,通过将顶点 v2 的边标志设定为 GL_FALSE,可将(a)中的多边形显示成(b)中那样

5.10.4 OpenGL 前向面函数

尽管默认情况下由多边形顶点的次序来控制前向面和后向面的确认,我们还是可以使用下列函数单独地指定一个场景中的前向面和后向面:

    glFrontFace (vertexOrder);

如果设定参数 vertexOrder 的值为 OpenGL 常量 GL_CW,则随后定义的顺时针多边形可看作前向面。该 OpenGL 特性用来交换以顺时针次序指定顶点的多边形的面。常量 GL_CCW 标识多边形顶点的逆时针次序为前向面朝向,即默认次序。

5.11 字符属性

显示的字符外观由字体、大小、颜色和方向这些属性控制。在许多软件包中,既可对整个字符串(文本)设置属性,也可对诸如绘制数值图等特殊应用中的单个字符设置属性。

有许多可供图形程序员使用的文本选项。首先是选择字体,字体就是使用类似 NewYork、Courier、Helvetica、London、Times Roman 等特定设计风格的一组字符和其他一些特殊的符号组。所选字体的字符也可以使用附加的下画线风格(实线、点线和双线)、黑体、斜体、轮廓或影线风格。

显示文本的颜色设置存储在系统属性表中,并由将字符定义装入帧缓存中的程序所使用。显示字符串的时候,使用当前颜色来设置与字符形状和位置相对应的帧缓存中的像素值。

我们也可以通过缩放字符的整体尺寸(高度和宽度)或者仅缩放字符高度或宽度来调整文本大小。字符大小(高度)由打印机和排字机以磅(point)为单位进行指定,其中 1 磅是 0.035 146 厘米(或 0.013 837 英寸,大约 1/72 英寸)。例如,本书的文本是 10 磅字体。磅值计量指定了字符体大小(参见图 5.11),但具有相同磅数的不同字体,按其字体设计的不同而具有不同的字符体大小。在指定大小的同一种字体中,所有字符的底线(bottomline)和顶线(topline)间的距离是相同的,但字符体宽度可能不同。在比例间隔字体中,窄字符 i、j、l 和 f 的字符体宽度比宽字符 W 或 M 的要小。字符高度(character height)则定义为字符基线(baseline)和帽线(capline)之间的距离。像图 5.11 中 f 和 j 这样的有核字符通常超出字符体的限制。下行字符(g、j、p、q、y)要扩展到基线以下。每个字符由设计师定位在字符体以内,并允许沿打印行或在打印行之间以字符体相接方式显示时,可以有适当的间距。

有时可以在不改变字符的宽高比的情况下调整文本大小。图 5.12 给出了在保持宽高比不变时三种不同字符高度的字符串显示。图 5.13 给出了使用固定高度和可变宽度的文本显示。

字符之间的间隔是字符串经常要设定的另一个属性。图 5.14 给出了用三种字符间隔设定显示的字符串。

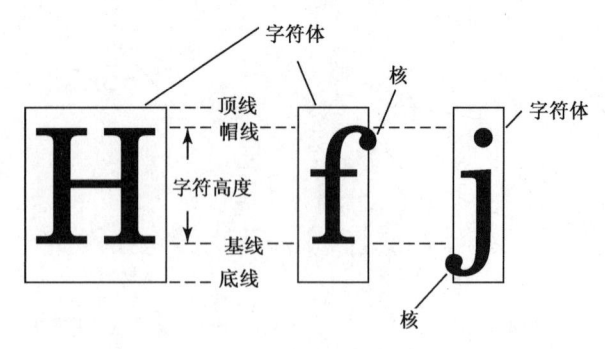

图 5.11 字符体例子

图 5.12 用不同的高度设定和相同的宽高比显示的文本

图 5.13 用固定高度和可变宽度显示的文本

图 5.14 用不同的字符间隔设定显示的字符串

字符串的方向按**字符向上向量**(character up vector)设定。字符串显示成其字符底线到帽线的方向与向上向量一致。例如，在向上向量的方向为 45°时，字符串显示如图 5.15 所示。为文本定向的过程将字符旋转到字符体两侧从底线到帽线的方向并与向上向量的方向一致。旋转后的字符形状再扫描转换到帧缓存。

将字符串设置成垂直或水平方向的功能在许多应用中是很有用的，图 5.16 给出了这一例子。字符串还可以按向前或向后顺序显示，使用这些选项的文本显示在图 5.17 中给出。实现文本路径方向控制的程序按所选择的选项来调整每一字符在帧缓存中的位置。

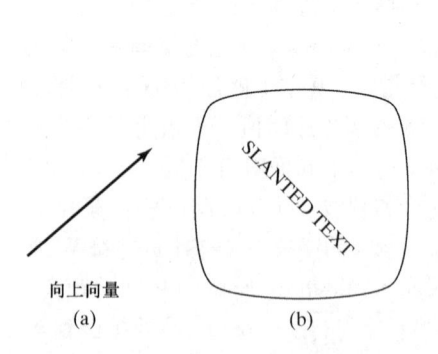

图 5.15 (a)中向上向量的方向控制(b)中文本的显示方向

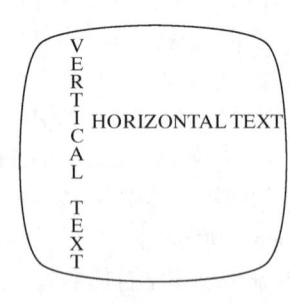

图 5.16 文本路径属性可以设定为生成水平或垂直排列的字符串

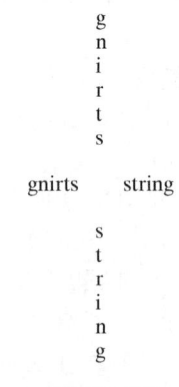

图 5.17 使用四种文本路径（向左、向右、向上和向下）所显示的文本

使用向上向量与文本路径说明相结合的方法，可以对字符串定向而生成倾斜的文本。图 5.18 给出了由多种文本路径设定和 45°向上向量组合生成的字符串方向。图 5.19 给出了在向上向量及文本路径为向下和向右时的字符串显示。

对齐是另一个可能使用的字符串属性，这个属性指定如何依赖参考坐标来定位文本。例如，单个字符可按其基线或字符中心来对齐。图5.20给出了字符水平和垂直对齐的一般位置。字符串也可以对齐，图5.21给出了水平和垂直文本标记的普通对齐位置。

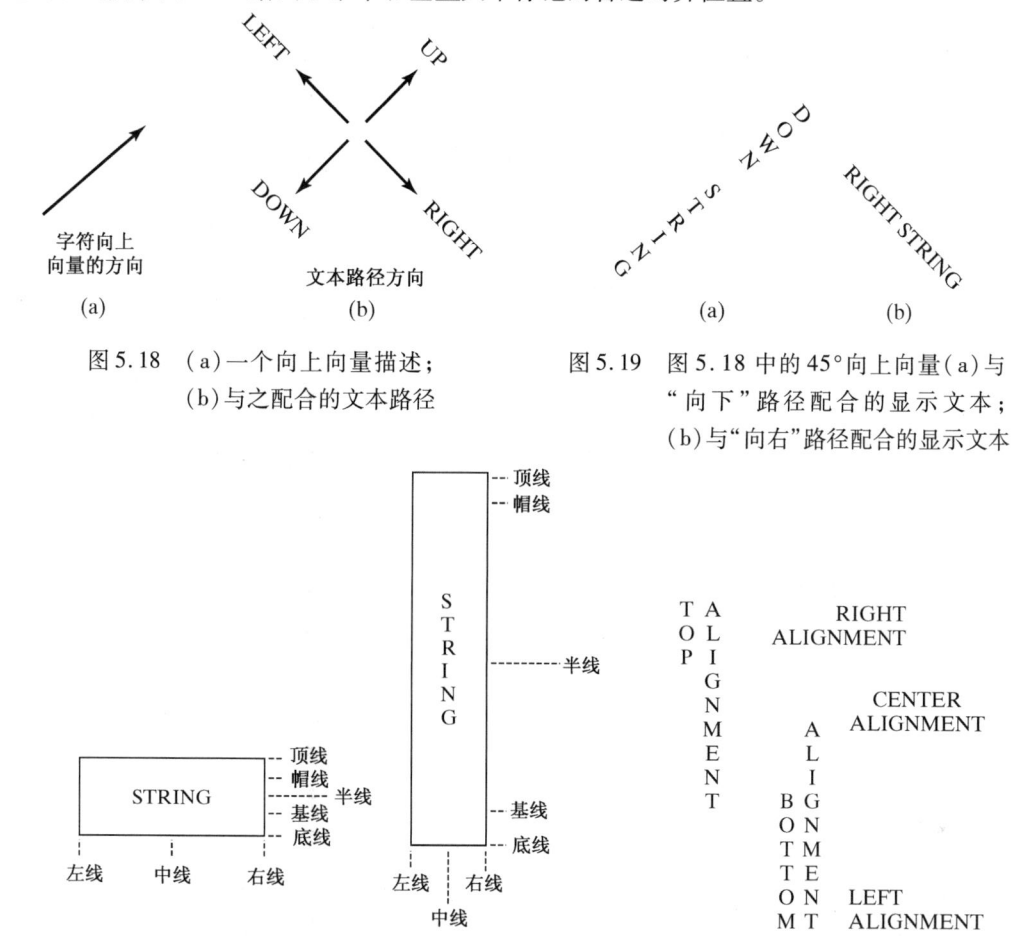

图5.18 (a)一个向上向量描述；
(b)与之配合的文本路径

图5.19 图5.18中的45°向上向量(a)与"向下"路径配合的显示文本；
(b)与"向右"路径配合的显示文本

图5.20 水平和垂直字符串的对齐

图5.21 字符串对齐

有些图形软件包中还提供了文本精度属性。该参数指定字符串可用的所有细节及特殊处理选项。对于低精度字符串，忽略文本路径等许多属性选项，并使用快速算法通过观察流水线来处理字符。

最后，文本处理函数库常提供一组在各种应用中很有用的特殊字符，如小圆或十字线。这些字符常用作网络布局或数据集图中的标记符号。这些标记符号的属性主要有颜色和大小。

5.12 OpenGL 字符属性函数

使用 OpenGL 软件包显示字符有两种方法。使用核心库中的位图函数来设计字体集，或引用 OpenGL 字符生成函数。GLUT 中包含显示预定义点阵和笔划字符集的函数。因此，可以设定的字符属性是那些能应用于位图或线段的属性。

对于点阵或轮廓字体，显示颜色由当前颜色状态来确定。一般而言，字符的间隔和大小由字符描述确定，如 GLUT_BITMAP_9_BY_15 和 GLUT_STROKE_MONO_ROMAN。但也可以为轮廓字体设定线宽和线型。我们用 glLineWidth 函数指定宽度，用 glLineStipple 函数选择线型。然后 GLUT 笔划字体用指定的当前线宽和线型属性值来显示。

我们可使用第5章叙述的变换函数实现另外的一些文本显示特色。这些变换函数允许在二维或三维空间中缩放、定位和旋转 GLUT 笔划字符。另外，三维观察变换（参见第7章）可用于生成其他显示效果。

5.13 OpenGL 反走样函数

由于第6章讨论的取样过程将物体上的坐标点数字化为离散的整数像素位置，因此光栅算法生成的图元显示具有锯齿形或阶梯状外观。这种由于低频取样（不充分取样）而造成的信息失真称为**走样**（aliasing）。可以使用校正不充分取样过程的**反走样**（antialiasing）方法来改善所显示的光栅线的外观。

6.15节将详细讨论反走样操作的实现。OpenGL 提供三类图元支持反走样。使用下列函数可激活 OpenGL 的反走样子程序：

    glEnable (primitiveType);

其中参数 `primitiveType` 被赋以符号常量 `GL_POINT_SMOOTH`、`GL_LINE_SMOOTH` 或 `GL_POLYGON_SMOOTH`。假定我们用 RGBA 模式指定颜色，则同样需要激活 OpenGL 颜色调和操作：

    glEnable (GL_BLEND);

接下来，通过下列函数来使用5.3节描述的颜色调和方法：

    glBlendFunc (GL_SRC_ALPHA, GL_ONE_MINUS_SRC_ALPHA);

如果在对象的颜色描述中使用大的 α 值，则平滑操作比较高效。

在使用颜色表时也可以应用反走样。但是，在这种颜色模式中，我们必须创建一个颜色斜坡，即从背景色到对象色逐步变化的一张表。该颜色斜坡用来进行对象边界的反走样。

5.14 OpenGL 查询函数

使用 OpenGL **查询函数**（query function）可以获得包括属性设定在内的任意状态参数的当前值。这些函数将指定状态值复制到一个数组中，以便存储起来在以后使用或检查当前的系统状态是否有错误。

要查询当前属性值，需要使用一个合适的"glGet"函数，例如，

    glGetBooleanv ( )   glGetFloatv ( )
    glGetIntegerv ( )   glGetDoublev ( )

在其中的每一个函数中，我们指定两个变量。第一个变量是标识一个属性或状态参数的 OpenGL 符号常量。第二个变量是一个指针，指向由函数名指出的数据类型的一个数组。例如，使用下列语句可以获取当前 RGBA 浮点颜色设定：

    glGetFloatv (GL_CURRENT_COLOR, colorValues);

当前颜色分量被传递给数组 `colorValues`。要获取整数的当前颜色分量，必须引用 `glGetIntegerv` 函数。有些情况下，必须在返回指定数据类型时进行类型转换。

可以将 `GL_POINT_SIZE`、`GL_LINE_WIDTH` 和 `GL_CURRENT_RASTER_POSITION` 等其他一些 OpenGL 常量应用于这些函数来获取相应的当前状态值。常量 `GL_POINT_SIZE_RANGE` 和 `GL_LINE_WIDTH_RANGE` 可以用来支持对点的大小和线的宽度的检查。

虽然可以通过 glGet 函数取回和重用单个属性，但 OpenGL 还提供其他一些函数来存储一组属性并重新使用它们的值。下一节将讨论如何使用这些存储当前属性设定的函数。

还有许多对查询有用的其他状态和系统参数,例如确定在特定系统的帧缓存中所提供的每一像素的位数,了解每一独立的颜色分量的有效位数,例如,

```
glGetIntegerv (GL_RED_BITS, redBitSize);
```

这里,数组 `redBitSize` 被赋以每一缓存(帧缓存、深度缓存、累积缓存和模板缓存)中红颜色的有效位数。同样,可以使用 GL_GREEN_BITS、GL_BLUE_BITS、GL_ALPHA_BITS 或 GL_INDEX_BITS 来查询其他颜色的位数。

我们还可以了解边标识是否已设定,多边形的面是否已标为前向面或后向面,以及系统是否支持双缓存。还可以查询特定的子程序(如颜色调和、线型图案或反走样)是否激活或关闭了。

5.15 OpenGL 属性组

属性和其他状态参数按**属性组**(attribute group)进行组织。每一组包括相关的状态参数集合。例如,**点属性组**(point-attribute group)包括了大小和点的平滑(反走样)参数,而**线属性组**(line-attribute group)包括了宽度、模板状态、模板图案、模板重复计数及线段光滑状态等。类似地,**多边形属性组**(polygon-attribute group)包括了 11 种多边形参数,如填充模式、前向面标志及多边形平滑状态。因为颜色是所有图元所共有的一个属性,所以它有单独的属性组。而有些参数被包含在多个组内。

OpenGL 中有约 20 个不同的属性组,可以使用一个函数来保存或重新设定一个或多个组内的所有参数。保存一个指定属性组所有参数的工作由下列命令实现:

```
glPushAttrib (attrGroup);
```

参数 `attrGroup` 用标识一个属性组的 OpenGL 符号常量来赋值,如 GL_POINT_BIT、GL_LINE_BIT 或 GL_POLYGON_BIT。为了保存颜色参数,使用符号常量 GL_CURRENT_BIT。我们可以用符号常量 GL_ALL_ATTRIB_BITS 来存储所有属性组中的所有状态参数。glPushAttrib 函数将指定组的所有参数放进**属性栈**(attribute stack)。

利用逻辑 OR 操作,可以组合符号常量,从而将参数存储在两个或更多的组中。下面的语句给出了属性栈上用于点、直线和多边形的参数:

```
glPushAttrib (GL_POINT_BIT | GL_LINE_BIT | GL_POLYGON_BIT);
```

将一组状态参数存储起来后,我们可以用下列函数将属性栈的所有值进行重建:

```
glPopAttrib ( );
```

在 glPopAttrib 函数中不使用任何变量,因为它使用栈中的所有值来设定 OpenGL 的当前状态。

这些保存和重建状态参数的命令使用一个服务器属性栈(server attribute stack)。OpenGL 中还有一个客户属性栈(client attribute stack)用来保存和重建客户状态参数。存取这些堆栈的函数是 glPushClientAttrib 和 glPopClientAttrib。客户属性栈只有两个:一个用于像素存储器模式,而另一个用于顶点数组。像素存储器参数包括字节对齐信息和用于存储显示中的子图的数组类型。顶点数组参数给出当前顶点数组状态的信息,如各种数组的激活/停止状态。

5.16 小结

属性控制图元的显示特征。在许多图形系统中,属性值以状态变量形式存储而图元使用当前状态值生成。当改变一个状态变量的值时,它仅仅影响在其改变后定义的那些图元。

颜色是所有图元的公共属性,它常用 RGB(或 RGBA)分量来描述。红、绿和蓝颜色值存储在

帧缓存中，它们用来控制 RGB 监视器的三支电子枪。颜色选择也可通过使用颜色表来实现。在这种情况下，帧缓存中的一种颜色只是一张表的一个索引，而该索引位置的表项中存储特定的一组 RGB 颜色值。颜色表对数据可视化和图像处理应用很有用，也可用来在不要求增加帧缓存容量的前提下提供大的可选颜色范围。计算机图形软件包常提供对使用颜色表或直接在帧缓存中存储颜色的选择。

基本的点属性是颜色和大小。线属性有颜色、宽度和类型。线宽用标准的单像素宽度的倍数来指定。线型属性包括实线、划线和点线及各种画刷或画笔类型。这些属性可以应用于直线段和曲线。

填充区属性包括实心颜色填充、填充图案填充或仅仅显示区域边界的空心填充。各种图案填充用颜色阵列来描述，然后映射到区域内部。扫描线方法常用于填充多边形、圆和椭圆。

区域也可以用颜色调和来填充。这种类型的填充应用于反走样和绘画软件包。软填充程序为区域提供了一个与先前填充颜色有相同变化的新填充颜色。

字符可以按照不同颜色、大小、间隔和方向进行显示。为了设置字符串的方向，我们选择字符向上向量的方向和文本路径的方向。此外，我们可以设置相对于起始坐标位置的文字串对齐方式。标记符号可以通过选择各种大小和颜色的标准字符和专用符号进行显示。

由于扫描转换是光栅系统的一个数字化过程，因此显示图元有阶梯效应。这是由于将坐标值取整到像素位置造成的信息低取样所形成的。我们可以通过应用调整像素强度的反走样过程来改善光栅图元的外貌。

OpenGL 中，图元的属性值由状态变量来维护。一次属性设定保证对在其后定义的图元都有效，直到该属性值再次被改变。改变一个属性值不会影响前面的图元显示。在 OpenGL 中可以用 RGB(或 RGBA)颜色模式或使用颜色表索引所选颜色的颜色索引模式来指定颜色。我们也可以使用 α 颜色分量来调和颜色值。我们还可以在颜色数组中指定与顶点数组相邻的值。除颜色外，OpenGL 还提供选择点大小、线宽、线型和多边形顶点填充类型的函数，并提供显示用一组边或一组顶点定义的多边形填充区的函数。我们也可以从显示中消除多边形的指定边，可以颠倒前向面和后向面的描述。在 OpenGL 中，字符串可以使用 GLUT 中的点阵或子程序来生成。为显示 GLUT 字符而设定的属性包括颜色、字体、大小、间隔、线宽和线型。OpenGL 函数库中也提供对输出图元显示反走样的函数。我们可以用查询函数来获得状态变量的当前值，也可以用一个函数获得一组 OpenGL 属性的所有值。

表 5.2 总结了本章讨论的 OpenGL 属性函数。另外，该表列出了某些与属性相关的函数。

表 5.2 OpenGL 属性函数小结

函　　数	描　　述
glutInitDisplayMode	选择颜色模式，GLUT_RGB 或 GLUT_INDEX
glColor*	指定一个 RGB 或 RGBA 颜色
glIndex*	用颜色表索引指定一种颜色
glutSetColor(index, r, g, b);	将一种颜色装入颜色表中的一个位置
glEnable(GL_BLEND);	激活颜色调和
glBlendFunc(sFact, dFact);	指定颜色调和因子
glEnableClientState(GL_COLOR_ARRAY);	激活 OpenGL 颜色数组特性
glColorPointer(size, type, stride, array);	指定一个 RGB 颜色数组
glIndexPointer(type, stride, array);	用颜色索引模式指定一个颜色数组
glPointSize(size);	指定点的大小
glLineWidth(width);	指定线宽

函 数	描 述
`glEnable(GL_LINE_STIPPLE);`	激活线型
`glEnable(GL_POLYGON_STIPPLE);`	激活填充模式
`glLineStipple(repeat, pattern);`	指定线型图案
`glPolygonStipple(pattern);`	指定填充模式图案
`glPolygonMode`	以一组边或一组顶点方式显示前向面或后向面
`glEdgeFlag`	将填充多边形边标志设为 `GL_TRUE` 或 `GL_FALSE` 来确定一条边的显示状态
`glFrontFace`	将前向面顶点次序指定为 `GL_CCW` 或 `GL_CW`
`glEnable`	用 `GL_POINT_SMOOTH`、`GL_LINE_SMOOTH` 或 `GL_POLYGON_SMOOTH` 激活反走样(也需激活颜色调和)
`glGet**`	按照属性的符号名询问 OpenGL 来获取指定数据类型的属性值,并将结果存放于数组参数中
`glPushAttrib`	将所有状态参数存入指定的属性组
`glPopAttrib();`	将最后存储的所有状态参数进行重建

参考文献

软填充技术参见 Fishkin and Barsky(1984)。反走样技术参见 Pitteway and Watinson(1980)、Crow(1981)、Turkowski(1982)、Fujimoto and Iwata(1983)、Korein and Badler(1983)、Kirk and Arvo(1991)和 Wu(1991)。有关灰度的应用参见 Crow(1978)。其他关于属性和状态参数的讨论参见 Glassner(1990)、Arvo(1991)、Kirk(1992)、Heckbert(1994)和 Paeth(1995)。

Woo et al.(1999)给出了使用 OpenGL 属性函数的程序示例。Shreiner(2000)给出了完整的 OpenGL 属性函数,Kilgard(1996)讨论了 GLUT 字符属性。

练习题

5.1 使用 `glutSetColor` 函数为一组输入的颜色值建立一个颜色表。

5.2 使用顶点和颜色数组建立一个至少包括六个二维对象的场景描述。

5.3 编写显示上一练习题中的二维场景描述的程序。

5.4 使用顶点和颜色数组建立一个至少包括四个三维对象的场景描述。

5.5 编写显示二维、灰度"云"场景的程序,其中云的形状用蓝色天空背景的点图案描述。云的亮和暗的区域用可变尺寸及间隔的点来建模(例如,很亮的区域用小的宽间隔、浅灰色点。类似地,暗的区域用大的、更靠近的深灰色点建模)。

5.6 修改上一练习题中的程序,将云显示成在日出或日落时可能看到的红色和黄色。为实现真实感,对这些点应用不同的红色、黄色(也许绿色)明暗效果。

5.7 修改 5.7 节显示数据折线图的程序段,使线宽参数传递给过程 `linePlot`。

5.8 修改 5.7 节显示数据折线图的程序段,使线型参数传递给过程 `linePlot`。

5.9 修改 5.7 节显示数据折线图的程序段,使之从数据文件中输入数据。

5.10 修改 5.7 节显示数据折线图的程序段,使之从数据文件中输入数据,并让程序提供坐标轴的标记和屏幕显示区的坐标。缩放数据集使其适合显示窗口的坐标范围,并且每一条绘制的线使用不同的线型、线宽和颜色。

5.11 编写一个程序,可在任意指定的屏幕区域内显示条状图形。其中的输入包括数据组、坐标轴的标记和屏幕区域的坐标。数据组要进行缩放以适合所指定的屏幕区域，直方图要以指定的颜色或图案进行显示。

5.12 编写一个程序，显示在相同 x 坐标范围上定义的两个数据组，数据值缩放到适合显示屏幕的指定区域。其中的一个数据组的直方图将水平放置，以产生重叠的直方图图案，这样可以很容易地对两组数据进行比较。两组直方图使用不同的颜色或不同的填充图案。

5.13 设计一个实现颜色表的算法。

5.14 假如读者拥有每英寸能显示 120 个像素的 14×10 英寸显示屏幕的系统，这个系统的一个颜色表有 256 个位置，那么对于帧缓存，其最小的可能尺寸(以字节计)是多少？

5.15 考虑 1024×786、每像素 16 位的帧缓存和每像素 24 位的颜色表的 RGB 光栅系统，(a) 用这样的系统可以显示多少种不同的灰度等级？(b) 能显示多少种不同的颜色(包括灰度等级)？(c) 在任何一个时刻能显示多少种颜色？(d) 总的存储容量是多少？(e) 说明两种在减少容量的同时保持相同的彩色功能的方法。

5.16 编写一个程序，输出在相同 x 和 y 坐标范围内定义的两组数据的灰度散列图。程序的输入是两组数据。两组数据都放大到与显示窗口定义的范围相匹配。每组数据使用不同灰度等级的点来绘制。

5.17 修改上一练习题中的程序，使之绘制不同颜色而不是不同灰度等级的两组数据。另外，在使用黑色实线作为边界的图上的某处加上标题。标题显示每组数据的名称(由输入提供)，其颜色与相关的数据颜色相同。

附加综合题

5.1 在前几章开发的应用中体验关于简单形状的各种绘制方法。使用 OpenGL 的空心、实心、图案填充函数，为每一形状指定一种填充类型并进行填充。至少有一个对象使用空心填充、一个对象使用实心颜色填充、一个对象使用自己指定的位点图案填充。不必在意填充图案对该场景中的对象是否有意义。此处的目的是体验 OpenGL 中可以使用的各种填充属性。在以后的几章中，将把对象转换到三维表示并使用更有效的绘制方法为它们生成合适的纹理。另外，在对图形边界的绘制中体验各种画线属性。使用粗细变化的实线和点线作为边界线。增加可以"开/关"的反走样功能，并观察两种情况下的视觉区别。

5.2 在上一综合题的基础上，为你的场景建立一个小型颜色表作为调色板，使用该颜色表取代前面的标准 OpenGL 颜色表。比较使用该颜色表与使用系统中的颜色赋值方法两者的存储需求和绘制能力。使用该颜色表可以同时显示多少种不同的颜色？使用颜色表来表示帧缓存比直接赋值给像素节省多少存储容量？颜色表最小是多少才能在绘制这些场景时感觉上没有明显的差别？讨论使用颜色表和直接颜色赋值两者各自的优缺点。

第6章 实现图元及属性的算法

本章讨论 OpenGL 图元的设备级实现算法。对图形库实现算法的探索将使我们充分地了解这些软件包的能力。也让我们清楚地理解这些函数如何工作及可以如何改进，还可以让我们能在某些特定场合自己去实现图形子程序。计算机图形学的研究正在不断地产生新的实现算法或改进原有的实现算法，从而获得更快、更具真实感的图形显示。

6.1 画线算法

场景中的直线段由其两端点的坐标位置来定义。要在光栅监视器上显示一条线段，图形系统必须先将两端点投影到整数屏幕坐标，并确定距两端点间的直线路径最近的像素位置。接下来将颜色值装入帧缓存相应的像素坐标处。视频控制器从帧缓存读出写入的颜色值并绘制屏幕像素。这一过程将一条线段数字化为一组离散的整数位置。一般而言，这些位置是实际直线路径的近似。例如，计算出的线段上的位置(10.48，20.51)转换为像素位置(10，21)。坐标值舍入到整数，产生除水平和垂直外所有线段的阶梯效果(锯齿形)，如图 6.1 所示。光栅

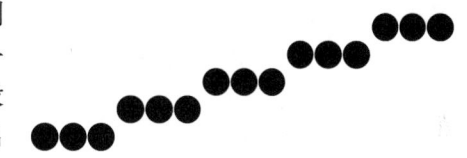

图 6.1 直线段使用一系列像素位置生成时产生的阶梯效果(锯齿形)

线段特有的阶梯现象在低分辨率系统中特别容易看出来，而在高分辨率系统中可以得到改善。更有效的平滑光栅线段的技术基于调整直线路径上的像素强度(参见 6.15 节)。

6.1.1 直线方程

根据直线的几何特征可确定直线路径的像素位置。直线的笛卡儿斜率截距方程为

$$y = m \cdot x + b \tag{6.1}$$

其中，m 为直线的斜率，b 为 y 轴截距。给定图 6.2 所示线段的两个端点 (x_0, y_0) 和 $(x_{\text{end}}, y_{\text{end}})$，可以计算斜率 m 和 y 轴截距 b：

$$m = \frac{y_{\text{end}} - y_0}{x_{\text{end}} - x_0} \tag{6.2}$$

$$b = y_0 - m \cdot x_0 \tag{6.3}$$

显示直线的算法以直线方程(6.1)及式(6.2)和式(6.3)给出的计算方法为基础。

对于任何沿直线给定的 x 增量 δx，可以从式(6.2)中计算出对应的 y 增量 δy：

$$\delta y = m \cdot \delta x \tag{6.4}$$

同样，可以得出对应于指定的 δy 的 x 增量 δx：

$$\delta x = \frac{\delta y}{m} \tag{6.5}$$

这些方程形成了模拟设备(如向量扫描系统)中确定偏转电压的基础，其中有可能造成微小的偏转电压变化。对于具有斜率绝对值 $|m| < 1$ 的直线，可以设置一个较小的水平偏转电压 δx，对应的垂直偏转电压则可以使用式(6.4)计算出来的 δy 来设定；而对于 $|m| > 1$ 的直线，则设置一个较小的垂直偏转电压 δy，对应的水平偏转电压则由式(6.5)计算出来的 δx 来设定；对于 $m = 1$ 的

直线，$\delta x = \delta y$，因此水平偏转电压和垂直偏转电压相等。在每一种情况下，都可以在指定的端点间生成一条斜率为 m 的平滑直线。

在光栅系统中，通过像素绘制线段，水平和垂直方向的步长受到像素的间距的限制。也就是必须在离散位置上对线段取样，并且在每个取样位置上确定距线段最近的像素。图 6.3 给出了线段的扫描转换过程及相对于 x 轴的离散取样点位置。

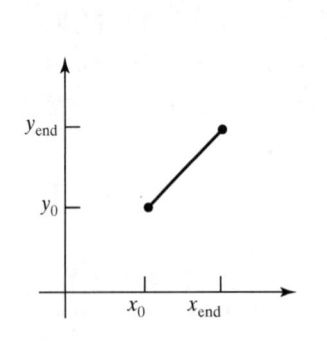

图 6.2 在端点 (x_0, y_0) 和 (x_{end}, y_{end}) 之间的直线路径

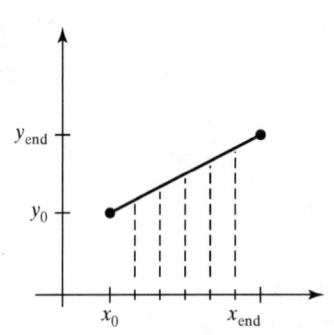

图 6.3 沿 x 轴的 x_0 和 x_{end} 之间具有5个取样点的线段

6.1.2 DDA 算法

数字微分分析仪（digital differential analyzer，DDA）方法是一种线段扫描转换算法，基于式(6.4)或式(6.5)来计算 δx 或 δy。在一个坐标轴上以单位间隔对线段取样，从而确定另一个坐标轴上最靠近直线路径的对应整数值。

首先考虑如图 6.2 所示的具有正斜率的线段。例如，如果斜率小于等于1，则以单位 x 间隔（$\delta x = 1$）取样，并逐个计算每一个 y 值，

$$y_{k+1} = y_k + m \tag{6.6}$$

下标 k 取整数值，从第一个点1开始递增直至最后的端点。由于 m 可以是0与1之间的任意实数，所以计算出的 y 值必须取整。

对于具有大于1的正斜率的线段，则交换 x 和 y 的位置。也就是以单位 y 间隔（$\delta y = 1$）取样，并逐个计算每一个 x 值，

$$x_{k+1} = x_k + \frac{1}{m} \tag{6.7}$$

此时，每一个计算出的 x 值要沿 y 扫描线舍入到最近的像素位置。

式(6.6)和式(6.7)基于从左端点到右端点处理线段的假设（参见图 6.2）。假如这个过程中的处理方向相反，即起始端点在右侧，那么 $\delta x = -1$，并且

$$y_{k+1} = y_k - m \tag{6.8}$$

或者（当斜率大于1时）是 $\delta y = -1$，并且

$$x_{k+1} = x_k - \frac{1}{m} \tag{6.9}$$

式(6.6)到式(6.9)也可以用来计算具有负斜率的线段的像素位置。假如斜率绝对值小于1，并且起始端点在左侧，可设置 $\delta x = 1$ 并用式(6.6)计算 y 值。当起始端点在右侧（具有相同斜率）时，我们可设置 $\delta x = -1$ 并且由式(6.8)得到 y 的位置。同样，负斜率绝对值大于1时，可以使用 $\delta y = -1$ 和式(6.9)或者 $\delta y = 1$ 和式(6.7)进行计算。

这个算法可以概括为下面的过程：输入线段两个端点的像素位置。端点位置间水平和垂直

的差值赋给参数 dx 和 dy。绝对值大的参数确定参数 steps 的值。该值也是在即将画出的这条线段上的像素数目；按照这个数值，沿直线路径计算每一步的下一个像素位置。先绘制起始位置 (x0, y0) 的像素，然后调整每一步的 x 和 y，获得并逐一绘制余下的像素。假如 dx 的绝对值大于 dy 的绝对值，且 x0 小于 xEnd，那么 x 和 y 方向的增量值分别为 1 和 m。假如 x 方向的变化较大，但 x0 大于 xEnd，那么就采用减量 -1 和 $-m$ 来生成线段上的每个点。在其他情况下，y 方向使用单位增量(或减量)，x 方向使用 $1/m$ 的增量(或减量)。

```
#include <stdlib.h>
#include <math.h>

inline int round (const float a)  { return int (a + 0.5); }

void lineDDA (int x0, int y0, int xEnd, int yEnd)
{
   int dx = xEnd - x0,  dy = yEnd - y0,  steps, k;
   float xIncrement, yIncrement, x = x0, y = y0;

   if (fabs (dx) > fabs (dy))
      steps = fabs (dx);
   else
      steps = fabs (dy);
   xIncrement = float (dx) / float (steps);
   yIncrement = float (dy) / float (steps);

   setPixel (round (x), round (y));
   for (k = 0; k < steps; k++) {
      x += xIncrement;
      y += yIncrement;
      setPixel (round (x), round (y));
   }
}
```

DDA 方法计算像素位置要比直接使用直线方程(6.1)计算的速度更快。它利用光栅特性消除了直线方程(6.1)中的乘法，而在 x 或 y 方向使用合适的增量，从而沿直线路径逐步得到各像素的位置。但在浮点增量的连续叠加中，取整误差的积累使得对于较长线段所计算的像素位置偏离实际线段。而且该过程中的取整操作和浮点运算仍然十分耗时。我们可以通过将增量 m 和 $1/m$ 分离成整数和小数部分，从而使所有的计算都简化为整数操作来改善 DDA 算法的性能。在 6.10 节将讨论用整数步长计算 $1/m$ 增量的方法。在下一节中，我们考虑既能用于直线又能用于曲线的更通用的扫描线程序。

6.1.3　Bresenham 画线算法

本节介绍由 Bresenham 提出的一种精确而有效的光栅线生成算法，该算法仅仅使用增量整数计算。另外，Bresenham 画线算法还可以应用于显示圆和其他曲线。图 6.4 和图 6.5 给出了绘制线段的屏幕局部。垂直轴表示扫描线位置，水平轴标识像素列。在这个例子中，我们以单位 x 间隔取样，需要确定每次取样时两个可能的像素位置中的哪一个更接近于直线路径。从图 6.4 中的左端点开始，确定下一个取样像素位置是(11, 11)还是(11, 12)。类似地，图 6.5 给出了以像素位置(50, 50)为左端点的具有负斜率的线段。此时，需要确定下一个像素位置是(51, 50)还是(51, 49)。Bresenham 画线算法通过对正比于两像素与实际线段之间偏移比值的整型参数进行符号检测来给出上述问题的答案。

为了说明 Bresenham 画线算法，首先考虑斜率小于 1 的直线的扫描转换过程。沿直线路径的像素位置由以单位 x 间隔取样来确定。从给定线段的左端点 (x_0, y_0) 开始，逐步处理每个后继列

(x 位置），并在其扫描线 y 值最接近线段的像素上绘出一点。图 6.6 显示了这个过程的第 k 步。假如已经决定要显示的像素在(x_k, y_k)，那么下一步需要确定在列 $x_{k+1} = x_k + 1$ 上绘制哪个像素，是在位置($x_k + 1, y_k$)，还是在位置($x_k + 1, y_k + 1$)。

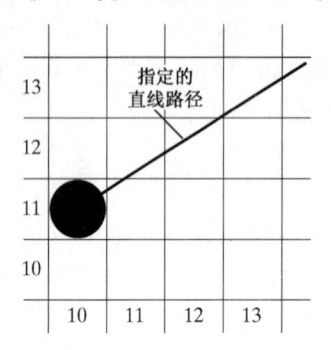

图 6.4　从(10, 11)像素开始绘制线段的屏幕局部

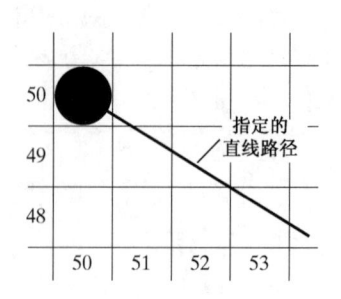

图 6.5　从(50, 50)像素开始的负斜率线段的屏幕局部

在取样位置 $x_k + 1$，我们使用 d_lower 和 d_upper 来标识两个像素与数学上直线路径的垂直偏移（参见图 6.7），在像素列位置 $x_k + 1$ 处的直线上的 y 坐标可计算为

$$y = m(x_k + 1) + b \tag{6.10}$$

那么

$$\begin{aligned} d_\text{lower} &= y - y_k \\ &= m(x_k + 1) + b - y_k \end{aligned} \tag{6.11}$$

且

$$\begin{aligned} d_\text{upper} &= (y_k + 1) - y \\ &= y_k + 1 - m(x_k + 1) - b \end{aligned} \tag{6.12}$$

要确定两个像素中的哪一个更接近直线路径，需测试这两个像素偏移的差：

$$d_\text{lower} - d_\text{upper} = 2m(x_k + 1) - 2y_k + 2b - 1 \tag{6.13}$$

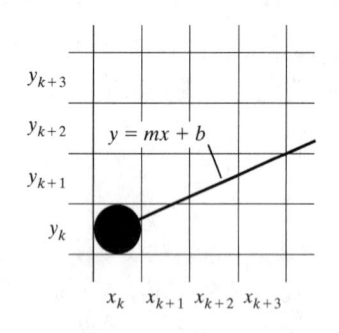

图 6.6　从(x_k, y_k)像素开始，绘制斜率为 $0 < m < 1$ 的线段的屏幕局部

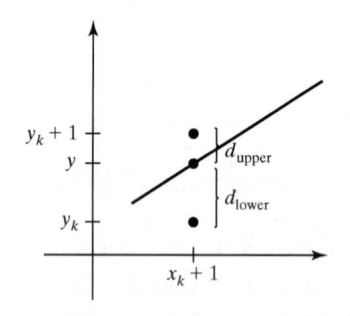

图 6.7　在取样位置 $x_k + 1$ 处，像素位置到直线上 y 坐标之间的垂直距离

通过重新安排式(6.13)，可以获得画线算法第 k 步的决策参数 p_k，从而可以仅使用整数进行计算。设 Δy 和 Δx 分别为两端点的垂直和水平偏移量，令 $m = \Delta y / \Delta x$，将决策参数定义为

$$\begin{aligned} p_k &= \Delta x (d_\text{lower} - d_\text{upper}) \\ &= 2\Delta y \cdot x_k - 2\Delta x \cdot y_k + c \end{aligned} \tag{6.14}$$

因为 $\Delta x > 0$，所以本例中 p_k 的符号与 $d_\text{lower} - d_\text{upper}$ 的符号相同。参数 c 是一个常量，其值为 $2\Delta y +$

$\Delta x(2b-1)$，它与像素位置无关，且会在循环计算 p_k 时被消除。假如 y_k 处的像素比 y_k+1 的像素更接近于线段（即 $d_{\text{lower}} < d_{\text{upper}}$），那么参数 p_k 是负的。此时，绘制下面的像素；反之，绘制上面的像素。

线段上的坐标会沿 x 或 y 方向的单位步长而变化。因此，可以利用递增整数运算得到后继的决策参数值。在 $k+1$ 步，决策参数可以从式（6.14）计算得出：

$$p_{k+1} = 2\Delta y \cdot x_{k+1} - 2\Delta x \cdot y_{k+1} + c$$

将上述等式减去式（6.14），可以得到

$$p_{k+1} - p_k = 2\Delta y(x_{k+1} - x_k) - 2\Delta x(y_{k+1} - y_k)$$

但是 $x_{k+1} = x_k + 1$，因而得到

$$p_{k+1} = p_k + 2\Delta y - 2\Delta x(y_{k+1} - y_k) \tag{6.15}$$

其中，$y_{k+1} - y_k$ 取值 0 或 1，取决于参数 p_k 的符号。

决策参数的递归计算从线段左端点开始的每个整数 x 位置进行。起始像素位置 (x_0, y_0) 的第一个参数 p_0 通过式（6.14）及 $m = \Delta y / \Delta x$ 计算得出：

$$p_0 = 2\Delta y - \Delta x \tag{6.16}$$

我们可以将正斜率小于 1 的线段的 Bresenham 画线算法概括为以下步骤。常量 $2\Delta y$ 和 $2\Delta y - 2\Delta x$ 对每条进行扫描转换的线段只计算一次，因此该算法仅进行这两个常量之间的整数加减法。算法的第 4 步将执行 Δx 次。

|m| <1 时的 Bresenham 画线算法

1. 输入线段的两个端点，并将左端点存储在 (x_0, y_0) 中；
2. 将 (x_0, y_0) 装入帧缓存，画出第一个点；
3. 计算常量 Δx、Δy、$2\Delta y$ 和 $2\Delta y - 2\Delta x$，并得到决策参数的第一个值：
$$p_0 = 2\Delta y - \Delta x$$
4. 从 $k=0$ 开始，在沿直线路径的每个 x_k 处，进行下列检测：
   如果 $p_k < 0$，下一个要绘制的点是 (x_k+1, y_k)，并且
   $$p_{k+1} = p_k + 2\Delta y$$
   否则，下一个要绘制的点是 (x_k+1, y_k+1)，并且
   $$p_{k+1} = p_k + 2\Delta y - 2\Delta x$$
5. 重复步骤 4 共 $\Delta x - 1$ 次。

例 6.1 Bresenham 画线算法

为了演示上述算法，我们绘制这样一条线段：端点为 (20, 10) 和 (30, 18)。该线段的斜率为 0.8 且

$$\Delta x = 10, \qquad \Delta y = 8$$

那么初始决策参数的值为

$$\begin{aligned} p_0 &= 2\Delta y - \Delta x \\ &= 6 \end{aligned}$$

计算后继决策参数的两个增量为

$$2\Delta y = 16, \qquad 2\Delta y - 2\Delta x = -4$$

绘制初始点 $(x_0, y_0) = (20, 10)$，并从决策参数中确定沿直线路径的后继像素位置为

k	p_k	(x_{k+1}, y_{k+1})		k	p_k	(x_{k+1}, y_{k+1})
0	6	(21, 11)		5	6	(26, 15)
1	2	(22, 12)		6	2	(27, 16)
2	−2	(23, 12)		7	−2	(28, 16)
3	14	(24, 13)		8	14	(29, 17)
4	10	(25, 14)		9	10	(30, 18)

图 6.8 中给出了沿这条直线路径生成的像素点。

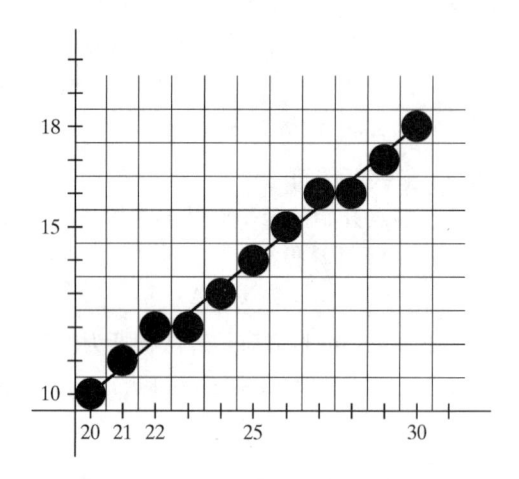

图6.8 沿端点(20, 10)和(30, 18)之间的直线路径且用 Bresenham 画线算法绘制的像素位置

下列程序中给出了斜率为 $0 < m < 1.0$ 的 Bresenham 画线算法的实现。首先将线段的端点像素位置输入程序，然后从左端点到右端点绘制像素。

```c
#include <stdlib.h>
#include <math.h>

/*  Bresenham line-drawing procedure for |m| < 1.0.  */
void lineBres (int x0, int y0, int xEnd, int yEnd)
{
   int dx = fabs (xEnd - x0),  dy = fabs(yEnd - y0);
   int p = 2 * dy - dx;
   int twoDy = 2 * dy,  twoDyMinusDx = 2 * (dy - dx);
   int x, y;

   /* Determine which endpoint to use as start position. */
   if (x0 > xEnd) {
      x = xEnd;
      y = yEnd;
      xEnd = x0;
   }
   else {
      x = x0;
      y = y0;
   }
   setPixel (x, y);

   while (x < xEnd) {
      x++;
      if (p < 0)
         p += twoDy;
      else {
```

```
            y++;
            p += twoDyMinusDx;
        }
        setPixel (x, y);
    }
}
```

通过考虑 xy 平面各种八分区域和四分区域之间的对称性，Bresenham 画线算法对任意斜率的线段具有通用性。对于斜率为正值且大于 1.0 的线段，只要交换 x 和 y 方向的规则，即沿 y 方向以单位步长移动并计算最接近直线路径的连续 x 值。当然，也可以改变程序，使之能从任何端点开始绘制像素，假如正斜率线段的初始位置是右端点，那么在从右至左的步进中，x 和 y 都将递减。为了确定无论从任何端点开始都能绘制相同的像素，当候选像素相对于线段的两个垂直偏移相等时（$d_{lower} = d_{upper}$），我们总是选择其中较高（或较低）的像素。对于绘制负斜率的线段，除非一个坐标递减而另一个递增，否则程序是类似的。最后，可以分别处理下列特殊情况：水平线（$\Delta y = 0$）、垂直线（$\Delta x = 0$）和对角线（$|\Delta x| = |\Delta y|$），它们都可直接装入帧缓存而无须进行画线算法处理。

6.1.4 显示折线

折线函数通过 $n-1$ 次调用画线函数并显示连接 n 个端点的 $n-1$ 条线段来实现。每次调用传递所需绘出的下一条线段的两个端点坐标，其中第一个端点是上一条线段的后一端点。一旦将第一条线段像素位置的颜色写进帧缓存，下一条线段的处理从其第一个端点之后的像素位置开始。这样，我们可以避免对某些端点赋两次颜色。在 6.8 节，我们将详细讨论避免重复显示对象的方法。

6.2 并行画线算法

上面讨论过的线段生成算法顺序地确定像素位置。而利用并行计算机，则可通过将计算分割到可用的多个处理器中来得到线段的像素位置。分割问题的一种解决方法是将现有的顺序算法放到多个处理器上。我们也可以寻找其他处理办法，从而使像素位置能以并行方式有效地计算。在设计并行算法时，重要的是要考虑平衡可用处理器间的处理负载。

给定 n_p 个处理器，我们可以通过把线段分割成 n_p 个子段，并在每个子段中同时生成线段而建立起并行的 Bresenham 画线算法。对于斜率为 $0 < m < 1.0$ 且左端点坐标位置为 (x_0, y_0) 的线段，我们沿正 x 方向对线段进行分割。相邻分段的起始 x 位置间的距离可计算为

$$\Delta x_p = \frac{\Delta x + n_p - 1}{n_p} \tag{6.17}$$

其中，Δx 是线段的水平宽度，分段水平宽度 Δx_p 的值利用整数除法来计算。将分段和处理器从 0、1、2 直到 $n_p - 1$ 编号，可以计算出第 k 分段的起始 x 的坐标为

$$x_k = x_0 + k\Delta x_p \tag{6.18}$$

例如，假设 $\Delta x = 15$，并且具有 $n_p = 4$ 个处理器，那么分段的水平宽度是 4，各分段的初始 x 值为 x_0、$x_0 + 4$、$x_0 + 8$、$x_0 + 12$。对于这种分段策略，有些情况下最后（最右边）的子段会比其他段小。此外，假如线段的端点不是整数，舍入误差将导致沿线的长度产生宽度不同的分段。

为了将 Bresenham 算法用于各分段，需要有每个分段的 y 坐标初始值和决策参数的初始值。分段 y 方向的变化 Δy_p 可从线段斜率 m 和分段宽度 Δx_p 计算得出：

$$\Delta y_p = m\Delta x_p \tag{6.19}$$

那么，第 k 分段的起始 y 坐标为

$$y_k = y_0 + \text{round}(k\Delta y_p) \tag{6.20}$$

第 k 分段起始处 Bresenham 画线算法的初始决策参数可从式(6.14)中得到：

$$p_k = (k\Delta x_p)(2\Delta y) - \text{round}(k\Delta y_p)(2\Delta x) + 2\Delta y - \Delta x \tag{6.21}$$

然后，各处理器利用该分段的初始决策参数值和起始坐标(x_k, y_k)，计算指定的分段上的像素位置。我们也可以通过替换 $m = \Delta y/\Delta x$ 和重新安排有关项，将 y_k 和 p_k 起始值计算中的浮点运算简化为整数运算。在 y 方向对线段进行分段并计算分段的起始 x 值，可以将并行 Bresenham 画线算法拓展到斜率大于 1.0 的线段。对于负斜率，则可以在一个方向递增坐标值，而在另一方向上递减。

建立光栅系统并行算法的另一种方法是，为每个处理器分配一组屏幕像素。只要具有足够数量的处理器，就可以将每个处理器分配给某个屏幕区域内的一个像素。这种方法可以通过为一个处理器分配线段坐标范围之内的一个像素并计算像素到线段的距离来实现线段的显示。在线段的包围盒中的像素数目为 $\Delta x \cdot \Delta y$（如图 6.9 所示）。在图 6.9 中，从线段到坐标(x, y)处像素的垂直距离 d 可以利用下列算式得到：

$$d = Ax + By + C \tag{6.22}$$

其中

$$A = \frac{-\Delta y}{\text{线段长度}}$$

$$B = \frac{\Delta x}{\text{线段长度}}$$

$$C = \frac{x_0 \Delta y - y_0 \Delta x}{\text{线段长度}}$$

而

$$\text{线段长度} = \sqrt{\Delta x^2 + \Delta y^2}$$

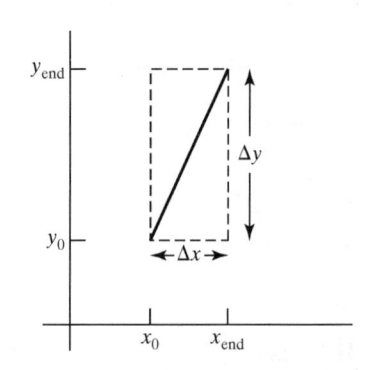

图 6.9 坐标范围为 Δx 和 Δy 的线段包围盒

一旦计算出线段的常量 A、B 和 C，那么每个处理器只需完成两次乘法和两次加法来计算像素距离 d。如果 d 小于指定的线段粗细参数，那么就绘制一个像素。

除了把屏幕分割成单个像素，我们也可以按线段的斜率为每个处理器分配一条扫描线或一列像素。然后，每个处理器计算线段与分配给该处理器的水平行或垂直列的交点。对于斜率 $|m| < 1.0$ 的线段，每个处理器将简单地按给定的 x 值从直线方程中求解 y。对于 $|m| > 1.0$ 的线段，处理器则根据给定的扫描线 y 值，从直线方程中求解 x。尽管这种直接方法在顺序算法机器中的计算速度很慢，但通过使用多处理器，可以十分有效地完成这一算法。

6.3 设定帧缓存值

实现线段和其他对象显示函数的最后一步工作是设定帧缓存的颜色值。由于扫描转换算法以连续的单位间隔生成像素位置，因此扫描转换算法可使用增量方法在每一步高效地存取帧缓存。

作为一个特殊的例子，假设帧缓存矩阵是以行为主要顺序进行编址的，并且像素位置从屏幕左上方$(0, 0)$变化到屏幕右上方$(x_{\max}, y_{\max})$（参见图 6.10）。对于二值系统（每个像素 1 位），像素位置(x, y)的帧缓存地址可以这样计算：

$$\text{addr}(x, y) = \text{addr}(0, 0) + y(x_{\max} + 1) + x \tag{6.23}$$

沿扫描线移动，像素$(x+1, y)$处的帧缓存地址可以根据位置(x, y)的地址偏移进行计算：

$$\text{addr}(x+1, y) = \text{addr}(x, y) + 1 \tag{6.24}$$

从(x, y)按对角线方向转移到下一条扫描线，那么$(x+1, y+1)$的帧缓存地址的算式为

$$\mathrm{addr}(x+1, y+1) = \mathrm{addr}(x, y) + x_{\max} + 2 \qquad (6.25)$$

其中，常数 $x_{\max}+2$ 对于所有线段只需计算一次。同样，从式(6.23)中可以得到屏幕 x 和 y 负方向单位步长的增量计算。这种地址计算仅包含一个整数加法。

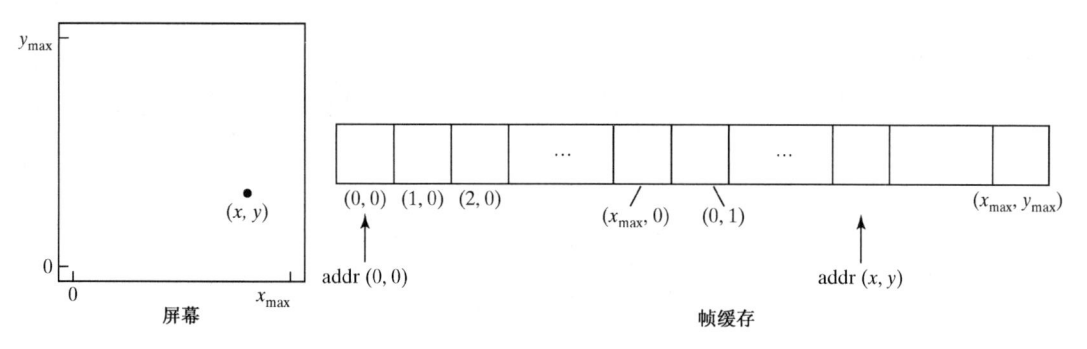

图 6.10　帧缓存内以行为主序而线性存储的像素屏幕位置

实现存储像素亮度值的 `setPixel` 程序的方法，取决于特定系统的能力及软件包的设计需求。对于能为每个像素显示一定范围亮度值的系统，帧缓存地址的计算包括像素宽度(位数)及像素屏幕位置。

6.4　圆生成算法

由于圆是图形中经常使用的元素，因此在大多数图形软件包中都包含生成圆和圆弧的函数。这些软件包有时也会提供一个能显示包括圆和椭圆在内的多种曲线的通用函数。

6.4.1　圆的特性

我们将圆定义为所有距中心位置 (x_c, y_c) 为给定值 r 的点集(参见图6.11)。对于任意的圆点 (x, y)，这个距离关系可用笛卡儿坐标系中的勾股(Pythagorean)定理定义为

$$(x - x_c)^2 + (y - y_c)^2 = r^2 \qquad (6.26)$$

利用这个方程，我们可以沿 x 轴从 $x_c - r$ 到 $x_c + r$ 以单位步长计算对应的 y 值，从而得到圆周上每个点的位置，

$$y = y_c \pm \sqrt{r^2 - (x_c - x)^2} \qquad (6.27)$$

然而这并非是生成圆的最好方法。这个方法的一个问题是每一步包含很大的计算量。而且，如图6.12所示，所画像素位置间的间距是不一致的。我们可以在圆斜率的绝对值大于 1 后，交换 x 和 y(即步进 y 值并计算 x 值)来调整间距。但是，这种方法增加了算法所需的计算量和处理过程。

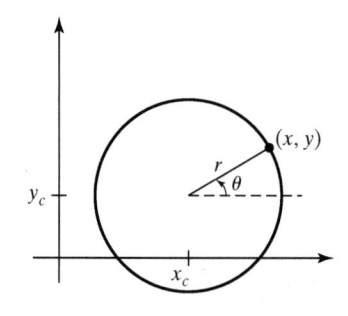

图 6.11　圆心为 (x_c, y_c)、半径为 r 的圆

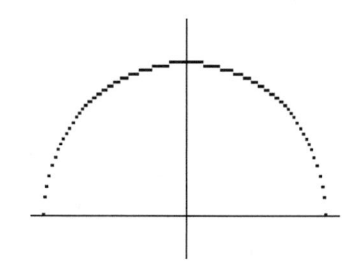

图 6.12　圆心 $(x_c, y_c) = (0, 0)$，用式(6.27)绘制的圆上半部分

另一种消除图 6.12 中不等间距的方法是使用极坐标 r 和 θ(参见图 6.11)来计算沿圆周的点。以参数极坐标形式表示圆方程,可以得到方程组:

$$\begin{aligned} x &= x_c + r\cos\theta \\ y &= y_c + r\sin\theta \end{aligned} \qquad (6.28)$$

使用上述方法以固定角度为步长生成显示结果时,就可以利用沿圆周的等距点来绘制出圆。为了减少计算量,我们可以在相邻点间使用较大的角度间隔并用线段连接相邻点来逼近圆路径。在光栅显示中设定角度间隔为 $1/r$ 可获得较连续的边界。这样绘出的像素位置大约间隔一个单位。尽管极坐标系提供了等距点,但三角函数的计算还是十分耗时的。

对于上述任何一种圆生成算法,考虑圆的对称性可以减少计算量。圆的形状在每个象限中是相似的。因此,如果我们确定了在第一象限中圆的位置,则可以生成该圆在 xy 平面中第二象限的部分,这是因为两个圆弧段对于 y 轴是对称的。考虑对于 x 轴的对称性,根据第一和第二象限的圆弧可以得到第三和第四象限的圆弧。在八分圆之间也有对称性,因此可以进一步细化,一个象限内的相邻八分圆的圆弧对于分割两个部分的 45°直线是对称的。这种对称情况可参见图 6.13,图中八分圆上的一点 (x, y) 将映射到 xy 平面的其他七个八分圆的点。这种方法利用了圆的对称性,仅需计算从 $x = 0$ 到 $x = y$ 分段内的点就可得到整个圆的所有像素位置。在这个八分圆中,圆弧斜率绝对值小于或等于 1.0。$x = 0$ 时斜率是 0,而当 $x = y$ 时斜率是 -1.0。

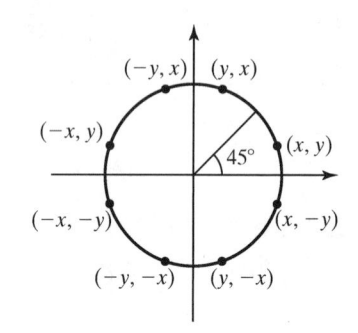

图 6.13 圆的对称性;计算一个八分圆上的点 (x, y),可以映射其他七个八分圆的点

使用对称性及圆方程(6.26)或方程(6.28)来确定圆周上的像素位置,但这仍然需要大量的计算时间。笛卡儿方程(6.26)包括乘法和平方根运算,而参数方程中包含乘法和三角运算。更有效的画圆算法是如同 Bresenham 画线算法一样以决策参数的增量计算为基础,仅仅包括简单的整数处理。

通过设定在每一取样步骤中寻找最接近圆周像素的决策参数,可以将光栅系统的 Bresenham 画线算法移植为画圆算法。然而,圆方程(6.26)是非线性的,计算像素与圆的距离必须进行平方根运算。Bresenham 画圆算法则通过比较像素与圆的距离的平方而避免了平方根运算。

但是,不做平方运算而直接比较距离是可能的。该方法的基本思想是检验两像素间的中间位置以确定该中点是在圆周边界之内还是之外。这种方法更容易应用于其他圆锥曲线,并且对于整数圆半径,中点画圈算法与 Bresenham 画圆算法生成相同的像素位置。使用中点检验时,沿任何圆锥曲线所确定的像素位置,其误差限制在像素间距的 1/2 以内。

6.4.2 中点画圆算法

如同光栅线算法,我们在每一步中以单位间隔取样并确定离指定圆最近的像素位置。对于给定半径 r 和屏幕中心 (x_c, y_c),可以先使用一种算法计算圆心在坐标原点 $(0, 0)$ 的圆的像素位置,然后通过将 x_c 加到 x、将 y_c 加到 y,从而把计算出的每个位置 (x, y) 移动到其相应的屏幕位置。在第一象限中,圆弧段从 $x = 0$ 到 $x = y$,曲线的斜率从 0 变化到 -1.0。因此,可以在该八分圆上的正 x 方向取单位步长,并使用决策参数来确定每一步两个可能的 y 位置中,哪一个更接近于圆的位置。然后,其他七个八分圆中的位置可由对称性得到。

为了应用中点画圆算法,我们定义一个圆函数

$$f_{\text{circ}}(x, y) = x^2 + y^2 - r^2 \tag{6.29}$$

半径为 r 的圆周边界上任何一点 (x, y) 满足方程 $f_{\text{circ}}(x, y) = 0$。如果点在圆的内部，则圆函数为负值；如果点在圆的外部，则圆函数为正值。总之，任何点 (x, y) 的相对位置可由圆函数的符号来决定：

$$f_{\text{circ}}(x, y) \begin{cases} < 0, & (x, y) \text{ 在圆周边界之内} \\ = 0, & (x, y) \text{ 在圆周边界之上} \\ > 0, & (x, y) \text{ 在圆周边界之外} \end{cases} \tag{6.30}$$

式(6.30)中的圆函数在每个取样步上对接近圆周的两个像素的中点进行测试。因此，在中点算法中圆函数是决策参数，并且可以类似画线算法为这个函数设置增量运算。

图6.14给出了取样位置 $x_k + 1$ 上两个候选像素间的中点。假设刚刚在 (x_k, y_k) 绘制了一个像素，下一步需要确定是像素位置 $(x_k + 1, y_k)$ 还是 $(x_k + 1, y_k - 1)$ 更接近于圆。我们的决策参数是通过圆函数方程(6.29)在这两个像素的中点求值而得到的：

$$p_k = f_{\text{circ}}\left(x_k + 1, y_k - \frac{1}{2}\right)$$
$$= (x_k + 1)^2 + \left(y_k - \frac{1}{2}\right)^2 - r^2 \tag{6.31}$$

假如 $p_k < 0$，那么这个中点位于圆内，扫描线 y_k 上的像素接近于圆周边界。否则，中点位于圆外或在圆周边界上，我们选择扫描线 $y_k - 1$ 的像素。

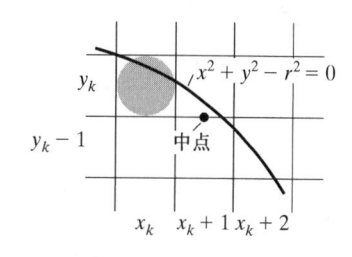

图6.14 沿圆路径取样位置 $x_k + 1$ 上两个候选像素间的中点

后续的决策参数可以使用增量运算得到。我们对取样位置 $x_{k+1} + 1 = x_k + 2$ 处的圆函数求值，可以得到下一个决策参数的循环表达式：

$$p_{k+1} = f_{\text{circ}}\left(x_{k+1} + 1, y_{k+1} - \frac{1}{2}\right)$$
$$= [(x_k + 1) + 1]^2 + \left(y_{k+1} - \frac{1}{2}\right)^2 - r^2$$

或

$$p_{k+1} = p_k + 2(x_k + 1) + (y_{k+1}^2 - y_k^2) - (y_{k+1} - y_k) + 1 \tag{6.32}$$

其中，y_{k+1} 是 y_k 或是 $y_k - 1$，取决于 p_k 的符号。

为了得到 p_{k+1}，增量可能是 $2x_{k+1} + 1$（如果 p_k 为负）或是 $2x_{k+1} + 1 - 2y_{k+1}$。$2x_{k+1}$ 和 $2y_{k+1}$ 的求值也可以通过增量的方式进行，即

$$2x_{k+1} = 2x_k + 2$$
$$2y_{k+1} = 2y_k - 2$$

在起始位置 $(0, r)$ 处，这两个项的值分别为 0 和 $2r$。$2x_{k+1}$ 项的每个后续值可以通过对前一值加 2 或是对 $2y_{k+1}$ 的前一值减 2 而得到。

对圆函数在起始位置 $(x_0, y_0) = (0, r)$ 处求值就可以得到初始决策参数：

$$p_0 = f_{\text{circ}}\left(1, r - \frac{1}{2}\right)$$
$$= 1 + \left(r - \frac{1}{2}\right)^2 - r^2$$

或

$$p_0 = \frac{5}{4} - r \tag{6.33}$$

假如将半径指定为整数，就可以对 p_0 进行简单的取整，

$$p_0 = 1 - r \quad (r \text{ 是整数})$$

因为所有的增量都是整数。

假设以整数屏幕坐标指定圆参数，那么如同 Bresenham 画线算法中一样，中点画圆算法使用整数加减来计算沿圆周的像素位置。我们可将中点画圆算法的步骤概括如下所述。

中点画圆算法

1. 输入圆半径 r 和圆心 (x_c, y_c)，并得到圆周（圆心在原点）上的第一个点，

$$(x_0, y_0) = (0, r)$$

2. 计算决策参数的初始值，

$$p_0 = \frac{5}{4} - r$$

3. 在每个 x_k 位置，从 $k = 0$ 开始，完成下列测试：假如 $p_k < 0$，圆心在 $(0, 0)$ 的圆的下一个点为 (x_{k+1}, y_k)，并且

$$p_{k+1} = p_k + 2x_{k+1} + 1$$

否则，圆的下一个点是 $(x_k + 1, y_k - 1)$，并且

$$p_{k+1} = p_k + 2x_{k+1} + 1 - 2y_{k+1}$$

其中 $2x_{k+1} = 2x_k + 2$ 且 $2y_{k+1} = 2y_k - 2$。

4. 确定在其他七个八分圆中的对称点。

5. 将每个计算出的像素位置 (x, y) 移动到圆心在 (x_c, y_c) 的圆路径上，并画坐标值：

$$x = x + x_c, \qquad y = y + y_c$$

6. 重复步骤 3~5，直至 $x \geq y$。

例 6.2　使用中点画圆算法画图

给定圆半径 $r = 10$，我们将演示中点画圆算法，确定在第一象限从 $x = 0$ 到 $x = y$ 沿八分圆的像素位置。决策参数的初始值为

$$p_0 = 1 - r = -9$$

对于中心在坐标原点的圆，初始点 $(x_0, y_0) = (0, 10)$，计算决策参数的初始增量项

$$2x_0 = 0, \qquad 2y_0 = 20$$

使用中点画圆算法计算的后继决策参数值和沿圆路径的位置为

k	p_k	(x_{k+1}, y_{k+1})	$2x_{k+1}$	$2y_{k+1}$
0	−9	(1, 10)	2	20
1	−6	(2, 10)	4	20
2	−1	(3, 10)	6	20
3	6	(4, 9)	8	18
4	−3	(5, 9)	10	18
5	8	(6, 8)	12	16
6	5	(7, 7)	14	14

第一象限中生成的像素位置请参见图 6.15。

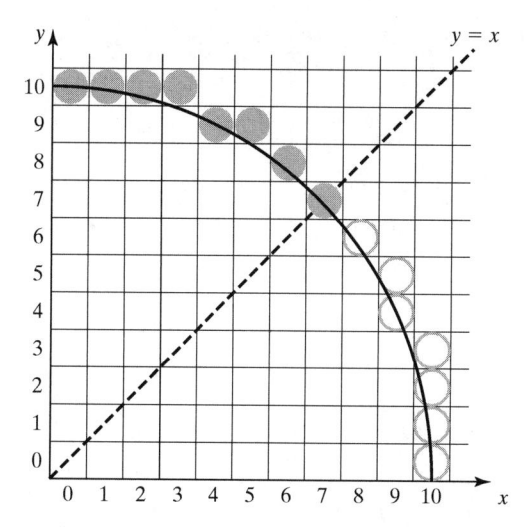

图 6.15　沿半径 $r=10$、圆心在原点的圆路径，使用中点画圆算法选择的
像素位置（实心圆）。空心小圆点显示在第一象限的对称位置

下列程序段给出了用于实现中点画圆算法的过程。半径值和圆心坐标传递给过程 circleMidpoint。然后计算第一个八分圆上的一个像素位置并传递给过程 circlePlotPoints。该过程通过反复调用 setPixel 子程序在帧缓存中该像素及与其对称的所有像素位置来设定圆的颜色，setPixel 由 OpenGL 画点函数实现。

```
#include <GL/glut.h>
class screenPt
{
    private:
        GLint x, y;

    public:
        /* Default Constructor: initializes coordinate position to (0, 0). */
        screenPt ( )  {
            x = y = 0;
        }
        void setCoords (GLint xCoordValue, GLint yCoordValue)  {
            x = xCoordValue;
            y = yCoordValue;
        }

        GLint getx ( ) const  {
            return x;
        }

        GLint gety ( ) const  {
            return y;
        }
        void incrementx ( )  {
            x++;
        }
        void decrementy ( )  {
            y--;
        }
};
```

```
void setPixel (GLint xCoord, GLint yCoord)
{
    glBegin (GL_POINTS);
        glVertex2i (xCoord, yCoord);
    glEnd ( );
}

void circleMidpoint (GLint xc, GLint yc, GLint radius)
{
    screenPt circPt;

    GLint p = 1 - radius;           // Initial value for midpoint parameter.

    circPt.setCoords (0, radius); // Set coordinates for top point of circle.

    void circlePlotPoints (GLint, GLint, screenPt);
    /* Plot the initial point in each circle quadrant. */
    circlePlotPoints (xc, yc, circPt);
    /* Calculate next point and plot in each octant. */
    while (circPt.getx ( ) < circPt.gety ( )) {
        circPt.incrementx ( );
        if (p < 0)
            p += 2 * circPt.getx ( ) + 1;
        else {
            circPt.decrementy ( );
            p += 2 * (circPt.getx ( ) - circPt.gety ( )) + 1;
        }
        circlePlotPoints (xc, yc, circPt);
    }
}

void circlePlotPoints (GLint xc, GLint yc, screenPt circPt)
{
    setPixel (xc + circPt.getx ( ), yc + circPt.gety ( ));
    setPixel (xc - circPt.getx ( ), yc + circPt.gety ( ));
    setPixel (xc + circPt.getx ( ), yc - circPt.gety ( ));
    setPixel (xc - circPt.getx ( ), yc - circPt.gety ( ));
    setPixel (xc + circPt.gety ( ), yc + circPt.getx ( ));
    setPixel (xc - circPt.gety ( ), yc + circPt.getx ( ));
    setPixel (xc + circPt.gety ( ), yc - circPt.getx ( ));
    setPixel (xc - circPt.gety ( ), yc - circPt.getx ( ));
}
```

6.5 椭圆生成算法

非严格地说，椭圆是拉长了的圆。还可以说椭圆是经过修改的圆，它的半径从一个方向的最大值变到其正交方向的最小值。椭圆内部这两条正交方向的直线段称为椭圆的长轴和短轴。

6.5.1 椭圆的特征

通过椭圆上任意一点到称为椭圆焦点的两个定点的距离可给出椭圆的精确定义：椭圆上任意一点到这两点的距离之和都等于一个常数（参见图 6.16）。如果椭圆上的任意一点 $\mathbf{P} = (x, y)$ 到两个焦点的距离为 d_1 和 d_2，那么椭圆的通用方程可以表示为

$$d_1 + d_2 = 常数 \tag{6.34}$$

用焦点坐标 $\mathbf{F}_1 = (x_1, y_1)$ 和 $\mathbf{F}_2(x_2, y_2)$ 来表示距离 d_1 和 d_2，可以得到

$$\sqrt{(x-x_1)^2 + (y-y_1)^2} + \sqrt{(x-x_2)^2 + (y-y_2)^2} = 常数 \tag{6.35}$$

对方程求平方,去除剩余的根,再平方,可以按照下列形式重写通用椭圆方程:
$$Ax^2 + By^2 + Cxy + Dx + Ey + F = 0 \tag{6.36}$$
其中,系数 A、B、C、D、E、F 依据焦点坐标和长轴及短轴的尺寸而求得。长轴是通过焦点从椭圆的一侧到另一侧的直线段。短轴是横跨椭圆的较短尺寸的直线段,它在两个焦点之间的中点位置(椭圆中心)将长轴二等分。

在任意方向指定一个椭圆的交互方法是输入两个焦点和椭圆边界上的一个点。利用这三个坐标位置,就可以求出方程(6.35)中的常量。然后就可以求出方程(6.36)中的系数,并利用其生成沿椭圆路径的像素。

如果短轴和长轴与坐标轴方向平行,那么椭圆方程就可以大大简化。图 6.17 给出了一个"标准位置"的椭圆——长轴和短轴平行于 x 和 y 轴。此例中参数 r_x 标识长轴,参数 r_y 标识短轴。对于图 6.17 中的椭圆方程,可以借助于椭圆中心坐标和参数 r_x 和 r_y 而改写为

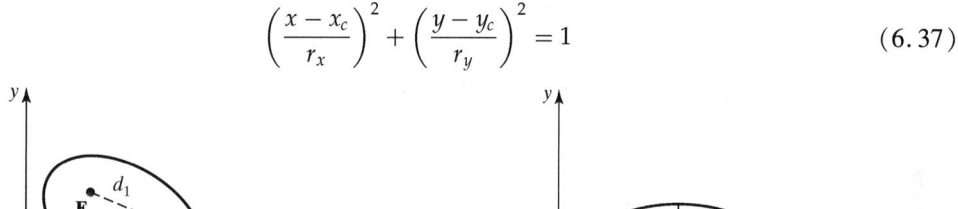

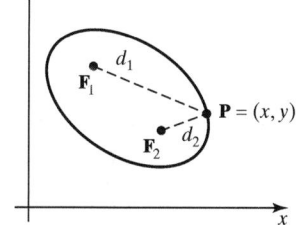

$$\left(\frac{x-x_c}{r_x}\right)^2 + \left(\frac{y-y_c}{r_y}\right)^2 = 1 \tag{6.37}$$

图 6.16　以 $\mathbf{F}_1$、$\mathbf{F}_2$ 为焦点的椭圆

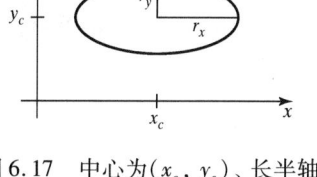

图 6.17　中心为 (x_c, y_c)、长半轴为 r_x、短半轴为 r_y 的椭圆

利用极坐标 r 和 θ,也可以按照参数方程的形式来描述标准位置的椭圆:
$$\begin{aligned} x &= x_c + r_x \cos\theta \\ y &= y_c + r_y \sin\theta \end{aligned} \tag{6.38}$$

椭圆离心角(eccentric angle)θ 沿其包围圆计量。如果 $r_x > r_y$,包围圆的半径是 $r = r_x$(参见图 6.18),否则,包围圆的半径是 $r = r_y$。

和圆的算法一样,考虑椭圆的对称性可以进一步减少计算量。标准位置的椭圆在四分象限之间是对称的,但与圆不同,它在八分象限之间不是对称的。因此,我们必须计算一个象限中椭圆曲线的像素位置,再由对称性得到其他三个象限中的像素位置(参见图 6.19)。

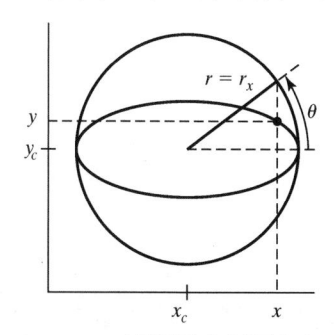

图 6.18　$r_x > r_y$ 时椭圆的包围圆和离心角 θ

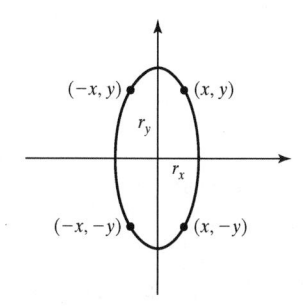

图 6.19　椭圆的对称性——计算在一个四分象限中的点 (x, y),可以得到其他三个象限中的椭圆点

6.5.2 中点椭圆算法

这里的方法类似于显示光栅圆的方法。给定参数 r_x，r_y 和 (x_c, y_c)，首先确定以原点为中心的标准位置椭圆上的点(x, y)，然后将这些点平移到以(x_c, y_c)为中心的椭圆上。如果希望显示不在标准位置的椭圆，那么就绕中心坐标旋转并对长轴和短轴重新定向。但目前仅考虑显示标准位置的椭圆，第 5 章已讨论过变换对象方向和位置的通用方法。

中点椭圆算法将分两部分应用于第一象限。图 6.20 给出了依据 $r_x < r_y$ 的椭圆斜率对第一象限进行的划分。并通过在斜率绝对值小于 1 的区域内在 x 方向取单位步长，以及在斜率绝对值大于 1 的区域内在 y 方向取单位步长来处理这个象限。

区域 1 和区域 2（参见图 6.20）可以通过多种方法进行处理。可以从位置$(0, r_y)$开始，在第一象限内沿椭圆路径顺时针步进；当斜率变为小于 -1 时，将 x 方向的单位步长转化为 y 方向的单位步长。反过来，也可以从$(r_x, 0)$开始，以逆时针方式选取点，并当斜率大于 -1 时，将 y 方向的单位步长改为 x 方向的单位步长。利用并行处理器，则可同时计算两个区域内的像素位置。作为中点椭圆算法串行实现的例子，则以$(0, r_y)$为起点，在第一象限内顺时针沿椭圆路径步进。

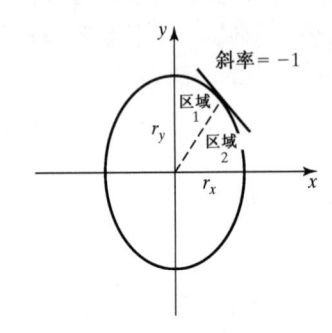

图 6.20 椭圆的处理区域：在区域 1，椭圆斜率绝对值小于 1；在区域 2，椭圆斜率绝对值大于 1

从方程(6.37)中，取$(x_c, y_c) = (0, 0)$，定义椭圆函数为

$$f_{\text{ellipse}}(x, y) = r_y^2 x^2 + r_x^2 y^2 - r_x^2 r_y^2 \tag{6.39}$$

该函数具有下列特性：

$$f_{\text{ellipse}}(x, y) \begin{cases} < 0, & (x, y)\text{在椭圆边界之内} \\ = 0, & (x, y)\text{在椭圆边界之上} \\ > 0, & (x, y)\text{在椭圆边界之外} \end{cases} \tag{6.40}$$

因此，椭圆函数 $f_{\text{ellipse}}(x, y)$ 作为中点算法的决策参数。在每个取样位置，根据椭圆函数沿椭圆路径对两个候选像素间中点求值的符号来选择下一个像素。

从$(0, r_y)$开始，在 x 方向取单位步长直到区域 1 和区域 2 之间的分界处（参见图 6.20）。然后转换成 y 方向的单位步长，再覆盖第一象限中剩余的曲线段。在每一步中，需要检测曲线的斜率值。椭圆的斜率可从方程(6.39)中计算得出

$$\frac{dy}{dx} = -\frac{2r_y^2 x}{2r_x^2 y} \tag{6.41}$$

在区域 1 和区域 2 的交界区，$dy/dx = -1$，即

$$2r_y^2 x = 2r_x^2 y$$

因此，移出区域 1 的条件是

$$2r_y^2 x \geq 2r_x^2 y \tag{6.42}$$

图 6.21 给出了第一象限内取样位置 $x_k + 1$ 处两个候选像素间的中点。假如在前一步中选择了位置(x_k, y_k)，便可通过该中点对决策参数[即椭圆函数式(6.39)]求值来确定沿椭圆路径的下一个位置：

第6章 实现图元及属性的算法

$$p1_k = f_{\text{ellipse}}\left(x_k+1, y_k-\frac{1}{2}\right)$$
$$= r_y^2(x_k+1)^2 + r_x^2\left(y_k-\frac{1}{2}\right)^2 - r_x^2 r_y^2 \quad (6.43)$$

如果 $p1_k < 0$,那么中点位于椭圆内,扫描线 y_k 上的像素更接近椭圆边界。否则,中点在椭圆之外,或在椭圆边界上,所选的像素应在扫描线 y_k-1 上。

在下一个取样位置($x_{k+1}+1 = x_k+2$),区域 1 的决策参数可求值为

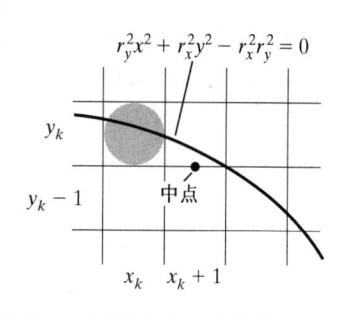

图 6.21 椭圆路径上取样位置 x_k+1 处候选像素间的中点

$$p1_{k+1} = f_{\text{ellipse}}\left(x_{k+1}+1, y_{k+1}-\frac{1}{2}\right)$$
$$= r_y^2[(x_k+1)+1]^2 + r_x^2\left(y_{k+1}-\frac{1}{2}\right)^2 - r_x^2 r_y^2$$

或

$$p1_{k+1} = p1_k + 2r_y^2(x_k+1) + r_y^2 + r_x^2\left[\left(y_{k+1}-\frac{1}{2}\right)^2 - \left(y_k-\frac{1}{2}\right)^2\right] \quad (6.44)$$

其中,y_{k+1} 根据 $p1_k$ 的符号取值为 y_k 或 y_k-1。

决策参数以下列增量递增:

$$\text{增量} = \begin{cases} 2r_y^2 x_{k+1} + r_y^2, & p1_k < 0 \\ 2r_y^2 x_{k+1} + r_y^2 - 2r_x^2 y_{k+1}, & p1_k \geq 0 \end{cases}$$

如同画圆算法,决策参数的增量计算仅需使用加减运算,因为 $2r_y^2 x$ 和 $2r_x^2 y$ 的值也可以通过递增得到。在起始位置 $(0, r_y)$,这两项可以计算为

$$2r_y^2 x = 0 \quad (6.45)$$
$$2r_x^2 y = 2r_x^2 r_y \quad (6.46)$$

当 x 和 y 递增时,通过将式(6.45)加上 $2r_y^2$ 及将式(6.46)减去 $2r_x^2$ 就得到更新值。对每一步的更新值进行比较,当满足条件(6.42)时,就从区域 1 移向区域 2。

在区域 1 中,决策参数的初始值可以通过椭圆函数在起始点 $(x_0, y_0) = (0, r_y)$ 求得:

$$p1_0 = f_{\text{ellipse}}\left(1, r_y-\frac{1}{2}\right)$$
$$= r_y^2 + r_x^2\left(r_y-\frac{1}{2}\right)^2 - r_x^2 r_y^2$$

或

$$p1_0 = r_y^2 - r_x^2 r_y + \frac{1}{4}r_x^2 \quad (6.47)$$

在区域 2 中,在负 y 方向以单位步长取样。每一步都将计算并得到水平像素间的中点(参见图 6.22)。对于该区域,决策参数将求值为

$$p2_k = f_{\text{ellipse}}\left(x_k+\frac{1}{2}, y_k-1\right)$$
$$= r_y^2\left(x_k+\frac{1}{2}\right)^2 + r_x^2(y_k-1)^2 - r_x^2 r_y^2 \quad (6.48)$$

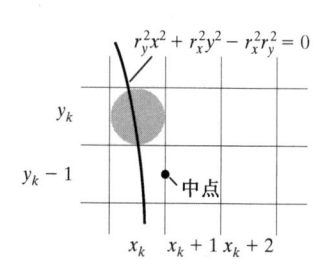

图 6.22 椭圆路径在取样位置 y_k-1 处两个候选像素间的中点

如果 $p2_k > 0$，中点位于椭圆边界之外，则选择 x_k 处的像素；如果 $p2_k \leq 0$，中点位于椭圆边界之内或之上，则选择 x_{k+1} 处的像素。

为了确定区域 2 中连续的决策参数间的关系，我们在下一个取样步骤 $y_{k+1} - 1 = y_k - 2$ 对椭圆函数求值：

$$\begin{aligned} p2_{k+1} &= f_{\text{ellipse}}\left(x_{k+1} + \frac{1}{2}, y_{k+1} - 1\right) \\ &= r_y^2\left(x_{k+1} + \frac{1}{2}\right)^2 + r_x^2[(y_k - 1) - 1]^2 - r_x^2 r_y^2 \end{aligned} \quad (6.49)$$

或

$$p2_{k+1} = p2_k - 2r_x^2(y_k - 1) + r_x^2 + r_y^2\left[\left(x_{k+1} + \frac{1}{2}\right)^2 - \left(x_k + \frac{1}{2}\right)^2\right] \quad (6.50)$$

其中，x_{k+1} 的设置根据 $p2_k$ 的符号可取值为 x_k 或 $x_k + 1$。

当进入区域 2 时，其初始点 (x_0, y_0) 就是在区域 1 中选择的最后位置，那么区域 2 的初始决策参数为

$$\begin{aligned} p2_0 &= f_{\text{ellipse}}\left(x_0 + \frac{1}{2}, y_0 - 1\right) \\ &= r_y^2\left(x_0 + \frac{1}{2}\right)^2 + r_x^2(y_0 - 1)^2 - r_x^2 r_y^2 \end{aligned} \quad (6.51)$$

为了简化 $p2_0$ 的计算，以顺时针方向从 $(r_x, 0)$ 开始选择像素位置。然后以正 y 方向取单位步长，直到区域 1 中选择的最后位置。

使用方程(6.36)并计算整个椭圆的像素位置，就能使中点算法适用于生成非标准位置的椭圆。另外，我们可以使用第 5 章讨论的变换方法将椭圆轴重新定向到标准位置，应用中点算法来确定曲线位置，然后将计算出的像素位置转换成沿原始椭圆定向的位置。

假设已经在整数屏幕坐标中给定 r_x、r_y 和椭圆中心，在中点椭圆算法中我们仅需使用增量的整数运算来确定决策参数的值。增量 r_x^2、r_y^2、$2r_x^2$ 和 $2r_y^2$ 仅需在程序的开始求值一次。中点椭圆算法可以概括为下列步骤。

中点椭圆算法

1. 输入 r_x、r_y 和椭圆中心 (x_c, y_c)，并得到椭圆（中心在原点）上的第一个点，

$$(x_0, y_0) = (0, r_y)$$

2. 计算区域 1 中决策参数的初始值，

$$p1_0 = r_y^2 - r_x^2 r_y + \frac{1}{4} r_x^2$$

3. 在区域 1 中的每个 x_k 位置，从 $k = 0$ 开始，完成下列测试：假如 $p1_k < 0$，沿中心在 $(0, 0)$ 的椭圆的下一个点为 (x_{k+1}, y_k)，并且

$$p1_{k+1} = p1_k + 2r_y^2 x_{k+1} + r_y^2$$

否则，沿椭圆的下一个点为 $(x_k + 1, y_k - 1)$，并且

$$p1_{k+1} = p1_k + 2r_y^2 x_{k+1} - 2r_x^2 y_{k+1} + r_y^2$$

其中

$$2r_y^2 x_{k+1} = 2r_y^2 x_k + 2r_y^2, \qquad 2r_x^2 y_{k+1} = 2r_x^2 y_k - 2r_x^2$$

继续此步骤，直到 $2r_y^2 x \geq 2r_x^2 y$。

4. 使用区域1中计算的最后点 (x_0, y_0) 来计算区域2中参数的初始值，

$$p2_0 = r_y^2 \left(x_0 + \frac{1}{2}\right)^2 + r_x^2(y_0 - 1)^2 - r_x^2 r_y^2$$

5. 在区域2的每个 y_k 位置处，从 $k = 0$ 开始，完成下列测试：假如 $p2_k > 0$，沿中心为 $(0, 0)$ 的椭圆的下一个点为 $(x_k, y_k - 1)$，并且

$$p2_{k+1} = p2_k - 2r_x^2 y_{k+1} + r_x^2$$

否则，沿椭圆的下一个点为 $(x_k + 1, y_k - 1)$，并且

$$p2_{k+1} = p2_k + 2r_y^2 x_{k+1} - 2r_x^2 y_{k+1} + r_x^2$$

使用与区域1中相同的 x 和 y 增量，继续此步骤计算，直到 $y = 0$。

6. 确定其他三个象限中的对称点。
7. 将计算出的每个像素位置 (x, y) 移到中心在 (x_c, y_c) 的椭圆路径上，并按坐标值绘制点：

$$x = x + x_c, \qquad y = y + y_c$$

例6.3　使用中点椭圆算法画图

给定输入椭圆参数 $r_x = 8$ 和 $r_y = 6$，我们将给出中点椭圆算法的步骤，从而确定第一象限内椭圆路径上的光栅像素位置。决策参数的初始值和增量计算为

$$2r_y^2 x = 0 \qquad (\text{增量 } 2r_y^2 = 72)$$
$$2r_x^2 y = 2r_x^2 r_y \qquad (\text{增量 } -2r_x^2 = -128)$$

对于区域1，圆心在原点的椭圆的初始点为 $(x_0, y_0) = (0, 6)$，决策参数的初始值为

$$p1_0 = r_y^2 - r_x^2 r_y + \frac{1}{4} r_x^2 = -332$$

下表列出了使用中点算法计算的后续决策参数值和椭圆路径位置。

k	$p1_k$	(x_{k+1}, y_{k+1})	$2r_y^2 x_{k+1}$	$2r_x^2 y_{k+1}$
0	-332	(1, 6)	72	768
1	-224	(2, 6)	144	768
2	-44	(3, 6)	216	768
3	208	(4, 5)	288	640
4	-108	(5, 5)	360	640
5	288	(6, 4)	432	512
6	244	(7, 3)	504	384

由于 $2r_y^2 x > 2r_x^2 y$，因此椭圆路径已经移出区域1。

对于区域2，初始点为 $(x_0, y_0) = (7, 3)$，初始决策参数为

$$p2_0 = f_{\text{ellipse}}\left(7 + \frac{1}{2}, 2\right) = -151$$

第一象限中椭圆路径的其余位置计算为

k	$p1_k$	(x_{k+1}, y_{k+1})	$2r_y^2 x_{k+1}$	$2r_x^2 y_{k+1}$
0	−151	(8, 2)	576	256
1	233	(8, 1)	576	128
2	745	(8, 0)	—	—

图 6.23 给出了第一象限内沿椭圆边界计算出的位置。

下面的程序给出了采用中点算法来显示椭圆的例子。椭圆参数 Rx、Ry、xCenter 和 yCenter 的值是过程 ellipseMidpoint 的输入。第一象限曲线上的位置经计算并传递给过程 ellipsePlotPoints。其他三个象限的椭圆位置利用对称性获得，与这些位置对应的帧缓存中的椭圆颜色由子程序 setPixel 设定。

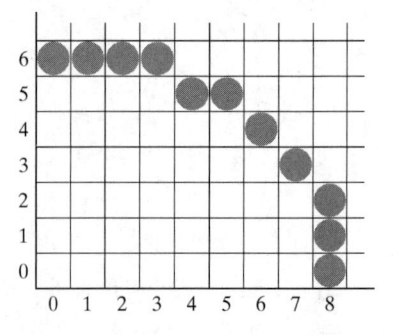

图 6.23 中心在原点，$r_x = 8$ 和 $r_y = 6$，使用中点椭圆算法计算第一象限内椭圆的像素位置

```
inline int round (const float a)  { return int (a + 0.5); }
/* The following procedure accepts values for an ellipse
 * center position and its semimajor and semiminor axes, then
 * calculates ellipse positions using the midpoint algorithm.
 */
void ellipseMidpoint (int xCenter, int yCenter, int Rx, int Ry)
{
   int Rx2 = Rx * Rx;
   int Ry2 = Ry * Ry;
   int twoRx2 = 2 * Rx2;
   int twoRy2 = 2 * Ry2;
   int p;
   int x = 0;
   int y = Ry;
   int px = 0;
   int py = twoRx2 * y;
   void ellipsePlotPoints (int, int, int, int);
   /* Plot the initial point in each quadrant. */
   ellipsePlotPoints (xCenter, yCenter, x, y);

   /* Region 1 */
   p = round (Ry2 - (Rx2 * Ry) + (0.25 * Rx2));
   while (px < py) {
      x++;
      px += twoRy2;
      if (p < 0)
         p += Ry2 + px;
      else {
         y--;
         py -= twoRx2;
         p += Ry2 + px - py;
      }
      ellipsePlotPoints (xCenter, yCenter, x, y);
   }

   /* Region 2 */
   p = round (Ry2 * (x+0.5) * (x+0.5) + Rx2 * (y-1) * (y-1) - Rx2 * Ry2);
   while (y > 0) {
      y--;
      py -= twoRx2;
      if (p > 0)
         p += Rx2 - py;
```

```
        else {
            x++;
            px += twoRy2;
            p += Rx2 - py + px;
        }
        ellipsePlotPoints (xCenter, yCenter, x, y);
    }
}
void ellipsePlotPoints (int xCenter, int yCenter, int x, int y);
{
    setPixel (xCenter + x, yCenter + y);
    setPixel (xCenter - x, yCenter + y);
    setPixel (xCenter + x, yCenter - y);
    setPixel (xCenter - x, yCenter - y);
}
```

6.6 其他曲线

许多曲线函数在对象建模、动画轨迹的描述、数据和函数的图形化及其他图形应用中十分有用。常见的曲线包括圆锥曲线、三角和指数函数曲线、概率分布曲线、通用多项式曲线和样条函数曲线。可以使用类似于前面讨论的圆函数和椭圆函数的方法来显示这些曲线。沿曲线路径的位置可直接从表达式$y=f(x)$或参数方程中得到。此外，还可以使用增量中点算法绘制用隐式函数$f(x,y)=0$描述的曲线。

使用折线来逼近曲线是显示曲线的一种简单方法。这时，常常使用参数表达式来获得沿曲线路径的等距线段的端点位置。也可以按曲线的斜率选择独立变量，通过显式表达式生成等距位置。当$y=f(x)$斜率的绝对值小于1时，选择x作为自变量并对相等的x增量计算y值；当斜率绝对值大于1时，使用反函数$x=f^{-1}(y)$并在相同的y步长中计算x的值。

使用直线或曲线逼近法可以给出一组离散数据点的折线图，我们可以使用折线来将离散点连接在一起，或采用线性回归(最小二乘法)通过单条直线段来拟合数据点集。非线性最小二乘法用来显示具有某些拟合函数(通常是多项式)的数据组。

像圆和椭圆一样，许多函数具有对称性，从而可以减少曲线路径上坐标位置的计算量。例如，正态分布函数关于中心位置(均值)是对称的，沿正弦曲线一个循环的所有点可以从90°区间内的点生成。

6.6.1 圆锥曲线

通常，我们可以使用二次方程来描述**圆锥曲线**(conic section)：
$$Ax^2 + By^2 + Cxy + Dx + Ey + F = 0 \tag{6.52}$$
其中，参数A、B、C、D、E和F的值决定所要显示的曲线类型。给定这组系数，就可以通过对判别式B^2-4AC求值来确定要生成的特定圆锥曲线：
$$B^2 - 4AC \begin{cases} <0, & \text{生成椭圆(或圆)} \\ =0, & \text{生成抛物线} \\ >0, & \text{生成双曲线} \end{cases} \tag{6.53}$$

例如，当$A=B=1$、$C=0$、$D=-2x_c$、$E=-2y_c$和$F=x_c^2+y_c^2-r^2$时，就得到圆方程(6.26)。方程(6.52)也能描述退化的圆锥曲线：点和直线。

在有些应用中，圆弧和椭圆弧可以使用起始角和终止角方便地表示，如图6.24所示。这些弧有时也用它们的端点坐标位置来定义。两种情况下我们都可以使用修改的中点算法来生成弧，或显示一组逼近直线段。

椭圆、双曲线和抛物线在某些动画应用中有独特的用处。这些曲线可以描述受到地球引力、电磁场和原子力作用的物体的运行轨道和其他运动。例如：太阳系的平面轨迹是椭圆，进入均匀地球引力场的物体沿抛物线轨迹运动。对于负 y 方向作用的引力场，图 6.25 给出了标准位置上的抛物线轨迹。物体的抛物线轨迹方程可以写为

$$y = y_0 + a(x - x_0)^2 + b(x - x_0) \tag{6.54}$$

常数 a 和 b 由物体的初始速度 v_0 和均匀引力引起的加速度 g 决定。我们也可利用以秒计量的时间参数 t，根据初始发射点的参数方程来描述这种抛物线轨迹：

$$\begin{aligned} x &= x_0 + v_{x0} t \\ y &= y_0 + v_{y0} t - \frac{1}{2} g t^2 \end{aligned} \tag{6.55}$$

其中，v_{x0} 和 v_{y0} 是初始速度分量，g 的值在地球表面约为 980 cm/s^2。沿抛物线轨迹的物体位置就可以按照选定的时间步长计算出来。

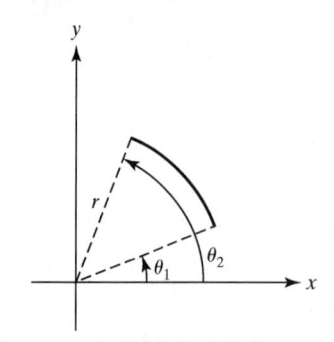

图 6.24 用起始角 θ_1、终止角 θ_2 和半径 r 定义的中心在原点的圆弧

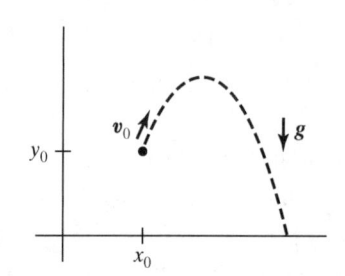

图 6.25 初始点 (x_0, y_0) 处物体抛入向下的引力场的抛物线轨迹

双曲线运动（参见图 6.26）发生在有关带电粒子碰撞的问题及某些引力问题中。例如，彗星或陨石绕太阳的运动是沿双曲线轨迹的，并且向外层空间逃逸而从不返回。描述物体运动的特定分支（图 6.26 中的左边或右边曲线）取决于问题中涉及的力。我们可以将图 6.26 中双曲线（中心位于原点）的标准方程写为

$$\left(\frac{x}{r_x}\right)^2 - \left(\frac{y}{r_y}\right)^2 = 1 \tag{6.56}$$

对于左分支，$x \leq -r_x$；对于右分支，$x \geq r_x$。由于这个方程与标准椭圆方程（6.39）之间的不同仅在于 x^2 和 y^2 项的符号，因此只需对椭圆算法进行细小的改动就可以产生双曲线轨迹上的点。

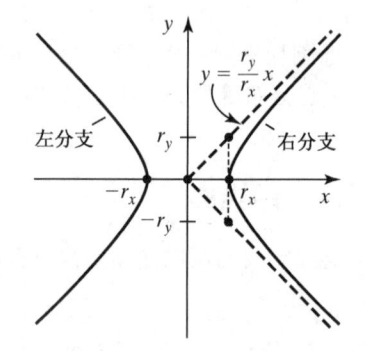

图 6.26 沿 x 轴对称的标准位置上双曲线的左分支和右分支

抛物线和双曲线具有对称轴。例如，由方程（6.55）描述的抛物线关于下列轴是对称的：

$$x = x_0 + v_{x0} v_{y0}/g$$

中点椭圆算法中的方法可直接用于在下面的两个区域内获得抛物线和双曲线轨迹上对称轴一侧的点：(1) 曲线斜率绝对值小于 1；(2) 曲线斜率绝对值大于 1。为此，首先选择方程（6.52）的合适形式，然后利用所选的函数来建立两个区域内决策参数的表达式。

6.6.2 多项式和样条曲线

x 的 n 次多边形函数可以定义为

$$y = \sum_{k=0}^{n} a_k x^k \qquad (6.57)$$
$$= a_0 + a_1 x + \cdots + a_{n-1} x^{n-1} + a_n x^n$$

其中，n 为非负整数，a_k 是常数且 $a_n \neq 0$，当 $n = 2$ 时得到二次曲线，$n = 3$ 时为三次多项式，$n = 4$ 时为四次曲线，等等；当 $n = 1$ 时得到直线。多项式可用于对象形状设计、动画轨迹的确定及在离散数据点集合中数据趋向的图形化等许多图形应用中。

对象形状或运动轨迹的设计中一般先通过指定少量的点来定义一个大概的曲线轮廓，然后利用多项式来拟合选定的点。曲线拟合的一种方法是在每对指定点之间构造三次多项式曲线段，每个曲线段可以通过参数形式描述：

$$x = a_{x0} + a_{x1} u + a_{x2} u^2 + a_{x3} u^3$$
$$y = a_{y0} + a_{y1} u + a_{y2} u^2 + a_{y3} u^3 \qquad (6.58)$$

其中，参数 u 在 0 和 1.0 之间变化。参数方程中 u 的系数值根据曲线段的边界条件确定。边界条件之一是两个相邻曲线段具有公共端点，另一个条件是在边界上匹配两条曲线段的斜率，以便得到连续的平滑曲线(参见图 6.27)。利用多项式曲线段形成的这种连续曲线称为**样条曲线**(spline curve)，简称为**样条**。还有

图 6.27 在指定坐标位置用独立的三次多项式曲线段形成的样条

许多其他的建立样条曲线的方法，我们将在第 14 章研究各种样条的生成方法。

6.7 并行曲线算法

在曲线生成中使用的并行算法类似于显示直线段中使用的方法。我们既可采用顺序算法将曲线分段来分配处理器，也可以提出其他方法将处理器分配给屏幕的不同区域。

显示圆的并行中点算法是，将 90° 到 45° 的圆弧分成等长子圆弧，并给每段子圆弧配置一个处理器。然后类似于并行 Bresenham 画线算法，需要对每个处理器建立初始 y 值并确定参数 p_k 的值。接着计算整个子圆弧的像素位置，并通过对称性得到八分圆中的其他位置。同样，并行中点椭圆算法将第一象限内的椭圆弧分割成等长弧，并将这些弧分配给各个处理器，在其他象限中的像素位置可由对称性得到。圆和椭圆的屏幕分段方案是，将每条与曲线相交的扫描线分配给相应的处理器。此时，每个处理器根据圆或椭圆方程计算曲线与扫描线的相交坐标。

为了显示椭圆弧和其他曲线，我们可以简单地使用扫描线分段方法。每个处理器应用曲线方程确定为其设置的扫描线与曲线的交点位置。为每个处理器分配一组像素后，处理器计算每一个像素到曲线的距离(或距离的平方)。如果计算出的距离小于预先指定的值，则绘制出该像素。

6.8 像素编址和对象的几何要素

在显示图元的光栅算法讨论中，已经假定帧缓存坐标参照屏幕像素的中心。现在我们考虑不同编址方法的效果和 OpenGL 等一些图形软件包使用的像素编址方法。

对象的描述即图形程序的输入，由精确的世界坐标位置来给出，其中的每一个位置都是数学上一个无限小的点。然而，当对象经扫描转换进入帧缓存后，输入的描述变换为对应有限屏幕区域的像素坐标，并且显示的光栅图像可能并不严格符合相关的尺寸。如果必须保证世界坐标系中对象的

几何描述，我们可以在输入的数学点到有限的像素区域映射中进行补偿。一种方法是简单地按照物体边界与像素区域的覆盖量来调整物体显示的尺寸。例如，如果一个矩形的宽度为 40 cm，那么可以调整屏幕显示，让每一个像素表示 1 cm，则矩形的宽度为 40 个像素。另一种方法是将世界坐标映射到像素间的屏幕位置，以使物体边界与像素边界对齐，而不是与像素中心对齐。

6.8.1 屏幕网格坐标

图 6.28 给出了配有划分像素边界的网格线的屏幕区域。其中，一个屏幕位置由一对标识两像素间网格线位置的整数值来给出。任意像素以其左下角进行编址，如图 6.29 所示。一条直线路径现在被想象成一组网格线交点。例如，端点坐标为 (0, 0)、(5, 2) 和 (1, 4) 的折线在数学上的直线路径如图 6.30 所示。

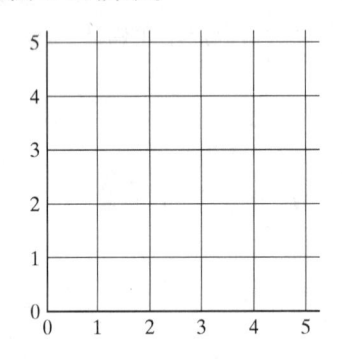

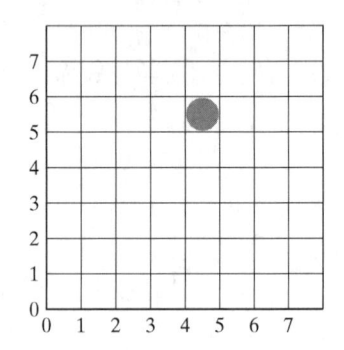

图 6.28 用网格线相交表示坐标位置的屏幕区域左下部　　图 6.29 在光栅位置 (4, 5) 处的像素

使用屏幕网格坐标，我们让屏幕坐标位置 (x, y) 上的像素占据对角位置在 (x, y) 和 $(x+1, y+1)$ 处的单位正方形。这种像素编址方案有很多优点：它避免了半整数像素边界，实现了精确的对象表示，并简化了包含在许多扫描转换算法和其他光栅程序中的处理。

在前面几节中讨论的线段绘制及曲线生成算法仍可用于以屏幕网格坐标表示的输入位置。这些算法中的决策参数将简化为对屏幕网格的间距差的度量，而不再是像素中心之间的间距差。

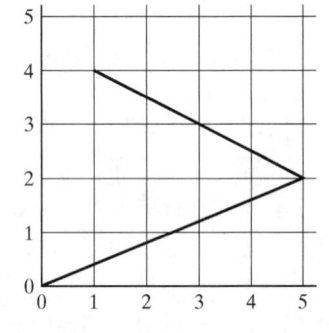

图 6.30　屏幕网格坐标位置间的两条相连线段的路径

6.8.2 保持显示对象的几何特性

当将对象的几何描述转换为像素表示时，就把数学上的点和线转换为有限的屏幕区域。假如要保留由对象的输入坐标指定的原始几何度量，那么在将对象的定义转换到屏幕显示时，需要考虑像素的有限尺寸。

图 6.31 给出了在 6.1 节中由 Bresenham 画线算法绘出的线段例子。如果将线段端点 (20, 10) 和 (30, 18) 解释为精确的网格交点位置，那么可以看到线段不应该延伸到超过屏幕网格位置 (30, 18)。如果要像 6.1 节给定的例子那样绘制屏幕坐标 (30, 18) 的像素，将会显示跨越水平方向 11 个单位、垂直方向 9 个单位的一条直线段。但是，对于数学上的一条直线段，$\Delta x = 10$、$\Delta y = 8$。如果使用像素的中心位置编址，那么可以通过去除端点中的一个来调整线段显示的长度。如果把屏幕坐标差作为编址的像素边界（如图 6.31 所示），那么仅使用直线路径"内部"的一些像素，即通过线段两端点间的像素来绘制直线。对于上述例子，绘制从最左边的像素 (20, 10) 到最右边的像素 (29, 17) 之

间的像素，这样显示的直线就同数学上从(20, 10)到(30, 18)的直线具有相同的几何大小。

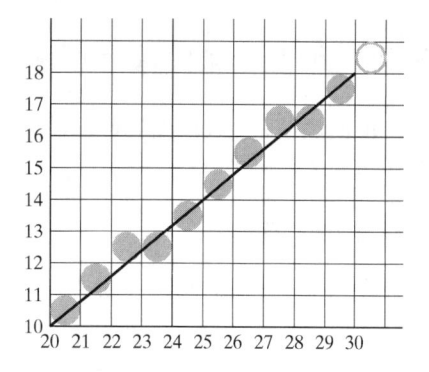

对于封闭区域，通过仅显示在对象边界内的像素来保持输入的几何特性。例如，图6.32(a)中用屏幕坐标顶点定义的矩形，在按照包括用指定顶点连成的边界像素线在内的像素填充显示时会变大。定义的矩形区域是12个单位，而在图6.32(b)中显示的却是20个单位的区域。在图6.32(c)中，仅显示内部像素就保持了原始的矩形度量。输入的矩形的右边界为$x=4$，为了在显示中保持这条边界，将最右边的像素网格坐标设置在$x=3$处。这样垂直列中的像素跨越的间隔为$x=3$到$x=4$。同样，矩形的上部边界(数学上)在$y=3$处，因而我们将显示矩形的上部像素设置在$y=2$处。

图6.31 网格端点坐标为(20, 10)和(30, 18)的直线路径及相应的像素显示

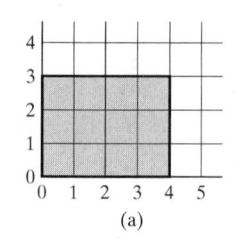

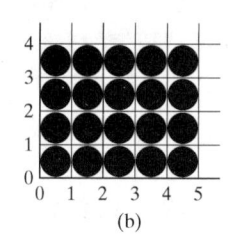

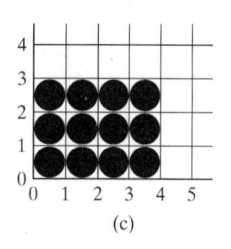

图6.32 长方形的转换：(a)屏幕坐标顶点在(0, 0)、(4, 0)、(4, 3)和(0, 3)处；(b)包含右边和顶端边界；(c)保持几何大小

这种沿对象边界的有限像素宽度的补偿可以应用于其他多边形和曲线对象，从而使光栅显示保持输入对象的要求。例如，半径为5、中心位置为(10, 10)的圆，利用中点画圆算法并以像素中心作为屏幕坐标位置的显示结果如图6.33所示，但绘制出的圆的直径为11。要绘制直径为10的圆，就需要修改画圆算法，如同图6.34那样缩短每条像素扫描线和每个像素列。一种方法是从屏幕坐标(10, 5)开始，在第三象限中沿圆弧顺时针生成点。对于每个生成的点，其他七个圆对称点通过沿扫描线将x坐标值减1和沿像素列将y坐标值减1而生成。类似的方法可以用于椭圆算法中，以保持椭圆显示的指定特性。

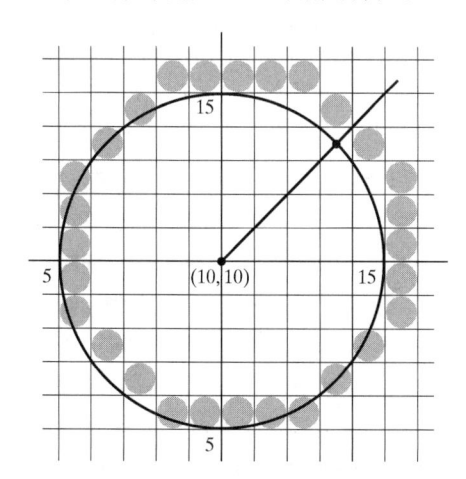

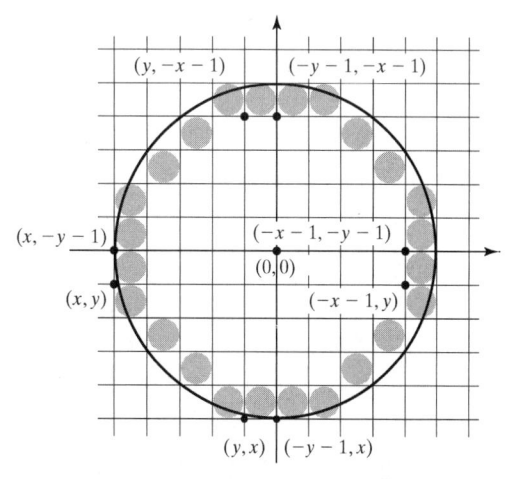

图6.33 圆方程为$(x-10)^2+(y-10)^2=5^2$，以像素中心作为屏幕坐标位置、使用中点画圆算法绘制的圆

图6.34 为保持指定的圆直径(10)而对图6.33绘制的圆进行修改

6.9 直线段和曲线属性的实现

前面说过，直线段图元可以使用三个基本属性来显示：颜色、线宽和线型。其中，线宽和线型用单独的线函数选择。

6.9.1 线宽

线宽选择的实现取决于输出设备的能力。在光栅实现中，类似于 Bresenham 画线算法，通过在每个取样位置使用一个像素来生成标准线宽。其他线宽则为标准线宽的正整数倍，通过沿相邻平行线路径绘制额外的像素来显示。如果斜率绝对值小于 1.0，则可以修改画线程序，通过在沿线的每个列（x 位置）绘制垂直像素区段来显示粗线。每段的像素数目等于线宽的整数值。在图 6.35 中，我们通过在原直线路径上生成一条平行线而画出了双倍线宽的直线。在每个取样位置 x 处，计算对应的 y 坐标并用屏幕坐标 (x, y) 和 $(x, y+1)$ 绘制像素。通过交替地在单倍宽度直线路径上下绘制像素，可以显示线宽为 3 或更宽的直线。

对于斜率绝对值大于 1.0 的直线，可以交替地选择直线路径左边和右边的像素，以形成水平像素区段来显示粗线。图 6.36 示例了这个方法，其线宽为 4，使用水平像素区段进行绘制。类似地，斜率小于或等于 1.0 的粗线可以用垂直像素区段显示。通过比较线段端点水平方向和垂直方向的分离程度（Δx 和 Δy），可以实现这一过程。如果 $|\Delta x| \geq |\Delta y|$，则像素在垂直方向重复出现。否则，在每一行画出多个像素。

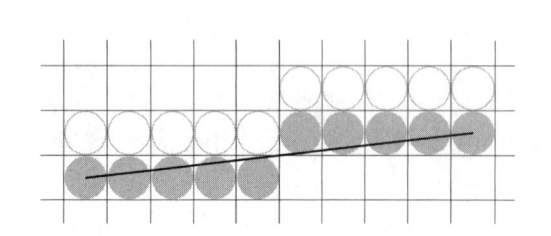

图 6.35 利用垂直像素区段生成斜率 $|m| < 1.0$ 的双倍线宽光栅线

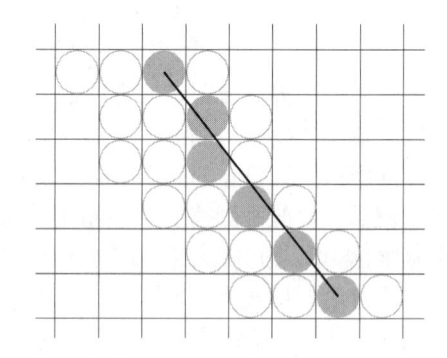

图 6.36 利用水平像素区段绘制斜率 $|m| > 1.0$ 且线宽为 4 的光栅线

尽管绘制水平或垂直像素区段的方法可以快速地生成粗线，但是显示的线宽（在直线路径垂直方向测量）依赖于它的斜率。45°线的宽度是用等长像素区段绘制的水平或垂直线的宽度的 $1/\sqrt{2}$。

使用水平或垂直像素区段实现线宽选择的另一个问题是：无论斜率大小，所生成直线的端点是水平的或是垂直的。这对于较粗的直线的影响则更为突出。我们可以通过添加**线帽**（line cap）来调整线端的形状，从而给出更好的外观（参见图 6.37）。线帽的一种形式是方帽（butt cap），这种形式通过调整所构成的平行线的端点位置，使粗线的显示具有垂直于直线路径的方端。假如指定直线的斜率为 m，那么粗线的方端的斜率为 $-1/m$。另一种线帽是圆帽（round cap），这种形式通过对每个方帽添加一个填充的半圆而得到。圆弧的圆心在线段的端点，其直径与线宽相等。第三种线帽是突方帽（projecting square cap）。这里，我们简单地将线段向两头延伸一半线宽并添加方帽。

生成粗线的其他方法包括将显示线段看作填充的矩形，或用选定的画笔和笔刷图案来生成线段，这些内容将在下一节讨论。为了得到线段边界的矩形表示，可以沿垂直于直线路径方向计算矩形顶点的位置，从而使顶点坐标与线段端点的距离为线宽的一半。那么，矩形线就可以显示为图6.37(a)。然后，可以给填充的矩形添加圆帽或延伸其长度来显示突方帽。

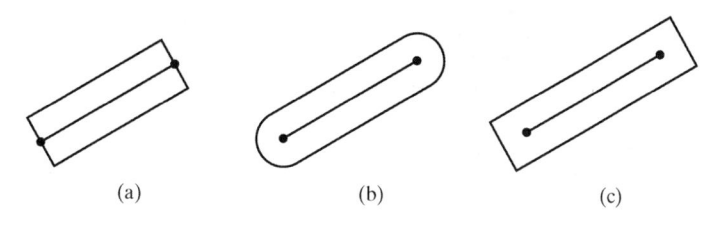

图6.37 具有(a)方帽、(b)圆帽和(c)突方帽的粗线

生成粗折线需要一些额外的考虑。通常，显示单条线段所用的方法不能生成平滑连接的一系列线段。例如，使用水平或垂直像素区段显示粗线，会在不同斜率的线段的连接处，其水平像素区段变成垂直像素区段时留下间隙。我们可以通过在线段端点进行额外的处理来生成平滑连接的粗折线。图6.38给出了两线段平滑连接的三种可能方法。斜角连接(miter join)通过延伸两条线的外边界直到它们相交而形成；圆连接(round join)通过使用直径等于线宽的圆弧边界将两线段连接而形成；斜切连接(bevel join)则是通过使用方帽并在两线段相交处的三角形间隙中进行填充而形成的。假如两连接线段间的夹角很小，斜角连接会产生一个较长的尖峰而使折线变形。图形软件包可以在任何连接的两线段于足够小的角度相交时，切换到斜切连接来避免这种情况。

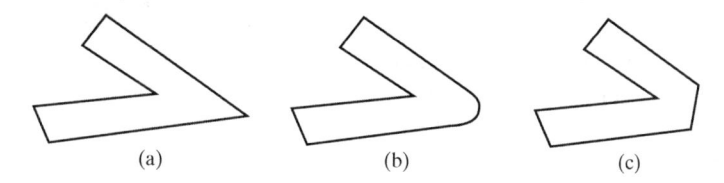

图6.38 粗线的连接：(a)斜角连接；(b)圆连接；(c)斜切连接

6.9.2 线型

光栅线算法通过绘制像素区段来显示线型属性。对于各种划线、点线和点划线图案，画线程序沿直线路径输出一些连续像素区段。在每两个实心段之间有一个给定长度的空白间隔段，段长度和中间空白段的像素数目可用**像素掩模**(pixel mask)指定。像素掩模是包含数字0和1的字符串，用来指出沿直线路径需要绘制哪些位置。例如，掩模11111000可用来显示划线长度为5个像素和间隔空白段为3个像素的虚线。与1对应的像素位置赋以当前颜色，而与0对应的像素位置显示背景色。

使用固定数目的像素来绘制划线会产生如图6.39所示的在不同的直线方向生成不等长划线的现象。图中所显示的线段都是用4个像素画出的，但对角线上的划线长度是水平方向的$\sqrt{2}$倍。如果要进行精确的绘制，那么对任何直线方向的划线长度应保持近似相等。为了实现这一点，需要按照直线的斜率来调整实心段和中间空白段的像素数目。在图6.39中，我们可以通过将对角线的划线像素减少到3个来显示出近似等长的划线。另一个保持划线等长的方法是，将划线看成单独的线段。将每条划线的端点坐标进行定位后，调用沿划线路径计算像素位置的画线程序。

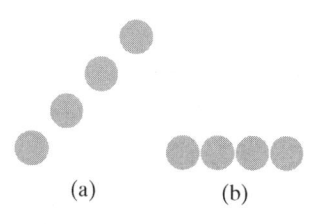

图6.39 用相同数目像素显示的不等长划线

6.9.3 画笔或画刷的选择

画笔和画刷形状可以按像素位置的阵列形式存储在一个像素掩模中，然后再设置到直线路径上。例如，矩形画笔可用图 6.40 给出的掩模，通过将掩模的中心(或一角)沿直线路径移动而实现，如图 6.41 所示。为了避免在帧缓存中重复设置像素，可以简单地累计在掩模的每个位置上生成的水平像素区段，并沿每一条扫描线跟踪起始和终止的 x 位置。

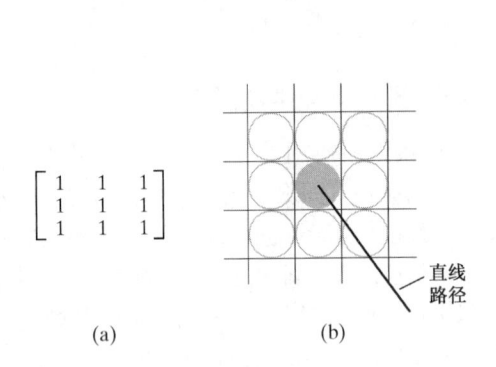

图 6.40 (a)矩形的像素掩模及相关的像素阵列；(b)通过将掩模居中放在指定像素位置的显示

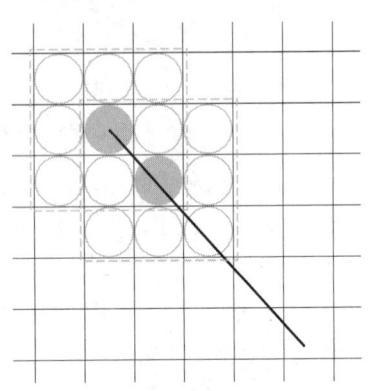

图 6.41 使用图 6.40 中的画笔形状生成的直线

通过改变掩模的尺寸，使用画笔(或画刷)形状生成的直线可以有多种宽度。例如，图 6.41 中的矩形画笔直线可以收缩成 2×2 矩形掩模或放宽成 4×4 矩形掩模。通过将图案值加到画笔和画刷掩模上，也可以按选定的图案来显示直线。

6.9.4 曲线属性

采用画曲线算法来实现属性选择，这一点类似于直线绘制。各种宽度的光栅曲线可用水平或垂直像素区段进行显示。曲线斜率绝对值小于 1.0 时，使用垂直像素区段；斜率绝对值大于 1.0 时，绘制水平像素区段。图 6.42 给出了使用这种方法显示在第一象限中、宽度为 4 的圆弧。利用圆的对称性，在从 $x=0$ 到 $x=y$ 的八分象限内使用垂直像素区段生成圆路径。然后对于直线 $y=x$，将像素位置反射便得到所显示曲线的余下部分。其他四分象限内的圆弧段，可通过关于坐标轴反射第一象限中的像素位置而得到。使用这种方法显示的曲线粗细则是曲线斜率的函数。圆、椭圆和其他曲线上斜率绝对值为 1 的位置将显得最细。

另一种显示粗曲线的方法是填充两条距离等于预定宽度的平行曲线路径间的区域。我们可以用指定的曲线路径作为第一条边界，并在其内侧或外侧建立第二条边界。然而，这种方法使得原始曲线路径要按所选的第二条边界的方向来向内或向外偏移。我们可以通过在指定的曲线路径两侧以宽度的一半为距离，设置两条边界曲线来保持原曲线位置。图 6.43 给出了这种方法的一个例子，图中的圆弧半径为 16，线宽为 4。然后，在半径为 16、两侧距离为 2 处设置两条边界圆弧。为了保持在 6.8 节讨论的圆弧的合适尺寸，可以将同心边界圆弧的半径设为 $r=14$ 和 $r=17$。尽管这种方法对于生成粗线圆是精确的，但通常该方法仅提供对其他粗曲线的真正区域的一个近似范围。例如，使用这种方法生成的扁椭圆，其内部和外部边界的焦点并不是相同的。

为实现线型而提出的像素掩模方法也可用于光栅曲线中生成划线式或点式图案。例如，掩模 11100 生成图 6.44 中划线式的弧。我们可以利用对称性在各个八分象限中生成划线，但必须移动像素位置以保持跨越每一八分象限时有正确的划线和间隔序列。和画线算法一样，像素掩模显示的划线和间隔的长度根据曲线的斜率而改变。如果我们要显示定长的划线,则需要在沿圆周移动时调整每段绘制的像素数目。除了使用像素掩模保持均匀段长,还可以沿同角度的弧来生成等长划线。

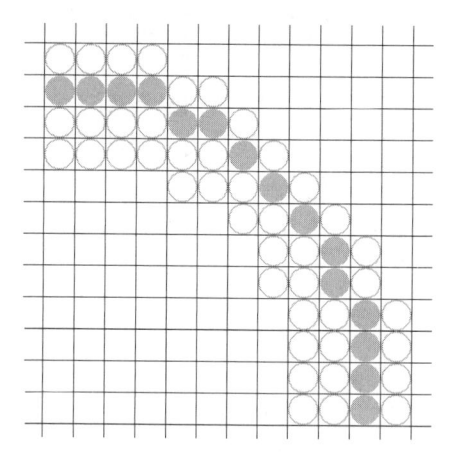

图 6.42　按斜率使用水平或垂直像素区段绘制的宽度为4的圆弧

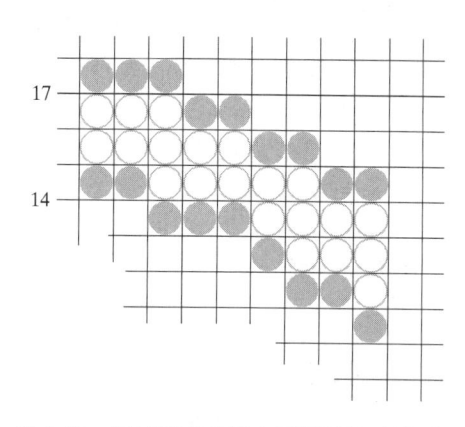

图 6.43　通过填充两同心圆弧间的区域而显示的宽度为4、半径为16的圆弧

曲线的画笔(或画刷)显示可以使用在画线中讨论的相同技术来生成。在图 6.45 中,我们沿直线路径重复画笔的形状,从而生成第一象限内的圆弧。这里,矩形画笔的中心移向后继曲线位置,从而产生显示的曲线形状。当曲线斜率为 1 时,这种用矩形画笔显示的曲线会比较粗。如果要显示一致的曲线宽度,则可以旋转矩形画笔,使其在沿曲线移动时与斜率方向一致,或用圆弧画笔形状来实现。使用画笔和画刷形状绘制的曲线,可以使用不同大小和附加的图案或模拟的绘画技巧进行显示。

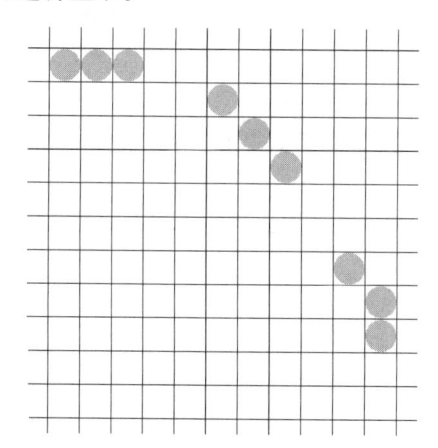

图 6.44　用3点划线及2点间隔显示的短划圆弧

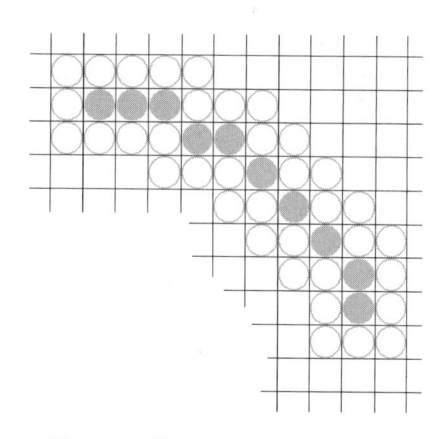

图 6.45　使用矩形画笔显示的圆弧

6.10　通用多边形扫描线填充算法

要实现区域的扫描线填充,必须先确定填充区边界与屏幕扫描线的交点位置。然后,将填充色应用于扫描线上位于填充区内部的每一段。扫描线填充算法利用奇偶规则识别同一内部区域(参见 4.7 节)。最简单的填充区是多边形,因为每一扫描线和多边形的交点可通过求解一对联立的线性方程来获得,其中扫描线的方程是 $y = $ 常数。

图 6.46 给出了多边形区域实心填充的扫描线过程。对每一条与多边形相交的扫描线,与边的交点从左向右排序,将每一对交点之间的像素位置包括这对交点在内,设定为指定颜色。在图 6.46 的例子中,边界的 4 个交点像素位置定义了两组内部像素。这样,填充色应用于从 $x = 10$ 到 $x = 14$ 的 5 个像素和从 $x = 18$ 到 $x = 24$ 的 7 个像素。如果图案填充应用于多边形,则沿一条扫描线的每一像素颜色由与填充图案重叠的位置来确定。

但是,多边形扫描线填充算法并不如图 6.46 建议的那样简单。每当一条扫描线经过多边形的一个顶点时,扫描线在该顶点处与多边形的两条边相交。这种情况可能导致在这条扫描线的交点列表上要增加两个点。图 6.47 给出了在顶点处与多边形相交的两条扫描线。扫描线 y' 与偶数条边相交,而在该扫描线上的两对交点正确地标识为内部像素区段。但是扫描线 y 与多边形的 5 条边相交。要确认扫描线 y 的内部像素,必须将顶点处的交点计为一个交点。因此,在处理扫描线时,必须区分这些情况。

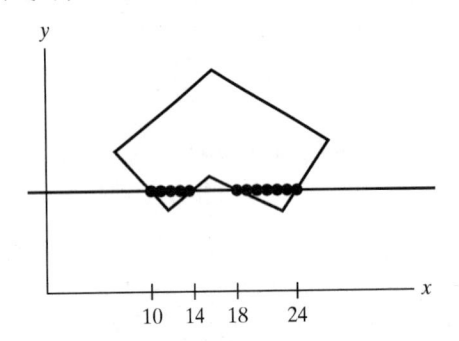

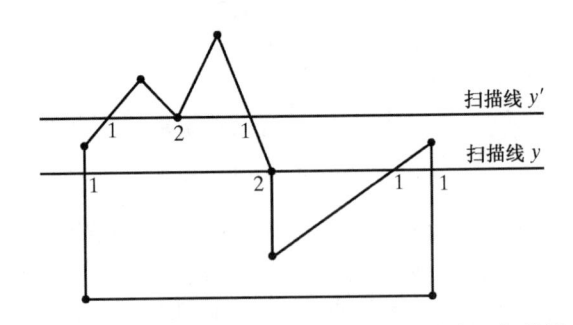

图 6.46 穿过多边形区域的扫描线上的内部像素

图 6.47 沿与多边形顶点相交的扫描线的交点。扫描线 y 生成奇数个交点,但扫描线 y' 生成偶数个交点,可以使用配对方法来正确确定内部像素区段

通过关注相交边相对于扫描线的位置,可以发现图 6.47 中扫描线 y 和扫描线 y' 间的拓扑差异。对于扫描线 y,共享一个顶点的两条相交边位于扫描线的两侧。但对扫描线 y',两条相交边在扫描线的同一侧。因此,那些在扫描线两侧有连接边的顶点应该计为一个边界交点。可以通过顺时针或逆时针方向搜索多边形边界,并观察从一条边移到另一条边时顶点 y 坐标的相对变化来识别这种点。假如两条相邻边的 3 个端点 y 值单调递增或递减,那么对于任何穿过该顶点的扫描线,则必须将该共享(中间)顶点计为一个交点。否则,共享顶点表示多边形边界上的一个局部极值(最大或最小)。这两条边与穿过该顶点的扫描线的交点都添加到相关列表中。

将顶点交点调整为一个或两个的一种实现方法是将多边形的某些边缩短,从而分离那些应计为一个交点的顶点。我们可以按照指定的顺时针或逆时针方向处理整个多边形边界上的非水平边。在处理每条边时进行检测,确定该边与下一条非水平边是否有单调递增或单调递减的端点 y 值。假如有,可以将较低的一条边缩短,从而保证对通过公共顶点(连接两条边)的扫描线仅有一个交点生成。图 6.48 给出了一条边的缩短情况。当两条边端点的 y 值递增时,将当前边的较高端点的 y 值减去 1,如图 6.48(a)所示;当端点的 y 值单调递减时,如图 6.48(b)所示,就减去紧随当前边的一条边的较高端点的 y 值。

一般情况下,场景一部分的某些特征会以某种方式与该场景另一部分的特征相关,并且这些**相关特征**(coherence property)可用于计算机图形算法中以减少处理。相关方法经常包括沿一条扫描线或在连续的扫描线间应用的增量计算。例如,在确定填充区的边的交点时,利用沿一条边从一条扫描线到下一条扫描时斜率为常数这一事实,可以沿任意边采用增量坐标计算。图 6.49 给出了与三角形左面一条边相交的两条连续扫描线,这条边的斜率可以用扫描线交点坐标来表示:

$$m = \frac{y_{k+1} - y_k}{x_{k+1} - x_k} \tag{6.59}$$

由于两条扫描线间 y 坐标的变化很简单,

$$y_{k+1} - y_k = 1 \tag{6.60}$$

上面一条扫描线的 x 交点值 x_{k+1} 可以通过前一条扫描线的 x 交点值 x_k 来确定,

$$x_{k+1} = x_k + \frac{1}{m} \tag{6.61}$$

因此,每个后继交点的 x 值都可以通过增加斜率的倒数并取整来计算。

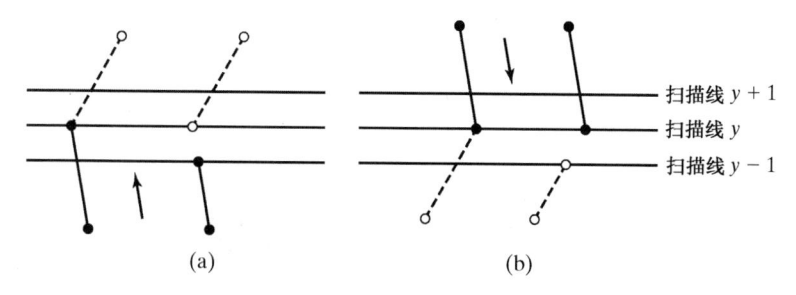

图 6.48 沿多边形边界处理边时调整多边形端点的 y 值。当前正在处理的边使用实线表示。在(a)中,将当前边的较高端点的 y 值减 1;在(b)中,下一条边的较高端点的 y 值减 1

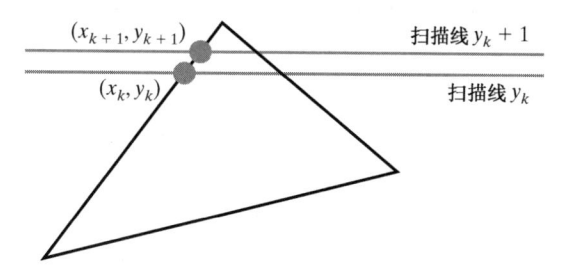

图 6.49 两条连续扫描线与同一多边形的边界相交

填充算法中最常见的并行实现方法,是将每条与多边形区域相交的扫描线分配给一个独立的处理器,然后分别完成与每个边的交点的计算。扫描线 k 沿一条具有斜率 m 的边,相对于最初扫描线的交点 x_k 值可计算为

$$x_k = x_0 + \frac{k}{m} \tag{6.62}$$

在顺序填充算法中,沿一条边 x 方向的增量值 $1/m$,可以通过调用斜率 m 为两整数比的整数运算来实现:

$$m = \frac{\Delta y}{\Delta x}$$

其中,Δx 和 Δy 是该边端点的 x 值和 y 值之间的差。因此,沿一条边对连续两条扫描线交点的 x 增量计算可表示为

$$x_{k+1} = x_k + \frac{\Delta x}{\Delta y} \tag{6.63}$$

利用这个公式,可以完成交点 x 坐标的整数求值:先将计数器初始化为零,然后每当移向一条新的扫描线时,计数器就增加 Δx 值,从而完成交点 x 坐标的整数求值。当计数器的值大于等于 Δy 时,当前交点 x 值增加 1,并将计数器减去 Δy。这个过程相当于保持交点 x 值的整数和小数部分,并增加小数部分直至达到下一个整数值。

作为整数增量的一个例子，假设一条边的斜率为 $m = 7/3$。在起始扫描线处，我们将计数器设置为零，增量为3。当沿这条边移到其他三条扫描线时，计数器顺序地设置值3、6和9。在初始扫描线以上的第三条扫描线上，计数器的值大于7。因而交点 x 坐标增加1，并重新将计数器设置为值 $9 - 7 = 2$。继续以这种方法确定扫描线的交点值，直至到达边界的最高端点。对于负斜率的边，可以通过同样的计算而得到交点。

我们可以不使用截去小数的方法来获得整数位置，取而代之，取整到最接近的像素的 x 值，通过修改边的相交算法使得增量与 $\Delta y/2$ 相比较。在每一步中计数器增加 $2\Delta x$ 值，并将增量与 Δy 进行比较，当增量大于或等于 Δy 值时，x 值增加1，而计数器值减去 $2\Delta y$。在上面 $m = 7/3$ 的例子中，对于这条边上初始扫描线以上的几条扫描线，其计数器值变为6、12（减少到 -2）、4、10（减少到 -4）、2、8（减少到 -6）、0、6 和12（减少到 -2）。在这条边的初始扫描线以上的第2、4、6、9扫描线上，将增加 x 值。每条边所需的额外计算是 $2\Delta x = \Delta x + \Delta x$ 和 $2\Delta y = \Delta y + \Delta y$，这些计算在预处理中完成。

为了有效地完成多边形填充，可以首先将多边形边界存储在有序边表（sorted edge table）中，其中包含有效处理扫描线所需的全部信息。无论是以顺时针或逆时针沿边处理时，都可以使用桶排序来存储各条边，按每条边的最小 y 值排序，存储在相应的扫描线位置。有序边表中仅存储非水平线。在处理边时，可以缩短某些边以解决顶点相交问题。对于某条特定的扫描线，表中的每个入口包含该边的最大 y 值、边的 x 交点值（在较低顶点处）和边斜率的倒数。对于每条扫描线，按从左到右的顺序对边进行排序。图6.50给出了一个多边形及其相应的有序边表。

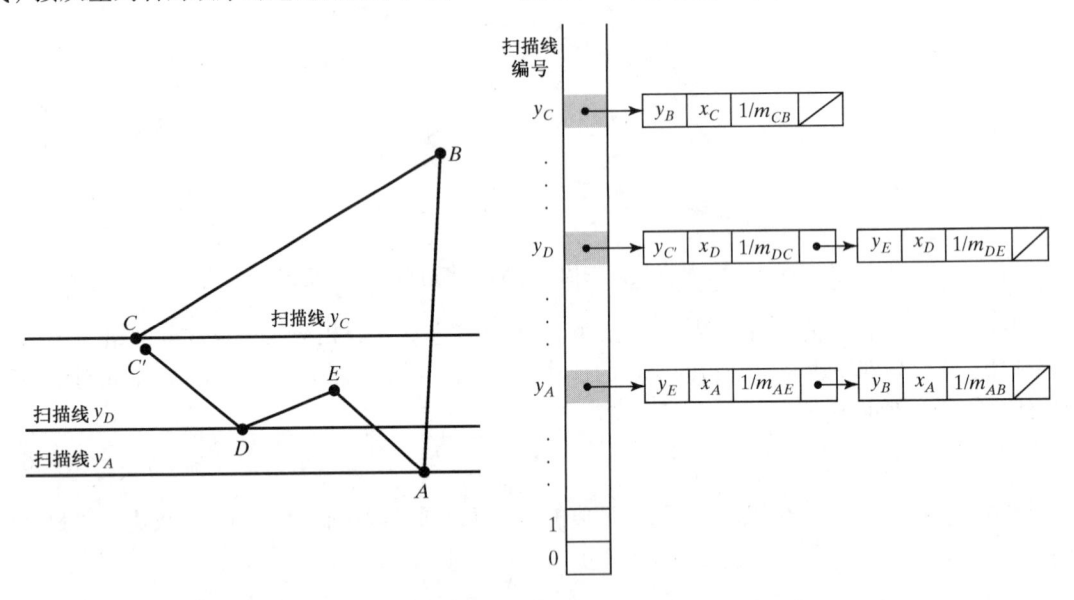

图 6.50　多边形及其有序边表，边 $\overline{DC}$ 在 y 方向缩短了一个单位

接下来，从多边形的底部到顶部处理扫描线。对每条与多边形边界相交的扫描线生成一个活化边表（active edge list）。扫描线的活化边表包含所有与该扫描线相交的边，并使用重复相关性计算来得到该扫描线与边的交点。

边交点的计算也可通过将 Δx 和 Δy 值存储在有序边表中而得到简化。此外，为了确保对指定多边形内部的正确填充，可以应用6.8节考虑的问题。对于每条扫描线，对从最左边的 x 交点值到最右边的 x 交点值之间的每一对 x 交点间的像素区段进行填充。而每条多边形的边可以在顶部端点 y 方向上缩短一个单位，这种措施也能保证相邻多边形中的像素不会相互覆盖。

6.11 凸多边形的扫描线填充

在将扫描线填充过程应用于凸多边形时,每一屏幕扫描线上的内部段将不会多于一个。因此,只需在发现与边界有两个交点时才处理该扫描线穿过多边形的内部段。

上一节的通用多边形扫描线填充算法对于凸多边形填充可以简化。我们可以再次使用坐标范围来确定哪些边与一条扫描线相交。与这些边相关的交点计算用来确定该扫描线的内部段,其中任意顶点计为单个边界交点。当扫描线仅与单个顶点相交时(如在多边形的一个顶点),则仅绘出该顶点本身。有些图形软件包进一步把填充区限定为三角形。这使得填充更易于进行,因为每个三角形只有三个顶点要处理。

6.12 曲线边界区域的扫描线填充

由于曲线边界的区域用非线性方程描述,因此其扫描线填充比多边形扫描线填充需要更多的时间。我们可以使用6.10节中的通用方法,但边界交点计算用曲线方程完成。并且其边界的斜率不断地改变,因而不能直接使用直线段边可以使用的增量方法。

对于像圆和椭圆这样的简单曲线,可以像凸多边形一样直接应用扫描线填充。每一条与圆或椭圆相交的扫描线仅有两个边界交点。我们可以使用中点算法中的增量计算来确定沿圆或椭圆边界的这两个交点。然后,简单地在一个交点到另一个交点之间的水平像素区段内进行填充。利用四分象限区间(对于圆为八分象限)的对称性,可以减少边界计算量。

对于曲线段的填充区,可以使用类似的方法来生成。例如,以一个椭圆弧和一直线段为边界的区域(参见图6.51)可以使用曲线和直线段过程的混合方法来填充。只要可以减少计算量,就应充分利用对称性和增量计算。

填充其他曲线区域可能需要更长的时间。我们可以使用类似的增量方法并与数值方法组合来确定扫描线交点,但那样的曲线边界通常用直线段逼近。

图6.51 一个椭圆弧的内部填充

6.13 不规则边界区域的填充方法

区域填充的另一种方法是从区域的一个内部点开始,由内向外逐点绘制直到边界。这对如绘画程序生成的有不规则边界的填充区是很有用的技术。一般来说,这些方法要求输入待填充区中的一个起始位置,以及关于边界或内部的颜色信息。

我们可以使用单一颜色或一个颜色图案来填充不规则区域。对于图案填充来说,如5.9节讨论的那样重叠一个颜色掩模。在处理区域中的每一个像素时,其颜色由对应的重叠掩模中的值来确定。

6.13.1 边界填充算法

假如边界是以单一颜色指定的,则填充算法可逐个像素地向外处理,直至遇到边界颜色。这种方法称为**边界填充算法**(boundary-fill algorithm),用于比较容易地指定内点的交互式绘画软件。艺术家或设计师可以使用图形板或其他交互设备来勾勒图形的轮廓,从颜色菜单中选择一种填充色,指定一种边界色,并选择一个内部点。然后在图形的内部涂上填充色。内边界和外边界可一起用来定义边界填充的区域,图6.52给出了指定颜色范围的例子。

(a) (b)

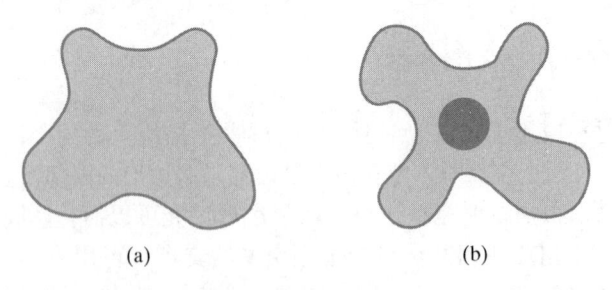

图 6.52　应用于边界填充过程的颜色边界示例

基本上，边界填充算法从一个内点 (x, y) 开始检测相邻位置的颜色。如果检测位置不是该边界颜色，就将它改为填充颜色，并再次检测其相邻位置。这个过程延续到检测完区域边界颜色范围内的所有像素为止。

图 6.53 给出了从一个当前检测位置处理相邻像素的两种方法。在图 6.53(a) 中，检测四个邻点，即当前像素右面、左面、上面和下面的像素位置。使用这种方法填充的区域称为 4-**连通**(4-connected)区域。图 6.53(b) 中的第二种方法用于填充更复杂的图形。这里要测试的相邻位置包括四个对角像素。使用这种方法填充的区域称为 8-**连通**(8-connected)区域。8-连通区域边界填充算法将正确填充图 6.54 中定义的区域内部，而 4-连通区域边界填充算法只完成如图所示的部分填充。

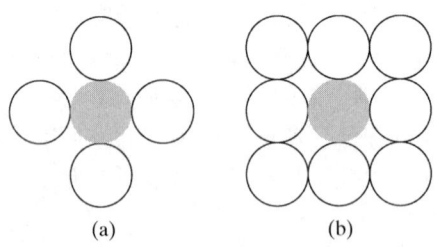

(a) (b)

图 6.53　(a)应用于 4-连通区域的填充方法；(b)应用于 8-连通区域的填充方法。实心圆表示当前测试位置，空心圆表示将要测试的位置

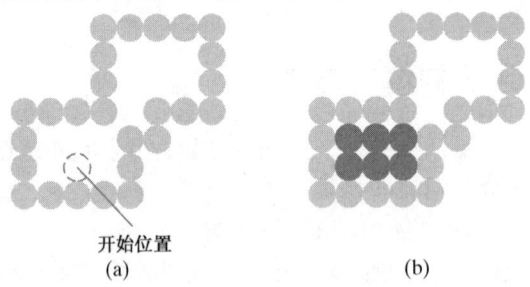

开始位置
(a)　　　　(b)

图 6.54　(a)颜色边界内的区域；(b)使用 4-连通的边界填充算法只能进行部分填充

下列过程给出了使用由参数 fillColor 指定的单一颜色及由参数 borderColor 指定的边界颜色来填充 4-连通区域的递归方法。我们可以将它扩充成填充 8-连通区域，只要增加四条测试诸如 $(x \pm 1, y \pm 1)$ 等对角位置的语句。

```
void boundaryFill4 (int x, int y, int fillColor, int borderColor)
{
    int interiorColor;

    /* Set current color to fillColor, then perform the following operations. */
    getPixel (x, y, interiorColor);
```

```
   if ((interiorColor != borderColor) && (interiorColor != fillColor)) {
      setPixel (x, y);    // Set color of pixel to fillColor.
      boundaryFill4 (x + 1, y , fillColor, borderColor);
      boundaryFill4 (x - 1, y , fillColor, borderColor);
      boundaryFill4 (x , y + 1, fillColor, borderColor);
      boundaryFill4 (x , y - 1, fillColor, borderColor)
   }
}
```

假如有些内部像素已经以填充颜色显示，则递归式的边界填充算法也许不能正确地填充相应的区域。这是因为算法既按边界颜色又按填充颜色来检测下一个像素。遇到一个具有填充颜色的像素将导致该递归分支终止，从而留下一些尚未填充的内部像素。为了避免这种情况，可在应用边界填充程序前，对那些初始颜色是填充颜色的内部像素的颜色进行修改。

此外，由于这个程序需要大量堆栈空间来存储相邻点，因而通常使用更有效的方法。这些方法沿扫描线填充水平像素区段，以代替处理4-连通或8-连通相邻点。然后，仅需将每个水平像素区段的起始位置放进堆栈，而无须将所有当前位置周围未处理的相邻位置都放进堆栈。如果使用这种方法，则将从初始内部点开始，首先填充该像素所在扫描行的连续像素区段，然后将相邻扫描线上各段的起始位置放进堆栈，这些水平像素区段分别由显示为区域边界颜色的像素包围。下一步，从堆栈顶部取出一个初始点，并重复上述过程。

图6.55给出了如何使用逼近法对4-连通区域填充像素区段的例子。在这个例子中，从起始扫描线开始向顶部边界顺序地处理。在处理完所有上面的扫描线以后，再向下逐行填充剩余的像素区段，直到底部边界。如图6.55所示，沿着每条扫描线，从左向右将每个水平区段的最左边像素位置放进堆栈。在图6.55(a)中，填充完初始区段以后，接下来的一条扫描线（向下和向上）上的段起始位置1和2进栈；在图6.55(b)中，从堆栈中取出位置2并生成填充区段，然后将下一个扫描线上单个区段的起始像素（位置3）放进堆栈。在处理完位置3后，填充过的区段和进栈的位置如图6.55(c)所示。图6.55(d)给出了在处理指定区域右上角的所有区段后的已填充像素。接着处理位置5，并且对区域的左上角填充，然后取出位置4继续对较低的扫描线进行处理。

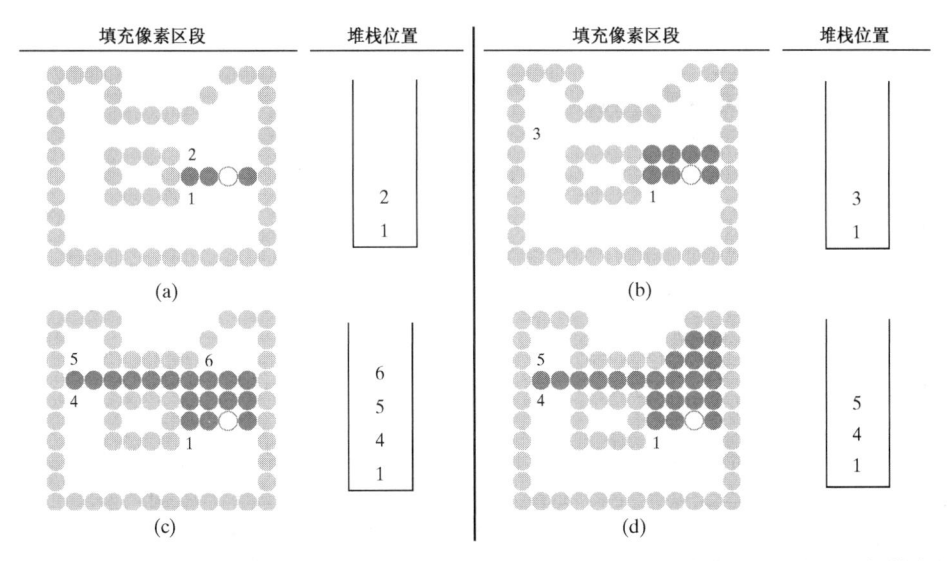

图6.55 4-连通区域中穿过像素区段的边界填充：(a)填充过的起始像素区段，给出了初始点的位置和入栈的相邻扫描线上的像素区段位置；(b)初始扫描线之上第一条扫描线填充的像素区段及堆栈的当前内容；(c)在初始扫描线之上前两条扫描线的填充像素区段及堆栈的当前内容；(d)定义区域右上角部分的完整像素区段及剩余待处理的入栈的位置

6.13.2 泛滥填充算法

有时，我们要对一个不是用单一颜色边界定义的区域进行填充(或重新涂色)。图 6.56 给出了由多个不同颜色带围成的区域。可以通过替换指定的内部颜色而不是搜索边界颜色值来对该区域涂色。这个方法称为**泛滥填充算法**(flood-fill algorithm)。从指定的内部点(x, y)开始，将期望的填充颜色赋给所有当前设置为给定内部颜色的像素。假如所要涂色的区域具有多种内部颜色，可以重新设置像素值，从而使所有的内部点具有相同的颜色。然后使用 4-连通或 8-连通方法，逐步连通各像素位置，直到所有内部点都已被涂色。下列过程从输入位置开始，递归地填充一个 4-连通区域。

```
void floodFill4 (int x, int y, int fillColor, int interiorColor)
{
  int color;

  /* Set current color to fillColor, then perform the following operations. */
  getPixel (x, y, color);
  if (color = interiorColor) {
    setPixel (x, y);     // Set color of pixel to fillColor.
    floodFill4 (x + 1, y, fillColor, interiorColor);
    floodFill4 (x - 1, y, fillColor, interiorColor);
    floodFill4 (x, y + 1, fillColor, interiorColor);
    floodFill4 (x, y - 1, fillColor, interiorColor);
  }
}
```

我们可以像边界填充算法中讨论的那样修改上面的过程，通过填充水平像素区段来减少对堆栈的存储要求。在这种方法中，仅存储具有值 `interiorColor` 的像素区段的起始位置。这种修改后的泛滥填充算法的步骤与图 6.55 所示的边界填充相同，从每个区间的第一个位置开始替代像素值直至遇到 `interiorColor` 以外的值。

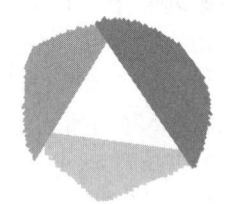

图 6.56 多个颜色边界定义的区域

6.14 填充模式的实现方法

在将填充区映射到像素坐标后，在光栅系统中填充一个区域有两个基本过程。一个过程先确定穿过区域的扫描线重叠段。然后，这些重叠段的位置被设定为填充色。另一个区域填充方法是从一个给定内点开始，逐个像素向外"绘画"，直到碰到指定的边界条件。扫描线方法常用于简单的形状如圆或折线边界的区域，一般的图形软件包都使用这一填充方法。使用起始内点的填充方法用于有较复杂边界的填充区及交互式绘画系统。

6.14.1 填充模式

可以通过确定图案在何处覆盖穿过填充区的扫描线来实现图案填充。从一个为图案填充指定的起始位置出发，将矩形图案按与扫描线垂直的方向和沿扫描线水平方向的像素位置进行映射。图案矩阵按掩模的宽度和高度确定的间隔来重复使用。在图案覆盖的填充区处，像素的颜色按掩模中存储的值进行设定。

影线填充通过在区域内绘制一组线段来显示单影线或交叉影线。影线的间隔和斜率可作为影线表的参数来设定。作为一种选择，影线填充可当作一个生成一组对角线的图案矩阵来指定。

作为填充图案开始位置的参考点(x_p, y_p)可设定在填充区内的任意位置。例如，将该参考点指定在多边形的一个端点处。也可将参考点设在由区域坐标范围确定的包围矩形(或包围盒)的左下角。为了简化参考点的选择,有些软件包总是将显示窗口的坐标系原点作为图案起始位置。将(xp, yp)总是设定在坐标系原点还简化了在图案的每一元素映射到单个像素时的平铺操作。例如,如果图案中行的位置从 1 开始、从下往上计数,则图案位置($y \bmod ny + 1$, $x \bmod nx + 1$)的颜色值赋给屏幕上的像素位置(x, y)。这里,ny 和 nx 指定图案矩阵的行数和列数。然而,将图案起始点设在坐标系原点时,图案贴到屏幕背景上比贴到填充区更高效。使用同一图案的相邻或重叠填充不会在区域间生成边界。同样,使用同一图案重新定位或重新填充一个对象可能导致对象内部像素赋值的移位。相对于静止图案背景,移动的对象表现为透明的,而不是带着固定的内部图案移动。

6.14.2 颜色调和填充区

颜色调和填充区可以通过使用透明因子控制背景和对象颜色的调和来实现,或使用图 6.57 所示的简单的逻辑操作或替代操作来实现,该图展示了在一个二值(黑和白)系统中这些操作如何将 2×2 的填充图案与背景图案相组合。

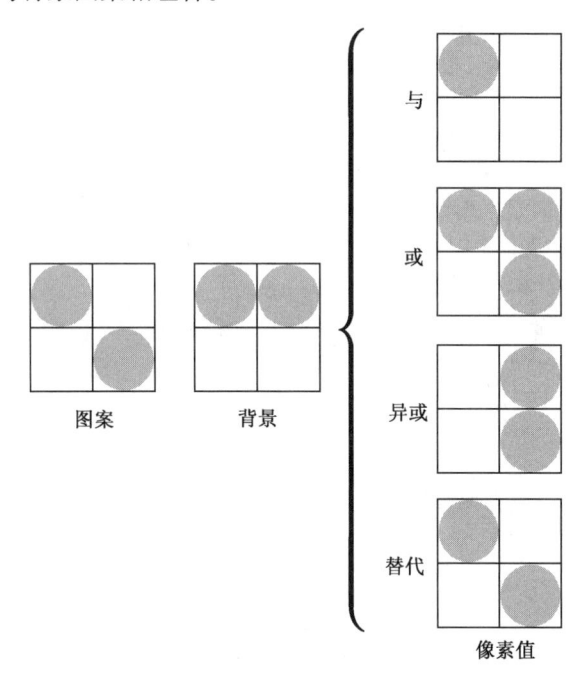

图 6.57 使用逻辑操作与(and)、或(or)和异或(xor)及使用简单替代将填充图案与背景图案进行组合

线性软填充算法(linear soft-fill algorithm)将一种前景色 **F** 与单一背景色 **B**(**F**≠**B**)合并后重新绘制一个区域。假如 **F** 和 **B** 的值为已知,那么通过检测帧缓存中当前的颜色内容,就可确定这些颜色原来是怎样组合的。区域内将要重新填充的每个像素的当前 RGB 颜色 **P** 是 **F** 和 **B** 的线性组合:

$$\mathbf{P} = t\mathbf{F} + (1 - t)\mathbf{B} \tag{6.64}$$

其中,对于每个像素,"透明度"系数 t 的值在 0 与 1 之间。t 值小于 0.5,则背景色对区域内部颜色的作用比填充颜色要大。如果我们使用分离的红色、绿色和蓝色分量来描述颜色值,则式(6.64)包含了颜色的 RGB 三个分量,即

$$\mathbf{P} = (P_R, P_G, P_B), \qquad \mathbf{F} = (F_R, F_G, F_B), \qquad \mathbf{B} = (B_R, B_G, B_B) \tag{6.65}$$

因此，我们可以使用一个 RGB 颜色成分来计算参数 t 的值：

$$t = \frac{P_k - B_k}{F_k - B_k} \tag{6.66}$$

其中，$k = R$、G 或 B，并且 $F_k \neq B_k$。理论上参数 t 对每个 RGB 成分具有相同的值，但取整到整数会使得 t 对不同的成分具有不同的值。我们可以选择 **F** 和 **B** 之间具有最大差值的成分，从而使取整误差最小，然后采用修改的泛滥填充或边界填充程序，根据这个 t 值将新的填充颜色 **NF** 与背景色相混合。如 6.13 节所述的使用修改的泛滥填充或边界填充过程可实现这一混合。

类似的软填充过程可以用于前景色与多个背景色相混合的区域，例如检测板图案。当两种背景色 B_1 和 B_2 与前景色 **F** 相混合时，产生的像素颜色 **P** 为

$$\mathbf{P} = t_0 \mathbf{F} + t_1 \mathbf{B}_1 + (1 - t_0 - t_1) \mathbf{B}_2 \tag{6.67}$$

其中，颜色项系数 t_0、t_1 和 $(1 - t_0 - t_1)$ 的和必须等于 1。我们可用颜色的三个 RGB 分量中的两个来建立两个联立方程，从而求解两个比例项参数 t_0 和 t_1。然后，使用这些参数将新的填充颜色与两种背景色相混合以得到新的像素颜色。对于三个背景色和一个前景色或两个背景色和两个前景色，则需要所有三个 RGB 方程来得到四种颜色的相对量。然而，对于有些前景色和背景色的混合，使用两个或三个 RGB 方程则无法求解。在颜色值非常接近或相互成比例时，将出现这种情况。

6.15 反走样的实现方法

由于本章前面讨论的取样过程将物体上的坐标点数字化为离散的整数像素位置，因此光栅算法生成的图元显示具有锯齿形或阶梯状外观。这种由于低频取样（不充分取样）而造成的信息失真称为**走样**（aliasing）。可以使用校正不充分取样过程的**反走样**（antialiasing）方法来改善所显示的光栅线的外观。

图 6.58 给出了不充分取样的效果。为了避免从这种周期性对象中丢失信息，必须把取样频率至少设置为对象中出现的最高频率的两倍，这个频率称为**奈奎斯特取样频率**（或奈奎斯特取样率）f_s：

$$f_s = 2 f_{\max} \tag{6.68}$$

另一种说法是，取样间隔不应超过循环间隔（**奈奎斯特取样间隔**）的一半。对于 x 间隔取样，奈奎斯特取样间隔 Δx_s 为

$$\Delta x_s = \frac{\Delta x_{\text{cycle}}}{2} \tag{6.69}$$

其中，$\Delta x_{\text{cycle}} = 1/f_{\max}$。在图 6.58 中，取样间隔是循环间隔的一倍半，因此取样间隔至少大了三倍。假如要为这个例子恢复所有的对象信息，那么就需要将图中的取样间隔缩小到三分之一。

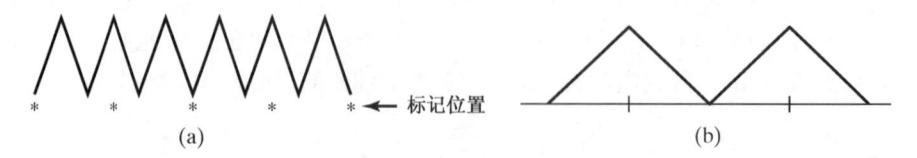

图 6.58 在(a)中标记位置对周期性形状的取样，产生(b)中走样的低频表示

增加光栅系统取样频率的一种方法是简单地以较高分辨率显示对象。但是，即使用当前技术能达到的最高分辨率，仍会在一定范围内出现锯齿形。由于在实现帧缓存的最大容量并且保持刷新频率在每秒 60 帧或以上等方面存在一定的限制，要用连续参数精确地表示对象，则需要

任意小的取样间隔。因此，除非硬件技术能发展到实现任意大的帧缓存，仅仅增加屏幕分辨率还不能完全解决走样问题。

对于能显示两级以上亮度(颜色或灰度等级)的光栅系统，可以使用反走样方法来修改像素亮度。通过适当地改变沿图元边界的像素亮度，可以平滑边界以减小锯齿现象。

一种简单、直接的反走样方法，就是把屏幕看成由比实际更细的网格所覆盖，从而增加取样频率，然后根据这种更细的网格，使用取样点来确定每个屏幕像素的合适亮度等级。这种在高分辨率下对于对象特性的取样并在较低分辨率上显示其结果的技术称为**过取样**(supersampling)，也称为**后滤波**(postfiltering，因为常用方法包括计算像素网格位置上的亮度，并且将结果进行组合而得到像素亮度)。所显示的像素位置则为覆盖屏幕有限区域的光点，而非无限小的数学点。在画线和填充区算法中，每个像素的亮度则是由对象边界上单个点的位置所决定的。通过使用过取样方法，可以根据多个点对一个像素总体亮度的作用而得到亮度信息。

可以代替过取样的另一种方法是，通过计算待显示的每个像素在对象上的覆盖区域来确定像素亮度。计算覆盖区域的反走样称为**区域取样**(area sampling；也称为**前滤波**，prefiltering)，因为像素亮度是作为一个整体来确定的，所以不用计算子像素亮度。像素覆盖区域通过确定对象边界与单个像素边界的相交位置而得到。

也可以移动像素区域的显示位置而实现光栅对象的反走样，这种技术称为**像素移相**(pixel phasing)。通过与对象几何形状相关的电子束的"微定位"来应用该技术。

6.15.1 直线段的过取样

直线段的过取样可以使用多种方式来完成。对于直线段，可以把每个像素分成一定数目的子像素，并统计沿直线路径的子像素数目，然后将每个像素的亮度等级设置为正比于子像素数目的值。图 6.59 给出了这种方法的一个例子。其中，每个正方形像素区域被分成 9 个大小相等的正方形子像素，阴影区域表示由 Bresenham 画线算法选择的子像素。由于任何像素中可供选择的子像素的最大数目为 3，因此这种方法提供零以上的三种亮度设置。对于这个例子，位置(10, 20)的像素将设置为最高亮度(级别 3)；(11, 21)和(12, 21)的像素将设置为次高亮度(级别 2)；(11, 20)和(12, 22)的像素都将设置为最低亮度(级别 1)。因此，直线亮度分布在较大数目的像素上，并且通过在阶梯状(水平线之间)附近显示有些模糊的直线路径，从而平滑阶梯状效果。如果要使用更多的亮度等级来实现直线段的反走样，就需要增加每个像素中的取样位置数。例如，16 个子像素给出零以上的 4 个亮度等级；25 个子像素给出 5 个等级；等等。

在图 6.59 的过取样例子中，考虑了有限尺寸的像素区域，但是我们把直线段处理成具有零宽度的数学实体。实际上，显示的直线段具有与像素大约相等的宽度。假如考虑线段的有限宽度，则可以通过将每个像素亮度设置成正比于表示线段区域的多边形内的子像素数目来完成过取样。如果子像素的左下角在多边形的边界内，那么可以把该子像素当作在线段内。这种过取样程序的一个好处是，每个像素可能的亮度等级数目等于像素区域内子像素的总数。对于图 6.59 中的例子，可以通过对平行于直线路径的多边形边界进行定位，从而以有限宽度来表示这样的直线段，如图 6.60 所示。并且，每个像素现在可设置成零以上的 9 个亮度等级之一。

对有限宽线段进行过取样的另一个优点是，总的直线亮度分布在更多的像素上。在图 6.60 中，网格位置(10, 21)上的像素打开(以亮度等级 1)，并且吸收了位置(10, 21)下方和左方的像素的作用。同样，假如有颜色显示，我们也可以通过扩充此方法来考虑背景色。一条特定的直线可能穿过许多不同的颜色区域，我们可取平均子像素亮度来设置像素颜色。例如，一个特定像素

区域内的 5 个子像素被确定在红线的边界内，而其余 4 个像素则落在蓝色背景区域内，我们可以将这个像素的颜色计算为

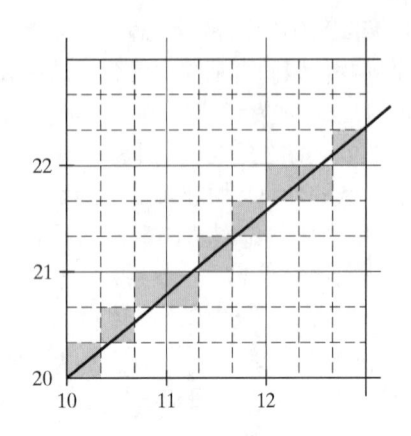

$$\text{pixel}_{color} = \frac{(5 \cdot \text{red} + 4 \cdot \text{blue})}{9}$$

图 6.59　沿左端点在屏幕坐标(10, 20)处的直线段的过取样子像素位置

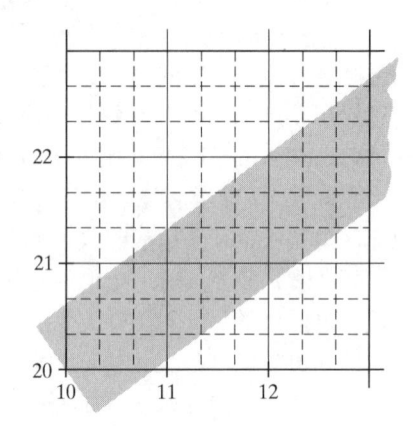

图 6.60　与有限宽线段内部相关的过取样子像素位置

通过对有限宽线段进行过取样，鉴别内部子像素比起简单地确定沿直线路径的子像素需要更多的计算。我们同样要考虑相对于直线路径的线段边界的定位。这种定位取决于直线的斜率。对于 45°的直线，直线路径在多边形区域的中央；但对于水平线或垂直线，都要求直线路径是多边形的边界之一。例如，经过网格坐标(10, 20)的水平线将由水平网格线 $y = 20$ 和 $y = 21$ 表示为多边形边界。类似地，表示通过(10, 20)的垂直线的多边形，具有沿网格线 $x = 10$ 和 $x = 11$ 的垂直边界。对于具有斜率$|m| < 1$ 的直线，可以根据线段与像素的相交位置来确定直线路径定位在多边形边界的下面或上面；例如在图 6.59 中，该线段与像素(10, 20)的相交位置与像素的下边界接近，但线段与像素(11, 21)的相交位置与像素的上边界接近。类似地，对于斜率$|m| > 1$ 的直线，根据线段与像素的相交位置来确定直线路径定位在多边形边界的左边或右边。

6.15.2　子像素的加权掩模

过取样算法经常在实现时将更大的权值赋给接近于像素区域中心的子像素，因为我们希望这些子像素在确定像素的整体亮度中可以实现更重要的作用。图 6.61 给出了 3×3 像素部分所采用的加权方案。其中，中心子像素的加权是角子像素的 4 倍，是其他像素的 2 倍。然后对 9 个子像素的每个网格所计算出的亮度进行平均。因此，中心子像素的加权系数为 1/4，顶部和底部及两侧子像素的加权系数为 1/8，而角子像素的加权系数为 1/16。指定子像素的相对重要性的数值数组有时称为加权掩模(weighting mask)。也可以为较大的子像素网格建立类似的掩模。而且，经常扩展这些掩模以包含来自相邻像素中子像素的作用，从而对相邻像素进行平均以获得亮度。

1	2	1
2	4	2
1	2	1

图 6.61　3×3 子像素网格的相对权值

6.15.3　直线段的区域取样

通过将每个像素亮度设置为正比于像素与有限宽线段的重叠区域，可以完成对直线段的区域取样。将直线段看成矩形，而将两相邻的垂直(或两相邻的水平)屏幕网格线间的直线段区域

看作一个梯形,那么就可以通过确定在垂直列(或水平行)中每个像素被多少梯形区域所覆盖来计算像素的重叠区域。在图6.60中,具有屏幕网格坐标(10,20)的像素中约90%已由线段区域所覆盖,那么该像素的亮度就设置为最大亮度的90%;类似地,在(10,21)的像素亮度设置为最大亮度的15%。估计像素覆盖区域的方法请参见图6.60的过取样例子。在线段边界内,子像素的总数近似等于覆盖区域,并且这种估计结果的精度可以通过采用更细的子像素网格而得到提高。

6.15.4 过滤技术

对直线段进行反走样的更精确的方法是采用过滤技术(filtering technique)。这种方法类似于应用加权的像素掩模,只是假设一个连续的加权表面(或过滤函数)覆盖像素。图6.62给出了矩形、圆锥和高斯过滤函数的例子。应用过滤函数的方法类似于应用加权掩模,但过滤函数是集成像素曲面来得到加权的平均亮度。为了减少计算量,经常使用查表法来得到整数值。

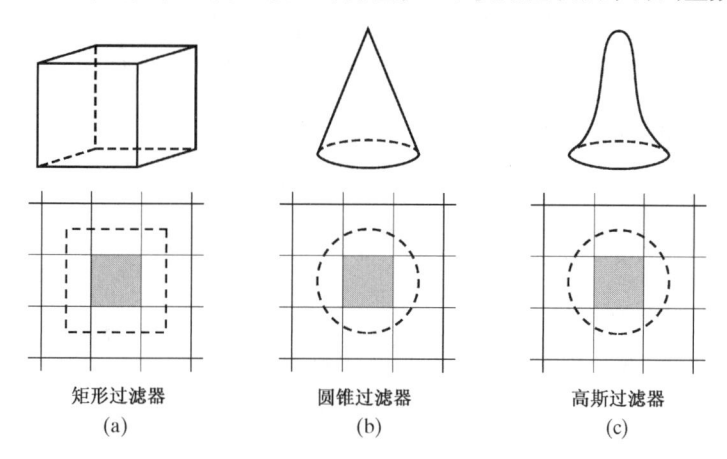

图6.62 用于反走样直线路径的常用过滤函数,每个过滤器的体积被规范化为1.0,使用任意子像素位置上的高度给出该子像素的相对权值

6.15.5 像素移相

在能够对屏幕网格内的子像素位置进行编址的光栅系统上,可以使用像素移相来进行对象的反走样。通过将像素位置移动(微定位)到更接近直线路径来实现显示线段的平滑处理。结合像素移相(pixel phasing)的系统设计成可以根据像素直径的小数部分来移动电子束。典型情况下,电子束根据像素直径的1/4、1/2、3/4进行移动,从而绘制接近于线段或对象边界真实路径的点。有些系统也允许对单个像素的尺寸进行调整,以作为分配亮度的附加方法。图6.63给出了在各种直线路径上像素移相的反走样效果。

6.15.6 直线亮度差的校正

为了减轻阶梯状效应,对线段进行反走样也为如图6.64所示的另一种光栅效果提供了校正。使用相同数目像素所绘制的两条线段,对角线段还是比水平线段长$\sqrt{2}$倍。例如,当水平线段的长度为10 cm时,对角线段的长度超过14 cm。这导致的视觉效果是对角线段显得比水平线段要暗,因为对角线以更低的单位长度亮度进行显示。画线算法通过按照每条线的斜率来调整其亮度,就可以对这种效果进行校正。水平线和垂直线将以最低的亮度显示,而45°的直线则以最高亮度显示。一旦将反走样技术应用于显示,就可以自动校正亮度。当考虑直线段的有限宽度时,可以把整体线段显示亮度调整为正比于其长度。

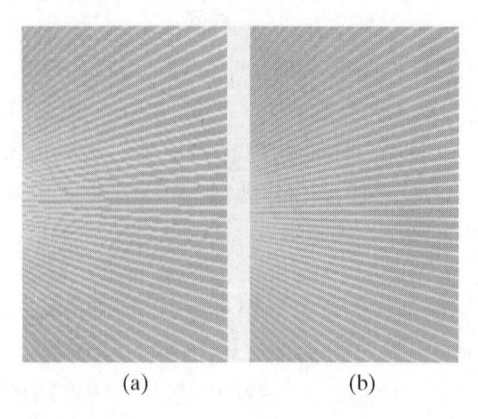

图6.63 (a)在 Merlin 9200 系统上绘制的锯齿形线；(b)使用像素移相的反走样技术进行平滑后的效果，这种技术增加了系统上可编址点的数目，从 768×576 到 3072×2304（Peritek 公司提供）

6.15.7 区域边界的反走样

直线段的反走样概念也可以用于区域边界，从而消除其锯齿形的外貌。我们可以将这种程序加入到扫描线算法中，在生成区域时来平滑区域轮廓。

假如系统具有允许像素重定位的功能，那么就可以将边界像素位置调整到更靠近区域边界来实现对区域边界的平滑处理。其他方法则是根据边界内像素区域的百分比来调整每个边界位置上的像素亮度。在图6.65中，位置(x, y)上的像素有大约一半的区域在多边形边界内。因此，该位置处的亮度将调整到其设

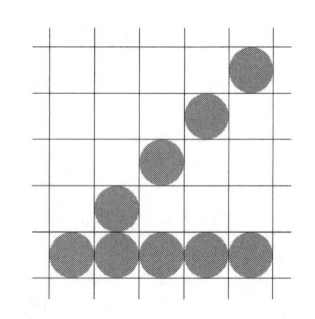

图6.64 用相同数目像素显示的不等长线段

定值的一半。沿边界的下一个位置$(x+1, y+1)$的亮度则调整到约为其设定值的1/3。以像素区域覆盖率为基础，类似的调整方法可以应用于沿边界的其他亮度值。

过取样方法可通过确定区域边界内的子像素数目来实现。图6.66中的一个像素被分割成4个子区域，原4×4的像素网格则变成为8×8的网格。现在要处理的穿过该网格的扫描线是8条，而不是4条。图6.67给出了这个网格中覆盖对象边界的像素区域之一，沿着扫描线，可以确定子像素区域的3个区域在边界内。因此，将像素亮度设置为其最大值的75%。

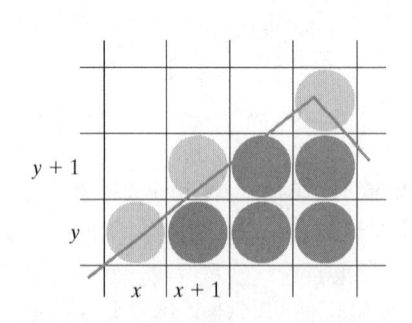

图6.65 调整沿区域边界的像素亮度

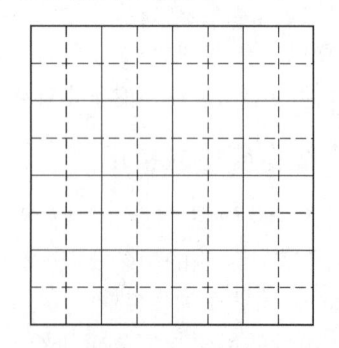

图6.66 光栅显示的4×4像素区域分割成8×8网格

另一种由 Pitteway 和 Watkinson 提出的确定边界内像素区域百分比的方法，是以中点算法为基础的。这个算法通过测试两像素间的中间位置，确定哪个像素更接近于直线而选择沿扫描线

的下一个像素。类似于 Bresenham 画线算法,可以建立决策参数 p,其符号可以表明下面的两个候选像素中哪一个更接近线段。通过对 p 形式的略微修改,就可以得到被对象覆盖的当前像素区域的百分比。

我们首先考虑斜率 m 在 0 到 1 之间的画线算法。在图 6.68 中,直线路径显示在像素网格之上。假设已经绘制了 (x_k, y_k) 上的像素,那么最接近 $x = x_k + 1$ 上直线的下一个像素可能是 y_k 上的像素,或是 $y_k + 1$ 上的像素。我们使用下列计算来确定哪一个更接近直线:

$$y - y_{\text{mid}} = [m(x_k + 1) + b] - (y_k + 0.5) \qquad (6.70)$$

这给出了从线段上的实际 y 坐标到位置 y_k 和 $y_k + 1$ 之间的中点的垂直距离。假如差为负,那么 y_k 上的像素更接近直线;假如差为正,则 $y_k + 1$ 上的像素更接近直线。我们可以通过加上 $1 - m$ 来调整这个计算,从而使它产生一个 0 到 1 之间的正数:

$$p = [m(x_k + 1) + b] - (y_k + 0.5) + (1 - m) \qquad (6.71)$$

假如 $p < 1 - m$,则 y_k 上的像素更接近;假如 $p > 1 - m$,则 $y_k + 1$ 上的像素更接近。

参数 p 也能计算区域覆盖当前像素的实际量。对于图 6.69 中 (x_k, y_k) 处的像素,像素的内部有一个区域可计算为

$$\text{区域} = m \cdot x_k + b - y_k + 0.5 \qquad (6.72)$$

这个对 (x_k, y_k) 上的覆盖区域表达式,与式(6.71)中决策参数 p 的表达式是相同的。因此,通过计算 p 值来确定沿多边形边界的下一个位置,也可以确定对当前像素覆盖区域的百分比。

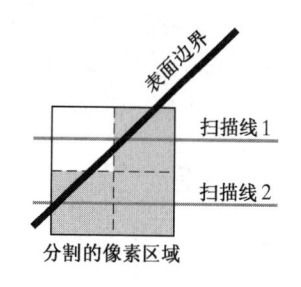

图 6.67 分割的像素区域中有 3 个子区域在对象边界线内

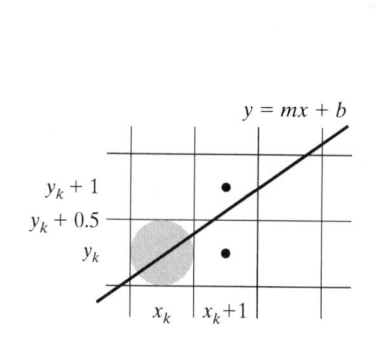

图 6.68 通过像素网格部分的填充区边界

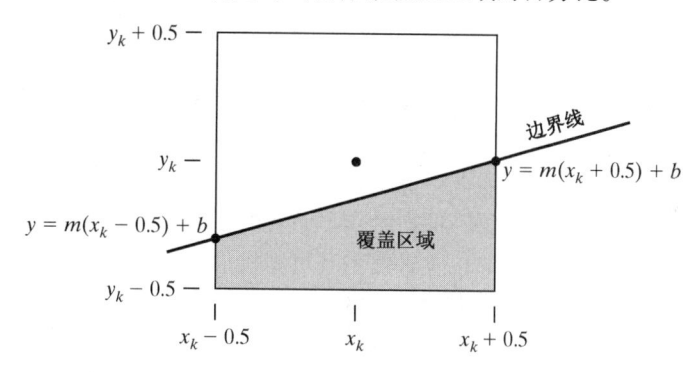

图 6.69 中心在 (x_k, y_k) 的像素矩形中被多边形内部填充区覆盖的区域

我们可将这个算法一般化,以适应具有负斜率和斜率大于 1 的直线段。对决策参数 p 的这种计算可以加入中点线算法中,从而沿多边形的边对像素位置进行定位,同时调整沿边界线的像素亮度。同样,我们可以调整计算,将像素坐标指向左下角并保持区域比例,如 6.8 节中讨论的那样。

在多边形顶点处及对于很小的多边形(如图 6.70 所示),有多于一条边通过一个像素区域。对于这些情况,我们需要处理所有通过像素的边并确定正确的内部区域来修改 Pitteway-Watkinson 算法。

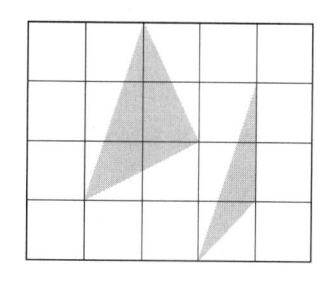

图 6.70 具有多条通过单个像素区域的边界线的多边形

6.16 小结

用于沿直线路径绘制像素的三种方法是 DDA 算法、Bresenham 算法和中点算法。Bresenham 算法和中点算法是等同的并且是最有效的。沿直线路径的像素颜色值的存储按照递增地计算内存地址的方式而有效地完成。任何线段生成算法都可以通过分割线段并将分割的线段分布到可用处理器上来获得并行的实现。

圆和椭圆采用中点算法并根据其对称性进行有效而精确的扫描转换。其他圆锥曲线(抛物线和双曲线)也可以使用类似的方法进行绘制。分段的连续多项式的样条曲线广泛地应用于动画和计算机辅助设计中。曲线生成的并行实现能通过与并行线段处理方法类似的方法来实现。

为了考虑显示的直线段和曲线具有有限宽度的事实，我们必须调整对象的像素大小，使之与指定的几何尺寸相一致。可以通过将像素位置看作在左下角的编址方法，或是通过调整直线段长度的方法来实现。

扫描线方法常用于填充多边形、圆和椭圆。内点填充用于扫描线与边界的每一对交点之间的像素位置从左往右进行。对于多边形来说，扫描线与其相交于顶点可导致两个交点。缩短某些边可解决这一问题。如果把填充区限定为凸多边形，则扫描线填充算法可得到简化。如果场景中的所有填充区都是三角形，则扫描线填充算法可进一步简化。沿每一扫描线的内部像素按照填充属性描述来赋以适当的颜色。绘画程序通常用边界填充方法或泛滥填充方法显示填充区。这两种方法都需要一个起始内点。然后从起始点开始逐个像素绘制直到边界。

软填充程序为区域提供了一个与先前填充颜色有相同变化的新填充颜色。线性软填充算法是这种方法的一个例子，该算法假设先前的填充是前景色和背景色的线性组合，然后从帧缓存设置中确定这种相同的线性关系，并用于以新颜色重新对区域涂色。

我们可通过应用调整像素强度的反走样过程来改善光栅图元的外貌。过取样是一种实现反走样的方法。即将每一像素看作子像素的组合并计算每一子像素的强度及所有子像素的平均值。我们还可按子像素的位置来确定其贡献权值，并给中心以最高权值。另一种选择是，进行区域取样并确定一个屏幕像素的区域覆盖百分比，然后设定与该百分比成比例的像素亮度。另一种反走样方法是构造能移动像素位置的硬件配置。

参考文献

关于 Bresenham 算法的基本资料可在 Bresenham(1965,1977)中找到。有关中点算法的信息，请参见 Kappel(1985)，生成直线段和圆的并行算法在 Pang(1990)和 Wright(1990)中讨论。生成和处理图元的许多其他方法在 Foley et al. (1990)、Glassner(1990)、Arvo(1991)、Kirk(1992)、Heckbert(1994)和 Paeth(1995)中讨论。

软填充技术请参见 Fishkin and Barsky(1984)。反走样技术参见 Pitteway and Watinson(1980)、Crow(1981)、Turkowski(1982)、Fujimoto and Iwata(1983)、Korein and Badler(1983)、Kirk and Arvo(1991)及 Wu(1991)。有关灰度应用的讨论请参见 Crow(1978)。其他关于属性和状态参数的讨论请参见 Glassner(1990)、Arvo(1991)、Kirk(1992)、Heckbert(1994)和 Paeth(1995)。

练习题

6.1 用 DDA 算法实现一个按给定的任意数目(n)输入点来画折线的函数,当 $n=1$ 时绘制一个点。

6.2 扩充 Bresenham 画线算法,使之能利用象限间的对称性来生成具有任意斜率的直线段。

6.3 实现一个折线函数,使用前面的算法显示连接 n 个输入点的一组线段。当 $n=1$ 时绘制一个点。

6.4 使用中点算法推导沿斜率在 $0<m<1$ 范围内的直线路径生成点的决策参数,指出中点决策参数与 Bresenham 画线算法中的相同之处。

6.5 使用中点算法推导用于生成具有任意斜率线段的决策参数。

6.6 给出斜率在 $0<m<1$ 范围内的 Bresenham 画线算法的并行版本。

6.7 给出具有任意斜率的 Bresenham 画线算法的并行版本。

6.8 假设系统有一个 8 英寸 × 10 英寸、每英寸能显示 100 个像素的监视器。存储器的字长为一字节,起始帧缓存地址为 0,并且每个像素对应存储器的 1 个字节,那么屏幕坐标 (x,y) 在帧缓存中的地址是什么?

6.9 假如系统有一个 12 英寸 × 14 英寸、每英寸能显示 120 个像素的监视器,存储器的字长为一字节,起始帧缓存地址为 0,每个像素对应存储器的 1 位,那么屏幕坐标 (x,y) 的像素的帧缓存地址是什么?

6.10 假如系统有一个 12 英寸 × 14 英寸、每英寸能显示 120 个像素的监视器,存储器的字长为一字节,起始帧缓存地址为 0,每个像素对应存储器的 1 位,那么屏幕坐标 (x,y) 的像素的帧缓存地址是什么?

6.11 把计算帧缓存地址的迭代法(参见 6.3 节)结合进 Bresenham 画线算法中。

6.12 修改中点画圆算法,使之用保存的几何数据输入来显示圆(参见 6.8 节)。

6.13 编写实现中点画圆并行算法的程序。

6.14 假设起始位置为 $(r_x, 0)$,并且以逆时针方向沿曲线路径生成点,推导中点椭圆算法的决策参数。

6.15 编写中点椭圆算法的并行实现的程序。

6.16 利用对称性优点,设计显示一个周期正弦(sin)函数的有效算法。

6.17 修改前一练习题的算法,设计显示任意指定角度范围的正弦函数的有效算法。

6.18 利用对称性优点,设计显示阻尼振荡运动函数

$$y = Ae^{-kx}\sin(\omega x + \theta)$$

的有效算法。其中 ω 为角速度,θ 为正弦函数的相位,对正弦函数的多个周期或直到最大振幅减少到 $A/10$ 时绘制 x 的函数 y。

6.19 使用前一练习题开发的算法,编写一个程序,显示正弦曲线的一个周期。该曲线从显示窗口左边界开始,到右边界结束,将曲线振幅按比例放大,使其最大值和最小值与显示窗口 y 的最大值和最小值相同。

6.20 利用中点算法并考虑对称性,推导在区间 $-10 \leq x \leq 10$ 上对下列曲线进行扫描转换的有效算法:

$$y = \frac{1}{12}x^3$$

6.21 使用前一练习题中开发的算法,编写一个程序,显示由输入的角度范围确定的正弦曲

线的一部分，该曲线从显示窗口左边界开始、到右边界结束，将曲线振幅按比例放大，使其最大值和最小值与显示窗口 y 的最大值和最小值相同。

6.22 利用中点算法并考虑对称性，对抛物线 $x = y^2 - 5$ 在区间 $-10 \leq x \leq 10$ 进行扫描转换。

6.23 利用中点算法并考虑对称性，对抛物线 $y = 50 - x^2$ 在区间 $-5 \leq x \leq 5$ 进行扫描转换。

6.24 考虑对称性，建立中点算法对形式为 $y = ax^2 + b$ 的任意抛物线进行扫描转换，参数 a、b 及 x 的范围从输入值获得。

6.25 为圆柱体定义一种有效的多边形网格描述并调整对描述的选择。

6.26 修改 Bresenham 画线算法，实现一个通用的显示实线、划线和点线的线型函数。

6.27 使用中点线算法实现显示实线、划线和点线的线型函数。

6.28 设计实现线型函数的并行方法。

6.29 设计实现线宽函数的并行方法。

6.30 由两个端点和线宽指定的线段可以转换成有四个顶点的矩形，然后用扫描线算法显示。请给出一个有效的算法，使用作为输入参数的线段端点和线宽来计算这个矩形的四个顶点。

6.31 实现画线程序中的线宽功能，使三种线宽中的任何一个都能显示。

6.32 编写一个程序，输出在相同 x 坐标范围上定义的三个数据集的线条图。对程序的输入包括三组数据值和图的标签。需缩放数据集来适合指定的显示窗口区域。每一数据集用不同的线型绘图。

6.33 修改前一练习题的程序，用不同的颜色及不同的线型绘制三个数据集。

6.34 建立一个用方帽、圆帽或突方帽粗线的显示算法，这些选择以菜单选项的形式提供。

6.35 设计一个算法来显示具有斜角连接、圆角连接或斜切连接的粗折线，这种选择以菜单选项的形式提供。

6.36 实现画线过程的画笔和画刷的菜单选项，至少包括两个选项：圆帽和方帽。

6.37 修改画线算法使输出的亮度按其斜率设置，即按照斜率值调整像素亮度，使直线以每单位长度的相同亮度进行显示。

6.38 定义并实现控制显示椭圆的线型(实线、划线、点线)的函数。

6.39 定义并实现设置显示椭圆的线宽的函数。

6.40 修改扫描线算法，从而将任何指定的矩形填充图案应用到多边形内部，从指定的图案位置开始填充。

6.41 编写一个程序，使用扫描转换法对给定椭圆的内部进行单色填充。

6.42 编写一个程序，使用指定的图案对给定椭圆的内部进行填充。

6.43 编写一个程序，对任意指定的包括有自相交边的一组填充区顶点的内部进行填充，使用非零环绕数规则识别内部区域。

6.44 修改 4-连通区域的边界填充算法，使之通过结合扫描线算法避免过多使用堆栈。

6.45 编写一个 8-连通区域的边界填充程序。

6.46 解释使用中点算法显示的椭圆怎样用边界填充算法进行填充。

6.47 开发并实现一个对任意指定区域的内部进行填充的泛滥算法。

6.48 定义并实现一个修改已有矩形填充图案尺寸的程序。

6.49 编写一个实现软填充算法的程序。仔细定义所要完成的软填充算法及如何组合颜色。

6.50 设计一个算法，调整定义为矩形网格图案的字符高度和宽度。

6.51 实现设置字符向上向量和文本路径以控制字符串显示的程序。

第 6 章 实现图元及属性的算法

6.52 编写一个程序，按照对齐参数的输入值指定的位置将文本对齐。
6.53 开发一个实现标记属性（尺寸和颜色）的程序。
6.54 扩展 Bresenham 画线算法，实现一个反走样程序，从而调整直线路径附近的像素亮度。
6.55 实现一个关于中点线算法的反走样程序。
6.56 开发一个关于椭圆边界的反走样算法。
6.57 修改区域填充的扫描线算法，在其中加入反走样。使用连贯性来减少连续扫描线上的计算量。
6.58 编写一个实现使用扫描线过程、OpenGL 画点函数来填充多边形内部的 Pitteway-Watkinson 反走样算法的程序。

附加综合题

6.1 编写实现 Bresenham 画线算法和 DDA 画线算法，在你的应用中使用这些算法画出所用图形的轮廓线。记录并比较两种方法的运行时间。接下来测试场景中表示对象的多边形，选择一些便于使用椭圆或其他曲线表示的对象或增加一些这样的对象。实现一种中点算法来绘制表示这些对象的椭圆或曲线，并绘制这些对象的轮廓。讨论一下如果使用并行硬件，如何改进你所开发的算法的效率。
6.2 实现对场景中的对象进行实心颜色填充的多边形扫描线填充算法。接下来，实现一种曲线边界的扫描线填充算法来对上一综合题增加的曲线对象进行填充。最后，实现一种边界填充算法来对场景中的所有对象进行填充。比较两种填充方法的运行时间。

第7章 二维几何变换

到目前为止，我们已经看到如何使用线段和填充区等图元来描述场景，并利用属性来辅助这些图元。我们给出了扫描线算法，可以将图元显示在光栅设备上。现在，再来看看可用于对象重定位或改变大小的变换操作。这些操作也在将世界坐标系中的场景描述转换到输出设备上显示的观察子程序中使用。另外，它们可用于各种其他的应用中，如计算机辅助设计(CAD)和计算机动画。例如，一个建筑设计师通过安排组成部分的方向和大小来创建一个设计布局图，而计算机动画师通过沿指定路径移动"照相机"位置或场景中的对象来开发一个视频序列。应用于对象几何描述并改变它的位置、方向或大小的操作称为**几何变换**(geometric transformation)。

几何变换有时也称为建模变换(modeling transformation)，但有些图形系统将两者区分开来。建模变换一般用于构造场景或给出由多个部分组合而成的复杂对象的层次式描述等。例如，一架飞机由机翼、机尾、机身、发动机和其他部分组成，每一部分又可以描述成第二级组合体，以此类推，在层次结构中逐层往下描述。因此，该飞机可以使用那些部件及附属于每个部件的"建模"变换来描述，这些变换指出那些部件怎样满足飞机整体的设计。另一方面，几何变换能用来描述动画序列中对象在场景中可以怎样移动或简单地从另一角度来观察它们。因此，有些图形系统提供两套变换子程序，而其他一些软件包则提供一套能同时用于几何变换和建模变换的函数。

7.1 基本的二维几何变换

平移、旋转和缩放是所有图形软件包中都包含的几何变换函数。可能包括在图形软件包中的其他变换函数有反射和错切操作。为了介绍几何变换的一般概念，我们首先考虑二维操作。（在第9章，我们讨论怎样将这些基本思想扩充到三维场景中）。在理解基本概念后，可以很容易地编写执行二维场景对象几何变换的程序。

7.1.1 二维平移

通过将位移量加到一个点的坐标上来生成一个新的坐标位置，可以实现一次**平移**(translation)。实际上，我们将该点从原始位置沿一直线路径移动到新位置。类似地，对于使用多个坐标位置定义的一个对象(如四边形)，可以通过对所有坐标位置使用相同的位移量沿平行路径重定位来实现平移。然后在新位置显示完整的对象。

将**平移距离**(translation distance) t_x 和 t_y 加到原始坐标 (x, y) 上获得一个新的坐标位置 (x', y')，可以实现一个二维位置的平移，如图7.1所示。

$$x' = x + t_x, \qquad y' = y + t_y \tag{7.1}$$

一对平移距离 (t_x, t_y) 称为**平移向量**(translation vector)或**位移向量**(shift vector)。

我们可以使用下面的列向量来表示坐标位置和平移向量，然后将方程(7.1)表示成单个矩阵形式：

$$\mathbf{P} = \begin{bmatrix} x \\ y \end{bmatrix}, \qquad \mathbf{P}' = \begin{bmatrix} x' \\ y' \end{bmatrix}, \qquad \mathbf{T} = \begin{bmatrix} t_x \\ t_y \end{bmatrix} \tag{7.2}$$

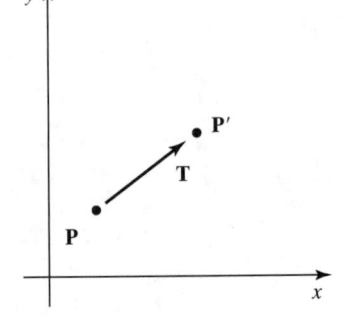

图7.1 使用平移向量 **T**，将一个点从位置 **P** 平移到位置 **P**′

这样就可以使用矩阵形式来表示二维平移方程:

$$\mathbf{P}' = \mathbf{P} + \mathbf{T} \tag{7.3}$$

平移是一种移动对象而不改变其形状的刚体变换。即对象上的每一点移动了同样的距离。一条直线段的平移通过使用式(7.3)对其两端点进行移动并重画两个新端点位置间的线段来实现。多边形也以类似的方法平移。我们将平移向量加到多边形的每一顶点坐标位置,然后使用这组新顶点来重新生成多边形。图 7.2 给出了使用指定的平移向量将一个对象从一个位置移动到另一位置的例子。

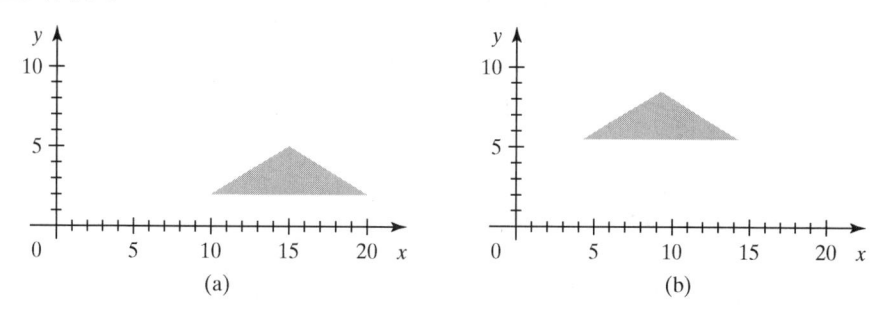

图 7.2 使用平移向量(-5.50, 3.75)将多边形从位置(a)移到位置(b)

下面的程序演示了平移操作。输入的平移向量用来将一个多边形的 n 个顶点从世界坐标系的一个位置移动到另一个位置,而 OpenGL 子程序用来重新生成平移后的多边形。

```
class wcPt2D {
   public:
      GLfloat x, y;
};

void translatePolygon (wcPt2D * verts, GLint nVerts, GLfloat tx, GLfloat ty)
{
   GLint k;

   for (k = 0; k < nVerts; k++) {
      verts [k].x = verts [k].x + tx;
      verts [k].y = verts [k].y + ty;
   }
   glBegin (GL_POLYGON);
      for (k = 0; k < nVerts; k++)
         glVertex2f (verts [k].x, verts [k].y);
   glEnd ( );
}
```

如果我们要删除原来的多边形,则可以在平移前用背景色显示它。有些图形软件包中有另外的删除图形部分的方法。同样,如果要保存原来的多边形位置,可以将平移后的多边形存入不同的数组。

可以使用同样的方法来平移其他对象。为了改变圆或椭圆的位置,可以平移中心坐标并在新的中心位置上重画图形。对于一个样条曲线,通过平移定义该曲线路径的点,然后使用平移过的坐标位置来重构曲线。

7.1.2 二维旋转

通过指定一个**旋转轴**(rotation axis)和一个**旋转角度**(rotation angle),可以进行一次**旋转**(rotation)变换。在将对象的所有顶点按指定角度绕指定旋转轴旋转后,该对象的所有点都旋转到新位置。

对象的二维旋转通过在 xy 平面上沿圆路径将对象重定位来实现。此时,我们将对象绕与 xy 平面垂直的旋转轴(与 z 轴平行)旋转。二维旋转的参数有旋转角 θ 和称为**旋转点**(rotation point 或 pivot point)的位置 (x_r, y_r),对象绕该点旋转(参见图 7.3)。基准点是旋转轴与 xy 平面的交点。正角度 θ 定义绕基准点的逆时针旋转(参见图 7.3),而负角度将对象沿顺时针方向旋转。

为了简化该基本方法的叙述,我们首先确定当基准点为坐标原点时点位置 **P** 进行旋转的变换方程。原始点和变换后点位置的角度与坐标关系如图 7.4 所示。其中,r 是点到原点的固定距离,角 ϕ 是点的原始角度位置与水平线的夹角,θ 是旋转角。应用标准的三角等式,我们可以利用 θ 和 ϕ 将转换后的坐标表示为

$$\begin{aligned} x' &= r\cos(\phi+\theta) = r\cos\phi\cos\theta - r\sin\phi\sin\theta \\ y' &= r\sin(\phi+\theta) = r\cos\phi\sin\theta + r\sin\phi\cos\theta \end{aligned} \tag{7.4}$$

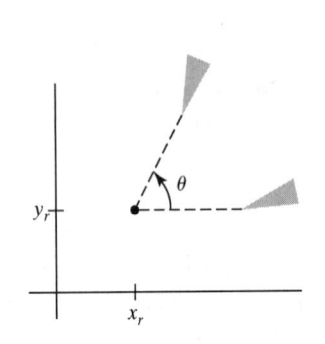

图 7.3 绕基准点 (x_r, y_r) 将对象旋转 θ 角

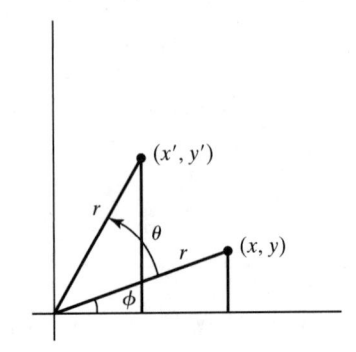

图 7.4 相对于原点将点从位置 (x, y) 旋转 θ 角到 (x', y') 点。原点对 x 轴的角位移为 ϕ

在极坐标系中,点的原始坐标为

$$x = r\cos\phi, \qquad y = r\sin\phi \tag{7.5}$$

将式 (7.5) 代入式 (7.4) 中,我们就得到相对于原点、将位置 (x, y) 的点旋转 θ 角的变换方程:

$$\begin{aligned} x' &= x\cos\theta - y\sin\theta \\ y' &= x\sin\theta + y\cos\theta \end{aligned} \tag{7.6}$$

使用列向量表达式 (7.2) 表示坐标位置,那么旋转方程的矩阵形式为

$$\mathbf{P}' = \mathbf{R} \cdot \mathbf{P} \tag{7.7}$$

其中,旋转矩阵是

$$\mathbf{R} = \begin{bmatrix} \cos\theta & -\sin\theta \\ \sin\theta & \cos\theta \end{bmatrix} \tag{7.8}$$

式 (7.2) 中坐标位置 **P** 的列向量是标准的数学表示。然而,早期的图形系统有时用行向量表示坐标位置,这会改变执行旋转时矩阵相乘的次序。但现在 OpenGL、Java、PHIGS 和 GKS 都按标准列向量方式表示。

图 7.5 给出了绕任意基准点旋转一个点的例子。利用图中的三角关系,可以将式 (7.6) 规范化为绕任意指定的旋转位置 (x_r, y_r) 旋转的点的变换方程:

$$\begin{aligned} x' &= x_r + (x - x_r)\cos\theta - (y - y_r)\sin\theta \\ y' &= y_r + (x - x_r)\sin\theta + (y - y_r)\cos\theta \end{aligned} \tag{7.9}$$

这些通用旋转方程不同于式 (7.6),该方程包含了一个加项及在坐标值上的多重系数。因此,通过其中的元素包含式 (7.9) 中的加项(平移项)的列向量矩阵加法,就可以修改矩阵表达式 (7.7),使其包括基准点坐标。然而,还有更好的方法可以形成这样的矩阵公式,在 7.2 节我

们将讨论表达变换公式的更一致的方法。

类似于平移,旋转是一种不变形地移动对象的刚体变换,对象上的所有点旋转相同的角度。线段的旋转可以通过将式(7.9)用于每个线段端点,并重新绘制新端点间的线段而得到。多边形的旋转则是将每个顶点旋转指定的旋转角,并使用新的顶点来生成多边形而实现旋转。曲线的旋转通过重新定位定义的点并重新绘制曲线而完成。例如圆或椭圆,可以通过将中心位置沿指定旋转角对着的弧移动而绕非中心轴旋转。椭圆可通过旋转其长轴和短轴来实现绕其中心位置的旋转。

在下列程序示例中,一个多边形绕指定的世界坐标系中的基准点旋转。旋转过程的输入参数是原始的多边形顶点、基准点坐标和用弧度表示的旋转角 theta,多边形用 OpenGL 子程序重新生成。

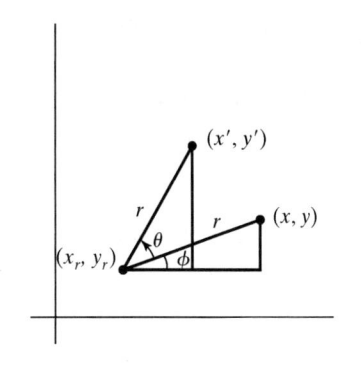

图 7.5 相对旋转点(x_r, y_r)将点从位置(x,y)旋转θ角到位置(x',y')

```
class wcPt2D {
   public:
      GLfloat x, y;
};

void rotatePolygon (wcPt2D * verts, GLint nVerts, wcPt2D pivPt,
                    GLdouble theta)
{
   wcPt2D * vertsRot;
   GLint k;

   for (k = 0; k < nVerts; k++) {
      vertsRot [k].x = pivPt.x + (verts [k].x - pivPt.x) * cos (theta)
                              - (verts [k].y - pivPt.y) * sin (theta);
      vertsRot [k].y = pivPt.y + (verts [k].x - pivPt.x) * sin (theta)
                              + (verts [k].y - pivPt.y) * cos (theta);
   }
   glBegin {GL_POLYGON};
      for (k = 0; k < nVerts; k++)
         glVertex2f (vertsRot [k].x, vertsRot [k].y);
   glEnd ( );
}
```

7.1.3 二维缩放

可以使用**缩放**(scaling)变换改变一个对象的大小。一个简单的二维缩放操作可通过将**缩放系数**(scaling factor)s_x和s_y与对象坐标位置(x, y)相乘而得:

$$x' = x \cdot s_x, \qquad y' = y \cdot s_y \tag{7.10}$$

缩放系数s_x在x方向对对象缩放,而s_y在y方向进行缩放。基本的二维缩放公式(7.10)也可以写成矩阵形式:

$$\begin{bmatrix} x' \\ y' \end{bmatrix} = \begin{bmatrix} s_x & 0 \\ 0 & s_y \end{bmatrix} \cdot \begin{bmatrix} x \\ y \end{bmatrix} \tag{7.11}$$

或

$$\mathbf{P}' = \mathbf{S} \cdot \mathbf{P} \tag{7.12}$$

其中,$\mathbf{S}$是式(7.11)中的2×2缩放矩阵。

可以赋给缩放系数 s_x 和 s_y 任何正数值。值小于1将缩小对象的尺寸,值大于1则放大对象。如果将 s_x 和 s_y 都指定为1,那么对象尺寸就不会改变。当赋给 s_x 和 s_y 相同的值时,就会产生保持对象相对比例的**一致缩放**(uniform scaling)。s_x 和 s_y 值不等时将产生设计应用中常见的**差值缩放**(differential scaling),其中的图形由少数形状经缩放和定位变换来构造(参见图7.6)。在有些系统中,也可为缩放参数指定负值。这不仅改变对象的尺寸,还相对于一个或多个坐标轴反射。

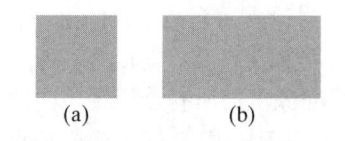

图7.6 用缩放系数 $s_x=2$ 和 $s_y=1$ 将正方形(a)变换成矩形(b)

利用式(7.11)变换的对象既被缩放,又被重定位。当缩放系数的绝对值小于1时,缩放后的对象向原点靠近;而当缩放系数的绝对值大于1时,缩放后的坐标位置远离原点。图7.7给出了将值0.5赋给式(7.11)中的 s_x 和 s_y 时对线段的缩放。线段的长度和到原点的距离都减少到1/2。

我们可以选择一个在缩放变换后不改变位置的点,称为**固定点**(fixed point),以控制缩放后对象的位置。固定点的坐标 (x_f, y_f) 可以选择对象的中点(参见附录A)等位置或任何其他空间位置。这样,多边形通过缩放每个顶点到固定点的距离而相对于固定点进行缩放(参见图7.8)。对于坐标为 (x, y) 的顶点,缩放后的坐标 (x', y') 可计算为

$$x' - x_f = (x - x_f)s_x, \qquad y' - y_f = (y - y_f)s_y \tag{7.13}$$

我们可以将乘积项和加法项分开而重写式(7.13):

$$\begin{aligned} x' &= x \cdot s_x + x_f(1 - s_x) \\ y' &= y \cdot s_y + y_f(1 - s_y) \end{aligned} \tag{7.14}$$

其中,加法项 $x_f(1-s_x)$ 和 $y_f(1-s_y)$ 对于对象中的任何点都是常量。

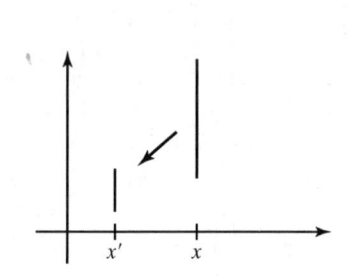

图7.7 $s_x = s_y = 0.5$ 时使用式(7.12)缩放的线段,尺寸减小并向坐标原点移动

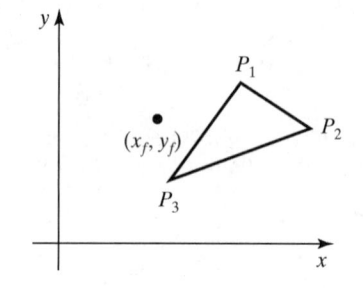

图7.8 相对于所选择的固定点 (x_f, y_f) 的缩放,从每个多边形顶点到固定点的距离由式(7.13)进行缩放

在缩放公式中包含固定点的坐标,类似于在旋转公式中包含基准点的坐标。我们可以建立一个其元素为式(7.14)中常数项的列向量,然后将这个列向量加到式(7.12)中的乘积 $\mathbf{S} \cdot \mathbf{P}$ 上。下一节将讨论仅包含矩阵乘法的变换方程的矩阵形式。

多边形的缩放可以通过将式(7.14)应用于每个顶点,然后利用变换后的顶点重新生成多边形而实现。其他对象的变换则将缩放变换公式应用到定义对象的参数上。要改变圆的大小,可通过缩放其半径并计算圆上坐标点的新坐标位置来实现。标准位置的椭圆通过缩放两个轴并且按其中心坐标重新绘制椭圆而实现缩放椭圆尺寸。

下列程序给出了对一个多边形缩放进行计算的例子。多边形顶点和固定点的坐标及缩放系数是输入参数。坐标变换后,使用OpenGL子程序重新生成缩放后的多边形。

```
class wcPt2D {
   public:
      GLfloat x, y;
};

void scalePolygon (wcPt2D * verts, GLint nVerts, wcPt2D fixedPt,
                    GLfloat sx, GLfloat sy)
{
   wcPt2D vertsNew;
   GLint k;

   for (k = 0; k < nVerts; k++) {
      vertsNew [k].x = verts [k].x * sx + fixedPt.x * (1 - sx);
      vertsNew [k].y = verts [k].y * sy + fixedPt.y * (1 - sy);
   }
   glBegin {GL_POLYGON};
      for (k = 0; k < nVerts; k++)
         glVertex2f (vertsNew [k].x, vertsNew [k].y);
   glEnd ( );
}
```

7.2 矩阵表示和齐次坐标

许多图形应用涉及几何变换的顺序。例如，动画需要将对象在运动的每个增量处进行平移和旋转。在设计和图形构造的应用中，通过完成平移、旋转和缩放，将图形组成部分安排到合适的位置。观察变换涉及一系列平移和旋转，从而将原始的场景描述变成输出设备上的显示。这里我们考虑怎样重组上一节所讨论的矩阵表达式，从而可以有效地处理这种变换顺序。

在7.1节中我们已经看到，每个基本变换(平移、旋转和缩放)都可以表示为普通矩阵形式：

$$\mathbf{P}' = \mathbf{M}_1 \cdot \mathbf{P} + \mathbf{M}_2 \tag{7.15}$$

坐标位置 $\mathbf{P}'$ 和 $\mathbf{P}$ 表示为列向量，矩阵 $\mathbf{M}_1$ 是一个包含乘法系数的 2×2 矩阵，$\mathbf{M}_2$ 是包含平移项的两元素列矩阵。对于平移，$\mathbf{M}_1$ 是单位矩阵。对于旋转或缩放，$\mathbf{M}_2$ 包含与基准点或缩放固定点相关的平移项。为了利用这个公式产生先缩放、再旋转、后平移这样的变换顺序，必须一步一步地计算变换的坐标。首先将坐标位置缩放，然后将缩放后的坐标旋转，最后将旋转后的坐标平移。更有效的方法是将变换组合，从而直接从初始坐标得到最后的坐标位置，这样就消除了中间坐标值的计算。因此，需要重组式(7.15)以消除 $\mathbf{M}_2$ 中与平移项相关的矩阵加法。

7.2.1 齐次坐标

如果将 2×2 矩阵表达式扩充为 3×3 矩阵，就可以把二维几何变换的乘法和平移项组合成单一矩阵表示。这时将变换矩阵的第三列用于平移项，而所有的变换公式可表示为矩阵乘法。但为了这样操作，必须解释二维坐标位置到三元列向量的矩阵表示。标准的实现技术是将二维坐标位置表示(x,y)扩充到三维表示(x_h, y_h, h)，这称为**齐次坐标**(homogeneous coordinate)，其中的**齐次参数**(homogeneous parameter) h 是一个非零值，因此

$$x = \frac{x_h}{h}, \qquad y = \frac{y_h}{h} \tag{7.16}$$

这样，普通的二维齐次坐标表示可写为$(h \cdot x, h \cdot y, h)$。对于二维几何变换，可以把齐次参数 h 取为任何非零值。因而，对于每个坐标点(x, y)，可以有无数个等价的齐次表达式。最方便的选择是简单地设置 $h=1$。因此每个二维位置都可用齐次坐标$(x, y, 1)$来表示。h 的其他值也是需要的，例如在三维观察变换的矩阵公式中。

齐次坐标这一术语在数学中用来指出笛卡儿方程的表达效果。当笛卡儿点(x,y)转换成齐次坐标(x_h,y_h,h)时，包含x和y的方程$f(x,y)=0$变成了具有三个参数x_h、y_h和h的齐次方程。这恰好说明，假如三个参数均被各自乘上v后的值替换，那么v可以从方程中作为因子提取出来。

利用齐次坐标表示位置，使我们可以用矩阵相乘的形式来表示所有的几何变换公式，而这是图形系统中使用的标准方法。二维坐标位置用三元素列向量表示，而二维变换操作用一个 3×3 矩阵表示。

7.2.2 二维平移矩阵

使用齐次坐标方法，坐标位置的二维平移可表示为下面的矩阵乘法：

$$\begin{bmatrix} x' \\ y' \\ 1 \end{bmatrix} = \begin{bmatrix} 1 & 0 & t_x \\ 0 & 1 & t_y \\ 0 & 0 & 1 \end{bmatrix} \cdot \begin{bmatrix} x \\ y \\ 1 \end{bmatrix} \tag{7.17}$$

该平移操作可简写为

$$\mathbf{P}' = \mathbf{T}(t_x, t_y) \cdot \mathbf{P} \tag{7.18}$$

其中$\mathbf{T}(t_x, t_y)$是式(7.17)中的 3×3 矩阵。在平移参数没有混淆的情况下，我们可以简单地使用$\mathbf{T}$来表示平移矩阵。

7.2.3 二维旋转矩阵

类似地，绕坐标系原点的二维旋转变换公式可表示成矩阵形式：

$$\begin{bmatrix} x' \\ y' \\ 1 \end{bmatrix} = \begin{bmatrix} \cos\theta & -\sin\theta & 0 \\ \sin\theta & \cos\theta & 0 \\ 0 & 0 & 1 \end{bmatrix} \cdot \begin{bmatrix} x \\ y \\ 1 \end{bmatrix} \tag{7.19}$$

或

$$\mathbf{P}' = \mathbf{R}(\theta) \cdot \mathbf{P} \tag{7.20}$$

旋转变换操作$\mathbf{R}(\theta)$是式(7.19)中旋转参数为θ的 3×3 矩阵。我们可以简单地把旋转矩阵写成$\mathbf{R}$。

有些图形软件包中只支持如式(7.19)所示的绕坐标系原点的二维旋转函数。绕任意基准点的旋转要经过一系列的变换操作来完成。图形软件包中的一种替代方法是在旋转子程序中为基准点坐标提供另外的参数。然后，包含基准点参数的旋转子程序建立一个无须引入一系列变换函数的通用旋转矩阵。

7.2.4 二维缩放矩阵

最后，相对于坐标原点的缩放变换现在可以表示为矩阵乘法：

$$\begin{bmatrix} x' \\ y' \\ 1 \end{bmatrix} = \begin{bmatrix} s_x & 0 & 0 \\ 0 & s_y & 0 \\ 0 & 0 & 1 \end{bmatrix} \cdot \begin{bmatrix} x \\ y \\ 1 \end{bmatrix} \tag{7.21}$$

或

$$\mathbf{P}' = \mathbf{S}(s_x, s_y) \cdot \mathbf{P} \tag{7.22}$$

缩放操作$\mathbf{S}(s_x, s_y)$是式(7.21)中以s_x和s_y为参数的 3×3 矩阵。多数情况下，我们可以将缩放矩阵表示成$\mathbf{S}$。

有些软件包仅提供如式(7.21)所示的以坐标系原点为中心的缩放函数。在这种情况下，以另一参考点为中心的缩放变换通过一系列变换操作来处理。然而，有些系统也包括通用的缩放子程序，可为以指定点为中心的缩放构造齐次坐标。

7.3 逆变换

对于平移变换，我们通过对平移距离取负值而得到逆矩阵。因此，如果二维平移距离是 t_x 和 t_y，则其逆平移矩阵是

$$\mathbf{T}^{-1} = \begin{bmatrix} 1 & 0 & -t_x \\ 0 & 1 & -t_y \\ 0 & 0 & 1 \end{bmatrix} \quad (7.23)$$

这产生相反方向的平移，而平移矩阵和其逆矩阵的乘积是一个单位矩阵。

逆旋转通过用旋转角度的负角取代该旋转角来实现。例如，绕坐标系原点的角度为 θ 的二维旋转有如下的逆变换矩阵：

$$\mathbf{R}^{-1} = \begin{bmatrix} \cos\theta & \sin\theta & 0 \\ -\sin\theta & \cos\theta & 0 \\ 0 & 0 & 1 \end{bmatrix} \quad (7.24)$$

旋转角的负值生成顺时针方向的旋转，因而当任何旋转矩阵和其逆旋转矩阵相乘时生成单位矩阵。由于旋转角符号的变化仅影响 sin 函数，因此该逆矩阵可以通过交换行与列来获得，即我们可以做任何旋转矩阵 $\mathbf{R}$ 的转置矩阵来得到它的逆矩阵（$\mathbf{R}^{-1} = \mathbf{R}^{\mathrm{T}}$）。

将缩放系数用其倒数取代就得到了缩放变换的逆矩阵。对以坐标系原点为中心、缩放参数为 s_x 和 s_y 的二维缩放，其逆变换矩阵为

$$\mathbf{S}^{-1} = \begin{bmatrix} \dfrac{1}{s_x} & 0 & 0 \\ 0 & \dfrac{1}{s_y} & 0 \\ 0 & 0 & 1 \end{bmatrix} \quad (7.25)$$

该逆矩阵生成相反的缩放变换，因此任何缩放矩阵与其逆矩阵的乘积生成了单位矩阵。

7.4 二维复合变换

利用矩阵表达式，可以通过计算单个变换的矩阵乘积，将任意的变换序列组成**复合变换矩阵**（composite transformation matrix）。形成变换矩阵的乘积经常称为矩阵的**合并**（concatenation）或**复合**（composition）。由于一个坐标位置用齐次列矩阵表示，我们必须用表达任意变换顺序的矩阵来前乘该列矩阵。由于场景中的许多位置用相同的顺序变换，因此先将所有变换矩阵相乘形成一个复合矩阵将是高效的方法。因此，如果我们要对点位置 $\mathbf{P}$ 进行两次变换，则变换后的位置将用下式计算：

$$\begin{aligned} \mathbf{P}' &= \mathbf{M}_2 \cdot \mathbf{M}_1 \cdot \mathbf{P} \\ &= \mathbf{M} \cdot \mathbf{P} \end{aligned} \quad (7.26)$$

该坐标位置使用矩阵 $\mathbf{M}$ 来变换，而不是单独地先用 $\mathbf{M}_1$ 然后用 $\mathbf{M}_2$ 来变换。

7.4.1 复合二维平移

假如将两个连续的平移向量 (t_{1x}, t_{1y}) 和 (t_{2x}, t_{2y}) 用于坐标位置 $\mathbf{P}$，那么最后的变换位置 $\mathbf{P}'$ 可以计算为

$$\begin{aligned} \mathbf{P}' &= \mathbf{T}(t_{2x}, t_{2y}) \cdot \{\mathbf{T}(t_{1x}, t_{1y}) \cdot \mathbf{P}\} \\ &= \{\mathbf{T}(t_{2x}, t_{2y}) \cdot \mathbf{T}(t_{1x}, t_{1y})\} \cdot \mathbf{P} \end{aligned} \quad (7.27)$$

其中，**P** 和 **P**′ 表示为三元素、齐次坐标的列向量。我们可以计算两个相关矩阵的乘积来检验这个结果。同样，这个平移序列的复合变换矩阵为

$$\begin{bmatrix} 1 & 0 & t_{2x} \\ 0 & 1 & t_{2y} \\ 0 & 0 & 1 \end{bmatrix} \cdot \begin{bmatrix} 1 & 0 & t_{1x} \\ 0 & 1 & t_{1y} \\ 0 & 0 & 1 \end{bmatrix} = \begin{bmatrix} 1 & 0 & t_{1x} + t_{2x} \\ 0 & 1 & t_{1y} + t_{2y} \\ 0 & 0 & 1 \end{bmatrix} \quad (7.28)$$

或

$$\mathbf{T}(t_{2x}, t_{2y}) \cdot \mathbf{T}(t_{1x}, t_{1y}) = \mathbf{T}(t_{1x} + t_{2x}, t_{1y} + t_{2y}) \quad (7.29)$$

这表示两个连续平移是相加的。

7.4.2 复合二维旋转

应用于 **P** 的两个连续旋转产生的变换为

$$\begin{aligned} \mathbf{P}' &= \mathbf{R}(\theta_2) \cdot \{\mathbf{R}(\theta_1) \cdot \mathbf{P}\} \\ &= \{\mathbf{R}(\theta_2) \cdot \mathbf{R}(\theta_1)\} \cdot \mathbf{P} \end{aligned} \quad (7.30)$$

通过两个旋转矩阵相乘，我们可以证明两个连续旋转是相加的：

$$\mathbf{R}(\theta_2) \cdot \mathbf{R}(\theta_1) = \mathbf{R}(\theta_1 + \theta_2) \quad (7.31)$$

因此，点旋转的最后坐标可以使用复合变换矩阵计算为

$$\mathbf{P}' = \mathbf{R}(\theta_1 + \theta_2) \cdot \mathbf{P} \quad (7.32)$$

7.4.3 复合二维缩放

合并两个连续的二维缩放操作的变换矩阵生成如下复合缩放矩阵：

$$\begin{bmatrix} s_{2x} & 0 & 0 \\ 0 & s_{2y} & 0 \\ 0 & 0 & 1 \end{bmatrix} \cdot \begin{bmatrix} s_{1x} & 0 & 0 \\ 0 & s_{1y} & 0 \\ 0 & 0 & 1 \end{bmatrix} = \begin{bmatrix} s_{1x} \cdot s_{2x} & 0 & 0 \\ 0 & s_{1y} \cdot s_{2y} & 0 \\ 0 & 0 & 1 \end{bmatrix} \quad (7.33)$$

或

$$\mathbf{S}(s_{2x}, s_{2y}) \cdot \mathbf{S}(s_{1x}, s_{1y}) = \mathbf{S}(s_{1x} \cdot s_{2x}, \ s_{1y} \cdot s_{2y}) \quad (7.34)$$

这种情况下的结果矩阵表明，连续缩放操作是相乘的，假如我们要连续两次将对象尺寸放大 3 倍，那么其最后的尺寸将是原始尺寸的 9 倍。

7.4.4 通用二维基准点旋转

当图形软件包仅提供绕坐标系原点的旋转函数时，我们可通过完成下列平移-旋转-平移操作序列来实现绕任意选定的基准点 (x_r, y_r) 的旋转。

1. 平移对象使基准点位置移动到坐标原点；
2. 绕坐标原点旋转；
3. 平移对象使基准点回到其原始位置。

这个变换序列如图 7.9 所示。利用矩阵合并可以得到该序列的复合变换矩阵：

$$\begin{aligned} &\begin{bmatrix} 1 & 0 & x_r \\ 0 & 1 & y_r \\ 0 & 0 & 1 \end{bmatrix} \cdot \begin{bmatrix} \cos\theta & -\sin\theta & 0 \\ \sin\theta & \cos\theta & 0 \\ 0 & 0 & 1 \end{bmatrix} \cdot \begin{bmatrix} 1 & 0 & -x_r \\ 0 & 1 & -y_r \\ 0 & 0 & 1 \end{bmatrix} \\ &= \begin{bmatrix} \cos\theta & -\sin\theta & x_r(1-\cos\theta) + y_r\sin\theta \\ \sin\theta & \cos\theta & y_r(1-\cos\theta) - x_r\sin\theta \\ 0 & 0 & 1 \end{bmatrix} \end{aligned} \quad (7.35)$$

该等式可以使用下列形式表示：

$$\mathbf{T}(x_r, y_r) \cdot \mathbf{R}(\theta) \cdot \mathbf{T}(-x_r, -y_r) = \mathbf{R}(x_r, y_r, \theta) \tag{7.36}$$

其中，$\mathbf{T}(-x_r, -y_r) = \mathbf{T}^{-1}(x_r, y_r)$。通常，可以将图形库中的旋转函数设计成先接收基准点坐标参数及旋转角，然后自动生成式(7.35)的旋转矩阵。

(a) 对象和基准点的原始位置　　(b) 平移对象使基准点 (x_r, y_r) 位于原点　　(c) 绕原点旋转　　(d) 平移对象使基准点回到位置 (x_r, y_r)

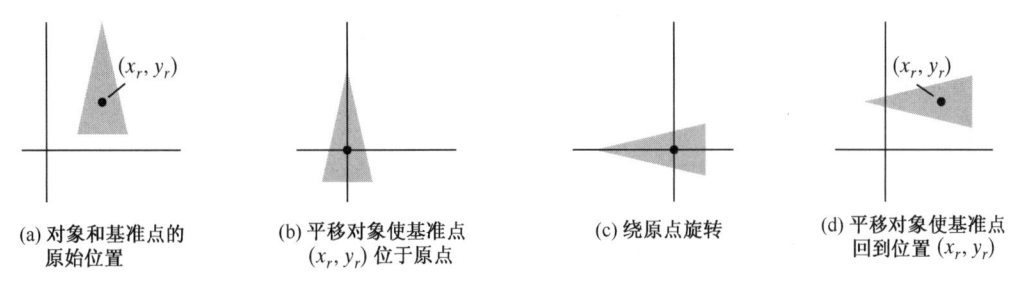

图 7.9　使用式(7.19)的 $\mathbf{R}(\theta)$ 绕指定基准点旋转一个对象的变换序列

7.4.5　通用二维基准点缩放

在只有相对于坐标原点缩放的缩放函数时，图 7.10 给出了关于任意选择的基准位置 (x_f, y_f) 缩放的变换序列：

1. 平移对象使固定点与坐标原点重合；
2. 对于坐标原点进行缩放；
3. 使用步骤 1 的反向平移将对象返回到原始位置。

将这三个操作的矩阵合并，就可以产生所需的缩放矩阵：

$$\begin{bmatrix} 1 & 0 & x_f \\ 0 & 1 & y_f \\ 0 & 0 & 1 \end{bmatrix} \cdot \begin{bmatrix} s_x & 0 & 0 \\ 0 & s_y & 0 \\ 0 & 0 & 1 \end{bmatrix} \cdot \begin{bmatrix} 1 & 0 & -x_f \\ 0 & 1 & -y_f \\ 0 & 0 & 1 \end{bmatrix} = \begin{bmatrix} s_x & 0 & x_f(1-s_x) \\ 0 & s_y & y_f(1-s_y) \\ 0 & 0 & 1 \end{bmatrix} \tag{7.37}$$

或

$$\mathbf{T}(x_f, y_f) \cdot \mathbf{S}(s_x, s_y) \cdot \mathbf{T}(-x_f, -y_f) = \mathbf{S}(x_f, y_f, s_x, s_y) \tag{7.38}$$

该变换在提供接受基准点坐标的缩放函数的系统中自动生成。

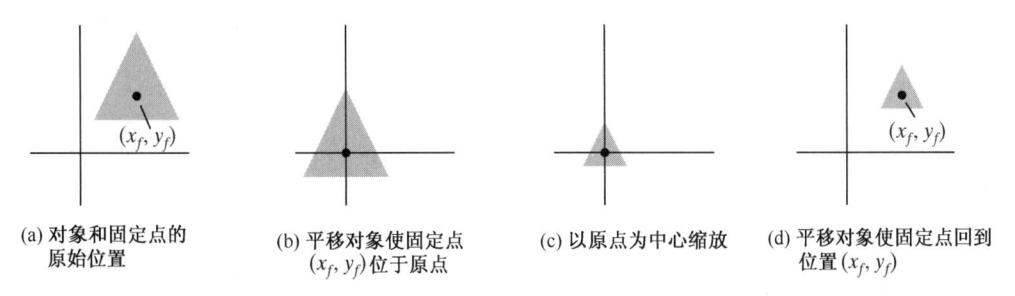

(a) 对象和固定点的原始位置　　(b) 平移对象使固定点 (x_f, y_f) 位于原点　　(c) 以原点为中心缩放　　(d) 平移对象使固定点回到位置 (x_f, y_f)

图 7.10　使用式(7.21)的缩放矩阵 $\mathbf{S}(s_x, s_y)$ 对以指定的固定位置为中心进行对象缩放的变换序列

7.4.6　通用二维定向缩放

参数 s_x 和 s_y 沿 x 和 y 方向缩放对象，可以通过在应用缩放变换之前，将对象所希望的缩放方向旋转到与坐标轴一致来实现在其他方向上缩放对象。

假如我们要在图 7.11 所示的方向上，使用参数 s_1 和 s_2 指定的值作为缩放系数。为了完成这种缩放而不改变对象方向，首先完成旋转操作，使 s_1 和 s_2 的方向分别与 x 和 y 轴重合。然后应用缩放变换 $S(s_1, s_2)$，再进行反向旋转回到其原始位置。从这三个变换的乘积得到的复合变换矩阵为

$$\mathbf{R}^{-1}(\theta) \cdot \mathbf{S}(s_1, s_2) \cdot \mathbf{R}(\theta) = \begin{bmatrix} s_1 \cos^2\theta + s_2 \sin^2\theta & (s_2 - s_1)\cos\theta\sin\theta & 0 \\ (s_2 - s_1)\cos\theta\sin\theta & s_1 \sin^2\theta + s_2 \cos^2\theta & 0 \\ 0 & 0 & 1 \end{bmatrix} \quad (7.39)$$

作为缩放变换的一个例子，通过沿 $(0, 0)$ 到 $(1, 1)$ 的对角线将单位正方形拉长，使其转换成平行四边形（参见图 7.12）。我们使用参数 $\theta = 45°$ 将对角线旋转到 y 轴，并按 $s_1 = 1$ 和 $s_2 = 2$ 将其长度加倍，然后再旋转使对角线回到原来的位置。

在式(7.39)中，假设缩放是相对原点完成的，可以将这个缩放操作推进一步并与平移操作合并，从而使复合变换矩阵包含为指定的固定位置进行缩放的参数。

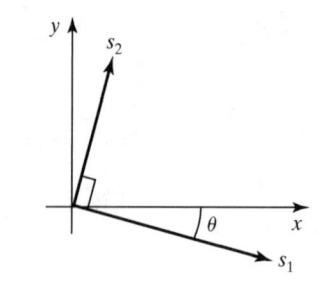

图 7.11 以正交方向由角位移 θ 定义的缩放参数 s_1 和 s_2

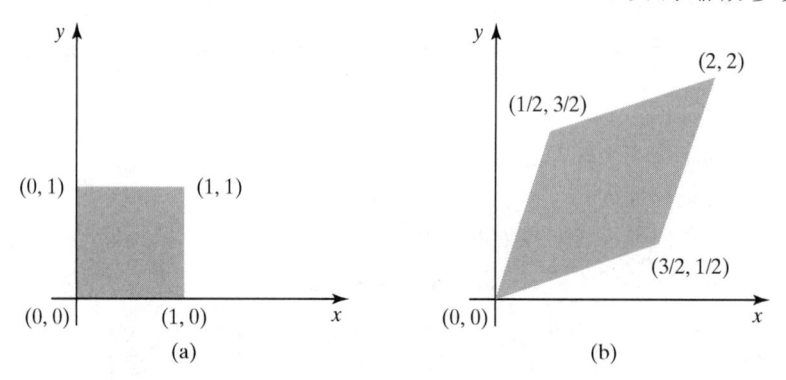

图 7.12 使用复合变换矩阵(7.39)，并根据 $s_1 = 1$、$s_2 = 2$ 和 $\theta = 45°$，将单位正方形(a)变换成平行四边形(b)

7.4.7 矩阵合并特性

矩阵相乘符合结合律。对于任何三个矩阵 $\mathbf{M}_1$、$\mathbf{M}_2$ 和 $\mathbf{M}_3$，矩阵积 $\mathbf{M}_3 \cdot \mathbf{M}_2 \cdot \mathbf{M}_1$ 可先将 $\mathbf{M}_3$ 和 $\mathbf{M}_2$ 相乘或先将 $\mathbf{M}_2$ 和 $\mathbf{M}_1$ 相乘：

$$\mathbf{M}_3 \cdot \mathbf{M}_2 \cdot \mathbf{M}_1 = (\mathbf{M}_3 \cdot \mathbf{M}_2) \cdot \mathbf{M}_1 = \mathbf{M}_3 \cdot (\mathbf{M}_2 \cdot \mathbf{M}_1) \quad (7.40)$$

因此，依靠变换的描述顺序，我们既可以使用从左到右（前乘），也可以使用从右到左（后乘）的结合分组来求矩阵乘积。有些图形软件包要求变换按应用的顺序描述。在这种情况下，我们先引入变换 $\mathbf{M}_1$，然后是 $\mathbf{M}_2$，最后是 $\mathbf{M}_3$。在每一个连续的变换子程序被调用时，其矩阵从左边与前面的矩阵乘积合并。而另一些图形系统是后乘矩阵，因此该变换序列按相反顺序引入：最后引入的变换（本例中是 $\mathbf{M}_1$）是最先应用的，而第一个变换（此时为 $\mathbf{M}_3$）是最后应用的。

另一方面，变换积一般不可交换，矩阵积 $\mathbf{M}_2 \cdot \mathbf{M}_1$ 不等于 $\mathbf{M}_1 \cdot \mathbf{M}_2$。这说明如果要平移和旋转对象，必须注意复合变换矩阵求值的顺序（参见图 7.13）。对于变换序列中每一个类型都相同的特殊情况，变换矩阵的多重相乘是可交换的。例如，两个连续的旋转可以按两种顺序完成，但其最后位置是相同的。这种交换特性对两个连续的平移或两个连续的缩放也同样适用。另一对可交换操作是旋转和一致缩放（$s_x = s_y$）。

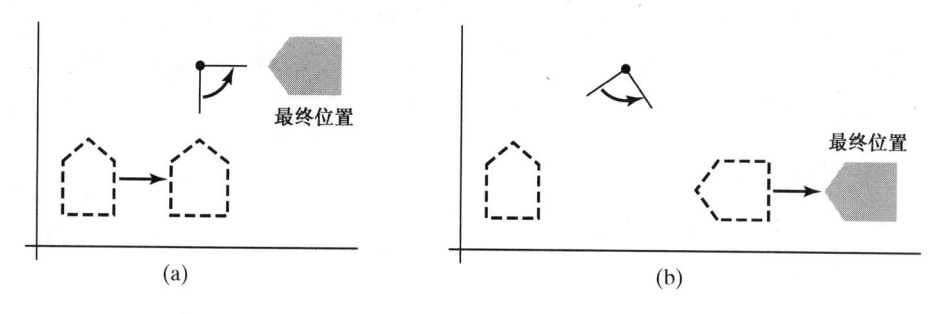

图 7.13　改变变换序列的顺序将影响对象的变换位置。在(a)
中对象先平移后旋转；在(b)中对象先旋转后平移

7.4.8　通用二维复合变换和计算效率

表示平移、旋转和缩放组合的通用二维复合变换可以表示为

$$\begin{bmatrix} x' \\ y' \\ 1 \end{bmatrix} = \begin{bmatrix} rs_{xx} & rs_{xy} & trs_x \\ rs_{yx} & rs_{yy} & trs_y \\ 0 & 0 & 1 \end{bmatrix} \cdot \begin{bmatrix} x \\ y \\ 1 \end{bmatrix} \tag{7.41}$$

4 个元素 rs_{jk} 是变换中(仅包含旋转角和缩放系数)的多重旋转 – 缩放项。元素 trs_x 和 trs_y 是包含平移距离、基准点和固定点坐标及旋转角和缩放参数组合的平移项。例如，如果一个对象要关于其中心坐标 (x_c, y_c) 进行缩放、旋转和平移，那么复合变换矩阵的元素值为

$$\mathbf{T}(t_x, t_y) \cdot \mathbf{R}(x_c, y_c, \theta) \cdot \mathbf{S}(x_c, y_c, s_x, s_y)$$

$$= \begin{bmatrix} s_x \cos\theta & -s_y \sin\theta & x_c(1 - s_x \cos\theta) + y_c s_y \sin\theta + t_x \\ s_x \sin\theta & s_y \cos\theta & y_c(1 - s_y \cos\theta) - x_c s_x \sin\theta + t_y \\ 0 & 0 & 1 \end{bmatrix} \tag{7.42}$$

尽管式(7.41)需要 9 次乘法和 6 次加法，但变换后坐标的显式计算为

$$x' = x \cdot rs_{xx} + y \cdot rs_{xy} + trs_x, \qquad y' = x \cdot rs_{yx} + y \cdot rs_{yy} + trs_y \tag{7.43}$$

因此，实际上变换坐标位置仅需完成 4 次乘法和 4 次加法，一旦把单个矩阵连接起来计算出复合变换矩阵的元素值，这就是任何变换序列所需计算的最大次数。假如没有合并，那么每次都要使用一个单独的变换，则计算的次数将大大增加。因此，变换操作的有效实现是先形成变换矩阵，合并所有变换序列，然后用式(7.43)计算变换的坐标。在并行系统上，使用式(7.41)的复合变换矩阵而直接进行矩阵相乘也可以有相同的效果。

由于旋转计算需要对每个变换点进行三角求值和多次乘法，因而在旋转变换中的计算效率就成为十分重要的问题。在动画及其他包含许多重复变换和小旋转角的应用中，我们可用近似和循环计算来减少复合变换方程中的计算量。当旋转角较小时，三角函数可用其幂级数展开式的前几项的近似值来代替，对于足够小的角度(小于 10°)，$\cos\theta$ 近似为 1.0，而 $\sin\theta$ 的值非常接近于 θ 的弧度值。例如，假如以小角度步长绕原点旋转，那么可以将 $\cos\theta$ 设置为 1.0，并在每一步中将变换计算减少为两次乘法和两次加法：

$$x' = x - y\sin\theta, \qquad y' = x\sin\theta + y \tag{7.44}$$

其中，只要旋转角不变化，$\sin\theta$ 对所有的步长只需求值一次。在每一步中，由这种近似所引起的误差随旋转角的减小而减少。但即使是使用较小的旋转角，很多步之后的积累误差也会变得很大。如果要通过消除每一步中 x' 和 y' 的误差来控制积累误差，则必须在积累误差变得太大时重新设置对象位置。有些动画应用自动在固定间隔处重设对象位置，如每 360°或 180°重设。

复合变换经常包括逆矩阵计算。例如，对于通用缩放方向及对于反射和错切(参见 7.5 节)

的变换顺序，可以使用逆旋转分量进行描述。我们已经注意到，基本几何变换的逆矩阵表示可以使用简单程序生成，逆平移矩阵可以通过改变平移距离的符号而得到，逆旋转矩阵通过完成矩阵转置(或改变 sin 项的符号)而得到，这些操作比直接逆矩阵计算要简单得多。

7.4.9 二维刚体变换

如果一个变换矩阵仅包含平移和旋转参数，则它是一个**刚体变换矩阵**(rigid-body transformation matrix)。二维刚体变换矩阵的一般形式为

$$\begin{bmatrix} r_{xx} & r_{xy} & tr_x \\ r_{yx} & r_{yy} & tr_y \\ 0 & 0 & 1 \end{bmatrix} \tag{7.45}$$

其中，4 个 r_{jk} 元素是多重旋转项，元素 tr_x 和 tr_y 是平移项。坐标位置的刚体变化有时也称为**刚体运动**(rigid-motion)变换。变换后坐标位置间的所有角度和距离都不变。此外，矩阵(7.45)具有其左上角 2×2 矩阵是一个正交矩阵(orthogonal matrix)的特性。这说明，假如将子矩阵的每一行(或每一列)作为一个向量，那么两个行向量 (r_{xx}, r_{xy}) 和 (r_{yx}, r_{yy}) (或两个列向量)形成单位向量的正交组。这样一组向量也称为正交向量组。每个向量具有单位长度：

$$r_{xx}^2 + r_{xy}^2 = r_{yx}^2 + r_{yy}^2 = 1 \tag{7.46}$$

并且向量相互垂直(它们的点积为零)：

$$r_{xx}r_{yx} + r_{xy}r_{yy} = 0 \tag{7.47}$$

因此，假如这些单位向量通过旋转子矩阵进行变换，那么 (r_{xx}, r_{xy}) 就转换成沿 x 轴的单位向量，(r_{yx}, r_{yy}) 转换成沿 y 轴的单位向量：

$$\begin{bmatrix} r_{xx} & r_{xy} & 0 \\ r_{yx} & r_{yy} & 0 \\ 0 & 0 & 1 \end{bmatrix} \cdot \begin{bmatrix} r_{xx} \\ r_{xy} \\ 1 \end{bmatrix} = \begin{bmatrix} 1 \\ 0 \\ 1 \end{bmatrix} \tag{7.48}$$

$$\begin{bmatrix} r_{xx} & r_{xy} & 0 \\ r_{yx} & r_{yy} & 0 \\ 0 & 0 & 1 \end{bmatrix} \cdot \begin{bmatrix} r_{yx} \\ r_{yy} \\ 1 \end{bmatrix} = \begin{bmatrix} 0 \\ 1 \\ 1 \end{bmatrix} \tag{7.49}$$

作为一个例子，下列刚体变换先将对象关于基准点 (x_r, y_r) 旋转 θ 角，然后平移：

$$\mathbf{T}(t_x, t_y) \cdot \mathbf{R}(x_r, y_r, \theta) = \begin{bmatrix} \cos\theta & -\sin\theta & x_r(1-\cos\theta) + y_r\sin\theta + t_x \\ \sin\theta & \cos\theta & y_r(1-\cos\theta) - x_r\sin\theta + t_y \\ 0 & 0 & 1 \end{bmatrix} \tag{7.50}$$

这里，左上角 2×2 子矩阵中的对角单位向量为 $(\cos\theta, -\sin\theta)$ 和 $(\sin\theta, \cos\theta)$，并且

$$\begin{bmatrix} \cos\theta & -\sin\theta & 0 \\ \sin\theta & \cos\theta & 0 \\ 0 & 0 & 1 \end{bmatrix} \cdot \begin{bmatrix} \cos\theta \\ -\sin\theta \\ 1 \end{bmatrix} = \begin{bmatrix} 1 \\ 0 \\ 1 \end{bmatrix} \tag{7.51}$$

同样，单位向量 $(\sin\theta, \cos\theta)$ 也由前面的变换矩阵转换成 y 方向的单位向量 $(0, 1)$。

7.4.10 构造二维旋转矩阵

在只知道对象的最后方向而不知道将对象放到这个位置所需的旋转角度时，旋转矩阵的正交特性可用于构造矩阵。该方向信息可以根据与场景中某一对象对齐或由场景中所选定的位置来确定。例如，我们可能要将一个对象旋转使其与观察(照相机)方向对称的轴对齐，或将一个对象转到另一个对象之上。图 7.14 给出了将要与单位方向向量 **u′** 和 **v′** 对齐的对象。假设原始对象方向是与坐标轴对齐的，如图 7.14(a)所示，那么我们可以将 **u′** 的元素位置设置给旋转矩阵的第

一行,将 **v**′ 的元素位置设置给旋转矩阵的第二行,从而构造所期望的变换。例如在建模应用中,当我们知道整个世界坐标系的方向时,可以用这种方法从对象局部坐标系得到变换矩阵。类似的变换是将对象描述从一个坐标系转换到另一个坐标系。在 7.8 节,我们将会详细调整这些方法。

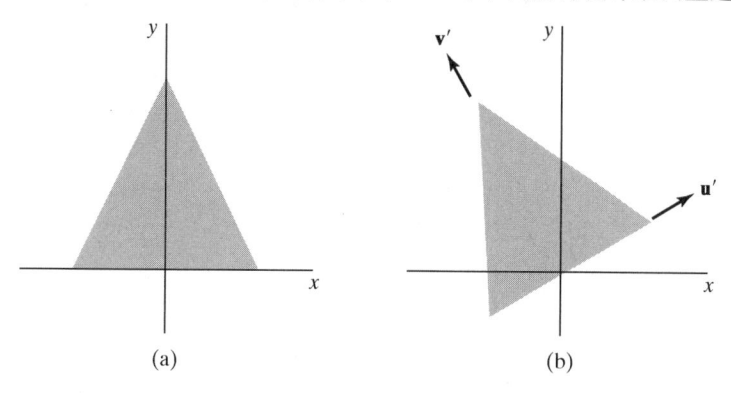

图 7.14 将一个对象从位置(a)旋转到位置(b)的旋转矩阵,可以使用相对于原始方向的单位方向向量 **u**′ 和 **v**′ 的值来构造

7.4.11 二维复合变换矩阵程序示例

下面的程序给出了一系列几何变换的实现示例。开始时,矩阵 compMatrix 是一个单位矩阵。在本例中,使用从左往右合并的顺序来构造复合变换矩阵,且按其执行顺序调用变换子程序。在每一变换函数(缩放、旋转和平移)被调用时,为该变换建立矩阵并从左边去和复合变换矩阵相结合。在指定完所有变换后,使用复合变换矩阵对三角形进行变换。该三角形先对其中心位置(参见附录 A)进行缩放,然后绕其中心旋转,最后进行平移。图 7.15 给出了使用该序列变换的三角形的原始位置和最后位置。

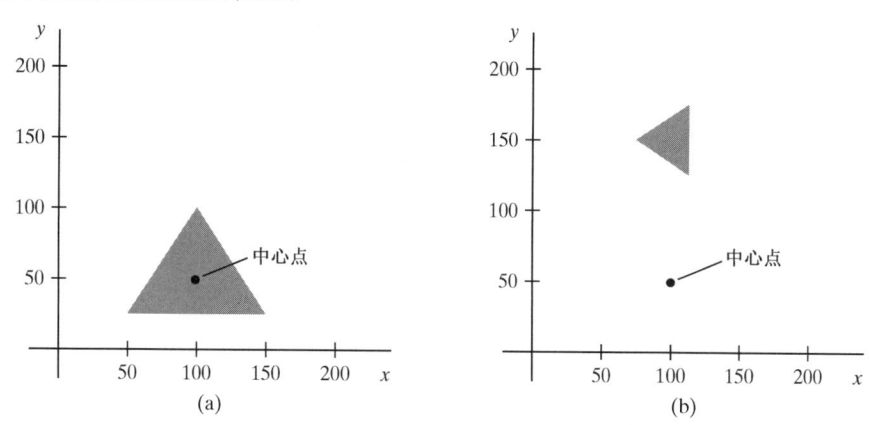

图 7.15 使用过程 transformVerts2D 中的复合变换矩阵计算将(a)中的三角形变换到(b)中的位置

```
#include <GL/glut.h>
#include <stdlib.h>
#include <math.h>

/*  Set initial display-window size.  */
GLsizei winWidth = 600, winHeight = 600;

/*  Set range for world coordinates.  */
GLfloat xwcMin = 0.0, xwcMax = 225.0;
GLfloat ywcMin = 0.0, ywcMax = 225.0;
```

```cpp
class wcPt2D {
   public:
      GLfloat x, y;
};

typedef GLfloat Matrix3x3 [3][3];

Matrix3x3 matComposite;

const GLdouble pi = 3.14159;

void init (void)
{
   /*  Set color of display window to white.  */
   glClearColor (1.0, 1.0, 1.0, 0.0);
}

/*  Construct the 3 x 3 identity matrix.  */
void matrix3x3SetIdentity (Matrix3x3 matIdent3x3)
{
   GLint row, col;

   for (row = 0; row < 3; row++)
      for (col = 0; col < 3; col++)
         matIdent3x3 [row][col] = (row == col);
}

/*  Premultiply matrix m1 times matrix m2, store result in m2.  */
void matrix3x3PreMultiply (Matrix3x3 m1, Matrix3x3 m2)
{
   GLint row, col;
   Matrix3x3 matTemp;

   for (row = 0; row < 3; row++)
      for (col = 0; col < 3 ; col++)
         matTemp [row][col] = m1 [row][0] * m2 [0][col] + m1 [row][1] *
                              m2 [1][col] + m1 [row][2] * m2 [2][col];

   for (row = 0; row < 3; row++)
      for (col = 0; col < 3; col++)
         m2 [row][col] = matTemp [row][col];
}

void translate2D (GLfloat tx, GLfloat ty)
{
   Matrix3x3 matTransl;

   /*  Initialize translation matrix to identity.  */
   matrix3x3SetIdentity (matTransl);

   matTransl [0][2] = tx;
   matTransl [1][2] = ty;

   /*  Concatenate matTransl with the composite matrix.  */
   matrix3x3PreMultiply (matTransl, matComposite);
}

void rotate2D (wcPt2D pivotPt, GLfloat theta)
{
   Matrix3x3 matRot;

   /*  Initialize rotation matrix to identity.  */
   matrix3x3SetIdentity (matRot);
```

```
   matRot [0][0] = cos (theta);
   matRot [0][1] = -sin (theta);
   matRot [0][2] = pivotPt.x * (1 - cos (theta)) +
                      pivotPt.y * sin (theta);
   matRot [1][0] = sin (theta);
   matRot [1][1] = cos (theta);
   matRot [1][2] = pivotPt.y * (1 - cos (theta)) -
                      pivotPt.x * sin (theta);

   /*  Concatenate matRot with the composite matrix.  */
   matrix3x3PreMultiply (matRot, matComposite);
}

void scale2D (GLfloat sx, GLfloat sy, wcPt2D fixedPt)
{
   Matrix3x3 matScale;
   /*  Initialize scaling matrix to identity.  */
   matrix3x3SetIdentity (matScale);

   matScale [0][0] = sx;
   matScale [0][2] = (1 - sx) * fixedPt.x;
   matScale [1][1] = sy;
   matScale [1][2] = (1 - sy) * fixedPt.y;

   /*  Concatenate matScale with the composite matrix.  */
   matrix3x3PreMultiply (matScale, matComposite);
}

/* Using the composite matrix, calculate transformed coordinates. */
void transformVerts2D (GLint nVerts, wcPt2D * verts)
{
   GLint k;
   GLfloat temp;

   for (k = 0; k < nVerts; k++) {
      temp = matComposite [0][0] * verts [k].x + matComposite [0][1] *
            verts [k].y + matComposite [0][2];
      verts [k].y = matComposite [1][0] * verts [k].x + matComposite [1][1] *
                verts [k].y + matComposite [1][2];
      verts [k].x = temp;
   }
}

void triangle (wcPt2D *verts)
{
    GLint k;

    glBegin (GL_TRIANGLES);
       for (k = 0; k < 3; k++)
          glVertex2f (verts [k].x, verts [k].y);
    glEnd ( );
}

void displayFcn (void)
{
   /*  Define initial position for triangle.  */
   GLint nVerts = 3;
   wcPt2D verts [3] = { {50.0, 25.0}, {150.0, 25.0}, {100.0, 100.0} };

   /*  Calculate position of triangle centroid.  */
   wcPt2D centroidPt;

   GLint k, xSum = 0, ySum = 0;
```

```
   for (k = 0; k < nVerts;  k++) {
      xSum += verts [k].x;
      ySum += verts [k].y;
   }
   centroidPt.x = GLfloat (xSum) / GLfloat (nVerts);
   centroidPt.y = GLfloat (ySum) / GLfloat (nVerts);
   /*  Set geometric transformation parameters.  */
   wcPt2D pivPt, fixedPt;
   pivPt = centroidPt;
   fixedPt = centroidPt;

   GLfloat tx = 0.0, ty = 100.0;
   GLfloat sx = 0.5, sy = 0.5;
   GLdouble theta = pi/2.0;

   glClear (GL_COLOR_BUFFER_BIT);   //  Clear display window.

   glColor3f (0.0, 0.0, 1.0);       //  Set initial fill color to blue.
   triangle (verts);                //  Display blue triangle.

   /*  Initialize composite matrix to identity.  */
   matrix3x3SetIdentity (matComposite);

   /*  Construct composite matrix for transformation sequence.  */
   scale2D (sx, sy, fixedPt);       //  First transformation: Scale.
   rotate2D (pivPt, theta);         //  Second transformation: Rotate
   translate2D (tx, ty);            //  Final transformation: Translate.

   /*  Apply composite matrix to triangle vertices.  */
   transformVerts2D (nVerts, verts);

   glColor3f (1.0, 0.0, 0.0);    // Set color for transformed triangle.
   triangle (verts);             // Display red transformed triangle.

   glFlush ( );
}

void winReshapeFcn (GLint newWidth, GLint newHeight)
{
   glMatrixMode (GL_PROJECTION);
   glLoadIdentity ( );
   gluOrtho2D (xwcMin, xwcMax, ywcMin, ywcMax);

   glClear (GL_COLOR_BUFFER_BIT);
}

void main (int argc, char ** argv)
{
   glutInit (&argc, argv);
   glutInitDisplayMode (GLUT_SINGLE | GLUT_RGB);
   glutInitWindowPosition (50, 50);
   glutInitWindowSize (winWidth, winHeight);
   glutCreateWindow ("Geometric Transformation Sequence");

   init ( );
   glutDisplayFunc (displayFcn);
   glutReshapeFunc (winReshapeFcn);

   glutMainLoop ( );
}
```

7.5 其他二维变换

大多数图形软件包中包含了类似平移、旋转和缩放这些基本变换。有些软件包还提供一些对某些应用有用的其他变换，例如反射和错切。

7.5.1 反射

产生对象镜像的变换称为**反射**(reflection)。对于一个二维反射而言，其反射镜像通过将对象绕反射轴旋转180°而生成。我们选择的**反射轴**(axis of reflection)可以是在 xy 平面内的一条直线或是垂直于 xy 平面的一条直线。当反射轴是 xy 平面内的一条直线时，绕这个轴的旋转路径在垂直于 xy 平面的平面中；而对于垂直于 xy 平面的反射轴，旋转路径在 xy 平面内。下面举出一些普通的反射例子。

关于直线 $y=0$（x 轴）的反射可以由下列变换矩阵来完成：

$$\begin{bmatrix} 1 & 0 & 0 \\ 0 & -1 & 0 \\ 0 & 0 & 1 \end{bmatrix} \tag{7.52}$$

这个变换保持 x 值相同，但"翻动" y 坐标位置的值。对象关于 x 轴反射后的方位示于图 7.16 中。为了想象这种反射的旋转变换，我们可以认为：平面上的对象移出 xy 平面，通过三维空间绕 x 轴旋转180°再回到 x 轴另一侧的 xy 平面。

关于 $x=0$（y 轴）的反射，即翻动 x 的坐标而保持 y 坐标不变，对应的变换矩阵是

$$\begin{bmatrix} -1 & 0 & 0 \\ 0 & 1 & 0 \\ 0 & 0 & 1 \end{bmatrix} \tag{7.53}$$

图 7.17 给出了关于直线 $x=0$ 反射的对象的位置变化。这时的等量旋转是通过三维空间绕 y 轴旋转180°。

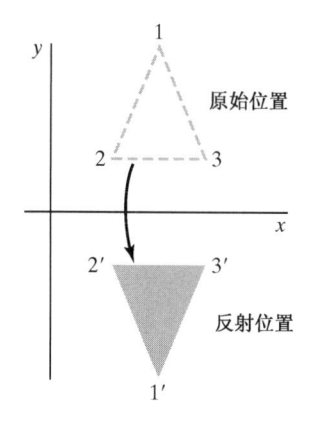

图 7.16 关于 x 轴的对象反射

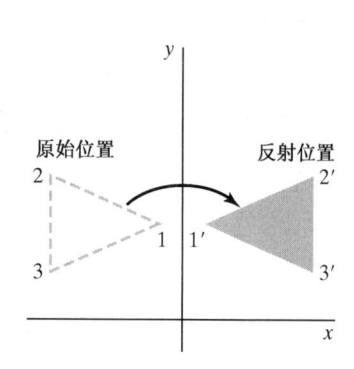

图 7.17 关于 y 轴的对象反射

我们可以通过同时翻转点的 x 和 y 坐标，实现关于经过坐标原点且垂直于 xy 平面的轴的反射。这种反射称为关于坐标原点的反射，它与同时关于两个坐标轴的反射等价。这种反射的变换矩阵表示为

$$\begin{bmatrix} -1 & 0 & 0 \\ 0 & -1 & 0 \\ 0 & 0 & 1 \end{bmatrix} \tag{7.54}$$

关于原点反射的例子如图 7.18 所示。反射矩阵(7.54)是 $\theta = 180°$ 的旋转矩阵 $\mathbf{R}(\theta)$，也就是将 xy 平面内的对象绕原点旋转半圈。

反射矩阵(7.54)可以一般化为 xy 平面内的任何反射点（参见图 7.19），这种反射与将反射点作为基准点并在 xy 平面内旋转 180° 是相同的。

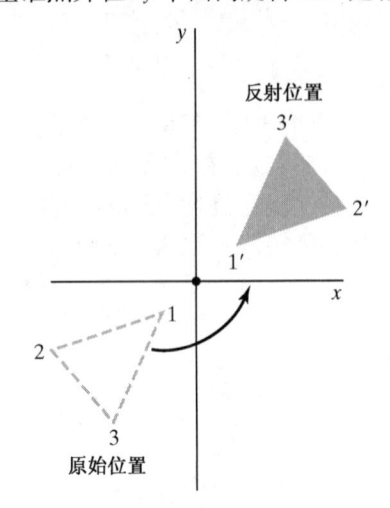

图 7.18　对象关于垂直于 xy 平面并通过坐标原点的轴的反射

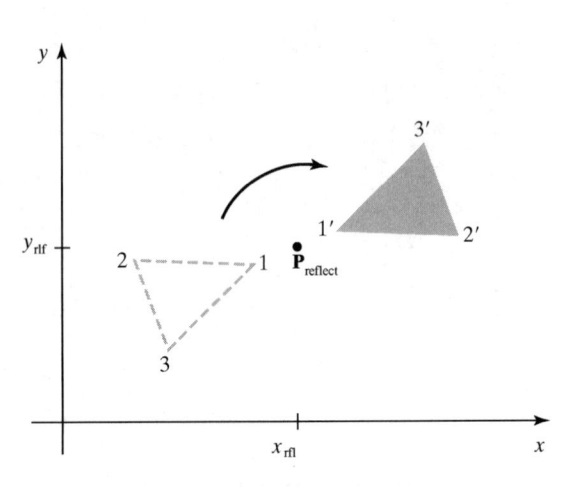

图 7.19　对象关于垂直于 xy 平面并通过点 $\mathbf{P}_{\text{reflect}}$ 的轴的反射

假如我们将对角线 $y = x$ 选为反射轴（参见图 7.20），那么反射矩阵为

$$\begin{bmatrix} 0 & 1 & 0 \\ 1 & 0 & 0 \\ 0 & 0 & 1 \end{bmatrix} \quad (7.55)$$

可以通过将一系列的旋转和坐标轴反射矩阵合并来推导出上述矩阵。图 7.21 给出了一种可能的顺序。这里首先完成顺时针 45° 旋转，将直线 $y = x$ 旋转到 x 轴上；接着完成关于 x 轴的反射；最后逆时针旋转 45°，将直线 $y = x$ 旋转回到其原始位置。另一个等价的变换是先将对象关于 x 轴反射，然后逆时针旋转 90°。

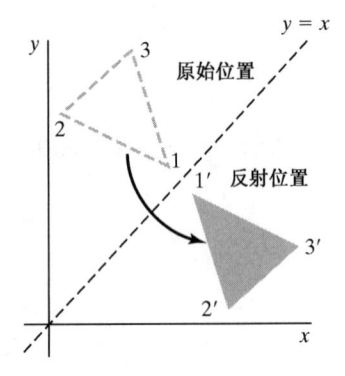

图 7.20　对象关于直线 $y = x$ 的反射

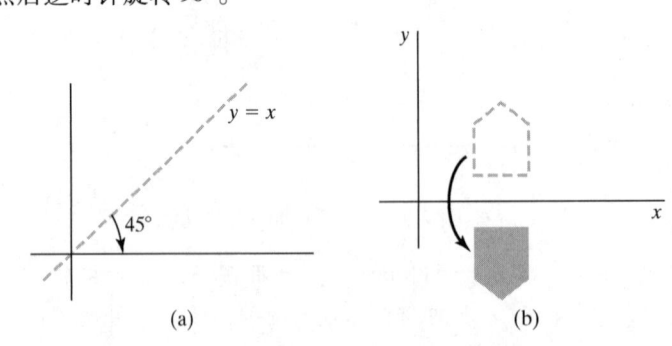

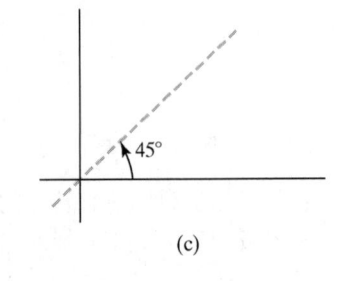

图 7.21　关于直线 $y = x$ 反射的变换序列：(a)顺时针旋转 45°；(b)关于 x 轴反射；(c)逆时针旋转 45°

为了得到关于对角线 $y = -x$ 反射的变换矩阵，我们按下列变换顺序合并矩阵：(1)顺时针旋转 45°，(2)关于 y 轴反射，(3)逆时针旋转 45°。产生的变换矩阵为

$$\begin{bmatrix} 0 & -1 & 0 \\ -1 & 0 & 0 \\ 0 & 0 & 1 \end{bmatrix} \qquad (7.56)$$

图 7.22 给出了使用这个反射矩阵变换对象的原始位置和反射位置。

关于 xy 平面内任意直线 $y = mx + b$ 的反射，可以使用平移-旋转-反射变换的组合来完成。通常，我们先平移直线使其经过原点。然后将直线旋转到坐标轴之一，并进行关于坐标轴的反射。最后利用逆旋转和逆平移变换将直线还原到原始位置。

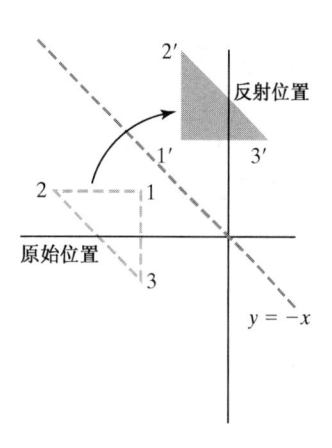

我们可以将关于坐标轴或坐标原点的反射通过缩放系数为负值的缩放变换来实现。反射矩阵的元素也可设置为 ±1 以外的其他值。绝对值大于 1 的值将镜像移至远离反射轴的位置，绝对值小于 1 的值将镜像移至接近反射轴的位置。因此，反射后的对象也可能放大、缩小或变形。

图 7.22　关于直线 $y = -x$ 的反射

7.5.2　错切

错切(shear)是一种使对象形状发生变化的变换，经过错切的对象好像是由已经相互滑动的内部夹层组成的。两种常用的错切变换是移动 x 坐标值的错切和移动 y 坐标值的错切。

相对于 x 轴的 x 方向错切由下列变换矩阵产生：

$$\begin{bmatrix} 1 & \mathrm{sh}_x & 0 \\ 0 & 1 & 0 \\ 0 & 0 & 1 \end{bmatrix} \qquad (7.57)$$

该矩阵将坐标位置转换成

$$x' = x + \mathrm{sh}_x \cdot y, \qquad y' = y \qquad (7.58)$$

可以将任意实数赋给错切参数 sh_x。然后将坐标位置 (x, y) 水平地移动与其到 x 轴的距离 (y 值) 成正比的量。例如，设置 sh_x 为 2，将图 7.23 中的正方形变换成平行四边形。若 sh_x 为负值，则将坐标位置向左移动。

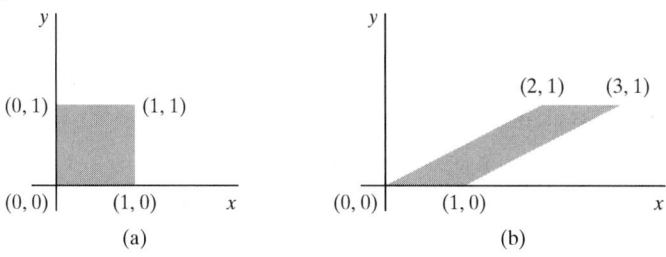

图 7.23　使用 $\mathrm{sh}_x = 2$ 的 x 方向错切矩阵(7.57)，将单位正方形(a)变换成平行四边形(b)

我们可以使用下列矩阵生成相对于其他参考线的 x 方向错切：

$$\begin{bmatrix} 1 & \mathrm{sh}_x & -\mathrm{sh}_x \cdot y_{\mathrm{ref}} \\ 0 & 1 & 0 \\ 0 & 0 & 1 \end{bmatrix} \qquad (7.59)$$

现在，坐标位置将变换为

$$x' = x + \mathrm{sh}_x(y - y_{\mathrm{ref}}), \qquad y' = y \qquad (7.60)$$

图 7.24 中给出了错切参数为 1/2、相对于直线 $y_{\mathrm{ref}} = -1$ 的错切变换例子。

使用下列变换矩阵生成相对于参考线 $x = x_\text{ref}$ 的 y 方向错切:

$$\begin{bmatrix} 1 & 0 & 0 \\ \text{sh}_y & 1 & -\text{sh}_y \cdot x_\text{ref} \\ 0 & 0 & 1 \end{bmatrix} \qquad (7.61)$$

该矩阵生成变换的坐标位置:

$$x' = x, \qquad y' = y + \text{sh}_y(x - x_\text{ref}) \qquad (7.62)$$

这种变换根据正比于其到参考线 $x = x_\text{ref}$ 距离的量而垂直地改变坐标位置。图 7.25 给出了使用 $\text{sh}_y = 0.5$ 和 $x_\text{ref} = -1$ 将正方形变换成平行四边形。

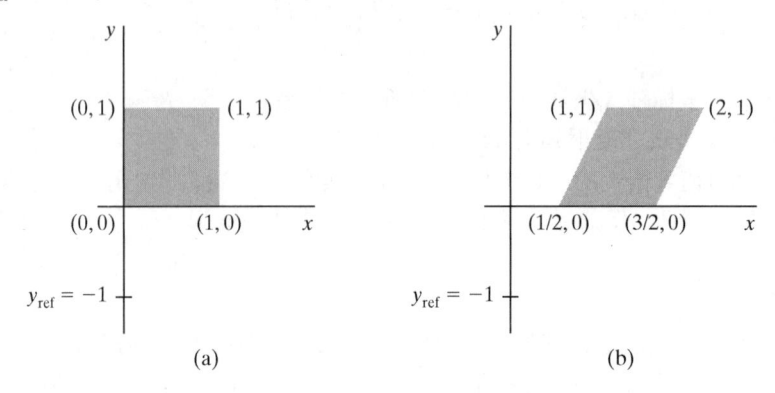

图 7.24 根据错切矩阵(7.59)中的 $\text{sh}_x = 0.5$ 和 $y_\text{ref} = -1$, 将单位正方形(a)变换成移位的平行四边形(b)

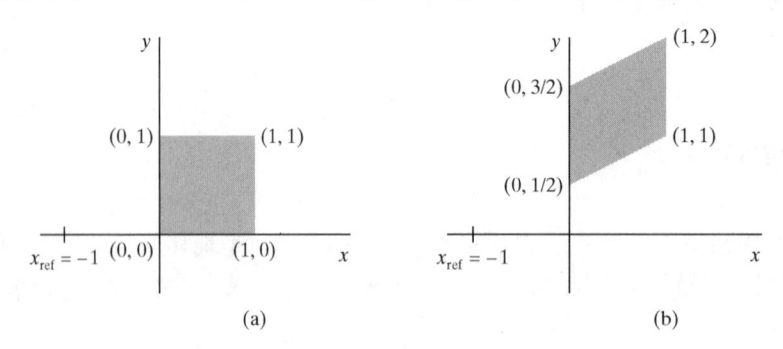

图 7.25 利用错切矩阵(7.61), 用参数值 $\text{sh}_y = 0.5$ 和 $x_\text{ref} = -1$ 在 y 方向将单位正方形(a)变换成移位的平行四边形(b)

错切操作可以表示为基本变换的序列。例如, x 方向的错切矩阵(7.57)可以写为复合变换矩阵, 包含一系列旋转和沿对角线缩放图 7.23 中的单位正方形的缩放矩阵, 同时保持了与 x 轴平行的边的原始长度及方向。在相对于错切参考线的对象位置处的移位等价于平移。

7.6 几何变换的光栅方法

光栅系统的特殊功能为特定的二维变换提供了另一种方法。光栅系统将图像信息作为颜色图案存储在帧缓存中。因此, 一些简单的变换可以通过操纵储存的像素值的阵列而快速地执行。由于只需很少的算术操作, 因此像素变换特别有效。

正如 4.11 节指出的, 控制矩形像素阵列的光栅功能通常称为光栅操作(raster operation), 将一块像素从一个位置移到另一位置的过程也称为像素值的块移动(block transfer, bitblt 或 pixblt)。图形软件中通常包含完成某些光栅操作的子程序。

图 7.26 给出了作为光栅缓存区域的块移动而完成的二维平移。所有在矩形区域显示的位作

为一个块而复制到光栅的另一部分。可以通过使用背景亮度填充该块的矩形区域来删除原始对象(假设场景中要删除的图案不覆盖其他对象)。

90°倍数的旋转可以很容易地利用重新安排像素阵列的元素而实现。通过首先将阵列的每一行的像素值颠倒，然后交换其行和列来将对象逆时针旋转 90°；通过颠倒阵列的每一行中元素的顺序，然后将行的顺序颠倒来得到 180°的旋转。图 7.27 给出了将像素块旋转 90°和 180°所需的阵列管理。

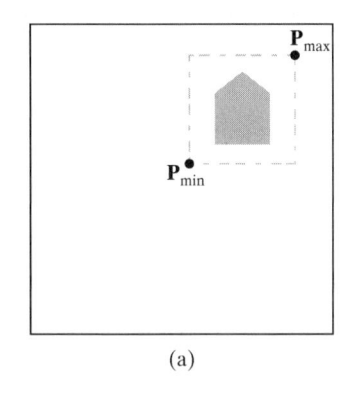

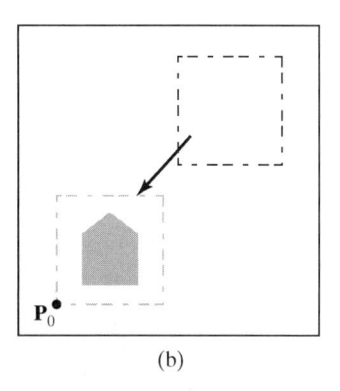

图 7.26 通过移动像素的矩形块，将一个对象从屏幕位置(a)移到位置(b)，坐标位置 P_{min} 和 P_{max} 指定了将要移动的矩形块的界限，P_0 则是目标参考位置

$$\begin{bmatrix} 1 & 2 & 3 \\ 4 & 5 & 6 \\ 7 & 8 & 9 \\ 10 & 11 & 12 \end{bmatrix} \quad \begin{bmatrix} 3 & 6 & 9 & 12 \\ 2 & 5 & 8 & 11 \\ 1 & 4 & 7 & 10 \end{bmatrix} \quad \begin{bmatrix} 12 & 11 & 10 \\ 9 & 8 & 7 \\ 6 & 5 & 4 \\ 3 & 2 & 1 \end{bmatrix}$$

(a) (b) (c)

图 7.27 旋转像素阵列，原始阵列方位示于(a)，逆时针旋转 90°后的阵列方位示于(b)，180°旋转后的阵列方位示于(c)

对于不是 90°倍数的阵列旋转，需要完成更多的计算。图 7.28 给出了这一通用过程。将每个目标区域映射到旋转的网格中，并计算其与旋转的像素区域的重叠量。然后，通过对覆盖的源像素亮度求得平均值，并通过区域重叠的百分比加权来计算目标像素的亮度。或使用像反走样那样的近似方法来确定目标像素的颜色。

像素块的光栅缩放采用类似方法实现。我们用指定的 s_x 和 s_y 值对原始块中的像素区域进行缩放，并将缩放的矩形映射到一组目标像素上，然后按照其与缩放像素区域的重叠区域，设置每个目标像素的亮度(参见图 7.29)。

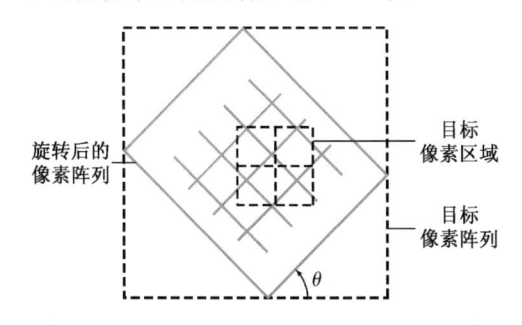

图 7.28 像素的矩形块的旋转，通过将目标像素区域映射到旋转后的像素块上而完成

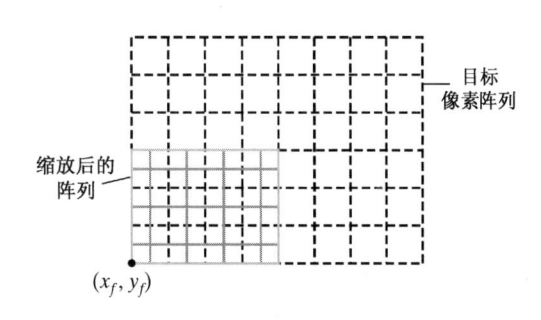

图 7.29 将目标像素区域映射到像素值缩放后的阵列中，相对于固定点 (x_f, y_f) 使用缩放系数 $s_x = s_y = 0.5$

使用在像素块中颠倒行或列的变换，并与平移结合，可以完成光栅对象的反射。沿行或列移动像素位置则可实现错切。

7.7 OpenGL 光栅变换

在4.11节中，我们介绍了OpenGL中完成光栅操作的大部分函数。像素颜色值的矩形数组从一个缓存到另一个的平移可以作为如下的OpenGL复制操作来完成：

```
glCopyPixels (xmin, ymin, width, height, GL_COLOR);
```

前面4个参数给出了像素块的位置和尺寸。而OpenGL符号常量`GL_COLOR`指定要复制的颜色值。然后将该像素阵列复制到刷新缓存中由当前光栅位置指定的左下角的一个矩形区域内。像素颜色值依赖于颜色模式的当前设定，按RGBA或颜色表进行复制。要复制的区域(源)和复制目标区域均应位于屏幕坐标边界内。该平移可作用于任何刷新缓存或不同缓存之间。`glCopyPixels`函数的源缓存用`glReadBuffer`子程序选择，而目标缓存用`glDrawBuffer`子程序选择。

通过先将块存储于一个数组，再重新安排数组的元素并将其放回刷新缓存，可实现像素颜色块的90°倍数的旋转。如在4.11节所见，缓存中的一个RGB颜色块可以用下列函数存入一个数组：

```
glReadPixels (xmin, ymin, width, height, GL_RGB,
              GL_UNSIGNED_BYTE, colorArray);
```

如果颜色表索引存于像素位置，则用`GL_COLOR_INDEX`取代`GL_RGB`。为了旋转颜色值，必须如前一节所述重新安排颜色数组的行与列。然后使用下列语句将旋转后的数组放回缓存：

```
glDrawPixels (width, height, GL_RGB, GL_UNSIGNED_BYTE,
              colorArray);
```

该数组的左下角放到当前光栅位置。我们用`glReadBuffer`选择包含原来的像素块的源缓存，用`glDrawBuffer`指定目标缓存。

二维缩放变换通过指定缩放因子然后引用`glCopyPixels`或`glDrawPixels`按OpenGL中的光栅操作来完成。对于光栅操作，使用下列函数来设定缩放因子：

```
glPixelZoom (sx, sy);
```

这里，参数`sx`和`sy`可赋以任何非零浮点值。大于1.0的正值增大源数组元素的尺寸，而小于1.0的正值减少元素尺寸。`sx`或`sy`中有负值或两个都为负值则实现该数组元素的反射及缩放效果。因此，如果`sx = sy = -3.0`，则源数组相对于当前光栅位置反射且数组的每一颜色元素映射到目标缓存中的3×3像素块。如果目标像素的中心位于一数组中缩放的颜色元素的矩形区域，则用该数组元素给它赋值。中心在缩放的数组元素左边界或上边界的目标像素也赋以该元素的颜色。`sx`和`sy`的默认值均为1.0。

也可以使用4.11节讨论的逻辑操作组合光栅变换来实现各种效果。例如，一个像素阵列用异或操作连续两次复制到同一缓存区域，以恢复在该区域的原始值。该技术可用于将一对象平移穿过一场景而不改变背景像素的动画应用。

7.8 二维坐标系间的变换

计算机图形应用经常需要在场景处理的各阶段将对象的描述从一个坐标系变换到另一个坐标系。观察子程序将对象描述从世界坐标系变换到设备坐标系。对于建模和设计应用，每个对象在各自的局部笛卡儿坐标系中设计。这些局部坐标描述必须接着变换到整个场景坐标系的相应位置和方向。例如，办公室布局的设备管理程序具有单独描述椅子、桌子和其他家具的坐标参照系，椅子和其他家具可以放置到楼层平面上并在不同位置有多个副本。

同样，有时场景在利用对象对称性的非笛卡儿参照系中描述。在这些系统中的对象描述必须转换到笛卡儿世界坐标系中进行处理。非笛卡儿坐标系的例子有极坐标系、球面坐标系、椭圆坐标系和抛物线坐标系。附录 A 给出了笛卡儿坐标系与某些常见的非笛卡儿坐标系之间的关系。这里，我们仅考虑从一个二维笛卡儿坐标系到另一个的转换中的变换操作。

图 7.30 给出了一个在笛卡儿坐标系 xy 中用坐标原点 (x_0, y_0) 及方向角 θ 指定的笛卡儿坐标系 $x'y'$。为了将对象描述从 xy 坐标变换到 $x'y'$ 坐标，必须建立把 $x'y'$ 轴叠加到 xy 轴的变换，这需要分两步进行：

1. 将 $x'y'$ 系统的坐标原点 (x_0, y_0) 平移到 xy 系统的原点 $(0, 0)$；
2. 将 x' 轴旋转到 x 轴上。

坐标原点的平移可以使用下列矩阵操作表示：

$$\mathbf{T}(-x_0, -y_0) = \begin{bmatrix} 1 & 0 & -x_0 \\ 0 & 1 & -y_0 \\ 0 & 0 & 1 \end{bmatrix} \tag{7.63}$$

平移操作后两个系统的方位如图 7.31 所示。为了将两个系统的轴重合，可以顺时针旋转：

$$\mathbf{R}(-\theta) = \begin{bmatrix} \cos\theta & \sin\theta & 0 \\ -\sin\theta & \cos\theta & 0 \\ 0 & 0 & 1 \end{bmatrix} \tag{7.64}$$

将这两个变换矩阵合并起来，就给出了将对象描述从 xy 系统转换到 $x'y'$ 系统的完整复合变换矩阵：

$$\mathbf{M}_{xy, x'y'} = \mathbf{R}(-\theta) \cdot \mathbf{T}(-x_0, -y_0) \tag{7.65}$$

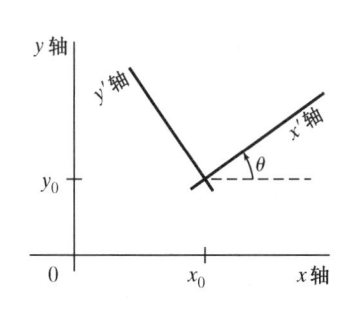

图 7.30 在 xy 系统中定位在 (x_0, y_0)、具有方向角 θ 的 $x'y'$ 系统

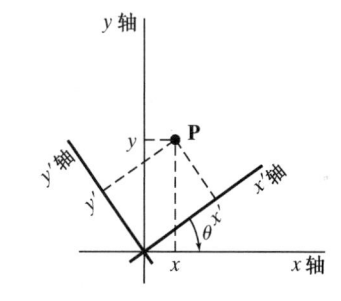

图 7.31 将 $x'y'$ 系统的原点平移到 xy 系统的原点后，图 7.30 中参照系的位置

给出第二个坐标系方向的另一种方法是像图 7.32 所示的那样，指定一个表明正 y' 轴方向的向量 $\mathbf{V}$。将向量 $\mathbf{V}$ 指定为 xy 参照系中相对于 xy 坐标系原点的一个点。那么，在 y' 方向上的单位向量可以计算为

$$\mathbf{v} = \frac{\mathbf{V}}{|\mathbf{V}|} = (v_x, v_y) \tag{7.66}$$

通过将 $\mathbf{v}$ 顺时针旋转 $90°$，我们可以得到沿 x' 轴的单位向量 $\mathbf{u}$：

$$\begin{aligned} \mathbf{u} &= (v_y, -v_x) \\ &= (u_x, u_y) \end{aligned} \tag{7.67}$$

7.4 节指出，任何旋转矩阵的元素可以表示为一组正交单位向量的元素。因此，将 $x'y'$ 系统旋转到与 xy 系统重合的矩阵可以写为

$$\mathbf{R} = \begin{bmatrix} u_x & u_y & 0 \\ v_x & v_y & 0 \\ 0 & 0 & 1 \end{bmatrix} \tag{7.68}$$

例如，如果选择 y' 轴的方向为 $\mathbf{V} = (-1, 0)$，那么 x' 轴在正 y 方向，并且旋转变换矩阵为

$$\begin{bmatrix} 0 & 1 & 0 \\ -1 & 0 & 0 \\ 0 & 0 & 1 \end{bmatrix}$$

同样，我们将式(7.64)中的方向角 θ 设置为 $\theta = 90°$ 而得到上述旋转变换矩阵。

在交互式应用中，为 $\mathbf{V}$ 选择相对于位置 $\mathbf{P}_0$ 的方位，要比相对于 xy 坐标原点指定其方向更方便。然后，可像图7.33所示的那样确定单位向量 $\mathbf{u}$ 和 $\mathbf{v}$ 的方向，此时 $\mathbf{v}$ 的分量计算为

$$\mathbf{v} = \frac{\mathbf{P}_1 - \mathbf{P}_0}{|\mathbf{P}_1 - \mathbf{P}_0|} \tag{7.69}$$

$\mathbf{u}$ 则垂直于 $\mathbf{v}$ 并形成右手笛卡儿坐标系。

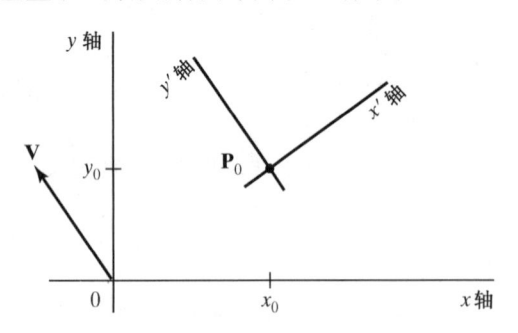

图7.32 原点在 $\mathbf{P}_0 = (x_0, y_0)$、$y'$ 轴平行于向量 $\mathbf{V}$ 的笛卡儿坐标系 $x'y'$

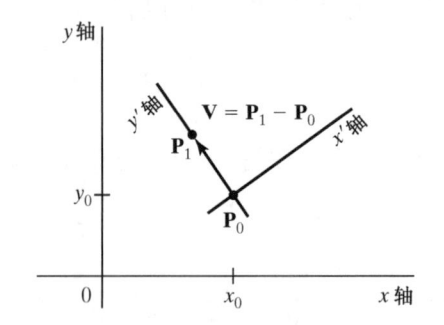

图7.33 在 xy 参照系内，使用两个坐标位置 $\mathbf{P}_0$ 和 $\mathbf{P}_1$ 定义的笛卡儿坐标系 $x'y'$

7.9 OpenGL 二维几何变换函数

在OpenGL基本库中，每一种基本的几何变换都有一个独立的函数。由于OpenGL是作为三维图形应用编程接口(API)来设计的，因此所有变换都在三维空间中定义。在内部，所有坐标均使用4元素列向量表示，而所有变换均使用4×4矩阵表示。因此，二维变换可以通过在OpenGL中选择使第三维(z)不改变的值来实现。

要完成一次平移，需引用平移子程序且设定三维平移向量。在旋转函数中，需指定经过坐标系原点的旋转轴的角度和方向。而缩放函数用来设定相对于坐标系原点的三个坐标缩放系数。每种情况中，变换子程序都建立一个4×4矩阵用于接收变换的对象坐标。

7.9.1 基本的 OpenGL 几何变换

4×4平移矩阵用下列子程序构造：

```
glTranslate* (tx, ty, tz);
```

平移参数 `tx`、`ty` 和 `tz` 可赋以任意的实数值，附加于该函数的单个后缀码或者是 `f`(单精度浮点数)或者是 `d`(双精度浮点数)。对于二维应用而言，设定 `tz = 0.0`；一个二维位置表示成一个 z 分量为 `0.0` 的4元素列矩阵。由该函数生成的平移矩阵用来对调用此函数之后定义的对象的位置进行变换。作为一个例子，使用下列语句可将随后定义的坐标位置在 x 方向平移25个单位而在 y 方向平移 -10 个单位：

```
glTranslatef (25.0, -10.0, 0.0);
```

类似地，4×4旋转矩阵用下列函数生成：

```
glRotate* (theta, vx, vy, vz);
```

这里，向量 v = (vx, vy, vz)的分量可以有任意的浮点数值。该向量用于定义通过坐标原点的旋转轴的方向。如果 v 并未定义成单位向量，则该旋转矩阵在用于计算之前会被规范化。后缀码可以是 f 或 d，而对参数 theta 赋以旋转角度数，由该函数将其转换成弧度后再进行三角计算。这里定义的旋转在该函数被调用之后应用。二维系统中的旋转是绕 z 轴的旋转，在此，z 轴由 x、y 分量为 0 及 z 分量为 1.0 的单位向量来描述。例如，语句

```
glRotatef (90.0, 0.0, 0.0, 1.0);
```

设定绕 z 轴旋转的矩阵。应该指出，该函数生成了一个使用四元数的旋转矩阵。这种方法对绕任意指定旋转轴的旋转很有效。关于四元数计算，可参见 9.2 节中的式(9.39)。

用下列函数可得到相对于坐标原点的 4×4 缩放矩阵：

```
glScale* (sx, sy, sz);
```

后缀码还是 f 或 d，而缩放参数可以赋以任何实数值。二维系统中的比例变换会改变 x 和 y 二维坐标，因此一个典型的二维比例变换中的 z 比例因子为 1.0（它不改变 z 坐标位置）。由于比例因子可以是任意实数值，当对缩放参数赋以负值时，该函数也可生成反射矩阵。例如，下列语句生成在 x 方向的缩放因子为 2、在 y 方向的缩放因子为 3 且相对于 x 轴反射的变换：

```
glScalef (2.0, 3.0, 1.0);
```

任何缩放参数为 0 会引起处理错误，因为其逆矩阵无法计算。该缩放-反射矩阵应用于在其后定义的对象。

必须指出，OpenGL 内部使用复合变换矩阵来支持变换。这导致变换是可以累积的，即如果我们先指定一次平移后再指定一次旋转，那么此后进行位置描述的对象要获得两次变换。如果不希望这样做，则必须去除前述变换的效果。这就要求有另外的操纵复合变换矩阵的函数。

7.9.2 OpenGL 矩阵操作

3.5 节指出子程序 glMatrixMode 用来设定**投影模式**（projection mode），即指定将用于投影变换的矩阵。该变换确定怎样将一个场景投影到屏幕上。同样的子程序可用来设定几何变换矩阵。但此时将该矩阵看作建模观察矩阵（modelview matrix），它用于存储和组合几何变换，也用于将几何变换与到观察坐标系的变换进行组合。建模观察模式用下列语句指定：

```
glMatrixMode (GL_MODELVIEW);
```

该语句指定一个 4×4 建模观察矩阵作为**当前矩阵**（current matrix）。前面讨论的 OpenGL 变换子程序都用于组合当前矩阵，因此，必须在进行几何变换前使用 glMatrixMode 来修改建模观察矩阵。在这个调用后的 OpenGL 变换子程序用来修改建模观察矩阵，而后该矩阵用来变换场景中的坐标位置。用 glMatrixMode 函数还可以设定另外两个模式：纹理模式（texture mode）和颜色模式（color mode）。纹理模式用于映射表面的纹理图案，而颜色模式用于从一个颜色模型转换到另一个。后面几章将讨论观察、投影、纹理和颜色变换。目前，我们将讨论限定在几何变换细节。glMatrixMode 函数的默认变量是 GL_MODELVIEW。

建立建模观察模式（或任何其他模式）后，调用变换子程序所生成的矩阵要与该模式的当前矩阵相乘。另外，我们可以对当前矩阵的元素赋值，OpenGL 库中有两个函数可用于此目的。使用下列函数可设定当前矩阵为单位矩阵：

```
glLoadIdentity ( );
```

也可以为当前矩阵的元素赋其他值：

```
glLoadMatrix* (elements16);
```

参数 elements16 指定了一个单下标、16 元素的浮点值数组，而后缀 f 或 d 用来指定数据类

型。该数组的元素必须按列优先顺序指定。即先列出第一列的 4 个元素，接着列出第二列的 4 个元素，然后是第三列，而最后是第四列。我们用下列程序对建模观察矩阵进行初始化，以便说明该顺序：

```
glMatrixMode (GL_MODELVIEW);

GLfloat elems [16];
GLint k;

for (k = 0; k < 16; k++)
    elems [k] = float (k);
glLoadMatrixf (elems);
```

该程序生成下面的矩阵：

$$\mathbf{M} = \begin{bmatrix} 0.0 & 4.0 & 8.0 & 12.0 \\ 1.0 & 5.0 & 9.0 & 13.0 \\ 2.0 & 6.0 & 10.0 & 14.0 \\ 3.0 & 7.0 & 11.0 & 15.0 \end{bmatrix}$$

也可以将指定的矩阵与当前矩阵合并：

```
glMultMatrix* (otherElements16);
```

后缀码还是 f 或 d，而参数 otherElements16 是一个 16 元素、单下标数组，该数组给出其他按列优先顺序的矩阵的元素。当前矩阵按照后乘方式与 glMultMatrix 中指定的矩阵相乘，其积取代当前矩阵。因此，假定当前矩阵是指定的建模观察矩阵 $\mathbf{M}$，则更新后的矩阵按下式计算：

$$\mathbf{M} = \mathbf{M} \cdot \mathbf{M}'$$

这里 $\mathbf{M}'$ 代表由前面 glMultMatrix 语句中的参数 otherElements16 指定元素的矩阵。

函数 glMultMatrix 也可用来设定单独定义的矩阵的任意变换序列。例如，

```
glMatrixMode (GL_MODELVIEW);

glLoadIdentity ( );           // Set current matrix to the identity.
glMultMatrixf (elemsM2);      // Postmultiply identity with matrix M2.
glMultMatrixf (elemsM1);      // Postmultiply M2 with matrix M1.
```

生成下面的建模观察矩阵：

$$\mathbf{M} = \mathbf{M}_2 \cdot \mathbf{M}_1$$

在这个序列中最先应用的变换是程序中最后指定的。因此，如果我们在 OpenGL 程序中建立一个变换序列，可设想将各个变换装进一个栈，最后的操作最先被应用。这并不代表实际中是用栈来操作的，但用栈来类比可帮助记住在 OpenGL 程序中变换序列是描述的相反顺序。

记住 OpenGL 按列优先顺序存储矩阵是同样重要的。在 OpenGL 中引用矩阵元素 m_{jk} 是引用 j 列和 k 行的元素，这与标准的数学转换中行号先引用的情况相反。我们可以通过将 OpenGL 矩阵指定为 16 元素、单下标数组并记住按列优先顺序列出其元素的方法来避免行-列引用的错误。

OpenGL 实际上为使用 glMatrixMode 子程序在四种模式中选择的每一种模式提供一个栈。我们在 9.8 节将讨论矩阵栈的使用。

7.10 OpenGL 几何变换程序示例

在下面的程序段中，我们对一个矩形应用各种基本几何变换，每次一种。开始时，建模观察矩阵是单位矩阵且显示一个蓝色矩形。接着，将当前颜色重新设为红色，指定二维平移参数，并显示红色的平移后的矩形（参见图 7.34）。因为并不需要组合变换，接下来重新设定当前矩阵为

单位矩阵。然后构造一个旋转矩阵并与当前矩阵(单位矩阵)合并。在再次引入原来的矩形时,它绕 z 轴旋转并显示成红色(参见图 7.35)。再重复一次该过程就生成图 7.36 所示的缩放和反射后的矩形。

```
glMatrixMode (GL_MODELVIEW);

glColor3f (0.0, 0.0, 1.0);
glRecti (50, 100, 200, 150);        // Display blue rectangle.

glColor3f (1.0, 0.0, 0.0);
glTranslatef (-200.0, -50.0, 0.0);  // Set translation parameters.
glRecti (50, 100, 200, 150);        // Display red, translated rectangle.

glLoadIdentity ( );                 // Reset current matrix to identity.
glRotatef (90.0, 0.0, 0.0, 1.0);    // Set 90-deg. rotation about z axis.
glRecti (50, 100, 200, 150);        // Display red, rotated rectangle.

glLoadIdentity ( );                 // Reset current matrix to identity.
glScalef (-0.5, 1.0, 1.0);          // Set scale-reflection parameters.
glRecti (50, 100, 200, 150);        // Display red, transformed rectangle.
```

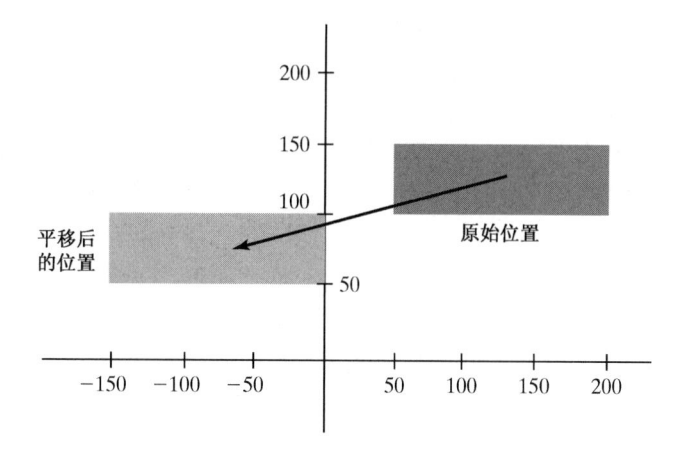

图 7.34 使用 OpenGL 的函数 glTranslatef(-200.0,-50.0,0.0)平移一个矩形

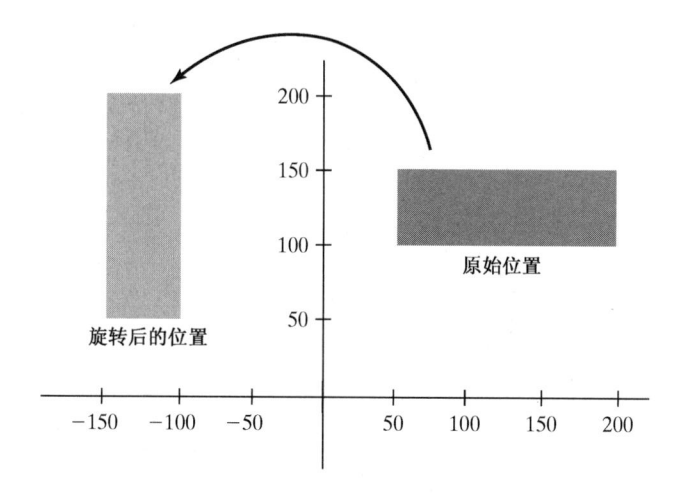

图 7.35 使用 OpenGL 的函数 glRotatef(90.0,0.0,0.0,1.0)绕 z 轴旋转一个矩形

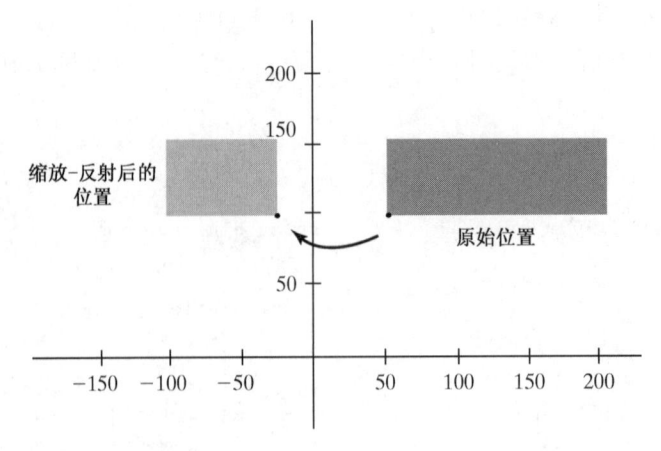

图 7.36 使用 OpenGL 的函数 glScalef(-0.5,1.0,1.0) 缩放和反射一个矩形

7.11 小结

基本的几何变换是平移、旋转和缩放。平移将一个对象从一个位置沿直线路径移动到另一位置。旋转将一个对象从一个位置绕指定旋转轴沿圆路径移动到另一位置。对于二维应用而言，该旋转路径位于 xy 平面内且围绕与 z 轴平行的旋转轴。缩放变换改变相对于固定点的对象的尺寸。

可以用 3×3 矩阵操作表示二维变换，从而使一系列变换可合并成一个复合变换矩阵。用矩阵表示几何变换是一种有效的形式，因为它允许通过将复合变换矩阵应用于对象描述并获得变换后的位置来减少计算。为此，坐标位置用列矩阵表示。选择列矩阵表示坐标位置是因为这是一种标准的数学惯例，并且多数图形软件包现在使用这一惯例。一个三元素的列矩阵（向量）可看作齐次坐标表示。对于几何变换，齐次系数赋为 1。

对于一个二维系统，二维坐标系间的变换通过一组使两个系统变成一致的平移-旋转变换来实现。然而，在一个三维系统中，我们必须指定三个坐标轴方向中的两个，而不能（如二维系统中那样）只指定一个。

OpenGL 基本库包含三个函数用于对坐标位置进行单独的平移、旋转和缩放变换。每个函数生成一个与建模观察前乘的矩阵。因此，几何变换必须按逆向顺序指定：最后引入的变换最先应用于坐标位置。变换矩阵应用于随后定义的对象。除了在建模观察矩阵中累积变换序列，我们可以将该矩阵设定为单位矩阵或某种其他矩阵。还可以用建模观察矩阵和任意指定的矩阵形成乘积。OpenGL 中有若干种操作可用来完成光栅变换。使用这些光栅操作可平移、旋转、缩放或反射一个光栅块。

表 7.1 总结了本章讨论的 OpenGL 几何变换函数和矩阵子程序。

表 7.1　OpenGL 几何变换函数小结

函　数	描　述
glTranslate*	指定平移参数
glRotate*	指定绕过原点的任意轴旋转的参数
glScale*	指定相对于坐标原点的缩放参数
glMatrixMode	为几何-观察变换、投影变换、纹理变换或颜色变换指定当前矩阵
glLoadIdentity	将当前矩阵设定为单位矩阵
glLoadMatrix*(elems);	设定当前矩阵的元素
glMultMatrix*(elems);	用指定矩阵前乘当前矩阵
glPixelZoom	为光栅操作指定二维缩放参数

参考文献

关于矩阵建模和几何变换的其他技术请参见 Glassner(1990)、Arvo(1991)、Kirk(1992)、Heckbert(1994)和 Paeth(1995)。计算机图形学齐次坐标的讨论请参见 Blinn and Newell(1978)和 Blinn(1993, 1996, 1998)。

利用 OpenGL 几何变换函数编程的其他例子见 Woo, et al.(1999)。OpenGL 几何变换的完整列表在 Shreiner(2000)中提供。

练习题

7.1 编写一个实现7.1节二维旋转示例的动画程序。一个输入多边形绕 xy 平面上的基准点连续旋转,每次旋转一个小角度,并对 sin 和 cos 函数进行近似计算以加快计算速度。为了避免坐标的误差积累,在每次新的旋转开始时,重新设置对象原来的坐标值。

7.2 通过对 $\mathbf{R}(\theta_1)$ 和 $\mathbf{R}(\theta_2)$ 矩阵表达式的合并得到 $\mathbf{R}(\theta_1) \cdot \mathbf{R}(\theta_2) = \mathbf{R}(\theta_1 + \theta_2)$,证明两个旋转的复合是可相加的。

7.3 对在任意方向缩放的变换矩阵(7.39)进行修改,使其包括任意指定的缩放固定点 (x_f, y_f) 的坐标。

7.4 证明对于下列每个操作序列,矩阵相乘是可交换的:
(a) 两个连续的旋转。
(b) 两个连续的平移。
(c) 两个连续的缩放。

7.5 证明一致缩放和旋转形成可交换的操作对,但通常缩放和旋转不是可交换操作。

7.6 将式(7.42)中的单个缩放、旋转和平移矩阵相乘,以验证复合变换矩阵中的各元素。

7.7 修改7.4节的示例程序,使变换参数可通过用户输入来指定。

7.8 修改上一练习题的程序,使变换序列可用于任意多边形,其顶点通过用户输入来指定。

7.9 修改7.4节中的示例程序,使几何变换的顺序可通过用户输入来指定。

7.10 证明关于直线 $y = x$ 的反射变换矩阵(7.55)等价于关于 x 轴的反射加上逆时针旋转 $90°$。

7.11 证明关于直线 $y = -x$ 的反射变换矩阵(7.56)等价于关于 y 轴的旋转加上逆时针旋转 $90°$。

7.12 证明相对于 x 或 y 坐标轴的两次连续反射,等价于在 xy 平面上关于坐标原点的一次旋转。

7.13 确定相对于任意直线 $y = mx + b$ 的反射变换矩阵的形式。

7.14 证明相对于 xy 平面上任何通过坐标原点的两条直线的连续反射,等价于关于原点的单个旋转。

7.15 确定等价于 x 方向错切矩阵(7.57)的基本变换序列。

7.16 确定等价于 y 方向错切矩阵(7.61)的基本变换序列。

7.17 根据给定的向量字体定义,建立显示二维斜体字符的错切程序。即这种字体中的所有字符形状都使用直线段进行定义,斜体字符则根据错切变换形成。通过比较斜体和某些可用字体的正常文本来确定错切参数的合适值。请读者为自己的程序输入定义简单的向量字体。

7.18 推导下列方程,可以将一个笛卡儿坐标系中的坐标点 $\mathbf{P} = (x, y)$ 变换到由该系统相对

于自己逆时针旋转 θ 角所得的另一个笛卡儿系中的坐标值 (x', y')。变换等式可通过将点 **P** 投影到四个轴并分析所得到的合适的三角形来获得：

$$x' = x\cos\theta + y\sin\theta \qquad y' = -x\sin\theta + y\cos\theta$$

7.19 编写一个将对象描述从一个二维笛卡儿坐标系变换到另一个系统时计算矩阵元素的程序。第二个坐标系将使用原点 P_0 和给出其正 y' 轴方向的向量 **V** 进行定义。

7.20 建立实现帧缓存矩形区域的块转移程序，其中使用一个函数将该区域读入一个数组并使用另一函数将该数组复制到指定的转移区域。

7.21 确定使用各种布尔操作将两个连续的块转移到帧缓存相同区域的执行结果。

7.22 使用算术运算操作，将两个连续的块转移到帧缓存相同区域的执行结果是什么？

7.23 实现使用任意指定的布尔操作或替代（复制）操作完成帧缓存的块转移的程序。

7.24 编写一个在帧缓存的块转移中以 90° 倍数实现旋转的程序。

7.25 编写一个在帧缓存的块转移中以任意指定角度实现旋转的程序。

7.26 编写一个实现将缩放作为像素块光栅变换的程序。

7.27 编写一个程序，实现在白色背景的显示窗口中沿一个圆形、顺时针的路径显示一个黑色正方形的动画，该路径的中心位于显示窗口的中心（好像钟表上分针的针尖的运动一样）。正方形方向保持不变。仅使用基本的 OpenGL 几何变换来实现。

7.28 使用 OpenGL 矩阵操作再次实现上一练习题。

7.29 修改练习题 7.27 中的程序，让正方形在其路径上移动时绕其自己的中心旋转。每移过整个路径的 1/4，正方形旋转一圈。仅使用基本的 OpenGL 几何变换来实现。

7.30 使用 OpenGL 矩阵操作再次实现上一练习题。

7.31 修改练习题 7.29 中的程序，让正方形在沿其路径移动时增加一个变化。即在绕其中心旋转一圈的过程中，其尺寸从开始时的完整大小平稳地缩小到一半大小。仅使用基本的 OpenGL 几何变换来实现。

7.32 使用 OpenGL 矩阵操作再次实现上一练习题。

附加综合题

7.1 在本题中，使用二维几何变换来编写应用中对象的简单动画的程序。为应用中的对象选定某些简单的运动动作，这些动作可以使用本章中讨论的变换类型（平移、旋转、比例缩放、错切和反射）来实现。这些动作可能是某些对象经常表现出的运动形式，或者是由用户输入来触发或引导的运动轨迹（因为我们尚未接触用户输入，你可以生成固定的示例行为）。生成为了实现这些动作所需的所有矩阵。这些矩阵要在齐次坐标系中定义。如果有两个或多个对象在某些动作中表现为在相对位置上比较容易建模的单一"部件"，则可以使用 7.8 节的技术将这些相关的对象一起从局部变换转换到世界坐标系的变换。

7.2 使用上一综合题中设计的矩阵来生成场景中表示对象动作的动画。必须使用 OpenGL 矩阵操作来使场景中每一对象位置有小的改变。场景必须每秒重画若干次，每次使用变换来生成动画效果。建立一种循环，使得动作是循环的，或者到了轨迹末端后，场景中所有对象重新回到起始位置并让动画再次开始播放。

第 8 章　二维观察

第 3 章已经简要介绍了二维观察的概念和函数。现在我们深入讨论在输出设备上显示二维图形的问题。一般来说，图形软件让用户在已定义的图中指定哪部分要显示，以及在显示设备的什么位置显示。任何一个称为世界坐标系的常规笛卡儿坐标系都可以用来定义图形。在二维情况下，可以使用 xy 平面上包含全图或任意部分的区域来选择视图。用户可以只选择一个区域，也可以选择同时显示几个区域，或者显示一个场景的动态扫视序列。所选区域中的图形映射到设备坐标系的指定区域中。当选择多个观察区域时，这些区域分别放在不同的显示位置，或者将某些区域插入其他的大区域中。从世界坐标系到设备坐标系的变换包括平移、旋转、缩放操作及删除位于显示区域范围以外的图形部分。

8.1　二维观察流水线

二维场景中要显示的部分称为**裁剪窗口**(clipping window)，所有在此区域之外的场景均要裁去。只有在裁剪窗口内部的场景才能显示在屏幕上。裁剪窗口有时指世界窗口(world window)或观察窗口(viewing window)。图形系统曾一度简称裁剪窗口为"窗口"，但由于现在有众多的窗口系统在计算机上使用，因此必须把它们区分开来。例如，窗口管理系统创建和管理监视器上的若干个区域，其中每一区域称为一个"窗口"，它可用来显示图形和文字。因此，我们一直使用术语"裁剪窗口"来表示可能要转换为监视器上某显示窗口的点阵的场景部分。图形系统还用称为**视口**(viewport)的另一"窗口"来控制在显示窗口中的定位。对象在裁剪窗口内的部分映射到显示窗口中指定位置的视口中。窗口选择要看什么，而视口指定在输出设备的什么位置进行观察。

通过改变视口的位置，我们可以在输出设备显示区域的不同位置观察物体。使用多个视口可在不同的屏幕位置观察场景的不同部分。我们也可以通过改变视口的尺寸来改变显示对象的尺寸和位置。如果将不同尺寸的裁剪窗口连续映射到固定尺寸的视口中，则可以得到"拉镜头"的效果。当裁剪窗口越变越小时，就可以聚焦到场景中的某一部分，从而观察到使用较大的裁剪窗口时未显示出的细节。同样，通过从一个场景部分开始连续地放大裁剪窗口，可以得到逐步扩大的场景。通过将一个固定尺寸的裁剪窗口移过场景中的不同的对象，就可以产生"移镜"的效果。

裁剪窗口和视口一般都是正则矩形，其各边分别与坐标轴平行。有时也会采用多边形与圆形等其他形状的窗口和视口，但是处理时间长一些。我们先考虑如图 8.1 所示的矩形视口和裁剪窗口。

场景的描述从二维世界坐标系到设备坐标系的映射称为**二维观察变换**(two-dimensional viewing transformation)。有时将二维观察变换简单地称为窗口到视口的变换(window-to-viewport transformation)或窗口变换(windowing transformation)。一般来说，观察包含的内容不仅仅是从窗口到视口的变换。图 8.2 给出了与三维观察相仿的二维观察步骤。构造世界坐标系的场景后，我们可以建立独立的二维**观察坐标参照系**(viewing-coordinate reference frame)来指定裁剪窗口。由于裁剪窗口常在世界坐标系中定义，因此二维应用的观察坐标系和世界坐标系一致。（而三维场景则需要独立的观察坐标系来指定观察位置、观察方向和坐标系方向等参数。）

为了使观察处理独立于输出设备，图形系统将对象描述转换到规范化设备坐标系并提供裁剪程序。有些系统的规范化设备坐标范围从 0 到 1 而另一些从 -1 到 1。视口在规范化设备坐标系还是在设备坐标系中定义则取决于使用哪种图形库。在观察变换的最后一步，视口中的内容转换到显示窗口的相应位置。

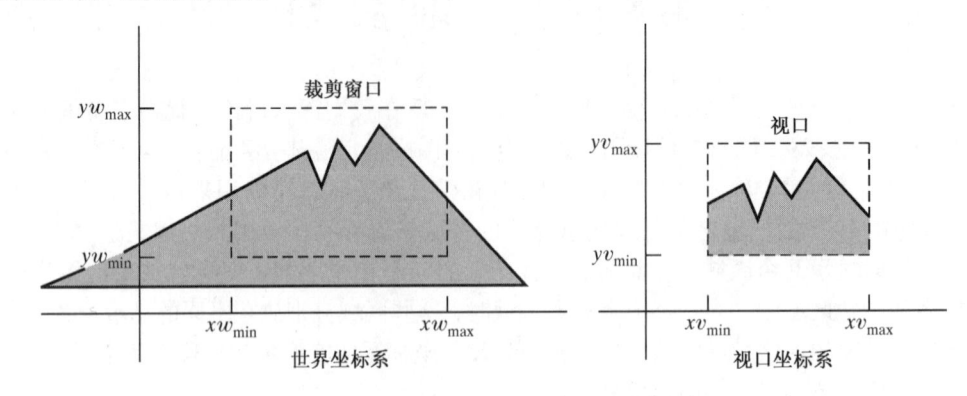

图 8.1 与坐标轴平行的裁剪窗口及对应的视口

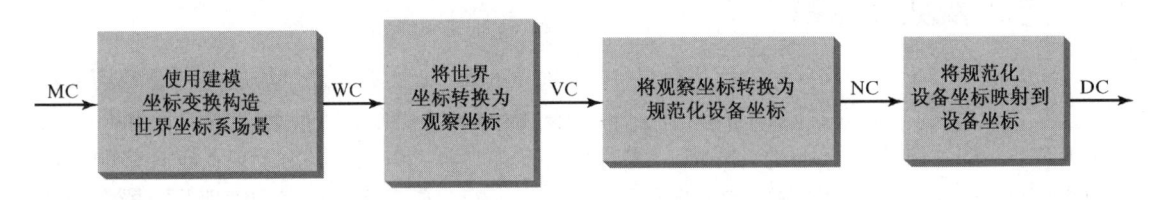

图 8.2 二维观察变换流水线

裁剪工作通常在规范化设备坐标系中进行。这使我们可以在此之前合并变换矩阵，从而减少计算时间。裁剪函数是计算机图形学中重要的基本函数。它们不仅用于观察变换，也用于窗口管理系统、绘画软件中擦除部分图片及其他许多方面。

8.2 裁剪窗口

应用程序要得到特殊的裁剪效果，可通过选择裁剪窗口的不同形状、大小和方向来实现。例如，可以使用星形模子、椭圆或由样条曲线围成的形状作为裁剪窗口。但使用凹多边形或非线性边界裁剪窗口来裁剪比用矩形裁剪要花费更多的时间。确定对象与圆的交点比确定它与直线的交点需要更多的计算。最简单的用于裁剪的窗口边界是与坐标轴平行的直线。因此，图形软件包一般仅允许使用平行于 x 和 y 轴的矩形裁剪窗口。

如果要使用其他形状的裁剪窗口，就必须自己实现裁剪和坐标变换算法。也可以对图进行编辑，生成一定形状的场景来显示。例如，可以将填上背景色的多边形围成所要的图案来实现对图的修剪。我们可以使用这种方法获得任意的边界，甚至在图的内部放上一些洞。

正则矩形裁剪窗口很容易通过给定矩形的一对顶点坐标来定义。如果要转一个角度观察场景，则需要在旋转过的观察坐标系中定义一个矩形裁剪窗口或旋转世界坐标场景，两者的效果一样。有些系统给出旋转的二维观察系统供用户选择，但裁剪窗口必须在世界坐标系中指定。

8.2.1 观察坐标系裁剪窗口

二维观察变换的一般方法是在世界坐标系中指定一个观察坐标系。以该坐标系为参考通过选定方向和位置来指定矩形裁剪窗口（参见图 8.3）。要获得图 8.3 中的裁剪窗口所确定的世界坐标场景,只需将场景描述转换为观察坐标。尽管许多图形软件包不提供在二维观察坐标系中指定裁剪窗口的功能,但这是定义三维场景裁剪区域的标准方法。

选择世界坐标系的某个位置 $\mathbf{P}_0 = (x_0, y_0)$ 作为二维观察坐标系的原点,使用世界坐标系的向量 $\mathbf{V}$ 作为观察坐标系 y_{view} 轴的方向。向量 $\mathbf{V}$ 称为二维**观察向上向量**(view up vector)。另一种指定观察坐标系方向的方法是在世界坐标系中给定观察坐标系相对于 x 或 y 坐标轴的转动角度。根据旋转角度可以获得观察向上向量。一旦确定了观察坐标系的参数,就可使用7.8节的函数将场景描述变换到观察坐标系,其中引入的变换相当于在世界坐标系上叠加观察坐标系。

变换的第一步是将观察坐标系原点移动到与世界坐标系原点重合。接着,旋转观察坐标系使其与世界坐标系重合。给定方向向量 $\mathbf{V}$,可为 y_{view} 和 x_{view} 轴分别计算出单位向量 $\mathbf{v} = (v_x, v_y)$ 和 $\mathbf{u} = (u_x, u_y)$。这两个向量用来形成将观察坐标系的 x_{view} 和 y_{view} 轴与世界坐标系的 x_w 和 y_w 轴重合的旋转变换矩阵 $\mathbf{R}$ 的第1列和第2列。

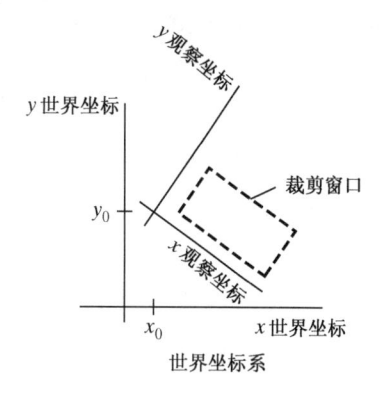

图 8.3 在世界坐标系中定义旋转的裁剪窗口

对象在世界坐标系的位置随后由组合的二维变换矩阵转换到观察坐标系中:

$$\mathbf{M}_{WC,VC} = \mathbf{R} \cdot \mathbf{T} \tag{8.1}$$

这里 $\mathbf{T}$ 是将观察坐标系原点 $\mathbf{P}_0$ 与世界坐标系原点重合的平移变换,$\mathbf{R}$ 是使平移后的观察坐标系与世界坐标系重合的旋转变换。图8.4示出了该坐标变换的步骤。

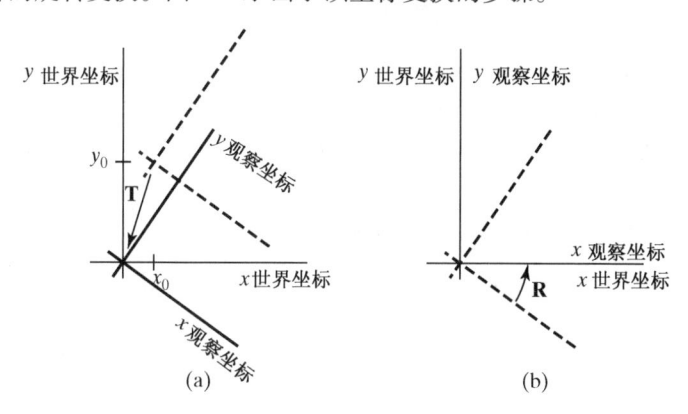

图 8.4 观察坐标系变换成与世界坐标系重合的步骤:(a)平移变换使两坐标系原点重合,(b)旋转变换使两坐标系的坐标轴分别重合

8.2.2 世界坐标系裁剪窗口

图形系统程序库中一般均提供定义标准矩形裁剪窗口的函数。我们可以指定世界坐标系中的两点作为标准矩形的两个对角顶点。一旦建立了裁剪窗口,观察函数就对场景描述进行处理并将结果送到输出设备。

如上所述,如果要旋转一个二维场景,需要完成与此相同的步骤,但不考虑观察坐标系。因此,可以简单地在世界坐标系中将对象旋转(可能有平移)到所需位置并建立裁剪窗口。例如,将图8.5(a)中的三角形旋转到指定位置并建立一个标准的裁剪矩形之后,就可以显示旋转后的三角形。与上面所述的坐标变换类似,我们可以将三角形绕原点旋转并定义一个包围该三角形的裁剪窗口。那样，我们定义一个方向向量并选择一个参考点（更多内容参见附录A），比如三角形的中心，接着将参考点平移到世界坐标系原点并将方向向量利用变换矩阵(8.1)旋转到y_{world}轴。三角形转到了所希望的方向后，可以使用世界坐标系中的标准裁剪窗口来获取旋转后的三角形。图8.5(b)给出了变换后的三角形位置和所选的裁剪窗口。

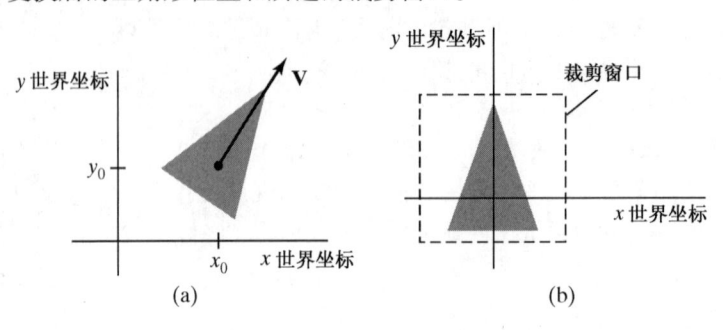

图8.5 （a）一个三角形及选定的参考点和定向向量；（b）平移和旋转后位于裁剪窗口中

8.3 规范化和视口变换

有些图形系统将规范化和窗口-视口变换合并成一步。这样，视口坐标是从0到1，即视口位于一个单位正方形内。裁剪后包含视口的单位正方形映射到输出显示设备。在其他一些系统中，规范化和裁剪在窗口-视口变换之前进行。这些系统的视口边界在与显示窗口位置对应的屏幕坐标系指定。

8.3.1 裁剪窗口到规范化视口的映射

为了说明规范化和视口变换的一般过程，首先定义一个视口，其规范坐标值从0到1。按点的变换方式将对象描述变换到该视口。如果对象在观察坐标系中心，则它也必然显示在视口的中心。图8.6显示了窗口到视口的映射。窗口内的点(xw, yw)映射到对应视口的点(xv, yv)。

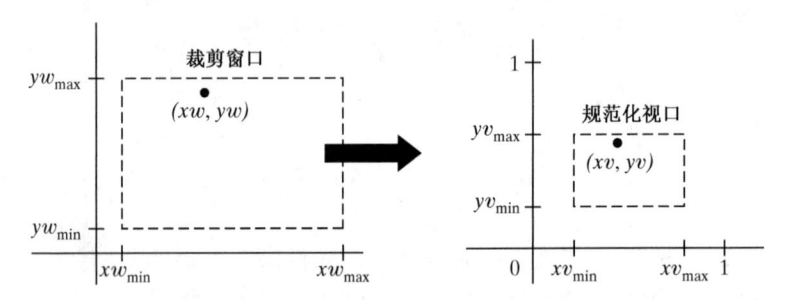

图8.6 在指定窗口中位于(xw, yw)的点映射到视口中坐标为(xv, yv)的点，因此这两点在两个区域的相对位置相同

为了保持视口与窗口中的对象具有同样的相对位置，必须满足

$$\frac{xv - xv_{\min}}{xv_{\max} - xv_{\min}} = \frac{xw - xw_{\min}}{xw_{\max} - xw_{\min}}$$
$$\frac{yv - yv_{\min}}{yv_{\max} - yv_{\min}} = \frac{yw - yw_{\min}}{yw_{\max} - yw_{\min}} \tag{8.2}$$

对上述方程求解(xv, yv)，可得

$$xv = s_x xw + t_x$$
$$yv = s_y yw + t_y \tag{8.3}$$

其中，缩放系数为

$$s_x = \frac{xv_{\max} - xv_{\min}}{xw_{\max} - xw_{\min}}$$

$$s_y = \frac{yv_{\max} - yv_{\min}}{yw_{\max} - yw_{\min}} \tag{8.4}$$

平移参数为

$$t_x = \frac{xw_{\max}xv_{\min} - xw_{\min}xv_{\max}}{xw_{\max} - xw_{\min}}$$

$$t_y = \frac{yw_{\max}yv_{\min} - yw_{\min}yv_{\max}}{yw_{\max} - yw_{\min}} \tag{8.5}$$

由于我们简单地把世界坐标系中的位置映射到位于世界坐标系原点附近的视口，式(8.3)也可以根据从窗口到视口的变换而推出。该变换按下列顺序进行：

1. 以点$(xw_{\min}, yw_{\min})$为中心执行缩放变换，将窗口变换成视口的大小。
2. 将$(xw_{\min}, yw_{\min})$移到$(xv_{\min}, yv_{\min})$。

第一步的缩放变换可以表示成二维矩阵

$$\mathbf{S} = \begin{bmatrix} s_x & 0 & xw_{\min}(1-s_x) \\ 0 & s_y & yw_{\min}(1-s_y) \\ 0 & 0 & 1 \end{bmatrix} \tag{8.6}$$

这里s_x和s_y与式(8.4)中的相同。裁剪窗口左下角平移到视口左下角的二维矩阵是

$$\mathbf{T} = \begin{bmatrix} 1 & 0 & xv_{\min} - xw_{\min} \\ 0 & 1 & yv_{\min} - yw_{\min} \\ 0 & 0 & 1 \end{bmatrix} \tag{8.7}$$

变换到规范化视口的组合矩阵是

$$\mathbf{M}_{\text{window, normviewp}} = \mathbf{T} \cdot \mathbf{S} = \begin{bmatrix} s_x & 0 & t_x \\ 0 & s_y & t_y \\ 0 & 0 & 1 \end{bmatrix} \tag{8.8}$$

该变换给出和式(8.3)同样的结果。裁剪窗口的任意其他参考点，如右上角或窗口中心，都可用在缩放-平移的操作中。也可以先将裁剪窗口位置平移到视口的对应位置，再相对于视口位置进行缩放。

窗口-视口变换保持对象描述的相对位置。在裁剪窗口内部的对象映射到视口内，在裁剪窗口外部的对象则映射到视口外。

另外，只有在裁剪窗口和视口有相同的纵横比时才能保持对象的相对比例不变。换句话说，如果缩放因子s_x和s_y相同，则对象的比例不变。否则，世界坐标系中的对象显示到输出设备上时可能在x或y方向上（或同时）被拉长或缩短。

裁剪函数可使用裁剪窗口边界或视口边界实现裁剪。裁剪后，规范化坐标变换到设备坐标。单位正方形经过与窗口-视口变换相同的过程而映射到输出设备，其内部全部变换到输出设备的显示区域。

8.3.2 裁剪窗口到规范化正方形的映射

二维观察的另一种方法是先将裁剪窗口变换到规范化正方形，在规范化坐标系中进行裁剪，然后将场景描述变换到屏幕坐标系中指定的视口中。图8.7示出了规范化坐标范围从-1到1的这种变换。在这个变换过程中，裁剪操作是标准的，因此在由$x = \pm 1$和$y = \pm 1$确定的边界外的对象被检测出来并从场景描述中移走。在观察变换的最后一步，视口中的对象定位到显示窗口。

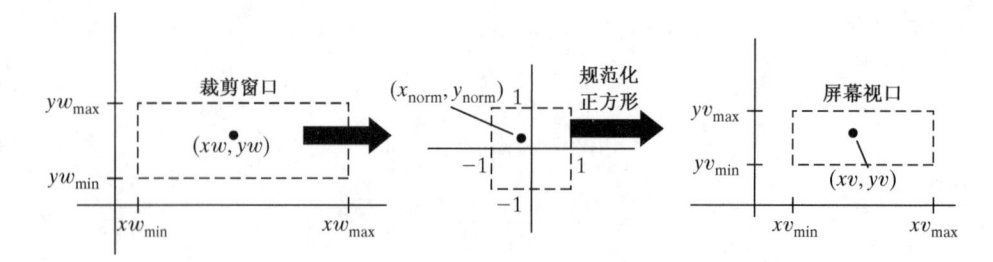

图8.7 裁剪窗口中的一个点(xw, yw)映射到规范化坐标系中的位置(x_{norm}, y_{norm})，然后再到视口的屏幕坐标位置(xv, yv)。在变换到视口坐标系之前用规范化正方形裁剪对象

裁剪窗口到规范化正方形的变换使用了与窗口-视口变换一样的过程。规范化变换的矩阵由式(8.8)中用 -1 代入 xv_{min} 和 yv_{min}、用 $+1$ 代入 xv_{max} 和 yv_{max} 而获得。在 t_x、t_y、s_x 和 s_y 的表达式中进行上述代入后，有

$$\mathbf{M}_{\text{window, normsquare}} = \begin{bmatrix} \dfrac{2}{xw_{max} - xw_{min}} & 0 & -\dfrac{xw_{max} + xw_{min}}{xw_{max} - xw_{min}} \\ 0 & \dfrac{2}{yw_{max} - yw_{min}} & -\dfrac{yw_{max} + yw_{min}}{yw_{max} - yw_{min}} \\ 0 & 0 & 1 \end{bmatrix} \qquad (8.9)$$

类似地，在裁剪操作完成后，边长为2的正方形变换到指定的视口。这时，在式(8.8)中用 -1 代入 xw_{min} 和 yw_{min}、用 $+1$ 代入 xw_{max} 和 yw_{max}，即可得变换矩阵：

$$\mathbf{M}_{\text{normsquare, viewport}} = \begin{bmatrix} \dfrac{xv_{max} - xv_{min}}{2} & 0 & \dfrac{xv_{max} + xv_{min}}{2} \\ 0 & \dfrac{yv_{max} - yv_{min}}{2} & \dfrac{yv_{max} + yv_{min}}{2} \\ 0 & 0 & 1 \end{bmatrix} \qquad (8.10)$$

观察过程的最后一步是将视口在显示窗口中定位。一般将视口左下角定位到与显示窗口左下角对应的坐标位置。图8.8给出了显示窗口中视口的定位情况。

如前所述，通过选择与裁剪窗口有相同纵横比的视口，即可保持对象的初始比例不变。否则，对象可能在 x 或 y 方向拉长或缩短。显示窗口的纵横比也会影响对象的比例。如果视口映射到显示窗口的整个范围且显示窗口的尺寸有改变，对象就有可能变形，除非视口的纵横比跟着调整。

8.3.3 字符串的显示

通过观察流水线将字符串映射到视口上的处理方法有两种。最简单的映射是保持字符串的大小不变，在使用点阵字体时通常采用这种方法。但轮廓线字体可以和其他图元一样变换，即只要对字形轮廓中线段的定义位置进行变换。在场景中处理过其他图元后对变换后的字符确定像素图案。

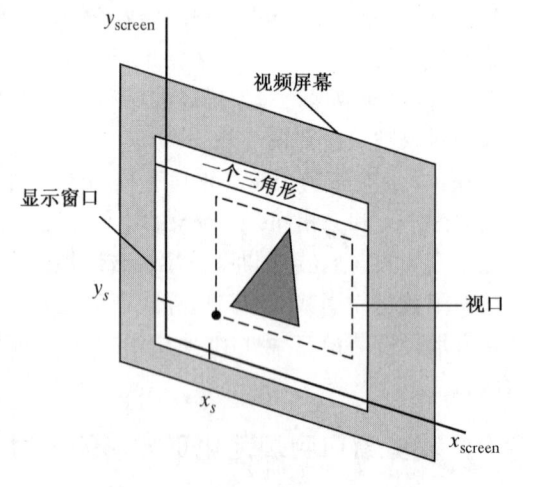

图8.8 一个位于显示窗口的坐标位置(x_s, y_s)的视口

8.3.4 分画面效果和多输出设备

通过为一个场景选择不同的裁剪窗口及配对的视口，可同时显示两个或多个对象、多个图片部分或单个场景的不同观察。我们可以将这些画面放到同一个显示窗口的不同位置或放到屏幕上的多个显示窗口中。例如在设计应用中，可以在一个视口中显示线框图而在另一视口中显示完整绘制的图，并且在第三个视口中列出其他信息或菜单。

在一个特定系统内同时使用两个或多个输出设备及为每个输出设备建立多对裁剪窗口/视口也是可以的。到所选输出设备的映射称为**工作站变换**(workstation transformation)。此时，视口在具体的显示设备的坐标系中指定。或者每一视口都在单位正方形中指定，然后把正方形映射到选定的设备。一些图形系统为此提供了一对工作站函数。一个函数用于为选定输出设备指定裁剪窗口，用工作站号(workstation number)来标识；另一个函数用来为该设计建立相应的视口。

8.4 OpenGL 二维观察函数

实际上，由于 OpenGL 主要为三维应用而设计，其基本库中没有专为二维观察而设计的函数。但我们可以将三维观察函数用于二维场景且核心库中包含一个视口函数。另外，GLU 函数提供了指定二维裁剪窗口的函数，GLUT 函数提供了处理显示窗口的函数。因此，我们可以使用这些二维函数及 OpenGL 观察函数进行所需的观察操作。

8.4.1 OpenGL 投影模式

在选择 OpenGL 裁剪窗口和视口之前，必须建立合适的模式以便构建从世界坐标系到屏幕坐标系变换的矩阵。在 OpenGL 中，不能建立独立的图 8.3 所示的二维观察坐标系，必须将裁剪窗口的参数作为投影变换的一部分来设置。因此，必须先选择投影模式。我们可以使用在几何变换中设定建模观察模式的函数来设置。下列定义裁剪窗口和视口的函数将应用于投影矩阵。

```
glMatrixMode (GL_PROJECTION);
```

将指定投影矩阵作为当前矩阵，它原来设定为单位矩阵。然而，如果我们要回过来获得场景的另一观察，则可以建立初始化：

```
glLoadIdentity ( );
```

这保证在每次进入投影模式时将矩阵重新设定为单位矩阵，因此新的观察参数不会与前面的观察参数混在一起。

8.4.2 GLU 裁剪窗口函数

可以使用下列 OpenGL 实用函数定义一个二维裁剪窗口：

```
gluOrtho2D (xwmin, xwmax, ywmin, ywmax);
```

裁剪窗口边界的坐标位置使用双精度浮点数给出。该函数给出了将场景映射到屏幕的正交投影。对于三维场景来说，这意味着将对象沿垂直于二维 xy 显示平面的平行线投影。但是在二维投影中，对象是在二维 xy 平面上定义的。因此，对于二维场景，正交投影除了将对象位置转换到规范化坐标系，没有其他作用。由于二维场景要交给完整的三维 OpenGL 观察流水线处理，所以必须指定正交投影。实际上我们可以使用 gluOrtho2D 函数的三维 OpenGL 核心库版本来指定裁剪（参见 10.10 节）。

OpenGL 裁剪函数使用 -1 到 1 的规范化坐标范围。gluOrtho2D 函数设定变换矩阵(8.9)

的三维版本,将裁剪窗口中的对象映射到规范化坐标系。规范化正方形外的对象(及在裁剪窗口外的对象)不在显示的场景中出现。

如果没有为应用程序指定裁剪窗口,就使用默认的坐标 $(xw_{\min}, yw_{\min}) = (-1.0, -1.0)$ 和 $(xw_{\max}, yw_{\max}) = (1.0, 1.0)$。这样,默认的裁剪窗口是以坐标系原点为中心、边长为2的规范化正方形。

8.4.3 OpenGL 视口函数

下列 OpenGL 函数用来指定视口参数:

```
glViewport (xvmin, yvmin, vpWidth, vpHeight);
```

这里的所有参数用对应于显示窗口的整数屏幕坐标给出。参数 xvmin 和 yvmin 指定视口左下角的位置,它与显示窗口的左下角对应。视口的宽度像素数和高度像素数用参数 vpWidth 和 vpHeight 来设定。如果我们并未在程序中使用 glViewport,则默认的视口大小及位置与显示窗口一样。

使用裁剪函数后,再用矩阵(8.10)将规范化正方形中的位置变换到视口矩形。视口的右上角坐标由该变换矩阵及视口的宽和高计算而得:

$$xv_{\max} = xv_{\min} + vpWidth, \qquad yv_{\max} = yv_{\min} + vpHeight \qquad (8.11)$$

最后,视口中图元的像素颜色装入指定的屏幕位置的刷新缓存中。

OpenGL 可以为各种应用建立多个视口(参见8.3节)。获取当前活动视口参数的查询函数是

```
glGetIntegerv (GL_VIEWPORT, vpArray);
```

这里的 vpArray 是一个单下标、四元素的矩阵。这个 Get 函数将当前视口的参数按 xvmin、yvmin、vpWidth、vpHeight 的顺序返回给 vpArray。例如在交互式应用中,我们可以使用该函数获得光标所在视口的参数。

8.4.4 建立 GLUT 显示窗口

3.5节已经简单介绍了 GLUT 的某些函数。由于 GLUT 与任意的窗口管理系统接口,使用 GLUT 子程序来建立和管理显示窗口可以使示例程序不依赖于任意特定的计算机。为了调用这些子程序,必须先使用下列函数来对 GLUT 进行初始化:

```
glutInit (&argc, argv);
```

该初始化函数的参数与主程序的相同,可以使用 glutInit 处理命令行变量。

有三个 GLUT 函数用来定义显示窗口并选择其尺寸及位置:

```
glutInitWindowPosition (xTopLeft, yTopLeft);
glutInitWindowSize (dwWidth, dwHeight);
glutCreateWindow ("Title of Display Window");
```

其中第一个函数给出显示窗口的左上角相对于屏幕左上角的整数型屏幕坐标位置。如果两个坐标值均为负,则显示窗口在屏幕上的位置由窗口管理系统确定。第二个函数按正整数的像素尺寸给出显示窗口的宽和高。如果并未使用这两个函数来指定尺寸和位置,则默认尺寸为 300×300 而默认位置是 (-1, -1),将显示窗口位置的决定权交给窗口管理系统。任何情况下,只要窗口管理系统得到有关的说明或其他有效要求,就可忽略用 GLUT 函数指定的显示窗口的尺寸和位置。这样,窗口系统可以另外确定显示窗口的尺寸和位置。第三个函数用指定的尺寸和位置及指定的标题来建立显示窗口,但标题是否使用也取决于窗口系统。这时,定义好的显示窗口在 GLUT 的 setup 操作完成前不会在屏幕上出现。

8.4.5 设定 GLUT 显示窗口的模式和颜色

显示窗口的参数由下列 GLUT 函数选择：

```
glutInitDisplayMode (mode);
```

该函数用来选择颜色模式（RGB 或索引号）和不同的缓存组合，所选参数以逻辑"或"操作方式组合。默认模式是单缓存和 RGB（或 RGBA）模式，这与使用下列语句设定的一样：

```
glutInitDisplayMode (GLUT_SINGLE | GLUT_RGB);
```

指定为 GLUT_RGB 模式与指定为 GLUT_RGBA 模式是等价的。显示窗口的背景颜色用下列 OpenGL 子程序在 RGB 模式中选择：

```
glClearColor (red, green, blue, alpha);
```

在颜色索引模式下，我们用

```
glClearIndex (index);
```

来设定显示窗口的颜色，这里的参数 index 被赋予与颜色表中的位置相对应的整数值。

8.4.6 GLUT 显示窗口标识

一个应用可以建立多个显示窗口，从数值 1 赋给建立的第一个窗口开始，每一个都要设定一个整数的**显示窗口标识**（display-window identifier）。在初始化一个显示窗口时，可以使用下列语句记录它的标识：

```
windowID = glutCreateWindow ("A Display Window");
```

一旦在整数变量 WindowID 中保存了这个整型显示窗口标识，就可以使用该标识来改变显示参数和删除显示窗口。

8.4.7 删除 GLUT 显示窗口

GLUT 中也包含一个删除已建立的显示窗口的函数。如果我们知道该显示窗口的标识，则可以使用下列语句删除它：

```
glutDestroyWindow (windowID);
```

8.4.8 当前 GLUT 显示窗口

指定的任何一个显示窗口操作都针对当前显示窗口，即最后建立的**当前显示窗口**（current display window）或用下列命令指定的显示窗口：

```
glutSetWindow (windowID);
```

在任何时候可以通过查询系统来确定当前的显示窗口是哪一个：

```
currentWindowID = glutGetWindow ( );
```

在没有显示窗口或当前显示窗口已被删除的情况下返回 0。

8.4.9 修改 GLUT 显示窗口的位置和大小

如果要改变当前显示窗口的位置，则使用

```
glutPositionWindow (xNewTopLeft, yNewTopLeft);
```

这里的坐标指定显示窗口左上角相对于屏幕左上角的新位置。类似地，下列函数设定当前显示窗口的尺寸：

```
glutReshapeWindow (dwNewWidth, dwNewHeight);
```
使用如下函数可将当前显示窗口扩展到整个屏幕：
```
glutFullScreen ( );
```
执行该函数后的显示窗口的实际尺寸取决于窗口管理系统。在此之后对 `glutPositionWindow` 或 `glutReshapeWindow` 的调用将取消扩展到整个屏幕的要求。

无论何时改变显示窗口，都可能改变窗口的纵横比并使对象变形。如 4.16 节所述，可以使用下列语句来调整显示窗口的变化：
```
glutReshapeFunc (winReshapeFcn);
```
这一 GLUT 函数在显示窗口的尺寸改变时被激活，新的宽和高将送给其所属变量：在此例中就是函数 `winReshapeFcn`。因此，`winReshapeFcn` 是一个"重定型事件"的"回调函数"。可以使用该回调函数来改变视口的参数，从而保持场景原有的纵横比。另外，也可重新设定裁剪窗口的边界、改变显示窗口的颜色、调整其他观察参数并完成任何其他任务。

8.4.10 管理多个 GLUT 显示窗口

GLUT 中还有一些用来以多种方式管理显示窗口的函数。当屏幕上有多个显示窗口且需要对它们重新安排或对其中的某个显示窗口重定位时，这些函数特别有用。

使用下列函数可将当前显示窗口变为一个图符，该图符通过小图片或符号形式来表示该窗口：
```
glutIconifyWindow ( );
```
该图符将使用赋予该窗口的名字来标记，但我们可以用下列函数改变其名字：
```
glutSetIconTitle ("Icon Name");
```
也可以用类似的命令改变显示窗口的名字：
```
glutSetWindowTitle ("New Window Name");
```
当屏幕上打开多个显示窗口时，有些窗口可能部分或完全覆盖另外的窗口。可以通过先指定某个显示窗口为当前窗口，然后调用 "pop-window" 命令来使它成为所有其他窗口之前的窗口：
```
glutSetWindow (windowID);
glutPopWindow ( );
```
可以用类似的方法将当前显示窗口压到背后，使它位于所有其他显示窗口之后。操作顺序是
```
glutSetWindow (windowID);
glutPushWindow ( );
```
也可以让当前窗口从屏幕上消失：
```
glutHideWindow ( );
```
我们可以通过将隐藏的或变为图符的显示窗口指定为当前显示窗口并调用下列函数让它重新显示：
```
glutShowWindow ( );
```

8.4.11 GLUT 子窗口

我们可以在一个选中的显示窗口中建立任意数量的二级显示窗口，称之为子窗口。这可用来将显示窗口分成不同的显示区域。创建子窗口的函数是
```
glutCreateSubWindow (windowID, xBottomLeft, yBottomLeft,
                     width, height);
```

参数 windowID 标识将在其中建立子窗口的显示窗口。其余参数用来指定子窗口的大小及其左下角相对于该显示窗口左下角的定位。

与第一级显示窗口的编号一样，子窗口用正整数来编号。我们可以将一个子窗口放在另一个子窗口中。每一子窗口可以有独立的显示模式和其他参数。如同对第一级显示窗口一样，我们可以对子窗口进行重定型、重定位、压后、弹出、隐藏和显示。但不能将 GLUT 子窗口变为图符。

8.4.12 显示窗口屏幕光标形状的选择

使用下列函数可以为当前窗口选择屏幕光标的形状：

```
glutSetCursor (shape);
```

我们可以选择的光标形状有按选定方向指向的箭头、双向箭头、旋转箭头、十字游丝、手表、问号，甚至头盖骨和交叉腿骨图案。例如，我们可以将符号常量 GLUT_CURSOR_UP_DOWN 赋给参数 shape 来获得上-下箭头。利用 GLUT_CURSOR_CYCLE 来选择旋转箭头，使用 GLUT_CURSOR_WAIT 来选择手表图案，利用常量 GLUT_CURSOR_DESTROY 来得到头盖骨和交叉腿骨图案。赋给显示窗口一个特定的光标形状用来表明一种特定的应用，比如动画。但可用的形状种类依赖于系统。

8.4.13 在 GLUT 显示窗口中观察图形对象

创建显示窗口并选定其位置、大小、颜色和其他特征后，需要指定在该窗口中显示什么。如果创建了多个显示窗口，则需要先指定哪个是当前显示窗口。然后引用下列函数来指定该窗口显示的内容：

```
glutDisplayFunc (pictureDescrip);
```

其中的变量是一个函数，它指定将什么放在当前窗口中显示。本例中的 pictureDescrip 函数是一种回调函数（callback function），在 GLUT 确定应该更新显示窗口内容时执行。pictureDescrip 函数可以指定菜单显示等结构组件，但通常包括定义图片的原语和属性。

如果创建了多个显示窗口，则需为每个显示窗口或子窗口重复这一过程。同样，如果显示窗口在重新显示过程中被破坏，则需要在 glutPopWindow 命令之后调用 glutDisplayFunc。此时，使用下列函数来指出当前显示窗口的内容应该更新：

```
glutPostRedisplay ( );
```

在显示窗口给出一个弹出式菜单等附加对象时也使用这一函数。

8.4.14 执行应用程序

程序装载完毕、创建和初始化显示窗口后需发布最后一个 GLUT 命令来启动程序执行：

```
glutMainLoop ( );
```

此时，显示窗口和其中的图形送到屏幕上。程序同时进入 **GLUT 处理循环**（GLUT processing loop），反复查询从鼠标或数据板传来的交互输入等新事件。

8.4.15 其他 GLUT 函数

GLUT 函数库提供各种依赖于系统的处理函数并为 OpenGL 基本库增加功能。例如，库中包含了生成位图式和轮廓式字符的函数（参见 4.13 节），并提供装载颜色表的函数（参见 5.3 节）。另外，在第 13 章中将讨论的一些 GLUT 函数可显示实体或线框形式的三维对象，包括球、圆环和五种规则多面体（立方体、四面体、八面体、十二面体、二十面体）。

在没有其他事件需要系统处理时,可以很方便地指定一个函数来运行。调用下列函数:
```
glutIdleFunc (function);
```
在没有任何处理任务时,该函数的参数可以是一个背景函数或更新一个动画参数的过程。

在第 20 章中还将讨论用于获得和处理交互输入及用于创建和管理菜单的 GLUT 函数。对输入设备如鼠标、键盘、图形板及空间球等提供了单独的 GLUT 函数。

最后,我们可以使用下列函数来查询系统某些参数的当前值:
```
glutGet (stateParam);
```
该函数返回一个整数值,它对应于为其变量所选的符号常量。例如,可用常量 GLUT_WINDOW_X 来获得当前显示窗口左上角相对于屏幕左上角的 x 坐标位置。用 GLUT_WINDOW_WIDTH 或 GLUT_SCREEN_WIDTH 来获得当前显示窗口宽度和屏幕宽度。

8.4.16 OpenGL 的二维观察程序示例

作为 OpenGL 视口功能的一个演示,我们通过拆分屏幕来给出中心位于世界坐标系原点的 xy 平面中一个三角形的两个视图。先将视口定义在显示窗口的左半区,以蓝色显示原始三角形。然后将视口定义在显示窗口的右半区,用相同的裁剪窗口将三角形显示成红色。接下来将三角形绕其中心旋转。

```
#include <GL/glut.h>

class wcPt2D {
   public:
      GLfloat x, y;
};

void init (void)
{
   /* Set color of display window to white. */
   glClearColor (1.0, 1.0, 1.0, 0.0);

   /* Set parameters for world-coordinate clipping window. */
   glMatrixMode (GL_PROJECTION);
   gluOrtho2D (-100.0, 100.0, -100.0, 100.0);

   /* Set mode for constructing geometric transformation matrix. */
   glMatrixMode (GL_MODELVIEW);
}

void triangle (wcPt2D *verts)
{
   GLint k;

   glBegin (GL_TRIANGLES);
      for (k = 0; k < 3; k++)
         glVertex2f (verts [k].x, verts [k].y);
   glEnd ( );
}

void displayFcn (void)
{
   /* Define initial position for triangle. */
   wcPt2D verts [3] = { {-50.0, -25.0}, {50.0, -25.0}, {0.0, 50.0} };

   glClear (GL_COLOR_BUFFER_BIT);          // Clear display window.

   glColor3f (0.0, 0.0, 1.0);              // Set fill color to blue.
```

```
    glViewport (0, 0, 300, 300);       // Set left viewport.
    triangle (verts);                  // Display triangle.

    /*  Rotate triangle and display in right half of display window.  */
    glColor3f (1.0, 0.0, 0.0);         // Set fill color to red.
    glViewport (300, 0, 300, 300);     // Set right viewport.
    glRotatef (90.0, 0.0, 0.0, 1.0);   // Rotate about z axis.
    triangle (verts);                  // Display red rotated triangle.

    glFlush ( );
}
void main (int argc, char ** argv)
{
    glutInit (&argc, argv);
    glutInitDisplayMode (GLUT_SINGLE | GLUT_RGB);
    glutInitWindowPosition (50, 50);
    glutInitWindowSize (600, 300);
    glutCreateWindow ("Split-Screen Example");

    init ( );
    glutDisplayFunc (displayFcn);

    glutMainLoop ( );
}
```

8.5 裁剪算法

一般情况下，任何用来消除指定区域内或区域外的图形部分的过程称为**裁剪算法**(clipping algorithm)，简称**裁剪**(clipping)。尽管在裁剪应用中可以使用任何形状的裁剪区域，但我们通常使用正则矩形。

裁剪多应用于观察流水线，目的是为了从场景(二维或三维)中提取指定部分显示在输出设备上。裁剪也用于对象边界的反走样、实体建模法构造对象、管理多窗口环境及在绘画程序中将图的一部分移动、复制或擦除。

在二维观察函数中的裁剪算法用来识别出裁剪窗口中的图形部分。任何位于裁剪窗口外的内容都从将要送到输出设备上显示的场景中消除。对裁剪窗口的规范化边界应用裁剪算法是实现观察流水线裁剪的高效方法。由于可以在裁剪前合并所有的几何和观察变换矩阵并应用于场景描述，因此大大减少了计算量。裁剪后的场景送到屏幕坐标系进行最后的处理。

在以下几节讨论针对下列图元类型的二维裁剪算法：

- 点的裁剪
- 线段的裁剪(直线段)
- 区域的裁剪(多边形)
- 曲线的裁剪
- 文字的裁剪

点、线段和多边形的裁剪是图形软件包中的标准部分。类似的方法除用于样条曲线和曲面外，还用于圆、椭圆等其他二次曲线及球面。但非线性边界的对象常近似为直线段或多边形表面以便减少计算量。

除非特别声明，我们都假设裁剪区域是一个正则矩形，其边界位于 xw_{min}，xw_{max}，yw_{min}，yw_{max}。这些边界与 x 和 y 值的范围从 0 到 1 或从 -1 到 1 的规范化正方形的边界对应。

8.6 二维点裁剪

假设裁剪窗口是一个在标准位置的矩形，如果点 $\mathbf{P}=(x,y)$ 满足下列不等式，则保存该点用于显示：

$$xw_{\min} \leq x \leq xw_{\max}$$
$$yw_{\min} \leq y \leq yw_{\max} \tag{8.12}$$

如果这四个不等式中有任何一个不满足，则裁剪掉该点（将不会存储和显示该点）。

虽然点的裁剪不如线或多边形的裁剪应用得多，但许多情况下还是需要点的裁剪过程，特别是当使用特定系统建模的时候。例如，点的裁剪可以用于包含云、海面泡沫、烟或爆炸等用小圆或小球这样的粒子进行建模的场景。

8.7 二维线段裁剪

图 8.9 给出了线段的位置和标准矩形裁剪区域之间各种可能的关系。线段裁剪算法通过一系列的测试和求交计算来判断是否整条线段或其中的某部分可以保存下来。线段与窗口边界的交点计算是线段裁剪函数的耗时部分。因此，减少交点计算是每一种线段裁剪算法的主要目标。为此，我们可以先进行测试，确定线段是否完整地在裁剪窗口的内部或完整地位于外部。确定一条线段是否完整地在裁剪窗口的内部是很容易的，但要确认整条线段都在窗口外部就比较困难。如果不能确定一条线段是否完整地在裁剪窗口的内部或外部，则必须进行交点计算来确定是否该线段有一部分落在窗口内部。

我们通过上一节中的点裁剪测试来测试一线段是否完整地落在所指定的裁剪窗口的内部或外部。如果两个端点都在四条裁剪边界内，比如图 8.9 中 $\mathbf{P}_1$ 到 $\mathbf{P}_2$ 的线段，则该线段完全在裁剪窗口内，就将其存储起来。如果一条线段的两个端点都在四条边界中任意一条边界的外侧（图 8.9 中的线段 $\overline{\mathbf{P}_3\mathbf{P}_4}$），则该线段完全在裁剪窗口的外部，因而应从场景描述中清除。但如果上述两个测试都失败，则线段必定和至少一条边界线相交，也许穿过也许不穿过裁剪窗口。

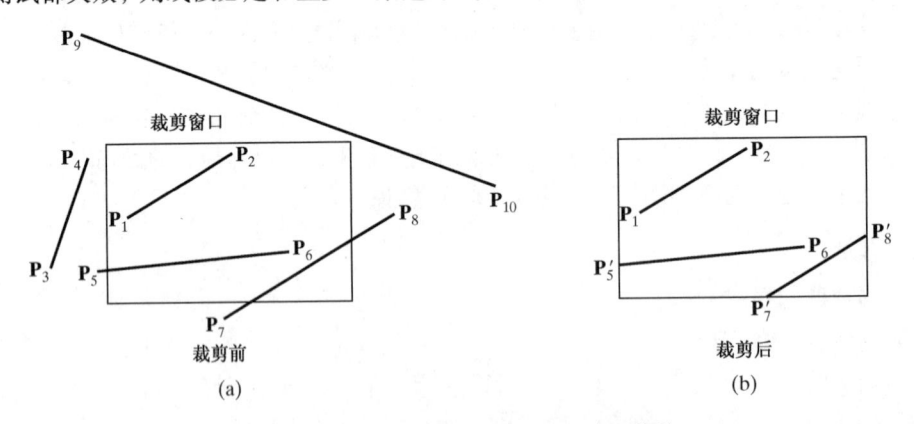

图 8.9 使用标准矩形裁剪窗口的线段裁剪

线段可使用下列参数公式表示，其中坐标点 (x_0, y_0) 和 $(x_{\text{end}}, y_{\text{end}})$ 给出线段的两个端点：

$$x = x_0 + u(x_{\text{end}} - x_0)$$
$$y = y_0 + u(y_{\text{end}} - y_0) \qquad 0 \leq u \leq 1 \tag{8.13}$$

通过将某一边界赋值给 x 或 y，解出 u 值，我们便可确定线段与每一裁剪窗口边界的相交位置。比如，当窗口左边界位于 $xw_{\min}$ 时，将其代入 x 并解出 u，即可求出交点的 y 值。如果 u 值在 0 到 1 之外，则线段与窗口边界不相交。但如果 u 值在 0 到 1 之内，就有部分线段位于该边界之内。我们再对位于内部的线段部分使用另一边界进行处理，直到线段不再有边界内的部分或找到窗口内的部分。

使用前面的简单裁剪方法对场景中的线段进行处理比较直接但效率不高。有可能重新组织初始测试和求交计算来减少一组线段的处理时间，并且已经开发出一些快速裁剪算法。有些算法是针对二维图形的，有些算法可以很容易地移植到三维应用中。

8.7.1 Cohen-Sutherland 线段裁剪算法

这是一个最早开发出的快速线段裁剪算法，它已经得到了广泛的使用。该算法通过初始测试来减少交点计算，从而减少线段裁剪算法所用的时间。每条线段的端点都赋以称为**区域码**(region code)的四位二进制码，每一位用来标识端点相对于相应裁剪矩形边界是里面还是外面。我们可以按任意顺序引用窗口边界，图 8.10 给出了从右到左、编号从 1 到 4 的一种顺序。在这个顺序下，最右边位置(位 1)对应裁剪窗口的左边界，最左边位置(位 4)对应窗口的上边界。任何码位的值为 1(真)表示端点在相应窗口边界的外面。类似地，码位的值为 0(假)表示端点不在相应窗口边界的外面(在内部或在边界上)。有时，区域码称为"外部"码(out code)，因为任何码位的值为 1(真)表示点在相应窗口边界的外面。

每一裁剪窗口边界将二维空间划分成内部和外部的两个半空间。四个窗口边界一起生成了九个区域，图 8.11 列出了这些区域的二进制码。因此，在裁剪窗口左下角的端点赋以区域码 0101，而在裁剪窗口内部的任意点的区域码是 0000。

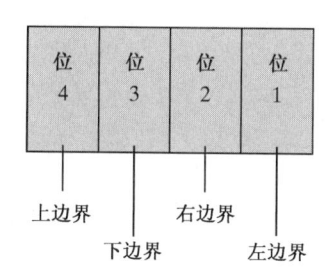

图 8.10　Cohen-Sutherland 端点区域码的各位与相应裁剪窗口边界的一种顺序

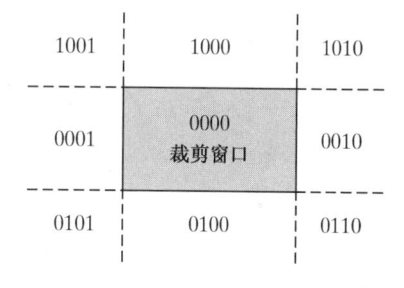

图 8.11　标识线段端点相对于裁剪窗口位置的九个二进制区域码

区域码的位值通过将端点的坐标值 (x, y) 与裁剪窗口边界相比较而确定。如果 $x < xw_{min}$ 则位 1 为 1，其他各位的值与此类似。除了使用不等式测试，我们还可以使用位处理操作和下列两步操作来更高效地确定区域码的值：(1)计算端点坐标与裁剪边界的差；(2)用各差值计算的符号位来设置区域码中相应的值。按图 8.10 中的顺序，位 1 设为 $x - xw_{min}$ 的符号位；位 2 设为 $xw_{max} - x$ 的符号位；位 3 设为 $y - yw_{min}$ 的符号位；位 4 设为 $yw_{max} - y$ 的符号位。

一旦给所有的线段端点建立了区域码，就可以快速判断哪条线段完全在裁剪窗口之内，哪条线段完全在窗口之外。完全在窗口边界内的线段，其两个端点的区域码均为 0000，因此保留了这些线段。两个端点的区域码中，有一对相同位置都为 1 的线段则完全落在裁剪矩形之外，因此丢弃这些线段。例如，线段的一个端点的区域码为 1001，而另一端点的区域码为 0101，则丢弃这条线段，因为这条线段的两个端点都在裁剪矩形的左边，端点区域码的第一位都为 1。

测试线段是否在内部或外部的方法是对两个端点的区域码进行逻辑操作。如果两个端点的区域码进行逻辑"或"的结果为 0000，则线段完全位于裁剪区域之内。因此保存该线段并测试场景描述中的下一条线段。如果两个端点的区域码进行逻辑"与"操作的结果是真(不为 0000)，则线段完全位于裁剪区域之外，我们可以将该线段从场景中清除。

对于不能判断为完全在窗口外或窗口内的线段，则要测试其与窗口边界的交点。如图 8.12 所示，这些线段可能穿过或不穿过窗口内部。因此，可能要进行多次求交运算才能完成一条线段的裁剪，求交次数依赖于选择裁剪边界的顺序。每次处理一条裁剪窗口边界后，裁剪掉其中一部分，余下部分对照窗口的其余边界进行检查。该过程一直进行到线段完全被裁剪掉或余下的线段部分完全在裁剪窗口内。在以下的讨论中，我们假定窗口边界的处理顺序如下：左、右、下、上。要检查一条线段是否与某裁剪边界相交，我们可以检查其两端点区域码的相应位。如果其中一个是 1 而另一个是 0，则线段与该边界相交。

图 8.12 给出了两条不能马上判断出完全在窗口内或窗口外的线段。P_1 到 P_2 的线段区域码是 0100 和 1001。因此，P_1 在左边界之内而 P_2 在左边界之外。接着我们计算交点位置 P_2' 并裁掉 P_2 到 P_2' 的部分。余下的线段部分位于右边界的内部，故接下来检查下边界。端点 P_1 在下裁剪边界之下而 P_2' 在其上，因此求出在该边界上的交点(P_1')。我们清除从 P_1 到 P_1' 的部分，再处理窗口的上边界。在其上我们确定交点位置 P_2''。最后一步是裁掉上边界之上的部分并保存从 P_1' 到 P_2'' 的内部段。对于第二条线段，我们发现 P_3 在左边界的外部而 P_4 在左边界的内部。因此我们计算交点 P_3' 并清除 P_3 到 P_3' 的线段。通过对端点 P_3' 和 P_4 区域码的测试，我们发现余下的线段部分在裁剪窗口之下而将其清除。

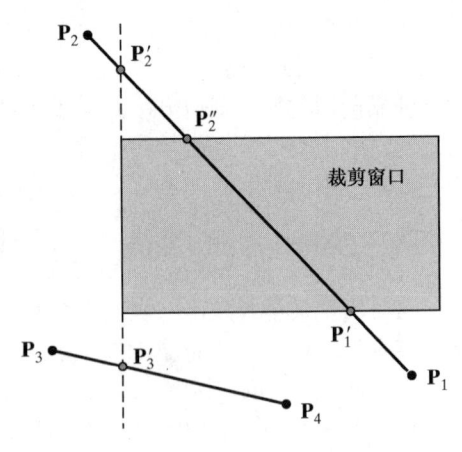

图 8.12 从裁剪窗口的一个区域到另一个区域的线段穿过裁剪窗口或者不穿过窗口但与边界相交

使用这一方法裁剪线段时，很可能要计算与所有四条裁剪边界的交点，这依赖于线段端点如何处理及按什么样的边界顺序。图 8.13 给出了一条线段与裁剪窗口边界按左、右、下、上顺序计算所得的四个交点。因此，为了减少求交计算，人们对该算法进行了许多改进。

线段与裁剪边界的交点计算可以使用斜率截距式的直线方程。对于端点坐标为 (x_0, y_0) 和 (x_{end}, y_{end}) 的线段，与垂直边界交点的 y 坐标可以由下列等式计算得到：

$$y = y_0 + m(x - x_0) \qquad (8.14)$$

这里，x 值置为 xw_{min} 或 xw_{max}，线段的斜率根据 $m = (y_{end} - y_0)/(x_{end} - x_0)$ 进行计算。同样，我们要寻找与水平边界相交的交点，其 x 坐标可以按下列等式进行计算：

$$x = x_0 + \frac{y - y_0}{m} \qquad (8.15)$$

其中，y 设为 yw_{min} 或 yw_{max}。

二维 Cohen-Sutherland 算法在下面的函数中给出。

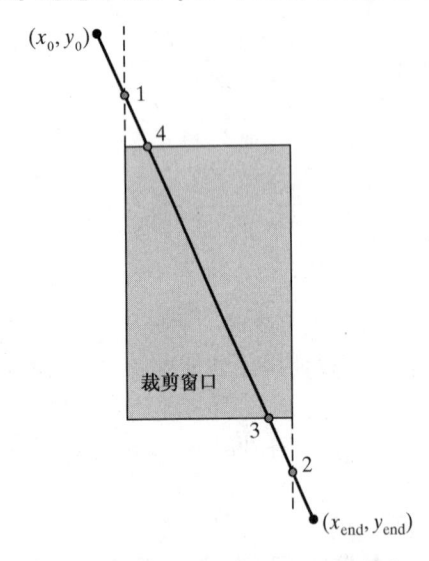

图 8.13 按左、右、下、上顺序计算出的线段与窗口边界的四个交点（从 1 到 4 编号）

该算法到三维的扩展是很直接的，第 10 章将讨论三维的观察方法。

```
class wcPt2D {
    public:
        GLfloat x, y;
};
```

```
inline GLint round (const GLfloat a)  { return GLint (a + 0.5); }

/* Define a four-bit code for each of the outside regions of a
 * rectangular clipping window.
 */
const GLint winLeftBitCode = 0x1;
const GLint winRightBitCode = 0x2;
const GLint winBottomBitCode = 0x4;
const GLint winTopBitCode = 0x8;

/* A bit-mask region code is also assigned to each endpoint of an input
 * line segment, according to its position relative to the four edges of
 * an input rectangular clip window.
 *
 * An endpoint with a region-code value of 0000 is inside the clipping
 * window, otherwise it is outside at least one clipping boundary.  If
 * the 'or' operation for the two endpoint codes produces a value of
 * false, the entire line defined by these two endpoints is saved
 * (accepted).  If the 'and' operation between two endpoint codes is
 * true, the line is completely outside the clipping window, and it is
 * eliminated (rejected) from further processing.
 */
inline GLint inside (GLint code) { return GLint (!code); }
inline GLint reject (GLint code1, GLint code2)
                     { return GLint (code1 & code2); }
inline GLint accept (GLint code1, GLint code2)
                     { return GLint (!(code1 | code2)); }

GLubyte encode (wcPt2D pt, wcPt2D winMin, wcPt2D winMax)
{
   GLubyte code = 0x00;

   if (pt.x < winMin.x)
      code = code | winLeftBitCode;
   if (pt.x > winMax.x)
      code = code | winRightBitCode;
   if (pt.y < winMin.y)
      code = code | winBottomBitCode;
   if (pt.y > winMax.y)
      code = code | winTopBitCode;
   return (code);
}

void swapPts (wcPt2D * p1, wcPt2D * p2)
{
   wcPt2D tmp;

   tmp = *p1;  *p1 = *p2;  *p2 = tmp;
}

void swapCodes (GLubyte * c1, GLubyte * c2)
{
   GLubyte tmp;

   tmp = *c1;  *c1 = *c2;  *c2 = tmp;
}

void lineClipCohSuth (wcPt2D winMin, wcPt2D winMax, wcPt2D p1, wcPt2D p2)
{
   GLubyte code1, code2;
   GLint done = false, plotLine = false;
   GLfloat m;
```

```
      while (!done) {
        code1 = encode (p1, winMin, winMax);
        code2 = encode (p2, winMin, winMax);
        if (accept (code1, code2)) {
          done = true;
          plotLine = true;
        }
        else
          if (reject (code1, code2))
            done = true;
          else {
            /* Label the endpoint outside the display window as p1. */
            if (inside (code1)) {
              swapPts (&p1, &p2);
              swapCodes (&code1, &code2);
            }
            /* Use slope m to find line-clipEdge intersection. */
            if (p2.x != p1.x)
              m = (p2.y - p1.y) / (p2.x - p1.x);
            if (code1 & winLeftBitCode) {
              p1.y += (winMin.x - p1.x) * m;
              p1.x = winMin.x;
            }
            else
              if (code1 & winRightBitCode) {
                p1.y += (winMax.x - p1.x) * m;
                p1.x = winMax.x;
              }
              else
                if (code1 & winBottomBitCode) {
                  /* Need to update p1.x for nonvertical lines only. */
                  if (p2.x != p1.x)
                    p1.x += (winMin.y - p1.y) / m;
                  p1.y = winMin.y;
                }
                else
                  if (code1 & winTopBitCode) {
                    if (p2.x != p1.x)
                      p1.x += (winMax.y - p1.y) / m;
                    p1.y = winMax.y;
                  }
          }
      }
      if (plotLine)
        lineBres (round (p1.x), round (p1.y), round (p2.x), round (p2.y));
    }
```

8.7.2 梁友栋-Barsky 线段裁剪算法

已开发的快速线段裁剪算法都在计算交点之前进行了更多的测试。Cyrus 和 Beck 提出的算法是这方面最早的努力之一,它基于分析线段的参数化方程。后来,梁友栋和 Barsky 分别提出了参数化线段裁剪的更快算法。

对端点为 (x_0, y_0) 和 (x_{end}, y_{end}) 的直线段,可以用参数形式描述:

$$x = x_0 + u\Delta x \\ y = y_0 + u\Delta y \qquad 0 \leqslant u \leqslant 1 \tag{8.16}$$

其中, $\Delta x = x_{end} - x_0$、$\Delta y = y_{end} - y_0$。在梁友栋-Barsky 算法中,线段的参数方程与点裁剪条件(8.12)结合起来,获得不等式

$$xw_{\min} \leq x_0 + u\Delta x \leq xw_{\max}$$
$$yw_{\min} \leq y_0 + u\Delta y \leq yw_{\max}$$
(8.17)

这四个不等式可以表示为

$$u\, p_k \leq q_k, \quad k = 1, 2, 3, 4 \tag{8.18}$$

其中，参数 p、q 定义为

$$\begin{aligned} p_1 &= -\Delta x, & q_1 &= x_0 - xw_{\min} \\ p_2 &= \Delta x, & q_2 &= xw_{\max} - x_0 \\ p_3 &= -\Delta y, & q_3 &= y_0 - yw_{\min} \\ p_4 &= \Delta y, & q_4 &= yw_{\max} - y_0 \end{aligned} \tag{8.19}$$

任何平行于裁剪边界之一的直线 $p_k = 0$，其中 k 对应于该裁剪边界（$k = 1$、2、3、4 对应于左、右、下、上边界）。如果还满足 $q_k < 0$，则线段完全在边界之外，因此舍弃该线段。如果 $q_k \geq 0$，则线段位于平行边界内。

当 $p_k < 0$ 时，线段从裁剪边界延长线的外部延伸到内部。当 $p_k > 0$ 时，线段从裁剪边界的内部延伸到外部。当 $p_k \neq 0$ 时，可以计算出线段与边界 k 的延长线的交点对应的 u 值：

$$u = \frac{q_k}{p_k} \tag{8.20}$$

对于每条直线，可以计算出参数 u_1 和 u_2，它们定义了裁剪矩形内的线段部分。u_1 的值由线段从外到内遇到的矩形边界所决定（$p < 0$）。对于这些边界，计算 $r_k = q_k/p_k$。u_1 取 0 和各个 r 值中的最大值。u_2 的值则由线段从内到外遇到的矩形边界所决定（$p > 0$）。根据这些边界计算出 r_k，u_2 取 1 和各个 r 值之中的最小值。如果 $u_1 > u_2$，则线段完全落在裁剪窗口之外，因此将舍弃该线段。否则，由参数 u 的两个值计算出裁剪后的线段端点。

我们使用下面的程序实现该算法。线段交点的参数初始化为 $u_1 = 0$、$u_2 = 1$。计算出各个裁剪边界的 p、q 值，函数 clipTest 根据 p、q 来判断是舍弃线段还是改变交点的参数。当 $p < 0$ 时，参数 r 用于更新 u_1；当 $p > 0$ 时，参数 r 用于更新 u_2。如果更新了 u_1 或 u_2 后使 $u_1 > u_2$，则舍弃该线段。否则，更新适当的 u 参数，使新值仅仅缩短了线段。当 $p = 0$ 且 $q < 0$ 时，舍弃该线段，因为该线段平行于边界并且位于边界之外。如果测试完 p、q 的四个值之后，结果并未舍弃该线段，则由 u_1、u_2 的值决定裁剪后线段的端点。

```
class wcPt2D
{
    private:
        GLfloat x, y;

    public:
    /* Default Constructor: initialize position as (0.0, 0.0). */
    wcPt3D ( ) {
        x = y = 0.0;
    }

    setCoords (GLfloat xCoord, GLfloat yCoord) {
        x = xCoord;
        y = yCoord;
    }

    GLfloat getx ( ) const {
        return x;
```

```cpp
            GLfloat gety ( ) const {
                return y;
            }
    };
inline GLint round (const GLfloat a)  { return GLint (a + 0.5); }
GLint clipTest (GLfloat p, GLfloat q, GLfloat * u1, GLfloat * u2)
{
    GLfloat r;
    GLint returnValue = true;

    if (p < 0.0) {
        r = q / p;
        if (r > *u2)
            returnValue = false;
        else
            if (r > *u1)
                *u1 = r;
    }
    else
        if (p > 0.0) {
            r = q / p;
            if (r < *u1)
                returnValue = false;
            else if (r < *u2)
                *u2 = r;
        }
        else
            /*  Thus p = 0 and line is parallel to clipping boundary.  */
            if (q < 0.0)
                /*  Line is outside clipping boundary.  */
                returnValue = false;

    return (returnValue);
}

void lineClipLiangBarsk (wcPt2D winMin, wcPt2D winMax, wcPt2D p1, wcPt2D p2)
{
    GLfloat u1 = 0.0, u2 = 1.0, dx = p2.getx ( ) - p1.getx ( ), dy;

    if (clipTest (-dx, p1.getx ( ) - winMin.getx ( ), &u1, &u2))
        if (clipTest (dx, winMax.getx ( ) - p1.getx ( ), &u1, &u2)) {
            dy = p2.gety ( ) - p1.gety ( );
            if (clipTest (-dy, p1.gety ( ) - winMin.gety ( ), &u1, &u2))
                if (clipTest (dy, winMax.gety ( ) - p1.gety ( ), &u1, &u2)) {
                    if (u2 < 1.0) {
                        p2.setCoords (p1.getx ( ) + u2 * dx, p1.gety ( ) + u2 * dy);
                    }
                    if (u1 > 0.0) {
                        p1.setCoords (p1.getx ( ) + u1 * dx, p1.gety ( ) + u1 * dy);
                    }
                    lineBres (round (p1.getx ( )), round (p1.gety ( )),
                              round (p2.getx ( )), round (p2.gety ( )));
                }
        }
}
```

通常，梁友栋-Barsky 算法比 Cohen-Sutherland 算法更有效。更新参数 u_1、u_2 仅仅需要一次除法；计算出 u_1、u_2 的最后值后，线段与窗口的交点只计算一次。相比之下，即使一条线段完全落在裁剪窗口之外，Cohen-Sutherland 算法也要对其反复求交点，而且每次求交计算都需要除法和乘法运算。二维梁友栋-Barsky 算法可以扩展为三维裁剪算法(参见第 10 章)。

8.7.3 Nicholl-Lee-Nicholl 线段裁剪算法

Nicholl-Lee-Nicholl(NLN)算法通过在裁剪窗口边界创立多个区域,从而避免对一个直线段进行多次裁剪。在 Cohen-Sutherland 算法中,在找到与裁剪矩形边界的交点之前或者完全舍弃该线段之前,必须对一条线段进行多次求交计算。NLN 算法则在求交计算前进行更多的区域测试,从而减少求交计算。与 Cohen-Sutherland 算法和梁友栋-Barsky 算法相比,NLN 算法的比较次数和除法次数减少。但是 NLN 算法仅仅用于二维裁剪,而梁友栋-Barsky 算法和 Cohen-Sutherland 算法可以很方便地扩展为三维裁剪算法。

确定一条线段完全在裁剪窗口内部或外部的初始测试可以像前面两个算法一样用区域码测试来完成。如果一条线段不能明确接受或拒绝,则 NLN 算法进一步建立另外的裁剪区域。

对于端点为 P_0 和 P_{end} 的线段,首先确定 P_0 相对于裁剪矩形九个可能区域的位置。在图 8.14 中只要考虑三个区域。如果 P_0 位于其他六个区域中的任何一个位置,则可以利用对称变换将其变换到图 8.14 的三个区域中的一个。例如,在裁剪窗口正上方的区域,可以相对于直线 $y = -x$ 投影到裁剪窗口的左边区域;或者使用 90°逆时针旋转,也可以变换到裁剪窗口的左边区域。

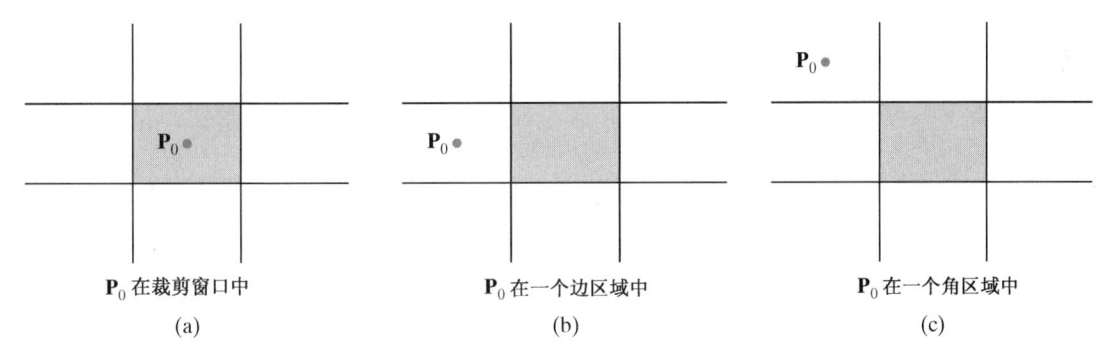

图 8.14 在 NLN 算法中,线段端点 P_0 的三种位置

假定 P_0 和 P_{end} 不同时在裁剪窗口的内部,下一步判断 P_{end} 相对于 P_0 的位置。为此,根据 P_0 的位置在平面上创建新区域。新区域的边界是以 P_0 为起始点、穿过窗口的顶点的射线。如果 P_0 在裁剪窗口内,P_{end} 在窗口外,我们就设置四个区域,如图 8.15 所示。根据包含 P_{end} 点的某一个区域(L、T、R 和 B),可以得到线段与窗口边界的交点。

如果 P_0 位于窗口的左边区域,则设定四个区域:L、LT、LR 和 LB,如图 8.16 所示。这四个区域决定了线段的唯一边界。如 P_{end} 在 L 区域,我们在左边界裁剪该线段,且保存从交点到 P_{end} 之间的线段。如果 P_{end} 在 LT 区域,则存储窗口左边界到上边界之间的线段部分。对区域 LR、LB 的处理相类似。如果 P_{end} 不在四个区域(L、LT、LR 或 LB)的任何一个之内,则舍弃整条线段。

对于第三种情况,当 P_0 在裁剪窗口的左上方时,我们采用图 8.17 所示的裁剪区域。在这种情况下,根据 P_0 相对于窗口左上角的位置,有两种可能。如果 P_0 接近裁剪窗口左边界,我们使用图 8.17(a)中的区域。否则,如果 P_0 接近裁剪窗口上边界,则使用图 8.17(b)中的区域。如果 P_{end} 在区域 T、L、TR、TB、LR 或 LB 中,则确定了求交计算的唯一裁剪窗口边界,否则舍弃整条线段。

为了确定 P_{end} 位于哪一个区域,要比较该线段的斜率和裁剪区域边界的斜率。例如,如果 P_0 在裁剪边界的左边(参见图 8.16),并且满足下列条件,则 P_{end} 在区域 LT 中,

$$\text{slope}\overline{\mathbf{P}_0\mathbf{P}_{TR}} < \text{slope}\overline{\mathbf{P}_0\mathbf{P}_{end}} < \text{slope}\overline{\mathbf{P}_0\mathbf{P}_{TL}} \qquad (8.21)$$

或

$$\frac{y_T - y_0}{x_R - x_0} < \frac{y_{end} - y_0}{x_{end} - x_0} < \frac{y_T - y_0}{x_L - x_0} \qquad (8.22)$$

如果满足下列条件则舍弃整条线段,

$$(y_T - y_0)(x_{end} - x_0) < (x_L - x_0)(y_{end} - y_0) \qquad (8.23)$$

在斜率测试中的坐标差值和计算结果将被存储,可用于以后进行求交计算。参数方程

$$x = x_0 + (x_{end} - x_0)u$$
$$y = y_0 + (y_{end} - y_0)u$$

与窗口左边界交点的 x 位置是 $x = x_L$,而且 $u = (x_L - x_0)/(x_{end} - x_0)$,所以交点的 y 位置是

$$y = y_0 + \frac{y_{end} - y_0}{x_{end} - x_0}(x_L - x_0) \qquad (8.24)$$

并且与窗口顶部边界的交点是 $y = y_T$,而且 $u = (y_T - y_0)/(y_{end} - y_0)$,因此

$$x = x_0 + \frac{x_{end} - x_0}{y_{end} - y_0}(y_T - y_0) \qquad (8.25)$$

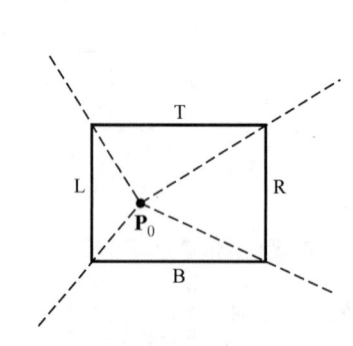

图 8.15 当 $\mathbf{P}_0$ 在裁剪窗口内而 $\mathbf{P}_{end}$ 在窗口外时,采用NLN算法的四个裁剪区域

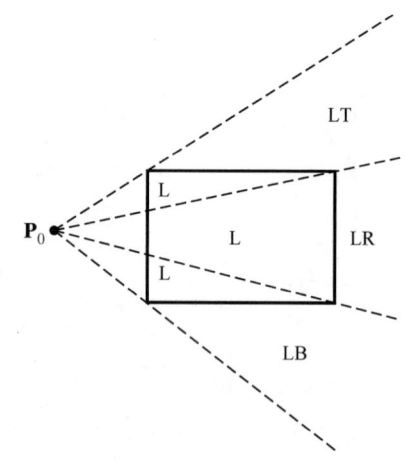

图 8.16 当 $\mathbf{P}_0$ 在裁剪窗口的正左边时,NLN算法中的四个裁剪区域

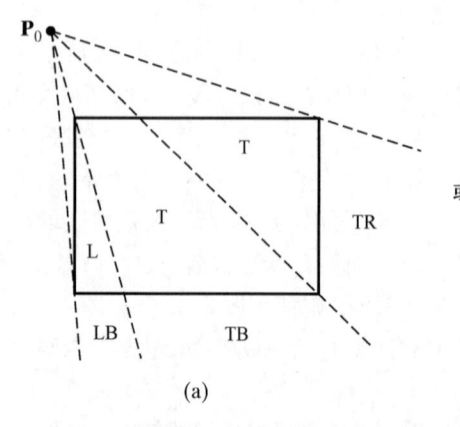

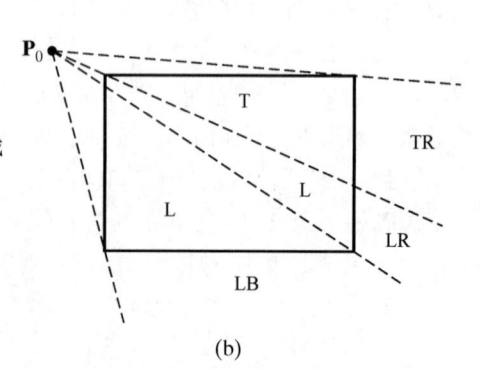

(a) 或 (b)

图 8.17 当 $\mathbf{P}_0$ 在裁剪窗口的左上方时,NLN 算法中的两组裁剪区域

8.7.4 非矩形多边形裁剪窗口的线段裁剪

在某些应用中，需要使用任意形状的多边形对线段进行裁剪。基于参数化直线方程的算法，如 Cyrus-Beck 算法或梁友栋-Barsky 算法，都可以扩充到凸多边形窗口。只需修改算法使参数化方程适合裁剪区域的边界。根据裁剪多边形的坐标范围来处理线段，从而完成线段的屏幕显示。

对于凹多边形，可以在使用 4.7 节所述方法将它分解为一组凸多边形后再使用参数化裁剪算法。另外一种方法是添加一些边使凹裁剪区域成为凸裁剪区域。然后使用修改后的凸多边形组对线段进行一系列裁剪操作，如图 8.18 所示。图 8.18(a) 中线段 $\overline{P_1 P_2}$ 要用由顶点 V_1、V_2、V_3、V_4、V_5 确定的凹窗口裁剪。此时，从 V_4 到 V_1 添加一条线段，就得到两个凸裁剪区域。然后线段经过两轮裁剪：(1)线段 $\overline{P_1 P_2}$ 用由 V_1、V_2、V_3、V_4 确定的凸多边形裁剪，得到线段 $\overline{P_1' P_2'}$ [参见图 8.18(b)]；(2)线段 $\overline{P_1' P_2'}$ 用由 V_1、V_5、V_4 确定的凸多边形[参见图 8.18(c)]裁剪，得到最终裁剪后的线段 $\overline{P_1'' P_2'}$。

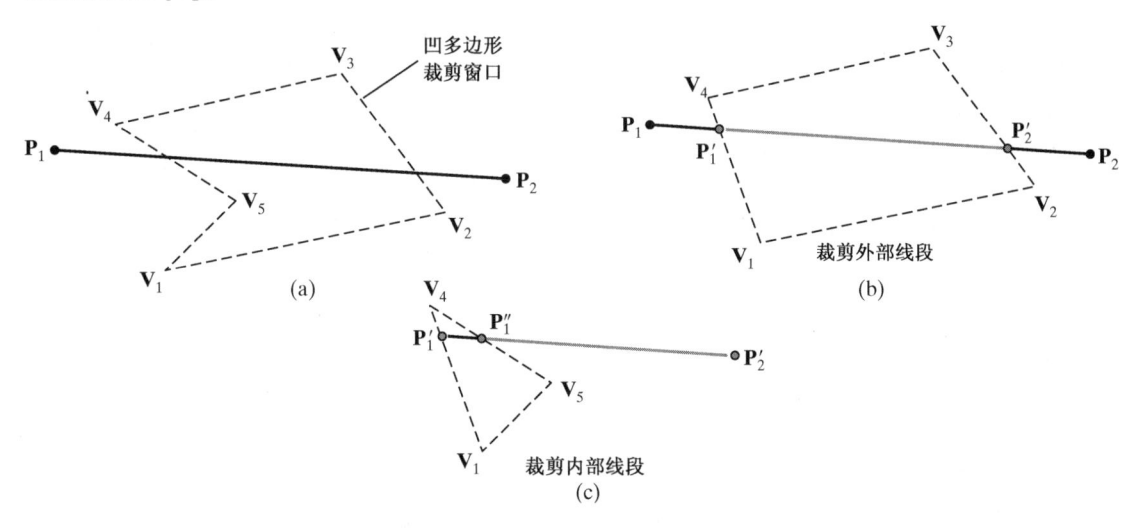

图 8.18 一个凹多边形裁剪窗口(a)有 5 个顶点(V_1, V_2, V_3, V_4, V_5)，修改成(b)中 4 顶点(V_1, V_2, V_3, V_4)的凸多边形。线段 $\overline{P_1 P_2}$ 的外部段用该凸多边形切断。留下的线段 $\overline{P_1' P_2'}$ 接着用三角形 V_1, V_5, V_4 处理。(c)裁剪掉 $\overline{P_1' P_1''}$ 后留下最终裁剪后的线段 $\overline{P_1'' P_2'}$

8.7.5 非线性裁剪窗口边界的线段裁剪

也可以使用圆或其他曲线边界进行裁剪，使用这些区域的裁剪算法的速度较慢，因为该算法的求交计算涉及非线性曲线方程。首先要由曲线裁剪区域的包围矩形(坐标范围)对线段进行裁剪。完全落在包围矩形之外的线段将被舍弃。我们可以通过计算圆心到线段端点的距离，以识别出内部线段。如果线段的两端点到圆心距离的平方小于等于半径的平方，则存储整条线段。其他线段则通过求解圆–直线联立方程来计算交点。

8.8 多边形填充区裁剪

图形软件包通常会提供对填充凸多边形的裁剪功能。为了裁剪一个填充多边形，不能直接使用线段裁剪算法对多边形的每一条边进行裁剪，因为该方法一般不能生成封闭的折线。相反，使用线段裁剪进行处理的多边形边界将显示为一系列不连接的线段,并且没有关于如何形成裁剪后的封闭边界的完整信息。图 8.19 给出了将线段裁剪过程施加于一多边形填充区的可能输出。我们需要的是输出一个或多个裁剪后的填充区边界的封闭多边形,继而这样的多边形能被扫描转换成如图 8.20 所示用指定颜色或图案填充的图形。

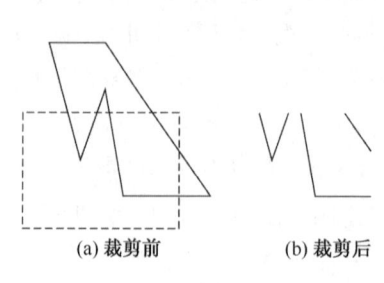

(a) 裁剪前　　　　(b) 裁剪后　　　　　　　(a) 裁剪前　　　　(b) 裁剪后

图 8.19　用线段裁剪算法处理多边形　　　图 8.20　显示正确裁剪后的多边形填充区
　　　　(a)生成未连接的线段集(b)

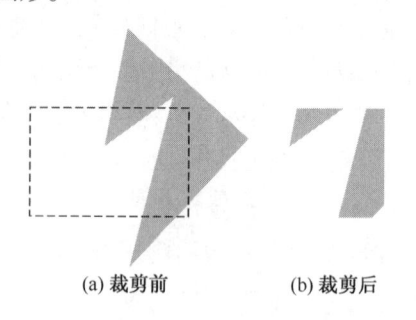

我们可以使用与线段裁剪一样的方法,通过裁剪窗口边界对多边形填充区进行裁剪。一条线段由两端点定义,这些端点经线段裁剪函数处理,获得一组位于裁剪边界上的端点。同样我们需要保持填充区作为一个整体进行裁剪处理。因此,通过确定多边形经每一个裁剪窗口边界处理后的新形状来实现一个填充多边形的裁剪,如图 8.21 所示。当然,在最后的裁剪边界确定以前是不需要对多边形进行内部填充的。

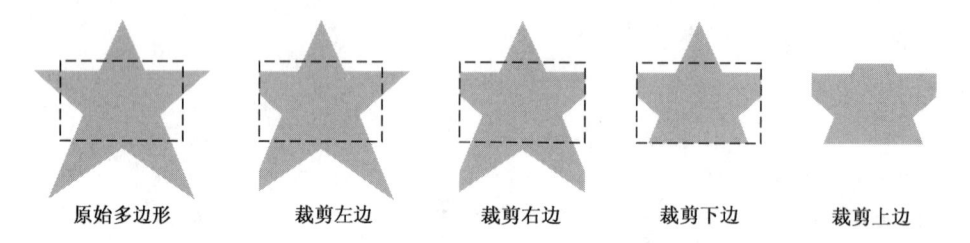

原始多边形　　裁剪左边　　裁剪右边　　裁剪下边　　裁剪上边

图 8.21　用窗口边界依次裁剪多边形填充区

正如先测试一条线段是否完全保存或完全裁掉一样,我们对多边形填充区也进行坐标范围的测试。如果填充区的最小、最大坐标值均在所有四个裁剪边界内,则填充区被保存,留待进一步处理。如果这些坐标范围位于任意一条裁剪边界的外部,则将该多边形从场景中清除(参见图 8.22)。

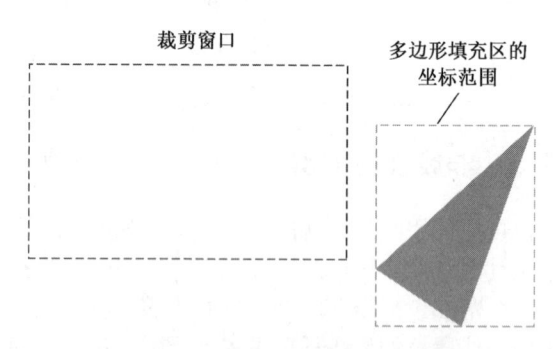

在我们不能确定一个填充区完全在裁剪窗口内部或外部时,需要定位多边形与裁剪窗口的交点。实现凸多边形裁剪的一

图 8.22　多边形填充区的坐标范围完全在裁剪窗口的右边界外部

种方法是为每一条裁剪边界建立一个新的顶点队列,并将其传递给下一边界。最后一次裁剪的输出就是定义裁剪后的多边形的顶点队列(参见图 8.23)。对于凹多边形的裁剪,我们需要修改这一基本方法,使之适合多个顶点队列。

8.8.1 Sutherland-Hodgman 多边形裁剪算法

由 Sutherland 和 Hodgman 提出的裁剪凸多边形填充区的高效算法是将多边形顶点依次传递给每一裁剪阶段，每一个裁剪后的顶点可立即传递给下一阶段。这取消了每一裁剪阶段对成组顶点的需求，从而允许边界裁剪子程序并行地执行。最终的输出是描述裁剪后的多边形填充区边界的顶点队列。

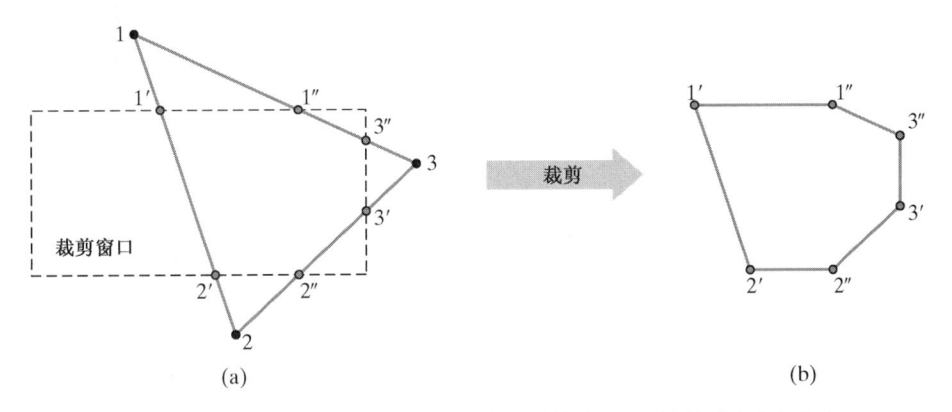

图 8.23 由顶点{1,2,3}定义的凸多边形填充区(a)被裁剪出(b)中由输 出 顶 点 {1′,2′,2″,3′,3″,1″} 定 义 的 填 充 区

由于 Sutherland-Hodgman 算法只生成一个输出顶点队列，它不能生成图 8.20(a)中裁剪凹多边形边界的结果，即在图 8.20(b)中显示的两个输出多边形。但可以为之添加一个处理来获得多个输出顶点队列，从而完成一般凹多边形的裁剪。而基本的 Sutherland-Hodgman 算法处理其裁剪结果能用单个顶点队列描述的凹多边形。

这一方法的总体策略是顺序地将每一多边形线段的一对顶点送给一组裁剪器（左、右、下、上）。一个裁剪器完成一对顶点的处理后，该裁剪后留下的坐标值立即送给下一个裁剪器。然后第一个裁剪器处理下一对顶点。这样，各个裁剪器可以并行地工作。

在用裁剪边界对多边形的边裁剪时有四种情况需要考虑。一种可能是多边形边的第一顶点在裁剪边界外部而第二顶点在内部。或者可能两个顶点都在裁剪边界内部。还有一种可能是第一顶点在裁剪边界内部而第二顶点在外部。最后一种可能，即两个顶点都在裁剪边界外部。

为了实现将顶点从一个裁剪阶段传递给下一个，每个裁剪器的输出要用图 8.24 的格式进行组织。在每对顶点通过四个裁剪器之一时，按下列测试结果为下一裁剪器生成输出：

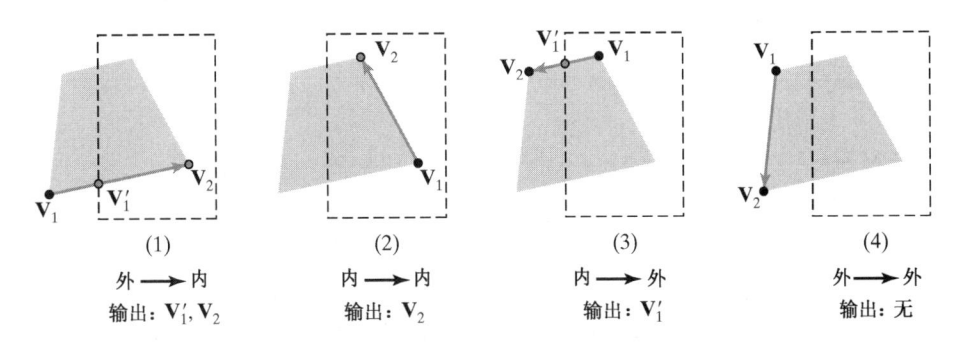

图 8.24 按一对顶点相对于裁剪窗口左边界的位置，左裁剪器可能生成的四种输出

1. 如果第一个输入顶点在裁剪窗口边界外部而第二顶点在内部，则将多边形的边与窗口边的交点和第二顶点一起送给下一裁剪器。
2. 如果两个输入顶点都在裁剪窗口边界内部，则仅将第二顶点送给下一裁剪器。
3. 如果第一个输入顶点在裁剪窗口边界内部而第二顶点在外部，则仅将多边形的边与窗口边的交点送给下一裁剪器。
4. 如果两个输入顶点都在裁剪窗口边界外部，则不向下一裁剪器传递顶点。

这一组裁剪器最后一个生成的顶点队列用来描述最终裁剪后的填充区。

图 8.25 给出了 Sutherland-Hodgman 算法对由顶点集 $\{1, 2, 3\}$ 定义的填充区进行处理的例子。一个裁剪器收到一对端点后，使用图 8.24 中的测试来确定合适的输出。这些输出从左裁剪器向右、下、上裁剪器逐步传递。上裁剪器的输出则是定义裁剪后填充区的顶点集。在本例中，输出顶点队列是 $\{1', 2, 2', 2''\}$。

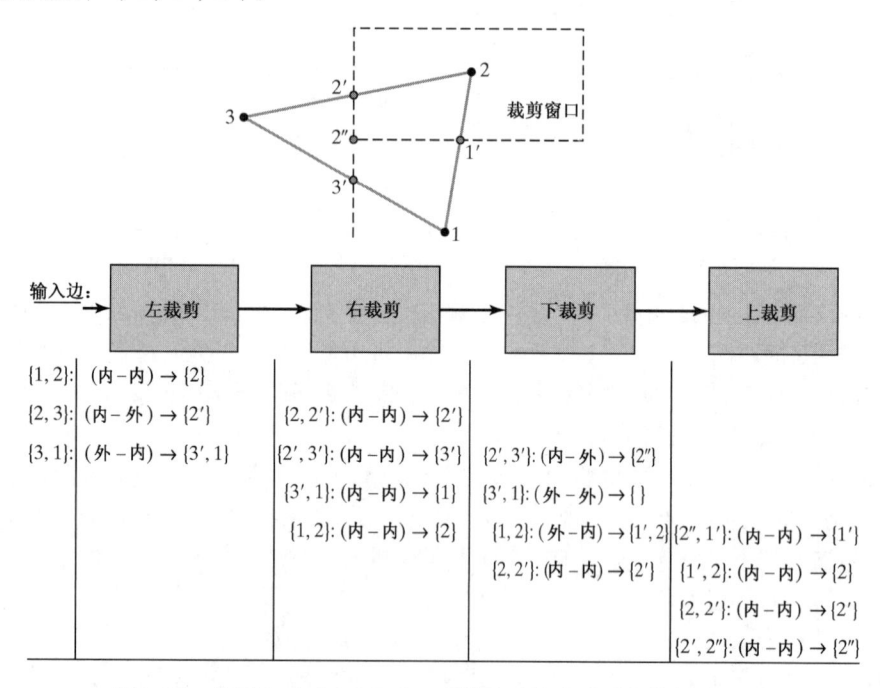

图 8.25 使用 Sutherland-Hodgman 算法对多边形顶点集 $\{1, 2, 3\}$
进行处理。最终裁剪结果是顶点集 $\{1', 2, 2', 2''\}$

Sutherland-Hodgman 算法的串行实现在下列过程中示出。输入的一组顶点经过与坐标轴平行的裁剪区域的四条边的裁剪转换为输出顶点队列。

```
typedef enum { Left, Right, Bottom, Top } Boundary;
const GLint nClip = 4;

GLint inside (wcPt2D p, Boundary b, wcPt2D wMin, wcPt2D wMax)
{
  switch (b) {
  case Left:   if (p.x < wMin.x) return (false); break;
  case Right:  if (p.x > wMax.x) return (false); break;
  case Bottom: if (p.y < wMin.y) return (false); break;
  case Top:    if (p.y > wMax.y) return (false); break;
  }
  return (true);
}
```

```
GLint cross (wcPt2D p1, wcPt2D p2, Boundary winEdge, wcPt2D wMin, wcPt2D wMax)
{
  if (inside (p1, winEdge, wMin, wMax) == inside (p2, winEdge, wMin, wMax))
    return (false);
  else return (true);
}

wcPt2D intersect (wcPt2D p1, wcPt2D p2, Boundary winEdge,
                                        wcPt2D wMin, wcPt2D wMax)
{
  wcPt2D iPt;
  GLfloat m;

  if (p1.x != p2.x) m = (p1.y - p2.y) / (p1.x - p2.x);
  switch (winEdge) {
  case Left:
    iPt.x = wMin.x;
    iPt.y = p2.y + (wMin.x - p2.x) * m;
    break;
  case Right:
    iPt.x = wMax.x;
    iPt.y = p2.y + (wMax.x - p2.x) * m;
    break;
  case Bottom:
    iPt.y = wMin.y;
    if (p1.x != p2.x) iPt.x = p2.x + (wMin.y - p2.y) / m;
    else iPt.x = p2.x;
    break;
  case Top:
    iPt.y = wMax.y;
    if (p1.x != p2.x) iPt.x = p2.x + (wMax.y - p2.y) / m;
    else iPt.x = p2.x;
    break;
  }
  return (iPt);
}

void clipPoint (wcPt2D p, Boundary winEdge, wcPt2D wMin, wcPt2D wMax,
                wcPt2D * pOut, int * cnt, wcPt2D * first[], wcPt2D * s)
{
  wcPt2D iPt;

  /* If no previous point exists for this clipping boundary,
   * save this point.
   */
  if (!first[winEdge])
    first[winEdge] = &p;
  else
    /* Previous point exists. If p and previous point cross
     * this clipping boundary, find intersection. Clip against
     * next boundary, if any. If no more clip boundaries, add
     * intersection to output list.
     */
    if (cross (p, s[winEdge], winEdge, wMin, wMax)) {
      iPt = intersect (p, s[winEdge], winEdge, wMin, wMax);
      if (winEdge < Top)
        clipPoint (iPt, b+1, wMin, wMax, pOut, cnt, first, s);
      else {
        pOut[*cnt] = iPt;  (*cnt)++;
      }
    }
```

```
    /*  Save p as most recent point for this clip boundary.  */
    s[winEdge] = p;

    /*  For all, if point inside, proceed to next boundary, if any.  */
    if (inside (p, winEdge, wMin, wMax))
      if (winEdge < Top)
        clipPoint (p, winEdge + 1, wMin, wMax, pOut, cnt, first, s);
      else {
        pOut[*cnt] = p;   (*cnt)++;
      }
}

void closeClip (wcPt2D wMin, wcPt2D wMax, wcPt2D * pOut,
                GLint * cnt, wcPt2D * first [ ], wcPt2D * s)
{
  wcPt2D pt;
  Boundary winEdge;

  for (winEdge = Left; winEdge <= Top; winEdge++) {
    if (cross (s[winEdge], *first[winEdge], winEdge, wMin, wMax)) {
      pt = intersect (s[winEdge], *first[winEdge], winEdge, wMin, wMax);
      if (winEdge < Top)
        clipPoint (pt, winEdge + 1, wMin, wMax, pOut, cnt, first, s);
      else {
        pOut[*cnt] = pt;   (*cnt)++;
      }
    }
  }
}

GLint polygonClipSuthHodg (wcPt2D wMin, wcPt2D wMax, GLint n, wcPt2D * pIn,
                           wcPt2D * pOut)
{
  /* Parameter "first" holds pointer to first point processed for
   * a boundary; "s" holds most recent point processed for boundary.
   */
  wcPt2D * first[nClip] = { 0, 0, 0, 0 }, s[nClip];
  GLint k, cnt = 0;

  for (k = 0; k < n; k++)
    clipPoint (pIn[k], Left, wMin, wMax, pOut, &cnt, first, s);

  closeClip (wMin, wMax, pOut, &cnt, first, s);
  return (cnt);
}
```

凹多边形使用 Sutherland-Hodgman 算法裁剪时，可能显示出一条多余的直线。图 8.26 给出了这样的例子。这种情况在裁剪后的多边形有两个或者多个分离部分时将会出现。因为只有一个输出顶点队列，所以队列中最后一个顶点总是连着第一个顶点。

为了正确地裁剪凹多边形，我们可以从几个方面入手。一种方法是将凹多边形分割成两个或者更多的凸多边形(参见 4.7 节)，然后使用 Sutherland-Hodgman 算法分别处理各个凸多边形。另一种方法是修改 Sutherland-Hodgman 算法，沿着任何一个裁剪窗口边界检查顶点队列。

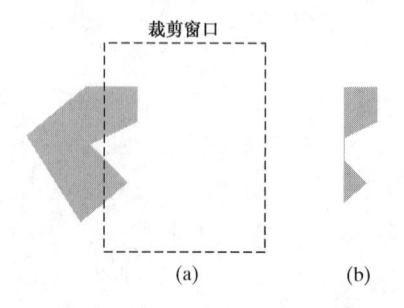

图 8.26 使用 Sutherland-Hodgman 算法裁剪(a)中的凹多边形，产生(b)中两个连接的区域

如果发现任一裁剪边界上有两个以上顶点位置,则将顶点队列分成两个或多个,从而正确地分割裁剪后的填充区。这可能要求更多的分析来确定裁剪边界上的某些顶点是否应配对或代表裁剪掉的单个顶点。第三种方法是使用更一般的处理凹多边形的裁剪算法。

8.8.2 Weiler-Atherton 多边形裁剪算法

Weiler-Atherton 算法是一种通用的多边形裁剪方法,因而可用于裁剪凸多边形或凹多边形。开始,这个裁剪过程是作为识别可见面的方法而提出的,因此该过程可以用任意形状的裁剪窗口去裁剪任意的多边形填充区。

Sutherland-Hodgman 算法仅仅对填充区的各条边进行裁剪,而 Weiler-Atherton 算法还要跟踪填充多边形,并寻找使裁剪后的填充区封闭的边界。这样,图 8.26(b)中的多个填充区可以作为分开的、不相连的多边形来识别和显示。为了找到使裁剪后的填充区封闭的边,必须沿填充区边界(顺时针或逆时针)在每次离开裁剪窗口时跟着裁剪窗口边界走。在裁剪窗口边界上的路线方向与填充区边界上的方向一致。

处理方向是逆时针还是顺时针依赖于定义多边形填充区的顶点顺序。多数情况下,作为前向面的定义,顶点队列采用逆时针方向描述。因此,形成凸角的两条相邻边向量的叉积确定法向量的方向,即从后向面到前向面的方向。在不知道顶点顺序的时候,可以计算其法向量,或用 4.7 节中的任意方法找到填充区的一个内点。然后,如果顺序地处理各边,而内点始终位于左侧,就可确定逆时针方向。否则,如内点始终在右侧,则确定顺时针方向。

对于逆时针的多边形填充区顶点顺序,可应用下列 Weiler-Atherton 算法。

1. 按逆时针方向处理多边形填充区,直到一对内-外顶点与某裁剪边界相遇,即多边形边的第一顶点在裁剪窗口内而第二顶点在裁剪窗口外。
2. 在窗口边界上从"出"交点沿逆时针方向到达另一个与多边形有关的交点。如该点是处理边的点,则走向下一步。如果是新交点,则继续按逆时针方向处理多边形直到遇见已处理的顶点。
3. 形成裁剪后该区域的顶点队列。
4. 回到"出"交点并继续按逆时针处理多边形的边。

图 8.27 给出了用标准矩形裁剪窗口按逆时针方向对凹多边形进行的 Weiler-Atherton 裁剪。

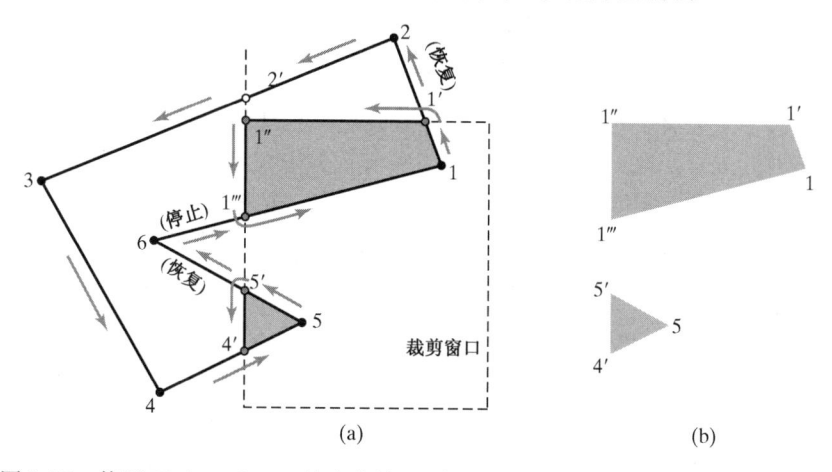

图 8.27 使用 Weiler-Atherton 算法裁剪(a)中由顶点队列{1,2,3,4,5,6}定义的凹多边形,产生(b)中两个分离的多边形{1,1′,1″,1‴}和{4′,5,5′}

从图 8.27(a)中编号为 1 的顶点开始，按逆时针方向的下一多边形顶点编号为 2。因此，该边在窗口的上边界离开裁剪窗口。计算该交点位置(点 1′)并在该处向左转按逆时针方向处理窗口边界。在裁剪窗口的上边界上处理，直到左边界都没有与多边形相交。标记转角点为 1″并沿左边界到与多边形的交点 1‴。接着再沿多边形的边按逆时针方向回到顶点 1。这样确认了顶点队列{1, 1′, 1″, 1‴}是原填充区的一个裁剪结果。多边形边的处理重新从点 1′开始。由顶点 2 和 3 定义的边穿过左边界的外部，但顶点 2 和 2′在裁剪窗口上边界的上部且顶点 2′和 3 在裁剪窗口左侧。同样，顶点 3 和 4 的边在裁剪窗口左侧。但下一条边(从顶点 4 到 5)重新进入裁剪窗口，取得交点 4′。顶点 5、6 的边在交点 5′处离开窗口，因此向左转向左裁剪边界获得封闭的顶点队列{4′, 5, 5′}。在交点 5′处重新开始多边形边的处理，回到已处理的交点 1‴。至此，处理完所有的顶点和边，填充区裁剪完毕。

8.8.3 非矩形的多边形窗口的多边形裁剪

梁友栋-Barsky 算法和其他参数化线段裁剪算法特别适合于处理用凸多边形裁剪窗口去裁剪填充区。在该方法中，使用参数法表示填充区和裁剪窗口，并且两多边形均用顶点队列描述。先对比填充区和裁剪窗口的包围矩形。如果不能确认填充区完全在裁剪窗口外部，则使用内-外测试来处理参数边方程。完成所有边的测试后，解联立参数线方程来确定窗口交点的位置。

可以通过 Weiler-Atherton 算法中的边遍历方法用任意多边形裁剪窗口(凸或凹多边形)来处理任意多边形填充区，如图 8.28 所示。这种情况下，需要如填充区的顶点队列一样按逆时针(或顺时针)方向维护一个裁剪窗口的顶点队列。还需要使用内-外测试来确定填充区顶点是在特定裁剪窗口的边界之内还是之外。这种裁剪方法对在填充区或裁剪窗口中包含已用边界定义的洞时也同样适用。另外，在构造实体几何的应用中，可以使用这种基本方法来确认两个多边形操作的并、交、差的结果。实际上，定位一个填充区的裁剪后的区域等价于确定两平面区域的相交部分。

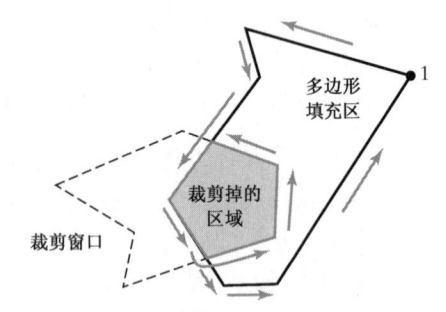

图 8.28 使用 Weiler-Atherton 算法用凹多边形裁剪窗口来裁剪多边形

8.8.4 非线性裁剪窗口边界的多边形裁剪

处理用曲线边界裁剪窗口的一种方法是先用直线段逼近边界，然后使用一般的多边形裁剪窗口的裁剪算法对其进行处理。我们还可以使用线段裁剪中讨论的通用算法。首先，比较填充区与裁剪窗口的坐标范围。根据裁剪窗口的形状，可能进行其他一些基于对称考虑的区域测试。对于那些不能确认完全在裁剪窗口内部或外部的填充区，都要计算窗口与填充区的相交位置。

8.9 曲线的裁剪

曲线边界的区域可以使用类似上一节的方法进行裁剪。如果对象已经用直线段逼近，则使用多边形裁剪算法。否则，曲线的裁剪过程涉及非线性方程，与线性边界的区域处理相比，需要更多的处理。

可以先测试对象与裁剪窗口的坐标范围来确定是否可以简单地接受或拒绝整个对象。如果不能，则再检查对称性来确定是否可以简单地接受或拒绝。例如，圆有四对称性和八对称性，因此可以检查这些单独的圆区域的坐标范围。仅仅检查整个坐标范围，并不能拒绝图 8.29 中的整个圆。但半个圆在裁剪窗口的右边(或上边界的外部),左上四分之一圆在裁剪窗口的上边,并且余下的两个八分之一圆也可用类似的方法排除。

计算交点时要将裁剪边界位置(xw_{min},xw_{max},yw_{min},yw_{max})代入对象边界的非线性方程并求解其他坐标值。交点位置求得后,对象的定义位置则可存储以便在扫描转换过程中使用。图8.30给出了用矩形窗口对圆的裁剪。在该例子中,圆的半径和裁剪后的弧端点可以用于裁剪后区域的填充,通过引入画圆算法确定沿相交端点之间的弧上的点位置。

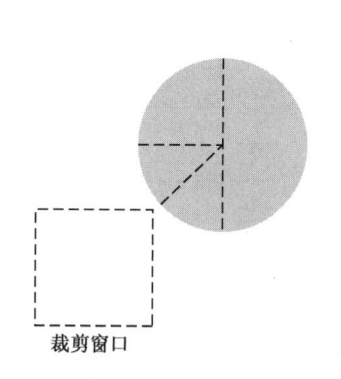

图 8.29　一个圆填充区,其四分之一和八分之一位于裁剪窗口外部

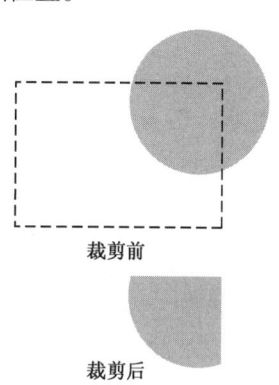

图 8.30　裁剪一个圆填充区

利用一般的多边形裁剪窗口对曲线对象的裁剪可以使用类似的方法。第一轮,比较对象的包围矩形和裁剪窗口的包围矩形。如果不能保存或排除整个对象,则接着求解直线-曲线联立方程来确定裁剪交点。

8.10　文字的裁剪

在图形软件包中有几种对文字裁剪的技术。根据产生文字的方法和具体应用的要求,可以采用不同的技术。

使用窗口边界处理字符串的最简单的方法,是如图8.31所示的全部保留或全部舍弃字符串(all-or-none string-clipping)的裁剪策略。如果字符串中的所有字符都在裁剪窗口内,那么就全部保留这些内容,否则舍弃整个字符串。这种方法通过测试字符串的坐标范围来实现。如果包围矩形的坐标范围并不完全在裁剪窗口内部,则字符串被拒绝。

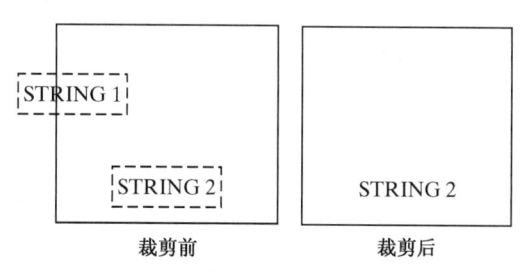

图 8.31　使用整个字符串的坐标范围裁剪文字

另一种方法是使用全部保留或全部舍弃字符(all-or-none character-clipping)的裁剪策略。这里仅舍弃没有完全落在裁剪窗口内的字符(参见图8.32)。在这种情况下,每一个字符的边界要与窗口进行比较。任何没有完全落在裁剪窗口内的字符都将被裁剪。

第三种文字裁剪方法是裁剪单个字符的组成部分。这提供了裁剪后字符串的最精确的显示,但需要较多的处理时间。这里使用了线段裁剪的相同方法对字符进行裁剪。如果一个字符与裁剪窗口边界有重叠，则裁剪掉位于窗口之外的字符部分（参见图 8.33）。由线段构成的轮廓字体可以使用线段裁剪算法进行处理。而使用位图定义的字符，则通过比较字符点阵中的各个像素关于裁剪边界的相对位置而进行裁剪。

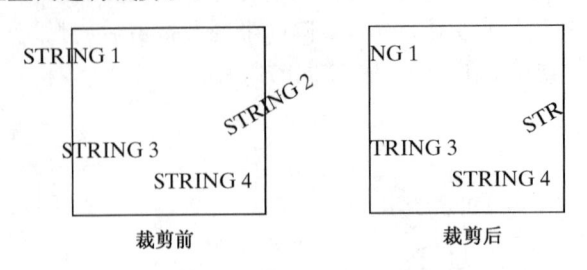

图 8.32 使用字符包围矩形对单个字符进行裁剪

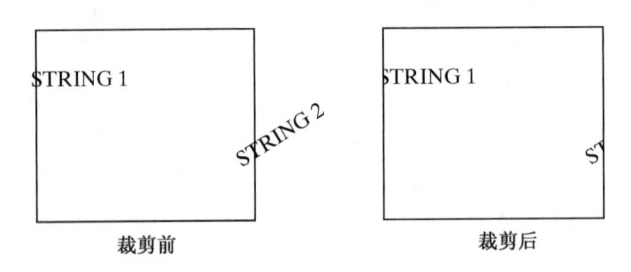

图 8.33 对字符组成部分进行裁剪

8.11 小结

　　二维观察变换流水线是将在 xy 平面上定义的世界坐标系图形显示出来的一系列操作。在构造场景后，它被映射到观察坐标系，再到规范化坐标系去裁剪。最后，场景变换到设备坐标系显示。规范化坐标系取值范围为 0 到 1 或从 -1 到 1，它使图形软件包不依赖于具体的输出设备。

　　我们用裁剪窗口选择场景的一部分在输出设备上显示，裁剪窗口在世界坐标系或与之相关的观察坐标系中描述。裁剪窗口中的内容变换到输出设备的视口去显示。在有些系统中，视口在规范化坐标系中指定。其他系统则在设备坐标系中指定。一般情况下，裁剪窗口和视口是标准位置的矩形，其边界平行于坐标轴。对象映射到视口后，其在视口中的相对位置与其在裁剪窗口中的相对位置一样。为了保持对象的比例，视口与对应的裁剪窗口必须具有相同的纵横比。对同一场景可以建立任意数量的裁剪窗口和视口。

　　裁剪算法通常在规范化坐标系中执行，因此所有不依赖于设备坐标的几何变换和观察变换都可以合并成一个变换矩阵。使用在设备坐标系中指定的视口时，可在将规范化、对称正方形中的内容变换到视口之前，使用规范化的、对称的、其坐标范围从 -1 到 1 的正方形来裁剪二维场景。

　　各种图形软件包都包含裁剪直线段和多边形填充区的子程序。包含描述点和文字串函数的软件包也会包含这些图元的裁剪子程序。由于裁剪计算耗时，改进裁剪算法仍然是计算机图形学重点考虑的一个方向。Cohen 和 Sutherland 提出了使用区域码标识线段端点相对于裁剪窗口边界位置的裁剪算法。端点区域码用来快速确认那些完全在裁剪窗口内部或外部的线段。对余下的线段必须计算边界上的交点位置。梁友栋和 Barsky 提出了与 Cyrus-Beck 算法类似的、用参数方程表示线段的快速线段裁剪算法。该方法在求交前进行更多的测试。Nicholl-Lee-Nicholl

(NLN)算法通过在 xy 平面上使用更多的区域测试而进一步减少了求交操作。参数化的线段裁剪算法较易扩充到凹裁剪窗口和三维场景。然而，NLN 算法仅能用于二维线段裁剪。

用于凹多边形裁剪窗口的线段裁剪算法也已提出。一种方法是将凹多边形分割为几个凸多边形并使用参数化线段裁剪方法。另一种方法是在凹裁剪窗口上增加边，使其改为凸窗口。然后进行一系列的外裁剪和内裁剪来获得裁剪后的线段。

尽管曲线边界的裁剪窗口较少使用，不过我们可以使用类似的方法。但这里的求交计算需要求解非线性方程。

多边形填充区由边的队列定义，而多边形裁剪过程必须保留关于在各个处理阶段中裁剪后的边如何连接成多边形的信息。在 Sutherland-Hodgman 算法中，填充区的一对顶点经由每个边界裁剪器处理，获得的边裁剪信息立即传递给下一裁剪例程，因而可以允许四个裁剪例程（左、右、下、上）并行工作。该方法是裁剪凸多边形填充区的高效方法。但当裁剪结果包含两个以上不相连部分的凹多边形时，Sutherland-Hodgman 算法会生成多余的连接线段。参数化线段裁剪器的扩充，如梁友栋-Barsky 算法，也可用来裁剪凸多边形填充区。Weiler-Atherton 算法使用边界遍历方法，对凸多边形和凹多边形都能正确地裁剪。

利用参数化直线表示方法的扩展使填充区可被凸裁剪窗口裁剪。Weiler-Atherton 算法可以使用任意多边形裁剪窗口裁剪任意多边形填充区。通过窗口的多边形逼近或用曲线窗口边界处理填充区，可以实现利用具有非线性边界的裁剪窗口对填充区的裁剪。

全部保留或全部舍弃策略是最快速的文字裁剪方法，它在字符串有一部分在任意裁剪边界之外时裁剪掉整个字符串。我们也可只裁剪掉那些不完全在裁剪窗口内的字符。最精确的文字裁剪方法是使用点、线段、多边形或曲线等裁剪算法对字符串中的每一字符按其由点阵还是轮廓方式定义来裁剪。

尽管 OpenGL 是为三维应用而定义的，但是它也提供了二维 GLUT 函数以描述世界坐标系中的标准矩形裁剪窗口。OpenGL 中裁剪窗口的坐标是投影变换的参数。因此，我们要先引入投影矩阵模式。接着用 OpenGL 基本库的函数指定视口，用 GLUT 函数指定显示窗口。可以使用多种 GLUT 函数设定各种显示窗口的参数。表 8.1 总结了 OpenGL 的二维观察函数，其中也列出了与观察相关的函数。

表 8.1 OpenGL 二维观察函数小结

函 数	描 述
gluOrtho2D	指定作为二维正交投影参数的裁剪窗口坐标
glViewport	为视口指定屏幕坐标参数
glGetIntegerv	使用变量 GL_VIEWPORT 和 vpArray 获取当前视口的参数
glutInit	初始化 GLUT 函数库
glutInitWindowPosition	指定显示窗口左上角的坐标
glutInitWindowSize	指定显示窗口的宽和高
glutCreateWindow	创建一个显示窗口（赋予整数标识）并指定显示窗口标题
glutInitDisplayMode	为显示窗口选择缓存和颜色模式等参数
glClearColor	为显示窗口指定背景色
glClearIndex	使用颜色索引模式为显示窗口指定背景色
glutDestroyWindow	指定显示窗口的标识码，删除该窗口
glutSetWindow	指定显示窗口的标识码，使该窗口成为当前窗口
glutPositionWindow	重新设定当前显示窗口的屏幕定位

(续表)

函　　数	描　　述
glutReshapeWindow	重新设定当前显示窗口的宽度和高度
glutFullScreen	设定显示窗口的尺寸为整个屏幕
glutReshapeFunc	指定在显示窗口尺寸改变时要引用的函数
glutIconifyWindow	当前显示窗口转变为一个图标
glutSetIconTitle	为显示窗口图标指定一个标号
glutSetWindowTitle	为当前显示窗口指定新标题
glutPopWindow	将当前显示窗口移到"顶部"；即在所有其他窗口之前
glutPushWindow	将当前显示窗口移到"底部"；即在所有其他窗口之后
glutShowWindow	让当前显示窗口回到屏幕上
glutCreateSubWindow	在一个显示窗口中建立下一层的窗口
glutSetCursor	为屏幕光标选择形状
glutDisplayFunc	在当前显示窗口中引入函数来建立图形
glutPostRedisplay	重新显示当前窗口的内容
glutMainLoop	执行计算机图形程序
glutIdleFunc	指定在系统为空闲时要执行的函数
glutGet	按指定状态参数查询系统

参考文献

线段裁剪算法的讨论请参见 Sproull and Sutherland(1968)、Cyrus and Beck(1978)、Liang and Barsky(1984)和 Nicholl, Lee, and Nicholl(1987)。对 Cohen-Sutherland 线段裁剪算法的改进请参见 Duvanenko(1990)。

基本的多边形裁剪算法请参见 Sutherland and Hodgman(1974)和 Liang and Barsky(1983)。任意形状多边形相互裁剪的通用技术请参见 Weiler and Atherton(1977)和 Weiler(1980)。

OpenGL 的观察操作在 Woo et al.(1999)中讨论。显示窗口 GLUT 函数在 Kilgard(1996)中讨论。

练习题

8.1 给定观察坐标原点 P_0 和观察向量 V，编写一个计算从二维世界坐标系到观察坐标系的变换矩阵(8.1)元素的程序。

8.2 推导出将裁剪窗口内容变换到视口的变换矩阵(8.8)，要求首先将窗口缩放到视口的尺寸，然后平移到视口的位置。以裁剪窗口的中心作为缩放和平移操作的参考点。

8.3 编写一个计算裁剪窗口到对称的规范化正方形的变换矩阵(8.9)元素的程序。

8.4 编写一组程序，实现不含裁剪操作的观察流水线。要求使用模型坐标变换、特定的观察系统、向对称的规范化正方形的变换等。

8.5 写出一个完整实现 Cohen-Sutherland 线段裁剪算法的程序。

8.6 修改上一练习题的程序，使之生成一条比观察窗口对角线还要长的线段的动画。线段中点位于观察窗口中心，每一帧的线段在上一帧基础上顺时针旋转一点。使用上一练习中实现的裁剪算法对每一帧的线段进行裁剪。

8.7 讨论梁友栋-Barsky 线段裁剪算法中各种测试和交点参数 u_1 和 u_2 计算方法的原理。

8.8 比较若干条相对于裁剪窗口的不同方向线段的 Cohen-Sutherland 和梁友栋-Barsky 算法的算术运算次数。

8.9 写出一个完整实现梁友栋-Barsky 算法的程序。

8.10 修改上一练习题的程序，使之生成与练习题 8.6 类似的动画。使用上一练习题中实现的裁剪算法对每一帧的线段进行裁剪。

8.11 设计将图 8.14 中 xy 平面上三个区域的交点计算映射到其他六个区域的对称变换。

8.12 建立任意输入一对顶点的 Nicholl-Lee-Nicholl(NLN)算法。

8.13 比较若干条相对于裁剪窗口的不同方向线段的 NLN 算法、Cohen-Sutherland 算法和梁友栋-Barsky 算法的算术运算次数。

8.14 将梁友栋-Barsky 算法修改成多边形裁剪算法。

8.15 使用上一练习题中开发的裁剪算法编写一个程序，生成显示窗口中一个六边形的动画。该六边形从显示窗口左上角沿对角线移向窗口的右下角。一旦六边形离开窗口，重复动画。

8.16 假设裁剪窗口为标准位置的矩形，设计 Weiler-Atherton 多边形裁剪算法。

8.17 使用练习题 8.14 中开发的 Weiler-Atherton 多边形裁剪算法编写一个程序，假定裁剪窗口是标准位置的一个矩形。

8.18 设计 Weiler-Atherton 多边形裁剪算法，其中裁剪窗口为任意凸多边形。

8.19 设计 Weiler-Atherton 多边形裁剪算法，其中裁剪窗口为任意特殊的多边形(凸或凹)。

8.20 编写使用矩形窗口裁剪标准位置椭圆的算法。

8.21 假设字符串的所有字符具有同样的宽度，按照"全部保留或全部舍弃字符"的裁剪策略，设计字符串裁剪算法。

8.22 使用上一练习题中开发的文字裁剪算法编写一个程序，生成显示窗口中一种移动字幕的动画。即一组字符从左侧沿水平方向移入窗口，再从右侧移出。一旦完全离开视口，重复动画。

8.23 使用特定尺寸的像素网格定义字符，设计裁剪单个字符的算法。

8.24 使用上一练习题中开发的文字裁剪算法编写一个程序，使之与练习题 8.21 中实现的功能相同。

附加综合题

8.1 开发两个分别实现 Sutherlan-Hodgman 算法和 Weiler-Atherton 算法的程序。使用这两个程序，相对于整个场景范围内的一个子矩形，对你的场景中现有的图形对象进行裁剪。比较两种算法的性能。修改 Sutherlan-Hodgman 算法，使其能对场景中的凹多边形进行裁剪。该程序必须能接受矩形裁剪窗口的位置和大小并在场景中裁剪对象。

8.2 使用本章讨论的 GLUT 命令建立一个显示窗口，在其中显示前一章开发的动画场景的一部分，尤其是定义一个比场景中所有对象的范围小得多的矩形。该矩形将作为使用前一综合题实现的裁剪算法的裁剪矩形。上一章开发的动画要连续地运行，但是场景中对象的每一帧都要用裁剪窗口来裁剪，而且仅仅使用这个小矩形作为显示窗口。另外，增加通过键盘的方向键输入使裁剪窗口沿场景移动的能力。每一次击键操作均使裁剪窗口直接移动一点。分别使用 Sutherlan-Hodgman 算法和 Weiler-Atherton 算法运行该动画，并注意两者的性能差异。

第9章 三维几何变换

三维几何变换的方法是在二维方法的基础上扩充了 z 坐标而得到的。多数情况下，该扩充比较直接。但也有一些情况——特别像旋转——该扩充就不那么明显。

当我们讨论 xy 平面上的二维旋转时，只需考虑沿着垂直于 xy 平面的坐标轴进行旋转。在三维空间中，可能选择空间的任意方向作为旋转轴方向。某些图形软件将三维旋转作为绕三个坐标轴的二维旋转的复合来处理。另外，我们可以根据给定轴的方向和旋转角度建立一个总的旋转矩阵。

一个三维位置在齐次坐标中表示为4元列向量。因此，每一次几何变换操作表示成一个从左边去乘坐标向量的 4×4 矩阵。和二维中一样，任意变换序列可以通过依序合并相应的变换矩阵而得的一个矩阵来表示。变换序列中每一后继矩阵从左边去和以前的变换矩阵合并。

9.1 三维平移

在三维齐次坐标表示中，任意点 $\mathbf{P} = (x, y, z)$ 通过将平移距离 t_x、t_y 和 t_z 加到 $\mathbf{P}$ 的坐标上而平移到位置 $\mathbf{P}' = (x', y', z')$：

$$x' = x + t_x, \qquad y' = y + t_y, \qquad z' = z + t_z \tag{9.1}$$

图 9.1 展示了三维点的平移。

我们可以用式(7.17)中的矩阵形式来表达三维平移操作。但现在坐标位置 $\mathbf{P}$ 和 $\mathbf{P}'$ 用4元列向量齐次坐标表示，并且变换操作 $\mathbf{T}$ 是 4×4 矩阵：

$$\begin{bmatrix} x' \\ y' \\ z' \\ 1 \end{bmatrix} = \begin{bmatrix} 1 & 0 & 0 & t_x \\ 0 & 1 & 0 & t_y \\ 0 & 0 & 1 & t_z \\ 0 & 0 & 0 & 1 \end{bmatrix} \cdot \begin{bmatrix} x \\ y \\ z \\ 1 \end{bmatrix} \tag{9.2}$$

或

$$\mathbf{P}' = \mathbf{T} \cdot \mathbf{P} \tag{9.3}$$

在三维空间中，对象的平移通过平移定义该对象的各个点然后在新位置重建该对象来实现。对于使用一组多边形表面来表示的对象，可以将各个表面的顶点进行平移(参见图9.2)，然后重新显示新位置的面。

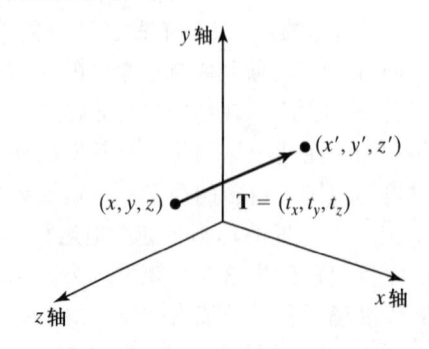

图 9.1 利用变换向量 $\mathbf{T} = (t_x, t_y, t_z)$ 对一个点进行平移变换

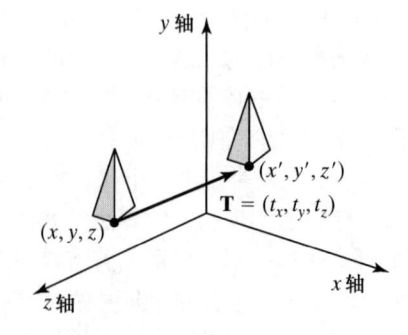

图 9.2 利用变换向量 $\mathbf{T}$ 对一个对象进行平移变换

下面的程序段给出了输入一组平移参数后对平移矩阵的构造。为了在这些过程中构造该矩阵，使用与7.4节的示例程序类似的方法。

```
typedef GLfloat Matrix4x4 [4][4];

/* Construct the 4 x 4 identity matrix. */
void matrix4x4SetIdentity (Matrix4x4 matIdent4x4)
{
   GLint row, col;

   for (row = 0; row < 4; row++)
      for (col = 0; col < 4 ; col++)
         matIdent4x4 [row][col] = (row == col);
}

void translate3D (GLfloat tx, GLfloat ty, GLfloat tz)
{
   Matrix4x4 matTransl3D;

   /*  Initialize translation matrix to identity.  */
   matrix4x4SetIdentity (matTransl3D);

   matTransl3D [0][3] = tx;
   matTransl3D [1][3] = ty;
   matTransl3D [2][3] = tz;
}
```

三维平移变换的逆变换使用二维变换中同样的方法获得，即取平移距离 t_x、t_y 和 t_z 的负值。这将生成相反的平移，而平移矩阵和其逆矩阵之积是单位矩阵。

9.2 三维旋转

我们可以围绕空间的任意轴来旋转一个对象，但绕平行于坐标轴的轴的旋转是最容易处理的。我们同样可以利用围绕坐标轴旋转(结合适当的平移)的复合结果来表示任意的一种旋转。因此，我们先考虑绕坐标轴旋转的操作，然后讨论其他旋转轴所需的计算。

通常，如果沿着坐标轴的正半轴观察原点，那么绕坐标轴的逆时针旋转为正向旋转（参见图9.3）。这与以前在二维中讨论的旋转是一致的。在二维观察中，xy平面上的正向旋转方向是绕基准点（平行于z坐标轴的轴）进行逆时针旋转。

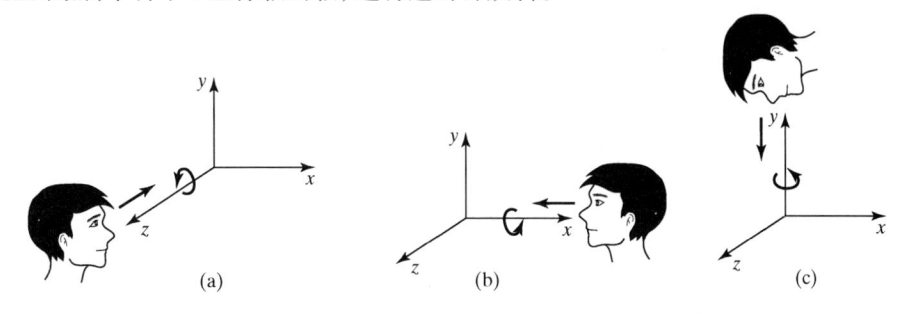

图9.3 当沿着某坐标轴正半轴观察原点时，绕坐标轴的正向旋转方向是逆时针方向

9.2.1 三维坐标轴旋转

绕z轴的二维旋转很容易推广到三维：

$$\begin{aligned} x' &= x\cos\theta - y\sin\theta \\ y' &= x\sin\theta + y\cos\theta \\ z' &= z \end{aligned} \qquad (9.4)$$

参数 θ 表示指定的绕 z 轴旋转的角度，而 z 坐标值在该变换中不改变。三维 z 轴旋转方程可以用齐次坐标形式表示如下：

$$\begin{bmatrix} x' \\ y' \\ z' \\ 1 \end{bmatrix} = \begin{bmatrix} \cos\theta & -\sin\theta & 0 & 0 \\ \sin\theta & \cos\theta & 0 & 0 \\ 0 & 0 & 1 & 0 \\ 0 & 0 & 0 & 1 \end{bmatrix} \cdot \begin{bmatrix} x \\ y \\ z \\ 1 \end{bmatrix} \qquad (9.5)$$

更简洁的形式是

$$\mathbf{P}' = \mathbf{R}_z(\theta) \cdot \mathbf{P} \qquad (9.6)$$

图 9.4 给出了一个对象绕 z 轴的旋转。

绕另外两个坐标轴的旋转变换公式，可以由式(9.4)中的坐标参数 x、y、z 循环替换而得到：

$$x \to y \to z \to x \qquad (9.7)$$

因此，为了得到 x 轴和 y 轴的旋转变换，我们用 y 替代 x、用 z 替代 y、用 x 替代 z，图 9.5 给出了这种循环替换。

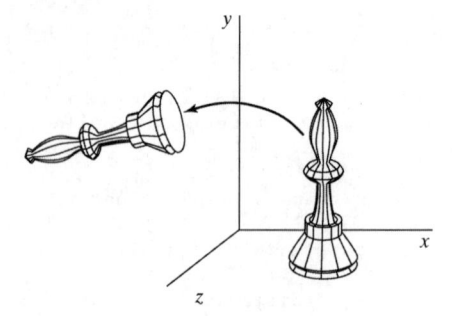

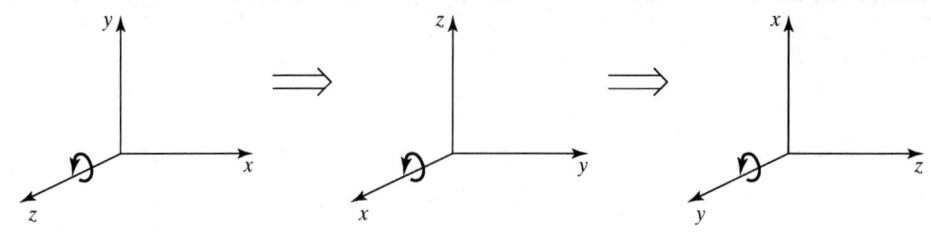

图 9.4　一个对象绕 z 轴的旋转

图 9.5　用循环笛卡儿坐标替换生成三组坐标轴旋转公式

在式(9.4)中利用式(9.7)进行替换，可以得到绕 **x 轴旋转**（x-axis rotation）的变换公式：

$$\begin{aligned} y' &= y\cos\theta - z\sin\theta \\ z' &= y\sin\theta + z\cos\theta \\ x' &= x \end{aligned} \qquad (9.8)$$

图 9.6 给出了绕 x 轴旋转一个对象的例子。

对于式(9.8)进行坐标循环替换，可以得到绕 **y 轴旋转**（y-axis rotation）的变换公式：

$$\begin{aligned} z' &= z\cos\theta - x\sin\theta \\ x' &= z\sin\theta + x\cos\theta \\ y' &= y \end{aligned} \qquad (9.9)$$

图 9.7 给出了绕 y 轴旋转一个对象的例子。

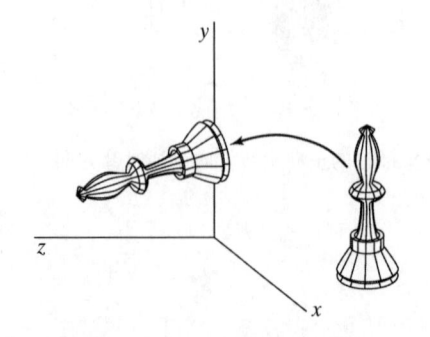

图 9.6　一个对象绕 x 轴进行旋转 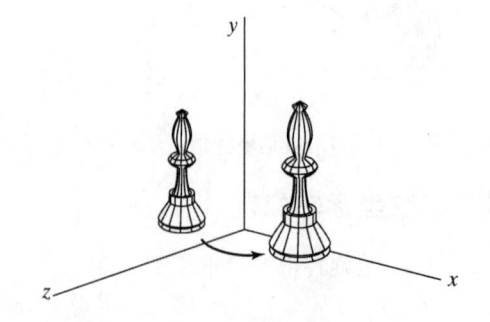　　　　图 9.7　一个对象绕 y 轴进行旋转

三维旋转矩阵的逆矩阵可按二维中求逆的方法获得。我们用 $-\theta$ 替代旋转角 θ 可以得到逆旋转矩阵。旋转角取负值将导致对象沿顺时针方向进行旋转，因而当旋转矩阵乘以其逆矩阵时将得到单位矩阵。由于只有正弦函数受到旋转角符号变化的影响，因此逆矩阵也可以通过交换原矩阵中的行和列来得到。即可以利用旋转矩阵 **R** 的转置来取代逆矩阵计算（$\mathbf{R}^{-1} = \mathbf{R}^{\mathrm{T}}$）。

9.2.2 一般三维旋转

对于绕与坐标轴不一致的轴进行旋转的变换矩阵，可以利用平移与坐标轴旋转的复合而得到。首先将指定旋转轴经移动和旋转变换到坐标轴之一，然后对该坐标轴应用适当的旋转矩阵。最后将旋转轴变回到原来位置。

在某些特殊情况下，例如将对象绕平行于某坐标轴的轴旋转，可以通过下列变换序列来得到所需的旋转矩阵：

1. 平移对象使其旋转轴与平行于该轴的一个坐标轴重合；
2. 绕该坐标轴完成指定的旋转；
3. 平移对象将其旋转轴移回到原来位置。

此序列的步骤如图 9.8 所示。此图中，对象上任意坐标点 **P** 经过一系列变换而成为

$$\mathbf{P}' = \mathbf{T}^{-1} \cdot \mathbf{R}_x(\theta) \cdot \mathbf{T} \cdot \mathbf{P} \tag{9.10}$$

其中，旋转变换的复合矩阵是

$$\mathbf{R}(\theta) = \mathbf{T}^{-1} \cdot \mathbf{R}_x(\theta) \cdot \mathbf{T} \tag{9.11}$$

该复合矩阵与绕平行于 z 轴的任意轴旋转的二维变换序列（非原点的任意点）的形式相类似。

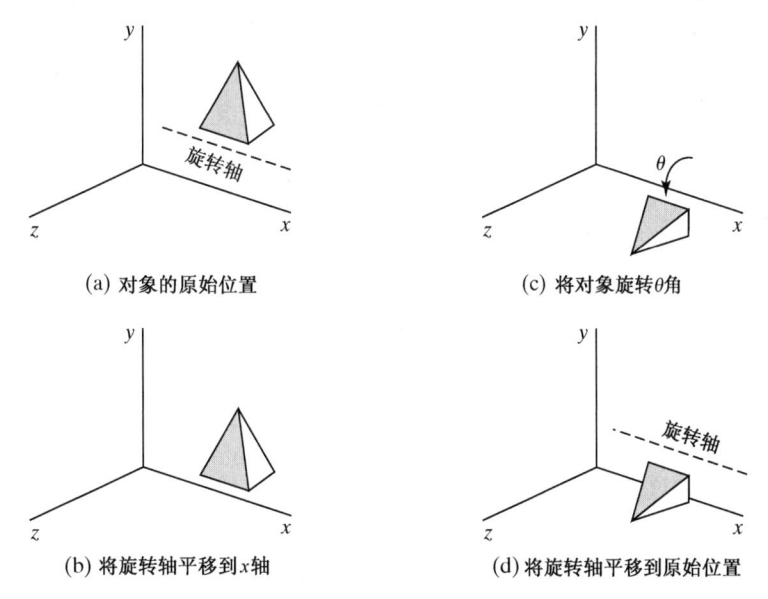

(a) 对象的原始位置

(c) 将对象旋转 θ 角

(b) 将旋转轴平移到 x 轴

(d) 将旋转轴平移到原始位置

图 9.8 将对象绕着与 x 轴平行的轴线进行旋转的变换序列

如果对象绕与每个坐标轴均不平行的轴旋转，则需要进行额外的变换。此时，还需要进行使旋转轴与某一选定坐标轴对齐的旋转，以后要将此轴变回到原始位置。若给定旋转轴和旋转角，我们可以按照 5 个步骤来完成所需旋转：

1. 平移对象，使得旋转轴通过坐标原点；
2. 旋转对象使得旋转轴与某一坐标轴重合；

3. 绕该坐标轴完成指定的旋转;
4. 利用逆旋转使旋转轴回到其原始方向;
5. 利用逆平移使旋转轴回到其原始位置。

我们可以将旋转轴变换到三个坐标轴的任意一个。z 轴是比较方便的选择,下面讨论使用 z 轴旋转矩阵的变换序列(参见图 9.9)。

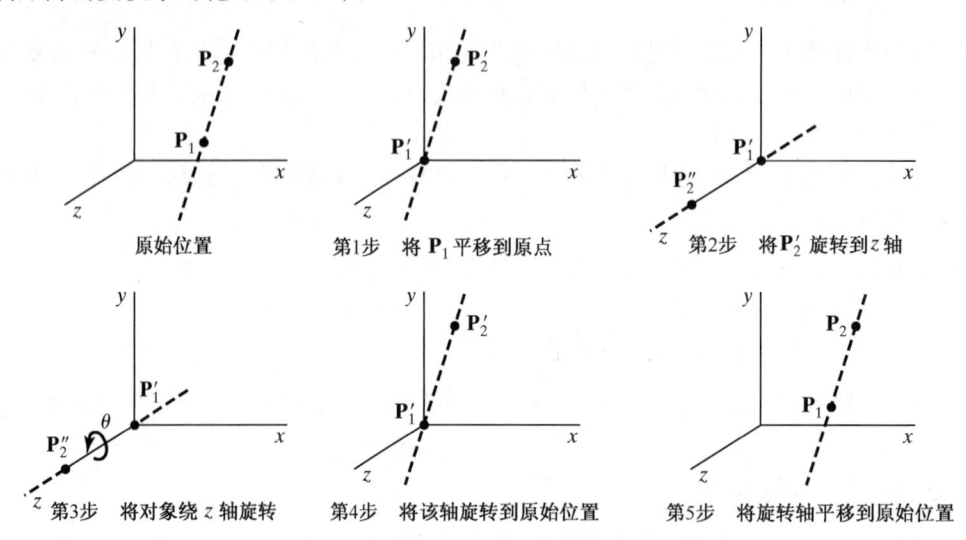

原始位置　　　第1步　将 P_1 平移到原点　　　第2步　将 P_2' 旋转到 z 轴

第3步　将对象绕 z 轴旋转　　　第4步　将该轴旋转到原始位置　　　第5步　将旋转轴平移到原始位置

图 9.9　绕任意轴方向旋转时,通过将旋转轴投影至 z 轴方向求得复合变换矩阵的 5 个步骤

任意旋转轴可以由两个坐标点确定,如图 9.10 所示,或通过一个坐标点和旋转轴与两个坐标轴间的方向角(或方向余弦)来确定。假设由两点确定旋转轴,如果沿着从 P_2 到 P_1 的轴进行观察,并且旋转的方向为逆时针方向,则轴向量利用两点可以定义为

$$\begin{aligned}\mathbf{V} &= \mathbf{P}_2 - \mathbf{P}_1 \\ &= (x_2 - x_1, y_2 - y_1, z_2 - z_1)\end{aligned} \tag{9.12}$$

沿旋转轴的单位向量 $\mathbf{u}$ 则定义为

$$\mathbf{u} = \frac{\mathbf{V}}{|\mathbf{V}|} = (a, b, c) \tag{9.13}$$

其中,分量 a、b、c 是旋转轴的方向余弦:

$$a = \frac{x_2 - x_1}{|\mathbf{V}|}, \qquad b = \frac{y_2 - y_1}{|\mathbf{V}|}, \qquad c = \frac{z_2 - z_1}{|\mathbf{V}|} \tag{9.14}$$

若以相反方向旋转(当观察方向从 P_2 到 P_1 时,旋转方向为顺时针),则需要将轴向量 $\mathbf{V}$ 和单位向量 $\mathbf{u}$ 取反,使得它们的指向是从 P_2 到 P_1。

指定旋转所需的变换序列的第一步是建立使旋转轴通过原点的平移变换矩阵。由于需要一个从 P_2 往 P_1 看时的逆时针旋转(参见图 9.10),我们将 P_1 点移到原点。(如果旋转方向指定为相反方向,则将 P_2 移到原点。)该变换矩阵是

$$\mathbf{T} = \begin{bmatrix} 1 & 0 & 0 & -x_1 \\ 0 & 1 & 0 & -y_1 \\ 0 & 0 & 1 & -z_1 \\ 0 & 0 & 0 & 1 \end{bmatrix} \tag{9.15}$$

这实现了对旋转轴和对象的重定位,如图 9.11 所示。

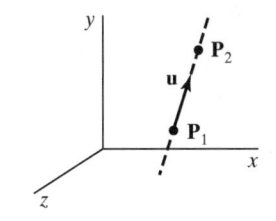

图 9.10　旋转轴（虚线）根据点 $\mathbf{P}_1$ 和 $\mathbf{P}_2$ 进行定义。单位轴向量 $\mathbf{u}$ 的方向由给定的旋转方向所确定

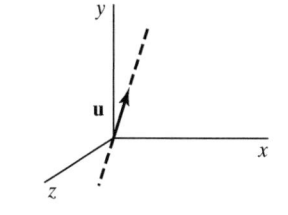

图 9.11　平移旋转轴到坐标原点

现在需要将旋转轴与 z 轴坐标轴重合的变换。可以利用两次坐标轴旋转来完成这一对齐，并且可以有多种方法来实现这两个步骤。在此例中，首先绕 x 轴旋转，然后绕 y 轴旋转。绕 x 轴旋转将向量 $\mathbf{u}$ 变换到 xz 平面上，绕 y 轴旋转将 $\mathbf{u}$ 变到 z 轴上。图 9.12 给出了某一方向的 $\mathbf{u}$ 向量的两次旋转。

由于旋转计算包括了正弦和余弦函数，可以利用标准向量运算（参见附录 A）来得到两个旋转矩阵的元素。向量的点积运算可以确定余弦项，向量的叉积运算可以获得正弦项。

计算出使 $\mathbf{u}$ 变换到 xz 平面上的旋转角的正弦和余弦值，可以建立绕 x 轴旋转的变换矩阵。该旋转角是 $\mathbf{u}$ 在 yz 平面上的投影与 z 轴正向的夹角（参见图 9.13）。如果设 $\mathbf{u}$ 在 yz 平面上的投影为向量 $\mathbf{u}' = (0, b, c)$，则旋转角 α 的余弦可以由 $\mathbf{u}'$ 和 z 轴上单位向量 $\mathbf{u}_z$ 的点积来得到：

$$\cos\alpha = \frac{\mathbf{u}' \cdot \mathbf{u}_z}{|\mathbf{u}'||\mathbf{u}_z|} = \frac{c}{d} \tag{9.16}$$

其中 d 是 $\mathbf{u}'$ 的模：

$$d = \sqrt{b^2 + c^2} \tag{9.17}$$

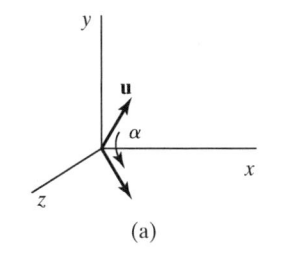

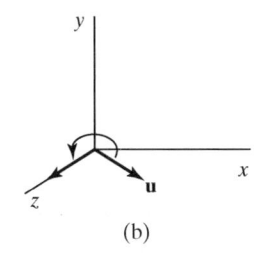

图 9.12　(a) 单位向量 $\mathbf{u}$ 绕 x 轴旋转到 xz 平面上；(b) 然后绕 y 轴旋转到 z 轴上

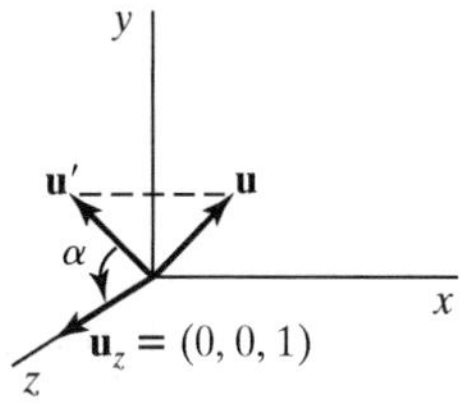

图 9.13　$\mathbf{u}$ 绕 x 轴旋转到 xz 平面上，由 $\mathbf{u}'$（$\mathbf{u}$ 在 yz 平面上投影）旋转 α 角到 z 轴上来实现

类似地，可以利用 $\mathbf{u}'$ 和 $\mathbf{u}_z$ 的叉积来给出 α 的正弦。与坐标无关的叉积形式是

$$\mathbf{u}' \times \mathbf{u}_z = \mathbf{u}_x |\mathbf{u}'||\mathbf{u}_z|\sin\alpha \tag{9.18}$$

而且叉积的笛卡儿形式为

$$\mathbf{u}' \times \mathbf{u}_z = \mathbf{u}_x \cdot b \tag{9.19}$$

式（9.18）和式（9.19）的右边相等，并注意 $|\mathbf{u}_z| = 1$ 及 $|\mathbf{u}'| = d$，则有

$$d\sin\alpha = b$$

或

$$\sin\alpha = \frac{b}{d} \tag{9.20}$$

由于已使用向量 $\mathbf{u}$ 的分量来得出 $\cos\alpha$ 和 $\sin\alpha$ 的值，因此可以建立绕 x 轴将 $\mathbf{u}$ 旋转到 xz 平面的旋转矩阵：

$$\mathbf{R}_x(\alpha) = \begin{bmatrix} 1 & 0 & 0 & 0 \\ 0 & \dfrac{c}{d} & -\dfrac{b}{d} & 0 \\ 0 & \dfrac{b}{d} & \dfrac{c}{d} & 0 \\ 0 & 0 & 0 & 1 \end{bmatrix} \qquad (9.21)$$

下一步需要确定变换矩阵, 此矩阵将 xz 平面上的单位向量绕 y 轴逆时针旋转到 z 轴的正方向。绕 x 轴旋转后, xz 平面上单位向量的方向如图 9.14 所示。该向量记为 $\mathbf{u}''$, 因为绕 x 轴的旋转保持 x 分量不变, 故其 x 分量值为 a; 因为向量 $\mathbf{u}'$ 旋转到 z 轴上, 故其 z 分量为 d ($\mathbf{u}'$ 的模); 因为 $\mathbf{u}''$ 在 xz 平面上, 故 $\mathbf{u}''$ 的 y 分量为 0。同样, 由单位向量 $\mathbf{u}''$ 和 $\mathbf{u}_z$ 的点积可确定旋转角 β 的余弦:

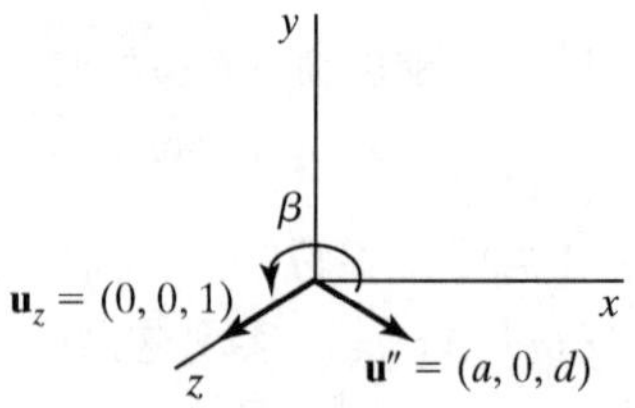

$$\cos\beta = \frac{\mathbf{u}'' \cdot \mathbf{u}_z}{|\mathbf{u}''||\mathbf{u}_z|} = d \qquad (9.22)$$

图 9.14 单位向量 $\mathbf{u}''$ ($\mathbf{u}$ 向量旋转到 xz 平面上) 绕 y 轴的旋转。正向旋转 β 角使 $\mathbf{u}''$ 与 $\mathbf{u}_z$ 向量对齐

因为 $|\mathbf{u}_z| = |\mathbf{u}''| = 1$。比较叉积与坐标无关的形式:

$$\mathbf{u}'' \times \mathbf{u}_z = \mathbf{u}_y |\mathbf{u}''||\mathbf{u}_z|\sin\beta \qquad (9.23)$$

和笛卡儿形式:

$$\mathbf{u}'' \times \mathbf{u}_z = \mathbf{u}_y \cdot (-a) \qquad (9.24)$$

可以发现

$$\sin\beta = -a \qquad (9.25)$$

这样, $\mathbf{u}''$ 绕 y 轴的旋转变换矩阵为

$$\mathbf{R}_y(\beta) = \begin{bmatrix} d & 0 & -a & 0 \\ 0 & 1 & 0 & 0 \\ a & 0 & d & 0 \\ 0 & 0 & 0 & 1 \end{bmatrix} \qquad (9.26)$$

利用式(9.15)、式(9.21)和式(9.26)的变换矩阵, 可以将旋转轴对齐到 z 轴的正方向。给定的旋转角 θ 已经可以用于关于 z 轴的旋转:

$$\mathbf{R}_z(\theta) = \begin{bmatrix} \cos\theta & -\sin\theta & 0 & 0 \\ \sin\theta & \cos\theta & 0 & 0 \\ 0 & 0 & 1 & 0 \\ 0 & 0 & 0 & 1 \end{bmatrix} \qquad (9.27)$$

为了实现对于给定轴的旋转, 还需要将旋转轴变回到原来位置。这可以通过使用式(9.15)、式(9.21)和式(9.26)中变换的逆矩阵来完成。这样, 对于任意轴的旋转可以表示为上述 7 个变换的复合形式:

$$\mathbf{R}(\theta) = \mathbf{T}^{-1} \cdot \mathbf{R}_x^{-1}(\alpha) \cdot \mathbf{R}_y^{-1}(\beta) \cdot \mathbf{R}_z(\theta) \cdot \mathbf{R}_y(\beta) \cdot \mathbf{R}_x(\alpha) \cdot \mathbf{T} \qquad (9.28)$$

得到复合旋转矩阵 $\mathbf{R}_y(\beta) \cdot \mathbf{R}_x(\alpha)$ 的更快但不太直观的方法是利用任意三维旋转的复合矩阵形式

$$\mathbf{R} = \begin{bmatrix} r_{11} & r_{12} & r_{13} & 0 \\ r_{21} & r_{22} & r_{23} & 0 \\ r_{31} & r_{32} & r_{33} & 0 \\ 0 & 0 & 0 & 1 \end{bmatrix} \qquad (9.29)$$

该矩阵上面的 3×3 子矩阵是正交的。这意味着该子矩阵的行(或列)形成了由矩阵 **R** 分别绕 x 轴、y 轴和 z 轴旋转的正交单位向量组：

$$\mathbf{R} \cdot \begin{bmatrix} r_{11} \\ r_{12} \\ r_{13} \\ 1 \end{bmatrix} = \begin{bmatrix} 1 \\ 0 \\ 0 \\ 1 \end{bmatrix}, \quad \mathbf{R} \cdot \begin{bmatrix} r_{21} \\ r_{22} \\ r_{23} \\ 1 \end{bmatrix} = \begin{bmatrix} 0 \\ 1 \\ 0 \\ 1 \end{bmatrix}, \quad \mathbf{R} \cdot \begin{bmatrix} r_{31} \\ r_{32} \\ r_{33} \\ 1 \end{bmatrix} = \begin{bmatrix} 0 \\ 0 \\ 1 \\ 1 \end{bmatrix} \quad (9.30)$$

因此，可以考虑由旋转轴定义的局部坐标系，并简单地建立以局部单位坐标向量为列的矩阵。假设旋转轴不平行于任何坐标轴，则可以建立下列局部单位向量组(参见图 9.15)：

$$\begin{aligned}
\mathbf{u}'_z &= \mathbf{u} \\
\mathbf{u}'_y &= \frac{\mathbf{u} \times \mathbf{u}_x}{|\mathbf{u} \times \mathbf{u}_x|} \\
\mathbf{u}'_x &= \mathbf{u}'_y \times \mathbf{u}'_z
\end{aligned} \quad (9.31)$$

如果表示旋转轴的局部单位向量元素为

$$\begin{aligned}
\mathbf{u}'_x &= (u'_{x1}, u'_{x2}, u'_{x3}) \\
\mathbf{u}'_y &= (u'_{y1}, u'_{y2}, u'_{y3}) \\
\mathbf{u}'_z &= (u'_{z1}, u'_{z2}, u'_{z3})
\end{aligned} \quad (9.32)$$

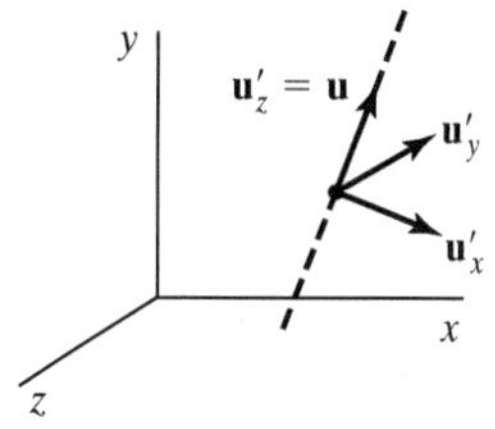

则所需的复合旋转矩阵等于 $\mathbf{R}_y(\beta) \cdot \mathbf{R}_x(\alpha)$ 之积，即

$$\mathbf{R} = \begin{bmatrix} u'_{x1} & u'_{x2} & u'_{x3} & 0 \\ u'_{y1} & u'_{y2} & u'_{y3} & 0 \\ u'_{z1} & u'_{z2} & u'_{z3} & 0 \\ 0 & 0 & 0 & 1 \end{bmatrix} \quad (9.33)$$

图 9.15　由单位向量 **u** 定义的旋转轴的局部坐标系

这一矩阵分别把单位向量 $\mathbf{u}'_x$、$\mathbf{u}'_y$ 和 $\mathbf{u}'_z$ 变换到 x、y 和 z 轴上。因为 $\mathbf{u}'_z = \mathbf{u}$，所以旋转轴与 z 轴对齐。

9.2.3　三维旋转的四元数方法

将四元数表示(参见附录 A)用于旋转变换是获得对于给定轴旋转的更有效方法。作为二维复数扩充的四元数在许多计算机图形程序中都很有用，包括生成分形。它们比 4×4 矩阵需要更少的存储空间，并且更容易写出变换序列的四元数过程。这对于需要复杂运动序列和给定对象两个位置的运动插值尤其重要。

描述四元数的一个方法是把它看成一个有序对，由一个标量部(scalar part)和一个向量部(vector part)组成：

$$q = (s, \mathbf{v})$$

也可以把四元数看成为高阶复数，带有一个实部(标量部分)和三个复部(向量 **v** 的元素)。绕经过原点的任意轴旋转，可以通过建立有下列标量部和向量部的四元数来完成：

$$s = \cos\frac{\theta}{2}, \quad \mathbf{v} = \mathbf{u}\sin\frac{\theta}{2} \quad (9.34)$$

其中，**u** 是沿所选旋转轴的单位向量，θ 是绕此轴的指定旋转角(参见图 9.16)。使用该四元数旋转的任意点 **P**，可以用四元数符号表示为

$$\mathbf{P} = (0, \mathbf{p})$$

这里，点的坐标为向量部 $\mathbf{p} = (x, y, z)$。点的旋转由四元数运算来实现：

$$\mathbf{P}' = q\mathbf{P}q^{-1} \quad (9.35)$$

其中 $q^{-1} = (s, -\mathbf{v})$ 是式(9.34)中所给的标量和向量部组成的单位四元数 q 的逆变换。这一变换产生了下面的新四元数：

$$\mathbf{P}' = (0, \mathbf{p}') \tag{9.36}$$

这个有序对的第二项是旋转的点位置 $\mathbf{p}'$，它通过点积和叉积表示为

$$\mathbf{p}' = s^2 \mathbf{p} + \mathbf{v}(\mathbf{p} \cdot \mathbf{v}) + 2s(\mathbf{v} \times \mathbf{p}) + \mathbf{v} \times (\mathbf{v} \times \mathbf{p}) \tag{9.37}$$

参数 s 和 $\mathbf{v}$ 由式(9.34)给定其值。很多计算机图形系统利用向量计算中高效的硬件实现来执行快速三维对象旋转。

变换式(9.35)等价于绕经过原点的轴旋转。这与式(9.28)中将旋转轴与 z 轴对齐，然后绕 z 轴旋转，再将旋转轴变回到原来位置的旋转变换序列的作用一样。

运用附录 A 中的四元数乘法定义，可以计算式(9.37)中的项。指定 q 的向量部分量为 $\mathbf{v} = (a, b, c)$，可以获得 3×3 的复合旋转矩阵 $\mathbf{R}_x^{-1}(\alpha) \cdot \mathbf{R}_y^{-1}(\beta) \cdot \mathbf{R}_z(\theta) \cdot \mathbf{R}_y(\beta) \cdot \mathbf{R}_x(\alpha)$ 如下：

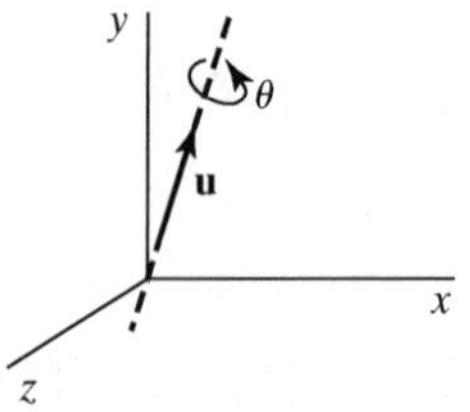

$$\mathbf{M}_R(\theta) = \begin{bmatrix} 1 - 2b^2 - 2c^2 & 2ab - 2sc & 2ac + 2sb \\ 2ab + 2sc & 1 - 2a^2 - 2c^2 & 2bc - 2sa \\ 2ac - 2sb & 2bc + 2sa & 1 - 2a^2 - 2b^2 \end{bmatrix} \tag{9.38}$$

图9.16 绕指定轴旋转的单位四元数参数 θ 和 $\mathbf{u}$

通过用显式值取代参数 a、b、c 和 s 并使用下列三角恒等式简化有关项，可以大大减少该矩阵中的计算：

$$\cos^2 \frac{\theta}{2} - \sin^2 \frac{\theta}{2} = 1 - 2\sin^2 \frac{\theta}{2} = \cos\theta, \qquad 2\cos \frac{\theta}{2} \sin \frac{\theta}{2} = \sin\theta$$

这样，我们可重写矩阵(9.38)为

$$\mathbf{M}_R(\theta) = \begin{bmatrix} u_x^2(1 - \cos\theta) + \cos\theta & u_x u_y(1 - \cos\theta) - u_z \sin\theta & u_x u_z(1 - \cos\theta) + u_y \sin\theta \\ u_y u_x(1 - \cos\theta) + u_z \sin\theta & u_y^2(1 - \cos\theta) + \cos\theta & u_y u_z(1 - \cos\theta) - u_x \sin\theta \\ u_z u_x(1 - \cos\theta) - u_y \sin\theta & u_z u_y(1 - \cos\theta) + u_x \sin\theta & u_z^2(1 - \cos\theta) + \cos\theta \end{bmatrix} \tag{9.39}$$

其中 u_x、u_y 和 u_z 是单位轴向量 $\mathbf{u}$ 的分量。

为了得到完整的绕任意指定旋转轴旋转的变换序列，需要包括将旋转轴移至坐标原点并回到其初始位置的变换。因此，与式(9.28)对应的完整四元数旋转表示是

$$\mathbf{R}(\theta) = \mathbf{T}^{-1} \cdot \mathbf{M}_R \cdot \mathbf{T} \tag{9.40}$$

作为一个例子，可以通过将向量 $\mathbf{u}$ 设为单位 z 轴向量 $(0, 0, 1)$ 来完成绕 z 轴的旋转。将该向量的分量代入矩阵(9.39)，可得式(9.5)中 z 轴旋转矩阵 $\mathbf{R}_z(\theta)$ 的 3×3 版本。同样，将单位四元数旋转值代入式(9.35)，就产生了如式(9.4)所示的旋转后的坐标值。

在下列程序中，给出了可用来构造三维旋转矩阵的过程例子。式(9.40)中的四元数表示用来设定通用三维旋转的矩阵元素。

```
class wcPt3D {
    public:
        GLfloat x, y, z;
};
typedef float Matrix4x4 [4][4];

Matrix4x4 matRot;
```

```
/* Construct the 4 x 4 identity matrix. */
void matrix4x4SetIdentity (Matrix4x4 matIdent4x4)
{
   GLint row, col;

   for (row = 0; row < 4; row++)
      for (col = 0; col < 4 ; col++)
         matIdent4x4 [row][col] = (row == col);
}

/* Premultiply matrix m1 by matrix m2, store result in m2. */
void matrix4x4PreMultiply (Matrix4x4 m1, Matrix4x4 m2)
{
   GLint row, col;
   Matrix4x4 matTemp;

   for (row = 0; row < 4; row++)
      for (col = 0; col < 4 ; col++)
         matTemp [row][col] = m1 [row][0] * m2 [0][col] + m1 [row][1] *
                              m2 [1][col] + m1 [row][2] * m2 [2][col] +
                              m1 [row][3] * m2 [3][col];
   for (row = 0; row < 4; row++)
      for (col = 0; col < 4; col++)
         m2 [row][col] = matTemp [row][col];
}

void translate3D (GLfloat tx, GLfloat ty, GLfloat tz)
{
   Matrix4x4 matTransl3D;

   /*  Initialize translation matrix to identity.  */
   matrix4x4SetIdentity (matTransl3D);

   matTransl3D [0][3] = tx;
   matTransl3D [1][3] = ty;
   matTransl3D [2][3] = tz;

   /*  Concatenate translation matrix with matRot.  */
   matrix4x4PreMultiply (matTransl3D, matRot);
}

void rotate3D (wcPt3D p1, wcPt3D p2, GLfloat radianAngle)
{
   Matrix4x4 matQuaternionRot;

   GLfloat axisVectLength = sqrt ((p2.x - p1.x) * (p2.x - p1.x) +
                        (p2.y - p1.y) * (p2.y - p1.y) +
                        (p2.z - p1.z) * (p2.z - p1.z));
   GLfloat cosA = cos (radianAngle);
   GLfloat oneC = 1 - cosA;
   GLfloat sinA = sin (radianAngle);
   GLfloat ux = (p2.x - p1.x) / axisVectLength;
   GLfloat uy = (p2.y - p1.y) / axisVectLength;
   GLfloat uz = (p2.z - p1.z) / axisVectLength;

   /*  Set up translation matrix for moving p1 to origin.  */
   translate3D (-p1.x, -p1.y, -p1.z);

   /*  Initialize matQuaternionRot to identity matrix.  */
   matrix4x4SetIdentity (matQuaternionRot);

   matQuaternionRot [0][0] = ux*ux*oneC + cosA;
```

```
    matQuaternionRot [0][1] = ux*uy*oneC - uz*sinA;
    matQuaternionRot [0][2] = ux*uz*oneC + uy*sinA;
    matQuaternionRot [1][0] = uy*ux*oneC + uz*sinA;
    matQuaternionRot [1][1] = uy*uy*oneC + cosA;
    matQuaternionRot [1][2] = uy*uz*oneC - ux*sinA;
    matQuaternionRot [2][0] = uz*ux*oneC - uy*sinA;
    matQuaternionRot [2][1] = uz*uy*oneC + ux*sinA;
    matQuaternionRot [2][2] = uz*uz*oneC + cosA;

    /* Combine matQuaternionRot with translation matrix. */
    matrix4x4PreMultiply (matQuaternionRot, matRot);

    /* Set up inverse matTransl3D and concatenate with
     * product of previous two matrices.
     */
    translate3D (p1.x, p1.y, p1.z);
}

void displayFcn (void)
{
    /* Input rotation parameters. */

    /* Initialize matRot to identity matrix: */
    matrix4x4SetIdentity (matRot);

    /* Pass rotation parameters to procedure rotate3D. */

    /* Display rotated object. */
}
```

9.3 三维缩放

点 $\mathbf{P} = (x, y, z)$ 相对于坐标原点的三维缩放是二维缩放的简单扩充。只要在变换矩阵中引入 z 坐标缩放参数：

$$\begin{bmatrix} x' \\ y' \\ z' \\ 1 \end{bmatrix} = \begin{bmatrix} s_x & 0 & 0 & 0 \\ 0 & s_y & 0 & 0 \\ 0 & 0 & s_z & 0 \\ 0 & 0 & 0 & 1 \end{bmatrix} \cdot \begin{bmatrix} x \\ y \\ z \\ 1 \end{bmatrix} \tag{9.41}$$

一个点的三维缩放变换矩阵可以表示为

$$\mathbf{P}' = \mathbf{S} \cdot \mathbf{P} \tag{9.42}$$

其中，缩放参数 s_x、s_y 和 s_z 为指定的任意正值。相对于原点的比例缩放变换的显式表示为

$$x' = x \cdot s_x, \qquad y' = y \cdot s_y, \qquad z' = z \cdot s_z \tag{9.43}$$

利用变换式(9.41)对一个对象进行缩放，使得对象大小和相对于坐标原点的对象位置发生变化。大于 1 的参数值将该点沿原点到该点坐标方向而向远处移动。类似地，小于 1 的参数值将该点沿其到原点的方向移近原点。同样，如果缩放变换参数不相同，则对象的相关尺寸也发生变化。可以使用统一的缩放参数 $(s_x = s_y = s_z)$ 来保持对象的原有形状。图 9.17 给出了使用相同的缩放参数 2 来缩放一个对象的结果。

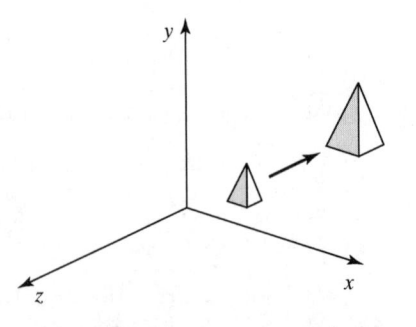

图 9.17 利用变换式(9.41)放大对象两倍也会使对象远离原点

由于某些图形软件仅提供相对于坐标原点的缩放子程序，我们可以用下列变换序列进行相对于任意给定点 (x_f, y_f, z_f) 的缩放变换：

1. 平移给定点到原点；
2. 使用式(9.41)，相对于坐标原点缩放对象；
3. 平移给定点回到原始位置。

图9.18中描述了此变换序列。有关任意点的缩放变换矩阵表达式，可以利用平移-缩放-平移变换组合表示为

$$\mathbf{T}(x_f, y_f, z_f) \cdot \mathbf{S}(s_x, s_y, s_z) \cdot \mathbf{T}(-x_f, -y_f, -z_f) = \begin{bmatrix} s_x & 0 & 0 & (1-s_x)x_f \\ 0 & s_y & 0 & (1-s_y)y_f \\ 0 & 0 & s_z & (1-s_z)z_f \\ 0 & 0 & 0 & 1 \end{bmatrix} \quad (9.44)$$

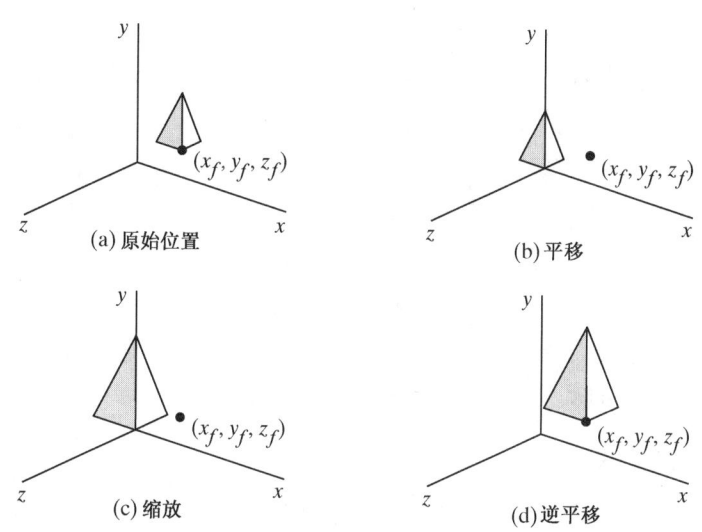

图9.18 相对于指定点缩放，利用式(9.41)缩放一个对象的变换序列

通过使用平移-缩放-平移序列或直接相对于固定点的方法可建立编程过程。下面的程序给出使用式(9.44)中的计算来直接构造相对于指定点的三维缩放矩阵的例子。

```
class wcPt3D
{
   private:
      GLfloat x, y, z;

   public:
   /*  Default Constructor:
    *  Initialize position as (0.0, 0.0, 0.0).
    */
   wcPt3D ( ) {
      x = y = z = 0.0;
   }

   setCoords (GLfloat xCoord, GLfloat yCoord, GLfloat zCoord) {
      x = xCoord;
      y = yCoord;
      z = zCoord;
   }

   GLfloat getx ( ) const {
      return x;
   }
```

```
      GLfloat gety ( ) const {
         return y;
      }
      GLfloat getz ( ) const {
         return z;
      }
};
typedef float Matrix4x4 [4][4];
void scale3D (GLfloat sx, GLfloat sy, GLfloat sz, wcPt3D fixedPt)
{
   Matrix4x4 matScale3D;

   /*  Initialize scaling matrix to identity.  */
   matrix4x4SetIdentity (matScale3D);
   matScale3D [0][0] = sx;
   matScale3D [0][3] = (1 - sx) * fixedPt.getx ( );
   matScale3D [1][1] = sy;
   matScale3D [1][3] = (1 - sy) * fixedPt.gety ( );
   matScale3D [2][2] = sz;
   matScale3D [2][3] = (1 - sz) * fixedPt.getz ( );
}
```

反过来，利用参数(s_x, s_y, s_z)的倒数来代替缩放参数，可以形成式(9.41)或式(9.44)的逆缩放矩阵。但如果其中一个缩放参数赋值为0，则其逆矩阵无定义。逆矩阵产生相反的缩放变换，因此缩放变换和其逆变换的复合生成单位矩阵。

9.4 三维复合变换

类似于二维变换，可以将变换序列中各次运算的矩阵相乘来形成三维复合变换。7.4节讨论的任意的二维变换序列，比如非坐标轴方向的缩放，可以在三维空间中实现。

依赖于指定的矩阵顺序从右到左或从左到右实现矩阵合并来实现变换序列。当然，其中最右边的矩阵是第一个作用于对象的变换，最左边的矩阵是最后一个变换。由于坐标位置用四元素列向量表示，4×4矩阵必须放在其左边与之相乘，因此需使用上述的矩阵相乘顺序。

下列程序提供了构造三维复合变换矩阵的例子。一系列基本的三维几何变换按选定顺序组合成一个复合矩阵，该矩阵的初始化形式是单位矩阵。在该例中，首先旋转，然后缩放，最后平移。我们选择从左到右的复合矩阵计算，从而按应用的顺序调用变换。这样，在构造完每一矩阵后，将其置于当前复合矩阵左边去合并以生成更新的积矩阵。

```
class wcPt3D {
   public:
      GLfloat x, y, z;
};
typedef GLfloat Matrix4x4 [4][4];

Matrix4x4 matComposite;

/* Construct the 4 x 4 identity matrix. */
void matrix4x4SetIdentity (Matrix4x4 matIdent4x4)
{
   GLint row, col;

   for (row = 0; row < 4; row++)
      for (col = 0; col < 4 ; col++)
         matIdent4x4 [row][col] = (row == col);
}
```

```c
/* Premultiply matrix m1 by matrix m2, store result in m2. */
void matrix4x4PreMultiply (Matrix4x4 m1, Matrix4x4 m2)
{
   GLint row, col;
   Matrix4x4 matTemp;

   for (row = 0; row < 4; row++)
      for (col = 0; col < 4 ; col++)
         matTemp [row][col] = m1 [row][0] * m2 [0][col] + m1 [row][1] *
                              m2 [1][col] + m1 [row][2] * m2 [2][col] +
                              m1 [row][3] * m2 [3][col];
   for (row = 0; row < 4; row++)
      for (col = 0; col < 4; col++)
         m2 [row][col] = matTemp [row][col];
}

/*  Procedure for generating 3-D translation matrix.  */
void translate3D (GLfloat tx, GLfloat ty, GLfloat tz)
{
   Matrix4x4 matTransl3D;

   /*  Initialize translation matrix to identity.  */
   matrix4x4SetIdentity (matTransl3D);

   matTransl3D [0][3] = tx;
   matTransl3D [1][3] = ty;
   matTransl3D [2][3] = tz;

   /*  Concatenate matTransl3D with composite matrix.  */
   matrix4x4PreMultiply (matTransl3D, matComposite);
}

/*  Procedure for generating a quaternion rotation matrix.  */
void rotate3D (wcPt3D p1, wcPt3D p2, GLfloat radianAngle)
{
   Matrix4x4 matQuatRot;

   float axisVectLength = sqrt ((p2.x - p1.x) * (p2.x - p1.x) +
                     (p2.y - p1.y) * (p2.y - p1.y) +
                     (p2.z - p1.z) * (p2.z - p1.z));
   float cosA = cosf (radianAngle);
   float oneC = 1 - cosA;
   float sinA = sinf (radianAngle);
   float ux = (p2.x - p1.x) / axisVectLength;
   float uy = (p2.y - p1.y) / axisVectLength;
   float uz = (p2.z - p1.z) / axisVectLength;

   /*  Set up translation matrix for moving p1 to origin,
    *  and concatenate translation matrix with matComposite.
    */
   translate3D (-p1.x, -p1.y, -p1.z);

   /*  Initialize matQuatRot to identity matrix.  */
   matrix4x4SetIdentity (matQuatRot);

   matQuatRot [0][0] = ux*ux*oneC + cosA;
   matQuatRot [0][1] = ux*uy*oneC - uz*sinA;
   matQuatRot [0][2] = ux*uz*oneC + uy*sinA;
   matQuatRot [1][0] = uy*ux*oneC + uz*sinA;
   matQuatRot [1][1] = uy*uy*oneC + cosA;
   matQuatRot [1][2] = uy*uz*oneC - ux*sinA;
```

```
      matQuatRot [2][0] = uz*ux*oneC - uy*sinA;
      matQuatRot [2][1] = uz*uy*oneC + ux*sinA;
      matQuatRot [2][2] = uz*uz*oneC + cosA;

      /*  Concatenate matQuatRot with composite matrix.  */
      matrix4x4PreMultiply (matQuatRot, matComposite);

      /*  Construct inverse translation matrix for p1 and
       *  concatenate with composite matrix.
       */
      translate3D (p1.x, p1.y, p1.z);
}
/*  Procedure for generating a 3-D scaling matrix.  */
void scale3D (Gfloat sx, GLfloat sy, GLfloat sz, wcPt3D fixedPt)
{
      Matrix4x4 matScale3D;

      /*  Initialize scaling matrix to identity.  */
      matrix4x4SetIdentity (matScale3D);

      matScale3D [0][0] = sx;
      matScale3D [0][3] = (1 - sx) * fixedPt.x;
      matScale3D [1][1] = sy;
      matScale3D [1][3] = (1 - sy) * fixedPt.y;
      matScale3D [2][2] = sz;
      matScale3D [2][3] = (1 - sz) * fixedPt.z;

      /*  Concatenate matScale3D with composite matrix.  */
      matrix4x4PreMultiply (matScale3D, matComposite);
}
void displayFcn (void)
{
      /*  Input object description.  */
      /*  Input translation, rotation, and scaling parameters.  */

      /* Set up 3-D viewing-transformation routines. */

      /*  Initialize matComposite to identity matrix:  */
      matrix4x4SetIdentity (matComposite);

      /*  Invoke transformation routines in the order they
       *  are to be applied:
       */
      rotate3D (p1, p2, radianAngle);      // First transformation: Rotate.
      scale3D (sx, sy, sz, fixedPt);       // Second transformation: Scale.
      translate3D (tx, ty, tz);            // Final transformation: Translate.

      /*  Call routines for displaying transformed objects.  */
}
```

9.5 其他三维变换

除了平移、旋转和缩放，二维变换应用中讨论的其他变换也可用于三维图形应用中。这些变换包括反射、错切和坐标系间的变换。

9.5.1 三维反射

三维反射可以相对于给定的反射轴，或者相对于给定的反射平面(reflection plane)来实现。一般来说，三维反射矩阵的建立类似于二维。相对于给定轴的反射等价于绕此轴旋转180°。相对于平面的反射也类似；当反射平面是坐标平面(xy、xz 或 yz)时，可以将此变换看作四维空间中通过左手系和右手系之间转换的180°旋转(参见附录A)。

图9.19给出了将坐标描述从右手系转换到左手系(或反过来)的反射。该变换改变了 z 坐标符号，保持 x 坐标和 y 坐标值不变。相对于 xy 平面的点反射矩阵表达式是

$$M_{zreflect} = \begin{bmatrix} 1 & 0 & 0 & 0 \\ 0 & 1 & 0 & 0 \\ 0 & 0 & -1 & 0 \\ 0 & 0 & 0 & 1 \end{bmatrix} \tag{9.45}$$

类似地，关于 yz 平面和 xz 平面的反射变换矩阵分别将 x 和 y 的值取反。相对于其他平面的反射可以由旋转及坐标平面反射组合而得。

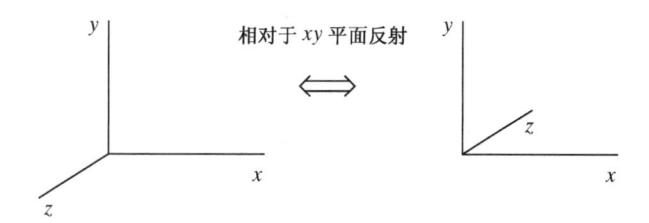

图9.19 坐标描述从右手系到左手系的变换可以用反射变换式(9.45)来实现

9.5.2 三维错切

这些错切变换和二维中的一样，可以用来修改对象形状，它们也可用于透视投影的三维观察中。相对于 x 轴或 y 轴的错切变换与7.5节讨论的相同，在三维空间中，我们还可以生成相对于 z 轴的错切。

相对于一个选定参考位置的 z 轴错切变换用下列矩阵生成：

$$M_{zshear} = \begin{bmatrix} 1 & 0 & sh_{zx} & -sh_{zx} \cdot z_{ref} \\ 0 & 1 & sh_{zy} & -sh_{zy} \cdot z_{ref} \\ 0 & 0 & 1 & 0 \\ 0 & 0 & 0 & 1 \end{bmatrix} \tag{9.46}$$

错切参数 sh_{zx} 和 sh_{zy} 可赋以任何实数值。该变换矩阵的效果是使用与距 z_{ref} 的距离成比例的值改变 x 和 y 坐标而不改变 z 坐标。与 z 轴垂直的平面区域使用与 $z - z_{ref}$ 等价的量移动。图9.20给出了在错切值为 $sh_{zx} = sh_{zy} = 1$ 且参考位置 $z_{ref} = 0$ 时该错切矩阵应用于单位立方体的效果。x 轴错切和 y 轴错切的三维变换矩阵与二维矩阵类似，对 z 坐标轴错切只要增加一行和一列。

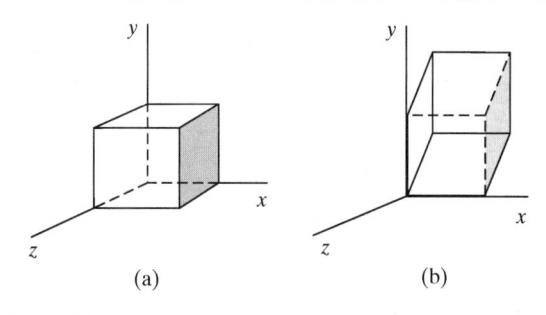

图9.20 单位立方体(a)由式(9.46)相对于原点错切成(b)，其中 $sh_{zx} = sh_{zy} = 1$

9.6 三维坐标系间的变换

在 7.8 节，我们讨论了将二维场景从一个参照系转换到另一个所需的操作。坐标系变换在计算机图形软件包中用于场景的构造(建模)和实现二维及三维应用的观察子程序。如 7.8 节指出的，将二维场景描述从一个坐标系向另一个变换的矩阵通过叠加两个坐标系的操作来构造。对于三维场景变换，也可以使用同样的过程。

再次仅考虑笛卡儿参照系并假定 $x'y'z'$ 坐标系在 xyz 坐标系中定义。要将 xyz 坐标描述转换到 $x'y'z'$ 坐标描述，首先建立将 $x'y'z'$ 原点移到 xyz 原点的平移。接着进行一系列的旋转使对应的坐标轴重合。如果两个坐标系使用不同的坐标间距，则必须进行一次缩放变换以补偿两坐标系之间的差别。

图 9.21 给出了一个原点在 (x_0, y_0, z_0) 的 $x'y'z'$ 坐标系和相对于 xyz 参照系定义的单位轴向量。使用平移矩阵 $\mathbf{T}(-x_0, -y_0, -z_0)$ 将 $x'y'z'$ 原点与 xyz 原点对齐。可以用单位轴向量来形成坐标轴旋转矩阵

$$\mathbf{R} = \begin{bmatrix} u'_{x1} & u'_{x2} & u'_{x3} & 0 \\ u'_{y1} & u'_{y2} & u'_{y3} & 0 \\ u'_{z1} & u'_{z2} & u'_{z3} & 0 \\ 0 & 0 & 0 & 1 \end{bmatrix} \quad (9.47)$$

图 9.21 在 xyz 坐标系中定义的 $x'y'z'$ 坐标系。使用将 $x'y'z'$ 坐标系与 x、y、z 轴重叠的变换序列，将场景描述变换到新的坐标系中

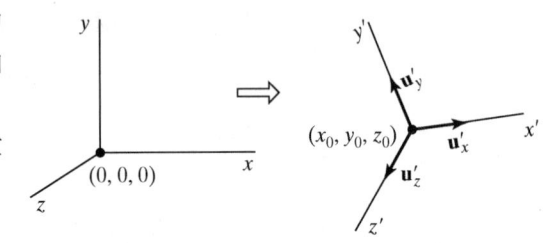

该矩阵将单位轴向量 $\mathbf{u}'_x$、$\mathbf{u}'_y$ 和 $\mathbf{u}'_z$ 分别变换到 x、y、z 轴上。完整的坐标变换序列通过复合矩阵 $\mathbf{R} \cdot \mathbf{T}$ 给出。该矩阵正确地将坐标描述从一个坐标系变换到另一个，甚至在一个系统是左手系而另一个是右手系时也可以变换。

9.7 仿射变换

如果坐标变换的形式是

$$\begin{aligned} x' &= a_{xx}x + a_{xy}y + a_{xz}z + b_x \\ y' &= a_{yx}x + a_{yy}y + a_{yz}z + b_y \\ z' &= a_{zx}x + a_{zy}y + a_{zz}z + b_z \end{aligned} \quad (9.48)$$

则该变换称为**仿射变换**(affine transformation)。每一个变换后的坐标 x'、y' 和 z' 是原坐标 x、y 和 z 的线性函数，并且参数 a_{ij} 和 b_k 是由变换类型确定的常数。仿射变换(在二维、三维或更高维中)有普遍的特性，即平行线变换到平行线且有限点变换到有限点。

平移、旋转、缩放、反射和错切是仿射变换的特例。任何仿射变换总可以表示成这五种变换的组合。场景的坐标描述从一个参照系到另一个的转换是仿射变换的另一例子，因为该变换可以用平移和旋转的复合来描述。仅包括平移、旋转和反射的仿射变换保持角度和长度及线条间的平行性不变。对这三种变换的任意一种而言，线段长度和任意两条线之间的夹角在变换后保持不变。

9.8 OpenGL 几何变换函数

在 7.9 节中，我们介绍了实现几何变换的基本的 OpenGL 函数。这些函数还可以用来完成三维的变换。方便起见，本章末尾的表 9.1 再次列出了那些函数。

9.8.1 OpenGL 矩阵栈

7.9 节介绍了 OpenGL 的建模观察模式。该模式使用 `glMatrixMode` 子程序来选定并用来选择建模观察复合变换矩阵，用于以后的 OpenGL 变换调用。

对可用 `glMatrixMode` 选择的 4 种模式（建模观察、投影、纹理和颜色）中的每一种，OpenGL 维护一个矩阵栈。开始，每一个栈仅仅包含单位矩阵。在处理场景的任何时刻，栈顶的矩阵称为该模式的"当前矩阵"。在指定观察和几何变换后，**建模观察栈**（modelview matrix stack）顶是一个应用于场景的观察变换和各种几何变换的 4×4 复合矩阵。有时，要创建多个视图和变换序列，然后分别保存复合矩阵。因此，OpenGL 提供至少深度为 32 的建模观察栈，而有的实现允许在建模观察栈中保存超过 32 个的矩阵。我们可以用下列语句来确定 OpenGL 的特定实现中建模观察栈的有效位置数：

```
glGetIntegerv (GL_MAX_MODELVIEW_STACK_DEPTH, stackSize);
```

它将一个整数值返回给数组 `stackSize`。另外三个矩阵模式的栈深度至少为 2，我们可以使用下列符号常量之一来确定每一个特定实现中的最大有效深度：`GL_MAX_PROJECTION_STACK_DEPTH`、`GL_MAX_TEXTURE_STACK_DEPTH` 或 `GL_MAX_COLOR_STACK_DEPTH`。

也可以使用下列语句找到栈中现有多少矩阵：

```
glGetIntegerv (GL_MODELVIEW_STACK_DEPTH, numMats);
```

开始时，建模观察栈仅包含单位矩阵，因此，如果在发生任何栈处理前调用该函数则返回值 1。类似的符号常量可用来确定其他三个栈中的当前矩阵数。

OpenGL 有两个函数用来处理栈中的矩阵。这些栈处理函数比单独管理栈矩阵的效率高，尤其是在栈函数使用硬件实现时。例如，硬件实现可同时复制多个矩阵元素。而我们可以在栈中保留一个单位矩阵，从而在当前矩阵初始化时实现得比调用 `glLoadIdentity` 时更快。

使用下列函数，可以复制活动栈顶的当前矩阵并将其存入第二个栈位置：

```
glPushMatrix ( );
```

这给出了栈顶两个位置的双份矩阵，另一个栈函数是

```
glPopMatrix ( );
```

它破坏了栈顶矩阵，而栈的第二个矩阵成为当前矩阵。如果要"弹出"栈顶，栈内至少要有两个矩阵。否则就出错。

9.9 OpenGL 几何变换编程示例

7.10 节给出了针对一个矩形展示逐次应用每一种基本几何变换的示例程序。该程序生成的图有平移后的矩形（参见图 7.34）、旋转后的矩形（参见图 7.35）和比例变换后的矩形（参见图 7.36）。

通常，使用栈处理函数比使用矩阵管理函数高效。在需要对观察或几何变换做多次修改时更是这样。在下面的程序中，我们使用栈处理函数代替 `glLoadIdentity` 函数来重复 7.10 节的例子。

```
glMatrixMode (GL_MODELVIEW);

glColor3f (0.0, 0.0, 1.0);              // Set current color to blue.
glRecti (50, 100, 200, 150);            // Display blue rectangle.

glPushMatrix ( );                       // Make copy of identity (top) matrix.
glColor3f (1.0, 0.0, 0.0);              // Set current color to red.

glTranslatef (-200.0, -50.0, 0.0);      // Set translation parameters.
glRecti (50, 100, 200, 150);            // Display red, translated rectangle.
```

```
    glPopMatrix ( );                         // Throw away the translation matrix.
    glPushMatrix ( );                        // Make copy of identity (top) matrix.

    glRotatef (90.0, 0.0, 0.0, 1.0);         // Set 90-deg. rotation about z axis.
    glRecti (50, 100, 200, 150);             // Display red, rotated rectangle.

    glPopMatrix ( );                         // Throw away the rotation matrix.
    glScalef (-0.5, 1.0, 1.0);               // Set scale-reflection parameters.
    glRecti (50, 100, 200, 150);             // Display red, transformed rectangle.
```

对于下一个几何变换编程示例，我们给出9.4节的三维复合变换的OpenGL版本。由于OpenGL的变换矩阵在被调用时后乘，因此必须以与应用相反的顺序引入变换。因此，每一个后继的变换调用将指定变换矩阵放在复合矩阵右边进行合并。因为我们还未探讨三维OpenGL观察子程序（将在第10章中讨论），这个程序可以使用二维OpenGL观察操作并对 xy 平面的对象进行几何变换来完成。

```
class wcPt3D {
   public:
      GLfloat x, y, z;
};

/* Procedure for generating a matrix for rotation about
 * an axis defined with points p1 and p2.
 */
void rotate3D (wcPt3D p1, wcPt3D p2, GLfloat thetaDegrees)
{
   /* Set up components for rotation-axis vector. */
   float vx = (p2.x - p1.x);
   float vy = (p2.y - p1.y);
   float vz = (p2.z - p1.z);

   /* Specify translate-rotate-translate sequence in reverse order: */
   glTranslatef (p1.x, p1.y, p1.z);  // Move p1 back to original position.
   /*  Rotate about axis through origin:  */
   glRotatef (thetaDegrees, vx, vy, vz);
   glTranslatef (-p1.x, -p1.y, -p1.z);  // Translate p1 to origin.
}

/*  Procedure for generating a matrix for a scaling
 *  transformation with respect to an arbitrary fixed point.
 */
void scale3D (GLfloat sx, GLfloat sy, GLfloat sz, wcPt3D fixedPt)
{
   /* Specify translate-scale-translate sequence in reverse order: */
   /* (3) Translate fixed point back to original position: */
   glTranslatef (fixedPt.x, fixedPt.y, fixedPt.z);
   glScalef (sx, sy, sz);         // (2) Scale with respect to origin.
   /* (1) Translate fixed point to coordinate origin: */
   glTranslatef (-fixedPt.x, -fixedPt.y, -fixedPt.z);
}

void displayFcn (void)
{
   /* Input object description. */
   /* Set up 3D viewing-transformation routines. */
   /* Display object. */

   glMatrixMode (GL_MODELVIEW);
```

```
    /* Input translation parameters tx, ty, tz. */
    /* Input the defining points, p1 and p2, for the rotation axis. */
    /* Input rotation angle in degrees. */
    /* Input scaling parameters: sx, sy, sz, and fixedPt. */

    /* Invoke geometric transformations in reverse order: */
    glTranslatef (tx, ty, tz);         // Final transformation: Translate.
    scale3D (sx, sy, sz, fixedPt);     // Second transformation: Scale.
    rotate3D (p1, p2, thetaDegrees);   // First transformation: Rotate.

    /* Call routines for displaying transformed objects. */
}
```

9.10 小结

使用 4×4 矩阵操作表示三维变换使一系列变换可以合并成一个复合矩阵，从而提高多重变换的效率。一个点的坐标位置使用齐次坐标形式的四元列矩阵来表示。

复合变换由平移、旋转、缩放和其他变换的矩阵乘积来形成。可以将平移和旋转的复合用于动画应用，将旋转和缩放的复合应用于在任意指定方向缩放对象。一般情况下，矩阵乘法不符合交换律。刚体变换矩阵的左上角 3×3 子矩阵是一个正交矩阵。因此，旋转矩阵可通过设定与两个正交单位向量相同的左上角 3×3 子矩阵来形成。当角度较小时，我们可以使用 sin 和 cos 函数的一阶近似来减少旋转计算。然而，经历若干次旋转后，近似误差可能积累成有影响的值。

三维笛卡儿坐标系之间的变换，通过一组让两个坐标系变成一致的平移和旋转变换来实现。通过在原坐标系中指定坐标原点和轴向量来确定一个新坐标系。对象描述从原坐标系到第二个坐标系的变换通过将新原点平移到老原点的矩阵和将两组坐标轴对齐的旋转矩阵相乘所得的矩阵来计算。对齐两个坐标系所需的旋转可以从为新系统建立的一组正交轴向量来得到。

OpenGL 基本库包含三个函数，用于对坐标位置进行单独的平移、旋转和缩放变换。每个函数生成一个与建模观察矩阵前乘的矩阵。变换矩阵应用到逐次定义的对象上。除了在建模观察矩阵中累积变换序列，我们可以将该矩阵设定为单位矩阵或某种其他矩阵，还可以使用建模观察矩阵和任意指定的矩阵生成乘积。所有矩阵存储在栈中，而 OpenGL 为图形应用中使用的各种类型的变换维护 4 个栈。我们可以使用 OpenGL 的查询函数确定当前栈大小或系统的最大允许栈深度。可以使用两个栈处理子程序：一个用来将栈顶矩阵复制到第二个位置，而另一个则用来移走栈顶矩阵。

表 9.1 总结了本章讨论的 OpenGL 几何变换函数和矩阵子程序。为了方便起见，该表还列出了前几章讨论的函数。

表 9.1 OpenGL 几何变换函数小结

函数	描述
glTranslate*	指定平移参数
glRotate*	指定绕过原点的任意轴旋转的参数
glScale*	指定相对于坐标原点的缩放参数
glMatrixMode	为几何-观察变换、投影变换、纹理变换或颜色变换指定当前矩阵
glLoadIdentity	将当前矩阵设定为单位矩阵
glLoadMatrix* (elems);	设定当前矩阵的元素
glMultMatrix* (elems);	用指定矩阵前乘当前矩阵
glGetIntegerv	为选择的矩阵模式获取最大深度和当前矩阵数
glPushMatrix	复制栈顶矩阵并将其存入第二个栈位置
glPopMatrix	删除栈顶矩阵并将第二位置矩阵移到栈顶
glPixelZoom	为光栅操作指定二维缩放参数

参考文献

关于矩阵建模和几何变换的其他技术参见 Glassner(1990)、Arvo(1991)、Kirk(1992)、Heckbert(1994) 和 Paeth(1995)。计算机图形学齐次坐标的讨论见 Blinn and Newell(1978) 和 Blinn(1993,1996,1998)。

用 OpenGL 几何变换函数编程的其他例子见 Woo et al. (1999)。最后,OpenGL 几何变换的完整列表在 Shreiner(2000) 中提供。

练习题

9.1 证明旋转矩阵(9.33)等价于复合矩阵 $\mathbf{R}_y(\beta) \cdot \mathbf{R}_x(\alpha)$。

9.2 通过计算式(9.37)中的项,推导式(9.38)中一般旋转矩阵的元素。

9.3 证明当旋转轴是 z 轴时,四元数旋转矩阵(9.38)退化成式(9.5)中的矩阵表示。

9.4 证明式(9.40)等价于式(9.28)中所给的一般旋转变换。

9.5 利用三角一致性,从式(9.38)推导出四元旋转矩阵(9.39)的元素。

9.6 设计对于任意给定旋转轴、增量地旋转一个三维对象的动画程序。利用合适的三角函数近似计算来加速计算,并在绕轴完整地循环一圈后将对象重定位到原来的位置。

9.7 推导通过在用方向余弦 α、β 和 γ 定义的方向用缩放参数 s 缩放一个对象的三维变换矩阵。

9.8 设计三维对象相对于任选平面反射的程序。

9.9 利用输入值作为错切参数,写出一个三维对象相对于三个坐标轴中任意一轴的错切程序。

9.10 设计将定义在一个三维坐标参照系中的对象变换到与该系统相关的另一个坐标系的程序。

9.11 实现9.8节的示例程序,使三维OpenGL几何变换函数用于图7.15(a)的二维三角形以生成图7.15(b)中给出的变换。

9.12 修改上一练习题的程序,使该变换序列可应用于任意的二维多边形,其中顶点通过用户输入来指定。

9.13 修改上一练习题的程序,使该几何变换序列的顺序可通过用户输入来指定。

9.14 修改上一练习题的程序,使该几何变换的参数可通过用户输入来指定。

9.15 开发一个子程序,相对于对象中的指定点,按给定的每一维的因子比例变换一个对象。

9.16 编写一个程序,实现一个 30×30 正方形的一系列变换,正方形中心位于 $(-20,-20,0)$ 且在 xy 平面上。使用三维 OpenGL 矩阵操作实现变换。正方形首先相对于 x 轴反射,然后绕其中心顺时针旋转 $45°$,接着沿 x 方向使用值 2 进行错切。

9.17 修改上一练习题的程序,使其变换序列能应用到任意一个由用户输入顶点的二维多边形上。

9.18 修改上一练习题的程序,使其几何变换的顺序可以由用户输入指定。

9.19 修改上一练习题的程序,使其几何变换的参数可以由用户输入指定。

附加综合题

9.1 你至今尚未能接触到构造应用对象三维表示的必要内容,现在你可以不再需要对三维场景中的对象使用二维多边形逼近的方法,而是使用本章的技术对这些对象执行三维变换。在本题中,你要建立和第 7 章综合题中一样的变换来生成类似的动画。使用齐次坐标表示来定义三维变换矩阵。和以前一样,如果有两个或多个对象在某些动作中表现为在相对位置上比较容易建模的单一"部件",就可以使用 9.6 节的技术,将这些相关对象(在它们自己的坐标系)的局部变换转换到世界坐标系的变换。

9.2 使用上一综合题中设计的矩阵来生成第 7 章开发的动画。必须使用 OpenGL 三维变换矩阵操作来使场景中每一对象的位置有小的改变。由于你尚未接触到观察三维场景的有关内容,可以在 xy 平面上定义所有场景对象,并且使用二维正交投影来简单地显示动画。但变换本身仍是三维的。

第19章 三维观察

在二维图形应用中，观察操作将世界坐标平面上的点变换到输出设备平面中的像素位置。利用矩形的裁剪窗口和视口，二维图形软件包裁剪场景并将其映射到设备坐标系。因为我们在如何构造场景、如何在输出设备上生成视图等方面有更多的选择，所以使三维图形操作涉及了更多方面。

10.1 三维观察概念综述

在对一场景建模时，场景中的每一对象一般由包围该对象、形成封闭边界的一组面来定义。对于有些应用，需要指定对象的内部结构信息。除生成对象表面特征视图的过程外，图形软件包有时还提供显示实体对象的内部组成或剖面。观察函数通过一组将对象的指定视图投影到显示设备表面上的过程来处理对象的描述。三维观察中的许多处理，如裁剪子程序，与二维观察流水线中的类似。但三维观察包含一些在二维观察中没有的任务。例如，需要有投影子程序将场景变换到平面视图，必须识别可见部分，对逼真显示要考虑光照效果和表面特征。

10.1.1 三维场景观察

要获得三维世界坐标系场景的显示，必须先建立观察用的坐标系，或"照相机"参数。该坐标系定义与照相机胶片平面对应的观察平面或投影平面（view plane 或 projection plane）的方向（参见图10.1）。然后将对象描述转换到观察坐标系并投影到观察平面上。我们可以用线框图形式在输出设备上生成对象视图，或应用光照和面绘制技术获得可见面的真实感图形。

10.1.2 投影

与照相机不同的是，我们可以选择多种不同方法将场景投影到观察平面上。一种将实体描述投影到观察平面的方法是沿平行方向投影每个点。这种称为平行投影（parallel projection）的技术用于工程和建筑制图中通过显示对象实际尺寸的一组视图来表达对象，如图10.2所示。

图10.1 为获得一个选定三维场景视图的坐标参照系

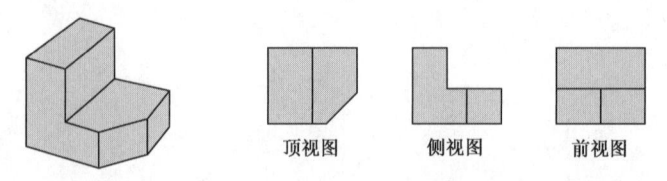

图10.2 一对象的三个平行视图，展示不同观察位置的相关部分

另一种观察三维场景的方法是沿汇聚路径投影每一点。这种称为透视投影（perspective projection）的处理造成离视点远的对象比同样大小但离视点较近的对象显示得小。利用透视投影方法生成的图形看起来更真实，因为它遵循了人眼和照相机镜头获得图像的原理。沿观察方向的平行线汇聚到背景远方的一点，背景中的对象比前景中的对象小。

10.1.3 深度提示

除少数特例外,深度信息对于我们在三维场景中鉴别某观察方向显示的对象哪个在前、哪个在后是很重要的。图 10.3 给出了在没有深度信息时显示对象线框图可能出现的模糊性。在实体对象的二维表示中可以有多种方法引入深度信息。

在线框图显示中指示深度的一种简单方法是按其到观察位置的距离来改变线段的亮度。图 10.4 给出了带深度提示(depth cueing)的线框对象。离观察位置最近的线段用最高亮度显示,较远的线段在显示时逐步减弱亮度。通过选定最大最小强度值及其变化的距离范围来实现深度提示。

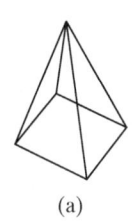

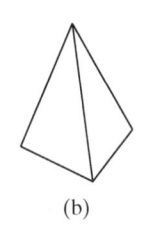

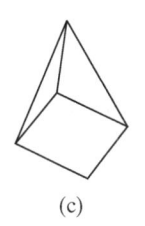

图 10.3　棱锥体的线框图(a)不包含深度提示及观察方向；(b)在顶点上方向下看；(c)在底面之下往上看

图 10.4　带深度提示的线框图,线段的亮度由前向后逐步减弱

深度提示的另一应用是在感觉对象的强度上模拟雾气效果。因为在光线投射中有灰尘、雾和烟等造成较远的对象比近的对象模糊。

10.1.4 可见线和可见面的判定

我们还可以在线框图中用不同于深度提示的技术来说明深度关系。一种方法是简单地醒目显示可见线或用不同颜色显示它们。另一种技术通常用于工程制图中,使用虚线显示不可见线条。也可如图 10.3(b)和图 10.3(c)所示从显示中隐去不可见线条。但隐去不可见线条的同时也隐去了关于对象背面的形状信息,而线框图表示一般用于表现一个对象从前往后的整体外貌。

在生成场景的真实感图形时,对象的背后部分全部消除而仅显示可见面。此时,使用面绘制过程使屏幕像素仅包含前向面的颜色图案。

10.1.5 面绘制

通过使用场景中的光照条件和赋予的表面特征绘制对象表面,可以增加显示的真实感。通过指定光源的颜色和位置来设定光照条件,也可以设定背景光照效果。对象的表面特征包括表面是否透明及是否光滑。我们可以设定不同的参数值来模拟玻璃、塑料、木纹图案及橘子的皱皮。在彩图 9 中,面绘制方法与透视投影及可见面识别方法一起生成了有一定真实感的场景显示。

10.1.6 拆散和剖面视图

许多图形软件包允许按层次结构方式定义对象,因此可以存储内部细节。这种对象的剖面视图可以用来展示其内部结构及对象各部分之间的关系。剖面视图是另一种展示对象组成部分的方法,它消去了部分可见面以展示内部结构。

10.1.7 三维和立体视图

为计算机生成的场景增加真实感的另外一些方法包括三维显示和立体视图。如第2章所述，三维视图可通过从一个振动的柔性镜子中反射出光栅图像来实现。镜子的振动与 CRT 上场景的显示同步。镜子振动时，焦距的改变使场景中的每一点反射到与其深度对应的空间位置。

立体设备给出场景的两个视图：一个为左眼，另一个为右眼。观察位置与观察者的眼睛位置对应。这两个视图交替地在光栅监视器的刷新周期内显示。当我们使用特殊的眼镜观看监视器时，该眼镜与监视器刷新周期同步地交替关闭两个镜头，即可看到三维效果的场景显示。

10.2 三维观察流水线

三维场景视图的计算机生成步骤有点类似于拍一张照片的过程。首先，与安放的照相机相对应，需要在场景中确定一个观察位置。根据要显示场景的前、后、侧、上或底来选择观察位置。也可以在一组对象的中间，甚至在一个对象如一个建筑物或一个分子的内部选择一个观察位置。然后需要确定照相机的方向（参见图10.5），即照相机朝哪个方向照及如何绕视线旋转照相机以确定相片的向上方向。最后，当按下快门时，按照相机"裁剪窗口"（镜头）的大小来修剪场景，光线从可视表面投影到照相机胶片上。

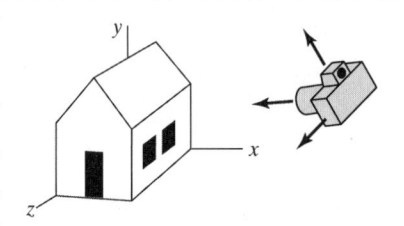

图 10.5 对场景拍照需要选择照相机的位置和方向

要记住，与使用照相机相比，利用图形软件包生成场景的视图有更大的灵活性和更多的选择。我们可以选择平行投影或透视投影，还可以有选择地沿视线消除一些场景部分。可以将投影平面移出"照相机"位置，甚至在我们的人造照相机背后获得对象的图片。

三维场景的某些观察操作与二维观察流水线（参见 8.1 节）相同或类似。二维视口用来确定三维场景投影视图在输出设备上的位置，而二维裁剪窗口用来选择向视口映射的视图。我们在屏幕坐标系中建立显示窗口，就像在二维应用中所做的那样。裁剪窗口、视口和显示窗口通常指定为其边平行于坐标轴的矩形。而在三维观察中，裁剪窗口位于所选择的观察平面上，场景相对于用一组裁剪平面（clipping plane）定义的封闭空间体来裁剪。观察位置、观察平面、裁剪窗口和裁剪平面都在观察坐标系中指定。

图 10.6 给出了对建立三维场景及将场景变换到设备坐标的一般处理步骤。一旦在世界坐标系中建好场景模型，就将场景描述转换到选择的观察坐标系。观察坐标系定义了观察参数，包括投影平面（观察平面）的位置和方向，我们可以把投影平面看作照相机胶片平面。然后在投影平面上定义与照相机镜头对应的二维裁剪窗口，并建立三维裁剪区域。该裁剪区域称为**观察体**（view volume），其形状和大小依赖于裁剪窗口的尺寸、投影方式和所选观察方向的边界位置。投影操作将场景的观察坐标描述转换为投影平面的坐标位置。对象将映射到规范化坐标系，所有在观察体外的部分被裁剪掉。裁剪操作可以在所有与设备无关的坐标变换（从世界坐标系到规范化坐标系）完成之后进行。这样，坐标变换可以合并以便最大限度地提高效率。

与在二维观察中一样，视口边界可以在规范化坐标系或设备坐标系中指定。依赖于观察算法，我们假定视口在设备坐标系中指定，而规范化坐标已经在裁剪后转换为视口坐标。还有另外一些必须完成的任务，如识别可见面和表面绘制。最后一步是将观察坐标映射到设备坐标系的指定显示窗口中。由于设备坐标系有时使用左手系方式，所以从显示屏幕出发的正向距离可作为场景的深度。

10.3 三维观察坐标系参数

建立一个三维观察坐标系与 8.2 节中讨论的建立二维观察坐标系类似。首先在世界坐标系中选定一点 $P_0 = (x_0, y_0, z_0)$ 作为观察原点，称为**观察点**（view point）或**观察位置**（viewing position）。有时观察点也称为视点（eye position）或照相机位置（camera position）。再指定定义 y_{view} 方向的**观察向上向量**（view-up-vector）**V**。对于三维空间还需要另外两个坐标轴的方向，这一般通过将观察方向用作 z_{view} 轴来实现。图 10.7 给出了在世界坐标系对一个三维观察坐标系的定位。

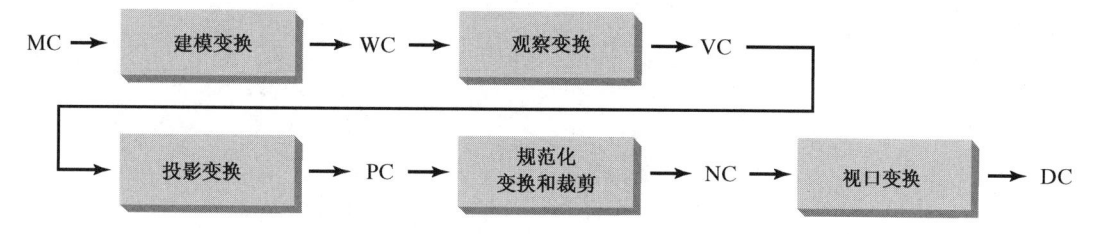

图 10.6　一般的三维变换流水线，从建模坐标(MC)到世界坐标(WC)、观察坐标(VC)、投影坐标(PC)、规范化坐标(NC)，最后到设备坐标(DC)

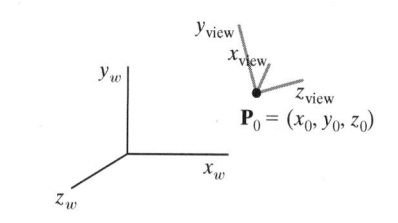

图 10.7　右手观察坐标系，其 x_{view}、y_{view}、z_{view} 轴相对于右手世界坐标系

10.3.1 观察平面法向量

因为观察方向通常沿着 z_{view} 轴，因此**观察平面**（view plane）有时也称为**投影平面**（projection plane），一般假设为与该轴垂直。这样，观察平面的方向及正 z_{view} 轴可定义为**观察平面法向量**（view-plane-normal vector）**N**，如图 10.8 所示。

另外使用一个标量参数设定观察平面在沿 z_{view} 轴方向的位置 z_{vp}，如图 10.9 所示。该参数通常指定为从观察原点沿观察方向到观察平面的距离，它常常在负 z_{view} 方向。这样，观察平面总是与 $x_{view}y_{view}$ 平面平行，对象到观察平面的投影与场景在输出设备上的显示相对应。

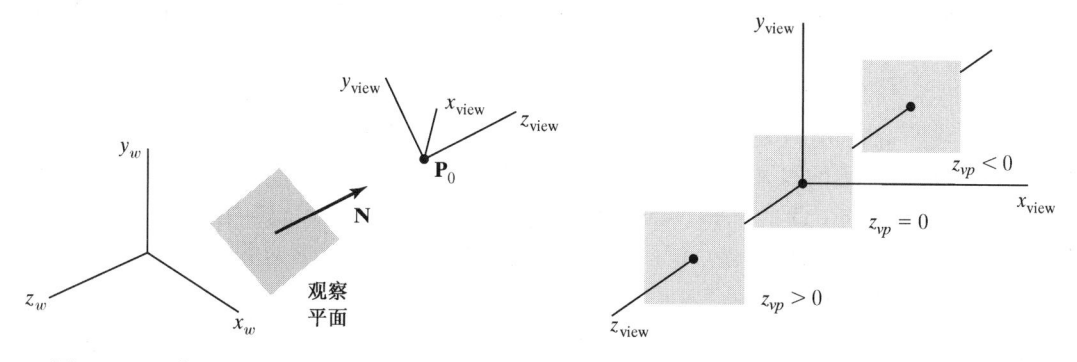

图 10.8　观察平面和观察平面法向量 **N** 的方向

图 10.9　观察平面沿 z_{view} 轴的三种可能位置

向量 **N** 可以用多种方法指定。有些图形系统使用从世界坐标系的原点到某选定点的连线定义 **N** 的方向。另一些系统把参考点 P_{ref} 到观察原点 P_0 的方向赋给 **N**（参见图 10.10）。此时，参考点称为场景中的注视点（look-at point），观察方向为 **N** 的反向。

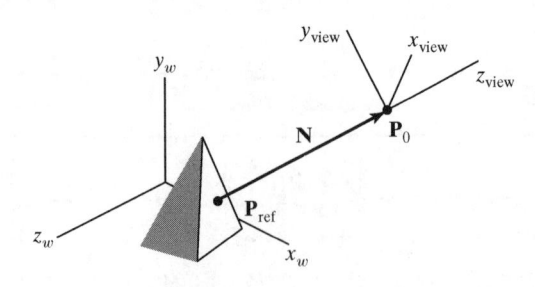

图 10.10 用选定的参考点 $\mathbf{P}_{ref}$ 到观察坐标系原点 $\mathbf{P}_0$ 的方向指定观察平面法向量 $\mathbf{N}$

也可以用方向角来定义观察平面法向量和其他向量方向，即利用一直线与 x、y 和 z 轴之间的三个夹角 α、β 和 γ。但指定场景中两个点的位置通常比指定角度容易。

10.3.2 观察向上向量

在选定观察平面法向量 $\mathbf{N}$ 后，可接着选择观察向上向量 $\mathbf{V}$。该向量用来确定 y_{view} 轴的正向。

通常，通过选定与世界坐标系原点相关的一个位置来定义 $\mathbf{V}$，因此观察向上向量是从世界坐标系原点到该选定点。由于观察平面法向量 $\mathbf{N}$ 定义 z_{view} 轴方向，向量 $\mathbf{V}$ 应该与之垂直。但是，确定与 $\mathbf{N}$ 精确垂直的 $\mathbf{V}$ 的方向是很困难的。因此，观察子程序一般要如图 10.11 所示那样调整向量 $\mathbf{V}$ 的方向，将其投影到观察平面上，得到与观察平面法向量垂直的向量。

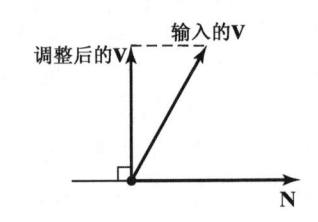

图 10.11 调整观察向上向量 $\mathbf{V}$ 的输入方向，使其与法向量 $\mathbf{N}$ 垂直

我们可以选择任意的观察向上向量 $\mathbf{V}$，只要它与 $\mathbf{N}$ 不平行。一种方便的选择是使用平行于世界坐标系 y_w 轴的方向，即设 $\mathbf{V} = (0, 1, 0)$。

10.3.3 uvn 观察坐标参照系

有些图形软件包中使用观察方向为 z_{view} 正向的左手观察坐标系。使用左手系统时，将 z_{view} 的增加方向看成沿视线远离观察位置。但右手系统也很普遍，因为它与世界坐标系有相同的方向。这使得图形软件包只需按同一个坐标系方向处理世界坐标系和观察坐标系。尽管早期的图形软件包在左手系统中定义观察坐标，但现在的图形标准中使用右手观察坐标系。而左手观察坐标系常常用于描述屏幕坐标系及规范化变换。

由于观察平面法向量 $\mathbf{N}$ 定义 z_{view} 轴方向且观察向上向量 $\mathbf{V}$ 用来获得 y_{view} 轴方向，我们只需再确定 x_{view} 轴方向。使用 $\mathbf{N}$ 和 $\mathbf{V}$ 的输入值，可以计算与 $\mathbf{N}$ 和 $\mathbf{V}$ 都垂直的第三个向量 $\mathbf{U}$。向量 $\mathbf{U}$ 就定义了正 x_{view} 轴的方向。计算 $\mathbf{V}$ 和 $\mathbf{N}$ 的叉积，得到正确的 $\mathbf{U}$ 方向并形成右手系统。$\mathbf{N}$ 和 $\mathbf{U}$ 的叉积可生成与 $\mathbf{N}$ 和 $\mathbf{U}$ 都正交的调整后的沿正向 y_{view} 轴的 $\mathbf{V}$ 值。执行这些过程后，我们可得右手观察坐标系的一组单位轴向量。

$$\begin{aligned} \mathbf{n} &= \frac{\mathbf{N}}{|\mathbf{N}|} = (n_x, n_y, n_z) \\ \mathbf{u} &= \frac{\mathbf{V} \times \mathbf{n}}{|\mathbf{V} \times \mathbf{n}|} = (u_x, u_y, u_z) \\ \mathbf{v} &= \mathbf{n} \times \mathbf{u} = (v_x, v_y, v_z) \end{aligned} \quad (10.1)$$

这些单位向量形成的坐标系常称为 uvn 观察坐标参照系（uvn viewing-coordinate reference frame）（参见图 10.12）。

10.3.4 生成三维观察效果

通过改变观察参数,可以得到场景中对象的多种视图。例如,固定观察位置时,通过改变 **N** 的方向可以显示围绕观察坐标原点的对象。改变 **N** 还可以建立包含从固定照相机位置的多视图的组合显示。广角视图可以由场景的同一视点但观察方向略有偏移的 7 个视图组合而成。同样,移动观察方向可生成立体视图,但此时还需要移动观察点来模拟两个眼睛的位置。

在交互式应用中,法向量 **N** 是一个经常变动的观察参数。当然,在修改 **N** 的方向时,也要修改其他轴向量,从而维护右手观察坐标系。

如果要模拟运动的移镜效果,就像照相机移过场景或跟随一个移过场景的对象一样,需要在移动观察点时保持 **N** 的方向固定,如图 10.13 所示。为了显示一个对象的不同视图如侧视图和前视图,必须绕对象移动观察点,如图 10.14 所示。作为替代方法,一个对象或一组对象的多个视图可使用几何变换来生成而无须改变观察参数。

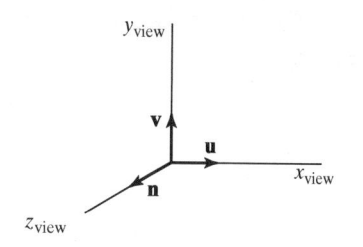

图 10.12 用单位向量 **u**、**v** 和 **n** 定义的右手观察坐标系

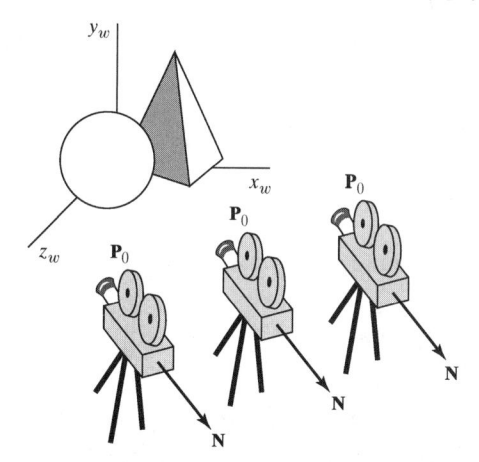

图 10.13 通过固定 **N** 的方向、改变观察参考点位置来生成移镜效果

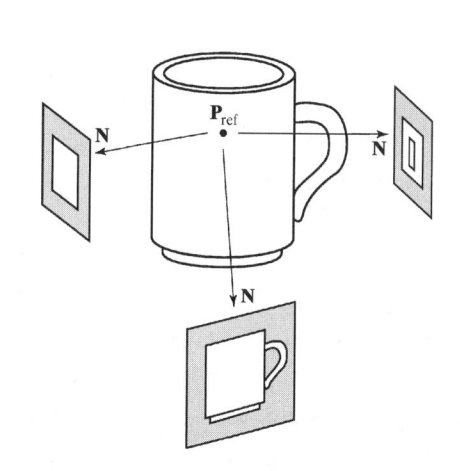

图 10.14 从固定观察参考点以不同方向观察一个对象

10.4 世界坐标系到观察坐标系的变换

在三维观察流水线中,场景构造完成后的第一步工作是将对象描述变换到观察坐标系中。对象描述的转换等价于将观察坐标系叠加到世界坐标系的一连串变换。我们可以使用 9.6 节叙述的坐标系间的变换方法来实现这个转换:

1. 将观察坐标系原点平移到世界坐标系原点。
2. 进行旋转,分别让 x_{view}、y_{view} 和 z_{view} 轴对应到世界坐标系的 x_w、y_w、z_w 轴。

如果指定世界坐标系的点 $\mathbf{P} = (x_0, y_0, z_0)$ 为观察坐标系原点,则将观察坐标系原点移到世界坐标系原点的变换是

$$\mathbf{T} = \begin{bmatrix} 1 & 0 & 0 & -x_0 \\ 0 & 1 & 0 & -y_0 \\ 0 & 0 & 1 & -z_0 \\ 0 & 0 & 0 & 1 \end{bmatrix} \tag{10.2}$$

将观察坐标系叠加到世界坐标系的组合旋转变换矩阵使用单位向量 **u**、**v** 和 **n** 来形成。该变换矩阵为

$$\mathbf{R} = \begin{bmatrix} u_x & u_y & u_z & 0 \\ v_x & v_y & v_z & 0 \\ n_x & n_y & n_z & 0 \\ 0 & 0 & 0 & 1 \end{bmatrix} \tag{10.3}$$

这里，矩阵 **R** 的元素是 **u**、**v**、**n** 轴向量的分量。

将前面的平移和旋转矩阵乘起来获得坐标变换矩阵：

$$\begin{aligned} \mathbf{M}_{WC,VC} &= \mathbf{R} \cdot \mathbf{T} \\ &= \begin{bmatrix} u_x & u_y & u_z & -\mathbf{u} \cdot \mathbf{P}_0 \\ v_x & v_y & v_z & -\mathbf{v} \cdot \mathbf{P}_0 \\ n_x & n_y & n_z & -\mathbf{n} \cdot \mathbf{P}_0 \\ 0 & 0 & 0 & 1 \end{bmatrix} \end{aligned} \tag{10.4}$$

该矩阵中的平移因子按 **u**、**v**、**n** 和 **P**$_0$ 的向量点积计算而得，**P**$_0$ 代表从世界坐标系原点到观察原点的向量。换句话说，平移因子是在每一轴上的负投影（观察坐标系中的负分量）。这些矩阵元素的取值为

$$\begin{aligned} -\mathbf{u} \cdot \mathbf{P}_0 &= -x_0 u_x - y_0 u_y - z_0 u_z \\ -\mathbf{v} \cdot \mathbf{P}_0 &= -x_0 v_x - y_0 v_y - z_0 v_z \\ -\mathbf{n} \cdot \mathbf{P}_0 &= -x_0 n_x - y_0 n_y - z_0 n_z \end{aligned} \tag{10.5}$$

矩阵(10.4)将世界坐标系中的对象描述变换到观察坐标系。

10.5 投影变换

对象描述变换到观察坐标后，下一阶段是将其投影到观察平面上。图形软件一般都支持平行投影和透视投影两种方式。

在**平行投影**（parallel projection）中，坐标位置沿平行线变换到观察平面上。图 10.15 给出了用端点坐标 **P**$_1$ 和 **P**$_2$ 描述的线段的平行投影。平行投影保持对象的有关比例不变，这是三维对象计算机辅助绘图和设计中产生成比例工程图的方法。场景中的平行线在平行投影中显示成平行的。一般有两种获得对象平行视图的方法：沿垂直于观察平面的直线投影，或沿某倾斜角度投影到观察平面。

在**透视投影**（perspective projection）中，对象位置沿汇聚到观察平面后一点的直线变换到投影坐标系。图 10.16 给出了使用端点坐标 **P**$_1$ 和 **P**$_2$ 描述的线段的透视投影。与平行投影不同的是，透视投影不保持对象的相关比例。但场景的透视投影真实感较好，因为在透视显示中较远的对象减小了尺寸。

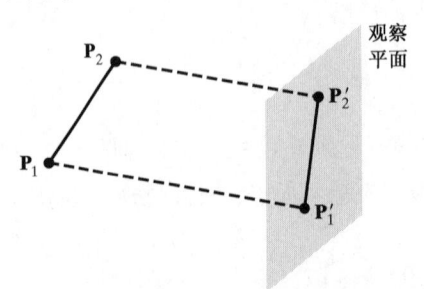

图 10.15　线段到观察平面的平行投影 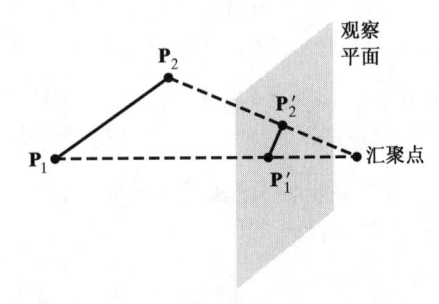　　　　图 10.16　线段到观察平面的透视投影

10.6 正投影

对象描述沿与投影平面法向量 **N** 平行的方向到投影平面上的变换 **N** 称为**正投影**(orthogonal projection；或**正交投影**，orthographic projection)。这生成一个平行投影变换，其中投影线与投影平面垂直。正投影常常用来生成对象的前视图、侧视图和顶视图，如图 10.17 所示。前、侧和后方向的正投影称为立面图(elevation)，顶部正投影称为平面图(plan view)。工程和建筑绘图通常使用正投影，因为可以精确地绘出长度和角度，并能从图中测量出这些值。

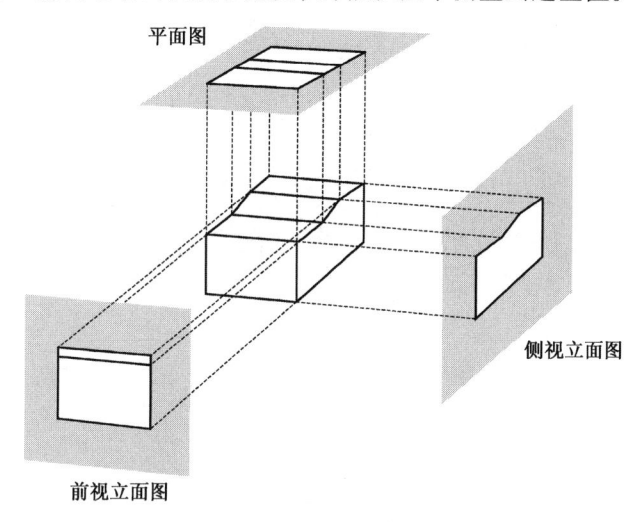

图 10.17 对象的正投影，显示了平面图和立面图

10.6.1 轴测和等轴测正投影

我们也能生成显示对象多个侧面的正投影。这些视图也称为**轴测**(axonometric)正投影。最常用的轴测投影是**等轴测**(isometric)投影。通过调整投影平面，使得与每个坐标轴(其中定义了对象，该轴称为主轴)的交点离原点有相同距离，从而生成一个等轴测投影。图 10.18 表示了立方体的一个等轴测投影。通过调整投影平面法向量到立方体的对角线位置，可以得到等轴测投影。一共有八个位置，每一个位置在一个八分象限中，各得到一个等轴测视图。所有的三个主轴在等轴测投影中缩短了相同的等级，从而保持相应的比例不变。不过，在三个主轴方向的缩放因子不同的一般轴测投影中，则不是这种情况。

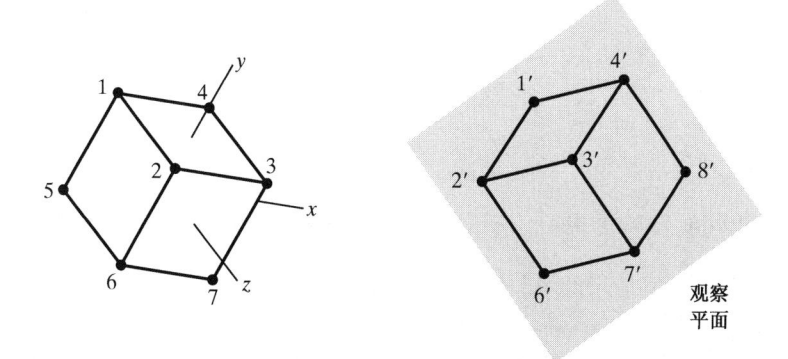

图 10.18 立方体的等轴测投影

10.6.2 正投影坐标系

如果投影方向平行于 z_{view} 轴，则正投影的变换公式很简单。如图 10.19 所示，观察坐标系中任意位置 (x, y, z) 的投影坐标为

$$x_p = x, \qquad y_p = y \tag{10.6}$$

任何投影变换中的 z 坐标值被保存，用于可见性检测过程。而场景中每一个三维坐标点转换到了规范化空间。

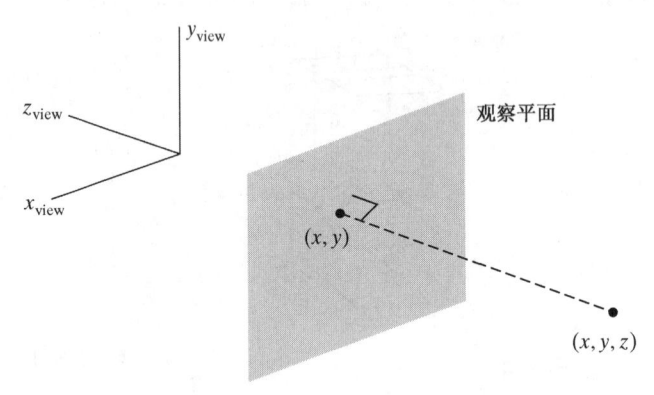

图 10.19　一个空间点到观察平面的正交投影

10.6.3 裁剪窗口和正投影观察体

模拟照相机时，镜头的类型是确定有多少场景变换到胶片上的一个因素。广角镜头摄入比一般镜头更多的场景。对于计算机图形应用而言，使用矩形的裁剪窗口来实现这一目标。在二维应用中，图形软件包一般仅允许特定位置的裁剪矩形。在 OpenGL 中，像在二维观察中一样，我们在三维观察中通过选择二维坐标位置左下角和右上角来建立裁剪窗口。在三维观察坐标系中，裁剪窗口定位在观察平面上，其边 x_{view} 与 y_{view} 轴平行，如图 10.20 所示。如果要使用其他形状和方向的裁剪窗口，则必须开发自己的观察过程。

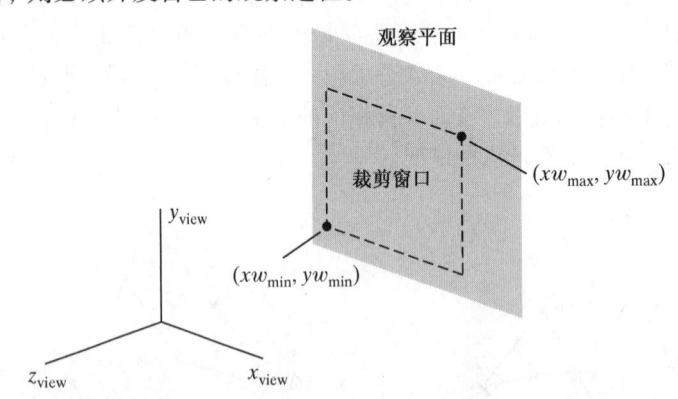

图 10.20　在观察平面上用观察坐标给出其最小和最大坐标值的裁剪窗口

裁剪窗口的边指定了要显示的场景部分的 x 和 y 的范围限制。该限制形成了称为**正投影观察体**(orthogonal-projection view volume)的裁剪区域的上、下和两侧。由于投影线与观察平面垂直，因此这四个边界也是和观察平面垂直的平面，并且它们经过裁剪窗口的边而形成无限的裁剪区域，如图 10.21 所示。

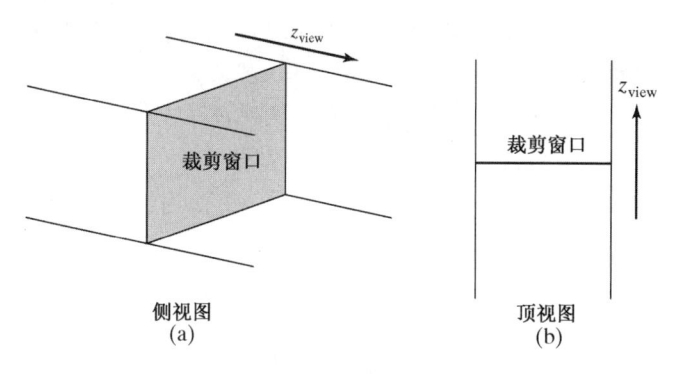

图 10.21 无限的正投影观察体

我们可以通过选择平行于观察平面的一个或两个边界平面来为正交观察体的 z_{view} 方向限定边界。这两个平面称为**近-远裁剪平面**(near-far clipping plane)，或**前-后裁剪平面**(front-back clipping plane)。近和远平面使我们能把要显示场景前面的和后面的对象排除。当观察方向是沿 z_{view} 轴负向时，通常有 $z_{far} < z_{near}$，因此远平面在负 z_{view} 轴的远处。某些图形库将这两个平面作为选择项，而其他库则要求它们不能是默认的。指定了近和远平面，就有了一个有限的正交观察体，它是一个如图 10.22 所示和观察平面一起定位的矩形平行管道(rectangular parallelepiped)。我们观察到的场景是在该观察体中的那些对象，在观察体外的场景部分均被裁剪掉。

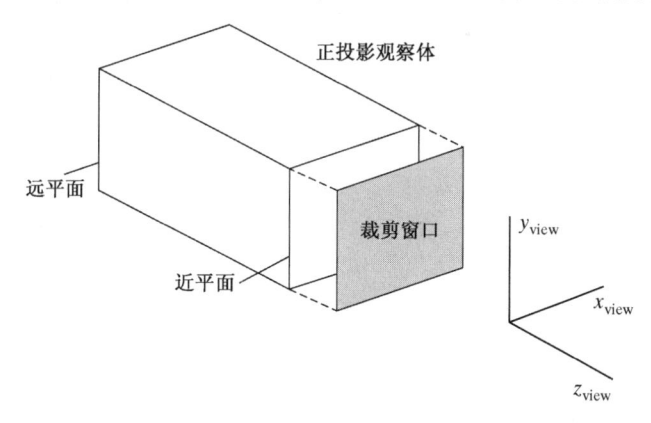

图 10.22 观察平面在近平面之"前"的有限正投影观察体

图形软件包在近和远裁剪平面的定位上提供了很大的灵活性，包括提供在场景其他位置指定附加的裁剪平面的选项。一般情况下，近和远平面可以有任意的相对位置以获得各种观察效果，包括安排在观察平面的两侧。同样，观察平面也可安排在相对于近和远裁剪平面的任意位置，尽管它常常与近裁剪平面一致。但是，提供多种裁剪和观察平面的定位选项常导致三维场景处理效率的下降。

10.6.4 正投影的规范化变换

使用从坐标位置到观察平面的正投影变换，任意一点 (x, y, z) 的投影位置是 (x, y)。因此，在建立观察体的范围后，该矩形平行管道内部的坐标描述即为投影坐标，它们不需要另外的投影处理就可直接映射到**规范化观察体**(normalized view volume)。有些图形软件包使用单位立方体作为规范化观察体，其 x、y 和 z 坐标规范成 0 到 1 之间。另外的规范化变换方法使用坐标范围从 -1 到 1 的对称立方体。

由于屏幕坐标经常指定为左手参照系（参见图 10.23），因此规范化观察体也常指定为左手坐标系。这样就可以将观察方向的正距离解释为离屏幕（观察平面）的距离。因此，我们可以将投影坐标转换为左手坐标系中的位置，并进一步由观察变换转换为左手屏幕坐标。

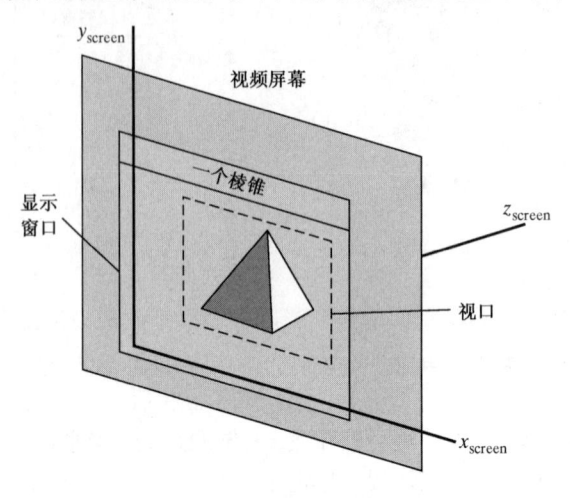

图 10.23　一个左手坐标系

为了展示规范化变换，我们假定正投影观察体映射到左手坐标系的对称规范化立方体。同样，近和远平面的 z 坐标分别用 z_{near} 和 z_{far} 来表示。图 10.24 给出了这个规范化变换。位置（x_{min}，y_{min}，z_{min}）映射到规范化位置（-1，-1，-1），而位置（x_{max}，y_{max}，z_{far}）映射到（1，1，1）。

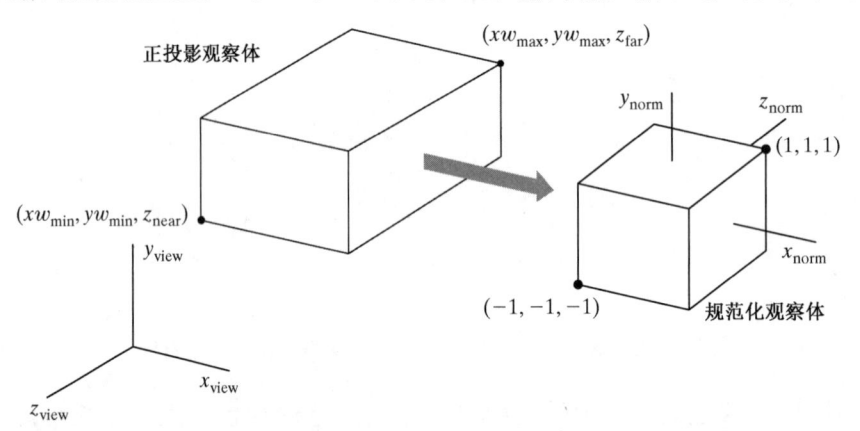

图 10.24　从正投影观察体到左手坐标系中的对称立方体的规范化变换

把矩形平行管道观察体变换到规范化立方体与 8.3 节中将裁剪窗口转换到规范化对称正方形的工作相类似。正投影观察体中的 x 和 y 位置的规范化变换由规范化矩阵（8.9）给出。另外，我们要用相同的计算将从 z_{near} 到 z_{far} 的 z 坐标变换成 -1 到 1 之间。因此，正投影观察体的规范化变换是

$$\mathbf{M}_{ortho,norm} = \begin{bmatrix} \dfrac{2}{xw_{max} - xw_{min}} & 0 & 0 & -\dfrac{xw_{max} + xw_{min}}{xw_{max} - xw_{min}} \\ 0 & \dfrac{2}{yw_{max} - yw_{min}} & 0 & -\dfrac{yw_{max} + yw_{min}}{yw_{max} - yw_{min}} \\ 0 & 0 & \dfrac{-2}{z_{near} - z_{far}} & \dfrac{z_{near} + z_{far}}{z_{near} - z_{far}} \\ 0 & 0 & 0 & 1 \end{bmatrix} \quad (10.7)$$

该矩阵和右边的组合观察变换 **R**·**T** 相乘(参见 10.4 节),得到完整的从世界坐标系到规范化正投影坐标系的变换。

因此,在规范化变换之后可高效地进行裁剪处理。在观察流水线的这个阶段,所有与设备无关的变换均已完成,并且已经合并到一个组合矩阵中。裁剪后,再应用可见性测试、表面绘制和视口变换来生成最后的场景屏幕显示。

10.7 斜投影

通常,场景的平行投影视图通过将对象描述沿投影线变换到观察平面来获得,投影线的方向和观察平面法向量之间的关系是任意的。当投影路径与观察平面不垂直时,该映射称为**斜平行投影**(oblique parallel projection)。使用这样的投影可生成对象的前视、顶视等视图的混合视图,如图 10.25 所示。斜平行投影用投影线的向量方向定义,它可用多种方法指定。

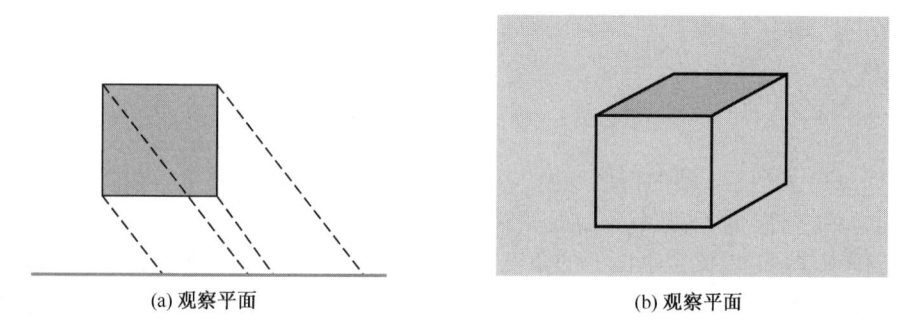

图 10.25 一个立方体的斜平行投影:(a)顶视图;(b)包含多个表面的立方体

10.7.1 绘图和设计中的斜平行投影

在工程与建筑设计应用中,斜平行投影常使用两个角度来描述,如图 10.26 中的 α 和 ϕ。其中的空间位置 (x, y, z) 投影到位于观察 z 轴 z_{vp} 处的观察平面的 (x_p, y_p, z_{vp})。位置 (x, y, z_{vp}) 是相应的正投影点。从 (x, y, z) 到 (x_p, y_p, z_{vp}) 的斜平行投影线与投影平面上连接 (x_p, y_p, z_{vp}) 和 (x, y, z_{vp}) 的线之间的夹角为 α。观察平面上这条长度为 L 的线与投影平面水平方向的夹角为 ϕ。角 α 可赋以 0° 到 90° 之间的值,而 ϕ 可以从 0° 到 360°。用 x、y、L 和 ϕ 来表示投影坐标如下:

$$x_p = x + L\cos\phi \\ y_p = y + L\sin\phi \tag{10.8}$$

长度 L 依赖于角 α 及点 (x, y, z) 到观察平面的距离:

$$\tan\alpha = \frac{z_{vp} - z}{L} \tag{10.9}$$

因此

$$L = \frac{z_{vp} - z}{\tan\alpha} \\ = L_1(z_{vp} - z) \tag{10.10}$$

这里 $L_1 = \cot\alpha$,当 $z_{vp} - z = 1$ 时就是 L。斜平行投影方程(10.8)可写成

$$x_p = x + L_1(z_{vp} - z)\cos\phi \\ y_p = y + L_1(z_{vp} - z)\sin\phi \tag{10.11}$$

在 $L_1 = 0$ 时(在 $\alpha = 90°$ 时发生)得正投影。

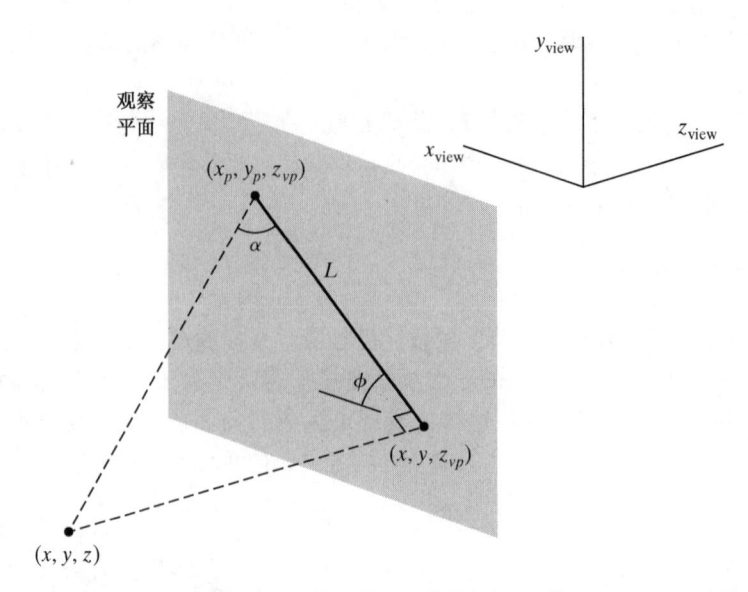

图 10.26　坐标位置(x, y, z)投影到z_{view}轴z_{vp}位置的投影平面上位置(x_p, y_p, z_{vp})的斜平行投影

方程(10.11)表达了z轴的错切变换(参见9.5节)。实际上，斜平行投影的效果是常数z的错切平面并将它们投影到观察平面上。每个常数z平面上的位置(x, y)按该平面到观察平面距离的比例来移动，因此该平面上的角度、距离及平行线都将精确地投影。图10.27给出了这一效果，其中观察平面安排在立方体的前平面。立方体的后平面错切并与前平面在观察平面上的投影重叠。立方体上连接前平面和后平面的侧棱线投影成长度为L_1的线，它与投影平面的水平线夹角为ϕ。

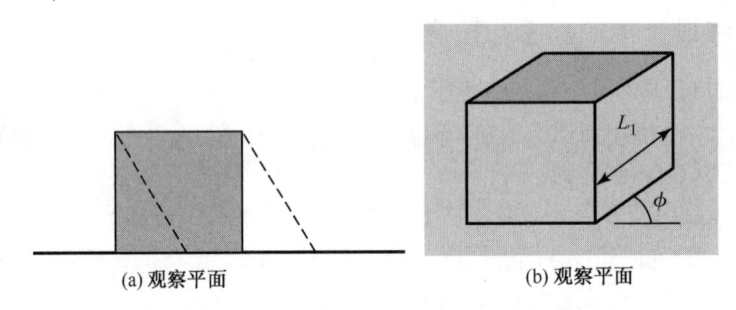

图 10.27　(a)观察平面与立方体前平面一致时生成的立方体的
斜投影(顶视图)；(b)前、侧和顶视图的混合显示

10.7.2　斜等测和斜二测斜平行投影

角度ϕ一般选为30°和45°，显示对象前、侧和顶(或前、侧和底)视图的组合。α的常用值分别为满足$\tan\alpha = 1$和$\tan\alpha = 2$的值。第一种情况，$\alpha = 45°$，获得的视图称为**斜等测**(cavalier)投影视图。所有垂直于投影平面的线条投影后长度不变。图10.28给出了一个立方体的斜等测投影视图例子。

当投影角α满足$\tan\alpha = 2$时，生成的视图称为**斜二测**(cabinet)投影视图。对于这样的角度($\approx 63.4°$)，垂直于观察平面的线条投影后得一半长度。因为在垂直方向长度减半，使斜二测投影看起来比斜等测的真实感好一些。图10.29给出了立方体的斜二测投影视图例子。

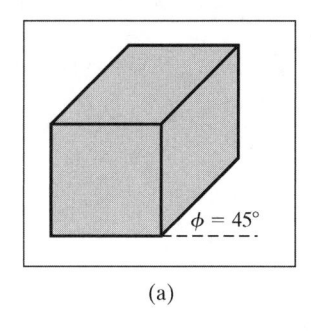

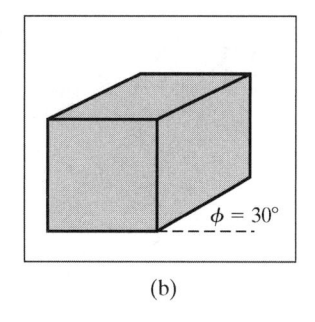

图 10.28　两种角度的斜等测立方体投影，立方体的深度与宽度及高度的投影等长

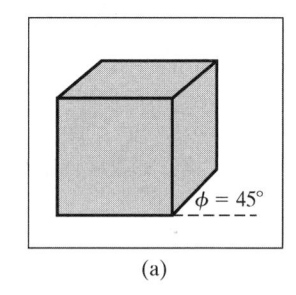

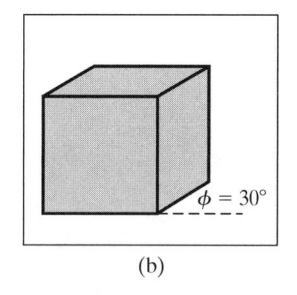

图 10.29　两种角度的斜二测立方体投影，立方体的深度投影后是宽度及高度的一半

10.7.3　斜平行投影向量

在支持斜平行投影的图形软件包中，到观察平面的投影方向用**平行投影向量**(parallel-projection vector)$\mathbf{V}_p$来描述。该方向的向量可以由相对于观察点的一个参考位置来指定，如同指定观察平面法向量一样，或使用任何其他两点来指定。有些软件包使用相对于裁剪窗口中心的参考点来定义平行投影方向。如果投影向量在世界坐标系中指定，则必须先使用 10.4 节中的旋转矩阵将它变换到观察坐标系。(投影向量不受变换影响，因为它是没有固定位置的方向。)

在观察坐标系中建立投影向量 $\mathbf{V}_p$ 后，场景中的所有点均沿平行于该向量的方向变换到观察平面。图 10.30 给出了从空间一点到观察平面的斜平行投影。我们可以将相对于观察坐标系的投影向量分量记为 $\mathbf{V}_p = (V_{px}, V_{py}, V_{pz})$，其中 $V_{py}/V_{px} = \tan \phi$。然后，比较图 10.30 中的三角形，可得

$$\frac{x_p - x}{z_{vp} - z} = \frac{V_{px}}{V_{pz}}$$

$$\frac{y_p - y}{z_{vp} - z} = \frac{V_{py}}{V_{pz}}$$

斜平行投影方程(10.11)可通过投影向量写出等价的公式

$$\begin{aligned} x_p &= x + (z_{vp} - z)\frac{V_{px}}{V_{pz}} \\ y_p &= y + (z_{vp} - z)\frac{V_{py}}{V_{pz}} \end{aligned} \quad (10.12)$$

当 $V_{px} = V_{py} = 0$ 时，式(10.12)中的斜平行投影坐标简化为式(10.6)中的正投影坐标。

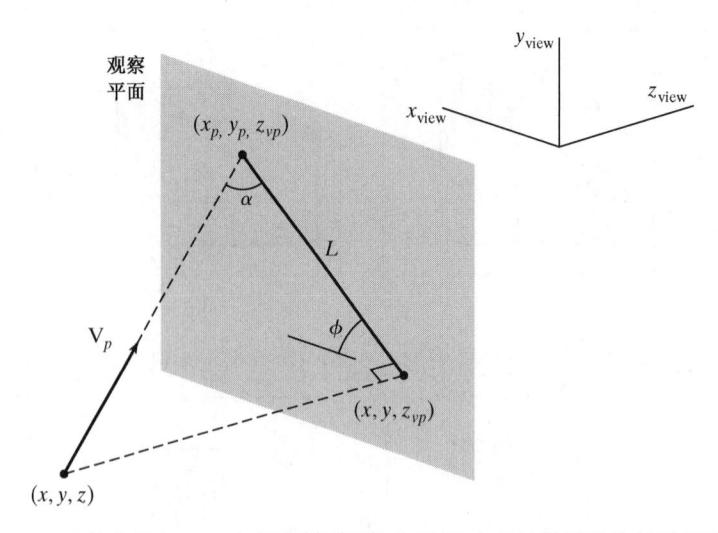

图 10.30　从位置(x, y, z)到观察平面沿向量$\mathbf{V}_p$定义的投影线的斜平行投影

10.7.4　裁剪窗口和斜平行投影观察体

斜平行投影观察体用正投影中的相同过程来设定。用坐标位置(xw_{min}, yw_{min})和(xw_{max}, yw_{max})作为裁剪矩形的左下角和右上角来选择观察平面上的裁剪窗口。观察体的顶、底和两侧由投影方向和裁剪窗口的边来定义。另外，通过添加一个近平面和一个远平面来限制观察体的范围，如图 10.31 所示。有限的斜平行投影观察体是一个斜平行管道。

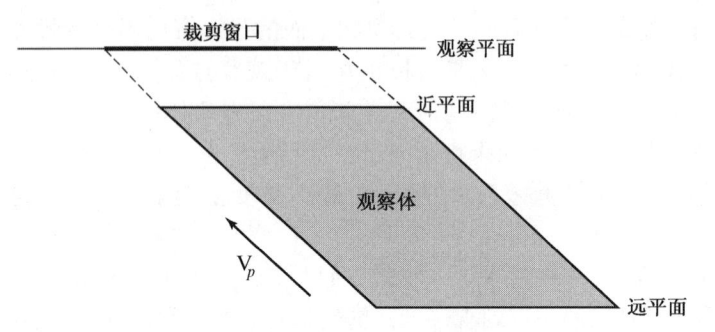

图 10.31　向量$\mathbf{V}_p$方向的斜平行投影的有限观察体的顶视图

改变观察平面位置可能会影响斜平行投影，这依赖于怎样描述投影方向。在有些系统中，斜平行投影方向与连接参考点和裁剪窗口的中心的线条平行。因此，移动观察平面或裁剪窗口而不调整参考点将会改变观察体的形状。

10.7.5　斜平行投影变换矩阵

使用式(10.12)中的投影向量参数，可以将斜平行投影变换矩阵的元素表达如下：

$$\mathbf{M}_{\text{oblique}} = \begin{bmatrix} 1 & 0 & -\dfrac{V_{px}}{V_{pz}} & z_{vp}\dfrac{V_{px}}{V_{pz}} \\ 0 & 1 & -\dfrac{V_{py}}{V_{pz}} & z_{vp}\dfrac{V_{py}}{V_{pz}} \\ 0 & 0 & 1 & 0 \\ 0 & 0 & 0 & 1 \end{bmatrix} \qquad (10.13)$$

该矩阵将 x 和 y 坐标按其与在 z_{view} 轴上观察点 z_{vp} 的距离成比例地移动。空间点的 z 坐标是不变的。如果 $V_{px} = V_{py} = 0$，则得到一个正投影且矩阵(10.13)简化为一个单位矩阵。

对于一般的斜平行投影，矩阵(10.13)表达 z 轴的错切变换。所有在斜观察体中的坐标位置按其与观察点的距离成比例地错切，其效果是将斜观察体错切成如图10.32所示的矩形的平行管道。这样，观察体中的位置被斜平行投影变换错切到正投影坐标。

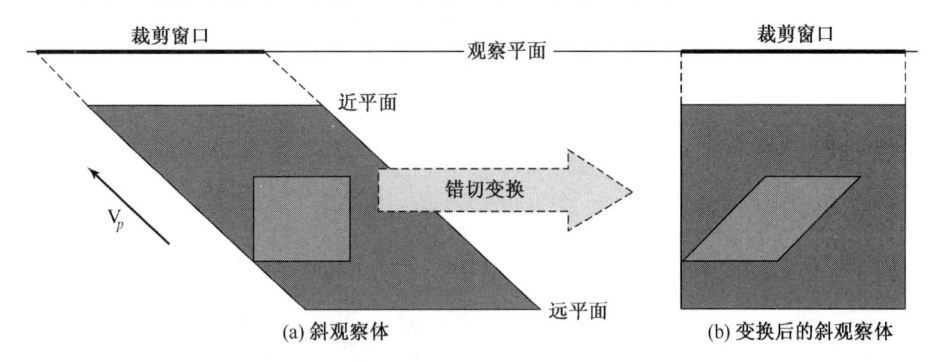

图 10.32　斜平行投影变换的顶视图。斜观察体转换成矩形平行
管道，观察体中的对象（如方块）映射到正投影坐标系

10.7.6　斜平行投影的规范化变换

由于斜平行投影方程将对象描述转变为正投影坐标位置，因此可以在该变换之后使用规范化过程。使用与10.6节相同的过程，即可将斜观察体转换为矩形平行管道。

参照10.6节的规范化例子，我们再一次在左手坐标系中将对象映射到对称规范化立方体。这样，从观察坐标系到规范化坐标系的完整的斜平行投影变换为

$$\mathbf{M}_{oblique,norm} = \mathbf{M}_{ortho,norm} \cdot \mathbf{M}_{oblique} \tag{10.14}$$

变换 $\mathbf{M}_{oblique}$ 是矩阵(10.13)，它将场景描述转换为正投影坐标。而变换 $\mathbf{M}_{ortho,norm}$ 是矩阵(10.7)，它将正投影观察体的内容转换到对称的规范化立方体中。

为了完成整个观察变换（除了到视口屏幕坐标系的映射），将矩阵(10.14)合并到10.4节的变换 $\mathbf{M}_{WC,VC}$ 的左边。然后可以在规范化观察体中应用裁剪子程序，并接着进行确定可见对象、表面绘制和视口变换等工作。

10.8　透视投影

尽管场景的平行投影视图较易生成并且能保持对象的相对比例，但它不提供真实感表达。如果要模拟照片，则必须考虑场景中汇聚到照相机胶片平面的对象反射光线。可以通过将对象沿汇聚到**投影参考点**（projection reference point）或**投影中心**（center of projection）的路径投影到观察平面来逼近这种几何-光学效果。对象按透视缩短效果显示，距离远的对象比相同大小的接近观察平面的对象的投影小（参见图10.33）。

10.8.1　透视投影变换坐标系

我们有时将投影参考点作为图形软件包中的另一观察参数来选择，但有的系统将该汇聚点设定在固定位置，比如观察点。图10.34给出了一个空间点(x, y, z)到一般的投影参考点$(x_{prp}, y_{prp}, z_{prp})$的投影路径。该投影线与观察平面相交于坐标位置$(x_p, y_p, z_{vp})$，其中$z_{vp}$是在观察平面上选择的位于$z_{view}$轴的点。我们可以写出描述沿透视投影线的坐标位置的参数方程

$$x' = x - (x - x_{prp})u$$
$$y' = y - (y - y_{prp})u \quad 0 \leqslant u \leqslant 1 \quad (10.15)$$
$$z' = z - (z - z_{prp})u$$

坐标位置(x', y', z')代表沿投影线的任意一点。当$u=0$时指位置$\mathbf{P}=(x, y, z)$。$u=1$时则位于线段的另一端且投影参考点坐标为$(x_{prp}, y_{prp}, z_{prp})$。在观察平面上有$z'=z_{vp}$,可求解$z'$方程得到沿投影线的该位置的$u$参数:

$$u = \frac{z_{vp} - z}{z_{prp} - z} \quad (10.16)$$

将此u值代入x'和y'的方程,可得一般的投影变换公式

$$x_p = x\left(\frac{z_{prp} - z_{vp}}{z_{prp} - z}\right) + x_{prp}\left(\frac{z_{vp} - z}{z_{prp} - z}\right)$$
$$y_p = y\left(\frac{z_{prp} - z_{vp}}{z_{prp} - z}\right) + y_{prp}\left(\frac{z_{vp} - z}{z_{prp} - z}\right) \quad (10.17)$$

透视投影的计算比平行投影公式复杂,因为投影计算式(10.17)中的分母是空间位置z坐标的函数。因此,我们现在需要形成有一点区别的投影变换过程,以使该映射能与其他观察变换合并。但我们先看一下式(10.17)的一些特点。

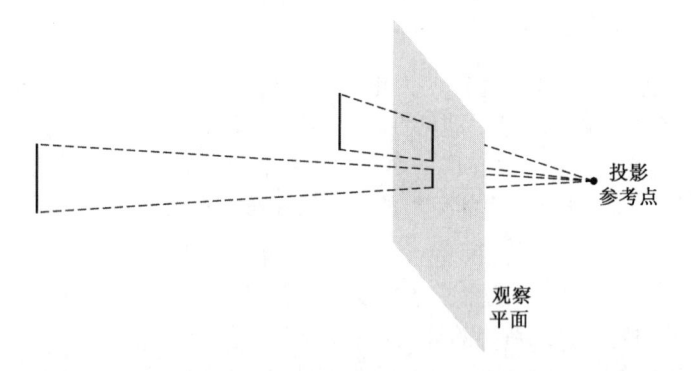

图10.33　长度相同、到观察平面距离不同的两条线段的透视投影

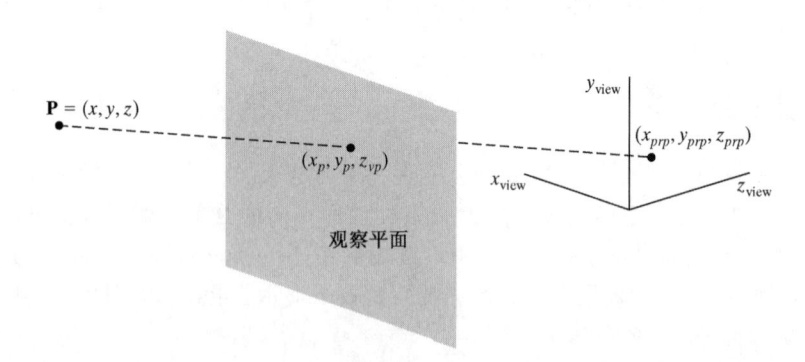

图10.34　坐标为(x, y, z)的点$\mathbf{P}$到选定投影参考点的投影。在观察平面上的交点为(x_p, y_p, z_{vp})

10.8.2　透视投影公式:特殊情况

对于透视投影,常常会在参数上加上一些限制。投影参考点或观察平面可能并不完全任选,这取决于特定的图形软件包。

为了简化透视投影的计算，投影参考点可能被限定在 z_{view} 轴上，这时

1. $x_{prp} = y_{prp} = 0$：

$$x_p = x\left(\frac{z_{prp} - z_{vp}}{z_{prp} - z}\right), \qquad y_p = y\left(\frac{z_{prp} - z_{vp}}{z_{prp} - z}\right) \tag{10.18}$$

而有时将投影参考点固定于坐标系原点，即

2. $(x_{prp}, y_{prp}, z_{prp}) = (0, 0, 0)$：

$$x_p = x\left(\frac{z_{vp}}{z}\right), \qquad y_p = y\left(\frac{z_{vp}}{z}\right) \tag{10.19}$$

如果观察平面是 uv 平面且对投影参考点的位置不加限制，则有

3. $z_{vp} = 0$：

$$x_p = x\left(\frac{z_{prp}}{z_{prp} - z}\right) - x_{prp}\left(\frac{z}{z_{prp} - z}\right)$$

$$y_p = y\left(\frac{z_{prp}}{z_{prp} - z}\right) - y_{prp}\left(\frac{z}{z_{prp} - z}\right) \tag{10.20}$$

如果把 uv 平面作为观察平面且投影参考点在 z_{view} 轴上，则透视投影公式为

4. $x_{prp} = y_{prp} = z_{vp} = 0$：

$$x_p = x\left(\frac{z_{prp}}{z_{prp} - z}\right), \qquad y_p = y\left(\frac{z_{prp}}{z_{prp} - z}\right) \tag{10.21}$$

当然，投影参考点不能位于投影平面上。因为那样会导致所有的场景投影到一点。观察平面通常安排在投影参考点和场景之间。但一般来说，观察平面可以安排在除投影点外的任意位置。如果投影参考点在观察平面和场景之间，则对象在观察平面上成倒置状态（参见图 10.35）。如果场景位于观察平面与投影点之间，则对象从观察位置向观察平面投影时简单地放大。

图 10.35　投影参考点位于对象和观察平面之间时对象的透视投影成倒置状态

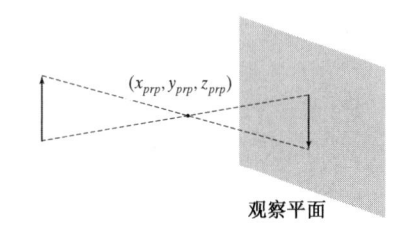

投影效果还依赖于从投影参考点到观察平面的距离，如图 10.36 所示。如果投影参考点接近观察平面，投影效果被强化，即较近的对象的显示比相同大小的较远对象大得多。同样，当投影参考点离观察平面较远时，近和远的对象的大小差别也会减少。当投影参考点离观察平面很远时，透视投影向平行投影靠拢。

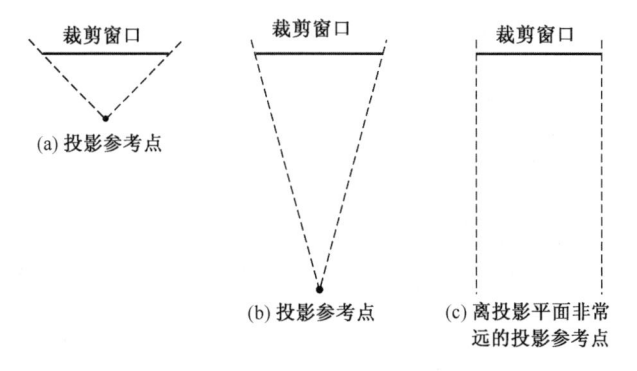

图 10.36　通过移动投影参考点使之远离观察平面来改变透视投影效果

10.8.3 透视投影的灭点

当一个场景使用透视投影映射到观察平面上时，平行于观察平面的线条投影后仍然平行。但是任何与观察平面不平行的平行线组投影后成为一组汇聚线条。一组投影平行线汇聚的点称为**灭点**(vanishing point)。每一组平行线有自己单独的灭点。

对象上平行于一个主轴的一组平行线，其灭点称为**主灭点**(principal vanishing point)。通过投影平面的方向可控制主灭点的数量(一个、两个或三个)，相应地透视投影分为一点、两点或三点投影。主灭点的数量和与观察平面相交的主轴数量相同。图 10.37 给出了一个立方体的一点和两点透视投影的外貌。在图 10.37(b)中，观察平面与对象的 xy 平面平行，因而只有 z 轴与之相交。该方向导致一点透视投影，其主灭点在 z 轴上。而图 10.37(c)中的视图，其投影平面与 x 和 z 轴相交，但与 y 轴不相交。导致的两点透视投影包含 x 轴和 z 轴两个灭点。三点透视投影比两点透视投影在真实感上并未增加许多，因此三点投影在建筑和工程制图中使用得并不多。

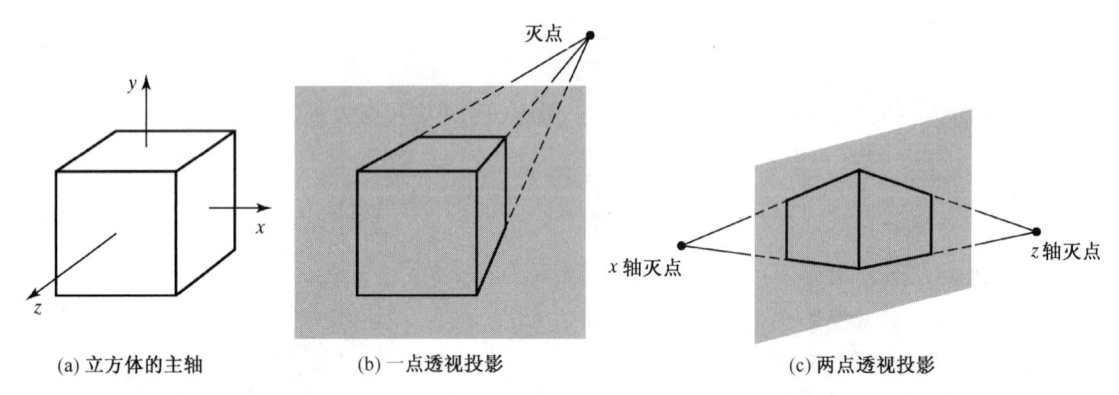

图 10.37 一个立方体透视投影的主灭点。若(a)中立方体投影到观察平面上时仅与 z 轴相交，则仅在 z 方向生成一个灭点，见(b)。若该立方体投影到观察平面上时与 z 轴和 x 轴都相交，则生成两个灭点，见(c)

10.8.4 透视投影观察体

通过在观察平面上指定一个矩形裁剪窗口，可以得到一个观察体。但现在的观察体边界面不再平行，因为投影线不是平行的。观察体的底面、顶面和侧面通过窗口边线相交于投影参考点的平面。这形成一个顶点在投影中心(参见图 10.38)的无限矩形棱锥。在该棱锥体之外的所有对象都被裁剪子程序消除。透视投影观察体常称为**视觉棱锥体**(pyramid of vision)，因为它与眼睛或照相机的视觉圆锥体(cone of vision)相近。显示的场景视图仅仅包括那些位于棱锥体之内的对象，就像我们不能看到视觉圆锥体外围的对象一样。

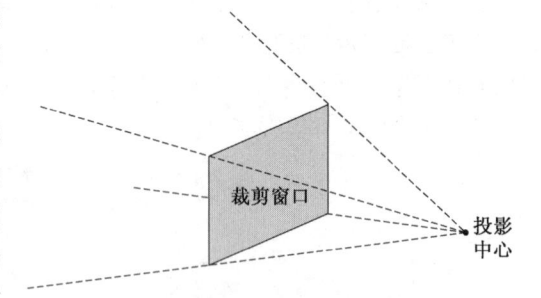

图 10.38 透视投影的无限棱锥形观察体

添加垂直于 z_{view} 轴(且和观察平面平行)的近、远平面后，切掉了无限的、透视投影观察体的一部分，形成一个**棱台**(frustum)观察体。图 10.39 中为一个有限的、透视投影观察体形状，其观察平面位于近平面和投影参考点之间。在有些图形系统中，近和远平面是指定的，有的则任选。

通常，近和远平面位于投影参考点的同侧，远平面比近平面沿观察方向离投影点更远。在平行投影中，我们可以简单地使用近和远平面来包括观察的场景。但在透视投影中，近裁剪平面可用来除去那些在裁剪窗口内接近观察平面、其投影形状可能无法辨认的大对象。同样，远裁剪平面可用来切掉那些远离投影参考点、可能投影成观察平面上小点的对象。有些系统相对于近和远平面来限制观察平面的定位，而其他的系统则允许它被定位于除投影参考点外的任何位置。如果观察平面在投影参考点之后，则对象被颠倒，如图 10.35 所示。

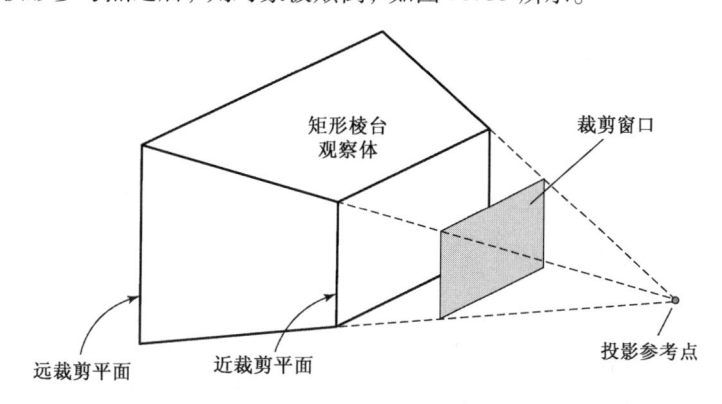

图 10.39 观察平面在近平面之前的透视投影棱台观察体

10.8.5 透视投影变换矩阵

与平行投影不同，我们不能直接使用式(10.17)中的 x 和 y 坐标系数来形成透视投影矩阵的元素，因为系数的分母是 z 的函数。但我们可以使用三维齐次坐标表示来给出透视投影的公式，如下所示：

$$x_p = \frac{x_h}{h}, \qquad y_p = \frac{y_h}{h} \tag{10.22}$$

这里齐次参数的值为

$$h = z_{prp} - z \tag{10.23}$$

式(10.22)中的分子与式(10.17)中的分子相同：

$$\begin{aligned} x_h &= x(z_{prp} - z_{vp}) + x_{prp}(z_{vp} - z) \\ y_h &= y(z_{prp} - z_{vp}) + y_{prp}(z_{vp} - z) \end{aligned} \tag{10.24}$$

因此，可建立一个变换矩阵将一个空间位置转为齐次坐标位置，使得矩阵仅包含透视参数而不包含坐标值。接着，观察坐标系的透视投影变换分两步实现。先用下列透视投影变换矩阵计算齐次坐标：

$$\mathbf{P}_h = \mathbf{M}_{pers} \cdot \mathbf{P} \tag{10.25}$$

这里，$\mathbf{P}_h$ 是齐次点(x_h, y_h, z_h, h)的列矩阵表示而 $\mathbf{P}$ 是坐标位置$(x, y, z, 1)$的列矩阵表示。(实际上，透视矩阵要与观察矩阵合并，然后将组合矩阵应用于场景的世界坐标描述以生成齐次坐标。)第二，在经过规范化变换和裁剪等其他处理后，用参数 h 去除齐次坐标，即可得到真实的变换坐标位置。

为了获得式(10.24)中的齐次坐标 x_h 和 y_h 而建立矩阵元素是比较直接的。但我们也必须为保存深度信息而构造矩阵。否则，除以齐次参数 h 后，z 坐标会出现扭曲。我们可通过为 z 变换设定矩阵元素来对透视投影的 z_p 坐标进行规范化。有多种方法可用来选择矩阵元素，从而为空间点(x, y, z)生成齐次坐标(10.24)和规范化的 z_p 值。下面的矩阵给出了一种可能形成透视投影矩阵的方法。

$$\mathbf{M}_{\text{pers}} = \begin{bmatrix} z_{prp} - z_{vp} & 0 & -x_{prp} & x_{prp}z_{prp} \\ 0 & z_{prp} - z_{vp} & -y_{prp} & y_{prp}z_{prp} \\ 0 & 0 & s_z & t_z \\ 0 & 0 & -1 & z_{prp} \end{bmatrix} \quad (10.26)$$

参数 s_z 和 t_z 是 z 坐标投影值规范化的比例和平移因子。s_z 和 t_z 的特定值依赖于选择的规范化范围。

矩阵(10.26)将场景描述转换成齐次平行投影坐标。然而，棱台观察体可以有任意的方向，因此，这些变换后的坐标可以和斜平行投影对应。这发生在棱台观察体不对称的时候。如果透视投影棱台观察体是对称的，那么产生的平行投影坐标与正交投影对应。下面考虑这两种可能性。

10.8.6 对称的透视投影锥体

从投影参考点到裁剪窗口中心并穿过观察体的线条是透视投影棱台的中心线。如果该中心线与投影平面垂直，则有一个**对称棱台**(symmetric frustum)(相对于该中心线)，如图 10.40 所示。

由于棱台中心线与观察平面相交于坐标位置 $(x_{prp}, y_{prp}, z_{vp})$，我们可以用窗口尺寸表达裁剪窗口的对角位置，如下所示：

$$xw_{\min} = x_{prp} - \frac{\text{width}}{2}, \quad xw_{\max} = x_{prp} + \frac{\text{width}}{2}$$

$$yw_{\min} = y_{prp} - \frac{\text{height}}{2}, \quad yw_{\max} = y_{prp} + \frac{\text{height}}{2}$$

因此，可以用裁剪窗口的宽度和高度代替窗口的坐标来指定一个场景的对称透视投影视图。因为它相对于投影参考点的 x 和 y 坐标对称，因而唯一地建立了裁剪窗口的位置。

另外一种指定对称透视投影的方法是使用逼近照相机镜头特性的参数。相片在胶片平面上用场景的对称透视投影来生成。从场景对象出发的光线集中到照相机"视锥"中的胶片平面上。该视锥可看作一个**视场角**(field-of-view angle)，它是照相机镜头的尺寸度量。例如，一个大的视场角对应于一个广角镜头。在计算机图形学中，视锥用对称棱台来近似，我们可使用视场角指定该棱台的角度尺寸。一般而言，视场角是棱台上裁剪平面和下裁剪平面之间的角度，如图 10.41 所示。

对于给定的投影参考点和观察平面位置，视场角确定裁剪窗口(参见图 10.42)的高度而不是宽度。我们需要另一个参数来完整定义裁剪窗口的尺寸，而这第二个尺寸可以是裁剪窗口的宽度或纵横比(宽度/高度)。从图 10.42 的右边角度可以看出

$$\tan\left(\frac{\theta}{2}\right) = \frac{\text{height}/2}{z_{prp} - z_{vp}} \quad (10.27)$$

因此裁剪窗口的高度可如下计算：

$$\text{height} = 2(z_{prp} - z_{vp})\tan\left(\frac{\theta}{2}\right) \quad (10.28)$$

因此，矩阵(10.26)中值 $z_{prp} - z_{vp}$ 的对角线元素可以用下列两个表达式之一代替：

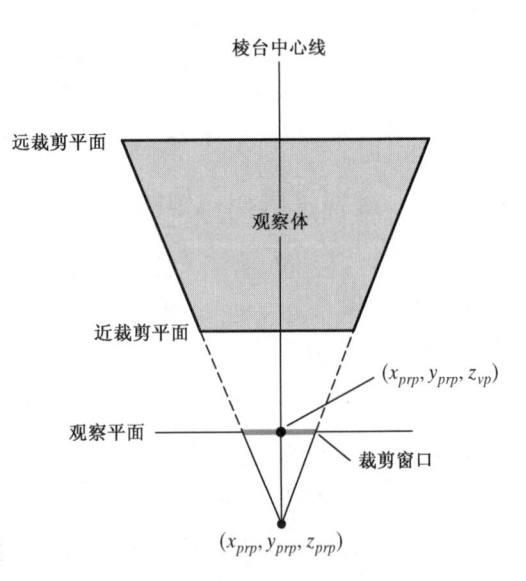

图 10.40 一个对称的透视投影棱台观察体，其观察平面位于投影参考点与近裁剪平面之间。从上面、下面或两侧看时，该棱台相对于其中心线对称

$$z_{prp} - z_{vp} = \frac{\text{height}}{2}\cot\left(\frac{\theta}{2}\right)$$
$$= \frac{\text{width}\cdot\cot(\theta/2)}{2\cdot\text{aspect}} \tag{10.29}$$

在有些图形库中,观察平面和投影参考点使用固定点,因而对称透视投影完全由视场角、裁剪窗口的纵横比及从观察位置到近和远裁剪平面的距离来确定。视口通常使用相同的纵横比。

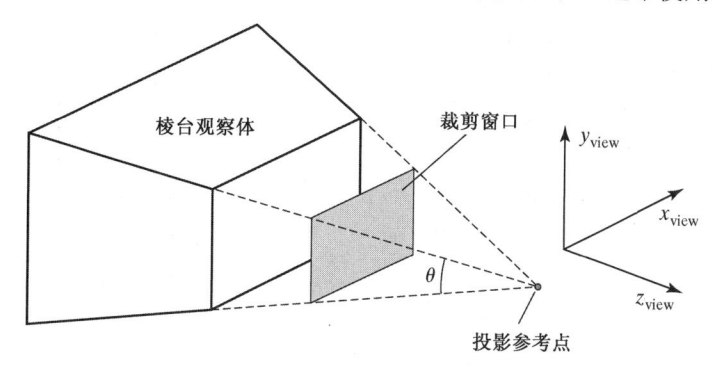

图 10.41 一个对称透视投影观察体的视场角 θ,其裁剪窗口位于近裁剪平面和投影参考点之间

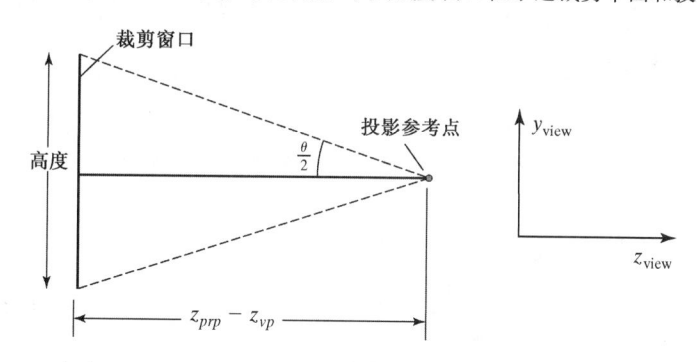

图 10.42 视场角 θ、裁剪窗口的高度及投影参考点和观察平面之间距离的关系

如果在特定应用中视场角减小,则透视投影的透视缩短效应也减小。这相当于将投影参考点移离观察平面。减小视场角也减小了裁剪平面的高度,这给出了聚焦到场景的一个小区域的方法。类似地,一个大的视场角将导致大的裁剪窗口高度(扩大视野),它增加了透视效果,这也是当我们的投影参考点靠近观察平面时得到的效果。图 10.43 给出了固定裁剪窗口宽度时不同视场角的效果。

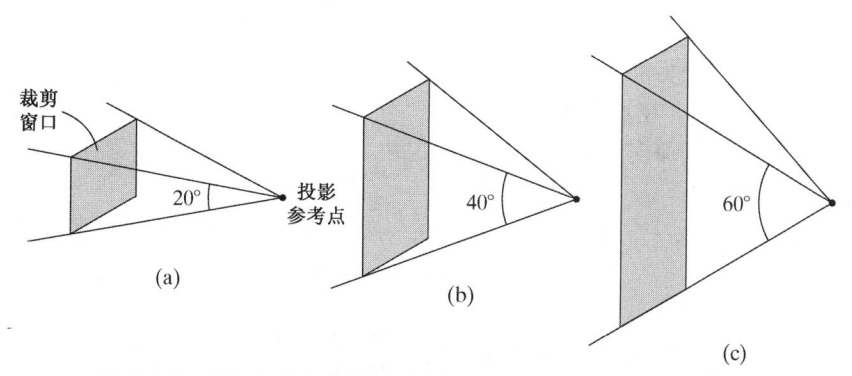

图 10.43 增加视场角就增加了裁剪窗口的高度及透视投影效果

当透视投影观察体是一个对称棱台时,透视变换将棱台内部的位置映射到矩形平行管道中的正交投影坐标。由于棱台中心线已经和观察平面垂直(参见图10.44),故平行管道的中心线就是棱台的中心线。这是棱台中所有投影线上的位置映射到观察平面上同一点(x_p, y_p)的结果。因此,每一投影线由透视变换转换成正交于观察平面的线条,因而平行于棱台中心线。使用转换到正交投影观察体后的对称棱台,可以进入下一步的规范化变换。

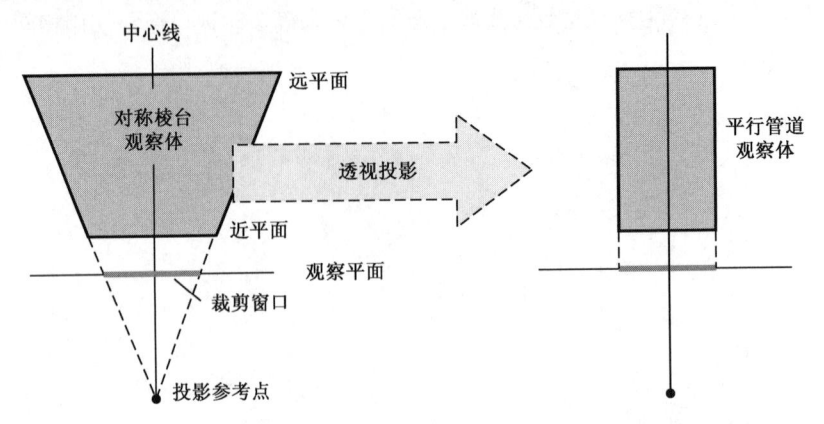

图 10.44 一个对称棱台通过透视投影变换映射到一个正交平行管道

10.8.7 斜透视投影棱台

如果透视投影观察体的中心线并不垂直于观察平面,则得到一个**斜棱台**(oblique frustum)。图 10.45 给出了斜透视投影观察体的一般形状。在这种情况下,先将观察体变换成对称棱台然后再变换成规范化观察体。

斜透视投影观察体可通过 z 轴错切变换矩阵(9.46)转换成对称棱台。该变换将垂直于 z 轴的所有平面上的位置按正比于平面到指定的 z 参考位置的距离值而移动。此时,参考位置是 z_{prp},即投影参考点的 z 坐标。根据把裁剪窗口中心移到观察平面的位置(x_{prp}, y_{prp})上来确定移动量。由于锥体中心线穿过裁剪窗口中心,上述移位使中心线与观察平面垂直,如图10.40所示。

如果选择观察坐标系原点作为投影参考点,则大大减少错切变换及透视和规范化变换的计算量。不失普遍性,我们可以平移场景中所有的坐标位置,使得所选投影参考点与坐标系原点重合。或在最初就将观察坐标系原点设定在所需的场景投影参考点。事实上,有些图形库确实把投影参考点固定在坐标系原点。

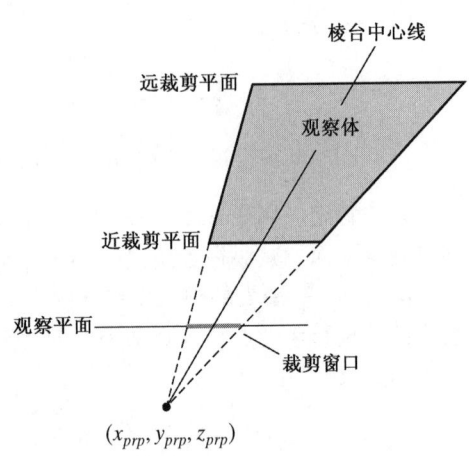

图 10.45 至少在一侧或顶部观察到的一个斜棱台,其观察平面位于投影参考点和近裁剪平面之间

取投影参考点为$(x_{prp}, y_{prp}, z_{prp}) = (0, 0, 0)$,可得所需错切变换矩阵的元素如下:

$$\mathbf{M}_{z\,shear} = \begin{bmatrix} 1 & 0 & sh_{zx} & 0 \\ 0 & 1 & sh_{zy} & 0 \\ 0 & 0 & 1 & 0 \\ 0 & 0 & 0 & 1 \end{bmatrix} \tag{10.30}$$

如果将观察平面放在近裁剪平面处,则透视投影矩阵可进一步简化。由于我们要将裁剪窗口中心移到观察平面上的坐标位置$(0,0)$处,需选择错切参数值满足

$$\begin{bmatrix} 0 \\ 0 \\ z_{\text{near}} \\ 1 \end{bmatrix} = \mathbf{M}_{z\,\text{shear}} \cdot \begin{bmatrix} \dfrac{xw_{\min} + xw_{\max}}{2} \\ \dfrac{yw_{\min} + yw_{\max}}{2} \\ z_{\text{near}} \\ 1 \end{bmatrix} \tag{10.31}$$

因此,该错切变换的参数为

$$\text{sh}_{zx} = -\frac{xw_{\min} + xw_{\max}}{2\,z_{\text{near}}}$$
$$\text{sh}_{zy} = -\frac{yw_{\min} + yw_{\max}}{2\,z_{\text{near}}} \tag{10.32}$$

类似地,当投影参考点位于观察坐标原点且近裁剪平面与观察平面重合时,透视投影矩阵(10.26)简化为

$$\mathbf{M}_{\text{pers}} = \begin{bmatrix} -z_{\text{near}} & 0 & 0 & 0 \\ 0 & -z_{\text{near}} & 0 & 0 \\ 0 & 0 & s_z & t_z \\ 0 & 0 & -1 & 0 \end{bmatrix} \tag{10.33}$$

z坐标缩放和平移参数的表达式由规范化要求来确定。

将简化后的透视投影矩阵(10.33)和错切矩阵(10.30)合并,可得下面的将场景坐标位置转换成齐次正交坐标的斜透视投影矩阵。该变换中的投影参考点是观察坐标原点,而近裁剪平面是观察平面。

$$\mathbf{M}_{\text{obliquepers}} = \mathbf{M}_{\text{pers}} \cdot \mathbf{M}_{z\,\text{shear}}$$
$$= \begin{bmatrix} -z_{\text{near}} & 0 & \dfrac{xw_{\min}+xw_{\max}}{2} & 0 \\ 0 & -z_{\text{near}} & \dfrac{yw_{\min}+yw_{\max}}{2} & 0 \\ 0 & 0 & s_z & t_z \\ 0 & 0 & -1 & 0 \end{bmatrix} \tag{10.34}$$

尽管失去了对投影参考点和观察平面定位的选择机会,但这一矩阵在不损失更多灵活性的前提下提供了生成场景的透视投影视图的高效方法。

如果将裁剪窗口的坐标选成$xw_{\max} = -xw_{\min}$和$yw_{\max} = -yw_{\min}$,则棱台观察体是对称的且矩阵(10.34)简化为矩阵(10.33)。这是因为投影参考点现在位于观察坐标系原点。在$z_{prp}=0$和$z_{up}=z_{\text{near}}$时,也可以用式(10.29)以视场角和裁剪窗口尺寸来表达该矩阵的前两个对角线元素。

10.8.8 规范化透视投影变换坐标

矩阵(10.34)将观察坐标系中的对角位置变换到透视投影齐次坐标。使用齐次参数h除齐次坐标,可得实际的正交投影坐标。因此,该透视投影将棱台观察体中的所有点变换成矩形平行管道观察体中的位置。透视变换过程的最后一步是将该矩形平行管道映射到规范化观察体中。

我们遵循用于平行投影的规范化过程。从棱台观察体变换而来的矩形平行管道映射到左手坐标系的对称规范化立方体(参见图10.46)。z坐标的规范化参数已经包含在透视投影矩阵(10.34)中,但还需要确定在变换到对称规范化立方体时这些参数的值。x和y坐标的规范化变换参数的值同样要确定。因为现在矩形平行管道的中心线是z_{view},在x和y方向不再需要平移:我们只需

相对于坐标系原点的 x 和 y 缩放参数。完成 xy 规范化的缩放矩阵是

$$\mathbf{M}_{xy\,\text{scale}} = \begin{bmatrix} s_x & 0 & 0 & 0 \\ 0 & s_y & 0 & 0 \\ 0 & 0 & 1 & 0 \\ 0 & 0 & 0 & 1 \end{bmatrix} \quad (10.35)$$

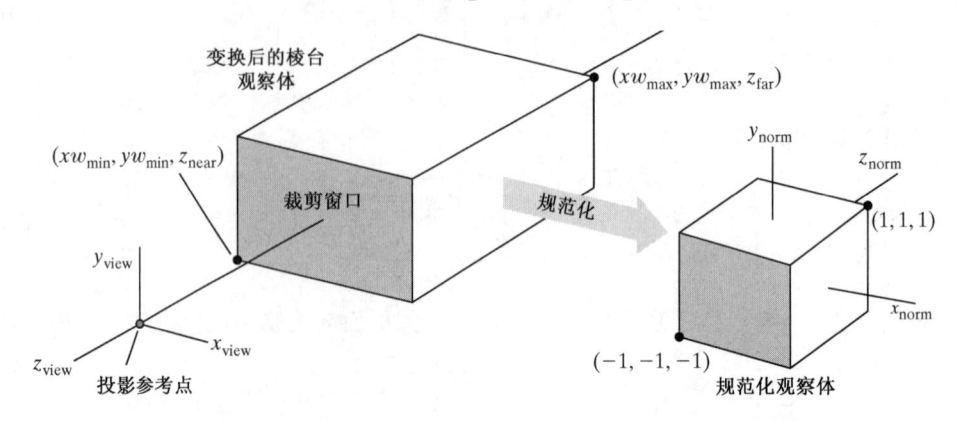

图 10.46　近裁剪平面用作观察平面且投影参考点位于观察坐标系原点时从透视投影观察体（矩形平行管道）到左手坐标系的对称规范化立方体的规范化变换

将 xy 缩放矩阵和矩阵（10.34）合并，生成下列透视投影变换的规范化矩阵：

$$\begin{aligned}\mathbf{M}_{\text{normpers}} &= \mathbf{M}_{xy\,\text{scale}} \cdot \mathbf{M}_{\text{obliquepers}} \\ &= \begin{bmatrix} -z_{\text{near}}s_x & 0 & s_x\dfrac{xw_{\min}+xw_{\max}}{2} & 0 \\ 0 & -z_{\text{near}}s_y & s_y\dfrac{yw_{\min}+yw_{\max}}{2} & 0 \\ 0 & 0 & s_z & t_z \\ 0 & 0 & -1 & 0 \end{bmatrix}\end{aligned} \quad (10.36)$$

从这一变换可得齐次坐标：

$$\begin{bmatrix} x_h \\ y_h \\ z_h \\ h \end{bmatrix} = \mathbf{M}_{\text{normpers}} \cdot \begin{bmatrix} x \\ y \\ z \\ 1 \end{bmatrix} \quad (10.37)$$

而投影坐标是

$$\begin{aligned} x_p &= \frac{x_h}{h} = \frac{-z_{\text{near}}s_x x + s_x(xw_{\min}+xw_{\max})/2}{-z} \\ y_p &= \frac{y_h}{h} = \frac{-z_{\text{near}}s_y y + s_y(yw_{\min}+yw_{\max})/2}{-z} \\ z_p &= \frac{z_h}{h} = \frac{s_z z + t_z}{-z} \end{aligned} \quad (10.38)$$

为了将这一透视变换规范化，希望在输入坐标是 $(x, y, z) = (xw_{\min}, yw_{\min}, z_{\text{near}})$ 时投影坐标是 $(x_p, y_p, z_p) = (-1, -1, -1)$，在输入坐标是 $(x, y, z) = (xw_{\max}, yw_{\max}, z_{\text{far}})$ 时投影坐标是 $(x_p, y_p, z_p) = (1, 1, 1)$。因此，在对方程（10.38）求解规范化参数时使用这些条件，可得

$$\begin{aligned} s_x &= \frac{2}{xw_{\max}-xw_{\min}}, & s_y &= \frac{2}{yw_{\max}-yw_{\min}} \\ s_z &= \frac{z_{\text{near}}+z_{\text{far}}}{z_{\text{near}}-z_{\text{far}}}, & t_z &= \frac{2z_{\text{near}}z_{\text{far}}}{z_{\text{near}}-z_{\text{far}}} \end{aligned} \quad (10.39)$$

而一般的透视投影规范化变换的元素是

$$\mathbf{M}_{\text{normpers}} = \begin{bmatrix} \dfrac{-2z_{\text{near}}}{xw_{\text{max}} - xw_{\text{min}}} & 0 & \dfrac{xw_{\text{max}} + xw_{\text{min}}}{xw_{\text{max}} - xw_{\text{min}}} & 0 \\ 0 & \dfrac{-2z_{\text{near}}}{yw_{\text{max}} - yw_{\text{min}}} & \dfrac{yw_{\text{max}} + yw_{\text{min}}}{yw_{\text{max}} - yw_{\text{min}}} & 0 \\ 0 & 0 & \dfrac{z_{\text{near}} + z_{\text{far}}}{z_{\text{near}} - z_{\text{far}}} & -\dfrac{2z_{\text{near}}z_{\text{far}}}{z_{\text{near}} - z_{\text{far}}} \\ 0 & 0 & -1 & 0 \end{bmatrix} \quad (10.40)$$

如果透视投影观察体一开始就指定为对称棱台，则可用裁剪窗口的视场角和尺寸来表达规范化透视变换的元素。这样，利用式(10.29)，在投影参考点位于原点且观察平面在近裁剪平面位置时，有

$$\mathbf{M}_{\text{normsymmpers}} = \begin{bmatrix} \dfrac{\cot\left(\frac{\theta}{2}\right)}{\text{aspect}} & 0 & 0 & 0 \\ 0 & \cot\left(\dfrac{\theta}{2}\right) & 0 & 0 \\ 0 & 0 & \dfrac{z_{\text{near}} + z_{\text{far}}}{z_{\text{near}} - z_{\text{far}}} & -\dfrac{2z_{\text{near}}z_{\text{far}}}{z_{\text{near}} - z_{\text{far}}} \\ 0 & 0 & -1 & 0 \end{bmatrix} \quad (10.41)$$

从世界坐标到规范化透视投影坐标的完整变换是由该透视矩阵从左边与观察变换合并所得的组合矩阵 $\mathbf{R} \cdot \mathbf{T}$。接下来，将裁剪子程序应用于规范化观察体。余下的任务是可见性检测、表面绘制及变换到视口。

10.9 视口变换和三维屏幕坐标系

完成向规范化投影坐标的变换后，可高效地对对称立方体(或单位立方体)进行裁剪。裁剪以后，规范化观察体的内容转变到屏幕坐标系。对于规范化的裁剪窗口中的 x 和 y 位置，该过程与8.3节讨论的二维视口变换相同。但三维观察体的所有位置还有一个深度(z 坐标)，我们需要将该深度信息留到可见性检测和表面绘制时使用。因此，现在可以把视口变换看成向**三维屏幕坐标系**(three-dimensional screen coordinate)的映射。

从规范化裁剪窗口到矩形视口位置的 x、y 转换方程在矩阵(8.10)给出。可以通过结合将 z 坐标转换到屏幕坐标系的参数而将该矩阵引入三维应用中。在对称立方体中的规范化 z 值经常再次规范化到 0 至 1.0 的范围。这是将监视器屏幕看成 $z = 0$，而深度处理可方便地在 0 至 1 的单位区间内进行。如果包括了这个 z 坐标的再次规范化，则从规范化观察体到三维屏幕坐标系的变换是

$$\mathbf{M}_{\text{normviewvol,3D screen}} = \begin{bmatrix} \dfrac{xv_{\text{max}} - xv_{\text{min}}}{2} & 0 & 0 & \dfrac{xv_{\text{max}} + xv_{\text{min}}}{2} \\ 0 & \dfrac{yv_{\text{max}} - yv_{\text{min}}}{2} & 0 & \dfrac{yv_{\text{max}} + yv_{\text{min}}}{2} \\ 0 & 0 & \dfrac{1}{2} & \dfrac{1}{2} \\ 0 & 0 & 0 & 1 \end{bmatrix} \quad (10.42)$$

在规范化坐标系中，对称立方体的面 $z_{\text{norm}} = -1$ 对应于裁剪窗口区域。规范化立方体的这一面映射到矩形视口，即现在的 $z_{\text{screen}} = 0$。因此，视口屏幕区域的左下角位于 $(xv_{\text{min}}, yv_{\text{min}}, 0)$，而右上角位于 $(xv_{\text{max}}, yv_{\text{max}}, 0)$。

视口的每一个 xy 位置与刷新缓存中的一个位置相对应,该位置包含了屏幕上这一点的颜色信息。而每一屏幕点的深度值存放在称为深度缓存(depth buffer)的另一个缓存区。在后面几章中,我们将讨论确定可见表面位置和它们的颜色的算法。

利用和二维应用中一样的方式将矩形视口定位于屏幕上。视口左下角通常定位在与显示窗口左下角对应的坐标位置。如果将该视口的纵横比设成和裁剪窗口一样,则保持了对象的比例。

10.10 OpenGL 三维观察函数

OpenGL 实用函数库(GLU)包括一个指定三维观察参数的函数和另一个设定对称透视投影变换的函数。另一些用于正交投影、斜平行投影和视口变换的函数则包含在 OpenGL 基本库中。另外,还有一些用于定义和管理显示窗口的 GLUT 函数(参见 8.4 节)。

10.10.1 OpenGL 观察变换函数

在 OpenGL 指定观察参数时,生成一个矩阵并和当前建模观察矩阵合并。同时,该观察矩阵和任何可能已指定的几何变换矩阵相结合。然后将该组合矩阵应用于将世界坐标系的对象描述变换到观察坐标系中。建模观察模式用下列语句来设定:

    glMatrixMode (GL_MODELVIEW);

观察参数用下列 GLU 函数指定,该函数因引用 OpenGL 基本库中的平移和旋转子程序而归入 OpenGL 实用函数库。

    gluLookAt (x0, y0, z0, xref, yref, zref, Vx, Vy, Vz);

该函数中所有参数的值均赋以双精度浮点数。该函数指定观察参照系原点在世界坐标系的 $\mathbf{P}_0$ = (x0, y0, z0)处,而参考点在 $\mathbf{P}_{ref}$ = (xref, yref, zref)处,向上向量为 $\mathbf{V}$ = (Vx, Vy, Vz)。观察坐标系的正 z_{view} 轴在 $\mathbf{N} = \mathbf{P}_0 - \mathbf{P}_{ref}$ 方向,而观察参照系的单位轴向量用式(10.1)计算。

由于观察方向是沿 $-z_{view}$ 轴,故参考点 $\mathbf{P}_{ref}$ 也称为"视点"。它常被定位在场景中心的某个位置,以便作为指定投影参数的参考。因而可将该参考位置看成安放在观察坐标系原点的照相机要瞄准的一个点。照相机的向上方向用垂直于 $\mathbf{N}$ 的向量 $\mathbf{V}$ 指定。

gluLookAt 函数指定的观察参数用来形成 10.4 节中给出的观察变换矩阵(10.4)。该矩阵由将观察原点移到世界原点的平移和将观察坐标轴与世界坐标轴对齐的旋转组合而成。

如果不引用 gluLookAt 函数,则默认的 OpenGL 参数是

$$\mathbf{P}_0 = (0, 0, 0)$$
$$\mathbf{P}_{ref} = (0, 0, -1)$$
$$\mathbf{V} = (0, 1, 0)$$

使用这些默认值,观察坐标系和世界坐标系相同,观察方向沿负 z_{world} 轴方向。在许多应用中,我们可以很方便地使用这些观察参数的默认值。

10.10.2 OpenGL 正交投影函数

投影矩阵按 OpenGL 投影模式存储。因此,建立一个投影变换矩阵,必须先用下面的语句引入该模式:

    glMatrixMode (GL_PROJECTION);

然后,可使用任意变换命令,由此生成的矩阵将和当前投影矩阵合并。

正交投影参数用下列函数选择:

    glOrtho (xwmin, xwmax, ywmin, ywmax, dnear, dfar);

该函数中所有参数均赋以双精度浮点数。glOrtho 用来选择裁剪窗口坐标和观察系原点到近和远裁剪平面的距离。OpenGL 中不提供对观察平面的选择功能。近裁剪平面永远和观察平面重合,因为裁剪窗口永远位于观察体的近平面上。

函数 glOrtho 生成一个垂直于观察平面(近裁剪平面)的平行投影。因此,该函数为指定的裁剪平面和裁剪窗口建立一个有限的正交投影观察体。在 OpenGL 中,近和远裁剪平面不是任选的,它们必须为任意投影变换而指定。

参数 dnear 和 dfar 给出从观察坐标系原点沿负 z_{view} 轴方向的距离。假如 dfar = 55.0,则远裁剪平面位于坐标位置 z_{far} = -55.0。两个参数中的任意一个负值表明在观察原点"后面"沿正 z_{view} 轴的距离。这些参数可赋以任意值(正值、负值或零值),只要 dnear < dfar。

为这一投影变换形成的观察体是一个矩形平行管道。该观察体的坐标位置由矩阵(10.7)在 z_{near} = -dnear 及 z_{far} = -dfar 条件下变换到左手系中的对称规范化立方体。

OpenGL 正交投影函数的默认参数值是 ±1,生成一个在右手观察坐标系中的对称规范化立方体。该默认情况与使用下列语句等价:

glOrtho (-1.0, 1.0, -1.0, 1.0, -1.0, 1.0);

于是,默认的裁剪窗口是一个对称规范化正方形,而默认的观察体是一个 z_{near} = 1.0(在观察位置后)且 z_{far} = -1.0 的对称规范化立方体。图 10.47 给出了默认的正交投影观察体的外貌和位置。

对于二维应用而言,gluOrtho2D 函数用来建立裁剪窗口。glOrtho 函数也可用来指定裁剪窗口,并将参数 dnear 和 dfar 指定在坐标系原点的另一侧。事实上,调用 gluOrtho2D 与在 dnear = -1.0 和 dfar = 1.0 的情况下调用 glOrtho 是等价的。

OpenGL 中没有生成斜平行投影的函数。如果要生成一个斜平行投影,则可设定专门的如同式(10.14)的投影矩阵。然后使用 9.8 节给出的矩阵函数将其设成当前 OpenGL 投影矩阵。另一种生成斜投影视图的方法是将场景旋转到合适的位置,从而使 z_{view} 方向的正交投影给出所需的视图。

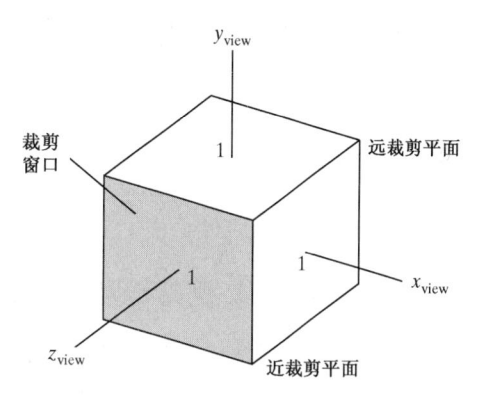

图 10.47 默认的正交投影观察体。该对称立方体的坐标范围是每个方向从 -1 到 +1。近裁剪平面位于 z_{near} = 1,而远裁剪平面位于 z_{far} = -1

10.10.3 OpenGL 对称透视投影函数

有两个函数用来生成透视投影视图。一个函数生成关于观察方向(负 z_{view} 轴)的对称锥形观察体。另一个函数用于对称透视投影或斜透视投影。两个函数中的投影参考点都是观察坐标系原点且近裁剪平面是观察平面。

对称透视投影棱台观察体用下列 GLU 函数建立:

gluPerspective (theta, aspect, dnear, dfar);

四个参数均赋以双精度浮点数。前两个参数定义近裁剪平面上的裁剪窗口尺寸和位置,而后两个参数指定从观察点(坐标系原点)到近和远裁剪平面的距离。参数 theta 表示视场角,即上下裁剪平面间的夹角(参见图 10.41)。该角可赋以 0°到 180°之间的任何角度。参数 aspect 将赋以裁剪窗口纵横比(宽度/高度)的值。

对于 OpenGL 的一个透视投影,近和远裁剪平面必须永远位于负 z_{view} 轴,都不可以在观察位置的"背后"。该约束对正投影无效,但当观察平面位于观察点后面时,预先包含了倒转的透视投影。因此，dnear 和 dfar 都必须赋以正值，并且近和远平面的位置记为 z_{near} = -dnear 及 z_{far} = -dfar。

如果不指定投影函数，则使用默认正投影来显示场景。此时，观察体是图 10.47 所示的一个对称规范化立方体。

由 gluPerspective 函数建立的棱台观察体关于负 z_{view} 轴对称。场景的描述用矩阵(10.41)转换到规范化齐次投影坐标系。

10.10.4　OpenGL 通用透视投影函数

下列函数可用来指定一个对称棱台观察体或一个斜棱台观察体的透视投影：

```
glFrustum (xwmin, xwmax, ywmin, ywmax, dnear, dfar);
```

该函数中的所有参数均赋以双精度浮点数。和其他观察投影函数一样，近平面是观察平面且投影参考点位于观察位置(坐标系原点)。该函数与正交平行投影函数有着相同的参数，但这里的近和远裁剪平面距离必须是正的。前四个参数设定近平面上裁剪窗口的坐标，而后两个参数指定从坐标系原点沿负 z_{view} 轴到近和远裁剪平面的距离。近和远裁剪平面的定位计算为 z_{near} = -dnear 及 z_{far} = -dfar。

裁剪窗口可以指定在近平面上的任意位置。如果将裁剪窗口选择为 xw_{min} = -xw_{max} 且 yw_{min} = -yw_{max}，就得到一个对称棱台(以负 z_{view} 轴作为其中心线)。

同样，如果不显式地引入一个投影命令，OpenGL 对场景提供默认的正投影。此时的观察体是一个对称立方体(参见图 10.47)。

10.10.5　OpenGL 视口和显示窗口

在规范化坐标系中使用裁剪子程序后，规范化裁剪窗口中的内容及其深度信息变换到三维屏幕坐标。视口中每一 xy 位置的颜色值存储到刷新缓存(颜色缓存)中，而每一 xy 位置的深度信息则存储到深度缓存中。

如 8.4 节所述，矩形视口用下列 OpenGL 函数定义：

```
glViewport (xvmin, yvmin, vpWidth, vpHeight);
```

该函数中前两个参数指定对应于显示窗口左下角的视口左下角的整型屏幕坐标。而后两个参数给出整型的视口宽度和高度。如果要保持场景对象的比例，必须将视口纵横比设定为与裁剪窗口的一致。

显示窗口用 GLUT 子程序创建并管理，8.4 节详细地讨论了 GLUT 中的各种显示窗口函数。OpenGL 中的默认视口是当前显示窗口的尺寸和位置。

10.10.6　OpenGL 三维观察程序示例

下列程序显示了图 10.48 给出的正方形的透视投影视图。该正方形在 xy 平面上定义，而观察坐标系原点按一定角度观察前平面来选定。选择正方形的中心为注视点，使用 glFrustum 函数得到一个透视视图。如果将观察原点移到多边形的另一面，则按对象的线框图形式显示后向面。

图 10.48　三维观察程序的输出结果

```c
#include <GL/glut.h>

GLint winWidth = 600, winHeight = 600;   //  Initial display-window size.

GLfloat x0 = 100.0, y0 = 50.0, z0 = 50.0;  //  Viewing-coordinate origin.
GLfloat xref = 50.0, yref = 50.0, zref = 0.0;  //  Look-at point.
GLfloat Vx = 0.0, Vy = 1.0, Vz = 0.0;        //  View-up vector.

/*  Set coordinate limits for the clipping window:  */
GLfloat xwMin = -40.0, ywMin = -60.0, xwMax = 40.0, ywMax = 60.0;

/*  Set positions for near and far clipping planes:  */
GLfloat dnear = 25.0, dfar = 125.0;

void init (void)
{
   glClearColor (1.0, 1.0, 1.0, 0.0);

   glMatrixMode (GL_MODELVIEW);
   gluLookAt (x0, y0, z0, xref, yref, zref, Vx, Vy, Vz);

   glMatrixMode (GL_PROJECTION);
   glFrustum (xwMin, xwMax, ywMin, ywMax, dnear, dfar);
}

void displayFcn (void)
{
   glClear (GL_COLOR_BUFFER_BIT);

   /*  Set parameters for a square fill area.  */
   glColor3f (0.0, 1.0, 0.0);            //  Set fill color to green.
   glPolygonMode (GL_FRONT, GL_FILL);
   glPolygonMode (GL_BACK, GL_LINE);    //  Wire-frame back face.
   glBegin (GL_QUADS);
      glVertex3f (0.0, 0.0, 0.0);
      glVertex3f (100.0, 0.0, 0.0);
      glVertex3f (100.0, 100.0, 0.0);
      glVertex3f (0.0, 100.0, 0.0);
   glEnd ( );

   glFlush ( );
}

void reshapeFcn (GLint newWidth, GLint newHeight)
{
   glViewport (0, 0, newWidth, newHeight);

   winWidth = newWidth;
   winHeight = newHeight;
}

void main (int argc, char** argv)
{
   glutInit (&argc, argv);
   glutInitDisplayMode (GLUT_SINGLE | GLUT_RGB);
   glutInitWindowPosition (50, 50);
   glutInitWindowSize (winWidth, winHeight);
   glutCreateWindow ("Perspective View of A Square");

   init ( );
   glutDisplayFunc (displayFcn);
   glutReshapeFunc (reshapeFcn);
   glutMainLoop ( );
}
```

10.11 三维裁剪算法

在第 8 章中，我们讨论了二维裁剪算法中使用裁剪窗口规范边界的优点。同样，可将三维裁剪算法应用于观察体的规范化边界。这保证了高效率地实现观察流水线和裁剪过程。所有与设备无关的变换（几何和观察）合并起来后在裁剪子程序之前应用。规范化观察体的每一裁剪边界是一个平行于某个笛卡儿平面的平面，而不管投影类型和观察体的原始形状。依赖于观察体是否规范化成一个单位立方体或一个边长为 2 的对称立方体，裁剪平面的坐标位置为 0 和 1 或 -1 和 1。对称立方体的三维裁剪平面为

$$\begin{aligned} xw_{\min} &= -1, & xw_{\max} &= 1 \\ yw_{\min} &= -1, & yw_{\max} &= 1 \\ zw_{\min} &= -1, & zw_{\max} &= 1 \end{aligned} \tag{10.43}$$

x 和 y 裁剪边界是裁剪窗口的规范化范围，而 z 裁剪边界是近和远裁剪平面的规范化位置。

三维观察裁剪算法识别并保存在规范化观察体内的对象部分且显示在输出设备上。所有在观察体裁剪平面以外的对象部分均被消除。现在的算法是使用观察体的规范化边界平面来代替规范化窗口的直线边界之后二维方法的扩充。

10.11.1 三维齐次坐标系中的裁剪

计算机图形库将空间位置当作四维齐次坐标来处理，因此所有变换均可用 4×4 矩阵来表示。每一坐标位置进入观察流水线时，它被转换成四维表示：

$$(x, y, z) \rightarrow (x, y, z, 1)$$

在一个坐标位置经过几何、观察和投影变换后，成为一个齐次形式：

$$\begin{bmatrix} x_h \\ y_h \\ z_h \\ h \end{bmatrix} = \mathbf{M} \cdot \begin{bmatrix} x \\ y \\ z \\ 1 \end{bmatrix} \tag{10.44}$$

这里矩阵 $\mathbf{M}$ 表示从世界坐标到规范化、齐次投影坐标的所有各种变换的组合，而齐次参数 h 可能不再是 1。事实上，h 可以是任意一实数值，依赖于我们如何在场景中表达对象及使用的投影类型。

如果该齐次参数 h 确实为 1，则该齐次坐标与笛卡儿坐标相同。对于平行投影变换来说常常如此。但是，透视投影生成的齐次坐标是任意空间点 z 坐标的函数。透视投影的齐次参数甚至可能为负值。这在坐标位置位于投影参考点之后时发生。同样，对象曲面的有理样条表示常在齐次坐标中形成，其中齐次坐标可正可负。因此，如果裁剪在投影坐标系中除以齐次参数 h 后再完成，则可能失去某些坐标信息而使裁剪不正确。

处理所有可能的投影变换和对象表示的一种有效方法，是在空间位置的齐次坐标系中进行裁剪。而由于所有观察体可转换到一个规范化立方体，因此可以用硬件来完成单一的裁剪过程，在齐次坐标系中用规范化裁剪平面来裁剪对象。

10.11.2 三维区域码

区域码的概念（参见 8.7 节）可以通过添加一对表示近和远裁剪平面的位来扩展到三维中。这样，我们使用六位区域码，如图 10.49 所示。该区域码例子中位的位置从右到左编号，在该次序中代表左、右、下、上、近和远裁剪平面。

设定区域码位值的条件与 8.7 节中相同,加上了用于近和远裁剪平面的两个附加条件。然而,对于一个三维场景,我们需对变换到规范化空间的投影坐标使用裁剪子程序。在投影变换后,场景每一点由四元素表示为 $\mathbf{P} = (x_h, y_h, z_h, h)$。假设用对称规范化立方体[参见式(10.43)]的边界进行裁剪,则当一点的投影坐标满足如下不等式时,该点位于规范化观察体的内部:

$$-1 \leq \frac{x_h}{h} \leq 1, \quad -1 \leq \frac{y_h}{h} \leq 1, \quad -1 \leq \frac{z_h}{h} \leq 1 \tag{10.45}$$

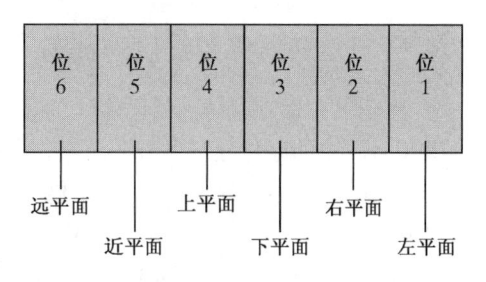

图 10.49 与区域码的位置对应的观察体裁剪平面的一种可能的顺序

除非出现错误,该齐次参数 h 不会为 0。但我们可以在执行区域码过程之前先检查齐次参数为 0 或一个非常小的数的可能性。齐次参数也可以为正或负。因此,假设 $h \neq 0$,可以将前面的不等式写成下列形式:

$$\begin{aligned} -h \leq x_h \leq h, \quad -h \leq y_h \leq h, \quad -h \leq z_h \leq h, \quad &\text{如果 } h > 0 \\ h \leq x_h \leq -h, \quad h \leq y_h \leq -h, \quad h \leq z_h \leq -h, \quad &\text{如果 } h < 0 \end{aligned} \tag{10.46}$$

多数情况下 $h > 0$,因而可以按下列测试对一坐标位置的区域码位值赋值:

$$\begin{aligned} \text{位 } 1 &= 1 \quad \text{如果 } h + x_h < 0 \quad (\text{左}) \\ \text{位 } 2 &= 1 \quad \text{如果 } h - x_h < 0 \quad (\text{右}) \\ \text{位 } 3 &= 1 \quad \text{如果 } h + y_h < 0 \quad (\text{上}) \\ \text{位 } 4 &= 1 \quad \text{如果 } h - y_h < 0 \quad (\text{下}) \\ \text{位 } 5 &= 1 \quad \text{如果 } h + z_h < 0 \quad (\text{近}) \\ \text{位 } 6 &= 1 \quad \text{如果 } h - z_h < 0 \quad (\text{远}) \end{aligned} \tag{10.47}$$

这些位值可以使用二维裁剪中的相同方法来设定,即简单地计算 $h \pm x_h$、$h \pm y_h$ 或和 $h \pm z_h$ 的符号来设定对应的区域码位值。图 10.50 列出了观察体的 27 个区域码。对某些 $h < 0$ 的点,可使用式(10.46)中的第二组不等式进行裁剪,或对坐标取负且用 $h > 0$ 时的测试进行裁剪。

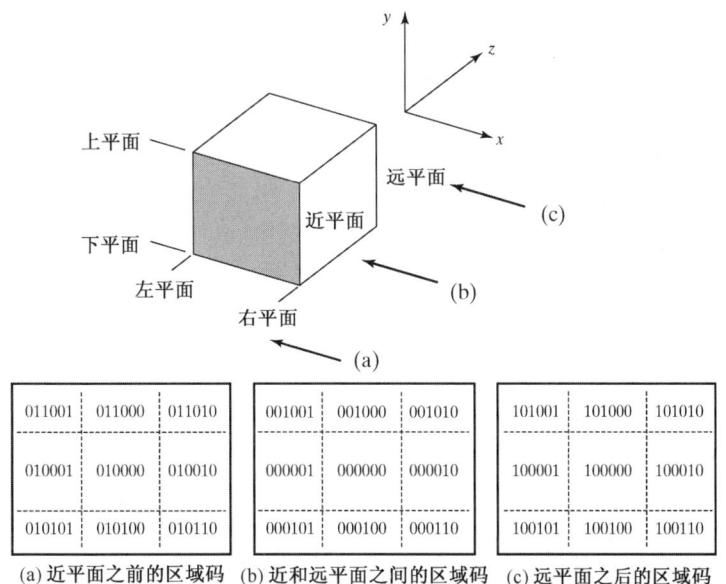

图 10.50 标识与观察体空间位置关系的三维六位区域码位值

10.11.3 三维点和线段的裁剪

对于不在投影参考点后面定义的场景中的一般点和直线段,所有齐次参数为正且可用表达式(10.47)中的条件建立区域码。然后,在设定场景中每一位置的区域码后,可方便地确认一个点是在观察体外还是体内。例如,区域码 101000 表示该点在观察体的上面及后面,区域码为 000000 表示该点在体内(参见图 10.50)。因此,对于点的裁剪,简单地将区域码不为 000000 的点消除即可。换句话说,如果式(10.47)的测试中任意的结果为负,则该点位于观察体外。

三维线段裁剪的方法基本上与二维线段裁剪的方法相同。我们可以先对一线段两端点的区域码进行测试以确定完全接受或拒绝线段。如果一线段两端点的区域码均为 000000,则该线段完全在观察体的内部。同样,如果两端点区域码的逻辑"或"操作生成值 0,则可完整地接受该线段。如果线段两端点区域码的"与"操作结果为非零,则可完整地拒绝该线段。该非零值表明两个端点的区域码在某一位均为 1,因此该线段完整地在某一裁剪平面之外。例如,图 10.51 中 P_3 到 P_4 的线段的两端点区域码为 010101 和 100110。因而该线段完全在下裁剪平面之下。如果一线段关于这两个测试均失败,则接下来分析线段方程以确定是否该线段有一部分要保留。

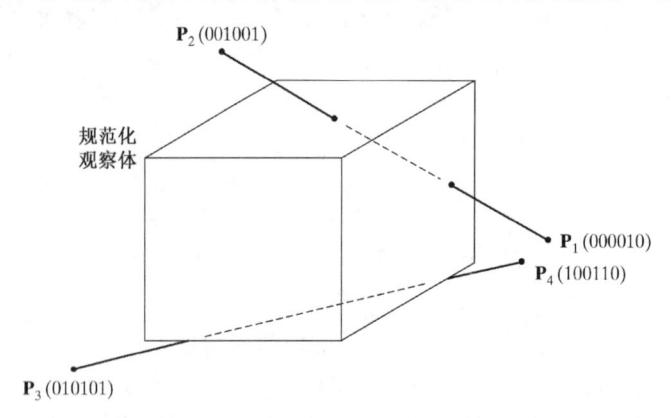

图 10.51 两条线段的三维区域码。线段 $\overline{P_1P_2}$ 与观察体的右和上裁剪平面相交,而线段 $\overline{P_3P_4}$ 完全位于下裁剪平面之下

利用参数形式可以方便地表示三维线段方程,并且 Cyrus-Beck 或梁友栋-Barsky 裁剪方法(参见 8.7 节)可以扩充到三维场景。对一个端点为 $P_1 = (x_{h1}, y_{h1}, z_{h1}, h_1)$ 和 $P_2 = (x_{h2}, y_{h2}, z_{h2}, h_2)$ 的线段,可以写出表示线段上任意一点的参数方程,如下所示:

$$P = P_1 + (P_2 - P_1)u \qquad 0 \leq u \leq 1 \qquad (10.48)$$

当线段参数值 $u=0$ 时,在位置 P_1;而 $u=1$ 时,在位置 P_2。在齐次坐标下用显式参数线段方程表示,有

$$\begin{aligned} x_h &= x_{h1} + (x_{h2} - x_{h1})u \\ y_h &= y_{h1} + (y_{h2} - y_{h1})u \\ z_h &= z_{h1} + (z_{h2} - z_{h1})u \\ h &= h_1 + (h_2 - h_1)u \end{aligned} \qquad 0 \leq u \leq 1 \qquad (10.49)$$

使用端点区域码,可以先判断出哪个裁剪平面与线段相交。如果一个端点的某位为 0 而另一端点的相同位为 1,则该线段穿过相应的裁剪边界。换句话说,式(10.47)中的一个测试生成一个负值,而对另一端点的相同测试生成一个非负值。要找出与该裁剪平面的交点,先使用式(10.49)中合适的方程确定参数 u 的对应值,然后再计算交点坐标。

作为交点计算过程的例子，考虑图 10.51 中的线段 $\overline{P_1P_2}$。该线段与左裁剪平面相交，可以用等式 $x_{max} = 1$ 来描述。因此，通过设定 x 投影坐标等于 1 来确定参数 u 在交点处的值：

$$x_p = \frac{x_h}{h} = \frac{x_{h1} + (x_{h2} - x_{h1})u}{h_1 + (h_2 - h_1)u} = 1 \quad (10.50)$$

求解参数 u，得

$$u = \frac{x_{h1} - h_1}{(x_{h1} - h_1) - (x_{h2} - h_2)} \quad (10.51)$$

接下来，使用计算所得的 u 值，确定该裁剪平面的 y_p 和 z_p 值。此时，y_p 和 z_p 交点值在观察体的 ±1 边界之间且该线段穿过观察体内部。因此我们接着定位与上裁剪平面的交点。由于与上和右裁剪平面的交点标识该线段位于观察体内部的部分，而该线段的所有其他部分均位于观察体的外部，因此对该线段的处理全部完成。

当一线段与一个裁剪边界相交但并不进入观察体内部时，继续如二维裁剪一样处理下去。消除位于该裁剪边界之外的线段部分，更新在该边界内的线段部分的区域码信息和参数 u 的值。然后用另外的裁剪平面测试余下的线段部分，确定是否有拒绝的可能或需进一步的求交计算。

三维场景中的线段通常不对称。它们常常是场景中实体对象描述的组成部分，而我们需要按照表面裁剪子程序那样去处理这些线段。

10.11.4　三维多边形裁剪

图形软件包一般处理包含图形对象的场景。这些对象的边界用线性方程描述，因而每个对象由一组多边形面组成。因此，我们使用多边形面裁剪子程序来裁剪三维场景中的对象。例如，图 10.52 醒目显示了一个四面体被裁剪掉的表面部分，而将位于观察体内部的多边形表面用虚线显示。

我们可以先使用坐标范围的包围盒、包围球或某种其他方法来测试多面体是否可以完全接受或拒绝。如果该对象的坐标范围在所有裁剪平面的内部，则保留整个对象。如果坐标范围整体位于任意裁剪边界的外部，则消除整个对象。

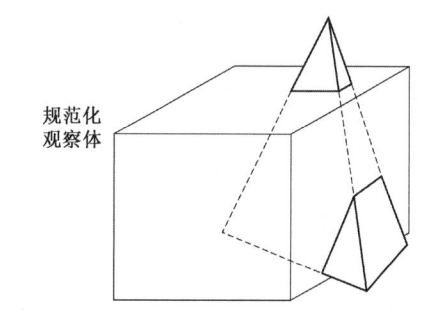

图 10.52　三维对象裁剪。从对象描述中消除在观察体裁剪平面外的表面部分，并且可能需要建立新的表面片

在不能保留或消除整个对象时，可以接下来处理定义对象表面的多边形的顶点表。使用与二维多边形裁剪类似的方法，可以裁剪边来获得对象表面的新顶点表。裁剪操作可能导致创建增加表面的新顶点表。并更新多边形表以加入新多边形及修改表面的连接性和共享边信息。

为了简化一般多面体的裁剪，多边形表面常分解成三角形部分并用三角形带来描述。我们可以使用 8.8 节中讨论的 Sutherland-Hodgman 算法来裁剪三角形带。每一三角形带用六个裁剪平面依次处理，以获得该带的最后顶点表。

例如，可对凸多边形使用 4.7 节中的分割方法获得一组三角形，然后裁剪这些三角形。或者可使用 8.8 节中叙述的 Weiler-Atherton 算法裁剪三维凸多边形。

10.11.5　三维曲面裁剪

和多面体裁剪一样，先检查曲面对象（如球面或样条曲面）的坐标范围是否完全在观察体内。然后再检查对象是否完全在六个裁剪平面中任意一个的外部。

如果简单的拒绝-接受测试失败，则接下来定位与裁剪平面的交点。为此，求解联立的面方程和裁剪平面方程。由于这一原因，多数图形软件包并不包括曲面对象的裁剪子程序。而常用一组多边形面片逼近曲面，使之可以使用多边形裁剪子程序来裁剪。在对多边形面片使用表面绘制过程后仍可提供曲面的高真实感显示。

10.11.6 任意裁剪平面

在有些图形软件包中，还有可能使用任意空间方向定义的其他曲面来裁剪三维场景。这在许多应用中很有用。例如，我们可能希望隔开或裁剪一个非规则形状的对象，为了特殊的效果而以斜角度消除场景的一部分，或沿一选定轴切去对象的一部分来展示其内部的剖面视图。

任选的裁剪平面可与场景描述一起指定，因而裁剪操作可在投影变换之前完成。然而，这也意味着该裁剪子程序可用软件实现。

一个裁剪平面可以使用平面参数 A、B、C 和 D 来指定。该平面将三维空间分为两部分，因此一个场景位于该平面一侧的所有部分被裁剪掉。假设在该平面之后的对象部分被裁剪掉，则任何满足下列不等式的空间位置 (x, y, z) 从场景中消除：

$$Ax + By + Cz + D < 0 \tag{10.52}$$

作为一个例子，如果该平面参数数组 $(A, B, C, D) = (1.0, 0.0, 0.0, 8.0)$，则任意满足 $x + 8.0 < 0.0$（或 $x < -8.0$）的坐标位置从场景中消除。

如果要裁剪一线段，首先测试其两端点，确定该线段是否完全位于该裁剪平面的后面或完全在该平面的前面。可以使用法向量 $\mathbf{N} = (A, B, C)$ 给出式 (10.52) 的向量表达式。然后，对以 $\mathbf{P}_1$ 和 $\mathbf{P}_2$ 为端点的一线段，如果两端点均满足下列不等式，则裁掉整条线段，

$$\mathbf{N} \cdot \mathbf{P}_k + D < 0, \quad k = 1, 2 \tag{10.53}$$

而当两端点都满足下列不等式时，保留整条线段，

$$\mathbf{N} \cdot \mathbf{P}_k + D \geq 0, \quad k = 1, 2 \tag{10.54}$$

否则，两端点位于该裁剪平面的两侧，如图 10.53 所示，并且需要计算该线段与平面的交点。

要计算线段与裁剪平面的交点，可以使用线段的下列参数表示：

$$\mathbf{P} = \mathbf{P}_1 + (\mathbf{P}_2 - \mathbf{P}_1)u, \quad 0 \leq u \leq 1 \tag{10.55}$$

图 10.53 用法向量为 $\mathbf{N}$ 的平面裁剪一线段

如果点 $\mathbf{P}$ 满足下面的平面方程，则它位于该裁剪平面上，

$$\mathbf{N} \cdot \mathbf{P} + D = 0 \tag{10.56}$$

与式 (10.55) 中 $\mathbf{P}$ 的表示相减，得

$$\mathbf{N} \cdot [\mathbf{P}_1 + (\mathbf{P}_2 - \mathbf{P}_1)u] + D = 0 \tag{10.57}$$

求解等式中的参数 u，得

$$u = \frac{-D - \mathbf{N} \cdot \mathbf{P}_1}{\mathbf{N} \cdot (\mathbf{P}_2 - \mathbf{P}_1)} \tag{10.58}$$

将 u 值代入式 (10.55) 中的向量参数线段表达式，可得 x、y 和 z 交点坐标。对于图 10.53 中的例子，线段 $\overline{\mathbf{P}_1\mathbf{P}}$ 被裁掉而保留线段 $\overline{\mathbf{P}\mathbf{P}_2}$。

对于一个多面体，如图 10.54 中的四面体，可以应用类似的过程。首先测试对象是否完全在

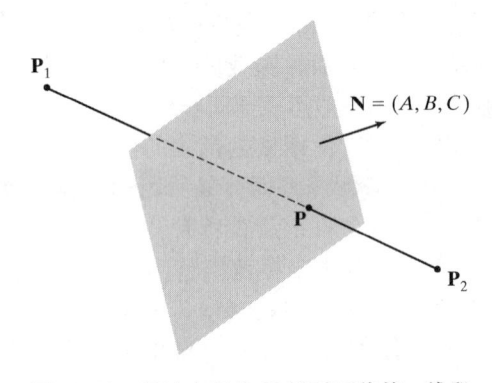

裁剪平面的后面或完全在前面。如不是这两种情况，则处理多面体每个面的顶点。依次对每个多形的边使用和观察体裁剪一样的线段裁剪方法来获得表面顶点表。但此时只需处理一个裁剪平面。

使用单个裁剪平面裁剪一个曲线对象比用观察体的六个面裁剪一个对象要容易得多。但仍需通过求解一组非线性方程来定位交点，除非使用直线段逼近曲线。

10.12 OpenGL 任选裁剪平面

除了包围观察体的六个裁剪平面，OpenGL 提供了对场景中其他裁剪平面的描述功能。与每个观察体裁剪平面垂直于某个坐标轴不同，这些附加裁剪平面可以有任意方向。

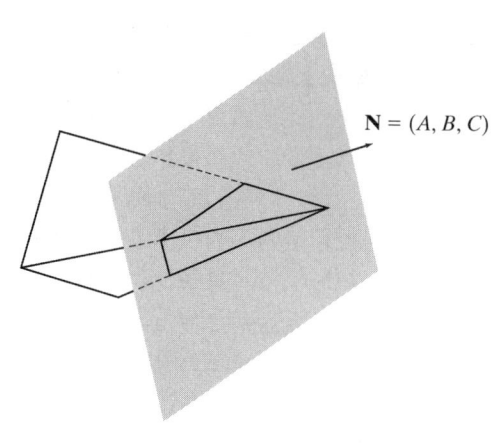

图 10.54 用法向量为 N 的平面裁剪一个四面体的表面。保留在该平面前面的表面，而清除在其后面的表面

使用下列语句可指定一个任选裁剪平面并激活使用该平面的裁剪：

```
glClipPlane (id, planeParameters);
glEnable (id);
```

参数 id 用作裁剪平面的标识。用 GL_CLIP_PLANE0、GL_CLIP_PLANE1 等来赋值，直到设备定义的最大值。然后用表示四个平面参数 A、B、C 和 D 的双精度浮点型四元素的数组 planeParameters 来定义该平面。已指定标识并已激活的裁剪平面用下列函数使其无效：

```
glDisable (id);
```

四个平面参数 A、B、C 和 D 变换到观察坐标系，并用来测试场景中的观察坐标位置。随后在观察或几何变换参数方面的改变不会影响存储的平面参数。因此，如果在指定任意几何或观察变换之前建立任选的裁剪平面，则存储的平面参数和输入参数相同。同样，由于这些平面的裁剪子程序对应于观察坐标操作，并且不在规范化坐标空间，因此一个程序的性能在任选裁剪平面激活后会降低。

任意位于激活的 OpenGL 裁剪平面后面的点被消除。因此，如果一个观察坐标位置(x,y,z)满足条件(10.52)，则被裁掉。

任意 OpenGL 实现中可提供六个或更多的任选裁剪平面。使用下列查询函数可发现某个具体的 OpenGL 实现中允许多少个任选裁剪平面：

```
glGetIntegerv (GL_MAX_CLIP_PLANES, numPlanes);
```

参数 numPlanes 是赋给用来表示可以使用的任选裁剪平面数目的整数数组的名字。

glClipPlane 的默认参数是所有任选的裁剪平面参数 A、B、C 和 D 均为 0。初始化时，所有任选裁剪平面均无效。

10.13 小结

三维场景的观察程序遵循了二维观察中所使用的一般方法，即首先在建模坐标或直接在世界坐标里的对象定义中创建一世界坐标场景。然后，建立一个观察坐标参照系并将对象描述从世界坐标变换到观察坐标。最后，将观察坐标描述变换到设备坐标。

与二维观察不同的是，三维观察在变换到设备坐标之前，需要投影子程序把对象描述变换到观察平面上。三维观察操作包含了更多的空间参数。我们可以利用照相机模拟来描述三维观察参数。观察坐标参照系由一个观察参考点（照相机位置）、一个观察平面法向量 **N**（照相机镜头方向）和一个观察向上向量 **V**（照相机向上方向）来建立。然后沿观察 z 轴建立观察平面位置，并且将对象描述投影到此平面中。可以利用透视投影或平行投影方法将对象描述变换到观察平面上。

平行投影有正投影或斜投影两种，可以用投影向量描述。显示对象一个侧面以上的正平行投影称为轴测投影。对象的等轴测视图通过按透视法以相同数量缩短每个主轴的轴测投影而得到。常用的斜投影是斜等测投影和斜二测投影。对象的透视投影由相交于投影参考点的投影线来获得。平行投影保持对象的比例，但透视投影缩小远距离的对象。透视投影使得一组平行线看起来汇聚到一个灭点，因而在观察平面上表现为不平行。依赖于与观察平面相交的主轴数目，工程和建筑图显示采用一点、两点或三点透视投影方式生成。当从投影参考点到裁剪窗口中心的线与观察平面不垂直时，得到斜透视投影。

三维场景中的对象可用观察体进行裁剪来消除场景的不需要部分。观察体的顶、底和侧面由平行于投影线的平面形成且通过观察平面中窗口的边。近和远平面（也称为前和后平面）用于生成一封闭的观察体。对于平行投影，观察体是一个平行六面体。对于透视投影，观察体是一个棱台。每种情况下，都可以将观察体转换成边界坐标为 0 和 1 或 –1 和 1 的规范化立方体。高效的裁剪算法用规范化观察体的边界平面对场景中的对象进行裁剪。在图形软件包中，通常在完成所有的观察和其他变换后进行齐次坐标裁剪。然后再把齐次坐标转变为三维笛卡儿坐标，也可使用方向任意的附加裁剪平面来消除场景的选定部分或生成特殊效果。

OpenGL 实用函数库中提供了用于指定观察参数（参见表 10.1）的三维观察函数。库中还有用于设定对称透视投影变换的函数。OpenGL 基本库中还有三个函数用于指定正交投影、通用透视投影和任选裁剪平面。表 10.1 总结了本章讨论的 OpenGL 观察函数。另外，表中列出了一些与观察相关的函数。

表 10.1　OpenGL 三维观察函数小结

函　数	描　述
`gluLookAt`	指定三维观察参数
`glOrtho`	为正交投影指定裁剪窗口及近和远裁剪平面的参数
`gluPerspective`	为对称透视投影指定视场角
`glFrustum`	为透视投影（对称或斜）指定裁剪窗口及近和远裁剪平面的参数
`glClipPlane`	为任选裁剪平面指定参数

参考文献

关于三维观察和裁剪操作算法的讨论请参见 Weiler and Atherton(1977)、Weiler(1980)、Cyrus and Beck(1978) 及 Liang and Barsky(1984)。齐次坐标裁剪算法在 Blinn and Newell(1978)、Riesenfeld(1981) 和 Blinn(1993, 1996, 1998) 中叙述。三维观察的各种编程技术在 Glassner(1990)、Arvo(1991)、Kirk(1992)、Heckbert(1994) 和 Paeth(1995) 中讨论。

三维 OpenGL 观察函数的完整列表在 Shreiner(2000) 中给出。使用三维观察的 OpenGL 编程例子请参见 Woo et al.(1999)。

练习题

10.1　给定 P_0、**N** 和 **V**，编写一个生成将世界坐标变换到三维观察坐标的矩阵的程序。观察向上向量可以是不平行于 **N** 的任意方向。

10.2 使用平行投影方法及任意指定的投影向量，编写从多面体顶点到投影坐标的变换程序。

10.3 编写一个先进行指定旋转再获得对象的各种平行投影视图的程序。

10.4 编写一个实现对象的一点透视投影的程序。

10.5 编写一个实现对象的两点透视投影的程序。

10.6 编写一个实现对象的三点透视投影的程序。

10.7 使用前面三个练习题中的子程序编写一个程序，依据键盘输入选择一点、两点或三点透视投影来显示一个三维立方体。该程序还允许用户在 xz 平面上绕中心旋转立方体。比较三种不同类型投影的视觉差异。

10.8 编写一个将透视投影棱台变换到规则平行六面体的程序。

10.9 将二维 Cohen-Sutherland 线段裁剪算法修改成用对称规范化观察体正方形裁剪三维线段的算法。

10.10 编写一个程序，生成 10 条随机线段，每一条线段只有一个端点位于一个对称规范化观察体内。使用前面练习中设计的三维 Cohen-Sutherland 线段裁剪算法和观察体对这组线段实现裁剪。

10.11 将二维梁友栋-Barsky 线段裁剪算法修改成用指定的规则平行六面体裁剪三维线段的算法。

10.12 编写一个与练习题 10.10 类似的程序，生成 10 条随机线段，每一条线段有一部分在指定的规则平行管道观察体内。使用前面练习题中开发的梁友栋-Barsky 线段裁剪算法和观察体来裁剪这些线段。

10.13 将二维梁友栋-Barsky 线段裁剪算法修改成使用指定的规则平行六面体裁剪一给定多面体的算法。

10.14 编写一个程序，将一个立方体显示在一个规则平行六面体中，并且允许用户利用键盘沿每一坐标轴平移该立方体。当立方体超出观察体的任意边界时，使用前面练习题中的算法对其裁剪。

10.15 编写一个在齐次坐标系中实现线段裁剪的子程序。

10.16 开发一个按指定棱台对对象进行裁剪的算法。将其中所用的操作与按规则平行六面体裁剪所用的操作进行比较。

10.17 将 Sutherland-Hodgman 多边形裁剪算法推广到使用对称规范化观察体对凸多边形进行裁剪的算法。

10.18 编写一个实现上一练习题算法的子程序。

10.19 编写一个和练习题 10.14 类似的程序，在一个规则平行六面体中显示一个可以通过键盘输入来沿观察体平移的立方体，当立方体超出观察体的任意边界时，使用前面练习题中实现的多边形裁剪算法对其裁剪。

10.20 编写一个在齐次坐标下实现多面体裁剪的算法。

10.21 修改 10.10 节的程序示例，允许用户为正方形的前面或后面指定视图。

10.22 修改 10.10 节的程序示例，允许将透视观察参数作为用户输入来指定。

10.23 修改 10.10 节的程序示例，使其能生成任意输入多面体的视图。

10.24 修改上一练习题的程序，使它能用正交投影生成多面体的视图。

10.25 修改上一练习题的程序，使它能用斜平行投影生成多面体的视图。

附加综合题

10.1 在本题中,要给表示场景中对象的多边形赋以"深度",并使用规范化观察体对它们裁剪。首先,为你的应用场景的多边形选定新的 z 坐标轴及三维方向,即让它们从目前所在的 xy 平面离开,并给定适当的深度。然后,实现 Sutherland-Hodgman 算法的扩充版本,使其可以用对称规范化观察体来对凸多边形进行裁剪。在下题中要使用这一算法来生成一个三维场景的某些局部。

10.2 在上一综合题的场景中选出一个视图,该视图的所有对象并不完全包含在观察体中。利用上一综合题中开发的算法使用观察体对多边形进行裁剪。编写一个使用平行投影和透视投影显示场景的程序。使用 OpenGL 三维观察函数实现该程序,选择合适的参数为每种情况指定观察体。允许用户通过键盘输入在两种投影中转换,注意两种情况的场景在视觉外观上的差别。

第 11 章 层 次 建 模

定义复杂对象或系统的最容易的方法是先指定各个局部，然后描述如何将这些局部拼装成为完整的对象或系统。例如，一辆自行车可以用车架、轮子、挡板、把手、座位、链条、踏板及定位这些部件形成自行车的规则来描述。可以用树形结构给出这种层次式的描述，其中局部作为树节点，而构造规则作为树枝。

在建筑和工程系统中，建筑布局、汽车设计、电子电路设计和家电设计普遍使用计算机辅助设计（CAD）方法。图形设计方法也可以用来表示财政、经济、组织、科学、社会和环境系统。我们经常创建仿真系统来研究系统在不同条件下的行为。仿真的结果可以作为指导性的工具或作为系统决策的基础。图形设计软件包通常提供创建和管理层次建模的子程序。有些软件包还包含预定义的形状，例如轮子、门、齿轮、轴和电子电路部件。

11.1 基本建模概念

创建和管理一个系统的表示称为**建模**（modeling）。系统的一种表示称为系统的一个**模型**（model）。系统的模型可以使用图形定义，也可以完全是描述性的定义，例如，系统参数之间的关系可以使用一组方程来定义。图形模型又称为**几何模型**（geometric model），因为系统的组成部分可以使用几何对象（如直线段、多边形、多面体、圆柱或球）来表示。这里我们仅仅考虑图形应用，因此使用模型这个术语来说明一个系统的计算机几何表示。

11.1.1 系统表示

图 11.1 是一个逻辑电路的图形表示，显示了许多系统模型的共同特征。系统的各个组成部分使用称为**符号**（symbol）的几何结构进行显示。符号之间的关系使用连线构成的网络来表示。这里使用了三个标准符号来表示布尔运算中的逻辑操作：与、或、非。连线则定义了系统的组成部分之间的输入/输出流关系（从左向右）。与门的符号显示在逻辑电路的两个不同位置上。在建立复杂的模型时，常常对一些基本符号重复放置。模型中，符号的每一次出现称为该符号的一个**实例**（instance）。在图 11.1 中，"或"和"非"的符号各有一个实例，而"与"的符号有两个实例。

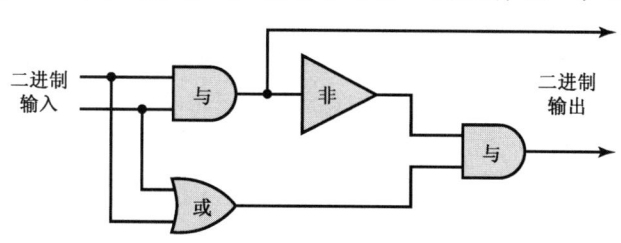

图 11.1 逻辑电路的模型

在很多情况下，表示系统各个部分的特定图形符号由系统描述进行指定。电路模型使用标准电路符号或者逻辑符号。对于表示抽象概念的模型，如政治、经济、财政系统，可以采用任何方便的几何图案作为符号。

描述模型的信息通常是几何数据和非几何数据的组合。几何信息包括定位部件的坐标值、输出图元和定义部件结构的属性函数,以及构造部件之间联系的数据。非几何信息包括文字标识、模型操作的算法描述和判别部件之间的关系和连接的规则(如果这些信息没有使用几何数据描述)。

指定构造和操作模型所需信息的方法有两种。一种方法是将信息存储在类似列表和链表的数据结构中。另一种方法是在过程中描述信息。通常,模型描述包括数据结构和过程,当然有些模型完全使用数据结构定义,而其他一些模型仅使用过程定义。物体的实体建模中大部分的信息是从定义坐标位置的数据结构中提取出来的,而很少使用过程。另一方面,对于天气模型,主要使用过程来计算温度和压强变化图。

作为一个说明如何组合使用数据结构和过程的例子,考虑如图 11.1 所示的逻辑电路的几种模型描述。一种方法是定义数据表中的逻辑部件(如表 11.1 所示),说明如何进行网络连接和电路操作的处理过程。在该表中的几何数据包括坐标值,以及绘制和定位门电路的必要参数。这些符号可以是多边形,或是直线段、椭圆弧的合成。各个部件的标识也包含在表中,而在显示为大家所公认的符号时也可以省略标识。然后,按照门电路的坐标位置和连接门电路的顺序,使用一个过程来显示门电路和构造连接线。再使用另外的一个过程,在给定输入时产生电路输出(二进制值)。该过程可以设置为仅仅显示最后的输出,也可以设置为显示中间值以说明电路的内部功能。

另一方面,可以在一个数据结构中指定电路模型的图形信息。在列出电路的每条线段端点的数据表中定义了连接线和门电路。然后使用一个简单的过程显示电路和计算输出。作为另一种极端情况,可以完全在过程中定义模型而不使用外部的数据结构。

表 11.1 定义图 11.1 电路中各个门的结构和位置的数据表

符 号 码	几何描述	标 识 符
Gate1	坐标和其他参数	and
Gate 2	…	or
Gate 3	…	not
Gate 4	…	and

11.1.2 符号层次

很多模型可以使用符号层次来组织。模型的基本元素可以使用适合于构造这种模型的简单几何形状进行定义。这些简单符号可用来形成称为**模块**(module)的组合对象,模块又可以形成更高层次的模块,从而形成模型的各个部分。在最简单的情况中,可以使用一层部件来描述模型,如图 11.2 所示。在电路的例子中,假设将门电路定位,并按照门电路描述中的连接规则对门进行连接。在这个层次描述中的基本符号是逻辑门。虽然门本身也可以描述为由直线、椭圆弧和文本形成的层次结构,但是这种描述不能方便地构造逻辑电路,因为逻辑电路中最简单的构造块是门。而在设计不同几何形状的应用中,基本符号可以定义为直线段和弧。

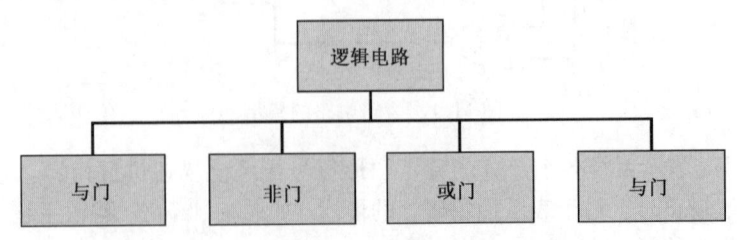

图 11.2 使用逻辑门构成的电路的层次描述

图 11.3 给出了二级符号的层次描述。设备的布局就是工作区的安排。每个工作区都配置了一套家具。基本的符号是各类家具：办公桌、椅子、书架、文件柜等。更高层的对象是配有不同家具结构的工作区。基本符号的引用由工作区中该符号的尺寸、位置和方向进行定义。位置由工作区中的坐标给出，方向则根据符号面向方向的旋转来指定。第二层的各个工作区由设备布局中具体的尺寸、位置和方向进行定义。每个工作区的边界配有分隔栏，而且提供了设备之间的通道。

通过在每个更高层次上重复对符号簇进行组合，可以形成更复杂的符号层次。图 11.3 中的布局可以扩展到包含符号簇以形成一幢大楼的不同房间、不同楼层、一个楼群的不同大楼及不同地点的不同楼群。

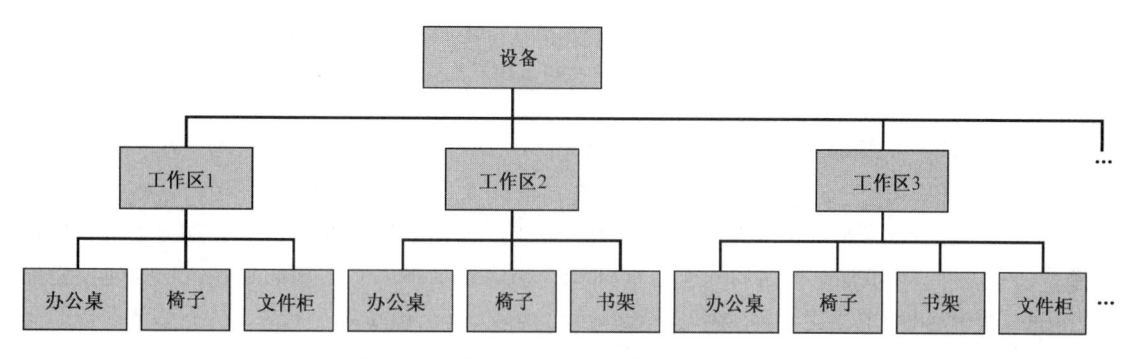

图 11.3 设备布局的二级符号的层次描述

11.2 建模软件包

虽然通用的图形系统可以用来设计和操纵系统模型，但对于特殊应用的建模，使用专用建模系统更为方便。建模系统根据符号层次提供了定义和重新调整模型表示的方法，图形程序处理符号的层次是为了显示目的。通用图形系统并不是针对广泛的建模应用进行设计，而有些图形软件包(如 PHIGS 和 GL)将建模功能和图形功能集成在一个软件包内。

如果图形库不包含建模功能，则可以使用图形子程序的建模软件包接口。或者，可以使用图形库中提供的几何变换和其他功能创建自己的建模子程序。

专用建模软件包(如某些 CAD 系统)按照应用的类型进行定义和构造。软件包为针对的应用提供符号形状的菜单和函数，并且可以支持二维或三维建模。建模软件包可以设计成二维或者三维的。

11.3 通用层次建模方法

可以通过将一个结构嵌套到另一个结构中以形成树形结构，从而创建系统的层次式模型。在将每个结构放进层次中时，将进行适当的变换以适合整体模型。例如，先将家具安排在各个办公室和工作区内，然后办公室和工作区可以组成不同的部门，这样由下而上形成层次。图 11.4 给出了多个坐标系和三维物体分层建模的一个应用实例。此图表示了拖拉机运动的模拟效果。当拖拉机运动时，拖拉机坐标系和前轮坐标系在世界坐标系中移动。当拖拉机转弯时，前轮在车轮系统中旋转，而车轮系统在拖拉机系统中旋转。

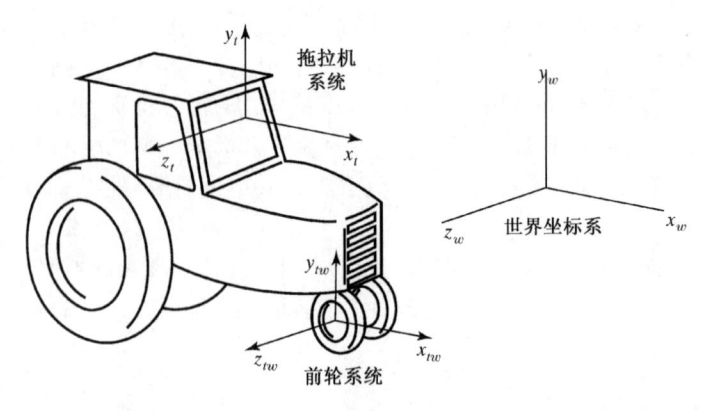

图11.4 模拟拖拉机运动可能使用的坐标系。前轮系统的旋转导致
拖拉机转弯。车轮和拖拉机参照系都在世界坐标系中运动

11.3.1 局部坐标

在许多设计应用中,通过基本符号集中的几何形状实例(变换后的副本)来构造模型。实例按适当的方向放置在模型的世界坐标参照系中。应用中使用的不同图形符号分别关于世界坐标参照系独立定义,该坐标系称为局部坐标系(local coordinate system)。局部坐标也称为建模坐标(modeling coordinate)或主坐标(master coordinate)。图 11.5 给出了两个符号(用于二维设备的布局应用)的局部坐标定义。

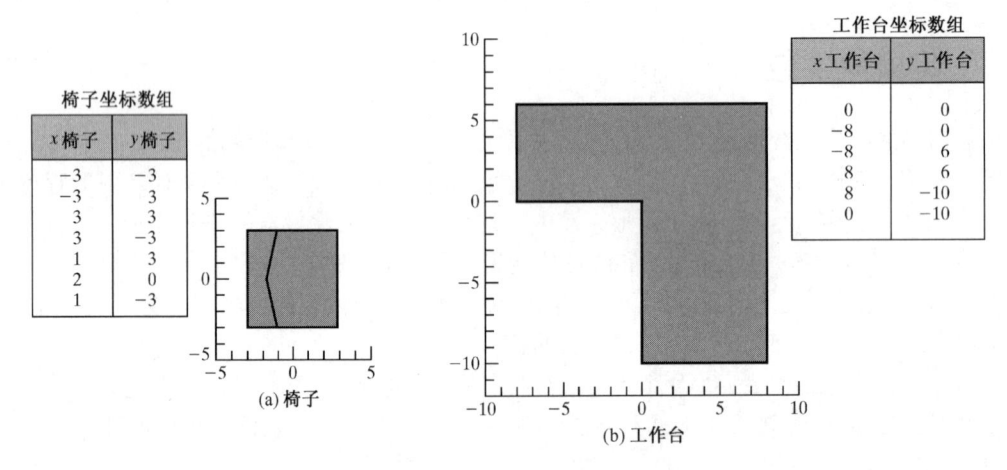

图 11.5 局部坐标系中定义的对象

11.3.2 建模变换

如果要构造一个图形模型,需要对定义有关符号的局部坐标进行变换,从而生成整体结构中这些符号的实例。作用于符号的建模坐标定义的变换称为建模变换(modeling transformation),建模变换给出符号在模型中的具体位置和方向。建模软件包中典型的建模变换包括平移、旋转和缩放,但是在某些应用中还有其他变换。

11.3.3 创建层次结构

层次建模的第一步需要将一组基本符号组合成一个模块,这些模块又组合成更高层次的模块,等等。首先,将一个初始模块定义为符号实例及其变换参数的列表。在下一层,将高一层的模块定义为符号实例和低一层模块及其变换参数的列表。这样的处理一直持续到树形结构的根，根代表了世界坐标系中的整个模型。

在建模软件包中，用下列命令创建一个模块：

```
createModule1
    setSymbolTransformation1
    insertSymbol1
    setSymbolTransformation2
    insertSymbol2
        .
        .
        .
closeModule1
```

为构成模块，每个基本符号的实例被赋予一组变换参数。同样，以下函数可以将模块组合成更高层的模块：

```
createModule6
    setModuleTransformation1
    insertModule1
    setModuleTransformation2
    insertModule2

    setSymbolTransformation5
    insertSymbol5
        .
        .
        .
closeModule6
```

每个模块或符号的变换函数指明如何将该对象组装到高层模块。通常提供选项将指定的变换矩阵左乘、右乘或置换当前变换矩阵。

虽然建模软件包提供一组基本符号，但它不一定包含特殊应用所需的形状。在这种情况下，我们可以在建模程序中创建附加的形状。以下伪代码示例了一个简单的自行车模型的说明：

```
createWheelSymbol

createFrameSymbol

createBicycleModule
    setFrameTransformation
    insertFrameSymbol

    setFrontWheelTransformation
    insertWheelSymbol

    setBackWheelTransformation
    insertWheelSymbol
closeBicycleModule
```

层次建模系统通常还包含许多其他建模子程序。可以有选择地显示模块或者暂时将模块从系统表示中除去。这些功能使设计者可以用不同的形状和结构进行实验。在设计过程中还可以突出显示和移动选中的模块。

11.4 使用 OpenGL 显示表的层次建模

我们可以用 OpenGL 的嵌套显示表形成层次模型来描述复杂对象。模型的每个符号和模块用 `glNewList` 函数创建。在高阶显示表的定义中可以用 `glCallList` 函数将一个显示表插入另一个显示表中。与每个插入对象关联的几何变换参数指定了该对象在上一层模块中的位置、方向和尺寸。例如，下列代码用来描述一部仅由车架和两个相同的轮子组成的自行车：

```
glNewList (bicycle, GL_COMPILE);
   glCallList (frame);

   glPushMatrix ( );
      glTranslatef (tx1, ty1, tz1);
      glCallList (wheel);
   glPopMatrix ( );

   glPushMatrix ( );
      glTranslatef (tx2, ty2, tz2);
      glCallList (wheel);
   glPopMatrix ( );
glEndList ( );
```

该程序创建了一个新的显示表，运行它将引入 `glCallList` 来执行两个附加的显示自行车两个轮子和车架的显示表。由于我们正在确定两个轮子和车架的相对位置，在对每一轮子实施定位的几何变换前调用 `glPushMatrix`，而在对轮子变换后调用 `glPopMatrix` 来重建先前状态的变换矩阵。这样可以把两个轮子的变换分割开来，如果不做对 `glPushMatrix` 和 `glPopMatrix` 的这些调用，那么相关变换将叠加而不是分割——事实上，我们按与第一个轮子而不是车架的相对位置来定位第二个轮子。

正如这个显示表要和其他列表一起组合一样，车架显示表也要和描述把手、链条、踏板及其他零部件的显示表组合在一起，而轮子的显示表还要和描述轮圈、车刹和轮圈外面轮胎的显示表组合在一起。

11.5 小结

计算机图形应用中的术语"模型"是指某系统的图形表示。系统中的部件使用局部坐标系（也称为建模坐标系或主坐标系）中的符号表示。很多模型（例如电路）可以通过在选定的位置和指定的方向放置符号的实例而构成。

很多模型使用多层符号进行构造。我们可以嵌套模块来构造层次模型，其中模块由符号的实例和其他模块组成，然后继续向下嵌套直到成为仅包括输出图元（和属性）的符号。因为每个符号或模块嵌套在上层模块中，在嵌套结构中必须指定它们的建模变换参数。

使用 OpenGL 显示表也可以设置层次模型。`glNewList` 函数用于定义系统的整体结构及其成员模块。在指定了插入对象的一系列确定位置、方向和尺寸的变换后，用 `glCallList` 将各个符号和模块插入上一层模块。

参考文献

使用 OpenGL 进行建模的例子参见 Woo et al. (1999)。

练习题

11.1　讨论适用于几种不同类型系统的模型表示。同时讨论对于每个系统如何实现图形表示。

11.2　设计一个二维设备布局软件包。为设计者提供设备形状的菜单，让设计者可以在一个房间的任何地方放置设备（一个层次）。实例的变换限于平移和旋转。

11.3 扩展上一练习题，使家具的尺寸可以缩放。

11.4 设计一个有设备形状菜单的二维设备布局软件包。使用两层结构，家具放在不同的工作区中，而工作区可以放置在更大的区域中。在工作区内仅使用平移和旋转变换来放置不同形状的家具。

11.5 扩展上一练习题，使家具尺寸可以缩放。

11.6 编写一组子程序，用于构造和显示逻辑电路中采用的标准逻辑符号。符号集至少包括图 11.1 中的与门、或门和非门。

11.7 开发一个用户在电路网络中定位电子符号的逻辑电路设计软件包。使用上一练习题中的符号集，并且仅使用平移将菜单中形状的实例放置于网络中。一旦将组件放入网络，就使用直线段与其他指定元件相连。

11.8 编写一组子程序用于编辑已经在应用程序中创建的模块。这些子程序必须提供下列编辑操作：追加、插入、置换和删除模块元素。

11.9 给定一个模型中所有显示对象的坐标范围，编写一个子程序删除任意选定的对象。

11.10 编写一个程序来显示和删除一个模型中的指定模块。

11.11 编写一个子程序，可以有选择地将模块从一个模型的显示中去除或放回。

11.12 编写一个程序，用某种方式突出显示选定的模块。例如，选定模块可以用不同的颜色显示，或者用一个矩形框包围选定模块。

11.13 编写一个程序，用闪烁方式突出显示一个模型中选定的模块。

附加综合题

11.1 回顾前面的综合题，你可能已经从容易建模的角度出发，根据相对位置和方向把场景中的部分对象组织成一个组。然后，使用将对象的局部变换从局部坐标系转换到全局坐标系的变换。本题中将此概念再深入展开。考虑一种方法，让你的应用中的对象互相关联，识别可以一起建模的对象组。如果场景中没有具备这种特性的对象，考虑使用多个多边形构建一个对象模型，这些多边形在位置、大小或方向的变化上与组成该对象模型的其他多边形相关联。这需要修改每个对象的描述，使它们由多个多边形组成。在以后的几章中你将学到更多的关于三维对象表示的知识，但这个临时性解决方案可以使你体验层次建模。可能的话，试一试建立二级或更多级的层次来体验一下完整的层次式地组织对象的应用。识别每一个对象组的组成部分及它们之间如何交互。

11.2 使用上一综合题中开发的对象层次式组织来实现在前几章中开发的场景的简单动画。因为对前几章场景中的对象加入了 z 坐标轴和方向，早先开发的变换可能要进行修改。建立定义每一个对象的显示表，合理地使用 11.4 节的显示表对每一个对象完成相关的变换。使用第 10 章开发的透视投影观察方案在显示窗口中显示该动画。

第12章 计算机动画

计算机生成动画的代表性应用有娱乐(电影和卡通片)、广告、科学和工程研究及培训和教学。尽管我们在考虑动画时暗指对象的移动,但术语"**计算机动画**"(computer animation)通常指场景中任何随时间而发生的视觉变化。除了通过平移、旋转来改变对象的位置,计算机生成的动画还可以随时间进展而改变对象大小、颜色、透明性和表面纹理等。广告动画经常把一个对象形体变成另一个,例如将一个油罐变成一个汽车发动机。计算机动画还可以通过改变照相机的参数(例如位置、方向和焦距)来生成。我们还可以通过改变光照效果和其他参数及照明和绘制过程来生成计算机动画。

许多计算机动画的应用要求有真实感的显示。利用数值模型来描述的雷暴雨或其他自然景象的精确表示对评价该模型的可靠性是很重要的。同样,培训飞机驾驶员和大型设备操作员的模拟器必须生成环境的精确表示。另一方面,娱乐和广告应用有时较为关心视觉效果。因此可能使用夸张的形体与非真实感的运动和变换来显示场景。但确实有许多娱乐和广告应用要求计算机生成场景的精确表示。在有些科学和工程研究中,真实感并不是一个目标。例如,物理量经常使用随时间而变化的伪彩色或抽象形体来显示,以帮助研究人员理解物理过程的本质。

创建动画序列有两种基本方法:**实时动画**(real-time animation)和**逐帧动画**(frame-by-frame animation)。实时动画的每个片段在生成之后就立即播放,因此生成动画的速率必须符合刷新频率的约束。对于逐帧动画,场景中每一帧是单独生成和存储的。然后,这些帧可以记录在胶片上或以"实时回放"模式连贯地显示出来。简单的动画可以实时生成,而复杂动画的生成要慢得多,通常逐帧生成。然而,有些应用不论动画复杂与否,始终要求实时生成。例如,为了即时响应控制命令的改变,飞行模拟器必须生成实时的计算机动画。在这些场合,我们常常采用专用的硬件和软件系统来快速生成复杂的动画序列。

12.1 计算机动画的光栅方法

在多数情况下,我们在程序中使用实时方法生成简单的动画序列。但对于光栅扫描系统,我们通常一次一帧地生成动画序列,因而可以将生成的帧保存到文件中供以后观看。按顺序循环播放这些帧就可以观看动画,也可以将这些帧转换为胶片。如果需要实时生成动画,产生运动帧的速度必须足够快,以保证显示出连续的运动序列。对于复杂的场景,一个刷新周期的大部分时间被用来创建动画的一帧。因此,先生成的对象在刷新周期内显示的时间较长,而在刷新周期末期生成的对象几乎刚显示出来就消失了。进而,对于很复杂的场景,创建一个帧所需的时间大于一个刷新周期,这将导致运动漂移和帧破裂的显示缺陷。由于屏幕显示是通过刷新缓存中被连续修改的像素值来生成的,我们可以利用光栅屏幕刷新过程的某些特性来快速产生运动序列。

12.1.1 双缓存

在光栅系统中生成实时动画的一种方法是使用两个刷新缓存(称为双缓存)。初始状态时,在第一个缓存中创建动画的一帧;然后,当用该缓存中的帧刷新屏幕时,在第二个缓存中创建下一帧;下一帧创建完成后,互换两个缓存的角色;因而刷新进程开始用第二个缓存中的帧来刷新屏幕,同时在第一个缓存中继续创建下一帧。这种轮换缓存的操作贯穿于整个动画显示过程中。支持双缓存的图形库通常提供一个激活双缓存的函数和一个互换缓存角色的函数。

当发出一个转换两个缓存的命令后，交换操作可能以不同的节拍来执行。最直接的方法是在当前刷新周期的末期(即电子束垂直回扫阶段)交换两个缓存。如果程序可以在一个刷新周期(例如1/60秒)内创建好一帧，则运动序列的显示可以与屏幕刷新速率同步。但如果创建一帧的时间长于一个刷新周期，则在创建下一帧的时候，当前帧要显示两个或更多的刷新周期。例如，如果屏幕刷新速率为每秒60帧，并且创建一帧需要1/50秒，则每帧需要显示两次，即动画速率只有每秒30帧。类似地，如果创建一帧需要1/25秒，则动画速率降为每秒20帧，因为每帧要显示三次。

使用双缓存时，如果创建一帧的时间非常接近刷新周期的整数倍，则容易出现不规则动画帧率的问题。例如，如果屏幕刷新速率为60帧/秒，则当创建一帧的时间在1/60秒、2/60秒、3/60秒或更多倍时，很可能导致不稳定帧率。由于生成图形元素及其属性的函数的执行时间的微小变化，有些帧创建的时间短一点，而有些帧会长一点。这将导致动画帧率突然和不稳定地发生变化。弥补这种效应的一种方法是在程序中加入少许时延，另一种方法是改变运动或场景描述来缩短创建帧的时间。

12.1.2 用光栅操作生成动画

使用矩形像素阵列的块移动可以为有限的应用生成实时光栅动画。游戏程序经常使用这种动画技术。例如在7.6节中，在 xy 平面上移动一个对象的简单方法是将定义该对象形状的一组像素从一个位置移动到另一个位置。90°的倍数的二维旋转是很容易实现的，尽管可以利用反走样过程绕任意角度旋转一个矩形块像素。对于非90°的倍数的二维旋转，则需要确定旋转后重叠区域的百分比。执行光栅操作序列可以实现二维或三维对象的实时动画，只要将动画限制为在投影平面上的运动。这样不会要求使用观察操作和可见面算法。

我们还可以沿一个二维路径使用**颜色表变换**(color-table transformation)来实现对象的动画。其中，我们沿运动路径的相连位置预先定义对象，并将相继块的像素值设为颜色表入口。将对象的第一个位置的像素设为前景色，而将其他对象位置的像素设为背景色。然后通过修改颜色表的值将运动路径上后一对象位置的像素设为前景色而将前一对象位置的像素设为背景色来实现动画(参见图12.1)。

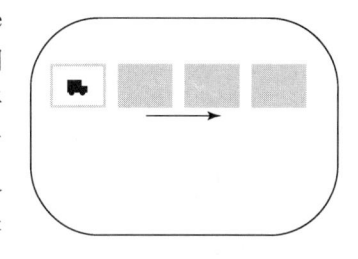

图12.1 实时光栅颜色表动画

12.2 动画序列的设计

创建动画序列是一项复杂的工作，特别是包含一个情节串和多个对象时，每个对象都可能以不同的方式运动。通常，一个动画序列按照以下几步进行设计：

- 故事情节拆分
- 对象定义
- 关键帧描述
- 插值帧的生成

情节板(storyboard)是动作的概述，它将一个运动序列定义为一组即将发生的事件。根据目标动画的类型，情节板可以由一组粗略的素描加上对运动的简单描述组成，也可以是一个关于动作的基本思路的列表。最初，运动的素描被贴在大板上用来全面观察动画项目，因而被称为情节板。

为动作的每一个参加者给出**对象定义**(object definition)。对象可能使用基本形体如多边形或样条曲线进行定义。另外，也常常为情节中每一角色或对象的运动给出描述。

一个**关键帧**(key frame)是动画序列中特定时刻的一个场景的详细图示。在每一个关键帧中，每一个对象(或角色)的位置依赖于该帧的时刻。某些关键帧选择在动作的极端位置，另一些则以不太长的时间间隔进行安排。复杂的运动要比简单的缓慢变化运动需要更多的关键帧。设置关键帧通常是高级动画师的任务，通常为动画中的每个角色安排一个单独的动画师。

插值帧(in-betweens)是关键帧之间的帧。插值帧的数量取决于用来显示动画的介质。电影胶片要求每秒 24 帧，而图形终端按每秒 60 帧以上来刷新。一般情况下，运动的时间间隔设定为每一对关键帧之间有 3~5 个插值帧。依赖于为运动指定的速度，有些关键帧可重复使用。一分钟没有重复的电影胶片需要 1440 帧。如果每两个关键帧之间有 5 个插值帧，则需要 288 个关键帧。

可能还要求其他一些依赖于应用的任务。包括运动的验证、编辑和音轨的生成与同步。生成一般动画的许多功能现在都由计算机来完成。图 12.2 和图 12.3 展示了计算机生成的动画序列的帧。

图 12.2 获奖计算机动画短片"Luxo Jr"中的一帧。该片使用一个关键帧动画系统和卡通动画技术设计而成，以提供灯的仿生操作。最终图像使用多光源和过程式纹理技术进行控制(Pixar提供)

图 12.3 获得奥斯卡奖的第一个计算机动画短片"Tin Toy"中的一帧。使用关键帧系统设计而成，该片大量使用了面部表情模型。最终图像使用了过程式明暗技术、自身阴影技术、运动模糊技术和纹理匹配技术绘制而成(Pixar提供)

12.3 传统动画技术

电影动画师使用多种方法来描绘和强调运动序列。这些方法包括对象变形、间隔动画帧、运动的预期与完结及动作聚焦。

挤压和拉伸(squash and stretch)是模拟加速效果(特别是对非刚性物体)的最重要的技术之一。图 12.4 展示了使用该技术来强调一个弹跳的球的加速和减速。当球加速时，它开始拉伸。当球撞到地面并停下时，它先被压缩(挤压)，然后在加速向上弹跳时又开始拉伸。

另一个技术是**定时**(timing)，即确定运动帧之间的间隔。一个缓慢运动的物体用多个间隔很近的帧表示，而一个快速运动的物体用其运动路径上较少的帧来表示。图 12.5 演示了这种效果，其中帧之间的位置变化随着球的运动变快而增加。

对象运动也可以通过创建预备动作来强调。预备动作指出对于即将发生的运动的**预期**(anticipation)结果。例如，一个卡通角色在起跑之前可能会向前倾并且扭转身体，或者在抛球之前做一个挥臂动作。同样，**完结动作**(follow-through action)也可以用来强调之前的运动。抛球之后，卡通角色可能继续摆臂到身后，或者跑动中突然停下来后帽子掉了。动作还可以用**分级**(staging)来强调。这可以使用任何聚焦到场景中的重要部分的方法，例如聚焦到一个正在藏东西的角色。

图 12.4　弹跳的球示例强调物体加速的"挤压和拉伸"技术

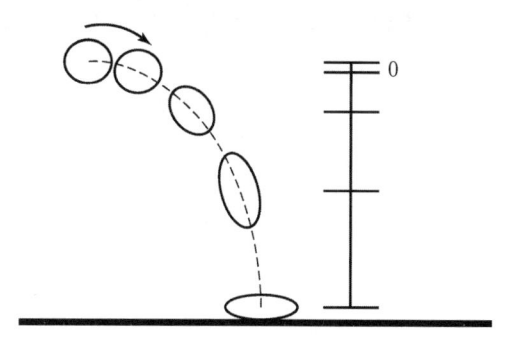

图 12.5　弹跳的球的运动帧之间的位置随着球的速度增加而可能有的变化

12.4　通用计算机动画功能

很多软件包分别按照支持通用动画设计或支持专用动画设计的目标来开发。典型的动画功能包括管理对象运动、生成对象视图、产生照相机运动和生成插值帧。某些动画软件包，例如 Wavefront，提供了整体动画设计和处理单个对象的专门功能。其他专用软件包仅处理动画的某些特性，例如生成插值帧或制作形体动画的系统。

动画软件包中有存储和管理对象数据库的功能。对象形状及其参数存于数据库中并可更新。其他的对象功能包括生成运动和绘制对象表面。运动可依赖指定的约束、使用二维或三维变换而生成。然后可以使用标准函数来识别可见曲面并应用绘制算法。

另一种典型功能是模拟照相机的运动，标准的运动有拉镜头、摇镜头和倾斜。最后，给出对关键帧的描述，然后自动生成插值帧。

12.5　计算机动画语言

通用语言，例如 C、C++、Lisp 或 FORTRAN，常用来编写设计和控制动画序列的函数。但是人们已经开发了若干种专用的动画语言，它们通常包括图形编辑器、关键帧生成器、插值帧生成器及标准的图形子程序。图形编辑器让我们可以使用样条曲面、结构实体几何方法或其他表示框架来设计和修改对象形状。

动画描述中的一个重要任务是场景描述(scene description)。这包含对象和光源的定位，光度参数(光源强度和表面照明特性)的定义，以及照相机参数(位置、方向和镜头特性)的设定。另一标准功能是动作描述。这包括对象和照相机的运动路径安排。我们还需要一般的图形子程序：观察和投影变换、作为加速度函数或运动路径描述的生成对象运动的几何变换、可见面识别及表面绘制操作。

关键帧系统(key-frame system)最初是专用的动画子程序，用来从用户描述的关键帧简单地生成插值帧。现在，这些子程序通常作为更加通用的动画软件包中的一个组件。在最简单的情况下，场景中的每一对象定义为通过关节连接并具有有限自由度的刚体。例如，图 12.6 中的单臂机器人有 6 个自由度：手臂挥动、肩部转动、肘部伸展、投掷、左右摇转和滚动。我们可以让基座进行三维平移而使自由度增加到 9 个(参见图 12.7)。如果我们让基座旋转，则机器人可有 12 个自由度。相比之下，人体有 200 多个自由度。

参数系统(parameterized system)将对象运动特征作为对象定义的一部分进行描述。可调整的参数控制某些对象特征，如自由度、运动限制和允许的形体变化等。

脚本系统(scripting system)允许通过用户输入的脚本来定义对象描述和动画序列。各种对象和运动的库按脚本进行构造。

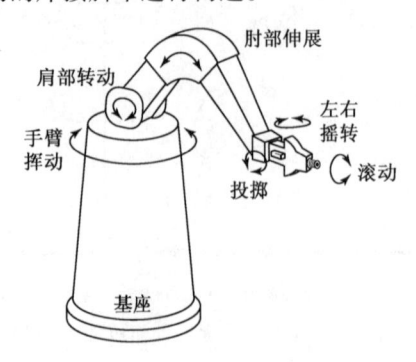

图 12.6　固定的单臂机器人的自由度

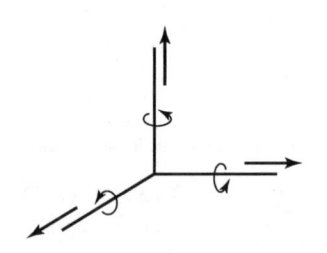

图 12.7　机器人手臂基座的平移和旋转自由度

12.6　关键帧系统

关键帧系统可以从两个(或多个)关键帧的描述生成一组插值帧。运动路径可以使用运动学描述(kinematic description),如使用一组样条曲线来给出运动路径,也可以通过说明作用在动画对象上的力来给出基于物理(physically based)的运动描述。

对于复杂的场景,可以将一帧分解为多个称为 cels(celluloid transparencies)的部分或对象。术语"cels"来自卡通动画技术。背景和场景中的每个角色被分别放在不同的幻灯片上。将这些幻灯片按从背景到前景的顺序叠在一起,然后拍照得到一个完整的帧。给定动画路径,我们根据关键帧的时间通过插值得到各个角色的下一个 cels 的位置。

对象的形状由于使用复杂的对象变换而随时间改变。这些例子有衣服、面部特征、放大的细节、演化的形体、爆裂或分解的对象,或将一个对象变换成另一个。对于用多边形网格表示的曲面,这些改变将导致多边形形状的重大改变,因而每个多边形的边数在各帧之间可能不同。根据定义关键帧的需要来增减多边形的边,可以将这些改变合并到生成插值帧的过程中。

12.6.1　变形

对象的形状从一个形态到另一个形态的变换称为**变形**(morphing,是 metamorphosing 的缩写)。动画师通过在两个关键帧之间的插值帧转变多边形的形状来为变形建模。

为一个对象的变换指定两个关键帧,每帧包含不同数量的线段指定对象的变换。我们先调整其中一帧的对象描述,使两帧有相同数量的多边形边数(或顶点数)。图 12.8 给出了这一步预处理。关键帧 k 中的一条线段变换成关键帧 $k+1$ 中的两条线段。由于关键帧 $k+1$ 有额外的顶点,因此在关键帧 k 的顶点 1 和 2 之间添加顶点,从而平衡两帧中的顶点数(边数)。使用线性插值方法来产生插值帧。将添加的关键帧 k 的顶点沿图 12.9 中给出的直线路径迁移到顶点 3′。图 12.10 给出了一个三角形展开为一个四边形的例子。

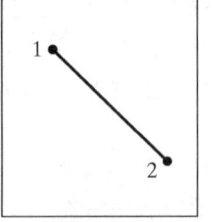

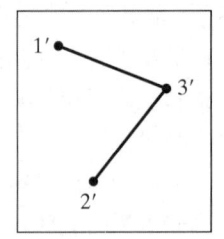

关键帧 k　　　关键帧 $k+1$

图 12.8　关键帧 k 中顶点位置 1 和 2 之间的一条边演化为关键帧 $k+1$ 中两条连接的边

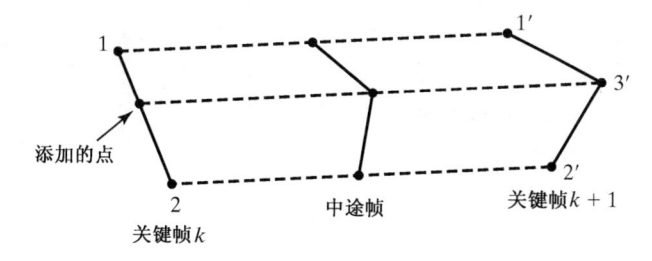

图 12.9　将关键帧 k 中的一条线段变换到关键帧 $k+1$ 中连接的两条线段的线性插值

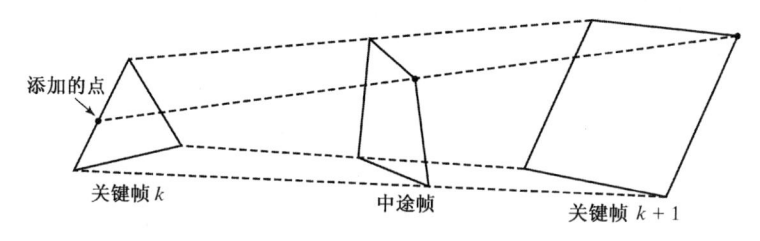

图 12.10　三角形变换到四边形的线性插值

我们可以把在一个关键帧中添加一定量的边或顶点称为关键帧补偿通用预处理规则。先考虑补偿边的数量，其中参数 L_k 和 L_{k+1} 表示两个相继帧的线段数。待补偿的线段的最大和最小数量确定如下：

$$L_{\max} = \max(L_k, L_{k+1}), \qquad L_{\min} = \min(L_k, L_{k+1}) \qquad (12.1)$$

且

$$\begin{aligned}N_e &= L_{\max} \bmod L_{\min} \\ N_s &= \operatorname{int}\left(\frac{L_{\max}}{L_{\min}}\right)\end{aligned} \qquad (12.2)$$

边补偿预处理由下列两步实现：

1. 将边数少的关键帧的 N_e 条边分成 N_s+1 部分。
2. 将边数少的关键帧的余下边分成 N_s 部分。

例如，如果 $L_k=15$、$L_{k+1}=11$，我们将关键帧 $k+1$ 的 4 条边的每一条分成两部分。而关键帧 $k+1$ 的剩余边则不做处理。

如果补偿顶点数，则可以使用参数 V_k 和 V_{k+1} 表示两个连续帧的顶点数。在这种情况下，待补偿的顶点的最大和最小数量确定如下：

$$V_{\max} = \max(V_k, V_{k+1}), \qquad V_{\min} = \min(V_k, V_{k+1}) \qquad (12.3)$$

且

$$\begin{aligned}N_{ls} &= (V_{\max}-1) \bmod (V_{\min}-1) \\ N_p &= \operatorname{int}\left(\frac{V_{\max}-1}{V_{\min}-1}\right)\end{aligned} \qquad (12.4)$$

使用顶点数的预处理通过以下步骤实现：

1. 在点数最少的关键帧中，在 N_{ls} 线段的部分中添加 N_p 个点。
2. 在点数最少的关键帧中，在余下的边中添加 N_p-1 个点。

对于三角形-四边形的例子，$V_k=3$ 而 $V_{k+1}=4$，N_{ls} 和 N_p 均为 1。因此，在三角形的一条边上添加一个点，其余边不用添加点。

12.6.2 模拟加速度

曲线拟合算法常用来指定关键帧之间的动画路径。给定关键帧的顶点位置，可以使用线性或非线性路径进行拟合。图 12.11 给出了关键帧的非线性拟合。为了模拟加速度，我们可以调整插值的时间间隔。

对于恒定速度(加速度为零)的运动，我们使用等时间间隔的插值帧。假定我们需要在时间 t_1 和 t_2 的关键帧中插入 n 帧(参见图 12.12)，关键帧之间的时间段则分成 $n+1$ 个子段，给出插值帧的间隔：

$$\Delta t = \frac{t_2 - t_1}{n+1} \tag{12.5}$$

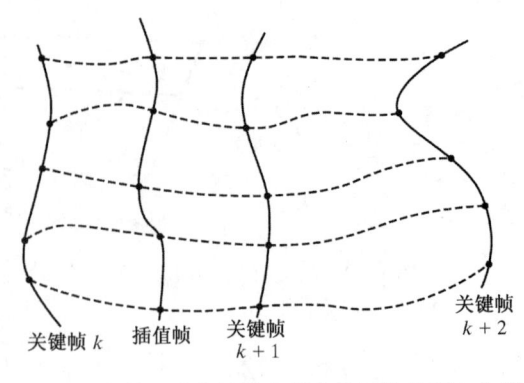

图 12.11 使用非线性样条拟合关键帧的顶点位置

计算第 j 个插值帧的时刻：

$$tB_j = t_1 + j\Delta t, \quad j = 1, 2, \cdots, n \tag{12.6}$$

并利用这个时间值确定此运动帧的坐标位置、颜色值及其他的物理参数。

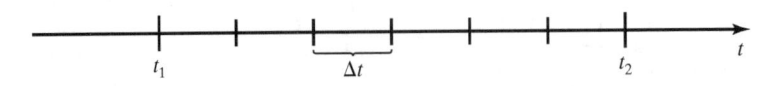

图 12.12 匀速运动的插值位置

速度变化(非零加速度)在动画电影或卡通片中是必需的，尤其是在运动序列的开始和结束处。我们可以使用样条曲线或三角函数来给出动画路径中的启动和减速部分的模型。抛物线和三次时间函数应用于加速度建模。动画软件包一般提供三角函数来模拟加速度。

为了模拟加速度(正向加速度)，我们让帧之间的时间间隔增加，使得在对象移动加快时有较大的位置变化。我们可以利用下列函数得到增加的间隔：

$$1 - \cos\theta, \quad 0 < \theta < \pi/2$$

对于 n 个插值帧，第 j 个插值帧的时刻可以计算如下：

$$tB_j = t_1 + \Delta t \left[1 - \cos\frac{j\pi}{2(n+1)}\right], \quad j = 1, 2, \cdots, n \tag{12.7}$$

其中，Δt 是两个关键帧之间的时间差。图 12.13 给出了 $n=5$ 时三角加速度函数和插值间隔的图示。

我们可以利用 $\sin\theta$ 在 $0 < \theta < \pi/2$ 范围内来模拟降低速度(减速度)的情况。一个插值帧的时间位置现在定义为

$$tB_j = t_1 + \Delta t \sin\frac{j\pi}{2(n+1)}, \quad j = 1, 2, \cdots, n \tag{12.8}$$

图 12.14 给出了有 5 个插值帧时该函数的图示，以及时间间隔的减小程度。

运动常包含加速和减速，我们可以通过先增加插值时间间隔，再减小该间隔的办法来实现加减速度的混合建模。实现该时间变化的函数是

$$\frac{1}{2}(1 - \cos\theta), \quad 0 < \theta < \pi/2$$

现在第 j 个插值帧的时刻计算如下：

$$tB_j = t_1 + \Delta t \left\{ \frac{1 - \cos[j\pi/(n+1)]}{2} \right\}, \qquad j = 1, 2, \cdots, n \qquad (12.9)$$

Δt 表示两个关键帧的时间差。运动对象的时间间隔如图 12.15 所示先增加然后减少。

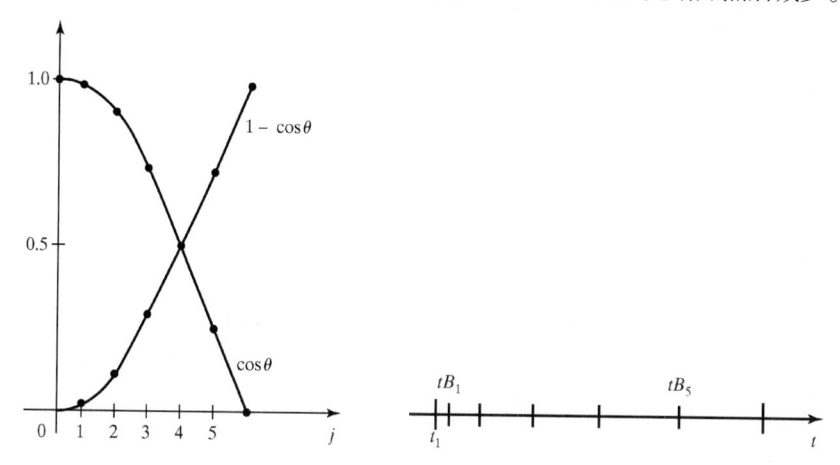

图 12.13　在式(12.7)中，$n=5$ 且 $\theta = j\pi/12$ 时，三角加速度函数和对应的插值间隔，当对象移经每一时间间隔时，产生递增的坐标变化

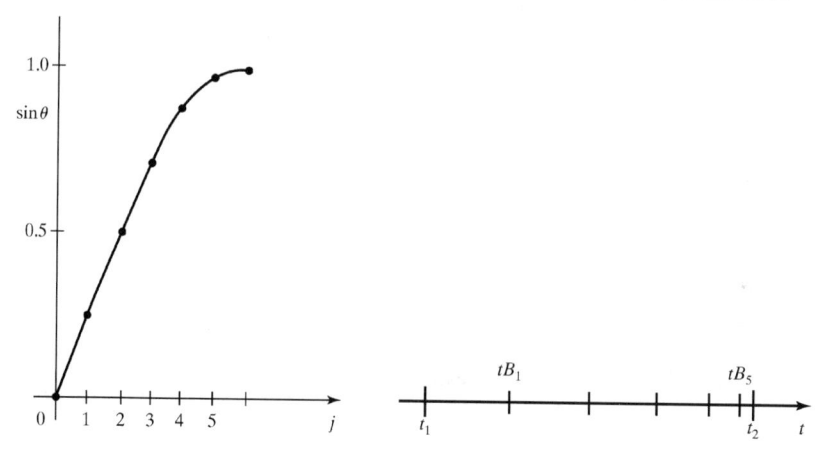

图 12.14　在式(12.8)中，$n=5$ 且 $\theta = j\pi/12$ 时，三角减速度函数和对应的插值间隔，在对象移经每一时间间隔时，产生递减的坐标变化

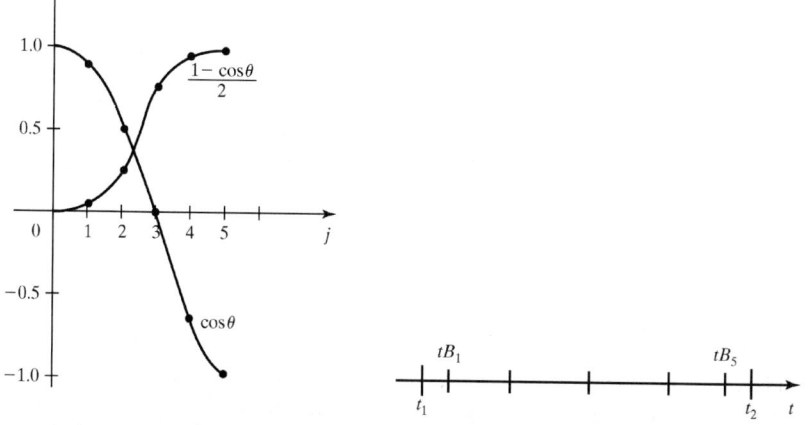

图 12.15　在式(12.9)中，$n=5$ 时，三角加速度－减速度函数和 $(1-\cos\theta)/2$ 对应的插值间隔

通过使用"骨架"(线框图)来对对象进行初始建模,可以简化处理插值帧。这样可以交互地调整运动序列。在动画序列完全定义好以后,就能完整地绘制对象。

12.7 运动的描述

描述动画序列一般可采用包括从显式指定运动路径到描述产生运动的相互作用的一系列方法。因此,我们可以通过给定变换参数、运动路径参数及作用在物体上的力或物体之间相互作用产生运动的细节来定义运动将如何发生。

12.7.1 直接运动描述

定义运动序列的最直接的方法是几何变换参数的直接运动描述法(direct motion specification)。这里,我们显式地给出旋转角度和平移向量,然后使用几何变换矩阵来对坐标位置进行变换。我们也可以使用一个包含这些参数的近似等式来描述某种运动。例如,可以使用衰减的、校正的正弦曲线(参见图12.16),从而近似地给出跳跃的球的路径:

$$y(x) = A|\sin(\omega x + \theta_0)|e^{-kx} \qquad (12.10)$$

这里 A 是初始振幅(球高于地面的高度),ω 是角度频率,θ_0 是相位角,k 是衰减常数,这种运动描述方法可以用于简单的用户编程的动画序列。

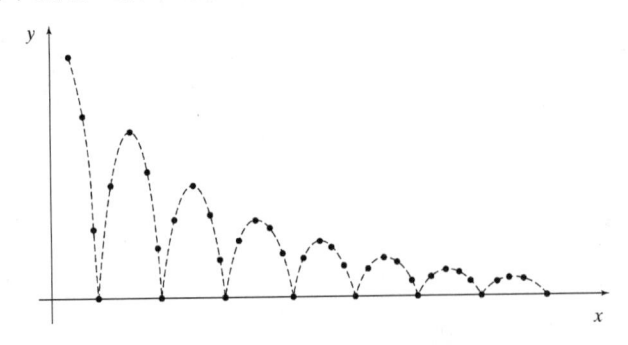

图12.16 利用衰减的正弦函数式(12.10)来近似给出弹球的运动

12.7.2 目标导向系统

另一方面,我们可以利用抽象地描述动作的最终结果来概括地描述即将发生的运动。也就是说,通过运动的最终状态来描述动画。由于这些系统根据动画的目标确定出运动参数,因此将其称为目标导向(goal-directed)系统。例如,可以说明要使一个对象"走"或"跑"到一个特定位置,或者说明要求一个对象去"拾取"某一另外的对象。输入命令将按照实现所描述任务的部件运动来解释。例如,人体运动可定义成躯干、四肢和其他部分子运动的层次结构。因而,当类似"走到门口"的目标给出后,需要完成此动作的躯干和四肢的运动就会被计算出来。

12.7.3 运动学和动力学

我们还可以使用运动学(kinematic)或动力学(dynamic)来构造动画序列。在使用运动学描述时,通过给出运动参数(位置、速度和加速度)来指定动画,而并不引入引起运动的力。对于匀速(零加速度)情况,通过为每一对象给出初始位置和速度向量来指定场景中每一刚体的运动。例如,如果速度指定为(3, 0, -4) km/s,那么该向量给出了直线运动的路径方向且速度(速度的量)是5 km/s。如果我们指定加速度(速度变化率),就能生成加速、减速和曲线运动路径。我们还可以通过简单地叙述运动路径来给出运动的运动学描述。这通常使用样条曲线来实现。

一种替代方法是使用反向运动学(inverse kinematic)。这里，我们指定在确定时间内对象的初始和最终位置，然后由系统计算移动参数。例如，假定为零加速度，可以确定实现一个对象从初始位置到最终位置运动的恒定速度。该方法常用于复杂对象，给定该对象末端节点（如手或脚）的位置和方向，由系统确定实现所需运动的其他节点的运动参数。

另一方面，动力学描述要求产生速度和加速度的力的描述。在该力作用下的对象行为的描述通常称为基于物理的建模（参见第15章）。影响对象运动的力的例子有电磁力、重力、摩擦力和其他机械力。

对象的运动可由描述物理定律的力学公式而得到。例如，重力和摩擦力运动的牛顿定律，描述流体的 Euler 或 Navier-Stokes 公式，以及描述电磁力的 Maxwell 公式。例如质量 m 的牛顿第二定律的一般形式是

$$\mathbf{F} = \frac{\mathrm{d}}{\mathrm{d}t}(m\mathbf{v}) \tag{12.11}$$

其中，$\mathbf{F}$ 是力向量，$\mathbf{v}$ 是速度向量。如果质量是常数，我们得到等式 $\mathbf{F} = m\mathbf{a}$，这里 $\mathbf{a}$ 是加速度向量。否则，质量是时间的函数，正如在相对运动中或在单位时间内消耗可计量燃料的宇宙飞船的运动中一样。我们还可以给定对象的初始和最终位置及运动类型，利用反向动力学(inverse dynamic)来获得力。

基于物理模型的应用包括复杂的刚体系统和类似布和塑料材料的非刚体系统。一般情况下，数值方法较多地用于从使用初始条件或边界值的动态方程中获得运动参数。

12.8 角色动画

单个对象的动画相对比较直观。而对于人体或动物之类的复杂形体，生成真实感动画就比较困难了。考虑人（或具有人特点）的角色行走或奔跑的动画。由于人们对自己的行走或奔跑形象有过观察，因此对动画角色的移动会有特定的期待。如果动画中角色移动不满足相应的期待，就会影响人们对角色的认同。因此，角色动画中许多工作集中在建立对运动的认同上。

12.8.1 关节链形体动画

制作人、动物、昆虫和其他生物的动画的一种基本技术是利用**关节链形体**(articulated figure)建模。关节链形体是由一组通过旋转节点连接的刚性连杆组成的层次结构（参见图12.17）。这表示将动画对象建模成移动的棍状形体或简化的骨架。其后再用表示皮肤、毛发、羽毛、衣服或其他遮盖物的曲面包裹骨架。

关节链形体的连接点（或铰链）位于肩、臀、膝和其他骨骼关节。当身体移动时，这些关节按特定的路径运动。例如，指定对象的运动，肩部就自动按一定的方式移动。并且，肩部移动，手臂也跟着移动。我们定义不同类型的移动（例如走、跑、跳）并将它们与节点和连杆的特定运动关联起来。

例如，图12.18定义了一系列走动的腿的运动。臀部节点沿水平线向前平移，而连杆进行一系列围绕臀、膝和踝节点的运动。从直腿开始[参见图12.18(a)]，第一个运动是当臀部前移时膝部弯曲[参见图12.18(b)]。然后腿向前摆动，回到垂直位置，再向后摆动，如图12.18(c)~图12.18(e)所示。最后的运动是腿向后大

图12.17 一个有9个节点和12个连杆的简单关节链形体，椭圆形的头不计在内

幅摆动然后直腿回到垂直位置，如图 12.18(f) 和图 12.18(g) 所示。在整个动画过程中，上述运动周期重复进行，直到形体移动指定的距离或时间。

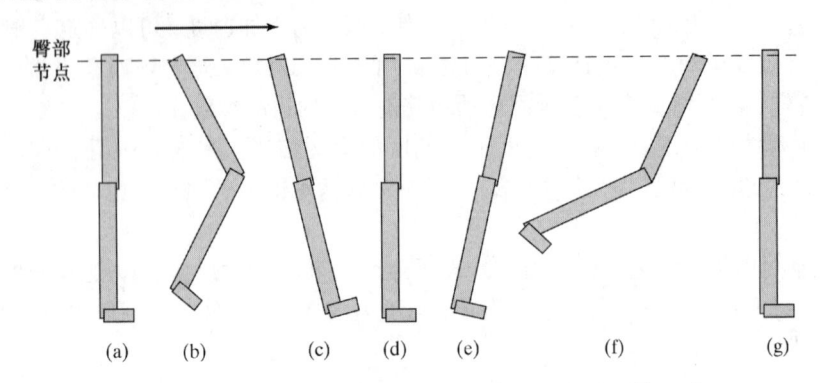

图 12.18　表示正在走路的腿的一组互连连杆的可能运动

当形体移动时，各个关节上还可以加入其他运动。通常，具有变化振幅的正弦曲线运动可以加入臀关节使其绕躯干运动。类似地，滚动或摇动可以加到肩部，并且头部也可以上下摆动。

形体动画既使用运动学运动描述也使用反向运动学运动描述。指定关节运动一般比较容易，但是在任意的地面上生成简单运动就需要使用反向运动学。对于复杂的形体，反向运动学不保证产生唯一的动画序列。给定一组初始和终止条件，可能存在多种不同的旋转运动。在这种情况下，向系统中添加更多的约束（例如动量守恒）可以产生唯一的结果。

12.8.2　运动捕捉

另一种确定角色运动的方法是，先将真演员的运动进行数字化，以此作为动画角色的基础信息。该技术称为运动捕捉或 mo-cap，可以用于角色预期（比如脚本场景）的运动。动画角色会完成和真演员相同的运动序列。

传统的运动捕捉技术需要在演员身上诸如胳膊、腿、手、脚及关节等关键位置放置一组标记。有可能直接将标记放在演员身上，但更多的是粘在演员穿的专用紧身衣上，将演员对剧情的表演拍成电影。然后使用图像处理技术来识别电影中每一帧里的标记位置，并将它们的位置转换成坐标。这些坐标用来确定动画角色的身体。追踪到的电影中帧与帧之间每一标记的运动用来控制动画角色的运动。

为了对标记精确定位，必须使用多台摄像机在各自的固定位置拍摄电影。从每个拷贝数字化中所得的数据被用于确定每一标记在三维空间的位置。一个典型的运动捕捉系统要使用两打（24 台）摄像机，但是也有使用 7 台摄像机的系统。

光学的运动捕捉系统依赖于光从标记到摄像机的反射。比较简单的被动系统使用反光标记来反射安放在摄像机旁的特殊光源，而比较先进的主动系统则能让标记发光。一个主动系统可以让标记按某种模式或顺序来发光，使得每一帧中的每一个标记都能被记录仪唯一地识别，从而简化了追踪处理。

非光学系统依赖于将位置信息从标记处直接传送给记录仪。某些非光学系统使用惯量传感器提供基于陀螺仪的位置和角度信息。另外一些系统使用测定磁通量变化的磁传感器。一组围绕舞台的传送器产生在磁感应器中引起磁力线的磁场，然后将这些信息传送给接收仪。

有些运动捕捉系统不仅仅记录演员身体的粗略运动，甚至还可能记录演员的面部表情。所谓的表演捕捉系统（performance capture system）使用一台摄像机跟踪演员的脸部并使用一个小型发光二极管(LED)对脸部照明。贴在脸部的微小的光反射标记反射 LED 的光,让摄像机捕捉脸部肌肉的微小运动,然后用于为计算机演员生成具真实感的面部动画。

12.9 周期性运动

当用重复的运动模式(例如一个旋转物体)创建动画时,我们需要确信运动取样(参见 6.15 节)足够频繁而使其能正确表现运动。也就是说,运动必须与生成帧的速率同步,从而在每个周期中显示足够多的帧来展示真实的运动。否则,动画的显示会不正确。

周期性运动取样过低的典型例子是西部影片中的马车车轮倒转现象。图 12.19 显示了带有一根黑色辐条的车轮旋转的一个完整周期。车轮每秒顺时针旋转 18 周。如果用标准的电影放映速率(24 帧/秒)录制到胶片上,前 5 帧的情况如图 12.20 所示。因为每 1/24 秒车轮只完成 3/4 转,每个周期只生成一幅动画帧,因此看起来像是朝相反的方向(逆时针反向)旋转。

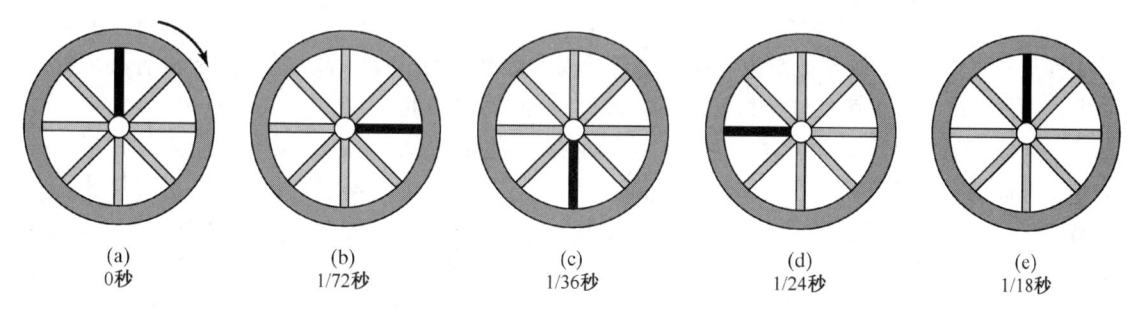

图 12.19　在车轮运动的一个周期内黑色辐条的 5 个位置,车轮每秒旋转 18 周

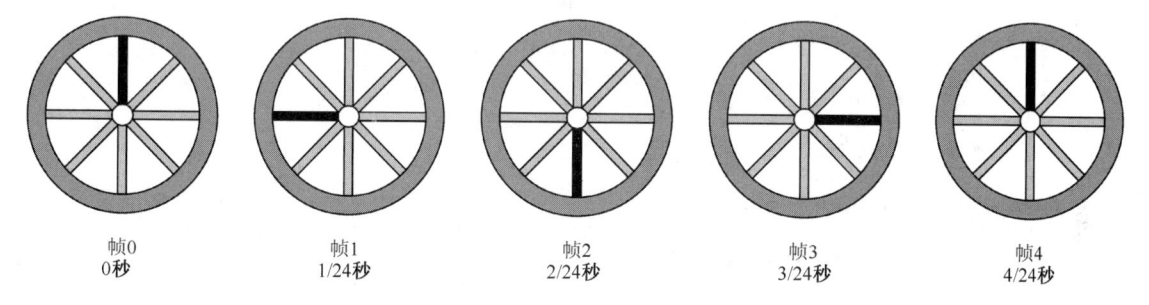

图 12.20　以每秒 24 帧取样的图 12.19 中旋转的车轮的前 5 个胶片帧

在计算机动画中,我们可以通过调节运动参数来控制对周期性运动的取样率。例如,可以设置旋转物体运动的角增量,使每秒可以生成多帧。3°的角增量在旋转一周中产生 120 个运动位置,4°的角增量产生 90 个位置。对于更快的运动,可以使用更大的旋转步长,只要每个周期的取样次数不太少,并且可以清楚地显示运动。当制作复杂对象的动画时,我们还必须考虑创建帧的时间对刷新频率的影响(参见 12.1 节)。如果创建每帧的时间过长,复杂对象的运动会比我们期望的更慢。

显示重复运动还需要考虑的另一个因素是计算运动参数时取整的影响。正如 7.4 节所指出的,我们可以周期性地重置参数值以防止由累计误差导致的不稳定运动。对于连续的旋转,可以每个周期(360°)重置参数值。

12.10 OpenGL 动画子程序

OpenGL 核心库中包含光栅操作(参见 7.7 节)和颜色索引分配函数。GLUT(参见 5.3 节)提供改变颜色表值的子程序。其他光栅操作仅作为 GLUT 的例程,因为它们在使用中依赖于窗口系统。而且,某些硬件系统可能不包含类似双缓存等计算机动画的特性。

如果双缓存可用，我们用以下 GLUT 命令来激活双缓存：
```
glutInitDisplayMode (GLUT_DOUBLE);
```
这将产生两个交替刷新屏幕的缓存，分别称为前缓存(front buffer)和后缓存(back buffer)。当一个缓存作为当前显示窗口的刷新缓存时，在另一个缓存中创建动画的下一帧。以下函数用于互换两个缓存的角色：
```
glutSwapBuffers ( );
```
我们可以用下列查询来确定一个系统是否支持双缓存操作：
```
glGetBooleanv (GL_DOUBLEBUFFER, status);
```
如果系统中既有前缓存，也有后缓存，那么数组参数 status 的返回值为 GL_TRUE；否则，返回值为 GL_FALSE。

对于连续的动画，也可以用
```
glutIdleFunc (animationFcn);
```
其中参数 animationFcn 被赋值为执行增量动画参数操作的子程序的名称。只要没有必须处理的窗口事件，这个子程序就连续执行。将参数设为 NULL 或 0 可以禁止 glutIdleFunc。

下列代码给出一个动画程序的例子。该例子在 xy 平面上绕 z 轴连续旋转一个正六边形。三维屏幕坐标的原点放在窗口中心，z 轴经过窗口中心。在初始化过程中，用一个显示表描述正六边形。正六边形的中心在屏幕坐标位置(150, 150)，半径(从六边形中心到任意顶点的距离)为 100 像素。在显示函数 displayHex 中指定初始绕 z 轴的旋转角度为 0°，然后调用函数 glutSwapBuffers。函数 mouseFcn 用于激活旋转，它在每次按下鼠标中键时将旋转角度增加 3°。函数 rotateHex 计算增加的旋转角，它由 mouseFcn 中的 glutIdleFunc 函数调用。按下鼠标右键停止旋转，即以 NULL 为参数调用 glutIdleFunc。

```
#include <GL/glut.h>
#include <math.h>
#include <stdlib.h>

const double TWO_PI = 6.2831853;

GLsizei winWidth = 500, winHeight = 500;    //  Initial display window size.
GLuint regHex;                              //  Define name for display list.
static GLfloat rotTheta = 0.0;

class scrPt {
public:
    GLint x, y;
};

static void init (void)
{
    scrPt hexVertex;
    GLdouble hexTheta;
    GLint k;

    glClearColor (1.0, 1.0, 1.0, 0.0);

    /*  Set up a display list for a red regular hexagon.
     *  Vertices for the hexagon are six equally spaced
     *  points around the circumference of a circle.
     */
    regHex = glGenLists (1);
    glNewList (regHex, GL_COMPILE);
```

```
            glColor3f (1.0, 0.0, 0.0);
            glBegin (GL_POLYGON);
                for (k = 0; k < 6; k++) {
                    hexTheta = TWO_PI * k / 6;
                    hexVertex.x = 150 + 100 * cos (hexTheta);
                    hexVertex.y = 150 + 100 * sin (hexTheta);
                    glVertex2i (hexVertex.x, hexVertex.y);
                }
            glEnd ( );
    glEndList ( );
}

void displayHex (void)
{
    glClear (GL_COLOR_BUFFER_BIT);

    glPushMatrix ( );
        glRotatef (rotTheta, 0.0, 0.0, 1.0);
        glCallList (regHex);
    glPopMatrix ( );

    glutSwapBuffers ( );

    glFlush ( );
}

void rotateHex (void)
{
    rotTheta += 3.0;
    if (rotTheta > 360.0)
        rotTheta -= 360.0;

    glutPostRedisplay ( );
}

void winReshapeFcn (GLint newWidth, GLint newHeight)
{
    glViewport (0, 0, (GLsizei) newWidth, (GLsizei) newHeight);

    glMatrixMode (GL_PROJECTION);
    glLoadIdentity ( );
    gluOrtho2D (-320.0, 320.0, -320.0, 320.0);

    glMatrixMode (GL_MODELVIEW);
    glLoadIdentity ( );

    glClear (GL_COLOR_BUFFER_BIT);
}

void mouseFcn (GLint button, GLint action, GLint x, GLint y)
{
    switch (button) {
        case GLUT_MIDDLE_BUTTON:            //  Start the rotation.
            if (action == GLUT_DOWN)
                glutIdleFunc (rotateHex);
            break;
        case GLUT_RIGHT_BUTTON:             //  Stop the rotation.
            if (action == GLUT_DOWN)
                glutIdleFunc (NULL);
            break;
        default:
```

```
        break;
    }
}
void main (int argc, char** argv)
{
    glutInit (&argc, argv);
    glutInitDisplayMode (GLUT_DOUBLE | GLUT_RGB);
    glutInitWindowPosition (150, 150);
    glutInitWindowSize (winWidth, winHeight);
    glutCreateWindow ("Animation Example");

    init ( );
    glutDisplayFunc (displayHex);
    glutReshapeFunc (winReshapeFcn);
    glutMouseFunc (mouseFcn);

    glutMainLoop ( );
}
```

12.11 小结

动画序列可以逐帧创建，也可以实时创建。当动画是逐帧创建并存储时，创建之后可以将帧转换为胶片或在视频监视器上快速连续地显示。包含复杂场景的动画通常以逐帧方式创建，而简单的运动序列可以实时显示。

在光栅系统中可以用双缓存方法来加快运动显示。一个缓存用于刷新屏幕，另一个则装入下一帧的显示内容。然后，通常在刷新周期的末期互换两个缓存的角色。

另一种光栅方法用像素值的块转移来执行运动序列。通过简单地将帧缓存中一矩形块的像素颜色从一个位置移动到另一个位置，可以实现平移。90°的旋转可以用平移与像素阵列的行列互换的组合来实现。

颜色表方法可以实现简单的光栅动画。它将一个对象的图像用不同的颜色表值存储在帧缓存的多个位置上。其中一个位置的图像用前景色，而其他位置的图像用背景色。通过快速交换颜色表中的前景色和背景色，就可以将对象显示在不同的屏幕位置上。

生成动画要经过若干个开发阶段：情节串联、定义对象和指定关键帧。情节板是动作的概述，而关键帧定义动画中选定位置的对象运动的细节。一旦建立了关键帧，就可以生成一系列插值帧来构成从一个关键帧到下一个的平滑运动。计算机动画可以包括照相机的运动描述和场景中对象的运动路径。

已经存在多种模拟和强调运动效果的方法。挤压和拉伸效果是标准的强调加速的方法，也可以调节运动帧之间的定时来产生速度变化。其他方法还有加入预备动作、完结动作和聚焦重要动作的分级方法。当描述加速运动时，通常使用三角函数来生成插值帧的时间间隔。

计算机动画可以用专用软件或通用图形软件包生成。计算机动画系统有关键帧系统、参数系统和脚本系统。

许多动画使用变形效果，即将一个对象形体变成另一个。变形效果通过在一个对象的点和线与另一个对象的点和线之间插入过渡的插值帧来实现。

动画中的运动描述可以用直接运动描述或目标导向描述。动画可以用平移和旋转参数来定义，或者可以用方程、运动学参数或动力学参数来描述运动。运动学用位置、速度和加速度来描述运动。动力学利用作用在场景中对象上的力来描述运动。

关节链形体常用于人和动物的运动建模。通过旋转节点连接的刚性连杆定义为一个层次结构。当对象进行一个运动时，每个部分按特定的路线移动。移动路线根据对象的整体运动编程确定。

运动捕捉技术为计算机角色动画提供了一个方案。可以用来为有关节的角色提供更具真实感的运动。

为了正确显示动画中的周期性运动，取样率必须保证在每个周期内产生足够的帧。否则，将会产生不稳定或误导的动画效果。

除了光栅操作和颜色表方法，OpenGL 实用函数工具包（GLUT）中也提供了一些开发动画程序的函数，包括双缓存操作和空闲时刻的增量运动参数。表 12.1 列出在 OpenGL 程序中产生动画的 GLUT 函数。

表 12.1　OpenGL 动画函数小结

函　数	描　述
glutInitDisplayMode(GLUT_DOUBLE)	激活双缓存操作
glutSwapBuffers	互换前后刷新缓存
glGetBooleanv(GL_DOUBLEBUFFER, status)	查询系统是否支持双缓存
glutIdleFunc	指定用于增量动画参数的函数

参考文献

关于计算机动画系统的更多信息请参见 Thalmann and Thalmann(1985)、Watt and Watt(1992)、O'Rourke(1998)、Maestri(1999 and 2002)、Kerlow(2000)、Gooch and Gooch(2001)、Parent(2002)、Pocock and Rosebush(2002) 和 Strothotte and Schlechtweg(2002)。传统动画技术请参见 Lasseter(1987)、Thomas, Johnston, and Johnston(1995) 和 Thomas and Lefkon(1997)。变形技术在 Hughes(1992)、Kent, Carlson, and Parent(1992) 及 Sederberg and Greenwood(1992) 和 Gomes et al.(1999) 中给出。面部动画在 Parke and Waters(2008) 中讨论。运动捕捉技术在 Menache(2000) 中讨论。

动画应用算法在 Glassner(1990)、Arvo(1991)、Kirk(1992)、Gascuel(1993)、Snyder et al.(1993) 和 Paeth(1995) 中给出。关于 OpenGL 动画技术的讨论请参见 Woo et al.(1999)。

练习题

12.1　为一个如图 12.17 所示的简单棍状形体的动画设计一个情节板及相应的关键帧。
12.2　使用线性插值法编写一个程序，生成练习题 12.1 中指定的关键帧的插值帧。
12.3　将练习题 12.1 中的动画序列扩充到两个或多个运动对象。
12.4　使用线性插值法编写一个程序，生成练习题 12.3 中的关键帧插值。
12.5　编写一个变形程序，用 5 个插值帧将任意给定的一个多边形变换成另一个指定的多边形。
12.6　编写一个变形程序，用 5 个插值帧将一个球变换成一个指定的多面体。
12.7　建立一个引入加速度并实现式(12.7)的动画描述。
12.8　建立一个引入加速度和减速度并实现式(12.7)和式(12.8)中给出的插值间隔计算的动画描述。
12.9　建立一个实现式(12.9)中的加速度 – 减速度计算的动画描述。
12.10　编写一个程序，模拟在给定矩形区域中的一个填充圆的二维线性运动。给定圆的初始位置，该圆碰到墙时按反射角等于入射角的原则弹出。

12.11 通过使用能沿着矩形边来回移动的短线段代替矩形的一边,将上一练习题的程序转换成一个板球游戏。交互控制短线段的移动来模拟用板来阻止圆离开矩形内部。当圆离开矩形内部时游戏结束。初始输入参数包括圆的位置、方向和速度。游戏得分应包括圆被板接挡的次数。

12.12 修改上一练习题,使球速可变。经过一定间隔,例如反弹 5 次后,就可以增加球速。

12.13 修改上一练习题中的游戏,使之包含两个球,两个球初始速度相同、位置不同、方向相反。

12.14 将在矩形中跳跃的二维球修改为一个球在平行管道中进行三维运动。可以交互设定观察参数,以便从不同方向观察运动。

12.15 编写一个程序,使用式(12.10)实现弹球的运动模拟。

12.16 扩展上一练习题中的程序,使之包含挤压和拉伸效果。

12.17 编写一个程序,用动力学实现弹球的运动。弹球的运动受向下重力和地面摩擦力的支配。开始时,该球按给定的速度向量发射到空间中。

12.18 编写一个实现动力学运动描述的程序,描述有 2 到 3 个对象的场景、初始运动参数及指定的力,然后从力的方程解中生成动画(例如,对象可以是地球、月亮和太阳,其引力与质量成正比,与距离平方成反比)。

12.19 修改 12.10 节的旋转的正六边形程序,允许用户从菜单项交互选择一个要旋转的对象。

12.20 修改旋转的正六边形程序,使其绕 y 轴即 xz 平面的椭圆形路径旋转。

12.21 修改旋转的正六边形程序,允许交互改变旋转速度。

附加综合题

12.1 本章综合题的目标是提高你正在开发的应用中动画的满意度。你可以通过对已经开发的动画进行修改或增加相关内容,或使用所学到的技术在应用的某部分设计不同的动画来实现这一目标。无论哪种情况,请写出预期的动画情节板及实现方法的概述。确认描述动画要点的关键帧。考虑可以生成在场景中从一个关键帧到下一个关键帧移动对象的插值帧的方法。画出一个时间线来帮助确定每一个或每一组对象在每对关键帧之间移动的速率。尝试将动画中某些对象赋以非零加速度。可能的话,包含从一个多边形或一组多边形到另一个(组)线性插值变形的实例。如果你的应用包含具有物理动力学系统类行为的对象,尝试将动力学结合进物理模型来生成动画。最后,如果合适,试一下在动画中包含周期性运动。

12.2 给定上一综合题中设计的情节板和描述,在一个 OpenGL 程序中使用与前面一样的单一缓存,而后再用双缓存实现该动画。注意两种情况下动画质量的差别。

第13章 三维对象的表示

图形场景能包含很多种不同类型的对象和材质表面，如树、花、云、石、水、砖、木板、橡胶、纸、大理石、钢、玻璃、塑料和布等，以上仅为其中的一小部分。因此不存在某一种方法可以用来描述具有上述各种不同物质的所有特征的对象，这一点是不奇怪的。

多边形和二次曲面能够为诸如多面体和椭圆体等简单的欧氏对象提供精确的描述；**边界表示**（boundary representation，B-reps）使用一组曲面来描述三维对象，这些曲面将对象分为内部和外部，多边形平面和二次曲面则是边界表示的例子。这一章，我们将讨论各种表示方法的特点和如何应用到实际中。

13.1 多面体

三维图形对象中运用边界表示的最普遍方式是使用一组包围对象内部的表面多边形。很多图形系统以一组表面多边形来存储对象的描述。由于所有表面以线性方程形式加以描述，因此会简化并加速对象的表面绘制和显示。由于这个原因，通常将多边形描述称为"标准图形对象"（standard graphics object）。某些情况下，多边形表示是唯一可用的，但很多图形软件包也允许使用其他方法来描述对象，如样条曲面，在将其转换到多边形表示后再进入观察流水线加以处理。

为了用一组多边形面片描述一个对象，我们为覆盖对象表面的每一多边形给出一组顶点。这些面片的顶点坐标和边的信息及每一多边形的表面法向量等其他信息将存入一张表中（参见4.7节）。有些图形软件包提供生成由三角形或四边形组成的多边形网的子程序。这使我们可以利用一个命令来描述对象的一大块表面甚至整个表面。而有些软件则提供用多边形面片显示立方体、球体或圆柱体等普通形状的子程序。复杂的图形系统使用每秒显示一百万或更多的多边形（通常是三角形）、包括应用表面纹理和特殊光照效果的硬件来快速实现多边形绘制。

13.2 OpenGL多面体函数

在OpenGL程序中有两种指定多边形表面的方法。使用4.8节的多边形图元，可以生成各种多面体形状和面片网。另外，可以使用GLUT函数来显示5种规则多面体。

13.2.1 OpenGL多边形填充函数

描述对象表面一部分的一组多边形面片，或多面体的完整描述，可用OpenGL图元常量`GL_POLYGON`、`GL_TRIANGLES`、`GL_TRIANGLE_STRIP`、`GL_TRIANGLE_FAN`、`GL_QUADS`和`GL_QUAD_STRIP`来给出。例如，我们可以用四边形带来装饰圆柱体侧面（轴向）。类似地，一个平行管道的所有面都可以用一组三角形描述，而一个三棱锥可以用一组互相连接的三角形面指定。

13.2.2 GLUT规则多面体函数

某些标准的形体——5种规则多面体——由GLUT中的子程序预先定义。这些多面体也称为柏拉图（Platonic）式实体，由它的每一面是一个单位规则多边形来识别。因此，规则多边形的每条边都相等，所有边间的夹角都相等，所有面间的夹角都相等。多面体按其每一实体的面数来命名，这五 5 规则多面体是规则四面体(或三棱锥)、规则六面体、规则八面体、规则十二面体和规则二十面体。

在 GLUT 中有 10 个函数用来生成这些实体：5 个生成线框图，另外 5 个以明暗填充区方式显示多面体面片。显示的填充区表面特征由为场景设定的材质和光照条件来确定。每一个规则多面体在模型坐标系中描述，因此，每一个均以世界坐标系原点为中心。

使用下列两个函数之一可以获得 4 个面的规则三棱锥：

```
glutWireTetrahedron ( );
```

或

```
glutSolidTetrahedron ( );
```

该多面体以其世界坐标系原点为中心、$\sqrt{3}$ 为半径(从四面体中心到任意顶点的距离)来生成。

6 个面的规则多面体(立方体)的显示函数为

```
glutWireCube (edgeLength);
```

或

```
glutSolidCube (edgeLength);
```

参数 edgeLength 可设定为任意正的、双精度浮点数，而该立方体以坐标系原点为中心。

要显示 8 个面的规则八面体，须引入下列两个函数之一：

```
glutWireOctahedron ( );
```

或

```
glutSolidOctahedron ( );
```

该多面体有等边三角形面片且半径(从位于坐标原点的八面体中心到任意顶点的距离)为 1.0。

中心在世界坐标系原点、12 个面的十二面体的生成函数为

```
glutWireDodecahedron ( );
```

或

```
glutSolidDodecahedron ( );
```

该多面体的每一个面是一个五角形。

下面两个函数用来生成 20 个面的规则二十面体：

```
glutWireIcosahedron ( );
```

或

```
glutSolidIcosahedron ( );
```

二十面体的默认半径(从位于坐标系原点的多面体中心到任意顶点的距离)是 1.0，而每一个面是一个等边三角形。

13.2.3 GLUT 多面体程序示例

使用 GLUT 柏拉图式实体的函数，下列程序生成这些多面体经过变换的透视线框显示。所有 5 个实体位于同一个显示窗口内(参见图 13.1)。

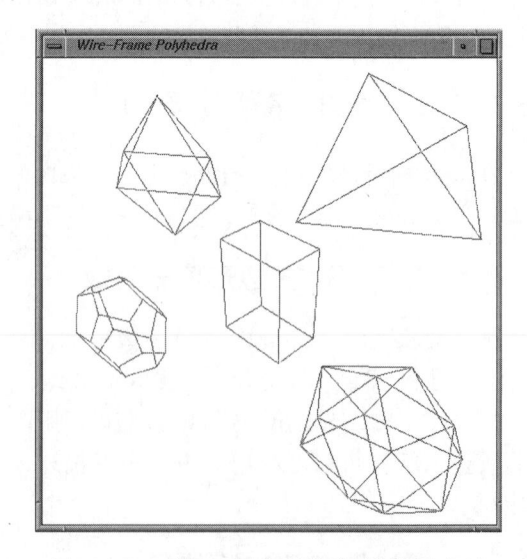

图 13.1　5 个 GLUT 多面体的透视图，由过程 displayWirePolyhedra 进行缩放并定位于一个显示窗口内

```
#include <GL/glut.h>

GLsizei winWidth = 500, winHeight = 500;  // Initial display-window size.

void init (void)
{
    glClearColor (1.0, 1.0, 1.0, 0.0);  // White display window.
}

void displayWirePolyhedra (void)
{
    glClear (GL_COLOR_BUFFER_BIT);  // Clear display window.

    glColor3f (0.0, 0.0, 1.0);      // Set line color to blue.

    /*  Set viewing transformation.  */
    gluLookAt (5.0, 5.0, 5.0, 0.0, 0.0, 0.0, 0.0, 1.0, 0.0);

    /*  Scale cube and display as wire-frame parallelepiped.  */
    glScalef (1.5, 2.0, 1.0);
    glutWireCube (1.0);

    /*  Scale, translate, and display wire-frame dodecahedron.  */
    glScalef (0.8, 0.5, 0.8);
    glTranslatef (-6.0, -5.0, 0.0);
    glutWireDodecahedron ( );

    /*  Translate and display wire-frame tetrahedron.  */
    glTranslatef (8.6, 8.6, 2.0);
    glutWireTetrahedron ( );

    /*  Translate and display wire-frame octahedron.  */
    glTranslatef (-3.0, -1.0, 0.0);
    glutWireOctahedron ( );

    /*  Scale, translate, and display wire-frame icosahedron.  */
    glScalef (0.8, 0.8, 1.0);
    glTranslatef (4.3, -2.0, 0.5);
    glutWireIcosahedron ( );

    glFlush ( );
}

void winReshapeFcn (GLint newWidth, GLint newHeight)
{
    glViewport (0, 0, newWidth, newHeight);

    glMatrixMode (GL_PROJECTION);
    glFrustum (-1.0, 1.0, -1.0, 1.0, 2.0, 20.0);

    glMatrixMode (GL_MODELVIEW);

    glClear (GL_COLOR_BUFFER_BIT);
}

void main (int argc, char** argv)
{
    glutInit (&argc, argv);
    glutInitDisplayMode (GLUT_SINGLE | GLUT_RGB);
    glutInitWindowPosition (100, 100);
    glutInitWindowSize (winWidth, winHeight);
```

```
    glutCreateWindow ("Wire-Frame Polyhedra");

    init ( );
    glutDisplayFunc (displayWirePolyhedra);
    glutReshapeFunc (winReshapeFcn);

    glutMainLoop ( );
}
```

13.3 曲面

曲面边界对象的等式可用参数或非参数形式表示，附录 A 给出了参数和非参数表示的总结及有关对比。计算机图形应用中有用的各种对象有二次曲面、超二次曲面、多项式和指数函数及样条曲面。这些输入对象的描述一般都用多边形网格来近似表示其表面。

13.4 二次曲面

二次曲面(quadric surface)是一类常用的对象，这类表面使用二次方程进行描述，其中包括球面、椭球面、环面、抛物面和双曲面。二次曲面，尤其是球面和椭球面，是图形场景的基本元素，而图形软件包中也都有生成这些曲面的子程序。二次曲面也可以用有理样条表示来生成。

13.4.1 球面

在笛卡儿坐标系中，中心在原点、半径为 r 的球面定义为满足下列方程的点集 (x, y, z)：

$$x^2 + y^2 + z^2 = r^2 \tag{13.1}$$

我们也可以使用参数形式来描述球面，即使用纬度角和经度角(参见图 13.2)：

$$\begin{aligned} x &= r\cos\phi\cos\theta, & -\pi/2 \leqslant \phi \leqslant \pi/2 \\ y &= r\cos\phi\sin\theta, & -\pi \leqslant \theta \leqslant \pi \\ z &= r\sin\phi \end{aligned} \tag{13.2}$$

式(13.2)的参数表达式中，角度参数 θ 和 ϕ 的范围是对称的。另外，可以利用标准球面坐标来写出参数方程，这里的角度 ϕ 指定为余纬度(参见图 13.3)。这样，ϕ 的取值范围是 $0 \leqslant \phi \leqslant \pi$，$\theta$ 的取值范围是 $0 \leqslant \theta \leqslant 2\pi$。也可以使用取值范围在 0 和 1 之间的参数 u、v 来代替 ϕ、θ，即 $\phi = \pi u$、$\theta = 2\pi v$。

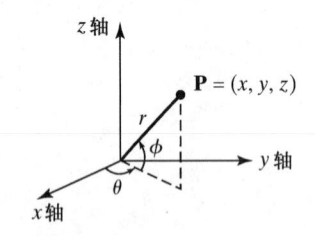

图 13.2 参数坐标位置 (r, θ, ϕ) 在半径为 r 的球面上

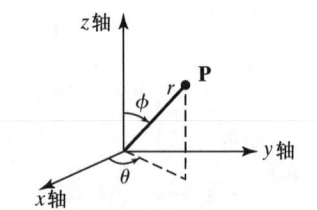

图 13.3 球面坐标参数 (r, θ, ϕ)，利用了角 ϕ 的余纬度

13.4.2 椭球面

椭球面可以看作球面的扩展，其中三条相互垂直的半径具有不同的值(参见图 13.4)。中心在原点的椭球面笛卡儿表达式为

$$\left(\frac{x}{r_x}\right)^2 + \left(\frac{y}{r_y}\right)^2 + \left(\frac{z}{r_z}\right)^2 = 1 \qquad (13.3)$$

图 13.2 中,使用纬度角 ϕ 和经度角 θ 所表示的参数方程为

$$\begin{aligned} x &= r_x \cos\phi \cos\theta, & -\pi/2 \leqslant \phi \leqslant \pi/2 \\ y &= r_y \cos\phi \sin\theta, & -\pi \leqslant \theta \leqslant \pi \\ z &= r_z \sin\phi \end{aligned} \qquad (13.4)$$

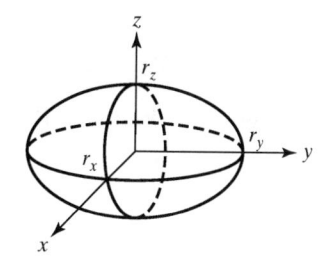

图 13.4 中心在原点、半径为 r_x、r_y、r_z 的椭球面

13.4.3 环面

汽车轮胎状的对象称为环面(torus)或锚状环(anchor-ring)。它常描述成将圆或椭圆绕该二次曲线之外的一个共面轴旋转而得的表面。环面的定义参数是该二次曲线中心到旋转轴之间的距离及该二次曲线的尺寸。图 13.5 给出了 yz 平面上半径为 r 的圆绕 z 轴旋转而得的环面。圆心在 y 轴上、环面轴向半径 r_{axial} 与从圆心沿 y 轴到 z 轴(旋转轴)的距离相等。而环面的剖面半径是生成圆的半径。

图 13.5 中侧视图给出的剖面方程是

$$(y - r_{\text{axial}})^2 + z^2 = r^2$$

将该圆绕 z 轴旋转生成该环面,其表面位置用下列笛卡儿方程表示:

$$\left(\sqrt{x^2 + y^2} - r_{\text{axial}}\right)^2 + z^2 = r^2 \qquad (13.5)$$

有圆形剖面的环面的相应参数方程是

$$\begin{aligned} x &= (r_{\text{axial}} + r\cos\phi)\cos\theta, & -\pi \leqslant \phi \leqslant \pi \\ y &= (r_{\text{axial}} + r\cos\phi)\sin\theta, & -\pi \leqslant \theta \leqslant \pi \\ z &= r\sin\phi \end{aligned} \qquad (13.6)$$

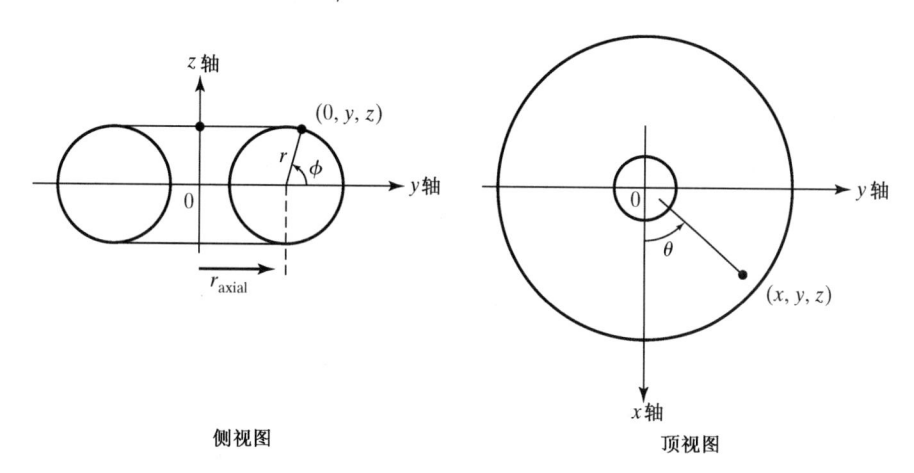

侧视图

顶视图

图 13.5 以坐标原点为中心、剖面为圆且环面轴为 z 轴的一个环面

我们也可以通过将一个椭圆代替圆绕 z 轴旋转生成环面。对一个在 yz 平面上、长轴和短轴为 r_y 和 r_z 的椭圆,我们可将该椭圆公式写为

$$\left(\frac{y - r_{\text{axial}}}{r_y}\right)^2 + \left(\frac{z}{r_z}\right)^2 = 1$$

其中 r_{axial} 是旋转 z 轴沿 y 轴到椭圆中心的距离。生成的环面可描述为下列笛卡儿方程:

$$\left(\frac{\sqrt{x^2+y^2}-r_{\text{axial}}}{r_y}\right) + \left(\frac{z}{r_z}\right)^2 = 1 \tag{13.7}$$

剖面为椭圆的环面的相应参数表示为

$$\begin{aligned} x &= (r_{\text{axial}} + r_y \cos\phi)\cos\theta, & -\pi \leq \phi \leq \pi \\ y &= (r_{\text{axial}} + r_y \cos\phi)\sin\theta, & -\pi \leq \theta \leq \pi \\ z &= r_z \sin\phi \end{aligned} \tag{13.8}$$

前面的环面方程可能还有其他变形。例如，可通过将一个圆或椭圆绕旋转轴沿一个椭圆路径旋转。

13.5 超二次曲面

称为**超二次曲面**(superquadrics)的这一类对象是二次曲面的一般化表示。超二次曲面通过将额外参数插入二次方程而形成，这样便于调整对象的形状。对于曲线增加一个参数，而对于曲面则增加两个参数。

13.5.1 超椭圆

在相应的椭圆方程中，通过允许 x 和 y 项的指数为变量，可以得到超椭圆的笛卡儿表达式。超椭圆笛卡儿方程的表示形式之一是

$$\left(\frac{x}{r_x}\right)^{2/s} + \left(\frac{y}{r_y}\right)^{2/s} = 1 \tag{13.9}$$

其中参数 s 是任何实数。当 $s=1$ 时，可以得到一般的椭圆表达式。

相对于方程(13.9)，超椭圆参数方程可以表示成

$$\begin{aligned} x &= r_x \cos^s\theta, & -\pi \leq \theta \leq \pi \\ y &= r_y \sin^s\theta \end{aligned} \tag{13.10}$$

图 13.6 给出了运用参数 s 的不同值而产生的超椭圆形状。

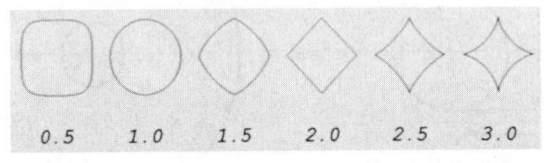

图 13.6 $r_x = r_y$、参数 s 值从 0.5 到 3.0 的超椭圆

13.5.2 超椭球面

通过在椭球面方程中增加两个指数参数，可以得到超椭球面的笛卡儿表达式：

$$\left[\left(\frac{x}{r_x}\right)^{2/s_2} + \left(\frac{y}{r_y}\right)^{2/s_2}\right]^{s_2/s_1} + \left(\frac{z}{r_z}\right)^{2/s_1} = 1 \tag{13.11}$$

当 $s_1 = s_2 = 1$ 时，得到一般的椭球面。

对于超椭球面的方程(13.11)，可以将相应的参数表达式写成

$$\begin{aligned} x &= r_x \cos^{s_1}\phi \cos^{s_2}\theta, & -\pi/2 \leq \phi \leq \pi/2 \\ y &= r_y \cos^{s_1}\phi \sin^{s_2}\theta, & -\pi \leq \theta \leq \pi \\ z &= r_z \sin^{s_1}\phi \end{aligned} \tag{13.12}$$

彩图 10 给出了由参数 s_1 和 s_2 的不同值生成的超椭球面形状。这些形状及其他超二次曲面形状的组合可以生成很复杂的形状，如家具、螺栓和其他金属构件。

13.6 OpenGL 二次曲面和三次曲面函数

使用 OpenGL 实用函数工具包（GLUT）和实用函数库（GLU）中的函数可以显示一个球面和其他一些三维的二次曲面对象。另外，GLUT 有一个函数用来显示由双三次曲面片定义的茶壶形体。每一个 GLUT 函数都有两个版本且都很容易结合到应用程序中。一个版本用来显示线框曲面，另一个版本则把曲面显示成一组填充多边形面片。使用 GLUT 函数可显示球面、锥面、环面或茶壶。二次曲面的 GLU 函数较多用于设置，但只提供了少量选择。使用 GLU 函数可显示球面、圆柱面、圆台面、圆锥、圆盘(或空心盘)和圆环(盘)的剖面。

13.6.1 GLUT 二次曲面函数

下列函数之一均可生成一个 GLUT 球面：

　　glutWireSphere (r, nLongitudes, nLatitudes);

或

　　glutSolidSphere (r, nLongitudes, nLatitudes);

该球面的半径由赋给参数 r 的双精度浮点数确定。参数 nLongitudes 和 nLatitudes 用来选择经、纬度数目，它们用来给出四边形网格以逼近球面。四边形面片的边是经、纬线的直线段逼近。该球面在模型坐标中定义，中心在世界坐标原点，极坐标轴位于 z 轴。

用下列函数之一可获得一个 GLUT 圆锥面：

　　glutWireCone (rBase, height, nLongitudes, nLatitudes);

或

　　glutSolidCone (rBase, height, nLongitudes, nLatitudes);

分别用参数 rbase 和 height 将锥底半径和锥高设定为双精度浮点数。与 GLUT 球面一样，将参数 nLongitudes 和 nLatitudes 赋以整数值，用来指定四边形网格逼近正交面的线的数目。圆锥经线是从顶到底、经过圆锥轴的一条直线段。每条纬线用一组沿圆锥表面、平行于锥底、位于与圆锥轴线垂直的平面上围绕一个圆周的直线段显示。该圆锥在模型坐标中定义，锥底的中心在世界坐标系原点且圆锥轴线位于世界坐标系 z 轴。

环面的线框或表面明暗显示由下列函数生成：

　　glutWireTorus (rCrossSection, rAxial, nConcentrics, nRadialSlices);

或

　　glutSolidTorus (rCrossSection, rAxial, nConcentrics, nRadialSlices);

使用这些 GLUT 函数生成的环面可描述为通过将一个圆以 rCrossSection 为半径、绕共面 z 轴旋转而得的表面，其中圆心到 z 轴的距离是 rAxial(参见 13.4 节)。我们使用 GLUT 函数中的双精度浮点数半径值来指定环面的尺寸。而逼近环面的曲面网格的四边形尺寸用参数 nConcentrics 和 nRadialSlices 中的整数来设定。参数 nConcentrics 指定环面表面使用的同心圆(与 z 轴中心)的数量，而参数 nRadialSlices 指定环面表面径向的块数。这两个参数确定了环面表面正交网格线的数量，网格交点之间的每一网格线显示为直线段(四边形的边界)。环面以世界坐标系原点为中心显示，其轴落在 z 轴上。

13.6.2 GLUT 三次曲面茶壶函数

在研制计算机算法的早期，人们建立了若干个三维对象的多边形网格数据表，用于绘制技术的测试。这些对象包括一辆大众(Volkswagen)汽车和一把茶壶，由美国犹他(Utah)大学开发。在

1975 年由 Martin Newell 构造的 Utah 茶壶包含 306 个顶点，定义了 32 个双三次 Bézier 曲面片（参见 14.9 节）。因为确定一个复杂对象的表面坐标是十分耗时的，所以这些数据集，尤其是茶壶表面网格得到了广泛的应用。

我们可以使用下列两个 GLUT 函数之一来显示包含一千多个双三次曲面片的茶壶：

```
glutWireTeapot (size);
```

或

```
glutSolidTeapot (size);
```

该茶壶表面用 OpenGL 的 Bézier 曲线函数（参见 14.9 节）生成。参数 `size` 设定为双精度浮点数、用作茶壶球状体的最大半径。该茶壶的中心在世界坐标系原点，其垂直轴与 y 轴重合。

13.6.3 GLU 二次曲面函数

要使用 GLU 生成一个二次曲面，必须先为该二次曲面赋一个名字，激活 GLU 二次曲面绘制器，并指定曲面参数的值。另外，我们可以设定其他参数值来控制 GLU 二次曲面的外貌。

下列语句给出了显示一个以世界坐标系原点为中心的球面线框图的基本调用序列：

```
GLUquadricObj *sphere1;

sphere1 = gluNewQuadric ( );
gluQuadricDrawStyle (sphere1, GLU_LINE);

gluSphere (sphere1, r, nLongitudes, nLatitudes);
```

第一条语句定义二次曲面对象的名字，在本例中选择的名字是 `sphere1`。这个名字在其他 GLU 函数中用来指向这一特定的二次曲面。接着，`gluNewQuadric` 函数激活二次曲面绘制器，然后 `gluQuadricDrawStyle` 命令为 `sphere1` 选定 `GLU_LINE` 模式。这样，以每对顶点之间显示一条直线段将球面按线框图形式显示。对参数 `r` 赋以双精度浮点数用作球面半径，而球面按相等的经、纬划分成一组多边形。对参数 `nLongitudes` 和 `nLatitudes` 赋以整数来指定经、纬线的数量。

GLU 二次曲面还有另外三个模式。在 `gluQuadricDrawStyle` 中使用符号常量 `GLU_POINT`，则以绘点方式显示二次曲面。对于该球面来说，显示了经线和纬线的交点。另一个选择是符号常量 `GLU_SILHOUETTE`。它生成的线框图中不包括共平面多边形面片的公共边。而使用符号常量 `GLU_FILL`，则按明暗填充区方式显示多边形面片。

使用相同的基本命令序列可生成其他 GLU 二次曲面图元。要生成一个圆锥面、圆柱面或圆台面的视图，我们可用下列函数代替 `gluSphere` 函数：

```
gluCylinder (quadricName, rBase, rTop, height, nLongitudes, nLatitudes);
```

该对象的底部在 xy 平面上（$z=0$），并且其轴在 z 轴上。我们对参数 `rBase` 赋以双精度值表示该二次曲面底部的半径，而使用参数 `rTop` 表示该二次曲面顶部半径。如果 `rTop` $=0.0$，我们得到一个圆锥面；如果 `rTop` $=$ `rBase`，则得到圆柱面，否则显示一个圆台面。对参数 `height` 赋以双精度值表示高度，而对参数 `nLongitudes` 和 `nLatitudes` 赋以整数值以确定将曲面均匀划分的垂直和水平线的数量。

要在 xy 平面（$z=0$）显示一个以世界坐标系原点为中心的平的圆环或实心盘，可使用

```
gluDisk (ringName, rInner, rOuter, nRadii, nRings);
```

我们用参数 `rInner` 和 `rOuter` 设定双精度的内部半径和外部半径值。如果 `rInner` $=0$，则该盘是实心的。否则，在盘中心显示一个同心的洞。该盘表面用整数参数 `nRadii` 和 `nRings` 划分成一组面片，这两个参数分别指定放射状的网格片数和同心的环数。环的方向相对于 z 轴定义，环的前面朝 $+z$ 轴方向而环的后面朝 $-z$ 轴方向。

使用下列函数可指定圆环面的一部分：

gluPartialDisk (ringName, rInner, rOuter, nRadii, nRings, startAngle, sweepAngle);

双精度的参数 startAngle 以度为单位指定 xy 平面上从正 y 轴顺时针旋转的角度。类似地，参数 sweepAngle 给出从 startAngle 位置以度为单位的角度。因此，一个盘部分的显示角度为 startAngle 位置到 startAngle + sweepAngle 位置。例如，如果 startAngle = 0.0 且 sweepAngle = 90.0，则显示位于 xy 平面第一象限的盘部分。

使用下列函数可以回收分配给任意 GLU 二次曲面的存储器并消除该曲面：

gluDeleteQuadric (quadricName);

我们也可以用下列函数定义任意二次曲面的前/后方向：

gluQuadricOrientation (quadricName, normalVectorDirection);

将参数 normalVectorDirection 赋以 GLU_OUTSIDE 或 GLU_INSIDE，从而指出曲面法向量方向，其中"outside"指出前向面方向(front-face direction)而"inside"指出后向面方向(back-face direction)。默认值是 GLU_OUTSIDE。对于该盘，默认的前向面方向是正向 z 轴(盘的上方)。另一选择是表面法向量的生成：

gluQuadricNormals (quadricName, generationMode);

将参数 generationMode 赋以符号常量，指出表面法向量如何生成。默认值是 GLU_NONE，表示不生成表面法向量，而一般情况下不对二次曲面应用光照条件。对于平表面的明暗(每一个面一种均匀颜色)，使用符号常量 GLU_FLAT。这为每一多边形面片生成一个表面法向量。当提供其他光照条件时，使用常量 GLU_SMOOTH，为每一顶点位置生成一个法向量。

GLU 二次曲面的其他选择包括设定表面纹理参数。我们可以指定一个在生成二次曲面过程中出错时引入的函数：

gluQuadricCallback (quadricName, GLU_ERROR, function);

13.6.4 使用 GLUT 和 GLU 二次曲面函数的程序示例

下面的示例程序显示三个二次曲面对象(球面、圆锥面和圆柱面)的线框图。我们用 z 轴设定观察向上向量，因此所有显示对象的轴都向上。这三个对象位于同一显示窗口的不同位置，如图 13.7 所示。

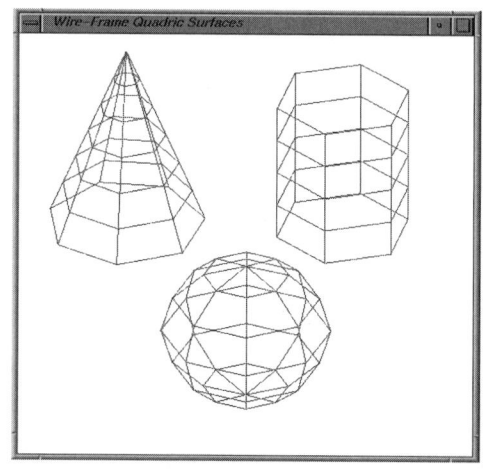

图 13.7 由过程 wireQuadSurfs 定位在同一显示窗口的一个 GLUT球面、一个GLUT圆锥面和一个GLU圆柱面的显示

```c
#include <GL/glut.h>

GLsizei winWidth = 500, winHeight = 500;    // Initial display-window size.

void init (void)
{
    glClearColor (1.0, 1.0, 1.0, 0.0);      // Set display-window color.
}

void wireQuadSurfs (void)
{
    glClear (GL_COLOR_BUFFER_BIT);          // Clear display window.

    glColor3f (0.0, 0.0, 1.0);              // Set line-color to blue.

    /*  Set viewing parameters with world z axis as view-up direction.  */
    gluLookAt (2.0, 2.0, 2.0, 0.0, 0.0, 0.0, 0.0, 0.0, 1.0);

    /*  Position and display GLUT wire-frame sphere.  */
    glPushMatrix ( );
    glTranslatef (1.0, 1.0, 0.0);
    glutWireSphere (0.75, 8, 6);
    glPopMatrix ( );

    /*  Position and display GLUT wire-frame cone.  */
    glPushMatrix ( );
    glTranslatef (1.0, -0.5, 0.5);
    glutWireCone (0.7, 2.0, 7, 6);
    glPopMatrix ( );

    /*  Position and display GLU wire-frame cylinder.  */
    GLUquadricObj *cylinder;    // Set name for GLU quadric object.
    glPushMatrix ( );
    glTranslatef (0.0, 1.2, 0.8);
    cylinder = gluNewQuadric ( );
    gluQuadricDrawStyle (cylinder, GLU_LINE);
    gluCylinder (cylinder, 0.6, 0.6, 1.5, 6, 4);
    glPopMatrix ( );

    glFlush ( );
}
void winReshapeFcn (GLint newWidth, GLint newHeight)
{
    glViewport (0, 0, newWidth, newHeight);

    glMatrixMode (GL_PROJECTION);
    glOrtho (-2.0, 2.0, -2.0, 2.0, 0.0, 5.0);

    glMatrixMode (GL_MODELVIEW);

    glClear (GL_COLOR_BUFFER_BIT);
}
void main (int argc, char** argv)
{
    glutInit (&argc, argv);
    glutInitDisplayMode (GLUT_SINGLE | GLUT_RGB);
    glutInitWindowPosition (100, 100);
    glutInitWindowSize (winWidth, winHeight);
    glutCreateWindow ("Wire-Frame Quadric Surfaces");
```

```
        init ( );
        glutDisplayFunc (wireQuadSurfs);
        glutReshapeFunc (winReshapeFcn);

        glutMainLoop ( );
}
```

13.7 小结

已经开发出多种模拟在计算机图形场景中显示各种各样对象的表示方法。多数情况下，三维对象由一个软件包将其按标准图形对象(standard graphics object)来绘制，其表面使用多边形网格显示。

图形软件包均提供显示某些普通二次曲面(如球面和椭球面)的函数。二次曲面的扩充称为超二次曲面(superquadrics)，提供了另外的参数用来创建众多的对象形状。

在 OpenGL 中使用多边形、三角形或四边形图元函数可指定标准图形对象的多边形面片。GLUT 子程序可用来显示 5 种规则多面体。球面、锥面和其他二次曲面可用 GLUT 和 GLU 函数显示，而且有一个 GLUT 函数用来生成三次曲面 Utah 茶壶。表 13.1 和表 13.2 总结了本章讨论的 OpenGL 多面体函数和二次、三次曲面函数。

表 13.1 OpenGL 多面体函数小结

函 数	描 述
glutWireTetrahedron	显示一个线框图的三棱锥(四面体)
glutSolidTetrahedron	显示一个表面着色的四面体
glutWireCube	显示一个线框图的立方体
glutSolidCube	显示一个表面着色的立方体
glutWireOctahedron	显示一个线框图的八面体
glutSolidOctahedron	显示一个表面着色的八面体
glutWireDodecahedron	显示一个线框图的十二面体
glutSolidDodecahedron	显示一个表面着色的十二面体
glutWireIcosahedron	显示一个线框图的二十面体
glutSolidIcosahedron	显示一个表面着色的二十面体

表 13.2 OpenGL 二次曲面函数和三次曲面函数小结

函 数	描 述
glutWireSphere	显示一个线框图的 GLUT 球面
glutSolidSphere	显示一个表面着色的 GLUT 球面
glutWireCone	显示一个线框图的 GLUT 锥面
glutSolidCone	显示一个表面着色的 GLUT 锥面
glutWireTorus	显示一个线框图的 GLUT 剖面为圆的环形曲面
glutSolidTorus	显示一个表面着色的 GLUT 剖面为圆的环形曲面
glutWireTeapot	显示一个线框图的 GLUT 茶壶
glutSolidTeapot	显示一个表面着色的 GLUT 茶壶
gluNewQuadric	为一个用声明"GLUquadricObj * nameOfObject;"定义的对象名激活该 GLU 二次曲面绘制器
gluQuadricDrawStyle	为一个预定义的 GLU 对象名选择显示模式
gluSphere	显示一个 GLU 球面

(续表)

函数	描述
`gluCylinder`	显示一个 GLU 锥面、柱面或锥形柱面
`gluDisk`	显示一个 GLU 平圆环或实心盘
`gluPartialDisk`	显示一个 GLU 平圆环或实心盘的一部分
`gluDeleteQuadric`	删除一个二次曲面对象
`gluQuadricOrientation`	定义一个 GLU 二次曲面的内外方向
`gluQuadricNormals`	指定如何为一个 GLU 二次曲面对象生成表面法线
`gluQuadricCallback`	为一个 GLU 二次曲面对象指定一个出错回调函数

参考文献

超二次曲面的详细讨论参见 Barr(1981)。各种表示方法的编程技术参见 Glassner(1990)、Arvo(1991)、Kirk(1992)、Heckbert(1994) 和 Paeth(1995)。Kilgard(1996) 讨论了显示多面体、二次曲面和 Utah 茶壶的 GLUT 函数。OpenGL 核心库和 GLU 函数的完整集在 Shreiner(2000) 中给出。

练习题

13.1 建立一个将给定球面转换为多边形网格表示的算法。

13.2 建立一个将给定椭球面转换为多边形网格表示的算法。

13.3 建立一个将给定柱面转换为多边形网格表示的算法。

13.4 建立一个将给定超椭球面转换为多边形网格表示的算法。

13.5 建立一个将给定环面及一个圆形剖面转换为多边形网格表示的算法。

13.6 建立一个将给定环面及一个椭圆形剖面转换为多边形网格表示的算法。

13.7 编写一个程序,在显示窗口中显示一个球,并且允许用户在球的实体显示和线框显示之间转换、沿任意方向平移该球、在任意方向绕球心旋转该球及改变该球的大小(即其半径)。

13.8 编写一个程序,在显示窗口中显示一个环面,并且允许用户在环面的实体显示面和线框显示之间转换、沿任意方向平移该环面、在任意方向绕球心旋转该环面及改变该环面定义特征的大小(即其剖面椭圆半径和它的轴向半径)。

13.9 编写一个程序,在世界坐标系原点显示一个固定半径的球,并且允许用户调整用来近似表示球面的四边形网格的经线和纬线的数量。允许用户在球的实体显示和线框显示之间转换。改变网格逼近的分辨率并观察球的实体和线框图两种显示的视觉外观。

13.10 编写一个程序,在世界坐标系原点显示一个固定高度和半径的柱体,并且允许用户调整用来近似表示柱面的四边形网格的经线和纬线的数量。允许用户在球的实体显示和线框显示之间转换。改变网格逼近的分辨率并观察柱体的实体和线框图两种显示的视觉外观。

附加综合题

13.1 本章内容可以让你通过构造更复杂的三维形体来增加应用中对象表示的复杂性。选择本章介绍的最合适的三维形体来取代目前为止应用中对象的多边形逼近。注意至少包含一些曲面对象,使用 GLU 和 GLUT 函数生成球体、椭球和其他二次曲面体。使用明暗填充方法而不是线框图来绘制对象。选择合理的经线和纬线的数量来生成这些曲面对象的多边形网格逼近。编写调用适当的函数并在合适的位置和方向显示场景形体的程序。如果可以，使用本章关于层次建模的技术，作为一个组来生成对基本形体对象的更合适的逼近。

13.2 在本题中，你要体验用来逼近前一综合题描述的曲面对象的多边形网格分辨率的变化。选择在视觉外观上可勉强接受的用来表示对象的最少经线和纬线的数量。以此为基线，绘制前一综合题中的场景若干次，每次增加一定数量的定义网格逼近对象的经线和纬线。对于每一次的分辨率设置，记录使用明暗填充区绘制对象的方法绘制该场景的时间。继续做这件事，直到分辨率的变化对逼近质量不造成明显改变为止。然后，绘出绘制时间作为分辨率参数(经线和纬线的数量)函数的关系图，并讨论该图的特点。是否在平衡视觉质量和性能方面有更理想的设置？

第14章 样条表示

在绘图术语中，样条是通过一组指定点集而生成平滑曲线的柔性带。当绘制曲线时，几个较小的加权沿着样条的长度分配并固定在绘图表上的相应位置。术语——样条曲线(spline curve)原指使用这种方式绘制的曲线。数学上使用分段三次多项式函数来描述这种曲线，其中各曲线段的连接处有连续的一次和二次导数。在计算机图形学中，**样条曲线**(spline curve)指由多项式曲线段连接而成的曲线，在每段的边界处满足特定的连续性条件。**样条曲面**(spline surface)可以使用两组样条曲线进行描述。在图形学应用中使用几种不同的样条描述。每种描述简单地表示一个带有某种特定边界条件的多项式的特殊类型。

样条用于设计曲线和曲面形状，将绘制的图形数字化及指定场景中对象的动画路径或照相机位置。样条的典型计算机辅助设计(CAD)应用包括：汽车车身设计、飞机和航天飞机表面的设计、船体设计及家庭应用。

14.1 插值和逼近样条

给定一组称为**控制点**(control points)的坐标点，可以得到一条样条曲线，这些点给出了曲线的大致形状。根据这些坐标位置，可以使用以下的两种方法之一选取分段连续参数多项式函数。若选取的多项式使得曲线通过每个控制点，如图14.1所示，则所得曲线称为这组控制点的**插值**(interpolate)样条曲线。另一情况，若选取的多项式使部分或全部控制点都不在生成的曲线上，则所得曲线称为这组控制点的**逼近**(approximate)样条曲线(参见图14.2)。构造插值和逼近样条曲面的方法与曲线类似。

图14.1 用分段连续多项式插值的6个控制点　　图14.2 用分段连续多项式逼近的6个控制点

插值曲线通常用于数字化绘图或指定动画路径。逼近曲线一般作为设计工具来构造对象形体。图14.3给出了在设计应用中生成的逼近样条曲面，并采用直线段连接曲面上的控制点。

一条样条曲线由控制点进行定义、建模和控制。通过交互选择控制点的空间位置，设计者可以建立一条初始曲线。在对一组给定的控制点显示多项式拟合之后，设计者可以重定位部分或全部控制点，以重建曲线的形状。另外，通过对控制点进行变换，可以实现曲线对象的变换(平移、旋转或缩放)。另外，CAD软件包也可以插入额外的控制点以帮助设计者调整曲线形状。

包含一组控制点的凸多边形边界称为**凸壳**(convex hull)。可以将一个二维曲线的凸壳形状设想成一个围绕控制点位置的拉紧的橡皮筋，使得每个控制点或者在凸壳的边界上或者在凸壳内(参见图14.4)。因此，一个二维样条曲线的凸壳是一个凸多边形。凸壳提供了曲线或曲面与围绕控制点区域间的偏差的测量。多数情况下,样条以凸壳为界,这样就保证了对象形态平滑地而不是不稳定地摆动着沿控制点前进。凸壳也给出了所设计曲线或曲面的坐标范围,因而它在裁剪和观察程序中十分有用。

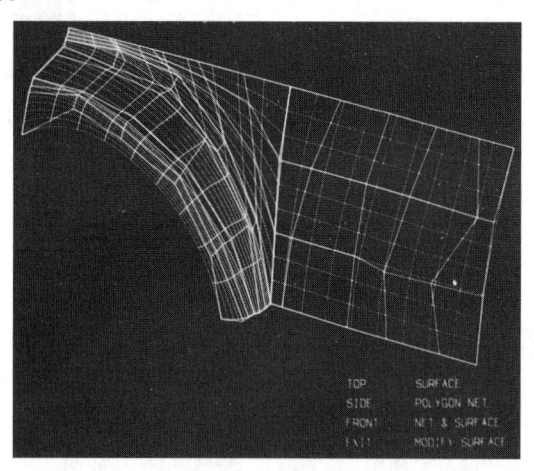

图 14.3　汽车设计 CAD 应用中的一个逼近样条曲面。曲面网格线用多项式曲线段绘制,而控制点用直线段连接(Evans & Sutherland 提供)

对于逼近样条,连接控制点序列的折线通常会显示出来,以提醒设计者控制点的顺序。这一组连接线段通常称为曲线的**控制图**(control graph)。该控制图还可以称为"控制多边形"或"特征多边形",在控制图是一条折线而不是一个多边形时也是如此。图 14.5 显示了图 14.4 中控制点序列的控制图形状。对于一个样条曲面,两组由控制点连接成的折线为曲面控制图形成一个二次曲面网格的多边形面片,如图 14.3 所示。

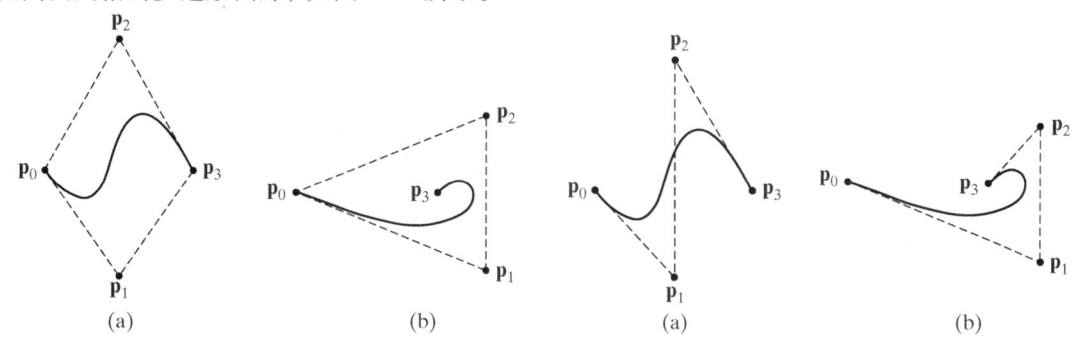

图 14.4　xy 平面上两组控制点的凸壳形状(虚线)　　图 14.5　xy 平面上两组控制点的控制图形状(虚线)

14.2　参数连续性条件

为了保证分段参数曲线从一段到另一段平滑过渡,可以在连接点处要求各种**连续性条件**(continuity conditions)。如样条的每一部分以参数坐标函数形式进行描述:

$$x = x(u), \qquad y = y(u), \qquad z = z(u), \qquad u_1 \leq u \leq u_2 \tag{14.1}$$

这样通过在曲线段的公共部分匹配连接的参数导数,从而建立**参数连续性**(parametric continuity)。

0 阶参数连续性(zero-order parametric continuity)记为 C^0 连续性,可以简单地表示曲线相连。即第一条曲线段在 u_2 处的 x、y、z 值与第二条曲线段在 u_1 处的 x、y、z 值相等。**一阶参数连续性**(first-order parametric continuity)记为 C^1 连续性,说明代表两条相邻曲线段的方程在相交点处有相同的一阶导数(切线)。**二阶参数连续性**(second-order parametric continuity)记为 C^2 连续性,是指两条曲线段在交点处有相同的一阶和二阶导数。高阶参数连续性可以类似定义。图 14.6 展示了 C^0、C^1 和 C^2 连续性的例子。

对于二阶参数连续性，交点处的切向量变化率相等。这样，切线从一个曲线段平滑地变化到另一个曲线段[参见图 14.6(c)]。但对于一阶参数连续性，两曲线段的切向量变化率可能会不同[参见图 14.6(b)]，因此两个相邻曲线段的总体形状会有突变。一阶参数连续性已经能够满足数字化绘图及一些设计应用，而二阶参数连续性对摄像机移动的动画路径和很多精密 CAD 需求有一定作用。沿图 14.6(b)中的曲线路径，以参数 u 中的相同步长移动的镜头会在两条曲线段的相交处经历一个突变，移动过程中将产生不连续性。但如果镜头沿图 14.6(c)中的路径移动，则在相交处会平稳地运动。

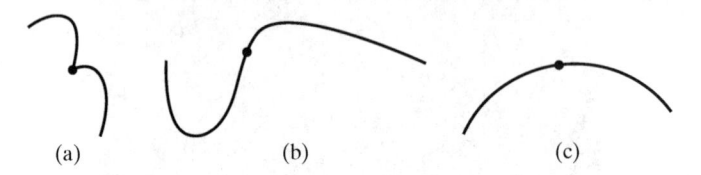

图 14.6 曲线的分段构造，由具有不同参数连续性的两条曲线段组成：(a)0阶参数连续性；(b)一阶参数连续性；(c)二阶参数连续性

14.3 几何连续性条件

连接两条相邻曲线段的另一种方法是指定**几何连续性**(geometric continuity)条件。这种情况下，只要求两条曲线段在相交处的参数导数成比例，而不是必须相等。

0 阶几何连续性(zero-order geometric continuity)记为 G^0 连续性，与 0 阶参数连续性相同。即两条曲线段必在公共点处有相同的坐标位置。**一阶几何连续性**(first-order geometric continuity)记为 G^1 连续性，表示一阶导数在两条相邻曲线段的交点处成比例。若曲线上的参数位置记为 $\mathbf{P}(u)$、切向量为 $\mathbf{P}'(u)$，则在 G^1 连续性下，相邻曲线段在交点处的切向量大小不一定相等。**二阶几何连续性**(second-order geometric continuity)记为 G^2 连续性，表示两条曲线段在相交处的一阶和二阶导数均成比例。在 G^2 连续性下，两条曲线段在交点处的曲率相等。

生成带有几何连续性条件的曲线与生成带有参数连续性条件的曲线有一些类似，但二者的曲线形状有些差别。图 14.7 是几何连续性与参数连续性的比较。对于几何连续性，曲线将向具有较大切向量的部分弯曲。

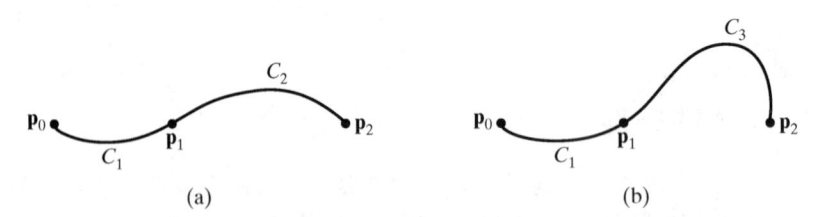

图 14.7 三个控制点拟合成两条曲线段并带有(a)参数连续性及(b)几何连续性。其中曲线 C_3 上 $\mathbf{p}_1$ 点处的切向量值比曲线 C_1 上 $\mathbf{p}_1$ 点处的切向量值大

14.4 样条描述

给定多项式的阶和控制点位置后，给出一条具体的样条表达式有三种等价方法：(1)列出一组加在样条上的边界条件，(2)列出描述样条特征的行列式，(3)列出一组混合函数或基函数(blending functions or basic functions），确定如何组合指定的曲线几何约束，以计算曲线路径上的位置。

为了说明这三个等价描述，假设沿样条路径有下列关于 x 坐标的三次参数多项式表达式：

$$x(u) = a_x u^3 + b_x u^2 + c_x u + d_x, \quad 0 \le u \le 1 \tag{14.2}$$

该曲线的边界条件可以设为端点坐标 $x(0)$ 和 $x(1)$ 及端点处的一次导数 $x'(0)$ 和 $x'(1)$。这四个边界条件是确定四个系数 a_x、b_x、c_x 和 d_x 值的充分条件。

从边界条件中，通过将方程(14.2)重写为矩形乘积形式，可以得到描述该样条曲线的矩阵：

$$\begin{aligned} x(u) &= [u^3 \quad u^2 \quad u \quad 1] \begin{bmatrix} a_x \\ b_x \\ c_x \\ d_x \end{bmatrix} \\ &= \mathbf{U} \cdot \mathbf{C} \end{aligned} \tag{14.3}$$

其中，$\mathbf{U}$ 是参数 u 的幂次行矩阵，$\mathbf{C}$ 是系数列矩阵。运用式(14.3)，就可以写出矩阵形式的边界条件，并求得系数矩阵：

$$\mathbf{C} = \mathbf{M}_{\text{spline}} \cdot \mathbf{M}_{\text{geom}} \tag{14.4}$$

其中，$\mathbf{M}_{\text{geom}}$ 是包含样条上的几何约束值(边界条件)的四元素列矩阵，$\mathbf{M}_{\text{spline}}$ 是 4×4 矩阵，该矩阵将几何约束值转化成多项式系数，并且提供了样条曲线的特征。矩阵 $\mathbf{M}_{\text{geom}}$ 包含了控制点的坐标值和其他已经指定的几何约束。这样，可以使用矩阵表示来代替式(14.3)中的 $\mathbf{C}$，从而得到

$$x(u) = \mathbf{U} \cdot \mathbf{M}_{\text{spline}} \cdot \mathbf{M}_{\text{geom}} \tag{14.5}$$

矩阵 $\mathbf{M}_{\text{spline}}$ 描述了一个样条表示。有时称该矩阵为基本矩阵(basis matrix)，对从一个样条表达式转换到另一个样条表达式特别有用。

最后，通过扩展式(14.5)，可以得到关于坐标 x 的几何约束参数多项式表示：

$$x(u) = \sum_{k=0}^{3} g_k \cdot \text{BF}_k(u) \tag{14.6}$$

其中，g_k 是约束参数，类似控制点坐标和控制点处的曲线斜率，多项式 $\text{BF}_k(u)$ 是**混合函数**(blending function)或**基本函数**(basic function)。在以后的章节中，我们将讨论一些计算机图形应用中常用的样条曲线和曲面的特点，包括它们的矩阵和混合函数描述。

14.5 样条曲面

通过使用某个空间区域中的一个控制点网来指定两组样条曲线，可以定义一个样条曲面。如果我们用 $\mathbf{p}_{k_u,k_v}$ 表示控制点位置，则样条曲面上的任意一点可用样条曲线混合函数的积来计算：

$$\mathbf{P}(u,v) = \sum_{k_u,k_v} \mathbf{p}_{k_u,k_v} \text{BF}_{k_u}(u) \text{BF}_{k_v}(v) \tag{14.7}$$

曲面参数 u 和 v 在 0 到 1 的范围内变化，但这个范围依赖于所使用的样条曲线类型。一种指定三维控制点位置的方法是在地平面二维网格位置选择高度值。

14.6 修剪样条曲面

在 CAD 应用中，曲面设计可能需要一些不能仅通过简单地调整控制点位置来实现的功能。例如，样条曲面的一部分可能需要剪断来拟合两个设计面片，或需要有一个洞让一个管道穿过。对于这些应用，图形软件包常提供生成修剪曲线的函数来在样条曲面上挖去这些部分，如图 14.8 所示。修剪曲线在参数 uv 曲面坐标上定义，并且必须是封闭曲线。

14.7 三次样条插值方法

此类样条大多用于建立对象运动路径或提供实体表示和绘画，但插值样条有时也用来设计物体形状。三次多项式在灵活性和计算速度之间提供了一个合理的折中方案。与更高次多项式相比，三次样条只需较少的计算和存储空间，并且较为稳定。与低次多项式相比，三次样条在模拟任意曲线形状时显得更加灵活。

给出一组控制点，通过拟合这些输入点生成分段三次多项式曲线，可以得到经过每一控制点的三次插值样条。假设有 $n+1$ 个控制点，其坐标分别为

$$\mathbf{p}_k = (x_k, y_k, z_k), \quad k = 0, 1, 2, \cdots, n$$

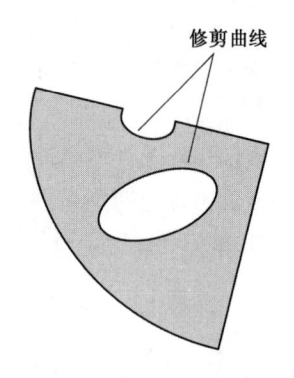

图 14.8 使用修剪曲线修改曲面的一部分

这些点的三次插值拟合在图 14.9 中给出。我们可以使用下列方程组来描述拟合每对控制点的参数三次多项式：

$$\begin{aligned} x(u) &= a_x u^3 + b_x u^2 + c_x u + d_x \\ y(u) &= a_y u^3 + b_y u^2 + c_y u + d_y, \quad (0 \leqslant u \leqslant 1) \\ z(u) &= a_z u^3 + b_z u^2 + c_z u + d_z \end{aligned} \quad (14.8)$$

对于这三个方程中的每一个，必须确定多项式表示中的四个系数 a、b、c、d 的值，而 $n+1$ 个控制点共产生 n 条曲线段，每一段都需要确定系数值。通过在两条曲线段的交点处设置足够的边界条件来解决上述问题，可以得到所有的系数值。后面将探讨用于对三次样条插值建立边界条件的常用方法。

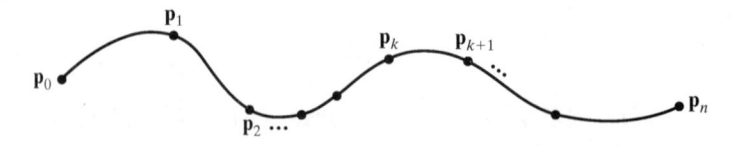

图 14.9 $n+1$ 个控制点的分段连续三次样条插值

14.7.1 自然三次样条

首先用于图形应用的样条曲线之一是**自然三次样条**(natural cubic spline)。这个插值曲线是原始绘图样条的一个数学表达式。在使用公式表示一个自然三次样条时，需要两条相邻曲线段在公共边界处有相同的一阶和二阶导数，即自然三次样条具有 C^2 连续性。

如图 14.9 所示，需要拟合 $n+1$ 个控制点，这样共有 n 条曲线段和 $4n$ 个多项式系数需要确定。对于每一个内部控制点(共 $n-1$ 个)有四个边界条件：在该控制点两侧的两条曲线段在该点处有相同的一阶和二阶导数，并且两条曲线段都要通过该点。这就给出了由 $4n$ 个多项式系数组成的 $4n-4$ 个方程。另外再给出从第一个控制点 $\mathbf{p}_0$（即曲线起点）所得的方程及从另一个控制点 $\mathbf{p}_n$（即曲线终点）所得的条件。我们还需要两个条件才能解出所有的系数值。获取这两个额外方程的方法之一是在 $\mathbf{p}_0$ 和 $\mathbf{p}_n$ 处设二阶导数为 0。另一个方法是增加两个"隐含"控制点，分别位于控制点序列的两端，即增加控制点 $\mathbf{p}_{-1}$ 和 $\mathbf{p}_{n+1}$。这时，所有的原有控制点都成为内部点，并且具有所需的 $4n$ 个边界条件。

尽管自然三次样条对于绘图样条是一个数学模型，但其有一个主要缺点。如果控制点中的

任意一个发生了变动,则整条曲线都将受到影响。这样,自然三次样条不允许"局部控制",因此不给出完整的新控制点集,则不可能构造曲线的一部分。因此,人们开发了其他一些三次样条插值表示。

14.7.2 Hermite 插值

Hermite 样条(以法国数学家 Charles Hermite 的名字命名)是一个分段三次多项式并在每个控制点具有给定的切线。与自然三次样条不同,Hermite 样条可以局部调整,因为每条曲线段仅依赖于端点约束。

如图 14.10 所示,如果在控制点 $\mathbf{p}_k$ 和 $\mathbf{p}_{k+1}$ 之间的曲线段是参数三次函数 $\mathbf{P}(u)$,那么 Hermite 曲线段的边界条件是

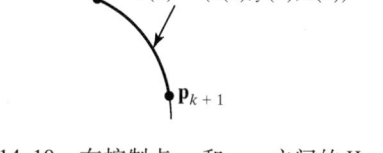

$$\begin{aligned}\mathbf{P}(0) &= \mathbf{p}_k \\ \mathbf{P}(1) &= \mathbf{p}_{k+1} \\ \mathbf{P}'(0) &= \mathbf{D}\mathbf{p}_k \\ \mathbf{P}'(1) &= \mathbf{D}\mathbf{p}_{k+1}\end{aligned} \qquad (14.9)$$

图 14.10 在控制点 $\mathbf{p}_k$ 和 $\mathbf{p}_{k+1}$ 之间的 Hermite 曲线段的参数点函数 $\mathbf{P}(u)$

其中 $\mathbf{D}\mathbf{p}_k$ 和 $\mathbf{D}\mathbf{p}_{k+1}$ 指定了控制点 $\mathbf{p}_k$ 和 $\mathbf{p}_{k+1}$ 处的参数导数值(曲线的斜率)。

对于这个 Hermite 曲线段,可以写出与式(14.8)等价的向量方程:

$$\mathbf{P}(u) = \mathbf{a}u^3 + \mathbf{b}u^2 + \mathbf{c}u + \mathbf{d}, \qquad 0 \leq u \leq 1 \qquad (14.10)$$

其中,$\mathbf{P}(u)$ 的分量 x 是 $x(u) = a_x u^3 + b_x u^2 + c_x u + d_x$,分量 y 和 z 也类似。与式(14.10)等价的矩阵是

$$\mathbf{P}(u) = \begin{bmatrix} u^3 & u^2 & u & 1 \end{bmatrix} \cdot \begin{bmatrix} \mathbf{a} \\ \mathbf{b} \\ \mathbf{c} \\ \mathbf{d} \end{bmatrix} \qquad (14.11)$$

函数的导数可以表示为

$$\mathbf{P}'(u) = \begin{bmatrix} 3u^2 & 2u & 1 & 0 \end{bmatrix} \cdot \begin{bmatrix} \mathbf{a} \\ \mathbf{b} \\ \mathbf{c} \\ \mathbf{d} \end{bmatrix} \qquad (14.12)$$

以 0 和 1 代替以上两个矩阵中的 u,可以把 Hermite 边界条件(14.9)表示为矩阵形式:

$$\begin{bmatrix} \mathbf{p}_k \\ \mathbf{p}_{k+1} \\ \mathbf{D}\mathbf{p}_k \\ \mathbf{D}\mathbf{p}_{k+1} \end{bmatrix} = \begin{bmatrix} 0 & 0 & 0 & 1 \\ 1 & 1 & 1 & 1 \\ 0 & 0 & 1 & 0 \\ 3 & 2 & 1 & 0 \end{bmatrix} \cdot \begin{bmatrix} \mathbf{a} \\ \mathbf{b} \\ \mathbf{c} \\ \mathbf{d} \end{bmatrix} \qquad (14.13)$$

将该矩阵对多项式系数求解,于是有

$$\begin{bmatrix} \mathbf{a} \\ \mathbf{b} \\ \mathbf{c} \\ \mathbf{d} \end{bmatrix} = \begin{bmatrix} 0 & 0 & 0 & 1 \\ 1 & 1 & 1 & 1 \\ 0 & 0 & 1 & 0 \\ 3 & 2 & 1 & 0 \end{bmatrix}^{-1} \cdot \begin{bmatrix} \mathbf{p}_k \\ \mathbf{p}_{k+1} \\ \mathbf{D}\mathbf{p}_k \\ \mathbf{D}\mathbf{p}_{k+1} \end{bmatrix}$$

$$= \begin{bmatrix} 2 & -2 & 1 & 1 \\ -3 & 3 & -2 & -1 \\ 0 & 0 & 1 & 0 \\ 1 & 0 & 0 & 0 \end{bmatrix} \cdot \begin{bmatrix} \mathbf{p}_k \\ \mathbf{p}_{k+1} \\ \mathbf{D}\mathbf{p}_k \\ \mathbf{D}\mathbf{p}_{k+1} \end{bmatrix}$$

$$= \mathbf{M}_H \cdot \begin{bmatrix} \mathbf{p}_k \\ \mathbf{p}_{k+1} \\ \mathbf{D}\mathbf{p}_k \\ \mathbf{D}\mathbf{p}_{k+1} \end{bmatrix} \tag{14.14}$$

其中，Hermite 矩阵 $\mathbf{M}_H$ 是边界约束矩阵的逆矩阵。使用边界条件，式(14.11)可以写成

$$\mathbf{P}(u) = \begin{bmatrix} u^3 & u^2 & u & 1 \end{bmatrix} \cdot \mathbf{M}_H \cdot \begin{bmatrix} \mathbf{p}_k \\ \mathbf{p}_{k+1} \\ \mathbf{D}\mathbf{p}_k \\ \mathbf{D}\mathbf{p}_{k+1} \end{bmatrix} \tag{14.15}$$

计算式(14.15)中的矩阵乘积，并且获得满足边界约束的系数，可以得到多项式形式。最后，得到的 Hermite 混合函数表达式为

$$\begin{aligned} \mathbf{P}(u) &= \mathbf{p}_k(2u^3 - 3u^2 + 1) + \mathbf{p}_{k+1}(-2u^3 + 3u^2) + \mathbf{D}\mathbf{p}_k(u^3 - 2u^2 + u) \\ &\quad + \mathbf{D}\mathbf{p}_{k+1}(u^3 - u^2) \\ &= \mathbf{p}_k H_0(u) + \mathbf{p}_{k+1} H_1 + \mathbf{D}\mathbf{p}_k H_2 + \mathbf{D}\mathbf{p}_{k+1} H_3 \end{aligned} \tag{14.16}$$

多项式 $H_k(u)$ ($k = 0, 1, 2, 3$) 称为混合函数，因为其混合了边界约束值(终点坐标和斜率)以得到曲线上每个坐标点的位置。图 14.11 给出了 4 个 Hermite 混合函数的形状。

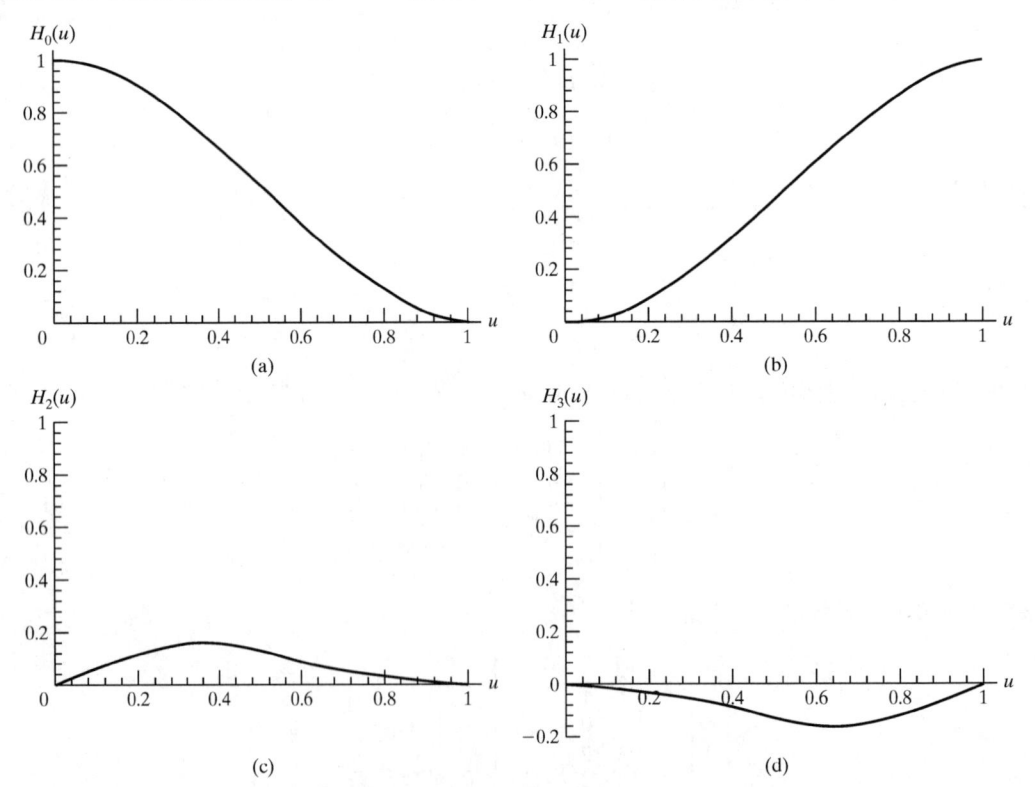

图 14.11 Hermite 混合函数

Hermite 多项式对于某些数字化应用十分有用,可以比较容易地得出或估算出曲线的斜率。但对于计算机图形学中的大部分问题,除了控制点坐标,更好的处理方法是不需要输入曲线斜率值或其他几何信息就能生成样条曲线。cardinal 样条和 Kochanek Bartels 样条这两种基于 Hermite 样条的变化形式将在下面讨论,这两种样条不需要输入控制点上的曲线导数值。这些样条的程序是通过控制点的坐标位置来计算参数导数。

14.7.3 cardinal 样条

类似于 Hermite 样条,cardinal 样条(cardinal spline)也是插值分段三次曲线,并且每条曲线段的端点位置均指定切线。与 Hermite 样条不同,cardinal 样条不一定要给出端点的切线值。在 cardinal 样条中,一个控制点的斜率值可以由两个相邻控制点的坐标进行计算。

一个 cardinal 样条完全由四个连续控制点给出。中间两个控制点是曲线段端点,其他两个点用于计算端点斜率。如图 14.12 所示,设 $\mathbf{p}(u)$ 是两控制点 $\mathbf{p}_k$ 和 $\mathbf{p}_{k+1}$ 间的参数三次函数式,则从 $\mathbf{p}_{k-1}$ 到 $\mathbf{p}_{k+1}$ 间的四个控制点用于建立 cardinal 样条段的边界条件:

$$\begin{aligned} \mathbf{P}(0) &= \mathbf{p}_k \\ \mathbf{P}(1) &= \mathbf{p}_{k+1} \\ \mathbf{P}'(0) &= \frac{1}{2}(1-t)(\mathbf{p}_{k+1} - \mathbf{p}_{k-1}) \\ \mathbf{P}'(1) &= \frac{1}{2}(1-t)(\mathbf{p}_{k+2} - \mathbf{p}_k) \end{aligned} \quad (14.17)$$

控制点 $\mathbf{p}_k$ 和 $\mathbf{p}_{k+1}$ 处的斜率分别与弦 $\overline{\mathbf{p}_{k-1}\mathbf{p}_{k+1}}$ 和 $\overline{\mathbf{p}_k\mathbf{p}_{k+2}}$ 成正比(参见图 14.13)。参数 t 称为**张量**(tension)参数,因为 t 控制 cardinal 样条与输入控制点间的松紧程度。图 14.14 说明了张量 t 取很小和很大值时 cardinal 曲线的形状。当 $t=0$ 时,这类曲线称为 **Catmull-Rom 样条**(Catmull-Rom spline)或 **Overhauser 样条**(Overhauser spline)。

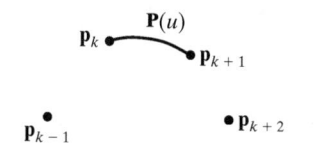

图 14.12 在控制点 $\mathbf{p}_k$ 和 $\mathbf{p}_{k+1}$ 之间 cardinal 样条段的参数向量函数 $\mathbf{P}(u)$

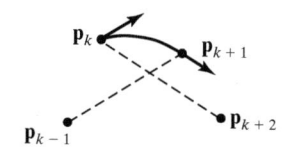

图 14.13 cardinal 样条段端点处的切向量正比于由相邻控制点所形成的弦

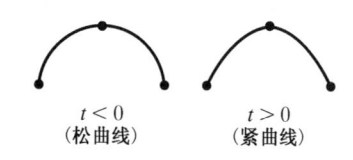

图 14.14 张量参数在 cardinal 样条段形状中起到的作用

利用类似 Hermite 样条的方法,我们可以将边界条件(14.17)转换成矩阵形式:

$$\mathbf{P}(u) = \begin{bmatrix} u^3 & u^2 & u & 1 \end{bmatrix} \cdot \mathbf{M}_C \cdot \begin{bmatrix} \mathbf{p}_{k-1} \\ \mathbf{p}_k \\ \mathbf{p}_{k+1} \\ \mathbf{p}_{k+2} \end{bmatrix} \quad (14.18)$$

其中 cardinal 矩阵是

$$\mathbf{M}_C = \begin{bmatrix} -s & 2-s & s-2 & s \\ 2s & s-3 & 3-2s & -s \\ -s & 0 & s & 0 \\ 0 & 1 & 0 & 0 \end{bmatrix} \quad (14.19)$$

这里 $s = (1-t)/2$。

将式(14.18)展开成多项式形式,可以有

$$\begin{align}\mathbf{P}(u) &= \mathbf{p}_{k-1}(-su^3 + 2su^2 - su) + \mathbf{p}_k[(2-s)u^3 + (s-3)u^2 + 1] \\ &\quad + \mathbf{p}_{k+1}[(s-2)u^3 + (3-2s)u^2 + su] + \mathbf{p}_{k+2}(su^3 - su^2) \\ &= \mathbf{p}_{k-1}\mathrm{CAR}_0(u) + \mathbf{p}_k\mathrm{CAR}_1(u) + \mathbf{p}_{k+1}\mathrm{CAR}_2(u) + \mathbf{p}_{k+2}\mathrm{CAR}_3(u)\end{align} \quad (14.20)$$

这里,多项式 $\mathrm{CAR}_k(u)$ ($k=0,1,2,3$) 是 cardinal 混合函数。图 14.15 给出了当 $t=0$ 时,cardinal 样条的基本函数的图示。

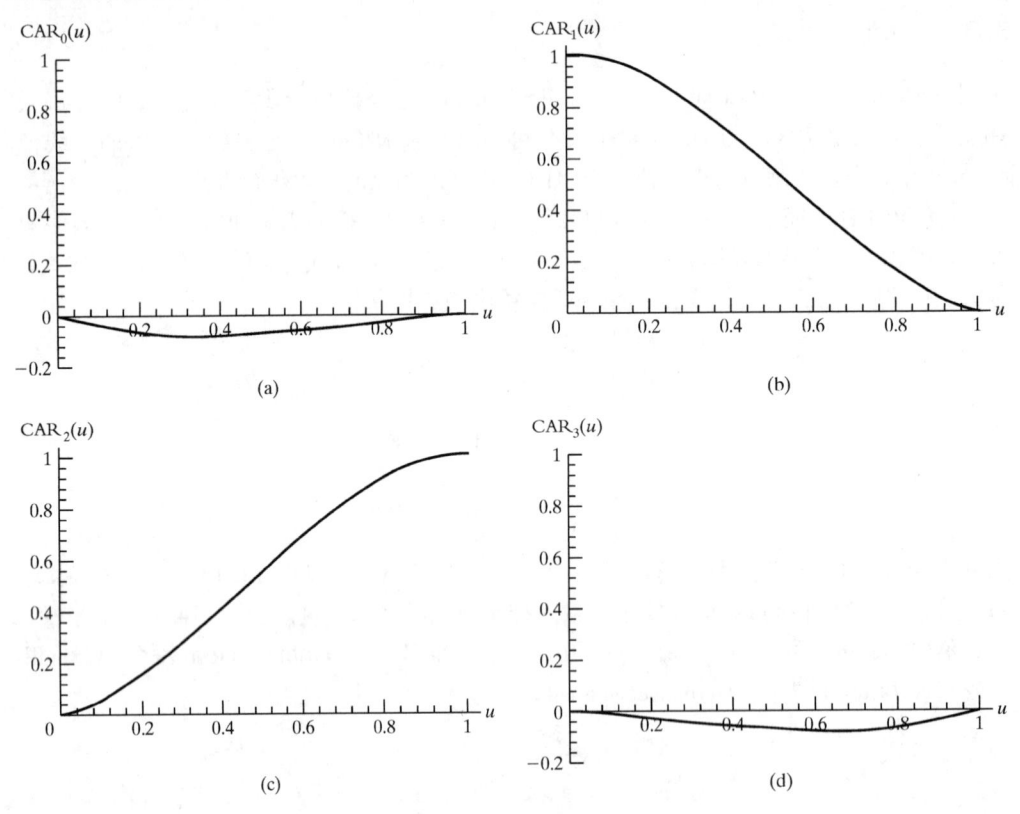

图 14.15 $t=0$ 和 $s=0.5$ 时的 cardinal 混合函数

图 14.16、图 14.17 和图 14.18 给出了用 cardinal 样条混合函数生成的曲线示例。在图 14.16 中,四段 cardinal 样条形成一条封闭曲线。第一段曲线用控制点集 $\{\mathbf{p}_0, \mathbf{p}_1, \mathbf{p}_2, \mathbf{p}_3\}$ 来生成,第二段曲线用控制点集 $\{\mathbf{p}_1, \mathbf{p}_2, \mathbf{p}_3, \mathbf{p}_0\}$ 来生成,第三段曲线的控制点集是 $\{\mathbf{p}_2, \mathbf{p}_3, \mathbf{p}_0, \mathbf{p}_1\}$,最后一段曲线的控制点集是 $\{\mathbf{p}_3, \mathbf{p}_0, \mathbf{p}_1, \mathbf{p}_2\}$。在图 14.17 中,通过使用一个 cardinal 样条段并设定第二个与第三个控制点相同来获得一条封闭曲面。在图 14.18 中,通过设定第三个控制点接近第二个控制点来生成一条自相交 cardinal 样条曲线段。造成自相交的原因是在端点 $\mathbf{p}_1$ 和 $\mathbf{p}_2$ 的曲线斜率约束。

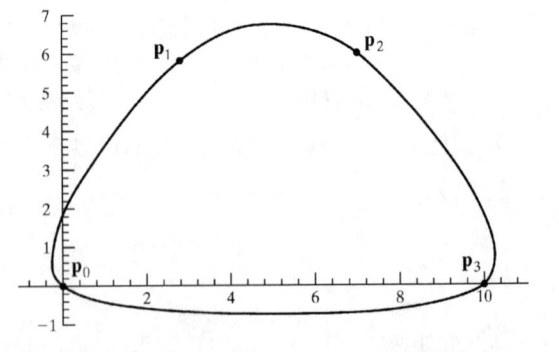

图 14.16 循环地改变控制点并取张量参数 $t=0$ 所得的四段 cardinal 样条曲线组成的封闭曲线

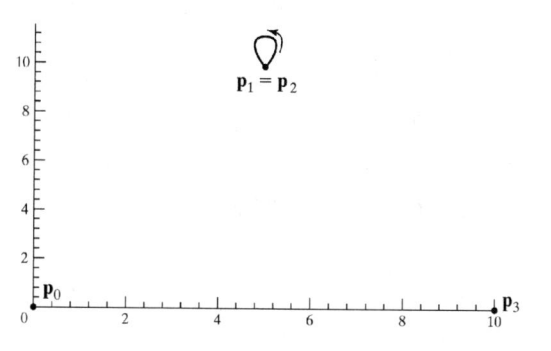

图 14.17 两端点重合生成的 cardinal 样条圈。张量参数设成0

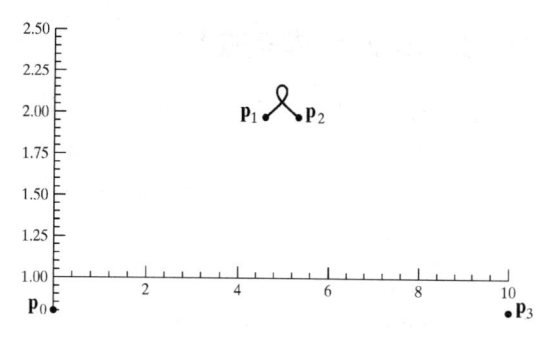

图 14.18 两端点靠近生成一条自相交 cardinal 样条曲线。张量参数设成0

14.7.4 Kochanek-Bartels 样条

这些插值三次多项式是 cardinal 样条的扩展。将两个附加参数引入到约束方程中，可以得到 **Kochanek-Bartels 样条**（Kochanek-Bartels spline），从而为更加方便地调整曲线段形状。

给出四个连续控制点，记为 $\mathbf{p}_{k-1}$、$\mathbf{p}_k$、$\mathbf{p}_{k+1}$ 和 $\mathbf{p}_{k+2}$，在 $\mathbf{p}_k$ 和 $\mathbf{p}_{k+1}$ 间的 Kochanek-Bartels 曲线段中的边界条件定义为

$$\begin{aligned}
\mathbf{P}(0) &= \mathbf{p}_k \\
\mathbf{P}(1) &= \mathbf{p}_{k+1} \\
\mathbf{P}'(0)_{in} &= \frac{1}{2}(1-t)[(1+b)(1-c)(\mathbf{p}_k - \mathbf{p}_{k-1}) \\
&\quad + (1-b)(1+c)(\mathbf{p}_{k+1} - \mathbf{p}_k)] \\
\mathbf{P}'(1)_{out} &= \frac{1}{2}(1-t)[(1+b)(1+c)(\mathbf{p}_{k+1} - \mathbf{p}_k) \\
&\quad + (1-b)(1-c)(\mathbf{p}_{k+2} - \mathbf{p}_{k+1})]
\end{aligned} \tag{14.21}$$

其中 t 是**张量**（tension）参数，b 是**偏离**（bias）参数，c 是**连续性**（continuity）参数。在 Kochanek-Bartels 公式中，导数在曲线段边界处不一定连续。

张量参数 t 具有 cardinal 样条公式中同样的解释，即该参数控制曲线段的松紧程度。偏离参数 b 用来调整曲线段在端点处弯曲的数值，因此曲线段可以偏向一个端点或另一个端点（参见图 14.19）。参数 c 控制切向量在曲线段边界处的连续性。若 c 取非零值，则曲线在曲线段边界处的斜率上具有不连续性。

Kochanek-Bartels 样条的设计是为了模拟动画路径。特别是当对象运动有突变时，可以通过为参数 c 取非零值而进行模拟。这些运动的改变用于卡通动画，例如，当一个卡通角色突然停止、改变方向或与另一对象碰撞时。

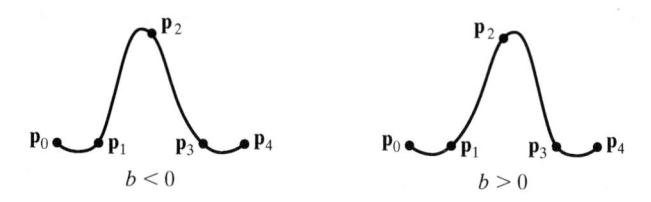

图 14.19 偏离参数 b 在 Kochanek-Bartels 样条段形状中所起的作用

14.8 Bézier样条曲线

这个样条逼近方法是法国工程师 Pierre Bézier 为雷诺(Renault)公司设计汽车车身而开发的。**Bézier 样条**(Bézier spline)有很多更好、更方便地用于曲线和曲面设计的性质,并且也更容易实现。基于这些原因,Bézier 样条在各种 CAD 系统、大多数图形系统、相关的绘图和图形软件包中都有广泛的应用。

尽管有的图形软件包将控制点数限定为4,但一般来说,Bézier 曲线段可以拟合任何数目的控制点。Bézier 多项式的次数取决于曲线将逼近的控制点数量及相关位置。类似于插值样条,Bézier 曲线可以使用混合函数、特征矩阵或边界条件来指定曲线路径与控制点的接近程度。对于一般对控制点不加约束的 Bézier 曲线,混合函数描述是最方便的表示。

14.8.1 Bézier 曲线公式

假设给出 $n+1$ 个控制点位置:$\mathbf{p}_k = (x_k, y_k, z_k)$,这里 k 可以取 0 到 n。这些坐标点将混合产生下列位置向量 $\mathbf{P}(u)$,用来描述 $\mathbf{p}_0$ 和 $\mathbf{p}_n$ 间逼近 Bézier 多项式函数的路径:

$$\mathbf{P}(u) = \sum_{k=0}^{n} \mathbf{p}_k \, \text{BEZ}_{k,n}(u), \qquad 0 \leq u \leq 1 \tag{14.22}$$

Bézier 混合函数 $\text{BEZ}_{k,n}(u)$ 是 Bernstein 多项式(Bernstein polynomial):

$$\text{BEZ}_{k,n}(u) = C(n,k) u^k (1-u)^{n-k} \tag{14.23}$$

这里,参数 $C(n,k)$ 是二项式系数,

$$C(n,k) = \frac{n!}{k!(n-k)!} \tag{14.24}$$

式(14.22)表示单个曲线坐标三个参数方程的集合:

$$x(u) = \sum_{k=0}^{n} x_k \, \text{BEZ}_{k,n}(u)$$

$$y(u) = \sum_{k=0}^{n} y_k \, \text{BEZ}_{k,n}(u) \tag{14.25}$$

$$z(u) = \sum_{k=0}^{n} z_k \, \text{BEZ}_{k,n}(u)$$

多数情况下,Bézier 曲线是一个阶数比控制点数少 1 的多项式:三点生成一条抛物线,四点生成一条三次曲线,以此类推。图 14.20 给出了 xy 平面($z=0$)上不同数量控制点生成的 Bézier 曲线。而在一定安排的控制点控制下,可获得退化的 Bézier 多项式。例如,用三个共线控制点生成的 Bézier 曲线是一直线段。而所有控制点都在同一坐标位置时生成的 Bézier 曲线是一个点。

连续的二项式系数可以用递归计算来得到:

$$C(n,k) = \frac{n-k+1}{k} C(n,k-1) \tag{14.26}$$

其中,$n \geq k$。Bézier 混合函数也符合递归关系:

$$\text{BEZ}_{k,n}(u) = (1-u)\text{BEZ}_{k,n-1}(u) + u\,\text{BEZ}_{k-1,n-1}(u), \qquad n > k \geq 1 \tag{14.27}$$

其中,$\text{BEZ}_{k,k} = u^k$ 且 $\text{BEZ}_{0,k} = (1-u)^k$。

(a) (b) (c)

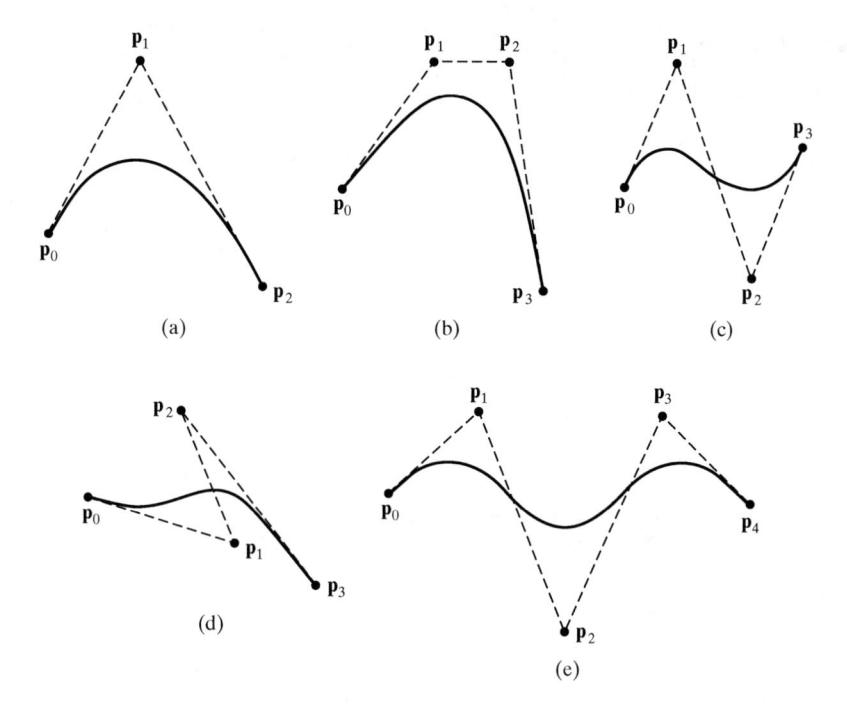

(d) (e)

图 14.20 由三个、四个和五个控制点生成的二维 Bézier 曲线例子，虚线连接了控制点位置

14.8.2 Bézier 曲线生成程序示例

下面的程序实现了生成二维三次 Bézier 曲线的 Bézier 混合函数的计算。在 xy 平面上定义四个控制点，使用宽度为 4 的像素绘制沿曲线路径的 1000 个像素位置。二项式系数的值用过程 `binomial-Coeffs` 计算，而沿曲线路径的坐标位置在过程 `computeBezPt` 中计算。这些值传递给过程 `bezier`，然后用 OpenGL 画点函数绘出这些像素位置。另一种方法是使用较少的点用直线段逼近曲线路径。本章 14.15 节中给出一种沿样条曲线位置生成坐标位置的更有效的方法。在本例中，世界坐标范围设定为仅显示在视口（参见图 14.21）中的曲线点。如果我们还要绘出控制点位置、控制图或凸壳，则可以扩大世界坐标裁剪窗口。

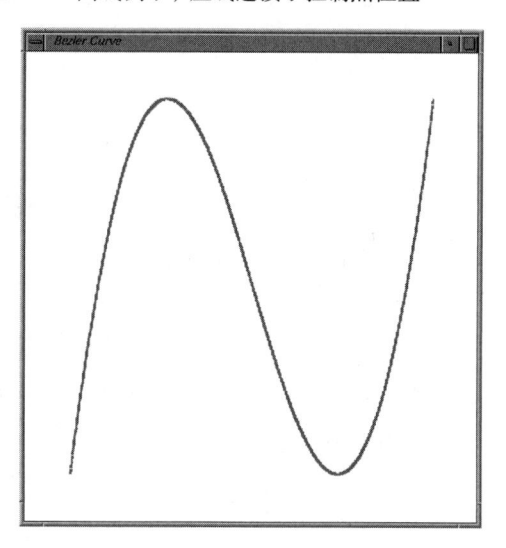

图 14.21 程序示例显示的 Bézier 曲线

```
#include <GL/glut.h>
#include <stdlib.h>
#include <math.h>

/*  Set initial size of the display window.  */
GLsizei winWidth = 600, winHeight = 600;

/*  Set size of world-coordinate clipping window.  */
GLfloat xwcMin = -50.0, xwcMax = 50.0;
GLfloat ywcMin = -50.0, ywcMax = 50.0;
```

```cpp
class wcPt3D {
   public:
      GLfloat x, y, z;
};

void init (void)
{
   /*  Set color of display window to white.  */
   glClearColor (1.0, 1.0, 1.0, 0.0);
}

void plotPoint (wcPt3D bezCurvePt)
{
   glBegin (GL_POINTS);
      glVertex2f (bezCurvePt.x, bezCurvePt.y);
   glEnd ( );
}

/*  Compute binomial coefficients C for given value of n.  */
void binomialCoeffs (GLint n, GLint * C)
{
   GLint k, j;

   for (k = 0;  k <= n;  k++) {
      /*  Compute n!/(k!(n - k)!).  */
      C [k] = 1;
      for (j = n;  j >= k + 1;  j--)
         C [k] *= j;
      for (j = n - k;  j >= 2;  j--)
         C [k] /= j;
   }
}

void computeBezPt (GLfloat u, wcPt3D * bezPt, GLint nCtrlPts,
                   wcPt3D * ctrlPts, GLint * C)
{
   GLint k, n = nCtrlPts - 1;
   GLfloat bezBlendFcn;

   bezPt->x = bezPt->y = bezPt->z = 0.0;

   /*  Compute blending functions and blend control points. */
   for (k = 0; k < nCtrlPts; k++) {
      bezBlendFcn = C [k] * pow (u, k) * pow (1 - u, n - k);
      bezPt->x += ctrlPts [k].x * bezBlendFcn;
      bezPt->y += ctrlPts [k].y * bezBlendFcn;
      bezPt->z += ctrlPts [k].z * bezBlendFcn;
   }
}

void bezier (wcPt3D * ctrlPts, GLint nCtrlPts, GLint nBezCurvePts)
{
   wcPt3D bezCurvePt;
   GLfloat u;
   GLint *C, k;

   /*  Allocate space for binomial coefficients  */
   C = new GLint [nCtrlPts];

   binomialCoeffs (nCtrlPts - 1, C);
   for (k = 0;  k <= nBezCurvePts;  k++) {
```

```
        u = GLfloat (k) / GLfloat (nBezCurvePts);
        computeBezPt (u, &bezCurvePt, nCtrlPts, ctrlPts, C);
        plotPoint (bezCurvePt);
    }
    delete [ ] C;
}

void displayFcn (void)
{
    /* Set example number of control points and number of
     * curve positions to be plotted along the Bezier curve.
     */
    GLint nCtrlPts = 4, nBezCurvePts = 1000;

    wcPt3D ctrlPts [4] = { {-40.0, -40.0, 0.0}, {-10.0, 200.0, 0.0},
                           {10.0, -200.0, 0.0}, {40.0, 40.0, 0.0} };

    glClear (GL_COLOR_BUFFER_BIT);     //  Clear display window.

    glPointSize (4);
    glColor3f (1.0, 0.0, 0.0);         //  Set point color to red.

    bezier (ctrlPts, nCtrlPts, nBezCurvePts);
    glFlush ( );
}

void winReshapeFcn (GLint newWidth, GLint newHeight)
{
    /*  Maintain an aspect ratio of 1.0.  */
    glViewport (0, 0, newHeight, newHeight);

    glMatrixMode (GL_PROJECTION);
    glLoadIdentity ( );

    gluOrtho2D (xwcMin, xwcMax, ywcMin, ywcMax);

    glClear (GL_COLOR_BUFFER_BIT);
}

void main (int argc, char** argv)
{
    glutInit (&argc, argv);
    glutInitDisplayMode (GLUT_SINGLE | GLUT_RGB);
    glutInitWindowPosition (50, 50);
    glutInitWindowSize (winWidth, winHeight);
    glutCreateWindow ("Bezier Curve");

    init ( );
    glutDisplayFunc (displayFcn);
    glutReshapeFunc (winReshapeFcn);

    glutMainLoop ( );
}
```

14.8.3 Bézier 曲线的特性

Bézier 曲线的一个非常有用的特性是该曲线总是通过第一个和最后一个控制点。即曲线在两个端点处的边界条件是

$$\mathbf{P}(0) = \mathbf{p}_0$$
$$\mathbf{P}(1) = \mathbf{p}_n$$

(14.28)

Bézier 曲线在端点处的一阶导数的参数值可以由控制点的坐标进行计算：

$$\mathbf{P}'(0) = -n\mathbf{p}_0 + n\mathbf{p}_1$$
$$\mathbf{P}'(1) = -n\mathbf{p}_{n-1} + n\mathbf{p}_n \tag{14.29}$$

从这些表达式可看出，曲线在起始点处的切线落在头两个控制点的连线上，曲线在终点处的切线落在最后两个控制点的连线上。同样，Bézier 曲线在端点处的二阶导数可以计算为

$$\mathbf{P}''(0) = n(n-1)[(\mathbf{p}_2 - \mathbf{p}_1) - (\mathbf{p}_1 - \mathbf{p}_0)]$$
$$\mathbf{P}''(1) = n(n-1)[(\mathbf{p}_{n-2} - \mathbf{p}_{n-1}) - (\mathbf{p}_{n-1} - \mathbf{p}_n)] \tag{14.30}$$

Bézier 曲线的另一个重要性质是其落在控制点的凸壳内（凸多边形边界）。这些点由 Bézier 混合函数给出，这些值都是正的且其总和为 1：

$$\sum_{k=0}^{n} \text{BEZ}_{k,n}(u) = 1 \tag{14.31}$$

因此，任意曲线位置仅是控制点位置的加权和。Bézier 曲线的凸壳性质保证了多项式随控制点平稳前进而不会产生摆动。

14.8.4 使用 Bézier 曲线的设计技术

封闭 Bézier 曲线由重合第一个和最后一个控制点的位置而生成，如图 14.22 所示。多个控制点位于同一个位置也会对该位置加以更多的权。在图 14.23 中，输入一个坐标位置作为两个控制点，这样所产生的曲线更接近于该位置。

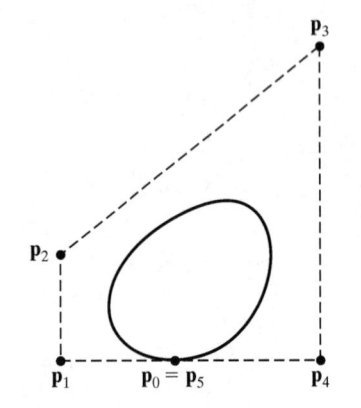

图 14.22　第一个和最后一个控制点重合而生成的封闭Bézier曲线

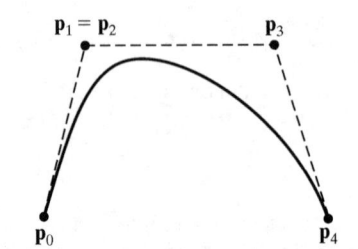

图 14.23　多个控制点具有相同的坐标位置，Bézier曲线将更靠近该位置

我们可以使用任何数目的控制点拟合一条 Bézier 曲线，但这需要计算更高次的多项式。复杂曲线可以由几个较低次数的 Bézier 曲线段连接而成。较小的曲线段连接也可以使我们更好地控制小区域内的曲线形状。由于 Bézier 曲线通过端点，因此比较容易匹配曲线段（0 阶连续性）。Bézier 曲线还有一个重要性质，即曲线在端点处的切向量位于端点和相邻控制点的连线上。因此，为了得到曲线段之间的一阶连续性，使得新段中的控制点 $\mathbf{p}_{0'}$ 和 $\mathbf{p}_{1'}$ 与前段中的控制点 $\mathbf{p}_{n-1}$ 和 $\mathbf{p}_n$ 在同一条直线上（参见图 14.24）。一旦两条曲线段具有相同数目的控制点，则选择前段中最后一个控制点为新段中第一个控制点，新段中第二个控制点 $\mathbf{p}_{1'}$ 的位置为

$$\mathbf{p}_{1'} = \mathbf{p}_n + \frac{n}{n'}(\mathbf{p}_n - \mathbf{p}_{n-1}) \tag{14.32}$$

为了简化 $\mathbf{p}_{1'}$ 的安排，可以只要求几何连续性，从而将 $\mathbf{p}_{1'}$ 安排在 $\mathbf{p}_{n-1}$ 和 $\mathbf{p}_n$ 之间连线上的任何地方。

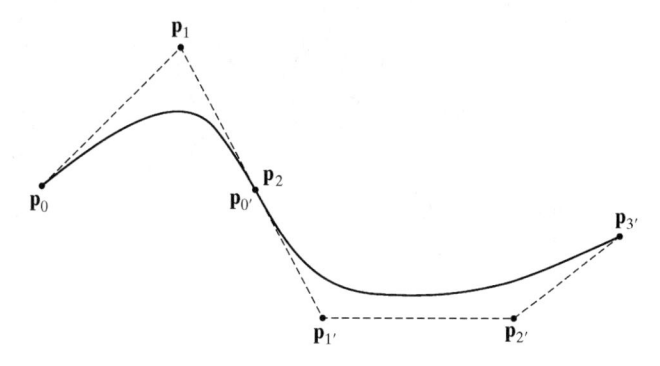

图 14.24　由两个 Bézier 曲线段形成的分段逼近曲线。设 $\mathbf{p}_0' = \mathbf{p}_2$，使 $\mathbf{p}_{1'}$、
$\mathbf{p}_1$、$\mathbf{p}_2$ 共线，可以得到两条曲线段之间的 0 阶和一阶连续性

使用式(14.30)中的表达式可以在两个相邻 Bézier 曲线段之间得到 C^2 连续性。这建立了除 $\mathbf{p}_0$ 和 $\mathbf{p}_1$ 外的一个控制点 $\mathbf{p}_2$，从而满足 C^0 和 C^1 连续性的需要。但是，对 Bézier 曲线段不一定要求有两次连续性。对每段有四个控制点的三次曲线来说尤其是这样。此时，二次连续性固定了前三个控制点位置而只留下了一个点可用于调整该曲线段形状。

14.8.5　三次 Bézier 曲线

很多图形软件包只有三次样条显示函数。这不仅带来了设计上的方便性，同时避免了由于高阶多项式而使计算量增加。三次 Bézier 曲线由四个控制点生成。将 $n = 3$ 代入式(14.23)，得到三次 Bézier 曲线的四个混合函数，如下所示：

$$\begin{aligned} \text{BEZ}_{0,3} &= (1-u)^3 \\ \text{BEZ}_{1,3} &= 3u(1-u)^2 \\ \text{BEZ}_{2,3} &= 3u^2(1-u) \\ \text{BEZ}_{3,3} &= u^3 \end{aligned} \tag{14.33}$$

图 14.25 给出了四个三次 Bézier 混合函数的图示。混合函数的形式决定了控制点如何影响曲线的形状，此时参数 u 的取值范围从 0 到 1。$u = 0$ 时，非零的混合函数是 $\text{BEZ}_{0,3}$，其值为 1。$u = 1$ 时，非零混合函数是 $\text{BEZ}_{3,3}(1) = 1$。这样，三次 Bézier 曲线总是通过控制点 $\mathbf{p}_0$ 和 $\mathbf{p}_3$。其他两个函数 $\text{BEZ}_{1,3}$ 和 $\text{BEZ}_{2,3}$ 影响参数 u 取中间值时的曲线形状，因此生成的曲线靠近 $\mathbf{p}_1$ 和 $\mathbf{p}_2$。混合函数 $\text{BEZ}_{1,3}$ 当 $u = 1/3$ 时取到最大值，而 $\text{BEZ}_{2,3}$ 当 $u = 2/3$ 时取到最大值。

注意到在图 14.25 中，每个混合函数在参值 u 的整个取值范围内不为 0。这样，Bézier 曲线不可能对曲线形状进行局部控制。如果改变任意一个控制点的位置，那么整条曲线将受到影响。

在三次 Bézier 曲线的端点处，一阶导数(斜率)为

$$\mathbf{P}'(0) = 3(\mathbf{p}_1 - \mathbf{p}_0), \qquad \mathbf{P}'(1) = 3(\mathbf{p}_3 - \mathbf{p}_2)$$

二阶导数为

$$\mathbf{P}''(0) = 6(\mathbf{p}_0 - 2\mathbf{p}_1 + \mathbf{p}_2), \qquad \mathbf{P}''(1) = 6(\mathbf{p}_1 - 2\mathbf{p}_2 + \mathbf{p}_3)$$

使用一系列三次 Bézier 曲线段可构造复杂的样条曲线。此外，利用导数表达式，还可以在两条曲线段之间构造具有 C^1 或 C^2 连续性的分段曲线，尽管这时无法利用前三个控制点的位置。

将混合函数和约束扩展为多项式表达式，那么三次 Bézier 混合函数可以写成矩阵形式：

$$\mathbf{P}(u) = [u^3 \quad u^2 \quad u \quad 1] \cdot \mathbf{M}_{\text{Bez}} \cdot \begin{bmatrix} \mathbf{p}_0 \\ \mathbf{p}_1 \\ \mathbf{p}_2 \\ \mathbf{p}_3 \end{bmatrix} \tag{14.34}$$

其中，Bézier 矩阵为

$$\mathbf{M}_{Bez} = \begin{bmatrix} -1 & 3 & -3 & 1 \\ 3 & -6 & 3 & 0 \\ -3 & 3 & 0 & 0 \\ 1 & 0 & 0 & 0 \end{bmatrix} \quad (14.35)$$

类似于插值样条中的处理，可以引入额外的参数来调整曲线的"张量"和"偏离"程度。但作用更大的 B 样条、β 样条（本章随后将进一步介绍）都提供了这一功能。

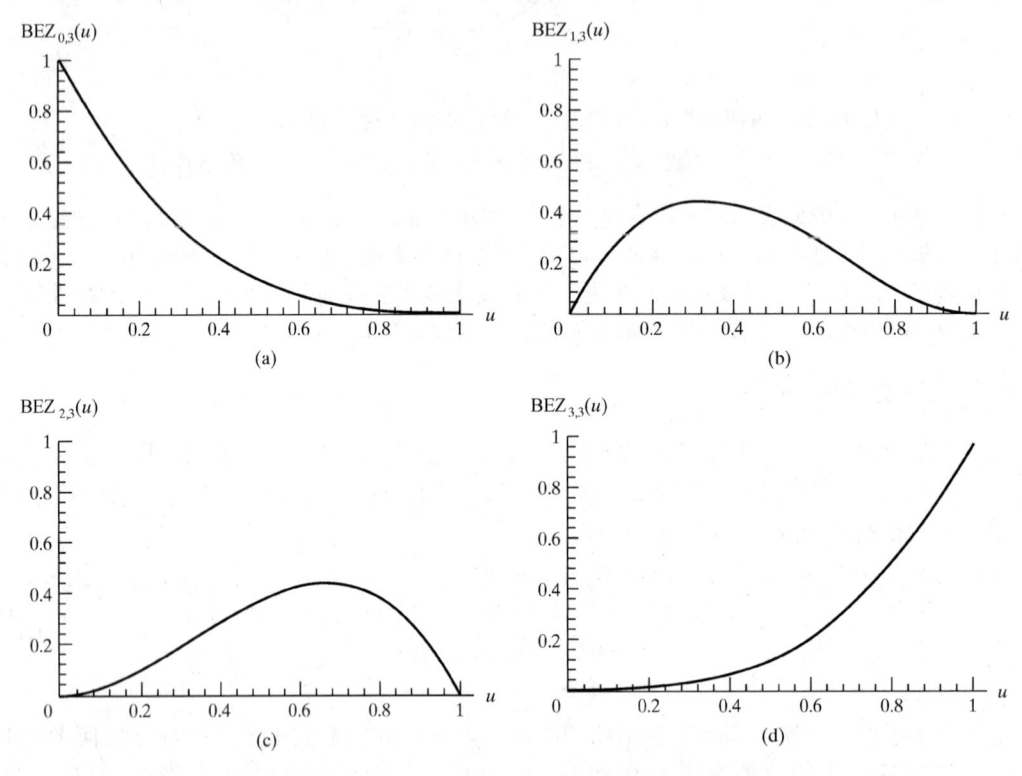

图 14.25　四个三次 Bézier 混合函数（$n = 3$）

14.9　Bézier 曲面

可以使用两组正交的 Bézier 曲线来设计一个对象曲面。Bézier 曲面的参数向量函数可以按照 Bézier 混合函数的张量积形式来描述：

$$\mathbf{P}(u, v) = \sum_{j=0}^{m} \sum_{k=0}^{n} \mathbf{p}_{j,k} \, \text{BEZ}_{j,m}(v) \, \text{BEZ}_{k,n}(u) \quad (14.36)$$

其中，$\mathbf{p}_{j,k}$ 指定了 $(m+1) \times (n+1)$ 个控制点的位置。

图 14.26 给出了两个 Bézier 曲面。控制点由虚线连接，实线表示常数 u 的曲线和常数 v 的曲线。常数 u 的曲线是通过 u 取单位区间内的一定值并将 v 从 0 变到 1 而绘制出的。常数 v 的曲线绘制方法也类似。

Bézier 曲面与 Bézier 曲线有相同的性质，可以提供用于交互设计应用的便捷方法。对于每一个曲面片，选择在 xy"地"平面上的控制点网格，然后根据控制点的 z 坐标值在地平面上选择高度。而这些曲面片可以通过边界约束而连接。曲面面片可用多边形和第 17 章讨论的明暗绘制技术表示。

(a) (b)

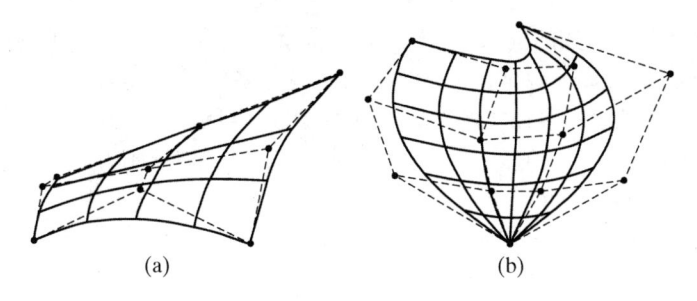

图 14.26 线框式 Bézier 曲面由(a) 3×3 网格中的 9 个控制点 ($m=3$、$n=3$) 和
(b) 4×4 网格中的 16 个控制点 ($m=4$、$n=4$) 构造。虚线连接控制点

图 14.27 给出了用两个 Bézier 曲面组成的一个曲面。类似于在曲线中通过在边界线上建立 0 阶和一阶连续性，可以确保从一个部分平滑转换到另一部分。只要在边界上匹配控制点就可以获得 0 阶连续性。一阶连续性的获得需要选取穿过边界的直线上的控制点，并且对穿过边界的一组指定控制点形成的共线线段保持一个常数比例。

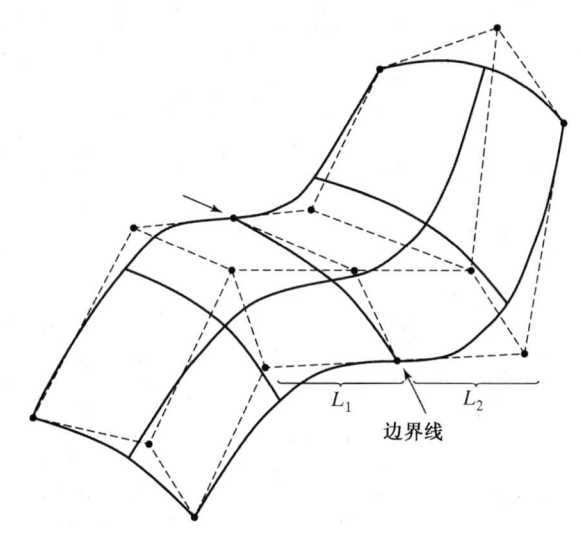

图 14.27 由两个 Bézier 曲面组成的 Bézier 曲面，在指定边界线处连接。虚线连接控制点。一阶连续性则根据在两曲面间穿过边界的共线控制点所形成的线段长度 L_1 与线段长度 L_2 之比为常数而得到

14.10 B 样条曲线

B 样条是使用更为广泛的逼近样条类。**B 样条**（B-spline）函数广泛应用于 CAD 系统和许多通用图形编程软件包中。与 Bézier 样条一样，B 样条也通过逼近一组控制点来生成。但是 B 样条有两个 Bézier 样条所不具备的优点：(1) B 样条多项式次数可独立于控制点数目（有一定限制），(2) B 样条允许局部控制曲线或曲面。缺点是 B 样条比 Bézier 样条更复杂。

14.10.1 B 样条曲线公式

我们可以把沿 B 样条曲线的坐标位置的计算写成混合函数公式的表达式：

$$\mathbf{P}(u) = \sum_{k=0}^{n} \mathbf{p}_k B_{k,d}(u), \qquad u_{\min} \leq u \leq u_{\max}, \quad 2 \leq d \leq n+1 \tag{14.37}$$

其中，$\mathbf{p}_k$ 是输入的一组 $n+1$ 个控制点。B 样条公式与 Bézier 样条公式相比有几个不同点。参数 u

的范围取决于B样条其他参数的选取。B样条混合函数$B_{k,d}$是次数为$d-1$的多项式,其中参数d是一个**次数参数**(degree parameter)。(有时参数d暗指多项式的"幂次",但这可能被误解,因为术语幂次常用来简单地表示多项式的次数。)次数参数d可赋以2到控制点个数$n+1$之间的任意整数。实际上,也可以设d的值为1,但这时"曲线"正好是该控制点本身。B样条的局部控制可以由定义在u取值范围中子区间上的混合函数来实现。

B样条曲线的混合函数由Cox-deBoor递归公式定义为

$$B_{k,1}(u) = \begin{cases} 1, & u_k \leq u \leq u_{k+1} \\ 0, & 其他 \end{cases}$$
$$B_{k,d}(u) = \frac{u - u_k}{u_{k+d-1} - u_k} B_{k,d-1}(u) + \frac{u_{k+d} - u}{u_{k+d} - u_{k+1}} B_{k+1,d-1}(u)$$
(14.38)

其中,每个混合函数定义在u的取值范围的d子区间上。所选的一组子区间端点u_j称为**节点**(knot),而选定的一组子区间端点整体称为**节点向量**(knot vector)。可以选取满足$u_j \leq u_{j+1}$的任意值作为子区间端点。u_{min}和u_{max}的值取决于所选的控制点个数、参数d的取值、如何建立子区间(节点向量)。由于可以选取节点向量的元素,因此,在Cox-deBoor计算中某些分母值为0,该公式假定求解诸如0/0的值时,其结果为0。

图14.28表示了B样条的局部控制特征。除了局部控制,B样条允许通过改变控制点个数来设计一条曲线,而无须改变多项式的次数。也可以增加或改变控制点个数来控制曲线形状。类似地,可以增加节点向量的值从而辅助曲线的设计。但是在进行这种处理时,也需要增加控制点,因为节点向量的大小取决于参数n。

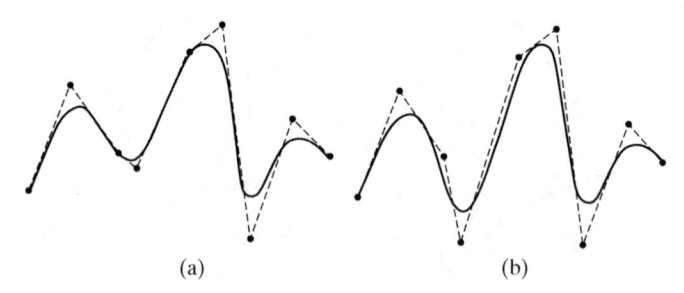

图14.28 B样条曲线的局部调整。(a)中改变一个控制点生成曲线(b),仅改变了该控制点附近的部分

B样条具有下列性质:

- 在u取值范围内,多项式曲线的次数为$d-1$,并且具有C^{d-2}连续性。
- 对于$n+1$个控制点,曲线由$n+1$个混合函数进行描述。
- 每个混合函数$B_{k,d}$定义在u取值范围的d子区间上,以节点向量值u_k为起点。
- 参数u的取值范围由$n+d+1$个节点向量中指定的值分成$n+d$个子区间。
- 节点值记为$\{u_0, u_1, \cdots, u_{n+d}\}$,所生成的B样条曲线仅定义在从节点值$u_{d-1}$到节点值$u_{n+1}$的区间上。
- 每个样条曲线段(在两个相邻节点值间)受d个控制点影响。
- 任意一个控制点可以影响最多d条曲线段的形状。

另外,B样条曲线位于最多由$d+1$个控制点所形成的凸壳内,因此B样条与控制点位置密切关联。对从节点值u_{d-1}到u_{n+1}区间上的任意值u,所有的基本函数之和为1:

$$\sum_{k=0}^{n} B_{k,d}(u) = 1$$
(14.39)

给出控制点位置和参数 d 的值,则需要指定节点值,并使用式(14.38)中的递归关系来获得混合函数。节点向量有三种分类:均匀的(uniform)、开放均匀的(open uniform)和非均匀的(non-uniform)。B 样条通常根据所选的节点向量类型进行描述。

14.10.2 均匀周期性 B 样条曲线

当节点值间的距离为常数时,所生成的曲线称为**均匀** B 样条。例如,可以建立均匀节点向量为

$$\{-1.5, -1.0, -0.5, 0.0, 0.5, 1.0, 1.5, 2.0\}$$

通常节点值的标准取值范围介于 0 和 1 之间,例如:

$$\{0.0, 0.2, 0.4, 0.6, 0.8, 1.0\}$$

在很多应用中建立起以 0 为初始值、1 为间距的均匀节点值是比较方便的,其节点向量为

$$\{0, 1, 2, 3, 4, 5, 6, 7\}$$

均匀 B 样条具有**周期性**(periodic)混合函数,即给定 n 和 d 值,所有的混合函数具有相同的形状。每个后继混合函数仅仅是前面函数平移的结果:

$$B_{k,d}(u) = B_{k+1,d}(u + \Delta u) = B_{k+2,d}(u + 2\Delta u) \tag{14.40}$$

其中,Δu 是相邻节点值间的区间。图 14.29 给出了在下例中为四个控制点的曲线生成的均匀周期性 B 样条混合函数。

例 14.1 均匀的二次 B 样条

为了展示均匀的、整数节点值的 B 样条混合函数,选择参数 $d = n = 3$,则节点向量包括 $n + d + 1 = 7$ 个节点:

$$\{0, 1, 2, 3, 4, 5, 6\}$$

而参数 u 的范围从 0 到 6,有 $n + d = 6$ 个子区间。

四个混合函数中的每一个定义在整个 u 范围的 $d = 3$ 个子区间内。使用式(14.38)中的递归关系可获得第一个混合函数如下:

$$B_{0,3}(u) = \begin{cases} \dfrac{1}{2}u^2, & 0 \leqslant u < 1 \\ \dfrac{1}{2}u(2-u) + \dfrac{1}{2}(u-1)(3-u), & 1 \leqslant u < 2 \\ \dfrac{1}{2}(3-u)^2, & 2 \leqslant u < 3 \end{cases}$$

使用式(14.40)中的关系,用 $u - 1$ 代替 $B_{0,3}$ 中的 u,并将开始位置移到 1:

$$B_{1,3}(u) = \begin{cases} \dfrac{1}{2}(u-1)^2, & 1 \leqslant u < 2 \\ \dfrac{1}{2}(u-1)(3-u) + \dfrac{1}{2}(u-2)(4-u), & 2 \leqslant u < 3 \\ \dfrac{1}{2}(4-u)^2, & 3 \leqslant u < 4 \end{cases}$$

类似地,通过连续将 $B_{1,3}$ 向右移动,可得余下两个周期性函数:

$$B_{2,3}(u) = \begin{cases} \dfrac{1}{2}(u-2)^2, & 2 \leqslant u < 3 \\ \dfrac{1}{2}(u-2)(4-u) + \dfrac{1}{2}(u-3)(5-u), & 3 \leqslant u < 4 \\ \dfrac{1}{2}(5-u)^2, & 4 \leqslant u < 5 \end{cases}$$

$$B_{3,3}(u) = \begin{cases} \frac{1}{2}(u-3)^2, & 3 \le u < 4 \\ \frac{1}{2}(u-3)(5-u) + \frac{1}{2}(u-4)(6-u), & 4 \le u < 5 \\ \frac{1}{2}(6-u)^2, & 5 \le u < 6 \end{cases}$$

图 14.29 给出了表达 B 样条局部特征的四个周期性二次混合函数的图示。第一个控制点与混合函数 $B_{0,3}(u)$ 相乘。因此，改变第一个控制点的位置最多仅影响 $u = 3$ 之前的曲线形状。同样，最后一个控制点影响样条曲线在定义 $B_{3,3}$ 的区间上的部分。

图 14.29 给出了本例中 B 样条曲线的限制。所有混合函数都在 $u_{d-1} = 2$ 到 $u_{n+1} = 4$ 的区间上出现。但不是所有混合函数都会在 2 以下和 4 以上的区域中出现。2 到 4 的区域是多项式曲线的范围，并且方程(14.39)在该区域是有效的。因此，在该区间中所有混合函数的总和为 1。在此区间之外，不能对所有的混合函数求和，因为函数不是全部定义在 2 以下和 4 以上的区间内。

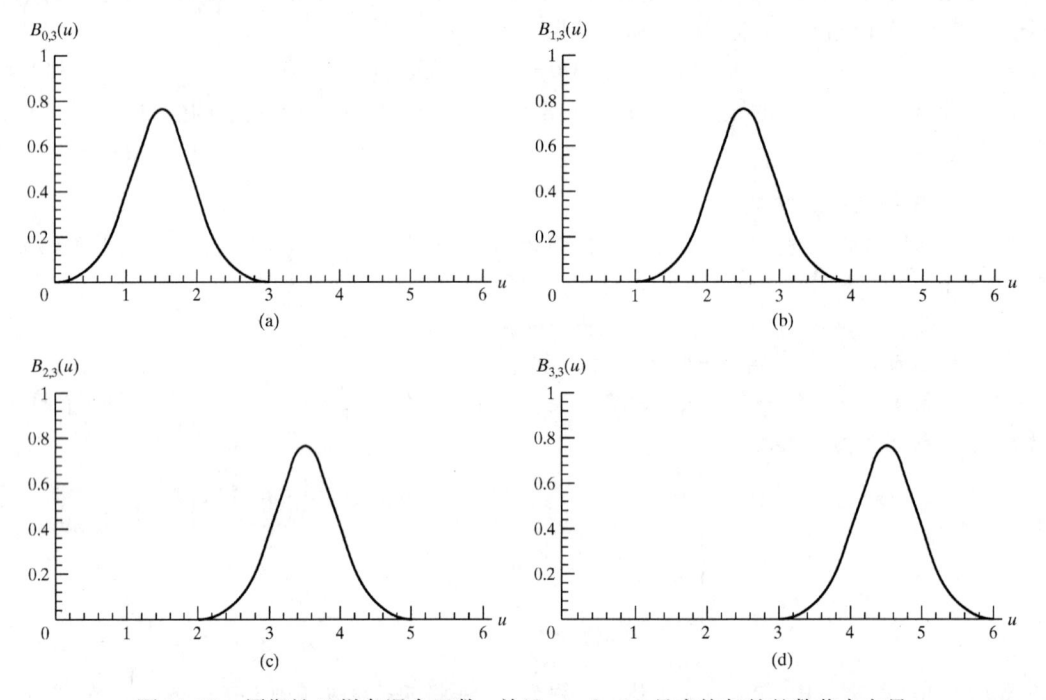

图 14.29 周期性 B 样条混合函数，并且 $n = d = 3$，具有均匀的整数节点向量

由于所得多项式曲线的取值从 2 到 4，通过求解混合函数在这些点的值，可以确定曲线的起点和终点位置，得到

$$\mathbf{P}_{\text{start}} = \frac{1}{2}(\mathbf{p}_0 + \mathbf{p}_1), \qquad \mathbf{P}_{\text{end}} = \frac{1}{2}(\mathbf{p}_2 + \mathbf{p}_3)$$

这样，曲线起始于前两个控制点的中间点位置，终止于后两个控制点的中间点位置。

也可以确定曲线的起点和终点处的导数。对混合函数求导，以端点值替换参数 u，可以发现：

$$\mathbf{P}'_{\text{start}} = \mathbf{p}_1 - \mathbf{p}_0, \qquad \mathbf{P}'_{\text{end}} = \mathbf{p}_3 - \mathbf{p}_2$$

曲线在起点处的斜率平行于前两个控制点的连线，在终点处的斜率平行于后两个控制点的连线。

图 14.30 给出了 xy 平面上四个控制点确定的二次周期性 B 样条曲线。

在上例中，注意到二次曲线起始于前两个控制点之间，结束于后两个控制点之间。对于任意数目的不同控制点拟合的二次周期性 B 样条，这一结果也是正确的。一般来说，对于高阶多项式，起点和终点是 $d-1$ 个控制点的加权平均值点。只要多次指定某一位置，则样条曲线将更加接近该控制点的位置。

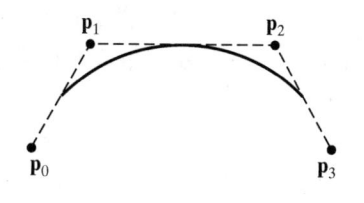

图 14.30　二次周期性 B 样条曲线拟合 xy 平面上的四个控制点

重新定义混合函数的参数，可以得到周期性 B 样条曲线边界条件的一般表达式。参数 u 映射到从 0 到 1 的单位区间上。只要取 $u=0$ 和 $u=1$ 即可获得起始和终止条件。

14.10.3　三次周期性 B 样条曲线

由于三次周期性 B 样条曲线普遍用于图形软件包，因此我们考虑这类样条的公式。周期性样条对于生成某些封闭曲线特别有用。例如，图 14.31 中的封闭图形可以通过循环指定六个控制点中的四个控制点而分段获得。若三个连续控制点相重合，则曲线通过该坐标位置。

对于三次曲线，$d=4$，而且每个混合函数定义在 u 取值范围的四个子区间上。如果将三次曲线拟合在四个控制点上，则可以使用整数节点向量：

$$\{0, 1, 2, 3, 4, 5, 6, 7\}$$

类似于上一节中二次周期性 B 样条，递归关系式(14.38)用来获得周期性混合函数。

在本节中，考虑周期性三次 B 样条的另一个公式。从边界条件开始入手，并将混合函数定义在区间 $0 \leqslant u \leqslant 1$。通过这一公式，也可以很容易地得到特征矩阵。周期性三次 B 样条在四个连续控制点 $\mathbf{p}_0$、$\mathbf{p}_1$、$\mathbf{p}_2$、$\mathbf{p}_3$ 上的边界条件是

$$\begin{aligned} \mathbf{P}(0) &= \frac{1}{6}(\mathbf{p}_0 + 4\mathbf{p}_1 + \mathbf{p}_2) \\ \mathbf{P}(1) &= \frac{1}{6}(\mathbf{p}_1 + 4\mathbf{p}_2 + \mathbf{p}_3) \\ \mathbf{P}'(0) &= \frac{1}{2}(\mathbf{p}_2 - \mathbf{p}_0) \\ \mathbf{P}'(1) &= \frac{1}{2}(\mathbf{p}_3 - \mathbf{p}_1) \end{aligned} \tag{14.41}$$

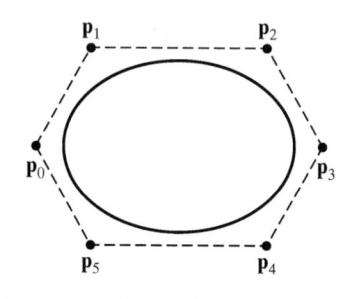

图 14.31　封闭、周期性、分段三次 B 样条，通过循环取六个控制点中的四个而得到

这些边界条件类似于 cardinal 样条中的边界条件：曲线段由四个控制点给出，在每个曲线段两个端点处的导数(斜率)平行于相邻控制点的连线。B 样条从靠近 $\mathbf{p}_1$ 点位置开始到靠近 $\mathbf{p}_2$ 处结束。

具有四个控制点的三次周期性 B 样条的矩阵公式可以写为

$$\mathbf{P}(u) = \begin{bmatrix} u^3 & u^2 & u & 1 \end{bmatrix} \cdot \mathbf{M}_B \cdot \begin{bmatrix} \mathbf{p}_0 \\ \mathbf{p}_1 \\ \mathbf{p}_2 \\ \mathbf{p}_3 \end{bmatrix} \tag{14.42}$$

其中，周期性三次多项式的 B 样条矩阵是

$$\mathbf{M}_B = \frac{1}{6} \begin{bmatrix} -1 & 3 & -3 & 1 \\ 3 & -6 & 3 & 0 \\ -3 & 0 & 3 & 0 \\ 1 & 4 & 1 & 0 \end{bmatrix} \tag{14.43}$$

使用给定的四个边界条件求解一个有关三次多项式系数的方程组，可以得到以上矩阵。

我们也可以调整 B 样条方程，从而包含一个张量参数 t（类似于 cardinal 样条）。带有张量参数 t 的周期性三次 B 样条矩阵有下列形式：

$$\mathbf{M}_{B_t} = \frac{1}{6} \begin{bmatrix} -t & 12-9t & 9t-12 & t \\ 3t & 12t-18 & 18-15t & 0 \\ -3t & 0 & 3t & 0 \\ t & 6-2t & t & 0 \end{bmatrix} \tag{14.44}$$

当 $t=1$ 时将得到 M_B。

将矩阵表达式写成多项式形式，可以得到参数取值为 0 到 1 的周期性三次 B 样条混合函数。例如，当张量值 $t=1$ 时，可以有

$$\begin{aligned} B_{0,3}(u) &= \frac{1}{6}(1-u)^3, & 0 \leqslant u \leqslant 1 \\ B_{1,3}(u) &= \frac{1}{6}(3u^3 - 6u^2 + 4) \\ B_{2,3}(u) &= \frac{1}{6}(-3u^3 + 3u^2 + 3u + 1) \\ B_{3,3}(u) &= \frac{1}{6}u^3 \end{aligned} \tag{14.45}$$

14.10.4 开放均匀的 B 样条曲线

这类 B 样条是均匀的 B 样条曲线和非均匀的 B 样条曲线的重叠部分。有时将这类曲线看成特殊的均匀 B 样条类型，有时又看成属于非均匀 B 样条类型。**开放均匀**（open uniform）的 B 样条曲线简称**开放**（open）B 样条曲线，除了在两端的节点值重复 d 次，其节点间距是均匀的。

下面是两个开放均匀的、从 0 开始的整型节点向量的例子：

$$\begin{aligned} &\{0,0,1,2,3,3\}, \quad d=2, \quad n=3 \\ &\{0,0,0,0,1,2,2,2,2\}, \quad d=4, \quad n=4 \end{aligned} \tag{14.46}$$

我们将节点向量规范到从 0 到 1 的单位区间：

$$\begin{aligned} &\{0,0,0.33,0.67,1,1\}, \quad d=2, n=3 \\ &\{0,0,0,0,0.5,1,1,1,1\}, \quad d=4, n=4 \end{aligned} \tag{14.47}$$

对于任意的参值 d 和 n，通过下列计算，可以生成开放均匀的具有整型节点的向量：

$$u_j = \begin{cases} 0, & 0 \leqslant j < d \\ j-d+1, & d \leqslant j \leqslant n \\ n-d+2, & j > n \end{cases} \tag{14.48}$$

j 的值从 0 到 $n+d$。前 d 个节点向量值设为 0，后 d 个值设为 $n-d+2$。

开放均匀的 B 样条具有与 Bézier 样条非常类似的特性。事实上，当 $d=n+1$（多项式次数为 n）时，开放 B 样条变回到 Bézier 样条，所有的节点值为 0 或为 1。例如，三次开放 B 样条（$d=4$）具有四个控制点，则节点向量是

$$\{0,0,0,0,1,1,1,1\}$$

开放 B 样条的多项式曲线通过第一个和最后一个控制点。参数曲线在第一个控制点处的斜率也平行于前两个控制点的连线。最后一个控制点处的斜率平行于最后两个控制点的连线。因此，连接曲线段的几何约束也与 Bézier 曲线相同。

类似于 Bézier 曲线，在同一个坐标位置指定多个控制点会将 B 样条曲线拉向该点。由于开放 B 样条起始于第一个控制点，终止于最后一个控制点，因此把第一个和最后一个控制点指定于同一位置则生成封闭曲线。

例14.2　开放均匀的二次B样条

由条件(14.48)，取 $d=3$、$n=4$(五个控制点)，可以得到下列节点向量的八个值：

$$\{u_0, u_1, u_2, u_3, u_4, u_5, u_6, u_7\} = \{0, 0, 0, 1, 2, 3, 3, 3\}$$

u 的整个取值范围分成七个子区间，并且五个混合函数 $B_{k,3}$ 中的每一个函数从节点位置 u_k 开始定义在三个子区间上。这样，$B_{0,3}$ 定义在 $u_0=0$ 到 $u_3=1$ 上，$B_{1,3}$ 定义在 $u_1=0$ 到 $u_4=2$ 上，$B_{4,3}$ 定义在 $u_4=2$ 到 $u_7=3$ 上。由递归关系式(14.38)得到混合函数的多项式表达式，如下所示：

$$B_{0,3}(u) = (1-u)^2, \qquad 0 \leqslant u < 1$$

$$B_{1,3}(u) = \begin{cases} \dfrac{1}{2}u(4-3u), & 0 \leqslant u < 1 \\ \dfrac{1}{2}(2-u)^2, & 1 \leqslant u < 2 \end{cases}$$

$$B_{2,3}(u) = \begin{cases} \dfrac{1}{2}u^2, & 0 \leqslant u < 1 \\ \dfrac{1}{2}u(2-u) + \dfrac{1}{2}(u-1)(3-u), & 1 \leqslant u < 2 \\ \dfrac{1}{2}(3-u)^2, & 2 \leqslant u < 3 \end{cases}$$

$$B_{3,3}(u) = \begin{cases} \dfrac{1}{2}(u-1)^2, & 1 \leqslant u < 2 \\ \dfrac{1}{2}(3-u)(3u-5), & 2 \leqslant u < 3 \end{cases}$$

$$B_{4,3}(u) = (u-2)^2, \qquad 2 \leqslant u < 3$$

图14.32表示了这五个混合函数的形状。再一次展示了B样条曲线的局部特征。混合函数 $B_{0,3}$ 仅在从0到1的子区间上取非零值，因此第一个控制点仅影响该区间上的曲线。同样，函数 $B_{4,3}$ 在2到3的区间以外取零值，最后一个控制点位置不影响曲线的开头和中间部分的形状。

开放B样条的矩阵公式不像在均匀的周期性B样条中那样容易得到。这是由于节点值在节点向量的开始和结束部分重复多次的缘故。

14.10.5　非均匀的B样条曲线

对于这类样条，可以对节点向量的值和间距指定任何值。对**非均匀**(nonuniform)的B样条，可以选择多个内节点值并且在节点值之间选择不等的间距。例如

$$\{0, 1, 2, 3, 3, 4\}$$
$$\{0, 2, 2, 3, 3, 6\}$$
$$\{0, 0, 0, 1, 1, 3, 3, 3\}$$
$$\{0, 0.2, 0.6, 0.9, 1.0\}$$

非均匀B样条曲线在控制曲线形状方面提供了更多的便利。通过在节点向量中取不同的间距，我们可以在不同的区间上得到不同的混合函数形状，从而用来调整曲线形状。增加节点值的多样性，可以在曲线中产生细微的摆动，甚至导致不连续性。重节点值也可能因为每次重复一个特殊值而使连续性降一次。

使用类似于均匀和开放B样条曲线中使用的方法，可以得到非均匀B样条曲线的混合函数。给定 $n+1$ 个控制点集，设定多项式次数及选定节点值。然后使用递归关系，既可得到混合函数集，又可求解曲线位置从而直接显示曲线。图形软件包经常限制节点值的间距为0或为1以减少

计算量。这样，可以存储特征矩阵集，以便用于计算样条曲线上的值而无须在绘制每个曲线点时求解递归关系。

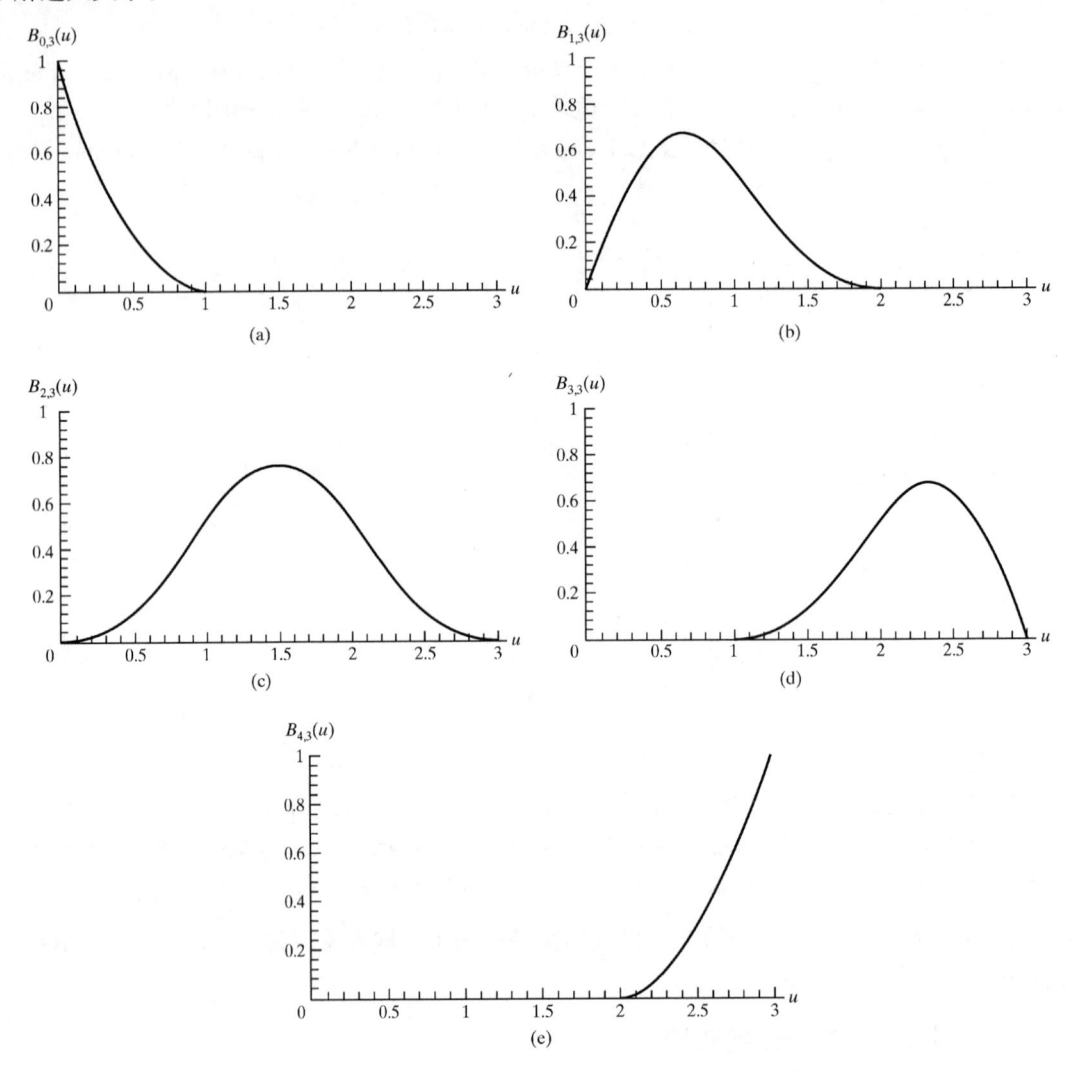

图 14.32　$n=4$、$d=3$ 的开放均匀的 B 样条混合函数

14.11　B 样条曲面

B 样条曲面公式类似于 Bézier 样条公式。使用如下所示的 B 样条混合函数的张量积，可以得到 B 样条曲面上的向量函数：

$$\mathbf{P}(u,v) = \sum_{k_u=0}^{n_u} \sum_{k_v=0}^{n_v} \mathbf{p}_{k_u,k_v} B_{k_u,d_u}(u) B_{k_v,d_v}(v) \tag{14.49}$$

其中，向量值 $\mathbf{p}_{k_u,k_v}$ 指定了 $(n_u+1) \times (n_v+1)$ 个控制点位置。

B 样条曲面具有与 B 样条曲线相同的性质。选定参数 d_u 和 d_v 的值，该值确定所使用的多项式的次数为 d_u-1 和 d_v-1。我们还为每一个曲面参数 u 和 v 选择节点向量，用于确定混合函数的参数范围。

14.12 beta 样条

B 样条的一般化是 **beta 样条**(bata-spline),也记为 **β 样条**(β-spline),它是在一阶和二阶导数上加上几何条件而形成的。Beta 样条的连续性参数称为 β 参数(β parameter)。

14.12.1 beta 样条连续性条件

对于一个指定的节点向量,我们将一个确定节点 u_j 的左右样条段命名为位置向量 $\mathbf{P}_{j-1}(u)$ 和 $\mathbf{P}_j(u)$(参见图 14.33)。在 u_j 处获得 0 阶连续性(位置连续性)G^0,需要:

$$\mathbf{P}_{j-1}(u_j) = \mathbf{P}_j(u_j) \tag{14.50}$$

取得一阶连续性(单位切向量连续)G^1,则需要切向量成比例:

$$\beta_1 \mathbf{P}'_{j-1}(u_j) = \mathbf{P}'_j(u_j), \qquad \beta_1 > 0 \tag{14.51}$$

其中,一阶导数成比例,单位切向量在节点处是连续的。

二阶连续性(曲率向量连续)G^2 需要满足条件:

$$\beta_1^2 \mathbf{P}''_{j-1}(u_j) + \beta_2 \mathbf{P}'_{j-1}(u_j) = \mathbf{P}''_j(u_j) \tag{14.52}$$

图 14.33 曲面上到节点 u_j 的左右部分的位置向量

其中,β_2 是给定的任意实数,并且 $\beta_1 > 0$。曲率向量给出了曲线在位置 u_j 上弯曲程度的度量。当 $\beta_1 = 1$ 且 $\beta_2 = 0$ 时,beta 样条退化到 B 样条。

参数 β_1 称为偏离参数,因为它控制曲线的倾斜度。当 $\beta_1 > 1$ 时,曲面偏向节点处单位切向量的右侧。当 $0 < \beta_1 < 1$ 时,曲线偏向节点处单位切向量的左侧。β_1 对样条曲线形状的影响如图 14.34 所示。

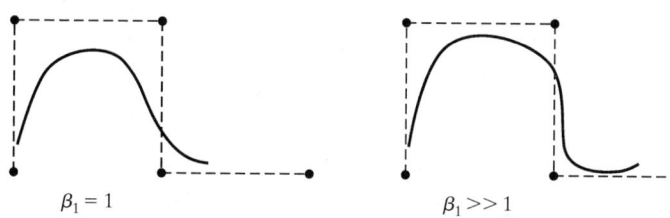

图 14.34 参数 β_1 对 beta 样条曲线的影响

参数 β_2 称为张量参数,因为其控制样条拟合控制图的松紧程度。当 β_2 增加时,曲线接近控制图的形状,如图 14.35 所示。

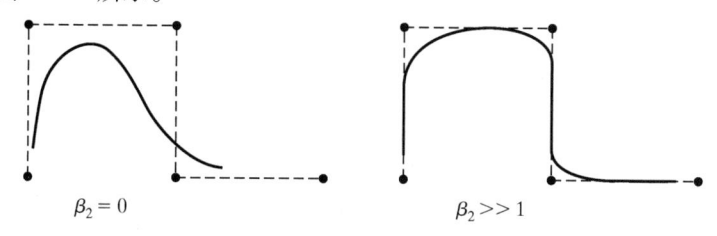

图 14.35 参数 β_2 对 beta 样条曲线的影响

14.12.2 三次周期性 beta 样条曲线的矩阵表示

在均匀节点向量的三次多项式上应用 beta 样条曲线的边界条件,可以得到下列周期性 beta 样条曲线的矩阵表示:

$$\mathbf{M}_\beta = \frac{1}{\delta} \begin{bmatrix} -2\beta_1^3 & 2(\beta_2+\beta_1^3+\beta_1^2+\beta_1) & -2(\beta_2+\beta_1^2+\beta_1+1) & 2 \\ 6\beta_1^3 & -3(\beta_2+2\beta_1^3+2\beta_1^2) & 3(\beta_2+2\beta_1^2) & 0 \\ -6\beta_1^3 & 6(\beta_1^3-\beta_1) & 6\beta_1 & 0 \\ 2\beta_1^3 & \beta_2+4(\beta_1^2+\beta_1) & 2 & 0 \end{bmatrix} \quad (14.53)$$

其中，$\delta = \beta_2 + 2\beta_1^3 + 4\beta_1^2 + 4\beta_1 + 2$。

当 $\beta_1 = 1$ 且 $\beta_2 = 0$ 时，得到 B 样条曲线矩阵 $\mathbf{M}_B$。并当

$$\beta_1 = 1, \qquad \beta_2 = \frac{12}{t}(1-t)$$

时，得到 B 样条的张量矩阵 $\mathbf{M}_{Bt}$ [参见式(14.44)]。

14.13 有理样条

有理函数是两个多项式之比。因此，**有理样条**(rational spline)是两个样条函数之比。例如，有理 B 样条曲线可以使用向量描述为

$$\mathbf{P}(u) = \frac{\sum_{k=0}^n \omega_k \mathbf{p}_k B_{k,d}(u)}{\sum_{k=0}^n \omega_k B_{k,d}(u)} \quad (14.54)$$

其中，$\mathbf{p}_k$ 是 $n+1$ 个控制点位置。参数 ω_k 是控制点的加权因子。一个特定的 ω_k 值越大，曲线越靠近该控制点 $\mathbf{p}_k$。当所有加权因子都设为 1 时，得到标准 B 样条曲线，因为这时式(14.54)中的分母仅为混合函数之和，即为 1 [参见式(14.39)]。

有理样条与非有理样条相比有两个重要的优点。第一，提供了二次曲线的精确表达式，如圆和椭圆。非有理样条的表达式为多项式，仅能逼近二次曲线。这样，使得图形软件包使用一个表达式——有理样条来模拟所有的曲线形状，无须使用一个曲线函数库来处理不同的设计形状。有理样条的另一个优点是，对于透视观察变换是不会变化的(参见 10.8 节)。这表示我们可以对有理曲线上的控制点应用一个透视观察变换，从而得到曲线的正确视图。而另一方面，非有理样条关于透视观察变换是可变的。通常，图形设计软件包使用非均匀节点向量表达式来构造有理 B 样条，这些样条称为 NURB(nonuniform rational B-spline)。齐次坐标表达式用于有理样条，这是因为分母可以看作在控制点四维表达式中的齐次因子 h。这样，可以认为一个有理样条是将四维非有理样条投影到三维空间中。

构造有理 B 样条表达式与构造非有理表达式有相同的步骤。给定控制点集、多项式次数、加权因子、节点向量，使用递归关系即可得到混合函数。在某些 CAD 系统中，可通过在一段弧上指定三个点来构造一个二次曲线段。然而通过计算可生成所选二次曲线段的控制点位置来确定一个有理齐次坐标样条的表达式。

作为使用有理样条描述二次曲线段的一个例子，我们可利用二次样条函数($d=3$)、三个控制点及开放节点向量

$$\{0,0,0,1,1,1\}$$

来实现。这种处理与二次 Bézier 样条一样。然后设置加权函数为下列值：

$$\begin{aligned}\omega_0 &= \omega_2 = 1 \\ \omega_1 &= \frac{r}{1-r}, \qquad 0 \le r < 1\end{aligned} \quad (14.55)$$

有理 B 样条表达式是

$$\mathbf{P}(u) = \frac{\mathbf{p}_0 B_{0,3}(u) + [r/(1-r)]\mathbf{p}_1 B_{1,3}(u) + \mathbf{p}_2 B_{2,3}(u)}{B_{0,3}(u) + [r/(1-r)]B_{1,3}(u) + B_{2,3}(u)} \quad (14.56)$$

然后利用下列参数 r 值，得到各种二次曲线(参见图 14.36)：

$$r > 1/2, \quad \omega_1 > 1 \quad \textbf{双曲线}$$
$$r = 1/2, \quad \omega_1 = 1 \quad \textbf{抛物线}$$
$$r < 1/2, \quad \omega_1 < 1 \quad \textbf{椭圆}$$
$$r = 0, \quad \omega_1 = 0 \quad \textbf{直线段}$$

设 $\omega_1 = \cos\phi$，并选择控制点：

$$\mathbf{p}_0 = (0, 1), \quad \mathbf{p}_1 = (1, 1), \quad \mathbf{p}_2 = (1, 0)$$

可以产生 xy 平面上单位圆在第一象限中的弧，如图 14.37 所示。单位圆的其他部分可以根据不同控制点位置而得到。利用几何变换可以产生 xy 平面上的整个圆。例如，可以将 1/4 圆弧关于 x 轴和 y 轴反射，从而产生其他三个象限中的圆弧。

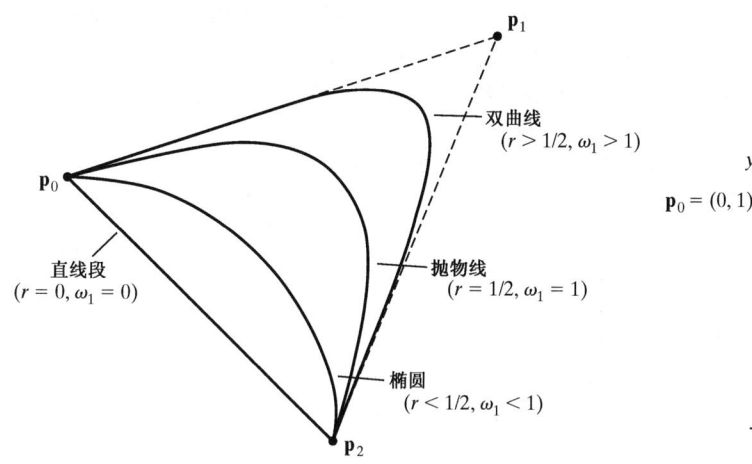

图 14.36 由有理样条的加权因子 ω_1 的不同值生成的二次曲线段

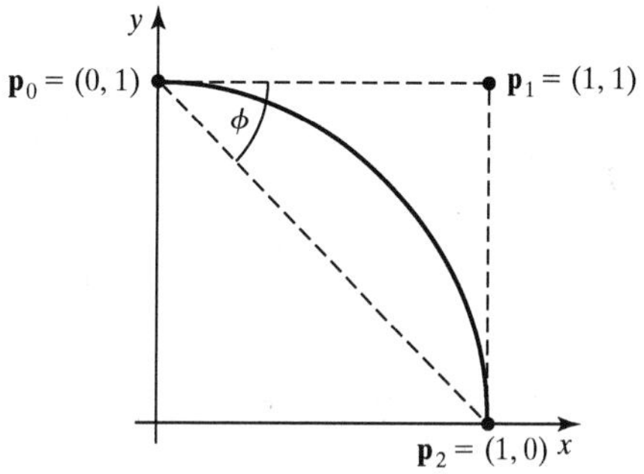

图 14.37 xy 平面中第一象限上的圆弧

在 xy 平面上第一象限中的单位圆弧的齐次表达式是

$$\begin{bmatrix} x_h(u) \\ y_h(u) \\ z_h(u) \\ h(u) \end{bmatrix} = \begin{bmatrix} 1 - u^2 \\ 2u \\ 0 \\ 1 + u^2 \end{bmatrix} \tag{14.57}$$

该齐次表达式给出了如下的第一象限参数圆方程：

$$x = \frac{x_h(u)}{h(u)} = \frac{1 - u^2}{1 + u^2}$$
$$y = \frac{y_h(u)}{h(u)} = \frac{2u}{1 + u^2} \tag{14.58}$$

14.14 样条表示之间的转换

有时，希望能从一个样条表达式转变到另一个样条表达式。例如，Bézier 表达式对分割样条曲线是最方便的，而 B 样条表达式提供了更大的设计灵活性。因此，可以用 B 样条段来设计一条曲线，然后转换到等价的 Bézier 表达式，利用递归分割程序来对沿曲线的坐标位置定位，从而显示对象。

假设一对象的样条描述可以表示成下列矩阵乘积：

$$\mathbf{P}(u) = \mathbf{U} \cdot \mathbf{M}_{\text{spline1}} \cdot \mathbf{M}_{\text{geom1}} \tag{14.59}$$

其中，$\mathbf{M}_{\text{spline1}}$是描述样条表达式的矩阵，$\mathbf{M}_{\text{geom1}}$是几何约束的列矩阵(如控制点坐标)。为了变换到具有样条矩阵$\mathbf{M}_{\text{spline2}}$的第二个表达式，需要确定几何约束矩阵$\mathbf{M}_{\text{geom2}}$，即

$$\mathbf{P}(u) = \mathbf{U} \cdot \mathbf{M}_{\text{spline2}} \cdot \mathbf{M}_{\text{geom2}} \tag{14.60}$$

或

$$\mathbf{U} \cdot \mathbf{M}_{\text{spline2}} \cdot \mathbf{M}_{\text{geom2}} = \mathbf{U} \cdot \mathbf{M}_{\text{spline1}} \cdot \mathbf{M}_{\text{geom1}} \tag{14.61}$$

求解$\mathbf{M}_{\text{geom2}}$得到

$$\begin{aligned}\mathbf{M}_{\text{geom2}} &= \mathbf{M}_{\text{spline2}}^{-1} \cdot \mathbf{M}_{\text{spline1}} \cdot \mathbf{M}_{\text{geom1}} \\ &= \mathbf{M}_{s1,s2} \cdot \mathbf{M}_{\text{geom1}}\end{aligned} \tag{14.62}$$

从第一个样条表达式转变到第二个表达式的变换矩阵可以计算为

$$\mathbf{M}_{s1,s2} = \mathbf{M}_{\text{spline2}}^{-1} \cdot \mathbf{M}_{\text{spline1}} \tag{14.63}$$

非均匀B样条不能使用一般样条矩阵进行描述，但是可以再安排一个节点序列，将非均匀B样条转变到Bézier表达式。然后Bézier矩阵可以转变到任何其他形式。

下例计算了将周期性三次B样条表达式变换到三次Bézier样条表达式的变换矩阵：

$$\begin{aligned}\mathbf{M}_{B,\text{Bez}} &= \begin{bmatrix} -1 & 3 & -3 & 1 \\ 3 & -6 & 3 & 0 \\ -3 & 3 & 0 & 0 \\ 1 & 0 & 0 & 0 \end{bmatrix}^{-1} \cdot \frac{1}{6}\begin{bmatrix} -1 & 3 & -3 & 1 \\ 3 & -6 & 3 & 0 \\ -3 & 0 & 3 & 0 \\ 1 & 4 & 1 & 0 \end{bmatrix} \\ &= \begin{bmatrix} 1 & 4 & 1 & 0 \\ 0 & 4 & 2 & 0 \\ 0 & 2 & 4 & 0 \\ 0 & 1 & 4 & 1 \end{bmatrix}\end{aligned} \tag{14.64}$$

将三次Bézier表达式变换到周期性三次B样条表达式的变换矩阵是

$$\begin{aligned}\mathbf{M}_{\text{Bez},B} &= \begin{bmatrix} -\frac{1}{6} & \frac{1}{2} & -\frac{1}{2} & \frac{1}{6} \\ \frac{1}{2} & -1 & \frac{1}{2} & 0 \\ -\frac{1}{2} & 0 & \frac{1}{2} & 0 \\ \frac{1}{6} & \frac{2}{3} & \frac{1}{6} & 0 \end{bmatrix}^{-1} \cdot \begin{bmatrix} -1 & 3 & -3 & 1 \\ 3 & -6 & 3 & 0 \\ -3 & 3 & 0 & 0 \\ 1 & 0 & 0 & 0 \end{bmatrix} \\ &= \begin{bmatrix} 6 & -7 & 2 & 0 \\ 0 & 2 & -1 & 0 \\ 0 & -1 & 2 & 0 \\ 0 & 2 & -7 & 6 \end{bmatrix}\end{aligned} \tag{14.65}$$

14.15 样条曲线和曲面的显示

为了显示一个样条曲线或曲面，必须确定将要投影到显示设备上像素位置的曲线或曲面上的坐标位置。这说明必须在函数值域内，以一定增量求参数多项式的样条函数的值。在样条曲线或曲面范围上，可以有几种方法用来计算位置。

14.15.1 Horner规则

最简单的求多项式值的方法是Horner规则(horner's rule)。该规则不是逐次计算每一项，而是通过逐次分解因子来进行计算。每一步需要进行一次乘法和一次加法运算。对于次数为n的多项式，共有n步计算。

假设有一个三次样条表达式，其坐标位置表示为

$$x(u) = a_x u^3 + b_x u^2 + c_x u + d_x \tag{14.66}$$

对 y 和 z 坐标有类似的表达式。对于参数 u 的一个确定值，我们根据下列分解因子的顺序来求多项式的值：

$$x(u) = [(a_x u + b_x)u + c_x]u + d_x \tag{14.67}$$

每一个 x 值计算需要 3 次乘法和 3 次加法，因此沿三次样条曲线确定每个坐标位置 (x, y, z) 需要 9 次乘法和 9 次加法。

利用 Horner 规则，另外的分解因子的方法可以用来减少计算量，特别是对于高阶多项式（次数大于 3）。但是对于样条函数值域上坐标位置的重复定位，使用向前差分计算方法或样条细分方法的计算速度会更快。

14.15.2 向前差分计算

求解多项式函数值的最快方法是，通过将一个增量加到前一次计算的值上，递归地生成后面的值，例如：

$$x_{k+1} = x_k + \Delta x_k \tag{14.68}$$

这样，一旦知道任意一步的 x_k 值和增量，那么通过这一步的值加上增量就可以得到下一个值。每步的增量 Δx_k 称为向前差分（forward difference）。如果将 u 的取值范围分成具有固定大小 δ 的子区间，则两个相邻 x 坐标为 $x_k = x(u_k)$ 和 $x_{k+1} = x(u_{k+1})$，其中

$$u_{k+1} = u_k + \delta, \qquad k = 0, 1, 2, \cdots \tag{14.69}$$

并且 $u_0 = 0$。

为了说明这种方法，假设有线性样条表达式 $x(u) = a_x u + b_x$，两个相邻的 x 坐标位置表示为

$$\begin{aligned} x_k &= a_x u_k + b_x \\ x_{k+1} &= a_x(u_k + \delta) + b_x \end{aligned} \tag{14.70}$$

两方程相减得到向前差分：

$$\Delta x_k = x_{k+1} - x_k = a_x \delta \tag{14.71}$$

在这种情况下，该向前差分是一个常数。对于高阶多项式，向前差分本身是参数 u 的多项式函数，其次数比原多项式小 1。

对于式 (14.66) 中的三次样条表达式，两个相邻 x 坐标具有多项式表达式：

$$\begin{aligned} x_k &= a_x u_k^3 + b_x u_k^2 + c_x u_k + d_x \\ x_{k+1} &= a_x(u_k + \delta)^3 + b_x(u_k + \delta)^2 + c_x(u_k + \delta) + d_x \end{aligned} \tag{14.72}$$

可以计算向前差分：

$$\Delta x_k = 3a_x \delta u_k^2 + (3a_x \delta^2 + 2b_x \delta)u_k + (a_x \delta^3 + b_x \delta^2 + c_x \delta) \tag{14.73}$$

这是参数 u_k 的二次函数。由于 Δx_k 是 u 的多项式函数，所以可以使用同样的增量过程来得到 Δx_k 的后继值。即

$$\Delta x_{k+1} = \Delta x_k + \Delta_2 x_k \tag{14.74}$$

其中第二个向前差分是线性函数：

$$\Delta_2 x_k = 6a_x \delta^2 u_k + 6a_x \delta^3 + 2b_x \delta^2 \tag{14.75}$$

再次重复这个过程，记为

$$\Delta_2 x_{k+1} = \Delta_2 x_k + \Delta_3 x_k \tag{14.76}$$

其中第三个向前差分是常数：

$$\Delta_3 x_k = 6a_x \delta^3 \qquad (14.77)$$

式(14.68)、式(14.74)、式(14.76)和式(14.77)给出了沿三次曲线的点的递增向前差分计算。从 $u_0 = 0$ 开始,每步长为 δ,得到 x 坐标的初始值及第一组的两个向前差分:

$$\begin{aligned} x_0 &= d_x \\ \Delta x_0 &= a_x \delta^3 + b_x \delta^2 + c_x \delta \\ \Delta_2 x_0 &= 6a_x \delta^3 + 2b_x \delta^2 \end{aligned} \qquad (14.78)$$

一旦算出初始值,则每个后继 x 坐标位置的计算仅需三次加法。

我们运用向前差分方法来对次数为 n 的曲线上的点进行定位。每一后继坐标位置 (x, y, z) 通过 $3n$ 次加法序列进行计算。对于曲面而言,增量计算既应用于参数 u 又应用于参数 v。

14.15.3 细分方法

递归样条细分(recursive spline-subdivision)过程可以用来反复地平分曲线段,每一步都将增加控制点的数目。细分方法对于显示逼近样条十分有用,因为可以重复细分过程,直到控制图逼近曲线路径。然后将控制点坐标作为曲线位置而绘出整个图形。细分的另一个作用是为绘制曲线造型而生成更多的控制点。这样可以使用少量的控制点来设计曲线形状,然后利用细分过程以得到附加的控制点。利用附加的控制点,可以对曲线的某些小段进行精细的调整。

样条细分方法最容易应用于 Bézier 曲线,因为该曲线通过第一个和最后一个控制点,并且参数 u 的范围总是在 0 和 1 之间,比较容易确定何时控制点"充分靠近"曲线路径。通过下列操作,可以将 Bézier 细分应用到其他样条表达式:

1. 将所用的样条表达式转换到 Bézier 表达式。
2. 应用 Bézier 细分算法。
3. 再将 Bézier 表达式变回到原来的样条表达式。

图 14.38 表示了三次 Bézier 曲线段中递归细分的第一步。Bézier 曲线使用参数点函数 $\mathbf{P}(u)(0 \leq u \leq 1)$ 进行描述。在第一步细分中,利用中点 $\mathbf{P}(0.5)$ 将原曲线分成两部分。这时,第一段函数记为 $\mathbf{P}_1(s)$,第二段函数记为 $\mathbf{P}_2(t)$。其中

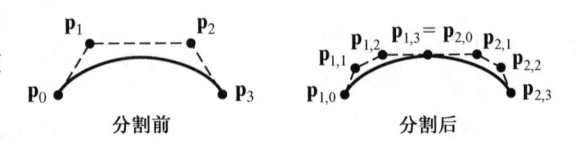

图 14.38 将一条 Bézier 曲线细分成两条,每条有四个控制点

$$\begin{aligned} s &= 2u, & 0.0 \leq u \leq 0.5 \\ t &= 2u - 1, & 0.5 \leq u \leq 1.0 \end{aligned} \qquad (14.79)$$

两条新曲线段与原始曲线段具有相同数目的控制点。每个新曲线段中,两个端点处的边界条件(位置和斜率)也必与原曲线 $\mathbf{P}(u)$ 的位置和斜率相同。这为我们确定每个曲线段的控制点位置给出了四个条件。对于前半条曲线,这四个新控制点是

$$\begin{aligned} \mathbf{p}_{1,0} &= \mathbf{p}_0 \\ \mathbf{p}_{1,1} &= \frac{1}{2}(\mathbf{p}_0 + \mathbf{p}_1) \\ \mathbf{p}_{1,2} &= \frac{1}{4}(\mathbf{p}_0 + 2\mathbf{p}_1 + \mathbf{p}_2) \\ \mathbf{p}_{1,3} &= \frac{1}{8}(\mathbf{p}_0 + 3\mathbf{p}_1 + 3\mathbf{p}_2 + \mathbf{p}_3) \end{aligned} \qquad (14.80)$$

对于后半条曲线,这四个控制点为

$$\mathbf{p}_{2,0} = \frac{1}{8}(\mathbf{p}_0 + 3\mathbf{p}_1 + 3\mathbf{p}_2 + \mathbf{p}_3)$$

$$\mathbf{p}_{2,1} = \frac{1}{4}(\mathbf{p}_1 + 2\mathbf{p}_2 + \mathbf{p}_3) \tag{14.81}$$

$$\mathbf{p}_{2,2} = \frac{1}{2}(\mathbf{p}_2 + \mathbf{p}_3)$$

$$\mathbf{p}_{2,3} = \mathbf{p}_3$$

计算新控制点仅需要加法和移位(除以2)操作:

$$\mathbf{p}_{1,0} = \mathbf{p}_0$$

$$\mathbf{p}_{1,1} = \frac{1}{2}(\mathbf{p}_0 + \mathbf{p}_1)$$

$$\mathbf{T} = \frac{1}{2}(\mathbf{p}_1 + \mathbf{p}_2)$$

$$\mathbf{p}_{1,2} = \frac{1}{2}(\mathbf{p}_{1,1} + \mathbf{T})$$

$$\mathbf{p}_{2,3} = \mathbf{p}_3 \tag{14.82}$$

$$\mathbf{p}_{2,2} = \frac{1}{2}(\mathbf{p}_2 + \mathbf{p}_3)$$

$$\mathbf{p}_{2,1} = \frac{1}{2}(\mathbf{T} + \mathbf{p}_{2,2})$$

$$\mathbf{p}_{2,0} = \frac{1}{2}(\mathbf{p}_{1,2} + \mathbf{p}_{2,1})$$

$$\mathbf{p}_{1,3} = \mathbf{p}_{2,0}$$

这些步骤可以重复多次,取决于是否需要进一步细分曲线以得到更多的控制点,或取决于是否要定位逼近曲线。一旦通过细分得到了一组显示点,则当曲线段很小时,可以结束细分过程。决定结束细分过程的一种方法是,检查每段中第一个和最后一个控制点之间的距离。若这些距离"充分"小,我们可以停止细分。另一种测试是检查相邻控制点的距离。或者当每段的控制点集几乎共线时,可以停止细分过程。

细分方法可以应用于任意次数的Bézier曲线。对于次数为$n-1$的Bézier多项式,第一次细分步骤后,每一对初始曲线上的$2n$个控制点是

$$\mathbf{p}_{1,k} = \frac{1}{2^k}\sum_{j=0}^{k} C(k,j)\mathbf{p}_j, \qquad k = 0, 1, 2, \cdots, n$$

$$\mathbf{p}_{2,k} = \frac{1}{2^{n-k}}\sum_{j=k}^{n} C(n-k, n-j)\mathbf{p}_j \tag{14.83}$$

其中,$C(k,j)$和$C(n-k, n-j)$是二项式系数。

可以通过增加节点向量值将细分方法直接用于非均匀B样条。但在一般情况下,这些方法不像Bézier细分那样有效。

14.16 OpenGL的逼近样条函数

使用OpenGL的函数可显示Bézier样条和B样条,以及样条曲面的修剪曲线。核心库包括Bézier函数,而OpenGL实用函数库(GLU)包括B样条和修剪曲线函数。Bézier函数常用硬件实现,而GLU函数提供一个调用OpenGL画点和画线子程序的B样条接口。

14.16.1 OpenGL 的 Bézier 样条曲线函数

下列 OpenGL 函数用来指定参数并激活 Bézier 曲线的显示子程序：
```
glMap1* (GL_MAP1_VERTEX_3, uMin, uMax, stride, nPts, *ctrlPts);
glEnable (GL_MAP1_VERTEX_3);
```
而使该子程序无效的函数是
```
glDisable (GL_MAP1_VERTEX_3);
```
glMap1 的后缀码 f 或 d 用来指定数据类型是浮点型还是双精度浮点型。曲线参数 u 的最小或最大值在 uMin 和 uMax 中指定，尽管 Bézier 曲线中的这两个值一般分别置为 0.0 和 1.0。Bézier 曲线控制点的三维浮点笛卡儿坐标值在数组 ctrlPts 中列出，该数组元素的数量在参数 nPts 中以正整数给出。对参数 stride 赋以整型位移量，用来指出在数组 ctrlPts 中一个坐标位置起点到下一个坐标位置起点的数据值的数量。对于一个三维控制点列表，可设定 stride = 3。如果用四维齐次坐标指定控制点或在坐标值之间插入颜色等其他数据，则 stride 要赋以更高的值。要在四维齐次坐标系 (x, y, z, h) 表达控制点，仅需改变 stride 的值并将 glMap1 和 glEnable 中的符号常量改为 GL_MAP1_VERTEX_4。

在设定 Bézier 参数并激活曲线的生成子程序后，要计算沿样条路径的位置并显示计算出的曲线。沿曲线路径的位置用下列函数计算：
```
glEvalCoord1* (uValue);
```
其中参数 uValue 赋以从 uMin 到 uMax 之间的某个区间值。该函数的后缀可以为 f 或 d，也可为 v，表示该值在一个数组中给出。函数 glEvalCoord1 使用式(14.22)及下列参数值计算坐标位置：

$$u = \frac{u_{\text{value}} - u_{\min}}{u_{\max} - u_{\min}} \qquad (14.84)$$

该公式将 uValue 映射到 0.0 至 1.0 的区间内。

当 glEvalCoord1 处理曲线参数 u 的值时，生成一个 glVertex3 函数。为了得到一条 Bézier 曲线，需重复引用 glEvalCoord1 函数并使用 uMin 到 uMax 之间的选定数值来生成曲线路径上的一组点。用直线段连接这些点，从而用一条折线逼近了该样条曲线。

作为 OpenGL 的 Bézier 曲线子程序例子，下列程序使用 14.8 节中程序的四个控制点来生成二维三次 Bézier 曲线。在本例中，画出了曲线路径上的 50 个点，并且用直线段连接曲线点。该曲线用蓝色显示，其控制点用尺寸为 5 的红色点绘出（参见图 14.39）。

图 14.39 用 OpenGL 子程序按逼近折线显示的四个控制点生成的 Bézier 曲线

```
GLfloat ctrlPts [4][3] = { {-40.0, 40.0, 0.0}, {-10.0, 200.0, 0.0},
                           {10.0, -200.0, 0.0}, {40.0, 40.0, 0.0} };

glMap1f (GL_MAP1_VERTEX_3, 0.0, 1.0, 3, 4, *ctrlPts);
glEnable (GL_MAP1_VERTEX_3);

GLint k;
```

```
    glColor3f (0.0, 0.0, 1.0);              // Set line color to blue.
    glBegin (GL_LINE_STRIP);                // Generate Bezier "curve".
        for (k = 0; k <= 50; k++)
            glEvalCoord1f (GLfloat (k) / 50.0);
    glEnd ( );

    glColor (1.0, 0.0, 0.0);                // Set point color to red.
    glPointSize (5.0);                      // Set point size to 5.0.
    glBegin (GL_POINTS);                    // Plot control points.
        for (k = 0; k < 4; k++);
            glVertex3fv (&ctrlPts [k][0]);
    glEnd ( );
```

尽管前面的程序用平均间隔的参数值生成了一条样条曲线，但我们可使用 `glEvalCoord1f` 函数来对参数 u 任意安排。然而，样条曲线一般都平均安排参数间隔，而 OpenGL 提供下列函数生成一组均匀分布的参数值：

```
    glMapGrid1* (n, u1, u2);
    glEvalMesh1 (mode, n1, n2);
```

`glMapGrid1` 的后缀可以是 `f` 或 `d`。参数 n 指定从 u1 到 u2 之间均匀划分的整数量，参数 n1 和 n2 指定对应 u1、u2 的整数范围。参数 mode 赋以 `GL_POINT` 或 `GL_LINE`，依赖于是否使用离散的点（点状曲线）或直线段来显示曲线。对一条用折线显示的曲线，这两个函数的输出与下列程序段的输出相同，除了 `glEvalCoord` 的变量在 $k=0$ 时设定为 u1 或在 $k=n$ 时设定为 u2，以避免舍入误差。换句话说，当 mode = `GL_LINE` 时，前面的命令与下列程序等价：

```
    glBegin (GL_LINE_STRIP);
        for (k = n1; k <= n2; k++)
            glEvalCoord1f (u1 + k * (u2 - u1) / n);
    glEnd ( );
```

因此，在前面的程序设计例子中，我们可以用下列语句替换包含生成 Bézier 曲线的循环的程序块：

```
    glColor3f (0.0, 0.0, 1.0);
    glMapGrid1f (50, 0.0, 1.0);
    glEvalMesh1 (GL_LINE, 0, 50);
```

使用 `glMapGrid1` 和 `glEvalMesh1` 两个函数，我们可将曲线分割成一些段且为每段按其曲率指定参数间隔。因此，比较弯曲的段可赋以较多的分隔，而比较平坦的曲线部分则可赋以较少的分隔。

除显示 Bézier 曲线外，我们可以用 `glMap1` 函数指定其他类数据的值，为此，可使用另外七个符号常量。使用符号常量 `GL_MAP1_COLOR_4` 时，数组 `ctrlPts` 用来指定一个四元颜色（红、绿、蓝、alpha）列表。然后可为应用生成一组线性插值的颜色，而这些生成的颜色不改变当前颜色状态设定。类似地，可以用 `GL_MAP1_INDEX` 从一张颜色索引表中指定一组值。而使用符号常量 `GL_MAP1_NORMAL` 可在数组 `ctrlPts` 中指定一组三维的曲面法向量。其余四个符号常量用于指定一组表面纹理信息。

多个 `glMap1` 函数可被同时激活，对 `glEvalCoord1` 或 `glMapGrid1` 及 `glEvalMesh1` 的调用为激活的每一类数据生成数据点。这使我们可以混合地生成坐标位置、颜色值、曲面法向量和曲面纹理等数据。但是不能同时激活 `GL_MAP1_VERTEX_3` 和 `GL_MAP1_VERTEX_4`，并且在同一时刻只能激活一个曲面纹理生成器。

14.16.2 OpenGL 的 Bézier 样条曲面函数

OpenGL 中 Bézier 曲面子程序的激活和参数设定使用下列语句来实现：

```
glMap2* (GL_MAP2_VERTEX_3, uMin, uMax, uStride, nuPts,
         vMin, vMax, vStride, nvPts, *ctrlPts);
glEnable (GL_MAP2_VERTEX_3);
```

glMap2 的后缀 f 或 d 用来指定数据类型是浮点型还是双精度浮点型。对于一个曲面，需为 u 和 v 都指定最小值和最大值。双精度浮点数组 ctrlPts 给出 Bézier 控制点的三维笛卡儿坐标，而数组的整数尺寸在参数 nuPts 和 nvPts 中给出。如果要在四维齐次坐标中指定控制点，则需使用符号常量 GL_MAP2_VERTEX_4 而不是 GL_MAP2_VERTEX_3。控制点 $\mathbf{p}_{j,k}$ 的坐标位置起点和 $\mathbf{p}_{j+1,k}$ 的坐标位置起点之间的整数位移在 uStride 中指定。而控制点 $\mathbf{p}_{j,k}$ 的坐标位置起点和 $\mathbf{p}_{j,k+1}$ 的坐标位置起点之间的整数位移在 vStride 中指定。这样就允许在坐标数据中可插入其他数据，因此我们需要指定位移来定位坐标值。使用下列函数可使 Bézier 曲面子程序变为无效：

```
glDisable {GL_MAP2_VERTEX_3}
```

Bézier 曲面上的坐标位置可用下列函数计算：

```
glEvalCoord2* (uValue, vValue);
```

或

```
glEvalCoord2*v (uvArray);
```

参数 uValue 赋以 uMin 到 uMax 之间的某值，而参数 vValue 赋以 vMin 到 vMax 之间的某值。使用向量版本时，uvArray = (uValue, vValue)。两个函数的后缀码可为 f 或 d。函数 glEvalCoord2 使用式(14.36)及下列参数值计算一个坐标位置：

$$u = \frac{u\text{Value} - u\text{Min}}{u\text{Max} - u\text{Min}}, \quad v = \frac{v\text{Value} - v\text{Min}}{v\text{Max} - v\text{Min}} \quad (14.85)$$

它将每一个 uValue 和 vValue 映射到 0.0 到 1.0 的区间上。

为了显示一个 Bézier 曲面，我们反复引用 glEvalCoord2 来生成一系列 glVertex3 函数。这与生成单一样条曲线的情况类似，除了现在有两个参数 u 和 v。例如，用按 4×4 排列的 16 个控制点可用下列程序显示一组曲面线。u 方向的坐标值位移量是 3，而 v 方向的坐标值位移量是 12。每一坐标位置用三个值描述，而每一组四个位置的 y 坐标是不变的。

```
GLfloat ctrlPts [4][4][3] = {
   { {-1.5, -1.5,  4.0}, {-0.5, -1.5,  2.0},
     {-0.5, -1.5, -1.0}, { 1.5, -1.5,  2.0} },
   { {-1.5, -0.5,  1.0}, {-0.5, -0.5,  3.0},
     { 0.5, -0.5,  0.0}, { 1.5, -0.5, -1.0} },
   { {-1.5,  0.5,  4.0}, {-0.5,  0.5,  0.0},
     { 0.5,  0.5,  3.0}, { 1.5,  0.5,  4.0} },
   { {-1.5,  1.5, -2.0}, {-0.5,  1.5, -2.0},
     { 0.5,  1.5,  0.0}, { 1.5,  1.5, -1.0} }
};

glMap2f (GL_MAP2_VERTEX_3, 0.0, 1.0, 3, 4,
              0.0, 1.0, 12, 4, &ctrlPts[0][0][0]);
glEnable (GL_MAP2_VERTEX_3);

GLint k, j;

glColor3f (0.0, 0.0, 1.0);
for (k = 0; k <= 8; k++)
{
   glBegin (GL_LINE_STRIP);   // Generate Bezier surface lines.
     for (j = 0; j <= 40; j++)
```

```
        glEvalCoord2f (GLfloat (j) / 40.0, GLfloat (k) / 8.0);
    glEnd ( );
    glBegin (GL_LINE_STRIP);
        for (j = 0; j <= 40; j++)
            glEvalCoord2f (GLfloat (k) / 8.0, GLfloat (j) / 40.0);
    glEnd ( );
}
```

除了使用 glEvalCoord2 函数，还可以使用下列语句生成曲面上均匀间隔参数值：

```
glMapGrid2* (nu, u1, u2, nv, v1, v2);
glEvalMesh2 (mode, nu1, nu2, nv1, nv2);
```

glMapGrid2 的后缀还是 f 或 d，参数 mode 可赋以 GL_POINT、GL_LINE 或 GL_FILL。二维点网格按从 u1 到 u2 均匀地分为 nu 个间隔、从 v1 到 v2 均匀地分为 nv 个间隔来生成。参数 u 的对应范围为 nu1 到 nu2，而参数 v 的对应范围为 nv1 到 nv2。

对一个要用折线网显示的曲面来说，glMapGrid2 和 glEvalMesh2 的输出和下面的程序一样，除了循环变量开始值和结束值处避免舍入误差的条件。在循环的开始，glEvalCoord1 的变量设定为(u1, v1)。而在循环的结束，glEvalCoord1 的变量设定为(u2, v2)。

```
for (k = nu1; k <= nu2; k++) {
    glBegin (GL_LINES);
        for (j = nv1; j <= nv2; j++)
            glEvalCoord2f (u1 + k * (u2 - u1) / nu,
                           v1 + j * (v2 - v1) / nv);
    glEnd ( );
}
for (j = nv1; j <= nv2; j++) {
    glBegin (GL_LINES);
        for (k = nu1; k <= nu2; k++)
            glEvalCoord2f (u1 + k * (u2 - u1) / nu,
                           v1 + j * (v2 - v1) / nv);
    glEnd ( );
}
```

类似地，对一个要用填充多边形面片(mode = GL_FILL)显示的曲面来说，glMapGrid2 和 glEvalMesh2 的输出和下面的程序一样，除了循环变量开始值和结束值处避免舍入误差的条件。

```
for (k = nu1; k < nu2; k++) {
    glBegin (GL_QUAD_STRIP);
        for (j = nv1; j <= nv2; j ++) {
            glEvalCoord2f (u1 + k * (u2 - u1) / nu,
                           v1 + j * (v2 - v1) / nv);
            glEvalCoord2f (u1 + (k + 1) * (u2 - u1) / nu,
                           v1 + j * (v2 - v1) / nv);
```

我们可以用 glMap2 函数来指定其他类型的数据，如同 glMap1 一样。为此，可类似地使用 GL_MAP2_COLOR_4 和 GL_MAP2_NORMAL 等符号常量，并且可以激活多个 glMap2 来生成多数据组合。

14.16.3　GLU 的 B 样条曲线函数

尽管 GLU 的 B 样条子程序称为 NURB 函数，但它可用来生成既不是非均匀也不是有理的 B 样条。因此我们可以使用这些 GLU 子程序显示具有均匀节点间隔的多项式 B 样条。GLU 子程序还可以用来生成 Bézier 样条(有理的或非有理的)。为了生成一个 B 样条(或 Bézier 样条)，必须先定义该样条的名字，激活 GLU 的 B 样条绘制器，然后定义样条参数。

下面的语句给出了显示一条 B 样条曲线所需的基本调用序列:

```
GLUnurbsObj *curveName;

curveName = gluNewNurbsRenderer ( );
gluBeginCurve (curveName);
    gluNurbsCurve (curveName, nknots, *knotVector, stride, *ctrlPts,
                    degParam, GL_MAP1_VERTEX_3);
gluEndCurve (curveName);
```

在第一条语句中,我们为曲线定义一个名字,然后使用 gluNewNurbsRenderer 命令为该曲线引用 GLU 的 B 样条绘制子程序。如果没有足够的存储容量来创建一条 B 样条曲线,则 curveName 赋值为 0。在函数对 gluBeginCurve/gluEndCurve 之间,使用一个 gluNurbsCurve 函数来说明曲线的属性。这使我们能够建立多条曲线段,每段有不同的曲线名字。参数 knotVector 指定该组浮点类型的节点值,而整型的参数 nknots 指定节点向量中的元素数量。多项式的次数为 degParam-1。包含有 nknots-degParam 元素的数组变量 ctrlPts 给出三维控制点的位置。数组 ctrlPts 中连续坐标位置起点之间的位移量在整型参数 stride 中给出。如果控制点位置是连续的(不与其他类数据相间),则 stride 的值设定为 3。要消除一个已定义的 B 样条,可以使用:

```
gluDeleteNurbsRenderer (curveName);
```

作为使用 GLU 子程序显示样条曲线的例子,下列程序生成一个三次 Bézier 多项式。为了获得这条三次曲线,设次数参数的值为 4。使用 4 个控制点,并选定一个 8 元素、开放均匀节点序列,其两端各有 4 个重复值。

```
GLfloat knotVector [8] = {0.0, 0.0, 0.0, 0.0, 1.0, 1.0, 1.0, 1.0};
GLfloat ctrlPts [4][3] = { {-4.0, 0.0, 0.0}, {-2.0, 8.0, 0.0},
                            {2.0, -8.0, 0.0}, {4.0, 0.0, 0.0} };
GLUnurbsObj *cubicBezCurve;

cubicBezCurve = gluNewNurbsRenderer ( );
gluBeginCurve (cubicBezCurve);
    gluNurbsCurve (cubicBezCurve, 8, knotVector, 3, &ctrlPts [0][0],
                    4, GL_MAP1_VERTEX_3);
gluEndCurve(cubicBezCurve);
```

要建立一条有理 B 样条曲线,需用 GL_MAP1_VERTEX_4 代替 GL_MAP1_VERTEX_3。然后用四维齐次坐标(x_h, y_h, z_h, h)指定控制点,结果中的齐次部分生成所要的齐次多项式形式。

我们也可以用 gluNurbsCurve 函数指定一组颜色值、法向量或曲面纹理特性,如在使用 glMap1 和 glMap2 中的一样。任意符号常量,如 GL_MAP1_COLOR_4 或 GL_MAP1_NORMAL,都可以用作 gluNurbsCurve 函数的最后一个参数。每一次调用都在函数对 gluBeginCurve/gluEndCurve 之间列出,但有两个限制:每一数据类型不能有多个函数且至少包含一个生成 B 样条曲线的函数。

GLU 子程序将 B 样条曲线自动分成一些段并将它显示成折线。但通过对下列 GLU 函数的反复调用,可选择 B 样条绘制器的各种选项:

```
gluNurbsProperty (splineName, property, value);
```

将参数 splineName 赋以一条 B 样条曲线的名字,将参数 property 赋以指示所需绘制特征的 GLU 符号常量,将参数 value 赋以一个浮点数值或一个设定所需特征的 GLU 符号常量。在 gluNewNurbsRenderer 语句之后可指定多个 gluNurbsProperty 函数。使用 gluNurbsProperty 函数设定的许多特征都是曲面参数,如下面所述。

14.16.4 GLU 的 B 样条曲面函数

下面的语句给出生成一个 B 样条曲面所需调用函数的基本序列：

```
GLUnurbsObj *surfName

surfName = gluNewNurbsRenderer ( );
gluNurbsProperty (surfName, property1, value1);
gluNurbsProperty (surfName, property2, value2);
gluNurbsProperty (surfName, property3, value3);
        .
        .
        .
gluBeginSurface (surfName);
    gluNurbsSurface (surfName, nuKnots, uKnotVector, nvKnots,
                    vKnotVector, uStride, vStride, &ctrlPts [0][0][0],
                     uDegParam, vDegParam, GL_MAP2_VERTEX_3);
gluEndSurface (surfName);
```

一般情况下，定义一个 B 样条曲面的 GLU 语句和参数与定义 B 样条曲线所需的类似。在用 gluNewNurbsRenderer 引入 B 样条绘制子程序以后，可以指定一些选定的曲面特征值。接着调用 gluNurbsSurface 函数设定曲面属性。用此法可定义多个有不同名字的曲面。如果没有足够的存储容量用来存储一个 B 样条曲面，则返回变量 surfName 由系统赋值为 0。参数 uKnotVector 和 vKnotVector 指定在参数 u 和 v 方向的浮点型的节点值。我们用参数 nuKnots 和 nvKnots 指定每一节点向量的元素数量。多项式参数 u 的次数由 uDegParam − 1 给出，而多项式参数 v 的次数由 vDegParam − 1 给出。浮点型的三维控制点坐标在包含 (nuKnots-uDegParam) × (nvKnots-vDegParam) 个元素的数组变量 ctrlPts 中给出。参数 u 方向的连续控制点的起始位置间的整数位移用整型参数 uStride 给出，而参数 v 方向的连续控制点的起始位置间的整数位移用整型参数 vStride 给出。我们使用与 B 样条曲线相同的函数(gluDeleteNurbsRenderer)来清除一个样条曲面并释放分配的内存。

默认时，一个 B 样条曲面自动地由 GLU 子程序显示成一组多边形填充区。B 样条曲面可设定 9 个特征，每个特征有两个或多个可能的值。作为一个特征设定的例子，下列语句指定一个线框式、三角形网格曲面显示：

```
gluNurbsProperty (surfName, GLU_NURBS_MODE, GLU_NURBS_TESSELLATOR);
gluNurbsProperty (surfName, GLU_DISPLAY_MODE, GLU_OUTLINE_POLYGON};
```

GLU 网格子程序把曲面分割成一组三角形并按多边形轮廓方式显示每一个三角形。另外，这些三角形图元可用 gluNurbsCallback 函数来提取。特征 GLU_DISPLAY_MODE 另外的值是 GLU_OUTLINE_PATCH 和 GLU_FILL(默认值)。使用值 GLU_OUTLINE_PATCH 也可获得一个线框显示，但曲面并不划分成三角形。原来的曲面仅仅显示其轮廓，包括考虑了已指定的修剪曲线。能设定为特征 GLU_NURBS_MODE 的值中只有 GLU_NURBS_RENDERER(默认值)可对曲面进行绘制而不在回调中产生网格数据。

使用特征 GLU_U_STEP 和 GLU_V_STEP 可按每单位长度一个取样点来设定取样点的数量。默认值是 100。要设定 u 或 v 的取样值，必须将特征 GLU_SAMPLING_METHOD 设定为值 GLU_DOMAIN_DISTANCE。特征 GLU_SAMPLING_METHOD 可使用另外几个值来指定曲面网格怎样实现。特征 GLU_SAMPLING_TOLERANCE 和 GLU_PARAMETRIC_TOLERANCE 用来设定最大取样长度。通过将特征 GLU_CULLING 设定为值 GL_TRUE，可以对观察体外的对象不进行网格化，从而提高绘制性能。GLU 剔除的默认值是 GL_FALSE。而特征 GLU_AUTO_LOAD_MATRIX 允许在其值为

GL_TRUE(默认值)时从 OpenGL 服务器上下载用于观察、投影和视口变换的矩阵。否则，如果设该值为 GL_FALSE，则应用必须使用函数 gluLoadSamplingMatrices 来提供这些矩阵。

要确定 B 样条特征的当前值，需使用下列查询函数：

```
gluGetNurbsProperty (splineName, property, value);
```

对指定的 splineName 和 property，相应的值返回给参数 value。

当特征 GLU_AUTO_LOAD_MATRIX 设定为值 GL_FALSE 时，引入

```
gluLoadSamplingMatrices (splineName, modelviewMat, projMat, viewport);
```

该函数指定了用于一个对象的取样和剔除子程序的模型观察矩阵、投影矩阵和视口。当前的模型观察和投影矩阵能通过调用 glGetFloatv 来获得，而当前的视口可通过调用 glGetIntegerv 来获得。

样条对象附带的各种事件使用下列函数来处理：

```
gluNurbsCallback (splineName, event, fcn);
```

将参数 event 赋以 GLU 符号常量，而参数 fcn 指定一个在 GLU 常量对应的事件发生时要引入的函数。例如，如果将参数 event 设定为 GLU_NURBS_ERROR，则当发生错误时调用 fcn。其他事件用于 GLU 样条子程序中返回由网格处理生成的 OpenGL 多边形。符号常量 GL_NURBS_BEGIN 指出线段、三角形或四边形等图元的起始位置，而 GL_NURBS_END 指出图元的结束位置。图元起始位置的函数变量是一个符号常量，如 GL_LINE_STRIP、GL_TRIANGLES 或 GL_QUAD_STRIP。符号常量 GL_NURBS_VERTEX 指出已提供三维坐标数据且已调用顶点函数。另外的常量用于指出颜色值等其他数据。

gluNurbsCallback 函数的数据值由下列函数支持：

```
gluNurbsCallbackData (splineName, dataValues);
```

参数 splineName 赋以要网格化的样条对象的名字，而参数 dataValues 赋以一个数据值列表。

14.16.5　GLU 曲面修剪函数

下列语句用于指定对一个 B 样条曲面进行修剪的一组二维曲线：

```
gluBeginTrim (surfName);
    gluPwlCurve (surfName, nPts, *curvePts, stride, GLU_MAP1_TRIM_2);
        .
        .
        .
gluEndTrim (surfName);
```

参数 surfName 是要修剪的 B 样条曲面的名字。确定修剪曲线的一组浮点坐标在数组参数 curvePts 中指定，其中包含 nPts 个坐标位置。在连续的坐标位置之间的整型位移在参数 stride 中给出。指定的坐标位置用来生成 B 样条的一个分段线性修剪函数。换句话说，生成的修剪"曲线"是一条折线。如果曲线点在三维齐次 (u, v, h) 参数空间给出，则 gluPwlCurve 中的最后一个变量设定为 GLU 符号常量 GLU_MAP1_TRIM_3。

我们也可以使用一个或多个 gluNurbsCurve 作为一条修剪曲线。此外，还可以构造一条 gluPwlCurve 函数和 gluNurbsCurve 混合的修剪曲线。任何指定的 GLU 修剪"曲线"必须没有自相交，并且必须是一条封闭曲线。

下面的程序给出了一个三次 Bézier 曲面的 GLU 修剪函数。先为一条最外面的修剪曲线设定坐标点。这些位置以逆时针方向沿单位正方形指定。接下来，分两部分按顺时针方向设定最里面的修剪曲线的坐标点。设定曲面和内部修剪曲线第一部分的节点向量来生成三次 Bézier 曲线。图 14.40 给出了在单位正方形上的内部和外部修剪曲线。

```
GLUnurbsObj *bezSurface;

GLfloat outerTrimPts [5][2] = { {0.0, 0.0}, {1.0, 0.0}, {1.0, 1.0),
                                {0.0, 1.0}, {0.0, 0.0} };
GLfloat innerTrimPts1 [3][2] = { {0.25, 0.5}, {0.5, 0.75},
                                 {0.75, 0.5) };
GLfloat innerTrimPts2 [4][2] = { {0.75, 0.5}, {0.75, 0.25},
                                 {0.25, 0.25), {0.25, 0.5} };

GLfloat surfKnots [8] = (0.0, 0.0, 0.0, 0.0, 1.0, 1.0, 1.0, 1.0};
GLfloat trimCurveKnots [8] = (0.0, 0.0, 0.0, 0.0, 1.0, 1.0, 1.0, 1.0);
bezSurface = gluNewNurbsRenderer ( );

gluBeginSurface (bezSurface);
    gluNurbsSurface (bezSurface, 8, surfKnots, 8, surfKnots, 4 * 3, 3,
                     &ctrlPts [0][0][0], 4, 4, GL_MAP2_VERTEX_3);
    gluBeginTrim (bezSurface);
       /* Counterclockwise outer trim curve. */
       gluPwlCurve (bezSurface, 5, &outerTrimPts [0][0], 2,
                    GLU_MAP1_TRIM_2);
    gluEndTrim (bezSurface);
    gluBeginTrim (bezSurface);
       /* Clockwise inner trim-curve sections. */
       gluPwlCurve (bezSurface, 3, &innerTrimPts1 [0][0], 2,
                    GLU_MAP1_TRIM_2);
       gluNurbsCurve (bezSurface, 8, trimCurveKnots, 2,
                      &innerTrimPts2 [0][0], 4, GLU_MAP1_TRIM_2);
    gluEndTrim (bezSurface);
gluEndSurface (bezSurface);
```

14.17 小结

分段连续多项式曲线样条是在 CAD 中进行对象表示的最常用方法。样条曲线或曲面由一组控制点和关于样条段的边界条件来定义。顺序连接控制点的线形成控制图，而所有控制点位于样条的凸壳内。边界条件可用参数或几何导数指定，而多数样条表示使用参数边界条件。插值样条连接所有控制点；逼近样条不连接所有控制点。样条曲面可用两个多项式的张量积描述。三次多项式一般用于插值表示，包括 Hermite、cardinal 和 Kochanek-Bartels 样条。Bézier 样条为描述曲线和曲面提供了一种简单且强有力的逼近方法，但多项式的次数由控制点数量确定且很难获得曲线形状的局部控制。以 Bézier 样条作为其特例的 B 样条是一种有更多用途的逼近表示方法，但是它们要求指定节点向量。beta 样条是用几何边界条件指定的 B 样条的一般化。而有理样条由两个样条表示相除而形成。有理样条可用来描述二次曲面，并且它们在透视观察变换中是不变的。具有非均匀节点向量的有理 B 样条通常称为一个 NURB。可使用向前差分计算或细分方法获得沿样条曲线或曲面确定的坐标位置。

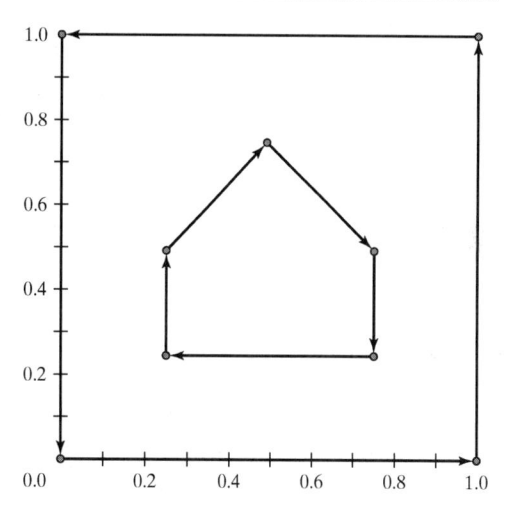

图 14.40 沿单位正方形周边的修剪曲线按逆时针方向指定，而内部的修剪曲线段按顺时针方向指定

OpenGL 核心库包含生成 Bézier 样条的函数，而 GLU 函数库中有指定 B 样条和样条曲面修剪曲线的函数。表 14.1 和表 14.2 总结了本章讨论的 OpenGL 中和样条有关的函数。

表 14.1 OpenGL 的 Bézier 函数小结

函　数	描　述
`glMap1`	为 Bézier 曲线显示、颜色值等指定参数，并用 `glEnable` 激活这些函数
`glEvalCoord1`	为 Bézier 曲线计算坐标位置
`glMapGrid1`	指定两个 Bézier 曲线参数之间均匀分段的数目
`glEvalMesh1`	为 Bézier 曲线显示指定显示模式和整型范围
`glMap2`	为 Bézier 曲面显示、颜色值等指定参数，并用 `glEnable` 激活这些函数
`glEvalCoord2`	为 Bézier 曲面计算坐标位置
`glMapGrid2`	指定两个 Bézier 曲面参数之间均匀分段的数目
`glEvalMesh2`	为 Bézier 曲面显示指定显示模式和整型范围

表 14.2 OpenGL 的 B 样条函数小结

函　数	描　述
`gluNewNurbsRenderer`	为一个用声明 `GLUnurbsObj *bsplineName` 定义的对象名激活该 GLU B 样条绘制器
`gluBeginCurve`	为指定的一段或多段 B 样条曲线赋参数值
`gluEndCurve`	指示 B 样条曲线参数描述的结尾
`gluNurbsCurve`	为一个命名的 B 样条曲线段指定参数值
`gluDeleteNurbsRenderer`	删除一条指定的 B 样条
`gluNurbsProperty`	为指定的 B 样条确定绘制选择
`gluGetNurbsProperty`	为指定的 B 样条确定某一属性的当前值
`gluBeginSurface`	为一指定的有一个或多个部分的 B 样条曲面开始赋参数值
`gluEndSurface`	指示 B 样条曲面参数描述的结尾
`gluNurbsSurface`	为一个命名的 B 样条曲面部分指定参数值
`gluLoadSamplingMetrices`	指定用于 B 样条曲面取样与剔除子程序的观察和几何参数
`gluNurbsCallback`	为一个指定的 B 样条和辅助事件确定一个回调函数
`gluNurbsCallbackData`	指定要传递给事件回调函数的数据值
`gluBeginTrim`	为一个 B 样条曲面开始赋修剪曲线参数值
`gluEndTrim`	指示修剪曲线描述的结尾
`gluPwlCurve`	为一个 B 样条曲面指定修剪曲线参数值

参考文献

有关参数曲线和曲面表达式的信息来源包括 Bézier(1972)、Barsky and Beatty(1983)、Barsky(1984)、Kochanek and Bartels(1984)、Huitric and Nahas(1985)、Mortenson(1985)、Farin(1988)、Rogers and Adams(1990) 和 Peigl and Tiller(1997)。

各种表示方法的编程技术参见 Glassner(1990)、Arvo(1991)、Kirk(1992)、Heckbert(1994) 和 Paeth(1995)。OpenGL 的 Bézier 样条、B 样条和修剪曲线函数参见 Woo et al.(1999)。OpenGL 核心库和 GLU 实用函数库的完整集在 Shreiner(2000) 中给出。

练习题

14.1 给定在 xy 平面上的一组控制点输入，编写一个显示 cardinal 样条曲线的子程序。

14.2 在上一练习题完成的子程序基础上编写一个程序，用来同时显示 xy 平面上的控制点和相应的二维 cardinal 样条曲线。要求在白色背景下用黑色绘制曲线、用蓝色绘制控制点；并且允许用户使用键盘操作来修改控制点：用户可以循环地逐个选择各控制点，一旦某个控制点被选中就改为红色显示，此时用户可以在 xy 平面上移动该点，而曲线必须随之即时改变形状并刷新显示。

14.3 给定在 xy 平面上的一组控制点输入，编写一个显示二维 Kochanek-Bartels 曲线的子程序。

14.4 在上一练习题完成的子程序基础上编写一个程序，要求和练习题 14.2 类似：在白色背景上既要绘制曲线，也要绘制出控制点，并且用户可以用练习题 14.2 中的方式来修改控制点，曲线同样要随着控制点的移动而即时修改和重绘。

14.5 在 xy 平面上指定的三个控制点的 Bézier 曲线混合函数是什么？绘出每个函数并标出最小和最大函数值。

14.6 在 xy 平面上指定的五个控制点的 Bézier 曲线混合函数是什么？绘出每个函数并标出最小和最大函数值。

14.7 修改 14.8 节中的示例程序，使其显示任意使用 xy 平面上的四个输入控制点的三次 Bézier 曲线。

14.8 修改 14.8 节中的示例程序，使其显示任意使用 xy 平面上的 n 个输入控制点的 $n-1$ 次 Bézier 曲线。

14.9 完善 14.16 节中的 OpenGL 示例程序，使其显示任意使用 xy 平面上的四个输入控制点的三次 Bézier 曲线。

14.10 修改上一练习题完成的程序，使其能满足练习题 14.2 中的要求，即用键盘来选择并移动控制点，被选中的控制点用红色绘制，其他的控制点用蓝色绘制，曲线用黑色绘制并随着控制点的移动而即时修改和重绘。

14.11 完善 14.16 节中的 OpenGL 示例程序，使其显示任意使用 xyz 空间上的 4 个输入控制点的三次 Bézier 曲线。使用正交投影显示该曲线，观察参数作为输入来指定。

14.12 写出设计具有一阶分段连续性的二维 Bézier 曲线形状的子程序。曲线每一部分的控制点数量和位置作为输入来指定。

14.13 利用上一练习题完成的程序，允许用户使用键盘来编辑控制点（像练习题 14.2 中那样）。控制点要用同样的方式显示。

14.14 写出设计具有二阶分段连续性的二维 Bézier 曲线形状的子程序。曲线每一部分的控制点数量和位置作为输入来指定。

14.15 在上一练习题完成的子程序基础上编写一个程序。该程序可以通过用键盘修改控制点位置来改变曲线形状，相关修改和显示方式等均按练习题 14.2 中的要求来完成。

14.16 修改 14.10 节中的示例程序，使其用细分方法计算曲线点来显示任意使用 xy 平面上的四个输入控制点的三次 Bézier 曲线。

14.17 修改 14.10 节中的示例程序，使其用向前差分方法计算曲线点来显示任意使用 xy 平面上的四个输入控制点的三次 Bézier 曲线。

14.18 $d=5$ 时二维均匀周期性 B 样条曲线的混合函数是什么？

14.19 $d=6$ 时二维均匀周期性 B 样条曲线的混合函数是什么？

14.20 修改 14.10 节的示例程序，使其用向前差分方法计算曲线点来显示任意使用一组输入的控制点的二维均匀周期性 B 样条曲线。

14.21 修改上一练习题的程序，使其用 OpenGL 函数显示 B 样条曲线。

14.22 在上一练习题的基础上编写一个程序。该程序可以通过用键盘修改控制点位置来改变曲线形状，相关修改和显示方式等均按练习题 14.2 中的要求来完成。

14.23 使用有理 Bézier 样条表示，写出显示 xy 平面上任意二次曲线的子程序。

14.24 使用有理 B 样条表示，写出显示 xy 平面上任意二次曲线的子程序。

14.25 给出一种计算 Bézier 曲面上一给定点 $\mathbf{P}(u, v)$ 处法向量的算法。

14.26 为一个给定的二次曲面推导计算向前差分的表达式。

14.27 为一个给定的三次曲面推导计算向前差分的表达式。

附加综合题

14.1 在本章的综合题中可以尝试通过创建和显示三维样条曲面来表示特定应用场景中的复杂曲面对象。请首先设计你自己的应用场景，然后在场景中选择一些在外形上适合样条描述的对象，再使用本章讨论的方法粗略绘制出它们表面轮廓的 Bézier 或 B 样条表示。一旦确定采用某一种表示，就可以使用 OpenGL 的函数显示这些样条曲面并渲染场景中的对象，此时可以使用默认的分辨率来计算曲面上的点（或预先选择一个合理的分辨率，特别是针对 Bézier 而言）。然后，使用对象的可视化渲染来调整样条模型，以提高对象在视觉效果上的精确度。最后，在适当的地方使用修剪曲面的方法来最终获得正确的对象形状。

14.2 参考第 13 章所做的实验，把不同分辨率的多边形网格用作上一综合题中自定义样条曲面的近似表示。对于 Bézier 曲面而言，在两个维度上分别选择一个最小值作为计算样本点的数目，只要所显示的对象曲面在最终视觉效果上能接受就可以。对 B 样条也类似，但请注意所能接受的样本点最小值并不一定和 Bézier 的相同。从最小分辨率开始，按某个固定步长逐次提高计算样本点的数目，并且每次都对上一综合题中的场景进行重新绘制，从而获得不同分辨率的多边形网格近似效果；从而不断提高到显示的视觉效果不再有明显或仅有很少的改进为止。该过程中，对每个分辨率的设置均采用明暗填充方法来渲染整个场景，并记录下每次所需的渲染时间。最后，把渲染时间当作分辨率的一个函数，画出二者的关系图，并讨论其关系的规律和特点。请特别注意观察分析：对于每个对象而言，是否存在一个理想的设置能够在视觉效果和绘制性能之间达到很好的平衡？

第 15 章 其他三维对象的表示

很多种技术都可以用来进行实体对象的建模。在前面的章节中,我们已经讨论了边界表示的方法,包括多边形、二次曲面、超二次曲面和样条。在这一章中,我们将介绍另外几种实体建模的方法。

运用相互作用力的基于物理的建模方法,可以用来描述形状和表面特征会随着运动或受到邻近物体影响而改变的对象(例如一块布或一个胶状球)的非刚性行为;**空间分区表示**(space-partitioning representation)用来描述内部性质,将包含一个对象的空间区域划分成一组较小的、非重叠的连续实体(通常是立方体)。三维对象的一般空间划分描述是八叉树和二叉空间分割树(binary space-partitioning,BSP)表示。

15.1 柔性对象

在计算机应用中开发了对非刚体对象建模的多种技术,15.6 节将讨论显示布和橡胶等材料特征的方法。但其他对象,如分子结构、液体和水滴、熔化的对象及动物和人的肌肉形状表现为一定程度的变化性。这些对象在一定的运动或在接近其他对象时会改变它们的表面形状,并且它们的曲面表面很难用常规形状表示。这一类对象一般称为**柔性对象**(blobby object)。

例如,分子形状在独立存在时可以使用球形进行描述,但当分子接近其他分子时会改变其本身形状。这是因为在另一分子出现时电子云的形状会变形,因此两个分子之间发生了"结合"现象。图 15.1 表示了当两个分子分离时分子形状的延伸、分裂和收缩效果。这些特性不能简单地使用球形或椭圆形进行描述。同样,图 15.2 展示了具有类似特征的人体上臂的肌肉形状。

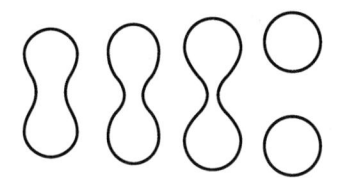

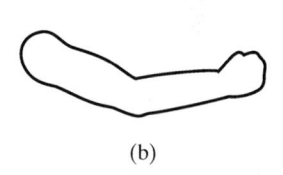

图 15.1 分子黏结。当两个分子从结合到分离时,表面形状延伸、分裂,最后收缩成圆形

图 15.2 人体上臂的"柔性"肌肉形状

人们已经开发了几种使用分布函数来表示柔性对象的建模方法,它们一般都把对象的体积描述成在任何运动或交互中保持不变。其中一个方法是使用高斯密度函数或高斯凸起方法(参见图 15.3)的混合对对象进行建模。这里的曲面函数定义为

$$f(x, y, z) = \sum_k b_k e^{-a_k r_k^2} - T = 0 \tag{15.1}$$

其中,$r_k^2 = x_k^2 + y_k^2 + z_k^2$,参数 T 是某个特定的临界值,参数 a_k 和 b_k 用来调整单个对象的柔性程度。参数 b_k 取负值能产生"凹"形而不是"凸"形。图 15.4 表示由 4 个高斯密度函数(凸形)建模的混合对象的表面结构。在临界值级别上,数值化求根技术可以定位坐标重叠值。此时,单个对象的剖面按照圆或椭圆进行建模。如果两个剖面彼此靠近,则它们趋于一种柔性形状,如图 15.1 所示,其中的结构依赖于两个对象分离的程度。

其他用于生成柔性对象的方法是，使用在几个区间内取0而不是指数形式的密度函数。**元球**（meta-ball）模型将混合对象看作几个二次密度函数的复合形式：

$$f(r) = \begin{cases} b\left(1 - \dfrac{3r^2}{d^2}\right), & 0 < r \leq \dfrac{d}{3} \\ \dfrac{3}{2}b\left(1 - \dfrac{r}{d}\right)^2, & \dfrac{d}{3} < r \leq d \\ 0, & r > d \end{cases} \quad (15.2)$$

而**软对象**（soft object）模型使用函数

$$f(r) = \begin{cases} 1 - \dfrac{22r^2}{9d^2} + \dfrac{17r^4}{9d^4} - \dfrac{4r^6}{9d^6}, & 0 < r \leq d \\ 0, & r > d \end{cases} \quad (15.3)$$

现在，有一些设计和绘图程序软件包提供柔性函数建模，从而处理那些不能只用多边形或样条函数进行模拟的应用。

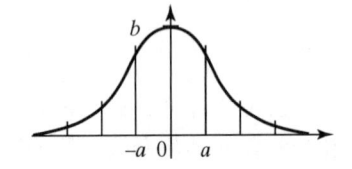

图15.3 三维高斯密度函数，其中心在位置0、高度为b、标准方差为a

图15.4 由4个高斯凸形复合而成的柔性对象

15.2 扫描表示法

实体造型软件包通常提供多种构造技术。**扫描表示**（sweep representation）通过平移、旋转及其他对称变换来构造三维对象。通过指定一个二维形状及在空间区域内移动该形状的扫描可以表示该对象。可以将一组二维基本图形，如圆和矩形等作为菜单选项来提供扫描表示。获得二维图形的其他方法有封闭样条曲线构造和实体剖面片。

图15.5给出了一个平移扫描。图15.5(a)中的周期性样条曲线定义了对象的剖面。然后执行一次平移扫描，即沿垂直于剖面的直线路径将控制点p_0到p_3移动一个给定的距离。在沿这条路径的区间上，复制了剖面形状，并且在扫描方向上画出连线，得到如图15.5(b)所示的线框表示。

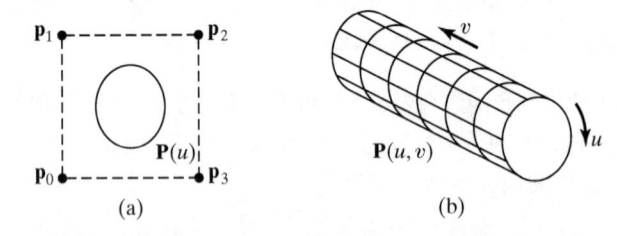

图15.5 利用平移扫描构造一实体。将(a)中的周期性样条曲线的控制点变换生成(b)中所示的实体，其表面使用向量函数$P(u,v)$表示

图15.6给出了使用旋转扫描方法设计对象的例子。此时剖面所在平面上的周期性样条曲线绕旋转轴旋转，产生图15.6(b)中的线框表示。可以选择任意轴进行旋转扫描。如果使用图15.6(a)中垂直于样条剖面所在平面的轴旋转，则将生成一个二维形状。但是，如果此图中的剖面有一个深度，则使用一个三维对象来生成另一个三维对象。

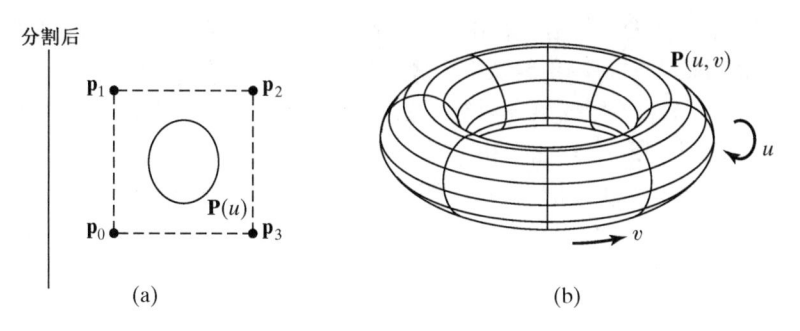

图15.6 使用旋转扫描构造一实体。对于给定旋转轴旋转(a)中周期性样条曲线的控制点,生成(b)中所示的实体,其表面使用向量函数$\mathbf{P}(u,v)$表示

一般来说,可以使用任意路径来指定扫描构造。对于旋转扫描,可以沿圆形路径从0到360°的角度范围内移动。对于非圆形路径,可以给定描述路径的曲线函数和沿路径移动的距离。另外,可以沿扫描路径改变剖面的形状和大小。或者在将该形状移过某空间的区间时,改变剖面相对于扫描路径的方向。

15.3 结构实体几何法

实体建模的另一种技术是使用集合操作来组合两个三维对象。这种建模方法称为**结构实体几何**(constructive solid geometry, CSG)法,通过两个指定对象间的并、交或差操作而生成一个新对象。

图15.7和图15.8给出了使用集合操作形成新形体的例子。在图15.7(a)中,将一个长方体和一个棱锥放在相邻的位置。使用并操作,可以得到图15.7(b)中的合并对象。图15.8(a)表示有重叠部分的一个长方体和一个圆柱体。使用交操作,可以得到图15.8(b)中所生成的实体;使用差操作,可以得到图15.8(c)中的实体。

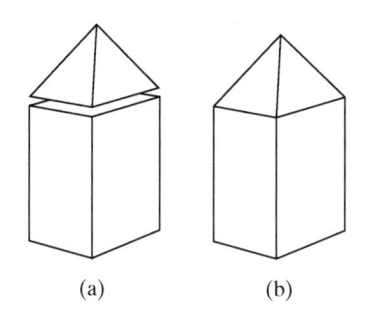

图15.7 合并(a)中的两个对象,使用并操作生成(b)中的单个组合实体

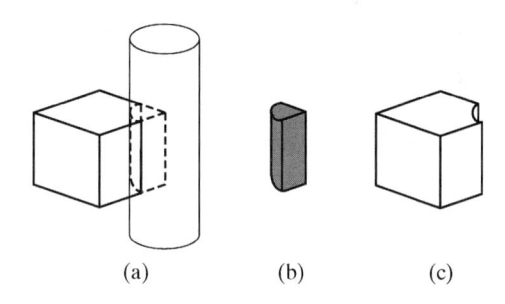

图15.8 (a)两个重叠对象;(b)由交操作形成的楔形CGS对象;(c)利用差操作形成的CSG对象从长方体中减去与圆柱体重叠的部分

CSG的应用开始于三维对象的初始集,称为CSG基本图元,如长方体、棱锥、圆柱体、圆锥体、球体和某些使用样条曲面的实体。基本图元可作为CSG软件包的菜单选项来提供,基本图元本身可以使用扫描方法、样条构造或其他建模程序形成。使用一个交互式CSG软件包,首先选择两个基本图元并拖至某空间位置,并指定一个组合操作(并、交或差),就可创建一个新对象。这个新对象可与一个已存在的形体组合生成另一个新对象。我们可以继续构造新对象,直到形成了所需的对象。利用这一程序设计的对象可以表示成一个二叉树,见图15.9。

当以边界表示描述对象时,通常使用**光线投射**(ray-casting)方法来实现构造实体几何的操作。通过确定与从 xy 平面发出的沿 z 轴方向的一组平行线相交的对象来应用光线投射。该平面称为**射线平面**(firing plane)，每一射线从一个像素位置发出，如图 15.10 所示。然后沿每条射线路径确定出表面相交部分，并根据离开射线平面的距离对相交点进行分类。组合对象表面的范围由指定的操作确定。图 15.11 给出了由光线投射确定的 CSG 对象的表面范围，给出了两个对象(一个立方体和一个球体)的 yz 剖面和垂直于射线平面的像素射线路径。对于并操作，新对象合并了两个对象的内部区域。对于交操作，新对象是两个对象内部区域的公共部分。对于差操作，从一个对象中减去属于另一个对象的部分。

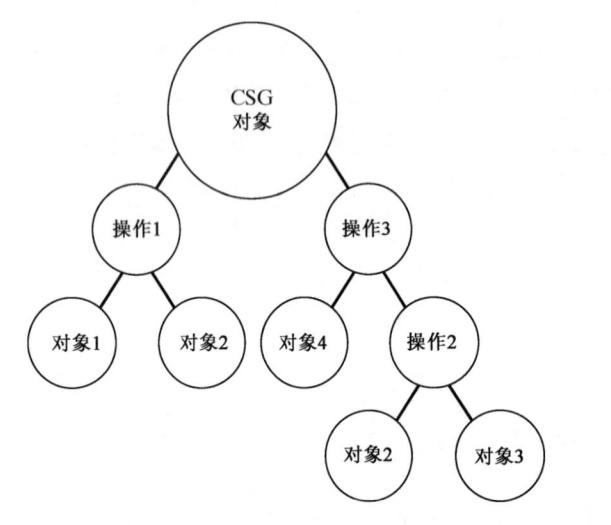

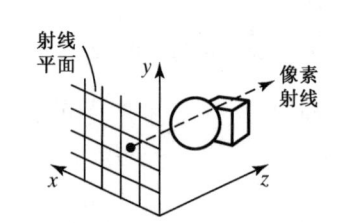

图 15.9 一个对象的 CSG 树形表示

图 15.10 利用光线投射实现 CSG 操作

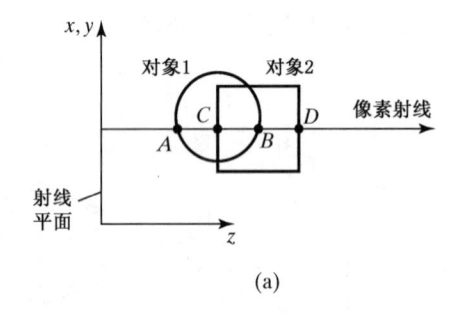

图 15.11 沿像素射线确定表面范围

每一个 CSG 基本图元可以定义在自己的局部(建模)坐标上。通过建模变换矩阵确定其相应的世界坐标系位置，从而建立与另一对象重叠的位置。这些建模矩阵的逆矩阵，可以用来将像素射线变换到建模坐标系中，在那里对单个基本图元执行表面交计算。然后，对两个重叠对象的表面相交部分沿射线路径的距离进行分类，并且根据指定的集合操作来确定组合对象的范围。以上步骤重复作用于合并在 CSG 树中的每对对象，即形成一个特定对象。

设计了 CSG 对象后，可以利用光线投射法确定物理性质，如体积和质量。为了确定对象的体积，将射线平面分成很多小方块，如图 15.12 所示。然后，对与从像素 (i,j) 位置发出的射线 A_{ij} 相交的剖面片计算对象体积 V_{ij}：

$$V_{ij} \approx A_{ij} \Delta z_{ij} \tag{15.4}$$

其中 Δz_{ij} 是沿位置 (i,j) 的射线在对象中的深度。如果对象内部有一孔，则 Δz_{ij} 是射线上两对相交点之间的距离之和。这时 CSG 对象的总体积计算为

$$V \approx \sum_{i,j} V_{ij} \quad (15.5)$$

给出对象密度函数 $\rho(x, y, z)$，可以近似求得经过位置 (i, j) 上射线的对象的质量：

$$m_{ij} \approx A_{ij} \int \rho(x_{ij}, y_{ij}, z) \, \mathrm{d}z \quad (15.6)$$

其中，一维积分通常用来估算而不是真正进行积分，这依赖于密度函数形式。CSG 对象的全部质量大约为

$$m \approx \sum_{i,j} m_{ij} \quad (15.7)$$

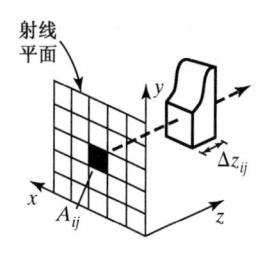

图 15.12　沿射线平面上小区域 A_{ij} 中的一条射线路径确定对象体积

其他对象性质，如重心和惯性矩，可以利用类似计算而得到。在射线平面上进行更小的细分，可以改进对象性质的近似计算。

如果使用八叉树表示对象，那么可以通过扫描树形结构（描述空间八分圆内容）、使用 CSG 程序来执行集合操作。下一节将叙述该过程，搜索单位立方体的八分圆和子八分圆，从而定位两个将要组合的对象所占的区域。

15.4　八叉树

分层树形结构称为**八叉树**（octree），用于在某些图形系统中表示实体。需要显示对象剖面的医学图像和其他应用通常使用八叉树表示。构造出树形结构后，要求每一个节点对应于一个三维空间区域。这种实体表示利用了空间相关性，从而减少三维对象的存储需求。这种方式也提供了存储有关对象内部信息的方便表示。

三维空间的八叉树编码过程是称为**四叉树**（quadtree）编码的二维空间编码方法的扩展。通过连续将二维区域（通常为正方形）分成 4 等分而得四叉树。四叉树上的每个节点有 4 个数据元素，每个象限都在此区域内（如图 15.13 所示）。如果一个象限中所有像素的颜色相同（均质象限），则此节点内的数据元素存储该颜色。另外，在数据元素中设定一标记以标明此象限是均质的。假设图 15.13 的象限 2 中的所有像素都为红色，则将红色码放入节点的数据元素 2 中。否则，此象限称为非均质象限，该象限本身再分成 4 个象限，如图 15.14 所示。此时节点中相应的数据元素标明此象限为非均质的，并存储指向四叉树中下一个节点的指针。

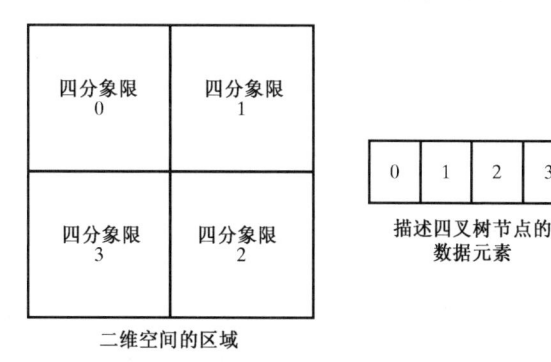

图 15.13　将 xy 平面上的正方形区域分成若干个象限，并且相应的四叉树节点有 4 个数据元素

生成四叉树的一种算法将测试指定区域内赋给对象的像素颜色强度值，并建立相应的四叉树编码。如果原区域中每个象限有单一的颜色规格，则四叉树只有一个节点。对于一个非均质

区域，连续细分象限直到所有的象限都是同质的。图 15.15 中，大区域内包括一个具有单一颜色的小区域，此颜色不同于大区域中其他部分的颜色。

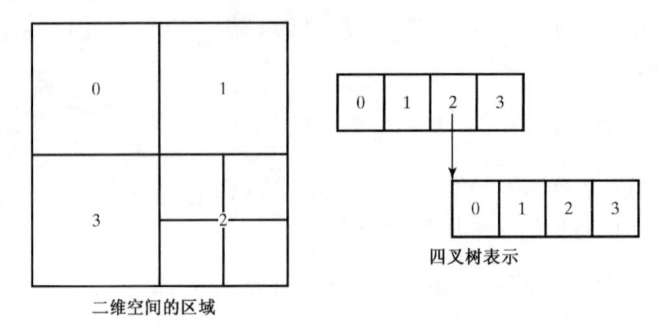

图 15.14　xy 平面上具有两层象限分割及相应的四叉树表示的正方形区域

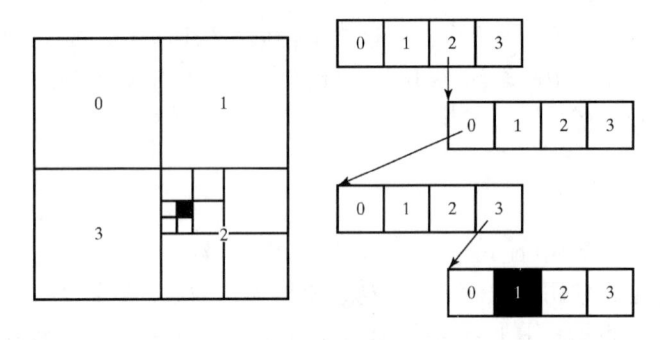

图 15.15　在实体背景中包含一个前景色像素区域的四叉树表示

因为每个单色区域使用一个节点表示，所以当空间区域存在较大的单一颜色区域时，四叉树编码能节省存储空间。对于含有 $2n \times 2n$ 个像素的区域，四叉树表示至多有 n 层。四叉树中每个节点至多有 4 个直接后代。

八叉树编码方法将三维空间区域(一般是立方体)分成八等分，并且在树上的每个节点处存储 8 个数据元素，如图 15.16 所示。与矩形显示区域中的像素成分相仿，三维空间的每个元素称为**体素**(volume element)或**体元**(voxel)。八叉树中的一个体元存储一个均质子区域的特征值。空间三维区域中对象的特征包括颜色、材质类型、密度和其他物理特征。例如，空间中选择区域的对象可以包括石头和树或薄纸、骨头和人体组织。空间的空白区域用体元类型"void"表示。使用八叉树表示时，非均质区域八等分再分成八等分，直到该子区域是均质的。对于一个八叉树而言，树上每个节点有 0 到 8 个直接后代。

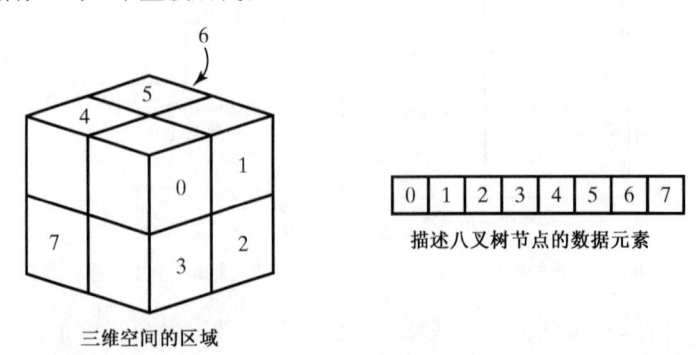

图 15.16　三维空间区域分成若干个八分圆，并且相应的八叉树节点有 8 个数据元素

可以建立为以任何形式定义的对象生成八叉树的算法，如多边形网格、曲面片或实体几何构造。对单个对象，利用对象的坐标范围确定一个包围盒（平行六面体）来生成八叉树表示。

一旦对实体建立一个八叉树表示，则可以将各种操作子程序应用到该实体上。对同一空间区域的两个八叉树表示，可以应用执行集合操作的算法。对于并操作，新八叉树通过合并同一个区域内的每个输入树来构造。同样，通过寻找两棵输入的八叉树的重叠区域来执行交操作。类似地，存储仅由一个对象所占据而不被另一对象所占据的八等分，从而完成差操作。

人们已开发出一些其他的八叉树处理算法。例如，三维八叉树的旋转通过对所占八等分应用变换操作而实现。可视面判定则由寻找从前到后的八等分而实现。要确定场景中的可见对象，需先确定前面的八等分是否被占据，如果没有，则处理其后的八等分。该过程一直进行到沿观察方向确定到一个八等分。沿任意观察路径从前往后找到的第一个对象是可视的，则将该对象的有关信息转换成显示用的四叉树表示。

15.5 BSP 树

除了每次将空间分成两部分而不是八部分，这种表示方法类似于八叉树编码。利用**二叉空间分割**（binary space partitioning，BSP）**树**，可以每次将一个场景根据任意位置和任意方向的平面分为两部分。在八叉树编码中，每次使用与笛卡儿坐标平面对齐的 3 个相互垂直的平面对场景进行分割。

为了实现自适应空间细分，BSP 树提供了一种更加有效的分割方法，因为可将分割平面的位置和方向根据适合于对象的空间分布来确定。与八叉树相比，可以减少场景树的表示深度，这样就减少了搜索树的时间。另外，BSP 树可以有效地识别可视面和使用光线追踪算法对空间进行分割。

15.6 基于物理的方法

非刚性对象，如绳、布或软橡皮球可以使用**基于物理的建模**（physically based modeling）方法表示。此方法描述了物体在内外力相互作用下的行为。将毛巾织物围在椅子背后的形状的精确描述，则通过考虑织物围绕椅子的效果及织物和线的相互作用而获得。

模拟非刚性对象的一个普遍方法是用一组网络节点来逼近对象，而且节点间带有柔性连接。一个简单的连接类型是弹簧。图 15.17 表示了二维弹簧网络，用来逼近一块布或一块橡皮的行为。在三维空间中可建立类似的弹簧网络来模拟一橡皮球或胶状块。对于均质物质，可以使用相同的弹簧贯穿网络。如果需要对象在不同方向上有不同的性质，可以在不同方向使用不同的弹簧。当外力作用于弹簧网络时，单个弹簧延伸或压缩的程度依赖于弹簧常数 k（spring constant k）的值，该值也称为弹簧力常数（force constant）。

在力 F_x 的作用下，节点位置的水平位移 x 如图 15.18 所示。如果没有过分拉伸弹簧，则离开平衡位置的 x 位移量使用胡克定律计算：

$$F_s = -F_x = -kx \tag{15.8}$$

其中 F_s 是与 F_x 相等但方向相反的力。这一关系也在水平压缩为 x 时成立，同样在 y 和 z 方向有类似的位移和力元素间的关系。

如果对象完全是柔性的，那么当外力消失时，将恢复到原来的形状。但是，如果要模拟黏性材料或其他可变形对象，则需要修改弹簧特性，从而使弹簧在外力消失时不回到原来位置。然后作用力可以在其他途径上改变对象形状。

不使用弹簧，也可以使用弹性材料模拟两节点间的连接。然后在外力影响下，利用最小化张量能量函数来决定对象形状。这一方法提供了更好的织物模型，而且设计了各种能量函数来描述不同布料的效果。

为了模拟一非刚性对象，首先建立外力并作用在对象上。然后，考虑贯穿对象网络的作用力传递。因此必须建立确定贯穿网络的节点位移的联立方程。

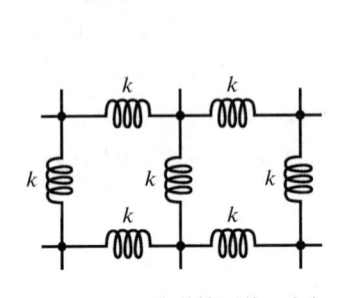

图 15.17　二维弹簧网络，由相同的弹簧常数 k 构造

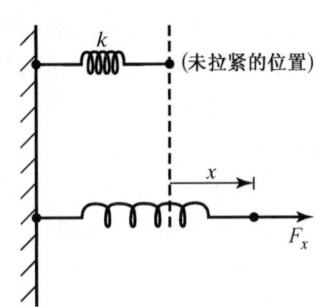

图 15.18　外力 F_x 拉住弹簧一端，另一端固定

能量函数的一个应用是布料建模。根据能量函数的计算来调整网络中的参数，可以模拟不同质地的布。彩图 11 给出了铺在桌上的棉质、毛质和塑料布料的模拟效果。

基于物理的模拟方法也可以用于在动画中更精确地描述运动路径。以前的动画常限于利用样条路径和运动学，其中运动参数也仅基于位置和速度。基于物理的模拟方法使用力学方程描述运动，其中包括力和加速度。基于力学方程的动画描述比基于运动学方程的描述产生的运动更真实。

15.7　小结

对于非刚体、柔性曲面，可使用半流质对象按高斯碰撞建立形态。其他设计技术有扫描表示、结构实体几何法、八叉树和 BSP 黑体。扫描表示法由一个二维形状在一个区域或空间中平移或旋转来形成。结构实体几何法将两个或多个三维形体用集合操作——并、差和交来组合。八叉树和 BSP 树使用空间细分方法。

基于物理的建模方法可用来描述柔性对象的特性，如绳子、橡皮或布料。这种方法用类似弹簧的剖面网格表示一种材料，使用加于对象的力来计算变形。

参考文献

柔性对象模型的更多信息，请参见 Blinn(1982)。元球(meta-ball)模型在 Nishimura(1985)中讨论。软对象在 Wyville, Wyville, and McPheeters(1987)中讨论。

八叉树和四叉树的讨论请参见 Doctor and Torberg(1981)，以及 Yamaguchi, Kunii, and Fujimura(1984) 和 Brunet and Navazo(1990)。Gordon and Chen(1991) 给出了 BSP 树算法。而 Requicha and Rossignac(1992) 讨论了实体建模方法。

各种表示方法的编程技术请参见 Glassner(1990)、Arvo(1991)、Kirk(1992)、Heckbert(1994) 和 Paeth(1995)。

练习题

15.1 建立一个将给定元球对象转换为多边形网格表示的算法。

15.2 建立由输入参数生成三维对象描述的程序，参数以平移扫描定义物体。

15.3 编写一个程序，用来显示一个由二维形状进行平移扫描得到的三维对象。要求该程序允许用户进行如下交互操作：(1)在若干种二维剖面形状(例如圆形、方形、三角形等等)中选择一个，(2)然后交互指定平移的距离，(3)最后指定最终显示对象时所用的多边形网格的分辨率(也就是需要给出两个数值，代表沿着二维剖面形状的周长方向和沿着平移方向分别被划分为几段进行绘制)。

15.4 建立由输入参数生成三维对象描述的程序，这些参数根据旋转扫描定义物体。

15.5 编写一个程序，用来显示一个由二维形状进行旋转扫描得到的三维对象。要求该程序允许用户进行如下交互操作：(1)在若干种二维剖面形状(例如圆形、方形、三角形等等)中选择一个，(2)然后交互指定旋转轴、旋转路径的长度，(3)最后指定最终显示对象时所用的多边形网格的分辨率(也就是需要给出两个数值，代表沿着二维剖面形状的周长方向和沿着旋转路径方向分别被划分为几段进行绘制)。

15.6 利用构造实体几何结构的方法，设计一个生成实体的算法，实体由三维基本形状组合而成。

15.7 修改上一练习题中的算法，使图元形状由八叉树结构定义。

15.8 描述一种设计"漏斗"形状物体的方法，要求使用CSG方法将基本三维对象进行组合。

15.9 设计一个将二维景物编码成四叉树表示的算法。

15.10 设计一个将三维景物编码成八叉树表示的算法。

15.11 设计一个把四叉树表示装入显示景物的帧缓存中的算法。

15.12 设计一个把八叉树表示装入显示景物的帧缓存中的算法。

15.13 写出将三维对象的多边形定义转变到八叉树表示的子程序。

15.14 如有一个三维对象，其坐标范围位于一个边长为256个像素的立方体中，那么该对象的八叉树表示的最大深度是多少？

15.15 开发一个子程序用统一的弹簧对一小块长方形布料建模。

附加综合题

15.1 在你自定义的场景中选择几个对象，然后采用CSG的方法来生成它们。考虑如何采用体素来组建这些对象，包括：使用哪些类型的体素、何时对体素进行何种运算等。分别画出最终用于定义每个对象的CSG树。

15.2 编写一个程序，用来将三维对象的多边形网格表示转换为八叉树表示。然后使用该程序来测试你的场景中的每个对象。比较每个对象在采用两种不同表示方法时所耗费的存储空间。

第 16 章 可见面判别算法

在生成真实感图形时，考虑最多的是如何判别出从某一选定观察位置所能看到的场景中的内容。目前，已经有多种解决该问题的方法，针对不同的应用开发出了许多能有效判别可见对象的算法。其中，有些算法的内存开销较大，有些算法的处理时间较长，而其他一些算法则仅针对某些特定的对象类型。我们为某个特定的应用背景选择算法时，应考虑场景复杂度、待显示对象的类型、显示设备及最终画面是静态还是动态等因素。尽管判别可见面与隐藏面之间有细微的差别，但这些算法通常称为**可见面判别**(visible surface detection)算法，有时也称为**隐藏面消除**(hidden-surface elimination)算法。例如，在显示线框方式的图形时，我们可能仅仅希望使用虚线轮廓或其他方式来显示隐藏面而不必消除它们，从而保留对象的外形特征。

16.1 可见面判别算法的分类

可见面判别算法的分类，通常根据其处理场景时是直接处理对象定义还是处理它们的投影图像。这两种类型分别称为**物空间**(object-space)算法和**像空间**(image-space)算法。物空间算法将场景中的各对象和对象的各个组成部件相互进行比较，从而最终判别出哪些面是可见的；而像空间算法则在投影平面上逐点判断各像素所对应的可见面。尽管物空间可见面判别算法在许多场合十分高效，但人们大多使用像空间的可见面判别算法。例如，线显示算法大多使用物空间算法来确定线框图中的可见线，但是许多像空间的可见面判别算法也很容易移植过来用于判别出可见线段。

虽然各种可见面判别算法的基本思想各不相同，但它们大多利用排序和连贯性方法以提高效率。将场景中的对象表面根据它们与观察平面的距离进行排序，可以加速深度比较，而连贯性方法则充分利用场景的规则性特征。一条扫描线可能包含相同强度的像素区段，并且相邻扫描线之间的图案变化很小。动画中的各帧之间仅在运动对象的相邻区域内有差异，通常可以建立场景中的对象与场景表面之间的稳定联系。

16.2 后向面判别

快速简便的、判别多面体**后向面**(back face)的物空间算法建立在4.7节讨论的前-后测试的基础上。设点(x, y, z)满足：

$$Ax + By + Cz + D < 0 \tag{16.1}$$

则该点在多边形面的后面，这里A、B、C、D是多边形面的平面参数。如果该点位于视点到该多边形面的直线上，则我们正在看该多边形的后向面。因此，我们可以使用观察点来测试后向面。

可以通过考查某多边形面的法向量$\mathbf{N}$的方向来简化后向面测试。如果$\mathbf{V}_{view}$为如图16.1所示的由相机位置出发的观察向量，则当

$$\mathbf{V}_{view} \cdot \mathbf{N} > 0 \tag{16.2}$$

时，该多边形为后向面。另外，若将对象描述转换至投影坐标系中，观察方向平行于观察坐标系中的z_v轴，则我们仅需考虑法向量$\mathbf{N}$的z分量。

在一个沿着z_v轴反向观察的右手观察系统中(参见图16.2)，若法向量$\mathbf{N}$的z分量C满足

$C < 0$，则该多边形为一后向面。同时，我们无法观察到法向量的 z 分量 $C = 0$ 的所有多边形面，因为观察方向与该面相切。这样，一旦某多边形面的法向量的 z 分量值：
$$C \leq 0 \tag{16.3}$$
即可判定其为一后向面。

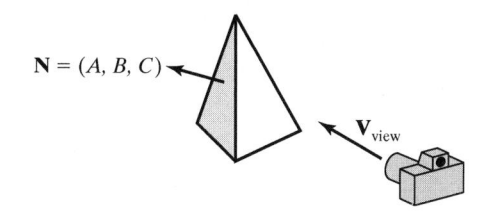

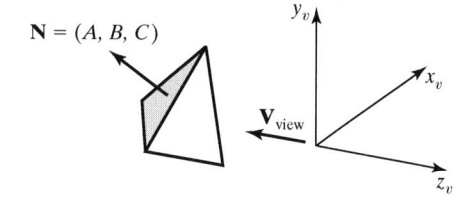

图 16.1　一个面的法向量 **N** 与观察向量 **V**$_{view}$

图 16.2　在一个沿 z_v 负轴方向观察的右手观察系统中，平面参数 $C<0$ 的多边形面必为后向面

在采用左手观察系统的软件包中，以上方法也同样适用。平面参数 A、B、C、D 可由顺时针方向标识的多边形顶点坐标计算出来（右手观察系统中为逆时针方向）。式（16.1）仍适用于测试多边形后面的点。同样，如果观察方向与 z_v 轴正向一致，则后向面的法向量为远离视点的方向，可由 $C \geq 0$ 加以判别。

对于一个对象的所有表面，只需检查其所在平面的平面参数 C，即可迅速判别出所有的后向面。对于单个凸多面体，例如图 16.2 中的锥体，该测试方法可以判别出对象的所有隐藏面，因为其每个面或者为完全可见，或者为完全不可见。另外，如果场景中只包含一些互相不覆盖的凸多面体，则也可以使用后向面判别算法找出所有的隐藏面。

对于其他对象，例如图 16.3 中的凹多面体，则还需进行更多的测试，以检查是否仍存在被其他面完全或部分遮挡的对象表面。另外，要检查场景中是否存在沿视线方向覆盖的对象。然后，需要进一步确定是否全部或部分地覆盖了被遮挡对象。通常，后向面消隐处理可消除场景中一半左右的隐藏面。

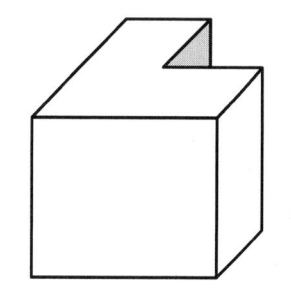

16.3　深度缓存算法

深度缓存（depth buffer）算法是一个比较常用的判定对象表面可见性的像空间算法，它在投影面上的每一像素位置比较场景中所有面的深度。该算法对场景中的各个对象表面单独进行处理，且在表面上逐点进行。该算法通常应用于只包含多边形面的场景，因为这些场景适合于很快地计算出深度值且算法易于实现。当然，该算法也可以应用于非平面的对象表面。由于通常沿着观察系统的 z 轴来计算各对象距观察平面的深度，因此上述算法也称为 z 缓存（z-buffer）算法。但是，深度缓存算法通常会计算出沿着 z 轴从投影面到达对象表面点的距离来代替原场景中点的真实 z 坐标。

图 16.4 显示了从某观察平面上的点 (x, y) 出发沿正交投影方向的不同距离的三个表面。这些面可按任意次序处理。在处理每一面时，将其到观察平面的深度与前面已处理表面进行比较。如果一个表面比任意已处理表面都近，则计算其表面颜色并和其深度一起存储。场景的可见面由一组在所有表面处理完后存储的表面来表示。深度缓存算法通常在规范化坐标系中实现，因此深度值的范围从近裁剪平面的 0 到远裁剪平面的 1.0。

图 16.3　一个凹多面体的视图，其中的一个面被其他面遮挡

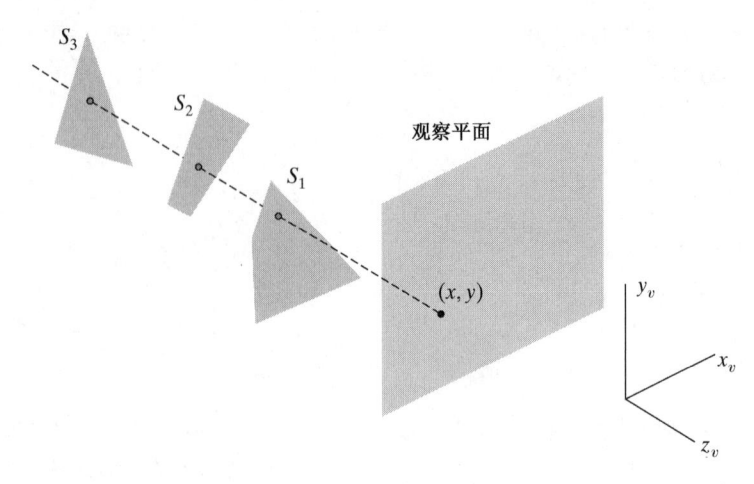

图 16.4 三个表面在观察平面 (x, y) 位置重叠，可见面 S_1 的深度最小

正如算法名称所示，系统共需两块缓存区域。深度缓存用于保存表面上各像素点 (x, y) 所对应的深度值，而刷新缓存则保存每一像素位置的表面颜色值。算法执行时，深度缓存中的所有单元均初始化为 1.0(最大深度)，而帧缓存中各单元则初始化为背景色。然后，逐个处理多边形表中的各个表面，每次扫描一行，计算各像素点所对应的深度值，并将计算出的深度与深度缓存中该像素单元所存储的数值进行比较。若计算深度小于存储值，则存储新的深度值，并将该点的表面颜色存入帧缓存的对应单元。

设深度值规范化到 0.0 ~ 1.0 的范围且观察平面在深度为 0 处，则下面的算法概述了深度缓存算法的步骤。该算法也可应用于任何其他的深度范围，而有些图形软件允许用户为深度缓存算法指定深度范围。在这个算法中，变量 z 表示多边形表面点的深度(即沿着负 z 轴方向，多边形表面点和观察平面之间的距离)。

深度缓存算法
1. 将深度缓存与帧缓存中的所有单元 (x, y) 初始化，使得
   `depthBuff (x, y) = 1.0,    frameBuff (x, y) = backgndColor`
2. 处理场景中的每一多边形，每次一个，具体步骤如下：
 - 计算多边形面上各点 (x, y) 处的深度值 z(如果不是已知的)。
 - 若 $z <$ `depthBuff(x, y)`，则计算该位置的表面颜色并设定
   `depthBuff (x, y) = z,    frameBuff (x, y) = surfColor (x, y)`

当处理完所有多边形面后，深度缓存中保存的是可见面的深度值，而帧缓存保存了这些表面的对应属性值。

给定场景中任意多边形面顶点位置的深度值，可以计算包含该多边形的平面上所有点的深度。在表面点 (x, y) 处，由平面方程计算深度如下：

$$z = \frac{-Ax - By - D}{C} \tag{16.4}$$

对任意扫描线(参见图 16.5)，线上相邻点间的 x 水平位移为 ± 1，相邻扫描线间的 y 垂直位移也为 ± 1。若已知像素点 (x, y) 的对应深度值为 z，则其相邻点 $(x + 1, y)$ 的深度值 z' 可由式(16.4)得到：

$$z' = \frac{-A(x + 1) - By - D}{C} \tag{16.5}$$

或

$$z' = z - \frac{A}{C} \qquad (16.6)$$

比率 $-A/C$ 对于每一个表面都为常数,故沿扫描线的后继点的深度值,可由前面点的深度值使用一次加法计算而获得。

对于每条扫描线,首先计算出与其相交的多边形的左边界交点所对应的深度值,如图 16.6 所示。该扫描线上的所有后继位置的深度可由式(16.6)计算出来。

图 16.5 扫描线上某像素点 (x,y),其沿该线的相邻像素点坐标为 $(x+1,y)$,其正下方相邻像素点坐标为 $(x,y-1)$

图 16.6 扫描线与多边形面相交

我们从多边形的最高顶点开始来实现深度缓存算法。接着,用递归方式计算该多边形从该顶点往下在左面一条边上的 x 坐标。每一扫描行的开始位置 x 值可从上一扫描线的开始 x 值计算而得:

$$x' = x - \frac{1}{m}$$

其中 m 为该边斜率(参见图 16.7)。沿该边还可递归计算出深度值:

$$z' = z + \frac{A/m + B}{C} \qquad (16.7)$$

若沿一垂直边进行处理,则斜率为无限大,递归计算可简化为

$$z' = z + \frac{B}{C}$$

使用该方法时会遇到一个小麻烦:像素位置坐标 (x,y) 总是整数,而一条扫描线和一条多边形的边之间产生的真正交点并不一定恰好是整数值。所以,可能需要通过向上或向下取整来完成交点坐标的微调,这一做法和扫描线填充算法中使用的类似(参见 6.10 节)。

另一种算法是采用中点算法或 Bresenham 类型的算法,为每条扫描线确定最左边的 x 坐标。该算法还可用于处理曲面,计算各表面投影点的深度和颜色值。

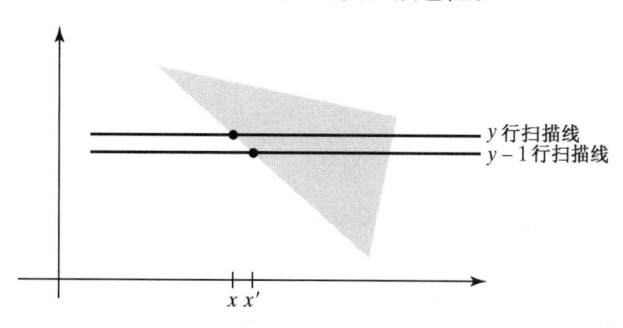

图 16.7 相邻扫描线与多边形左边界的交点

对于多边形面，深度缓存算法易于实现且无须将场景中的表面进行排序，但该算法除了刷新缓存外还需另一个缓存。对于一个 1280×1024 分辨率的系统，则需容量超过 130 万个位置的深度缓存，并且每个位置需要包含表示深度值的足够位数。一个减少存储量需求的方案是，每次只对场景的一部分进行处理，这样就只需一个较小的深度缓存。在处理完一部分后，该缓存再用于下一部分的处理。

另外，基本的深度缓存算法经常执行一些不需要的计算。对象按任意次序处理，因此有些表面进行了颜色计算但事后又被更近的表面代替。为缓解这一问题，有些图形软件包提供选项让用户调整表面测试的深度范围。例如，通过深度测试排除较远的对象。使用该选项还可以排除非常靠近投影平面的对象。高档计算机图形系统一般集成了深度缓存算法的硬件实现。

16.4 A 缓存算法

A 缓存(a-buffer)算法是深度缓存算法的延伸("z-buffer"中的 z 则表示深度)。这种深度缓存的扩充是一种反走样、区域平均、可见性检测算法，Lucasfilm 在曲面绘制系统 REYES(Renders Everything You Ever Saw)中成功实现了该算法。该过程的缓存区域称为累积缓存(accumulation buffer)，因为它除了深度值外还用于存储各种表面数据。

深度缓存算法的一个缺点是：它在每个像素点只能找到一个可见面，即它只能处理非透明表面，而无法处理多个表面的累积强度值，对于图 16.8 所示的透明表面，这种处理又是必需的。A 缓存算法对深度缓存进行了扩充，使其每一个位置均对应于一个表面链表。因此，不仅可以考虑各像素点处多个表面的强度值，还可以对对象的边界进行反走样处理。

A 缓存中每个单元均包含两个域：

- 深度域——存储一个正的或负的实数；
- 强度域——存储表面的强度信息或指针值。

若深度域值为正，则该值表示覆盖该像素点的唯一表面的深度。表面数据场中存储各种表面信息如该点的表面颜色和像素覆盖率，如图 16.9(a)所示。如果 A 缓存某一位置的深度场是负的，则表明有多个表面对该像素的颜色有贡献。此时颜色场存储一个表面数据链表的指针，如图 16.9(b)所示。A 缓存中的表面信息包括：

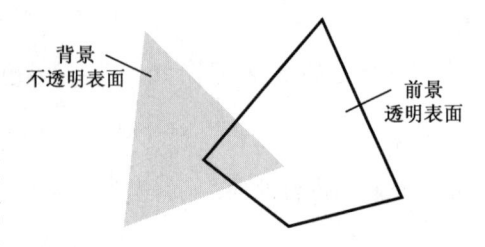

图 16.8 透过透明表面观察不透明表面，需要多个颜色输入并应用颜色混合操作

- RGB 强度分量
- 透明性参数(透明度)
- 深度
- 覆盖度
- 表面的标识名
- 其他表面绘制参数

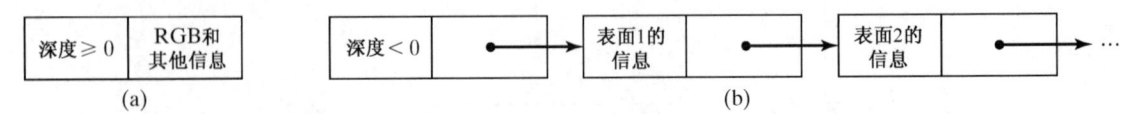

图 16.9 A 缓存像素单元的创建：(a)只有一个表面覆盖该像素；(b)有多个表面覆盖该像素

A 缓存算法可以类似深度缓存算法进行创建，即沿每条扫描线确定各像素点所对应的覆盖表

面。表面可分割为多边形网格,并利用像素边界对其进行裁剪。采用不透明因子和表面覆盖度,以所有覆盖表面作用的平均值计算每个像素点处的强度值。

16.5 扫描线算法

这个像空间的隐藏面消除算法沿各扫描线计算并比较场景的深度值。逐条处理各条扫描线时,首先要判别与其相交的所有表面的可见性,然后计算各重叠表面的深度值以找到离观察平面最近的表面。一旦确定了某像素点所对应的可见面,可以得到该点的强度值,并将其置入帧缓存。

存储在多边形表(参见4.7节)中的信息用于处理表面。边表中包含场景中各线段的端点坐标、线段斜率的倒数和指向多边形表中对应多边形的指针;多边形表中则包含各多边形面的平面方程系数、表面材料特性、其他表面数据及可能有的指向边表的指针。为了加速查找与扫描线相交的表面,可以在处理时建立一张活化边表。该表仅包含与当前扫描线相交的边,并将它们按 x 升序排列。另外,可为各个多边形面定义一个可设定为"on"或"off"的标志位,以表示扫描线上某像素点位于多边形内或多边形外。扫描线由左向右进行处理,在凸多边形的面投影的左边界处,标志位为"on"(开始),而右边界处的标志位为"off"(结束)。对凹多边形,扫描线交点从左往右存储,每一对交点中间设定面标志位为"on"。

图 16.10 举例说明了扫描线算法如何确定扫描线上各像素点所对应的可见面。扫描线 1 所对应的活化边表中包含了边表中边 AB、BC、EH 和 FG 的信息。考查边 AB 与 BC 之间沿线的像素点,只有面 S_1 的标志位为"on"。因此,可将面 S_1 的颜色信息直接从其表面特性和列出的条件中计算,而无须计算深度值。同样,在边 EH 与 FG 之间,仅有面 S_2 的标志位为"on"。而扫描线 1 的其余部分与所有表面均不相交,这些像素点的强度值应为背景强度。我们可以在初始化工作中将缓存的所有单元均置为背景强度。

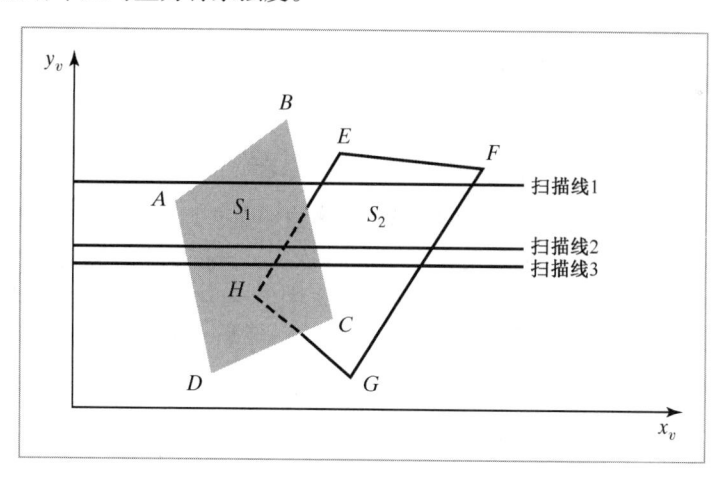

图 16.10 扫描线与面 S_1、S_2 在观察平面上的投影相交,虚线表示隐藏面的边界

对于图 16.10 中的扫描线 2 和 3,活化边表包含边 AD、EH、BC 及 FG。在扫描线 2 上边 AD 与 EH 之间的部分,只有面 S_1 的标志位为"on"。而在边 EH 与 BC 之间的部分,所有面的标志位均为"on"。因此,在碰到边 EH 时必须用平面参数来为两个表面计算深度值。在本例中,假设面 S_1 的深度小于面 S_2,因此将面 S_1 的颜色值沿扫描线置入像素中,直到边界 BC。然后将面 S_1 的标志位置为"off",再将面 S_2 的颜色值置入刷新缓存,直到边 FG。一旦确定在边 EH 上的深度关系并假定面 S_2 在 S_1 之后,就不再需要另外的深度计算。

逐条处理扫描线时,可利用线段的连贯性。如图 16.10 所示,扫描线 3 与扫描线 2 具有相同的活化边表。由于线段交点没有发生变化，因此无须在边 EH 与 BC 之间再进行深度计算。两个表面必须处于相同的方向，类似于扫描线 2 中的情况，因此将面 S_1 置入刷新缓存而无须更多的计算。

扫描线算法可以处理任意数目的相互覆盖的多边形面。设置面标志可以表示某点与平面内外侧的位置关系，当表面间有重叠部分时，需要计算它们的深度值。只有在表面没有相互贯穿或循环遮挡的情况下上述处理才能获得正确结果（参见图 16.11）。若场景中出现循环遮挡，则需要将表面进行划分以消除循环遮挡，图 16.11 中的虚线表示可以在此处将表面分割为两个独立部分，以消除循环遮挡。

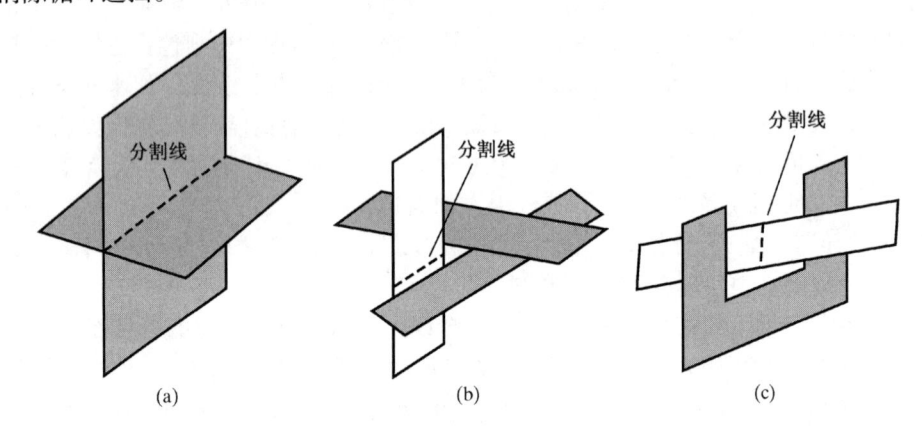

图 16.11 表面相交并循环遮挡的情况

16.6 深度排序算法

深度排序（depth sorting）算法同时运用物空间与像空间操作，以实现以下基本功能：

1. 将表面按深度递减方向排序；
2. 由深度最大的表面开始，逐个对表面进行扫描转换。

排序操作既可在像空间也可在物空间完成，而多边形面的扫描转换仅在像空间完成。

这种隐藏面消除算法通常称为**画家算法**（painter's algorithm）。画家在绘制一幅图画时，总是先在画纸上涂上背景色，然后画上远处的对象，接着是近一些的对象，以此步骤，最后画上最近的对象。这样，最近的对象覆盖了部分背景色和远处的对象，每一层总是在前一层的景物上覆盖。采用同样的技术，我们首先将表面根据它们与观察平面的距离排序，然后在刷新缓存中置入最远处表面的颜色值，接着按深度递减顺序逐个选取后继表面，并将其属性值"涂"在帧缓存上，覆盖了部分前面处理过的表面。

按深度在帧缓存上绘制多边形面可以分几步进行。假定沿负 z 轴方向观察，表面按它们 z 坐标的最低值排序，深度最大的面 S 需要与其他表面比较，以确定是否在深度方向存在重叠，若没有重叠，则对 S 进行扫描转换。图 16.12 表示在 xy 平面上投影相互重叠的两个表面，但它们在深度方向上没有重叠。可以按同样步骤逐个处理列表中的后继表面，如果没有重叠存在，则按深度顺序处理表面，直至所有表面均完成扫描转换。若在表中某处发现深度重叠，则需要进行一些比较以确定是否有必要对部分表面重新排序。

可对与 S 在深度上有重叠的所有表面进行以下测试，只要其中任意一项成立，则无须重新排序。测试按难度递增顺序排列：

1. 两表面在 xy 平面上投影的包围矩形(坐标范围)无重叠；
2. 相对于观察位置，面 S 完全位于重叠表面之后；
3. 相对于观察位置，重叠表面完全位于面 S 之前；
4. 两表面在观察平面上的投影无重叠。

按以上顺序逐项进行测试，一旦发现某项测试结果为真，则处理下一重叠表面。若所有重叠表面均至少满足一项测试，则它们均不在面 S 之后，因而无须进行重新排序，可直接对 S 进行扫描转换。

测试 1 可分两步进行，首先检查 x 方向的重叠，然后是 y 方向。只要某方向无重叠，则两表面不会相互遮挡。图 16.13 中的两表面在 z 方向上重叠，而在 x 方向上不重叠。

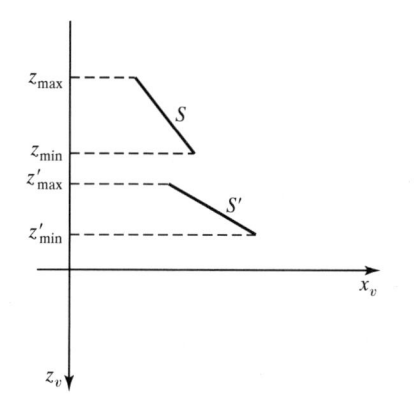

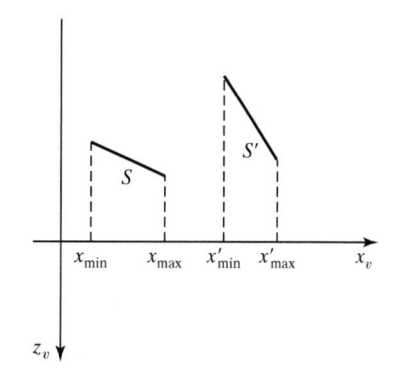

图 16.12　两表面无深度重叠　　　图 16.13　两表面在 x 方向上无重叠，但有深度重叠

我们可以借助后向-前向多边形测试法来实现测试 2 和 3，即将面 S 各顶点坐标代入重叠表面的平面方程中，以检查结果值的符号。若建立平面方程使表面的外表面正对着视点，则只要面 S 的顶点在面 S' 的后面，那么面 S 位于面 S' 之后(参见图 16.14)；同样，若面 S 的所有顶点均在面 S' 的前面，则面 S' 完全位于面 S 之前。图 16.15 表示一个重叠表面 S' 完全位于面 S 之前，但面 S 并非完全在面 S' 的后面(测试 2 为假)。

若测试 1 至 3 均为假，则需执行测试 4 来确定两表面投影是否重叠。如图 16.16 所示，即使两表面的坐标范围均重叠，它们也可能不相交。

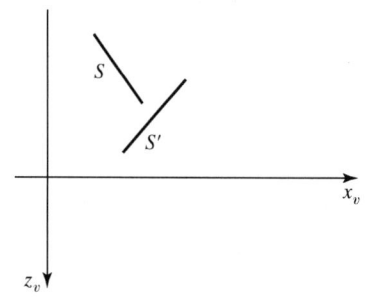

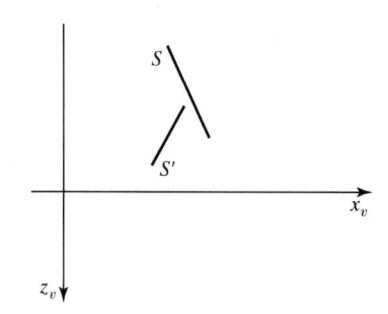

图 16.14　面 S 完全位于重叠表面 S' 之后　　　图 16.15　重叠表面 S' 完全位于面 S 之前，但面 S 并非完全位于面 S' 之后

如果对于某一重叠表面，所有四项测试均不成立，则需要在有序表中调换 S 与 S' 的顺序。图 16.17 给出了两个表面应重新排序的例子，此时仍无法确切知道是否已发现离观察平面最远的表面。图 16.18 表示应首先调换 S 与 S''，但由于 S'' 遮挡了 S' 的一部分，因此还需要调整 S'' 与 S'，以得到三个表面的正确深度顺序。因此，我们需要对调换过顺序的表面重复以上四项测试。

(a)　　　　　　　　　　(b)

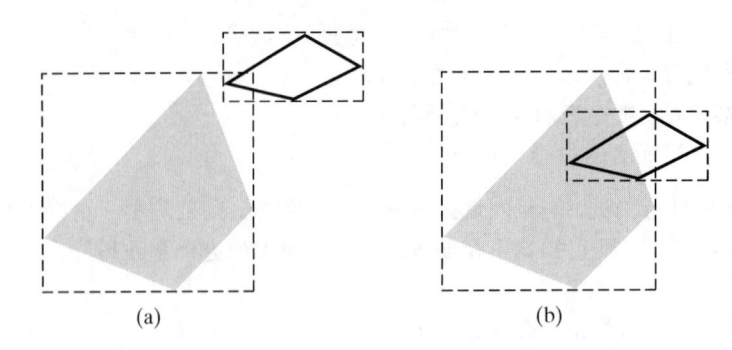

图 16.16　两表面在 xy 平面上投影的包围矩形相互重叠

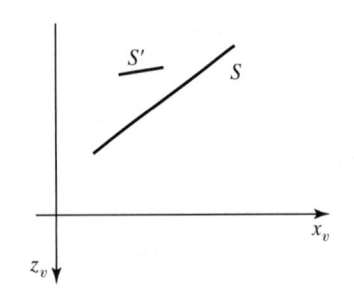

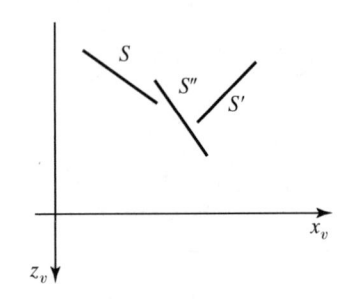

图 16.17　面 S 的深度大于面 S'，但遮挡 S'　　图 16.18　三表面存入有序表面表时的顺序为 S、S'、S''，但需要重新排序为 S'、S''、S

若两个或多个表面循环遮挡(参见图 16.11)，则该算法可能导致无限循环。此时，算法反复将重叠表面的位置进行组合。为了避免死循环，可以标识那些在重排序时调至更远位置的表面，使其不再被移动。如果需要将一个表面进行第二次调换，则将其分割为两部分以消除循环遮挡。原来的表面被一分为二后，继续执行上述处理。

16.7　BSP 树算法

BSP(binary space partitioning)树算法是一种判别对象可见性的有效算法。该算法类似于画家算法，将表面由后往前地在屏幕上绘出。该算法特别适用于场景中对象位置固定不变、仅视点移动的情况。

利用 BSP 树来判别表面的可见性，其主要操作是在每次分割空间时，判别该表面相对于视点与分割平面的位置关系，即位于其后面还是前面。图 16.19 表示了该算法的基本思想。首先，平面 P_1 将空间分割为两部分，相对于观察方向，一组对象位于 P_1 的后面而另一组则在 P_1 之前。如果某对象与 P_1 相交，则立刻将其一分为二并分别标识为 A 和 B。此时，图中 A 与 C 位于 P_1 之前，而 B 和 D 在 P_1 之后。因为每个对象列表中都包含了超过一个对象，我们再用平面 P_2 对空间进行二次分割，递归地将前向对象列表和后向对象列表进行处理，直到每个对象列表仅包含不超过一个对象为止。这种分割的过程和结果可以用如图 16.19(b)所示的二叉树表示。在这棵树上，对象用叶节点表示，分割平面前方的对象组作为左分支，而后方的对象组为右分支。一个对象在树中的位置准确表示了它关于每个分割平面的相对前后关系。

对于由多边形面组成的对象，可以选择与多边形面重合的分割平面，利用平面方程来区分后面的和前面的多边形顶点。随着将每个多边形面作为分割平面，可生成一棵树。与分割平面相交的每个多边形将被分割为两部分。

BSP 树创建完毕之后,我们将从根节点开始,按与视点位置的相对关系来解释这棵树。如果视点在分割平面的前方,就按照先右子树再左子树的顺序进行递归处理;如果视点在分割平面的后方就反过来,即按照先左子树再右子树的方式进行递归处理。这样,所有表面最终都按照从后往前的顺序逐个生成和显示,所以更靠前的对象自动覆盖了后面的对象。目前已有许多系统借助硬件来完成 BSP 树创建和处理的快速实现。

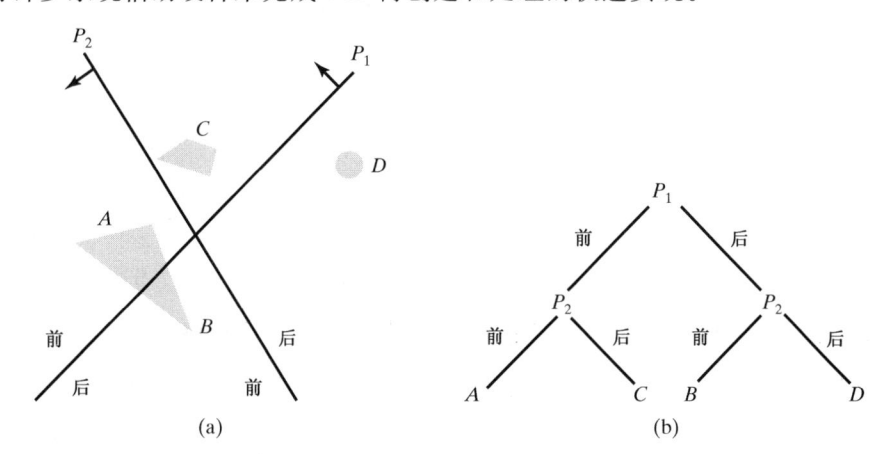

图 16.19 一个空间区域(a)被平面 P_1 和 P_2 分割,形成(b)中的 BSP 树表示

16.8 区域细分算法

这一算法虽然本质上是一种像空间算法,但它也使用了一些物空间操作来完成表面的深度排序。**区域细分**(area-subdivision)算法通过对代表单个表面部分的投影区域定位而充分利用场景中区域的连贯性。应用此方法连续地将整个观察平面区域细分为越来越小的矩形单元,直至每个矩形区域仅包含单个可见表面的投影、不含任何表面或该区域只有一个像素大小。

为了实现区域细分算法,必须首先找到一种区域测试手段,可以很快地判别出某一区域仅包含某一表面的一部分,或告诉用户该表面太复杂、难以分析。从整个视图开始,应用该测试来确定是否应将一完整区域分割为一些小矩形单元。若测试表明视图相当复杂,则需将其分割,然后再对各个小区域进行测试。若测试表明还无法确定表面的可见性,则必须再次细分区域,直至最终的区域易于分析,即它属于某一单个表面或到达分辨率的极限。如图 16.20 所示,一个简单的实现算法是每次将区域分割为四个大小相等的矩形。该方法类似于组织一棵四叉树。这样,即使是对一个 1024×1024 分辨率的视图细分 10 次以后,也能使每个单元覆盖一个像素。

一个表面与一个细分后的观察平面区域的关系有四种。可用下列分类来叙述这些相关表面位置(参见图 16.21):

- **包围表面**(surrounding surface)——完全包含该区域的表面。
- **重叠表面**(overlapping surface)——部分位于该区域内、部分位于该区域外的表面。
- **内含表面**(inside surface)——完全在该区域内的表面。
- **分离表面**(outside surface)——完全在该区域外的表面。

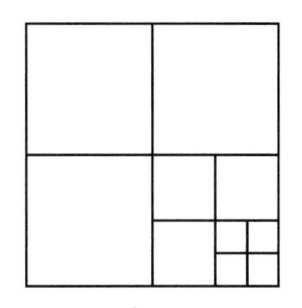

图 16.20 每次将一正方形区域细分为四个大小相同的小单元

可以根据图 16.21 中的四种类别来给出表面的可见性测试。若以下条件之一为真，则无须再对区域进行分割：

条件 1：该区域没有内含、重叠或包围表面（所有表面均为区域的分离表面）。
条件 2：该区域只有一个内含表面、重叠表面或包围表面。
条件 3：该区域有一个在其边界内遮挡了其他所有表面的包围表面。

包围表面　　　　重叠表面　　　　内含表面　　　　分离表面

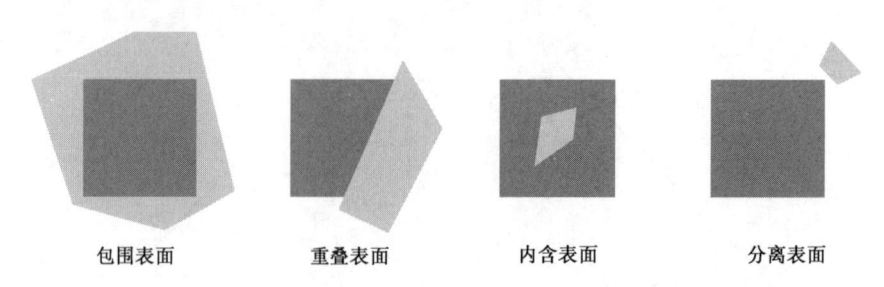

图 16.21　多边形表面与观察平面矩形区域之间可能的关系

开始，我们可以检查所有表面的包围矩形与区域边界的关系。这可识别内含和包围表面，但需要求交操作才能识别重叠和分离表面。若包围矩形与区域边界有交点，则还需进行另外的检查来判别表面是否为包围型、重叠型或分离型，一旦判别出某单个表面是内含型、重叠型或包围型的，就将其像素强度值置入帧缓存的相应位置。

实现测试条件 3 的方法将表面根据它们离观察平面的最近距离进行排序。对于所有考查区域内的包围表面，计算其最大深度。如果某一包围表面距观察平面的最大深度小于该区域内其他所有表面的最小深度，则满足测试条件 3，图 16.22 给出了该情况的一个例子。

另一种实现测试条件 3 的算法则无须进行深度排序，它利用平面方程计算所有包围表面、重叠表面和内含表面上区域四顶点的深度值。若某包围表面的深度值小于其他所有表面，则测试条件 3 的结果为真，即该区域可以利用包围表面的强度值进行填充。

有些情况下，前面两种测试方法均无法正确判别出遮挡其他所有表面的包围表面，可能还需借助于进一步的测试。此时，采用区域细分的办法比继续进行较复杂的测试要快得多。一旦判别出某区域中的包围表面和分离表面，那么对该区域细分后的子区域仍然保持包围型或分离型的位置关系。随着逐步细分，一些内含表面和重叠表面将被消除，因而区域将越来越易于分析。在少数情况下，最

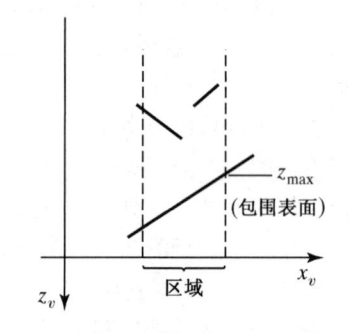

图 16.22　在某特定区域内，一个最大深度为 z_{max} 的包围表面遮挡所有最小深度超过 z_{max} 的表面

终的分割区域为像素大小，那么只需计算当前点的相关表面深度，并将最近的表面强度值置入帧缓存中。

我们可以将基本分割处理进行变形，不再简单地将区域一分为四，而是沿表面边界对区域进行分割。如果表面已完成最小深度排序，则可以利用最小深度的表面对给定区域进行划分。图 16.23 给出了这种细分方法。面 S 边界的投影将原来区域分割为子区域 A_1 和 A_2，面 S 是 A_1 的包围表面。此时，可由测试条件 2 和条件 3 来确定是否还需继续分割。总之，采用该算法可以减少分割次数，但在区域细分及分析表面与子区域边界的关系等方面则需更多的处理。

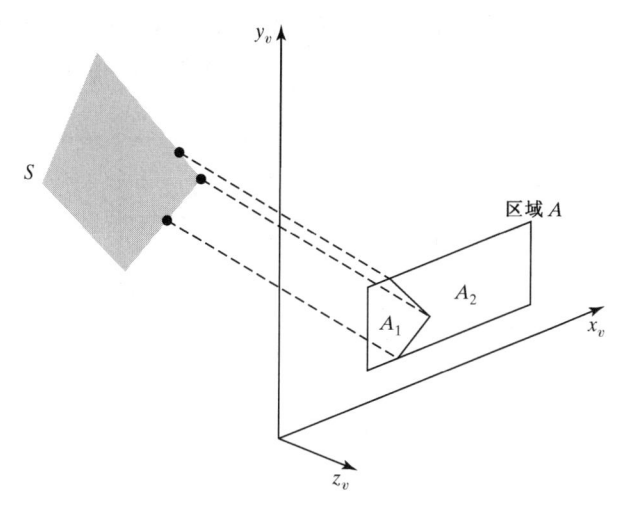

图 16.23 观察面 S 的边界投影将区域 A 细分为 A_1 和 A_2

16.9 八叉树算法

当按照八叉树表示来描述观察体时，通常按由前往后的顺序将八叉树节点映射到观察表面，从而消除隐藏面。在图 16.24 中，空间区域的前部(相对于视点)为体元 0、1、2、3。体元的前表面均可见，这些体元尾部的表面和后部体元(4、5、6、7)的表面都可能被前部的表面所遮挡。

对于图 16.24 所示的观察方向，按体元顺序 0、1、2、3、4、5、6、7 来处理八叉树节点中的数据可消除隐藏面，这实际上是对八叉树的深度优先遍历。因此，将在节点 4、5、6、7 之前访问代表体元 0、1、2、3 的节点。同样，0 号体元中的前面 4 个子体元将在后面 4 个子体元之前被访问，对于每个八分体元的八叉树遍历将按照这个顺序进行。

如果要在一个八叉树节点中设置颜色值，则仅当帧缓存中对应于该节点的像素位置尚未设置值时才置入。这样，缓存中仅置入前面的颜色值。如果这个位置是无效的，则不置入任何值，任何被完全遮挡的节点都将不再对其处理，也不会再访问它的子树。图 16.25 描述一个空间区域内的八分体元和相应观察平面上对应的四分面元。八分

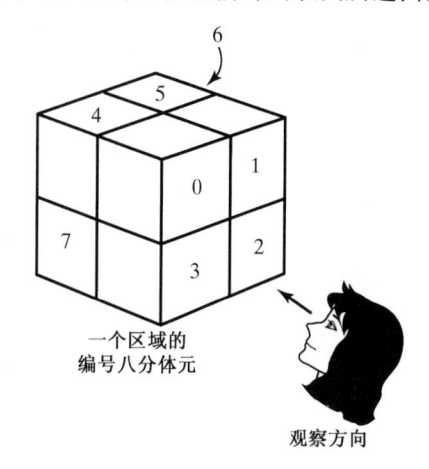

图 16.24 对于当前视线，体元 0、1、2、3 中的对象总是遮挡后面体元 4、5、6、7 中的对象

体元 0 和 4 直接影响四分面元 0，四分面元 1 的颜色值从八分体元 1 和 5 获得。另外两个四分面元的值可以分别从与之对应的一对八分体元中得到。

高效的八叉树可见性测试通过递归地处理八叉树节点并生成可见面的四叉树表示来实现。多数情况下，综合考虑前面的和后面的八分体元以确定正确的四分体元颜色。但如果前面的八分体元用某种单一颜色填充，则不必再处理后面的八分体元。对一个单一颜色区域，调用一个递归过程，将单一颜色八分体元的子体元和新建立的四分节点作为新变量传递过去。如果前面是空的，则必须仅处理后面八分体元的子体元。否则，出现两个递归调用，一个为后面的而另一个为前面的八分体元。

通过对八叉树表示的变换按选定视图对对象重定向，可获得用八叉树表示的对象的不同视图。这时八分体元重新编号，以保持八分体元 0、1、2 和 3 始终在前面。

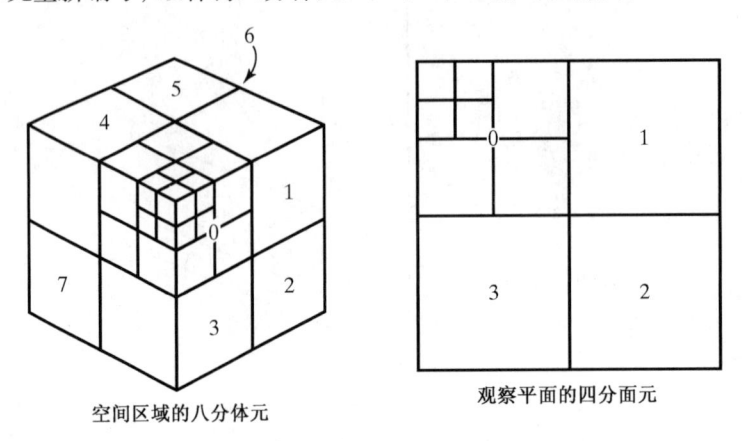

图 16.25　某空间区域的八分体元及对应的四分面元

16.10　光线投射算法

如果考查由视点出发穿过观察平面上一个像素而射入场景的一条射线（参见图 16.26），则可以确定出场景中与该射线相交的对象（如果有）。在计算出光线与对象表面的所有交点之后，离像素最近的交点所在的表面即为可见面。这种可见性判别模式应用了 15.3 节所介绍的光线投射（ray casting）算法。光线投射建立于几何光学的基础之上，它沿光线的路径追踪，是一种有效的可见性判别手段。由于场景中有无限多条光线，而我们仅对穿过像素的光线感兴趣，因此可考虑从像素出发，逆向跟踪射入场景的光线路径。光线投射算法对于包含曲面、特别是球面的场景有很高的效率。

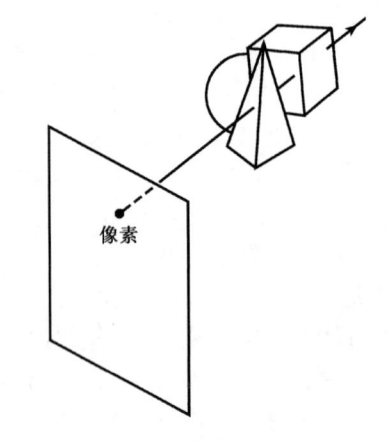

可以将光线投射算法看成深度缓存算法（参见 16.3 节）的一种变形。在深度缓存算法中，每次处理一个表面并对表面上的每个投影点计算深度值。计算出来的值与以前保存的深度值进行比较，从而确定每个像素所对应的可见表面。在光线投射算法中，每次处理一个像素，并沿光线的投射路径计算出该像素所对应的所有表面的深度值。

图 16.26　一条由像素点射入场景的视线

光线投射是光线跟踪算法（参见 21.1 节）的特例。光线跟踪技术通过追踪多条光线在场景中的路径，以得到多个对象表面所产生的反射和折射效果。而在光线投射中，跟踪的光线仅从每个像素到最近的对象为止。人们已经为一些常见的对象（特别是球体）开发出高效的光线与对象表面的求交计算算法，我们将在 21.1 节对此进行详细讨论。

16.11　可见性检测算法的比较

可见面的检测算法的效率依赖于具体应用的特点。如果场景中的表面沿视线的分布较广而在深度上重叠较少，则深度排序或 BSP 树算法的效率一般较高。在投影面上的表面投影较少时，扫描线或区域细分算法是较快定位可见面的方法。

作为一个通用规则，深度排序算法和 BSP 树算法对有较少面的场景有较高效率。这是因为这些场景在深度上重叠的面较少。扫描线算法对有较少面的场景也有较高效率。扫描线算法、深度排序算法或 BSP 树算法对几千个多边形面以下的场景检测可见面的效率较高。对几千个面以上的场景，深度缓存算法或八叉树算法的效果最好。深度缓存算法的处理时间比较稳定，与场景中面的数量无关。这是因为当面的数量增加时，面区域的尺寸减小。因此，深度缓存算法对于简单场景表现为低性能，而对于复杂场景表现为高性能。BSP 树在使用不同观察参考点生成多个视图时较有效。如果场景包含曲面表示，则使用八叉树算法或光线投射法来识别场景中的可见面。

当系统中使用八叉树算法时，可见性检测处理快速而简单。其中仅使用整数加减法，并且不需要排序和求交计算。八叉树算法的另一优点是存储了表面几何以外的信息。对象的整个实体区域都可用于显示，从而使八叉树表示可用于获得三维对象的剖面。

可以将可见面检测的不同算法以多种形式结合并实现。另外，可见性检测算法常用硬件实现，而使用并行处理技术的专用系统可用来提高这些方法的效率。专门的硬件在处理速度是特别重要的考虑因素时应用，如在飞行模拟器动画视图的生成中。

16.12 曲面

对于曲面对象，最有效的可见性判别算法为光线投射算法和八叉树算法。在光线投射算法中，我们首先计算出光线与表面的交点，然后找出沿光线方向离像素最近的交点。而在八叉树算法中，从前往后简单地对节点排序来确定表面颜色值。一旦根据对象的定义建立起相应的八叉树表示，即可用同样的算法对可见面进行判别，而无须对不同的曲面类型做专门的考虑。

我们常常利用一组多边形网格来近似表示曲面，然后使用以前讨论的隐藏面消除算法进行处理。对于其他一些对象，例如球体，使用光线投射和曲面方程则会更高效和更准确。

16.12.1 曲面表示

可以利用一个隐式方程 $f(x, y, z) = 0$ 或参数方程（参见附录 A）来表示一个曲面。例如，通常利用参数方程来描述样条曲面。在一些情况下，也可能需要显式的曲面方程，如表示 xy 平面上的高度函数：

$$z = f(x, y)$$

我们感兴趣的许多对象都有其二次方程表示，如球体、椭球体、圆柱体、锥体等。通常将其用于分子结构、滚筒、环、轴等对象的建模。

在扫描线算法和光线投射算法中，数值近似技术也经常用于解决曲面与扫描线或光线之间的求交操作。另外，为了求解常见对象的曲面相交方程，开发了并行计算、快速硬件实现等技术。

16.12.2 曲面的层位线显示

在数学、物理、工程及其他领域的应用中，经常使用一组表示曲面形状的线来显示曲面函数。可以使用方程来描述曲面，也可以用数据表来表示曲面，如海拔高度或人口密度的拓扑数据。根据显式的曲面函数，可以画出可见面的层位线，并消除层位中的隐藏部分。

为了得到曲面的 xy 平面投影图，可以按照以下形式来表示曲面：

$$y = f(x, z) \tag{16.8}$$

在 xy 平面上，可能根据选定范围的 z 值和设定好的间距 Δz 绘制一组曲线。首先，由 z 的最大值开始，从前往后地逐个将函数值的 xy 范围映射至 xy 屏幕像素范围，并画出相应的曲线段，同时删除隐藏部分。然后，对于某一给定 z 值，按一定步长变化 x 值，并根据式(16.8)计算出相应的 y 值。

一个判别曲面上可见曲线的算法是保存一张列表，记录所计算过的、对应于屏幕上水平位置为 x 的像素坐标的 y_{min} 和 y_{max} 值。当从某像素行进至下一像素时，需要将所求的 y 值与存储的 y_{min} 和 y_{max} 进行比较，若 $y_{min} \leq y \leq y_{max}$，则该点不可见，无须画出；若 y 值在当前存储的 y 范围之外，则该点可见，画出该点并对该像素位置重新设置 y 边界。按照同样的算法，可以将层位线投射至 xz 与 yz 平面。

采用以上算法，可以处理通过确定等值线所得到的一组离散数据点。例如，若 xy 平面上的 $n_x \times n_y$ 网格有一组离散的 z 值，则可由第 24 章讨论的层位线算法得到曲面上 z 层位线的路径。每条层位线将投影至观察平面并用直线段进行显示。同样，可以沿着从前至后的深度顺序将线段画在显示设备上，并消除在前面已显示（可见）层位线后面经过的层位线。

16.13 线框图可见性算法

场景往往不包含孤立的线条，除非显示条状图、流程图或网络布局图。但是我们常常为了快速显示对象特征而仅用轮廓线形式显示三维场景。生成场景线框图最快的方法是显示对象所有的边。然而，在这样的显示中很难确定对象的前后特征。一种解决方法是使用深度提示，让线段的显示强度成为它离开观察者距离的函数。另一种方法是应用可见性测试，将隐藏线消除或使用与可见边不同的方式进行显示。确定对象边可见性的过程通常称为**线框可见性算法**，也称为**可见线判别算法**或**隐藏线判别算法**。另外，前面章节讨论的可见面判别算法也可用于边的可见性测试。

16.13.1 线框面可见性算法

判别场景中可见线的最直接算法是，依次将每条边与各个面进行比较。这个过程与任意形状窗口的线段裁剪十分相似。即测试线段端点与指定区域边界的位置关系，但对可见性测试还需要比较边与面的深度值。当一线段投影边的端点均位于一个面的投影区域内时，将端点深度值与那些在位置 (x, y) 的面深度进行比较。如果两个端点均位于该面的后面，则该边是一条隐藏线。如果两个端点均位于该面的前面，则该边相对于该面可见。否则，必须计算交点位置并确定这些交点处的深度值。如果在周边各交点处该边的深度比该面大，则该边的一部分被该面隐藏，如图 16.27(a) 所示。另一个可能是一条边在一个边界的交点有较大的深度，而在另一边界的交点深度小于该表面深度（假定面是凸的）。在这种情况下，需要确定该边在何处穿入该面的内部，如图 16.27(b) 所示。一旦确认了一边的隐藏部分，我们可消除它、将它显示成虚线或以其他区别于可见部分的方法显示它。

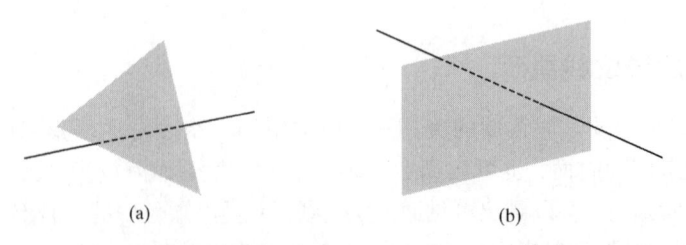

图 16.27　一条线段的隐藏部分（虚线）：(a) 在表面后面；(b) 穿过表面

一些可见面判别算法可以很容易地移植到线框图的可见性测试。使用后向面判别算法，可以判别出对象的所有后向面并仅显示可见面的边界。利用深度排序算法，可以由后往前地逐个处理表面，利用背景色填充表面内部，利用前景色绘制边界，可将表面填入刷新缓存。这样，隐藏线被前面的表面所消除。区域细分算法可以通过只显示可见面的边框而用于消除隐藏线。扫描线算法可以通过沿扫描线与可见面边界相交处画点的算法来显示可见线。

16.13.2 线框图深度提示算法

另一个显示可见性信息的方法是将场景中对象的亮度作为离观察位置距离的函数来改变。这种**深度提示**(depth-cueing)算法一般使用下列线性函数：

$$f_{\text{depth}}(d) = \frac{d_{\max} - d}{d_{\max} - d_{\min}} \tag{16.9}$$

这里 d 是一个点离观察位置的距离。最小和最大深度，即 $d_{\min}$ 和 $d_{\max}$，在具体系统中设定为方便的值。最小和最大深度也可设定为规范化的值：$d_{\min} = 0.0$ 和 $d_{\max} = 1.0$。处理每一个像素后，其颜色乘以 $f_{\text{depth}}(d)$。因此，较近的点用高强度显示，而最大深度的点的强度等于 0。

深度提示函数可用多种方法实现。在有些图形库中有通用的雾气函数(参见 17.3 节)来将深度提示与雾气效果结合以模拟烟或雾。因此，对象的颜色可用深度提示函数修改并与颜色混合。

16.14 OpenGL 可见性检查函数

使用 OpenGL 基本库提供的函数，可以消除场景中的后向面并实现深度缓存可见性测试。另外，还可使用 OpenGL 函数构造消除了隐藏线的场景线框图显示并可显示带深度提示的场景。

16.14.1 OpenGL 多边形剔除函数

使用下列函数可消除后向面：
```
glEnable (GL_CULL_FACE);
glCullFace (mode);
```
这里的参数 `mode` 赋值为 `GL_BACK`。实际上，这一函数还可以用来消除前向面或将前向面和后向面都消除。例如，当观察位置在大楼内部时，我们只要观察后向面(房间内部)。这种情况下，可将参数设定为 `GL_FRONT` 或使用 5.10 节讨论的 `glFrontFace` 函数改变前向多边形的定义。然后，当观察位置移到大楼的外面时，可以从显示中剔除后向面。在有些应用中，我们可能仅仅希望观察场景中的其他图元，如点集和单独的直线段。因此，要消除场景中的所有多边形面，必须将参数 `mode` 设定为 OpenGL 符号常量 `GL_FRONE_AND_BACK`。

默认时，`glCullFace` 函数中的参数 `mode` 取值 `GL_BACK`。因此，如果用 `glEnable` 函数激活剔除功能但不明确引用 `glCullFace`，则场景中的后向面将被消除。使用下列函数可关闭剔除功能：
```
glDisable (GL_CULL_FACE);
```

16.14.2 OpenGL 深度缓存函数

在使用 OpenGL 深度缓存可见性检测子程序之前，必须修改 GL Utility Toolkit(GLUT)初始化功能，使显示模式包含对深度缓存及刷新缓存的请求。例如，使用下列语句：
```
glutInitDisplayMode (GLUT_SINGLE | GLUT_RGB | GLUT_DEPTH);
```
深度缓存值的初始化使用

```
glClear (GL_DEPTH_BUFFER_BIT);
```
正常情况下，使用将刷新缓存初始化为背景色的同一函数对深度缓存初始化。但必须在每次显示新的一帧之前清除深度缓存。OpenGL 中，深度缓存规范化成 0.0 到 1.0 的范围，因此默认时前面的初始化将深度缓存值设为最大值 1.0。

OpenGL 深度缓存可见性检测子程序由下列函数激活：
```
glEnable (GL_DEPTH_TEST);
```
关闭深度缓存子程序则使用
```
glDisable (GL_DEPTH_TEST);
```
在应用深度缓存可见性检测时，也可以使用另外的值作为最大深度，该初始值用下列 OpenGL 函数选定：
```
glClearDepth (maxDepth);
```
参数 maxDepth 可设为 0 到 1.0 之间的任何值。要将该初始值装进深度缓存，必须引用 glClear(GL_DEPTH_BUFFER_BIT)函数。否则，深度缓存用默认值 1.0 初始化。因为该函数对指定的最大深度之后的对象不进行表面颜色计算和其他处理，它在场景中包含许多位于前景对象之后的对象的情况下可用来加速深度缓存子程序。

OpenGL 中的投影坐标规范化为 -1.0 到 1.0 的范围，而在近和远裁剪平面之间的深度值进一步规范化为 0.0 到 1.0 的范围。值 0.0 与近裁剪平面（投影平面）对应，而值 1.0 与远裁剪平面对应。作为一个选择，我们可以用下列函数调整规范化值：
```
glDepthRange (nearNormDepth, farNormDepth);
```
默认时，nearNormDepth = 0.0 且 farNormDepth = 1.0。但使用 glDepthRange 函数可将这两个参数设定为从 0.0 到 1.0 范围内的任何值，包括 nearNormDepth > farNormDepth 的情况。使用 glDepthRange 函数可将深度缓存测试限制在观察体内的任何区域，甚至将近平面和远平面反过来。

OpenGL 中的另一选择是深度缓存子程序中使用的测试条件。我们使用下列函数指定一个测试条件：
```
glDepthFunc (testCondition);
```
参数 testCondition 可赋以下列 8 个符号常量中的任意一个：GL_LESS、GL_GREATER、GL_EQUAL、GL_NOTEQUAL、GL_LEQUAL、GL_GEQUAL、GL_NEVER（没有处理任何点）、GL_ALWAYS（已处理所有点）。这些不同的测试用于各种应用中以减少深度缓存处理的计算。参数 testCondition 的默认值是 GL_LESS，因此小于该深度缓存像素位置当前值的深度值被处理。

我们也可以将深度缓存状态设定为只读或读写状态。这通过下列函数实现：
```
glDepthMask (writeStatus);
```
当 writeStatus = GL_TRUE（默认值）时，我们既可从深度缓存读也可向其中写。writeStatus = GL_FALSE 时，深度缓存的写模式失效，因而只能从中取值进行测试比较。当我们要使用不同的前景对象显示同样复杂的背景时，这一特点是有用的。在对深度缓存中的背景排序后，我们让写模式失效并处理前景。这可以生成有不同前景对象的一系列帧或为动画序列在不同位置使用同一对象。因此，仅存储背景的深度值。glDepthMask 函数的另一应用是显示透明效果（参见 17.11 节）。在这种情况下，我们只要为可见性测试存储不透明对象的深度，而不是透明表面位置的深度。因此在处理到透明表面时关闭深度缓存的写模式。类似的命令可用来为其他缓存设定写状态（颜色、索引和模板）。

16.14.3 OpenGL 线框面可见性方法

在 OpenGL 中通过请求只生成边，可获得一般图形对象的线框显示。设定多边形模式函数（参见5.10节）便可做到这一点，例如

```
glPolygonMode (GL_FRONT_AND_BACK, GL_LINE);
```

但这既显示可见的也显示隐藏的边。

要在线框显示中消除隐藏线，可使用5.10节中叙述的深度位移方法，即先用前景色指定对象的线框版本，然后使用深度位移和用于内部填充的背景色指定内部填充版本。深度位移保证了背景色填充不会影响可见边的显示。作为一个例子，下列程序段使用白色前景色和黑色背景色生成一个对象的线框图显示。

```
glEnable (GL_DEPTH_TEST);
glPolygonMode (GL_FRONT_AND_BACK, GL_LINE);
glColor3f (1.0, 1.0, 1.0);
/*  Invoke the object-description routine.  */

glPolygonMode (GL_FRONT_AND_BACK, GL_FILL);
glEnable (GL_POLYGON_OFFSET_FILL);
glPolygonOffset (1.0, 1.0);
glColor3f (0.0, 0.0, 0.0);
/*  Invoke the object-description routine again.  */

glDisable (GL_POLYGON_OFFSET_FILL);
```

16.14.4 OpenGL 深度提示函数

使用下列函数可按对象离观察位置距离的函数来改变对象的亮度：
```
glEnable (GL_FOG);
```

```
glFogi (GL_FOG_MODE, GL_ LINEAR);
```
这将式(16.9)中的线性深度函数及 $d_{min} = 0.0$、$d_{max} = 1.0$ 应用到对象颜色上。但我们可以用下列函数调用来为 d_{min} 和 d_{max} 设定不同的值：
```
glFogf (GL_FOG_START, minDepth);
glFogf (GL_FOG_END, maxDepth);
```
在这两个函数中，对参数 minDepth 和 maxDepth 赋以浮点值，尽管在将函数后缀改为 i 时可使用整数值。

另外，我们可以在应用线性深度提示函数后用 glFog 函数设定将与对象颜色混合的雾气颜色。其他的雾气效果也可以建模，而这些不同的选择在17.11节讨论。

16.15 小结

后向面检测算法是最简单的可见性测试，它在进一步的可见性测试中快速而有效地完成许多的多边形的消除操作。对于单个凸多面体，后向面判别可以消除所有隐藏面，但通常情况下，它无法保证能识别全部隐藏面。

深度缓存算法是一个常用的判别场景中可见面的算法。在将其应用于标准的图形对象时，该过程是高效的，但它要求额外的存储器。该算法需要两个缓存，一个保存像素的颜色，另一个则保存每个像素所对应的可见面的深度。该算法采用快速增量算法来扫描场景中的每一个面以计算表面深度，一旦所有表面处理结束，也就更新完了两个缓存。A 缓存是深度缓存算法的一个改进，该算法为显示反走样和透明表面提供了手段。

本章还介绍了其他一些可见面判别算法。扫描线算法为每一行同时处理所有面。使用深度排序（画家算法）算法时，对象按其离观察位置的距离画在刷新缓存中。判定场景可见部分的细分算法包括 BSP 树算法、区域细分算法和八叉树算法。可见面还可以用光线投射算法来检测，它将来自像素平面的线条投影到场景中，以确定沿投影线的对象相交位置。光线投射算法是光线跟踪方法的一个集成部分，光线跟踪方法则是提供全局光照效果的一种方法。

可见性判别算法也可用于显示三维线框图。对于曲面，我们可以显示其层位线，而对于线框方式的多面体，则在场景中寻找从观察平面可以看见的线段。

通过建立自己的子程序可在应用程序中实现任何一种可见性检测算法，但图形库一般仅提供后向面消除和深度缓存算法的函数。在高级计算机图形系统中，深度缓存算法用硬件实现。

OpenGL 核心库中提供用于多边形剔除和深度缓存可见性判定的函数。使用多边形剔除函数，我们可以消除标准图形对象的后向面、前向面或两者。使用深度缓存函数可设定深度测试的范围和执行的深度测试类型。用 OpenGL 多边形模式和多边形位移操作可获得线框图。还可以用深度提示效果生成 OpenGL 场景。在表 16.1 中，总结了有关可见性测试的 OpenGL 函数。第 5 章的表 5.2 总结了多边形模式函数和其他相关操作。

表 16.1 OpenGL 可见性检测函数小结

函　　数	描　　述
glCullFace	在用 glEnable(GL_CULL_FACE) 激活时，为剔除操作指定多边形的前向和后向面
glutInitDisplayMode	用变量 GLUT_DEPTH 指定深度缓存操作
glClear(GL_DEPTH_BUFFER_BIT)	用默认值 1.0 或由 glClearDepth 函数指定的值初始化深度缓存
glClearDepth	指定深度缓存的初始化值
glEnable(GL_DEPTH_TEST)	激活深度测试操作
glDepthRange	指定规范化深度值的范围
glDepthFunc	指定深度测试条件
glDepthMask	指定深度缓存的写状态
glPolygonOffset	当应用背景填充颜色时指定线框显示中消除隐藏线的位移
glFog	指定线性深度提示操作和深度提示计算中的最小和最大深度值

参考文献

有关可见性判别算法的另外来源可参阅 Elber and Cohen(1990)、Franklin and Kankanhalli (1990)、Segal(1990) 和 Naylor, Amanatides, and Thibault(1990)。A 缓存算法在 Cook, Carpenter, and Catmull(1987)、Haeberli and Akeley(1990) 和 Shilling and Strasser(1993) 中给出。层位线方法的总结在 Earnshaw(1985) 中给出。

可见性测试的各种程序设计技术可在 Glassner(1990)、Arvo(1991)、Kirk(1992)、Heckbert (1994) 和 Paeth(1995) 中找到，而 Woo(1999) 给出了对 OpenGL 可见性检测函数的更多讨论。完整的 OpenGL 核心库和 GLUT 功能清单在 Shreiner(2000) 中给出。

练习题

16.1 开发一个基于后向面判别算法的程序，用于任何一个输入的具有不同颜色外表面的凸多面体的可见面判别。假设多面体在右手观察系统中定义且观察方向由用户输入来指定。

16.2 实现一个上一练习题的程序，使用正交平行投影对一个凸多面体进行观察。假设整个对象都在观察平面之前，并且将其投影到屏幕视区中显示。

16.3 实现一个练习题 16.1 的程序，利用透视投影对一个输入凸多面体进行观察。假设整个对象都在观察平面之前。

16.4 编写实现一个凸多面体的动画程序，对象绕一个平行于观察平面的轴加速旋转。假设整个对象位于观察平面之前，使用正平行投影将视野投影至观察平面。

16.5 修改上一练习题的程序，使之允许用户通过键盘操作在正平行投影和透视投影这两种效果中进行切换。

16.6 实现深度缓存算法以显示任何输入多面体的可见面。用于深度缓存的数组可设定为你的系统的尺寸，如 500×500，并思考如何从对象的定义得出深度缓存所需的存储量。

16.7 修改上一练习题的程序，可显示包含任意多个多面体的场景的可见面。请采用有效算法来完成场景中不同对象的存储和处理。

16.8 在上一练习题的基础上进一步编写程序。程序的输入数据就是一组多面体，并假设这些多面体都被包围在同一个给定半径且圆心位于原点处的（概念上的）球体内。每当键盘上某个特定的键被按下时，程序就随机生成一个新的相机位置（在球体之外）和一个观察目标点位置（在球体之内），假设观察向上向量总是正向的 y 轴单位向量；最终程序就按新的观察位置和观察方向计算并显示场景中的所有可见面。

16.9 修改上一练习题的程序，利用 A 缓存算法，实现一个同时包含透明面和非透明面的场景的显示。

16.10 扩展上一练习题的程序，使其包含反走样处理。

16.11 扩展上一练习题的程序。程序的输入数据是一组多面体，并假设这些多面体都被包围在同一个给定半径且圆心位于原点处的（概念上的）球体内，每个多面体拥有随机的透明度参数。每当键盘上某个特定的键被按下时，程序就随机生成一个新的相机位置（在球体之外）和一个观察目标点位置（在球体之内），假设观察向上向量总是正向的 y 轴单位向量；最终程序就按新的观察位置和观察方向计算并显示场景中的所有可见面。

16.12 开发一个程序，利用扫描线算法实现一个给定多面体的可见面显示。请用多边形表来保存对象的定义，并利用连贯性算法来计算扫描线上及扫描线间点的值。

16.13 编写实现一个扫描线的程序，以完成包含多个多面体的场景的显示。请用多边形表和边表来保存对象的定义，并利用连贯性算法来计算扫描线上及扫描线间点的值。

16.14 利用画家算法，编写实现凸多面体的可见面显示的程序，即将画片按深度顺序由远及近地画到屏幕上。

16.15 利用深度排序算法编程，实现任意给定的由平面围成的对象的可见面显示。

16.16 编写实现深度排序算法的程序，完成一个包含几个多面体的场景的可见面显示。

16.17 编写一个程序，利用 BSP 树算法实现凸多面体的可见面显示。

16.18 举例说明在何种情况下，区域细分算法中条件 3 讨论的两种算法将无法正确判别出遮挡其他表面的包围表面。

16.19 编写一个算法，测试一个给定平面表面与某个矩形区域之间的关系，确定该表面是包围型、重叠型、内含型还是分离型。

16.20 编写一个算法，利用区域细分算法来确定四叉树各节点的值，以生成可见面的四叉树表示。

16.21 编写一个算法，将某对象的给定四叉树表示读入帧缓存中进行显示。

16.22 编写一个程序，显示一个以八叉树表示的对象的可见面。

16.23 使用前面练习题中完成的程序显示一组用八叉树结构表示的对象的可见面。观察参数通过交互输入来确定。

16.24 设计一个用光线投射算法对单个球体进行观察和显示的程序。

16.25 讨论如何将反走样处理加入各种隐藏面消除算法中。

16.26 编写一个程序来实现一个曲面函数$f(x, y)$的层位线绘制。

16.27 编写一个算法，实现在场景中将每条线段与每个表面进行比较，以判别可见线段。

16.28 讨论如何利用本章的几个可见面判别算法来实现线框显示。

16.29 编写一个程序，实现一个多面体的线框显示，用虚线画出隐藏线。

16.30 在前面练习的基础上编写程序。程序的输入数据是一组多面体，并假设这些多面体都被包围在同一个给定半径且圆心位于原点处的(概念上的)球体内，最终要把它们都显示为线框图，并且不可见的边必须用虚线显示。每当键盘上某个特定的键被按下时，程序就随机生成一个新的相机位置(在球体之外)和一个观察目标点位置(在球体之内)，假设观察向上向量总是正向的y轴单位向量。

16.31 编写一个程序，使用 OpenGL 多边形剔除函数消除选择的面并显示一个多面体，每一多边形面给予不同颜色，并且每一面可由用户选择消除。同样，观察位置和其他观察参数也由输入值指定。

16.32 修改上一练习题的程序，使用深度缓存函数而不是多边形剔除函数从任何位置观察该多面体。

16.33 编写一个程序，使深度范围和深度测试条件可作为用户输入来指定。

16.34 用 16.14 节讨论的 `glPolygonMode` 和 `glPolygonOffset` 函数创建一个多面体的线框图显示。

16.35 修改上一练习题的程序，使用深度提示函数 `glFogi` 显示该多面体。

16.36 修改上一练习题的程序，显示深度上分布的多个多面体。深度提示范围由用户输入来设定。

16.37 在前面练习题中程序的基础上进一步修改。要求程序通过围绕且贴着球体表面旋转的方式来改变相机位置，从而获得不同的观察效果。球体的半径定义为相机位置和观察目标点(假设目标点一定位于场景中一组物体的坐标范围内)之间的距离，假设此距离是足够大的，所以无论怎么移动相机，都能让所有对象均位于观察平面的前方。

附加综合题

16.1 选择本章介绍的一种可见面判别算法，基于你自己的应用的特点，从计算复杂度的角度考虑每个算法的优缺点。实现这个算法，用它来渲染你的场景中所有对象的可见面。

16.2 比较在使用和不使用可见面判别这两种情况下的渲染时间(请采用在上一综合题中自己开发的可见面判别算法)。然后，把自己的算法换成 OpenGL 内置的后向面消除算法，再做同样的比较。你专门为特定应用而调整实现的算法是否带来了比内置算法更好的性能？研究讨论任何可以改进可见面判别算法效率的方法，以及通过修改对象表示来提高渲染效率的方法。

第17章 光照模型与面绘制算法

对场景的对象进行透视投影，然后在可见面上产生自然光照效果，可以实现场景的真实感显示。**光照明模型**(illumination model)，也称**光照模型**(lighting model)或**明暗模型**(shading model)，主要用于对象表面某光照位置的颜色计算。**表面绘制方法**(surface rendering method)是使用光照模型为对象的所有投影位置确定像素颜色。该光照模型可应用于每一投影位置，或者先对表面上少数点使用光照模型计算，然后再进行颜色插值。扫描线、像空间算法一般使用插值模式。有时，面绘制过程也称为明暗方法，即使用明暗模型来计算表面颜色，但这会导致这两个概念之间的某种混淆。为了避免由于使用类似术语造成的误解，我们将表面上单个点的光强度计算模型称为光照明模型(illumination model)或光照模型(lighting model)，而将应用一个光照模型获得所有投影的表面位置的像素颜色的过程称为表面绘制算法(surface rendering algorithm)。

计算机图形学中的真实感成像包括两部分内容：表面特性的精确表示和场景中光照效果的物理描述。表面光照效果包括光的反射、透明性、表面纹理和阴影。

为可见对象的颜色和光照效果建立模型是一个非常复杂的过程，它同时包含物理学和心理学的内容。从根本上来说，可以用一个表示场景对象表面电磁能量相互作用的模型来描述光照效果。一旦光线到达了我们的眼睛，它刺激感觉器官使我们"看见"屏幕上的对象。物理上的光照模型包含许多因素，如材料特性、对象相对于光源及其他对象的位置及场景中的光源属性；对象可以是不透明的、也可以有或多或少的透明度，其表面可以是光亮的、也可以是阴暗的，还可以带有各种各样的表面纹理。不同形状、颜色、位置的光源可以为一个场景带来不同的光照效果。一旦确定出对象表面的光学属性参数，场景中表面的相对位置关系，以及光源的颜色、位置，观察平面的位置和朝向等信息，就可根据光照模型计算出对象表面上某点在观察方向上所投射的光强度值。

计算机图形学中的光照模型可以由描述对象表面光照效果的物理公式推导出来。为了减少光强度计算，大多数软件包采用简化的光照计算经验模型。在下面几个部分中，我们首先介绍常用于一些图形软件包中的基本光照模型，然后提出几种面绘制算法将光照模型用于获得自然场景的有效显示。

17.1 光源

任意发出辐射能量的对象称为一个**光源**(light source)，它对场景中其他对象的光照效果有贡献。我们可以使用各种形状和特征建立光源的模型，而多数发光体仅作为场景中光照源。然而在有些应用中，我们可能希望建立既是光源又是光反射体的对象。例如，在一个塑料球内放置一个灯泡，这样在球表面上既发光也反射光。我们也可以把该球面看成一个包围光源的半透明表面。但对于大型荧光板一样的对象来说，比较适合于将其看成发光体和反射体的混合。

一个光源可定义许多特性。我们可指定其位置、发射光颜色、发射方向及它的形状。如果该光源也是一个光反射表面，还需给出它的反射特性。另外，我们可以建立一个在不同方向发射不同颜色光的光源，如可定义一个在一侧发射红光而在另一侧发射绿光的光源。

在许多应用中，特别是实时图形显示中，常使用简单的光源模型以避免过多的计算。为每一个红、绿、蓝(RGB)颜色分量使用单个值来赋以光发射特性，可描述为颜色分量的总量或"强度"。颜色参数和光源模型将在第19章中详细讨论。

17.1.1 点光源

用三个 RGB 分量指定的单个颜色的点光源(point light source)是发光体的最简单的模型。一个场景的点光源通过给出其位置和发射光颜色来定义。如图 17.1 所示，光线由光源向四周发散。这种光源模型是对场景中比对象小得多的光源的合理逼近。离场景不是太近的大光源也可以利用点光源模型来模拟。光照模型中点光源的位置用来确定场景中哪些对象由该光源照明并计算到选定对象表面位置的光线方向。

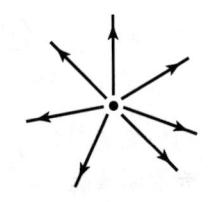

图 17.1 从点光源发出的光线路径

17.1.2 无穷远光源

离场景非常远的大型光源，如太阳，也可用一个点发光体逼近但在方向效果上不同。与场景中照明各方向对象的光源相对照，远距离光源仅在一个方向照明场景。从远距离光源到场景中任意位置的光线路径接近不变，如图 17.2 所示。

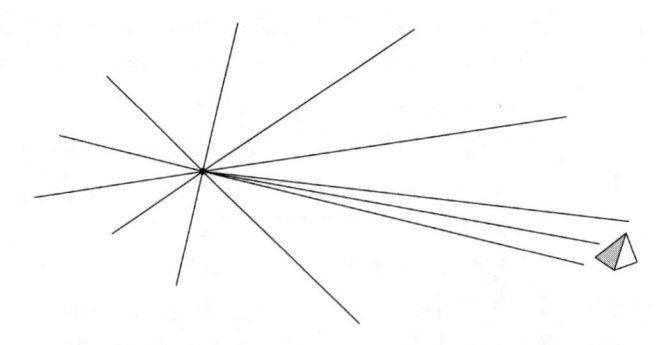

图 17.2 从无穷远光源发出的光线以几何平行的光线路径照明一个对象

我们可以使用一个颜色值和从该光源发出的一个固定光线方向来模拟一个无穷远距离光源。在光照计算中需要一个发射方向的向量及光源颜色而不需要光源位置。

17.1.3 辐射强度衰减

辐射光线从一点光源出发并在空间中传播，离光源距离为 d_l 时，它的振幅将按因子 $1/d_l^2$ 衰减。这表明接近光源的表面将得到较高的入射光强度，而较远的表面则强度较小。因此，如果要得到真实感的光照效果，在光照模型中必须考虑光强度衰减。否则对所有表面赋以同样的光强度，而不考虑它们离光源的距离，必定会导致非期望的显示效果。例如，当两个具有相同光学参数的平行表面互相遮挡时，将无法区分这两个平行表面。因此，忽略它们离光源的相对距离，这两个表面看起来如同一个表面。

然而，如果采用因子 $1/d_l^2$ 进行光强度衰减，那么简单的点光源照明并不总能产生真实感的图形。对于接近光源的对象，$1/d_l^2$ 会产生过大的强度变化，而 d_l 很大时变化又太小，这是因为实际的光源并不是无穷小的点，而用点发光体照明一个场景是真实光照效果的简单近似。要用点光源生成更具真实感的显示，可使用包含一个线性项的 d_l 的二次函数的倒数来衰减光强度：

$$f_{\text{radatten}}(d_l) = \frac{1}{a_0 + a_1 d_l + a_2 d_l^2} \tag{17.1}$$

用户可以调整系数 a_0、a_1、a_2 的值，以得到场景中不同的光照效果。例如，当 d_l 非常小时可赋予

常数项 a_0 一个大的值来防止 $f_{radatten}(d_l)$ 值变得太大。另外，在图形软件包中经常提供多组不同的衰减系数值赋给场景中的每一个点光源。

对无穷远点光源不能使用强度衰减计算式(17.1)，因为离光源的距离是不确定的。同样，场景中各点离很远的光源的距离几乎都相等。要同时考虑远距离和局部光源，可将强度衰减函数表示为

$$f_{l,radatten} = \begin{cases} 1.0, & \text{如果光源在无穷远处} \\ \dfrac{1}{a_0 + a_1 d_l + a_2 d_l^2}, & \text{如果光源是局部光源} \end{cases} \quad (17.2)$$

17.1.4 方向光源和投射效果

一个局部光源稍加修改就可产生方向光束或投影光束。如果一个对象位于一个光源的方向范围之外，则它得不到该光源的光照。建立方向光源的一个办法是除位置和颜色外还要确定一个向量方向和从该向量方向开始的角度范围 θ_l。这定义了以光源向量方向为轴的一个圆锥形的区域（参见图17.3）。使用多个方向向量且在每一方向都设定不同的发射颜色可建立一个多色点光源模型。

记 $\mathbf{V}_{light}$ 为光源方向的单位向量且记 $\mathbf{V}_{obj}$ 为从光源位置到一个对象位置的方向上的单位向量。则

$$\mathbf{V}_{obj} \cdot \mathbf{V}_{light} = \cos\alpha \quad (17.3)$$

这里 α 是从光方向向量到对象的角距离。如果把任意光锥角度范围限制为 $0° < \theta_l \leq 90°$，则当 $\cos\alpha \geq \cos\theta_l$ 时，对象位于投影光内，如图17.4所示。但如果 $\mathbf{V}_{obj} \cdot \mathbf{V}_{light} < \cos\theta_l$，则对象位于光锥之外。

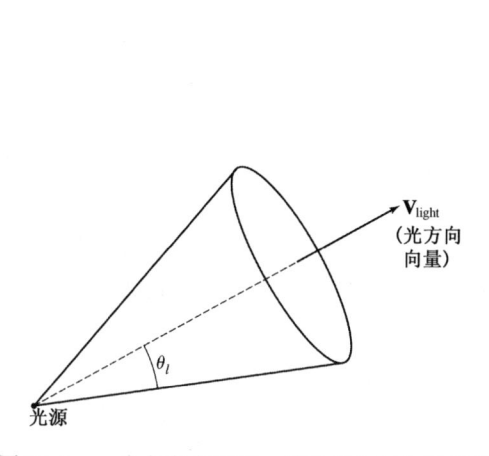

图 17.3　一个方向点光源。单位光方向向量定义圆锥轴，而角 θ_l 定义圆锥的角度范围

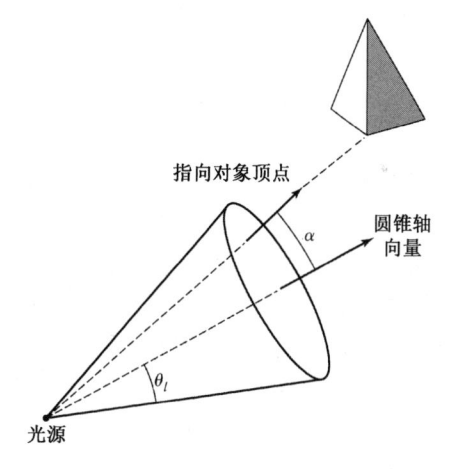

图 17.4　一个由方向点光源照明的对象

17.1.5 角强度衰减

对于一个方向光源，可按照从点光源位置出发的光强度角计算衰减，即可模拟一个光锥，沿其圆锥轴光强度最大，离开圆锥轴时光强度逐渐减弱。常用的方向光源角强度衰减函数是

$$f_{angatten}(\phi) = \cos^{a_l}\phi, \quad 0° \leq \phi \leq \theta \quad (17.4)$$

这里衰减指数 a_l 赋以某个正值而角 ϕ 从圆锥轴开始度量。在圆锥轴上，$\phi = 0$，而 $f_{angatten}(\phi) = 1.0$。衰减指数 a_l 的值越大，在角度值 $\phi > 0°$ 时角强度衰减函数的值越小。

在实现光强度函数时有几个特殊情况要考虑。如果光源不是方向光源（即不是投影光源），

则没有角强度衰减。同样，如果一对象位于投影光锥外的任何地方，则它得不到该光源的光照。要获得沿光源位置到场景中一个表面位置间连线的角强度衰减因子，可使用式(17.3)中的点积计算方法来计算离圆锥轴的方向角的余弦。指定 $\mathbf{V}_{light}$ 为光源方向（沿该圆锥轴）的单位向量且 $\mathbf{V}_{obj}$ 为从光源位置到一个对象位置的方向上的单位向量。使用这两个单位向量并假定 $0° < \theta_l \leq 90°$，可给出角强度衰减的一般公式如下：

$$f_{l,\text{angatten}} = \begin{cases} 1.0, & \text{如果光源不是一个投影光源} \\ 0.0, & \mathbf{V}_{obj} \cdot \mathbf{V}_{light} = \cos\alpha < \cos\theta_l \\ & \text{(对象位于投影光锥之外)} \\ (\mathbf{V}_{obj} \cdot \mathbf{V}_{light})^{a_l}, & \text{其他} \end{cases} \quad (17.5)$$

17.1.6 扩展光源和 Warn 模型

当需要在接近场景对象的位置引入一个如图 17.5 所示的霓虹灯的大光源时，可用一个发光表面来逼近。一种做法是用方向点光源的网格来模拟。可按在其后的对象得不到光照的效果来对光源建模。还可引入另外的控制来限制接近光源边缘的发射光方向。

Warn 模型(Warn model)提供一种模拟立体光照效果的方法。它通过使用一组多参数的点发光器模拟挡光板、快门和照相用聚光灯控制。聚光灯用前面讨论的光锥实现，而快门和挡光板提供了另外的方向控制。例如，为 x、y 和 z 方向

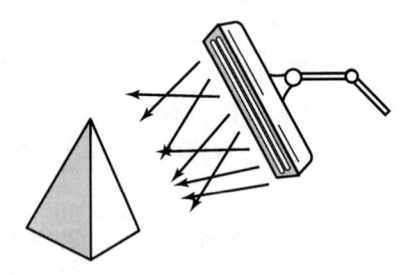

图 17.5 一个用靠近的大面积光源照明的对象

中的每一个建立两个快门来进一步限制发射光线。某些图形软件包实现了对这种光源的模拟。

17.2 表面光照效果

光照模型使用为表面设定的各种光学特性计算表面的光照效果。这些特性包括透明度、颜色反射系数及各种表面纹理参数。

当光入射到不透明表面时，一部分被反射而另一部分被吸收。入射光中被表面反射的总量依赖于材料类型。光亮的表面将入射光中的较多部分反射出去，而灰暗的表面吸收较多的入射光。对于透明的表面，入射光的一部分穿过该材料。

粗糙或颗粒状表面会将反射光向各方向发散出去，这种发散称为**漫反射**(diffuse reflection)。非常粗糙、不光滑的表面主要产生漫反射，因而从任何角度看表面的亮度均相同。图 17.6 图示了从一表面发散出的漫反射光。当使用由各种颜色混合而成的白光照明时，对象的漫反射光的颜色称为该对象的颜色。例如，蓝色对象将白色光中的蓝色成分反射而将其他成分吸收。如果蓝色对象在红色光下观察，则它表现为黑色，因为所有入射光均被吸收。

除发散的漫反射光外，有些反射光会集中成醒目的或明亮的一个点，称为**镜面反射**(specular reflection)。这种醒目效果在光亮表面发生的机会比灰暗表面的多得多。在从特定角度观看照亮的光亮表面如抛光的金属、苹果或人的额头时，可以看到镜面反射。图 17.7 给出了镜面反射的示意。

场景中的**背景光**(background light)或**环境光**(ambient light)是光照模型中必须考虑的另一因素。由于从得到照明的邻近对象发出的反射光，使得并不直接暴露在光源下的表面仍是可见的。因此，场景中的环境光是该场景各个表面的反射光生成的光照效果。图 17.8 给出了这一背景光的光照效果。一个表面上反射光的全体是光源光的反射和其他被照明对象反射光的反射两者之和。

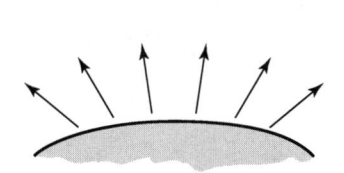

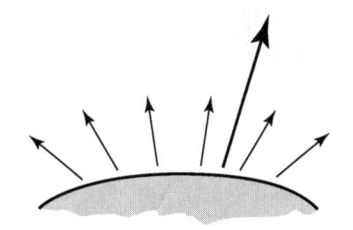

图 17.6　一个表面的漫反射　　　　图 17.7　加在漫反射向量中的镜面反射

17.3　基本光照模型

精确的光照模型按照入射光能量与对象的材料组成之间的交互结果进行计算。为了简化表面光照计算，可使用在前面部分讨论的生成光照效果的物理过程的近似表示。本节叙述的经验模型生成比较好的结果，并且在多数图形软件包中得到实现。

基本光照模型中的发光体一般限于点光源。然而，许多图形软件包提供处理方向光源(投射光源)和扩展光源的函数。

17.3.1　环境光

在基本光照模型中，可通过设定场景一般亮度等级来引入背景光。这生成了对所有对象都相同的一个环境光，并且近似地给出了各个照明表面的全局漫反射。

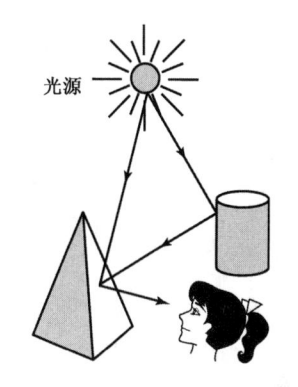

图 17.8　表面光照效果是由光源光和其他表面反射光混合生成的

假设我们正在叙述单色光的光照效果，例如灰色阴影，用强度参数 I_a 表示环境光的层次。这样，场景中每个表面都得到这个背景光的照明。由环境光照明生成的反射是漫反射的一个简单情况，它依赖于观察方向和表面空间朝向的关系。然而，反射出的入射环境光总量依赖于决定入射光能量中多少被反射出去及多少被吸收的表面光学特性。

17.3.2　漫反射

我们可以在建立表面的漫反射模型时假设入射光在各个方向以相同强度发散而与观察位置无关，这样的表面称为**理想漫反射体**(ideal diffuse reflector)。由于从表面上任意一点反射出的辐射光能量用**朗伯余弦定律**(Lambert's cosine law)计算，因此也称为**朗伯反射体**(Lambertian reflector)。该定律表明：在与对象表面法向量夹角为 ϕ_N 的方向上，每个面积为 dA 的平面单位所发散的光线与 $\cos \phi_N$ 成正比(参见图 17.9)。该方向的光强度可用单位时间辐射能总量除以表面积在辐射方向的投影面积来计算：

$$\begin{aligned}
\text{光强度} &= \frac{\text{单位时间辐射能}}{\text{投影面积}} \\
&\propto \frac{\cos \phi_N}{dA \cos \phi_N} \\
&= \text{常数}
\end{aligned} \tag{17.6}$$

这样，对于朗伯反射，光强度在所有观察方向都相同。

假设每一表面都按理想漫反射体(朗伯反射体)对待，则可为确定将要按漫反射发散的入射光部分的每一个表面设定一个参数 k_d，该参数称为**漫反射系数**(diffuse reflection coefficient)或**漫反射率**(diffuse reflectivity)。这样，任何方向的漫反射是一个常数，它等于入射光强度乘以漫反射系数。

对于一个单色光源，按我们所希望的表面反射特性对参数 k_d 赋以 0.0 到 1.0 之间的一个常数值。如果希望一个强反射表面，则将参数 k_d 的值设成接近 1.0。这会生成接近于入射光的反射光强度，从而使表面很亮。如果要模拟一个能吸收大部分入射光的表面，则将反射特性设定为接近 0.0。

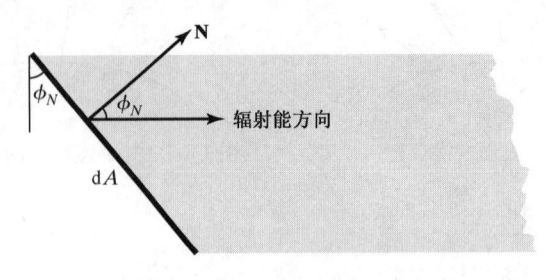

图 17.9　从表面面元 dA 向相对于表面法向量成 ϕ_N 的方向的辐射能与 $\cos\phi_N$ 成正比

对于背景光效果，可假定每一表面都使用对场景设定的环境光 I_a 来照明，因此对于表面上任意一点而言，环境光对漫反射的贡献都是：

$$I_{\text{ambdiff}} = k_d I_a \tag{17.7}$$

但是，如果只用环境光，就只会获得一个缺少立体感、不那么真实有趣的表面光照效果(参见彩图 12)。所以场景很少仅用环境光绘制。场景中至少要有一个点光源，该点光源常位于观察位置。

当强度为 I_l 的光源照明一个表面时，从该光源来的入射光总量依赖于表面与光源的相对方向。与入射光方向接近垂直的表面和一个与入射光方向成斜角的表面相比，从光源接收较多的光。这一光照效果可以用一张白纸或平滑卡片平行放在有阳光的窗口来获得。在将该纸片慢慢转离窗口方向时，表面的亮度逐渐变小。图 17.10 给出了这一效果，即来自远距离光源(平行入射光线)的入射光线束落在两个面积相同但与光线方向关系不同的平表面上的不同情况。

从图 17.10，我们看到与表面相交的光线数量与该表面投影到入射光方向的面积成正比。如果把入射光方向与表面法线方向之间的入射角(angle of incidence)记为 θ(参见图 17.11)，则垂直于光线方向的面片投影面积与 $\cos\theta$ 成正比。因此，一个强度为 I_l 的光源的入射光总量为

$$I_{l,\text{incident}} = I_l \cos\theta \tag{17.8}$$

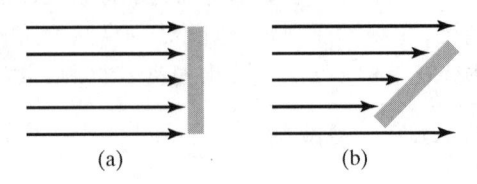

图 17.10　与入射光方向垂直的一个表面(a)比同面积但与入射光方向有斜角度的表面(b)得到较多的光照

使用式(17.8)，可用下式计算强度为 I_l 的光源的漫反射：

$$\begin{aligned} I_{l,\text{diff}} &= k_d I_{l,\text{incident}} \\ &= k_d I_l \cos\theta \end{aligned} \tag{17.9}$$

当光源的入射光与特定位置的表面垂直时，$\theta = 90°$ 而 $I_{l,\text{diff}} = k_d I_l$。随着入射角的增加，光源的照明减少。因此，仅当入射角在 0°～90°之间时($\cos\theta$ 在 0.0 到 1.0 之间)，点光源才照亮面片。如果 $\cos\theta < 0.0$，则该点光源位于面片后面。

在表面上的任意一点处，记单位法向量为 $\mathbf{N}$ 及指向点光源的单位方向向量为 $\mathbf{L}$，如图 17.12 所示。然后，$\cos\theta = \mathbf{N} \cdot \mathbf{L}$，而一个点光源在表面照明的漫反射公式可表示为

$$I_{l,\text{diff}} = \begin{cases} k_d I_l (\mathbf{N} \cdot \mathbf{L}), & \mathbf{N} \cdot \mathbf{L} > 0 \\ 0.0, & \mathbf{N} \cdot \mathbf{L} \leq 0 \end{cases} \tag{17.10}$$

指向附近点光源的单位方向向量 **L** 使用表面上的位置和光源位置来计算:

$$\mathbf{L} = \frac{\mathbf{P}_{\text{source}} - \mathbf{P}_{\text{surf}}}{|\mathbf{P}_{\text{source}} - \mathbf{P}_{\text{surf}}|} \tag{17.11}$$

然而,"无穷远"的光源没有位置,仅有一个传播方向。此时,使用所赋予的光源发射方向的逆向作为向量 **L** 的方向。

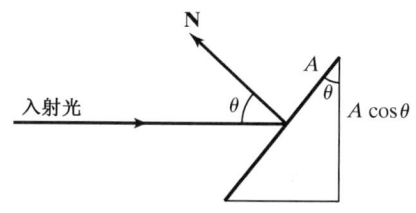

图 17.11　按入射光线路径正交投影的光照区 A,该正交投影得到的面积为 $A\cos\theta$

图 17.12　在光源单位方向向量 **L** 和表面的单位法向量 **N** 之间的入射角 θ

彩图 13 给出了式(17.10)在球面上的应用,其中参数 k_d 在 0.0 到 1.0 范围内选定。当 $k_d=0$ 时,没有反射光且对象表面表现为黑色。k_d 的值增大时,漫反射强度随之增加,生成浅灰色的明暗效果。该表面对应的每个投影像素位置用漫反射公式计算出的结果来赋值。该图中的表面绘制示出了在没有其他光作用下单个点光源的光照效果。这符合在一个完全黑暗的房间里点亮一个笔式小手电筒时所期望看到的对象效果。然而对于一般的场景,我们希望除了点光源所生成的光照效果,外还有环境光来形成表面反射。

组合环境光和点光源的强度计算可得到在一个表面位置的全部漫反射表达结果。另外,许多图形软件包引入为每一表面指定的**环境光反射系数**(ambient-reflection coefficient) k_a 来修改环境光强度 I_a。这使我们能够简单地用该参数来调节场景中的光照效果。使用参数 k_a,可将单个点光源的全部漫反射公式表示为

$$I_{\text{diff}} = \begin{cases} k_a I_a + k_d I_l (\mathbf{N} \cdot \mathbf{L}), & \mathbf{N} \cdot \mathbf{L} > 0 \\ k_a I_a, & \mathbf{N} \cdot \mathbf{L} \leqslant 0 \end{cases} \tag{17.12}$$

其中,k_a 和 k_d 都依赖于表面材质,对单色光照效果而言,其值介于 0 和 1 之间。

17.3.3　镜面反射和 Phong 模型

在光滑表面上看到的高光或镜面反射是由接近**镜面反射角**(specular-reflection angle)的一个汇聚区域内,入射光的全部或绝大部分成为反射光所导致的。图 17.13 给出了照明表面一个位置的镜面反射方向。镜面反射角等于入射角,它们位于表面的单位法向量 **N** 的两侧。在图中我们用 **R** 表示一个理想镜面反射方向的单位向量,**L** 表示指向点光源的单位向量,**V** 为指向视点的单位向量,角度 ϕ 是观察方向与镜面反射方向 **R** 之间的夹角。对于一个理想的反射体(镜子),入射光仅在镜面反射方向有反射现象,此时仅当 **V** 与 **R** 重合时才能观察到反射光线(即 $\phi=0$)。

非理想反射体系统的镜面反射方向分布在向量 **R** 周围的有限范围内。较光滑表面的镜面反射范围较小,而粗糙的对象表面则有较大的镜面反射范围。Phong Bui Tuong 曾提出一个计算镜面范围的经验公式,称为 Phong **镜面反射模型**(Phong specular-reflection model),或简称 Phong **模型**(Phong model)。该模型认为镜面反射光强度与 $\cos^{n_s}\phi$ 成正比,ϕ 的值介于 0°到 90°之间,因而 $\cos\phi$ 的值介于 0 与 1 之间。**镜面反射参数**(specular-reflection exponent) n_s 的值则由要显示的表面材质所决定。光滑表面的 n_s 值较大(如 100 或更大),而粗糙表面的 n_s 值较小(小到 1)。对于

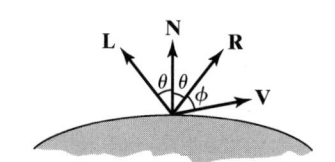

图 17.13　镜面反射角等于入射角 θ

理想反射器，n_s 是无限大的。而对于粗糙对象表面，如粉笔或煤渣的 n_s 值则接近 1。图 17.14 与图 17.15 表示 n_s 对我们所能观察到的镜面反射角度范围的影响。

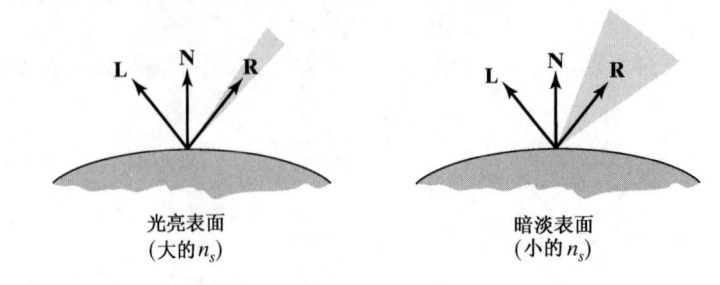

图 17.14　用参数 n_s 模拟镜面反射（阴影区）

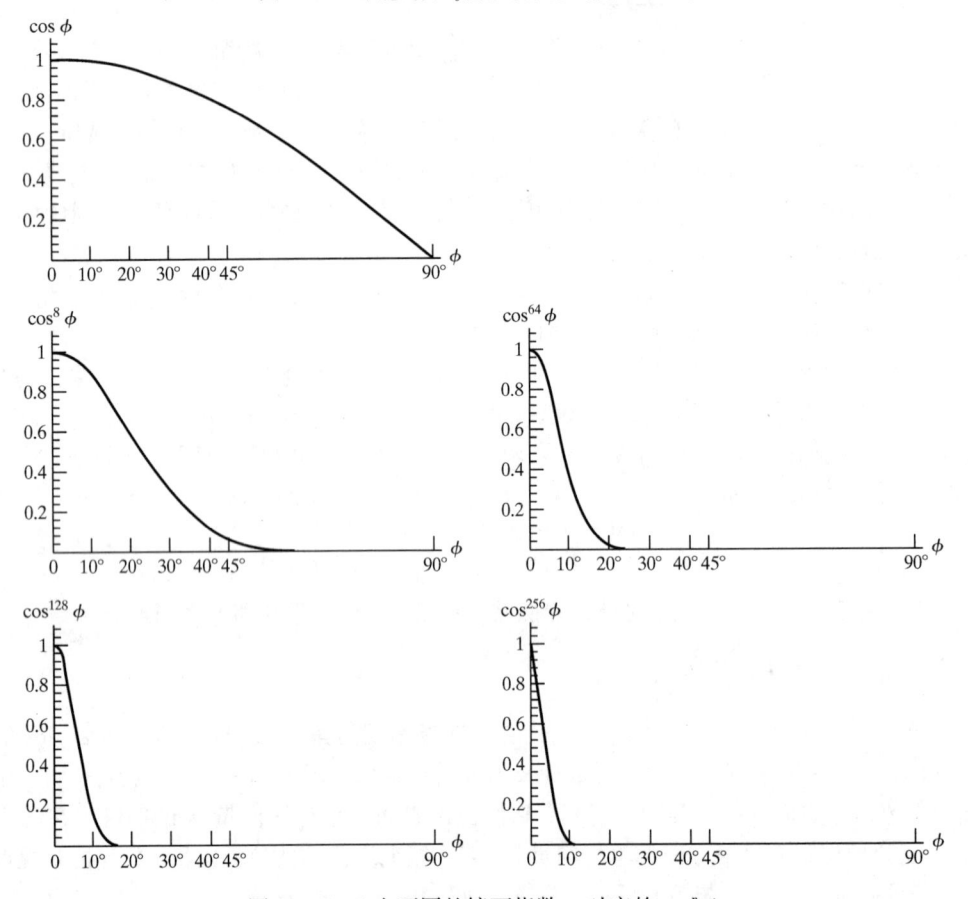

图 17.15　5 个不同的镜面指数 n_s 对应的 $\cos^{n_s}\phi$

镜面反射的光强度主要由对象表面材质属性、光线入射角及一些其他因素（如极性、入射光线的颜色）所决定。可以利用**镜面反射系数**（specular-reflection coefficient）$W(\theta)$ 为每一个表面近似表示单色镜面反射光强度的变化。图 17.16 表示一些材质的 $W(\theta)$ 在 $\theta = 0°$ 与 $\theta = 90°$ 之间的大致变化。一般而言，当入射角增大时，$W(\theta)$ 往往增大；当 $\theta = 90°$ 时，所有入射光均被反射（$W(\theta) = 1$）。Fresnel 反射定律描述了镜面反射光强度与入射角之间的关系。我们可以将 Phong 镜面反射模型表示为

$$I_{l,\text{spec}} = W(\theta) I_l \cos^{n_s} \phi \tag{17.13}$$

其中，I_l 为光源的强度，ϕ 为观察方向与镜面反射方向 **R** 的夹角。

如图 17.16 所示，透明材质（如玻璃）仅当 θ 接近 90°时才表现出明显的镜面反射。当 $\theta = 0°$时，大约 4%的入射光会被玻璃表面所反射。对于 θ 的大部分范围，反射强度小于入射光的 10%，而对于许多不透明的材质，几乎对所有入射角的镜面反射均为常数。此时，可以用一个恒定的镜面反射系数 k_s 来取代 $W(\theta)$。k_s 可以简单地设置为 0 与 1 之间的某个值。

由于 **V** 与 **R** 是观察方向和镜面反射方向的单位向量，可以利用点积 **V·R** 来计算 $\cos\phi$ 的值。另外，如果 **V** 和 **L** 位于法向量 **N** 的同一侧或光源在表面的后面，则表面显示中不会有镜面反射效果。因此，假定镜面反射系数对任何材质都是一个常数，则可以根据下列等式来计算对象表面上某点处由点光源生成的镜面反射：

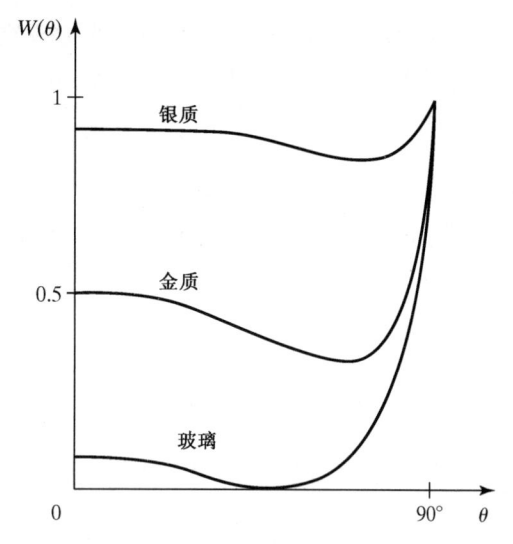

图 17.16 对于不同材质，镜面反射系数可近似表示为关于入射角的函数

$$I_{l,\text{spec}} = \begin{cases} k_s I_l (\mathbf{V}\cdot\mathbf{R})^{n_s}, & \mathbf{V}\cdot\mathbf{R} > 0 \text{ 和 } \mathbf{N}\cdot\mathbf{L} > 0 \\ 0.0, & \mathbf{V}\cdot\mathbf{R} \leq 0 \text{ 或 } \mathbf{N}\cdot\mathbf{L} \leq 0 \end{cases} \quad (17.14)$$

反射向量 **R** 的方向可通过向量 **L** 与 **N** 计算出来。如图 17.17 所示，可以通过点积 **N·L** 得到向量 **L** 在法向量方向上的投影，这也等于单位向量 **R** 向 **N** 方向的投影。因此从图示中，可以有

$$\mathbf{R} + \mathbf{L} = (2\mathbf{N}\cdot\mathbf{L})\mathbf{N}$$

而反射向量可以由下列等式计算出来：

$$\mathbf{R} = (2\mathbf{N}\cdot\mathbf{L})\mathbf{N} - \mathbf{L} \quad (17.15)$$

我们使用获得单位向量 **L** 的方法[参见式(17.11)]及表面位置和观察方向来计算 **V**。但如果对场景中的所有位置都使用一个固定的观察方向，则可设定 **V** = (0.0, 0.0, 1.0)，即正 z 轴上的单位向量。使用常数 **V** 来计算镜面反射，所花时间较少，但真实感不够好。

使用向量 **L** 与 **V** 间的**半角向量**（halfway vector）**H** 来计算镜面反射范围，可以得到简化的 Phong 模型。只需以 **N·H** 替代 Phong 模型中的点积 **V·R**，并利用经验性计算的"$\cos\alpha$"来替代同样是经验性计算的"$\cos\phi$"（参见图 17.18）。半角向量可以从下列等式计算得到：

$$\mathbf{H} = \frac{\mathbf{L} + \mathbf{V}}{|\mathbf{L} + \mathbf{V}|} \quad (17.16)$$

对于非平面表面，**N·H** 比 **V·R** 所需的计算量少，因为在每个表面点的 **R** 计算包含变化的 **N** 向量。若观察者与光源离对象表面足够远，且 **V** 与 **L** 均为常量，则面上所有点的 **H** 也为常量。如果 **H** 和 **N** 之间的夹角大于 90°，则 **N·H** 为负，而我们设定镜面反射的贡献为 0。

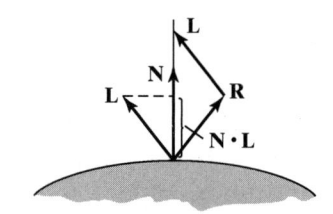

图 17.17 **L** 和 **R** 向表面法向量 **N** 方向的投影都等于 **N·L**

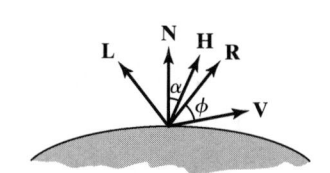

图 17.18 半角向量 **H** 与向量 **L**、**V** 的角平分线方向一致

对于给定的光源和视点，向量 **H** 是在观察方向上产生最大镜面反射的表面朝向，因此 **H** 有时称为最大亮度的表面朝向。另外，若向量 **V** 与 **L** 和 **R**(及 **N**)共面，则角 α 的值为 φ/2，当 **V**、**L** 与 **N** 不共面时，α > φ/2，这取决于三个向量的空间关系。

17.3.4 漫反射和镜面反射的合并

对于单个点光源，可以将光照表面上某点处的漫反射和镜面反射表示为

$$I = I_{\text{diff}} + I_{\text{spec}}$$
$$= k_a I_a + k_d I_l (\mathbf{N} \cdot \mathbf{L}) + k_s I_l (\mathbf{N} \cdot \mathbf{H})^{n_s} \tag{17.17}$$

如果光源位于表面之后，则表面仅有环境光的光照，而如果 **V** 和 **L** 位于法向量 **N** 的同一侧，则没有镜面反射效果。彩图 12 显示了式(17.17)中各项所产生的对象表面的光照效果。

17.3.5 多光源的漫反射和镜面反射

我们可以在场景中放置多个点光源。对于多个点光源的情况，可以在任意一个表面点上叠加各个光源所产生的光照效果：

$$I = I_{\text{ambdiff}} + \sum_{l=1}^{n} [I_{l,\text{diff}} + I_{l,\text{spec}}]$$
$$= k_a I_a + \sum_{l=1}^{n} I_l [k_d (\mathbf{N} \cdot \mathbf{L}) + k_s (\mathbf{N} \cdot \mathbf{H})^{n_s}] \tag{17.18}$$

17.3.6 表面的光发射

除了从光源反射光，场景中某些表面还会发射光。例如，房间的场景可以包括灯泡或吸顶灯，而门外夜景中可以包括街灯、商店招牌和汽车前灯。我们可在光照模型中简单地加入发射项 $I_{\text{surfemission}}$ 来模拟表面光发射，这与使用环境光等级模拟背景光的方法一致。然后将这一表面发射项加到由光源导致的表面反射及背景光照明上。

要考虑发光表面对其他对象的照明，可在该表面后放一个方向光源来生成一个通过该表面的光锥。或可用一组分布在该表面的点光源来模拟。然而，由于额外的计算时间的关系，基本光照模型中一般不会使用发光表面来照明其他表面。而宁愿将发光表面当作扩展光源来逼近，这将为表面生成白炽效果。模拟发光表面的更有真实感的模型是 21.2 节将要讨论的辐射度模型。

17.3.7 考虑强度衰减和高光的基本光照模型

包含多光源、衰减因子、方向光效果(高光)、无穷远光源和发光表面的表面反射的通用、单色光照模型为

$$I = I_{\text{surfemission}} + I_{\text{ambdiff}} + \sum_{l=1}^{n} f_{l,\text{radatten}} f_{l,\text{angatten}} (I_{l,\text{diff}} + I_{l,\text{spec}}) \tag{17.19}$$

辐射衰减函数 $f_{l,\text{radatten}}$ 用式(17.2)计算，而角度衰减函数用式(17.5)计算。对每一个光源，表面点的漫反射计算如下：

$$I_{l,\text{diff}} = \begin{cases} 0.0, & \mathbf{N} \cdot \mathbf{L}_l \leq 0.0 \,(\text{对象后面的光源}) \\ k_d I_l (\mathbf{N} \cdot \mathbf{L}_l), & \text{其他} \end{cases} \tag{17.20}$$

由点光源照明导致的镜面反射项用类似的公式计算：

第17章 光照模型与面绘制算法

$$I_{l,\text{spec}} = \begin{cases} 0.0, & \mathbf{N} \cdot \mathbf{L}_l \leq 0.0 \\ & （对象后面的光） \\ k_s I_l \max\{0.0, (\mathbf{N} \cdot \mathbf{H}_l)^{n_s}\}, & 其他 \end{cases} \quad (17.21)$$

为了保证每个像素的强度不超过某个上限，可以采取一些规范化操作。一种简单的方法是对强度计算公式中的各项设置上限。若某项计算值超过该上限，则将其取值为上限。另一种弥补强度上溢的办法，是通过将各项除以最大项的绝对值来实现规范化。一种较复杂的方法是：首先计算出场景中各像素的强度，然后将计算出来的值按比例变换至 0.0 到 1.0 的强度范围内。

同样，也可以调整辐射衰减函数的系数值和场景的光学表面参数，以防止计算出的强度超过上限。这是在单一光源照明一个场景时限制强度的有效方法。然而，一般都不允许计算所得的强度值超过 1.0，并且要将负值调整为 0.0。

17.3.8 RGB 颜色考虑

对于 RGB 颜色描述，光照模型中的每一强度描述是一个指定该强度的红、绿和蓝分量的三元素向量。这样，对于每一个光源，$I_l = (I_{lR}, I_{lG}, I_{lB})$。类似地，反射系数也用 RGB 分量指定：$k_a = (k_{aR}, k_{aG}, k_{aB})$、$k_d = (k_{dR}, k_{dG}, k_{dB})$ 和 $k_s = (k_{sR}, k_{sG}, k_{sB})$。然后使用分开的表达式计算表面颜色的每个分量。例如，一个点光源的漫反射和镜面反射的蓝色分量用式(17.20)和式(17.21)的改后表达式计算：

$$I_{lB,\text{diff}} = k_{dB} I_{lB} (\mathbf{N} \cdot \mathbf{L}_l) \quad (17.22)$$

和

$$I_{lB,\text{spec}} = k_{sB} I_{lB} \max\{0.0, (\mathbf{N} \cdot \mathbf{H}_l)^{n_s}\} \quad (17.23)$$

表面常常用白色光源来照明，但为了特殊效果或室内光，也可能使用其他颜色的光源。然后再设定反射系数以便模拟特定的表面颜色。例如，如果希望一个对象的表面为蓝色，则只需为蓝色反射系数 k_{dB} 在 0.0 到 1.0 范围内选择一个非零的值，而将红色和绿色反射分量置为 0 ($k_{dR} = k_{dG} = 0.0$)。这样，将吸收入射光线中所有非零的红色或绿色分量，而只反射蓝色分量。

Phong 在他最初的镜面反射模型中，将系数 k_s 设置为一个与对象表面颜色无关的常数，这使得镜面反射光线颜色与入射光的相同（通常为白色），使对象表面看上去像是塑料。对于非塑料材料，镜面反射的颜色是关于表面材质属性的函数，可能会与入射光线及漫反射光颜色不同。我们可以将镜面反射系数与颜色相关联，如式(17.23)，从而近似模拟这些表面上的镜面反射效果。彩图 14 给出了一个粗糙对象表面的颜色反射。彩图 15 及彩图 16 给出了金属表面反射的效果。

设置表面颜色的另一种方法是，为每个表面定义漫反射和镜面反射的颜色向量，而将反射系数定为单值常数。例如，对于 RGB 颜色表示，两个表面颜色向量的分量可表示为 (S_{dR}, S_{dG}, S_{dB}) 及 (S_{sR}, S_{sG}, S_{sB})，反射光线的蓝色分量[参见式(17.22)]可以按下列等式进行计算：

$$I_{lB,\text{diff}} = k_d S_{dB} I_{lB} (\mathbf{N} \cdot \mathbf{L}_l) \quad (17.24)$$

该方法提供了较大的灵活性，因为表面颜色参数可以独立于反射率而进行设置。

在有些图形软件包中，通过允许对一种光源赋以多种颜色来提供光照参数，其中每一种颜色对表面贡献一部分光照效果。例如，一种颜色用作场景中的一般背景光。类似地，另一光源颜色可用于漫反射计算，而第三种光源颜色可用于镜面反射计算。

17.3.9 其他颜色表示

除了 RGB 表示，还可以使用多种描述颜色的模型。例如，可以用青色、品红和黄色分量来表示一个颜色，或用特定的色彩、亮度和色饱和度来描述颜色。我们可以在光照模型中使用这些表

示方法中的任意一种,包括使用多于三个分量的描述。作为一个例子,式(17.24)可使用波长λ表示任何光谱颜色:

$$I_{l\lambda,\text{diff}} = k_d S_{d\lambda} I_{l\lambda}(\mathbf{N} \cdot \mathbf{L}_l) \tag{17.25}$$

计算机图形学中使用的各种颜色表示在第12章已详细讨论。

17.3.10 亮度

亮度(luminance)是颜色的另一特征,有时也称为光能量。亮度给出了颜色亮或暗的程度信息,是我们在观察光照时感知亮度变化的心理上的度量。

物理上,颜色用可见辐射能(光)的频率范围来描述,而亮度按在特定照明中的强度成分的加权总和来计算。由于任意实际照明中包含连续范围的各种波长,因此亮度值计算如下:

$$\text{亮度} = \int_{\text{visible} f} p(f) I(f) \mathrm{d}f \tag{17.26}$$

该计算式中的参数 $I(f)$ 表示在特定方向辐射的波长为 f 的光成分。参数 $p(f)$ 是按经验确定的比例函数,它按频率和光照程度而变化。该集成针对光中包含的频率范围的所有强度来进行。

对灰度和单色显示,我们只需要用亮度值来描述对象的光照。而有些图形软件包确实用亮度来表示光照参数。光源的绿色分量对亮度做出的贡献最大,而光源的蓝色分量对亮度做出的贡献最小,因此RGB光源的亮度一般计算如下:

$$\text{亮度} = 0.299R + 0.587G + 0.114B \tag{17.27}$$

有时,增加每一颜色绿色分量的贡献可得到更好的光照效果。一种推荐的计算是 $0.2125R + 0.7154G + 0.0721B$。亮度参数经常用符号 Y 表示,它对应于 XYZ 颜色模型(19.3节中将介绍)中的 Y 分量。

17.4 透明表面

对于如窗玻璃一类的对象,我们可以看到其后面的东西,我们称该对象为透明的(transparent)。类似地,如果不能看到一对象后面的东西,则该对象为不透明的(opaque)。另外,毛玻璃和某些塑料等透明对象是**半透明的**(translucent),因此透过的光在各个方向漫射。透过半透明材料观察到的对象常常是模糊的和辨认不清的。

通常,一个透明的对象表面上会同时产生反射光和折射光。折射光的相关作用取决于表面的透明程度及是否有光源或光照表面位于透明表面之后。图17.19表示了在不透明对象前面的一个透明对象的表面光照的强度分布。

17.4.1 半透明材质

在一个透明对象的表面,可能同时发生漫折射和镜面折射。当表示半透明对象时漫折射效果很重要。经过一个半透明材料后,背景对象变成模糊影像。可以通过将背景对象均匀分布在一个有限范围或使用光线跟踪方法来模拟半透明性。但这些操作很耗时,并且基本的光照模型仅考虑了镜面透射效果。

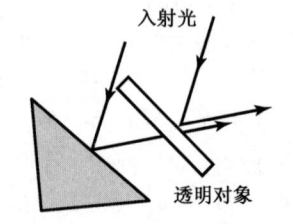

图 17.19 从一个透明表面发散出来的光线通常由反射光和折射光两部分组成

17.4.2 光折射

通过考虑**光折射**(refraction),可以模拟真实透明效果。当光线入射到一个透明对象表面时,一部分光线被反射,另一部分光线被折射,如图17.20所示。由于不同对象中光线的速度不同,因此折射光线的路径与入射光线的也不同。折射光线的方向用**折射角**(angle of refraction)指定,是关于各材质的**折射率**(index of refraction)及入射方向的函数。将材质的折射率定义为光线在真空中的速度与其在材质中的速度之比。折射角 θ_r 可用 Snell 定律计算:

$$\sin \theta_r = \frac{\eta_i}{\eta_r} \sin \theta_i \tag{17.28}$$

这里,θ_i 是入射角,η_i 是入射材料的折射率,而 η_r 是折射材质的折射率。

事实上,材质的折射率也依赖于其他参数,如材质的温度和入射光的波长。这样,入射白光的各种彩色成分以不同角度折射,按温度而变化。在诸如结晶石英等各向异性的材质中,光的速度依赖于方向;而某些透明材质表现为双重折射(double refraction),即生成两个折射光。在大多数情况下,可以赋给每一种材质一个平均折射率,如表 17.1 所示。空气的折射率接近 1,冕牌玻璃的折射率约为 1.61,使用式(17.28),则当入射角为 30°时,光通过冕牌玻璃时的折射角约为 18°。

只要一束光线在两种材质的交界处移动就会发生折射。所以,在光线完全穿过一个物体的情况下,光线将被折射两次——每次穿过物体边界时就发生一次。图 17.21 表示一束光线折射穿过一个薄玻璃片所经历的路径变化。折射的最终结果是将入射光线在离开该材质时进行平移。由于计算式(17.28)中的三角函数很费时,可以将入射光路径平移一个小的位移,从而简单地表示给定材质的折射效果。

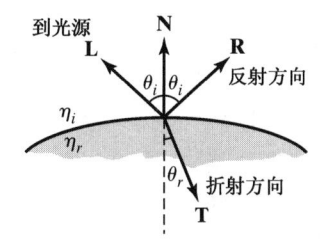

图 17.20 一束光线落在折射率为 η_r 的对象表面上所产生的反射光线 **R** 及折射光线 **T**

图 17.21 穿过一个薄玻璃片的光线折射,最终折射出来的光束方向平行于入射光线(虚线)

由 Snell 定律及图 17.20 中的图解,可以得到折射方向 θ_r 上的单位透射向量 **T**:

$$\mathbf{T} = \left(\frac{\eta_i}{\eta_r} \cos \theta_i - \cos \theta_r \right) \mathbf{N} - \frac{\eta_i}{\eta_r} \mathbf{L} \tag{17.29}$$

其中,**N** 为对象表面的单位法向量,**L** 为光源方向的单位向量。透射向量 **T** 可用于计算折射光与透明表面后的对象的交点。考虑场景中的折射效果,可以生成高度真实感的图形,但确定折射路径和对象求交需要相当大的计算量。大多数扫描线像空间算法利用近似值来表示光线透射以减少处理时间。精确的折射效果要用光线跟踪法来实现(参见 21.1 节)。

表 17.1 普通材质的平均折射率

材 质	折 射 率	材 质	折 射 率
真空(空气或其他气体)	1.00	岩盐	1.55
冕牌玻璃材质	1.52	石英	1.54
厚的冕牌玻璃	1.61	水	1.33
燧石玻璃材质	1.61	冰	1.31
厚的燧石玻璃	1.92		

17.4.3 基本的透明模型

一个简单的表示透明对象的方法是不考虑折射导致的路径平移。在实际操作中，该方法假定各对象间的折射率不变，这样折射角总是与入射角相同。该方法加速了光强度的计算，并且对于较薄的多边形表面，可以生成合理的透明效果。

我们可以只用**透明系数** k_t，将从背景对象穿过表面的透射强度 I_{trans} 与由透明表面发出的反射强度 I_{refl} 结合在一起（参见图 17.22）。给定参数 k_t 一个 0 与 1 之间的值以指定多少背景光线被透射，则对象表面的总的光强度可表示为

$$I = (1 - k_t)I_{\text{refl}} + k_t I_{\text{trans}} \quad (17.30)$$

其中，$(1 - k_t)$ 项为**不透明因子**（opacity factor）。例如，如果设定透明因子为 0.3，则 30% 的背景光与 70% 的反射的表面光照混合。

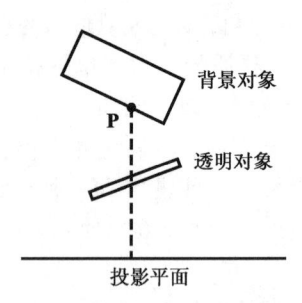

图 17.22 背景对象上点 **P** 处的光强度可以与垂直投影线（虚线）所经过的透明对象表面的反射强度结合考虑

只要使用深度优先（从后到前），上面的过程可用来混合任意多透明和不透明对象的光照效果。例如，透过一个空的玻璃杯，可看到在两个透明表面后面的不透明对象。类似地，透过汽车的挡风玻璃可以看到汽车中的对象及后窗后面的对象。

对于高度透明的对象，可以将 k_t 设置为接近 1.0 的值，而几乎不透明的对象仅由背景对象透射出极少的光，则可以设置 k_t 值接近 0.0。也可以将 k_t 设置为一个关于表面位置的函数，这样，对象的不同部分可以根据 k_t 值来决定折射多少背景光强度。

可修改深度排序可见性算法来实现透明效果，先将表面按深度排序，再确定是否有可见面是透明的。如果有，其反射的表面强度与在其后对象的表面强度混合，以获得每一投影表面点的像素强度。

透明效果还可用修改的深度缓存算法实现。将场景中的表面分成两组，先处理所有不透明的表面。这时，帧缓存包含了可见面的强度，而深度缓存包含了它们的深度。然后，将透明对象的深度值与先前存储在深度缓存中的值进行比较。如果所有透明对象表面均可见，则计算出反射光强度并与先前存储在帧缓存中的不透明表面的强度进行累加。可以对该方法进行修改以得到更准确的效果，即增加对透明表面深度及其他参数的存储。这样，透明表面间的深度值与不透明表面间的深度值可以互相进行比较，可以通过将可见透明表面的强度与其后面的可见不透明表面的强度相结合考虑来进行实际的绘制。

另一种方法是 A 缓存算法。对于 A 缓存中的每一个像素位置，将保存所有覆盖它的表面并按深度顺序排序。然后根据正确的可见性顺序将深度上重叠的透明和不透明的表面强度相结合考虑，以产生该像素点的最终平均强度。

17.5 雾气效果

对象颜色上的雾气效果是光照模型中有时会考虑的另一因素。雾气使颜色变淡、使对象变模糊。因此我们可以按照模拟空气的灰尘、烟或雾的多少来指定一个函数修改表面颜色。雾气效果常用指数衰减函数来模拟：

$$f_{\text{atmo}}(d) = e^{-\rho d} \quad (17.31)$$

或

$$f_{\text{atmo}}(d) = e^{-(\rho d)^2} \tag{17.32}$$

赋给 d 的值是从观察位置到对象的距离。我们还在这两个指数函数中使用参数 ρ 来为雾气设定一个正密度。较高的 ρ 值生成较稠密的雾气且导致表面更柔和。在一对象的表面颜色计算出来后，将该颜色与雾气函数之一相乘来减少其强度，减少量依赖于为雾气密度设定的值。

我们可以通过使用线性的深度提示函数(16.9)简化雾气衰减函数来代替指数函数。这使远距离对象的表面颜色强度减弱，但这样就失去了改变雾气密度的控制。

我们有时可能要模拟雾气的颜色。例如，有烟房间的空气可以用蓝灰色或用淡蓝色建模。混合雾气颜色和对象颜色的计算如下：

$$I = f_{\text{atmo}}(d) I_{\text{obj}} + [1 - f_{\text{atmo}}(d)] I_{\text{atmo}} \tag{17.33}$$

这里的 f_{atmo} 是一个指数或线性雾气衰减函数。

17.6 阴影

可以使用隐藏面算法确定光源所不能照明的区域。将视点置于光源位置，可以确定哪些表面是不可见的。这些就是阴影区域。一旦对所有光源确定出阴影区域，这些阴影可以看作表面图案而保存于图案数组中。

只要光源位置不变，则对于任意选定的观察位置，由隐藏面算法所生成的阴影图案均是有效的。从视点所看到的对象表面，可以根据光照模型结合纹理因素进行绘制。我们既可以显示仅考虑环境光影响的阴影区域，也可以将环境光与特定的表面纹理相结合。

17.7 照相机参数

到目前为止所考虑的观察和照明过程生成鲜明的图像，与使用针孔照相机对场景照相的结果一样。但我们对实际场景照相时可通过调节照相机来选择对象范围。其他对象或多或少离开焦点，这依赖于场景中该对象的深度分布。我们可以通过将每一位置投影到覆盖多个像素位置的区域，使该对象合并到其他对象中生成模糊的投影图案，从而在计算机图形程序中模拟聚焦位置之外的景色。这一过程与反走样中使用的方法类似，并且可以将该照相机效果结合到扫描线或光线跟踪算法中。包含了聚焦效果后可使计算机生成的场景看起来更真实，但聚焦计算很耗时。设定照相机参数来模拟聚焦效果的方法将在21.1节中讨论。

17.8 光强度显示

由光照模型计算出来的光强度可以是0.0到1.0之间的任意值，但计算机图形系统只能显示一个有限强度集。因此，计算出的强度值必须转换为特定图形系统中的一个系统允许值才能进行显示。另外，系统强度等级的允许数目必须按其对应到我们的眼睛能感受到强度差别的程度来分布。在使用2级系统显示场景时，可将计算出的强度转换成半色调图案，如17.9节所讨论的那样。

17.8.1 分配系统强度等级

对于任何系统，强度等级的允许数目可分布在0.0到1.0的范围内，以使该分布对应于我们关于不同等级之间有相同光强度间隔的感觉。我们对光强度的感觉与对声音强弱的感觉是相同的，即按对数等级变化。这表示如果两个强度的比率与另外两个强度的比率相同，则我们所感觉到的两个强度之间的差异也相同。例如，我们所感知的强度 0.20 与 0.22 之间的差异，与 0.80 与 0.88 之间的差异是相同的。因此，为了显示 $n+1$ 个感觉上亮度间隔相等的连续强度等级，必须将监视器上的强度等级按下式进行分布，从而使得相邻强度之间的比率为常数：

$$\frac{I_1}{I_0} = \frac{I_2}{I_1} = \cdots = \frac{I_n}{I_{n-1}} = r \tag{17.34}$$

这里 I 表示光的一个颜色分量的强度。监视器上所能显示的最低级为 I_0，最高级为 I_n，任意的中间强度可以用 I_0 项来表示：

$$I_k = r^k I_0 \tag{17.35}$$

为一个特定系统给定 I_0 值和 n，即可将 $k=n$ 代入前面表达式中计算出 r 值。因为 $I_n = 1$，所以有

$$r = \left(\frac{1.0}{I_0}\right)^{1/n} \tag{17.36}$$

这样，在式(17.35)中计算 I_k 可以写为

$$I_k = I_0^{(n-k)/n} \tag{17.37}$$

例如，若一个系统中 $I_0 = 1/8$ 且 $n = 3$，则 $r = 2$，四个强度等级分别为：1/8、1/4、1/2、1。

最低强度值 I_0 由监视器中的属性所决定，通常在 0.005 至 0.025 之间。这一视频监视器上残留的强度由屏幕荧光粉的反射光所致。因此，监视器上的"黑色"区域的强度值总是大于零。对于每像素 8 位($n=255$)且 $I_0 = 0.01$ 的黑白监视器，相邻强度等级的比率约为 $r = 1.0182$。其 256 个强度等级的近似值为 0.0100，0.0102，0.0104，0.0106，0.0107，0.0109，$\cdots$，0.9821，1.0000。

RGB 颜色系统中使用类似的方法。例如，可以将第 k 级强度的蓝色分量通过最低等级的蓝色值表示为

$$I_{Bk} = r_B^k I_{B0} \tag{17.38}$$

其中

$$r_B = \left(\frac{1.0}{I_{B0}}\right)^{1/n} \tag{17.39}$$

n 为强度等级的数目。

17.8.2　gamma 校正与视频查找表

在视频显示器上显示彩色或黑白图像时，感觉到的亮度变化是非线性的，但光照模型产生一组线性变化的强度值。由光照模型所得的 RGB 色(0.25, 0.25, 0.25)表示颜色(0.5, 0.5, 0.5)强度的一半。通常，将这些计算出来的强度作为 0 到 255 范围中的整数值存储于一个图像文件中，RGB 三分量中的每一个对应一个字节。该强度文件也是线性的。这样，对应值为(64, 64, 64)的像素的强度是值为(128, 128, 128)的像素的一半。控制冲击屏幕荧光粉电子数目的电子枪电压生成由图 17.23 中的**监视器响应曲线**(monitor response curve)确定的亮度等级。因此，显示强度值(64, 64, 64)表现为值(128, 128, 128)一半的亮度。

为了校正监视器的非线性，图形软件包中使用**视频查找表**(video lookup table)来调整线性像素值。利用分量函数可以描述监视器响应曲线：

$$I = aV^\gamma \tag{17.40}$$

参数 I 为显示强度，参数 V 为电子枪电压，参数 a 与 γ 的值取决于图形系统中监视器的属性。这样，如果希望显示一个特定的强度值 I，则产生该强度的电压值为

$$V = \left(\frac{I}{a}\right)^{1/\gamma} \qquad (17.41)$$

这种计算称为光强度的 **gamma** 校正(gamma correction)，监视器中的 gamma 值通常在 1.7 和 2.3 之间。美国国家电视系统委员会(NTSC)的信号标准为 $\gamma = 2.2$。图 17.24 表示一个使用 NTSC gamma 值的 gamma 校正曲线，其中强度和电压均规范化到 0 到 1.0 之间。式(17.41)可用于建立视频查找表，将图像文件中的整数像素值转换为控制电子枪电压的值。

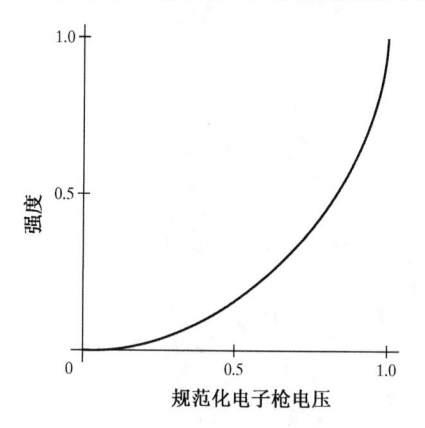

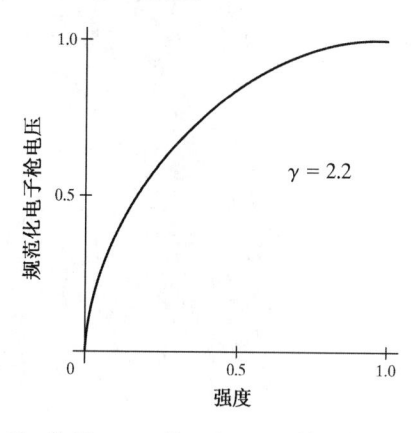

图 17.23　一个典型的监视器响应曲线，其中显示的强度(亮度)表示为规范化电子枪电压的函数

图 17.24　使用 gamma 校正($\gamma = 2.2$)将规范化强度映射至规范化电子枪电压的视频查找校正曲线

我们可以将 gamma 校正与对数强度映射相结合来生成查找表。如果 I 为一光照模型中的输入强度值，那么首先从由式(17.34)或式(17.37)所生成的数值表中找到最接近的强度 I_k。或者，通过下列计算确定这种强度值的等级：

$$k = \text{round}\left[\log_r\left(\frac{I}{I_0}\right)\right] \qquad (17.42)$$

然后，使用式(17.37)计算出该等级的强度值。一旦有了强度值 I_k，就可以计算出电子枪电压：

$$V_k = \left(\frac{I_k}{a}\right)^{1/\gamma} \qquad (17.43)$$

我们可将 V_k 值置入查找表，而将 k 值存入帧缓存的像素单元中。如果某个特定系统中没有查找表，则将计算出来的 V_k 值直接存入帧缓存中。这种将强度向对数等级转化并根据式(17.43)计算 V_k 的方法也称为 gamma 校正。

如果监视器的视频放大器设计成直接将线性输入像素值转化为电子枪电压，则无法将两个强度转换过程结合在一起。在这种情况下，将 gamma 校正包含在硬件中，必须预先计算好对数值 I_k 并将其存入帧缓存(或颜色表)中。

17.8.3　显示连续色调的图像

通常，高质量的计算机图形系统为每个颜色分量至少提供 256 个强度等级，但在许多应用场合中，使用等级数目不到 256 的显示设备也能得到较好的结果。一个 4 级系统为连续色调图像提供了最基本的绘制能力，而真实感的图像则需要系统具备 32 至 256 个强度等级。

图 17.25 给出了几个不同强度等级所显示出的连续色调图像。当使用较少的强度等级来显示原来的连续色调图像时，不同强度区域的边界(称为轮廓线)将清晰可见。在 2 级系统中，照片中脸部特征几乎无法辨认。使用 4 级系统，可以开始辨认出原来的明暗图像，但轮廓效果仍过于

强烈。采用 8 个强度等级，轮廓效果仍然明显，但我们已经开始得到较好的原有图像。若有 16 个或更多的强度等级，轮廓效果就会消失而显示效果越来越接近原来的图像。使用 32 个以上的强度等级，将使生成的连续色调图像与原图像差别变得细微。

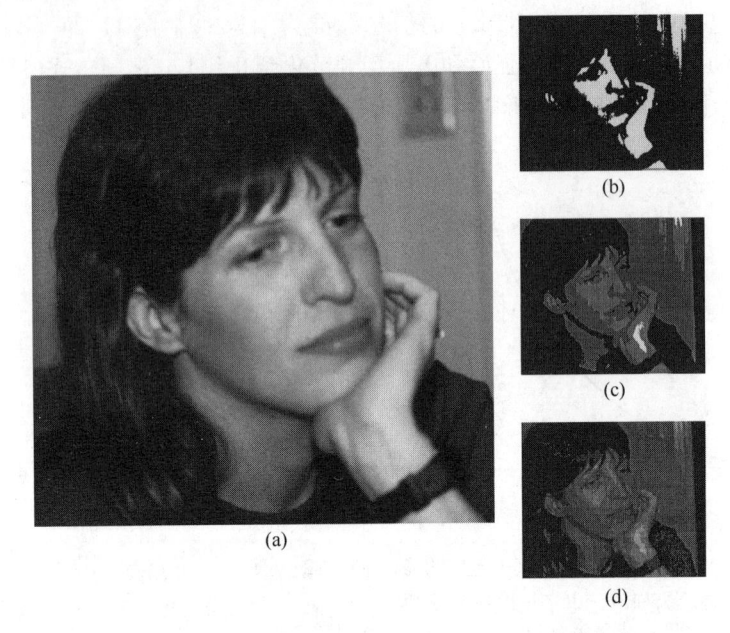

图 17.25 (a)一个连续色调图像；(b)用 2 个强度等级打印；(c)用 4 个强度等级打印；(d)用 8 个强度等级打印

17.9 半色调模式和抖动技术

当一个输出设备的光强度范围较小时，可以将多个像素单元组合起来表示一种强度值，从而使可以得到的强度等级数目明显增加。当我们观察一个包含几个像素的小区域时，眼睛往往通过取整或将细节取平均而得到一个总体的强度效果。因而，一些输出设备特别是 2 级监视器和打印机，可以利用这种视觉效果产生原来需要多种强度值的图像。

连续色调的图像被复制后可在报纸、杂志和书刊上出版，复制过程中有一个打印步骤，称为**半色调处理**(halftoning)，而复制的图片称为**半色调图像**(halftone)。对于一张黑白照片，每个强度区域将作为白色背景上的一组黑色圆点而被复制。每个圆点的直径与强度区域所需的黑暗程度成正比，较黑暗的区域用较大的圆点打印，而较亮的区域则用较小的圆点(较白区域)来表示。图 17.26 显示了放大的一个灰度半色调图像的一部分。可以使用不同颜色和尺寸的点来印制彩色的半色调图像。书刊与杂志上的半色调图像则是使用每厘米约 60~80 个不同直径的圆点打印在高质量的纸张上而形成的。报纸则使用较低质量的纸张和较低的分辨率(大约每厘米 25~30 个点)。

图 17.26 一个放大的用半色调技术复制的照片的一部分，示出了如何用不同尺寸的点来表示色调

17.9.1 半色调近似

在计算机图形学中，通常使用矩形像素区域来近似半色调复制，称其为**半色调近似模式**（halftone approximation pattern）或**像素模式**（pixel pattern）。该方法可显示的强度等级数目，完全取决于矩形网格中所包含的像素数目及系统所能显示的等级数目。在2级系统中，如果每个网格包含 $n \times n$ 个像素，则可表示 n^2+1 个强度等级。图17.27表示一种在2级系统中设置像素模式以表示5个强度等级的方法。在模式0中，所有像素均置为off（白色），在模式1中，有一个像素置为on（黑色）；在模式4中，所有4个像素均置为on。根据图中每个网格下所列出的范围，将场景中的每个强度值 I 映射至一个特定的模式，模式0用于 $0 \leq I < 0.2$；模式1用于 $0.2 \leq I < 0.4$，而模式4用于 $0.8 \leq I \leq 1.0$。

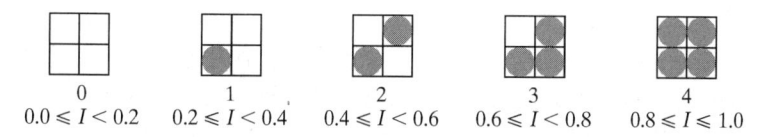

0	1	2	3	4
$0.0 \leq I < 0.2$	$0.2 \leq I < 0.4$	$0.4 \leq I < 0.6$	$0.6 \leq I < 0.8$	$0.8 \leq I \leq 1.0$

图17.27 在2级系统中，用于显示5个强度等级的 2×2 像素网格，用深色圆表示为"on"的像素。每个像素模式下方列出其所对应的强度值

在2级系统中，用 3×3 像素网格可以显示10个强度等级。图17.28绘出了一个设置10个像素模式的方法，即每个等级选择不同的像素，使得该图案接近在半色调复制中所使用的不断增加的圆点尺寸。也就是在较低的强度等级中，设为"on"的像素单元接近于网格中心，而当强度等级增大时，设为"on"的像素单元向外扩张。

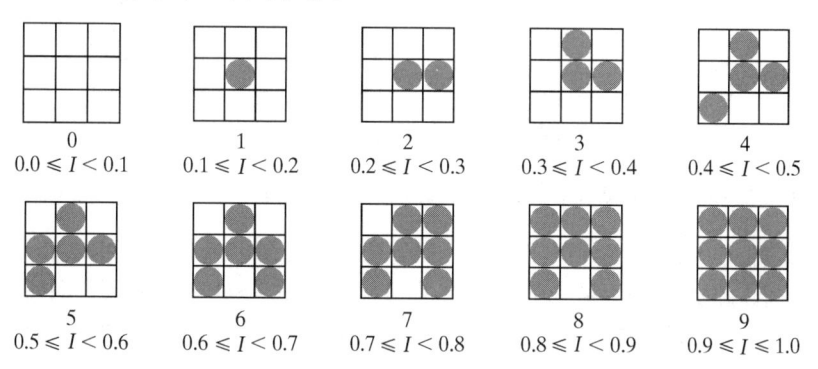

0	1	2	3	4
$0.0 \leq I < 0.1$	$0.1 \leq I < 0.2$	$0.2 \leq I < 0.3$	$0.3 \leq I < 0.4$	$0.4 \leq I < 0.5$

5	6	7	8	9
$0.5 \leq I < 0.6$	$0.6 \leq I < 0.7$	$0.7 \leq I < 0.8$	$0.8 \leq I < 0.9$	$0.9 \leq I \leq 1.0$

图17.28 在2级系统中，3×3 像素网格可用于显示10个强度等级。每个像素模式下列出了其所对应的强度值

对于任意的像素网格尺寸，可以用像素单元数目的掩模（矩阵）来表示各种可能出现的光强度的像素模式。例如，下列掩模可用于生成图17.28中大于零的9个强度等级所对应的 3×3 网格模式：

$$\begin{bmatrix} 8 & 3 & 7 \\ 5 & 1 & 2 \\ 4 & 9 & 6 \end{bmatrix} \tag{17.44}$$

为了用等级数目 k 来显示特定的强度，可以将单元号小于或等于 k 的像素设为"on"。

虽然使用 $n \times n$ 像素模式增加了可以显示的强度等级数目，但其在 x 及 y 方向上分别将分辨率减少至原来的 $1/n$。例如，一个 512×512 的屏幕区域，采用 2×2 网格后将减小到包含 256×256 光强点的区域。使用 3×3 网格后，则 512×512 区域的每条边将减至 128×128 个强度单元。

使用像素网格的另一个问题是，当网格大小增加时，子网格模式变得更加明显。通常由显示的像素大小来确定网格的最佳尺寸。因此，对于较低分辨率的系统(每厘米有较少像素)，必须使用较少的强度等级。另一方面，高质量的显示至少需要 64 个强度等级。这意味着需要 8×8 像素网格。为了获得与书刊、杂志中半色调图像同等的分辨率，每厘米必须显示 60 个光强点。这样，每厘米共需要显示 60×8＝480 个像素点。许多系统，如高质量的胶片记录仪可以满足这种分辨率。

用于半色调近似的像素网格模式，还必须使轮廓效果及原始图像中没有的其他视觉效果降至最低。可以通过逐个推导后继网格模式的方法将轮廓效果降至最低。例如，在等级为 $k-1$ 的网格模式上增加一个"on"像素单元以形成等级为 k 的模式(参见图 17.27 和图 17.28)。还可以通过避免对称模式来防止引入其他的视觉效果。例如，若采用 3×3 像素网格，则大于 0 的第 3 个强度等级使用图 17.29(a)中的模式进行表示，这比使用图 17.29(b)中的所有对称排列都要好。该图中的对称模式较适合在大范围内使用第 3 个强度等级绘制垂直、水平或对角线线段。对于胶片记录仪或打印机等设备的硬拷贝输出，单独像素的复制效率较差。因此，如图 17.30 所示，应避免那些只有单个"on"像素或所有"on"像素均不相邻的网格模式。

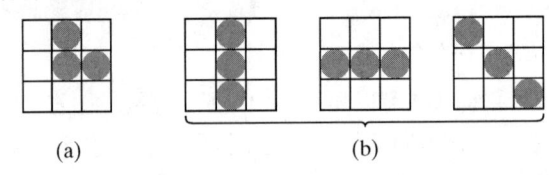

图 17.29 若采用 3×3 像素网格，则大于 0 的第 3 个强度等级使用（a）中的模式进行表示要比（b）中的对称模式好

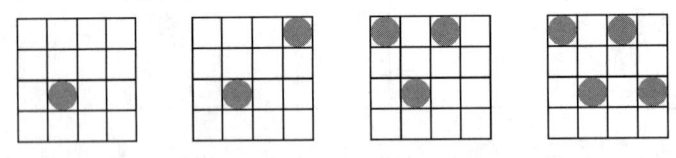

图 17.30 在一些硬拷贝设备上，使用带有孤立像素的半色调网格模式进行复制的效果较差

对于每像素可显示多于 2 个强度等级的系统，还可以使用半色调近似来增加其强度选择的数目。例如，在一个每像素可显示 4 个强度等级的系统中，可以使用 2×2 像素网格将强度等级数目由 4 扩展至 13。图 17.31 给出了一个分配像素强度以得到 13 个等级的方法，其中每个像素的强度等级均标识为 0、1、2 或 3。

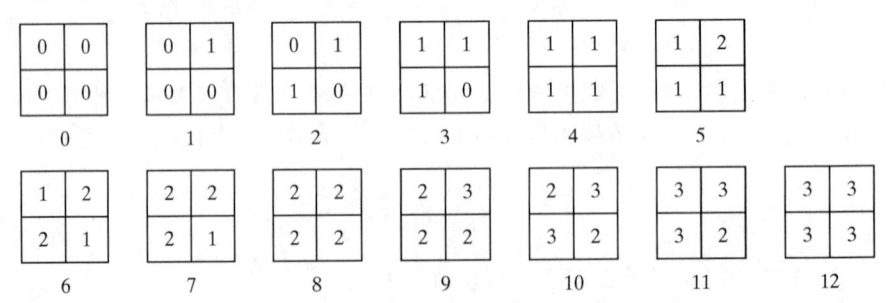

图 17.31 在一个标识为 0 到 3 的像素强度等级系统中使用 2×2 像素网格进行半色调近似，所得到的强度等级为 0 至 12

同样，可以在一个彩色系统中使用像素网格模式来增加显示的强度等级数目。例如，假定有一个每像素 3 位的 RGB 系统，在监视器中每个电子枪对应一位。这样，可以用三个荧光点显示一个像

素，因此该像素可赋以 8 种颜色(包括白色与黑色)中的任意一种。使用了 2×2 像素网格模式以后，如图 17.32 所示，将有 12 个可用于表示特定颜色值的荧光点，每个 RGB 颜色中的各分量在模式中对应 4 个荧光点。这使每种颜色有 5 种可能的设置，也就提供了总共 125 种不同的颜色组合。

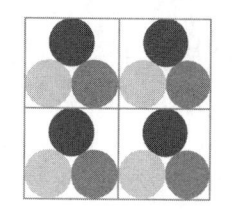

17.9.2 抖动技术

图 17.32　一个 2×2 像素网格模式的 RGB 图像

术语**抖动**(dithering)可用于不同的范围。起初，该术语表示不降低分辨率的半色调近似技术，例如像素网格模式。但目前该术语有时用作任意半色调近似方法的同义词，有时用作彩色半色调近似的另一术语。

我们常用**抖动噪声**(dither noise)来表示添加于像素强度之上以打乱轮廓的随机值，目前已有许多种算法可用于模拟数值的随机分布。抖动技术的效果就是在整个图像上增加噪声以柔化强度边界。

按序抖动算法(ordered dither method)通过使用抖动矩阵 $\mathbf{D}_n$ 选择强度等级将场景中的点一一对应地映射至屏幕像素位置来生成强度变化。为了得到 n^2 个强度等级，我们设立 $n \times n$ 抖动矩阵 $\mathbf{D}_n$，其中，每个元素表示 0 到 $n^2 - 1$ 之间的不同正整数。例如，使用

$$\mathbf{D}_2 = \begin{bmatrix} 3 & 1 \\ 0 & 2 \end{bmatrix} \tag{17.45}$$

来生成 4 个强度等级，还可以使用

$$\mathbf{D}_3 = \begin{bmatrix} 7 & 2 & 6 \\ 4 & 0 & 1 \\ 3 & 8 & 5 \end{bmatrix} \tag{17.46}$$

来生成 9 个强度等级。$\mathbf{D}_2$ 和 $\mathbf{D}_3$ 矩阵中的元素顺序分别与设置 2×2 与 3×3 像素网格时的像素掩模相同。对于一个 2 级系统，通过将输入强度与矩阵中的元素进行比较来决定显示的强度值。首先，将每个输入强度按比例变换至范围 $0 \leq I \leq n^2$ 中，若强度 I 对应于屏幕位置 (x, y)，则按下式计算抖动矩阵的行、列号：

$$j = (x \bmod n) + 1, \quad k = (y \bmod n) + 1 \tag{17.47}$$

若 $I > \mathbf{D}_n(j, k)$，则将位置 (x, y) 处的像素设为"on"，否则该像素值为"off"。对 RGB 颜色应用来说，该过程为单个颜色分量(红、绿和蓝)分别实现。

抖动矩阵中的元素按前面所述的像素网格方法进行赋值，即在显示屏幕上尽量减少可能添加的视觉效果如层位线效应。当矩阵元素的值与半色调近似网格掩模相对应时，按序抖动将产生与像素网格模式相同的恒定强度区域。仅在强度等级的边界与像素网格模式显示不同。

通常，将强度等级的数目看作 2 的倍数，高阶抖动矩阵($n \geq 4$)可以由低阶矩阵通过迭代而获得：

$$\mathbf{D}_n = \begin{bmatrix} 4\mathbf{D}_{n/2} + \mathbf{D}_2(1,1)\mathbf{U}_{n/2} & 4\mathbf{D}_{n/2} + \mathbf{D}_2(1,2)\mathbf{U}_{n/2} \\ 4\mathbf{D}_{n/2} + \mathbf{D}_2(2,1)\mathbf{U}_{n/2} & 4\mathbf{D}_{n/2} + \mathbf{D}_2(2,2)\mathbf{U}_{n/2} \end{bmatrix} \tag{17.48}$$

假定 $n \geq 4$，参数 $\mathbf{U}_{n/2}$ 为单位矩阵(所有元素为 1)。例如，如果 $\mathbf{D}_2$ 如等式(17.45)所示，则由迭代关系(17.48)可以得到

$$\mathbf{D}_4 = \begin{bmatrix} 15 & 7 & 13 & 5 \\ 3 & 11 & 1 & 9 \\ 12 & 4 & 10 & 6 \\ 0 & 8 & 2 & 10 \end{bmatrix} \tag{17.49}$$

另一种将一个 $m \times n$ 点阵组成的图像映射至 $m \times n$ 像素的显示区域的方法是**误差分散**(error diffusion)。其中，一个给定像素单元处的输入光强度值与显示像素强度值之间的误差，被分散至当前像素的右边或下方像素中。从扫描照片所得到的强度矩阵 **M** 开始，我们可以为屏幕上的一块区域组织一个像素强度值的数组 **I**。首先必须从左至右、从上向下扫描 **M** 的各列，并为 **M** 的每个元素确定最接近的像素强度等级。然后，根据以下的简化算法，将 **M** 中保存的值与每个像素单元中显示的强度等级之间的误差分散到 **M** 的邻近元素。

```
for (j = 0; j < m; j++)
    for (k = 0; k < n; k++) {
        /* Determine the available system intensity value
         * that is closest to the value of M [j][k] and
         * assign this value to I [j][k].
         */
        error = M [j][k] - I [j][k];
        I [j][k+1]   = M [j][k+1]   + alpha * error;
        I [j+1][k-1] = M [j+1][k-1] + beta  * error;
        I [j+1][k]   = M [j+1][k]   + gamma * error;
        I [j+1][k+1] = M [j+1][k+1] + delta * error;
    }
```

一旦将强度等级值赋给数组 **I** 中的元素，即可将数组映射至一个显示设备的某区域，如打印机或视频监视器。当然，不可能将误差分散至矩阵的最后一列（$k = n$）之后或最后一行（$j = m$）之下，而对于一个 2 级系统，可用的强度等级为 0 和 1。可以选择参数来分散误差以满足以下关系：

$$\alpha + \beta + \gamma + \delta \leq 1 \tag{17.50}$$

一种可以产生较好结果的误差分散参数选择为 $(\alpha, \beta, \gamma, \delta) = (7/16, 3/16, 5/16, 1/16)$。图 17.33 表示了使用这些参数值的误差分布情况。误差分散有时通过重复或反馈在图像中产生幻影，可能使图像中的某些部分，特别是面部特征（如头发和鼻子的轮廓）出现错误。这些错误可以通过为误差参数重新取值而使得总和小于 1，或者在分散误差之后再次变换矩阵来减少误差。一种变换的方法是将 **M** 中的所有元素乘以 0.8 再加 0.1。另一种提高图片质量的方法是改变扫描矩阵列"从右至左"和"从左至右"的顺序。

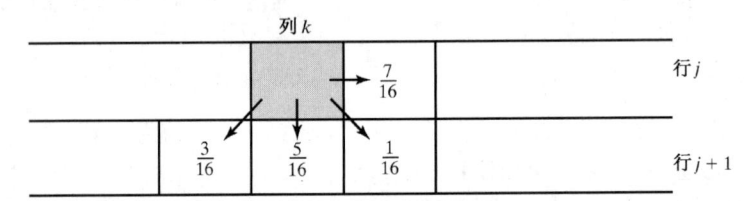

图 17.33　使用误差分散模式，可以将部分强度误差分散至相邻的像素单元

点分散（dot diffusion）是误差分散方法的一种变形。该方法将 $m \times n$ 的强度矩阵分为 64 类，编号为 0 到 63，如图 17.34 所示。矩阵值与显示强度之间的误差将仅仅分布至类号更大的相邻矩阵元素中。64 个类号进行分布的目标是，使那些被较低类号的元素完全包围的单元数目最小化，因为这种情况往往使周围元素的所有误差均集中到那个位置。

34	48	40	32	29	15	23	31
42	58	56	53	21	5	7	10
50	62	61	45	13	1	2	18
38	46	54	37	25	17	9	26
28	14	22	30	35	49	41	33
20	4	6	11	43	59	57	52
12	0	3	19	51	63	60	44
24	16	8	27	39	47	55	36

图 17.34　一种可能的分布模式，将强度矩阵分割成 64 个点分散类，从 0 至 63 进行编号

17.10 多边形绘制算法

光照模型中的强度计算可以通过多种方法应用于表面绘制。可将光照模型用于确定每一投影像素位置的表面强度,或将光照模型用于少量选定点且在其他表面位置近似计算强度。图形软件包一般使用扫描线算法实现表面绘制,通过仅处理多边形面及仅计算顶点处的表面强度来减少处理时间。然后在多边形面的其他位置插值。还有一种更精确的多边形扫描绘制方法,光线跟踪算法将为曲面或平面计算每一投影表面点的强度。我们先考虑应用于多边形的扫描线表面绘制方法。然后在第 21 章讨论可用于光线跟踪的方法。

17.10.1 恒定强度的明暗处理

最简单的绘制多边形面的方法是为其所有的投影点赋以相同的颜色。在这种情况下,我们使用光照模型为表面的一个位置如多边形的一个顶点或中心点计算三个 RGB 颜色分量强度。这个方法称为**恒定强度表面绘制**(constan-intensity surface rendering)或**平面绘制**(flat surface rendering),为显示对象上的多边形面片提供快速而简单的方法,可应用于快速生成一般曲面的大致外观,如彩图 17(b) 所示。平面绘制对希望快速标识模拟曲面的单个多边形面片的设计或其他应用也很有用。

通常,如果下列假定均成立,则多边形表面的平面明暗处理可以准确地绘制一个对象:

- 该多边形是多面体的一个面且不是一个近似表示曲面的多边形网的一部分;
- 所有照明该多边形的光源离对象表面足够远,以使 $\mathbf{N}\cdot\mathbf{L}$ 与衰减函数对于对象表面是一个常数;
- 视点离该多边形足够远,以至于 $\mathbf{V}\cdot\mathbf{R}$ 对于多边形区域是一个常数。

即使所有的条件均不成立,如果对象的面片较小,则仍可以使用恒定强度表面绘制方法来合理地近似对象表面的光照效果。

17.10.2 Gouraud 明暗处理

Gouraud 表面绘制(Gouraud surface rendering)方法由 Henri Gouraud 提出,又称为**强度插值表面绘制**(intensity-interpolation surface rendering)。这种方式通过在照明对象的表面上将光强度值进行线性插值来绘制该多边形表面。为绘制用多边形网逼近的曲面而开发的 Gouraud 方法能使强度值沿相邻多边形的公共边均匀过渡。这种在多边形范围中的强度插值消除了在平面绘制中存在的光强度不连续的现象。

使用 Gouraud 表面绘制方法来绘制多边形表面时,需要进行下列计算:

1. 确定每个多边形顶点处的平均单位法向量;
2. 对于每个顶点根据光照模型来计算其光强度;
3. 在多边形投影区域对顶点强度进行线性插值。

如图 17.35 所示,在多边形各顶点处,通过对共享该顶点的所有多边形表面的法向量取平均值而得到该点所对应的法向量。这样,对所有顶点 $\mathbf{V}$ 可以进行以下计算:

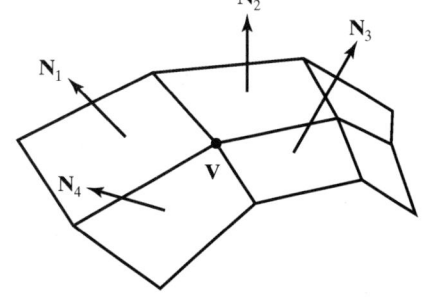

图 17.35 计算顶点 $\mathbf{V}$ 处的法向量时使用了共享该顶点的所有多边形表面法向量的平均值

$$\mathbf{N}_V = \frac{\sum_{k=1}^{n} \mathbf{N}_k}{\left|\sum_{k=1}^{n} \mathbf{N}_k\right|} \tag{17.51}$$

一旦有了顶点法向量，就可以根据光照模型来确定该点的光强度值。

一个多边形面片所有顶点的强度计算出以后，便可沿与该多边形投影区相交的扫描线位置对顶点值插值，如图17.36所示。对于每一条扫描线，它与多边形边交点处的强度可以根据边的两端点通过强度插值而得到。例如，在图17.36中，端点1、2的多边形边与扫描线相交于点4，一个快速获得点4上强度的方法是，仅使用扫描线的垂直坐标：

$$I_4 = \frac{y_4 - y_2}{y_1 - y_2} I_1 + \frac{y_1 - y_4}{y_1 - y_2} I_2 \tag{17.52}$$

在这个表达式中，符号I表示一个RGB颜色分量的强度。同样，该扫描线的右交点（点5）的光强度可以由顶点2与3的强度插值而得到。从这两个边界强度可通过线性插值来得到整个扫描线位置的像素强度。图17.36中点$\mathbf{p}$的一个RGB分量的强度可以通过对点4和5的边界强度进行插值而得到：

$$I_p = \frac{x_5 - x_p}{x_5 - x_4} I_4 + \frac{x_p - x_4}{x_5 - x_4} I_5 \tag{17.53}$$

在Gouraud绘制的实现中，可以使用增量法有效地完成式(17.52)和式(17.53)中的强度计算。从与该多边形一个顶点相交的扫描线开始，可递增地获得与连接该顶点的一条边相交的其他扫描线的强度。假设该多边形面片是一个凸多边形，每一条与多边形相交的扫描线有两个边交点，如图17.36中的点4和点5。一旦获得了一条扫描线与两条边交点的强度，可使用增量法获得沿该扫描线的像素强度。

作为强度增量计算的一个例子，考虑图17.37中的行y和$y-1$，它们与多边形左边相交。如果扫描线y是强度值为I_1的顶点y_1下面相邻的扫描线，即$y = y_1 - 1$，则可从式(17.52)计算扫描线y的强度I如下：

$$I = I_1 + \frac{I_2 - I_1}{y_1 - y_2} \tag{17.54}$$

继续沿该多边形的边向下，沿该边的下一扫描线$y-1$的强度为

$$I' = I + \frac{I_2 - I_1}{y_1 - y_2} \tag{17.55}$$

这样，沿该边向下的每一后继强度值可简单地将常数项$(I_2 - I_1)/(y_1 - y_2)$加到前一强度值上而得。类似的计算可用来获得沿每一扫描线的后继水平像素的强度。

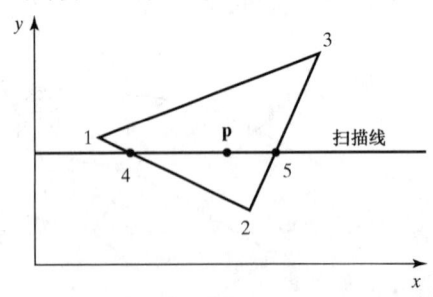

图17.36 使用Gouraud表面绘制，点4处的强度由顶点1和2的强度进行线性插值得到，点5处的强度由顶点2和3的强度进行线性插值得到，然后从点4和5的强度继续线性插值得到内点$\mathbf{p}$的强度值

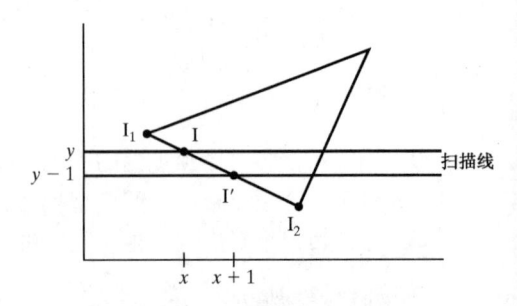

图17.37 沿一条多边形边为后继扫描线进行光强度值的增量法插值计算

Gouraud 表面绘制可以与隐藏面消除算法相结合,沿每条扫描线填充可见的多边形。彩图 17(c)给出了使用 Gouraud 表面绘制来绘制对象的一个例子。

这种强度插值方法消除了平面明暗处理的不连续,但它仍有许多不足。表面上的高光有时会出现异常形状,线性光强度插值会造成表面上出现过亮或过暗的条纹,称为**马赫带**(Mach band)效应。可以将一个表面分割成许多的多边形面片或使用更精确的强度计算来消除这种现象。

17.10.3 Phong 明暗处理

多边形网绘制的一个更精确的方法随后由 Phong Bui Tuong 提出。该方法称为 **Phong 表面绘制**(Phong surface rendering)或**法向量插值绘制**(normal-vector interpolation rendering),对法向量进行插值来取代对强度插值。其结果是强度值的更精确计算、更真实的表面高光显示及更少的马赫带效应。然而,Phong 方法比 Goaraud 方法需要更多的计算。

按下列步骤可以实现 Phong 表面绘制方法对网格曲面每一多边形部分的绘制:

1. 确定每个多边形顶点处的平均单位法向量;
2. 在多边形投影区域上对顶点法向量进行线性插值;
3. 根据光照模型,使用插值的法向量,沿每条扫描线计算投影像素的强度。

在 Phong 方法中法向量的插值过程与 Gouraud 方法中的强度插值一样。图 17.38 中的法向量 **N** 在顶点 1 和 2 之间进行垂直插值:

$$\mathbf{N} = \frac{y - y_2}{y_1 - y_2}\mathbf{N}_1 + \frac{y_1 - y}{y_1 - y_2}\mathbf{N}_2 \quad (17.56)$$

在进一步计算明暗效果之前还需要对以上计算结果进行规范化。使用同样的增量法,可以计算出后继扫描线和沿每条扫描线上后继像素位置的法向量:两种表面绘制方法的差别是,我们现在必须在沿扫描线的每一个投影像素位置使用光照模型来获得表面强度值。

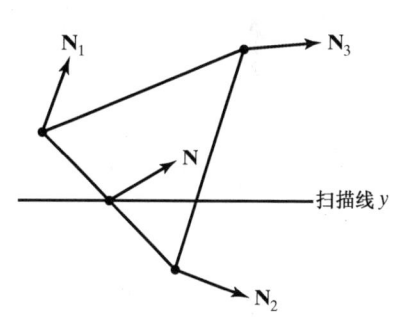

图 17.38 沿一多边形的边对表面法向量进行插值

17.10.4 快速 Phong 明暗处理

通过对光照模型进行近似计算的方法可减少 Phong 绘制方法的处理时间。**快速 Phong 表面绘制**(fast Phong surface rendering)利用截短的泰勒扩展式(Taylor series expansion)和三角形面片来近似计算光强度。

Phong 明暗处理中,首先对各顶点法向量进行插值,可将三角形中任意点(x, y)处的表面法向量 **N** 表示为

$$\mathbf{N} = \mathbf{A}x + \mathbf{B}y + \mathbf{C} \quad (17.57)$$

其中,向量 **A**、**B**、**C** 由三个顶点方程确定:

$$\mathbf{N}_k = \mathbf{A}x_k + \mathbf{B}y_k + \mathbf{C}, \quad k = 1, 2, 3 \quad (17.58)$$

$(x_k、y_k)$分别表示一个三角形顶点在像素平面的投影位置。

忽略反射率和衰减参数,可以使用下列等式表示表面上点(x, y)处的光源漫反射:

$$I_{\text{diff}}(x, y) = \frac{\mathbf{L} \cdot \mathbf{N}}{|\mathbf{L}||\mathbf{N}|}$$

$$= \frac{\mathbf{L} \cdot (\mathbf{A}x + \mathbf{B}y + \mathbf{C})}{|\mathbf{L}||\mathbf{A}x + \mathbf{B}y + \mathbf{C}|}$$
$$= \frac{(\mathbf{L} \cdot \mathbf{A})x + (\mathbf{L} \cdot \mathbf{B})y + \mathbf{L} \cdot \mathbf{C}}{|\mathbf{L}||\mathbf{A}x + \mathbf{B}y + \mathbf{C}|} \tag{17.59}$$

该表达式可改写为

$$I_{\text{diff}}(x,y) = \frac{ax + by + c}{[dx^2 + exy + fy^2 + gx + hy + i]^{1/2}} \tag{17.60}$$

其中，参数 a、b、c、d 等用于表示各种点积，例如：

$$a = \frac{\mathbf{L} \cdot \mathbf{A}}{|\mathbf{L}|} \tag{17.61}$$

最后，可以将式(17.60)的分母表示为泰勒扩展式，并保持各项在 x、y 上达到二次，这使得

$$I_{\text{diff}}(x,y) = T_5 x^2 + T_4 xy + T_3 y^2 + T_2 x + T_1 y + T_0 \tag{17.62}$$

其中，每个 T_k 为式(17.60)中参数 a、b、c 等的一个函数。

利用向前差分，一旦确定了初始向前差分参数，即可根据式(17.62)进行计算，它对每个像素 (x,y) 仅需两次加法的计算量。虽然快速 Phong 方法减少了 Phong 表面绘制的计算量，但它仍需相当于 Gouraud 表面绘制两倍的时间。基本 Phong 方法利用向前差分则需比 Gouraud 绘制多耗时 6~7 倍。

针对漫反射的快速 Phong 明暗处理可以将其扩展到考虑镜面反射，类似的计算将用于确认基本光照模型中的一些特殊项，例如 $(\mathbf{N} \cdot \mathbf{H})^{n_s}$。另外，我们还可以开发出包含任意多边形和有限视点的算法。

17.11 OpenGL 光照和表面绘制函数

OpenGL 有多个用于在基本光照模型中设定点光源、选择表面反射系数和选择其他参数值的函数。另外，我们可以模拟透明性，可用平面绘制或 Gouraud 表面绘制来显示对象。

17.11.1 OpenGL 点光源函数

OpenGL 场景描述中可包括多个点光源，而各种特性如位置、类型、颜色、衰减和投射效果等与每一个点光源结合在一起。为一个点光源设定特性的函数是

```
glLight* (lightName, lightProperty, propertyValue);
```

后缀码 i 或 f 附加在函数名之后，按特性值的数据类型来确定。对于向量数据，还要加上后缀码 v，而这时的参数 propertyValue 是一个指向数组的指针。每一光源用一个标识符引用，而参数 lightName 用 OpenGL 符号标识 GL_LIGHT0, GL_LIGHT1, GL_LIGHT2, ⋯, GL_LIGHT7 来赋值，尽管有些 OpenGL 的实现允许使用超过 8 个光源。类似地，参数 lightProperty 必须用 10 个 OpenGL 符号常量之一赋值。在一个光源的所有特性均赋值后，用下列函数将该光源点亮：

```
glEnable (lightName);
```

然而，还需激活 OpenGL 光源，即调用：

```
glEnable (GL_LIGHTING);
```

接着对象表面就用包括已激活的每一光源贡献的光照计算来绘制。

17.11.2 指定一个 OpenGL 光源位置和类型

用于指定光源位置的 OpenGL 符号常量是 GL_POSITION。实际上，这一符号常量用来同时设定两个光源特性：光源位置和光源类型（light-source type）。OpenGL 中用于照明场景的光源有两个基本类型。一个点光源可以归类为接近被照明对象（局部光源），或归类为离场景无穷远。而该分类与指定的光源位置无关。对一个近光源来说，发出的光向所有方向辐射，且该光源位置包含在光照计算中。但从远光源发出的光仅允许向一个方向发射，该方向应用于场景中的所有表面，与指定的光源位置无关。远光源发出的光线方向按从指定光源位置到坐标原点的方向来计算。

光源类型和光源位置坐标值用一个四元素浮点数向量来指定。该向量的前三个元素给出世界坐标位置，而第四个元素用来指定光源类型。如果对该位置向量的第四个元素赋值 0.0，则该光源是非常远的光源（在 OpenGL 中称为方向光源），而光源位置则用来确定光线方向。否则，该光源被当作一个局部光源（在 OpenGL 中称为位置光源），而光源位置被光照子程序用来确定对场景中每一对象的光照方向。在下面的示例程序中，光源 1 由位置在 (2.0, 0.0, 3.0) 的局部光源指定，而光源 2 是一个在负 y 方向发射光线的远光源。

```
GLfloat light1PosType [ ] = {2.0, 0.0, 3.0, 1.0};
GLfloat light2PosType [ ] = {0.0, 1.0, 0.0, 0.0};

glLightfv (GL_LIGHT1, GL_POSITION, light1PosType);
glEnable (GL_LIGHT1);

glLightfv (GL_LIGHT2, GL_POSITION, light2PosType);
glEnable (GL_LIGHT2);
```

如果不指定光源位置和类型，则使用默认值 (0.0, 0.0, 1.0, 0.0)，表示一个在负 z 方向发射光线的远光源。

光源的位置包含在场景描述中，并和对象位置一起用 OpenGL 几何变换及观察变换矩阵变换到观察坐标系中。因此，如果希望光源相对于场景中对象的位置保持不变，则在程序中设定几何和观察变换之后再设定其位置。但如果希望光源随着观察点一起移动，则在几何和观察变换之前描述其位置。我们还可以让光源相对于固定场景平移或旋转。

17.11.3 指定 OpenGL 光源颜色

与实际光源不同的是，OpenGL 有三个不同的 RGBA 颜色特性。在此经验方法中这三种光源颜色提供了对场景中各种光照效果的选择。我们使用符号颜色特性常量 GL_AMBIENT、GL_DIFFUSE 和 GL_SPECULAR 来设定这些颜色。其中每一个通过指定一个四元素浮点值集来赋值。每一颜色的分量按次序 (R, G, B, A) 指定，分量 A 仅用于颜色混合函数激活以后。正如这些符号颜色特性常量的名称所表达的那样，光源颜色之一对场景的背景（环境）光有贡献，另一种颜色用于漫反射光照计算，而第三种颜色用于计算场景的镜面反射光照效果。实际上，一个光源只有一种颜色，但我们可使用三个 OpenGL 光源颜色来建立各种光照效果。在下面的例子程序中，设定一个局部光源的环境光颜色为黑色，其标号为 GL_LIGHT3，并且设定该光源的漫反射和镜面反射颜色为白色。

```
GLfloat blackColor [ ] = {0.0, 0.0, 0.0, 1.0};
GLfloat whiteColor [ ] = {1.0, 1.0, 1.0, 1.0};
```

```
glLightfv (GL_LIGHT3, GL_AMBIENT, blackColor);
glLightfv (GL_LIGHT3, GL_DIFFUSE, whiteColor);
glLightfv (GL_LIGHT3, GL_SPECULAR, whiteColor);
```

光源 0 的默认颜色是环境光为黑色而漫反射和镜面反射为白色。所有其他光源的环境光、漫反射及镜面反射颜色特性均为黑色。

17.11.4　指定 OpenGL 光源的辐射强度衰减系数

我们可以考虑 OpenGL 局部光源发出的光线的辐射强度衰减问题，而 OpenGL 光照子程序使用式(17.2)在光源位置距对象为 d_l 时计算这一衰减。光线辐射强度衰减的三个 OpenGL 特性常量是 GL_CONSTANT_ATTENUATION、GL_LINEAR_ATTENUATION 和 GL_QUADRATIC_ATTENUATION，分别对应于式(17.2)中的系数 a_0、a_1 和 a_2。每一个辐射衰减系数用正整数或正浮点数来设定。

```
glLightf (GL_LIGHT6, GL_CONSTANT_ATTENUATION, 1.5);
glLightf (GL_LIGHT6, GL_LINEAR_ATTENUATION, 0.75);
glLightf (GL_LIGHT6, GL_QUADRATIC_ATTENUATION, 0.4);
```

在衰减系数的值设定后，光线衰减函数应用于该光源的所有三种颜色(环境光、漫反射和镜面反射)。衰减系数的默认值是 $a_0 = 1.0$、$a_1 = 0.0$ 和 $a_2 = 0.0$。这样，使用默认值就是不衰减，$f_{l,\text{radatten}} = 1.0$。尽管光线衰减可生成更具真实感的显示，但其计算十分耗时。

17.11.5　OpenGL 方向光源(投射光源)

对于局部光源(不在无穷远处的光源)，还可指定方向或投射效果。这将光线限制在一个圆锥形的空间中。我们用圆锥轴上的一个方向向量和一个从该轴开始的角度范围 θ_l 定义该圆锥区域，如图 17.39 所示。另外，可指定一个该光源的角度衰减指数 a_1 来确定在从圆锥中心向其表面移动时减少多少光强。沿光锥任意方向的角度衰减因子是 $\cos^{a_1}\alpha$ [参见式(17.5)]，这里用该圆锥轴向量和光源到对象位置的向量的点积来计算。我们用强度分量与角度衰减因子相乘来依次获得环境光、漫反射和镜面反射光颜色。如果 $\alpha > \theta_l$，则对象在光锥之外，该光源没有照明这一对象。对于在光锥之内的光线，还需考虑强度发散时的衰减。

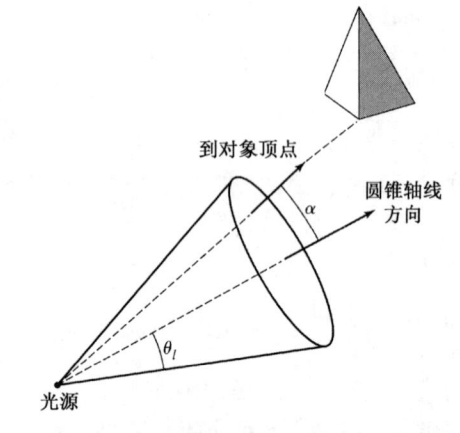

图 17.39　一个从光源发散的光锥。从圆锥轴开始测量的该光锥的角度范围是 θ_l，而从该轴到一个对象的方向向量的夹角是 α

OpenGL 方向效果的特性常量有三个：GL_SPOT_DIRECTION、GL_SPOT_CUTOFF 和 GL_SPOT_EXPONENT。我们可用整数或浮点数向量来指定光的方向。圆锥角 θ_l 用整数或浮点数的度数给出，该角可以是 180°或 0°到 90°范围内的任意值。当圆锥角设定为 180°时，该光源向所有方向(360°)发出光线。我们为强度衰减设定从 0 到 128 的整数或浮点数指数值。下列语句为光源 3 设定方向效果，其圆锥轴在正 x 方向，圆锥角 θ_l 为 30°，而衰减因子是 2.5。

```
GLfloat dirVector [ ] = {1.0, 0.0, 0.0};

glLightfv (GL_LIGHT3, GL_SPOT_DIRECTION, dirVector);
```

```
glLightf (GL_LIGHT3, GL_SPOT_CUTOFF, 30.0);
glLightf (GL_LIGHT3, GL_SPOT_EXPONENT, 2.5);
```

如果不指定光源的方向，则默认方向是平行于负 z 轴的方向，即(0.0, 0.0, -1.0)。同样，默认的圆锥角是 180°，而默认的衰减指数为 0。因此，使用默认值时该光源为向各方向发射光线的点光源，没有角度衰减。

17.11.6 OpenGL 全局光照参数

可在全局级指定若干个 OpenGL 光照参数。这些参数可用来控制某些光照计算的实现方法，并且每一个全局参数用下列函数设定：

```
glLightModel* (paramName, paramValue);
```

按参数值的数据类型来确定添加后缀码 i 或 f。对向量数据，还要添加后缀码 v。参数 paramName 赋以 OpenGL 一个标识设定的全局特性的符号常量，而参数 paramValue 赋以一个或一组值。使用 glLightModel 函数，可设定全局环境光的等级、指定如何计算镜面高光及选择应用于多边形后向面的光照模型。

除了单个光源的环境光，还可将 OpenGL 背景光设定为全局值。这仅为光照计算经验公式增加一个选项。该选项由符号常量 GL_LIGHT_MODEL_AMBIENT 来设定。例如，下列语句将一场景的总的背景光设定为低强度(暗)蓝色，使用的 alpha 值为 1.0。

```
globalAmbient [ ] = {0.0, 0.0, 0.3, 1.0};

glLightModelfv (GL_LIGHT_MODEL_AMBIENT, globalAmbient);
```

如果不设定全局环境光等级，则使用低强度白色(0.2, 0.2, 0.2, 1.0)(暗灰色)为默认值。

镜面反射计算需要确定几个向量，包括从表面到观察位置的向量 **V**，它指出表面位置与观察位置的关系。该常数单位向量在正 z 方向(0.0, 0.0, 1.0)，即默认方向。但如果希望不用默认而使用位于观察坐标原点的实际观察位置来计算 **V**，则使用下列命令：

```
glLightModeli (GL_LIGHT_MODEL_LOCAL_VIEWER, GL_TRUE);
```

尽管该镜面反射计算使用实际的观察位置来计算 **V** 会花费较多时间，但可获得更真实感的显示。当使用默认值 GL_FALSE(或 0，或 0.0)作为局部观察参数时，不再计算表面的向量 **V**。

在 OpenGL 光照计算中加入表面纹理时，表面高光可叠加上去而镜面反射项可能使纹理图案变样。因此，作为一个选项，纹理图案可仅仅应用于对表面颜色有贡献的非镜面反射项上。这些非镜面反射项包括环境光、表面散射和漫反射。使用这一选项，OpenGL 光照子程序在对每一表面进行光照计算时生成两个颜色：镜面反射颜色和非镜面反射颜色。纹理图案先和非镜面反射颜色混合，然后再和镜面反射颜色混合。用下列函数可选择两个颜色项：

```
glLightModeli (GL_LIGHT_MODEL_COLOR_CONTROL, GL_SEPARATE_SPECULAR_COLOR);
```

如果不使用纹理图案则不必分开这两种颜色，而如果不用该选项则光照计算的效率较高。这一特性的默认值是 GL_SINGLE_COLOR，即不将镜面反射颜色和其他非镜面反射颜色分开。

在有些应用中，可能要显示对象的后向面。一个实体的内部剖面视图是这样的例子，其中某些后向面和前向面一起显示。但在默认时，仅对前向面使用赋予的材质进行光照计算。使用下列命令则可对前向面和后向面分别使用两种材质进行光照计算。

```
glLightModeli (GL_LIGHT_MODEL_TWO_SIDE, GL_TRUE);
```

此时将后向面的表面法向量反向，并按赋给后向面的材质进行光照计算。要关闭两侧的光照计算，可在函数 glLightModel 中使用值 GL_FALSE(或 0，或 0.0)。

17.11.7 OpenGL 表面特性函数

表面的反射系数和其他可选特性用下列函数设定：

```
glMaterial* (surfFace, surfProperty, propertyValue);
```

按照特性值的数据类型在函数后添加后缀 i 或 f，并且当应用向量类特性时还要添加后缀 v。参数 surfFace 赋以符号常量 GL_FRONT、GL_BACK 或 GL_FRONT_AND_BACK 之一；参数 surfProperty 是一个用来标识表面参数如 I_{surf}、k_a、k_d、k_s 或 n_s 的符号常量；而参数 propertyValue 用相应的值来设定。除镜面反射指数 n_s 外所有其他特性均用向量值指定。我们需在描述对象几何数据前使用一系列 glMaterial 函数来指定该对象的所有光照特性。

表面散射颜色的 RGBA 值 I_{surf} 使用 OpenGL 符号常量 GL_EMISSION 来选择。例如，下列语句将前向面的散射颜色设定为浅灰色(白色)。

```
surfEmissionColor [ ] = {0.8, 0.8, 0.8, 1.0};

glMaterialfv (GL_FRONT, GL_EMISSION, surfEmissionColor);
```

表面的默认散射颜色是黑色，即(0.0, 0.0, 0.0, 1.0)。尽管对一个表面赋予了散射颜色，但该颜色并不用来照明场景中其他对象。如果要照明其他对象，必须用 17.3 节讨论的方法将该表面定义为一个光源。

OpenGL 符号属性名 GL_AMBIENT、GL_DIFFUSE 和 GL_SPECULAR 用来设定表面反射系数的值。实际上，环境光和漫反射系数应赋以相同的向量值，而这可使用符号常量 GL_AMBIENT_AND_DIFFUSE 来实现。环境光系数的默认值是(0.2, 0.2, 0.2, 1.0)，漫反射的默认值是(0.8, 0.8, 0.8, 1.0)，而镜面反射的默认系数是(1.0, 1.0, 1.0, 1.0)。常量 GL_SHININESS 用来设定镜面反射指数。可用 0 到 128 之间的任意值赋给这一特性，而默认值是 0。作为一个例子，下列语句设定三个反射系数和镜面指数。漫反射和环境光系数设定成在使用白色光照明时该表面显示为浅蓝色；镜面反射的颜色为入射光颜色；而镜面指数设定为 25.0。

```
diffuseCoeff [ ] = {0.2, 0.4, 0.9, 1.0};
specularCoeff [ ] = {1.0, 1.0, 1.0, 1.0};

glMaterialfv (GL_FRONT_AND_BACK, GL_AMBIENT_AND_DIFFUSE,
              diffuseCoeff);
glMaterialfv (GL_FRONT_AND_BACK, GL_SPECULAR, specularCoeff);
glMaterialf (GL_FRONT_AND_BACK, GL_SHININESS, 25.0);
```

反射系数的分量也可由颜色表中的值来设定，OpenGL 符号常量 GL_COLOR_INDEXES 就是为此目的而设的。该颜色表索引项赋以三元素的整数或浮点数数组，而默认为(0, 1, 1)。

17.11.8 OpenGL 光照模型

OpenGL 中使用式(17.19)中的基本光照模型计算表面光照效果，但在参数设定方面有所变化。环境光的等级是光源的环境光分量和设定的全局环境光的总和。漫反射计算使用光源的漫反射分量，而镜面反射计算使用每一光源的镜面反射分量。

同样，如果不使用局部观察选项，则指定从表面到观察位置的单位向量 **V** 为常数值 (0.0, 0.0, 0.0)。对于一个"无穷远"处的光源，单位光方向向量与设定的从该光源发出的光线方向相反。

17.11.9 OpenGL 雾气效果

在使用 OpenGL 光照模型计算出表面颜色后，可设定场景中空气的颜色并将表面颜色和雾气颜色混合。然后可使用雾气强度衰减函数来模拟透过模糊或烟雾的雾气对场景的观察。各种雾气参数用 16.14 节介绍的 glFog 函数来设定。

```
glEnable (GL_FOG);

glFog* (atmoParameter, paramValue);
```

添加后缀码 i 或 f 用来指出数据类型,对向量数据还要添加后缀码 v。

要设定一种雾气颜色,需将 OpenGL 符号常量 GL_FOG_COLOR 赋给参数 atmoParameter。例如,使用下列语句可设定雾气为蓝灰色:

```
GLfloat atmoColor [4] = {0.8, 0.8, 1.0, 1.0};

glFogfv (GL_FOG_COLOR, atmoColor);
```

雾气颜色的默认值是黑色,即(0.0, 0.0, 0.0, 0.0)。

接下来选择雾气衰减函数将对象颜色和雾气颜色混合。这通过使用符号常量 GL_FOG_MODE 实现:

```
glFogi (GL_FOG_MODE, atmoAttenFunc);
```

如果参数 atmoAttenFunc 赋以值 GL_EXP,则使用式(17.31)作为雾气衰减函数。如赋以 GL_EXP2,则使用式(17.32)作为雾气衰减函数。对该两个指数函数中的任意一个,用下列函数选择空气强度:

```
glFog (GL_FOG_DENSITY, atmoDensity);
```

雾气衰减的第三个选项是线性的深度提示函数(9.13)。此时,参数 atmoAttenFunc 赋值为 GL_LINEAR。参数 atmoAttenFunc 的默认值是 GL_EXP。

选定一个雾气衰减函数后,该函数被用来为对象计算调和的雾气-表面颜色。OpenGL 雾气子程序使用式(17.33)计算这一调和颜色。

17.11.10 OpenGL 透明性函数

在 OpenGL 中使用 5.3 节描述的颜色调和函数可模拟某些透明效果。但是,OpenGL 中的透明性一般不直接实现。我们可通过使用 alpha 调和值指定透明程度并按深度优先次序处理表面来为一个包含少量不透明和透明表面的简单场景混合对象颜色。但 OpenGL 颜色调和操作忽略折射效果,并且在有多种光照条件或动画的复杂场景中对透明表面的处理是较困难的。OpenGL 也不直接提供模拟一个半透明对象(如一张塑料薄膜或一块结霜的玻璃)的表面外貌的手段,这些对象将传递到半透明材料中的光散射出去。因此,要显示半透明表面或由折射形成的光照效果,必须另写子程序。要模拟通过半透明对象时的光照效果,可使用表面纹理和材料特性值的混合。对于折射效果,使用式(17.29)计算所需位移量,将透明对象后面的表面上的像素位置做一些移动。

使用 glMaterial 和 glColor 等 OpenGL 的 RGBA 表面颜色命令中的 alpha 参数,可指定场景中的对象为透明的。该对象的表面 alpha 参数可设定为透明系数式(17.30)的值。例如,如果用下列函数指定一个透明表面的颜色:

```
glColor4f (R, G, B, A);
```

则设定了 alpha 参数值为 $A = k_t$。完全透明表面的 alpha 值赋为 $A = 1.0$,而不透明表面的 alpha 值为 $A = 0.0$。

设定透明值后激活 OpenGL 的颜色调和功能并处理表面,次序为从离观察位置最远的对象开始到最近的对象结束。颜色调和功能激活后,使用赋予的 alpha 值将每一表面颜色和任何已存入帧缓存的重叠表面混合。

设定颜色调和因子使所有的当前表面(源对象)颜色分量用 $(1-A)=(1-k_t)$ 来乘,而所有对应的帧缓存位置(目标对象)中的颜色分量用因子 $A=k_t$ 来乘:

```
glEnable (GL_BLEND);

glBlendFunc (GL_ONE_MINUS_SRC_ALPHA, GL_SRC_ALPHA);
```

然后用式(17.30)及设定为 k_t 的 alpha 参数将这两个颜色调和,这里帧缓存颜色是那些在正被处理的透明对象后面的表面颜色。例如,如果 $A=0.3$,则每一表面位置的新的帧缓存颜色是当前帧缓存颜色乘以 30% 的值和对象反射颜色乘以 70% 的值之和。(另一种方法是,使用 alpha 颜色参数作为不透明因子来取代透明因子。如果设定 A 为一个不透明值,还需将函数 glBlendFunc 中的两个变量交换。)

可见性检测可使用 16.14 节的 OpenGL 深度缓存函数来实现。在处理每一个可见不透明表面时,存储了表面颜色和表面深度值。但在处理一个可见透明表面时,仅存储其颜色,因其并未遮挡背景的表面。因此,在处理每一个透明表面时,使用函数将深度缓存设定为只读状态。

如果按深度次序处理所有对象,则在处理每一个透明表面时关掉深度缓存的写模式并在处理完后再打开。也可将对象分为两类,如下面的程序所做的那样:

```
glEnable (GL_DEPTH_TEST);
/* Process all opaque surfaces. */

glEnable (GL_BLEND);
glDepthMask (GL_FALSE);
glBlendFunc (GL_ONE_MINUS_SRC_ALPHA, GL_SRC_ALPHA);
/* Process all transparent surfaces. */

glDepthMask (GL_TRUE);
glDisable (GL_BLEND);

glutSwapBuffers ( );
```

如果不按从后往前的次序处理这些透明对象,则该方法不能精确地累计所有情况下的表面颜色。但对简单的场景,这是一种快速、高效地生成透明效果近似表示的方法。

17.11.11 OpenGL 表面绘制函数

OpenGL 子程序可用常数强度表面绘制或 Gouraud 表面绘制方法来显示表面。没有使用 Phong 表面绘制、光线跟踪法或辐射度方法的 OpenGL 子程序。绘制方法用下列函数来选定:

```
glShadeModel (surfRenderingMethod);
```

对参数 surfRenderingMethod 赋以符号常量 GL_FLAT 可指定常数强度表面绘制方法。使用符号常量 GL_SMOOTH 则指定 Gouraud 表面绘制方法(默认)。

在将 glShadeModel 函数应用于网络曲面如用多边形网格逼近的球面时,OpenGL 子程序使用多边形顶点的表面法向量来计算多边形颜色。OpenGL 中表面法向量的笛卡儿分量用下列命令指定:

```
glNormal3* (Nx, Ny, Nz);
```

该函数的后缀码是 b(字节)、s(短整数)、i(整数)、f(浮点数)和 d(双精度浮点数)。另外,在用数组表示向量分量时还要加后缀码 v。字节、短整数和整数转换成 -1.0 到 1.0 范围内的浮点数。glNormal 函数将表面法向量分量设定为用于所有 glVertex 后继命令的状态值,并且默认的法向量是正 z 方向(0.0, 0.0, 1.0)。

对于平表面绘制而言，每一多边形仅需一个表面法向量。因此，可设定每一多边形法向量如下：
```
glNormal3fv (normalVector);
glBegin (GL_TRIANGLES);
    glVertex3fv (vertex1);
    glVertex3fv (vertex2);
    glVertex3fv (vertex3);
glEnd ( );
```
如果要对上述三角形应用 Gouraud 表面绘制方法，则需为每一顶点指定一个法向量：
```
glBegin (GL_TRIANGLES);
    glNormal3fv (normalVector1);
    glVertex3fv (vertex1);
    glNormal3fv (normalVector2);
    glVertex3fv (vertex2);
    glNormal3fv (normalVector3);
    glVertex3fv (vertex3);
glEnd ( );
```
尽管法向量并不需要指定为单位向量，但如果所有表面法向量都使用单位向量可减少计算。使用下列命令可自动将所有非单位向量转换成单位向量：
```
glEnable (GL_NORMALIZE);
```
该命令也会对那些经过缩放或错切等几何变换的表面向量进行规范化。

另一可用选项是指定一个法向量列表，与顶点数组（参见 4.9 节和 5.3 节）混合使用。创建法向量数组的语句是
```
glEnableClientState (GL_NORMAL_ARRAY);
```

```
glNormalPointer (dataType, offset, normalArray);
```
对参数赋以常量值 `GL_BYTE`、`GL_SHORT`、`GL_INT`、`GL_FLOAT`（默认值）或 `GL_DOUBLE`。参数 `offset` 给出数组 `normalArray` 中连续的法向量之间的字节数，其默认值为 0。

17.11.12　OpenGL 半色调操作

有些系统中使用 OpenGL 半色调操作可获得多种颜色和灰度效果。半色调逼近图案和操作依赖于硬件，且对有全彩色图形能力的系统不起作用。然而，如果一个系统每像素只有少量位时，则可用半色调逼近 RGBA 颜色设定。激活半色调子程序的函数是
```
glEnable (GL_DITHER);
```
这是默认情况，半色调子程序也可由下列函数激活：
```
glDisable (GL_DITHER);
```

17.12　小结

通常，场景中的对象可由发散光源和其他对象的反射表面进行照明。光源可以模拟成点光源，也可以模拟成扩大的尺寸。另外，光源可以是方向光源，还可当作无穷远距离光源或局部光源来处理。光能衰减一般按距离的二次函数的倒数应用于传递的光，而投射光也按角度衰减。场景中的反射面有不透明的、完全透明的或部分透明的。对反射和折射两种情况都可以用漫反射和镜面反射两个概念描述。

表面位置的光强度用光照模型计算，而多数图形软件包中的基本光照模型是物理定律的简单近似。这些光照计算给出表面位置反射光及穿过对象的透射光的 RGB 分量的光强度值。基本光照模型一般可处理多个点光源，这些点光源可以是距离光源、局部光源或投射光源。场景中的环境光用对每一 RGB 分量和对所有表面均固定的光强度来描述。表面漫反射强度与表面法线的角度余弦成正比。镜面反射强度用 Phong 模型计算。可以使用材料的透明系数来近似透明效果，而使用 Snell 定律计算折射角度，可以准确地得到透过透明材质的光线的几何路径。单个光源的阴影效果可通过识别从光源无法看到的场景区域来添加。获得透明材质光反射和透射效果所必需的计算一般也不在基本光照模型中，但我们可以使用分散漫反射分量的方法来模拟。

在实际显示时，由光照模型计算出的光强度值，必须将其映射到所用系统中允许的强度等级。强度的对数标尺可用于按相同亮度感觉对光强度进行分级。另外，对强度值进行 gamma 校正可以消除由于显示设备的非线性所带来的错误。在 2 级监视器上，我们利用半色调模式和抖动技术来模拟光强度值的范围。还可以使用半色调近似技术来增加每像素有两个以上强度的系统的强度等级。当场景中描绘出的点的个数与显示设备上的像素个数相等时，可以利用按序抖动、误差分散和点分散等方法来模拟强度范围。

图形软件包中的表面绘制通过将基本光照模型的计算应用于扫描线过程来实现，该过程从几个表面点的光强度值推广到表面上所有投影像素位置。使用恒定强度表面绘制，也称为平面绘制，我们可使用计算出的一种颜色显示一个表面的所有点。平面绘制在观察点和光源位置远离场景对象时对于多边形或曲面多边形网格是精确的。Gouraud 明暗处理计算多边形顶点处的光强度值，然后在多边形表面上将强度进行插值，从而得到网格曲面的近似反射效果。Phong 明暗处理结果较准确，但速度较慢，它在多边形表面上对多边形顶点的平均法向量进行插值，然后，根据面上各点处的法向量使用基本光照模型来计算该点处的光强度值。快速 Phong 明暗处理采用泰勒扩展式近似方法来加速计算。

OpenGL 的核心库包括多个函数集用于设定点光源、指定基本光照模型中各种参数、选择表面绘制方法、激活半色调逼近子程序和将纹理图案应用于对象。表 17.2 总结了这些 OpenGL 光照和表面绘制函数。

表 17.2　OpenGL 光照和表面绘制函数小结

函　　数	描　　述
`glLight`	指定一个光源特征值
`glEnable(lightName)`	激活一个光源
`glLightModel`	指定全局光照参数值
`glMaterial`	为一光学表面指定一个值
`glFog`	为雾气参数指定一个值；用 `glEnable` 函数激活雾气效果
`glColor4f(R, G, B, A)`	为一个模拟透明性的表面指定一个 alpha 值。在函数 `glBlendFunc` 中，设源混合因子为 `GL_SRC_ALPHA` 而目标混合因子为 `GL_ONE_MINUS_SRC_ALPHA`
`glShadeModel`	指定 Gouraud 表面绘制或单色表面绘制
`glNormal3`	指定一个表面法向量
`glEnable(GL_NORMALIZE)`	指出表面法向量要转换成单位向量
`glEnableClientState(GL_NORMAL_ARRAY)`	激活表面法向量数组的处理子程序
`glNormalPointer`	创建将用于向量数组的表面法向量表
`glEnable(GL_DITHER)`	激活以半色调逼近图案应用于表面绘制的操作

参考文献

基本光照模型和面绘制技术在 Gouraud(1971)和 Phong(1975)、Freeman(1980)、Bishop and Wiemer(1986)、Birn(2000)、Akenine-Möller and Haines(2002)及 Olano et al. (2002)中讨论。光照模型和绘制方法的实现算法在 Glassner(1990)、Arvo(1991)、Kirk(1992)、Heckbert(1994)、Paeth(1995)和 Sakaguchi et al. (2001)中给出。半色调方法在 Velho and Gomes(1991)中给出。按序抖动、误差分散及点分散方面的进一步信息参见 Knuth(1987)。

使用 OpenGL 光照和绘制函数的更多的程序设计例子在 Woo et al. (1999)中给出。完整的 OpenGL 光照和绘制函数列表在 Shreiner(2000)中提供。

练习题

17.1 编写一个子程序来实现漫反射公式(17.12),使用一个点光源和恒定表面明暗处理来绘制指定多面体的各表面。通过一组多边形表,包括各个多边形表面的法向量来描述对象,附加的输入参数包括环境光强度、光源强度和对象表面的反射系数,所有坐标信息可以在观察参照系统中直接给出。

17.2 修改练习题 17.1 中的子程序,绘制球面的多边形网格面片。

17.3 修改练习题 17.2 中的子程序,使用 Gouraud 明暗处理绘制该球面。

17.4 修改练习题 17.3 中的子程序,使用 Phong 明暗处理绘制该球面。

17.5 在前面练习题中开发的子程序的基础上编写一个程序,用来显示输入的一组用多边形网格描述的对象,并且其所用输入参数和练习题 17.1 中相同。要求该程序允许用户用键盘操作来实现在恒定表面绘制、Gouraud 绘制、Phong 绘制这三种效果之间切换。设定一组样本对象和一组不同位置的光源,运行该程序,然后观察和比较这三种渲染方式下的不同视觉效果。

17.6 编写一个子程序,实现漫反射和镜面反射的式(17.17),使用一个点光源和 Gouraud 明暗处理来绘制一个球面的多边形网格面片。可以使用一组多边形表,包括每个多边形面的法向量来描述对象。附加输入包括泛光强度、光源强度、表面反射系数和镜面反射参数,所有的坐标信息可以在观察参照系中直接给出。

17.7 修改上一练习题的子程序,使用 Phong 明暗处理绘制多边形面片。

17.8 修改上一练习题的子程序,加入一个线性光强度衰减函数。

17.9 修改上一练习题的子程序,在场景中包含两个点光源。

17.10 修改上一练习题的子程序,通过一片玻璃观察球表面。

17.11 讨论在镜面反射模型中,比较 $(\mathbf{N}\cdot\mathbf{H})^{n_s}$ 与 $(\mathbf{V}\cdot\mathbf{R})^{n_s}$ 可能出现的结果差异。

17.12 请验证:当所有向量均共面时,式(17.18)中的 $2\alpha=\phi$,但通常情况下 $2\alpha\neq\phi$。

17.13 讨论如何将不同的可见面判别算法与光强度模型相结合,显示一组不透明的多面体。

17.14 讨论如何修改各种可见面判别算法以处理透明对象,请问有没有不能处理透明对象的可见面判别算法?

17.15 请基于一种可见面判别算法,设计一个可以在远处点光源照明的场景中判别阴影区域的算法。

17.16 在 $n\times n$ 像素网格上,每个像素可以用 m 个不同光强显示,请问利用半色调近似技术可以显示多少个光照等级。

17.17 在一个 3×3 像素网格的 4 级 RGB 系统中, 半色调近似方法可以生成多少个不同的颜色组合?

17.18 在一个 4×4 像素网格的 2 级 RGB 系统中, 半色调近似方法可以生成多少个不同的颜色组合?

17.19 在 4×4 像素网格和每像素 2 个强度等级(0, 1)的情况下, 编写一个子程序, 使用半色调近似技术来显示一组给定表面的光强度变化。

17.20 编写一个子程序, 使用式(17.48)中的迭代关系生成按序抖动矩阵。

17.21 编写一个子程序, 使用按序抖动方法来显示一个给定的光强数组。

17.22 编写一个子程序, 对一给定的 $m \times n$ 光强矩阵实现误差分散算法。

17.23 编写一个 OpenGL 程序, 显示包含一个球面和一个多面体的场景, 使用两个光源进行光照: 一个是局部红色光源而另一个是远距离白色光源。用 Gouraud 表面绘制建立漫反射和镜面反射的表面参数, 并应用二次强度衰减函数。

17.24 修改上一练习题中的程序, 用两个投射光源取代该红色局部光源: 一个红色和一个蓝色。

17.25 修改上一练习题中的程序, 将雾气加入场景。

17.26 修改上一练习题中的程序, 通过一块半透明玻璃观察该场景。

附加综合题

17.1 采用本章介绍的技术, 为你自己的特定应用场景设计一套完整的光照效果, 在设计说明中写出所有细节的定义。首先要决定哪种类型的光源是最合适的(点光源, 方向光源, 环境光, 等等), 以及它们各自应该是什么颜色、位置在哪里, 并在需要时指定其朝向。其次, 请定义适当的光照效果, 例如强度衰减、阴影, 或在需要的地方加上雾气。接下来, 基于场景中的对象所代表的材质, 为它们选择合适的表面属性, 把这些属性也写在说明中。最后, 如果透明效果是场景中的重要因素, 请务必也把各对象的透明度属性定义好。

17.2 把上一综合题中设计好的光照效果用 OpenGL 的光照和表面绘制函数来实现。在场景中创建所有定义好的光源, 并设定它们的位置和方向; 如果需要, 就打开雾气效果的开关。如果使用了衰减函数, 则请试着使用不同的模型和参数来改变它们的外观。然后, 为场景中所有表面设置材质属性, 包括漫反射和镜面反射参数, 并为透明表面打开合适的颜色混合开关。最后, 用 Gouraud 绘制来渲染整个场景, 通过尝试修改任意一个所使用的参数来生成一个最漂亮的结果。

第18章 纹理与表面细节添加方法

我们已经讨论过光滑对象表面的绘制技术。然而，大多数对象的表面并不光滑，甚至有些曲面也不光滑。我们需要在对象表面添加纹理以准确地模拟砖墙、砂砾小路、粗线地毯、木头和人的皮肤等对象。另外，在绘制过程中必须考虑一些对象表面的图案花纹。例如，花瓶的表面可能有一幅图画，水杯上可能刻有家庭饰纹，网球场上可能会有球道、服务区域和基准线的标记，四车道的高速公路上有分道线和溢出的油、刹车留下的轮胎印等标记。

彩图 18 给出了模拟和绘制一个带有表面细节的对象。首先，显示了该对象的线框图用于调整设计。接着，在对象轮廓上拟合各层表面以生成整个结构的渲染后的光滑表面视图。最后，可以将表面细节添加到图像帧上来对木材、机器金属表面等进行仿真；也可以把纹理通过类似于"涂色"的方式添加到一帧图像中已定义好的材质上，比如对一个球穿过并撕裂一幅画的过程进行仿真。更多采用表面细节完成场景绘制的例子在彩图 19 中给出。

我们可以用各种不同的方法来添加表面细节，包括：

- 把一些小物体（例如花苞、花、刺等）贴到大表面上
- 用小的多边形区域组成表面图案
- 把纹理数组或强度修改过程映射到一个表面
- 修改表面法向量来生成局部的凹凸效果
- 修改表面法向量和切向量来显示木材等材料表面上的方向性纹理

18.1 用多边形模拟表面细节

使用多边形面片模拟图案和其他表面特征是添加表面细节的一种简单方法。对于较大的细节，多边形模拟可能有较好的效果，例如棋盘上的正方形、高速公路上的分道线、油毡地面的瓦片纹理、光滑薄型地毯上的鲜花图案、门上的网格和玻璃表面的字。另外，我们还可以使用较小但不是很小的任意朝向的多边形面片来模拟不规则表面。

通常，表面图案多边形重叠于一个更大的表面多边形之上，并将其与它的父多边形一同处理。可见面算法仅处理父多边形，但表面细节多边形在选择光照参数时都有较高的优先级。当模拟复杂的或精致的表面细节时，多边形方法则不可行。例如，使用多边形表面来准确模拟葡萄干的表面结构是很困难的。

18.2 纹理映射

一个常用的添加表面细节的方法是将纹理模式映射到对象表面上。纹理模式可以由一个矩形数组进行定义，也可以用一个修改对象表面光强度值的过程来定义，这种方法称为**纹理映射**（texture mapping）或**图案映射**（pattern mapping），而纹理可定义成一维、二维或三维图案。任意纹理描述称为纹理空间（texture space），用 0 到 1.0 范围的**纹理坐标**（texture coordinate）来表示。

图形软件包中的纹理函数常将图案中每一位置的颜色分量数目作为选项来指定。例如，一个纹理图案中的每一颜色描述可以包含 4 个红色、绿色、蓝色、alpha（RGBA）分量，3 个 RGB 分量，用于蓝色明暗的单个强度值，指向颜色表的一个索引或一个亮度值（一种颜色的 RGB 加权平

均)。纹理描述的一个成分常暗指一个"纹理元"，但该术语使用时会有混淆。有时与一组颜色分量对应的纹理空间的一个位置，如一个 RGB 三角形，称为一个纹理元；而有时单个纹理数组元素，如 RGB 颜色中红色分量的值，也称为一个纹理元。

18.2.1 线性纹理图案

一维纹理图案可以用颜色值的单下标数组指定，用来定义线性纹理空间的一系列颜色。例如，可以用下标为 0 到 95 的数组建立 32 个 RGB 颜色的一张表。该数组最前面三个元素存储第一种颜色的 RGB 分量，下面三个元素存储第二种颜色的 RGB 分量，等等。这组颜色或任意连续的颜色子集，可用来形成穿越一个多边形的图案条纹、围住圆柱的图案带或显示一条孤立线段的颜色图案。

对于一个线性图案，纹理空间用单个 s 坐标值表示。对 RGB 颜色描述，值 $s=0.0$ 指定数组中第一组的三个 RGB 颜色分量，值 $s=1.0$ 指定最后一组的三个 RGB 颜色分量，而值 $s=0.5$ 指定该数组的中间三个 RGB 颜色分量。作为一个例子，如果该纹理数组的名字是 colorArray，则值 $s=0.0$ 指向三个数组元素 colorArray[0]、colorArray[1] 和 colorArray[2]。

要将一个线性纹理图案映射到场景中，需将一个 s 坐标值赋以一个空间位置而另一个 s 坐标值赋以另一个空间位置。对应于指定 s 坐标范围的颜色数组部分用来生成该两个空间位置间的多色线。纹理映射过程一般使用线性函数来计算沿线段赋给像素的数组位置。当为该线段指定的纹理颜色数目较少时，每一种颜色赋给一个大的像素块，其大小依赖于线段长度而定。例如，若指定的 s 坐标范围跨越纹理数组中的单个 RGB 颜色(三个 RGB 颜色分量)，则线段上的所有像素均用该颜色显示。但当许多颜色映射到线段上时，则每一颜色赋给若干个像素。同样，由于有些像素可能映射到 RGB 颜色间的数组位置，因此有多种方案可用来确定赋给每一像素的颜色。一种简单的颜色映射方法是将最近的数组颜色赋给每一像素。另一种方法是，当一个像素映射到两个颜色的开始数组位置时，可用数组中两相邻颜色的线性混合来计算该像素颜色。

有些纹理映射过程允许其纹理坐标值超出 0 到 1.0 的范围。这些情况可能发生在需将多份纹理映射到一个对象上或 s 坐标的计算值超出单位区间时。如果允许纹理坐标值超出 0 到 1.0 的范围，则可忽略任意 s 值的整数部分。例如，值 -3.6 表示的纹理空间与 0.6 或 12.6 相同。但如果不允许超出 0 到 1.0 的范围，则将小于 0 的值设定为 0 而将大于 1.0 的值设定为 1.0。

18.2.2 表面纹理图案

用于表面区域的纹理通常用矩形颜色图案定义，而在这一纹理空间的位置用二维 (s, t) 坐标值来指定。纹理图案中每一颜色的描述可存储在一个三下标数组中。例如，当一个纹理图案用 16×16 种 RGB 颜色定义时，该图案的数组包含 $16 \times 16 \times 3 = 768$ 个元素。

图 18.1 给出了一个二维纹理空间。s 和 t 的值在 0 到 1.0 之间变化。数组的第一行列出该矩形图案底部的颜色值，而数组的最后一行列出该图案顶部的颜色值。纹理空间坐标位置 $(0, 0)$ 指向第一行第一个位置的第一组颜色分量，而位置 $(1.0, 1.0)$ 则指向该数组最后一行最后一个位置的最后一组颜色分量。当然，该纹理数组还可以用另外的方法列出颜色。如果按自顶向下次序列出颜色，则二维纹理空间的原点将在矩形图案的左上角。但是将纹理空间原点安排在左下角一般会简化场景中空间坐标系的映射过程。

我们用在指定场景进行的线性纹理映射过程来定义一个对象的表面纹理映射。纹理图案(参见图 18.1)四角的 (s, t) 纹理空间坐标可赋给场景的四个空间位置，并且使用线性变换将颜色值赋给指定空间区域的投影位置。也可以进行另外的映射，例如，可将三个纹理空间坐标赋给一个三角形。

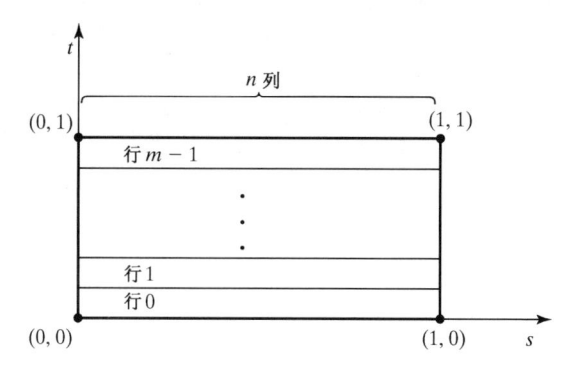

图 18.1 指向包含 m 行、n 列颜色值数组位置的二维纹理坐标。数组中的每一个位置可指定多个颜色分量

三次样条面片或球面部分等对象的表面位置可用 uv 对象空间坐标来描述,而投影像素位置用 xy 笛卡儿坐标来指定。表面纹理映射可用两种方法之一来实现:将纹理映射到对象表面,再到投影平面;或将像素区间映射到对象表面,再将该表面区域映射到纹理空间。将一个纹理图案映射到像素坐标有时也称为纹理扫描(texture scanning),而将像素坐标到纹理空间的映射称为像素次序扫描(pixel-order scanning)、逆扫描(inverse scanning)或图像次序扫描(image-order scanning)。图 18.2 显示了三个空间之间的两种可能的变换序列。

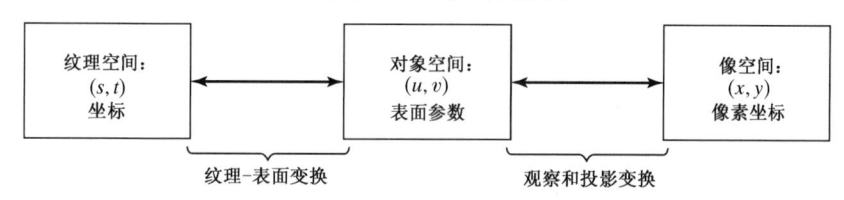

图 18.2 二维纹理空间、对象空间和像空间的坐标系

参数线性变换为从纹理空间到对象空间的映射提供了一个简单方法:

$$u = u(s, t) = a_u s + b_u t + c_u \\ v = v(s, t) = a_v s + b_v t + c_v \quad (18.1)$$

对象空间到像空间的变换通过合并观察和投影变换来实现。从纹理空间到像素区域映射的缺点是选定的纹理片通常不能与需要计算来确定像素覆盖部分的像素边界完全匹配。因此,从像素区域到纹理空间(参见图 18.3)的映射是常用的纹理映射方法。这避免了像素分割的计算,并且容易使用反走样(滤波)处理。一种有效的反走样处理是将图中所示覆盖到邻近像素中心的稍大一些的像素投影,并应用一个四棱锥函数给纹理图案中的强度值加权。但是从图 18.4 像空间到纹理空间的映射不需要计算观察和投影变换的逆变换 $\mathbf{M}_{VP}^{-1}$ 及纹理映射变换的逆变换 $\mathbf{M}_T^{-1}$。下面的例子通过将一个定义的图案映射到圆柱表面来说明这一方法。

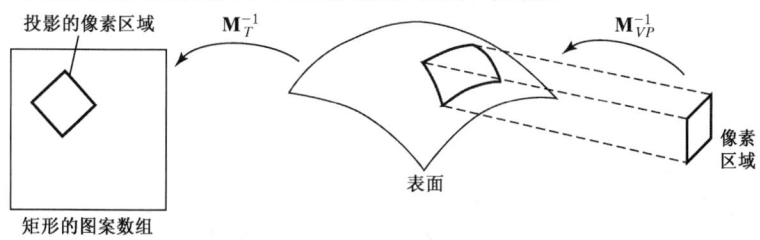

图 18.3 将像素区域投影到纹理空间的纹理映射

例 18.1 表面纹理映射

为了展示表面纹理映射的步骤，考虑图 18.5(a)中的图案到圆柱表面上的变换。表面参数是圆柱坐标

$$u = \theta, \quad v = z$$

及

$$0 \leq \theta \leq \pi/2, \quad 0 \leq z \leq 1$$

在笛卡儿坐标系中的参数表示为

$$x = r\cos u, \quad y = r\sin u, \quad z = v$$

可以由以下线性变换将图案数组映射至对象表面，其中，图案的原点将映射至表面元素 $(x, y, z) = (r, 0, 0)$ 的左下角。

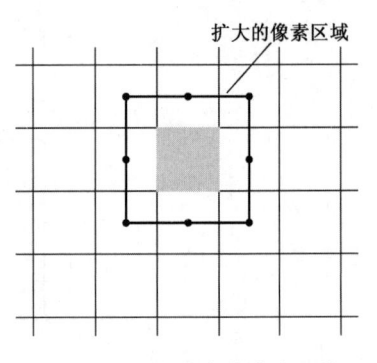

$$u = s\pi/2, \quad v = t$$

图 18.4 包含相邻像素中心位置的扩大的像素区域

接下来，选择一个观察位置并执行从像素坐标到圆柱笛卡儿坐标系的逆观察变换。然后，用下列计算将笛卡儿表面坐标变换到 uv 表面参数：

$$u = \arctan(y/x), \quad v = z$$

而投影像素位置用下列逆变换映射到纹理空间：

$$s = 2u/\pi, \quad t = v$$

将每一投影像素区域覆盖的图案数组颜色值平均后赋给像素。

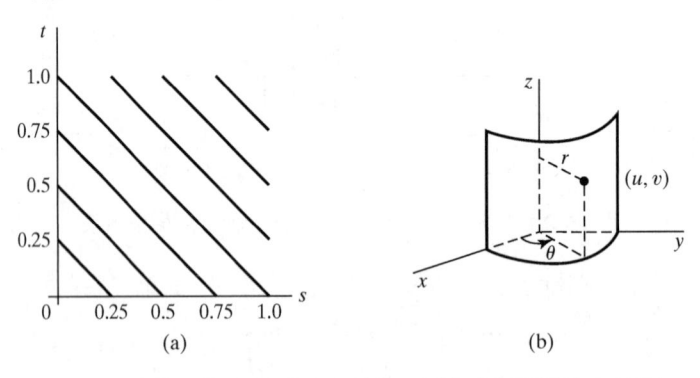

图 18.5 单位正方形(a)中定义的纹理图案映射到圆柱表面(b)

18.2.3 体纹理图案

除了线性和表面图案，我们还可为空间三维区域的位置指定一组颜色。这些纹理常称为**体纹理图案**(volume texture pattern)或**实体纹理**(solid texture)。实体纹理通过三维纹理空间 (s, t, r) 来指定。而一个三维纹理空间在单位立方体内定义，其纹理坐标范围为 0 到 1.0。

一个体纹理图案可用一个四下标数组来存储，其中最前面三个下标给出行位置、列位置和深度位置。第四个下标用来指向图案中的特定颜色。例如，一个 16 行、16 列且 16 个深度平面的 RGB 实体纹理可存储在一个有 $16 \times 16 \times 16 \times 3 = 12\,288$ 个元素的数组中。

为了将整个纹理空间映射到一个三维块，将该纹理空间的八个角的坐标赋给场景的空间位置。或者可以将纹理空间的一个平面部分，如一个深度平面或该纹理立方体的一个面，映射到场景中的一个平面区域。也可以有其他的实体纹理映射应用。

实体纹理可提供内部视图，如剖切显示和切片，使三维对象的显示中带有纹理图案。这样，砖块、炉渣或木头材质可以有相同的纹理图案应用于对象的所有空间范围中。彩图 20 给出了使用实体纹理获得的木纹和其他材料图案的场景显示。

18.2.4 纹理缩减图案

在动画和其他应用中,对象大小经常改变。对于用纹理图案显示的对象,在其尺寸改变时要重新使用纹理映射。当一个有纹理的对象缩小时,原纹理图案应用于较小的区域会导致纹理变形。为避免变形,可创建一系列**纹理缩减图案**(texture reduction pattern)在对象显示尺寸缩小时使用。

一般情况下,每一缩减图案是前一图案的一半。例如,如果已有一个 16×16 的图案,则可建立尺寸为 8×8、4×4、2×2 和 1×1 这样四个另外的图案。对于一个对象的任意视图,就可应用合适的缩减图案使其变形最小。这些缩减图案常称为 **MIP 图**(MIP map)或 **mip 图**(mip map),其中术语 mip 是拉丁语 multum in parvo 的缩写,意为"包含丰富信息的小对象"。

18.2.5 过程式纹理映射方法

另一种添加表面纹理的方法是将过程式定义应用于场景中对象的颜色变量。该方法避免了将二维纹理图案映射到对象表面所需的变换计算。过程式纹理映射消除了对存储容量的需求,而这在场景中使用许多大的纹理图案,特别是实体纹理时是必需的。

我们可以通过计算表示一个对象的材质或特征的变量来生成一个过程纹理。例如,可以使用在三维空间区域定义的调和函数(正弦曲线),在整个对象上建立木纹或大理石图案。然后再将随机扰动添加到调和变量上来打乱对称的图案。

第 22 章将讨论采用过程式方法添加纹理的更多细节。

18.3 凹凸映射

虽然纹理映射可用于添加精致的表面细节,但它对于模拟粗糙的物体表面,如橘子、草莓和葡萄干等则不合适。纹理图案的光照细节的设定通常与场景中的光照方向无关。生成物体表面凹凸效果的较好的方法是使用扰动函数并在光照模型计算中使用扰动法向量,该技术称为**凹凸映射**(bump mapping)。

如果 $\mathbf{P}(u, v)$ 表示一个参数曲面上的点,则可以通过如下计算得到该点处的表面法向量:

$$\mathbf{N} = \mathbf{P}_u \times \mathbf{P}_v \tag{18.2}$$

其中,$\mathbf{P}_u$ 与 $\mathbf{P}_v$ 为 $\mathbf{P}$ 关于参数 u 和 v 的偏导数,为了得到扰动法向量,我们可在表面点的向量方向上增加一个小的扰动函数,称为凹凸函数:

$$\mathbf{P}'(u, v) = \mathbf{P}(u, v) + b(u, v)\mathbf{n} \tag{18.3}$$

它在表面单位法向量 $\mathbf{n} = \mathbf{N}/|\mathbf{N}|$ 方向上增加凹凸效果,扰动后的表面法向量为

$$\mathbf{N}' = \mathbf{P}'_u \times \mathbf{P}'_v \tag{18.4}$$

可以计算 $\mathbf{P}'$ 关于 u 的偏导数:

$$\begin{aligned} \mathbf{P}'_u &= \frac{\partial}{\partial u}(\mathbf{P} + b\mathbf{n}) \\ &= \mathbf{P}_u + b_u\mathbf{n} + b\mathbf{n}_u \end{aligned} \tag{18.5}$$

假定凹凸函数 b 很小,则可以忽略最后一项而得到

$$\mathbf{P}'_u \approx \mathbf{P}_u + b_u\mathbf{n} \tag{18.6}$$

同样,

$$\mathbf{P}'_v \approx \mathbf{P}_v + b_v\mathbf{n} \tag{18.7}$$

扰动的表面法向量为

$$N' = P_u \times P_v + b_v(P_u \times n) + b_u(n \times P_v) + b_u b_v(n \times n)$$

因为 $n \times n = 0$，所以

$$N' = N + b_v(P_u \times n) + b_u(n \times P_v) \tag{18.8}$$

最后一步是规范化 N'，以便于在光照模型中计算。

我们可以使用几种方法来指定凹凸函数 $b(u, v)$。例如定义一个解析表达式，但如果使用查表法获得凹凸值则可减少计算。根据凹凸表，可以由线性插值和增量法很快得到 b 的值，然后，可以由有限次差分得到偏导数 b_u 和 b_v 的近似值。凹凸表则由随机图案、规则网格图案或文字形状来建立。对于不规则物体表面的模拟，例如葡萄干，随机模式是很有效的，而对于模拟橘子表面，重复模式则更有效。为了进行反走样，我们可将像素区域进行细分，并取子像素强度的平均值。

彩图 21 显示了用凹凸映射进行表面渲染的效果。

18.4 帧映射

这种增加表面细节的方法是凹凸映射的延伸。在**帧映射**(frame mapping)中，我们同时扰动表面法向量 N 和一个与 N 相关的本地坐标系(参见图 18.6)，由表面切线向量 T 和双法线向量 $B = T \times N$ 可以定义本地坐标系。

帧映射可用于建立非等值的曲面。我们沿着表面的纹理确定 T 的方向并进行方向扰动，同时还要在 N 方向上进行凹凸扰动。这样就可以模拟木纹图案、布上的织线图案和大理石或类似材质上的条纹。凹凸和方向扰动可以通过查找表得到。

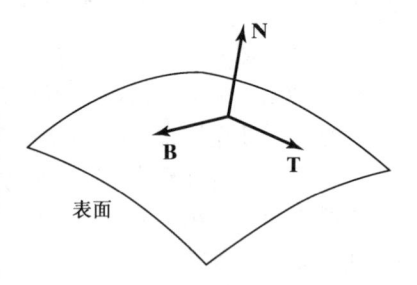

图 18.6 一个表面点的本地坐标系

18.5 OpenGL 纹理函数

OpenGL 中有一个纹理函数的扩充集。我们可以为一条线段、一个表面、空间区域的一个内部体指定一个图案或指定一个插入另一纹理图案的子图案。我们可以按多种方式应用和管理纹理图案。另外，纹理图案可用来模拟环境映射。尽管有些参数可使用颜色表索引来设定，但 OpenGL 的纹理子程序只能在 RGB(RGBA) 颜色模型下使用。

18.5.1 OpenGL 线纹理函数

用单下标颜色数组指定的一维 RGBA 纹理图案的参数由下列语句指定：

```
glTexImage1D (GL_TEXTURE_1D, 0, GL_RGBA, nTexColors, 0,
              dataFormat, dataType, lineTexArray);
```

```
glEnable (GL_TEXTURE_1D);
```

我们在函数 `glTexImage1D` 中将第一个参数设定为符号常量 `GL_TEXTURE_1D` 来指出正在为一个一维对象即一条线段定义一个纹理数组。如果不清楚系统是否支持该参数指定的纹理图案，则将函数 `glTexImage1D` 中的第一个参数设定为符号常量 `GL_PROXY_TEXTURE_1D`。这使我们能在定义纹理数组的元素前先询问系统，而询问的过程在后面再讨论。

在该函数例中的第二和第五个变量使用了值 0。第一个 0 (第二参数)表示该数组不是某个大纹理数组的缩减。对于第五个变量，值 0 表示不希望在纹理周围有边界。如果对第五个变量赋值 1，则该纹理图案在显示时有一个单像素宽的边界，用来将该图案与相邻图案融合。第三个变量

GL_RGBA 表示该纹理图案的每一颜色用 RGBA 四个值指定。我们仅使用了 RGB 三个颜色值,但由于存储器边界对齐的缘故,有时使用 RGBA 四个值效率更高。也可能使用各种其他颜色描述,包括单一的强度或亮度值。第四个变量 nTexColors 被赋以一个正整数,用来指出该线性纹理图案的颜色数量。由于第五个变量(边界参数)的值为 0,该纹理图案中的颜色数量必须是 2 的幂次。如果第五个变量指定为 1,则该纹理图案的颜色数量是 2 加上 2 的幂次。这两种边界颜色用来与相邻图案进行颜色调和。可提供不超过 64 + 2 种颜色的单下标纹理图案,有的 OpenGL 还允许更大的纹理图案。描述纹理颜色和边界颜色的参数存放在 lineTexArray 中。在本例中没有边界,而该数组中每一组连续的四个元素表示纹理图案的一个颜色成分。因此,在 lineTexArray 中的数值是 4 × nTexColors。如果希望一个纹理图案的颜色数量为 8,则该纹理数组必须包含 4 × 8 = 32 个元素。

参数 dataFormat 和 dataType 与在 glDrawPixels 及 glReadPixels 函数(参见 4.11 节)中的一样。我们赋予 dataFormat 一个 OpenGL 常量来指示纹理图案中怎样指定颜色值。例如,可以用符号常量 GL_BGRA 指出颜色分量次序为蓝、绿、红、alpha。为了指定 BGRA 或 RGBA 数据类型,可将 OpenGL 常量 GL_UNSIGNED_BYTE 赋给 dataType。可以赋给 dataType 的其他一些值取决于选定的数据格式,包括 GL_INT 和 GL_FLOAT。

我们可以将一个纹理的多个副本或该纹理颜色的任何相邻子集映射到场景的一个对象上。当一组纹理元素映射到一个或多个像素区域时,纹理元素的边界通常与像素边界位置不对齐。一个像素区域可能包含在一个 RGB(或 RGBA)纹理元素中,也可能与多个纹理元素重叠。为了简化纹理映射时的计算,使用下列函数来给出每一像素的最接近纹理元素的颜色。

```
glTexParameteri (GL_TEXTURE_1D, GL_TEXTURE_MAG_FILTER,
                 GL_NEAREST);
glTexParameteri (GL_TEXTURE_1D, GL_TEXTURE_MIN_FILTER,
                 GL_NEAREST);
```

纹理子程序在必须放大纹理图案的一部分以适合指定的场景坐标范围时使用第一个函数,而在必须缩减纹理图案时使用第二个函数。[这两个纹理操作称为放大(MAG)和缩小(MIN)。]尽管将最近纹理颜色赋给一个像素可加快处理速度,但这可能导致走样效果。要按重叠纹理颜色的线性混合方式来计算像素颜色,需用符号常量 GL_LINEAR 代替 GL_NEAREST。用函数 glTexParameter 还可设定其他一些参数值,这些选项将在后面讨论。

为一个场景指定 OpenGL 纹理图案在某种程度上和指定表面法向量、RGB 颜色及其他属性相类似。我们需将该纹理与某个对象结合,但与单一的颜色设置不同的是,现在有一组颜色值。对于一个一维的纹理空间,颜色值用跨越纹理空间的 0.0 到 1.0 之间的单个 s 坐标指定(参见 18.1 节)。这样,通过将纹理坐标值赋给对象位置来将纹理图案用到场景中的对象上。一维纹理空间的具体的 s 值用下列函数来选择:

```
glTexCoord1* (sCoord);
```

该函数允许使用的后缀码是 b(字节)、s(短整数)、i(整数)、f(浮点数)和 d(双精度浮点数),依赖于纹理坐标参数 sCoord 的数据类型。如果给定 s 坐标值为一个数组,则使用后缀码 v。与颜色及其他类似的参数一样,s 坐标是一个状态参数,它应用于所有在其后定义的世界坐标位置。s 坐标的默认值是 0.0。

要将一个线性纹理图案映射到世界坐标系场景的位置上,可将 s 坐标赋给一条线段的端点。然后,纹理颜色可以按照多种方法映射到对象上,而 OpenGL 的默认方法是用纹理图案中的对应颜色值去乘每一像素的颜色值。如果线性颜色是白色(1.0, 1.0, 1.0, 1.0),即场景中对象的默认颜色,则该线段仅用该纹理颜色显示。

下例中，我们创建一个交替使用绿色和红色的四元素线性纹理图案。然后把从 0.0 到 1.0 的整个纹理图案赋给一条直线段。由于该线段是白色的，按默认要求，它被显示成纹理颜色。

```
GLint k;
GLubyte texLine [16];      // 16-element texture array.

/* Define two green elements for the texture pattern.
/* Each texture color is specified in four array positions.
 */
for (k = 0; k <= 2; k += 2)
{
    texLine [4*k]   = 0;
    texLine [4*k+1] = 255;
    texLine [4*k+2] = 0;
    texLine [4*k+3] = 255;
}

/* Define two red elements for the texture pattern. */
for (k = 1; k <= 3; k += 2)
{
    texLine [4*k]   = 255;
    texLine [4*k+1] = 0;
    texLine [4*k+2] = 0;
    texLine [4*k+3] = 255;
}

glTexParameteri (GL_TEXTURE_1D, GL_TEXTURE_MAG_FILTER, GL_NEAREST);
glTexParameteri (GL_TEXTURE_1D, GL_TEXTURE_MIN_FILTER, GL_NEAREST);

glTexImage1D (GL_TEXTURE_1D, 0, GL_RGBA, 4, 0, GL_RGBA, GL_UNSIGNED_BYTE, texLine);

glEnable (GL_TEXTURE_1D);

/* Assign the full range of texture colors to a line segment. */
glBegin (GL_LINES);
    glTexCoord1f (0.0);
    glVertex3fv (endPt1);
    glTexCoord1f (1.0);
    glVertex3fv (endPt2);
glEnd ( );

glDisable (GL_TEXTURE_1D);
```

该线段沿其路径交替地用绿色和红色的段显示。我们可对 s 坐标赋以任意的值。例如，用下列语句将纹理图案中间的红色和绿色映射到该线段上：

```
glBegin (GL_LINES);
    glTexCoord1f (0.25);
    glVertex3fv (wcPt1);
    glTexCoord1f (0.75);
    glVertex3fv (wcPt2);
glEnd ( );
```

这样，线段的前半段为红色而后半段为绿色。我们还可以使用 0.0 到 1.0 范围以外的 s 值。例如，如果对一个端点的 s 赋值 -2.0 而对另一个端点的 s 赋值 2.0，则分四次将纹理图案映射到线段上。该线段显示成 16 个绿色段和 16 个红色段。对超出单位区间的 s 坐标值，忽略其整数部分，除非指定了将 s 归入 0～1.0 之间。

与 OpenGL 纹理图案有关的参数和选项很多。但在深入了解 OpenGL 纹理子程序的这些特性之前，我们先讨论生成二维和三维纹理图案的基本函数。

18.5.2 OpenGL 表面纹理函数

我们可以使用与一维纹理图案例子中类似的函数来建立二维 RGBA 纹理空间的参数：
```
glTexImage2D (GL_TEXTURE_2D, 0, GL_RGBA, texWidth,
              texHeight, 0, dataFormat, dataType, surfTexArray);

glEnable (GL_TEXTURE_2D);
```
这里唯一的差别是必须指定三下标纹理数组的宽(列数)和高(行数)。宽和高在没有边界时都必须是 2 的幂次，在有边界时都必须是 2 加上 2 的幂次。我们再次使用 RGBA 颜色分量，并说明该图案没有边界且它不是一个大纹理图案的缩减。因此，存储在 surfTexArray 中的数组尺寸是 4×宽×高。对于二维纹理图案，按自下而上次序设定纹理数组元素的颜色值。从颜色图案的左下角开始，将该数组第一行的元素设定为与矩形纹理空间底行对应的 RGBA 值，将数组最后一行元素设定为与矩形纹理空间顶行对应的 RGBA 值(如图 18.1 所示)。

与使用线性纹理图案一样，场景中的表面像素可赋以最近纹理颜色或一个插值纹理颜色。我们可用在一维纹理中使用的同样两个 glTexParameter 函数来选择这些参数中的一个。一个函数指定在放大纹理图案以适合一个坐标范围时使用的选项，而另一个函数指定在缩减纹理时使用的选项。一个纹理图案可在一个方向拉长而在另一方向压缩。例如，下面的语句构成了使用最近颜色显示投影表面位置的纹理子程序：
```
glTexParameteri (GL_TEXTURE_2D, GL_TEXTURE_MAG_FILTER,
                 GL_NEAREST);
glTexParameteri (GL_TEXTURE_2D, GL_TEXTURE_MIN_FILTER,
                 GL_NEAREST);
```
要将一个插值纹理颜色赋给表面像素，可使用符号常量 GL_LINEAR 来代替 GL_NEAREST。

二维纹理空间的一个坐标位置用下列函数来选择：
```
glTexCoord2* (sCoord, tCoord);
```
对纹理空间进行规范化，从而可用 0.0 到 1.0 范围内的坐标值来指定该图案，因而我们可以使用任意纹理坐标值来表示一个表面上的图案。纹理坐标可用多种形式来指定，并用一个后缀码 b、s、i、f 或 d 来指定数据类型。如果纹理坐标用数组给出，则还要加上后缀码 v。

为展示二维纹理空间的 OpenGL 函数，下列程序段设定一个 32×32 的图案并将其映射到一个四边形表面。每一纹理颜色用四个 RGBA 分量指定，并且该图案没有边界。

```
GLubyte texArray [32][32][4];
/* Next: assign the texture color components to texArray.  */

/*  Select nearest-color option.  */
glTexParameteri (GL_TEXTURE_2D, GL_TEXTURE_MAG_FILTER, GL_NEAREST);
glTexParameteri (GL_TEXTURE_2D, GL_TEXTURE_MIN_FILTER, GL_NEAREST);
glTexImage2D (GL_TEXTURE_2D, 0, GL_RGBA, 32, 32, 0, GL_RGBA,
              GL_UNSIGNED_BYTE, texArray);

glEnable (GL_TEXTURE_2D);

/*  Assign the full range of texture colors to a quadrilateral.  */
glBegin (GL_QUADS);
    glTexCoord2f (0.0, 0.0);        glVertex3fv (vertex1);
    glTexCoord2f (1.0, 0.0);        glVertex3fv (vertex2);
    glTexCoord2f (1.0, 1.0);        glVertex3fv (vertex3);
    glTexCoord2f (0.0, 1.0);        glVertex3fv (vertex4);
glEnd ( );

glDisable (GL_TEXTURE_2D);
```

18.5.3 OpenGL 体纹理函数

三维纹理空间函数是二维纹理空间函数的简单扩充。例如，一个没有边界的四下标 RGBA 纹理数组可用下列函数来建立：

```
glTexImage3D (GL_TEXTURE_3D, 0, GL_RGBA, texWidth, texHeight,
              texDepth, 0, dataFormat, dataType, volTexArray);

glEnable (GL_TEXTURE_3D);
```

该 RGBA 纹理颜色存储在 volTexArray 中，其中包含了 4 × texWidth × texHeight × texDepth 个元素。数组的宽、高和深必须是 2 的幂次或 2 加上 2 的幂次。

下列语句可使用最近纹理颜色显示像素：

```
glTexParameteri (GL_TEXTURE_3D, GL_TEXTURE_MAG_FILTER,
                 GL_NEAREST);
glTexParameteri (GL_TEXTURE_3D, GL_TEXTURE_MIN_FILTER,
                 GL_NEAREST);
```

对于线性插值纹理颜色，可使用符号常量 GL_LINEAR 来代替 GL_NEAREST。

三维纹理坐标用下列函数选择：

```
glTexCoord3* (sCoord, tCoord, rCoord);
```

然后，选定的每一个纹理空间位置与世界坐标场景中的空间坐标位置相结合。

18.5.4 OpenGL 纹理图案的颜色选项

一个纹理空间的元素可以用许多不同的方法来指定。函数 glTexImage1D、glTexImage2D 和 glTexImage3D 的第三个变量用来指定图案每一元素的颜色分量的一般格式和数量。对这一描述可使用近 40 个符号常量。例如，每一纹理元素可以是一组 RGBA 值、一组 RGB 值、单个 alpha 值、单个红色强度值、单个亮度值或一对亮度值加上一个 alpha 值。另外，某些常量也指定位的尺寸。例如，OpenGL 常量 GL_R3_G3_B2 指定在一个字节的 RGB 颜色中有 3 位用于红色、3 位用于绿色、2 位用于蓝色。

纹理函数中的参数 dataFormat 用来指定纹理元素的特殊格式。我们可以从该参数的 11 个符号常量中选择一个。从而可用指向颜色表的索引、单个 alpha 值、单个亮度值、亮度 - alpha 值的组合、单个 RGB 分量的强度值、3 个 RGB 分量或按 BGRA 次序的 RGBA 描述的 4 个分量来指定每一个纹理元素。参数 dataType 将赋值为 GL_BYTE、GL_INT、GL_FLOAT 或一个同时指定数据类型和位尺寸的符号常量。可从 20 个符号常量中选择一个值用于该数据类型的参数。

18.5.5 OpenGL 纹理映射选项

在将纹理元素映射到对象上时，其值可以与当前对象颜色混合，或取代对象颜色。下列函数用来选择纹理映射方法：

```
glTexEnvi (GL_TEXTURE_ENV, GL_TEXTURE_ENV_MODE,
           applicationMethod);
```

如果将参数 applicationMethod 赋值为 GL_REPLACE，则纹理颜色、亮度、光强度或 alpha 值取代对象的对应值。例如，alpha 值的纹理图案取代对象的 alpha 值。类似的取代操作还用于单个亮度或光强度值指定的纹理图案上。绿色强度值的图案取代对象颜色的绿色分量。

将 applicationMethod 赋值为 GL_MODULATE 导致对象颜色值的"调制"。即用纹理颜色调制当前颜色值。具体结果依赖于纹理图案中的元素格式，例如，alpha 值调制 alpha 值而强度值调制强度值。纹理图案的默认应用方法是 GL_MODULATE。如果对象颜色是白色(对象的默认颜色),则调制操作生成与取代操作相同的结果,依赖于如何指定纹理图案的元素。

我们还可以将符号常量 GL_DECAL 用于纹理映射操作,然后该操作将 RGBA 的 alpha 值作为透明系数。此时,该对象可看作对于背景中的纹理是透明的。如果该纹理图案仅包含 RGB 值而没有 alpha 分量,则该纹理颜色取代对象颜色。同样,有些情况下,若在纹理图案仅包含 alpha 值,则该贴花操作没有定义。

将常量 GL_BLEND 赋给 applicationMethod 时,纹理子程序使用下列函数指定的颜色进行颜色混合:

```
glTexEnv* (GL_TEXTURE_ENV, GL_TEXTURE_ENV_COLOR,
           blendingColor);
```

按该混合颜色的数据类型决定加后缀 i 或 f。在混合颜色是一个数组时还要加后缀 v。

18.5.6 OpenGL 纹理环绕

当纹理空间的坐标超出 0 到 1.0 的范围时,可使用下列命令补充纹理空间中描述的图案:

```
glTexParameter* (texSpace, texWrapCoord, GL_REPEAT);
```

仅使用纹理空间坐标值的小数部分补充图案。参数 texSpace 赋以符号常量 GL_TEXTURE_1D、GL_TEXTURE_2D 或 GL_TEXTURE_3D 之一,而 texWrapCoord 通过 GL_TEXTURE_WRAP_S、GL_TEXTURE_WRAP_T 或 GL_TEXTURE_WRAP_R 来指定纹理空间坐标。

为了将纹理坐标强制限于单位区间内,我们使用 GL_CLAMP 代替 GL_REPEAT。如果一个要强制的坐标值大于 1.0,则赋值为 1.0。同样,要强制的坐标值小于 0.0 时将其赋为 0.0。在一个特定的纹理空间中,我们可以任意指定复用和强制的组合。所有坐标的默认是 GL_REPEAT。

18.5.7 复制帧缓存中的 OpenGL 纹理图案

无论是原始的图案还是子图案都可以从帧缓存中的值获得。下面的函数使用一块 RGBA 像素值来为当前纹理状态建立一个二维图案。

```
glCopyTexImage2D (GL_TEXTURE_2D, 0, GL_RGBA, x0, y0, texWidth,
                  texHeight, 0);
```

变量表中的两个 0 值指出这个图案不是缩减的且没有边界。以缓存的左下角为坐标原点的帧缓存位置(x0, y0)给出 texWidthx 和 texHeight 的像素颜色块。

用作纹理子图案的像素块可用下列类似的函数获得:

```
glCopyTexSubImage2D (GL_TEXTURE_2D, 0, xTexElement,
                     yTexElement, x0, y0, texSubWidth, texSubHeight);
```

这一块像素值放在纹理位置(xTexElement, yTexElement)的当前图案中。参数 texSubWidth 和 texSubHeight 给出像素块的尺寸,其左下角位于帧缓存位置(x0, y0)处。

18.5.8 OpenGL 纹理坐标数组

有了颜色数据、表面法向量和多边形的边标志,我们在可与顶点数组混合或辅助该数组的列表中指定纹理坐标(参见 4.9 节和 5.3 节)。

```
glEnableClientState (GL_TEXTURE_COORD_ARRAY);

glTexCoordPointer (nCoords, dataType, offset, texCoordArray);
```

将参数 nCoords 赋值为 1、2、3 或 4,指定纹理图案的尺寸。默认值 4 表示以齐次坐标形式指定纹理空间，因此纹理空间位置用前三个坐标值除以第四个而得。这种形式很有用，例如在纹理图案是一个透视照片时。参数 `dataType` 赋以常量 `GL_SHORT`、`GL_INT`、`GL_FLOAT`（默认值）或 `GL_DOUBLE`。数组 `texCoordArray` 的坐标位置间的字节位移在参数 `offset` 中指定，该参数的默认值是 0。

18.5.9 OpenGL 纹理图案命名

常常会在一个应用中使用几个纹理图案，因此 OpenGL 允许创建多个命名的纹理图案。然后我们可以在任意时刻简单地通过名字指定要使用的纹理。这是一种每次引用 `glTexImage` 函数的非常有效的方法，因为每次对 `glTexImage` 的调用需要创建图案，而该图案可能来源于一个数据文件中的颜色值。我们需在图案定义之前选择一个正(无符号)整数来命名一个纹理图案。例如，下列语句用纹理 3 来命名前一例子中的绿色和红色线图案并随后激活它。

```
glBindTexture (GL_TEXTURE_1D, 3);
glTexImage1D (GL_TEXTURE_1D, 0, GL_RGBA, 4, 0, GL_RGBA,
              GL_UNSIGNED_BYTE, texLine);

glBindTexture (GL_TEXTURE_1D, 3);
```

第一个 `glBindTexture` 语句为图案命名，第二次调用 `glBindTexture` 将该图案指定为**当前纹理状态**（current texture state）。如果创建了多个纹理图案，则可通过另一个纹理名再调用 `glBindTexture` 来激活该纹理在场景中某些对象上的应用。对于一个二维或三维图案，将 `glBindTexture` 函数的第一个参数改为 `GL_TEXTURE_2D` 或 `GL_TEXTURE_3D`。在一个纹理名第一次引用时，使用图案参数的默认值创建一个图案。

虽然我们可以自行为一个图案挑选一个名字，但是更好的办法是让 OpenGL 为图案生成一个名字，这样我们就不必记住哪些名字已经使用过了。例如，我们用如下语句来申请一个纹理名并将它用于某个图案：

```
static GLuint texName;

glGenTextures (1, &texName);
glBindTexture (GL_TEXTURE_2D, texName);
```

第一个参数代表待生成纹理名的数量，第二个参数是一个 `GLuint` 类型的数组，用来存放名字。因为此处只需要一个纹理名，所以必须把一个单独的 `GLuint` 类型变量的地址传给第二个参数，这样 `glGenTextures` 才可以把生成的名字存放在其中。更常见的情况是一次性申请生成多个纹理名，此时第二个参数就是一个数组的首地址了。例如，下列语句用来获得六个未使用的纹理名并使用其中之一来创建一个图案：

```
static GLuint texNamesArray [6];

glGenTextures (6, texNamesArray);
glBindTexture (GL_TEXTURE_2D, texNamesArray [3]);
```

当一个纹理图案已经使用完毕之后，我们需要删除它以释放其在 OpenGL 的纹理内存中占用的空间（比如，留下空间来存放其他的纹理）。使用下面的命令可删除一个或多个现有的纹理图案：

```
glDeleteTextures (nTextures, texNamesArray);
```

这里的参数含义和 `glGenTextures` 中的相同：`nTextures` 是要删除的纹理数量，`texNamesArray` 是用来存放待删除纹理的数组首地址。

OpenGL 中有一个查询语句用来确认一个纹理名是否已用于现有图案：

```
glIsTexture (texName);
```

如果 texName 是一个已有图案的名字,则该函数返回值 GL_TRUE,否则返回值 GL_FALSE。如果 texName = 0 或发生错误,则也返回 GL_FALSE。

18.5.10 OpenGL 纹理子图案

一旦定义了一个纹理图案,我们就可以创建称为子图案的另一个图案,从而修改原始图案中的任意部分或全部。子图案中的纹理值取代原始图案中的指定值。这常常比用新的值重新创建一个纹理的效率高。例如,下列函数指定一组 RGBA 颜色值来取代二维纹理的一个部分,该部分没有边界也不是大图案的缩减。

```
glTexSubImage2D (GL_TEXTURE_2D, 0, xTexElement,
            yTexElement, GL_RGBA, texSubWidth, texSubHeight,
            0, dataFormat, dataType, subSurfTexArray);
```

参数 xTexElement 和 yTexElement 用来选择原始图案中纹理元素的整数坐标位置,其中 (0, 0) 是指图案左下角的纹理元素。该子图案通过其左下角位置与位置(xTexElement, yTexElement)相对应而被传递给原始图案。参数 TexSubWidth 和 TexSubHeight 给出子图案的尺寸。一个 RGBA 纹理图案的数组 subSurfTexArray 的颜色元素数量是 4 × texSubWidth × texSubHeight。其他参数与 glTexImage 函数中的一样,并且可为一维或三维纹理建立类似的子图案。

18.5.11 OpenGL 纹理缩减图案

对于缩小的对象尺寸,我们可使用 OpenGL 函数建立一系列纹理缩减图案,称为 mip 图(参见 18.2 节)。建立一系列缩减图案的一种方法是反复引用 glTexImage 函数,引用时函数中的第二个变量(级数)用较大整数。将原始图案的缩减级数看成 0,原始图案缩小一半的图案的级数为 1,再缩小一半则级数为 2,依次处理其他缩减级数。当我们设定级数为 1 或以上时,copyTexImage 函数还生成一个缩减图案。

另外,我们还可以让 OpenGL 自动生成缩减图案。例如,16 × 16 表面纹理的 RGBA 缩减图案可通过下列 GLU 函数获得:

```
gluBuild2DMipmaps (GL_TEXTURE_2D, GL_RGBA, 16, 16, GL_RGBA,
            GL_UNSIGNED_BYTE, surfTexArray);
```

该函数生成完整的一组 4 个图案,其缩减后的尺寸分别是 8 × 8、4 × 4、2 × 2 和 1 × 1。我们还可以用下列函数建立缩减:

```
gluBuild2DMipmapLevels (GL_TEXTURE_2D, GL_RGBA, 16, 16,
        GL_RGBA, GL_UNSIGNED_BYTE, 0, minLevel, maxLevel,
        surfTexArray);
```

该函数按由参数 minLevel 和 maxLevel 指定的级数范围生成缩减图案。每一种情况下,都为在 0 级指定的当前纹理图案构建 mip 图。

我们使用 glTexParameter 函数和 GL_TEXTURE_MIN_FILTER 符号常量来选择从缩减图案确定像素颜色的方法。例如,下列函数为二维纹理指定映射过程:

```
glTexParameter (GL_TEXTURE_2D, GL_TEXTURE_MIN_FILTER,
            GL_NEAREST_MIPMAP_NEAREST);
```

该函数指出纹理子程序应该使用尽可能接近匹配像素尺寸(MIPMAP_NEAREST)的缩减图案。然后将该缩减图案中靠近的纹理元素(GL_NEAREST)的颜色赋给像素。使用符号常量 GL_LINEAR

_MIPMAP_NEAREST，我们指定最接近的缩减图案中纹理颜色的线性混合。使用 GL_NEAREST_MIPMAP_LINEAR(默认值)，我们指定根据每一个最接近像素尺寸的缩减图案中最接近的纹理元素计算的平均颜色。而 GL_LINEAR_MIPMAP_LINEAR 使用一组最接近像素尺寸缩减图案的纹理颜色的线性混合来计算一个像素颜色。

18.5.12 OpenGL 纹理边界

多个纹理或一个纹理的多个副本应用于一个对象且用纹理颜色的线性插值计算像素颜色时，可能在相邻图案边界出现走样。通过在每一纹理图案中包含边界且边界颜色与相邻图案的纹理边界颜色相匹配来避免走样现象。

我们可以使用多个方法指定纹理边界。使用 glTexSubImage 函数可以将一个相邻图案的颜色值复制到另一个图案的边界，边界颜色也可直接在由 glTexImage 函数指定的纹理数组中赋值。例如，用下列函数为一个二维图案指定边界颜色：

```
glTexParameterfv (GL_TEXTURE_2D, GL_TEXTURE_BORDER_COLOR,
                  borderColor);
```

这里参数 borderColor 赋以一个四元素的 RGBA 颜色分量。默认的边界颜色是黑色(0.0, 0.0, 0.0, 0.0)。

18.5.13 OpenGL 代理纹理

在任意 glTexImage 函数中，可将第一个变量设定为符号常量，称为一个纹理代理。这一常量的目的是保持该纹理图案的定义直到发现是否有足够的资源来处理这一图案。对于一个二维图案，该代理常量是 GL_PROXY_TEXTURE_2D，而类似的常量可用于线性或体纹理。一旦建立纹理代理，可使用 glGetTexLevelFunction 来确定是否可提供专门的参数值。

作为使用纹理代理的例子，下列语句询问系统以确定是否可使用为二维图案指定的高度。

```
GLint texHeight;

glTexImage2D (GL_PROXY_TEXTURE_2D, 0, GL_RGBA12, 16, 16, 0,
              GL_RGBA, GL_UNSIGNED_BYTE, NULL);
glGetTexLevelParameteriv (GL_PROXY_TEXTURE_2D, 0, GL_RGBA12,
                          GL_TEXTURE_HEIGHT, &texHeight);
```

如果系统不能提供所要的图案高度(此例中为 16)，则在参数 texHeight 中返回值 0。否则，返回值等于所要的值。类似地，使用符号常量 GL_TEXTURE_WIDTH、GL_TEXTURE_DEPTH、GL_TEXTURE_BORDER 和 GL_TEXTURE_BLUE_SIZE 可以询问其他的图案参数。每一种情况下，返回值为 0 表示不能提供在 glTexImage 函数中所询问的参数值。对于浮点数据值，将后缀码 i 换成 f。

尽管我们可以获得肯定的答案，但仍有可能无法将该图案存入存储器。这将在另一个图案正占据有效存储器时发生。

18.5.14 二次曲面的自动纹理映射

OpenGL 中提供在某些应用中自动生成纹理坐标的子程序。该功能在较难直接确定一个对象表面坐标时特别有用；有一个 GLU 函数用于二次曲面的这些子程序。

要将一个纹理映射到一个二次曲面，必须先建立该纹理空间的参数。然后引用下列函数并按 13.6 节叙述的方法定义二次对象。

```
gluQuadricTexture (quadSurfObj, GL_TRUE)
```

该函数中参数 quadSurfObj 是二次对象的名字。如果要关闭二次曲面的纹理,则需将符号常量 GL_TRUE 改成 GL_FALSE。

18.5.15 齐次纹理坐标

一个四维纹理空间位置用下列函数描述:

glTexCoord4* (sCoord, tCoord, rCoord, htexCoord);

纹理坐标与场景坐标的变换一样,用 4×4 矩阵变换:每一坐标除以齐次参数(参见 7.2 节)。因此,上面函数中纹理坐标 s、t 和 r 除以齐次参数 h_{tex},生成一个实际的纹理空间位置。

纹理空间的齐次坐标在多投影效果混合在一个显示中时很有用。例如,一个对象的透视投影可能包含一个由不同透视投影变换生成的纹理图案。然后该纹理图案可用齐次纹理坐标修改以调整该纹理的透视效果。使用齐次纹理坐标管理纹理映射还可生成其他效果。

18.5.16 其他的 OpenGL 纹理选项

OpenGL 中还有一些用来完成许多其他的纹理管理和应用功能的函数。如果我们得到的纹理图案(从一张照片或其他来源)不是 2 的幂次,则 OpenGL 提供了一个修改图案尺寸的函数。在有些 OpenGL 的实现中,有多个纹理子程序用于将多个纹理图案传递给一个对象。环境映射可在 OpenGL 中通过建立一个球面形状的纹理映射来模拟,而球面环境图案的纹理坐标及其他纹理应用可自动生成。

18.6 小结

使用多边形表面、纹理映射、凹凸映射或帧映射可以为对象添加表面细节。我们可以将小多边形表面叠加到大表面上以得到多种不同的图案,也可将纹理图案在一维、二维和三维空间中定义,并用于线条、表面或空间体上。过程纹理映射使用函数计算对象光照效果的变化。凹凸映射通过运用凹凸函数扰动对象表面法向量来模拟不规则的对象表面。帧映射则是凹凸映射的一种延伸,它允许表面的水平和垂直变化来模拟各向异性的材料。

OpenGL 的核心库包括多个函数集用于将纹理图案添加到对象表面。纹理图案可以来自不同的源数据。表 18.1 总结了这些 OpenGL 纹理映射函数。

表 18.1 OpenGL 纹理映射函数小结

函 数	描 述
glTexImage1D	为建立一维纹理空间指定参数(用 glEnable 激活纹理)
glTexImage2D	为建立二维纹理空间指定参数
glTexImage3D	为建立三维纹理空间指定参数
glTexParameter	为纹理映射子程序指定参数
glTexCoord	为一维、二维、三维或四维纹理空间的纹理坐标指定参数
glTexEnv	指定纹理环境参数如纹理映射的混合颜色
glCopyTexImage	复制一块帧缓存像素颜色用作纹理图案
glCopyTexSubImage	复制一块帧缓存像素颜色用作纹理子图案
glTexCoordPointer	在顶点表的辅助表中指定纹理坐标
glBindTexture	将一个名字赋给一个纹理图案,并激活一个命名的图案
glDeleteTextures	消除一组指定名字的纹理
glGenTextures	自动生成纹理名
glIsTexture	确定一个指定名字的纹理是否存在的查询命令

函数	描述
`glTexSubImage`	创建一个纹理子图案
`gluBuild*Mipmaps`	为一维、二维或三维纹理空间自动生成纹理缩减图案
`gluBuild*MipmapLevels`	为一维、二维或三维纹理空间自动生成指定级数的纹理缩减图案
`glGetTexLevelParameter`	询问系统以确定是否提供一个纹理参数
`gluQuadricTexture`	为一个二次表面激活或关闭纹理

参考文献

纹理映射方法和应用在 Williams(1983)、Segal et al.(1992) 和 Demers(2002) 中讨论。

使用 OpenGL 纹理函数的具体编程示例在 Woo et al.(1999) 中给出。完整的 OpenGL 绘制函数列表在 Shreiner(2000) 中提供。

练习题

18.1　编写一个程序，将任意指定的纹理图案映射到立方体的各个面上。

18.2　修改上一练习题中的程序，使图案映射到四面体中的一个面片上。

18.3　修改上一练习题中的程序，使图案映射到球面的一个指定部分。

18.4　编写一个程序，将一个给定的一维纹理图案当作一个对角线带映射到立方体的指定面片上。

18.5　修改上一练习题中的程序，给定球面上两点，将一维纹理映射到该球面上。

18.6　给定一球面，编写一凹凸映射过程以生成橘子的凹凸表面。

18.7　编写一凹凸映射算法，根据某凹凸函数生成对象表面的扰动法向量。

18.8　编写一个完整的 OpenGL 程序，使用不同的一维纹理图案显示一组斜线。

18.9　编写一个程序，使用二维 OpenGL 纹理图案在蓝色背景上显示一个黑白棋盘。

18.10　修改上一练习题中的程序，背景用白色，棋盘为红色和蓝色的方格。

18.11　编写一个程序，使用二维 OpenGL 纹理图案显示一个有均匀的红色斜带的白色矩形，将背景设成蓝色。

18.12　修改上一练习题中的程序，将该纹理图案映射到一个球面上。

18.13　修改上一练习题中的程序，将该纹理图案映射到 GLUT 茶壶表面上。

附加综合题

18.1　考虑此前用基本绘制方法渲染好的场景，在其中选择一些更适合用复杂表面细节来表示的对象。然后，从其他地方寻找图案资源，或自己设计图案，为所选择的每个对象都分配一个与它们本身纹理属性最为匹配的图案。最后，设计将这些图案映射到相应的对象表面的方法，请针对各对象的不同形状来讨论可能的不同实现方法。

18.2　使用 OpenGL 表面映射函数将上一综合题中设计好的纹理图案映射到场景中相应的对象上，调整纹理和对象颜色之间的混合参数，直到获得你想要的效果时为止。

第19章 颜色模型和颜色应用

到目前为止，我们对颜色的讨论集中在通过红、绿、蓝三色混合而产生颜色的机制上。这种模型用于在视频监视器上显示颜色。但在图形应用中，还要使用其他一些颜色模型。有些模型用于描述在打印机和绘图仪上如何输出彩色，有些模型用于传输和存储颜色信息，而其他一些模型则为程序提供更直观的颜色参数接口。

19.1 光的特性

从前面的章节中，我们注意到光有很多不同的特性，而且在不同的上下文中我们用不同的方式来描述光的特性。物理学将光描述为一种辐射能量。但在本学科中，我们需要不同的概念来描述人对光的感知。

19.1.1 电磁频谱

在物理学术语中，色光是一个狭窄频段内的电磁辐射。电磁频谱中的其他频段有无线电波、微波、红外线和X射线。图19.1给出了各种电磁辐射的大致的频率范围。

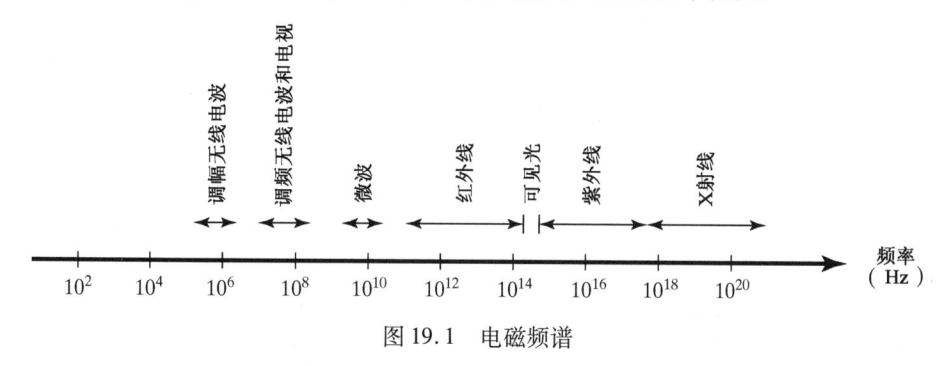

图 19.1 电磁频谱

可见光波段中的每一频率对应一种单独的**光谱颜色**(spectral color)。在低频率端是红色(3.8×10^{14} Hz)，在高频率端是紫色(7.9×10^{14} Hz)。人眼对红外线和紫外线之间的频率敏感。从低频到高频的光谱颜色变化分别是红、橙、黄、绿、蓝和紫。

在电磁辐射的波动模型中，光被描述为在空间中横向振荡传播的电场和磁场。电场和磁场振荡的方向与传播方向垂直，并且电场与磁场的振荡方向也互相垂直。对于一种颜色的电磁波，我们用频率(f)来表示电磁场强度的振荡率。图19.2给出了在一个平面上电场强度随时间变化的振荡。在电磁波上相继的两个具有相同强度的点之间的时间称为波的周期(period)$T = 1/f$。电磁波在单个振荡中传播的距离称为波长(wavelength)λ。单色波的频率和波长互成反比，比例常数是光速 c：

$$c = \lambda f \tag{19.1}$$

频率对于各种物质是一个常数，但光速和波长是依赖于物质的。在真空中，$c = 3 \times 10^{10}$ cm/s。光的波长很短，指定光谱颜色的波长单位通常用埃($1\text{Å} = 10^{-8}$ cm)或纳米(1 nm = 10^{-7} cm)。光谱中红色端的波长大约是780 nm，而另一端的紫色波长大概是380 nm。由于波长比频率在某种程度上容易处理，因此常用真空中的波长来指定光谱颜色。

太阳或灯泡等光源发射可见波段的全部频率而产生白色光。当白色光投射到一个物体上时，某些频率被反射，某些则被物体吸收了。在反射光中混合的频率确定了我们所感受到的物体的颜色。如果在反射光中以低频率为主，则物体呈现红色。此时，我们可以说光谱中红色端有一个**主频率**(dominant frequency)或**主波长**(dominant wavelength)。主频率也称为光的**色彩**(hue)，或者简单地说就是**颜色**(color)。

图 19.2 平面振动电磁波的一种电子频率成分的时间变化图。两个连续的波峰或两个连续的波谷之间的时间称为波的周期

19.1.2 颜色的心理学特征

除了频率，描述人对光的感觉还需要其他一些特征。在观察光源时，我们的眼睛对颜色(或主频率)和另外两个基本的感觉做出反应。其中之一是**亮度**(brightness)，它对应于全部光能且可量化为光源亮度(参见17.3节)。第三个感受的特征是光的**纯度**(purity)或**饱和度**(saturation)。纯度说明光的颜色表现接近光谱色(例如红色)的程度。浅色或暗淡的颜色的纯度(或饱和度)较低，它们比较接近白色。另一术语"**色度**"(chromaticity)通常说明纯度和主频率这两种颜色特征。

白色光源的能量分布如图19.3所示。从红色到紫色的每一频率分量给出不同的能量，光源颜色使用白色来描述。图19.4给出了具有主频率时的光源能量分布。这种光应该是一种纯度较高的红光。现在我们来讨论与主频率对应的颜色的光。图中主频率光成分的能量密度使用E_D表示，白色光中其他频率给出的能量密度使用E_W表示。我们可以计算曲线以下的面积来获得光源亮度，即发射的整体能量。纯度依赖于E_D和E_W之间的差别。主频率的E_D与白色光成分E_W相比越大，则光的纯度越大。当$E_W=0$时，纯度为100%，而当$E_W=E_D$时，纯度为0%。

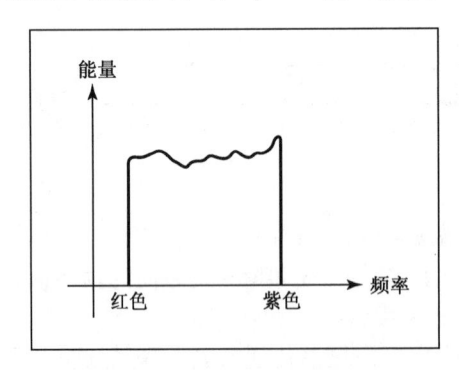

图 19.3 白色光源的能量分布

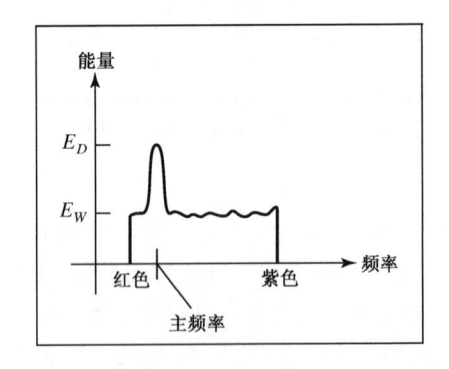

图 19.4 在频率范围中，靠近红色端的主频率的光源能量分布

19.2 颜色模型

颜色模型是在某种特定上下文中对于颜色的特性和行为的解释方法。没有哪一种颜色模型能解释所有的颜色问题，因此我们使用不同的模型来帮助说明能看到的不同的颜色特征。

19.2.1 基色

当光由两个或多个具有不同主频率的光源混合而成时，我们可以改变各个光源的强度来生成一系列其他颜色的光。这是一种构造颜色模型的方法，其中用来生成其他颜色的光源的色彩

称为**基色**(primary color)，通过基色可以产生的所有颜色的集合称其该颜色模型的**颜色范围**(color gamut)。如果两种颜色混合能生成白色光，那么就称其为**互补色**(complementary color)。互补色的例子有红色和青色、绿色和品红及蓝色和黄色。

在实际的基本颜色中，没有哪一组集合能组合生成所有可见的颜色。然而，三种基色对多数应用来说是足够的，而且不包含在指定基色集的颜色范围中的颜色仍然可以使用扩充的方法进行描述。给定三种基色，通过混色处理可以表现任意的第四种颜色。将一种或两种基色与第四种颜色混合，产生的颜色可以与余下基色的混合色相匹配。从这一扩充的含义出发，三种基色可以用来描述所有颜色。图19.5给出了三种基色的颜色匹配函数(color-matching function)和用来生成任何一种光谱颜色的红、绿、蓝的量。图19.5给出的曲线经过大量调查综合而得。500 nm附近的颜色只能与从蓝光和绿光混合所得的光中"减去"红光而得的光相匹配。也就是说，500 nm左右的颜色与一定量的红光混合可以得到蓝-绿混合色。因此，RGB彩色监视器不能显示500 nm左右的颜色。

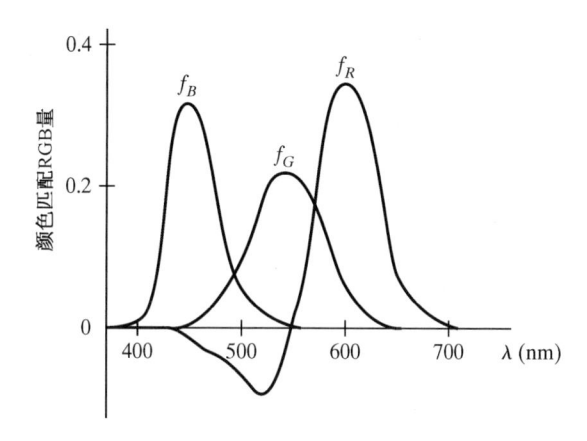

图19.5 显示光谱颜色(400~700 nm)所需的三个颜色匹配函数

19.2.2 直观的颜色概念

艺术家在创作彩色画时，使用彩色颜料与黑、白颜料混合以获得各种明暗效果、色泽和色调。艺术家向纯色颜料里添加黑色颜料来生成各种有不同**明暗**(shade)效果的该种彩色。黑色颜料越多，就会更暗。同样，往原色中添加白色颜料也可以获得不同的**色泽**(tint)，加入较多的白色颜料时，可以使其更亮。**色调**(tone)则通过同时添加黑、白颜料来获得。

对于许多人来说，这些颜色概念比使用三种基色的配合来叙述颜色更直观。通常人们对向纯红色中添加白色得到浅红色、向纯蓝色中添加黑色得到深蓝色比较容易理解。因此，为用户提供颜色板的图形软件包常使用两种或多种颜色模型。一种为用户提供直观的界面，而其他的则用来为输出设备描述颜色。

19.3 标准基色和色度图

由于没有哪一组彩色光源可用来组合显示所有可能的颜色，国际照明委员会(CIE)在1931年定义了三种标准基色，这三种基色是从数学上定义的想象的颜色。定义三种基色的同时还定义了一组输出全部为正值的颜色匹配函数(参见图19.6)，它定义了任何一种光谱颜色所需的每一种基色的量。这便给出了定义各种颜色的国际标准，而且使用CIE基色避免了颜色的负值匹配，以及与选择一组实际基色有关的其他问题。

19.3.1　XYZ 颜色模型

通常把一组 CIE 基色称为 XYZ 颜色模型，其中 X、Y 和 Z 表示产生一种颜色所需的 CIE 基色的量。因此，在 XYZ 模型中描述一种颜色的方式与在 RGB 模型中的一样。

在三维 XYZ 颜色空间中，任何一种颜色 $C(\lambda)$ 可以表示成

$$C(\lambda) = (X, Y, Z) \qquad (19.2)$$

其中 X、Y、Z 由彩色匹配函数（参见图 19.6）计算得来：

$$\begin{aligned} X &= k \int_{\text{visible } \lambda} f_X(\lambda) I(\lambda) \, d\lambda \\ Y &= k \int_{\text{visible } \lambda} f_Y(\lambda) I(\lambda) \, d\lambda \qquad (19.3) \\ Z &= k \int_{\text{visible } \lambda} f_Z(\lambda) I(\lambda) \, d\lambda \end{aligned}$$

在以上计算中参数 k 的取值为 683 流明/瓦特，其中流明是光通量单位，等于一个均匀点光源（曾称为烛光）在单位主体角内发出的光通量。函数 $I(\lambda)$ 表示光谱辐射率，即在某一方向上某种光的强度。彩色匹配函数 f_Y 对应的参数 Y 是颜色的亮度 [参见方程 (17.26)]。亮度值的范围一般是 0 到 100.0，其中 100.0 表示白光的亮度。

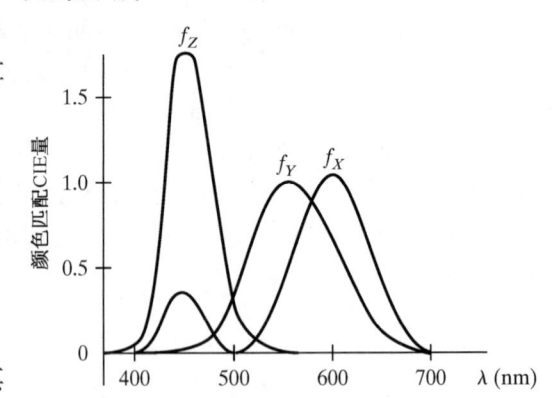

图 19.6　三种 CIE 基色的颜色匹配函数

在 XYZ 颜色空间中任何颜色都可以表示为三种基色的单位向量 **X**、**Y**、**Z** 的加性组合。式 (19.2) 可以写为

$$C(\lambda) = X\mathbf{X} + Y\mathbf{X} + Z\mathbf{X} \qquad (19.4)$$

19.3.2　规范化的 XYZ 值

在讨论颜色性质时，可以方便地将式 (19.3) 中的量对照光能量总和 $(X+Y+Z)$ 进行规范化，规范化的量计算如下：

$$x = \frac{X}{X+Y+Z}, \quad y = \frac{Y}{X+Y+Z}, \quad z = \frac{Z}{X+Y+Z} \qquad (19.5)$$

这里 $x+y+z=1$。因此，任意颜色可仅用 x 和 y 表示。由于我们对照总能量进行规范化，因此仅依赖于色彩和纯度的参数 x 和 y 称为**色度值**（chromaticity value）。同样，如果仅用 x 和 y 来指定颜色，则也不能获得 X、Y 和 Z 的量。因此，关于一种颜色的完整描述一般要使用三个值 x、y 和 Y。其余两个 CIE 量可进行如下计算：

$$X = \frac{x}{y}Y, \quad Z = \frac{z}{y}Y \qquad (19.6)$$

其中，$z = 1 - x - y$。我们可以使用色度坐标 (x, y) 在一个二维图中表示所有颜色。

19.3.3　CIE 色度图

当绘制出可见光谱中颜色的规范化量 x 和 y 时，我们就获得了图 19.7 中舌头形状的曲线，该曲线称为 CIE **色度图**（CIE chromaticity diagram）。曲线上的点是光谱色（纯色）。连接红色的紫色光谱点的直线称为紫色线（purple line），它并不属于光谱。内部的点表示所有可能的可见颜色的组合。图中 C 点对应于亮白色的位置。实际上，这一点作为**亮白光** C（illuminant C）而绘出，该光源作为平均日光的近似标准。

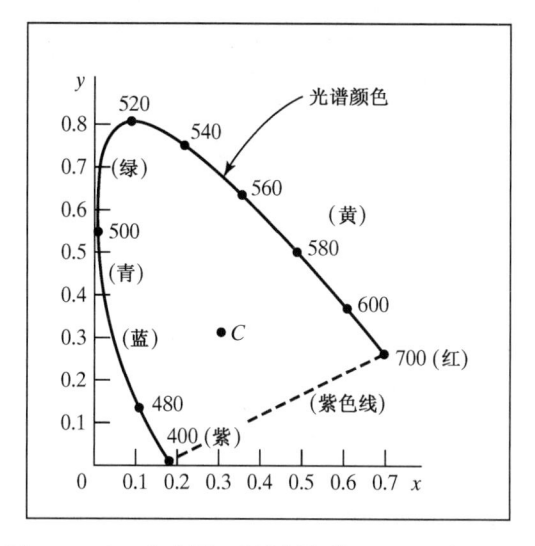

图 19.7 CIE 色度图，光谱颜色从 400 nm 到 700 nm

由于规范化而在色度图中没有给出亮度值。具有同一色度但亮度不同的颜色映射到色度图中的同一点。色度图主要用于：

- 为不同基色组比较整个颜色范围
- 标识互补颜色
- 确定指定颜色的主波长和纯度

19.3.4 颜色范围

色度图中的颜色范围表示成直线段或多边形。图 19.8 中从 C_1 到 C_2 连线上的所有颜色可以通过混合适量的 C_1 和 C_2 颜色而得到。如果 C_1 占的比例大些，则结果色比较接近 C_1 而离 C_2 较远。三点 C_3、C_4 和 C_5 的颜色范围是这三点连成的三角形。三基色只能产生在三角形内部或边上的颜色。因此，色度图可以帮助我们理解为什么没有哪一个三基色组可以通过加色混合生成所有的颜色，因为图中没有一个三角形能包含所有的颜色。在色度图上很容易对比视频监视器和硬拷贝设备的颜色范围。

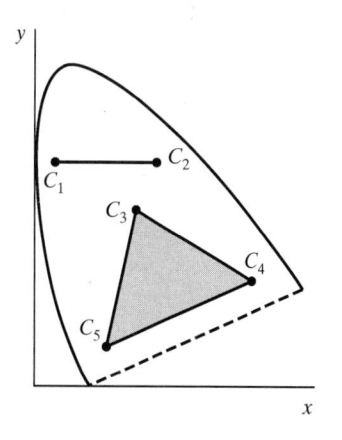

图 19.8 色度图中二基色和三基色系统定义的颜色范围

19.3.5 互补色

由于两点的颜色范围是一条直线，一对互补色在色度图上对应的两个点一定位于 C 的两边且它们的连线过 C，如图 19.9 所示。C_1 和 C_2 与 C 的距离决定了产生白色所需的两种颜色的量。

19.3.6 主波长

为确定一种颜色的主波长，对于图 19.10 中的 C_1，我们可从 C 通过 C_1 画一条直线，并与光谱曲线相交于 C_s。颜色 C_1 就可以表示成白光 C 与光谱颜色 C_s 的混合，因此 C_1 的主

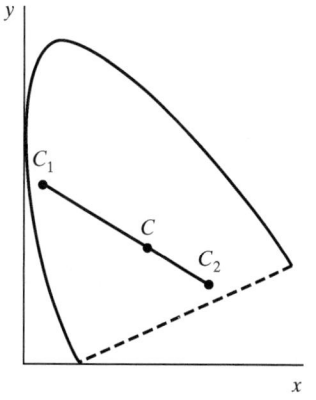

图 19.9 在色度图中表示互补色

波长就是 C_s。这种确定主波长的方法不适用于 C 与紫色线之间的颜色点。在图 19.10 中，画一条从 C 经过 C_2 的直线，我们得到紫色线上一点 C_p，C_p 并不在可见光谱中。点 C_2 称为非光谱颜色，它的主波长根据位于光谱曲线上的 C_p 的补点（即点 C_{sp}）而获得。非光谱颜色在紫 – 品红范围内，具有从白光减去主波长（如 C_{sp}）的光谱分布。

19.3.7 纯度

对于许多如图 19.10 中点 C_1 那样的颜色，我们通过沿 C 到 C_s 的直线计算 C_1 到 C 的相对位置来确定纯度。如果 d_{c1} 表示从 C 到 C_1 的距离，且 d_{cs} 表示 C 到 C_s 的距离，我们可以按比率 d_{c1}/d_{cs} 来计算纯度。在此图中，颜色 C_1 的纯度大概是 25%，因为它位于 C 到 C_s 全程的大约四分之一处。在 C_s 处颜色点的纯度为 100%。

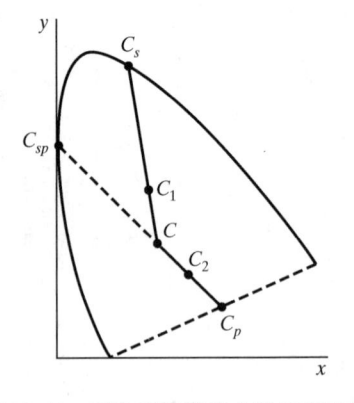

图 19.10　用色度图确定主波长和纯度

19.4　RGB 颜色模型

基于**三刺激理论**（tristimulus theory），我们的眼睛通过光对视网膜的锥状细胞中的三种视色素的刺激来感受颜色。这三种视色素分别对波长为 630 nm（红色）、530 nm（绿色）和 450 nm（蓝色）的光最敏感。通过对光源中的强度进行比较，我们感受到光的颜色。这种视觉理论是使用三种颜色基色——红、绿和蓝在视频监视器上显示彩色的基础，称为 RGB 颜色模型。

我们可以使用图 19.11 所示，由 R、G 和 B 坐标轴定义的单位立方体来描述这个模型。坐标原点代表黑色，而其对角坐标点 (1, 1, 1) 代表白色。在三个坐标轴上的顶点代表三基色，而余下的顶点则代表每一个基色的补色。

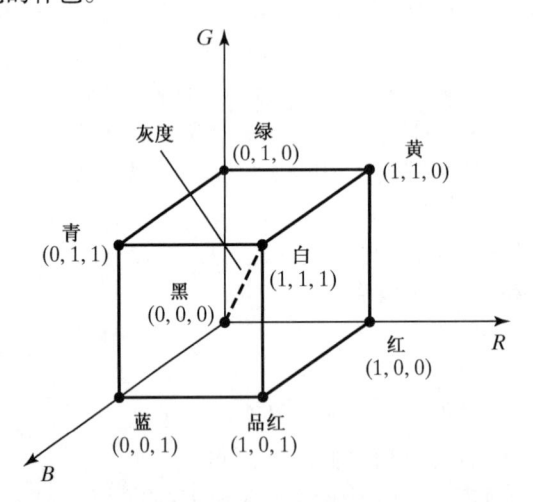

图 19.11　RGB 颜色模型，在立方体内的颜色用三基色的加性组合来描述

和 XYZ 系统一样，RGB 颜色框架是一个加色模型。多种基色的强度加在一起生成另一种颜色。立方体边界中的每一个颜色点都可以表示三基色的加权向量和，用单位向量 **R**、**G** 和 **B** 表示如下：

$$C(\lambda) = (R, G, B) = R\mathbf{R} + G\mathbf{G} + B\mathbf{B} \tag{19.7}$$

其中 R、G 和 B 的值在 0 到 1.0 的范围内赋值。例如，顶点的品红通过将红色和蓝色相加生成三元组(1, 0, 1)而获得,而白色(1, 1, 1)则是红色、蓝色和绿色顶点的和。灰度则通过立方体的原点到白色顶点的主对角线上的位置进行表示。对角线上每一点是等量的每一种基色的混合。因此,从黑色到白色之间中等明暗的灰色表示成(0.5, 0.5, 0.5)。彩图22给出了沿着前视面和顶视面逐渐变化的颜色。

表19.1列出了NTSC(National Television System Committee)标准RGB磷粉的色度坐标。表中还列出了在CIE颜色模型中的RGB色度坐标,以及彩色监视器使用的磷粉近似值。图19.12给出了NTSC标准中RGB基色的近似颜色范围。

表 19.1 RGB(x, y)色度坐标

	NTSC 标准	CIE 模型	彩色监视器近似值
R	(0.670, 0.330)	(0.735, 0.265)	(0.628, 0.346)
G	(0.210, 0.710)	(0.274, 0.717)	(0.268, 0.588)
B	(0.140, 0.080)	(0.167, 0.009)	(0.150, 0.070)

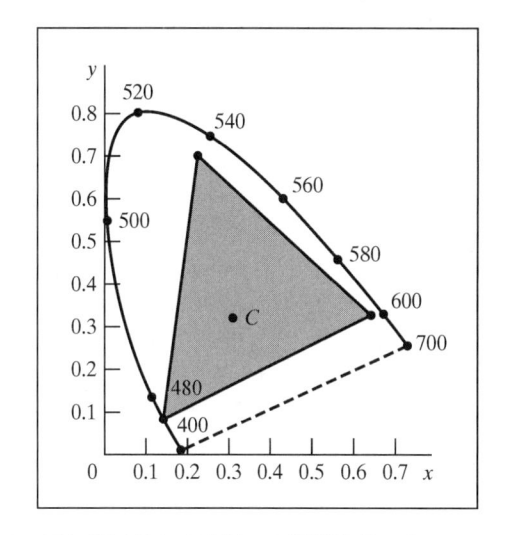

图19.12 NTSC标准中RGB颜色范围的色度坐标。C照明体位于(0.310, 0.316),其亮度值 Y = 100.0

19.5 YIQ 颜色模型

RGB监视器要求一张图像由分开的红色、蓝色和绿色信号组成,而电视机则使用组合信号。形成组合视频信号的NTSC颜色模型是YIQ**颜色模型**。

19.5.1 YIQ 参数

YIQ颜色模型中的参数 Y 与XYZ颜色模型中的 Y 相同。亮度(明度)信息包含在参数 Y 中,而色度信息(色彩和纯度)则结合在参数 I 和 Q 中。为参数 Y 选择的红色、蓝色和绿色的组合给出了标准的亮度曲线。由于 Y 包含了亮度信息,所以黑白电视机只使用 Y 信号。参数 I 包含橙-青色彩信息,提供鲜艳色彩的明暗度。参数 Q 给出绿-品红色彩信息。

NTSC组合颜色信号的设计允许黑白电视机从一幅占6 MHz带宽的图像信息中提取所需的灰度信息。因此, Y、I、Q 信息必须在6 MHz带宽限制下编码。亮度值和色度值用不同的模拟信号进行编码,这样只是在原来的带宽内增加了颜色信息,黑白电视机仍然可以按原来的方式取得原样的亮度信号。亮度信息(Y 值)以调幅的方式用带宽约为4.2 MHz的载波传输;色度信息(I、Q 值)被结合在一起用带宽约为1.8 MHz的载波传输。参数名称 I 和 Q 指的就是用来在载波上编码

颜色信息的调制方法。一种调幅编码方法用同步(in-phase)信号来传输 I 值，占用约 1.3 MHz 的带宽。另外一种相位调制编码方法("正交"信号)占用约 0.5 MHz 的带宽来传输 Q 值。

在 NTSC 信号中，亮度信息(4.2 MHz 带宽)的编码精度高于色度信息(1.8 MHz 带宽)。这是因为人眼对亮度的变化比对色度的变化更敏感。因此，NTSC 用较低的精度传输色度信息并没有造成图像颜色质量的明显降低。

我们可以用式(17.27)来计算 RGB 颜色的亮度值。一种产生色度值的方法是从颜色的红色和蓝色分量上减去亮度值，如下所示：

$$\begin{aligned} Y &= 0.299\,R + 0.587\,G + 0.114\,B \\ I &= R - Y \\ Q &= B - Y \end{aligned} \tag{19.8}$$

19.5.2 RGB 颜色空间和 YIQ 颜色空间之间的转换

NTSC 编码器可以用式(19.8)将一个 RGB 信号转换为 YIQ 值，然后调制载波信号。从 RGB 颜色空间到 YIQ 颜色空间的转换可以用下面的变换矩阵实现：

$$\begin{bmatrix} Y \\ I \\ Q \end{bmatrix} = \begin{bmatrix} 0.299 & 0.587 & 0.114 \\ 0.701 & -0.587 & -0.114 \\ -0.299 & -0.587 & 0.886 \end{bmatrix} \cdot \begin{bmatrix} R \\ G \\ B \end{bmatrix} \tag{19.9}$$

相反，NTSC 解码器将一个 NTSC 视频信号转换为 RGB 颜色值。该变换建立在 NTSC 标准的 RGB 磷粉基础上，其色度坐标前面已给出。该解码器将视频信号分解成 YIQ 分量，然后转换成 RGB 值。我们使用式(19.9)的逆矩阵将 YIQ 颜色空间转换成 RGB 颜色空间：

$$\begin{bmatrix} R \\ G \\ B \end{bmatrix} = \begin{bmatrix} 1.000 & 1.000 & 0.000 \\ 1.000 & -0.509 & -0.194 \\ 1.000 & 0.000 & 1.000 \end{bmatrix} \cdot \begin{bmatrix} Y \\ I \\ Q \end{bmatrix} \tag{19.10}$$

19.5.3 YUV 和 YC_rC_b 系统

因为在 NTSC 的组合模拟视频信号中分配给色度信息较低的带宽，所以 NTSC 图像的颜色质量有些受到影响。因此，已提出多种 YIQ 编码的变体来提高视频传输的颜色质量。一种变体就是 YUV 颜色模型，它为 PAL(Phase Alternation Line)制式提供视频传输的组合颜色信息。PAL 制式在世界各地被广泛采用。另外一种数字编码的 YIQ 的变体是 YC_rC_b，它是为数字视频转换设计的颜色表示模型。它也被多种图形文件格式所采用，例如 JPEG(参见附录 B 的 B.4 节)。

19.6 CMY 和 CMYK 颜色模型

视频监视器通过组合屏幕磷粉发射的光而生成颜色，这是一种加色处理。而打印机、绘图仪之类的硬拷贝设备通过往纸上涂颜料来生成彩色图片，我们通过反射光而看见颜色，这是一种减色处理。

19.6.1 CMY 参数

CMY 颜色模型使用青色、品红和黄色作为三基色。我们已经指出，青色可由绿色光和蓝色光相加而得。因此，当白色光从青色墨水中反射出来时，反射光中一定没有红色成分。即红色被墨水吸收了或减掉了。同样，品红墨水减掉投射光中的绿色成分，而黄色墨水减掉光中的蓝色成分。图 19.13 表示 CMY 模型的单位立方体。

在 CMY 模型中，点(1,1,1)因为减掉了所有的投射光成分而表示黑色，原点表示白色。沿着立方体对角线，每种基色量均相等而生成灰色。青色和品红墨水的混合生成蓝色，因为投射光的红色和绿色成分都被吸收了。类似地，青色和黄色墨水的混合产生绿色，品红和黄色墨水的混合产生红色。

使用 CMY 模式的打印处理通过四个墨点的集合来产生颜色点，在某种程度上与 RGB 监视器使用三个磷粉点的集合是一样的。因此，在实际使用中，CMY 颜色模型也称为 CMYK 颜色模型，其中 K 是黑色参数。三种基色(青、品红和黄)各使用一点，黑色也使用一点。因为青色、品红色和黄色墨水的混合通常生成深灰色而不是黑色，所以黑色单独包括在其中。有些绘图仪通过重叠喷上三种基色的墨水并让它们在干之前混合起来而生成各种颜色。对于黑白或灰度图像，只用黑色墨水就可以了。

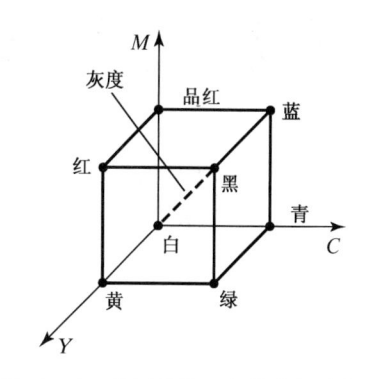

图 19.13 使用单位立方体内的减色处理定义颜色的 CMY 颜色模型

19.6.2 CMY 颜色空间和 RGB 颜色空间之间的转换

我们可以使用一个变换矩阵来表示从 RGB 到 CMY 的转换：

$$\begin{bmatrix} C \\ M \\ Y \end{bmatrix} = \begin{bmatrix} 1 \\ 1 \\ 1 \end{bmatrix} - \begin{bmatrix} R \\ G \\ B \end{bmatrix} \tag{19.11}$$

这里单位列向量表示 RGB 系统中的白色。同样，我们也可使用一个变换矩阵把 CMY 颜色表示转换成 RGB：

$$\begin{bmatrix} R \\ G \\ B \end{bmatrix} = \begin{bmatrix} 1 \\ 1 \\ 1 \end{bmatrix} - \begin{bmatrix} C \\ M \\ Y \end{bmatrix} \tag{19.12}$$

这里，单位列向量表示 CMY 系统中的黑色。

从 RGB 颜色空间向 CMYK 颜色空间转换时，首先设 $K = \max(R, G, B)$，然后从式(19.11)中计算出的 C、M、Y 都要减去 K。类似地，从 CMYK 颜色空间向 RGB 颜色空间转换时，首先设 $K = \min(R, G, B)$，然后从式(19.12)中计算出的 R、G、B 都要减去 K。在实际使用中，这两个变换方程常常被修改，以提高特定系统中的打印质量。

19.7 HSV 颜色模型

除了一组基色的表示方法，HSV 颜色模型使用对用户更直观的颜色描述方法。为了给出一种颜色描述，用户需选择一种光谱色并加入一定量白色和黑色来获得不同的明暗、色泽和色调(参见 19.2 节)。

19.7.1 HSV 参数

这个模型中的颜色参数的是色彩(H)、色饱和度(S)和明度值(V)。HSV 颜色模型的三维表示从 RGB 立方体演变而来。如果我们沿对角线从白色顶点向黑色顶点观察，可以看到如图 19.14 所示的立方体的六边形外形。六边形的边界表示不同的色彩，用于 HSV 六棱锥(参见图 19.15)的顶平面。在六棱锥中，色饱和度沿水平轴测量，而明度值沿通过六棱锥中心的垂直轴进行测量。

色彩则使用与水平轴之间的角度来表示，范围从0°到360°。六边形的顶点以60°为间隔。黄色位于60°处，绿色在120°处，而青色在180°处，与红色相对。互补的颜色相距180°。

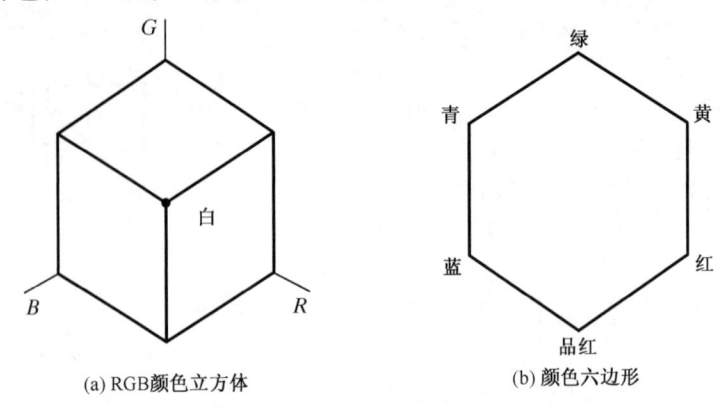

图 19.14　RGB 颜色立方体的视图：(a) 沿从白色到黑色的对角线观察；(b) 颜色立方体的外轮廓是一个六边形

色饱和度参数 S 指明颜色的纯度，从 0 到 1 变化。纯色(光谱色)的 $S=1$，越靠近六棱锥中心的灰度线，S 越小。灰度颜色的 $S=0$。

明度值 V 从六边形顶点的 0 变化到顶平面的 1，顶点表示黑色。在六边形顶平面的颜色强度最大。纯色的 $V=1$ 且 $S=1$，白色的 $V=1$ 且 $S=0$。

HSV 对于多数用户是一个更加简单、直观的模型。从指定一种纯色彩开始，即指定色彩角 H 且让 $V=S=1$，可以通过将白色或黑色加入纯色彩中来描述所要的颜色。添加黑色则减小 V 而 S 保持不变。要得到深蓝色，使得 $V=0.4$、$S=1$ 且 $H=240°$。同样，将白色加进所选的色彩中时，参数 S 减小而 V 保持不变。浅蓝色可用 $S=0.3$、$V=1$ 且 $H=240°$ 来设定。添加一些黑色和白色，则同时减小 V 和 S。这种模型的界面通常在一个具有滑动块和颜色轮的调色板中给出 HSV 参数选择。

19.7.2　选择明暗、色泽和色调

结合明暗、色泽和色调等术语的颜色概念反映在 HSV 六棱锥的剖面中(参见图 19.16)。在向纯色彩中添加黑色时，把 V 减小到六棱锥的下方。因此，各种明暗用 $S=1$ 且 $0\leqslant V\leqslant 1$ 来表示。向纯色调中添加白色，生成六棱锥顶平面的各种色泽，该平面上 $V=1$ 且 $0\leqslant S\leqslant 1$。同时添加白色和黑色可以指定各种色调，生成六棱锥体三角形剖面范围内的颜色点。

人眼大概能区分 128 种不同色彩和 130 种不同色泽(色饱和度级别)。依赖于所选的色彩，还可以进一步区分若干种明暗。对于黄色能分辨出 23 种明暗度，对于光

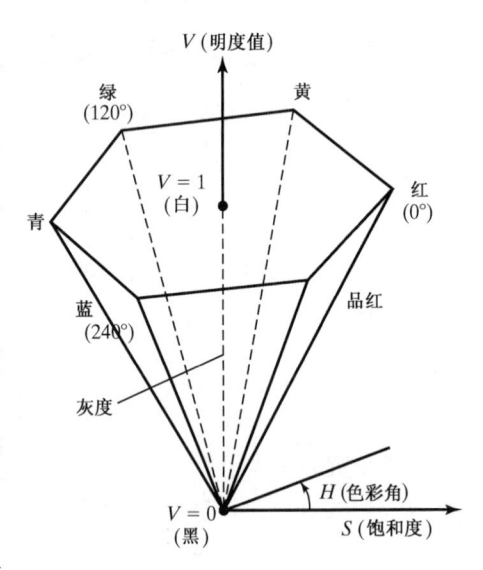

图 19.15　HSV 六棱锥

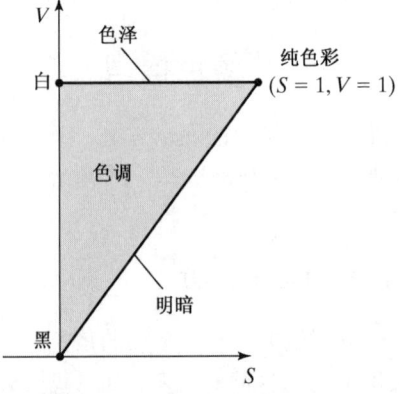

图 19.16　HSV 六棱锥的剖面，给出明暗、色泽和色调区域

谱的蓝色端能分辨 16 种。也就是说，我们能分辨出大约 128×130×23 = 382 720 种不同的颜色。对于多数图形应用，128 种色彩、8 种色饱和度级别及 16 种明度值就足够了。按 HSV 的这一参数范围，用户可使用 16 384 种颜色，系统需使用 14 位来存放每一像素的颜色。使用颜色查找表可减少存储器的需求及增加可用颜色的数量。

19.7.3 HSV 颜色空间和 RGB 颜色空间之间的转换

为了确定该转换所需的操作，我们先考察如何从 RGB 立方体演变为 HSV 六棱锥。RGB 立方体从黑色（原点）到白色的立方体对角线与六棱锥的 V 轴相对应。同样，RGB 立方体的每一个子立方体与六棱锥的六边形剖面区域相对应。在任意剖面中，六边形的各边和从 V 轴到任意顶点的射线都具有明度值 V。对于任何一组 RGB 值，V 与其中的最大值相等。与一组 RGB 值对应的 HSV 点位于明度值为 V 的六边形剖面上。参数 S 按照该点到 V 轴的相对距离而确定。参数 H 通过计算该点在六边形的六等分中的相对位置来确定。下列过程给出了将任意一组 RGB 值变换到对应的 HSV 值的算法。

```
class rgbSpace {public: float r, g, b;};
class hsvSpace {public: float h, s, v;};

const float noHue = -1.0;
inline float min(float a, float b) {return (a < b)? a : b;}
inline float max(float a, float b) {return (a > b)? a : b;}

void rgbTOhsv (rgbSpace& rgb, hsvSpace& hsv)
{
   /* RGB and HSV values are in the range from 0 to 1.0 */
   float minRGB = min (r, min (g, b)), maxRGB = max (r, max (g, b));
   float deltaRGB = maxRGB - minRGB;

   v = maxRGB;
   if (maxRGB != 0.0)
      s = deltaRGB / maxRGB;
   else
      s = 0.0;
   if (s <= 0.0)
      h = noHue;
   else {
      if (r == maxRGB)
         h = (g - b) / deltaRGB;
      else
         if (g == maxRGB)
            h = 2.0 + (b - r) / deltaRGB;
         else
            if (b == maxRGB)
               h = 4.0 + (r - g) / deltaRGB;
      h *= 60.0;
      if (h < 0.0)
         h += 360.0;
      h /= 360.0;
   }
}
```

我们通过反求 rgbTOhsv 过程中的方程，获得从 HSV 到 RGB 参数的变换，将为六棱锥的每一个六等分部分而实现这些逆操作。最终的变换方程归入下列算法中：

```
class rgbSpace {public: float r, g, b;};
class hsvSpace {public: float h, s, v;};

void hsvTOrgb (hsvSpace& hsv, rgbSpace& rgb)
{
   /*  HSV and RGB values are in the range from 0 to 1.0  */
```

```
   int k
   float aa, bb, cc, f;

   if ( s <= 0.0)
      r = g = b = v;           // Have gray scale if s = 0.
   else {
      if (h == 1.0)
         h = 0.0;
      h *= 6.0;
      k = floor (h);
      f = h - k;
      aa = v * (1.0 - s);
      bb = v * (1.0 - (s * f));
      cc = v * (1.0 - (s * (1.0 - f)));
      switch (k)
      {
         case 0:   r = v;    g = cc;   b = aa; break;
         case 1:   r = bb;   g = v;    b = aa; break;
         case 2:   r = aa;   g = v;    b = cc; break;
         case 3:   r = aa;   g = bb;   b = v;  break;
         case 4:   r = cc;   g = aa;   b = v;  break;
         case 5:   r = v;    g = aa;   b = bb; break;
      }
   }
}
```

19.8 HLS 颜色模型

另一个基于直观颜色参数的模型是 Tektronix 公司使用的 HLS 系统。该模型表示为图 19.17 所示的双棱锥体。该模型中的三个参数称为色彩(H)、亮度(L)和色饱和度(S)。

这里的色彩含义与 HSV 颜色模型中的相同，它指明所选色彩的位置与水平轴之间的夹角。在此模型中，$H = 0°$ 与蓝色相对应。其余颜色按与 HSV 颜色模型中的同样顺序围绕锥体逐一指定。品红在 $H = 60°$、红色在 $H = 120°$ 而青色位于 $H = 300°$。互补色也是在双棱锥上互成 180°。

该模型的垂直轴称为亮度 L。在 $L = 0$ 处为黑色，在 $L = 1$ 处为白色。灰度则沿着 L 轴分布，并且"纯色彩"位于 $L = 0.5$ 的平面上。

色饱和度参数 S 也是说明颜色的相对纯度。该参数的变化范围为 0 到 1，对于纯色彩，$S = 1$ 且 $L = 0.5$。当 S 减少时，白色增加，色彩的纯度就减少。当 $S = 0$ 时，仅有灰度。

指定一种颜色的过程首先通过色彩角 H 进行选择，而所需的明暗、色泽及色调则通过调节 L 和 S 来获得。增加 L 使颜色更亮些，减少 L 则使其更暗些。当 S 减少时，颜色向灰色变化。

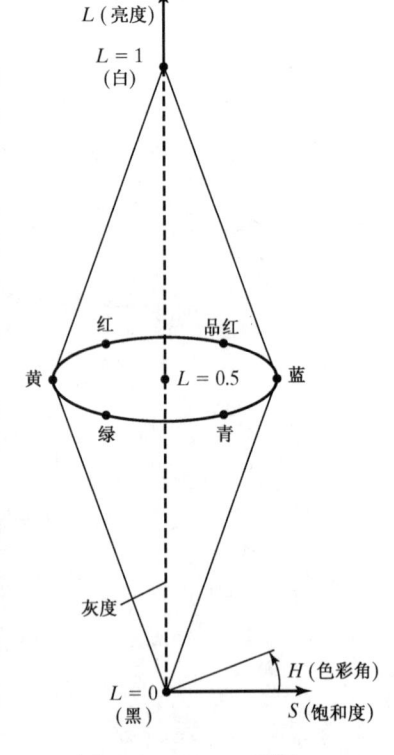

图 19.17　HLS 双锥体

19.9 颜色选择及其应用

一个图形软件包可以提供帮助我们选择颜色的各种功能。各种组合颜色可以使用滑动块和颜色轮进行选择，而不是要求直接输入 RGB 的分量值。系统还可以设计成能帮助选择柔和色。此外，图形软件包的设计者在设计面向用户的颜色显示时可以遵循某些颜色规则。

获得一组坐标颜色的一种方法是从颜色模型的某一子空间中产生。如果颜色是从沿 RGB 或 CMY 立方体中任意直线段上的规则间隔中选择的,那么我们可以得到一组匹配较好的颜色。随机选取的色彩可能会导致刺眼和不柔和的颜色组合。选择颜色组合的另一种考虑是不同颜色在不同深度上的感觉。这是因为我们的眼睛是按频率而注意到颜色的。蓝色特别有助于放松眼睛。在红色图案附近显示蓝色图案会引起眼睛的疲劳。因为在把注意力从一个区域转向另一区域时要不断地重新聚焦。分开这些颜色或使用 HSV 颜色模型中的一半或更少的颜色,可以减少上述问题。按照这种技术,一次显示中或者包含蓝色和绿色,或者包含红色和黄色。

作为一种规则,使用较少的颜色比使用较多的颜色能产生更令人满意的显示,而淡色和暗色的混合比纯色彩更柔和。对于背景,最好使用灰色或前景色的补色。

19.10 小结

光可以被描述为在空间中传播的具有一定能量分布的电磁辐射。色光分布在电磁频谱中狭窄的频率波段中。然而,光还有许多其他的性质,我们用各种参数来表示光的不同方面的性质。根据光的波粒二象性原理,我们可以解释可见光的物理特性。我们把对光的感觉量化为主频率(色彩)、亮度(明度)和纯度(色饱和度)。色彩和色饱和度涵盖了光的色度性质。

本章介绍了颜色模型的概念来解释混合光源的效果。一种定义颜色模型的方法是,指定两个或多个用来生成各种其他颜色的基色集。然而,不存在一种模型能通过一组有限的基色来描述所有可能的颜色。通过基色可以产生的所有颜色的集合称为该颜色模型的**颜色范围**。互补色是混合后产生白色的两种颜色。

1931 年,CIE 采纳了三个假定的颜色(称为 CIE 基色)及其彩色匹配函数作为定义所有颜色组合的标准。这一组 CIE 基色通常称为 XYZ 颜色模型,其中 X、Y 和 Z 表示生成电磁光谱中任意一种颜色所需的各种基色的量。彩色匹配函数的定义为非负的,并且 Y 表示亮度值。规范化的 X 和 Y 值(称为 x 和 y)用来绘出在 CIE 色度图中所有光谱色的位置。我们可以使用该色度图来比较不同颜色模型的颜色范围,找出给定颜色的补色及确定给定颜色的主频率和纯度。

利用三基色定义的常用颜色模型有 RGB、YIQ 和 CMY。视频监视器显示使用 RGB 颜色模型。电视广播中的组合视频信号使用 YIQ 颜色模型。硬拷贝设备使用 CMY 颜色模型输出彩色。

用户界面通常提供像 HSV 和 HLS 这样的直观颜色模型以用于选择颜色。这些模型允许用户通过指定色彩的值及添加白色和黑色的量来指定颜色。向纯色彩中添加黑色产生暗色,添加白色生成色泽,同时添加白色和黑色可以指定各种色调。

产生彩色显示的很重要一点是选择调和的颜色组合。为避免刺目的颜色组合,我们按照某些简单的规则,通常可以在颜色模型的一个子空间中选择坐标颜色。我们还应避免显示与主频率距离较远的相邻颜色。此外,还应将颜色限制在用浅色和暗色而不是用纯色组成的较少量的颜色组合中。

参考文献

关于颜色科学的综合性讨论参见 Wyszecki and Stiles(1982)。颜色模型和颜色显示技术在 Smith(1978)、Heckbert(1982)、Durrett(1987)、Schwartz, Cowan, and Beatty(1987)、Hall(1989) and Travis(1991)中讨论。

各种颜色应用的算法请参见 Glassner(1990)、Arvo(1991)、Kirk(1992)、Heckbert(1994)和 Paeth(1995)。关于人的视觉系统和我们对光和颜色的感知方面的信息请参见 Glassner(1995)。

练习题

19.1 给出从 RGB 值到 HSV 值的转换表达式。

19.2 给出从 HSV 值到 RGB 值的转换表达式。

19.3 编写一个从显示菜单中选择 HSV 颜色参数的交互式过程，然后将 HSV 值转换成帧缓存中的 RGB 值。

19.4 编写一个程序，用三个滑动块交互地选择 HSV 颜色参数。

19.5 修改上一练习题中的程序，显示选中颜色对应的 RGB 分量的值。

19.6 修改上一练习题中的程序，用一个小窗口显示三个 RGB 分量的颜色及合成的颜色。

19.7 给出从 RGB 值到 HLS 颜色参数的转换表达式。

19.8 给出从 HLS 值到 RGB 值的转换表达式。

19.9 设计一个交互式程序，允许从一个弹出菜单上选择 HLS 颜色参数，然后把 HLS 参数转换为可存入帧缓存的 RGB 值。

19.10 编写一个程序，从任意指定的两个 RGB 空间位置间生成一组线性插值的颜色。

19.11 编写一个在 RGB 颜色空间的一个子空间中交互地选择颜色值的子程序。

19.12 编写一个程序，从任意指定的 HSV 颜色空间的两个位置间生成线性插值颜色。

19.13 编写一个交互式程序，从任意指定的一个 HSV 颜色空间的子空间里来选择颜色值。

19.14 编写一个程序，从任意指定的 HLS 颜色空间的两个位置间生成线性插值颜色。

19.15 编写一个交互式程序，从任意指定的一个 HLS 颜色空间的子空间里来选择颜色值。

19.16 在视频监视器上显示两个靠在一起的 RGB 颜色网格。使用一组随机选择的 RGB 颜色填入一个网格，再从一个较小的 RGB 子空间中选择一组颜色填入另一个网格。实验不同的随机选择和不同的 RGB 子空间，比较两个颜色网格。

19.17 分别使用 HSV 和 HLS 颜色空间选择的颜色来显示练习题 19.16 中的两个网格。

19.18 编写一个程序，在 RGB 颜色空间中的 3 个位置所指定的颜色范围内随机选择并生成一种颜色。

19.19 编写一个程序，在 HSV 颜色空间中的 3 个位置所指定的颜色范围内随机选择并生成一种颜色。

19.20 编写一个程序，在 HLS 颜色空间中的 3 个位置所指定的颜色范围内随机选择并生成一种颜色。

附加综合题

19.1 编写一个函数，输入你的应用场景中的一个像素位置和一个颜色空间的标识，返回一个向量用来代表该像素在这个颜色空间中的颜色值。要求程序必须能为 RGB、CMY、HSV 和 HLS 这些颜色空间生成正确的结果。

19.2 基于上一综合题中的函数编写另一个程序，用来把应用场景中的某幅画面输出到一个文件中，并且可以使用任意一个颜色空间(RGB、CMY、HSV、HLS)。具体过程是：输入一个颜色空间的标识，该程序针对某个画面(一幅位图图像)中的每个像素分别调用上一综合题中完成的函数，每次可得到一个像素在所指定颜色空间下的颜色值，随后把该颜色值向量写入文件。要求每个向量单独占一行，并且像素按行优先顺序处理。

第 20 章　图形用户界面和交互输入方法

虽然我们已经可以用前面章节中讨论的方法和程序指令来构造程序和提供输入数据,但具备交互地指定图形数据输入的能力对于一个图形系统来说通常是很有用处的。例如,在一个程序执行的过程中,我们可能想要通过点击屏幕上的某一位置来改变观察点或者物体在场景中的位置,也可能想通过选择菜单项来改变动画参数。许多图形化设计系统通过交互指定控制点的坐标值来构造样条曲线,并且采用交互式绘制方法来制图。图形程序使用多种类型的数据。人们已经设计出各种各样的交互式输入方法来处理这些数据。此外,系统界面也采用大量的交互式图形技术,包括窗口、图标、菜单、鼠标及其他光标控制设备。

20.1　图形数据的输入

图形程序使用多种输入数据,例如坐标位置的数值、属性值、字符串参数的数值、几何变换的参数值、观察条件和照明参数等。包含国际标准化组织(ISO)标准和美国国家标准协会(ANSI)标准在内的许多图形软件包都提供了丰富的输入功能来处理这些数据。但是,输入的过程需要与窗口管理器和特殊的硬件设备进行交互。因此,有些图形系统,特别是那些主要提供设备无关的输入功能的系统,通常包含较少的用于处理输入数据的交互过程。

对图形软件包中输入功能的标准组织方式将输入功能按照其处理的数据类型进行分类。这种方案允许任何一种物理输入设备,例如键盘或鼠标,都可以用来输入各种类型的图形数据,尽管有些设备在用于输入某种数据时比其他设备更适合。

20.2　输入设备的逻辑分类

如果按照输入的数据类型将输入功能分类,则用来输入某种特定数据的设备就称为这种数据类型的**逻辑输入设备**(logical input device)。标准的逻辑输入设备分为以下六类:

LOCATOR　指定坐标位置(x, y)的设备(定位设备)
STROKE　指定一组坐标位置的设备(笔划设备)
STRING　输入文字的设备(字符串设备)
VALUATOR　指定标量值的设备(定值设备)
CHOICE　选择菜单项的设备(选择设备)
PICK　选择图形的组成部分的设备(拾取设备)

20.2.1　定位设备

交互地选择一个坐标位置的标准方法是使用屏幕光标进行定位。在某些特定应用中也可以使用其他方法进行定位,例如选择某个菜单项。我们可以使用鼠标、触摸板、游戏杆、轨迹球、空间球、拇指轮、拨号盘、数字化仪的触笔或手动光标及其他光标定位设备来实现定位。当屏幕光标到达要求的位置时,按下某一键将激活对该屏幕点坐标的存储操作。

键盘可以按几种方式用作定位设备。一个通用键盘一般有四个控制键,可以将光标向上、向下、向左和向右移动。增加另外四个键,就可以将光标沿对角线方向移动。持续按下选择的光标键，可以实现光标的快速移动。作为其他选择，触摸板、游戏杆、轨迹球可以装在键盘上，从而控制相应的光标移动。对于某些应用来说，使用键盘键入坐标值或者其他代码来指定坐标值也是很方便的。

其他设备，例如光笔，也用来交互输入坐标位置。由于光笔通过检测屏幕荧光体发射的光来进行操作，必须在实现时进行某些特殊的处理。

20.2.2 笔划设备

这一类逻辑输入设备用于输入一组顺序的坐标点。笔划设备的输入相当于多次调用定位设备。输入的一组点常用于显示折线。许多用于产生定位输入的物理设备均可以作为笔划设备。鼠标、轨迹球、游戏杆或数据板手动光标的连续移动，经过转换便成为一组坐标位置值。图形数据板是一种普通的笔划设备，可以通过按钮激活使数据板进入"连续"模式。当光标在数据板表面上移动时，就可以产生一组坐标值。这样的过程常用于允许艺术家在屏幕上绘画的画笔系统，以及跟踪布局并将其数字化(用于以后存储)的工程系统。

20.2.3 字符串设备

最基本的用于字符串输入的物理设备是键盘。输入的字符串通常作为图形的标记。

其他一些物理设备也可用于在写字模式下生成字符图案。这时，通过笔划或定位设备在屏幕上逐步绘制字符。然后，一个模式识别程序将使用预定义图案的字典来解释这些字符。

20.2.4 定值设备

这一类逻辑设备在图形系统中用于输入标量值。定值设备用于设定各种图形参数，例如几何变换参数、观察参数和照明参数等，还用于为特定应用设定物理参数(温度、电压等级、强度系数，等等)。

用来提供定值输入的典型物理设备是一组控制旋钮。通过旋转旋钮可以输入预先指定的任意范围内的浮点数。向一个方向旋转旋钮将增加输入值，而向相反方向旋转则减小输入值。旋转式电位器将旋钮的转动转换成对应的电压。该电压再转换成预定义的标量范围(例如 -10.5 到 25.5)内的一个数。除了旋转式电位器，滑动电位器有时也用来将线性运动转换成标量值。

任何一个带有一组数字键的键盘都可以作为定值设备。用户可以直接键入浮点格式的数值，尽管这比使用旋转式或滑动电位器的输入速度慢，但比较简单。

游戏杆、轨迹球、数据板和其他交互设备，可以在对照一个标量范围解释压力或运动后将其改装成定值输入设备。向一个方向的移动，例如从左向右，就增加输入的标量值；而相反方向的移动则减小标量值。

提供标量输入的另一种技术，是在屏幕上显示滑动块、按钮、旋转式标尺和菜单。从鼠标、游戏杆、空间球或其他设备获得的定位输入，可以用来确定显示器上的一个坐标位置。然后，将该屏幕位置转换成一个数值作为输入。作为一种反馈机制，可以将该数值用文字或色彩的形式显示在所属应用程序的图形范围之内的任何地方。

20.2.5 选择设备

图形软件使用菜单来选择程序设计选项、参数值和用于构图的对象形状。常用于选中一个菜单项的选择设备是光标定位设备，如鼠标、跟踪球、键盘的光标键、触摸板或按钮盒。

作为独立部件设计的键盘功能键或按钮盒常用于输入菜单选项。通常，每一个按钮是可编程的,因此其功能可以根据不同应用而改变。输入设备有时会预定义某些按钮的功能。

我们可以使用光标控制设备对屏幕上列出的菜单选项进行选择。选定一个坐标位置(x,y)后,将其与每一个列出的菜单项范围进行比较。选中一个水平和垂直边界坐标值为x_{min}、x_{max}、y_{min}和y_{max}的菜单项的条件是输入的坐标同时满足下面两个不等式:

$$x_{min} \leqslant x \leqslant x_{max}, \qquad y_{min} \leqslant y \leqslant y_{max} \tag{20.1}$$

对每次只显示少量选项的较大菜单,通常使用触摸屏。选定的屏幕位置要和每一菜单选项所占用的区域进行比较来决定将要进行的操作。

选择输入的替代方法有键盘和语音输入。可以使用标准键盘来键入命令或菜单选项。对于这类选择输入的方法,某些缩写的格式非常有用。可以将菜单列表编号或给其一个短标识名。在语音输入系统中,也可以使用类似的编码方法。语音输入在选项数量较少时(少于20)比较有用。

20.2.6 拾取设备

拾取设备用于选择场景中即将进行变换或编辑的部分。有多种方法可用于拾取场景中的对象,任何一种以拾取为目标的输入机械都可以归类为拾取设备。通过屏幕光标定位来完成拾取操作是最常用的方法。用户可以使用鼠标、游戏杆或键盘将光标定位,然后按下选择按钮记录光标的屏幕像素坐标。然后就用这个坐标来拾取一个完整的对象、网格曲面上的一个面片、多边形的一条边或一个顶点。其他拾取方法包括突出显示当前候选对象、通过名称选择对象或者采用几种方法的组合。

如果采用光标定位方法,拾取程序需要使用该场景的逆观察和几何变换将选中的屏幕坐标位置映射到场景的世界坐标位置,然后才能用世界坐标位置与场景中各个对象的坐标范围相比较。如果某一对象的坐标范围包含该拾取位置,则找到这一拾取对象。该对象的名称、坐标和其他信息都可以用来进行需要的变换或编辑操作。但是,如果两个或两个以上对象的坐标范围同时包围该选中位置,则必须进行进一步的检查。根据待选对象的类型和场景复杂度,可能需要经过几个层次的搜索以确定选中的对象。例如,我们试图拾取一个坐标范围与其他三维物体重叠的球体,光标拾取的位置就要与这两个物体的每个面片的坐标范围进行比较。如果仍然无法确定拾取对象,就要进一步与每条线段的坐标范围进行比较。

如果根据坐标范围的比较无法唯一地确定拾取对象,则通过计算拾取位置与各线段之间的最近距离来判定拾取对象。图20.1中的拾取位置就落在了两条线段的坐标范围中。对于一条以点(x_1,y_1)和点(x_2,y_2)为端点的线段,从拾取点(x,y)到该线段距离的平方由下式计算:

$$d^2 = \frac{[\Delta x(y-y_1) - \Delta y(x-x_1)]^2}{\Delta x^2 + \Delta y^2} \tag{20.2}$$

其中,$\Delta x = x_2 - x_1$,$\Delta y = y_2 - y_1$。如果要加速距离的计算,可以使用各种近似方法或其他标识方法,例如简化为计算拾取位置到线段端点的距离。

如果避免将拾取位置与曲面面片和线段进行坐标范围比较,则拾取操作还可以继续简化。当拾取位置位于两个或两个以上对象的坐标范围内时,拾取程序可以返回一组候选的拾取对象。

另一种拾取技术是将一个**拾取窗口**(pick window)与选中的光标位置相关联。如图20.2所示,该窗口以光标坐标点为中心,对每一候选线段进行裁剪来确定与拾取窗口相交的线段。拾取线段时,通过让拾取窗口适当变小,就可以找到唯一穿过该窗口的线段。某些图形软件包通过以拾取窗口作为裁剪窗口进行观察和投影变换以重建三维场景来实现三维拾取功能。这种重建不产生任何显示输出,只是利用裁剪程序来确定落在拾取观察体内的对象。落在拾取观察体内的所有对象的信息都被返回进行处理。这些信息包括对象的名称和深度范围,其中深度范围可以用来选择在拾取观察体内离用户最近的对象。

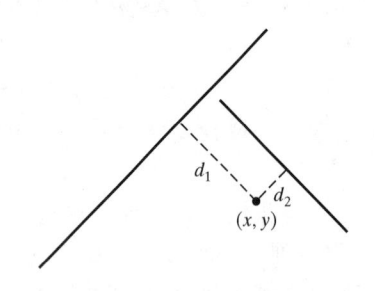

图 20.1　拾取位置到线段的距离

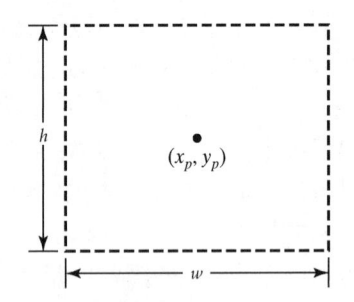

图 20.2　以拾取坐标(x_p, y_p)为中心的拾取窗口,宽为w,高为h

醒目显示候选对象的方法可以避免计算拾取距离或窗口裁剪交点,并让用户解决拾取操作的多义性。一种办法是逐个突出显示覆盖拾取位置(或拾取窗口)的对象。当醒目显示一个对象时,用户可以使用键盘发出"拒绝"或"接受"的指令。当用户接受某个对象为拾取对象时,这次拾取操作就结束了。因此,拾取操作也可以不进行光标定位,而仅仅依靠逐个醒目显示场景中的所有对象来完成。一个按钮用于启动醒目显示对象序列并依次向后遍历。第二个按钮用来在醒目显示所需对象时停止这一过程。如果这种处理需要搜索太多的对象,则可以增加一个按钮来加速这一过程并帮助确认对象。第一个按钮用来开始快速地依次突出显示对象。第二个按钮用来停止这一过程。第三个按钮则用来在所需的对象在按下第二个按钮之前就已经突出显示过的情况下慢慢地往回退。最后,总是通过停止键来结束整个拾取过程。

如果对象可以通过名称来选择,则我们可以使用键盘输入进行拾取。这是一种直接的但交互性欠佳的拾取选择方法。某些图形软件包允许对图形对象在多个层次上命名,直到单独的图形元素。描述性的名字可以在拾取过程中帮助用户。但该方法有一些缺点,它通常比在屏幕上交互拾取的处理速度要慢,而且用户可能需要提示来回忆各种对象的名字。

20.3　图形数据的输入功能

采用输入设备逻辑分类的图形软件包提供多种函数来选择输入设备和数据类型。这些函数允许用户指定以下选项:

- 图形程序和设备如何进行交互(输入模式)。程序或设备之一可以启动数据输入还是两者可以同时操作。
- 使用哪一种物理设备为特定逻辑分类提供输入(例如,使用一个数据板作为笔划设备)。
- 何时输入数据,使用哪一种设备在输入时将特定数据类型传递到指定的数据变量中。

20.3.1　输入模式

交互式图形系统中的某些输入函数指明程序如何与输入设备进行交互。程序可以在处理过程中随时启动输入(称为请求模式),或者由输入设备独立地提供已更新的输入数据(称为取样模式),或者输入设备也可以独立地存储所有采集到的输入数据(称为事件模式)。

在**请求模式**(request mode)中,由应用程序启动数据输入。输入过程从提出请求时被挂起,直到接收了所要的数据。该输入模式与通用编程语言中的一般输入操作相对应。程序和输入设备交替工作,设备处于等待状态直至收到输入请求,然后程序处于等待状态直至收到输入数据。

在**取样模式**(sample mode)下,应用程序和输入设备各自独立地操作。输入设备可能在程序处理其他数据的同时工作。输入设备每次得到的新数据将覆盖以前的输入数据成为当前值。当程序请求一个新数据时,就从输入设备取得当前值。

在**事件模式**(event mode)下,输入设备启动数据输入并交给应用程序。程序和输入设备也是同时工作的,但是输入设备将数据放进一个输入队列中,称为事件队列。所有输入数据均被存储起来。当程序需要一个新数据时,就从输入队列中取得。

在取样模式和事件模式下,任意数目的设备可以同时工作。某些设备可以处于取样模式下,而另一些则处于事件模式下。但是在请求模式下,一个时间片内只能有一个设备可以提供输入。

输入函数库中的其他函数指明用于各种逻辑数据类型的物理输入设备。对于某些输入类型,交互式软件包中的输入过程包含复杂的处理。例如,为了得到一个世界坐标位置,输入程序必须从对屏幕位置的输入值进行若干计算(包括观察变换等)来得到在场景中的世界坐标位置。并且这种处理还涉及来自窗口例程的信息。

20.3.2 回显反馈

在交互输入程序中,用户常常要求回显输入的数据及相关的参数。在这种情况下,输入数据被显示在一个指定的屏幕区域内。例如,回显反馈通常包括拾取窗口的大小、最小拾取距离、光标的大小和形状、拾取时醒目显示的方式、定值输入的上下界和分辨率(尺度)。

20.3.3 回调函数

设备无关的图形软件包可以用一个辅助库来提供有限的一组输入功能,从而以回调函数的方式来处理输入程序。这些回调函数(参见3.5节)与系统软件进行交互,指定当某个输入事件发生时程序应该采取何种行为。典型的输入事件包括移动鼠标、按下鼠标键或按下键盘上的按钮。

20.4 交互式构图技术

图形软件包常常提供多种交互方法来辅助构图,包括定位对象、应用约束、调整对象的尺寸、设计形状和图案。其中提供了各种输入选项,从而对定位设备和笔划设备的坐标输入信息进行调整和解释(根据选项)。例如,可以限制所有的线段或者是水平的或者是垂直的。输入的坐标可以作为将要绘制的对象的位置或边界,或者用来重新安排前面已经显示的对象。

20.4.1 基本的定位方法

我们可以使用一个指点设备来交互式地选择坐标位置,一般是通过定位屏幕光标。如何使用选中的位置取决于设定的处理选项。这个坐标位置可能是一条新线段的一个端点位置,也可以用于定位对象,例如定位一个球体的中心或者作为字符串定位的中心或起始点。作为定位对象的一种辅助方法,所选择位置的数值可以被回显在屏幕上。在回显坐标值的指引下,我们可以用拨号盘或方向键等设备微调选择位置直到获得精确的定位。

20.4.2 拖曳

使用屏幕光标拖曳对象来移动该对象是交互式构图的常用技术之一。我们先用鼠标将光标定位到一个对象,然后按下鼠标键将光标移动到一个新的位置后松开鼠标键,选择的对象就会移动到新的光标位置上。通常,在光标移动过程中,被拖曳的对象将跟随光标的当前位置显示。

20.4.3 约束

有些应用需要预先说明一些对象的方向和对齐方式。约束是改变输入坐标值以产生对象坐标的指定方向和对齐方式的规则。例如，我们可以约束一条输入直线不是水平方向的就是垂直方向的，如图20.3和图20.4所示。可以通过比较输入直线的两个端点的坐标值来实现此约束。如果两个 y 坐标的差值小于两个 x 坐标的差值，则显示一条水平线；否则，显示一条垂直线。这种水平-垂直约束对于形成网络布局很有用，它可以在生成水平线和垂直线时不必对终点进行精确定位。

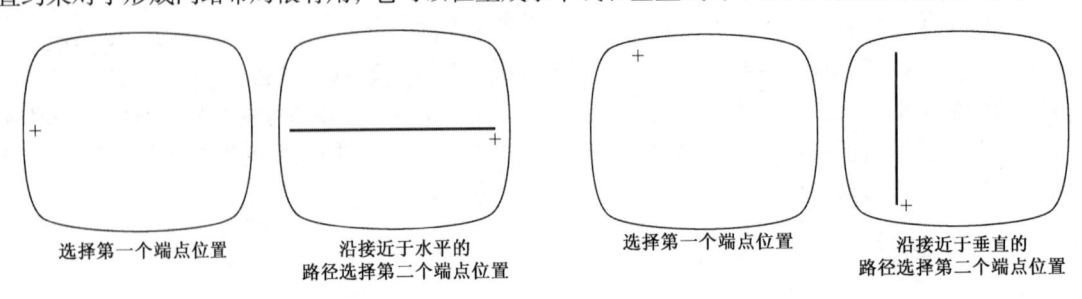

图 20.3　水平线约束

图 20.4　垂直线约束

还可以使用其他的约束对输入坐标进行各种对齐处理。可以将直线约束成具有固定角度，例如 $45°$；输入坐标也可以约束到预定义的路径，例如在一个圆弧上。

20.4.4 网格

在屏幕上某一部分显示为正交直线的网格是另一类约束。在使用网格时，任何输入坐标位置将移到最近的两条网格线的交点上。图20.5示例了使用网格来绘制一条直线段。其中，两个光标位置均被移动到最近的网格交点上，然后在这两个交点之间画一条直线段。使用网格可以方便地构造对象，因为一条新的线段可以很容易地与前一条线段相连，只需在靠近一个线段端点的网格交点附近进行定位。网格线之间的间距通常可以是用户设定的选项。同样，网格可以在显示和不显示之间转换，有时还可以使用部分网格，或是在不同屏幕区域有不同大小的网格。

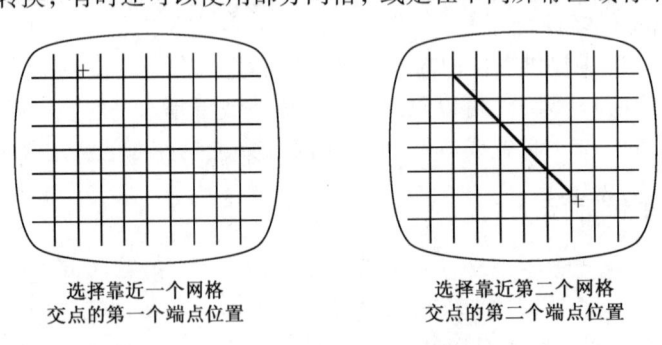

图 20.5　使用网格交点约束的端点画线

20.4.5 橡皮条方法

通过在起始点到移动的屏幕光标之间拉出一条直线的橡皮条方法，可以构造和定位直线段。橡皮条方法可以使一个对象的尺寸被交互地拉伸或收缩。图20.6示例了使用橡皮条方法指定一条直线段。我们先选择一个固定的屏幕位置作为直线段的第一个端点，然后当屏幕光标移动时，始终显示从第一个端点到当前光标位置的一条线段。再次选择的屏幕光标位置就成为该线段的另一个端点。当使用鼠标进行操作时，鼠标键按下后就开始绘制橡皮条线，直到松开鼠标键才完成一条直线段的输入。

选择第一个端点　　　　　　　光标移动时从　　　　　　　线段随光标移动
　　　　　　　　　　　　初始点拉出一线段　　　　　　直到选定第二个端点

图 20.6　绘制和定位一条直线段的橡皮条方法

除了直线段，橡皮条方法还可以构造和定位其他对象，如矩形和圆等。图 20.7 示例了使用橡皮条方法构造矩形，而图 20.8 示例了一个橡皮条圆的构造。有多种方式可以实现橡皮条的构造，例如一个矩形的形状和尺寸可以有以下几种调整方式：单独移动顶边、底边或任意一条侧边。

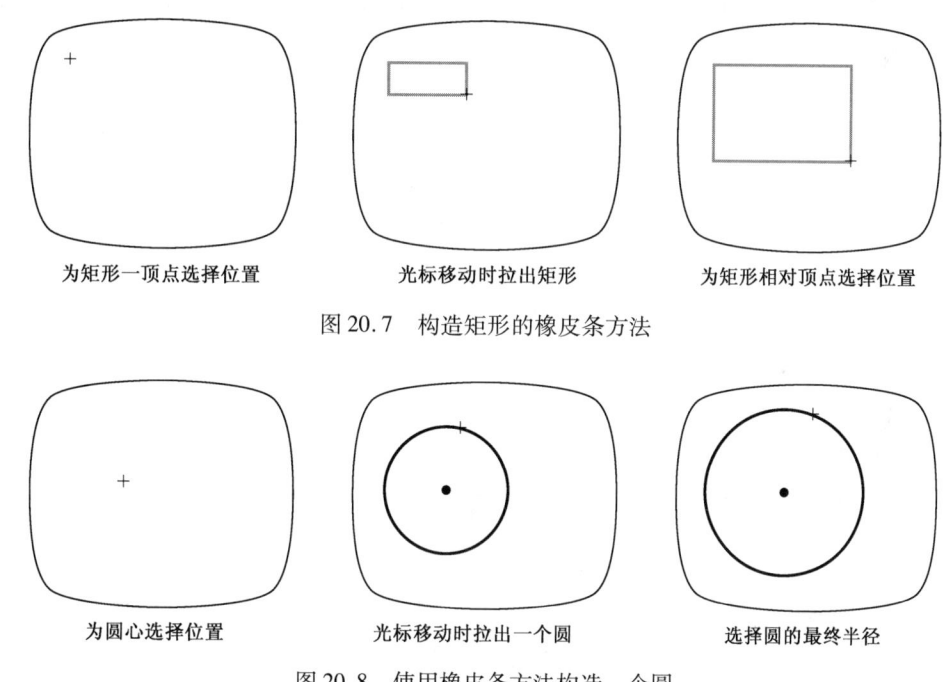

为矩形一顶点选择位置　　　光标移动时拉出矩形　　　为矩形相对顶点选择位置

图 20.7　构造矩形的橡皮条方法

为圆心选择位置　　　光标移动时拉出一个圆　　　选择圆的最终半径

图 20.8　使用橡皮条方法构造一个圆

20.4.6　引力场

在构造一个图形的时候，有时需要在某线段的端点之间连接另外的线段，由于在连接点精确地对屏幕光标定位是很难的，因此图形软件包可以设计成将任意一个靠近线段的点位置转换成线段上的位置。这种转换通过在线段附近建立引力场(gravity field)而实现。在引力场范围内的任意位置均被移("吸引")至线段上最靠近该位置的点上。图 20.9 使用阴影给出了一条直线段的引力场区域。

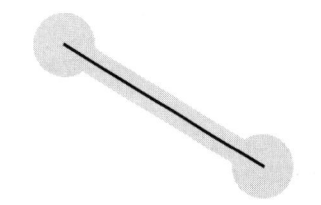

图 20.9　围绕一条直线段的引力场，在阴影区内任意选择的点均被移至线段上的某一位置

围绕端点的区域被放大了，以便于用户比较容易地在端点上连接线段。在引力场的圆形区域内选择的位置都被吸引到该区域的端点上。引力场既要足够大以便能帮助定位，又要足够小从而不和其他线段发生重叠。如果已经显示了许多线段，那么引力场将会相互重叠，这时可能不容易正确地指定一点。通常不显示引力场的边界。

20.4.7 交互式绘画方法

素描、绘图、着色的选择有多种形式。直线段、多边形和圆可以使用上一节所讨论的方法来生成。曲线可以通过标准曲线形状(例如圆弧和样条)或手绘过程来绘制。样条曲线通过指定一组给出曲线大概形状的离散屏幕点来交互地构图，然后系统使用多项式曲线根据这些点来拟合曲线。在手工绘制中，通过数据板上触笔的路径或视频监视器屏幕光标的路径来生成曲线。一旦显示出一条曲线，设计者可以调整沿曲线路径上选择的点的位置，从而改变曲线形状。

线宽、线型和其他属性选项一般也包括在绘画系统中。这些选择可使用5.6节讨论的方法来实现。各种画笔形状、画笔图案、颜色组合、对象形状和表面纹理图案都可在许多系统中，特别是为艺术家工作站而设计的系统中见到。某些绘图系统根据艺术家的手加在触笔上的压力来改变线宽和笔划。彩图23给出了一个绘画软件的窗口和菜单系统，用于让艺术家选择指定对象的形状变化、不同的表面纹理及场景的各种光照条件。

20.5 虚拟现实环境

彩图24给出了一种典型的虚拟现实环境。在这种环境下，使用数据手套(参见2.4节)来实现交互输入，这种数据手套可以抓取和移动虚拟场景中的对象。计算机生成的场景通过头盔观察系统(参见2.1节)以立体投影图形式进行显示。跟踪设备计算头盔和数据手套相对于场景中对象的位置和角度。使用这个系统，用户可以利用数据手套穿越场景，并重新安排对象位置。

另一个生成虚拟场景的方法是，在光栅监视器上显示两个在不同刷新周期内交替出现的立体投影图，然后使用立体眼镜来观察此景。交互式的对象操纵仍然可以通过数据手套和跟踪设备(监视数据手套相对于场景中对象的位置和角度)来实现。

20.6 OpenGL 支持交互式输入设备的函数

在OpenGL程序中，交互设备输入由OpenGL Utility Toolkit(GLUT)中的子程序处理，因为这些子程序需要与一个窗口系统连接。GLUT中有从标准输入设备(包括鼠标、键盘、数据板、空间球、按钮盒和拨号盘)接受输入的函数。对每一种设备指定一个程序(回调函数)来处理从该设备产生的输入。这些GLUT命令与其他的GLUT语句一起放置在 main 程序中。此外，来自基本库和GLU库的函数的组合也可以与GLUT的鼠标函数一起处理拾取输入。

20.6.1 GLUT 鼠标函数

我们用以下函数来指定("登记")一个当鼠标指针在窗口之内并且一个鼠标按钮被按下或松开时调用的函数：

```
glutMouseFunc (mouseFcn);
```

这个名为 mouseFcn 的鼠标回调函数有四个参数：

```
void mouseFcn (GLint button, GLint action, GLint xMouse, GLint yMouse)
```

参数 button 的取值为GLUT定义鼠标按钮的三个符号常量中的一个。button 的允许值为

GLUT_LEFT_BUTTON、GLUT_MIDDLE_BUTTON 和 GLUT_RIGHT_BUTTON。(对于两键鼠标,button 可为 GLUT_LEFT_BUTTON 和 GLUT_RIGHT_BUTTON;对于单键鼠标,则 button 只能为 GLUT_LEFT_BUTTON。)参数 action 的取值也是一个符号常量,指出我们要用哪种按钮行为来触发鼠标激活事件。action 的允许值为 GLUT_DOWN 或 GLUT_UP,取决于我们需要通过按下还是松开鼠标键来启动一个行为。调用 mouseFcn 将返回鼠标光标在窗口中的位置坐标(xMouse,yMouse)。这是相对于窗口左上角的位置。xMouse 是光标到窗口左边界的像素距离,yMouse 是光标到窗口上边界的像素距离。

当屏幕光标在窗口内,激活鼠标按钮可以选择显示图形元素(如点、线或填充区)的位置。通过比较返回的屏幕坐标与场景内显示对象的坐标范围,我们也可以把鼠标当作拾取设备。然而,OpenGL 没有提供以鼠标作为拾取设备的子程序。我们将在后面的章节讨论这些子程序。

下面给出使用 glutMouseFunc 子程序的一个简单的例子。这个例子在窗口中每次按下鼠标左键时,就在鼠标光标所在位置画一个尺寸为 3 的红点。因为 OpenGL 基本函数的坐标原点在窗口的左上角,我们需要在过程 mousePtPlot 中翻转返回的 yMouse 值。

```
#include <GL/glut.h>

GLsizei winWidth = 400, winHeight = 300;    // Initial display-window size.

void init (void)
{
   glClearColor (0.0, 0.0, 1.0, 1.0)   // Set display-window color to blue.

   glMatrixMode (GL_PROJECTION);
   gluOrtho2D (0.0, 200.0, 0.0, 150.0);
}

void displayFcn (void)
{
   glClear (GL_COLOR_BUFFER_BIT);       //  Clear display window.

   glColor3f (1.0, 0.0, 0.0);           //  Set point color to red.
   glPointSize (3.0);                   //  Set point size to 3.0.
}

void winReshapeFcn (GLint newWidth, GLint newHeight)
{
   /*  Reset viewport and projection parameters  */
   glViewport (0, 0, newWidth, newHeight);
   glMatrixMode (GL_PROJECTION);
   glLoadIdentity ( );
   gluOrtho2D (0.0, GLdouble (newWidth), 0.0, GLdouble (newHeight));

   /*  Reset display-window size parameters.  */
   winWidth = newWidth;
   winHeight = newHeight;
}

void plotPoint (GLint x, GLint y)
{
   glBegin (GL_POINTS);
      glVertex2i (x, y);
   glEnd ( );
}

void mousePtPlot (GLint button, GLint action, GLint xMouse, GLint yMouse)
{
```

```
      if (button == GLUT_LEFT_BUTTON && action == GLUT_DOWN)
         plotPoint (xMouse, winHeight - yMouse);

   glFlush ( );
}

void main (int argc, char** argv)
{
   glutInit (&argc, argv);
   glutInitDisplayMode (GLUT_SINGLE | GLUT_RGB);
   glutInitWindowPosition (100, 100);
   glutInitWindowSize (winWidth, winHeight);
   glutCreateWindow ("Mouse Plot Points");

   init ( );
   glutDisplayFunc (displayFcn);
   glutReshapeFunc (winReshapeFcn);
   glutMouseFunc (mousePtPlot);

   glutMainLoop ( );
}
```

下一个例子用鼠标输入来选择直线段的端点位置。选中的直线段首尾相连,展示了交互构造一条折线的过程。初始时,必须用鼠标左键在窗口内选择两个位置来生成第一段直线段。之后,每一个新选择的位置就可以与上一次选择的位置构成一条新的直线段。

```
#include <GL/glut.h>

GLsizei winWidth = 400, winHeight = 300;   // Initial display-window size.
GLint endPtCtr = 0;                        // Initialize line endpoint counter.

class scrPt {
public:
   GLint x, y;
};

void init (void)
{
   glClearColor (0.0, 0.0, 1.0, 1.0)   // Set display-window color to blue.

   glMatrixMode (GL_PROJECTION);
   gluOrtho2D (0.0, 200.0, 0.0, 150.0);
}

void displayFcn (void)
{
   glClear (GL_COLOR_BUFFER_BIT);
}

void winReshapeFcn (GLint newWidth, GLint newHeight)
{
   /*  Reset viewport and projection parameters  */
   glViewport (0, 0, newWidth, newHeight);
   glMatrixMode (GL_PROJECTION);
   glLoadIdentity ( );
   gluOrtho2D (0.0, GLdouble (newWidth), 0.0, GLdouble (newHeight));

   /*  Reset display-window size parameters.  */
   winWidth = newWidth;
   winHeight = newHeight;
}
```

```
void drawLineSegment (scrPt endPt1, scrPt endPt2)
{
   glBegin (GL_LINES);
      glVertex2i (endPt1.x, endPt1.y);
      glVertex2i (endPt2.x, endPt2.y);
   glEnd ( );
}

void polyline (GLint button, GLint action, GLint xMouse, GLint yMouse)
{
   static scrPt endPt1, endPt2;

   if (ptCtr == 0) {
      if (button == GLUT_LEFT_BUTTON && action == GLUT_DOWN) {
         endPt1.x = xMouse;
         endPt1.y = winHeight - yMouse;
         ptCtr = 1;
      }
      else
         if (button == GLUT_RIGHT_BUTTON)         // Quit the program.
            exit (0);
   }
   else
      if (button == GLUT_LEFT_BUTTON && action == GLUT_DOWN) {
         endPt2.x = xMouse;
         endPt2.y = winHeight - yMouse;
         drawLineSegment (endPt1, endPt2);

         endPt1 = endPt2;
      }
      else
         if (button == GLUT_RIGHT_BUTTON)         // Quit the program.
            exit (0);

   glFlush ( );
}

void main (int argc, char** argv)
{
   glutInit (&argc, argv);
   glutInitDisplayMode (GLUT_SINGLE | GLUT_RGB);
   glutInitWindowPosition (100, 100);
   glutInitWindowSize (winWidth, winHeight);
   glutCreateWindow ("Draw Interactive Polyline");

   init ( );
   glutDisplayFunc (displayFcn);
   glutReshapeFunc (winReshapeFcn);
   glutMouseFunc (polyline);

   glutMainLoop ( );
}
```

可以使用的另一个 GLUT 鼠标子程序是

```
glutMotionFunc (fcnDoSomething);
```

当鼠标在窗口内移动并且一个或多个鼠标按钮被激活时,这个例程调用 fcnDoSomething。被调用的 fcnDoSomething 函数有两个参数:

```
void fcnDoSomething (GLint xMouse, GLint yMouse)
```

其中(xMouse, yMouse)是当鼠标被移动并且按钮被按下时,鼠标光标相对于窗口左上角的位置。

类似地，当鼠标在窗口内移动而鼠标键并未被按下时，我们也可以执行一些动作：

  `glutPassiveMotionFunc (fcnDoSomethingElse);`

同样，相对于窗口左上角的鼠标位置坐标(xMouse, yMouse)被传递给 fcnDoSomethingElse。

20.6.2 GLUT 键盘函数

  对于键盘输入，我们用以下函数指定一个当键盘上的一个键被按下时调用的函数：

  `glutKeyboardFunc (keyFcn);`

被指定的函数有三个参数：

  `void keyFcn (GLubyte key, GLint xMouse, GLint yMouse)`

参数 key 的取值是一个字符值或者对应的 ASCII 编码。返回的鼠标光标在窗口内的位置坐标 (xMouse, yMouse)是相对于窗口左上角的。当一个指定的按钮被按下时，我们就可以用鼠标位置来启动某些行为。

  下面的代码给出一个简单的使用键盘输入的曲线绘制程序。按住"c"键，在窗口内移动鼠标就可以产生一条手绘曲线。此例在记录下来的鼠标位置上显示一串红点。如果鼠标移动缓慢，就可以得到一条实曲线。鼠标按钮在此例中没有任何作用。

```
#include <GL/glut.h>

GLsizei winWidth = 400, winHeight = 300;    // Initial display-window size.

void init (void)
{
   glClearColor (0.0, 0.0, 1.0, 1.0);    // Set display-window color to blue.

   glMatrixMode (GL_PROJECTION);
   gluOrtho2D (0.0, 200.0, 0.0, 150.0);
}

void displayFcn (void)
{
   glClear (GL_COLOR_BUFFER_BIT);        // Clear display window.

   glColor3f (1.0, 0.0, 0.0);            // Set point color to red.
   glPointSize (3.0);                    // Set point size to 3.0.
}

void winReshapeFcn (GLint newWidth, GLint newHeight)
{
   /*  Reset viewport and projection parameters  */
   glViewport (0, 0, newWidth, newHeight);
   glMatrixMode (GL_PROJECTION);
   glLoadIdentity ( );
   gluOrtho2D (0.0, GLdouble (newWidth), 0.0, GLdouble (newHeight));

   /*  Reset display-window size parameters.  */
   winWidth = newWidth;
   winHeight = newHeight;
}

void plotPoint (GLint x, GLint y)
{
   glBegin (GL_POINTS);
      glVertex2i (x, y);
   glEnd ( );
}
```

```
/*  Move cursor while pressing c key enables freehand curve drawing.  */
void curveDrawing (GLubyte curvePlotKey, GLint xMouse, GLint yMouse)
{
   GLint x = xMouse;
   GLint y = winHeight - yMouse;
   switch (curvePlotKey)
   {
      case 'c':
         plotPoint (x, y);
         break;
      default:
         break;
   }
   glFlush ( );
}

void main (int argc, char** argv)
{
   glutInit (&argc, argv);
   glutInitDisplayMode (GLUT_SINGLE | GLUT_RGB);
   glutInitWindowPosition (100, 100);
   glutInitWindowSize (winWidth, winHeight);
   glutCreateWindow ("Keyboard Curve-Drawing Example");

   init ( );
   glutDisplayFunc (displayFcn);
   glutReshapeFunc (winReshapeFcn);
   glutKeyboardFunc (curveDrawing);

   glutMainLoop ( );
}
```

我们可以使用以下命令指定对于功能键、方向键及其他特殊键的处理函数：

```
glutSpecialFunc (specialKeyFcn);
```

被指定的函数也有三个参数：

```
void specialKeyFcn (GLint specialKey, GLint xMouse, GLint yMouse)
```

参数 `specialKey` 的取值是具有整数值的 GLUT 符号常量。功能键的符号常量从 `GLUT_KEY_F1` 到 `GLUT_KEY_F12`。方向键的符号常量类似 `GLUT_KEY_UP` 和 `GLUT_KEY_RIGHT`。其他特殊键（如翻页、首尾和插入键）用 `GLUT_KEY_PAGE_DOWN`、`GLUT_KEY_HOME` 等指定。"backspace"、"delete"和"escape"键通过 `glutKeyboardFunc` 用它们的 ASCII 编码指定，分别为 8、127 和 27。

以下代码展示了一个同时支持鼠标、键盘和功能键的交互式程序。鼠标输入用于选择一个红色正方形的左下角的位置。键盘输入用于缩放正方形的大小。每次单击鼠标左键生成一个新的正方形。

```
#include <GL/glut.h>
#inclue <stdlib.h>

GLsizei winWidth = 400, winHeight = 300;   // Initial display-window size.
GLint edgeLength = 10;                     // Initial edge length for square.

void init (void)
{
   glClearColor (0.0, 0.0, 1.0, 1.0)       // Set display-window color to blue.

   glMatrixMode (GL_PROJECTION);
   gluOrtho2D (0.0, 200.0, 0.0, 150.0);
}
```

```c
void displayFcn (void)
{
   glClear (GL_COLOR_BUFFER_BIT);           //  Clear display window.

   glColor3f (1.0, 0.0, 0.0);               //  Set fill color to red.
}

void winReshapeFcn (GLint newWidth, GLint newHeight)
{
   /*  Reset viewport and projection parameters  */
   glViewport (0, 0, newWidth, newHeight);
   glMatrixMode (GL_PROJECTION);
   glLoadIdentity ( );
   gluOrtho2D (0.0, GLdouble (newWidth), 0.0, GLdouble (newHeight));
   /*  Reset display-window size parameters.  */
   winWidth  = newWidth;
   winHeight = newHeight;
}

/*  Display a red square with a selected edge-length size.  */
void fillSquare (GLint button, GLint action, GLint xMouse, GLint yMouse)
{
   GLint x1, y1, x2, y2;

   /*  Use left mouse button to select a position for the
    *  lower-left corner of the square.
    */
   if (button == GLUT_LEFT_BUTTON && action == GLUT_DOWN)
   {
      x1 = xMouse;
      y1 = winHeight - yMouse;
      x2 = x1 + edgeLength;
      y2 = y1 + edgeLength;
      glRecti (x1, y1, x2, y2);
   }
   else
      if (button == GLUT_RIGHT_BUTTON)   //  Use right mouse button to quit.
         exit (0);

   glFlush ( );
}

/*  Use keys 2, 3, and 4 to enlarge the square.  */
void enlargeSquare (GLubyte sizeFactor, GLint xMouse, GLint yMouse)
{
   switch (sizeFactor)
   {
      case '2':
         edgeLength *= 2;
         break;
      case '3':
         edgeLength *= 3;
         break;
      case '4':
         edgeLength *= 4;
         break;
      default:
         break;
   }
}
```

```
/* Use function keys F2 and F4 for reduction factors 1/2 and 1/4. */
void reduceSquare (GLint reductionKey, GLint xMouse, GLint yMouse)
{
   switch (reductionKey)
   {
      case GLUT_KEY_F2:
         edgeLength /= 2;
         break;
      case GLUT_KEY_F3:
         edgeLength /= 4;
         break;
      default:
         break;
   }
}

void main (int argc, char** argv)
{
   glutInit (&argc, argv);
   glutInitDisplayMode (GLUT_SINGLE | GLUT_RGB);
   glutInitWindowPosition (100, 100);
   glutInitWindowSize (winWidth, winHeight);
   glutCreateWindow ("Display Squares of Various Sizes");

   init ( );
   glutDisplayFunc (displayFcn);
   glutReshapeFunc (winReshapeFcn);
   glutMouseFunc (fillSquare);
   glutKeyboardFunc (enlargeSquare);
   glutSpecialFunc (reduceSquare);

   glutMainLoop ( );
}
```

20.6.3 GLUT 数据板函数

数据板通常当鼠标光标位于窗口内时才被激活。数据板输入的按钮事件由以下函数记录：

```
glutTabletButtonFunc (tabletFcn);
```

被调用函数的参数与鼠标回调函数的参数相似：

```
void tabletFcn (GLint tabletButton, GLint action, GLint xTablet, GLint yTablet)
```

参数 tablet Button 的取值是整型标识符，如 1，2，3，等等。按钮行为参数 action 的取值为 GLUT_UP 或 GLUT_DOWN。返回参数 xTablet 和 yTablet 是数据板坐标。我们可以用以下函数指定数据板的有效按钮数目：

```
glutDeviceGet (GLUT_NUM_TABLET_BUTTONS);
```

数据板光笔或光标的移动由以下函数处理：

```
glutTabletMotionFunc (tabletMotionFcn);
```

其中被调用函数有两个参数：

```
void tabletMotionFcn (GLint xTablet, GLint yTablet)
```

参数返回值 xTablet 和 yTablet 是数据板表面的坐标。

20.6.4 GLUT 空间球函数

对一个选中的窗口，以下函数指定当空间球按钮被激活时的操作：

```
glutSpaceballButtonFunc (spaceballFcn);
```

回调函数有两个参数：
```
void spaceballFcn (GLint spaceballButton, GLint action)
```
空间球按钮的标识方法与数据板按钮相同，参数 action 的取值也是 GLUT_UP 或 GLUT_DOWN。通过以 GLUT_NUM_SPACEBALL_BUTTONS 为参数调用 glutDeviceGet 来指定空间球的有效按钮数目。

当鼠标光标位于窗口之内时，空间球的平移运动通过以下函数调用来记录：
```
glutSpaceballMotionFunc (spaceballTranlFcn);
```
三维平移距离作为参数传递给被调用函数：
```
void spaceballTranlFcn (GLint tx, GLint ty, GLint tz)
```
规范化后的平移距离取值从 −1000 到 1000。

类似地，空间球的旋转由以下函数记录：
```
glutSpaceballRotateFunc (spaceballRotFcn);
```
三维旋转角度作为参数传递给被调用函数：
```
void spaceballRotFcn (GLint thetaX, GLint thetaY, GLint thetaZ)
```

20.6.5 GLUT 按钮盒函数

按钮盒输入通过以下函数获取：
```
glutButtonBoxFunc (buttonBoxFcn);
```
按钮的激活事件传递给被调用的函数：
```
void buttonBoxFcn (GLint button, GLint action);
```
按钮用整数值来标识。键盘行为分为 GLUT_UP 或 GLUT_DOWN 两种。

20.6.6 GLUT 拨号盘函数

旋转拨号盘产生的输入由以下函数处理：
```
glutDialsFunc (dialsFcn);
```
通过回调函数可以标识拨号盘并且得到旋转的角度：
```
void dialsFcn (GLint dial, GLint degreeValue);
```
拨号盘用整数值来标识。拨号盘的旋转量表示为整数的角度值。

20.6.7 OpenGL 拾取操作

在 OpenGL 程序中，我们可以通过指点屏幕位置来交互选择对象。然而，OpenGL 中的拾取操作并不是很直接。

基本上，拾取操作是通过一个修正观察体来实现的，而这个观察体根据一个指定的拾取窗口形成。我们对一个场景内的对象用整数进行标识。所有与观察体相交的对象的标识符都保存在一个拾取缓冲区数组中。因此，为了使用 OpenGL 的拾取功能，我们必须在程序中包含以下过程：

- 创建并显示一个场景
- 拾取一个屏幕位置，并且在鼠标回调函数内部进行如下操作：
    * 设置一个拾取缓冲区
    * 激活拾取操作(选择模式)
    * 为对象标识符初始化一个 ID 名称栈

* 保存当前的观察和几何变换矩阵
* 指定鼠标输入的拾取窗口
* 给对象分配标识符然后用观察体再处理一次场景,从而将拾取信息存储到拾取缓冲区中
* 恢复原来的观察和几何变换矩阵
* 确定被拾取的对象的数目,然后返回正常的绘制模式
* 处理拾取信息

我们也可以修改上述的过程来在不使用鼠标交互输入的情况下选择对象。这是通过指定修正观察体的顶点(代替指定一个拾取窗口)来实现的。

以下命令用于设置一个拾取缓冲区:

```
glSelectBuffer (pickBuffSize, pickBuffer);
```

参数 `pickBuffer` 指定一个具有 `pickBuffSize` 个元素的整型数组。函数 `glSelectBuffer` 必须在激活 OpenGL 拾取操作(选择模式)之前被调用。对于每次拾取选中的每一个对象,向拾取缓冲区数组中添加一个整数信息记录。拾取缓冲区可以存放多个记录。记录的数目取决于拾取窗口的尺寸和位置。拾取缓冲区中的每个记录包含如下信息:

1. 对象在名称栈中的位置,即名称栈中位于该对象之下(包括该对象)的标识符数目。
2. 拾取对象的最小深度。
3. 拾取对象的最大深度。
4. 从名称栈中第一个标识符(底部)到拾取对象的标识符之间的所有标识符的列表。

存储在拾取缓冲区中的整型深度值的取值范围是:0 到 1.0,乘以 $(2^{32}-1)$。

OpenGL 的拾取操作由以下命令激活:

```
glRenderMode (GL_SELECT);
```

这个命令将当前模式设置为选择模式,即一个场景虽然通过观察流水线的处理,但是并不存储在帧缓冲区中。在正常的绘制模式下应该显示的每个对象的信息记录放置在拾取缓冲区中。此外,这个命令返回拾取对象的个数,即在拾取缓冲区中信息记录的个数。调用 `glRenderMode(GL_RENDER)` 就可以将当前模式设置为正常的绘制模式(默认模式)。这个命令的第三个参数选项是 `GL_FEEDBACK`。这种反馈模式也不显示对象,而是将对象的坐标及其他信息存储到一个反馈缓冲区中。这种模式用于查询一个场景中的对象的信息,如元素类型、属性等。

以下命令用于激活拾取操作的整型 ID 名称栈:

```
glInitNames ( );
```

ID 名称栈只能在选择模式下使用,其初始状态为空。以下函数用于向栈中放入一个无符号整数值:

```
glPushName (ID);
```

这个函数将参数 `ID` 放在栈顶,栈中已有的元素依次下压。以下函数用于替换栈顶元素:

```
glLoadName (ID);
```

但是我们不能用这个函数向一个空栈中放入元素。以下函数用于弹出栈顶元素:

```
glPopName ( );
```

以下 GLU 函数定义了选定视区内的一个拾取窗口:

```
gluPickMatrix (xPick, yPick, widthPick, heightPick, vpArray);
```

参数 `xPick` 和 `yPick` 给出相对于视区左下角的拾取窗口中心的双精度浮点屏幕坐标值。如果

坐标通过鼠标输入给出,因为鼠标坐标是相对于视区左上角的,则我们需要翻转输入的 yMouse 值。widthPick 和 heightPick 分别指定双精度浮点数值的拾取窗口的宽和高。参数 vpArray 指定一个包含当前视区的坐标位置和尺寸等参数的整型数组。我们可以通过 glGetIntergerv 函数(参见 8.4 节)获得视区的参数。拾取窗口即可作为裁剪窗口构造观察变换的修正观察体。与修正观察体相交的对象的信息被放入拾取缓冲区中。

我们以下面的程序为例说明 OpenGL 的拾取操作。这个程序显示红、蓝、绿三个颜色的矩形。我们用 5×5 的拾取窗口,拾取窗口的中心位置由鼠标输入决定。因此,我们需要用视区的高度(vpArray 中的第四个参数)来翻转 yMouse 的值。红色矩形的 ID 为 30,蓝色矩形的 ID 为 10,绿色矩形的 ID 为 20。根据鼠标输入的位置,我们可以一次拾取 0 到 3 个矩形。矩形的 ID 按照红、蓝、绿颜色的顺序被放入 ID 名称栈。因此,我们既可以使用 ID(拾取记录中的最后一项)也可以使用名称栈中的位置号(拾取记录中的第一项)来处理被拾取的矩形。例如,如果栈位置号为 2,则我们拾取了蓝色矩形,并且在记录最后列出了两个矩形的标识符。我们也可以使用被拾取对象的标识符。这个示例程序中列出了拾取缓冲区中内容。矩形均在 xy 平面上定义,因此所有深度值为 0。例 20.1 列出了当鼠标输入位置在红色和绿色矩形边界处时的输出。这个示例程序没有提供终止机制,因此它可以处理任意数量的鼠标输入。

```
#include <GL/glut.h>
#include <stdio.h>

const GLint pickBuffSize = 32;

/*  Set initial display-window size.  */
GLsizei winWidth = 400, winHeight = 400;

void init (void)
{
    /*  Set display-window color to white.  */
    glClearColor (1.0, 1.0, 1.0, 1.0);
}

/*  Define 3 rectangles and associated IDs.  */
void rects (GLenum mode)
{
    if (mode == GL_SELECT)
       glPushName (30);         //  Red rectangle.
    glColor3f (1.0, 0.0, 0.0);
    glRecti (40, 130, 150, 260);

    if (mode == GL_SELECT)
       glPushName (10);         //  Blue rectangle.
    glColor3f (0.0, 0.0, 1.0);
    glRecti (150, 130, 260, 260);

    if (mode == GL_SELECT)
       glPushName (20);         //  Green rectangle.
    glColor3f (0.0, 1.0, 0.0);
    glRecti (40, 40, 260, 130);
}

/*  Print the contents of the pick buffer for each mouse selection.  */
void processPicks (GLint nPicks, GLuint pickBuffer [ ])
{
    GLint j, k;
    GLuint objID, *ptr;
```

```c
      printf (" Number of objects picked = %d\n", nPicks);
      printf ("\n");
      ptr = pickBuffer;

      /*  Output all items in each pick record.  */
      for (j = 0; j < nPicks; j++) {
         objID = *ptr;

         printf ("    Stack position = %d\n", objID);
         ptr++;

         printf ("    Min depth = %g,", float (*ptr/0x7fffffff));
         ptr++;

         printf ("    Max depth = %g\n", float (*ptr/0x7fffffff));
         ptr++;

         printf ("    Stack IDs are: \n");
         for (k = 0; k < objID; k++) {
            printf ("     %d ",*ptr);
            ptr++;
         }
         printf ("\n\n");
      }
}

void pickRects (GLint button, GLint action, GLint xMouse, GLint yMouse)
{
   GLuint pickBuffer [pickBuffSize];
   GLint nPicks, vpArray [4];

   if (button != GLUT_LEFT_BUTTON || action != GLUT_DOWN)
      return;

   glSelectBuffer (pickBuffSize, pickBuffer);  //  Designate pick buffer.
   glRenderMode (GL_SELECT);                   //  Activate picking operations.
   glInitNames ( );                            //  Initialize the object-ID stack.

   /*  Save current viewing matrix.  */
   glMatrixMode (GL_PROJECTION);
   glPushMatrix ( );
   glLoadIdentity ( );

   /*  Obtain the parameters for the current viewport.  Set up
    *  a 5 x 5 pick window, and invert the input yMouse value
    *  using the height of the viewport, which is the fourth
    *  element of vpArray.
    */
   glGetIntegerv (GL_VIEWPORT, vpArray);
   gluPickMatrix (GLdouble (xMouse), GLdouble (vpArray [3] - yMouse),
                  5.0, 5.0, vpArray);
   gluOrtho2D (0.0, 300.0, 0.0, 300.0);
   rects (GL_SELECT);       //  Process the rectangles in selection mode.

   /*  Restore original viewing matrix.  */
   glMatrixMode (GL_PROJECTION);
   glPopMatrix ( );

   glFlush ( );

   /*  Determine the number of picked objects and return to the
```

```
      *  normal rendering mode.
      */
    nPicks = glRenderMode (GL_RENDER);

    processPicks (nPicks, pickBuffer);   // Process picked objects.

    glutPostRedisplay ( );
}

void displayFcn (void)
{
    glClear (GL_COLOR_BUFFER_BIT);
    rects (GL_RENDER);                   // Display the rectangles.
    glFlush ( );
}

void winReshapeFcn (GLint newWidth, GLint newHeight)
{
    /*  Reset viewport and projection parameters.  */
    glViewport (0, 0, newWidth, newHeight);
    glMatrixMode (GL_PROJECTION);
    glLoadIdentity ( );

    gluOrtho2D (0.0, 300.0, 0.0, 300.0);
    glMatrixMode (GL_MODELVIEW);

    /* Reset display-window size parameters.  */
    winWidth  = newWidth;
    winHeight = newHeight;
}

void main (int argc, char** argv)
{
    glutInit (&argc, argv);
    glutInitDisplayMode (GLUT_SINGLE | GLUT_RGB);
    glutInitWindowPosition (100, 100);
    glutInitWindowSize (winWidth, winHeight);
    glutCreateWindow ("Example Pick Program");

    init ( );
    glutDisplayFunc (displayFcn);
    glutReshapeFunc (winReshapeFcn);
    glutMouseFunc (pickRects);

    glutMainLoop ( );
}
```

例 20.1 程序 pickrects 的输出

```
Number of objects picked = 2

  Stack position = 1
  Min depth = 0,   Max depth = 0
  Stack IDs are:
  30

  Stack position = 3
  Min depth = 0,   Max depth = 0
  Stack IDs are:
  30    10    20
```

20.7 OpenGL 的菜单函数

除了输入设备子程序，GLUT 还提供了多种向程序中添加简单的弹出式菜单的函数。使用这些函数可以设置和访问多种菜单和子菜单。GLUT 菜单命令和其他 GLUT 函数一起放置在 main 程序中。

20.7.1 创建 GLUT 菜单

以下语句创建一个弹出式菜单：

```
glutCreateMenu (menuFcn);
```

其中参数 menuFcn 是当一个菜单项被选中时调用的函数的名字。这个函数有一个整型参数对应于选中项的位置。

```
void menuFcn (GLint menuItemNumber)
```

传递给 menuItemNumber 的整数值被 menuFcn 用来执行某些操作。当一个菜单被创建时，它被关联到当前的窗口。

一旦指定了菜单项被选中时调用的函数，列在菜单上的菜单项也必须被指定。我们使用一系列的语句来设定每个菜单项的名称和位置。这些语句的通用形式如下：

```
glutAddMenuEntry (charString, menuItemNumber);
```

参数 charString 设定显示在菜单上的文字；参数 menuItemNumber 设定该菜单项在菜单中的位置。例如，下列语句创建一个具有两个菜单项的菜单：

```
glutCreateMenu (menuFcn);
    glutAddMenuEntry ("First Menu Item", 1);
    glutAddMenuEntry ("Second Menu Item", 2);
```

然后，我们必须通过以下函数来指定选择菜单项的鼠标键：

```
glutAttachMenu (button);
```

其中 button 的取值是三个 GLUT 符号常量中的一个，分别指定鼠标的左、中、右键。

以下示例程序展示了如何创建和使用 GLUT 菜单，它提供两个选项来显示对一个三角形的内部填充。最初，三角形由两个白点和一个红点定义，并且内部填充颜色由三个顶点颜色的插值决定。我们用 glShadeModel 函数(参见 5.10 节和 17.11 节)来选择多边形填充的方式是同色填充还是用顶点颜色插值填充(Gouraud 绘制)。示例程序中创建了一个菜单用于在这两种模式之间选择。当鼠标光标位于窗口内部时，用鼠标右键就可以调出菜单进行选择。此弹出式菜单显示在鼠标光标的左上角。当鼠标光标移动到一个菜单项上时，该项就会被突出显示。如果松开鼠标右键，突出显示的菜单项就被选中。如果选中"Solid-Color Fill"项，就用最后一个指定的顶点(红点)的颜色来填充三角形。在菜单显示过程 fillOption 的最后，我们调用 glutPost-Redisplay 命令(参见 8.4 节)来指示当菜单显示时，三角形必须被重画。

```
#include <GL/glut.h>

GLsizei winWidth = 400, winHeight = 400;  // Initial display-window size.

GLfloat red = 1.0, green = 1.0, blue = 1.0;  // Initial triangle color: white.
GLenum fillMode = GL_SMOOTH;  // Initial polygon fill: color interpolation.

void init (void)
{
    glClearColor (0.6, 0.6, 0.6, 1.0);  // Set display-window color to gray.
```

```c
        glMatrixMode (GL_PROJECTION);
        gluOrtho2D (0.0, 300.0, 0.0, 300.0);
}

void fillOption (GLint selectedOption)
{
    switch (selectedOption) {
        case 1:  fillMode = GL_FLAT;     break;   // Flat surface rendering.
        case 2:  fillMode = GL_SMOOTH;   break;   // Gouraud rendering.
    }
    glutPostRedisplay ( );
}

void displayTriangle (void)
{
    glClear (GL_COLOR_BUFFER_BIT);

    glShadeModel (fillMode);             //  Set fill method for triangle.
    glColor3f (red, green, blue);        //  Set color for first two vertices.

    glBegin (GL_TRIANGLES);
        glVertex2i (280, 20);
        glVertex2i (160, 280);
        glColor3f (red, 0.0, 0.0);       // Set color of last vertex to red.
        glVertex2i (20, 100);
    glEnd ( );

    glFlush ( );
}

void reshapeFcn (GLint newWidth, GLint newHeight)
{
    glViewport (0, 0, newWidth, newHeight);

    glMatrixMode (GL_PROJECTION);
    glLoadIdentity ( );
    gluOrtho2D (0.0, GLfloat (newWidth), 0.0, GLfloat (newHeight));
    displayTriangle ( );
    glFlush ( );
}

void main (int argc, char **argv)
{
    glutInit (&argc, argv);
    glutInitDisplayMode (GLUT_SINGLE | GLUT_RGB);
    glutInitWindowPosition (200, 200);
    glutInitWindowSize (winWidth, winHeight);
    glutCreateWindow ("Menu Example");

    init ( );
    glutDisplayFunc (displayTriangle);

    glutCreateMenu (fillOption);                   // Create pop-up menu.
        glutAddMenuEntry ("Solid-Color Fill", 1);
        glutAddMenuEntry ("Color-Interpolation Fill", 2);

    /*  Select a menu option using the right mouse button.  */
    glutAttachMenu (GLUT_RIGHT_BUTTON);

    glutReshapeFunc (reshapeFcn);

    glutMainLoop ( );
}
```

20.7.2 创建和管理多个 GLUT 菜单

当一个菜单被创建时，它被关联到当前的窗口(参见 8.4 节)。我们可以为一个窗口创建多个菜单，也可以为不同的窗口创建不同的菜单。每个菜单在创建时分配到一个整数标识符。菜单标识符按照菜单创建的顺序从 1 开始编号。`glutCreateMenu` 子程序返回这个标识符。我们可以用以下语句记录新创建菜单的标识符：

```
menuID = glutCreateMenu (menuFcn);
```

最新创建的菜单成为当前窗口的**当前菜单**(current menu)。可以用以下命令激活一个菜单成为当前窗口的当前菜单：

```
glutSetMenu (menuID);
```

`menuID` 对应的菜单即成为当前菜单。当与此菜单关联的鼠标键在窗口内按下时，此菜单就会弹出。

以下命令用于清除一个菜单：

```
glutDestroyMenu (menuID);
```

如果 `menuID` 对应的菜单是窗口的当前菜单，那么即使存在其他的菜单，清除当前菜单后该窗口也没有当前菜单。

以下函数用于获得当前窗口的当前菜单的标识符：

```
currentMenuID = glutGetMenu ( );
```

如果当前窗口没有菜单，或者之前的当前菜单被 `glutDestroyMenu` 清除了，返回值为 0。

20.7.3 创建 GLUT 子菜单

我们也可以将一个子菜单关联到一个菜单上。首先，用 `glutCreateMenu` 创建子菜单并且列出子菜单项；然后，将子菜单作为一个项添加到主菜单上。下列语句用于将一个子菜单添加到一个主菜单(或其他子菜单)的菜单项列表：

```
submenuID = glutCreateMenu (submenuFcn);
   glutAddMenuEntry ("First Submenu Item", 1);
     .
     .
     .
glutCreateMenu (menuFcn);
   glutAddMenuEntry ("First Menu Item", 1);
     .
     .
     .
   glutAddSubMenu ("Submenu Option", submenuID);
```

`glutAddSubMenu` 函数也可以用来将子菜单添加到当前菜单。

下面的例子展示了创建子菜单的过程。这个例子由前面的菜单示例程序修改而来，增加了一个用于选择三角形前两个顶点颜色(蓝、绿和白)的子菜单。主菜单有三个项，其中第三个项的右边有一个箭头，指出如果突出显示该项会弹出一个新的菜单。主菜单处理函数和子菜单处理函数的最后都包含了 `glutPostRedisplay` 函数。

```
#include <GL/glut.h>

GLsizei winWidth = 400, winHeight = 400;   // Initial display-window size.

GLfloat red = 1.0, green = 1.0, blue = 1.0;      // Initial color values.
GLenum renderingMode = GL_SMOOTH;                // Initial fill method.
```

```
void init (void)
{
    glClearColor (0.6, 0.6, 0.6, 1.0);    // Set display-window color to gray.

    glMatrixMode (GL_PROJECTION);
    gluOrtho2D (0.0, 300.0, 0.0, 300.0);
}

void mainMenu (GLint renderingOption)
{
    switch (renderingOption) {
        case 1:  renderingMode = GL_FLAT;     break;
        case 2:  renderingMode = GL_SMOOTH;   break;
    }
    glutPostRedisplay ( );
}

/*  Set color values according to the submenu option selected.  */
void colorSubMenu (GLint colorOption)
{
    switch (colorOption) {
        case 1:
            red = 0.0;  green = 0.0;  blue = 1.0;
            break;
        case 2:
            red = 0.0;  green = 1.0;  blue = 0.0;
            break;
        case 3:
            red = 1.0;  green = 1.0;  blue = 1.0;
    }
    glutPostRedisplay ( );
}

void displayTriangle (void)
{
    glClear (GL_COLOR_BUFFER_BIT);

    glShadeModel (renderingMode);       //  Set fill method for triangle.
    glColor3f (red, green, blue);  //  Set color for first two vertices.
    glBegin (GL_TRIANGLES);
        glVertex2i (280, 20);
        glVertex2i (160, 280);
        glColor3f (1.0, 0.0, 0.0);    // Set color of last vertex to red.
        glVertex2i (20, 100);
    glEnd ( );

    glFlush ( );
}

void reshapeFcn (GLint newWidth, GLint newHeight)
{
    glViewport (0, 0, newWidth, newHeight);

    glMatrixMode (GL_PROJECTION);
    glLoadIdentity ( );
    gluOrtho2D (0.0, GLfloat (newWidth), 0.0, GLfloat (newHeight));

    displayTriangle ( );
    glFlush ( );
}

void main (int argc, char **argv)
```

```
{
   GLint subMenu;                         //  Identifier for submenu.

   glutInit (&argc, argv);
   glutInitDisplayMode (GLUT_SINGLE | GLUT_RGB);
   glutInitWindowPosition (200, 200);
   glutInitWindowSize (winWidth, winHeight);
   glutCreateWindow ("Submenu Example");

   init ( );
   glutDisplayFunc (displayTriangle);

   subMenu = glutCreateMenu (colorSubMenu);
      glutAddMenuEntry ("Blue", 1);
      glutAddMenuEntry ("Green", 2);
      glutAddMenuEntry ("White", 3);

   glutCreateMenu (mainMenu);        // Create main pop-up menu.
      glutAddMenuEntry ("Solid-Color Fill", 1);
      glutAddMenuEntry ("Color-Interpolation Fill", 2);
      glutAddSubMenu ("Color", subMenu);

   /*  Select menu option using right mouse button.  */
   glutAttachMenu (GLUT_RIGHT_BUTTON);

   glutReshapeFunc (reshapeFcn);

   glutMainLoop ( );
}
```

20.7.4 修改 GLUT 菜单

如果要改变用来选择菜单的鼠标键，首先要取消与当前鼠标键的关联，然后再关联一个新的键。以下函数用于取消关联：

```
glutDetachMenu (mouseButton);
```

参数 `mouseButton` 是之前关联到这个菜单的鼠标键(左、中、右)的 GLUT 符号常量。当我们取消了一个菜单和某按钮的关联之后，可以用 `glutAttachMenu` 来将该菜单与另一个按钮关联起来。

也可以改变一个已有菜单中的某些项。例如，可以用以下函数删除当前菜单中的一个项：

```
glutRemoveMenuItem (itemNumber);
```

其中参数 `itemNumber` 被赋值为欲删除菜单项的整数标识符。

其他 GLUT 子程序支持更改已有菜单项的名称和状态。例如，我们可以修改菜单项的显示文本、改变菜单项的编号或者将一个菜单项变成子菜单。

20.8 图形用户界面的设计

现在应用软件的一个共同特征就是都包含由窗口、图标、菜单及其他功能构成的图形用户界面(GUI)，以辅助用户使用软件和处理问题。图形软件包为每一种应用，例如工程设计、建筑设计、绘图、商用图表、地质、经济、化学和物理等应用设计了专门的交互对话，从而在特定的领域中可以用熟悉的术语来选择设计选项。关于设计用户界面(无论是否图形化)的其他考虑事项包括适应多种熟练程度的用户、一致性、错误处理和反馈。

20.8.1 用户对话

对于某种特定的应用，用户模型(user's model)是设计对话的基础。用户模型说明所设计的系统能做什么，应具备什么样的图形操作。这种模型指明了可以显示的对象类型及如何管理对象。例如，如果一个图形系统是作为建筑设计的工具，则用户模型要说明如何使用该软件包来定位墙、门、窗和其他建筑成分，从而构造和显示大楼的视图。同样，对于一个设备布局系统，将对象定义为一组家具(桌子、椅子、等等)，而应具备的操作功能则包括在指定的平面图内定位一件家具或移动对象。电路设计程序则可以在整个电路设计中使用电子或逻辑元件作为对象，提供增加元件、删除元件及有关的定位操作。

一般按照应用的语言来表达用户对话的所有信息。在建筑设计软件包中，这表示仅仅使用建筑术语来说明所有交互，不引入特殊的数据结构、计算机图形学术语或其他建筑设计师不熟悉的概念。

20.8.2 窗口和图符

典型的图形用户界面必须提供可视化表示，这种表示既可以用于应用中管理的对象，也可以用于对应用对象进行的操作。

窗口系统的标准功能包括打开和关闭窗口、对窗口重定位、缩放功能等，其他操作需要与滑动块、按钮、菜单和图符等协同进行。某些通用系统可提供多个窗口管理程序，从而使不同风格的窗口可以同时在各自的管理程序控制下实现。窗口管理程序可以按特定的应用要求进行设计。

用来代表墙、门、窗或电路元件等对象的图符称为**应用图符**(application icon)。代表旋转、放大、成比例变化、裁剪和粘贴等动作的图符称为**控制图符**(control icon)或**命令图符**(command icon)。

20.8.3 适应多种熟练程度的用户

通常，交互式图形界面提供多种选择动作的方法。例如，选项的选择可以通过将光标指向一个图符，然后按下不同的鼠标键而实现；也可以通过下拉或弹出式菜单进行选择；还可以通过键入命令进行选择。这种功能使软件能适应不同熟练程度的用户。

对于经验不足的用户，使用一个含有复杂的操作集的大界面会很困难，而一个具有较少但容易理解的操作加上详细提示的小界面则会很受欢迎。一组简化的菜单和选项比较容易学习和记忆，用户可以把注意力集中在应用上而不是在界面的细节上。对于一个没有经验的应用软件用户，简单的"指点-按钮"操作是最容易的。因此，一般的界面都设法掩盖软件的复杂性，从而使初学者在使用该系统时不会因众多的细节而不知所措。

另一方面，有经验的用户需要提高操作的速度。这意味着较少的提示和来自键盘或多种"鼠标-按钮"的输入。由于有经验的用户记住了常用动作的快捷键，因此经常通过功能键或同时按下组合键来选择这些动作。

一个界面可能设计若干种不同的操作组合以提供给不同熟练程度的用户。可以让用户自己选择一个偏好设置来实现，也可以在用户使用软件积累经验的过程中由应用软件自行推荐。此外，也可以分成几个层次来设计帮助功能，使初学者可以进行较为详细的对话，有经验的用户则可以减少或去掉提示和消息。帮助功能还可以包含一个或多个辅导性应用，从而介绍该软件的功能和使用方法。

20.8.4 一致性

一致性是界面设计中需要考虑的要点之一。例如，一个特定的图符应该始终只有一个含义而不能依靠上下文来代表多个动作或对象。其他的一致性例子有：菜单总是放在相同的关联位置，从而使用户不必寻找特定的选项；总是使用相同的组合键来代表同一个动作；总是使用一种颜色编码，从而使相同的颜色在不同情况下不会产生不同的含义。

20.8.5 减少记忆量

界面的操作应该容易理解和记忆。模糊的、复杂的、不一致的和缩写的命令格式会导致软件使用时的混淆和低效。对于所有的删除操作，使用同一个键比对不同类型的删除操作使用不同的键要容易记忆。

图符和窗口系统也可以帮助减少记忆量。不同类型的信息可以分别显示在不同的窗口中，因而用户可以很容易地分辨和选取。图符的形状应该易于辨认，并且与应用的对象和动作有关。用户可以简单地通过辨认图符的形状来选择它所代表的动作。

20.8.6 回退和出错处理

在一系列操作过程中，回退和取消机制是用户界面的另一个共同特点。有了纠正操作错误的功能，用户就可以放心地使用系统的各种功能。有的系统可以回退若干步操作，因此可以把系统回退到某些特定的位置。有些操作不能回退，例如关闭了应用程序而没有保存更改。对于这种类型的操作，系统在执行请求的操作之前要求用户确认。

设计一些好的诊断程序和提供出错消息，可以帮助确定发生错误的原因。另外，界面还通过对可能导致错误的一些动作进行预测来减少错误的可能性。如果用户试图执行一些模棱两可或错误的操作，例如向多个对象应用同一个操作，则用户会获得警告消息。

20.8.7 反馈

用户界面的另一个重要特性是反馈，即对用户的操作要及时响应。这一点对经验不足的用户尤其重要。当用户输入一个操作后，界面必须给出某种响应。否则，用户可能会搞不清系统的进展情况及是不是要重新输入。

反馈可以按照多种形式给出，如高亮度显示某个对象，出现某个图符或信息，或者用不同的颜色显示选中的菜单项。如果在短时间内不能完成某个操作，则可以显示一些信息（如闪烁的消息、时钟、沙漏或进程条）来告诉用户系统的进展情况。系统也可以在完成操作的过程中逐步显示部分结果，即最终结果按照一次一部分进行显示。系统还可以在执行一个命令的过程中，让用户输入其他的命令。

对于不同类型的反馈，可以设计专门的符号。例如，一个交叉符号、一张皱眉的脸或一个向下的拇指符号常用来指出一个错误；一个闪烁的"正在工作"符号用来指出处理正在进行之中。这种类型的反馈对于熟练用户是很有效的，但对于初学者可能需要更详细的信息，不仅要清楚地指出系统正在做什么，还要指出用户接下来要做什么。

通常应提供足够清晰的反馈信息，从而使其不易被忽略且易于理解，但也不能过分突出反馈信息以至于影响用户的注意力。当按下功能键时，可能给出听得见的点击声作为反馈，也可能高亮度显示该功能键作为反馈。听觉反馈的优点是其不使用屏幕空间，用户也不必把注意力集中到工作区内以得到反馈信息。如果反馈信息显示在屏幕上，那么使用固定区域，可以使用户知道在什么地方可查看该信息。有时，将反馈信息安排在光标附近有一定的好处。也可以用不同颜色显示反馈，从而与其他显示对象相区别。

某些类型的输入要求有回显反馈。输入的字符在键入时即回显在屏幕上，使用户可以立即发现并纠正错误。按钮和拨号盘输入可以使用相同的方法进行回显。通过拨号盘或显示的标尺而输入的标尺值通常回显在屏幕上，以便检查输入值的精度。坐标点的选择操作，可以使用光标或其他符号在所选位置进行回显。如果选择的位置要求精确的回显，那么可以将坐标值显示在屏幕上。

20.9 小结

图形程序的输入可以来自多种不同的硬件设备，多个设备可以提供同一类输入数据。通过对输入设备进行逻辑分类，图形输入函数可以设计成与特定的输入设备无关。设备按图形输入类型进行分类。ISO 和 ANSI 标准指定的六类逻辑设备是定位设备、笔划设备、字符串设备、定值设备、选择设备和拾取设备。定位设备是任何一种用来输入一个坐标位置的设备。笔划设备输入一串坐标值。字符串设备用来输入文字。定值设备是任何一种用来输入标量值的设备。选择设备用于选择菜单项。拾取设备让用户在一个场景中选取一个对象。

设备无关的图形软件包可以用一个辅助库来提供有限的一组输入功能，一个图形软件包中的输入函数可以定义成三种输入模式。请求模式将输入的控制交给应用程序。取样模式允许输入设备和程序同时工作。事件模式允许输入设备启动数据输入并控制数据的处理。一旦为一个逻辑类和用来输入该类数据的特定物理设备选定了某种模式，那么程序中的输入函数就可以将数据值传递给程序。一个应用程序可以同时使用若干个在不同模式下工作的输入设备。

各种应用，包括设计和绘画软件都使用了一些交互式构图方法。这些方法能让用户定位对象、按预定义的方向和对齐方式约束图形及交互式绘制对象。网格、引力场和橡皮条方法用来帮助定位和其他构图操作。

图形用户界面已经成为应用软件的标准特性。一个应用软件的对话从描述该应用软件功能的用户模型开始设计。所有对话元素都以应用语言给出。

窗口系统提供一个典型的子程序接口来操纵窗口、菜单和图符。通用的窗口系统设计成支持多个窗口管理程序。

用户对话设计的指导思想是易用性、清晰性和灵活性。而且，图形用户界面应设计成能保持用户交互的一致性及支持各种熟练程度的用户。另外，界面应设计成能尽可能减少对用户的记忆要求，提供足够的反馈，并提供适当的回退和错误处理能力。

GLUT 工具包提供了多种交互设备的输入函数，包括鼠标、数据板、空间球、按钮盒和拨号盘。而且，GLUT 还支持鼠标和键盘的组合输入。拾取操作的实现需要用到 GLU 库和 OpenGL 基本库中的函数。GLUT 中提供了一组函数用于显示菜单和子菜单。表 20.1 和表 20.2 分别给出了对 OpenGL 输入函数和菜单函数的总结。

表 20.1 OpenGL 输入函数小结

函　数	描　述
glutMouseFunc	指定当鼠标按钮按下时调用的鼠标回调函数
glutMotionFunc	指定当鼠标光标移动且鼠标按钮按下时调用的鼠标回调函数
glutPassiveMotionFunc	指定当鼠标光标移动且鼠标按钮未按下时调用的鼠标回调函数
glutKeyboardFunc	指定当键盘上的标准键按下时调用的键盘回调函数

(续表)

函数	描述
`glutSpecialFunc`	指定当键盘上的特殊功能键按下时调用的键盘回调函数
`glutTabletButtonFunc`	指定当鼠标光标位于窗口内按下数据板按钮时调用的数据板回调函数
`glutTabletMotionFunc`	指定当鼠标光标位于窗口内移动光标或光笔时调用的数据板回调函数
`glutSpaceballButtonFunc`	指定当鼠标光标位于窗口内或使用其他窗口激活方法时，按下空间球按钮时调用的空间球回调函数
`glutSpaceballMotionFunc`	指定当空间球在活动窗口内发生平移时调用的空间球回调函数
`glutSpaceballRotateFunc`	指定当空间球在活动窗口内发生旋转时调用的空间球回调函数
`glutButtonBoxFunc`	指定当按钮按下时调用的按钮盒回调函数
`glutDialsFunc`	指定当拨号盘旋转时调用的拨号盘回调函数
`glSelectBuffer`	指定拾取缓冲区的名称的大小
`glRenderMode`	以 `GL_SELECT` 为参数激活拾取模式。此函数也用于激活正常绘制模式或反馈模式
`glInitNames`	激活对象 ID 栈
`glPushName`	向 ID 栈中压入一个对象的标识符
`glLoadName`	用指定值置换 ID 栈中的栈顶标识符
`glPopName`	清除 ID 栈的栈顶元素
`gluPickMatrix`	为拾取操作定义拾取窗口并且形成修正观察体

表 20.2　OpenGL 菜单函数小结

函数	描述
`glutCreateMenu`	创建一个弹出式菜单并且指定一个当菜单项被选中时调用的过程；为创建的菜单分配一个整数标识符
`glutAddMenuEntry`	指定一个显示在菜单上的选项
`glutAttachMenu`	指定一个用于选择菜单项的鼠标按钮
`glutSetMenu`	指定当前窗口的当前菜单
`glutDestroyMenu`	清除指定菜单标识符对应的菜单
`glutGetMenu`	返回当前窗口的当前菜单的标识符
`glutAddSubMenu`	将一个指定菜单作为子菜单添加到菜单列表中，其中指定菜单已经由 `glutCreateMenu` 创建
`glutDetachMenu`	取消一个指定鼠标键与当前菜单的关联
`glutRemoveMenuItem`	从当前菜单中删除一个指定选项

参考文献

逻辑（或虚拟）输入设备的发展在 Wallace(1976) 和 Rosenthal et al.(1982) 中讨论。多种输入子程序的实现见 Glassner(1990)、Arvo(1991)、Kirk(1992)、Heckbert(1994) 和 Paeth(1995)。其他使用鼠标和键盘输入的程序示例参见 Woo et al.(1999)。Shreiner(2000) 给出了 OpenGL 基本库和 GLU 中函数的完整列表。关于 GLUT 输入和菜单函数，详见 Kilgard(1996)。

用户界面设计指导在 Shneiderman(1986)、Apple(1987)、Bleser(1988)、Brown and Cunningham(1989)、Digital(1989)、OSF/MOTIF(1989) 和 Laurel(1990) 中给出。

练习题

20.1 开发一个能使用定位设备在屏幕上定位对象的程序。给出一个几何形状的对象菜单，让用户选择对象及安放位置。该程序应允许对任意多个对象确定位置，直到给出一个结束符号。

20.2 对上述程序加以扩充，从而使对象在定位前可以缩放和旋转。变换选择及变换参数均以菜单项形式给出。

20.3 设计一个程序，该程序允许用户使用一个笔划设备交互式地画图。

20.4 讨论可以在模式识别过程中使用的方法，从而将输入字符与存储的形状库进行匹配。

20.5 设计一个子程序，该子程序可以在屏幕上显示一个线性标尺和一个滑动块，并允许通过沿标尺线定位滑动块来输入数值。选择的数值显示在靠近线性标尺的框内。

20.6 编写一个程序，使用上一练习题中实现的滑块功能，并设定一个最大值和一个最小值，然后允许用户通过移动滑块在最大、最小值之间的范围内缩放一个显示在窗口中的对象。

20.7 设计一个子程序，显示一个圆形标尺和能在圆上移动以选择角度（以度为单位）的指针，或是一个滑块。选择的角度值回显在靠近圆形标尺的框内。

20.8 编写一个程序，使用上一练习题中实现的圆形标尺来控制一个对象绕着自己的中心旋转。

20.9 编写一个绘图程序，该程序允许用户通过指定点来绘制线段，并组成图形。每条线段的坐标由定位设备进行选择。

20.10 编写一个通过在指定点间连接直线段而构图的绘图软件。建立一个围绕图中每一条线段的引力场，从而帮助将新的线段与已有线段相连接。

20.11 修改上一练习题中的绘图软件，从而允许对线段进行水平或垂直约束。

20.12 开发可以显示一个任选网格图案的绘图软件，使得选择的屏幕坐标能近似移动到网格交点上。该软件能提供画线功能，并且从一个定位设备取得顶点。

20.13 编写一个可以使用橡皮条方法绘制直线段来构图的子程序。

20.14 编写一个可以使用橡皮条方法构造直线段、矩形和圆的绘图软件。

20.15 编写一个程序，允许用户在一个二维场景中拾取对象。存储每个对象的坐标范围用来根据输入的鼠标光标位置判断拾取的对象。

20.16 编写一个程序，允许用户通过一个基本形状菜单并使用一个拾取设备，将每一个选取的形状拖曳到指定位置来设计图形。

20.17 设计请求模式中输入函数的实现。

20.18 设计取样模式中输入函数的实现。

20.19 设计事件模式中输入函数的实现。

20.20 建立请求、取样和事件模式中输入函数的通用实现。

20.21 扩展20.6节的OpenGL的画点程序，使其包含一个菜单用于选择点的大小和颜色。

20.22 扩展20.6节的OpenGL的画折线程序，使其包含一个菜单用于选择线的属性：大小、颜色和线宽。

20.23 修改上一练习题中的程序，允许为折线选择纹理图案。

20.24 编写一个OpenGL交互程序，在窗口内以输入位置为中心画一个 100×100 像素的矩形。加入一个菜单用于选择填充矩形的颜色。矩形用同色填充。

20.25 修改上一练习题中的程序，使其当无法在窗口内显示整个矩形时拒绝输入位置。

20.26 修改上一练习题中的程序，使其包含一个菜单为矩形选择纹理。至少设置两种纹理图案。

20.27 编写一个 OpenGL 交互程序，在窗口内的任意位置显示一个输入字符串。输入位置作为字符串的起始位置。

20.28 编写一个 OpenGL 交互程序，在窗口内的任意位置定位一个二维对象。对象类型通过一个基本形状菜单来选择，至少包括正方形、圆和三角形。

20.29 修改上一练习题中的程序，允许按任意对齐方式显示二维对象。该程序允许从菜单中选择任意多个对象，直到从菜单中选择退出项。

20.30 修改上一练习题中的程序，允许缩放和旋转对象。添加用于几何变换的菜单项。

20.31 编写一个 OpenGL 交互程序，在窗口内定位一个三维对象。对象的类型从一个 GLUT 线框实体菜单中选择，并且以输入位置为中心。

20.32 修改上一练习题中的程序，允许以线框方式或实体方式显示对象。在实体显示方式下，在观察点加入一个点光源，并且使用默认的照明和表面阴影参数。

20.33 编写一个程序实现在一个包含多个对象的三维场景中的 OpenGL 拾取操作。对每一次拾取操作，创建一个小的拾取窗口，并且将拾取窗口内最远的对象调到最前面。

20.34 编写一个 OpenGL 交互程序，显示二维三次 Bézier 曲线。四个控制点的位置由鼠标输入。

20.35 修改上一练习题中的程序，允许选择 Bézier 曲线的次数为 3、4 或 5。

20.36 编写一个 OpenGL 交互程序，显示二维三次 B 样条曲线。样条参数由输入决定，控制点位置由鼠标选定。

20.37 编写一个 OpenGL 交互程序，显示三次 Bézier 曲面片。控制点的 x 和 y 坐标由鼠标输入，z 坐标通过输入距地平面的高度指定。

20.38 选择几种读者所熟悉的图形学应用，并建立用户模型，能够作为该领域内图形应用系统用户界面的设计基础。

20.39 请列出能在一个用户界面中提供的帮助设备，并讨论哪一种帮助对不同层次用户是合适的。

20.40 请总结可以处理回退和回显的方法。指出哪一种比较适合于初学者，哪一种比较适合于有经验的用户。

20.41 请列出几种向用户表示菜单的格式，并解释每一种在什么情况下是合适的。

20.42 讨论对于各种层次用户的反馈的不同选择。

20.43 列出一个窗口系统在处理具有多个重叠窗口的屏幕布局时必须完成的功能。

20.44 建立一个窗口管理软件包的设计。

20.45 为着色程序设计一个用户界面。

20.46 为一个二层结构的建模软件设计一个用户界面。

附加综合题

20.1 在本章的综合题中，请增加适当的输入功能来让你的程序变成可交互的。首先考虑用户在你的应用中需要完成哪些类型的任务；然后考虑设计怎样的交互方式才是有助于实现各种交互任务的最好选择；最后针对每种类型的输入信息，考虑应该在程序的图形化显示窗口上给出什么类型的反馈？一般情况下，会有不止一种方法可以获得某种类型的输入数据，也会有不同的方法把这些输入选项展示给用户。讨论这些方法，并选择一些你认为对用户来说最直观有效的，把它们写到输入操作的说明书里。此外，请设计菜单和其他 GUI 元素来让你的应用程序的界面变得更加友好。

20.2 针对上一综合题中设计好的输入操作说明，用 OpenGL 在 GLUT 函数库中定义的支持交互式输入设备的函数来实现。允许用户使用鼠标键盘和程序完成交互，在必须或适当的地方增加 GUI 元素。编写一个实现交互反馈的函数——每当用户完成某种输入后，该函数就用相应的方式来更新程序的当前场景。此外，尝试站在一个用户的角度来测试你的程序，通过修改输入操作方式并实验体会，不断改进程序控制方式的方便性和直观性。

第 21 章 全 局 光 照

计算机图形学中的光照模型可以由描述对象表面光照效果的物理公式推导出来。为了减少光强度计算，大多数软件包采用简化的光照计算经验模型。在第 17 章中，我们讨论了如何通过计算对象表面和射向它的光线之间的交点来实现表面绘制。这种光照计算的模型称为局部光照，因为它只考虑参与相交计算的那个特定对象和直接射向它的光线的特性。

为了生成更加真实的光照效果，我们必须考虑从其他对象反射出来的光线，因为这些反射光线也会照射到物体上并对它们表面的明暗效果产生贡献。这种光照计算的模型称为全局光照，更加准确和逼真，但需要付出大量额外计算的代价。

一些全局光照方法，例如光线跟踪，是从视点出发做出经过图像平面上每个像素的光线并射回到场景中，以此为基础来计算表面的明暗效果。更加准确的模型，例如辐射度算法，则需考虑场景中光源与对象表面间辐射能量的传递来计算光强度；也可以考虑从光源发出光子后跟踪其在场景中不同表面之间的运动来计算光强度。另外，也可以将这些技术再和其他明暗处理方法(纹理映射)结合起来，简单快速地将周围环境信息映射到对象表面上。

21.1 光线跟踪方法

在 15.3 节中，我们介绍了光线投射的概念，它用来在结构实体几何法中确定沿从一像素位置出发的射线到表面的交点。另外，我们还讨论了利用光线投射作为确定场景中可见面的一种方法(参见 16.10 节)。**光线跟踪**(ray tracing)是光线投射思想的延伸，它并不仅仅为每个像素寻找可见面，如图 21.1 所示，该方法还跟踪光线在场景中的反射和折射，并计算它们对总的光强度的作用。这为获得全局反射和折射效果提供了一种简单有效的绘制方式。基本光线跟踪算法为可见面判别、明暗效果、透明及多光源照明等提供了实现方法。人们在此基础上为了生成真实感图形而进行了大量的研究工作。光线跟踪技术虽然能够生成高度真实感的图形，特别是对于表面光滑的对象，但它所需的计算量却大得惊人。彩图 25 显示了光线跟踪所能生成的全局反射和透射效果。

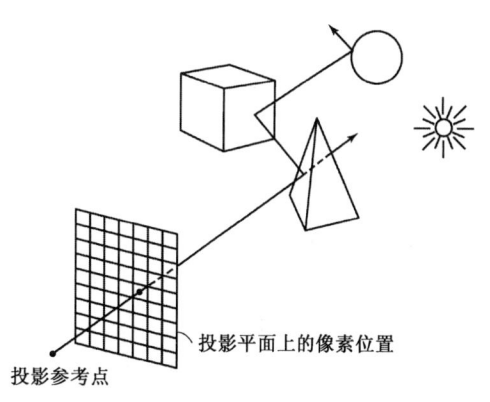

图 21.1 由投影参考点出发跟踪一束光线，光线穿过一像素单元进入包含多个对象的场景，然后经过多次反射和透射

21.1.1 基本光线跟踪算法

首先，为光线跟踪算法建立一个投影参考点在 z 轴、像素位置在 xy 平面的坐标系，如图 21.2 所示。然后，在该坐标系中描述场景的几何数据并生成像素光线。对于场景的透视投影视图，每一光线从投影参考点(投影中心)出发，穿过每个像素中心进入场景并沿反射和透射路径形成各种光线分支。然后在该表面交点计算像素强度的贡献。这一绘制方法建立在几何光学原理的基础上。场景中该表面的光线在各个方向发散，其中有的到达投影平面的像素位置。由于有无穷多数量的光线散射，我们通过从像素到场景反向跟踪光线路径来确定特定像素的强度贡

献。在基本的光线跟踪算法中，为每一像素生成一条逆向光线，这和通过针孔照相机观察场景相似。

生成每条像素光线后，需测试场景中的所有场景表面以确定其是否与该光线相交。如果该光线确实与一个表面相交，则计算出交点到像素的距离。在计算出所有表面和该光线的交点后，具有最小距离的交点即可代表该像素所对应的可见面。然后，将该光线在该可见面上沿镜面反射路径（反射角等于入射角）反射。若该表面是透明的，还需考察透过该表面的折射光线。我们将反射和折射光线统称为**从属光线**(secondary ray)。

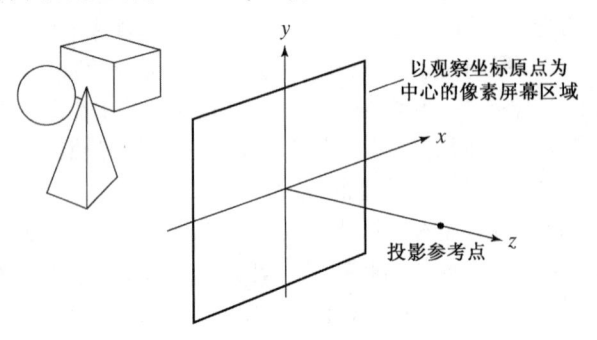

图 21.2 光线跟踪的坐标参照框架

接着对每条从属光线重复这个光线处理过程。如果有表面和其相交，则确定最近的相交表面，然后，递归地在沿从属光线方向最近的对象表面上生成下一条折射和反射光线。当从每个像素出发的光线在场景中被反射和折射时，逐个将相交表面加入一个二叉**光线跟踪树**(ray-tracing tree)中，如图 21.3 所示。树的左分支表示反射光线，右分支表示透射光线。光线跟踪的最大深度可由用户选定，或由存储容量决定。当下面的任意条件满足时，就停止跟踪。

- 该光线不和任意表面相交。
- 该光线与一个光源相交且该光源不是一个反射面。
- 该树到达最大允许深度。

在每一表面交点，引入基本光照模型来确定表面强度贡献。该强度值存放在像素树的表面节点位置。与非反射面光源相交的光线可用该光源对其强度赋值，尽管基本光线跟踪算法中的光源一般是位于场景坐标范围之外的点光源。图 21.4 给出了一个与光线相交的表面和用于反射光强度计算的单位法向量。单位法向量 **u** 是光线路径的方向，**N** 是单位表面法向量，**R** 是单位反射向量，**L** 是指向点光源的单位向量，而 **H** 是 **L** 和 **V** 的半角向量。沿 **L** 的光线称为**阴影光线**(shadow ray)。若它在表面和点光源之间与任何对象相交，则该表面位于点光源的阴影中。对象表面的环境光强度为 $k_a I_a$，漫反射光与 $k_d(\mathbf{N} \cdot \mathbf{L})$ 成正比，镜面反射与 $k_s(\mathbf{H} \cdot \mathbf{N})^{n_s}$ 成正比。正如 17.3 节所述，从属光线 **R** 的镜面反射取决于对象表面法向量和入射光线的方向：

$$\mathbf{R} = \mathbf{u} - (2\mathbf{u} \cdot \mathbf{N})\mathbf{N} \tag{21.1}$$

对于一个透明表面，还须考察穿过对象的透射折射光线对总的光强度的作用。可以沿图 21.5 中的透射方向 **T** 跟踪从属光线，以确定其作用值。单位透射向量则可以由向量 **u** 与 **N** 得到：

$$\mathbf{T} = \frac{\eta_i}{\eta_r}\mathbf{u} - \left(\cos\theta_r - \frac{\eta_i}{\eta_r}\cos\theta_i\right)\mathbf{N} \tag{21.2}$$

参数 η_i 和 η_r 分别为入射材质和折射材质的折射率，折射角 θ_r 可由 Snell 定律计算出来：

$$\cos\theta_r = \sqrt{1 - \left(\frac{\eta_i}{\eta_r}\right)^2 (1 - \cos^2\theta_i)} \tag{21.3}$$

一个像素的二叉树建立完毕后,从树的末端(终结节点)开始累计强度贡献。树的每一节点的表面强度因离开父节点(相邻上一节点)表面的距离而衰减并加入到父节点表面的强度中。赋给像素的强度是该光线树根节点衰减后的强度总和。如果一像素的初始光线与场景中任意对象均不相交,则其光线树为空且用背景光强度对其赋值。

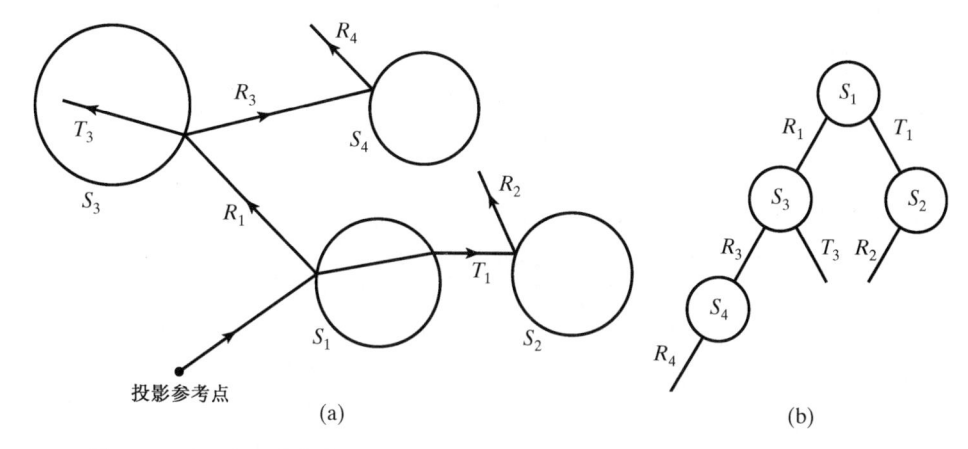

图 21.3 (a)由屏幕像素出发穿过场景的反射和折射光线;(b)二叉光线跟踪树

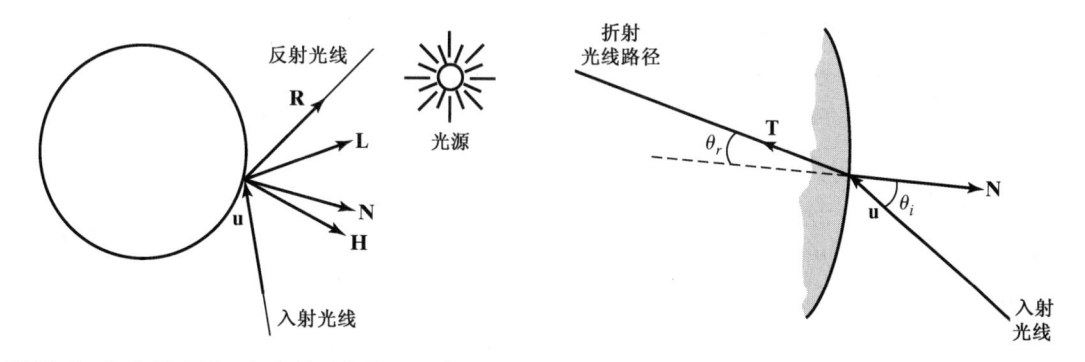

图 21.4 与入射光线 u 相交的对象表面的单位向量   图 21.5 穿过一个透明对象的折射光线路径 T

光线跟踪是一种高度视相关(view-dependent)的方法,因为进入场景并被跟踪的光线是从投影参考点发出的,如果观察位置发生了改变,光线就全部都要重新计算和跟踪。类似地,如果场景中任何一个对象的位置改变了,就会引起光线反射的过程改变,从而导致部分甚至所有的光线也必须重新计算和跟踪。在那些需要接近实时处理效果的实际应用中,这个特点会带来很大的麻烦,除非能提供十分强大的硬件支持来快速完成所需的计算。

21.1.2 光线与对象表面的求交计算

如图 21.6 所示,一束光线可以由初始位置 $\mathbf{P}_0$ 和单位向量 $\mathbf{u}$ 来描述。沿光束方向距离 $\mathbf{P}_0$ 为 s 的任意点 $\mathbf{P}$ 的坐标,可以由**光线方程**(ray equation)表示为

$$\mathbf{P} = \mathbf{P}_0 + s\mathbf{u} \tag{21.4}$$

最初,$\mathbf{P}_0$ 可设置为投影平面上的某像素点 $\mathbf{P}_{pix}$,或作为投影参考点。初始单位向量 $\mathbf{u}$ 则可以由投影参考点和该光线穿过的像素位置来得到:

$$\mathbf{u} = \frac{\mathbf{P}_{\text{pix}} - \mathbf{P}_{\text{prp}}}{|\mathbf{P}_{\text{pix}} - \mathbf{P}_{\text{prp}}|} \tag{21.5}$$

尽管 $\mathbf{u}$ 没有必要是一个单位向量，但成为一个单位向量可简化某些计算。

为了计算表面交点，可以使用表面方程求解 $\mathbf{P}$ 的位置，如方程(21.4)所示。这给出了参数 s 的值，即从 $\mathbf{P}_0$ 到光线与表面交点的距离。

每次与表面相交时，向量 $\mathbf{P}_0$ 和 $\mathbf{u}$ 由交点处的从属光线来更新。对于从属光线，$\mathbf{u}$ 的反射方向为 $\mathbf{R}$、透射方向为 $\mathbf{T}$。找出一个从属光线与表面的交点，求解光线方程和表面方程的联立方程组以获得交点坐标。接着更新二叉树并生成下一组反射和折射光线。

对多数可能出现的形状包括样条表面，都已开发出高效的光线表面求交算法。一般的做法是联立光线方程和描述表面的方程，求解参数 s。多数情况下，使用数值求根方法和增量计算确定表面上的交点位置。对于复杂的对象，常将光线方程转换到定义对象的局部坐标系中。通过将对象变换成更适当的形状可简化许多情况。例如，通过转换光线和表面方程使光线跟踪椭球的问题变成光线与球面相交的问题。

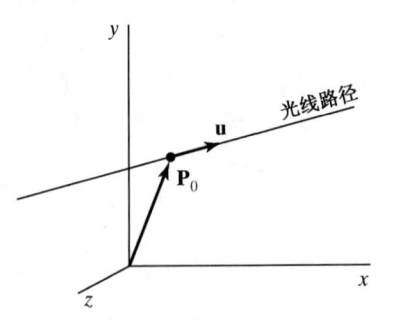

图 21.6 初始位置为 $\mathbf{P}_0$、单位方向向量为 $\mathbf{u}$ 的光线

21.1.3 光线-球面求交

光线跟踪中最简单的对象为球体。给定一个半径为 r、中心为 $\mathbf{P}_c$ 的球体(参见图21.7)，球面上任意点 $\mathbf{P}$ 均满足球面方程：

$$|\mathbf{P} - \mathbf{P}_c|^2 - r^2 = 0 \tag{21.6}$$

将 $\mathbf{P}$ 的光线方程(21.4)代入上一方程，得到

$$|\mathbf{P}_0 + s\mathbf{u} - \mathbf{P}_c|^2 - r^2 = 0 \tag{21.7}$$

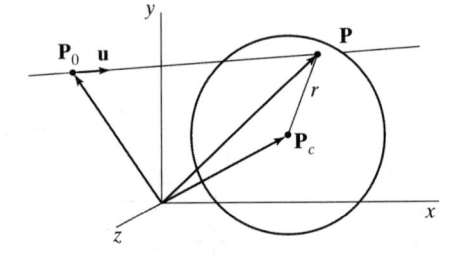

图 21.7 光线与半径为 r、中心为 $\mathbf{P}_c$ 的球面求交

令 $\Delta\mathbf{P} = \mathbf{P}_c - \mathbf{P}_0$，并扩展点积，可得二次等式：

$$s^2 - 2(\mathbf{u} \cdot \Delta\mathbf{P})s + (|\Delta\mathbf{P}|^2 - r^2) = 0 \tag{21.8}$$

求解得

$$s = \mathbf{u} \cdot \Delta\mathbf{P} \pm \sqrt{(\mathbf{u} \cdot \Delta\mathbf{P})^2 - |\Delta\mathbf{P}|^2 + r^2} \tag{21.9}$$

若根为负，则光线与球面不相交或球面在 $\mathbf{P}_0$ 之后。对于这两种情况，都可不再考虑该球面，因为我们假定场景在投影平面的前面。当根不为负时使用式(21.9)的两个根中较小的一个从光线方程(21.4)获得表面交点。彩图26给出了一个包含用光亮的球面形成的雪花图案的光线跟踪场景，展示了用光线跟踪生成的表面全局反射。

光线-球面求交计算还可以进行一些优化使处理时间得以减少。另外，对于远离光束出发点的小球体，式(21.9)易于出现取整误差。若

$$r^2 \ll |\Delta\mathbf{P}|^2$$

则我们可能在 $|\Delta\mathbf{P}|^2$ 的近似计算过程中丢失 r^2 项。在大多数情况下，可以按下列等式重新计算距离 s 以消除该误差：

$$s = \mathbf{u} \cdot \Delta\mathbf{P} \pm \sqrt{r^2 - |\Delta\mathbf{P} - (\mathbf{u} \cdot \Delta\mathbf{P})\mathbf{u}|^2} \tag{21.10}$$

21.1.4 光线-多面体求交

多面体的求交计算与球面的求交计算相比要复杂得多。因此,在一开始先利用包围体进行求交测试可提高效率。例如,图 21.8 表示一个被包围球包围的多面体,若光束与球面无交点,则无须再对多面体进行测试。若光线与球面相交,则只需测试不等式:

$$\mathbf{u} \cdot \mathbf{N} < 0 \tag{21.11}$$

可以找到多面体的前表面。不等式中,$\mathbf{N}$ 为多面体表面法向量。对于多面体中每个满足不等式(21.11)的表面,还须对面上满足光线方程(21.4)的点 $\mathbf{P}$ 求解平面方程:

$$\mathbf{N} \cdot \mathbf{P} = -D \tag{21.12}$$

其中,$\mathbf{N} = (A, B, C)$,D 为平面方程的第四个参数,如果

$$\mathbf{N} \cdot (\mathbf{P}_0 + s\mathbf{u}) = -D \tag{21.13}$$

则点 $\mathbf{P}$ 同时位于平面和光线上,而从初始光线位置到平面的距离为

$$s = -\frac{D + \mathbf{N} \cdot \mathbf{P}_0}{\mathbf{N} \cdot \mathbf{u}} \tag{21.14}$$

这给出该多边形一个表面所在的无穷平面上的一个点,但该点可能不在多边形边界内(参见图 21.9),因此,还须通过"内外"测试法(参见 4.7 节)来确定光线是否与多面体的该表面相交。逐个对满足不等式(21.11)的表面进行测试,由到相交的多边形的最小距离 s 可确定出多面体表面的相交位置。若由式(21.14)所得的交点均非内点,则该光线与多面体不相交。

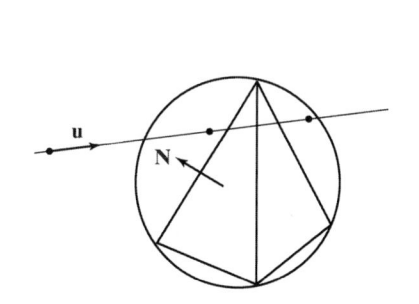

图 21.8 一个被包围球包围的多面体

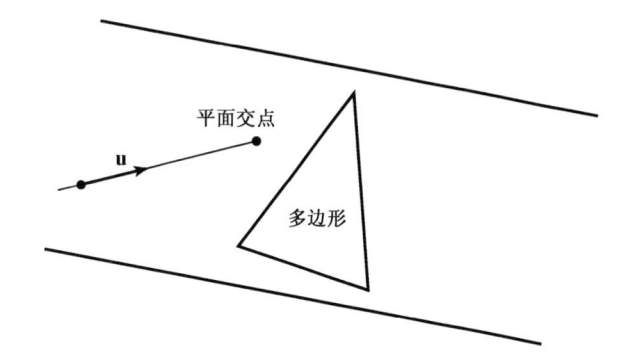

图 21.9 光线与一个多边形平面求交

21.1.5 减少对象求交计算量

在光线跟踪过程中,约有 95% 的时间用于光线与表面的求交计算。对于一个有多个对象的场景,大部分处理时间用于计算沿光束方向不可见的对象的求交。因此,人们开发出许多方法来减少在这些求交计算上所花费的时间。

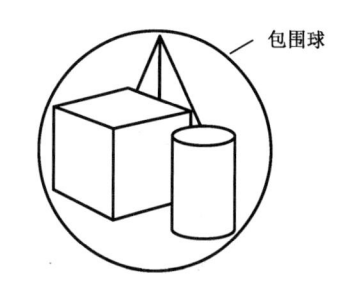

减少求交计算量的一种方法是,将相邻对象用一个包围体(盒或球)包起来(参见图 21.10)。然后测试光线与包围体的交点。如果没有交点,则无须对被包围对象进行求交测试。这种方法可以扩充到利用包围体的层次结构。即将几个包围体包在一个更大的包围体中,以便层次式地进行求交测试。首先测试最外层的包围体,然后根据需要,逐个测试各层的包围体,以此类推。

图 21.10 被一个包围球包围的一组对象

21.1.6 空间分割方法

另一种减少求交计算量的方法是**空间分割**(space-subdivision)技术。我们可以将整个场景包含在一个立方体中,然后将立方体逐次分割。直至每个子立方体(体元)所包含的对象表面或表面数目小于等于一个预定的最大值。例如,可以要求每个体元中至多只包含一个表面。如果采用并行和向量处理技术,每个体元所包含的最大表面数目可以由向量寄存器的大小和处理器个数来决定。立方体的空间分割单元可以用一棵八叉树或一棵二叉分割树进行存储。另外,可以进行均匀分割(uniform subdivision),即每次将立方体分割为 8 个相同大小的体元,也可以采用自适应细分(adaptive subdivision),即仅对包含对象的立方体区域进行分割。

然后我们跟踪穿过立方体中体元的光线,仅需对包含表面的单元执行求交测试,光线所交的第一个对象表面即为可见面。另外,我们必须在体元大小和每个体元所含的表面数目之间进行取舍,如果每个体元中的最大表面数目定得过小,则体元体积也将过小,使得在求交测试中所节省的大部分时间都耗费在光线贯穿体元的处理中。

图 21.11 表示一束像素光线与包围场景的立方体的前表面的求交。该立方体前表面上的交点位置标识由该光线遍历的初始单元。然后,沿光线确定其贯穿体元时在每个单元的入口与出口位置(参见图 21.12)。在每一非空单元中测试相交表面。该过程继续到找到一个相交的对象表面,或光线射出包围场景的立方体。

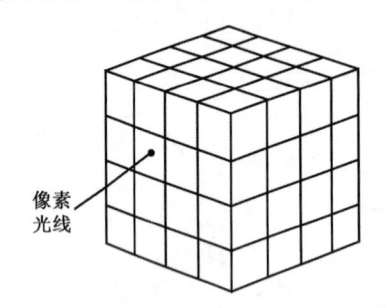

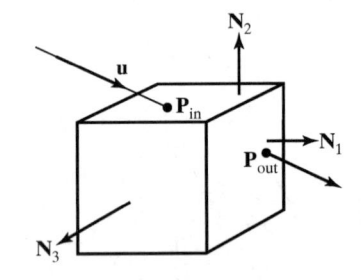

图 21.11 光线与包围场景中所有对象的立方体求交

图 21.12 光线贯穿包围场景的立方体单元

给定一束光线的方向 **u** 和某单元的光线入口位置 $\mathbf{P}_{in}$,则潜在的出口表面一定满足

$$\mathbf{u} \cdot \mathbf{N}_k > 0 \tag{21.15}$$

这里 $\mathbf{N}_k$ 表示该单元的面 k 的单位表面法向量。若图 21.12 中单元表面的法向量与笛卡儿坐标轴对齐,则

$$\mathbf{N}_k = \begin{cases} (\pm 1, 0, 0) \\ (0, \pm 1, 0) \\ (0, 0, \pm 1) \end{cases} \tag{21.16}$$

只需检查 **u** 中各分量的符号,就可确定出三个候选的出口表面。可由光线方程得到三个表面上的出口位置:

$$\mathbf{P}_{out,k} = \mathbf{P}_{in} + s_k \mathbf{u} \tag{21.17}$$

其中,s_k 为沿光线从 $\mathbf{P}_{in}$ 至 $\mathbf{P}_{out,k}$ 的距离。对于各个表面,将光线方程代入平面方程:

$$\mathbf{N}_k \cdot \mathbf{P}_{out,k} = -D_k \tag{21.18}$$

可以对候选出口表面求解光线距离:

$$s_k = \frac{-D_k - \mathbf{N}_k \cdot \mathbf{P}_{in}}{\mathbf{N}_k \cdot \mathbf{u}} \tag{21.19}$$

计算出的最小的 s_k 标识该单元的出口表面。若该单元的表面与笛卡儿坐标平面平行，法向量 $\mathbf{N}_k$ 为单位坐标轴向量 (21.16)，则可以简化式 (21.19) 的计算。例如，如果一个候选表面法向量为 $(1, 0, 0)$，则对该表面有

$$s_k = \frac{x_k - x_0}{u_x} \tag{21.20}$$

其中，$\mathbf{u} = (u_x, u_y, u_z)$，并且 $x_k = -D_k$ 为候选出口表面的坐标位置，而 x_0 是该单元入口表面的坐标位置。

我们可以对单元贯穿过程进行修改以加速处理。一种方法是将与 $\mathbf{u}$ 中最大分量相垂直的表面作为待定出口表面 k。该待定出口表面随后分成多个部分，如图 21.13 中的例子所示。根据表面上包含 $\mathbf{P}_{\text{out},k}$ 的分区，可以确定出真正的出口表面。例如，若交点 $\mathbf{P}_{\text{out},k}$ 在图 21.13 中例子的区域 0 内，则待定表面即为真正的出口表面且我们的工作结束。若交点在区域 1 内，则真正的出口表面为上表面，只需在该单元的上表面计算出口点。同样，区域 3 表示下表面为真正的出口表面，区域 4 和 2 分别表示真正的出口表面为左或右边界表面；当待定出口表面落在区域 5、6、7、8 时，则还需执行两个附加求交计算，以确定出口表面。如果将这种方法实现于并行向量机之上，则可以进一步提高处理速度。

彩图 27 所示的场景使用一种空间分割形式的光线缓存 (light-buffer) 技术进行绘制。其中，每个立方体中心定位在一个点光源上，立方体的每个表面均由一正方形网格进行分割。光线跟踪程序保存一张透过每个正方形的光线所能"看见"的对象的排序列表，以加速阴影光线的处理。为了确定对象表面的光照效果，需要逐个计算每束阴影光线所对应的正方形，并根据它所对应的对象列表进行处理。

光线跟踪程序中的求交测试计算量，可以通过方向分割处理来降低。该方法考查包含一组光线的夹角区域。在每个区域中，将对象表面进行深度排序，如图 21.14 所示。每束光线仅需在包含它的区域内对对象进行测试。

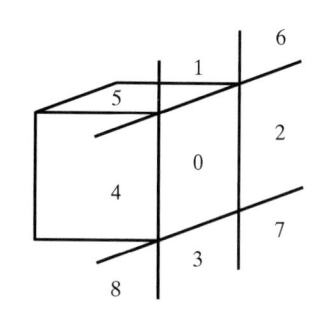

图 21.13 待定出口表面的分区

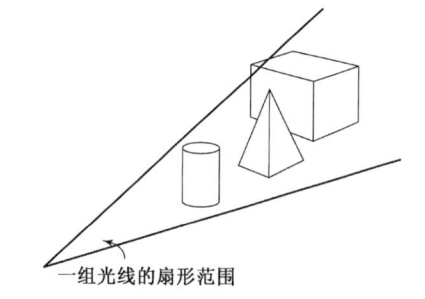

图 21.14 空间的方向分割技术，在该夹角中所有光束仅需在深度顺序上测试夹角内的对象表面

21.1.7 模拟照相机的聚焦效果

为了模拟场景中的照相机效果，要为安排在投影平面前面的凸透镜（或照相机的光圈）指定聚焦长度和其他参数。透镜参数设置成使场景中有些对象能聚焦而另一些对象在焦点之外。透镜的聚焦长度是从透镜中心到聚焦点 F 之间的距离，F 是一组经过该透镜的平行线的汇聚点，如图 21.15 所示。35 mm 照相机的聚焦长度一般是 50 mm。照相机光圈常用称为 f 数或 f 刻度的参数 n 描述，它是聚焦长度与光圈直径的比：

$$n = \frac{f}{2r} \qquad (21.21)$$

因此，我们可使用半径 r 或 f 数目 n 及聚焦长度 f 来指定照相机参数。对于一个更精确的聚焦模型，可使用胶片尺寸(宽和高)和聚焦长度来模拟照相机效果。

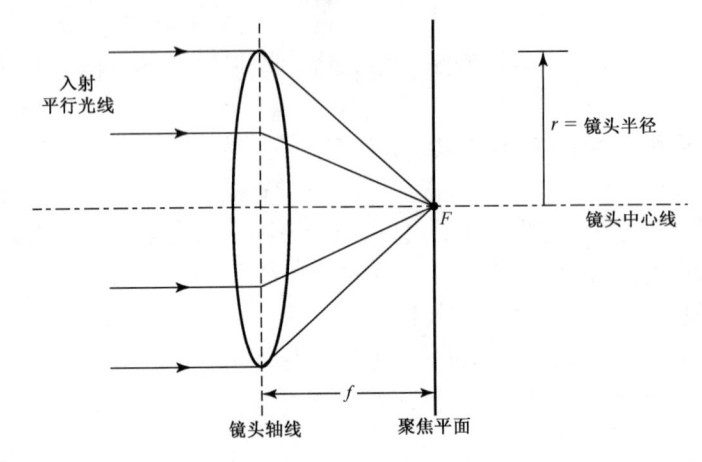

图 21.15　一片薄的凸透镜的侧视图。平行光线被该透镜聚焦到聚焦平面上距透镜中心 f 的一个位置

光线跟踪算法一般使用几何光学中的**薄透镜公式**(thin-lens equation)：

$$\frac{1}{d} + \frac{1}{d_i} = \frac{1}{f} \qquad (21.22)$$

参数 d 是透镜中心到一个对象位置的距离而 d_i 是该透镜中心到聚焦该对象的图像平面的距离。该对象和它的图像位于沿经过透镜中心的一条直线上该透镜两侧且 $d > f$（参见图 21.16）。因此，要将距离透镜为 d 的特定对象聚焦，可将像素平面置于透镜后 d_i 处。

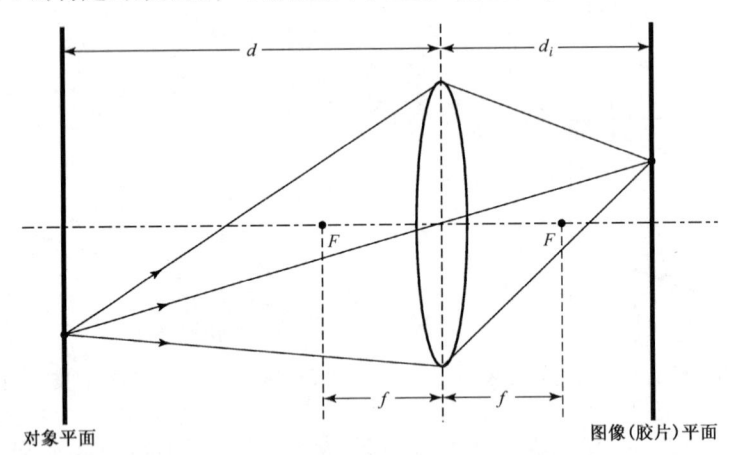

图 21.16　薄透镜参数。距离透镜为 d 的对象聚焦到距离透镜为 d_i 的图像平面上

对距离 $d' \neq d$ 的场景位置，投影点将不会聚焦在图像平面上。如果 $d' > d$，则该点聚焦到图像平面之前；而如果 $d' < d$，则该点聚焦到图像平面之后。位于 d' 的一个点在图像平面上的投影近似于一个小圆圈，称为**模糊圆**(the circle of confusion)，而其直径计算如下：

$$2r_c = \frac{|d' - d|f}{nd} \qquad (21.23)$$

我们可以选择照相机参数使一定距离范围内的模糊圆的尺寸最小，该距离范围称为照相机的**景**

深(depth of field)。另外,可为每一像素跟踪多条光线来获得通过透镜区域的取样位置,而分布式光线方法(distributed-ray tracing methods)将在本章后面讨论。

21.1.8 光线跟踪反走样

两种最基本的光线跟踪反走样技术为过取样(super sampling)和适应性取样(adaptive sampling)。光线跟踪中的取样是6.15节中讨论的取样方法的延伸。在过取样和适应性取样中,将像素看成一个有限的正方形区域,而非单独的点。过取样在每个像素区域内采用多束均匀排列的光线(取样点)。适应性取样则在像素区域的一些部分采用不均匀排列的光线。例如,可以在接近对象边缘处采用较多的光线以获得该处像素强度较好的估计值。(另一种取样方法是在像素区域中采用随机分布的光线。我们将在下一节中讨论该算法。)当对每个像素采用多束光线时,像素的光强度通过将各束光线强度取平均值而得到。

图21.17表示一个简单的过取样过程。其中,在每个像素的四角各生成一束光线。如果四束光线强度的差异较大,或在四束光线之间有小对象存在,则需将该像素区域进一步分割,并重复以上过程。例如,图21.18中的像素被16束光线分割为9个子区域,每束位于子像素的角点处。适应性取样是对那些四角光束强度不相同或遇到小对象的子像素进行细分,细分工作一直持续到每个子像素的光线强度近似相等或每个像素中的光束数目达到上限,如256。

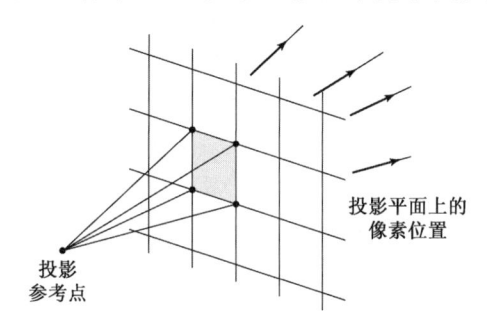

图21.17 在每个像素的四角处各取一束光线的过取样

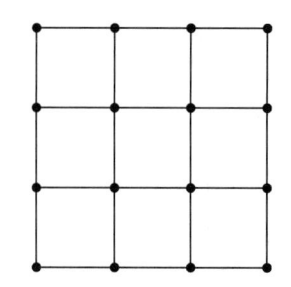

图21.18 将一个像素细分为9个子像素,每个子像素的角点处发出一束光线

我们也可以设置每束光线穿过子像素的中心而非像素角点,如图21.19所示。使用该方法,即可根据6.15节中的一个取样模式来对光线进行加权平均。

反走样显示场景的另一种方法是将像素光线看成一个锥体,如图21.20所示。对于每个像素只生成一束光线,但光线有一个有限的相交部分。为了确定被对象覆盖的像素区域的面积百分比,可以计算像素锥体与对象表面的交点。对于一个球体,这需要计算出两个圆周的交点,而对于多面体,则需求出圆周与多边形的交点。

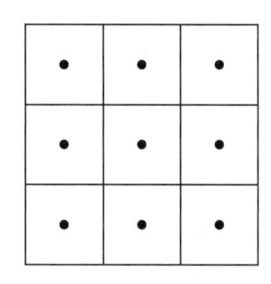

图21.19 子像素区域中心的光束位置

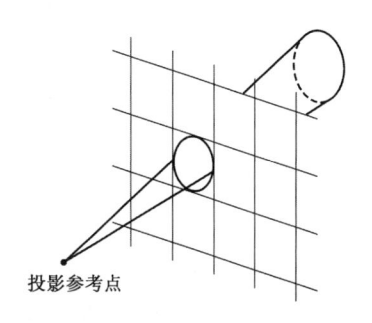

图21.20 一个锥形的像素光束

21.1.9 分布式光线跟踪

分布式光线跟踪(distributed ray tracing)是一种根据光照模型中多种参数来随机分布光线的取样方法。光照参数包括：像素区域、反射与折射方向、照相机镜头区域及时间等。走样效果可由低级"噪声"来替代，这将改善图像质量，并能更好地模拟对象表面的光滑度和透明度、有限的照相机光圈、有限的光源及移动对象的运动模糊显示。分布式光线跟踪主要提供了在对对象表面光照进行准确的物理描述时所需的多重积分的 Monte Carlo 估计值。

在像素平面上随机分布一些光线可以实现像素取样。但是，完全随机地选择光线位置可能导致像素内的部分区域出现光束密集，而其他部分却未经取样。在规则子像素网格上采用的一种称为抖动(jittering)的技术，可以获得像素区域内光束的较好的近似分布。这通常是将像素区域(一个单位正方形)划分为 16 个子区域(如图 21.21 所示)，并在每个子区域内生成随机的抖动位置(jitter position)。通过将每一子区域的中心坐标抖动一个小分量 δ_x 和 δ_y 来获得随机光线位置，这里 $-0.5 < \delta_x, \delta_y < 0.5$。这样，就可以将抖动位置 $(x+\delta_x, y+\delta_y)$ 作为中心坐标为 (x,y) 的单元内的光线位置。

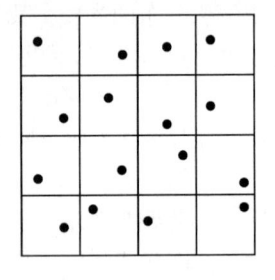

图 21.21 有 16 个子像素区域且每个子区域的中心发出一束光线的像素取样

对于 16 束光线可随机分配整数 1 到 16，并使用一张查找表来得到其他参数的值，如反射角和时间。每个子像素光线将穿过场景以确定其光强度的作用。然后，平均 16 束光线的强度，可以得到该像素的光强度值。如果子像素强度之间的差异过大，则还须进一步细分该像素。

为了获得照相机镜头的效果，要处理通过放在投影平面前的镜头的像素光线。如前所述，一个照相机用聚焦长度和其他有关参数来模拟，因此所选对象将被聚焦。然后我们将子像素光线分布到光圈中。假定每像素有 16 束光线穿过，则可将光圈区域分为 16 块。每块的中心位置赋给一个子像素，并且使用下列过程来确定像素的分布式取样。从每块中心计算出一个抖动位置，从该抖动的块位置经过镜头焦点投影到场景中。我们将一光线的焦点定位于从子像素中心到镜头中心的线上距镜头 **F** 的位置，如图 21.22 所示。如果像素平面位于距离镜头 d_i 处(参见图 21.16)，则沿光线接近镜头前距离 d 处的对象平面(取焦平面)的位置被聚焦。光线上的其他位置则模糊。增加子像素光束数目可改善焦点外对象的显示。

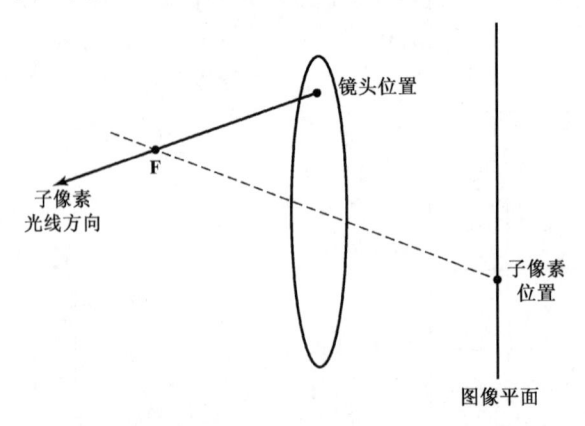

图 21.22 在镜头焦距为 f 的照相机上分布子像素光线

反射和透射路径同样向空间范围分布。为了模拟表面光泽，在表面交点处的反射光线将根据光束代码而分布于镜面反射方向 **R** 邻近的区域(参见图 21.23)。距 **R** 最大的扩展区域将分割为 16 个角域，每束光线根据它的整数代码在区域中心附近的抖动位置被反射。我们可以使用 Phong 模型中的 $\cos^{n_s}\phi$ 来确定反射范围的最大值。若材质是透明的，折射光线将沿着透视方向 **T** 按模拟透明性的同样方式进行分布(参见 17.4 节)。

如图 21.24 所示，可以在附加光源上分布一些阴影光线来对其进行处理。这样，将光源分割为一些小区域，阴影光线则被赋予指向不同区域的抖动方向。另外，可以根据其中光源的强度和该区域投影到对象表面的大小来对区域进行加权，加权系数较高的区域应有较多的阴影光线。如果一部分阴影光线被对象表面和光源之间的不透明对象挡住，则需在此表面点上生成半影(部分照明的区域)。但如果所有阴影光线均被挡住，则表面在该光源的本影(完全黑的)中。图 21.25 表示部分遮挡光源时，对象表面上所产生的本影和半影区域。

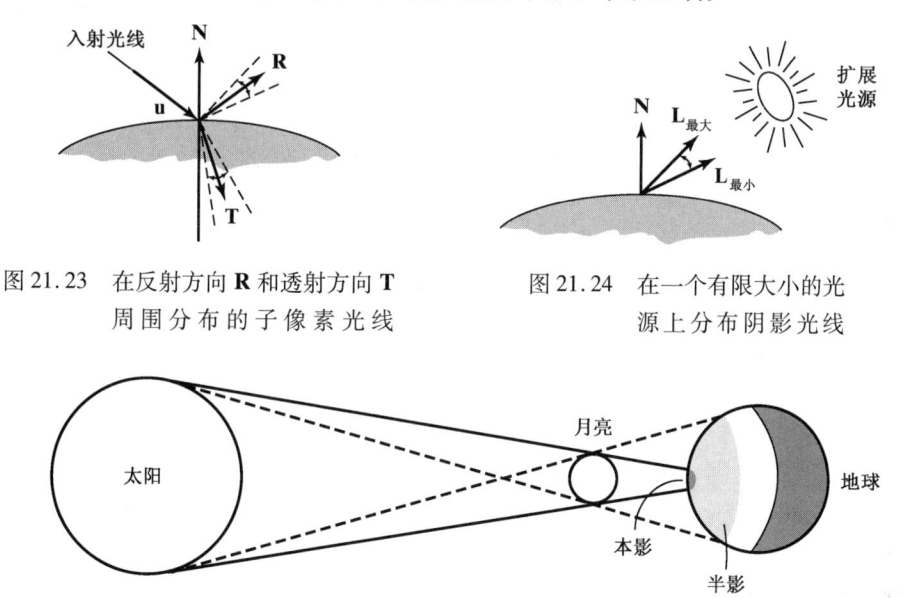

图 21.23　在反射方向 **R** 和透射方向 **T** 周围分布的子像素光线

图 21.24　在一个有限大小的光源上分布阴影光线

图 21.25　由于日食在地球表面上生成的本影和半影区域

通过在时间上分布光线，可以生成动感模糊。所有帧的总时间和各帧时间的细分根据场景所需的运动程度来确定。时间间隔用整数代码来标识，每束光线赋以一个光线代码所对应的时间间隔内的抖动时间。然后，对象运动到它们的位置，光线穿过场景进行跟踪。要绘制高度模糊的对象还需要更多的光线。为了减少计算量，可以使用包围盒(球)来进行光线的初始求交测试。即根据运动的要求来移动包围对象，并进行求交测试。若光线与包围体不相交，则无须对包围体中的表面进行处理。

彩图 28 给出了使用分布式光线跟踪绘制的例子，如聚焦、折射和反走样效果。

21.2　辐射度光照模型

尽管基本光照模型能为许多应用生成相当不错的结果，但是该模型中的简单近似方法还不能对一些光照效果进行精确描述。我们可以分析辐射能在对象表面之间的转移和能量守恒定律，从而准确地建立对象表面的漫反射模型。这种描述漫反射的方法通常称为**辐射度模型**(radiosity model)。

21.2.1 辐射能术语

在光的量子模型中，光的辐射能量由光子携带。对于单色光线，每一光子的能量计算如下：

$$E_{\text{photon},f} = hf \tag{21.24}$$

频率 f 用赫兹（每秒周期数）度量，表示光的颜色特征。蓝色光在电磁光谱的可见段中有较高的频率，而红色光的频率较低。该频率给出辐射的电磁成分的振幅变化率。参数 h 是普朗克常数，其值为 6.6262×10^{-34} 焦耳·秒（J·s），与光的频率无关。

单色光辐射的总能量是

$$E_f = \sum_{\text{all photons}} hf \tag{21.25}$$

一个具体光频率的辐射能量也称为**光谱辐射能**（spectral radiance）。然而，任何实际的光辐射，甚至是单色光源发出的，都包括一个频率范围。因此，总辐射能是所有频率的全部光子的总和：

$$E = \sum_{f} \sum_{\text{all photons}} hf \tag{21.26}$$

单位时间传递的辐射能总量称为**光通量**（radiant flux）Φ：

$$\Phi = \frac{dE}{dt} \tag{21.27}$$

光通量也称为**光能**（radiant power），用瓦特（焦耳/秒；J/s）度量。

要获得场景中表面的光照效果，我们计算单位面积上离开表面的光通量。这个量称为**辐射度**（radiosity）B 或**辐出率**（radiant exitance），

$$B = \frac{d\Phi}{dA} \tag{21.28}$$

以瓦特/平方米（W/m²）为度量单位。而**强度**（intensity）I 常作为在特定方向、单位立体角、单位投影面积的光通量的度量，用瓦特/(平方米·球面度) 作为单位。有时强度仅简单地定义为在某特定方向的光通量。

依赖于术语强度的解释，**辐射能**（radiance）可定义为单位投影面积的强度。或者，我们可以从单位立体角的光通量或辐射度来获得辐射能。

21.2.2 基本辐射度模型

为了精确地描述表面的漫反射，辐射度模型计算场景中所有对象表面之间辐射能量的交换。由于涉及的一组方程很难求解，基本辐射度模型假设所有表面都较小，是不透明、理想的漫反射器（朗伯漫反射体）。

通过确定离开场景中各表面点的辐射能的微分 dB，并加上在所有表面上贡献的能量总和来得到对象表面之间的能量转移总量。在展示从一个表面传递的辐射能的图 21.26 中，dB 是由角度 θ 与 ϕ 所确定的方向上，单位时间、单位表面面积上立体角度的微分 $d\omega$ 的范围内表面点所发出的可见光通量。

方向 (θ, ϕ) 上漫反射的强度 I，可描述为单位时间、单位投影面积、单位立体角度上的辐射能量，或

$$I = \frac{dB}{d\omega \cos\phi} \tag{21.29}$$

假定对象表面为一理想的漫反射器（参见 17.3 节），我们可以将所有观察方向上的强度 I 置为常

量。这样，$dB/d\omega$ 与投影面的面积成正比（参见图21.27）。为了从表面点上获得能量辐射率的总和，必须将各方向上的辐射进行累计，即必须求出从以表面点为中心的半球所发散出来的全部能量，如图21.28所示，

$$B = \int_{\text{hemi}} dB \tag{21.30}$$

对于一个理想的漫反射器，I 为常量。因此我们可以将辐射能量 B 表示如下：

$$B = I \int_{\text{hemi}} \cos\phi \, d\omega \tag{21.31}$$

立体角的微分 $d\omega$ 也可以表示为（参见附录A）

$$d\omega = \frac{dS}{r^2} = \sin\phi \, d\phi \, d\theta$$

因而

$$B = I \int_0^{2\pi} \int_0^{\pi/2} \cos\phi \sin\phi \, d\phi \, d\theta \tag{21.32}$$
$$= I\pi$$

可以通过设立表面的"闭包"来形成多个表面上光反射的模型（参见图21.29）。闭包中的每个表面要么是一个反射体，要么是一个发射体（光源），或是一个反射与发射的结合体。令辐射度参数 B_k 为单位面积离开表面 k 的辐射能总速率，入射能量参数 H_k 为单位时间、单位面积上到达表面 k 的闭包内所有表面的辐射能总和，即

$$H_k = \sum_j B_j F_{jk} \tag{21.33}$$

其中，参数 F_{jk} 为表面 j 和 k 的形状因子，它是表面 j 到达表面 k 的辐射能与离开表面 j 的辐射能的比率。

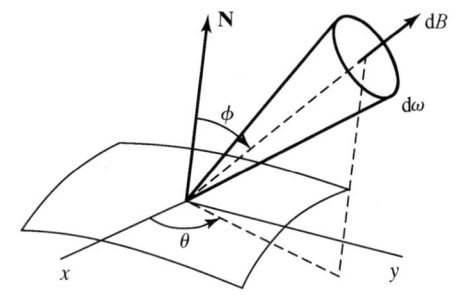

图21.26　某表面点所发出的、在方向 (θ, ϕ) 上、立体角 $d\omega$ 内的可见辐射能

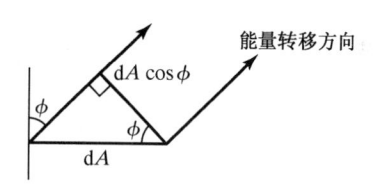

图21.27　对于一个单位表面元素，垂直于能量转移方向的投影面积等于 $\cos\phi$

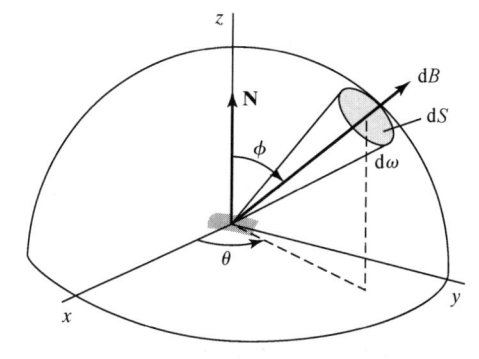

图21.28　由一个表面点发出的总辐射能是以表面点为中心的半球上所有方向辐射能的总和

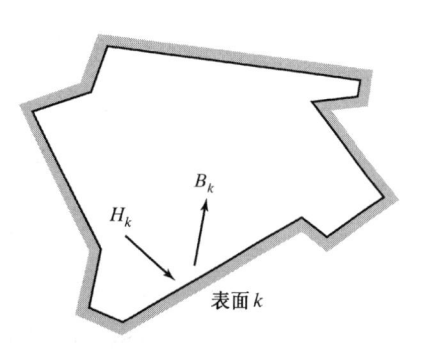

图21.29　辐射度模型中表面的闭包

对于一个在闭包中有 n 个表面的场景,由表面 k 所发出的辐射能可由**辐射度方程**(radiosity equation)描述:

$$\begin{aligned} B_k &= E_k + \rho_k H_k \\ &= E_k + \rho_k \sum_{j=1}^{n} B_j F_{jk} \end{aligned} \quad (21.34)$$

若表面 k 不是光源,则 $E_k = 0$;否则,E_k 为单位面积上由表面 k 发出的能量的速率(W/m^2)。参数 ρ_k 为表面 k 的反射因子(向各方向反射的入射光线的百分比)。漫反射因子与在经验光照模型中使用的漫反射系数相关。平面和凸面均无法"看见"其自身,因此不会发生自入射情况,并且每个表面的形状因子 F_{kk} 均为零。

若给定 E_k、ρ_k 与 F_{jk} 的数组值,为了得到闭包内各表面的光照效果,必须对 n 个表面联立求解辐射方程,即求解:

$$(1 - \rho_k F_{kk}) B_k - \rho_k \sum_{j \neq k} B_j F_{jk} = E_k, \quad k = 1, 2, 3, \cdots, n \quad (21.35)$$

或

$$\begin{bmatrix} 1 - \rho_1 F_{11} & -\rho_1 F_{12} & \cdots & -\rho_1 F_{1n} \\ -\rho_2 F_{21} & 1 - \rho_2 F_{22} & \cdots & -\rho_2 F_{2n} \\ \vdots & \vdots & & \vdots \\ -\rho_n F_{n1} & -\rho_2 F_{n2} & \cdots & 1 - \rho_n F_{nn} \end{bmatrix} \cdot \begin{bmatrix} B_1 \\ B_2 \\ \vdots \\ B_n \end{bmatrix} = \begin{bmatrix} E_1 \\ E_2 \\ \vdots \\ E_n \end{bmatrix} \quad (21.36)$$

然后,将辐射值 B_k 除以 π,将其转换为强度 I_k。对于彩色场景,可以从 ρ_k 与 E_k 的色彩分量计算出辐射度(B_{kR},B_{kG},B_{kB})的红色、绿色、蓝色(RGB)分量。

在求解方程(21.35)之前,必须确定出形状因子 F_{jk} 的值,可以考查由表面 j 转移至表面 k 的能量(参见图 21.30)。由表面 dA_j 向表面 dA_k 所转移的辐射能的速率为

$$dB_j \, dA_j = (I_j \cos \phi_j \, d\omega) \, dA_j \quad (21.37)$$

但立体角 $d\omega$ 可根据垂直于 dB_j 的方向上表面 dA_k 的投影而表示为

$$d\omega = \frac{dA}{r^2} = \frac{\cos \phi_k \, dA_k}{r^2} \quad (21.38)$$

因而,式(21.37)可表示为

$$dB_j \, dA_j = \frac{I_j \cos \phi_j \cos \phi_k \, dA_j \, dA_k}{r^2} \quad (21.39)$$

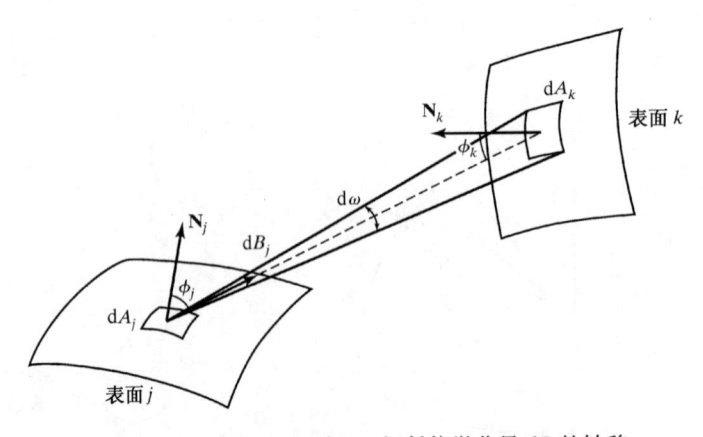

图 21.30 由面片 dA_j 向 dA_k 辐射能微分量 dB_j 的转移

两表面之间的形状因子是由面积 dA_j 发散出来的能量中投射至 dA_k 部分所占的百分比：

$$F_{dA_j,dA_k} = \frac{\text{投射到 } dA_k \text{ 上的能量}}{\text{离开 } dA_j \text{ 的总能量}}$$

$$= \frac{I_j \cos\phi_j \cos\phi_k \, dA_j \, dA_k}{r^2} \cdot \frac{1}{B_j \, dA_j} \tag{21.40}$$

由于 $B_j = \pi I_j$，因此：

$$F_{dA_j,dA_k} = \frac{\cos\phi_j \cos\phi_k \, dA_k}{\pi r^2} \tag{21.41}$$

由面积 dA_j 发出的投射在整个表面 k 上的能量为

$$F_{dA_j,A_k} = \int_{surf_j} \frac{\cos\phi_j \cos\phi_k}{\pi r^2} dA_k \tag{21.42}$$

其中，A_k 为表面 k 的面积。现在，可以将两表面之间的形状因子定义为前面表达式的平均面积，即

$$F_{jk} = \frac{1}{A_j} \int_{surf_j} \int_{surf_k} \frac{\cos\phi_j \cos\phi_k}{\pi r^2} dA_k \, dA_j \tag{21.43}$$

可以使用数值积分技术，并规定以下条件来对式(21.43)进行积分：

- $\sum_{k=1}^{n} F_{jk} = 1$，对于所有的 k（能量守恒）
- $A_j F_{jk} = A_k F_{kj}$（对等光反射）
- $F_{jj} = 0$，对于所有的 j（假设仅含平面片和凸面片）

为了应用辐射度模型，需将场景中的每一表面分割为许多小多边形。分割越细，显示的真实感越强，但需花费更多的场景绘制时间。可以使用半立方体近似半球体以加速形状因子的计算，即使用一组线性（平面）表面替代球面。一旦计算出形状因子，即可用高斯消解或 LU 分解方法（参见附录 A）来联立求解线性方程(21.35)。也可由 B_j 的近似值开始，使用 Gauss-Seidel 方法来迭代计算线性方程组。每次迭代，可以使用先前得到的辐射度值，并根据以下辐射度方程来为表面 k 计算辐射度的估计值：

$$B_k = E_k + \rho_k \sum_{j=1}^{n} B_j F_{jk}$$

我们可以逐步显示场景，每次迭代均能得到一个改善的对象表面的绘制结果，直至每次计算出的辐射度值近似相等。

21.2.3 逐步求精的辐射度方法

虽然辐射度方法可以生成高度真实感的对象表面绘制结果，但同时带来了巨大的存储需求和计算形状因子所需的大量处理时间。采用逐步求精方法（progressive refinement），可以重新组织迭代辐射度算法以加速计算，并降低每次迭代的存储需求。

根据辐射度方程，两表面之间的辐射能量可以由下列等式计算：

$$\text{由 } B_j \text{ 传给 } B_k \text{ 的能量} = \rho_k B_j F_{jk} \tag{21.44}$$

相反：

$$\text{由 } B_k \text{ 传给 } B_j \text{ 的能量} = \rho_j B_k F_{kj}, \quad \text{对于所有的 } j \tag{21.45}$$

还可以改写为

$$\text{由} B_k \text{传给} B_j \text{的能量} = \rho_j B_k F_{jk} \frac{A_j}{A_k}, \quad \text{对于所有的} j \qquad (21.46)$$

这种关系是逐步求精辐射度方法的计算基础。使用单个表面 k，可以计算出所有形状因子 F_{jk} 和由该表面向场景中所有其他表面的光转移。这样，每次仅需计算和保存一个半立方体和相关的形状因子。在下一次迭代中，用所选择的另一个表面的值取代这些参数值。在逐个选择面片的过程中可逐步改善表面绘制效果。

首先，对所有表面设置 $B_k = E_k$。然后选择辐射度最高的表面，也就是将成为最亮的发射体的表面，对其他所有表面计算近似辐射度。每次重复该步骤，即首先选择辐射能最高的光源，然后选择从光源接收到的光能量最多的表面。以下算法表示了简单的逐步求精方法的步骤。

```
for each patch k
    /* Set up hemicube and calculate form factor F [j][k]. */
for each patch j {
    dRad   = rho [j] * B [k] * F [j][k] * A [j] / A [k];
    dB [j] = dB [j] + dRad;
    B [j]  = B [j] + dRad;
}
dB [k] = 0;
```

在算法的每一步，$\Delta B_k A_k$ 值最大的表面都将被选为发射表面，因为辐射度是对单位面积上辐射能的计算。我们将所有表面的初始值均设为 $\Delta B_k = B_k = E_k$，逐步求精算法近似模拟了穿过场景的实际的光传播。

逐步显示对象表面的绘制结果可以生成由黑暗到全部照亮的一系列场景。在第一步结束时，照亮的表面仅为光源和从发射体位置可见的非发光表面。为了产生更有用的场景初始视图，我们可以设置一个环境光等级，以使所有表面获得一定的照明度。在每次迭代时，可以根据射入场景的辐射光能来减弱环境光强度。

一旦求解出一种辐射度解决方案（无论是采用基本方法还是逐步求精的方法）之后，就可以从任何位置观察场景的渲染效果，而不需要任何其他计算。因此，辐射度模型被称为是**视无关的**（view-independent；与此相对应，光线跟踪是高度视相关的）。但是，场景中任意对象位置的改变会引起形状因子的改变，因此也会需要重新求解辐射度方程组。

彩图 29 表示一个利用逐步求精辐射模型绘制的场景。不同光照条件下，场景的辐射模型绘制如彩图 30 和彩图 31 所示。通常，人们将光线跟踪技术与辐射度算法相结合，以生成高度真实感的漫反射和镜面反射效果，如彩图 28 所示。

21.3 环境映射

另一种模拟全局反射效果的方法是，定义一个描述单个或一组对象周围环境的光强度数组。这样，我们只需根据观察方向将环境数组（environment array）简单地映射至一个相关对象表面，而无须进行光线跟踪或辐射度计算来实现全局镜面反射和漫反射效果。该过程称为**环境映射**（environment mapping），或**反射映射**（reflection mapping）（尽管环境映射也能模拟透明效果）。也将其称为"穷人的光线跟踪"，因为它至多不过是 21.1 节和 21.2 节所讨论的较精确的全局光照明绘制技术的一种快速近似。

环境映射图定义在一个封闭环境中的对象表面，其信息包括光源的强度值、天空和其他背景物体。图 21.31 表示了一个球形封闭空间，但更常用的是立方体或圆柱体形状的封闭空间。

为了绘制一个对象的表面，可以首先将像素区域向对象表面投影，然后将投影像素区域反射至环境映射图中,为每个像素选取表面的明暗强度。如果对象是透明的,还可将投影像素区域折射至环境映射图中。图 21.32 表示了将投影像素区域反射至环境映射图的过程。在环境映射图中的相交区域中,可以通过对光强度值取平均的方法来得到像素的强度值。

图 21.31 一个包括环境映射的球形封闭空间

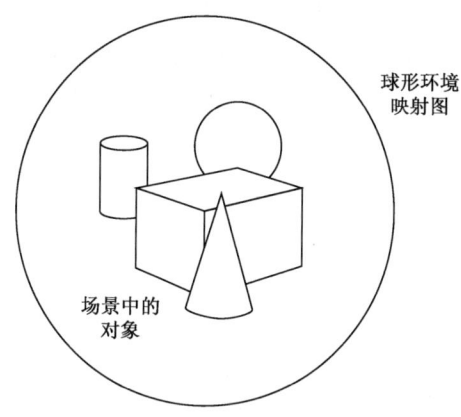

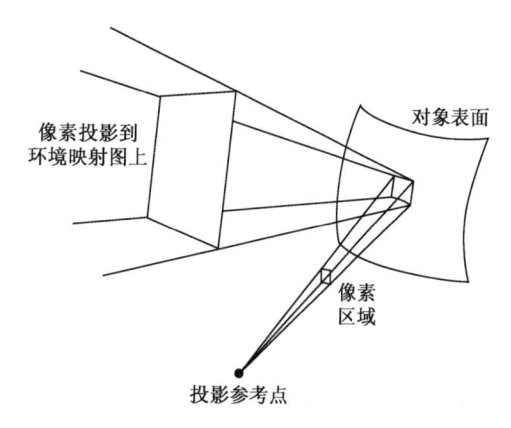

图 21.32 将一像素区域投影至对象表面,然后将该区域反射至环境映射图中

21.4 光子映射

尽管辐射度方法可以为简单场景生成全局光照效果的精确显示,但随着场景复杂性的增加,该方法越来越难以应用。对于非常复杂的场景,绘制时间和存储量均无法承受,因而许多光照效果很难正确模拟。**光子映射**(photon mapping)提供了模拟复杂场景全局光照的一般方法,该方法既高效又精确。

光子映射的基本概念是将照明信息与场景的几何数据分开。从所有光源到场景的方向跟踪光线路径,而光线和对象交点处的光照信息存储在**光子图**(photon map)中。然后通过和辐射度绘制中类似的增量算法来使用分布式光线跟踪方法。

光源可指定为点光源、方向投射光源或任意其他类型。赋给光源的强度分配给所有光线(光子),而光线方向随机地分布。一个点光源生成均匀地向各方向发散的光线路径,除非该光源是方向光源(参见 17.1 节)。对其他光源,选择光源上的随机位置来生成随机方向的光线。亮的光源比能量少的光源生成更多的光线。另外,可为光源建立一张用来存储是否在空间某处有对象的二值信息的投影图(projection map)。也可使用球体来提供大空间范围的对象信息。为一个场景可生成任意多的光线,产生的光线路径越多,则照明效果越精确。

光子映射主要用于两种现实世界中常见的光照效果:焦散(caustics)和交叉漫反射(diffuse inter-reflections),而用光线跟踪或辐射度方法都很难获得这两种效果。焦散是由于光线的反射和折射而产生的纹理光影效果,例如经常可以在游泳池底部看到的一种涟漪波纹状光影:这是因为当光线经过水池里的水时,水的运动造成光线通过不同的路径聚焦。另一个焦散的例子是光线在一个闪亮的曲面上(例如光亮的铜戒指内壁)的反射,这种情况下的反射光线会造成一种心形的纹理。

顾名思义,交叉漫反射就是光线在漫反射表面之间产生反复的反射。这种类型的反射会造成"渗色"(color bleeding)效果,类似于当光从一个明亮的彩色表面反射出来再照射到其他表面上所获得的效果。

一般来说光子映射可以用一种两阶段方法来实现。第一个阶段是在整个场景中分配光子并建立光子图：以每个光源为出发点，考虑该光源特性以决定向哪些方向分别发出多少个光子；单个光子的能量首先取决于光源的初始能量（单位为瓦特）及该光源发出的光子数量；发出的光子在场景中被跟踪，直到它们碰撞到某个对象；针对光子和对象碰撞而产生的每个交点，按照为该对象定义的概率分布，决定光子是被反射、传递还是吸收，并将光子入射角度、入射能量和交点坐标都记录在光子图里；被反射或传递的光子将继续在场景里运动并被跟踪。一旦建立了完整的光子图，第二个阶段就是通过收集光子信息来渲染整个场景，这一步通常用一个改进的光线跟踪算法来实现：跟踪进入场景的光线，从光子图里收集信息并估算出从交点出发沿着光线方向发出的辐射度，然后用这个估计值计算像素颜色。

和辐射度解决方案相似，光子图也是视无关的，一旦光子能量被散布出去，场景可以从任何一个位置进行观察而无须重新进行光子的跟踪计算。

21.5　小结

光线跟踪技术提供了一种获得全局镜面反射和透射效果的准确方法。该技术跟踪从像素点射入场景中的光线，通过在对象之间的反射和折射累计光强度的作用。我们可以为每个像素构造一棵光线跟踪树，从终止节点回溯至根节点，可以累计出该像素所对应的光强度值。在光线跟踪算法中，可以结合空间分割技术，即仅在整个空间的某个子区间内测试光线与对象是否相交。这样就大大降低了求交的计算量。分布式光线跟踪在每个像素位置跟踪多条光线，并在一些光线参数，如方向和时间上随机分布光线。这为模拟对象表面的光滑度、透明度、有限照相机光圈、分布式光源、阴影效果和动感模糊等提供了一种准确的手段。

辐射度方法通过计算场景中不同表面之间的辐射能量的转移来得到准确的漫反射模拟效果。逐步求精方法加速了辐射度计算，每次仅考察一个表面上的能量转移。结合使用光线跟踪和辐射度方法，可以生成高度真实感的图形。

环境映射是一种全局光照效果的快速近似方法，它使用一个环境阵列来存储场景中的背景光强度信息。然后，根据特定的观察方向将该阵列映射至场景中的对象表面。

光子映射提供了对复杂场景全局光照的精确和高效的模拟。从光源生成随机光线，每一光线的光照效果存储在一个光子图中，该图将光照信息与场景几何分开。光照效果的精度随着产生的光线的增多而改善。

参考文献

基本光照模型和面绘制技术在 Gouraud(1971) 和 Phong(1975)、Freeman(1980)、Bishop and Wiemer(1986)、Birn(2000)、Akenine-Möller and Haines(2002) 及 Olano et al. (2002)中讨论。光照模型和绘制方法的实现算法在 Glassner(1990)、Arvo(1991)、Kirk(1992)、Heckbert(1994)、Paeth(1995)和 Sakaguchi, Kent, and Cox(2001)中给出。半色调方法在 Velho and Gomes(1991)中给出。按序抖动、误差分散及点分散方面的进一步信息请参见 Knuth(1987)。

光线跟踪过程在 Whitted(1980)、Amanatides(1984)、Cook, Porter, and Carpenter(1984)、Kay and Kajiya(1986)、Arvo and Kirk(1987)、Quek and Hearn(1988)、Glassner(1989)、Shirley(1990 and 2000)和 Koh and Hearn(1992)中处理。辐射度算法可在 Goral et al. (1984)、Cohen and Greenberg(1985)、Cohen et al. (1988)、Wallace, Elmquist, and Haines(1989)、Chen et al. (1991)、Dorsey, Sillion, and Greenberg(1991)、Sillion et al. (1991)、He et al. (1992)、Cohen and Wallace(1993)、Lischinski, Tampieri, and Greenberg(1993)、Schoeneman et al. (1993)和 Sillicon and Puech

(1994)中找到。光子映射算法在 Jensen(2001)中有详细的讨论。能量传递方程的一般讨论、绘制过程和我们对光及颜色的感知在 Glassner(1995)中给出。

练习题

21.1 编写一个程序来为一场景实现基本光线跟踪算法,该场景使用一视点位置上的单点光源照明。场景中,一个球在一正方形棋盘之上盘旋。

21.2 编写一个程序为一场景实现光线跟踪算法,场景中使用一给定点光源组进行照明,包含多个球面和多边形表面。

21.3 编写一个程序,利用空间分割技术来实现基本光线跟踪算法,场景中使用一给定点光源组进行照明,包含多个球面和多边形表面。

21.4 编写一个程序实现下列特征的分布式光线跟踪:(1)使用每像素 16 个抖动光束进行取样;(2)分布式反射方向(光泽);(3)分布式的折射方向(半透明);(4)附加光源。

21.5 编写一算法,使用分布式光线跟踪来模拟运动对象的动感模糊。

21.6 当光源为长方体的一内侧面时,实现辐射度算法以绘制长方体的内侧面。

21.7 设计一算法以实现逐步求精的辐射度算法。

21.8 把上一练习题中实现的算法应用在练习题 21.6 中的场景中,并把长方体换成五边形拉伸体。

21.9 编写一子程序,以完成一球面的环境映射。

附加综合题

21.1 实现基本的光线跟踪算法,并用它替代原有的光照模型来渲染整个场景。记录该场景所需的平均渲染时间。

21.2 选择一种方法来提高基本光线跟踪算法的性能(例如采用包围体来减少对象求交计算、采用细分方法等)。在改进算法后重新渲染场景并记录平均渲染时间。采用这些方法能够把渲染效率提高多少?

第 22 章 可编程着色器

在使用计算机自动生成图像的早期，事实上整个图像生成过程都是在程序员的控制下完成的。硬件供货商提供了函数库以便于在程序中和他们的产品完成底层的信息交换。但是，那些用来绘制图元及其属性的函数库是不存在或非常低级的。因此，程序员就必须指定图像生成过程中的每一个方面的细节。这种做法提供了对最终图像的极大的控制权，但也会耗费很多时间和精力。程序员通常都会开发自己的算法来实现图元绘制，然后将此用于显示最终的图像。另外，针对某特定类型图形硬件开发的程序，通常无法用于另一类硬件，除非对程序做大量修改。

随着计算机图形学领域的研究日趋成熟，标准的图形函数库越来越常见。1984 开发的图形核心系统(Graphical Kernel System，GKS)(参见第 3 章内容)，以及后来的程序员层次式交互图形系统(Programmer's Hierarchical Interactive Graphics System，PHIGS)和 OpenGL 的开发，使得能在一个设备无关的方式下生成图像。例如，一个用 GKS 应用编程接口(API)开发的程序，只需要很少的修改就可以在任何一个拥有 GKS 库文件的计算机系统上使用。但是，随着使用方便性的增加，对图像生成过程的控制权也会相应减少。图形 API 提供了一个对硬件进行操作的标准接口；从内部实现上来说，API 对程序员提出的各种绘制图元或属性的请求都采用固定的方式来处理。这种内部实现方式通常称为固定功能渲染流水线(fixed-function rendering pipeline)。

由于图形硬件的新功能不断出现，程序员不断寻找各种方式来突破固定功能流水线的限制，以充分利用更加强大的硬件新功能。为了便于实现此目标，API 的开发者在渲染流水线中提供了"钩函数"(hooks)，通过钩函数，可以使用可编程着色器修改流水线中某些特定步骤的行为。这些着色器替代了这些步骤原有的固定实现方式而产生程序员所想要的任何效果，这些效果常常是原有固定功能流水线所无法实现的。

22.1 着色语言的发展历史

大约从 20 世纪 80 年代中期开始，计算机自动生成图像的方法成为电影和广告工业中的一种标准工具。如何能生成具有更强真实感的图形则成为一个热门的研究方向。在很大程度上，真实感主要受限于用来对物体表面进行渲染的方法的有效性。给定一种渲染算法的核心步骤，开发一种特定的语言来描述表面着色方法就变得很简单了。

22.1.1 Cook 着色树

最早的面向着色的语言之一是 1984 年由 Rob Cook 设计描述的。Cook 讨论了一个能够把着色和纹理集成在一起的系统，并称之为"着色树"(shade trees)。着色器被表示为基于树的数据结构的表达式。例如，经典的 Phong 模型把一个点光源照射到表面上产生的反射描述为

$$I = k_a I_a + k_d I_l (\mathbf{N} \cdot \mathbf{L}) + k_s I_l (\mathbf{N} \cdot \mathbf{V})^{n_s} \tag{22.1}$$

而这个等式则可以用如图 22.1 所示的一棵二叉表达式树来表示。

Cook 用一个规范的树结构来描述一种渲染的方法，通过这棵树，所有的外观参数(appearance parameter)，包括表面法向量、材质属性、纹理图案、光源属性等，都被结合在一起来决定一个对象的表面颜色。叶节点用来记录基本数据，父节点用来记录子节点的数据应该如何被结合起来。该语言中还定义了多种用于表示不同类型运算的节点，包括：算术运算、三角函数；一些

第 22 章 可编程着色器

数学运算，例如平方根和向量规范化等；着色函数，例如环境光、漫反射和镜面光的计算；以及其他支撑型运算，例如颜色的按比例混合等。除了表面渲染，着色树还可以用来描述光源的特性或者大气影响的效果等。

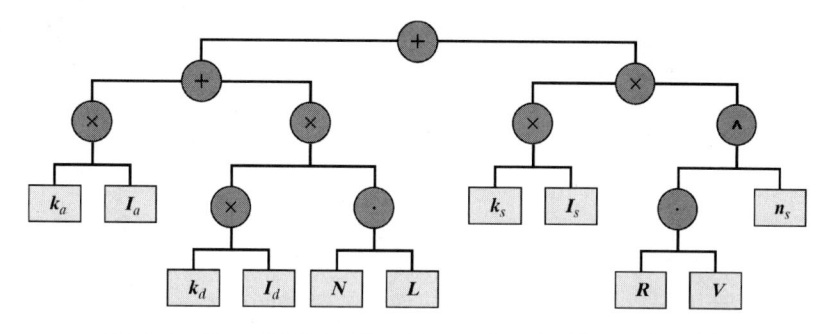

图 22.1 Phong 光照计算公式(22.1)对应的一棵二叉表达式树

Cook 为着色树开发了一个类似于 C 语言的专用语言，并且可以与建模语言结合起来使用，从而建立着色树并将其用于对象表面的渲染。以下是某个描述金属表面效果的着色树的源代码，摘自 Cook 在 1984 年发表的论文：

```
float a = .5, s = .5;
float roughness = .1;
float intensity;
color metal_color = (1, 1, 1);
intensity = a * ambient() +
            s * specular(normal, viewer, roughness);
final_color = intensity * metal_color;
```

该语言中也包含了环境光和镜面反射计算函数，函数会返回碰撞到对象表面的各种光线的数量和特性。这段代码是和图 22.2 所示的着色树所对应的。如果添加如下语句，则该树可以用来生成一种铜质表面的外观效果：

```
surface "metal",
        "metal_color", material bronze,
        "roughness", .15
```

在这几条语句中，两个参数的默认值 roughness 和 metal_color 由适用于铜质表面的数值所替代。

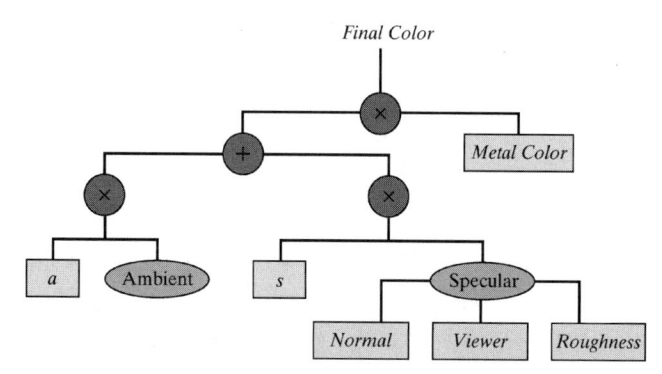

图 22.2 金属表面的着色树

22.1.2 Perlin 像素流编辑器

另一个早期的著名着色语言是 Ken Perlin 在 1985 年开发的,它是像素流编辑器(Pixel Stream Editor,PSE)的图像处理过滤器的一个组成部分。因此,PSE 处理的一幅输入图像不仅包含像素颜色信息,还包含了那些描述图像内对象表面的数据;然后通过在每个像素上运行一个用 Perlin 着色语言编写的程序就可以操纵整幅图像了。

和 Cook 的着色树语言类似,Perlin 的语言定义和提供了运算符和函数,通过它们来指定计算颜色的方式,只不过相比于 Cook 的语言,Perlin 开发的是一种更加高级的语言。它允许使用分支选择和循环结构的形式来编写控制流程相关的语句,它还支持用户自定义的函数,因此极大提高了着色器的灵活性和渲染能力。

虽然过程式纹理并不是一个很新的概念了,但这一领域的研究者所使用的函数都是在二维空间内进行操作的。Perlin 提出将其扩展到三维空间,创造了空间函数(space function)。从概念上来说,这样的函数可以被想象成是用来表示一个空间中的实体材质。如果用这个函数在物体可见表面上的一些点的位置进行计算,那么计算的结果就相当于用给定材质"雕刻"出了这个物体,即实现了体纹理(solid texture)的效果。

不过,Perlin 的研究工作中最新颖的一点还是"噪声"(noise)的概念。真实世界中的材质通常会在视觉效果上有一些随机性。典型的例子包括在木头的断面上看到的木纹、河流不规则的蜿蜒曲折、蕨类植物的叶子分支,等等。但这些图案模式又并不是完全随机的,所以传统的随机方法并不适合用来生成这类效果。

Perlin 开发的基本噪声函数用一个三维向量作为参数,返回一个伪随机浮点数,这个浮点数可以用在任何需要随机效果的地方。在物体可见表面的点上应用噪声函数可以得到噪声值,我们用这个点的基本颜色乘以噪声值就能够让表面颜色产生一些随机的变化。该函数还可以在凹凸映射中用来实现表面法向量的伪随机调整,或者用来实现三维空间中点的真正位移。

噪声函数返回值的特性让它变得很有用。首先,该函数的运算具有统计意义上的平移和旋转不变性,因此在函数定义域上使用这些变换不会影响返回值分布特性。其次,该函数是频率可控的,对参数进行比例调整就能够在返回值分布中增加细节——例如,$Noise(2*x)$ 的频率是 $Noise(x)$ 的两倍。而且,返回值是频带受限的,因此其值的变化只会发生在一个限定的范围之内。

噪声概念的提出在着色器的研发领域具有重大价值,因此现有的大多数着色语言都提供了至少一种噪声函数。另外,一些图形硬件还提供了噪声计算的硬件加速。

22.1.3 RenderMan

最广为使用的着色语言之一就是由 Pixar 开发的 RenderMan 着色语言(RSL)。当 Pixar 在 1988 年首次正式发布 RenderMan 接口规范(RenderMan Interface Specification,RISpec)之后,RSL 即宣告产生。基于 Cook 提出的着色树的相关工作,RenderMan 成为了着色语言的工业标准,尤其擅长于娱乐业中面向批处理的渲染任务。由于 RenderMan 是一个规范,而不是一个特定的产品,所以在业界可以找到大量的具体实现方法,包括 Pixar 自己开发的 Photorealistic RenderMan (prman)工具包,以及若干开源实现代码如 Blender、Pixie 和 Aqsis。

RISpec 主要包括两个部分。第一个部分是 RenderMan 接口,定义了建模程序和渲染程序之间的标准接口。这个部分列出了渲染程序必须支持的特征,并为需要和渲染程序进行信息交互的程序定义了 API。

RISpec 的第二个部分是 RSL 规范。RSL 是一个类 C 的语言，定义了数据类型、运算类型和相关函数等，以便于着色器的开发。

RenderMan 接口为开发者提供了十分丰富的对渲染过程的控制方式，因而易于实现不同类型的着色器。每类着色器专用于处理渲染过程中的某一个方面。用**光线着色器**(light shader)获得光照效果；用**置换着色器**(displacement shader)修改对象的几何数据；用**表面着色器**(surface shader)计算表面上每个点的颜色；**体着色器**(volume shader)用来对大气效果进行仿真，例如雾气、灰尘，也可以制造出光线穿过透明或半透明物体的效果；最后还可以用**图像着色器**(imager shader)直接修改由渲染流水线处理后得到的像素值，从而通过后处理实现特殊效果如油画上的刷痕等。

RenderMan 接口的一个有趣特征是它有多种多样的实现方式。RISpec 定义了符合 C 语言规范的 API，与本书中使用的 OpenGL 的 API 十分相似。实现好的 RenderMan 接口是一个能用 C 语言程序调用的库，拥有完整的函数集，用于创建标准类型的对象并控制渲染的状态和过程。程序员通过调用这些函数编写出自己的程序，实现任何 RenderMan 接口所允许的操作。下面是一个 C 语言的程序段，用塑料材质的表面着色器绘制了一个红色多边形：

```
#include <ri.h>
RtPoint Poly[4] = {
    { 1, 1, -1 }, { -1, 1, -1 }, { -1, -1, -1 }, { 1, -1, -1 }
};

void main()
{
    RiBegin (RI_NULL);
    RiWorldBegin ();
    RiColor (1.0, 0.0, 0.0);
    RiSurface ("plastic", RI_NULL);
    RiPolygon (4, RI_P, (RtPointer)Poly, R_NULL);
    RiWorldEnd ();
    RiEnd ();
}
```

也可以把 RenderMan 接口实现后作为一个独立的应用，例如 Pixar 开发的 prman。要采用这种实现方式，就一定要以 RenderMan 接口字节流数据(RenderMan Interface Bytestream, RIB)作为输入，RISpec 中给出了 RIB 的定义。RIB 语句提供了一种紧凑易读的方式来指定场景参数。使用 RIB 语句可以创建光源、定义对象等，而不再需要通过调用函数来实现这些功能。这些语句构成了文本文件，因而 RIB 文件可以用程序来创建和修改——例如，用程序读取已有的一个 RIB 文件，该文件定义了动画中的一帧；然后用程序修改其中的一条语句来改变对象的位置，最后再把修改后的内容写到一个新文件中；最终这个新文件就能够用来创建动画中的下一帧。另外，相比于 C 语言程序，RIB 文件通常读起来更加直接和易懂，所以非程序员类型的用户可以更轻松地使用它。以下是一个 RIB 文件，等价于之前给出的 C 语言程序段：

```
WorldBegin
Color [ 1.0, 0.0, 0.0 ]
Surface "plastic"
Polygon "P" [ 1 1 -1 -1 1 -1 -1 -1 -1 1 -1 -1 ]
WorldEnd
```

22.2 OpenGL 渲染流水线

OpenGL 自从 1992 年以来已经修改了多次。每个版本或者新增一些功能，或可以使其能更好地和图形硬件的发展相配合(本书的附录 C 将对 OpenGL 的发展做更详细的介绍)。其中最明显的变化是 OpenGL 着色语言（OpenGL Shading Language，简称 GLSL）的内容。为了理解 GLSL 如何与 OpenGL 内部流程相结合，我们首先来看 OpenGL 是通过什么方式处理几何和像素信息的。

22.2.1 固定功能流水线

OpenGL 最初的内部流程是一组有序的处理步骤，这些步骤被组织为一个双通道的渲染流水线。流水线阶段当然是固定的——也就是说，它们无论接受到什么样的输入数据都会执行特定的操作——因此，这样的工作方式称为固定功能的 OpenGL 流水线。从概念上来说，流水线中的处理步骤可以用图 22.3 所示的结构来表示。

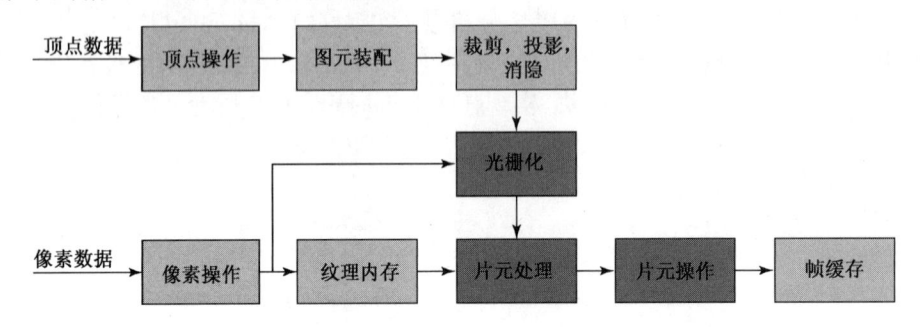

图 22.3　OpenGL 的固定功能渲染流水线

不同类型的信息被如图所示的流水线中的上半或下半部分处理。几何图元由图中的上半部分进行处理（一般称为"几何流水线"，geometric pipeline），而像素由下半部分处理（称为"像素流水线"，pixel pipeline）。两种信息都可以存储在显示表中；当一个显示表被列出时，它包含的信息就会被送到相应的流水线部分。

在几何流水线中，图元被描述为一些顶点的集合，同时还包含额外的属性信息，如材质、纹理坐标、法向量等。顶点操作和图元装配阶段对这些信息进行大量的处理。顶点经过了建模和观察变换。如果允许自动生成纹理，将会用计算出的新的纹理坐标来代替顶点中记录的初始纹理坐标值。在裁剪和阴影计算之后，进一步完成光照计算。最后，图元被光栅化，即确定每个图元转换为哪些位置的像素。

处理像素信息的方式也是类似的。像素数据从主存、像素缓存、纹理内存或帧缓存中取得。对这些数据进行处理后将结果写入纹理内存（如果正在进行纹理映射）或重新光栅化。

完全光栅化的几何和像素数据被合并到一起，并构成一组"片元"(fragment)。片元的数据结构就是记录每个像素，包含了所有需要随时更新并记入帧缓存的信息。片元一旦被创建，就交由片元处理阶段，在这个阶段完成最终的向显示格式的转换。如果一个片元完成了纹理映射，它就会包含那些通过纹理内存中的信息生成的纹素；在需要的时候还可以进行雾气和反走样处理。最后完成深度缓存测试，片元的最终处理结果被写入帧缓存。

22.2.2　改变流水线结构

传统的固定功能流水线的一个问题是它不能很好地与现代图形硬件工作方式相配合。即使是廉价的图形显示卡都会提供的一些强大的处理能力，却因为流水线固定功能的限制而不能被充分利用，因此渲染效果也就可能差强人意了。

考虑将 OpenGL 流水线修改后如图 22.4 所示。在这里，固定的顶点操作和片元操作阶段被可由用户编程控制的处理阶段替代了。这样一来，应用程序就可以决定在渲染流水线中如何对这些点进行什么样的处理。类似地，也就可以通过用 OpenGL 编程来充分发挥硬件的能力，从而使得渲染效率大幅度提高（当然这要依赖于硬件提供何种功能）。

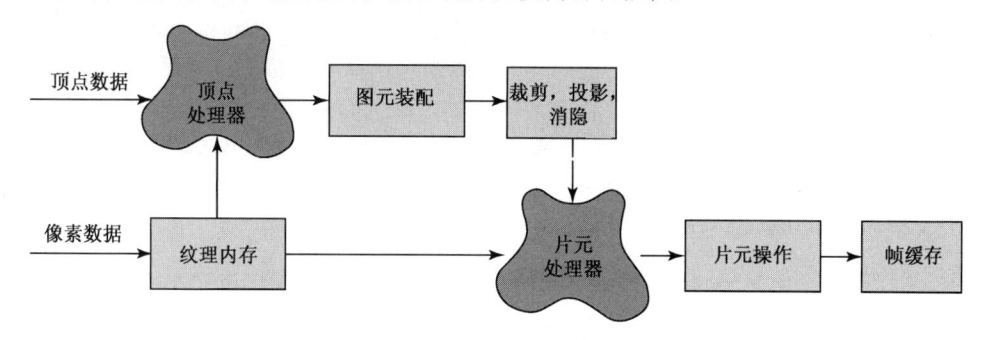

图 22.4　OpenGL 的可编程功能渲染流水线

最新的 OpenGL 版本拥有 3 个用户可编程的阶段：一个几何处理器和两个曲面细分处理器。

应用程序通过使用**着色器**(shader)来控制这些阶段内所进行的操作。着色器指的是一些比较短的程序段，它们被加载到 OpenGL 程序中，并最终加入 OpenGL 流水线的适当的处理单元中，替换掉流水线中原来的固定功能。

22.2.3　顶点着色器

一个**顶点着色器**(vertex shader)是用来替代原流水线中固定的顶点操作阶段的着色程序。该程序对每一个送入流水线的顶点进行处理，并且要负责生成所有后续阶段需要的信息；最低要求是必须输出每个顶点经过建模和观察投影变换后在裁剪空间（clip space）中的坐标。裁剪空间是 OpenGL 流水线中后续部分一直使用的一个坐标系空间。所有的顶点必须首先转换到该坐标系。

除了这个基本功能，顶点着色器还可以为一个顶点赋颜色值，可以生成或转换纹理坐标，甚至还可以在顶点上使用光照和表面法向信息进行计算。顶点着色器可以通过使用特定的内置全局变量来获取所需的信息，这些变量信息由 OpenGL 实现负责初始化，然后通过另外一些全局变量将修改后的数据传递给流水线后续部分。

22.2.4　片元着色器

和顶点着色器类似，**片元着色器**(fragment shader)负责在流水线中某个阶段的数据基础上进行处理并将处理后的数据传递给后续阶段。顾名思义，片元着色器用来对光栅化后的顶点和像素信息（也就是"片元"，fragment）进行操作。片元着色器对流水线中的每个片元执行一次。片元着色器执行的次数可能远远多于顶点着色器，不过具体还要看图元是如何光栅化的。

一个片元着色器至少需要根据对象的颜色来分配片元颜色值。除此之外还要能够进行纹理应用和凹凸映射等操作。

22.2.5　几何着色器

几何着色器(geometry shader)对流水线中图元装配阶段输出的结果进行进一步处理。一个几何着色器对每一个图元执行一次，并可以获取该图元有关的所有顶点信息。但是，和顶点、片元着色器不同，几何着色器并不是只能把输入数据修改后输出，而是可能创建新的图元来交给后续的流水线进行处理。

22.2.6 曲面细分着色器

曲面细分处理由一对着色器来控制：**曲面细分控制着色器**(tessellation control shader)和**曲面细分评价着色器**(tessellation evaluation shader)。这两个着色器专门处理一种称为"**块**"(patch)的图元。"块"指的是顶点、每个顶点的属性及块属性的总称。曲面细分着色器拿到一个输入的块，将其分为一组点、线和三角形的集合，然后输出块信息并传递给流水线的后续阶段。

22.3 OpenGL 着色语言

GLSL 是一个和 C 相似的语言，用来直接支持着色器的开发。它提供了很多种数据类型来表示渲染所需的典型数据，例如向量、颜色和矩阵等。它也提供了一组内置的运算符来简化对这些数据项的操作。

GLSL 的设计者试图创造一种能够达成诸多高难度目标的着色语言。他们希望这个语言是一种高层的、易用的、可以和 OpenGL 完美结合的编程语言。还需要与硬件尽可能无关，这样可以使得编写好的着色器程序用在不同生产商制造的图形硬件上。此外，图形硬件总在不断地更新换代，所以该语言不能被限制于某一代硬件产品，而需要足够强大到可以利用潜在的新硬件功能，同时足够灵活到可以容纳硬件的快速更新。

虽然这款语言和 C、C++ 都很相似，但还是要记住 GLSL 与它们有些区别。它们在函数参数的处理方式上有些不同，而且 GLSL 在类型检查方面尤其严格。此外，很多大家熟悉的 C 和 C++ 的数据类型和用法（例如指针变量和广为使用的数据类型之间的隐式转换）是不被 GLSL 所允许的。

和 OpenGL 类似，GLSL 自从首创以来已经更新了多次。每次更新都会加入一些新特性，而为了与之相适应，通常同时会有一些旧特性被"摒弃"(deprecated，也就是说，对这些特性做了标记以便于在以后的版本中去除）。如果知道你的程序支持哪个版本的 GLSL，就可以知道哪些特性是不可用的。下面的代码可用来查询当前使用的 OpenGL 和 GLSL 的版本：

```
printf ("OpenGL version: %s\n",
        (char *) glGetString (GL_VERSION));

printf ("GLSL    version: %s\n",
        (char *) glGetString (GL_SHADING_LANGUAGE_VERSION));
```

第一条语句会输出一个用来描述你所用的 OpenGL 版本的字符串，而第二条语句则输出 GLSL 的版本信息字符串。

到目前为止，我们关于 GLSL 的讨论当然是不完全的。这个语言拥有太多的特性值得去深入地介绍，甚至需要用单独的一章才行。不过，我们在这里只讨论关于着色器创建和使用的足够多细节，以便于读者开始试着编写自己的着色器。而要想进一步深入学习 GLSL，列在本章最后的任何一个关于 GLSL 的参考文献都可满足你的要求。

22.3.1 着色器结构

大多数 GLSL 程序都包含顶点着色器和片元着色器。每个着色器包含一个主程序——其实就是一个名为 main 的函数。着色器也会包含一些支撑函数和一些全局变量，便于实现顶点着色器和片元着色器之间的接口。

一个着色器的主程序会根据所需的功能而改变，但某些特定的操作必须被执行。前面提到过，一个顶点着色器会在经过流水线的每一个顶点上执行一次，即使其他事情都不做，它也必须将顶点坐标转换到裁剪空间。这是通过将顶点坐标先和建模变换矩阵相乘、再和投影变换矩阵相乘来完成的。这些矩阵的内容作为内置的全局变量被顶点着色器获取并使用。内置全局变量的名字都用统一的前缀 gl_；为了将顶点坐标转入裁剪空间，顶点着色器必须使用顶点位置变量 (gl_Vertex)和描述建模、投影矩阵的变量(gl_ModelViewMatrix, gl_ProjectionMatrix)。转换完的顶点被存放在全局变量 gl_Position 中，这样在接下来的 OpenGL 流水线阶段就可以使用它。下面是一个最简单的顶点着色器例子：

```
void main ()
{
    gl_Position = gl_ProjectionMatrix *
                  (gl_ModelViewMatrix * gl_Vertex);
}
```

还有另外的方法也能实现这个变换。另外一个全局变量 gl_ModelViewProjectionMatrix 包含了投影变换矩阵和建模变换矩阵的乘积，这样可以缩减为一次乘法。因为这是个标准操作，所以用一个内置的函数也可以实现：

```
gl_Postion = ftransform ();
```

顶点着色器中的另一个公共操作是把一个颜色值赋给顶点。该操作通过把颜色值赋给全局变量 gl_FrontColor 来实现，具体代码如下：

```
void main ()
{
    gl_Position = gl_ProjectionMatrix *
                  (gl_ModelViewMatrix * gl_Vertex);
    gl_FrontColor = gl_Color;
}
```

变量 gl_Color 包含任何一种用 OpenGL 应用程序中的 glColor 函数赋给顶点的颜色值。你应该也想到了，确实还有一个全局变量 gl_BackColor，当程序中打开双面光照的时候就可以使用它(有关双面光照的讨论请参见 17.11 节)。

片元着色器则需为一个片元计算颜色。至少，片元着色器必须把颜色赋给全局变量 gl_FragColor。该着色器要能够计算颜色，或者能够查询到顶点着色器已经赋了怎样的颜色值，如下例所示：

```
void main ()
{
    gl_FragColor = gl_Color;
}
```

请特别注意，虽然看上去片元着色器和顶点着色器使用了同一个全局变量，但由于这两个着色器是先后执行的，所以 gl_Color 变量的值在中间已经被 OpenGL 流水线修改了。而片元着色器看到的是 gl_FrontColor 还是 gl_BackColor，则取决于当前正被处理的片元中的图元属于哪一面。

22.3.2 在 OpenGL 中使用着色器

和 OpenGL 自己的程序不同，着色器程序并不会被预编译，而是在 OpenGL 程序本身正在执行的过程中才被编译。这个过程包括几个步骤，例如，假设我们使用了顶点和片元着色器，那么就必须做如下工作：

1. 创建两个着色器对象。
2. 把源代码关联到每个着色器对象。

3. 编译着色器。
4. 创建一个程序对象。
5. 把着色器对象关联到程序对象。
6. 链接程序。

着色器的源代码必须是一个以 NULL 结尾的符合 C 标准定义的字符串(也就是一个字符的序列,并且最后一个字节值为 0)。通常,着色器源代码会放在一个文本文件中,然后这个文本文件作为一个单独的字符串被读入 OpenGL 程序。下面的示例函数就是用来读一个文件内容并将其写入到一个动态分配的字符串缓冲区中。该函数打开文件并确定其包含的字符总数。然后为字符串分配存储空间,再将文件内容存入该字符串,最后返回一个指向字符串缓冲区地址的指针。

```c
#include <stdio.h>
#include <stdlib.h>

/*
** Create a null-terminated string from the contents of a file
** whose name is supplied as a parameter.  Return a pointer to
** the string, unless something goes wrong, in which case return
** a null pointer.
*/

GLchar *readTextFile( const char *name ) {
    FILE *fp;
    GLchar *content = NULL;
    int count=0;

    /* verify that we were actually given a name */
    if (name == NULL)   return NULL;

    /* attempt to open the file */
    fp = fopen( name, "rt" );    /* open the file */
    if (fp == NULL ) return NULL;

    /* determine the length of the file */
    fseek (fp, 0, SEEK_END);
    count = ftell (fp);
    rewind( fp );
    /* allocate a buffer and read the file into it */
    if( count > 0 ) {
        content = (GLchar *) malloc (sizeof(char) * (count+1));
        if( content != NULL ) {
            count = fread (content, sizeof(char), count, fp);
            content[count] = '\0';
        }
    }

    fclose (fp);

    return content;
}
```

为了创建我们的着色器程序,首先需要创建两个着色器对象:

```
GLuint vertShader, fragShader;

vertShader = glCreateShader (GL_VERTEX_SHADER);
fragShader = glCreateShader (GL_FRAGMENT_SHADER);
```

每次调用 `glCreateShader` 都会返回一个与着色器对象关联的句柄(handle)。在任何需要指向着色器对象(例如将源代码与其关联)的时候都使用该句柄。

第 22 章 可编程着色器

接下来，我们为每个着色器读入源代码。对于源代码文件的名称没有任何限制，比如我们的顶点着色器代码来自名为 simplShader.vert 的文件，而片元着色器代码来自名为 simpleShader.frag 的文件，那么就可以按如下方式将它们读入我们的程序：

```
GLchar *vertSource, *fragSource;

vertSource = readTextFile ("simpleShader.vert");
if (vertSource == NULL) {
   fputs ("Failed to read vertex shader\n", stderr);
   exit (EXIT_FAILURE);
}

fragSource = readTextFile ("simpleShader.frag");
if (fragSource == NULL) {
   fputs ("Failed to read fragment shader\n", stderr);
   exit (EXIT_FAILURE);
}
```

这样我们就拥有了源字符串，然后必须将它们关联到着色器上：

```
glShaderSource (vertShader, 1,
            (const GLchar **) &vertSource, NULL);

glShaderSource (fragShader, 1,
            (const GLchar **) &fragSource, NULL);
free (vertSource);
free (fragSource);
```

这个函数允许将多个着色器源字符串关联到同一个着色器对象上。第一个参数指定了所用的着色器对象。第二个参数指定了源字符串的个数。第三个参数是一个指向这些字符串的指针数组。最后，第四个参数通知 glShaderSource：字符串都是以 NULL 结尾的。glShaderSource 会复制字符串内容，所以一旦将源字符串关联到着色器对象之后，我们就可以释放这些字符串空间以节省内存。

下一步就是编译着色器了：

```
glCompileShader (vertShader);
glCompileShader (fragShader);
```

最好确认一下编译是否成功。可以用 glGetShaderiv 函数查询编译状态。如果成功了，状态就会是 GL_TRUE：

```
GLint status;

glGetShaderiv (vertShader, GL_COMPILE_STATUS, &status);
if (status != GL_TRUE ) {
   fputs ("Error in vertex shader compilation\n", stderr);
   exit (EXIT_FAILURE);
}

glGetShaderiv (fragShader, GL_COMPILE_STATUS, &status);
if (status != GL_TRUE ) {
   fputs ("Error in fragment shader compilation\n", stderr);
   exit (EXIT_FAILURE);
}
```

编译好之后，我们再创建程序对象并将着色器对象与之关联起来，最后链接整个程序：

```
GLuint program;
```

```
    program = glCreateProgram ();

    glAttachShader (program, vertShader);
    glAttachShader (program, fragShader);

    glLinkProgram (program);
```

glCreateProgram 函数为一个程序对象分配空间并返回其句柄。同样,我们最后确认链接操作是否成功了:

```
    glGetProgramiv (vertShader, GL_LINK_STATUS, &status);
    if (status != GL_TRUE ) {
        fputs( "Error when linking shader program\n", stderr );
        exit (EXIT_FAILURE);
    }
```

以上错误检查非常粗略——因为只能知道是否出错而不知道错在哪里。我们可以通过查询着色器或程序信息日志来更详细地了解到底发生了什么。首先需要查询到日志的长度,然后将日志读入一个字符串缓冲区再输出。下面的例子用动态分配缓冲区实现了这一目标:

```
    GLint length;
    GLsizei num;
    char *log;

    glGetShaderiv (vertShader, GL_INFO_LOG_LENGTH, &length);
    if(length > 0) {
        log = (char *) malloc (sizeof(char) * length);
        glGetShaderInfoLog (vertShader, length, &num, log);
        fprintf (stderr, "%s\n", log);
    }

    glGetProgramiv (program, GL_INFO_LOG_LENGTH, &length);
    if(length > 0) {
        log = (char *) malloc (sizeof(char) * length);
        glGetProgramInfoLog (program, length, &num, log);
        fprintf (stderr, "%s\n", log);
    }
```

日志查询函数拥有同样的参数列表。第一个参数指定了要查询的日志所属的对象。第四个参数指定了日志读入后存放的缓冲区地址,表示为一个以 NULL 结尾的字符串。第二个参数是该缓冲区的尺寸(所以函数不会越界)。函数会将写入缓冲区的字节数(不包括最后的 NULL)记录在第三个参数中。

在 OpenGL 程序中可以拥有任意多个着色器程序对象,这样就可以对场景中的不同对象使用不同的着色器。如果确定要对某物体使用一个着色器程序,就必须在绘制物体之前将该着色器设置为活动的:

```
    glUseProgram (program);
```

一旦激活了一个着色器程序,它就会被应用到接下来绘制的每个物体上,直到激活另一个着色器。如果已经激活了一个或多个着色器并希望"冻结"它,可以再次调用 glUseProgram 函数并将输入参数设为 0 即可:

```
    glUseProgram (0);
```

最后,在执行的过程中,可能需要在使用完毕后删除着色器对象或程序对象,此时可调用 glDeleteShader 和 glDeleteProgram 函数。它们都仅有一个参数,即所需删除的对象句柄

(着色器或程序)。删除完成后,对象所占用的内存空间会被释放,对象句柄被标记为"未使用"。删除一个程序对象会解除它和着色器对象之间的关联关系,但并不删除着色器对象。这些着色器对象仍然可以正常使用,比如被关联到其他程序对象上。也可以调用 glDetachShader 函数来显式地解除着色器对象和程序对象之间的关联,该函数的第一个参数是程序对象,第二个参数是着色器对象。

如果在删除程序对象之前就删除了与之关联的着色器对象,实际要推迟到程序对象被删除后才能生效。类似地,如果当一个程序对象还是活动的着色器程序时就删除它,那么实际的删除也要等到它被冻结后才会生效。

22.3.3 基本数据类型

GLSL 提供的数据类型集合比一般的 C 语言系列要大得多。而那些语言中提供的有些类型又并不出现在 GLSL 中,或者做了一定的改动。GLSL 数据类型可以分为标量、向量、矩阵和取样器。它们都可以用结构或数组进行封装。

一般来说,变量的声明采用与 C 和 C++ 一样的形式,在着色器源代码中可以出现在任何需要的地方。变量可以在声明的时候就被初始化;但是,初始化的语法会随着变量类型的改变而不同。

标量类型就是整数(int)、无符号整数(uint)、布尔类型(bool)及浮点数(float)。布尔类型变量只有两个可能的取值:true 和 false。整数和浮点数的取值范围和其他语言中定义的一样,除了按位运算之外的大部分 C 运算符都可以使用。

22.3.4 向量

四种类型的标量数据都可以构成向量。一个向量可以有 2、3、4 个分量。vec2、vec3 和 vec4 表示浮点类型向量;如果要定义其他类型标量构成的向量,可以在前面加一个前缀字母(例如 ivec2,uvec2 和 bvec2)。向量可以用来表示任意类型的数据——例如,一个 vec4 可以包含红、绿、蓝和透明度(RGBA)这四种颜色信息,也可以包含一个点的 x、y、z 坐标和 w 分量,等等。向量用 C++ 中的构造函数语法来完成初始化,例如,可以通过如下方式将一个 vec4 类型变量的四个分量分别赋值为 1.0、2.0、3.0 和 4.0:

```
vec4 a = vec4(1.0, 2.0, 3.0, 4.0);
```

GLSL 提供了几种机制对向量进行操作。向量类型变量可以使用和数组类似的下标方式,第一个分量的下标为 0,第二个分量的下标为 1,以此类推。另外,和结构类似的引用方式也可以用于向量分量。例如,一个名为 position 的有 4 个分量的 vec4 变量。如果把该变量当成一个点,就可以用 position.x、position.y、position.z 和 position.w 分别对几个分量进行访问。但是,也可以用 r、g、b 和 a 来存取同样的四个分量,此时该变量就代表一个 RGBA 颜色值。如果再换成 s、t、p 和 q,该变量就代表一个纹理坐标。仅在编译时进行的类型检查需要确保为该向量分配的空间足够大,以便能够容纳所需表示的不同内容的分量;position.y、position.b 和 position.p 都涉及向量的第三个分量。

还有一种 swizzling 技术可以用来访问向量分量的集合。swizzling 是从结构类型的访问机制发展而来的;不再仅使用单个分量名,而允许同时指定多个分量名。例如:

```
vec4 v;

v.xyzw    // a vec4 identical to v
v.xyz     // a vec3 containing the first three elements of v
v.rgb     // a vec3 containing the first three elements
v.y       // a float containing the second element
v.sp      // a vec2 containing the first and third elements
```

分量的名字可以按固定顺序,也可以乱序,甚至还可以重复——唯一的限制就是它们必须来自于同一组(*xyzw*,*rgba* 或 *stpq*):

```
vec4 a = vec4(1.0, 2.0, 3.0, 4.0);
vec3 b = v.yzx;        // (2.0, 3.0, 1.0)
vec4 c = v.rrbb;       // (1.0, 1.0, 3.0, 3.0)
```

算术运算被重载以允许向量和矩阵之间的乘法。

22.3.5 矩阵

可以直接定义浮点类型的矩阵。方阵($n \times n$ 个元素)类型的变量用 `mat2`、`mat3` 和 `mat4` 来声明。非方形矩阵用 `mat`$m \times n$ 来声明,这里 m 为列数而 n 为行数。矩阵元素的访问也可以使用数组下标方式。用一个单独的下标可以访问整列,使用两个下标则可以访问单独一个元素。和 OpenGL 一样,这里的矩阵采用列优先方式存储,所以第一个下标代表列号,第二个下标代表行号。例如,假设定义了变量 `mat4 m`,那么 `m[2]` 就是一个 `vec4` 类型的值,包含了第三列所有的 4 个元素,`m[1][3]` 是一个浮点数据,包含了第 4 行、第 2 列的元素。矩阵的初始化也使用构造函数的方式,用于初始化的数据用列优先方式给出:

```
mat2 m = mat2(1.0, 2.0, 3.0, 4.0);
```

以上语句创建了如下矩阵:

$$\mathbf{m} = \begin{bmatrix} 1.0 & 3.0 \\ 2.0 & 4.0 \end{bmatrix} \tag{22.2}$$

算术运算被重载以允许矩阵之间的操作。

22.3.6 结构和数组

结构和数组与 C 语言中相似。数组元素可以使用任何类型,包括向量、矩阵、结构和标量。结构的成员也可以是任何一种着色器编译器能够识别的类型声明,包括其他结构和数组。一个结构的定义被自动当作一种类型声明;该结构类型的变量直接用结构的名字来声明。例如:

```
struct lightsource {
    vec3 color;
    vec3 position;
};

light desklamp;
light spotlights[4];
```

之前提到过,GLSL 在类型检查方面要比 C 或 C++ 严格得多。因为这里提供了布尔类型,所以条件表达式必须使用布尔类型,这一点就与 C 和 C++ 不同(它们允许使用任何一个表达式,只要其结果能够被隐式转换为整数然后判断是否就行了)。隐式类型转换仅允许用于整数到无符号整数、整数到浮点数(无论是标量还是向量)的转换。其他类型转换必须是显式的;不过并不是用 C 语言中的强制类型转换(type casting)方式,而必须使用 C++ 构造函数的语法。

22.3.7 控制结构

GLSL 提供大部分 C 语言所支持的控制结构。循环结构包括:`for`、`while` 和 `do-while` 循环。在循环内部可以定义变量,`break` 和 `continue` 语句也可照常使用。在 GLSL 的最初版本中,选择语句只限于 `if-then` 和 `if-then-else` 结构。GLSL 的 1.30 版本引入了 `switch` 语句,但是 `goto` 语句和标签是不允许使用的。与 C 和 C++ 不同,在 `if` 语句中不允许定义变量。

前面说过，条件表达式必须是布尔类型的，不允许进行数值类型向布尔类型的隐式转换。布尔类型的连接符(&& 和||)是短操作，这一点和 C、C++ 是一样的，其实就是完成了关系运算，其结果也是布尔类型。

在片元着色器中有一个特殊的语句 discard，用来防止片元着色器在不必要的时候对帧缓存做修改。当 discard 语句被执行后，正在处理的片元就会被标记为"丢弃的"。着色器可以继续执行也可以停止，但无论怎样，执行的结果都不会对帧缓存产生影响。

22.3.8 GLSL 函数

函数定义和调用与 C++ 类似，但有少许差别。每个函数定义都要显式地给出返回值类型；void 也是一种合法的返回值类型，其实表示该函数并不返回任何数值。返回值可以是任何类型，包括数组和结构。函数不能够递归，非直接递归也不行(也就是说，禁止函数调用它自己，也不可以调用另一个调用了自己的函数)。

函数名可以被重载，只要其参数可以区分开来；也就是说，一个着色器中可以出现同一个函数的多个实现，只要这组函数的返回值类型都相同但是其参数列表各不相同。

总是要进行参数类型检查。所有实参必须和形参完全匹配。数组类型的参数必须有指定的元素数量。和 C 语言类似，包含一个空参数列表的函数定义比较少见，但也可以用来表示调用该函数时确实不需要任何参数。

GLSL 中的函数参数用 call by value-return 的方式传递(有时候称为 call by value-result)。参数被限定为 in、out 或 inout 类型；in 类型的参数又可以进一步限定为 const 类型——表示该参数值在函数内不可以改变。对于 in 和 inout 类型的参数，调用时提供的实参被复制到形参中；对于 out 类型的参数，调用时提供的实参被忽略(虽然在着色器中这个形参是可读的，但它的初始值其实是未定义和无效的)。如果没有对参数做任何限定，就默认作为 in 类型的参数。对于 out 和 inout 类型的参数，在函数执行过程中最后一次赋给形参的值将在函数返回时被复制到实参中(很显然，这类实参不能仅仅是个定义，而必须是实际的变量)。

数组和结构也可以作为参数传递给函数。但是，数组不可以用引用的方式来传递——而是和其他类型参数一样，必须将数组的元素复制到形参中。

如你所愿，GLSL 还提供了大量的内置函数。这些函数包括角度转换(度数和弧度值)，三角函数运算，指数和对数函数，以及向量和矩阵的几何运算等。

22.3.9 与 OpenGL 的通信

一个着色器的 main 函数是没有参数的，所以它和 OpenGL 程序的通信就要通过全局变量来完成。和函数参数类似，全局变量的类型也可以被限定，具体来说，要根据从 OpenGL 程序传递信息到着色器或者在顶点着色器和片元着色器之间传递信息的时候，这些全局变量是如何使用的，才能够确定其类型该如何限定。对于后一种情况，两个着色器源代码中都会声明同一个全局变量，但却可能采用不同的限定类型。可见，全局变量的限定方式和函数参数类似，区别很小。

OpenGL 程序使用一组 uniform 全局变量来负责将所有数据传递到各种着色器。通常，它们包含那些不会经常改变的数据。着色器可以读取 uniform 变量，但不能修改它们。

各种着色器中都可以使用 in 类型限定的变量来代表该数据是从流水线的前一阶段传递到着色器中的。在顶点着色器中，源数据一般就来自于 OpenGL 程序，变量类型也仅限于数值类型的标量、向量或者矩阵(不允许使用布尔类型)。

在片元着色器中，从一个 in 类型的全局变量中读取的源数据可能来自 OpenGL 程序，也可能来自顶点着色器。对于后者,这个变量必须和顶点着色器中的一个 out 类型变量相匹配。一般来说,这个变量的值会被修改——例如,一组顶点通过流水线后形成了若干个片元,每个片元被分别送往片元着色器,因此在几次执行着色器的过程中,相关的 in 类型变量的内容会不断改变。

如果在任何一种着色器中创建了一个数据并且要将其用在流水线的后续阶段中,那么这个数据就会用 out 类型来限定。和前面讨论过内置的全局变量不同,在这里,只有使用 out 类型变量才能把结果从顶点着色器送到片元着色器中。而且在片元着色器中必须声明一个相同的变量,需要有相同的大小和类型,而且必须是 in 类型的。

在 GLSL 的 1.30 版本之前,in 和 out 的限定并不存在。那些负责记录 OpenGL 中各顶点的数据并将它们传入顶点着色器的全局变量用 attribute 这个标记来限定。负责输出的变量则使用 varying 标记进行限定。在片元着色器中,任何类型的全局变量(从顶点着色器输入进来,或者输出到流水线的后续阶段中)都使用 varying 标记。attribute 和 varying 限定标记在 GLSL 的 4.10.6 版本(截止本书写作时的最新版本)中仍是合法的,但它们被限制使用,因为在将来的新版本中很可能就要被删除。

要通过全局变量来完成 OpenGL 程序到顶点和片元着色器的信息通信并不如我们希望的那样简单。因为这些变量是在着色器源代码中定义的,OpenGL 程序在编译的时候并不知道它们的存在,所以也不可能直接访问它们。因此,OpenGL 程序必须首先查询到变量在当前着色器对象中的位置,然后再通过写入来修改全局变量值,最后由着色器来使用。我们可以通过如下方式来查询一个 uniform 变量的位置:

```
GLint location;

location = glGetUniformLocation (program, "variable");
```

这里 program 是一个程序对象的句柄,variable 是一个以 NULL 结尾的字符串,包含着我们所想访问的那个 uniform 全局变量的名字。得到位置之后,就可以使用下列几个函数之一来查询变量的内容:

```
GLint i;
GLfloat f;

glGetUniformiv (program, location, &i );
glGetUniformfv (program, location, &f );
```

得到程序对象中的 uniform 变量的位置之后,我们还可以修改它的内容。这时就不仅需要知道它的位置,还要知道它的类型和所包含的数据的个数:

```
GLfloat v1, v2, v3, v4;

glUniform1f (location, v1);
glUniform2f (location, v1, v2);
glUniform3f (location, v1, v2, v3);
glUniform4f (location, v1, v2, v3, v4);
```

这段代码也可以用数组来实现:

```
GLfloat va[4];

glUniform1fv (location, 1, va);
glUniform2fv (location, 2, va);
glUniform3fv (location, 3, va);
glUniform4fv (location, 4, va);
```

类似地,我们使用 glUniform*i 和 glUniform*iv 来修改一个 uniform 整数变量的值。

限定为 attribute 类型的变量修改也采用相同的方式：使用函数 `glGetAttribLocation`、`glVertexAttrib1f`、`glVertexAttrib1fv` 等。

`glUniform` 函数系列并没有把程序对象句柄作为参数之一。这意味着它们只能够访问当前活动的程序对象（最近一次调用 `glUseProgram` 时所激活的程序对象）中的着色器变量。

22.4 着色器效果

到现在为止，我们对于 GLSL 的结构和能力已经有所了解了，下面再来看看更多的例子。再次提醒，这些例子仍然相对简单，本章节内容是无法全面介绍着色器的强大功能的。

22.4.1 一个 Phong 着色器

回忆一下式(22.1)所描述的 Phong 光照模型，它很容易用 GLSL 来实现。为了简化起见，我们假设 GL_LIGHT0 是场景中的方向光源，并且每个对象都定义了恰当的材质属性。

为了实现 Phong 着色器，我们需要知道光源的位置。OpenGL 中把当前激活的光源信息记录在内置的全局变量 `gl_LightSource` 中，这是一个 uniform 数组，其中每个元素对应一个 OpenGL 光源。数组的每个元素是一个结构，包含大量描述光源特征的数据成员。对于我们的目标而言，其中最重要的是 ambient、diffuse、specular 和 position。这四个都是 vec4 类型的成员；前三个表示光源的环境光、漫反射和镜面反射特征，第四个表示光源位置。以下表达式即可用来表示 GL_LIGHT0 发出的漫反射光线：

`gl_LightSource[0].diffuse`

我们还需要知道着色对象的材质属性。这些信息保存在全局变量 `gl_FrontMaterial` 中。该变量也是一个结构，包含 ambient、diffuse 和 specular 成员，记录了对象的各种属性特征。我们可通过计算如下乘积来获得漫反射光线对物体的影响效果：

`gl_FrontMaterial.diffuse * gl_LightSource[0].diffuse`

还有一个 `gl_BackMaterial` 全局变量可以用来计算双面光照。

我们将用一对简单的着色器来实现 Phong 渲染。所有的计算都在顶点着色器中完成，片元着色器只负责把计算好的颜色信息复制到变量 `gl_FragColor` 中。首先，用对象的环境光反射属性和光源的环境光照明属性的乘积来计算环境光贡献：

`vec4 color;`

`color = gl_FrontMaterial.ambient * gl_LightSource[0].ambient;`

要计算漫反射的光照贡献，就必须知道表面法向量、入射光反向向量和观察方向向量。而且必须对这三个向量进行规范化才能使用后续的点积方法。全局变量 `gl_Normal` 给出了表面法向量。但是，和 `gl_Vertex` 类似，它的值是位于对象局部坐标系中的，所以必须先进行坐标转换。先用全局变量 `gl_NormalMatrix` 和它相乘，然后用内置的 normalize 函数对结果进行规范化：

`vec3 normal;`

`normal = normalize( gl_NormalMatrix * gl_Normal );`

接下来需要规范化入射光反向向量。由于我们的光源是方向光源，也就是在 OpenGL 中为其定义的位置就代表了所需向量。将这个位置信息转换为三维向量并进行规范化即可：

`vec3 lightdir;`

`lightdir = normalize( vec3( gl_LightSource[0].position ) );`

如果光源是点光源，该方向向量就需要通过计算顶点位置和光源位置之间的差来得到。

因为都是规范化向量，所以很容易计算其夹角的余弦值。另外，为了保证不得到负值，需将最小值限制在 0.0：

```
float NdotL;

NdotL = max( dot(normal, lightdir), 0.0 );
```

到此为止，我们已经有足够的信息来计算漫反射贡献了，并可将其加入到最终的颜色里：

```
color += NdotL *
        (gl_FrontMaterial.diffuse * gl_LightSource[0].diffuse);
```

当余弦值是正值时，我们还希望考虑镜面高光。这时就需要计算观察向量和反射光向量。在观察坐标系中，观察向量指的是用顶点位置减去观察位置。但由于观察位置是原点，所以只需要直接将顶点位置取反就可以得到从顶点指向观察位置的向量。我们使用内置的 reflect 函数来计算在表面法向附近的反射光向量；但是因为我们的光线向量是从光源指向顶点的，所以必须对其取反。一旦获得以上数据，就可以计算点积（最小值限制为 0.0）并计算镜面反射光的贡献，并将其加入最终的颜色：

```
if( NdotL > 0.0 )
{
   vec3 view, reflection;
   float RdotV;

   view = vec3( -normalize(gl_ModelViewMatrix * gl_Vertex) );
   reflection = normalize( reflect(-lightdir, normal) );
   RdotV = max( dot(reflection, view), 0.0 );

   color += gl_FrontMaterial.specular *
            gl_LightSource[0].specular *
            pow( RdotV, gl_FrontMaterial.shininess );
}
```

最后，将计算好的颜色值赋给全局变量 gl_FragColor，然后对顶点进行坐标转换。以下是完整的顶点着色器：

```
// Phong vertex shader

void main() {
   vec3 normal, lightdir;
   vec4 color;
   float NdotL;

   color = gl_FrontMaterial.ambient * gl_LightSource[0].ambient;

   normal = normalize(gl_NormalMatrix * gl_Normal);
   lightdir = normalize( vec3(gl_LightSource[0].position) );
   NdotL = max( dot(normal, lightdir), 0.0 );

   color += NdotL *
       (gl_FrontMaterial.diffuse * gl_LightSource[0].diffuse);

   if( NdotL > 0.0 )
   {
      vec3 view, reflection;
      float RdotV;

      view = vec3( -normalize(gl_ModelViewMatrix * gl_Vertex) );
      reflection = normalize( reflect(-lightdir, normal) );
      RdotV = max( dot( reflection, view ), 0.0 );
```

```
        color += gl_FrontMaterial.specular *
                gl_LightSource[0].specular *
                pow( RdotV, gl_FrontMaterial.shininess );
    }

    gl_FrontColor = color;
    gl_Position = ftransform();
}
```

因为顶点着色器中完成了所有的颜色计算,所以片元着色器就十分简单:

```
// Phong fragment shader
void main()
{
    gl_FragColor = gl_Color;
}
```

彩图 32 给出了一个包含三个 gluSpheres 的场景,用单个方向光源照明,用以上着色器进行渲染。

我们例子中所有的计算都是在顶点着色器中完成的,片元着色器只是简单地使用其结果。当然也可以在片元着色器中进行颜色计算,但是我们仍然需要在顶点着色器中计算法向量、光线方向、观察方向向量等,因为这个阶段才能访问到所需的顶点的有关变量。计算好的向量可以通过全局变量传递到片元着色器中。

22.4.2 纹理映射

通过着色器还可以轻松地实现纹理映射。一种方法是直接把对象表面上的每个位置都映射到纹理上的一个点。另一种方法是修改 Phong 着色器,把之前从对象材质属性中取颜色改为从纹理图像中取。

首先,如第 18 章讨论的那样在 OpenGl 程序中建立纹理:用 glGenTextures 创建一个纹理对象,用 glBindTexture 进行绑定,用 glTexParameter 设置所需的纹理参数,然后再用 glTexImage 定义纹理图案。但是,要在着色器中使用纹理,还需要两个额外的步骤。一是要告诉着色器在哪里找到纹理,二是必须让着色器获得访问纹理数据的权利。

在第 18 章中,关于 OpenGL 中表面纹理映射的讨论是假定我们只能在一个时刻将一个纹理应用到一个对象上。事实上,这个假设是对 OpenGL 的纹理映射功能的简化。OpenGL 其实是支持多重纹理(multitexturing)的——也就是说,可以将多个纹理应用到同一个对象表面。通过使用纹理单元(texture unit)来实现这个目标。纹理单元的数量和具体实现相关;下面的程序例子查询当前的 OpenGL 状态以决定在实现的时候能够使用多少个纹理单元:

```
GLint units;

glGetIntegerv (GL_MAX_TEXTURE_UNITS, &units);
```

当我们定义一个纹理时,它就成为活动纹理单元(active texture unit)。所有的纹理参数设置和纹理图像数据都会被关联到该单元。调用 glActiveTexture 可以激活不同的纹理单元:

```
glActiveTexture (GL_TEXTURE0);
```

该语句选择了 0 号纹理单元作为活动纹理单元。(0 号单元事实上是默认的活动纹理单元,所以以上语句一般不会出现,除非当我们激活了另一个非 0 号单元之后又需要重新激活 0 号纹理单元。)

在将纹理对象和纹理单元绑定之后,必须告诉着色器正在使用的是哪个纹理。这就需要把信息写入着色器中的全局的取样器(sampler)变量。取样器是 GLSL 中的一组特殊类型的数据对象,可以访问到纹理单元中的所有纹理信息。着色器程序使用一个取样器变量来表示要访问的是哪个纹理单元,但是取样器本身对于着色器来说是不透明(opaque)的。不可以用 GLSL 的代码直接读写——它只能作为一个参数,然后传递给着色器程序中的纹理访问函数。

取样器拥有多种形式。可以用 sampler1D、sampler2D 和 sampler3D 这些类型为一维、二维、三维的浮点纹理数据创建取样器。也可以为整数或无符号整数纹理、立方图纹理、阴影图纹理及其他变量等来创建取样器。比如,可以在片元着色器中使用如下声明为一个基本的二维纹理创建取样器:

```
uniform sampler2D textureID;
```

在 OpenGL 程序中,我们将纹理单元序列的编号分配给取样器。如果当前活动的着色器程序是 texShader 并且我们想用 0 号纹理单元,就可以找到相应的取样器变量的位置,并将序列编号分配给它:

```
GLint texloc;

texloc = glGetUniformLocation (texShader, "textureID");
glUniform1i (texloc, 0);
```

请注意分配给 sampler 变量的是纹理单元序列编号(0),而不是 OpenGL 的符号常量(GL TEXTURE0)。

一个将二维纹理直接映射到对象表面的着色器程序是十分明确的。通常,顶点着色器负责设置所需的全部纹理坐标,片元着色器访问纹理信息并用其来决定片元的颜色。通过全局变量 gl_MultiTexCoord0,就能够在顶点着色器中获得和当前顶点相关联的 0 号纹理单元的纹理坐标。必须把这些坐标值赋给全局向量数组 gl_TexCoord 中的第一个元素,然后才能将它们传递到后续的流水线阶段以完成插值。

以下是一个简单的顶点着色器,仅仅是复制已有的纹理坐标以便于后续的插值计算:

```
void main()
{
    gl_TexCoord[0] = gl_MultiTexCoord0;
    gl_Position = ftransform();
}
```

片元着色器必须使用插值后的坐标来访问纹理图像,随之也就能够确定片元颜色。因为取样器变量是不透明的,着色器必须使用内置函数来访问纹理数据。内置的 texture2D 函数的输入参数是一个取样器变量和一个坐标位置,而返回值是一个 vec4 类型的纹理数据。以下是一个简单的片元着色器,直接使用纹理数据作为片元颜色:

```
uniform sampler2D textureID;

void main ()
{
    vec4 color = texture2D(textureID, gl_TexCoord[0].st);
    gl_FragColor = color;
}
```

彩图 33 中的效果是使用以上两个着色器将一幅描绘地球表面的纹理图像映射到一个方形区域。当然这两个着色器可以用来对任何一个定义好纹理坐标的对象进行纹理映射。彩图 34 显示了将同样的纹理图像映射到一个 GLU 二次椭球面上的效果。

以上给出了一个非常简单的纹理映射着色器,它仅仅是直接把纹理颜色当作片元颜色。如果想要获得更加真实的效果,还需要想一些办法,例如,可以在 Phong 着色器基础上进行修改:把原来使用对象材质属性中颜色信息的地方都替换成使用纹理图像中的颜色。

22.4.3 凹凸映射

纹理映射还可以用来模拟一个对象表面的粗糙感。广为人知的**凹凸映射**(bump mapping)(第18章中介绍)技术使用一个函数来扰动对象表面上某点处的法向量，然后再用基本光照模型计算该点颜色。如果是在一个使用着色器的交互式程序中，凹凸映射就很容易实现；但如果采用最初的固定功能流水线，实现凹凸映射就变得很困难。

要获得场景图像的凹凸贴图效果，就必须确定对象表面每一点处的法向量的扰动距离。我们可以在处理每个片元的时候进行计算，也可以预先计算出法向量的变化结果，到后面再将其用在每个点上；后者需要将算好的法向量信息保存在一个特殊类型的纹理中，称之为**法向图**(normal map)。如果在对一个表面进行凹凸映射的时候还同时进行纹理映射，则凹凸贴图信息的源数据可以来自图像内的颜色变化。

凹凸映射中有一个复杂的问题：在计算中要面对几个不同的坐标系空间。用来计算表面颜色的输入信息一般来说位于对象坐标系或观察坐标系中；但是，替换颜色的计算必须在纹理空间中实现。一般情况下，把所有数据都转换到纹理空间中就可以解决这个问题。为了实现这个目标，可以像在18.3节中介绍的那样，先计算偏导向量 $\mathbf{P}'_u$，再规范化这个向量和表面法向量，然后计算它们的叉乘，得到与前两个向量垂直的第三个向量，最后将这三个向量用于实现转换。

规范化的 $\mathbf{P}'_u$ 向量称为**切向量**(tangent vector)。切向量和表面法向量的叉乘结果称为**副法线向量**(binormal vector)。利用这些向量的元素，可以构成如下矩阵：

$$\mathbf{M} = \begin{bmatrix} T_x & T_y & T_z \\ B_x & B_y & B_z \\ N_x & N_y & N_z \end{bmatrix} \tag{22.3}$$

这里，(T_x, T_y, T_z) 是切向量，(B_x, B_y, B_z) 是副法线向量，(N_x, N_y, N_z) 是法向量。对象坐标系下的向量与该矩阵相乘即可将其转换到**切空间**(tangent space)。切空间是一个围绕即将被渲染的点而构建的局部坐标系；而且随着表面点的改变，切向量和副法线向量也相应可能改变。

我们的凹凸映射着色器是**立体映射**(relief mapping)的简化版本。和之前的纹理映射例子一样，用纹理图像来决定被渲染的点处的表面颜色。但是，同时也用它来计算表面法向量的修改结果——也就是说，表面外观的粗糙度是由我们的纹理图像中的颜色变化来决定的。

要把凹凸映射实现为一对着色器，就必须将相关工作划分到顶点着色器和片元着色器两个部分内分别完成。除了前面的例子中给出的变换，顶点着色器将负责计算光线向量、观察向量，并将它们转换到切空间，随后交给片元着色器使用。而片元着色器则负责使用纹理图像中的颜色信息来计算当前片元的凹凸程度的变化，同时也利用纹理颜色信息进行一个简单的漫反射渲染计算。

在顶点着色器中计算变换矩阵时，除了需要表面法向量，还需要切向量和副法线向量。首先能拿到的是表面法向量，然后可以从它开始计算出切向量，也可以选择OpenGL提供的一个表面法向量。计算切向量很简单：分别计算表面法向量和 y、z 轴的叉乘，然后选择两个结果中较长的一个并将其规范化即可。

如果想直接用OpenGL程序提供的切向量，就必须将其写入全局 attribute 变量然后才能被顶点着色器使用。用 glGetAttribLocation 获取变量位置并把三个值写入的方法如下：

```
GLfloat tangVector[3];
GLint tangentLoc;

tangentLoc = glGetAttribLocation (bumpshader, "tangent");
glVertexAttrib3fv (tangentLoc, tangent);
```

在顶点着色器中，tangent 被声明为一个全局的 attribute 变量。还必须将观察向量和光线向量定义为 varying 变量：

```
attribute vec3 tangent;
varying vec3 light, view;
```

在顶点着色器中，首先要对表面法向量进行转换并计算副法线向量；一旦获得了所需的三个向量，就可以在计算好观察向量和光线向量后将它们转换到切空间。一个比较快的变换方法是通过使用内置的点积函数将变换矩阵和一个向量相乘从而计算出三个结果数值。例如，给定一个待变换的光线向量及切空间的三个向量，就可以将光线向量通过如下方式转换到切空间：

```
vec3 tmp;
tmp.x = dot( light, tangent );
tmp.y = dot( light, binorm );
tmp.z = dot( light, normal );
light = tmp;
```

最后，再进行纹理坐标位置复制、把顶点坐标转换到裁剪空间，就完成了整个顶点着色器的工作。以下给出了完整的顶点着色器程序：

```
varying vec3 light, view;
attribute vec3 tangent;

void main()
{
   vec3 normal = vec3( normalize( gl_NormalMatrix * gl_Normal ) );

   vec3 binorm = normalize( cross( normal, tangent ) );

   view = -normalize( vec3( gl_ModelViewMatrix * gl_Vertex ) );
   light = normalize( vec3( gl_LightSource[0].position ) );

   vec3 tmp;
   tmp.x = dot( light, tangent );
   tmp.y = dot( light, binorm );
   tmp.z = dot( light, normal );
   light = tmp;

   tmp.x = dot( view, tangent );
   tmp.y = dot( view, binorm );
   tmp.z = dot( view, normal );
   view = tmp;

   gl_TexCoord[0] = gl_MultiTexCoord0;
   gl_Position = ftransform();
}
```

凹凸映射的片元着色器比之前的片元着色器要复杂一些。从整体上来说，除了定义纹理取样器的变量，还需要定义光线向量和观察向量的变量。

通过颜色值来计算凹凸变化程度（顶点高度偏移）的方法是：计算红色和绿色分量的平均值，然后逐点进行平滑处理——用平均值的 1.5% 加上 50% 灰度值的 98.5%。颜色混合计算用内置的 mix 函数来完成：

```
float height( vec3 color )
{
   float avg = (color.r + color.g) / 2.0;
   return mix( avg, 0.5, 0.985 );
}
```

要在一个纹理点的位置上创建一个扰动后的表面法向量,首先需要在表面点附近创建一个小的三角形。通过在纹理坐标基础上加三个不同的偏移量来计算三角形顶点位置——加上偏移量之后,可以在一个假想的以该表面点为圆心的圆周上分别定位到0°、120°和240°这三个方向上的三个点。然后为每个三角形顶点创建一个向量,这个向量包含 s 和 t 偏移量,以及通过颜色值计算出来的高度偏移量。最后用三角形三个顶点相关的向量创建一个法向量:三个向量两两相减得到的结果向量再进行叉乘。

片元着色器中剩下的部分就简单了。针对纹理坐标计算修改后的法向量,最后基于纹理颜色和修改后的法向量计算环境光和漫反射光照贡献。以下给出了完整的片元着色器程序:

```
varying vec3 light, view;
uniform sampler2D textureID;

// Calculate height offset
float height( vec3 color ) {
   float avg = (color.r + color.g)/2.0;
   return mix( avg, .5, .985 );
}

// Create modified surface normal
vec3 modNormal( vec2 point ) {

   // Create the small triangle - first, the s and t
   // distances from the center point
   vec2 d0 = vec2( 0, 0.001 );
   vec2 d1 = vec2( -0.000866, -0.0005 );
   vec2 d2 = vec2( 0.000866, -0.0005 );

   // Calculate the triangle vertex positions
   vec2 p0 = point + d0;
   vec2 p1 = point + d1;
   vec2 p2 = point + d2;

   // Compute the height offset for each vertex
   float h0 = height( vec3( texture2D( textureID, p0 ) ) );
   float h1 = height( vec3( texture2D( textureID, p1 ) ) );
   float h2 = height( vec3( texture2D( textureID, p2 ) ) );

   // Create the three vectors
   vec3 v0 = vec3( d0, h0 );
   vec3 v1 = vec3( d1, h0 );
   vec3 v2 = vec3( d2, h0 );

   // Compute the modified normal vector
   return normalize( vec3( cross( v1-v0, v2-v0 ) ) );

}

void main() {
   vec4 base = texture2D( textureID, gl_TexCoord[0].st );
   vec3 bump = modNormal( gl_TexCoord[0].st );
   vec4 color = gl_LightSource[0].ambient * base;

   float NdotL = max( dot(bump, light), 0.0 );
   color += NdotL * ( gl_LightSource[0].diffuse * base );

   gl_FragColor = color;

}
```

彩图 35 给出了使用以上两个着色器将前一例子中所用的地球表面图案纹理映射到一个方形区域的结果。和之前仅采用直接的纹理映射得到的彩图 33 相比较，可以看出凹凸映射计算的效果。

22.5 小结

计算机图形学的相关函数库一直在不断地更新，以适应图形硬件能力的发展。最开始的时候，图形程序员必须直接和所用的图形硬件打交道。开发通用的图形处理函数库就是为了让图形软件的开发更加规范，最后逐渐形成了如 OpenGL 库及初始的固定功能流水线中的各种 API。

由于图形硬件不断改进，固定功能流水线的局限性变得越来越明显，因为它不能充分利用硬件的新能力。为了解决这个问题，研制了可编程流水线模型——通过可编程着色器的实现，使得图形程序员拥有更多的控制权来改变流水线中不同阶段的功能。着色器语言的设计就是为了简化常用渲染操作任务的实现。

OpenGL 着色语言（GLSL）的设计思想是将可编程着色操作集成到 OpenGL 流水线中。GLSL 提供了可编程的"钩函数"以便于在关键阶段进入流水线，然后就可以通过着色器程序对顶点、对象几何数据、表面细分、片元等进行处理。GLSL 提供了足够的灵活性，因此可以轻松地实现那些之前用固定功能流水线很难或不可能实现的渲染任务。表 22.1 列出了用来创建 GLSL 着色器程序及与着色器程序进行通信的 OpenGL 函数。

表 22.1 OpenGL 中涉及 GLSL 的函数小结

函 数	描 述
`glCreateShader`	创建一个着色器对象
`glShaderSource`	将着色器源代码关联到着色器对象
`glCompileShader`	编译着色器
`glGetShaderiv`	查询着色器对象状态
`glGetShaderInfoLog`	检索着色器对象信息
`glCreateProgram`	创建着色器程序对象
`glAttachShader`	把着色器对象关联到程序对象
`glGetProgramiv`	查询着色器程序对象状态
`glGetProgramInfoLog`	检索着色器程序对象信息
`glUseProgram`	激活着色器程序
`glGetUniformLocation`	获取全局着色器 uniform 变量的位置
`glGetUniform*`	读取全局着色器 uniform 变量的内容
`glUniform*`	向全局着色器 uniform 变量写入内容
`glGetAttribLocation`	获取顶点着色器 attribute 变量的位置
`glGetAttrib*`	读取顶点着色器 attribute 变量的内容
`glVertexAttrib*`	向顶点着色器 attribute 变量写入内容

参考文献

着色树在 Cook（1984）中讨论。Ken Perlin 的 PSE 在 Perlin（1985）中介绍，Upstill（1989）和 Apodaca and Gritz（2000）中介绍了 RenderMan。在因特网上还有很多 RenderMan 的具体实现（商业的或开源的）。立体纹理映射在 Oliveira, Bishop, and McAllister（2000）及 Policarpo, Oliveira, and Comba（2005）中讨论。

Shreiner(2010)中讨论了 GLSL，Rost and Licea-Kane(2010)和 Bailey and Cunningham(2009)对 GLSL 处理方法进行了更完整的介绍。

练习题

22.1　确认机器上安装的 OpenGL 是否支持 GLSL。如果支持，确认其支持的 GLSL 是哪个版本。

22.2　编写一个函数，以两个 NULL 结尾的字符串作为参数，返回 `GLuint` 类型的着色器程序对象的标识。参数包含的是顶点着色器和片元着色器源文件的名字。

22.3　在上一练习题函数的基础上编写一个程序，要求在显示窗口的中间绘制一个方块，并通过实现相应的顶点着色器程序而将方块绘制为红色。

22.4　Phong 着色器例子实现了对每个顶点的颜色计算。请将其转换为另一个着色器程序，要求在片元着色器中进行颜色计算。不过请记住有一些关键的数值是必须在顶点着色器中计算的。

22.5　编写一个程序，要求在黑色背景上显示一个中心在原点的四面体，并用上一练习题中实现的着色器来渲染对象。请为程序增加一个用键盘输入来控制对象绕 y 轴旋转的功能。

22.6　修改本章给出的 Phong 着色器例子，要求使用一个全局着色器变量指定的光源，而不要用 0 号光源。

22.7　修改本章给出的 Phong 着色器例子，要求可以处理多个光源。通过一个全局着色器变量把当前活动的光源数量通知给着色器。

22.8　修改练习题 22.5 中的程序，要求在场景中增加两个光源，并用上一练习题中实现的着色器完成场景的渲染。光源的位置和朝向必须是程序的输入参数。

22.9　修改本章给出的简单的纹理映射着色器，要求用纹理图像中的颜色信息来实现 Phong 光照计算，而不是使用被渲染对象本身的材质属性。

22.10　编写一个程序，要求在黑色背景上显示一个中心在原点的立方体，用上一练习题中的着色器进行渲染，并且在立方体的每个面上都采用同一个纹理图像。请为程序增加一个用键盘输入来控制对象绕 y 轴和 z 轴旋转的功能。

22.11　修改上一练习题中的着色器和程序，为场景增加两个光源，要求对象渲染时的纹理计算使用全部三个光源的光照信息。光源的位置和朝向必须是程序的输入参数。

附加综合题

22.1　通过修改本章给出的例子，编写一个着色器程序，把在第 18 章中设计好的纹理图案应用在场景中。如果曾为任何一个对象设计了凹凸贴图，也请修改本章的例子以产生一个相应的凹凸映射着色器程序。用着色器程序替换掉原来的纹理和凹凸映射实现方法，并请注意观察这两种方法实现纹理映射是否有一些视觉上的差别。

22.2　假设有一种用于地面或墙面上的按 2×2 排列的 4 块瓷砖构成的图案。每块瓷砖有已知的宽度(tileWidth)和高度(tileHeight)，两块砖中间的水泥缝也有一个宽度(groutWidth)。所以整个图案的宽度为 2 × tileWidth + 2 × groutWidth，整个图案的高度为 2 × tileHeight + 2 × groutWidth。将这种图案作为一种过程式纹理应用到一个表面会比采用一个实际的纹理图像要简单得多。假定纹理坐标 s 指定了一个在左边界 ($s=0$) 和右边界 ($s=1$) 之间的位置。类似地，纹理坐标 t 指定了一个在下边界 ($t=0$) 和上边界 ($t=1$) 之间的位置。并且由于每块砖的宽度和高度及水泥缝的宽度都是已知的，所以就可以用 s 和 t 坐标来确定"纹理"上的某个点是属于瓷砖还是水泥缝。请创建一个着色器，将这样一种过程式纹理应用到一个对象上；并且要求把瓷砖的宽度、高度和颜色及水泥缝的宽度和颜色都通过全局 uniform 变量传递给着色器程序。

第 23 章 基于算法的建模

三维实体对象的建模是一个涉及面很广的话题。前面的章节中，我们讨论了如何用边界表示法和基于物理的方法来表示实体对象。这些技术很适合于表示那些具有规则形状和光滑表面的对象。但是，真实世界里的很多物体都是表面粗糙或形状不规则的，这时就很难用前面学过的方法来建模了。基于算法的建模技术则提供了一个从概念上来说十分直接的方式来表示这类对象。

23.1 分形几何方法

在前面一些章节中讨论的各种对象表示都使用欧氏几何方法，即对象形状由方程来描述。这些方法适用于讨论加工过的对象：具有平滑的表面和规则的形状。但自然景物，如山脉和云，则是不规则或粗糙的，欧氏方法不能真实地模拟这些对象。可以使用**分形几何方法**（fractal-geometry methord）来真实地描述自然景物，使用过程而不是使用方程来对对象进行建模。正如我们所期望的，过程描绘的对象其特征远不同于方程描绘的对象。对象的分形几何表示可以用于很多领域，以描述和解释自然景物的特性。在计算机图形学中，使用分形方法来产生自然景物显示及各种数学和物理系统的可视化。

分形对象有两个基本特征：每点上具有无限的细节及对象局部和整体特性之间的自相似性（self-similarity）。自相似性可以有不同的形式，这取决于分形表示的选择。我们利用一个过程来描述分形物体，该过程为产生对象局部细节指定了重复操作。自然景物在理论上可以使用重复无限次的过程进行表示。事实上，自然景物的图形显示仅使用有限步生成。

如果放大一连续的欧氏形状，不管其有多复杂，最终可以得出平滑的放大图像。但是，如果在分形对象中放大，则连续地看到原图中出现的更多的细节。从越来越近的位置观察山，会明显地看到类似的锯齿形状（参见图 23.1）。靠近一些再观察山，一个个突出物和石块的小细节呈现在眼前。再靠近一些，我们可以看到岩石轮廓，然后是石头、沙子。每一步，轮廓将显示得更弯曲、更偏斜。如果将沙子放到显微镜下，将会在分子级中看到同样重复的细节。类似的形状有海岸线、树叶和云等。

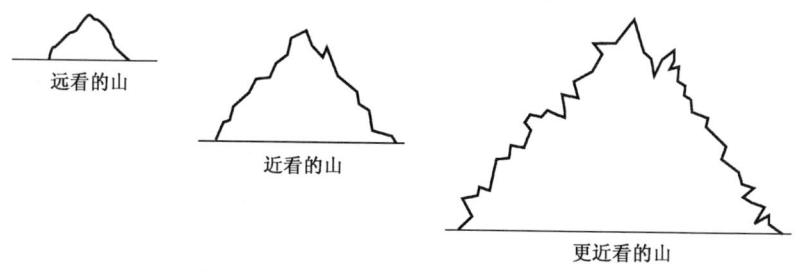

图 23.1 不同放大级别中，山的轮廓的粗糙表面

通过选择一个分形的局部，并且在同样大小的观察区内显示，可以得到分形对象的放大显示。对分形对象该部分再进行构造操作可得到放大级的增加的细节。重复这一处理，就显示越来越多的对象细节。由于构造过程中包含无穷性，分形对象没有确定的大小。当我们考虑越来越多的细节时，对象的大小趋于无限，但对象的坐标范围保持在有限的区间内。

可以使用一个数字，称为**分形维数**(fractal dimension)来描述对象细节的变化。与欧氏维数不同，该数字不一定是整数。对象的分形维数有时称为分数维数(fractional dimension)，这是名称"分形"的基础。

已经证明分形方法在模拟多种自然景物时是有用的。在图形学应用中，分形表示用于模拟岩层、云、水、树，以及其他植物、羽毛、毛皮和各种表面纹理，或是仅仅为了制造漂亮的图案。在其他学科中，分形模型可以用于星体分布、河岸、月球陨石坑、雨地，以及股市变化、音乐、交通流量、人口资源利用、数字分析技术收敛区域的边缘。

23.1.1 分形生成过程

通过对一个空间区域内各点重复使用指定的变换函数，可以生成一个分形对象。如果 $\mathbf{P}_0 = (x_0, y_0, z_0)$ 是选定的初始点，则每次重复变换函数 F 的计算，可以生成细节后继层：

$$\mathbf{P}_1 = F(\mathbf{P}_0), \quad \mathbf{P}_2 = F(\mathbf{P}_1), \quad \mathbf{P}_3 = F(\mathbf{P}_2), \quad \cdots \qquad (23.1)$$

一般情况下，变换函数可以应用于给定的点集，或者将变换函数应用于基本元素的初始集上，如直线、曲线、颜色区或表面。我们既可用固定的也可用随机的生成过程。变换函数也许可以定义成几何变换(对称、平移、旋转)，或者利用非线性变换和统计决策参数来建立。

尽管在定义上分形对象包含无限的细节，但我们运用有限次变换函数。因此，实际显示的对象具有有限维数。当增加变换次数以产生更多的细节时，过程性表示将接近"真正"分形。包括在最终图形显示中的细节数量依赖于重复执行的次数和显示系统的分辨率。我们不可能显示比像素还要小的细节变化。为了看到对象的更多细节，可以选择放大对象的一部分并对其重复变换函数。

23.1.2 分形分类

自相似(self-similar)分形的组成部分是整个对象的收缩形式。从初始形状开始，对整个形体应用缩放参数 s 来构造对象的子部件。对于子部件，同样使用相同的缩放参数 s，或者对对象不同的收缩部分使用不同的缩放因子。如果对收缩部分使用随机变量，则将分形称为统计自相似(statistically self-similar)分形，其各部分有相同的统计性质。统计自相似分形一般用于模拟树、灌木和其他植物。

自仿射(self-affine)分形的组成部分由不同坐标方向上的不同缩放参数 s_x、s_y、s_z 形成。也可以引入随机变量，从而获得统计自仿射分形。岩层、水和云是使用统计自仿射分形构造方法的典型例子。

不变分形集(invariant fractal set)由非线性变换形成。这类分形包括自平方(self-squaring)分形，如 Mandelbrot 集(在复数空间中使用平方函数而形成)，自逆(self-inverse)分形则由自逆过程形成。

23.1.3 分形维数

分形对象的细节变化可以使用数字 D 进行描述，D 称为**分形维数**(fractal dimension)，它是对象粗糙性或细碎性的度量。有较大锯齿形的对象其分形维数较大。生成分形对象的一种方法是建立一个使用选定的 D 值的交互过程。另一种方法是从构造对象的特性来确定分形维数，尽管一般情况下，分形维数较难计算。计算 D 的方法以数学的一个分支拓扑学中定义的维数概念为基础。

自相似分形的分形维数表达式根据单个缩放因子 s 进行构造，类似欧氏对象的细分。图23.2

表示了缩放因子 s 与单位线段、正方形和立方体的再分数目 n 之间的关系。当 $s=1/2$ 时,单位线段[参见图 23.2(a)]分成两个相同长度的部分。同样,图 23.2(b) 中的单位正方形分成 4 个相等的部分。单位立方体[参见图 23.2(c)]分成 8 个相同体积的部分。对于每一个对象,子部分数目与缩放因子的关系是 $n \cdot s^{D_E} = 1$。类似欧氏对象,自相似对象的分形维数 D 由下列方程得到:

$$ns^D = 1 \tag{23.2}$$

求解有关分形相似维数 D 的表达式,可以有

$$D = \frac{\ln n}{\ln(1/s)} \tag{23.3}$$

对于不同部分由不同缩放因子构造而成的自相似分形,自相似维数可以由下列复杂关系式得到:

$$\sum_{k=1}^{n} s_k^D = 1 \tag{23.4}$$

其中,s_k 是第 k 个子部分的缩放因子。

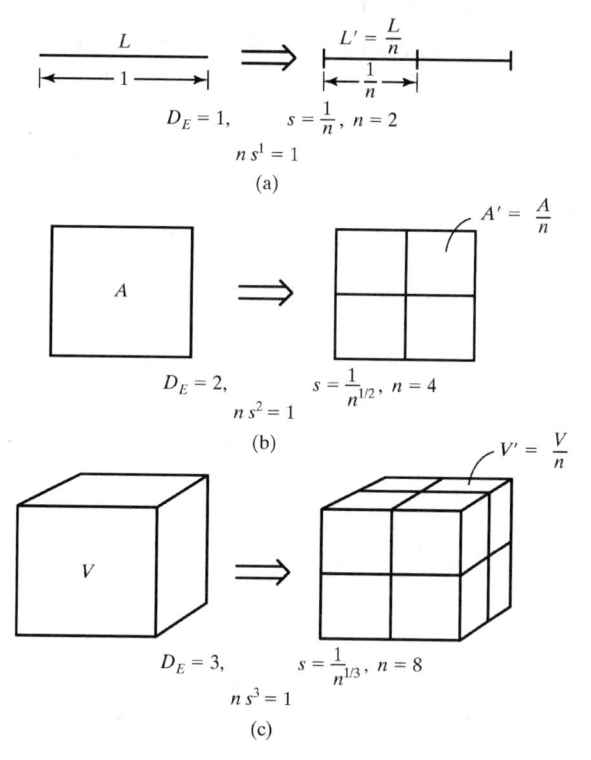

图 23.2 运用缩放因子 $s=1/2$,通过欧氏维数细分对象。(a) $D_E=1$,(b) $D_E=2$,(c) $D_E=3$

在图 23.2 中,考虑了简单对象(线段、正方形、立方体)的细分。如果有更复杂的形状,包括曲线和曲面对象,确定子部分的结构和性质会更加困难。对于一般的对象形状,可以利用拓扑覆盖方法(topological covering methord),该方法使用简单形状来逼近对象的子部分。例如,细分曲线可以使用直线段进行逼近;细分样条曲面可以使用小正方形或矩形进行逼近。其他覆盖形状,如圆、球面、圆柱面也可用已经分成很多小部分的对象来逼近。覆盖方法常用于数学中通过对一组更小的对象的特征求和来确定几何性质,如复杂对象的长度、面积、体积,也可以使用覆盖方法来确定某些对象的分形维数 D。

拓扑覆盖概念一开始用于将常见形状的几何性质扩充到非标准形状。运用圆或球的覆盖方

法的扩展，产生了 Hausdorff-Besicovitch 维数或分形维数概念。Hausdorff-Besicovitch 维数可以作为某些对象的分形维数，但一般来说，较难求得分形维数的值。更普遍的方法是，对象的分形维数可以利用方框覆盖方法(box-covering method)进行估算，该方法利用了正方形或平行六面体。图 23.3 说明了方框覆盖的概念。这里，在大的不规则边界内的面积，可以通过小的覆盖正方形面积之和进行估算。

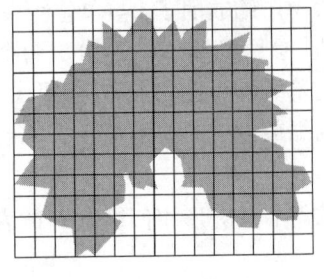

运用方框覆盖方法，首先要确定出对象坐标，然后利用给定的缩放因子将对象分成很多小框。覆盖对象的方框数目 n 称为方框维数(box dimension)，n 与对象分形维数 D 有关。对于具有单一缩放因子 s 的统计自相似对象，可以使用矩阵或立方体来覆盖对象。然后计算出覆盖方框数 n，并使用方程(23.3)来估算分形维数。对于自仿射对象，使用矩阵方框来覆盖对象，因为不同的方向有不同的缩放比例。在这种情况下，方框数目 n 及仿射变换参数用来估算分形维数。

图 23.3　不规则形状的方框覆盖

对象的分形维数总是大于其欧氏维数(或拓扑维数)，拓扑维数仅仅是需要指定对象参数的最少数目。欧氏曲线是一维的，因为可以用一个参数 u 来确定坐标位置。欧氏曲面是二维的，使用曲面参数 u 和 v。需要三个参数来指定坐标的欧氏实体是三维的。

位于一个二维平面内的分形曲线，其分形维数 D 大于 1(曲线的欧氏维数)。D 越靠近 1，则分形曲线越平滑。若 $D = 2$，得到 Peano 曲线，即"曲线"完全充满了一个二维空间的区域。若 $2 < D < 3$，曲线自相交并且可以被覆盖无数次。分形曲线用于模拟自然景物边界，如海岸线。

空间分形曲线(不落在某一平面内)的分形维数 D 也大于 1，但大于 2 时不一定自相交。曲线充满一体积时维数 $D = 3$，自相交空间曲线的分形维数 $D > 3$。

分形曲面的维数一般在范围 $2 < D \leq 3$ 内。若 $D = 3$，"曲面"充满一体积。若 $D > 3$，则存在实体的重叠覆盖。灌木、云和水都是典型的利用分形曲面进行模拟的例子。

分形实体维数一般在 $3 < D \leq 4$ 范围内。当 $D > 4$ 时，得到自重叠对象。例如，分形实体可以用来模拟云的特性，如水蒸气密度，或一空间区域内的天气状况。

23.1.4　确定性自相似分形的几何构造

确定性(非随机)自相似分形的几何构造开始于一个指定的几何形状，称为初始元(initiator)。然后使用一种模型替代初始元的每一部分，该模型称为生成元(generator)。

举一个例子，若使用图 23.4 中的初始元和生成元，可以构造雪花形状或 Koch 曲线，如图 23.5 所示。初始元中的每个直线段每次用四个相等线段替代。然后对该生成元缩放并应用于修改后的初始元的线段，并且该过程重复若干步。每一步的缩放因子是 1/3，所以分形维数 $D = \ln 4/\ln 3 \approx 1.2619$。每次初始元的线段长度也以 4/3 因子递增，因此当增加更多的细节后，分形曲线长度趋于无限(参见图 23.6)。另一个自相似分形曲线构造如图 23.7 所示。图 23.7(b) 和 (c) 的生成元包含的细节比 Koch 曲线的生成元更多，因为具有更高的分形维数。这些例子说明了分形维数越高，其突出状更明显。

也可以将多个不相交元素作为生成元。图 23.8 给出了复合生成元的一些例子。使用复合生成元的随机变量，可以模拟带有复合部分的各种自然对象，如沿海岸分布的岛屿。

图 23.9 中包含了不同长度的线段和多个缩放因子的生成元用于构造分形曲线。因此该生成曲线的分形维数由方程(23.4)给出。

图 23.4　Koch 曲线的初始元和生成元

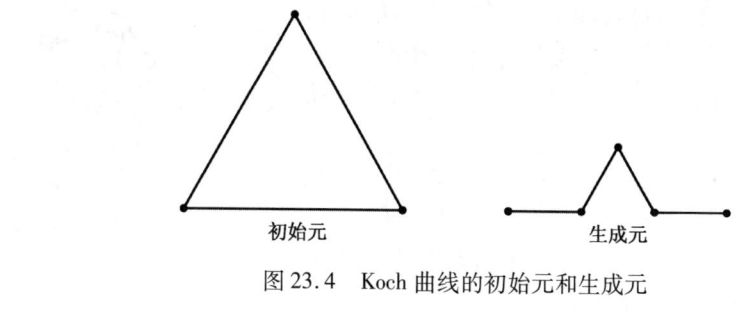

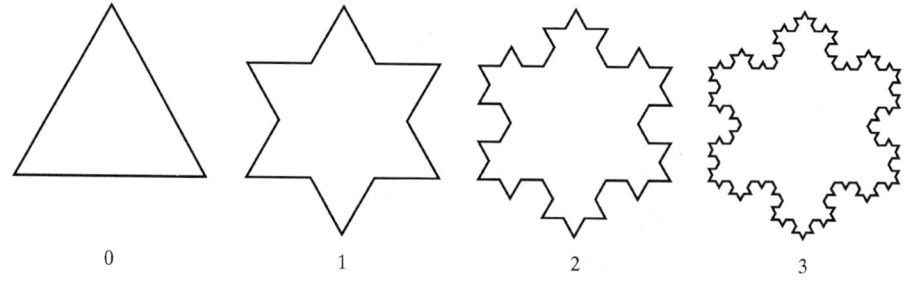

图 23.5　Koch 曲线的前三次迭代

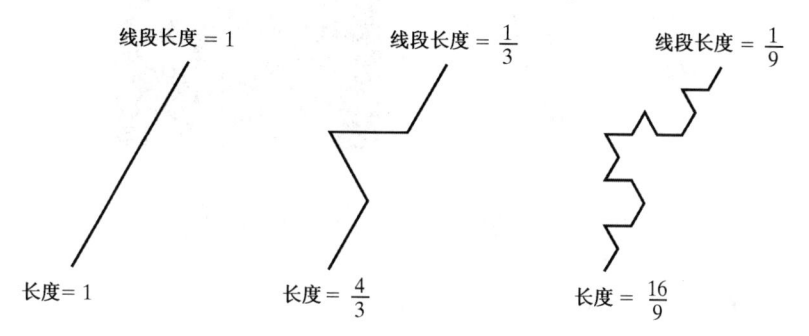

图 23.6　Koch 曲线每边长度每次增加 4/3 倍，其中每条线段的长度减少为原来的 1/3

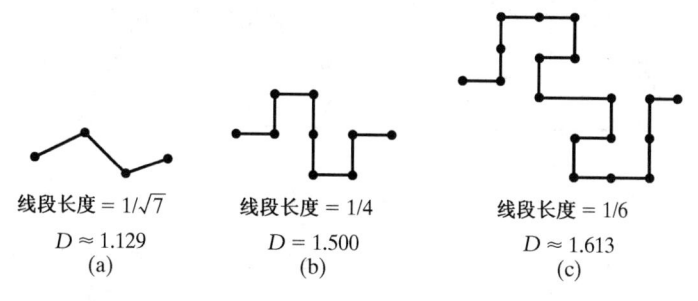

线段长度 = $1/\sqrt{7}$
$D \approx 1.129$
(a)

线段长度 = 1/4
$D = 1.500$
(b)

线段长度 = 1/6
$D \approx 1.613$
(c)

图 23.7　自相似分形曲线生成元构造和相应的分形维数

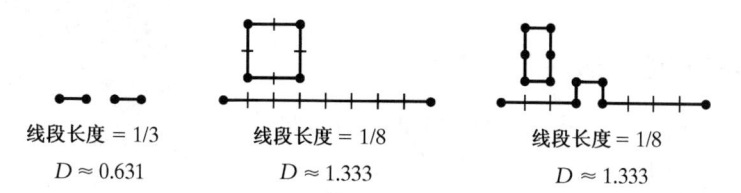

线段长度 = 1/3
$D \approx 0.631$

线段长度 = 1/8
$D \approx 1.333$

线段长度 = 1/8
$D \approx 1.333$

图 23.8　有多个不相连部分的生成元

树和其他植物的显示可通过自相似几何构造方法实现。图 23.10(a)中蕨类植物外形的每一分支是蕨类植物整体的一个缩放版本。图 23.10(b)中的蕨类植物是对每一分支实施扭转的完全绘制。

作为曲面自相似分形构造的例子，可以用 1/2 因子缩放图 23.11 所示的规则四面体，然后将缩放对象放到四面体的原有四个表面上。四面体的每个面变成 6 个小平面，并且原侧面面积增加 3/2 倍。此曲面的分形维数是

$$D = \frac{\ln 6}{\ln 2} \approx 2.584\,96$$

这给出了一个清晰的细碎表面。

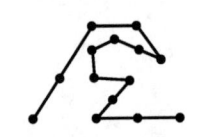

图 23.9 该生成元应用于等边三角形的边，生成雪花状的Peano曲线（也称为Peano空间）

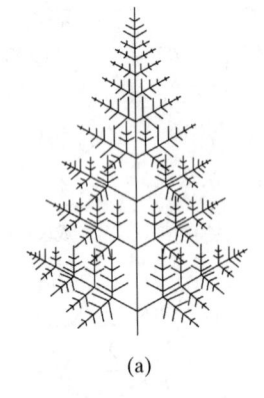

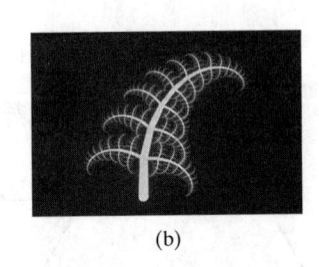

图 23.10 蕨类植物的自相似结构（纽约技术学院计算机图形学实验室的 Peter Oppenheimer 提供）

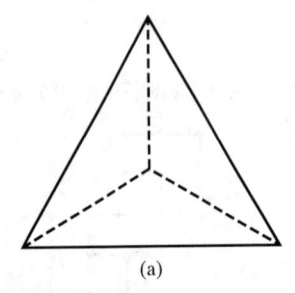

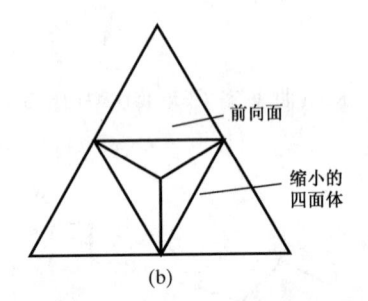

图 23.11 以 1/2 倍缩放(a)中的四面体，将缩放对象放到原四面体的一个侧面生成分形表面(b)

生成自相似分形对象的另一种方法是，在给定的初始元中穿孔，而不是增加更多的表面面积。图 23.12 给出了以此方法生成的分形对象。

23.1.5 统计自相似分形的几何构造

将某种随机性引入自相似分形几何构造的一种方法是，每一步从预先确定好的图案菜单中随机选取一个作为生成元。另一种生成随机自相似对象的方法是随机计算坐标位移。例如，图 23.13 中，每步随机选取中点位移距离，从而生成一种随机雪花模式。

图 23.12 使用从初始元减去子部分的生成元形成的自相似三维分形（伊利诺伊大学计算机科学系的 John C. Hart 提供）

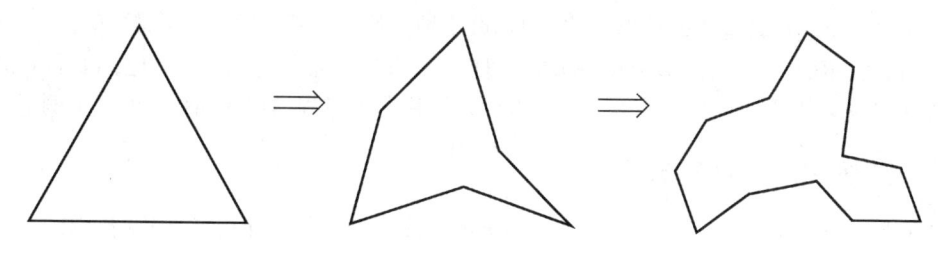

图 23.13 用随机中点位移法模拟"雪花"模型

图 23.14 给出了该方法的另一个例子。该显示中使用了随机缩放参数和分支方向来模拟树叶上的叶脉。

一旦创建了分形对象,可使用几个变换后的对象实例来对一个场景建模。彩图 36 给出了一分形树的随机旋转例子。在彩图 37 中,显示了使用各种随机变换的分形树林。

为了模拟一些树的多节和扭曲形状,可以使用弯曲函数及缩放变换来生成随机自相似分枝。

图 23.14 树叶上叶脉的随机自相似构造。树叶边界是叶脉生长的范围(纽约技术学院计算机图形学实验室的 Peter Oppenheimer 提供)

23.1.6 仿射分形构造方法

利用模拟分形布朗运动(fractional Brownian motion)等对象特性的仿射分形方法,可以获得地面和其他自然景物的较高真实感表示。这是标准布朗运动的扩展,是一种"随机走动"形式,描述了空气中或其他液体中分子运动的无规则性、曲折性。图 23.15 给出了在 xy 平面上的随机走动路径。从一给定位置开始,以一种随机方向和随机长度生成一条线段。然后移到第一条线段的终点并按所需的线段数重复此过程。通过在描述布朗运动的统计分布上增加一个额外参数,可以实现分形布朗运动。该附加参数建立了"运动"路径的分形维数。

单个分形布朗运动的路径可以模拟分形曲线。在地平面网格上利用随机分形布朗高度的二维数组,通过连接这些高度形成一组多边形面片,从而模拟山的表面。如果在球面上产生随机高度,则可以模拟星球上的山、峡谷和海洋。图 23.16 中,布朗运动用于生成星球上的高度变化。然后按高度从低(海洋)到高(山上的雪)进行颜色编码。分形布朗运动用于生成景色中的地面特性。陨石坑则利用随机直径和随机位置生成,运用仿射分形过程可以真实地描绘可见的陨石坑分布,以及河谷、雨和对象的其他类似系统。

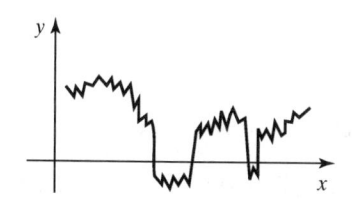

图 23.15 xy 平面上布朗运动(随机走动)的例子

图 23.16 从分形布朗运动行星上观察布朗运动行星,背景中增加了陨石坑(R. V. Voss 和 B. B. Mandelbrot 提供)

调整分形布朗运动计算中的分形维数,可以改变地面特征的粗糙性。分形维数值在 $D \approx 2.15$ 时可产生具有真实感的山脉特征,$D \approx 3.0$ 的高值用来产生非同寻常的特殊球面景色,也可以缩放计算高度以加深峡谷深度或增加山脉高度。彩图 38 给出了用分形过程模拟地面特征的几个例子。

23.1.7 随机中点位移方法

分形布朗运动的计算是费时的,因为地面上的高度坐标根据傅里叶级数进行计算,该值是余弦和正弦项之和。通常使用快速傅里叶变换(FFT)方法,但对于生成分形山景物,仍是一个缓慢的过程。因此,开发了快速**随机中点位移方法**(random midpoint-displacement methods),类似于几何构造中所使用的随机位移方法,用于逼近地面和其他自然现象的分形布朗运动表示。这些方法原先用于生成科幻电影中的动画画面,包括异常的地面和星体特征。中点位移方法已经普遍用于很多应用中,包括电视广告的动画。

尽管随机中点位移方法的计算速度快于分形布朗运动,但减少了地面特征的真实感。图 23.17 说明了 xy 平面上生成随机走动路径的中点位移方法。从一条直线段开始,通过计算端点 y 值的平均值加上随机偏移量,可以获得线段中点位移 y 值:

$$y_{\text{mid}} = \frac{1}{2}[y(a) + y(b)] + r \qquad (23.5)$$

为了逼近分形布朗运动,从 0 到正比于 $|b-a|^{2H}$ 的均方差之间的高斯分布中选择 r 值,其中 $H = 2 - D$ 和 $D > 1$ 是分形维数。另一个获得随机偏移的方法是令 $r = s r_g |b-a|$,这里 s 是选定的"表面粗糙度"因子,r_g 是从 0 到均方差 1 之间的高斯随机值,查表即可得高斯值。然后,通过计算细分线段每一半的中点位移 y 值而重复该过程。连续地细分直到细分线段小于某一指定值。每一步的随机变量 r 值都减小,因为该值正比于细分线段长度 $|b-a|$。图 23.18 给出了使用此方法得到的分形曲线。

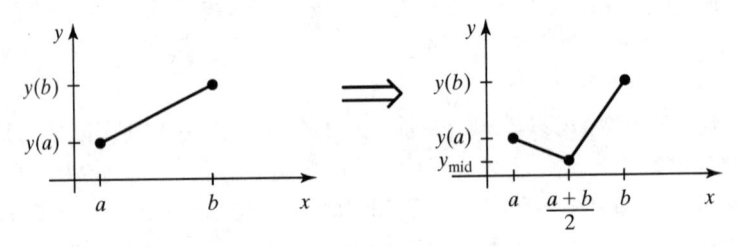

图 23.17 直线段的随机中点位移

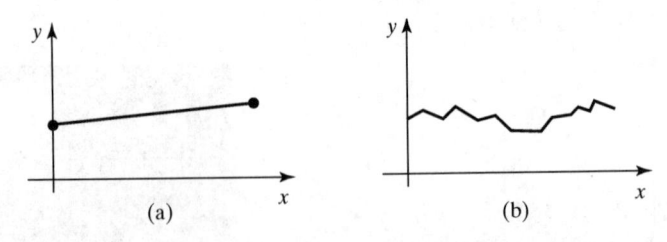

图 23.18 一条直线段重复四次随机中点位移过程而生成的随机走动路径

将随机中点位移程序用于矩形地平面(参见图 23.19),可以生成地面特征。开始时,对地平面的四个角(图 23.19 中的 **a**、**b**、**c**、**d**)指定一高度 z。然后在每边的中点分割地平面,得到 5 个新网格的点位置:**e**、**f**、**g**、**h**、**m**。地平面边上的点 **e**、**f**、**g**、**h** 上的高度可以按照最近的两个顶点的平均高度加上随机偏移来计算。例如,中点 **e** 处的高度 z_e 利用顶点 **a** 和 **b** 进行计算,中点 **f** 处

的高度利用顶点 **b** 和 **c** 进行计算：

$$z_e = (z_a + z_b)/2 + r_e, \qquad z_f = (z_b + z_c)/2 + r_f$$

随机值 r_e 和 r_f 从 0 到正比于网格间距 $2H$ 次幂的均方差高斯分布中得到，这里 $H = 3 - D$，$D > 2$ 是表面的分形维数。也可以将随机偏移计算成表面粗糙因子乘以网格间距，再乘以从 0 到均方差 1 间的高斯值的查表值。地平面中点 **m** 的高度 z_m 可以用 **e**、**g** 或 **f**、**h** 进行计算。或者，利用四个地平面角的指定高度来计算 z_m:

$$z_m = (z_a + z_b + z_c + z_d)/4 + r_m$$

该过程每次对四个新网格部分重复进行，直到网格间距小于一指定值。

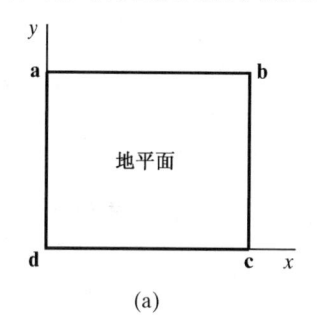

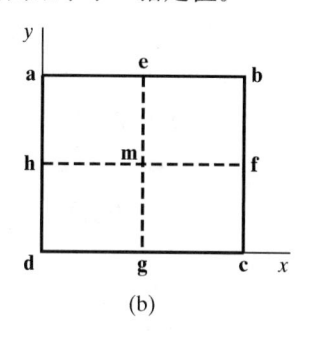

图 23.19　随机中点位移过程用来计算地面高度的第一步，矩形地平面（a）被分割成四个相等的网格部分（b）

生成高度后就形成了三角形面片。图 23.20 给出了在第一次分割时形成的 8 个面片。在每一层递归时，三角形将连续地分成更小的平面片。当分割过程完成后，根据光源位置、其他照明参数值、选定的颜色及表面纹理来绘制面片。

除了地面，随机中点位移方法还能应用于景色中的其他部分。例如，可以使用同样的方法来得到波浪的表面特征或地平面上的云彩模型。

23.1.8　地面图控制

在使用中点位移方法模拟分形地面场景时，控制山峰

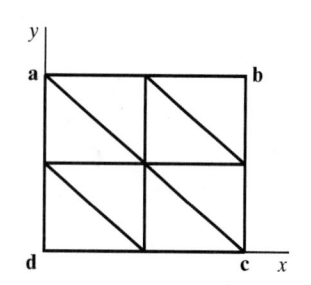

图 23.20　生成地面特征的随机中点位移过程的第一步，形成了地平面上的八个表面片

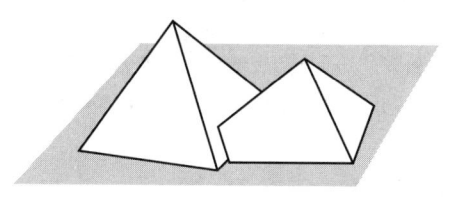

图 23.21　地平面上的控制面

和峡谷位移的一个方法，是在地面的不同区域上的某个区间内约束计算的高度。可以通过在地面上建立一组控制面来实现此目的，如图 23.21 所示。然后，在地面的每一个中点网格位置计算随机高度，该高度依赖于控制高度和该位置处的平均高度之差。此过程在控制地面高度的某一给定区间内约束高度。

控制面通过使用一特殊区域的轮廓高度来形成平面片，从而模拟岩石山或其他地区的地面特性。也可以通过建立控制多边形顶点的高度来设计地面特性。控制面可以为任意形状。平面是最容易处理的，但也可以使用球面或其他曲面形状。

我们使用随机中点位移方法来计算网格高度，但现在可以从高斯分布中选取随机值，其中平均值 μ 和标准方差 σ 是控制高度的函数。取 μ 和 σ 值的一个方法是使它们都正比于一个方差，此方差介于计算出的平均高度和每个网格位置上预定义的控制高度之间。例如，对于图 23.19 中的网格位置 **e**，设平均值和标准方差为

$$\mu_e = zc_e - (z_a + z_b)/2, \qquad \sigma_e = s|\mu_e|$$

其中，zc_e是地面位置 e 处的控制高度，$0 < s < 1$是预定义的缩放因子。较小的s值($s < 0.1$)生成的地表较平稳，而较大的s值使地面高度有较大起伏。

为了确定一个平面型控制面上的控制高度值，首先计算平面参数 A、B、C 和 D。对于任意的平面位置(x, y)，包含控制多边形的平面上的高度可以计算为

$$zc = (-Ax - By - D)/C$$

然后，可以使用增量方法来计算地平面网格位置上的控制高度。为了有效地完成这些计算，首先将地平面分割成 xy 位置的网络，如图 23.22 所示。然后，将每个多边形控制面投影到地平面上。可以使用类似于扫描线区域填充的过程，从而确定哪一个网格位置落在控制多边形的投影区内。即对每个穿过多边形边的地平面网格上的 y "扫描线"，计算出扫描线交点并确定哪个网格位置在控制多边形的投影区内部。这些方格位置上的控制高度则可以使用增量表示进行计算：

$$zc_{i+1,j} = zc_{i,j} - \Delta x(A/C), \qquad zc_{i,j+1} = zc_{i,j} - \Delta y(B/C) \qquad (23.6)$$

其中，Δx 和 Δy 是 x 和 y 方向上的网格间距。该过程在使用并行向量方法处理控制面的网格位置时，计算速度特别快。

图 23.23 显示了使用控制面构造的地面、水和云的场景。然后使用表面绘制算法来对多边形边进行平滑处理，并且提供恰当的表面颜色。

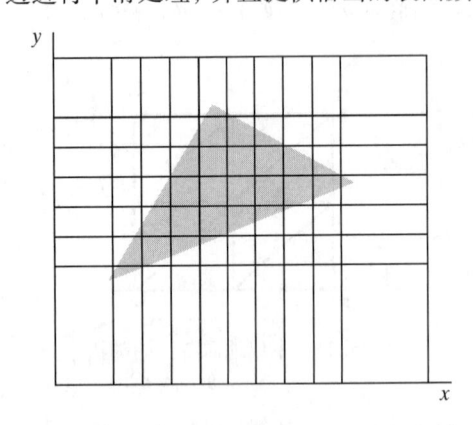

图 23.22 三角控制面在地平面网格上投影

图 23.23 地平面上用随机中点位移方法和二维控制面模拟的复合场景。分别模拟并绘制地面、水和云的表面特征，然后再组合成复合图形（新加坡信息技术学院的Eng-Kiat Koh提供）

23.1.9 自平方分形

生成分形对象的另一种方法是对复数空间上的点重复使用变换函数。在二维平面中，复数可以表示为 $z = x + iy$，其中 x 和 y 是实数且 $i^2 = -1$。在三维和四维空间中，可以使用四元数表示点。复平方函数 $f(z)$ 包括了 z^2 的计算，可以使用某种自平方函数来生成分形形状。

分形形状取决于迭代的初始点，重复应用自平方函数将产生三种可能的结果之一（参见图 23.24）：

- 变换位置无限发散；
- 变换位置收敛于一极限点，称为吸附点（attractor）；
- 变换位置保持在某对象的边界。

例如，非分形平方运算 $f(z) = z^2$ 根据与单位圆的关系而变换点（参见图 23.25）。其 $|z| > 1$ 的点通过一系列点变换后趋于无限。而 $|z| < 1$ 的点在变换后将趋于坐标原点。在圆周上的点（$|z| = 1$）仍在圆周上。对于某些函数，在趋于无限的点和趋于有限的点之间的边界是分形图形。分形对象的边界称为 Julia 集。

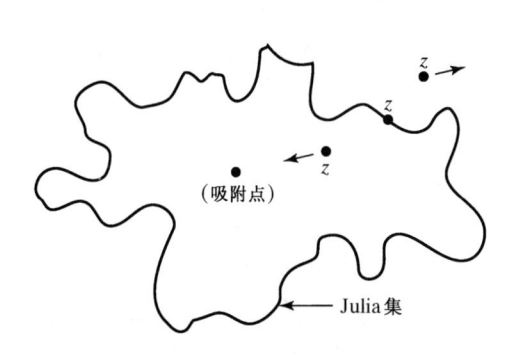

图 23.24　复平面上自平方变换 $f(z)$ 的可能结果，依赖于选定的初始点位置

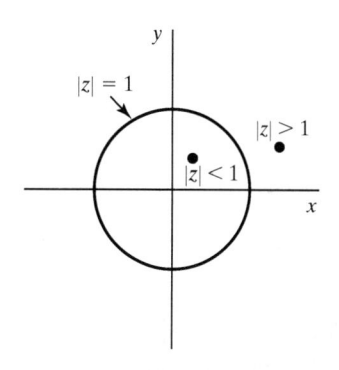

图 23.25　复平面上的单位圆周。非分形复平方函数 $f(z) = z^2$ 将圆内点移向原点，圆外点远离圆周。圆周上的初始点仍在圆周上

一般情况下，通过测试选定位置的趋向来确定分形边界。若选定的位置无限发散或趋于一吸附点，则可以试一下附近的点。重复这一过程直到最终确定出分形边界上的一个位置。然后，平方变换的迭代操作将生成分形形状。对于复平面上的简单变换，分形曲线上的快速定位方法是使用变换函数的逆函数。然后，曲线内或曲线外的初始点将收敛于分形曲线上的位置（参见图 23.26）。

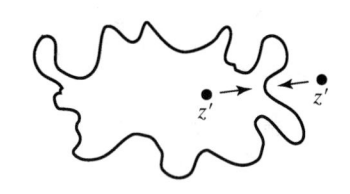

图 23.26　使用自平方函数的逆函数 $z' = f^{-1}(z')$ 确定分形边界

分形中用得最多的函数是平方变换，即

$$z' = f(z) = \lambda z(1 - z) \tag{23.7}$$

其中，λ 是指定的常数复数值。对于该函数，可以使用逆方法来确定分形曲线。首先移项得到二次方程：

$$z^2 - z + z'/\lambda = 0 \tag{23.8}$$

则逆变换是二次式：

$$z = f^{-1}(z') = \frac{1}{2}(1 \pm \sqrt{1 - (4z')/\lambda}) \tag{23.9}$$

使用复数算术操作，求解此方程得到 z 的实、虚部为

$$\begin{aligned} x = \text{Re}(z) &= \frac{1}{2}\left(1 \pm \sqrt{\frac{|\text{discr}| + \text{Re}(\text{discr})}{2}}\right) \\ y = \text{Im}(z) &= \pm\frac{1}{2}\sqrt{\frac{|\text{discr}| - \text{Re}(\text{discr})}{2}} \end{aligned} \tag{23.10}$$

二次式判别式为 $\text{discr} = 1 - (4z')/\lambda$。可以计算出 n 个初始 x、y 值（比如说 10 个），并在绘制分形曲线前去掉这些值。由于该函数产生两种可能的变换 (x, y) 位置，因此只要 $\text{Im}(\text{discr}) \geq 0$，每次可以随机地选择加或者减符号。当 $\text{Im}(\text{discr}) < 0$ 时，两个可能位置在第二和第四象限。这种情况下，x 和 y 必有相反的符号。下面的程序给出了这个自平方函数的实现，图 23.27 中绘制了两条曲线。

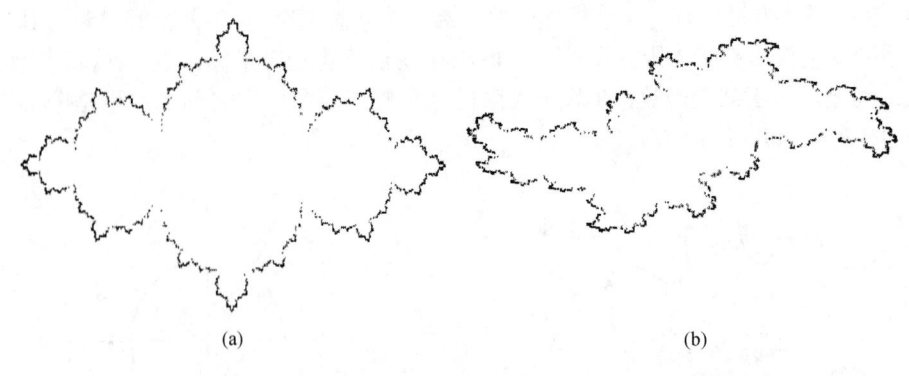

图 23.27 过程 selfSqTransf 使用函数 $f(z) = \lambda z(1-z)$ 的逆函数，当(a)$\lambda = 3$ 和(b)$\lambda = 2 + i$ 时生成两条分形曲线。每条曲线由 10 000 个点绘制

```c
#include <GL/glut.h>
#include <stdlib.h>
#include <math.h>

/*  Set initial size of display window.  */
GLsizei winWidth = 600, winHeight = 600;

/*  Set coordinate limits in complex plane.  */
GLfloat xComplexMin = -0.25, xComplexMax = 1.25;
GLfloat yComplexMin = -0.75, yComplexMax = 0.75;

struct complexNum
{
   GLfloat x, y;
};

void init (void)
{
   /*  Set color of display window to white.  */
   glClearColor (1.0, 1.0, 1.0, 0.0);
}

void plotPoint (complexNum z)
{
    glBegin (GL_POINTS);
        glVertex2f (z.x, z.y);
    glEnd ( );
}

void solveQuadraticEq (complexNum lambda, complexNum * z)
{
   GLfloat lambdaMagSq, discrMag;
   complexNum discr;
   static complexNum fourOverLambda = { 0.0, 0.0 };
   static GLboolean firstPoint = true;

   if (firstPoint) {
      /*  Compute the complex number: 4.0 divided by lambda.  */
      lambdaMagSq = lambda.x * lambda.x + lambda.y * lambda.y;
      fourOverLambda.x =  4.0 * lambda.x / lambdaMagSq;
      fourOverLambda.y = -4.0 * lambda.y / lambdaMagSq;
      firstPoint = false;
   }
```

```c
      discr.x = 1.0 - (z->x * fourOverLambda.x - z->y * fourOverLambda.y);
      discr.y = z->x * fourOverLambda.y + z->y * fourOverLambda.x;
      discrMag = sqrt (discr.x * discr.x + discr.y * discr.y);

      /*  Update z, checking to avoid the square root of a negative number.  */
      if (discrMag + discr.x < 0)
         z->x = 0;
      else
         z->x = sqrt ((discrMag + discr.x) / 2.0);
      if (discrMag - discr.x < 0)
         z->y = 0;
      else
         z->y = 0.5 * sqrt ((discrMag - discr.x) / 2.0);

      /*  For half the points, use negative root,
       *  placing point in quadrant 3.
       */
      if (rand ( ) < RAND_MAX / 2) {
         z->x = -z->x;
         z->y = -z->y;
      }

      /*  When imaginary part of discriminant is negative, point
       *  should lie in quadrant 2 or 4, so reverse sign of x.
       */
      if (discr.y < 0)
         z->x = -z->x;

      /*  Complete the calculation for the real part of z.  */
      z->x = 0.5 * (1 - z->x);
}

void selfSqTransf (complexNum lambda, complexNum z, GLint numPoints)
{
   GLint k;

   /*  Skip the first few points.  */
   for (k = 0;  k < 10;  k++)
      solveQuadraticEq (lambda, &z);

   /*  Plot the specified number of transformation points.  */
   for (k = 0;  k < numPoints;  k++) {
      solveQuadraticEq (lambda, &z);
      plotPoint (z);
   }
}

void displayFcn (void)
{
   GLint numPoints = 10000;           //  Set number of points to be plotted.
   complexNum lambda = { 3.0, 0.0 };  //  Set complex value for lambda.
   complexNum z0 = { 1.5, 0.4 };      //  Set initial point in complex plane.

   glClear (GL_COLOR_BUFFER_BIT);     //  Clear display window.

   glColor3f (0.0, 0.0, 1.0);         //  Set point color to blue.

   selfSqTransf (lambda, z0, numPoints);
   glFlush ( );
}
```

```
void winReshapeFcn (GLint newWidth, GLint newHeight)
{
   /* Maintain an aspect ratio of 1.0, assuming that
    * width of complex window = height of complex window.
    */
   glViewport (0, 0, newHeight, newHeight);

   glMatrixMode (GL_PROJECTION);
   glLoadIdentity ( );

   gluOrtho2D (xComplexMin, xComplexMax, yComplexMin, yComplexMax);

   glClear (GL_COLOR_BUFFER_BIT);
}

void main (int argc, char** argv)
{
   glutInit (&argc, argv);
   glutInitDisplayMode (GLUT_SINGLE | GLUT_RGB);
   glutInitWindowPosition (50, 50);
   glutInitWindowSize (winWidth, winHeight);
   glutCreateWindow ("Self-Squaring Fractal");

   init ( );
   glutDisplayFunc (displayFcn);
   glutReshapeFunc (winReshapeFcn);

   glutMainLoop ( );
}
```

自平方函数 $f(z) = \lambda z(1-z)$ 中的变量 x、y 和 λ 绘制的三维图形（这里 $|\lambda| = 1$）由图 23.28 给出。此图例的每个剖面片是复平面上的分形曲线。

另一个著名的分形形状来自 Mandelbrot 集，这是在下列平方变换下不发散的复数值 z 的集合，平方变换为

$$z_0 = z$$
$$z_k = z_{k-1}^2 + z_0 \quad k = 1, 2, 3, \cdots \quad (23.11)$$

即首先在复平面上选一点，然后计算变换位置 $z^2 + z$。下一步，求变换位置的平方并加上原 z 值。重复此步骤直到可以确定变换是否发散。

数学家早已弄清了这种平方函数的奇异特性。但没有计算机的帮助，这些函数很难模拟。数字计算机诞生以后，在行式打印机上绘制了变换 (23.11) 的收敛边界。随着数字计算机性能的不断提高，有可能进一步研究这个函数的图形特性。随后，Benoit Mandelbrot 使用更复杂的图形技术广泛研究了这个函数，而在变换 (23.11) 中不发散的点集成为著名的 **Mandelbrot 集** (Mandelbrot set)。

图 23.28　函数 $f(z) = \lambda z(1-z)$ 在三维中的绘图，其规范化的 λ 值沿垂直轴变化（IBM 研究所的 Alan Norton 提供）

为了实现变换 (23.11)，首先在复平面上选一个矩形区域。然后，将该矩形区域内的位置映射到选定的视频监视器显示窗口中颜色编码的像素位置（参见图 23.29）。变换 (23.11) 根据复平面上相应点的偏差率来选择像素颜色。如果复数大于 2，则在自平方算法下的结果将很快地发散。因此，建立一条路径来重复平方算法，一直到复数的模大于 2 或者达到一预定的迭代数。迭代的最

大次数依赖于我们要显示的细节数量和要绘制的点数。通常取 100 和 1000 之间的某个值,尽管较低的值可以加快计算速度。但降低迭代次数,的确会失去收敛区域边界(Julia 集)的某些细节。在循环的末尾,根据循环执行的迭代次数来选择颜色值。例如,当迭代计数达到最大值时(不发散点)像素为黑色,当迭代计算接近 0 时像素为红色。其他颜色值可以根据从 0 到最大数之间的迭代值来选择。通过选择不同的颜色映射和复平面的不同部分,可以生成许多围住非发散点的分形边界附近的生动显示。对围绕 Mandelbrot 集的区域中像素位置进行颜色编码的一个选择如彩图 39 所示。

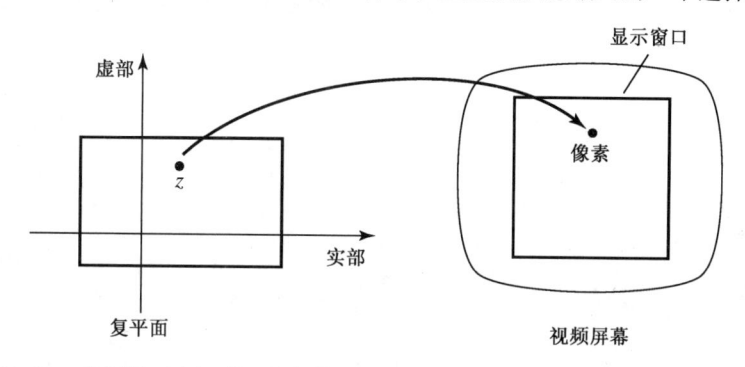

图 23.29 将复平面中矩形区域的位置映射到视频监视器上颜色编码的像素位置

下列程序给出了显示该收敛点集及其边界的变换(23.11)的实现。收敛点集的主要部分包含在复平面的下列区域中:

$$-2.00 \leq \mathrm{Re}(z) \leq 0.50$$
$$-1.20 \leq \mathrm{Im}(z) \leq 1.20$$

通过在复平面上选择更小的矩形区域并放大所选区域的图示,可以发现沿该 Mandelbrot 集边界上的细节。彩图 39 给出围绕收敛集区域的颜色编码显示和展示该平方变换的某些著名特征的一组放大显示。

```
#include <GL/glut.h>

/*  Set initial size of the display window.  */
GLsizei winWidth = 500, winHeight = 500;

/*  Set limits for the rectangular area in complex plane.  */
GLfloat xComplexMin = -2.00, xComplexMax = 0.50;
GLfloat yComplexMin = -1.25, yComplexMax = 1.25;

GLfloat complexWidth = xComplexMax - xComplexMin;
GLfloat complexHeight = yComplexMax - yComplexMin;

class complexNum {
   public:
      GLfloat x, y;
};

struct color { GLfloat r, g, b; };

void init (void)
{
   /*  Set display-window color to white.  */
   glClearColor (1.0, 1.0, 1.0, 0.0);
}
```

```
void plotPoint (complexNum z)
{
    glBegin (GL_POINTS);
        glVertex2f (z.x, z.y);
    glEnd ( );
}

/*  Calculate the square of a complex number.  */
complexNum complexSquare (complexNum z)
{
    complexNum zSquare;

    zSquare.x = z.x * z.x - z.y * z.y;
    zSquare.y = 2 * z.x * z.y;
    return zSquare;
}

GLint mandelSqTransf (complexNum z0, GLint maxIter)
{
    complexNum z = z0;
    GLint count = 0;

    /*  Quit when z * z > 4  */
    while ((z.x * z.x + z.y * z.y <= 4.0) && (count < maxIter)) {
        z = complexSquare (z);
        z.x += z0.x;
        z.y += z0.y;
        count++;
    }
    return count;
}

void mandelbrot (GLint nx, GLint ny, GLint maxIter)
{
    complexNum z, zIncr;
    color ptColor;

    GLint iterCount;

    zIncr.x =  complexWidth / GLfloat (nx);
    zIncr.y =  complexHeight / GLfloat (ny);

    for (z.x = xComplexMin;  z.x < xComplexMax;  z.x += zIncr.x)
        for (z.y = yComplexMin;  z.y < yComplexMax;  z.y += zIncr.y) {
            iterCount = mandelSqTransf (z, maxIter);
            if (iterCount >= maxIter)
                /*  Set point color to black.  */
                ptColor.r = ptColor.g = ptColor.b = 0.0;
            else if (iterCount > (maxIter / 8)) {
                    /*  Set point color to orange.  */
                    ptColor.r = 1.0;
                    ptColor.g = 0.5;
                    ptColor.b = 0.0;
                }
                else if (iterCount > (maxIter / 10)) {
                        /*  Set point color to red.  */
                        ptColor.r = 1.0;
                        ptColor.g = ptColor.b = 0.0;
                    }
                    else if (iterCount > (maxIter /20)) {
                            /*  Set point color to dark blue.  */
```

```
                              ptColor.b = 0.5;
                              ptColor.r = ptColor.g = 0.0;
                           }
                           else if (iterCount > (maxIter / 40)) {
                              /*  Set point color to yellow.   */
                              ptColor.r = ptColor.g = 1.0;
                              ptColor.b = 0.0;
                           }
                           else if (iterCount > (maxIter / 100)) {
                              /*  Set point color to dark green.  */
                              ptColor.r = ptColor.b = 0.0;
                              ptColor.g = 0.3;
                           }
                           else {
                              /*  Set point color to cyan.  */
                              ptColor.r = 0.0;
                              ptColor.g = ptColor.b = 1.0;
                           }
         /*  Plot the color point.  */
         glColor3f (ptColor.r, ptColor.g, ptColor.b);
         plotPoint (z);
      }
}

void displayFcn (void)
{
   /*  Set number of x and y subdivisions and the max iterations.  */
   GLint nx = 1000, ny = 1000, maxIter = 1000;

   glClear (GL_COLOR_BUFFER_BIT);    //  Clear display window.

   mandelbrot (nx, ny, maxIter);
   glFlush ( );
}

void winReshapeFcn (GLint newWidth, GLint newHeight)
{
   /*  Maintain an aspect ratio of 1.0, assuming that
    *  complexWidth = complexHeight.
    */
   glViewport (0, 0, newHeight, newHeight);

   glMatrixMode (GL_PROJECTION);
   glLoadIdentity ( );

   gluOrtho2D (xComplexMin, xComplexMax, yComplexMin, yComplexMax);

   glClear (GL_COLOR_BUFFER_BIT);
}

void main (int argc, char** argv)
{
   glutInit (&argc, argv);
   glutInitDisplayMode (GLUT_SINGLE | GLUT_RGB);
   glutInitWindowPosition (50, 50);
   glutInitWindowSize (winWidth, winHeight);
   glutCreateWindow ("Mandelbrot Set");

   init ( );
   glutDisplayFunc (displayFcn);
   glutReshapeFunc (winReshapeFcn);

   glutMainLoop ( );
}
```

可以扩充如式(23.7)中的复函数变换,从而产生分形曲面和分形实体。生成这些对象的方法是使用四元数(quaternion)表示(参见附录 A)来变换三维和四维空间中的点。四元数有 4 个元素,1 个实部和 3 个虚部,可以表示为复平面上复数概念的扩充:

$$q = s + \mathrm{i}a + \mathrm{j}b + \mathrm{k}c \tag{23.12}$$

其中,$\mathrm{i}^2 = \mathrm{j}^2 = \mathrm{k}^2 = -1$。实部 s 也称为四元数的标量部分(scalar part),虚部称为四元数的向量部分(vector part),$\mathbf{v} = (a, b, c)$。

使用附录 A 中讨论的四元数乘法和加法规则,可以使用自平方函数和其他迭代方法来生成分形对象的曲面。一个基本过程是从复数空间内部的一点开始,生成后继点直到确认发散和不发散位置的边界。例如,先定位一个不发散(内部)位置,然后检测该位置邻域中的点,直到发现发散(外部)点。先前的内部点保留下来作为边界曲面位置。然后检测这些曲面点的邻域以确定它们是否为内部(收敛)或外部(发散)。任何连接外部点的内部点是曲面点。在这种情况下,该过程在沿分形边界离曲面不远的地方继续进行。在生成四维分形后,三维面片投影到监视器的二维平面中。

四维空间中生成自平方分形的过程,需要大量时间来求迭代函数值和测试收敛或发散的位置。曲面上的每一点可以表示为小立方体,给出曲面的内部和外部范围。分形的三维投影程序的输出一般包含了超过一百万个的曲面立方体顶点。分形对象的显示则通过确定每个曲面立方体的光线和颜色的照明方法来完成。然后使用隐藏面消除方法,从而仅显示对象的可见面。

23.1.10 自逆分形

可以使用多种几何逆变换生成分形形状。我们还是从初始点集开始,重复使用非线性逆算法将初始点变换到分形点。

作为一个例子,考虑相对于圆的二维逆变换,圆半径为 r,中心在 $\mathbf{P}_c = (x_c, y_c)$ 位置。圆外任意一点 $\mathbf{P}$ 到圆内一点 $\mathbf{P}'$(参见图 23.30)的变换为

$$(\overline{\mathbf{P}_c \mathbf{P}})(\overline{\mathbf{P}_c \mathbf{P}'}) = r^2 \tag{23.13}$$

这里 $\mathbf{P}$ 和 $\mathbf{P}'$ 位于经过圆心 $\mathbf{P}_c$ 的直线上。也可以用式(23.13)对圆内的位置进行变换。某些内部位置变换到外部位置,而另一些内部位置仍变换到内部位置。

若两点的坐标是 $\mathbf{P} = (x, y)$,$\mathbf{P}' = (x', y')$,可以把式(23.13)写为

$$[(x - x_c)^2 + (y - y_c)^2]^{1/2}[(x' - x_c)^2 + (y' - y_c)^2]^{1/2} = r^2$$

由于两点连线通过圆心,我们有 $(y - y_c)/(x - x_c) = (y' - y_c)/(x' - x_c)$。因此,位置 $\mathbf{P}'$ 的变换坐标值是

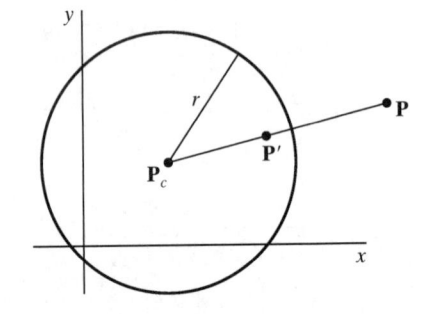

图 23.30 将 $\mathbf{P}$ 变到圆内点 $\mathbf{P}'$,其圆半径为 r

$$x' = x_c + \frac{r^2(x - x_c)}{(x - x_c)^2 + (y - y_c)^2}, \qquad y' = y_c + \frac{r^2(y - y_c)}{(x - x_c)^2 + (y - y_c)^2} \tag{23.14}$$

因此,圆外的点映射到圆周位置,远距离的点($\pm \infty$)映射到圆心。反过来,圆心附近的点映射到圆外远处的点。从圆心往外移动时,点映射到圆外靠近圆周的位置。而圆内靠近圆周的点变换到圆心附近。例如,对以 $(x_c, y_c) = (0, 0)$ 为圆心的圆来说,在 r 到 $+\infty$ 范围内的外部 x 值映射到 $r/2$ 到 0 范围中的 x' 值。对一个以原点为圆心的圆来说,在 $r/2$ 到 0 范围内的 x 值映射到 r 到 $+\infty$ 范围内的 x' 值,而在 $r/2$ 到 r 范围内的点变换到 r 到 $r/2$ 范围中的值。对 x 的负值可得类似的结果。

我们可将此变换应用于各种对象，如直线段、圆或椭圆。通过圆心的直线段在此逆变换下是不变的；它映射到自身。但不通过圆心的直线段逆转到以中心点 P_c 作为圆上一点的一个圆上。而任意通过参考圆中心的圆逆转成一条不经过该圆心的直线段。如果该圆与参考圆不相交，则它逆转到另一个圆，如图 23.31 所示。另一个不变逆转是与参考圆正交的圆的变换，即在交点处两圆切线互相垂直。

在逆变换下，从一组圆开始，重复使用不同参考圆的变换，可以生成各种分形形状。同样，可以对一组直线使用圆周逆变换。对其他对象也可以开发类似的逆变换方法。我们可以将该过程推广到其他二维形状，并且可生成球面、平面或三维对象。

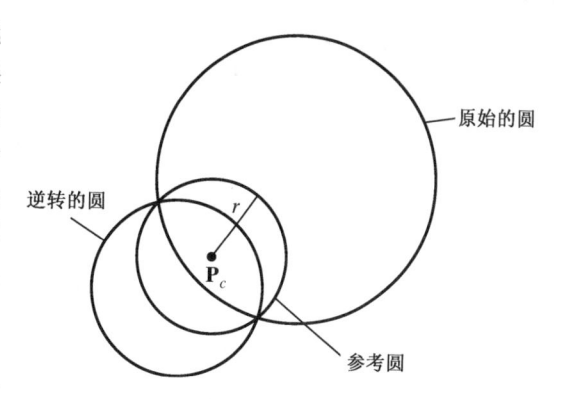

图 23.31 不通过参考圆原点的圆的逆变换

23.2 粒子系统

对于某些应用，常使用称为**粒子系统**(particle system)的一组不相连部分的集合来描述一个或多个对象。该方法尤其擅长描述随时间变化的流体性质对象，如流动、翻腾、飞溅、膨胀、内聚或爆炸。具有这些特性的对象有云、烟、火、焰火、瀑布和水滴。例如，粒子系统已经用于在动画"Star Trek II: The Wrath of Khan"中模拟引起"起源爆炸"的星体爆炸和火焰喷发。粒子系统方法已用于对其他一些对象建模，包括草丛。

在一般应用中，粒子系统在某个空间区域定义，然后应用随机过程随时间而改变系统参数。每个粒子拥有自己的属性，而这些属性决定了粒子的行为特征，包括：外形、尺寸、初始颜色、运动路径和速度及生命周期等。这些属性的值在粒子生成的时候就被定下来了，在粒子存在的整个生命周期中由系统进行处理和使用。

粒子系统非常灵活，因为粒子属性是通过算法计算得来的。这意味着，事实上任何类型的行为都可以引入到粒子系统中。粒子形状可以是小球、椭球、立方体等，形状可以一直固定也可以随时间进行随机变化。其他属性如粒子透明度、颜色和移动都将随机地选择，同样可以固定或变化。粒子运动路径可以按照运动学方式描述或由重力场等给定的力进行定义。不同粒子的生命周期可以相同，也可以各不相同。粒子的数量和类型可以是固定的，也可以在删除一些粒子的同时再生成新的粒子。

每个粒子运动时，将绘制其路径并以特殊颜色进行显示。例如，焰火可以通过在一球域内随机生成粒子而进行显示，并且允许它们向外快速移动，如图 23.32 所示。粒子路径可以使用红色到黄色进行着色，例如，可以模拟爆炸粒子的温度。

除了可以简单地显示每个粒子的当前位置，还有一种方法是利用"轨道"粒子对草丛的真实感显示进行模拟(参见图 23.33)，这些粒子从地面上射出，并在重力作用下回落到地面，每个粒子都沿着如图所示的各自的轨道运动。在这种情况下，粒子路径可以使用一个卷柱体进行模拟，并且可以使用从绿到黄的颜色。

彩图 40 表示了瀑布的粒子系统模拟。水流从一高度落下，被一障碍物阻挡，然后散开到地面。不同的颜色用来区分每一步的粒子路径。

彩图 41 给出了由多种表示形成的复合场景，利用粒子系统表示的草丛、分形山、纹理映射和其他表面绘制程序来模拟此场景。

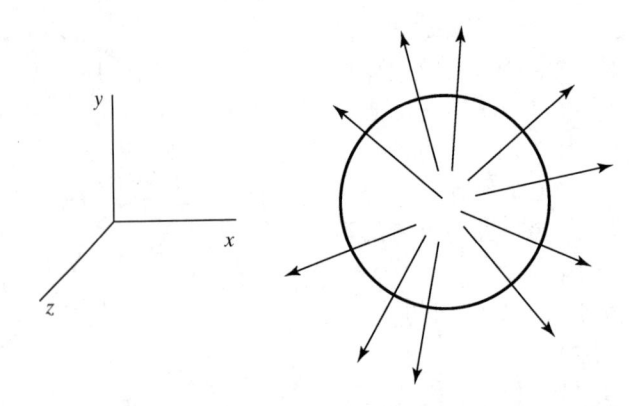

图 23.32 利用粒子系统模拟焰火，粒子迅速地由球内向外发射

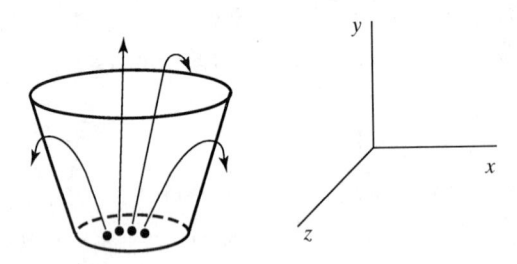

图 23.33 发射向上粒子，用卷柱体来模拟草丛。由于向下重力，粒子路径是抛物线

23.3 形状语法和其他过程方法

已经开发了很多其他的过程性方法来生成对象形态或曲面细节层次。**形状语法**(shape grammar) 是一组产生式规则，可以应用到初始对象，从而增加与原始形状相协调的细节层次。使用变换可以改变对象的几何结构(形状)，使用变换规则可以增加表面颜色或表面纹理细节。

给定一组产生式规则，形状设计者可以在给定初始对象到最终对象结构的每一次变换中应用不同的规则。图 23.34 表示了变换三角形形状的四条几何替代规则。这些规则的几何变换可以由系统根据算法写出，而这些输入图形则由产生式规则编辑器画出。即每个规则可以通过显示初始和最终形状而被图形化地描述，然后使用数学方法或其他具有绘图功能的编程语言来建立实现过程。

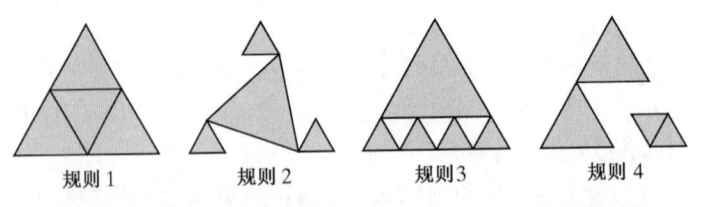

图 23.34 细分和变换等边三角形形状的四条几何替换规则

图 23.34 中的几何替换规则的另一个应用由图 23.35 给出，其中图 23.35(d)通过对图 23.35(a)中的初始三角形使用后面的四条规则而获得。

三维形状和表面特性使用类似的算法进行变换，图 23.36 给出了应用于多面体的几何替代规则。图 23.37 中显示对象的初始形状是一个 20 面体，即有 20 个侧面的多面体。几何替换应用于 20 面体的侧平面上，生成的多边形顶点投影到一封闭球面的表面上。

(a) (b) (c) (d)

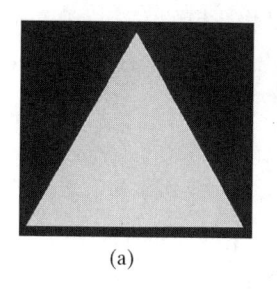

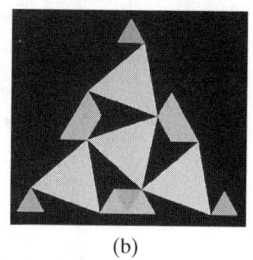

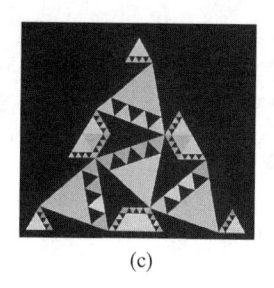

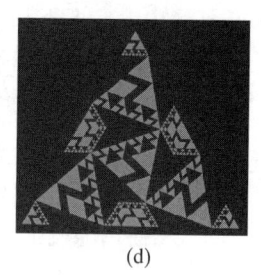

图 23.35　等边三角形(a)用图 23.34 中的替换规则 1 和 2 变到形状(b)。然后使用规则 3 将(b)变到(c)，再用规则 4 变到(d)（Xerox PARC 的 Andrew Glassner 提供）

图 23.36　由变换菱形形状的几何替换规则生成的一个设计。该设计的初始形状是 Rubik's Snake 的表示结果（Xerox PARC的Andrew Glassner提供）

图 23.37　在球表面上生成的设计，使用了用于20面体中侧平面上的三角形替换规则，然后投影到球表面（Xerox PARC 的 Andrew Glassner 提供）

利用产生式规则来描述对象形状的另一个例子是 L 语法或嫁接（L-grammar or graftals）。这些规则提供了显示植物的一种方法。例如，树的拓扑结构可以描述成一个树干，其上附有枝和叶。然后，给出独立分支上枝和叶的特殊连接规则来模拟树。该过程将对象结构放置在特殊坐标位置而给出几何描述。

彩图 42 表示了由商用植物生成器软件包构造的含有各种树和植物的场景，构造植物的软件程序基于植物学法则。

23.4　小结

分形几何表示为描述自然景象提供了高效率的方法。可使用这些方法建立地面、树、灌木、水和云的模型，以及生成奇异的图案。分形对象使用一个构造过程和一个分形维数来描述。分形构造过程包括几何构造、中点-移位方法、复数空间自平方操作及逆变换。使用变换规则的其他构造对象表示的过程方法有形状语法和嫁接。

表现为流体性质的对象如云、烟、火、水和爆炸或内聚，可以用粒子系统建模。使用这一表示框架，可用一组粒子和主导粒子运动的规则描述对象。

参考文献

分形表示的更详细信息参见 Mandelbrot（1977，1982）、Fournier, Fussel, and Carpenter（1982）、Norton（1982）、Peitgen and Richter（1986）、Peitgen and Saupe（1988）、Hart, Sandin, and

Kauffman(1989)、Koh and Hearn(1992)和 Barnsley(1993)。为各种自然景物建模的方法在 Fournier and Reeves(1986)和 Fowler, Meinhardt, and Prusinkiewicz(1992)中给出。形状语法在 Glassner(1992)中讨论，粒子系统在 Reeves(1983)中讨论。

练习题

23.1 使用随机中点位移方法，写出起始于 xy 平面的水平线上生成山的轮廓的子程序。

23.2 为地面给定一组拐角高度，使用随机中点位移方法，写出计算地面高度的子程序。

23.3 编写一个完整的程序，用来显示由上一练习题中的子程序生成的地面。请建立一个点光源，并选择合适的绘制参数，最终将子程序生成的一组三角形面片显示成较真实的效果。

23.4 对于任意指定的迭代次数，写出生成分形雪花(Koch 曲线)的程序。

23.5 修改上一练习题中的程序，允许用户通过显示窗口界面上的滑块来设置迭代次数，从而获得不同的雪花曲线。并且要求曲线的显示随着滑块的移动而即时(同步)改变。

23.6 对于任意指定的迭代次数，用图 23.7 或图 23.8 中的一个生成元，写出生成分形曲线的程序。该曲线的分形维数是多少？

23.7 修改上一练习题中的程序，允许用户通过显示窗口界面上的滑块来设置迭代次数，从而获得不同的分形曲线(选定一个生成元)。并且要求曲线的显示随着滑块的移动而即时(同步)改变。

23.8 利用自平方函数 $f(z) = z^2 + \lambda$，其中 λ 是作为输入来指定的复常量，写出生成分形曲线的子程序。

23.9 利用自平方函数 $f(z) = i(z^2 + 1)$，其中 $i = \sqrt{-1}$，写出生成分形曲线的子程序。

23.10 修改 23.1 节的示例程序，使用附加的颜色层次显示沿 Mandelbrot 集的边界区域。

23.11 修改上一练习题中的程序，使颜色和颜色层次数作为输入值给出。

23.12 修改上一练习题中的程序，沿 Mandelbrot 集选择和显示矩形边界区域。

23.13 为一个指定的圆和一组点位置编写一个实现点的逆变换公式(23.14)的子程序。

23.14 设计一组几何替换规则来改变等边三角形的形状。

23.15 为上一练习题编写一个显示三角形转换过程的程序。

23.16 利用粒子系统，写出在 xy 平面上对一个爆炸的球建模和显示的程序。

23.17 修改上一练习题中的程序，使一个爆竹(圆柱形)爆炸。

附加综合题

23.1 使用本章的概念，将分形设计通过某种适合的方式引入你的应用中，例如，如果你的应用中包含自然地面，则可以采用中点-移位的方法来为此建模以获得更加真实的效果。作为另一种选择，你也可以开发二维分形模式，然后用作纹理图案，把它们映射到应用中某些对象的表面上，从而生成更加复杂精致的纹理效果。

23.2 选择并实现本章介绍的一种二维分形方法，将其作为可编程着色器，用它来渲染你的场景中的一个或多个对象。在前一章中的示例着色器程序基础上进行修改，最终生成一个可以展示本章讨论的自相似分形效果的着色器。

第 24 章　数据集可视化

将计算机图形学方法作为工具应用于科学和工程分析通常称为**科学计算可视化**（scientific visualization）。这包括数据集的可视化及不使用图形学方法是难以或不可能分析的应用。例如，可视化技术用来处理大容量数据输出，如超级计算机、卫星和宇宙飞船扫描器、无线电射电望远镜、医用扫描器。计算机模拟的数字化结果及观察设备通常生成数以百万计的数据点，因此简单地扫描原始数据很难确定其趋向和关系。类似地，可视化技术也可以用于长时间的过程分析，或不能直接观察的现象，如对象接近光速运行时的量子力学现象和狭义相对效果。科学计算可视化利用计算机图形学、图像处理、计算机视觉和其他领域的方法进行可视化显示、增强效果和操纵信息，有助于人们更好地理解数据。用于商业、工业和其他非科学领域中的类似方法有时则称为**商用可视化**（business visualization）。

数据集按其空间分布及其数据的类型进行分类。二维数据集有分布在曲面上的值，三维数据集有分布在立方体、球体或其他空间区域内部的值。数据类型包括标量、向量、张量和多变量数据。

24.1　标量场的可视化表示

一个标量只有一个值。标量数据集包括了以时间分布同时也以空间位置分布的值。数据值也许是其他标量参数的函数。能量、密度、质量、温度、压力、电荷、电阻、反射率、频率和含水量等都是标量的一些实际例子。

可视化一个标量数据集的一般方法是，把数据值分布看成诸如以位置和时间为参数的函数而形成的图形或图表。如果数据分布在曲面上，可以在表面上绘制一柱形来标识数据值，或插入数据值以显示一平滑曲面。**伪彩色方法**（pseudo color methods）也用在标量数据集中以区分不同的值。颜色编码技术可以与图形和图表方式合并使用。对于颜色编码标量集，选择颜色值域并把数据值域映射到颜色值域。例如，蓝色对应到最小的标量值，红色对应到最大值。对数据集进行颜色编码可能是复杂的，因为某些颜色组合会导致数据的曲解。

等值线图（contour plot）用来对分布在表面的数据集显示等值线（表示常数标量值的直线）。等值线以某一合适的距离间隔来表示空间上数据值的范围和变化情况。地平面上高度的等值线图是一个典型应用。通常，等值线方法应用于分布在规则网格上的数据值集，如图 24.1 所示。规则网格有相等间距的网格线，在网格交点处可以获知数据值。计算机模拟的数值结果通常用来生成规则网格上的数据分布，而观察的数据集通常是不规则间距的。等值线方法是为各种非规则网格而设计的。但通常非规则的数据分布将被转换到规则网格上。二维等值线算法在网格内一个单元一个单元地描绘等值线，需要检查网格单元的四个角以确定特殊等值线穿过哪一个单元边。等值线通常在每个单元中以直线段进行绘制，如图 24.2 所示。某些等值线使用样条曲线进行绘制，但样条拟合会导致数据集的不一致性和曲解。例如，两根样条等值线可能重叠，或者等值线路径也许不是数据趋向的真正指示者，因为数据值只在单元角上是已知的。等值线软件包允许研究者交互调整等值线以修正其不一致性。

对于三维标量数据场，可以取一重叠部分的小面片，并在此面片上显示二维数据分布。或者对小面片上的数据值进行颜色编码，或者显示等值线。可视化软件包一般提供一个面片子程序，从而允许以任意角度取得剖面部分。彩图 43 给出了由商用切片软件包生成的图示。

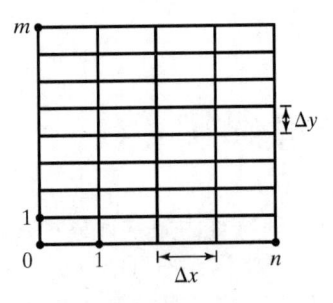

图 24.1　规则二维网格在网格线交点处有数据值。x方向的网格线有常量Δx间距，y方向的网格线有常量Δy间距，这里x和y方向的间距也许不一样

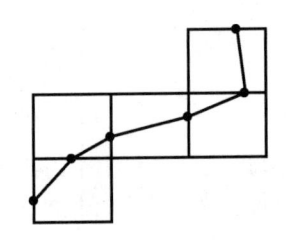

图 24.2　等值线路径通过了5个网格单元

除了观察二维剖面部分，还可以绘制一个或更多的等值面(isosurface)，即三维等值面。当显示两个重叠等值面时，使外部的面半透明以观察两个等值面形状。构造等值面类似于绘制等值线，只是现在使用三维网格单元，需要检查一个单元的八个角以确定等值面部分。图 24.3 给出了与网格单元的等值面相交的部分。等值面使用三角形网格进行模拟，然后利用表面绘制算法以显示最后的形状。

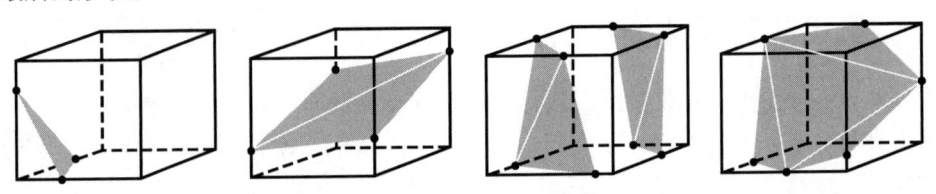

图 24.3　网格单元中的等值面重叠，以三角形面片模拟

体绘制(volume rendering)的结果有点类似 X 光片，这是另一种可视化三维数据集的方法。有关数据集的内部信息利用15.3 节引入的光线投射方法而投影到显示屏上。沿着来自每个屏幕像素的射线路径(参见图 24.4)，检测并编码内部数据值。通常网格位置上的数据值取平均，因此每个数据空间体元只需存储一个值。数据显示时如何编码则依赖于应用。例如，在检测地震数据时，通常寻找沿每一射线的最大值与最小值。然后，对这些值进行颜色编码以给出有关区间的宽度和最小值。在医学应用中，数据值是组织和骨骼层的从 0 到 1 的阻光度因子。骨骼层完全阻光，而组织是有点透明的(低阻光度)。沿着每一条射线，累计阻光度因子直到其总体值大于1或等于1为止，或直到射线在三维数据网格后消失。累计的阻光度值作为像素密度层显示成黑白的或彩色的。

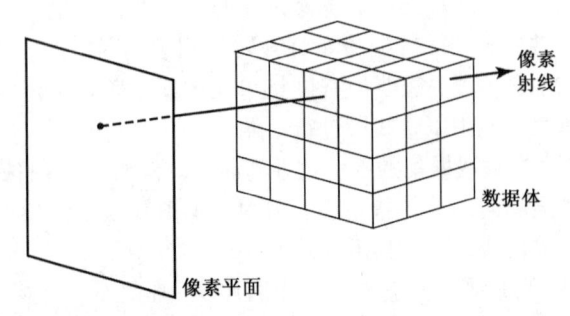

图 24.4　一个规则的笛卡儿数据网格的体可视化，使用了光线投射方法测量内部数据值

24.2 向量场的可视化表示

三维空间中的向量 **V** 有三个标量值 (V_x, V_y, V_z)，每一标量对应于一个坐标方向。二维向量有两个分量 (V_x, V_y)。描述向量的一种方法是给定其模 |**V**| 和其方向上的单位向量 **u**。类似于标量，向量也可以是位置、时间和其他参数的函数。向量的实际例子有：速度、加速度、力、电流和电场、磁场和重力场等。

向量场的一种可视化方法是把每个数据点绘成一小箭头，箭头表明了向量的模和方向。该方法最常用于剖面片，如彩图 44 所示，因为在箭头重叠的三维区域中是很难发现数据趋势的。变化箭头长度可以表示向量模值，也可以让所有箭头具有相同的大小，但一般根据向量模值选择的颜色编码来使箭头具有不同的颜色。

我们也可以通过绘制场线（field line）或流线（stream line）来表示向量值。场线通常用于电、磁和重力场。向量模值由两场线的间隔指定，方向与场线相切，如图 24.5 所示。流线以宽箭头表示，特别是旋涡、旋风效果可以这样表示。有关液体流动的动画，沿流动方向跟踪粒子可以使向量场可视化。

有时，只显示向量的模。当多个量在一个位置上可视化，或者当方向在某空间区域内变化不大，或向量方向不重要时，可以采用此方法。

24.3 张量场的可视化表示

三维空间的张量有 9 个分量，可以使用 3 × 3 矩阵表示。实际上，这种表示用于二阶张量（second order tensor），而高阶张量也会出现在某些应用中，特别是在广义相对论中。实际的二阶张量的例子有：材料受到外来的压力和拉力，电子传导器的传导率（电阻），给出特殊坐标空间性质的张量。例如，笛卡儿坐标中的应力张量可以表示为

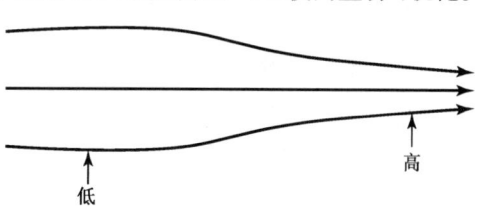

图 24.5 向量数据集的场线表示

$$\begin{bmatrix} \sigma_x & \sigma_{xy} & \sigma_{xz} \\ \sigma_{yx} & \sigma_y & \sigma_{yz} \\ \sigma_{zx} & \sigma_{zy} & \sigma_z \end{bmatrix} \tag{24.1}$$

通常在各向异性的物质中出现张量，即在不同方向有不同的性质。例如，传导率的 x、xy 和 xz 元素描述了 x、y、z 方向到 x 方向电流的电场分量的属性。通常，实际张量是对称的，因此张量只有 6 个不同值。例如，应力张量的 xy 和 yx 分量是相同的。

表示二阶张量 6 个分量的可视化方法基于有 6 个参数的设计形状。彩图 45 给出了张量的图形化表示。张量的三个对角元素用来构造向量的模和方向，非对角元素用来建立椭圆盘的形状和颜色。

我们可以将张量变回到向量或标量从而不必显示 6 个分量。运用向量表示，可以简单地将张量的对角元素改为向量表示。利用张量缩减（tensor contraction）算法，可以得到一个标量表示。例如，应力和应变张量可以缩减以生成标量的张量能量密度，此密度可以根据受到外力作用的物质点进行绘制。

24.4 多变量数据场的可视化表示

某些应用中，在一些空间区域的每个网格点位置上可以有多个数据值，它们可以是标量、向量甚至是张量值的混合表示。以液体流动问题为例，在每个三维位置，可以有液体速度、温度和密度值。这样，在每个位置可以显示 5 个标量值，这种情况类似于显示一张量场。

显示多变量数据场的方法是构造有多个部分的图形对象，有时称其为**点符**（glyph）。点符的

每一部分表示一个实际量。每部分的大小和颜色可以用来显示有关标量的信息。对于向量场而言，为了给出方向信息，可以使用楔形、锥形或其他形状来表示向量。在选定的网格位置运用点符结构的多变量数据场的可视化例子如彩图46所示。

24.5 小结

可视化技术使用计算机图形学方法分析数据集，包括标量、向量和各种混合的张量值。数据表示可用颜色编码或各种对象形状的显示来实现。

参考文献

可视化方法的一般介绍由 Hearn and Baker(1991) 给出。特定可视化方法的其他信息可以参见 Sabin(1985)、Lorensen and Cline(1987)、Drebin, Carpenter, and Hanrahan(1988)、Sabella(1988)、Upson and Keeler(1988)、Frenkel(1989)、Nielson, Shriver, and Rosenblum(1990) 和 Nielson(1993)。信息的可视化显示准则由 Tufte(1990, 1997, 2001) 给出。

练习题

24.1 使用伪颜色方法写出可视化一个二维标量数据集的子程序。

24.2 使用等值线方法，写出可视化二维标量数据集的子程序。

24.3 使用向量值的箭头表示，写出可视化二维向量数据集的子程序。使每个箭头具有相同长度，但使用不同颜色显示箭头以表示不同的向量模。

24.4 使用等值面方法，写出可视化三维标量数据集的子程序。

24.5 使用体绘制方法，写出可视化三维标量数据集的子程序，要求可以在沿着一条指定光线路径上相交的体元数据中选择最大值、最小值、平均值中的一个进行显示。

24.6 使用向量值的箭头表示，写出可视化三维向量数据集的子程序，并且所需显示的二维剖面位置由用户指定。使用不同颜色显示箭头以表示不同的向量模。

24.7 在因特网上搜索一个你所感兴趣的中等规模的二维标量数据集。用前面练习题中开发的子程序，分别使用伪颜色方法和等值线方法可视化该数据集。比较两种可视化结果，并分析这两种方法用于所选择的数据集时，分别具有怎样的优缺点。

24.8 在因特网上搜索一个你所感兴趣的中等规模的三维标量数据集。用前面练习题中开发的子程序，分别使用等值面方法和体绘制方法可视化该数据集。比较两种可视化结果，并分析这两种方法用于所选择的数据集时，分别具有怎样的优缺点。也请注意实验和比较在体绘制中遇到多个体元和一条光线相交时不同的处理办法（平均值、最大/最小值）带来的不同效果。

24.9 在因特网上搜索一个你所感兴趣的中等规模的二维向量数据集。用前面练习题中开发的子程序，使用箭头表示的方法可视化该数据集。请分别使用不同颜色和不同尺寸这两种方法来表示不同的向量模，观察并分析两者的区别。

附加综合题

24.1 找出一个你所感兴趣的大规模二维或三维标量数据集。至少使用两种不同的方法对其进行可视化，并编写一个程序，允许在不同方法之间进行切换。此外，最好能够为程序添加一些输入功能，便于用户通过交互而让数据更易于理解。

24.2 找出一个你所感兴趣的大规模二维或三维向量数据集，按上一练习题的要求再完成一个程序。

索　引

A

Absolute coordinate　绝对坐标 4.1.2
Absolute value　绝对值 A.6.3
A-buffer method　A 缓存方法 16.4, 17.4
Accelerating anode　加速阳极 2.1.1
Accelerating voltage　加速电压 2.1.1
Accommodating multiple skill levels　适应多种熟练程度 20.8.3
Accumulation buffer　累积缓存 5.3.5, 16.4
Acoustic(sonic)tablet　声学(声音)数据板 2.4.6
Acoustical touch panels　声学数据板 2.4.6
Active edge list　活化边表 6.10
Active-matrix LCD　激活矩阵 LCD 2.1.5
Adaptive sampling　适应性取样 21.1.8
Adaptive spatial subdivision　自适应空间细分 15.5, 21.1.6
Adobe Photoshop format　Adobe Photoshop 格式 B.4.6
Advertising applications　广告 1.2, 1.6
Affine transformations　仿射变换 9.7
AGL(Apple GL)　Apple GL 接口 3.5.2
Algorithm classification　算法分类 16.1
Algorithm comparisons　算法比较 16.11
Algorithmic modeling　基于算法的建模
　described　基于算法的建模方法描述 23
　fractal-geometry methods　分形几何方法 23.1
　grammar-based modeling methods　基于语法的建模方法 23.3
　particle systems　粒子系统 23.2
Algorithms(see specific types)　算法(见指定类型)
Aliasing　走样 5.13, 6.15
Alignment, text　对齐, 文字 5.11
All-or-none character-clipping　全部保留或全部舍弃字符裁剪 8.10
All-or-none string-clipping　全部保留或全部舍弃字符串裁剪 8.10
Alpha coefficient　α 系数 5.3.1
Alpha value　α 值 3.5.5
Ambient light　环境光 17.2
Ambient-reflection coefficient　环境光反射系数 17.3.2
American National Standards Institute(ANSI)　美国国家标准化组织(ANSI)3.3, 20.1, B.4
Angle　角度
　convex　凸多边形 4.7.4
　direction　方向角 A.2.2

　eccentric　离心角 6.5.1
　field-of-view　视场角 10.8.6
　of incidence　入射角 17.1.5
　interior, polygon　内角, 多边形 4.7.2
　phase　相位角 12.7.1
　of refraction　折射角 17.4.2, 21.1.1
　rotation　旋转角 7.1.2
　specular-reflection　镜面反射角 17.3.3
Angular intensity attenuation　角强度衰减 17.1.5
Animation　动画
　accelerations　加速度 12.6.2
　action specifications　动作描述 12.3
　anticipation　运动预期 12.3
　applications　应用 1.1, 1.2, 1.4, 1.6, 1.7
　articulated figures　关节链形体 12.8.1
　cells　胶片 12.6
　characters　角色 12.8
　color-table transformations　颜色表变换 12.1.2
　defined　动画定义 12.1
　degrees of freedom　自由度 12.5
　described　动画描述 12.1
　designing　动画序列设计 12.2
　direct motion specification　直接运动描述 12.7.1
　double buffering　双缓存 12.1.1
　dynamics　动力学 12.7.3
　Euler's equations　Euler 公式 12.7.3
　follow through actions　完结动作 12.3
　frame-by-frame　逐帧动画 12.1
　frame-key systems　关键帧系统 12.6
　frame rates　动画帧率 12.1.1
　functions　动画函数 12.4
　goal-directed　目标导向 12.7.2
　inverse dynamics　反向动力学 12.7.3
　inverse kinematics　反向运动学 12.7.3, 12.8.1
　irregular frame rates　不规则动画帧率 12.1.1
　key frame　关键帧 12.2
　key frame system　关键帧系统 12.5, 12.6
　kinematics　运动学 12.6, 12.7, 12.8.1
　Kochanek-Bartels splines　Kochanek-Bartels 样条 14.7.2
　Languages　动画语言 12.5
　Maxwell's equations　Maxwell 公式 12.7.3
　morphing　变形 1.6, 12.6.1
　motion specifications　运动描述 12.7

Navier-Stokes equations　Navier-Stokes 公式 12.7.3
Newton's laws of motion　运动的牛顿定律 12.7.3
object definition　对象定义 12.2
panning effects　移镜效果 10.3.4
parameterized system　参数系统 12.5
periodic motions　周期性运动 12.9
physically based　基于物理的动画 12.6, 12.7.3
procedures　动画子程序 12.10
raster methods　光栅方法 12.1
real-time　实时动画 12.1
rigid-body degrees of freedom　刚体自由度 12.5
rotational　旋转运动 12.9
round-off errors　取整误差 12.9
sampling rates　取样率 12.9
scene description　场景描述 12.5
scripting system　剧本系统 12.5
special effects　特技效果 1.7
squash and stretch　挤压和拉伸 12.3
staging　分级 12.3
storyboard　情节板 12.2
timing　定时 12.3
traditional techniques　传统技术 12.3
undersampled periodic-motion　低取样周期运动 12.9
ANSI(American National Standards Institute)　ANSI(美国国家标准化组织)3.3, 20.1, B.4
Antialiasing(see also Sampling)　反走样(又见取样)
　area boundaries　区域边界的反走样 6.15
　area sampling　区域取样 6.15
　described　反走样描述 5.13
　filtering techniques　过滤技术 6.15
　functions　反走样函数 5.13
　Gaussian filter function　高斯过滤函数 6.15.4
　line-intensity differences　直线亮度差 6.15.6
　line segments　线段 6.15
　Nyquist sampling frequency　Nyquist 取样频率 6.15
　Nyquist sampling interval　Nyquist 取样间隔 6.15
　Pitteway-Watkinson method　Pitteway-Watkinson 算法 6.15.7
　pixel phasing　像素移相 6.15.5
　postfiltering　后滤波 6.15
　prefiltering　前滤波 6.15
　ray tracing　光线跟踪 21.1.1
　supersampling　过取样 6.15
　texture maps　纹理图 18.2
　weighted masks　子像素加权掩模 6.15.2
　weighted surface　加权曲面 6.15.2
Antialiasing functions　反走样函数 5.13
API(application programming interface)　API(应用编程接口) 3.1
Appearance parameters　外观参数 22.1.1

Apple GL(AGL)　Apple GL 接口 3.5.2
Application icons　应用图符 20.8.2
Applications(see Graphics applications)　应用(又见图形学应用)
Approximations　逼近
　curves　逼近曲线 6.6
　halftone　半色调 17.9
　piecewise　分段 14.2
　rectangle　矩形 A.14.3
　splines　样条 14.1
Approximation splines　逼近样条 14.1
Approximation-splines functions　逼近样条函数 14.16
Architectural applications　建筑应用 1.2
Architecture Review Board(ARB)　结构评议委员会(ARB)3.3, 附录 B
Area clipping　区域裁剪 8.8
Area filling(see also Fill-area algorithms)　区域填充 6.10(又见区域填充算法)
Area sampling　区域取样 6.15, 21.1.8
Area-subdivision method　区域细分方法 16.8
Arithmetic encoding　算术编码 B.3.5
Art applications　艺术应用 1.6
Articulated animation figures　关节链动画形体 12.8.1
Artificial reality(see Virtual-reality)　人造现实(又见虚拟现实)
Aspect ratio　长宽比 2.1.2
Atmospheric effects, lighting　雾气效果,光照模型 17.5, 17.11.9
Attenuation functions　衰减函数
　angular intensity　角强度衰减 17.1.5
　radial intensity　辐射强度衰减 17.1.3, 17.11.4
Attribute functions, summary　属性函数,小结 表 5.2
Attribute groups　属性组 5.15
Attribute implementations 属性实现
　line caps　线帽 6.9.1
　line style　线型 6.9.2
　line width　线宽 6.9.1
　pen and brush options　画笔或画刷的选项 6.9.3, 6.9.4
　pixel mask　像素掩模 6.9.2, 6.9.3
Attribute parameters　属性参数
　antialiasing　反走样 5.13
　character　字符属性参数 5.11
　color　颜色 5.2
　color functions　颜色函数 5.3
　curved lines　曲线 5.8
　described　属性参数描述 3.2.5
　fill-areas　填充区 5.9
　grayscale　灰度 5.2.3
　line　线属性 5.6

索引

marker symbols 标记符号 5.11
points 点属性 5.4
polygons 多边形属性组 5.15
query functions 查询函数 5.14
state variables 状态变量 5.1
straight-line segments 直线段 6.9
text-precision 文本精度 5.11
Attribute stack 属性栈 5.14
Attribute tables 属性数据表 4.7.6
Automatic art 自动美术 1.6
Auxiliary buffer 辅助缓存 4.11.2
Axis 坐标轴
   reflection 反射 7.5.1, 9.5.1
   rotation 旋转 7.1.2, 9.2
   shear 错切 7.5.2
Axis vector, rotation 轴向量, 旋转 9.2.2, 9.2.3, 9.6
Axis vectors, basis 轴向量, 基 A.4
Axonometric projections 轴测投影 10.6.1

B

Back buffer 后缓存 4.11.2, 12.10
Back face 后向面 4.7.8
Back-face detection 后向面判别 16.2
Background light 背景环境光 17.2
Backlighting 背景光 2.1.5
Back plane 后平面 10.7.1, 10.12
Backup 回退 20.8.6
Bar charts 直方图 1.1
Barn doors, light sources 挡光板, 光源 17.1.6
Baseline character 基线字符 5.11
Baseline sequential mode JPEG 基线顺序模式, JPEG 格式 B.4.1
Base vectors 基向量 A.4
Basic functions 基函数 14.4 (又见调和函数)
Basic illumination models (see also Illumination models) 基本光照模型 (又见光照模型)
   ambient light 环境光 17.2
   ambient-reflection coefficient 环境反射系数 17.3.1
   angle of incidence 入射角 17.3.2
   color considerations 颜色考虑 17.3.8
   color representations 颜色表示 17.3.9
   combined diffuse-specular reflections 漫反射和镜面反射的合并 17.3.4
   described 基本光照模型描述 17.3
   diffuse reflection 漫反射 17.2, 17.3.1, 17.3.2, 17.3.4, 17.3.5
   diffuse-reflection coefficient 漫反射系数 17.3.2
   diffuse reflectivity 漫反射率 17.3.2
      Fresnel's Laws of Reflection Fresnel 反射定律 17.3.3
   halfway vector 半角向量 17.3.3
   ideal diffuse reflectors 理想漫反射体 17.3.2
   intensity attenuation 强度衰减 17.3.7
   Lambertian reflectors 朗伯反射体 17.3.2
   Lambert's cosine law 朗伯余弦定律 17.3.2
   luminance 亮度 5.2.4, 17.3.10, 19.1.2
   multiple light sources 多光源 17.3.5
   perfect reflector 理想反射体 17.3.3
   Phong model Phong 模型 17.3.3
   Phong specular-reflection Phong 镜面反射 17.3.3
   RGB color RGB 颜色 17.3.8
   specular reflection 镜面反射 17.2, 17.3.3
   specular-reflection angle 镜面反射角 17.3.3
   specular-reflection coefficient 镜面反射系数 17.3.3
   specular-reflection exponent 镜面反射参数 17.3.3
   specular-reflection vector 镜面反射向量 17.3.3
   spotlight effects 高光效果 17.3.7
   surface emissions 曲面光发射 17.3.6
Basic library 基本库 3.5.1
Basic syntax 基本语法 3.5.1
Basic two-dimensional geometric transformations 基本二维几何变换
   rotation 旋转 7.1.2
   scaling 缩放 7.1.3
   shift vector 位移向量 7.1.1
   translation 平移 7.1.1
   translation distances 平移距离 7.1.1
   translation vector 平移向量 7.1.1
Basis 基 A.4, A.4.1
Basis functions 基函数 14.4
Basis matrix, spline 基本矩阵, 样条 14.4
Beam deflection 电子束偏转 2.1.1
Beam intensity 电子束强度 2.1.1
Beam-penetration (see also Cathode-ray tube) 电子束穿透法 2.1.4 (又见阴极射线管)
Bernstein polynomials Bernstein 基函数 14.8
Beta-splines Beta 样条 14.12
Bevel polyline joins 折线斜切连接 6.9.1
Bézier (人名)
   blending functions 混合函数 14.8
   B-spline conversions B 样条转换 14.14
   cubic curves 三次曲线 14.8.5
   curves 曲线 14.8.5
   design techniques 设计技术 14.8.4
   equations 方程 14.8.1
   example program 例子程序 14.8.2
   matrix 矩阵 14.8.5
   properties 特性 14.8.3
   splines Bézier 样条 4.5, 14.8
   surface functions 曲面函数 14.16.1, 14.16.2
   surfaces 曲面 14.9

Bézier Pierre(人名)14.8
Bias parameter, spline 偏离参数,样条 14.7.4, 14.8.5, 14.12.1
Big endian 大端方式 B.1
Binary space-partitioning tree(BSP)tree 二叉空间分割树 15.5, 16.7(又见 BSP 树)
Binding, language 绑定语言 3.3
Binomial coefficients 二项式系数 14.8.1
Binormal vector 副法线向量 22.4.3
Bisection root finding 二分求根算法 A.14.2
Bitblt transfer 块移动 4.11.3
Bitblt transfer(bit-block transfers) Bitblt 移动(块移动)7.6
Bitmap(see also Frame buffer) 位图 2.1.2, 4.11, B.4.9(又见帧缓存)
Bitmap font 位图字体 4.12
Bitmap function 位图函数 4.11.1
Blending 混合 3.5.5
Blending functions 调和函数
 Bézier Bézier 样条 14.8.1
 B-spline B 样条 14.10.1, 14.13
 cardinal spline cardinal 样条 14.7.3
 described 调和函数描述 14.4, 14.5
 Hermite spline Hermite 样条 14.7.2
Blobby objects 柔性对象 15.1
Block transfer 块移动 4.11.3, 7.6
BMP(Bitmap Format) 位图格式 B.4.9
Body 体
 character 字符体 5.11
 nonrigid 非刚体 15.6
 rigid 刚体 7.1.1, 7.1.2, 7.4.9
Bottomline character 底线字符 5.11
Boundary conditions 边界条件
 cardinal spline cardinal 样条 14.7.3
 Hermite spline Hermite 样条 14.7.2
 Kochanek-Bartels splines Kochanek-Bartels 样条 14.7.4
 natural cubic spline 自然三次样条 14.7.1
 parametric 参数连续性 14.2
 periodic B-spline 周期性 B 样条 14.10.2, 14.10.3
 periodic cubic B-spline 三次周期性 B 样条 14.10.3
 spline 样条 14.4
Boundary-fill algorithms 边界填充算法 6.12
Boundary representation(B-reps) 边界表示 13.1
Boundary-value problems 边界值问题 A.14.4
Bounding 包围
 box 包围盒 4.1
 rectangle 包围矩形 4.1
 volume 包围体 21.1.5

Box 盒
 bounding 包围盒 4.1
 button 按钮盒 2.4.1, 20.6.4
 covering methods 覆盖方法 23.1.3
 dial input 拨号盘输入 20.8.7
 dimension 维数 23.1.3
 filter 过滤 6.15.4
B-rep(boundary representation) B-rep(边界表示)13.1
Bresenham's algorithm Bresenham 算法 5.6.1, 6.1.3
Brightness, light 亮度,光 19.1.1
Brownian motion 布朗运动 23.1.6
Brush and pen attributes 画刷和画笔属性 5.6.3, 6.9.3, 6.9.4
B-spline curves B 样条
 Bézier conversions Bézier 样条转换 14.14
 blending functions 混合函数 14.10.1, 14.13
 Cox-deBoor recursion formulas Cox-deBoor 递归公式 14.10.1
 cubic 三次 B 样条 14.10.3
 degree parameter 阶次参数 14.10.1
 equations 方程 14.10.1
 knot 节点 14.10.1
 knot vector 节点向量 14.10.1
 local control 局部控制 14.10.1
 matrix B 样条矩阵 14.10.3
 nonuniform curves 非均匀 B 样条曲线 14.10.5
 nonuniform rational 非均匀有理 B 样条 14.13
 open 开放 B 样条 14.10.4
 open uniform curves 开放均匀曲线 14.10.4
 open uniform quadratic curves 开放均匀二次曲线 14.10.4
 periodic blending functions 周期性混合函数 14.10.2
 properties 周期性 B 样条 14.10.2
 rational 有理 B 样条 14.13
 surfaces B 样条曲面 14.11
 tension parameter B 样条张量参数 14.10.3
 uniform periodic curves 均匀周期性 B 样条 14.10.2
 uniform quadratic curves 均匀二次 B 样条 14.10.2
BSP-tree method BSP 树方法 15.5, 16.7
Buffer 缓存
 accumulation 累积缓存 16.4
 auxiliary 辅助缓存 4.11.2
 back 后缓存 4.11.2, 12.10
 color 颜色缓存 2.1.2, 4.11.2
 depth 深度缓存 4.11.2, 16.2, 22.2.1
 frame 帧缓存 2.1.2
 front 前缓存 4.11.2, 12.10
 left 左缓存 4.11.2
 refresh 刷新缓存 2.1.2, 4.11.2

索引

right 右缓存 4.11.2
stencil 模板缓存 4.11.2
z z模板缓存 16.2
Bump function 凹凸函数 18.3
Bump mapping 凹凸映射 18.3, 22.4.3
Business visualization（see also Data visualization） 商务可视化 1.4, 24.1（又见数据可视化）
Butt line caps 方线帽 6.9.1
Button boxes 按钮盒 2.4.1
Button-box function 按钮盒函数 20.6.5

C

Cabinet projections 斜二测投影 10.7.2
CAD（computer-aided design） CAD（计算机辅助设计）1.2
CADD（computer-aided drafting and design） CADD（计算机辅助绘图和设计）1.2
Callback function 回调函数 3.5.5, 20.3.3
Call by value-return, GLSL parameter 按值调用返回，GLSL 参数 22.3.8
Calligraphic displays 笔迹（向量）显示器 2.1.3
CAM（computer-aided manufacturing） CAM（计算机辅助制造）1.2
Camera 照相机
  circle of confusion 模糊圆 21.1.7
  depth of field 景深 21.1.7
  f-number f 数 21.1.7
  focusing effects 聚焦效果 21.1.7
  lens effects 镜头效果 21.1.9
  parameters 照相机参数 17.7
  thin-lens equation 薄透镜公式 21.1.7
Candle, light source 烛光 19.3.1
Capline character 帽线字符 5.11
Cardinal splines cardinal 样条 14.7.3
Cardioid 螺旋线 4 例子程序
Cartesian components/elements 笛卡儿分量/元素 A.2.2
Cartesian coordinate 笛卡儿坐标系 3.1, 13.4.1, 14.16.1, A.1
CAT（computed axial tomography） CAT（计算机轴向造影术）1.8
Cathode-rays 阴极射线 2.1
Cathode-ray tube（CRT）（see also Video display devices） 阴极射线管（又见视频监视器；光栅扫描显示器）
  beam-penetration 电子束穿透法 2.1.4
  cathode 阴极 2.1.1
  color 颜色 2.1.4
  components 元件 2.1.1
  composite monitors 合成式监视器 2.1.4
  delta-delta delta-delta 荫罩法 2.1.4

  design 设计 2.1.1
  full-color system 全彩色系统 2.1.4
  high-definition 高清晰度 2.1.1
  in-line shadow-mask 按线排列荫罩法 2.1.4
  persistence 余辉 2.1.1
  refresh CRT 刷新式 CRT 2.1.1
  refresh rate 刷新速率 2.1.1, 2.1.2
  resolution 分辨率 2.1.1
  RGB color model RGB 颜色模型 2.1.4, 5.3.1, 19.4
  RGB monitors RGB 监视器 2.1.4
  shadow-mask 荫罩法 2.1.4
  true-color system 真彩色系统 2.1.4
Catmull-Rom splines Catmull-Rom 样条 14.7.3
Cavalier projections 斜等测投影 10.7.2
Cell encoding 单元编码 2.2.2
Cell traversal 单元贯穿 21.1.6
Cels 胶片 12.6
Center of projection 投影中心 10.8
Centroid, polygon 质心，多边形 A.12.2
CG API（Computer-graphics application programming interface） CG API（计算机图形应用编程接口）3, 4
CGM（computer-graphics metafile format） CGM（计算机图形元文件）B.4.2
Character 字符
  animation 角色动画 12.8
  attributes 字符属性 5.11
  baseline 字符基线 5.11
  bitmap font 位图字体 4.12
  body 字符体 5.11
  bottomline 字符底线 5.11
  capline 字符帽线 5.11
  color 字符颜色 5.11
  font 字体 4.12
  front cache 字形高速缓存 4.12
  functions 字符函数 5.12
  height 字符高度 5.11
  kerned 字符核 5.11
  legible 字迹清楚 4.12
  marker symbol 标记符号 4.12
  monospace 单一宽度 4.12
  outline font 轮廓字体 4.12
  point size 磅大小 5.11
  polymarker 多点标记 4.12
  primitives 字符图元 4.12
  proportionally spaced 比例间隔 4.12, 5.11
  raster font 光栅字体 4.12
  readable 可读 4.12
  sans-serif 无衬线 4.12
  serif 有衬线 4.12

strings　字符串 8.3.3, 8.10
stroke font　笔划字体 4.12
text-precision　文本精度 5.11
topline　字符顶线 5.11
typeface　字体 4.12
up vector　字符向上向量 5.11
Character-attribute functions　字符属性函数 5.12
Character functions　字符函数 4.13
Characteristic polygon　特征多边形 14.1
Character primitives　字符图元 4.12
Charts　表 1.1
Choice input devices　选择输入设备 20.2, 20.2.5
Chromaticity　色度 19.3.2, 19.1.2
Chromaticity coordinates　色度坐标 19.3.2
Chromaticity diagram　色度图 19.3.2
CIE（Commission Internationale de l'Éclairage）　CIE（国际照明委员会）19.3
CIE chromaticity diagram　CIE 色度图 19.3.3
Circle, properties of　圆, 特性 6.4
Circle-generating algorithms　圆生成算法 6.4.2
Circle of confusion　模糊圆 21.1.7
Client attribute stack　客户属性栈 5.14
Client computer　客户计算机 2.6
Clipping　裁剪
　　curves　曲线的裁剪 8.9, 10.11.5
　　homogeneous coordinates　齐次坐标 10.11.1
Clipping algorithms　裁剪算法
　　curves　曲线裁剪算法 8.9
　　described　裁剪算法描述 8.5
　　line　线段裁剪 8.7
　　point　点裁剪算法 8.6
　　polygons　多边形裁剪算法 8.8
　　text　文字裁剪算法 8.10
　　three-dimensional　三维裁剪 10.11
Clipping planes　裁剪平面
　　arbitrary　任意裁剪平面 10.11.6
　　functions　裁剪函数 10.12
　　near and far　近和远裁剪平面 10.6.3, 10.12
　　three-dimensional　三维裁剪平面 10.2
Clipping window　裁剪窗口
　　defined　裁剪窗口定义 8.1
　　described　裁剪窗口描述 8.1
　　functions　裁剪窗口函数 8.4.2
　　nonlinear　非线性裁剪窗口 8.7.5
　　nonrectangular　非矩形裁剪窗口 8.7.4, 8.8.3
　　normalized square　规范化正方形 8.3.2
　　normalized viewpoint　规范化视口 8.3.1
　　oblique parallel projections　斜平行投影 10.7.4
　　panning effects　移镜效果 8.1
　　viewing coordinate　观察坐标裁剪窗口 8.2.1

view up vector　观察向上向量 8.2.1
world coordinate　世界坐标系 8.2.2
zooming effects　拉镜头效果 8.1
Clip space　裁剪空间 22.2.3
Closed polyline　封闭折线 4.4
Cloth modeling　布料建模 15.6
CMY color models　CMY 颜色模型 19.6
CMYK color models　CMYK 颜色模型 19.6
Codes, ray tracing　光线码, 光线跟踪 21.1.9
Coefficient 系数
　　alpha　α 系数 5.3.1
　　ambient-reflection　环境光反射系数 17.3.2
　　binomial　二项式系数 14.8.1
　　diffuse-reflection　漫反射系数 17.3.2
　　radial-intensity attenuation coefficients　辐射强度衰减系数 17.11.4
　　specular-reflection　镜面反射系数 17.3.3
　　transparency　透明度系数 17.4.3
Cohen-Sutherland, line clipping　Cohen-Sutherland 线段裁剪算法 8.7.1
Coherence properties　相关特征 6.10
Color (see also Light; Light sources) 颜色（又见光；光源）
　　alpha value　α 值 3.5.5
　　arrays　颜色数组 5.3.4
　　blending　颜色调和 3.5.5, 5.3.3, 6.14.2
　　chromaticity　色度 19.3
　　chromaticity coordinates　色度坐标 19.4
　　chromaticity values　色度值 19.3.2
　　complementary　互补色 19.2.1, 19.3.5
　　conversions　颜色转换 B.4.1
　　destination　目标颜色 5.3.3
　　functions　颜色函数 5.3
　　gamuts　颜色范围 19.2.1, 19.3.4
　　halftone　半色调 17.9.1
　　hue　色彩 19.1.2, 19.7.1, 19.8
　　intuitive concepts　直观颜色概念 19.2.2
　　lightness　亮度 19.8
　　luminance　亮度 5.2.4, 17.3.10, 19.5.1
　　primary　基色 19.2.1
　　pseudo-color　伪彩色 24.1
　　psychological characteristics of　颜色的心理学特征 19.1.2
　　pure　纯色 19.2.1
　　purity　纯度 19.1.2, 19.3.7
　　RGB color components　RGB 颜色分量 5.2.1
　　sampling　取样 B.4.1
　　saturation　饱和度 19.1.2, 19.7.1, 19.8
　　selection considerations　选择颜色的考虑 19.9
　　shades　明暗 19.2.1, 19.7.2

索引

    source 源颜色 5.3.3
    standard primaries 标准基色 19.2, 19.3
    text 文字颜色 5.11
    texture patterns 纹理图案 18.5.4
    tints 色泽 19.2.2, 19.7.2
    tone 色调 19.2.2, 19.7.2
    values 明度 19.7.1
Color-blended fill regions 颜色调和填充区 5.9.2
Color buffer (又见刷新缓存) 颜色缓存 2.1.2, 4.11.2, 5.3.5
Color CRT 彩色 CRT 2.1.4
Color display mode 颜色显示模型 5.3
Color functions 颜色函数 5.3
Color-index mode 颜色索引模式 5.3.2
Color lookup table 颜色查找表 5.2.2
Color map 颜色表 5.2.2
Color-matching functions 颜色匹配函数 19.2.1
Color models 颜色模型
    chromaticity 色度 19.1.2
    chromaticity coordinates 色度坐标 19.4
    chromaticity values 色度值 19.3.2
    CIE chromaticity diagram CIE 色度图 19.3.3
    CMY CMY 颜色模型 19.6.1
    CMYK CMYK 颜色模型 19.6.1
    CMY-RGB transformations CMY-RGB 颜色模型转换 19.6.2
    color-matching functions 颜色匹配函数 19.2.1
    HLS HLS 颜色模型 19.8
    HSV HSV 颜色模型 19.7
    HSV-RGB transformations HSV-RGB 颜色模型转换 19.7.3
    illumination 照明 17.3.8
    normalized XYZ values 规范化的 XYZ 值 19.3.2
    primaries 基色 19.2.1
    RGB RGB 颜色模型 2.1.4, 5.3, 19.4
    RGB-YIQ transformations RGB-YIQ 颜色模型转换 19.5.2
    standard CIE primaries 标准 CIE 基色 19.3
    tristimulus theory 三刺激理论 19.4
    XYZ model XYZ 颜色模型 19.3.1
    YC_rC_b system YC_rC_b 系统 19.5.3
    YIQ YIQ 颜色模型 19.5.1
    YUV system YUV 颜色模型 19.5.3
Color monitor (see also Video display devices) 彩色监视器 2.1.4 (又见视频监视器)
Color printers 彩色打印机 2.5
Color-reduction methods (see also Graphics file formats) 降色方法 (又见图形文件格式)
    median-cut 中值切割法 B.2.3
    popularity 基于出现频率的方法 B.2.2
    uniform 均匀降色法 B.2.1
Color representations 颜色表示 17.3.9
Color-table animation 光栅颜色表动画 12.1.2
Column-major order 列优先顺序 22.3.5
Column number 列号 4.1.1
Column vector matrix 列向量 A.5
Command icons 命令图符 20.8.2
Commercial art 商务艺术 1.6
Commission Internationale de l'Éclairage (CIE) 国际照明委员会 (CIE) 19.3
Communicating with OpenGL, shading language 与 OpenGL 通信,着色语言 22.3.9
Complementary color 互补色 19.2.1, 19.3.5
Complex numbers 复数
    absolute value 绝对值 A.6.3
    conjugate 共轭复数 A.6.3
    Euler formula 欧拉公式 A.6.5
    imaginary part 虚部 A.6
    modulus 模 A.6.3
    ordered-pair representation 有序对表示 A.7
    polar representation 极坐标表示 A.6.5
    pure imaginary 纯虚数 A.6
    real part 实部 A.6
    roots 根 A.6.5
    vector length 向量长度 A.6.3
Complex plane 复平面 A.6
Composite monitor 合成式监视器 2.1.4
Composite transformations 复合变换
    composition 复合 7.4
    computational efficiency 计算效率 7.4.8
    concatenation 合并 7.4
    fixed-point scaling 固定点缩放 7.4.5
    matrix 复合变换矩阵 7.4
    matrix concatenation properties 矩阵合并特性 7.4.7
    pivot-point rotation 绕旋转点的旋转 7.1.2, 7.4.4
    programming example 复合变换编程示例 7.4.11
    rigid-body transformation matrix 刚体变换矩阵 7.1.2, 7.4.9
    rotation matrix 旋转矩阵 7.4.10
    scaling directions 定向缩放 7.4.6
    three-dimensional 三维复合变换 9.4
    two-dimensional rotations 二维旋转 7.4.2
    two-dimensional scalings 二维缩放 7.4.3
    two-dimensional translations 二维平移 7.4.1
Composition 复合 7.4
Compression methods, image files (see File-compression techniques) 压缩算法,图像文件 (见文件压缩技术)
Computed axial tomography (CAT) 计算机轴向造影术 (CAT) 1.8

Computed X-ray tomography(CT) 计算机断层造影术(CT)1.8
Computer-aided design(CAD) 计算机辅助设计 1.2
Computer-aided drafting and design(CADD) 计算机辅助绘图和设计 1.2
Computer-aided manufacturing(CAM) 计算机辅助制造 1.2
Computer-aided surgery 计算机辅助手术 1.8
Computer art 计算机艺术 1.6
Computer-graphics application programming interface(CG API) 计算机图形应用编程接口(CG API) 3.4
Computer-graphics metafile format(CGM) CGM 格式 B.4.2
Concatenation 合并 7.4
Concave polygons 凹多边形
    clipping 凹多边形裁剪 8.7.4
    defined 凹多边形定义 4.7.2
    identifying 凹多边形识别 4.7.2
    splitting 凹多边形分割 4.7.3
Cone, filter 圆锥,过滤 6.15.4
Cone of vision 视觉圆锥体 10.8.4
Conic sections 圆锥曲线 6.6.1
Conjugate, complex numbers 共轭,复数 A.6.3
Consistency 一致性 20.8.4
Constant-intensity surface rendering 恒定强度曲面绘制 17.10.1
Constraints, interactive drawing 约束,交互式绘图 20.4.3
Constructive solid-geometry(CSG) methods 结构实体几何法(CSG)
    firing plane 射线平面 15.3
    octrees method 八叉树 15.4
    primitives 基本图元 15.3
    ray-casting methods 光线投射 15.3
Continuity conditions 连续性条件 14.2, 14.3
Continuity parameter 连续性参数 14.7.4
Continuous-tone images 连续色调图像 17.8.3(又见半色调)
Contour plots 等值线图 24.1
Contours 轮廓线 17.8.3
Contraction, tensor 缩减,张量 24.3
Control 控制
    graph 控制图 14.1
    grid(CRT) 控制栅极 2.1.1
    icons 图符 20.8.2
    operations 控制操作 3.2
    points 控制点 14.1
    polygon 控制多边形 14.1
    structures 控制结构 22.3.7
    terrain topography 地形图控制 23.1.8
Control center viewing screens 控制中心观察屏幕 2.3

Conversion between spline representations 样条表示的转换 14.14
Convex 凸多边形
    angle 凸多边形内角 4.7.4
    hull 凸壳 14.1, 14.8.3
    polygon 凸多边形 6.11
    splitting 凸多边形分割 4.7.4
Cook, Rob Rob Cook(人名)22.1.1
Cook's shade trees Cook 着色树 22.1.1
Coordinate-axis rotations 坐标轴旋转 9.2.1
Coordinate extents 坐标范围 4.1
Coordinate reference frames 坐标系
    absolute 绝对坐标系 4.1.2
    bounding box 包围盒 4.1
    bounding rectangle 包围矩形 4.1
    coordinate extents 坐标范围 4.1
    polar coordinates in xy plane xy 平面上的极坐标 A.1.3
    relative 相对坐标系 4.1.2
    screen 屏幕坐标系 4.1.1
    solid angle 立体角 A.1.7
    standard three-dimensional 标准三维坐标系 A.1.4
    standard two-dimensional 标准二维坐标系 A.1.2
    three-dimensional 三维坐标系 A.1.4, A.1.5, A.1.6
    two-dimensional 二维坐标系 A.1.1, A.1.2
    world-coordinate 世界坐标系 4.1
Coordinate representations 坐标表示 3.1
Coordinates 坐标
    absolute 绝对坐标 4.1.2
    axes 坐标轴 A.1.6
    Cartesian 笛卡儿坐标系 3.1, 13.4.1, 14.16.1, A.1.1 ~ A.1.6
    chromaticity 色度 19.4
    current position 当前位置 4.1.2
    curvilinear 曲线坐标系 A.1.6
    cylinder 柱面坐标系 A.1.6
    device 设备坐标系 3.1
    elliptical 椭圆坐标 7.8
    homogeneous 齐次坐标 4.3, 7.2.1, 10.11.1, 18.5.15
    left-handed 左手坐标系 3.1, A.1.5
    local 局部坐标 11.3.1
    local, frame mapping 局部坐标系,帧映射 18.6
    local, modeling 局部坐标系,建模 3.1
    master 主坐标系 3.1, 11.3.1
    modeling 建模坐标系 3.1, 11.3.1
    normalized 规范化设备坐标系 3.1, 8.1
    orthogonal 正交坐标系 A.1.6
    orthogonal projections 正投影 10.6.2
    parabolic 抛物线坐标 7.8

索引

perspective projections 透视投影坐标系 10.8.1, 10.8.8
polar 极坐标 6.4, 7.8, A.1.3, A.1.6
relative 相对坐标 4.1.2
right-handed 右手坐标系 3.1, A.1.4
screen 屏幕坐标系 3.1, 4.1.1, 6, 8, 1, A.1.1, A.1.5
solid angle 立体角 A.1.7
spherical 球面坐标系 7.8, 13.4.1, A.1.6
surface 曲面坐标 A.1.6
texture 纹理坐标 18.5.8
three-dimensional 三维坐标系 A.1.4
two-dimensional 二维坐标系 A.1.2
uvn uvn观察坐标系 10.3.3
viewing 观察坐标系 3.1
world 世界坐标系 3.1
Coordinate systems, three-dimensional 坐标系，三维 9.6
Coordinate systems, two-dimensional 坐标系，二维 7.8
Core library 核心库 3.5.1
Cox-deBoor recursion formulas Cox-deBoor 递归公式 14.10.1
Cramer's rule Cramer 定律 A.14.1
Cross-hatch fill 交叉影线填充 6.14.1
Cross product 叉积 A.2.5
CRT(see Cathode-ray tube) CRT(又见阴极射线管)
CSG(constructive solid-geometry) methods CSG 方法（又见结构实体几何法）15.3
CT(computed X-ray tomography) scan CT(计算机控制 X 射线断层造影术)扫描 1.8
Cubic curves 三次曲线 14.8.5
Cubic spline 三次样条
    Bézier Bézier 样条 14.8, 14.8.1, 14.8.2, 14.8.3, 14.8.4, 14.8.5
    B-spline B 样条 14.10.3
    natural 自然三次样条 14.7.1
Cubic-spline interpolation methods 三维样条插值方法
    bias 偏离参数 14.7.4
    cardinal splines cardinal 样条 14.7.3
    Catmull-Rom splines Catmull-Rom 样条 14.7.3
    continuity 连续性参数 14.7.7
    Hermite spline Hermite 样条 14.7.2
    Kochanek-Bartels splines Kochanek-Bartels 样条 14.7.4
    natural cubic splines 自然三次样条 14.7.1
    Overhauser splines Overhauser 样条 14.7.3
    tension parameter 张量参数 14.7.3, 14.7.4
Cueing, depth 提示，深度 10.1.3
Curl operator 旋度算子 A.10.6
Current menu 当前菜单 20.7.2

Current position 当前位置 4.1.2
Current raster position 当前光栅位置 4.11.1
Cursor-control keys 光标控制键 2.4.1
Curvature vector continuity 曲率向量连续 14.12.1
Curved surface 曲面
    Bézier Bézier 样条曲面 14.9
    B-spline B 样条曲面 14.11
    contour plots 等值线图 16.12.2
    described 曲面描述 13.3
    ellipsoid 椭球面 13.4.2
    explicit representation 显式表示 A.8
    implicit representation 隐式表示 A.8
    isosurfaces 等值面 24.1
    nonparametric representations 非参数表示 A.8
    parametric representations 参数表示 A.9
    quadric 二次曲面 13.4
    ray-casting method 光线投射方法 16.10
    representations 曲面表示 16.12.1
    spline(see also Spline surface) 样条 6.6.2（又见样条曲面）
    superquadrics 超二次曲面 13.5
    torus 环面 13.4.3
    trimming 修剪 14.6
Curved surfaces 曲面组
    rendering(see Surface rendering) 绘制（又见曲面绘制）
    sphere 球面 13.4.1
Curves(see also Cubic-spline interpolation methods) 曲线（又见三维样条插值方法）
    approximations 逼近曲线 6.6
    attributes 曲线属性 5.8, 6.9
    beta-splines beta 样条 14.12
    Bézier Bézier 样条 14.8.5, 14.9
    B-spline (see B-spline curves) B 样条（见 B 样条曲线）
    cardioid 心形线 第 4 章示例程序
    clipping 曲线的裁剪 8.9, 10.11.5
    conic sections 圆锥曲线 6.6.1
    cubic 三次曲线 14.8.5
    four-leaf 四叶曲线 第 4 章示例程序
    fractal 分形 21.1.3, 21.1.9
    functions 曲线函数 4.5, 4.8
    hyperbolic 双曲线 6.6.1
    Koch Koch 曲线 23.1.4
    limacon 蜗形线 第 4 章示例程序
    parabolic 抛物线 6.6.1
    parallel algorithms 并行曲线算法 6.7
    parametric representations 参数表达式 6.6, 14.2
    piecewise construction 分段构造 14.2
    polynomial 多项式 6.6.2

rational spline 有理样条 14.13
spatial fractal 空间分形 21.1.3
spiral 螺旋线 第4章示例程序
splines(see also Spline representations) 样条 6.6.2,
　14(又见样条曲线)
three-leaf 三叶曲线 第4章示例程序
uses for 曲线应用 6.6
Curvilinear coordinates 曲线坐标 A.1.6
Curvilinear-coordinate systems 曲线坐标系 A.1.6
Cutaway views 剖面视图 10.1.6
Cylinder coordinates 圆柱坐标 A.1.6
Cyrus-Beck line clipping Cyrus-Beck 线段裁剪算法
　8.7.4, 10.11.5

D

Damping constant 衰减常数 12.7.1
Data glove(see also Virtual-reality) 数据手套 2.4.5
　(又见虚拟现实)
Data plotting 数据绘图 1.1
Data tablet 数据板 2.4.6
Data visualization 数据可视化
　applications 数据可视化应用 1.4
　business 商务数据可视化 1.4, 24
　contour plots 等值线图 24.1
　described 可视化描述 24
　field lines 场线 24.1
　glyphs 点符 24.4
　isolines 等值线 24.1
　isosurfaces 等值面 24.1
　multivariate data fields 多变量数据场 24.4
　pseudo-color methods 伪彩色方法 24.1
　scalar fields 标量场 24.1
　scientific 科学计算可视化 24
　second-order tensor 二阶张量 24.3
　streamlines 流线 24.2
　tensor-contraction 张量缩减 24.3
　tensor fields 张量场 24.3
　vector fields 向量场 24.2
　volume rendering 体绘制 24.1
DDA(digital differential analyzer) DDA 画线算
　法 6.1.2
Deflection, electrostatic(see also Cathode-ray tube) 偏
　转, 电磁 2.1.1(又见阴极射线管)
Degenerate polygon 退化多边形 4.7.1
Degree parameter, B-spline 阶参数, B 样条 14.10.1
Degrees of freedom 自由度 12.5
Del 梯度 A.10.1
Del squared 梯度平方 A.10.4
Delta-delta shadow mask CRT delta-delta 荫罩法 CRT
　2.1.4
Density function, Gaussian 密度函数 15.1

Dependent variable 因变量 A.8
Depth buffer 深度缓存 4.11.2, 10.9, 22.2.1
Depth-buffer algorithm 深度缓存算法 16.3
Depth cueing 深度提示 10.1.3, 16.13.2
Depth frame buffer 深度帧缓存 2.1.2, 5.3.5
Depth of field 景深 21.1.7
Depth-sorting method 深度排序算法 16.6
Derivative operators 微分算子
　curl 旋度算子 A.10.6
　directional 方向算子 A.10.2
　divergence 散度算子 A.10.5
　gradient operator 梯度算子 A.10.3
　Laplace 拉普拉斯算子 A.10.4
　partial 偏导数算子 A.10
Design, oblique parallel projections 设计, 斜平行投
　影 10.7.1
Destination color 目标颜色 5.3.3
Device coordinates 设备坐标系 3.1
Dial input box 旋钮 20.8.7
Dials 旋钮 2.4.1
Dials function 拨号盘函数 20.6.6
Dictionary-based algorithm 基于字典的算法 B.3.2
Differential equations 微分方程 A.14.4
Differential scaling 差值缩放 7.1.3
Diffuse 漫射
　inter-reflections 交叉漫反射 21.4
　reflection 漫反射 17.2, 17.3.2, 17.3.4
　reflection coefficient 漫反射系数 17.3.2
Digital differential analyzer(DDA) 数字微分分析仪
　(DDA)6.1.2
Digitizer 数字化仪 2.4.6
Dimension 维数
　box 立方体维数 23.1.3
　Euclidean 欧氏维数 23.1, 23.1.3
　fractal 分形维数 21.1.1, 21.1.2, 21.1.3
　fractional 分维 23.1, 23.1.3
　topological 拓扑维数 23.1.3
Directed line segment 有向线段 A.2.2
Directional derivative 方向导数 A.10.2
Directional light source 方向光源 17.1.4
Direction angle 方向角 A.2.2
Direction cosine 方向余弦 A.2.2
Discrete cosine transformation 离散余弦变换 B.3.6,
　B.4.1
Displacement shaders 置换着色器 22.1.3
Display 显示
　callback function 显示回调函数 3.5.5
　controller 显示控制器 2.2.1
　coprocessor 显示协处理器 2.2.2
　devices(see Video display devices) 显示设备(又

见视频显示设备)
  file　显示文件 2.1.3
  list　显示表 2.1.3, 4.15
  processor　显示处理器 2.2.2
  program　显示程序 2.1.3
  window　显示窗口 1.9, 3.5.2, 8.1
Displaying curves and surfaces　显示曲线和曲面 14.15
Display window 显示窗口
  color　显示窗口颜色 8.4.5
  current　当前显示窗口 8.4.8
  deleting　删除显示窗口 8.4.7
  functions　显示窗口函数 8.4.4, 10.10.5
  graphics objects　图形对象 8.4.13
  identifier　显示窗口标识 8.4.6
  management　显示窗口管理 3.5.4
  managing multiple　管理多个显示窗口 8.4.10
  mode　显示窗口模式 8.4.5
  relocating　显示窗口重定位 8.4.10
  reshape function　重定形函数 4.16
  resizing　显示窗口大小的修改 8.4.9
  screen-cursor shape　屏幕光标形状 8.4.12
Distance, translation　距离, 平移 7.1.1
Distributed rays　分布式光线 21.1.9
Distributed ray tracing　分布式光线跟踪 21.1.9
Dithering 抖动技术
  defined　定义 17.9.2
  dot diffusion　点分散 17.9.2
  error diffusion　误差分散 17.9.2
  ghosting effect　幻影效果 17.9.2
  matrix　抖动矩阵 17.9.2
  noise　抖动噪声 17.9.2
  ordered dither　按序抖动 17.9.2
Divergence operators　散度算子 A.10.5
Divergence theorem　散度定理 A.11.3
Dominant frequency　主频率 19.1.1
Dominant wavelength　主波长 19.3.6
Dot diffusion　点分散 17.9.2
Dot-matrix printers　点阵打印机 2.5
Double buffering　双缓存 12.1.1
Double refraction　双重折射 17.4.2
Drafting, oblique parallel projections　绘图, 斜平行投影 10.7.1
Dragging　拖曳 20.4.2
Drawing methods　绘画方法 20.4.7
Dummy points　隐含控制点 14.7.1
Dynamics(see also Animation)　动力学 12.7.3(又见动画)

E

Eccentric angle　离心角 6.5.1

Echo feedback　回显反馈 20.3.2
Edge(polygon)　边(多边形)
  described　边描述 4.7
  flag　标志 5.10.3
  stitching　缝线 5.10.3
  vector　向量 5.11
Edge list　边表
  active　活化边表 6.10
  in polygon tables　多边形表 4.7.6
  sorted　有序边表 6.10
Education applications　教学应用 1.5
8-connected fill method　8-连通区域 6.13.1
Elastic material　弹性材料 15.6
Electrical touch panel　触摸板 2.4.8
Electromagnetic 电磁
  forces　电磁力 12.7.3
  radiation　电磁辐射 5.2.4, 19.1.1
  spectrum　电磁频谱 19.1.1
Electron gun(see also Cathode-ray tube)　电子枪(又见阴极射线管)2.1.1
Electrostatic 静电
  deflection　偏转 2.1.1
  focusing　聚焦 2.1.1
  printers　打印机 2.5
Electrothermal printers　热转印打印机 2.5
Elevations　立面 10.6
Ellipse, defined　椭圆, 定义 6.5
Ellipse-generating algorithm　椭圆生成算法 6.5
Ellipsoid　椭球面 13.4.2
Emissive display(emitter)　发射显示器(发射器)2.1.5
Energy　能量
  cloth modeling　布料建模 15.6
  distribution, light source　分布, 光源 19.1.1
  photon　光子 21.2
  radiant　辐射 21.2
Engineering　工程 1.1, 1.4
Entertainment applications　娱乐应用 1.7
Environment array　环境数组 21.3
Environment mapping　环境映射 21.3
Error codes　出错编码 3.5.6
Error diffusion　误差分散 17.9.2
Error handling　出错处理 3.5.6, 20.8.6
Euclidean dimension　欧式维数 23.1, 23.1.3
Euclidean geometry methods　欧式几何方法 23.1
Euler 欧拉
  animation equations　动画公式 12.7.3
  formula　公式 A.6.5
  method　方法 A.14.4
Evaluator functions　Evaluator 函数 5.8
Even-odd rule　偶奇规则 4.7.5

Event input mode 事件输入模式 20.3.1
Example programs 示例程序 4.17
Explicit functional form 显式函数表示 A.8
Exploded views 拆散视图 10.1.6
Extended light source 扩展光源 17.1.6, 21.1.9
Extended sequential mode 扩展顺序模式 B.4.1

F

False-position root finding 伪定位求根法 A.14.2
Far plane 远平面 10.6.3, 10.12
Fast Fourier transform(FFT) methods 快速傅里叶方法(FFT) 23.1.7
Fast Phong surface rendering 快速 Phong 曲面绘制 17.10.4
Feedback 反馈 20.8.7
Field lines 场线 24.1
Field-of-view angle 视场角 10.8.6
Filament 灯丝 2.1.1
File-compression techniques(see also Graphics file formats) 文件压缩技术(又见图形文件格式)
    arithmetic encoding 算术编码 B.3.5
    discrete cosine transform 离散余弦变换 B.3.6, B.4.1
    general discussion 一般讨论 B.3
    huffman encoding Huffman 编码 B.3.4, B.4.1
    LZW encoding LZW 编码 B.3.2
    pattern-recognition compression 模式识别压缩 B.3.3
    run-length encoding 行程长度编码 2.2.2, B.3.1
File-transfer protocol(ftp) 文件传送协议 2.7
Fill-area 填充区
    attributes 填充区属性 5.9
    curved boundary 曲线边界 6.12
    functions 填充区函数 4.76, 5.10, 13.1
    logical operations 逻辑操作 4.12
    nonzero winding-number rule 非零环绕数规则 4.7.5
    odd-even rule 奇偶规则 4.7.5
    polygon 多边形填充区 4.7
Fill-area algorithms 填充区算法
    antialiasing 反走样 6.15
    boundary-fill method 边界填充算法 6.12
    color-blending 颜色调和 6.14.2
    convex polygon 凸多边形 6.11
    curved boundary areas 曲线边界区域 6.12
    8-connected method 8-连通方法 6.13.1
    fill styles 填充模式 6.14.1
    flood-fill method 泛滥填充算法 6.13.2
    4-connected method 4-连通方法 6.13.1
    hatch fill 影线填充 6.14.1
    irregular boundary areas 不规则边界区域 6.13.1
    parallel methods 并行方法 6.10
    polygons 多边形填充算法 6.10
    scan-line method 扫描线填充算法 6.10
Fill-area clipping 填充区裁剪
    described 填充区裁剪描述 8.8
    nonlinear clipping window 非线性裁剪窗口 8.8.4
    nonrectangular clip windows 非矩形裁剪窗口 8.8.3
    Sutherland-Hodgman polygon clipping Sutherland-Hodgeman 多边形裁剪 8.8.1
    Weiler-Atherton polygon clipping Weiler-Atherton 多边形裁剪 8.8.2
Fill-area primitives 填充区图元 4.6
Filled area 填充区 4.6
Fill methods for areas with irregular boundaries 不规则边界区域的填充方法 6.13
Fill-pattern function 填充图案函数 5.10.1
Fill styles 填充模式 5.9.1
Filters(see also Antialiasing) 过滤 6.15.4(又见反走样)
Finite element method 有限元方法 A.14.5
Firefox browser Firefox 浏览器 2.7
Firing plane 射线平面 15.3
First-order continuity 一阶连续性 14.2, 14.3
First-order differential equations 一阶微分方程 A.14.2
Fixed-function pipeline 固定功能流水线 22.2.1
Fixed-function rendering pipeline 固定功能渲染流水线 22
Fixed point 固定点 7.1.3, 7.4.5
Flaps, light sources 快门,光源 17.1.6
Flat-panel displays(see also Video display devices) 平板显示器(又见视频显示设备)
    active-matrix 激活矩阵 2.1.5
    described 平板显示器描述 2.1
    emissive 发射显示器 2.1.5
    gas-discharge 气体放电显示器 2.1.5
    LCD 液晶显示器 2.1.5
    LED 发光二极管显示器 2.1.5
    nonemissive 非发射显示器 2.1.5
    passive-matrix 无源矩阵 2.1.5
    plasma 等离子体 2.1.5
    plasma panel 等离子体显示板 2.1.5
    thin-film electroluminescent 薄膜光电显示器 2.1.5
Flat surface rendering 平面绘制 17.10.1
Flight simulators 飞行模拟器 1.5
Flood-fill algorithm 泛滥填充算法 6.13.2
Fluid flow 流体 12.7.3
F-number/f-stop F 数/f 刻度 21.1.7
Focusing system 聚焦系统 2.1.1
Follow through action animation 完结动作动画 12.3

Font 字体
  bitmap 位图字体 4.12
  defined 字体定义 4.12
  legible 字迹清楚 4.12
  monospace 单一宽度 4.12
  outline 轮廓字体 4.12
  proportional 比例宽度 4.12, 5.11
  raster 光栅字体 4.12
  readable 可读的 4.12
  sans-serif 无衬线 4.12
  serif 有衬线 4.12
  stroke 笔划字体 4.12
Force constant 力常数 15.6
Form factors, radiosity 形状因子，辐射度 21.2.2
Forward-difference calculations 向前差分 14.15
4-connected fill method 4-连通填充算法 6.13.1
Fourth-order Runge-Kutta algorithm 四阶 Runge-Kutta 算法 A.14.4
Fractal-geometry methods 分形几何方法
  affine construction 仿射分形构造方法 23.1.6
  box-covering methods 方框覆盖方法 23.1.3
  box dimension 方框维数 23.1.3
  Brownian motion 布朗运动 23.1.6
  classification 分形的分类 23.1.2
  control surface 控制面 23.1.8
  dimension 维数 23.1, 23.1.3
  Fast Fourier transform methods 快速傅里叶变换方法 23.1.7
  fractional Brownian motion 分形布朗运动 23.1.6
  fractional dimension 分形维数 23.1, 23.1.3
  generation procedures 生成过程 23.1.1
  generator 生成元 23.1.4
  geometric construction 几何构造 23.1.4
  graftals 嫁接 23.3
  Hausdorff-Besicovitch dimension Hausdorff-Besicovitch 维数 23.1.3
  initiator 初始元 23.1.4
  invariant sets 不变分形集 23.1.2
  inversion methods 逆方法 23.1.10
  Julia set Julia 集 23.1.9
  Koch curve Koch 曲线 23.1.4
  L-grammars L 语法 23.3
  Mandelbrot set Mandelbrot 集合 23.1.9
  midpoint displacement 随机中点位移方法 23.1.7
  particle systems 粒子系统 23.2
  Peano curve Peano 曲线 23.1.4
  Peano space Peano 空间 23.1.4
  random midpoint displacement 随机中点位移方法 23.1.4, 23.1.7
  random walk 随机走动 23.1.6
  self-affine 自仿射 23.1.2
  self-inverse 自逆 23.1.2
  self-similar 自相似 23.1.2, 23.1.4
  self-similarity characteristics 自相似特性 23.1
  self-squaring 自平方 23.1.2, 23.1.9
  similarity dimension 相似维数 23.1.3
  snowflake 雪花 23.1.4
  statistically self-affine 统计自仿射 23.1.2
  statistically self-similar 统计自相似 23.1.2
  subdivision methods 细分方法 23.1.3
  terrain topography 地面特征 23.1.8
  topological covering methods 拓扑覆盖方法 23.1.3
Fractional Brownian motion 分形布朗运动 23.1.6
Fractional dimension 分形维数 23.1, 23.1.3
Fragments 片元 22.2.1
Fragment shaders 片元着色器 22.2.4
Frame buffer 帧缓存
  address calculations 地址计算 6.3
  bit planes 位平面 2.1.2
  depth 缓存深度 2.1.2
  described 帧缓存描述 2.1.2
  raster operations 光栅操作 2.1.2
  resolution 分辨率 2.1.2
  texture patterns, copying 纹理模式，复制 18.5.7
  values, setting 帧缓存值，装载 6.3
Frame-by-frame animation 逐帧动画 12
Frame mapping 帧映射 18.4
Frame rates 帧率 12.1
Frame screen area 帧屏幕范围 2.1.2
Frequency spectrum, electromagnetic 频段（电磁频谱）19.1.1
Fresnel's Laws of Reflection Fresnel 反射定律 17.3.3
Front-back clipping planes 前-后裁剪平面 10.6.3
Front buffer 前缓存 12.10
Front cache 字形高速缓存 4.12
Front face 后向面 4.7.8
Front-face direction 前向面方向 13.6.3
Front-face function 前向面函数 5.10.4
Front-left color buffer 前-左颜色缓存 4.11.2
Frustum 棱台
  described 棱台描述 10.8.4
  oblique 斜棱台 10.8.7
  symmetric 对称棱台 10.8.6
f-stop f 刻度 21.1.7
ftp(file-transfer protocol) 文件传送协议 2.7
Full-color system 全彩色系统 2.1.4
Functional representation 函数表示 A.8
Function keys 功能键 2.4.1

G

Gamma correction Gamma 校正 17.8.2

Gamuts, color 颜色范围 19.2.1, 19.3.4
Gas-discharge displays 气体放电显示器 2.1.5
Gauss 高斯
    density function 密度（凸起）函数 15.1
    distribution 高斯分布 2.1.1
    elimination 高斯消去法 A.14.1
    filter function 过滤函数 6.15.4
    theorem 高斯定理 A.11.3
Gauss-Seidel method Gauss-Seidel 法 A.14.1
Generator, fractal 生成元 23.1.4
Geometric 几何
    continuity, spline 连续性，样条 14.3, 14.4
    first-order continuity 一阶连续性 14.3
    hierarchical modeling 层次建模 11
    model 几何模型 11.1
    pipeline 流水线 22.2
    properties, maintaining 几何特性，保持 6.8.2
    representation 表示 B.1
    second-order continuity 二阶连续性 14.3
    tables, polygon 几何数据表 多边形 4.7.6
Geometric transformations (see also Three-dimensional geometric transformations) 几何变换（又见三维几何变换）
    described 几何变换描述 3.2, 7
    functions 几何变换函数 7.9, 表 7.1, 9.8, 表 9.1
    raster methods 几何变换的光栅方法 7.6
Geometry shaders 几何着色器 22.2.5
getPixel procedure getPixel 函数 4.1.1
Ghosting effect 幻影效果 17.9.2
GIF(Graphics Interchange Format) GIF 图形交换格式 B.4.12
GKS(Graphical Kernel System) GKS（图形核心系统）3.3, 22
GL(Graphics Library) GL（图形库）3.3
Global illumination 全局光照效果
    described 全局光照描述 21
    environment mapping 环境映射 21.3
    photon mapping 光子映射 21.4
    radiosity lighting model 辐射度光照模型 21.2
    ray-tracing methods 光线跟踪方法 21.1
Global lighting parameters 全局光照参数 17.11.6
GLSL(OpenGL Shading Language) OpenGL 着色语言
    arrays 数组 22.3.6
    column-major order 列优先顺序 22.3.5
    communicating with OpenGL 与 OpenGL 的通信 22.3.9
    control structures 控制结构 22.3.7
    data types 数据类型 22.3.3
    described 描述 22.3
    fixed-function 固定功能 22.2.1
    fragment shaders 片元着色器 22.2.4
    functions 函数 22.3.8
    geometry shaders 几何着色器 22.2.5
    matrices 矩阵 22.3.5
    in OpenGL 在 OpenGL 中使用 22.3.2
    Phong shader Phong 着色器 22.4.1
    pixel 像素 22.2
    samplers 取样器 22.4.2
    shader effects 着色器效果 22.4
    shading language 着色语言 22.2
    structure 结构 22.3.6
    structure, changing 结构，变化 22.2.2
    swizzling swizzling 技术 22.3.4
    tessellation shaders 曲面细分着色器 22.2.6
    vectors 向量 22.3.4
    vertex shaders 顶点着色器 22.2.3
GLU(OpenGL Utility) GLU(OpenGL 实用函数库)
    clipping window function 裁剪窗口函数 8.4.2
    curve functions 曲线函数 4.5, 4.8
    described GLU 描述 3.5
    pick window function 拾取窗口函数 20.6.7
    splines GLU 样条 5.8
GLUT(OpenGL Utility Toolkit) OpenGL 实用函数工具包
    animation procedures 动画子程序 12.10
    B-spline curve functions B 样条曲线函数 14.16.3
    B-spline surface functions B 样条曲面函数 14.16.4
    button-box function 按钮盒函数 20.6.5
    callback function 回调函数 8.4.13
    character functions 字符函数 4.13
    character-generation routines 字符生成函数 5.12
    create menu 创建菜单 20.7
    cubic-surfaces teapot functions 三次曲面茶壶函数 13.6.2
    current display window 当前显示窗口 8.4.8
    current menu 当前菜单 20.7.2
    curve functions 曲线函数 4.5
    described OpenGL 实用函数工具包描述 3.5.2
    dials function 拨号盘函数 20.6.6
    display window, creating 显示窗口，建立 8.4.4
    display window, deleting 显示窗口，删除 8.4.7
    display window, managing multiple 显示窗口，管理多个 8.4.9
    display window, relocating and resizing 显示窗口，位置和大小的修改 8.4.9
    display-window identifier 显示窗口标识 8.4.6
    display-window management 显示窗口管理 3.5.4
    display-window mode and color 显示窗口模式和颜色 8.4.5
    display-window reshape function 显示窗口重定形函数 4.16

display-window screen-cursor shape　显示窗口屏幕光标形状 8.4.12
executing application program　执行应用程序 8.4.14
front-face direction　前向面方向 13.6.3
functions　GLUT 函数 8.4.14
header files　头文件 3.5.3
keyboard functions　键盘函数 20.6.2
menu modification functions　菜单修改函数 20.7.4
mouse functions　鼠标函数 20.6.1
multiple menu management　管理多个菜单 20.7.1
polyhedron functions　多面体函数 13.2
polyhedron program　多面体程序示例 13.2.3
processing loop　处理循环 8.4.14
quadric surface functions　二次曲面函数 13.6
spaceball functions　空间球函数 20.6.4
submenus　子菜单 20.7
subwindows　子窗口 8.4.11
surface-trimming functions　曲面修剪函数 14.6.5
teapot function　茶壶函数 13.6.2
viewing graphics　观察图形 8.4.13
GLX（OpenGL extension to X window system）　OpenGL 的 X 窗口系统扩充 3.5.2
Glyphs　24.4
Goal-directed motion　目标导向系统 12.7.2
Gouraud surface rendering　Gouraud 曲面绘制 17.10.2
GPU architecture　GPU 架构
　general discussion　一般讨论 C.3
　history of　发展历史 C.3.1, C.3.2, C.3.3
　maximizing capabilities　性能最大化 C.3.5
　parallelism　并行性 C.3.4
　pipeline　流水线 C.3.7
　resource management　资源管理 C.3.7
　workload balance　工作负载均衡 C.3.6
Gradient operator　梯度算子 A.10.1
Grad operator　梯度算子 A.10.1
Grad squared　梯度平方 A.10.4
Graftals　嫁接 23.3
Grammar-based modeling methods　基于语法的建模方法 23.3
Graphical input data　图形输入数据 20.3
Graphical Kernel System（GKS）　图形核心系统（GKS）3.3, 22
Graphical user interface（GUI）　图形用户界面
　accommodating multiple skill levels　适应多种熟练程度 20.8.3
　backup　回退 20.8.6
　consistency　一致性 20.8.4
　described　图形用户界面描述 1.9
　designing　设计 20.8

error handling　出错处理 20.8.6
feedback　反馈 20.8.7
help facilities　帮助功能 20.8.3
icons　图符 20.8.2
minimizing memorization　减少记忆量 20.8.5
user dialogue　用户对话 20.8.1
user's model　用户模型 20.8.1
windows　窗口 20.8.2
Graphic monitors（see Video display devices）　图形监视器（又见视频显示设备）
Graphic networks　图形网络 2.7
Graphics（data）tablet　图形（数据）板 2.4.6
Graphics applications　图形应用
　art　艺术 1.6
　business visualization　商务可视化 1.4
　charts　表 1.1
　computer-aided design　计算机辅助设计 1.2
　computer-aided drafting and design　计算机辅助绘图和设计 1.2
　computer-aided manufacturing　计算机辅助制造 1.2
　data visualizations　数据可视化 1.4
　education　教学 1.5
　entertainment　娱乐 1.7
　graphical user interfaces　图形用户界面 1.9
　graphs　图 1.1
　image processing　图像处理 1.8
　medical　医学应用 2.1.6
　paintbrush program　画笔程序 1.6
　scientific visualization　科学计算可视化 1.4
　training　培训 1.5
　virtual-reality environments　虚拟现实环境 1.3
Graphics controller　图形控制器 2.2.2
Graphic server　图形服务器 2.6
Graphics file formats　图形文件格式
　Adobe Photoshop　Adobe Photoshop 格式 B.4.6
　arithmetic encoding　算术编码 B.3.5
　big endian　大端 B.1
　BMP　BMP 格式 B.4.9
　CGM　计算机图形元文件 B.4.2
　color-reduction methods　降色方法 B.2
　composition of major file formats　主流文件格式的结构 B.4
　compression methods　压缩算法 B.3
　configurations　文件结构 B.1
　dictionary-based algorithm　基于字典的算法 B.3.2
　discrete cosine transformation　离散余弦变换 B.3.6, B.4.1
　file-compression techniques　文件压缩技术 B.3
　fractal methods　分形方法 B.3.3
　geometric representation　几何表示 B.1

GIF　GIF 文件 B.4.12
header　文件头 B.1
Huffman encoding　Huffman 编码 B.3.4, B.4.1
hybrid formats　混合格式 B.1
inverse discrete cosine transformation　逆余弦变换 B.3.6
JFIF　JPEG 文件交换格式 B.4.1
JPEG　JPEG 格式 B.4.1
little endian　小端 B.1
lossless compression　无损压缩 B.3
lossy compression　有损压缩 B.3
LZW encoding　LZW 编码 B.3.2
MacPaint　MacPaint 绘图格式 B.4.7
median-cut color reduction　中值切割降色法 B.2.3
metafile　元文件格式 B.1
pattern-recognition compression　模式识别压缩 B.3.3
PCX　PCX 格式 B.4.10
PICT　PICT 格式 B.4.8
PNG　PNG 格式 B.4.4
popularity color reduction　基于出现频率的降色法 B.2.2
raster file　光栅文件 B
raw data　原始数据 B.1
raw raster file　原始光栅文件 B.1
run-length encoding　行程长度编码 2.2.2, B.3.1
SPIFF　静止图像交换文件格式 B.4.1
substitutional algorithm　替代算法 B.3.2
Targa　Targa 格式 B.4.11
TGA　TGA 格式 B.4.11
TIFF　TIFF 格式 B.4.3
uniform color reduction　均匀降色法 B.2.1
uniform color-reduction methods　均匀降色法 B.2.1
XBM　XBM 格式 B.4.5
XPM　XPM 格式 B.4.5
Graphics functions　图形功能 3.2
Graphics hardware　图形硬件
　hard-copy devices　硬拷贝设备 2.5
　input devices　输入设备 2.4
　Internet　因特网 2.7
　networks　网络 2.6
　raster-scan systems　光栅扫描系统 2.2
　video display devices　视频显示设备 2.1
　viewing systems　观察系统 2.3
　workstations　图形工作站 2.3
Graphics Interchange Format (GIF)　图形交换格式 (GIF) B.4.12
Graphics Library (GL)　GL 图形库 3.3
Graphics objects　图形对象 4.6
Graphics output primitives (see also Attribute parameters)　图形输出元素 (又见属性参数)
　absolute coordinate　绝对坐标 4.1.2
　character　字符 4.12
　character functions　字符函数 4.13
　coordinate reference frames　坐标系 4.1
　curve functions　曲线函数 4.5
　described　图形输出元素描述 3.2, 4
　display lists　显示表 4.15
　display-window reshape function　显示窗口重定形函数 4.16
　example programs　示例程序 4.17
　fill-area　填充区图元 4.6
　line functions　画线函数 4.4
　picture partitioning　图形分割 4.14
　pixel-array　像素阵列 4.10
　pixel-array functions　像素阵列函数 4.11
　point functions　画点函数 4.3
　polygon fill area functions　多边形填充区函数 4.8
　polygon fill areas　多边形填充区 4.7
　primitives, defined　图元, 定义 4
　relative coordinate　相对坐标 4.1.2
　screen coordinates　屏幕坐标系 4.1.1
　two-dimensional world-coordinate reference frame　二维世界坐标系 4.2
　vertex arrays　顶点数组 4.9
Graphics server　图形服务器 2.6
Graphics software (see also OpenGL)　图形软件 (又见 OpenGL)
　computer-graphics application programming interface　计算机图形应用编程接口 3
　coordinate representations　坐标表示 3.1
　functions　图形软件功能 3.2
　general programming packages　通用编程软件包 3
　Open Inventor　Open Inventor 软件包 3.4
　packages　软件包 3.4
　PHIGS　程序员级的分层结构交互图形标准 3.3, 22
　PHIGS+　PHIGS 的扩充 3.3
　RenderMan　Renderman Interface 软件 3.4, 22.1.3
　special-purpose packages　专用软件包 3
　standards　图形软件标准 3.3
　Virtual-Reality Modeling Language　虚拟现实建模语言 3.4
Graphics workstations　图形工作站 2.3
Graphs and charts　图和表 1.1
Gravity field　引力场 20.4.6
Grayscale　灰度 5.2.3
Green's　格林
　first and second formulas　第一和第二公式 A.11.4
　identities　格林恒等式 A.11.4
　plane theorem　格林平面定理 A.11.2

索引

theorem in space 格林空间定理 A.11.2
transformation equation 格林变换方程 A.11.2
Grid 网格
  control 控制 2.1.1
  in interactive picture constructions 交互式图形生成中的网格 20.4.4
  screen coordinates 屏幕坐标 6.8.1
GUI(graphical user interfaces) GUI(图形用户界面) 1.9

H

Halftone 半色调
  approximations 半色调近似 17.9.1
  color methods 颜色方法 17.9.1
  defined 定义 17.9
  described 描述 17.9
  dithering techniques 抖动技术 17.9.2
  operations 半色调操作 17.11.12
  patterns 半色调模式 17.9.1
Halftoning 半色调 17.9
Halfway vector 半角向量 17.3.3
Hand cursor 手持光标 2.4.6
Hard-copy devices 硬拷贝输出设备 2.5
Hatch fill patterns 影线填充模式 5.9.1
Hausdorff-Besicovitch dimension Hausdorff-Besicovitch 维数 23.1.3
Header files 头文件 3.5.3
Headers, image files 文件头,图像文件 B.1
Help facilities 帮助功能 20.8.3
Hermite, Charles 人名 14.7.2
Hermite interpolation Hermite 插值 14.7.2
Hermite spline Hermite 样条 14.7.2
Hexcone 六棱锥(HSV) 19.7.1, 19.7.2, 19.7.3
Hidden-line detection methods 隐藏线判别算法 16.13
Hidden-surface elimination 隐藏面消除 16
Hierarchical mode, JPEG 层次模式,JPEG 格式 B.4.1
Hierarchical modeling 层次建模
  concepts 层次建模概念 11.1
  described 层次建模描述 7, 11
  display lists 显示表 11.4
  geometric 几何模型 11.1
  instance 实例 11.1.1
  local coordinates 局部坐标系 11.3.1
  master coordinates 主坐标系 11.3.1
  methods 层次建模方法 11.3
  model 层次模型 11.1
  modeling 建模 11.1
  modeling transformations 建模变换 3.2, 7, 11.3.1
  modules 模块 11.1.2
  packages 建模软件包 11.2
  representations 表示 11.1.1
  structures 层次结构 11.3.3
  symbol hierarchies 符号层次 11.1.2
  symbols 符号 11.1.1
High-definition cathode-ray tube(CRT) 高清晰度 CRT 2.1.1
High-definition resolution 高清晰度 2.3
HLS color models HLS 颜色模型 19.8
Homogeneous coordinates 齐次坐标
  clipping 齐次坐标裁剪 10.11.1
  described 齐次坐标描述 4.3, 7.2.1
  texture 齐次纹理坐标 18.5.15
Homogeneous parameter h 齐次参数 h 4.3, 7.2.1
Hook's law 胡克定律, 15.6
Horner's Rule Horner 规则 14.15.1
HSV color models HSV 颜色模型 19.7
HTML(Hypertext Markup Language) 超文本标记语言 2.7
Hue 色彩 19.1.2, 19.7.1, 19.8
Huffman encoding Huffman 编码 B.3.4, B.4.1
Hybrid formats 混合格式 B.1
Hyperbolic curves 双曲线 6.6.1
Hypertext transfer protocol(http) 超文本传送协议 2.7

I

IBM OS/2 interface IBM OS/2 的接口 3.5.2
Icons 图标 1.9, 20.8.2
Ideal diffuse reflectors 理想漫反射体 17.3.2, 21.2.2
Identity matrix 单位矩阵 A.5.5
Illuminant C 亮白光 C 19.3.3
Illumination models 光照明模型
  atmospheric effects 雾气效果 17.5
  background light 背景光 17.2
  basic models(see Basic illumination models) 基本模型(又见基本光照模型)
  camera parameters 相机参数 17.7
  defined 光照明模型定义 17
  described 描述 17
  diffuse reflection 漫反射 17.2, 17.3.1, 17.3.2, 17.3.4, 17.3.5
  diffuse-reflection coefficient 漫反射系数 17.3.2
  dithering techniques 抖动技术 17.9
  functions 函数 17.11
  halftone patterns 半色调模式 17.9
  lighting model 光照模型 17
  light intensities, displaying 光强,显示 17.8
  light sources 光源 17.1
  polygon rendering methods 多边形渲染方法 17.10
  radiosity 辐射度 21.2
  shadows 阴影 17.6

specular reflection　镜面反射 17.2, 17.3.3
surface lighting effects　曲面光照效果 17.2
surface-rendering functions　曲面绘制函数 17.10.4, 17.11
surface-rendering method　曲面绘制方法 17
transparent surfaces（see Transparent surfaces）　透明曲面（又见透明曲面）
Image-compositing functions　图像混合函数 5.3.3
Image file（see also Graphics file formats）　图像文件（又见图形文件格式）
　color-reduction methods　降色方法 B.2
　compression methods　压缩算法 B.3
　configurations　文件结构 B.1
　major formats　主流格式 B.4
Image-order scanning　图像次序扫描 18.2.2
Image processing　图像处理 1.8
Imager shaders　图像着色器 22.1.3
Image scanner　图像扫描仪 2.4.7
Image-space methods　像空间算法 16.1
Imaginary number　虚数 A.6
Imaginary unit　虚数单位 A.6
Imaging Subset　成像子集 5.3.2
Impact printers　击打式打印机 2.5
Implementation algorithms　实现算法
　attribute implementations　属性的实现 6.9
　circle-generating algorithms　圆生成算法 6.4
　curves　曲线 6.6, 6.9
　ellipse-generating algorithms　椭圆生成算法 6.5
　fill methods for areas with irregular boundaries　不规则边界区域的填充方法 6.13
　frame buffer values, setting　帧缓存值，装载 6.3
　implementation methods, antialiasing　反走样的实现方法 6.15
　implementation methods, fill styles　填充模式的实现方法，填充模式 6.14
　line-drawing algorithms　画线算法 6.1
　object geometry　对象的几何要素 6.8
　parallel curve algorithms　并行曲线算法 6.7
　parallel line algorithms　并行画线算法 6.2
　pixel addressing　像素编址 6.8
　scan-line fill for regions with curved boundaries　曲线边界区域的扫描线填充 6.12
　scan-line fill of convex polygons　凸多边形的扫描线填充 6.11
　scan-line polygon-fill algorithm　多边形扫描线填充算法 6.10
　straight-line segments　直线段 6.9
Implicit functional form　隐式函数形式 A.8
In-betweens, animation frames　插值帧，动画帧 12.2
Independent variable　自变量 A.8

Index of refraction　折射率 17.4.2
Infinitely distant light sources　无穷远光源 17.1.2
Initial-value problems　初值问题 A.14.4
Initiator, fractal　初始元，分形 23.1.4
In-line shadow-mask　In-line 荫罩法 2.1.4
Inner product vector　内积 A.2.4
Input devices　输入设备
　acoustic（sonic）tablet　声学（声音）数据板 2.4.6
　button boxes　按钮盒 2.4.1
　choice devices　选择设备 20.2, 20.2.5
　data glove　数据手套 2.4.5
　dials　旋钮 2.4.1
　digitizer　数字化仪 2.4.6
　graphics（data）tablet　图形（数据）板 2.4.6
　image scanner　图像扫描仪 2.4.7
　joystick　操纵杆 2.4.4
　keyboards　键盘 2.4.1
　light pen　光笔 2.4.9
　locator devices　定位设备 20.2, 20.2.1
　logical classification　逻辑分类 20.2
　mouse　鼠标 2.4.2
　pick devices　拾取设备 20.2, 20.2.6
　spaceball　空间球 2.4.3
　string devices　字符串设备 20.2.4
　stroke devices　笔划设备 20.2, 20.2.2
　touch panel　触摸板 2.4.8
　types of　输入设备类型 2.4
　valuator devices　定值设备 20.2, 20.2.4
　voice system　语音系统 2.4.10
Input functions　输入函数
　callback function　回调函数 3.5.5, 20.3.3
　described　输入函数描述 3.2
　echo feedback　反馈 20.3.2
　for graphical data　图形数据的输入 20.3
　summary　小结 20.9
Input Modes　输入模式 20.3.1
Inside-outside test（see also Plane）　内-外测试（又见平面）
　described　内-外测试描述 4.7.5
　line clipping　线段裁剪 8.7.1, 8.8.4
　nonzero winding-number rule　非零环绕数规则 4.7.5
　odd-even rule　奇偶规则 4.7.5
　winding number　环绕数 4.7.5
Inside surface　内含曲面 16.8
Instance（see also Hierarchical modeling）　实例（又见层次建模）11.1.1
Integral equation solving　积分方程求解 A.14.3
Intensity（see also Illumination models; Radiosity）　强度（又见光照模型；辐射度）

angular attenuation 角强度衰减 17.1.5
attenuation 衰减 17.3.7
continuous-tone images 连续色调图像 17.8.3
described 强度描述 5.2.4, 17.8
electron beam 电子束 2.1.2
gamma correction 伽马校正 17.8.2
interpolation 插值 17.10.2
levels 等级 17.8.1
monitor response curve 监视器响应曲线 17.8.2
radial attenuation 辐射强度衰减 17.1.3, 17.11.4
radiant energy 辐射能 21.2.1
video lookup table 视频查找表 17.8.2
Interactive input methods 交互输入方法
functions 函数 20.6
functions for graphical data 输入图形数据的函数 20.3
graphical input data 图形输入数据 20.3
graphical user interface, designing 图形用户界面, 设计 20.8
logical classification 逻辑分类 20.2
menu functions 菜单函数 20.7
picture-construction techniques 绘图技术 20.4
virtual reality environments 虚拟现实环境 20.5
Interactive painting 交互绘图 20.4.7
Interactive picture-construction techniques 交互式绘图技术
constraints 约束 20.4.3
dragging 拖曳 20.4.2
drawing methods 绘图方法 20.4.7
gravity field 引力场 20.4.6
grids 网格 20.4.4
painting 绘图 20.4.7
positioning 定位 20.4.1
rubber-band methods 橡皮条方法 20.4.5
Interior angle, polygon 内角, 多边形 4.7.1
Interlaced array 交错数组 5.3.4
Interlacing scan lines 隔行扫描 2.1.2
International Commission on Illumination (CIE) 国际照明委员会 (CIE) 19.3
International Standards Organization (ISO) 国际标准化组织 (ISO) 3.3, 20.1, B.4
Internet graphics 因特网上的图形 2.7
Interpolation patterns 插值图案 5.10.2
Interpolation splines 插值样条 14.1
Invariant fractal sets 不变分形集 23.1.2
Inverse 逆向
discrete cosine transformation 离散余弦变换 B.4.1
dynamics 动力学 12.7.3
kinematics 运动学 12.7.3
matrix 矩阵的逆 A.5.5

quaternion 四元数 A.7
scanning 逆扫描 18.2.2
transformations 逆变换 7.3
Inverse kinematics 反向运动学 12.8.1
ISO (International Standards Organization) 国际标准化组织 3.3, 20.1, B.4
Isolines 等值线 24.1
Isometric joystick 等轴操纵杆 2.4.4
Isometric projections 等轴测投影 10.6.1
Isosurfaces 等值面 24.1

J

Jaggies (see also Antialiasing) 锯齿形 6.1 (又见反走样)
Java 2D Java 二维 3.4
Java 3D Java 三维 3.4
JFIF (JPEG File Interchange Format) JPEG 文件交换格式 B.4.1
Jittering 抖动 21.1.9
Joins 连接 6.9.1
Joystick 操纵杆
Isometric 等轴操纵杆 2.4.4
movable 可移动操纵杆 2.4.4
pressure-sensitive 压力感应式操纵杆 2.4.4
JPEG JPEG 格式 B.4.1
JPEG File Interchange Format (JFIF) JPEG 文件交换格式 B.4.1
Julia set Julia 集 23.1.9

K

Kerned characters 有核字符 5.11
Keyboard functions 键盘函数 20.6.2
Keyboards 键盘 2.4.1
Key frame animation 关键帧动画 12.2
Key frame system 关键帧系统 12.5, 12.6
Kinematics 运动学 (又见动画) 12.5, 12.7.3, 12.8.1
Knot vector 节点向量 14.10.1
Kochanek-Bartels splines Kochanek Bartels 样条 14.7.4
Koch curve Koch 曲线 23.1.4

L

Lambertian reflectors 朗伯反射体 17.3.2, 21.2.2
Lambert's cosine law 朗伯余弦定律 17.3.2
Language binding 语言绑定 3.3
Laplacian operator 拉普拉斯算子 A.10.4
Laser printers 激光打印机 2.5
LCD (liquid-crystal display) 液晶显示器 2.1.5
Least-squares curve-fitting 最小二乘曲线拟合 A.14.6
LED (light-emitting diode) 发光二极管 2.1.5

LED touch panel　LED触摸板 2.4.8
Left buffer　左缓存 4.11.2
Legible typeface　容易阅读的字体 4.12
L-grammars　L 语法 23.3
Liang-Barsky line clipping　梁友栋-Barsky 线段裁剪算法 8.7.2
Liang-Barsky polygon　梁友栋-Barsky 多边形裁剪 8.7.4, 8.8.3
Libraries　函数库 3.5.1
Light(see also Color; Illumination models; Surface rendering)　光(又见颜色；光照模型；面绘制)
　ambient　环境光 17.3.1
　angle of incidence　入射角 17.3.2
　brightness　亮度 19.1.2
　dominant frequency　主频率 19.1.1
　dominant wavelength　主波长 19.3.6
　electromagnetic spectrum　电磁频谱 19.1.1
　frequency　频率 19.1.1
　hue　色彩 19.1.2, 19.7.1, 19.8
　illuminant C　亮白光 C 19.3.3
　intensity　光强度 5.2.4
　luminance　光亮度 5.2.4, 17.3.10, 19.5.1
　period(T)　周期 19.1.1
　properties　特性 19.1
　purity　纯度 19.1.2, 19.3.7
　spectral color　光谱颜色 19.1.1
　spectrum　频谱 19.1.1
　speed　光速 19.1.1
　wavelength　波长 19.1.1
　white　白色光 19.1.1, 19.1.2
Light-buffer　光线缓存 21.1.6
Light-emitting diode(LED)　发光二极管 2.1.5
Lighting model(see Illumination models)　光照模型
Light pen　光笔 2.4.9
Light polarizer　光偏振器 2.1.5
Light shaders　光线着色器 22.1.3
Light sources　光源
　angular intensity attenuation　角强度衰减 17.1.5
　barn-door parameters　挡光板参数 17.1.6
　brightness　亮度 19.1.2
　candle　烛光 19.3.1
　colors　颜色 17.11.3, 17.11.4, 17.11.57
　described　描述 17, 17.1
　diffuse reflection　漫反射 17.2
　directional　方向光源 17.1.4, 17.1.5, 17.11.5
　directional vector　方向向量 17.1.4
　dominant frequency　主频率 19.1.1
　dominant wavelength　主波长 19.3.6
　energy distribution　能量分布 19.1.2
　extended　扩展光源 17.1.6, 21.1.9

　flap parameters　快门参数 17.1.6
　infinitely distant　无穷远 17.1.2
　intensity　光源强度 5.2.4, 21.2.1
　luminance　光源亮度 5.2.4, 17.3.10, 19.5.1
　point　点光源 17.1.1, 17.11.1
　position and type　位置和类型 17.11.2
　radial intensity attenuation　辐射强度衰减 17.1.3, 17.11.4
　radiant energy　辐射能 21.2.1
　radiant exitance　辐出率 21.2.1
　radiant flux　光通量 21.2.1
　radiant power　光能 21.2.1
　radiosity　辐射度 21.2
　spectral radiance　光谱辐射能 21.2.1
　spotlight effects　投射效果 17.1.4
　Warm model　Warn 模型 17.1.6
Limaçon　蜗形线　第4章示例程序
Line　线段
　antialiasing　直线段反走样 6.15
　attributes　线属性 5.6
　caps　线帽 6.9.1
　charts　表 1.1
　effects　线效果 5.7.3
　equations　直线方程 6.1.1
　functions　画线函数 4.4
　intensity variations　亮度变量 6.15.6
　pen and brush options　画笔或画刷的选项 5.6.3, 6.9.3, 6.9.4
　style　线型 5.7.2, 6.9.2
　visible, identifying　可见线，判定 10.1.4
　width　线宽 5.7.1, 6, 9.1
Linear congruential generator　线性同余发生器 A.14.3
Linear equation solving　线性方程求解
　Cramer's rule　Cramer 定律 A.14.1
　Gauss elimination　高斯消去法 A.14.1
　Gauss-Seidel method　Gauss-Seidel 法 A.14.1
　LU decomposition　LU 分解法 A.14.1
Linear soft-fill algorithm　线性软填充算法 6.14.2
Linear texture patterns　线性纹理图案 18.2.1
Line-attribute functions　线属性函数 5.7
Line-attribute group　线属性组 5.14
Line clipping　线段裁剪
　Cohen-Sutherland　Cohen-Sutherland 线段裁剪算法 8.7.1
　Liang-Barsky　梁友栋-Barsky 线段裁剪算法 8.7.2
　Nicholl-Lee-Nicholl　Nicholl-Lee-Nicholl 线段裁剪算法 8.7.3
　nonlinear clipping-window　非线性裁剪窗口边界的线段裁剪 8.7.5

索 引

　　nonrectangular clip windows　非矩形裁剪窗口的线段裁剪 8.7.4
　　out code　"外部"码 8.7.1
　　region code　区域码 8.7.1
　　three-dimensional　三维线段裁剪 10.11.3
　　two-dimensional　二维线段裁剪 8.7
Line contours　轮廓线 24.1
Line-drawing algorithms　画线算法
　　Bresenham's line algorithm　Bresenham 画线算法 6.1.3
　　digital differential analyzer　数字微分分析仪 6.1.2
　　line equations　直线方程 6.1.1
　　polylines, displaying　折线, 显示 6.1.4
Line sampling　直线段取样 6.15
Line style function　线型函数 5.7.2
Line-texture functions　线纹理函数 18.5.1
Line-width function　线宽函数 5.7.1
Liquid-crystal display(LCD)　液晶显示器 2.1.5
Little endian　小端 B.1
Local control　局部控制 14.7.1, 14.8.5, 14.10
Local coordinates　局部坐标系 3.1
Local coordinate system　局部坐标系 11.3.1
Locator input devices　定位输入设备 20.2.1
Logical classification, interactive input methods　逻辑分类, 交互式输入方法 20.2
Logical input devices　逻辑输入设备 20.2
Logical operations　逻辑操作 4.11.3
Look-at point　注视点 10.3.1
Lookup table　查找表 5.2.2, 17.8.2
Lossless compression techniques　无损压缩技术 B.3
Lossless mode　JPEG 无损模式, JPEG 格式 B.4.1
Lossy compression techniques　有损压缩技术 B.3
LU decomposition　LU 分解法 A.14.1
Luminance　亮度 5.2.4, 17.3.10, 19.5.1
Luminous energy　光能量 17.3.10
LZW encoding　LZW 编码 B.3.2

M

Mach bands　马赫带 17.10.2
MacPaint formatMacPaint　格式 B.4.7
Magnetic-deflection, CRT　磁偏转 CRT 2.1.1
Mandelbrot, Benoit　人名 23.1.9
Mandelbrot set　Mandelbrot 集合 23.1.9
Manufacturing　计算机辅助制造 3
Marker symbols　标记符号 4.12
Mask　掩模 4.10, 5.10.1
Mass of CSG object　CSG 对象的质量 15.3
Master coordinates　主坐标系 3.1, 11.3.1
Mathematical art　数学美术 1.6
Mathematics for computer graphics　计算机图形学的数学基础
　　area of a polygon　多边形的面积 A.12.1
　　basis vectors　基向量 A.4, A.4.1, A.4.2, A.4.3
　　calculating properties of polyhedra　多面体的计算性质 A.13
　　centroid of a polygon　多边形的质心 A.12.2
　　complex numbers　复数 A.6
　　coordinate reference frames　坐标参照系 A.1
　　matrices　矩阵 A.5
　　metric tensor　度量张量 A.4
　　nonparametric representations　非参数表示 A.8
　　numerical methods　数值方法 A.14, A.14.1, A.14.2, A.14.3, A.14.4, A.14.5, A.14.6
　　parametric representations　参数表示 A.9
　　points and vectors　点与向量 A.2
　　quaternions　四元数 A.7
　　rate-of-change integral transformation theorems　变化率积分变换定理 A.11
　　rate-of-change operators　变化率算子 A.10
　　tensors　张量 A.3
Matrix　矩阵
　　addition　加法 A.5.1
　　basis, spline　基, 样条 14.4
　　Bézier　Bézier 矩阵 14.9
　　B-spline　B 样条 14.10.3
　　cardinal　cardinal 样条 14.7.3
　　column　列 A.5
　　composite　复合矩阵 7.4
　　concatenation　矩阵合并 7.4
　　defined　矩阵描述 A.5
　　determinant　矩阵秩 A.5.4
　　dither　抖动 17.9.2
　　identity　单位矩阵 A.5.5
　　inverse　逆矩阵 A.5.5
　　multiplication　矩阵乘法 A.5.2
　　nonsingular　非奇异矩阵 A.5.5
　　operations　矩阵操作 7.9.2
　　orthogonal　正交矩阵 7.4.9
　　perspective projections　透视投影矩阵 10.8.5
　　reflection　反射矩阵 7.5.1
　　representations　矩阵表示 7.2
　　rigid-body　刚体 7.1.1
　　rotation　旋转矩阵 7.2.3, 7.4.10, 9.2.2
　　row　行 A.5
　　scalar multiplication　标量乘法 A.5.1
　　scaling　缩放矩阵 7.2.4
　　shading language　着色语言 22.3
　　shear　错切 7.5.2
　　singular　奇异 A.5.5
　　square　方阵 A.5
　　stacks　矩阵栈 9.8.1

transformation 矩阵变换 10.7.5
translation 平移矩阵 7.2.2
transpose 转置 A.5.3
Maxwell's equations Maxwell 公式 12.7.3
Median-cut color-reduction methods 中值切割降色法 B.2.3
Medical applications 医学应用 1.8
Menu functions 菜单函数 20.7, 20.9
Mesh, polygon 网格, 多边形 4.6, 4.8
Meta-ball model 元球模型 15.1
Metafile 元文件格式 B.1
Metric tensor 度量张量 A.4.3
Midpoint algorithm 中点画圆算法 6.4.2
Midpoint displacement 中点位移 23.1.7
Millimicron 毫微米 19.1.1
Minimizing memorization 减少记忆量 20.8.5
MIP maps MIP 图 18.2.4
Miter polyline joins 折线斜角连接 6.9.1
Model 模型 11.1
Modeling (see also Hierarchical modeling) 建模(又见层次式建模)
　applications 应用 1.6
　cloth 布料 15.6
　coordinates 建模坐标系 3.1, 11.3.1
　defined 建模定义 11.1.1
　physically based 基于物理的 15.6
　transformations 建模变换 3.2, 7
Modes, input 输入模式 20.3.1
Modulus, complex numbers 模, 复数 A.6.3
Monitor response curve 监视器响应曲线 17.8.2
Monitors (see Video display devices) 监视器(又见视频显示监视器)
Monospace font 单一宽度字体 4.12
Monte Carlo methods Monte Carlo 方法 A.14.3
Morphing 变形 1.6, 12.6.1
Mosaic browser Mosaic 浏览器 2.7
Motion blur 动感模糊 21.1.9
Motion capture 运动捕捉 12.8.2
Motion specifications 运动描述 12.7
Mouse 鼠标 2.4.2
Mouse functions 鼠标函数 20.6.1
Multi-panel display screens 多板显示屏幕 2.3
Multiple output devices 多输出设备 8.3.4
Multitexturing 多重纹理 22.4.2
Multithreading 多线程
　extensions 扩展 C.2.1.7
　general discussion 多线程常规叙述 C.2.1.6
　GLU and GLUT C.2.1.12
　mathematics 数学支持 C.2.1.13
　memory buffers 内存缓冲区 C.2.1.8

　meshes 网格 C.2.1.9
　shaders 着色器 C.2.1.11
　textures 纹理 C.2.1.10
Multivariate-data visualization 多变量数据可视化 24.4
Multum in parvo (mip map) Multum in parvo (MIP 图) 18.2.4

N

Nabla A.10.1
Nabla squared Nabla 平方 A.10.4
National Center for Supercomputing Applications (NCSA) 美国超级计算应用国家中心(NCSA) 2.7
National Television System Committee (NTSC) 美国国家电视系统委员会 17.8.2, 19.4, 19.5
Natural cubic splines 自然三次样条 14.7.1
Navier-Stokes equations Navier-Stokes 公式 12.7.3
Near-far clipping planes 近-远裁剪平面 10.6.3
Near plane 近裁剪平面 10.6.3, 10.12
Nematic liquid crystal 线状液晶 2.1.5
Netscape Navigator Netscape 浏览器 2.7
Newell, Martin 13.6.2
Newton-Raphson Algorithm Newton-Raphson 算法 A.14.2
Newton's laws of motion 运动的牛顿定律 12.7.3
Nicholl-Le-Nicholl (NLN), line clipping Nicholl-Lee-Nicholl 线段裁剪算法 8.7.3
Noise 噪声 17.9.2, 22.1.2
Nonemissive display (nonemitter) 非发射显示器 2.1.5
Nonimpact printers 非击打式打印机 2.5
Nonlinear clipping window 非线性裁剪窗口 8.7.5, 8.8.4
Nonlinear equation solving 非线性方程求解 A.14.2
Nonparametric representations 非参数表示 A.8
Nonrectangular clip windows 非矩形裁剪窗口 8.7.4, 8.8.3
Nonrigid objects 非刚性对象 15.6
Nonsingular matrix 非奇异矩阵 A.5.5
Nonuniform B-splines 非均匀 B 样条 14.10.5
Nonuniform rational B-splines (NURB) 非均匀有理 B 样条 14.13
Nonzero winding-number rule 非零环绕数规则 4.7.5
Normal basis 标准基 A.4.2
Normalization transformations 规范化变换
　character strings 字符串 8.3.3
　clipping window 裁剪窗口 8.3.1
　multiple output devices 多输出设备 8.3.4
　oblique parallel projections 斜平行投影 10.7.6
　orthogonal projections 正投影 10.6.4
　split-screen effects 分画面效果 8.3.4
　viewport 视口 8.3.1
　workstation transformation 工作站变换 8.3.4

索引

Normalized 规范化
    coordinates　规范化坐标系 3.1, 8.1
    device coordinates　规范化设备坐标系 3.1
    square　规范化正方形 8.3.2
    transformation coordinates　规范化变换坐标系 10.8.8
    viewpoint　规范化视口 8.3.1
    view volume　观察体 10.6.4, 10.8.8
Normal map　法向图 22.4.3
Normal vector　法向量
    described　法向量描述 4.7.8
    interpolation rendering　插值绘制 17.10.3
    view plane　观察平面 10.3.1
NTSC(National Television System Committee)　美国国家电视系统委员会 17.8.2, 19.4, 19.5
Nuclear medicine scanners　核子医学扫描仪 1.8
Numerical methods
    bisection method　二分法 A.14.2
    boundary-value problems　边界值问题 A.14.4
    Cramer's rule　Cramer 定律 A.14.1
    Euler method　欧拉方法 A.14.4
    false-position methods　伪定位法 A.14.2
    finite element method　有限元方法 A.14.5
    first-order differential equations　一阶微分方程 A.14.2
    Gauss elimination　高斯消去法 A.14.1
    Gauss-Seidel method　Gauss-Seidel 法 A.14.1
    initial-value problems　初值问题 A.14.4
    integral evaluations　积分估值 A.14.3
    least-squares curve-fitting　最小二乘曲线拟合 A.14.6
    linear-equation sets　线性方程组 A.14
    LU decomposition　LU 分解法 A.14.1
    Monte Carlo methods　Monte Carlo 方法 A.14.3
    Newton-Raphson Algorithm　Newton-Raphson 算法 A.14.2
    nonlinear equations　非线性方程 A.14.2
    ordinary differential equations　常微分方程 A.14.4
    partial differential equations　偏微分方程 A.14.5
    random number generator　随机数产生器 A.14.3
    root finding　求根 A.14.2
    Runge-Kutta algorithm　Runge-Kutta 算法 A.14.4
    second-order differential equations　二阶微分方程 A.14.4
    Simpson's rule　Simpson 定律 A.14.3
NURB(nonuniform rational B-splines)　非均匀有理 B 样条 14.13
Nyquist sampling　Nyquist 取样 6.15
Nyquist sampling frequency　Nyquist 取样频率 6.15
Nyquist sampling interval　Nyquist 取样间隔 6.15

O

Object　对象
    fractal　分形 23.1
    graphics　图形对象 13.1
    motions　运动 12.7.3
    nonrigid　非刚性对象 15.6
    picture partitioning　图形分割 4.14
Object geometry　对象的几何要素 6.8
Object-intersection calculations　对象求交计算 21.1.5
Object representations
    blobby objects　柔性对象 15.1
    BSP trees　BSP 树 15.5
    constructive solid-geometry methods　结构实体几何法 15.3
    data visualization　数据可视化 24
    density functions　密度函数 15.1
    firing plane　射线平面 15.3
    force constant　弹簧力常数 15.6
    Gaussian bumps　高斯凸起方法 15.1
    meta-balls　元球 15.1
    octrees　八叉树 15.4
    physically based modeling　基于物理的建模 15.6
    polygon　多边形 4.7.1
    quadtree　四叉树 15.4
    ray-casting　光线投射 15.3
    soft object model　软对象模型 15.1
    space-partitioning representations　空间分区表示 15
    sphere　球面 13.4.1
    spring constant　弹簧常数 15.6
    sweep representations　扫描表示 15.2
    volume elements　体素 15.4
    voxels　体元 15.4
Object-space methods　物空间算法 16.1
Oblique parallel projections　斜平行投影
    cabinet projections　斜二测平行投影 10.7.2
    cavalier projections　斜等测平行投影 10.7.2
    clipping window　裁剪窗口 10.7.4
    described　斜平行投影描述 10.7
    in drafting and design　绘图和设计中的斜平行投影 10.7.1
    normalization transformation　规范化变换 10.7.6
    parallel-projection vector　平行投影向量 10.7.3
    transformation matrix　变换矩阵 10.7.5
    view volume　观察体 10.7.4
Octrees　八叉树
    CSG operations　CSG 操作 15.3
    described　八叉树描述 15.4
    quadtree　四叉树 15.4
    volume elements　体素 15.4, 16.9
    voxels　体元 15.4

Odd-even rule 奇偶规则 4.7.5
Odd-parity rule 奇偶性规则 4.7.5
One-point perspective projection 一点透视投影 10.8.3
Opacity factor 不透明因子 17.4.3
Opaque material 不透明材质 17.4
OpenGL
  alpha coefficient α 系数 5.3.1
  animation procedures 动画子程序 12.10，表 12.1
  antialiasing functions 反走样函数 5.13
  Apple interface Apple 的 OpenGL 接口 3.5.2
  approximation-spline functions 逼近样条函数 14.6
  Architecture Review Board OpenGL 结构评议委员会 3.3
  arrays 数组 22.3.6
  atmospheric effects 雾气效果 17.11.9
  attribute functions, summary 属性函数，总结 表 5.2
  attribute groups OpenGL 属性组 5.14
  attribute stack OpenGL 属性栈 5.14
  back-face detection functions 后向面判别函数 16.2
  basic library OpenGL 基本库 3.5.1
  Bèzier curve functions Bèzier 曲线函数 14.16.1
  Bèzier functions Bèzier 函数 14.17
  Bèzier surface functions Bèzier 曲面函数 14.16.2
  bitblt transfer OpenGL 位移动 4.11.3
  block transfer OpenGL 块移动 4.11.3
  B-spline curve functions B 样条曲线函数 14.16.3
  B-spline functions B 样条函数 14.17
  B-spline surface functions B 样条曲面函数 14.16.4
  buffers OpenGL 缓存 4.11.2
  bump mapping 凹凸映射 22.4.3
  character-attribute functions 字符属性函数 5.12
  character functions 字符函数 4.12
  clipping planes OpenGL 裁剪平面 10.12
  closed polyline 封闭折线 4.4
  color arrays OpenGL 颜色数组 5.3.4
  color blending OpenGL 颜色调和 3.5.5，5.3.3
  color display mode OpenGL 颜色显示模型 5.3
  color functions 颜色函数 17.11.3，18.5.4
  color-index mode OpenGL 颜色索引模式 5.3.2
  color mode 颜色模式 7.9.2
  communicating with 与……的通信 22.3.9
  composite matrix 复合矩阵 7.4.11
  control structures 控制结构 22.3.7
  core library OpenGL 核心库 3.5.1
  cubic-surfaces functions 三次曲面函数 13.6
  current matrix 当前矩阵 7.9.2
  current raster position 当前光栅位置 4.11.1
  curve functions 曲线函数 4.5，4.8，5.8
  data types 数据类型 22.3.3

depth-buffer functions 深度缓存函数 16.14.2
depth-cueing function 深度提示函数 16.14.4
directional light source 方向光源 17.11.5
display lists 显示表 4.15，11.4
display window OpenGL 显示窗口 3.5.2，10.10.5
display window management 显示窗口管理 3.5.4
display-window reshape function 显示窗口重定形函数 4.16
error codes 出错编码 3.5.6
error handling 出错处理 3.5.6
evaluator functions evaluator 函数 5.8
example programs 示例程序 4.17
fill-area attribute functions 填充区属性函数 5.10
fill-area functions OpenGL 填充区函数 4.8，13.1
fill-pattern function 填充图案函数 5.10.1
fixed-function pipeline 固定功能流水线 22.2.1
fragment shaders 片元着色器 22.2.4
frame buffer 帧缓存 18.5.7
front-face function 前向面函数 5.10.4
front-left color buffer 前-左颜色缓存 4.11.2
geometric transformations 几何变换 7.9，表 7.1，9.8，表 9.1
geometry shaders 几何着色器 22.2.5
global lighting parameters 全局光照参数 17.11.6
GLSL-related functions 涉及 GLSL 的函数 22.5
halftone operations 半色调操作 17.11.12
header files 头文件 3.5.3
hierarchical modeling 层次建模 11.4
homogeneous coordinates 齐次坐标 18.5.15
IBM OS/2 interface IBM OS/2 的 OpenGL 接口 3.5.2
illumination models 光照模型 17.11.8，17.12
image-compositing functions OpenGL 颜色调和函数 5.3.3
imaging subset OpenGL 成像子集 5.3.2
input functions 输入函数 20.9
interactive input functions 交互式输入函数 20.5，20.6
interlaced array 交错数组 5.3.4
interpolation patterns 插值图案 5.10.2
libraries OpenGL 函数库 3.5.1
lighting parameters 光照参数 17.11.6
light source 光源 17.11
light-source colors 光源颜色 5.3
light source types 光源类型 17.11.2
line-attribute functions 线属性函数 5.7
line-attribute group OpenGL 线属性组 5.14
line effects 线效果 5.7.3
line functions 画线函数 4.4
line style function 线型函数 5.7.2
line-texture 线纹理 18.5.1

line-width function 线宽函数 5.7.1
matrix 矩阵 22.3.5
matrix operations 矩阵操作 7.9.2
matrix stacks 矩阵栈 9.8.2
menu functions 菜单函数 20.7, 20.9
modelview matrix 建模观察矩阵 7.9.2
modelview matrix stack 建模观察矩阵栈 9.8.1
modelview mode 建模观察模式 7.9.2
multitexturing 多重纹理 22.4.2
Open Inventory Open Inventory 软件包 3.4
orthogonal projection 正投影 10.10.1
output primitive functions OpenGL 输出图元函数表 4.1
perspective projections 透视投影 10.10.3
picking operations 拾取操作 20.6.7
pipeline 渲染流水线 22.2
pipeline structure 流水线结构 22.2.2
pixel-array functions 像素阵列函数 4.11
pixmap function 像素图函数 4.11.2
point-attribute functions 点属性函数 5.5
point-attribute group OpenGL 点属性组 5.14
point functions OpenGL 画点函数 4.3
polygon-attribute group OpenGL 多边形属性组 5.14
polygon-culling functions 多边形剔除算法 16.14.1
polygon fill-area functions 多边形填充区函数 4.8, 13.1
polygon scaling 多边形缩放 7.1.3
polyhedron functions 多面体函数 13.2.2, 表 13.1
polyline 折线函数 4.4
postmultiplied matrix 后乘矩阵 7.9.2
program development 程序编制 3.5.5
projection mode 投影模式 7.9.2, 8.4
proxy textures 代理纹理 18.5.13
quadric surface functions 二次曲面函数 13.6
quadric surfaces 二次曲面 18.5.14
query functions 查询函数 5.14
radial-intensity attenuation coefficients 辐射强度衰减系数 17.11.4
raster operations 光栅操作 4.11.3
raster transformations 光栅变换 7.7
RGB and RGBA modes RGB 模式和 RGBA 模式 5.3.1
sample program OpenGL 示例程序 3.5.5
shaders, using in 着色器，在……中使用 22.3.2
shading language(see GLSL) 着色语言(见 GLSL)
state variables 状态变量 5
stitching 缝线 5.10.3
structures 结构 22.3.6
subpatterns 子图案 18.5.10
surface-property 曲面特性 17.11.7

surface-rendering 曲面绘制 17.10.4, 17.11, 17.12
surface-texture 曲面纹理 18.5.2
symmetric perspective-projection 对称透视投影 10.10.3
syntax basics 基本的 OpenGL 语法 3.5.1
tessellation shaders 曲面细分着色器 22.2.6
texture borders 纹理边界 18.5.12
texture-coordinate arrays 纹理坐标数组 18.5.8
texture mapping 纹理映射 18.6, 22.4.2
texture mode 纹理模式 7.9.2
texture patterns 纹理图案 5.10.2, 18.5.9
texture reduction 纹理缩减 18.5.11
texture units 纹理单元 22.4.2
texture wrapping 纹理环绕 18.5.6
three-dimensional 三维 9.9, 10.9
transformation functions 变换函数 10.10.1
translation operations 平移操作 7.1.1
transparency 透明性 17.11.10
two-dimensional 二维 7.4.11
two-dimensional viewing example 二维观察程序示例 8.4.14
two-dimensional viewing functions OpenGL 二维观察函数 表 8.1
two-dimensional world-coordinate reference frame 二维世界坐标系 4.2
utility(see GLU) 实用函数库(见 GLU)
utility toolkit(see GLUT) 实用工具库(见 GLUT)
vectors 向量 22.3.4
vertex arrays 顶点数组 4.9
vertex shaders 顶点着色器 22.2.3
viewing functions 观察函数 8.4, 表 8.1
viewing functions, three-dimensional 观察函数，三维 10.10, 表 10.1
viewports OpenGL 视口 8.4.3, 10.10.5
visibility detection functions 可见性检查函数 16.14
volume-texture 体纹理 18.5.3
Windows interface Windows 的 OpenGL 接口 3.5.2
Windows-to-OpenGL interface Windows 到 OpenGL 的接口 3.5.2
wire-frame methods 线框图方法 5.10.3
wire-frame visibility methods 线框可见性方法 16.14.3
X Window interface X Window 的 OpenGL 接口 3.5.2
X Window System extension OpenGL 的 X 窗口系统扩充 3.5.2
OpenGL, C and C++ and beyond 在 C 和 C++ 以及其他编程环境中的 OpenGL
Java C.2.1

multithreading 多线程 C.2.1.6
Python and Python 语言和 OpenGL C.2.2
OpenGL, evolution of OpenGL 的发展
　　extension mechanism 扩展机制 C.1.8
　　general discussion 常规叙述 C.1
　　Khronos Group Khronos 集团 C.1.3
　　next generation 下一代 C.1.9
　　version 1.x 1.x 版本 C.1.1
　　version 2.x 2.x 版本 C.1.4
　　version 3.x 3.x 版本 C.1.6
　　version 4.x 4.x 版本 C.1.7
　　version ES 1.x ES 1.x 版本 C.1.2
　　version ES 2.x ES 2.x 版本 C.1.5
OpenGL for Java
　　context, accessing 上下文，访问 C.2.1.1
　　context capabilities 上下文的使用 C.2.1.2
　　debugging 调试 C.2.1.4
　　full screen monitors 全屏显示器 C.2.1.3
　　general discussion 一般讨论 C.2.1
　　graphic update 图形更新 C.2.1.5
　　logging 记录 C.2.1.4
　　loop 循环 C.2.1.5
　　multiple monitors 多显示器 C.2.1.3
Open Inventor Open Inventor 软件包 3.4
Optical touch panels 光学触摸板 2.4.8
Order, spline curve continuity 按序，样条曲线的连续性 14.2
Ordered dither 按序抖动 17.9.2
Ordinary differential equations 常微分方程 A.14.4
Orthogonal basis vectors 正交基向量 A.4.2
Orthogonal coordinate systems 正交坐标系 A.1.4
Orthogonal curvilinear-coordinate systems 正交曲线坐标系 A.1.6
Orthogonal matrix 正交矩阵 7.4.9
Orthogonal projections 正投影
　　axonometric 轴测投影 10.6.1
　　clipping window 裁剪窗口 10.3
　　described 正投影描述 10.6
　　front-back clipping planes 前-后裁剪平面 10.6.3
　　functions 正投影函数 3.5.5, 10.10.1
　　isometric 等轴测投影 10.6.1
　　near-far clipping planes 近-远裁剪平面 10.6.3
　　normalization transformation 规范化变换 10.6.4
　　normalized view volume 规范化观察体 10.6.4
　　projection coordinates 正投影坐标系 10.6.2
　　view volume 正投影观察体 10.6.3
Orthonormal basis vectors 正交标准基向量 A.4.2
Orthonormal vector set 正交向量组 7.4.9
Out code "外部"码 8.7.1
Outline font 轮廓字体 4.12

Output primitive functions 输出图元函数 表 4.1
Outside surface 分离曲面 16.8
Overhauser splines Overhauser 样条 14.7.3
Overlapping surface 重叠曲面 16.8

P

Paintbrush program 画笔程序 1.6
Painter's algorithm 画家算法 16.6
Panning effects 移镜 8.1
Parabolas 抛物线 6.6.1
Parallel algorithms 并行算法
　　area filling 区域填充 6.10
　　curve generating 并行曲线算法 6.7
　　line generating 并行画线算法 6.2
Parallel projections 平行投影
　　axonometric 轴测投影 10.6.1
　　cabinet 斜二测平行投影 10.7.2
　　cavalier 斜等测平行投影 10.7.2
　　described 平行投影描述 10.1.2, 10.5
　　elevation view 立面图 10.6
　　isometric 等轴测投影 10.6.1
　　normalization transformation 规范化变换 8.3, 10.6.4
　　oblique 斜平行投影 10.7
　　orthogonal 正投影 10.6
　　plan view 平面图 10.6
　　principal axes 主轴 10.6.1
　　shear transformations 错切变换 7.5.2, 9.5.2
　　vector 平行投影向量 10.7.3
　　view volume 观察体 10.7.4
Parameterized animation system 参数动画系统 12.5
Parametric continuity, spline 参数连续性，样条 14.2
Parametric representations 参数表示
　　circle 圆的表示 6.4
　　continuity conditions 参数连续性条件 14.2
　　described 参数表示描述 6.4, A.9
　　ellipse 椭圆 6.5
　　ellipsoid 椭球面 13.4.2
　　parabolas 抛物线 6.6.1
　　sphere 球面 13.4.1
　　spline 样条 5.8, 6.6
　　straight-line segment 直线段 6.1.1, 6.6, 6.9
　　torus 环面 13.4.3
Partial derivative 偏导数 A.10
Partial differential equations 偏微分方程 A.14.5
Particle systems 粒子系统 23.2
Partitioning pictures 图形分割 4.14
Passive-matrix LCD 无源矩阵 LCD 2.1.5
Patch primitives 块图元 22.2.6
Path, text 路径，文本 5.11
Pattern mapping 图案映射 17.11.12

Pattern-recognition compression 模式识别压缩 B.3.3
PC Paintbrush File Format(PCX) PC Paintbrush 文件格式 B.4.10
PCX(PC Paintbrush File Format) PC Paintbrush 文件格式 B.4.10
Peano curve Peano 曲线 23.1.3, 23.1.4
Peano space Peano 空间 23.1.4
Pel(picture element) 像素 2.1.2
Pen and brush attributes 画笔或画刷的属性 5.6.3, 6.9.3, 6.9.4
Pen options 画笔选项 5.6.3, 6.9.3, 6.9.4
Pen plotter 笔式绘图仪 2.5
Penumbra shadow 半影 21.1.9
Perfect reflector 理想反射体 17.3.3, 21.2.2
Performance capture 表演捕捉 12.8.2
Period(T) 周期 19.1.1
Periodic animation motions 周期性动画运动 12.9
Perlin, Ken 人名 22.1.2
Perlin's Pixel Stream Editor(PSE) Perlin 像素流编辑器 22.1.2
Persistence 余辉 2.1.1
Perspective projections 透视投影
    center of 透视投影中心 10.8
    cone of vision 视觉圆锥体 10.8.4
    coordinates 透视投影坐标系 10.8.1
    defined 透视投影定义 10.1.2
    described 透视投影描述 10.5
    field-of-view angle 视场角 10.8.6
    frustum 棱台 10.8.4
    functions 透视投影函数 10.10.4
    matrix 透视投影矩阵 10.8.5
    normalized transformation coordinates 规范化透视投影变换坐标系 10.8.8
    oblique frustum 斜棱台 10.8.7
    principal vanishing point 主灭点 10.8.3
    projection reference point 投影参考点 10.8
    pyramid of vision 棱锥形观察体 10.8.4
    special cases equations 透视投影公式：特殊情况 10.8.2
    symmetric frustum 对称锥台 10.8.6, 10.10.4
    vanishing point 灭点 10.8.3
    view volume 观察体 10.8.4
PET(position emission tomography) PET(定位发射造影术) 1.8
PGL(Presentation Manager to OpenGL) 用于 IBM OS/2 的 OpenGL 接口 3.5.2
Phase Alternation Line(PAL) Broadcasting PAL 广播 19.5.3
Phase angle 相位角 12.7.1
PHIGS(Programmer's Hierarchical Interactive Graphics System) PHIGS(程序员级的分层结构交互图形标准) 3.3, 22
PHIGS+ PHIGS 的扩充 3.3
Phong
    model, Phong 模型 17.3.3
    shader 着色器 22.4.1
    specular-reflection 镜面反射 17.3.3
    surface rendering 曲面绘制 17.10.3
Phong Bui Tuong (人名) 17.3.3
Phosphor 荧光 2.1.1
Photon energy 光子能量 21.2.1
Photon map 光子图 21.4
Photon mapping 光子映射 21.4
Photorealistic RenderManprman 工具包 22.1.3
Physically based animation 基于物理的动画 12.6, 12.7.3
Physically based modeling 基于物理的方法 15.6
Picking operations 拾取操作 20.6.7
Pick input devices 拾取输入设备 20.2, 20.2.6
Pick window 拾取窗口 20.2.6, 20.6.7
PICT(Picture Data Format) B.4.8
Picture-construction techniques(see Interactive picture-construction techniques) 构图技术(又见交互式构图技术)
Picture element(pixel) 像素 2.1.2
Picture partitioning 图形分割 4.14
Piecewise approximation, spline 分段逼近, 样条 14.2
Pie charts 饼图 1.1
Pipeline(see Viewing pipeline) 管道(又见观察管道)
Pitteway-Watkinson antialiasing Pitteway-Watkinson 反走样 6.15.7
Pivot point 旋转点 7.1.2, 7.4.4
Pixar Corporation 皮克斯公司 22.1.3
Pixblt 像素值的块移动 7.6
Pixel 像素 2.1.2
Pixel-addressing methods 像素编址方法
    described 像素编址方法描述 6.8
    geometric properties, maintaining 几何特性, 保持 6.8.2
    screen grid coordinates 屏幕网格坐标 6.8.1
Pixel array functions 像素阵列函数
    bitblt transfer 块移动 4.11.3
    bitmap function 位图函数 4.11.1
    block transfer 块移动 4.11.3
    current raster position 当前光栅位置 4.11.1
    front-left color buffer 前-左颜色缓存 4.11.2
    pixmap function 像素图函数 4.11.2
    raster operations 光栅操作 4.11.3
Pixel-array primitives 像素阵列图元 4.10

Pixel mask　像素掩模 4.10, 6.9.3, 6.9.4
Pixel-order scanning　像素次序扫描 18.2.2
Pixel patterns, halftone　像素模式, 半色调 17.9.1
Pixel phasing　像素移相 6.15
Pixel pipeline　像素流水线 22.2.1
Pixel ray　像素光线 21.1.1
Pixmap　像素图 2.1.2, 4.10
Pixmap function　像素图函数 4.11.2
Planck's constant　普朗克常数 21.2.1
Plane　平面
　　back face　后向面 4.7.8
　　clipping　裁剪平面 10.2, 10.11.6, 10.12
　　complex　复平面 A.6
　　equations　平面方程 4.7.7
　　front face　前向面 4.7.8
　　normal vector　法向量 4.7.8
　　parameters　平面参数 4.7.7
　　projection　投影平面 10.1.1, 10.3.1, 16.3
　　view　观察平面 10.1.1, 10.3.1
Plan view　平面图 10.6
Plasma panel display　等离子体显示板 2.1.5
Plotters　绘图仪 19.6
PNG(Portable Network-Graphics Format) B.4.4
Point　点
　　attributes　点属性 5.4
　　clipping　点裁剪 8.6
　　functions　画点函数 4.3, 17.11.1
　　position　点位置 10.11.3
　　properties　性质 A.2.1
　　size character　字符大小(磅) 5.11
Point-attribute functions　点属性函数 5.5
Point-attribute group　点属性组 5.14
Point light sources　点光源 17.1.1
Polar coordinates　极坐标 6.4, 7.8, A.1.3
Polar form, complex number　极坐标形式, 复数 A.6.5
Polygon　多边形
　　active edge list　活化边表 6.10
　　area　多边形面积 A.12.1
　　centroid　多边形的质心 A.12.2
　　characteristic　特征多边形 14.1
　　classification　多边形分类 4.7.1
　　clipping　多边形裁剪 10.11.4
　　clip windows　多边形裁剪窗口 8.7.4, 8.8.3
　　concave　凹多边形 4.7.1
　　control　控制多边形 14.1
　　convex　凸多边形 4.7
　　convex angle　凸多边形 4.7.4
　　defined　多边形定义 4.7
　　degenerate　退化多边形 4.7.1
　　edge　多边形边 4.7

edge vector　边向量 5.10.3
fill area clipping　多边形填充区裁剪 8.8
fill area functions　多边形填充区函数 4.8, 13.1
fill areas　多边形填充区 4.7
fill methods　多边形填充方法 6.11
interior angle　内角 4.7.1
mesh　多边形网格 4.6
ray intersection　光线求交 21.1.4
side　多边形侧面 4.7
simple　简单多边形 4.7
splitting concave polygons　分割凹多边形 4.7.3
splitting convex polygons　分割凸多边形 4.7.4
standard　标准多边形 4.7
stitching　缝线 5.10.3
tables　多边形表 4.7.6
tessellation　多边形细分 4.8
vertices　多边形顶点 4.7
Polygon-attribute group　多边形属性组 5.14
Polygon clipping　多边形裁剪
　　Sutherland-Hodgman　Sutherland-Hodgeman 多边形裁剪 8.8.1
　　three-dimensional clipping algorithms　三维多边形裁剪算法 10.11.4
　　two-dimensional　二维多边形裁剪 8.7
　　Weiler-Atherton　Weiler-Atherton 多边形裁剪 8.8.2
Polygon-detail facets　多边形细节曲面 17.11.11
Polygon fill areas　多边形填充区
　　back face　后向面 4.7.8
　　classifications　多边形分类 4.7.1
　　concave polygons　凹多边形 4.7.1, 8.8.2
　　convex polygon, splitting　凸多边形, 分割 4.7.4
　　front face　前向面 4.7.8
　　functions　多边形填充区函数 4.8
　　inside-outside tests　内-外测试 4.7.5
　　plane equations　平面方程 4.7.7
　　tables　多边形表 4.7.6
Polygon rendering　多边形绘制
　　constant-intensity　恒定强度 17.10.1
　　described　17.10
　　fast Phong　快速 Phong 17.10.4
　　flat　平面 17.10.1
　　Gouraud　Gouraud 17.10.2
　　intensity interpolation　强度插值 17.10.2
　　Mach bands　马赫带 17.10.2
　　normal-vector interpolation　法向量插值 17.10.3
　　Phong　Phong 多边形绘制 17.10.3
Polyhedra　多面体
　　described　多面体描述 13.2.2
　　properties　性质 A.13
　　ray-casting intersections　光线投射求交 21.1.4

Polyline 折线
　　closed　封闭折线 4.4
　　described　折线描述 4.4
　　display algorithms　折线显示算法 6.1.4
　　joins　折线连接 6.9.1
Polymarker　多点标记 4.12
Popularity color-reduction methods　基于出现频率的降色方法 B.2
Portable Network-Graphics Format(PNG)　B.4.4
Positional continuity　位置连续 14.12
Position emission tomography(PET)　定位发射造影术(PET) 1.8
Positioning methods, interactive　定位方法,交互式的 20.4.1
Position vector　位置向量 A.4.1
Postfiltering　后滤波 6.15
Precision, text attribute　精度,文本属性 5.11
Prefiltering　前滤波 6.15(see also Antialiasing)(又见反走样)
Presentation Manager to OpenGL(PGL)　用于 IBM OS/2 的 OpenGL 接口 3.5.2
Pressure-sensitive joystick　压力感应式操纵杆 2.4.4
Primary color　基色 19.2.1
Primitives　图元(see also Attribute parameters; Graphics output primitives)(又见属性参数;图形输出元素)
　　character　字符图元 4.12
　　closed polyline　封闭折线 4.4
　　defined　图元定义 4
　　fill area　填充区图元 4.6
　　geometric　几何图元 4
　　line constant　折线常量 4.4
　　patch　块 22.2.6
　　polyline　折线 4.4
　　straight-line segment　直线段 4.4
Principal axes　主轴 10.6.1
Principal vanishing point　主灭点 10.8.3
Printers　打印机 2.5
Procedural texturing methods　过程式纹理映射方法 18.2.5
Program development　程序编制 3.5.4
Programmable shaders　可编程阴影
　　Cook's shade treesCook　着色树 22.1.1
　　described　可编程阴影描述 22
　　fragment　片元着色器 22.2.4
　　geometry　几何着色器 22.2.5
　　languages, history of　语言,历史 22.1
　　OpenGL shading language　OpenGL 着色语言 22.3
　　Perlin's Pixel Stream EditorPerlin　像素流编辑器
　　pipeline　渲染流水线 22.2
　　RenderMan　22.1.3

shaders, defined　着色器,定义 22.2.3
tessellation　曲面细分 22.2.6
vertex　顶点 22.2.3
Programmer's Hierarchical Interactive Graphics System (PHIGS)　程序员级的分层结构交互图形标准(PHIGS) 3.3,22
Progressive mode, JPEG　渐进模式,JPEG 格式 B.4.1
Progressive refinement　逐步求精 21.2.3
Projecting square line caps　突方帽 6.9.1
Projection　投影
　　center of　投影中心 10.8
　　frustum　投影棱台 10.8.4
　　maps　投影图 21.4
　　view volume　投影观察体 10.8.4
Projection mode　投影模式 8.4.1
Projections, plane　投影,平面 10.1.2,10.3.1,16.3
Projection transformations　投影变换
　　axonometric　轴测投影 10.6.1
　　cabinet　斜二测 10.7.2
　　cavalier　斜等测 10.7.2
　　described　投影变换描述 10.5
　　isometric　等轴测投影 10.6.1
　　oblique parallel　斜平行投影 10.7
　　orthogonal　正投影 10.6
　　parallel　平行投影 10.1.2,10.5,10.7
　　perspective　透视投影 10.1.2,10.5
Proportional font　比例宽度字体 4.12,5.11
Proxy textures　代理纹理 18.5.13
PSE(Perlin's Pixel Stream Editor)　Perlin 像素流编辑器 22.1.2
Pseudo-color methods　伪彩色方法 24.1
Psychological color characteristics　颜色的心理学特征 19.1.2
Publishing　桌面出版 1.6
Pure color　纯色 19.2.2
Pure imaginary numbers　纯虚数 A.6
Purity, color　纯度,颜色 19.1.2,19.3.7
Purple line　紫色线 19.3.3
Pyramid of vision　棱锥形观察体 10.8.4
Python and OpenGL
　　debugging　调试 C.2.2.2
　　extensions　扩展 C.2.2.3
　　general discussion　Python 和 OpenGL 语言的一般叙述 C.2.2.1
　　memory buffers　内存缓冲区 C.2.2.4
　　meshes　网格 C.2.2.5
　　profiles　配置 C.2.2.3
　　PyGLUT　C.2.2.8
　　PyQT　C.2.2.9

setup 设置 C.2.2.1
shaders 着色器 C.2.2.7
textures 纹理 C.2.2.6

Q

Quadric surface functions 二次曲面函数 13.6
Quadric surfaces 二次曲面
    ellipsoid 椭球面 13.4.2
    sphere 球面 13.4.1
    texturing 纹理映射 18.5.14
    torus 环面 13.4.3
Quadrilateral mesh 四边形网格 4.8
Quadtree 四叉树 15.4
Quantum-energy levels 量子能级 2.1.1
Quaternion 四元数
    complex numbers 复数 A.6.4, A.7
    fractal constructions 分形结构 23.1.9
    rotations 三维旋转的四元数方法 9.2.3
Query functions 查询函数 5.14

R

Radial intensity attenuation 辐射强度衰减 17.1.3
Radiance 辐射能 21.2.1
Radiant 辐射
    energy 辐射能 21.2.1
    energy transfer 能量转移 21.2.3
    exitance 辐出率 21.2.1
    flux 光通量 21.2.1
    intensity 强度 21.2.1
    power 光能 21.2.1
Radio-frequency(RF) modulator RF调制器 2.1.4
Radiosity lighting model 辐射度光照模型
    basic model 基本模型 21.2.2
    equation 方程 21.2.2
    form factor 形状因子 21.2.2
    progressive refinement 逐步求精 21.2.3
    terms 术语 21.2.1
Radiosity reflectivity factor 辐射度反射因子 21.2.2
Radiosity surface enclosure 辐射度曲面闭包 21.2.2
Random midpoint displacement 随机中点位移法 23.1.4, 23.1.7
Random number generator 随机数产生器 A.14.3
Random-scan displays (see also Video display devices) 随机扫描显示器 2.1.3(又见视频显示设备)
Random walk 随机走动 23.1.6
Raster 光栅
    animation 光栅动画 12.1
    font 光栅字体 4.12
    operations 光栅操作 4.11.3, 7.6
    transformations 几何变换的光栅方法 7.6
Raster file 光栅文件 B

Raster-scan displays 光栅扫描显示
    aspect ratio 纵横比 2.1.2
    bitmap 位图 2.1.2
    bit planes 位平面 2.1.2
    color buffer 颜色缓存 2.1.2
    depth 深度 2.1.2
    frame 帧 2.1.2
    frame buffer 帧缓存 2.1.2
    horizontal retrace 水平回扫 2.1.2
    interlacing 隔行 2.1.2
    pel 像素 2.1.2
    picture element 像素 2.1.2
    pixel 像素 2.1.2
    pixmap 像素图 2.1.2
    scan line 扫描行 2.1.2
    vertical retrace 垂直回扫 2.1.2
Raster-scan systems 光栅扫描系统
    cell encoding 单元编码 2.2.2
    display controller 显示控制器 2.2.1
    display coprocessor 显示协处理器 2.2.2
    display processor 显示处理器 2.2.2
    graphics controller 图形控制器 2.2.2
    run-length encoding 行程长度编码 2.2.2, B.3.1
    scan conversion 扫描转换 2.2.2
    video controller 视频控制器 2.2.1
Raster stair-step line 光栅阶梯现象线段 6.1
Raster transformations 光栅变换 7.7
Rate-of-change integral theorems
    divergence theorem 散度定理 A.11.3
    Gauss's theorem 高斯定理 A.11.3
    general discussion 一般讨论 A.11
    Green's plane theorem 格林平面定理 A.11.2
    Green's theorem in space 格林空间定理 A.11.3
    Green's transformation equation 格林变换方程 A.11.4
    Stokes's theorem 斯托克斯定理 A.11.1
Rate-of-change operators 变化率算子 A.10
Rational splines 有理样条 14.13
Raw data 原始数据 B.1
Raw raster file 原始光栅文件 B.1
Ray-casting 光线投射
    constructive solid-geometry 结构实体几何 15.3
    described 光线投射描述 21.1
    visibility detection methods 可见性检测算法 16.11
Ray-tracing 光线跟踪
    adaptive sampling 适应性取样 21.1.8
    adaptive subdivision 自适应细分 21.1.6
    angle of refraction 折射角 21.1.1
    antialiased 反走样 21.1.8
    basic algorithm 基本算法 21.1

索引

bounding volume　包围体(包围盒) 21.1.4
camera focusing effects　照相机的聚焦效果 21.1.7
camera lens effects　照相机镜头的效果 21.1.9
cell traversal　单元遍历 21.1.6
codes　光束代码 21.1.9
defined　光线跟踪定义 21.1
depth of field　景深 21.1.7
distributed rays　分布式光线 21.1.9
equation　方程 21.1.2
extended light source　扩展光源 21.1.9
jittering　抖动 21.1.9
light-buffer technique　光线缓存技术 21.1.6
motion blur　动感模糊 21.1.9
object-intersection calculations　对象求交计算 21.1.5
polyhedron intersections　多面体求交 21.1.4
secondary rays　从属光线 21.1.1
shadow ray　阴影光线 21.1.1
space-subdivision methods　空间分割方法 21.1.6
sphere intersections　球面求交 21.1.3
supersampling　过取样 21.1.8
surface intersection calculations　曲面求交计算 21.1.2
thin-lens equation　薄透镜公式 21.1.7
transmission vector　透射向量 21.1.1
tree　光线跟踪树 21.1.1
uniform subdivision　均匀分割 21.1.6
Readable typeface　可读字体 4.12
Real part, imaginary number　实部,虚数 A.6
Real-time animation　实时动画 12
Rectangle approximations　矩形逼近 A.14.3
Rectangular parallelepiped　矩形平行管道 10.6.3
Recursive-spline-subdivision　递归样条细分 14.15.3
Reduction of transformed values　纹理缩减图案 18.2.4
Reduction patterns, texture　缩减图案,纹理 18.2.4
Reference point, perspective projection　参考点,透视投影 10.8
Reflection, light　反射,光线
　　angle of incidence　入射角 17.3.2
　　coefficients　系数 17.3.2, 17.3.3
　　diffuse　漫反射 17.3.4
　　Fresnel's laws　Fresnel 定律 17.3.3
　　halfway vector　半角向量 17.3.3
　　Lambertian　朗伯反射体 17.3.2
　　rays　光线 21.1.1, 21.1.2
　　specular　镜面反射 17.3.3
Reflection mapping　反射映射 21.3
Reflection transformation　反射变换
　　axis　反射轴 7.5.1, 9.5.1
　　plane　反射平面 9.5.1
　　three-dimensional　三维反射 9.5.1
　　two-dimensional　二维反射 7.5.1
Reflectivity　反射率 17.3.2
Reflectivity factor　反射因子 21.2.2
Refraction　折射
　　angle　折射角 17.4.2
　　diffuse　漫折射 17.4.1
　　double　双重折射 17.4.2
　　index　折射率 17.4.2
　　ray　光线 21.1.1, 21.1.2
　　Snell's law　Snell 定律 17.4.2
　　transparency coefficient　透明系数 17.4.3
Refresh　刷新
　　CRT　阴极射线管 2.1.1, 2.1.2
　　display file　显示文件 2.1.3
　　rate　刷新频率 2.1.1 ~ 2.1.3
Refresh buffer　刷新缓存 2.1.2, 4.11.1, 4.11.2
Region codes　区域码 8.7.1, 10.11.2
Registered procedure　注册的函数 3.5.5
Relative coordinate　相对坐标 4.1.2
Relative coordinate reference frames　相对坐标系 4.1.2
Relief mapping　立体映射 22.4.3
Rendering　绘制
RenderMan Interface　RenderMan Interface 软件 3.4
RenderMan Interface Bytestream(RIB)　RenderMan 接口字节流数据 22.1.3
RenderMan Interface Specification(RISpec)　RenderMan 接口规范 22.1.3
RenderMan Shading Language(RSL)　RenderMan 着色语言 22.1.3
Renders Everything You Ever Saw(REYES)　绘制你所见的一切(REYES) 16.4
Request input mode　请求输入模式 20.3.1
Resolution　分辨率
　　display device　显示设备 2.1.1
　　halftone approximations　半色调近似 17.9.1
　　high-definition graphics　高清晰度图形分辨率 2.3
　　personal computers　个人计算机 2.3
　　raster-scan displays　光栅扫描显示器 2.1.2
Retrace(electron beam)　回扫(电子束) 2.1.2
REYES(Renders Everything You Ever Saw)　REYES 16.4
RF(radio-frequency)modulator　RF(无线电频率,射频)调制器 2.1.4
RGB
　　color components　RGB 颜色分量 5.2.1
　　color model　RGB 颜色模型 2.1.4, 5.3.1, 17.3.8, 19.4
　　modes　RGB 模型 5.3.1
　　monitors　RGB 监视器 2.1.4
RGBA modes　RGBA 模型 5.3.1
RGB chromaticity coordinates　RGB 色度坐标 19.4

RIB(RenderMan Interface Bytestream) RenderMan 接口字节流数据 22.1.3
Riemannian space 黎曼空间 A.4.3
Right buffer 右缓存 4.11.2
Right-handed Cartesian system 右手系笛卡儿坐标系 3.1, A.1.4
Right-hand rule 右手定律 A.2.5
Rigid-body, degrees of freedom 刚体, 自由度 12.5
Rigid-body, transformation 刚体, 平移 7.1.1-2, 7.4.9
Rigid-motion 刚体运动 7.4.9
RISpec(RenderMan Interface Specification) RenderMan 接口规范 22.1.3
Roots, nonlinear 根, 非线性 A.14.2
Roots of complex numbers 复数的根 A.6.5
Rotation 旋转
  angle 旋转角度 7.1.2
  in animation 动画中的旋转 12.9
  axis of 旋转轴 7.1.2
  composition 复合旋转 7.4.2
  coordinate-axis 坐标轴旋转 9.2.1
  inverse 逆旋转 7.3
  matrix 旋转矩阵 9.2.2
  matrix construction 构造旋转矩阵 7.4.10
  matrix representation 旋转矩阵表示 7.2.3
  pivot point 旋转点 7.1.2, 7.4.4
  point 旋转点 7.1.2
  quaternion methods 三维旋转的四元数方法 9.2.3
  raster methods 光栅方法 7.6
  three-dimensional 三维旋转 9.2
  two-dimensional 二维旋转 7.1.2, 7.2.3, 7.4.10
Rotational polygon-splitting method 旋转法多边形分割方法 4.7.3
Rotation transformations 旋转变换 7.1.2
Round line caps 圆线帽 6.9.1
Round-off errors 取整误差 12.9
Round polyline joins 折线圆连接 6.9.1
Row vector, matrix 行向量, 矩阵 A.5
RSL(RenderMan Shading Language) RenderMan 着色语言 22.1.3
Rubber-band methods 橡皮条方法 20.4.5
Ruffaldi, Emanuele 人名 C.2
Runge-Kutta algorithm Runge-Kutta 算法 A.14.4
Run-length encoding 行程长度编码 2.2.2, B.3.1

S

Sample input mode 取样输入模式 20.3.1
Sample program 示例程序 3.5.5
Sampling(see also Antialiasing) 取样(又见反走样)
  adaptive 适应性取样 21.1.8
  area 区域取样 6.15, 21.1.8
  color 颜色 B.4.1
  line segment 线段取样 6.15
  Nyquist frequency 取样频率 6.15
  Nyquist interval 取样间隔 6.15
  postfiltering 后滤波 6.15
  prefiltering 前滤波 6.15
  rates, animation 取样率, 动画 12.9
  supersampling 过取样 6.15
  weighted masks 加权掩模 6.15.2
Sans-serif typeface 无衬线字体 4.12
Saturation, color 饱和度, 颜色 19.1.2, 19.7.1, 19.8
Scalar data visualization 标量数据可视化 24.1
Scalar parts 标量部 9.2.3, 23.1.9
Scaling 缩放
  composition 复合缩放 7.4.3
  differential 差值缩放 7.1.3
  factors 缩放系数 7.1.3
  fixed point 缩放固定点 7.1.3, 7.4.5
  fixed position 固定点缩放 9.3
  general scaling directions 通用定向缩放 7.4.6
  inverse 逆缩放 7.3
  matrix representation 缩放矩阵表示 7.2.4
  raster methods 光栅方法 7.6
  three-dimensional 三维缩放 9.3
  transformations 缩放变换 7.1.3
  two-dimensional 二维缩放 7.1.3, 7.2.2
  uniform 一致缩放 7.1.3
Scan conversion line algorithm 线段扫描转换算法 6.1.2
Scan conversion raster-scan systems 扫描转换光栅扫描系统 2.2.2
Scan line 扫描行 2.1.2
Scan-line algorithms 扫描线算法
  coherence properties 相关特征 6.10
  convex-polygon fill 凸多边形扫描线填充算法 6.11
  curved boundary fill methods 曲线边界区域的填充方法 6.12
  polygon-fill 多边形扫描线填充算法 6.10
  visible-surface detection 可见面判别 16.5
Scan-line number 扫描行编号 4.1.1
Scanners 扫描仪 2.4.7
Scanning, texture patterns 扫描, 纹理图案 17.12
Scientific visualization(see also Data visualization) 科学计算可视化 1.4, 24
Screen coordinates 屏幕坐标系
  defined 屏幕坐标系定义 3.1
  graphics output primitives 输出图元 4
  grid 屏幕网格 6.8.1
  three-dimensional 三维屏幕坐标系 10.9, A.1.5
  two-dimensional 二维屏幕坐标系 A.1.1

Scripting animation system 脚本动画系统 12.5
Secondary rays 从属光线 21.1.1
Second-order continuity 二阶连续性 14.2
Second-order determinant 二阶秩 A.5.4
Second-order differential equations 二阶微分方程 A.14.4
Second-order tensor 二阶张量 24.3
Segment, picture subsection 段,图形分割 4.14
Self-affine fractals 自仿射分形 23.1.2
Self-inverse fractals 自逆分形 23.1.2, 23.1.10
Self-similar fractals 自相似分形 23.1.2, 23.1.4
Self-squaring fractals 自平方分形 23.1.2, 23.1.9
Sellers, Graham 人名 C.1, C.3
Serif typeface 有衬线字体 4.12
Server 服务器 2.6
Server attribute stack 服务器属性栈 5.14
setPixel procedure setPixel 函数 4.1.1
Shaders(see Programmable shaders) 着色器(又见可编程着色器)
Shades, color 明暗,颜色 19.2.2, 19.7.2
Shade trees 着色树 22.1.1
Shading(see Illumination models; Surface rendering) 着色(又见明暗模型,曲面绘制)
Shading language(see GLSL)
Shading model 明暗模型 17
Shadow
  modeling 阴影建模 17.6
  penumbra 半影 21.1.9
  ray 光线 21.1.1
  umbra 本影 21.1.9
Shadow-mask 荫罩法 2.1.4
Shape grammars 形状语法 23.3
Shear, defined 错切,定义 7.5.2
Shear transformation 错切变换
  axis 轴 7.5.2
  matrix 矩阵 7.5.2
  three-dimensional 三维 9.5.2
  two-dimensional 二维 7.5.2
  x-direction shear x 方向错切 7.5.2
  y-direction shear y 方向错切 7.5.2
Shift vector(see also Translation) 位移向量 7.1.1 (又见平移)
Side, polygon 侧面,多边形 4.7
SIGGRAPH(Special Interest Group in Graphics) 计算机学会图形学专业委员会 2.7
Similarity dimension 相似维数 23.1.3
Simple polygon 简单多边形 4.7
Simpson's ruleSimpson 定律 A.14.3
Simulating camera focusing effects 模拟照相机的聚焦效果 21.1.7

Simulations 模拟 1.4
Simultaneous linear-equation solving 并列线性方程求解 A.14.1
Singular matrix 奇异矩阵 A.5.5
Slope-intercept equation 斜率截距方程 6.1.1
Snell's law Snell 定律 17.4.2
Snowflake 雪花 23.1.4
Soft-fill 软填充 6.14.2
Soft-fill algorithms 软填充算法 5.9.2
Soft object model 软对象模型 15.1
Software standards 软件标准 3.3
Solid angle 立体角 A.1.7
Solid modeling, constructive solid-geometry 实体建模,结构实体几何 15.3
Solid modeling, sweep representations 实体造型,扫描表示 15.2
Solid texture 实体纹理 18.2.3, 22.1.2
Sonic digitizer 声音数据板 2.4.6
Sorted edge table 有序边表 6.10
Source color 源颜色 5.3.3
Spaceball 空间球 2.4.3
Spaceball functions 空间球函数 20.6.4
Space functions 空间函数 22.1.2
Space-partitioning representations 空间分区表示 15
Space-subdivision 空间分割 21.1.6
Special effects animation 特技效果动画 1.7, 30
Special Interest Group in Graphics(SIGGRAPH) 计算机学会图形学专业委员会 2.7
Spectral color 光谱颜色 19.1.1
Spectral radiance 光谱辐射能 21.2.1
Spectrum, electromagnetic 频谱,电磁 19.1.1
Specular reflection 镜面反射
  angle 镜面反射角 17.3.3
  coefficient 镜面反射系数 17.3.3
  defined 镜面反射定义 17.2
  described 镜面反射描述 17.3.3
  exponent 镜面反射参数 17.3.3
  Fresnel's laws Fresnel 定律 17.3.3
  halfway vector 半角向量 17.3.3
  Phong model Phong 模型 17.3.3
  vector 向量 17.3.3
Speed of light 光速 19.1.1
Sphere, equations 球面,方程 13.4.1
Sphere, ray intersection calculations 光线-球面求交计算
Spherical coordinates 球面坐标 7.8, 13.4.1
SPIFF(Still-Picture interchange File Format) 静止图像交换文件格式 B.4.1
Spiral 螺旋线 第 4 章示例程序
Spline curve 样条曲线 6.6.2, 14

Spline generation 样条曲线生成
  forward-difference calculations 向前差分计算 14.15.2
  Horner's Rule Horner 规则 14.15.1
  subdivision methods 细分方法 14.15.3
Spline representations 样条曲线表示
  approximation 逼近 14.1
  approximation functions 逼近样条函数 14.16
  basis functions 基函数 14.4
  basis matrix 基本矩阵 14.4
  beta-splines Beta 样条 14.12
  Bézier spline curves Bézier 样条曲线 14.8
  bias parameter 偏离参数 14.7.4, 14.8.5, 14.12.1
  blending functions 混合函数 14.4
  boundary conditions 边界条件 14.4
  B-spline B 样条 14.10
  B-spline surfaces B 样条曲面 14.11
  characteristic polygon 特征多边形 14.1
  continuity conditions 连续性条件 14.2
  continuity parameter 连续性参数 14.7.4
  control graph 控制图 14.1
  control points 控制点 14.1
  control polygon 控制多边形 14.1
  conversions 转换 14.14
  convex hull 凸壳 14.1, 14.8.3
  cubic interpolation 三次多项式 14.7, 14.7.1, 14.7.2, 14.7.3, 14.7.4
  described 样条曲线描述 14
  displaying 样条曲线显示 14.15
  first-order geometric continuity 一阶几何连续性 14.3
  first-order parametric continuity 一阶参数连续性 14.2
  forward-difference calculations 向前差分计算 14.15.2
  geometric continuity conditions 几何连续性条件 14.3
  Horner's Rule Horner 规则 14.15.1
  interpolation 插值 14.1
  knot vector 节点向量 14.10.1
  local control 局部控制 14.7.1, 14.8.5, 14.10
  matrix representation 矩阵表示 14.4
  nonuniform rational B-splines NURB 样条曲线 14.13
  parametric continuity conditions 参数连续性条件 14.2
  rational 有理样条 14.13
  second-order geometric continuity 二阶几何连续性 14.3
  second-order parametric continuity 二阶参数连续性 14.2
  spline curve 样条曲线 14
  spline specifications 样条描述 14.4, 14.5
  spline surface 样条曲面 14, 14.5
  subdivision methods 细分方法 14.15.3
  trimming 修剪 14.6
  zero-order geometric continuity 0 阶几何连续性 14.3
  zero-order parametric continuity 0 阶参数连续性 14.2
Splines 样条 5.8, 6.6
Spline specifications 样条描述 14.4, 14.5
Spline surface 样条曲面
  Bézier Bézier 样条曲面 14.9
  B-spline B 样条 14.11
  described 描述 14, 14.5
  displaying 显示 14.15
  forward-difference calculations 向前差分计算 14.15.2
  functions 函数 14.16.2
  Horner's Rule Horner 规则 14.15.1
  subdivision methods 细分方法 14.15.3
  trimming 修剪 14.6
Split-screen effects 分画面效果 8.3.4
Splitting concave polygons 分割凹多边形 4.7.3
Splitting convex polygons 分割凸多边形 4.7.4
Spotlight effects 投射效果 17.1.4, 17.3.7
Spot size(CRT) 亮点尺寸 2.1.1
Spring constant 弹簧常数 15.6
Spring network 弹簧网络 15.6
Square matrix 方阵 A.5
Squash and stretch animation 挤压和拉伸动画 12.3
Staging animation 分级动画 12.3
Stair-step line 阶梯现象线段 6.1
Standard graphics object 标准图形对象 4.6, 13.1
Standard polygon 标准多边形 4.7
State 状态
  machine 状态机 5
  parameters 状态参数 5
  system 状态系统 5
  variables 状态变量 5
Statistically self-affine fractal 统计自仿射分形 23.1.2
Statistically self-similar fractal 统计自相似分形 23.1.2, 23.1.5
Stencil buffer 模板缓存 4.11.2, 5.3.5
Steradian 球面度 21.2.1, A.1.7
Stereoscopic systems 立体感系统 2.1.7
Stereoscopic viewing 立体视图 10.1.7
Still-Picture interchange File Format(SPIFF) 静止图像交换文件格式 B.4.1
Stitching 缝线 5.10.3

Stochastic sampling 随机抽样 21.1.9
Stokes's theorem 斯托克斯定理 A.11.1
Storyboard animation 故事情节动画 12.2
Straight-line segments 直线段 6.1.1, 6.6, 6.9
Streamlines 流线 24.2
String input devices 字符串输入设备 20.2.3
Stroke font 笔划字体 4.12
Stroke input devices 笔划输入设备 20.2, 20.2.2
Stroke-writing displays 笔划显示器 2.1.3
Structure, changing 结构, 改变 22.2.2
Structure, picture subsection 结构, 子图 4.14
Stylus(digitizer) 触笔(数字化仪) 2.4.6
Subdivision methods
   adaptive ray tracing 自适应光线追踪 21.1.6
   BSP trees BSP 树 15.5, 16.7
   fractal-geometry methods 分形几何方法 23.1.3
   light-buffer 光线缓存 21.1.6
   octrees 八叉树 15.4, 16.9
   space 空间 21.1.6
   spline generation 样条生成 14.15.3
   uniform ray tracing 均匀的光线追踪 21.1.6
Subpatterns 子图案 18.5.10
Subpixel weighted masks 子像素的加权掩模 6.15.2
Substitutional algorithm 替代算法 B.3.2
Subwindows 子窗口 8.4.11
Superellipse 超椭圆 13.5.1
Superellipsoid 超椭球面 13.5.2
Superquadrics 超二次曲面 13.5
Supersampling 过取样 6.15, 21.1.8
Surface 面
   blobby 柔性 15.1
   contour plots 等值线图 6.12.2
   curved 曲面 13.3
   emissions 发射 17.3.6
   enclosure 闭包 21.2.2
   explicit representation 显式表示 A.8
   fractal 分形 21.1.3, 21.1.4
   identifying 面的判定 10.1.4
   implicit representation 隐式表示 A.8
   intersection calculations 求交计算 21.1.2
   lighting effects 光照效果 17.2
   nonparametric representations 非参数表示 A.8
   normal vector 法向量 A.10.1
   parametric representations 参数表示 A.9
   quadric 二次曲面 13.4
   rendering 面绘制 10.1.5
   shaders 着色器 22.1.3
   texture functions 纹理函数 18.5.2
   texture patterns 纹理图案 18.2.1, 18.2.2, 18.2.3
   trimming 修剪 14.6

Surface details 表面细节
   bump mapping 凹凸映射 18.3, 22.4.3
   environment mapping 环境映射 21.3
   frame mapping 帧映射 18.6
   functions 函数 18.5
   polygon facets 多边形表面 17.11.12
   texture mapping 纹理映射 18.2
Surface-facet table 面片表 4.7.6
Surface-property function 曲面特性函数 17.11.7
Surface rendering 曲面绘制
   environment mapping 环境映射 21.3
   functions 函数 17.11
   photon mapping 光子映射 21.4
   polygon method 多边形算法 17.10
   radiosity 辐射度 21.2
   ray-tracing 光线跟踪 21.1
Surface tessellation 曲面细分 4.6
Surface tiling 曲面平铺 5.9.1
Surface-visibility algorithms 曲面可见性算法 16.13.1
Surrounding surface 包围曲面 16.8
Sutherland-Hodgman polygon clipping Sutherland-Hodgeman 多边形裁剪 8.8.1
Sweep representations 扫描表示法 15.2
Swizzling Swizzling 技术 22.3.4
Symbol 符号
   hierarchies 层次 11.1.2
   instance 实例 11.1.1
   modeling 建模 11.1
Symmetric frustum 对称锥台 10.8.6
Symmetric perspective-projection functions 对称透视投影函数棱台 10.10.3
Syntax basics 基本语法 3.5.1
System intensity levels 系统强度等级 17.8

T

Tables 表 4.7.6, 6.10
Tablet 数据板 2.4.6
Tablet functions 数据板功能 20.6.3
Tag Image-File Format(TIFF) TIFF B.4.3
Tangent space 切空间 22.4.3
Tangent vector 切向量 22.4.3
Targa format Targa 格式 B.4.11
TCP/IP 传输控制协议/网际互连协议 2.7
Teapot 茶壶 13.6.2
Tension parameter, spline 张量参数, 样条 14.7.3, 14.8.5, 14.12.1
Tensor 张量
   contraction 缩减 24.3
   data visualization 数据可视化 24.1, 24.2, 24.3
   defined 张量定义 A.3
   dimension 维数 A.3

metric 度量 A.4.3
rank 阶 A.3
transformation properties 变换属性 A.3
Terrain, fractal 地形，分形 23.1.8
Tessellation control shader 曲面细分控制着色器 22.2.6
Tessellation evaluation shader 曲面细分评价着色器 22.2.6
Tessellation shaders 曲面细分着色器 22.2.6
Texel 纹理元 18.2
Text(see also Character) 文字，文本
    alignment 文本对齐 5.11
    attributes 文本属性 5.11
    clipping 文字裁剪 8.10
    path 文本路径 5.11
    precision 文本精度 5.11
Texture borders 纹理边界 18.5.12
Texture mapping 纹理映射
    coordinates 纹理坐标 18.2
    defined 纹理定义 18.2
    functions 纹理函数 18.2
    linear patterns 线性图案 18.2.1
    MIP maps MIP 图 18.2.4
    in OpenGL OpenGL 纹理映射 22.4.2
    procedural methods 过程式方法 18.2.5
    reduction patterns 缩减图案 18.2.4
    scanning 扫描 18.2.2
    solid 实体 18.2.3
    space 空间 18.2
    surface patterns 曲面图案 18.2.3
    texel 纹理元 18.2
    volume patterns 体图案 18.2.3
Texture patterns 纹理图案
    color options 颜色选项 18.5.4
    copying 复制 18.5.7
    creating 创建纹理图案 5.10.2
    naming 命名 18.5.9
Texture subpatterns 纹理子图案 18.5.10
Texture units 纹理单元 22.4.2
Texture wrapping 纹理环绕 18.5.6
TGA(Truevision Graphics-Adapter Format) TGA B.4.11
Thin-film electroluminescent displays 薄膜光电显示器 2.1.5
Thin-film transistor technology 薄膜晶体管技术 2.1.5
Thin-lens equation 薄透镜公式 21.1.7
Three-dimensional 三维
    charts 三维表 1.1
    digitizers 三维数字化仪 2.4.6
    homogeneous coordinates 三维齐次坐标系 10.11.1
    screen coordinates 三维屏幕坐标系 10.9, A.1.5

viewing devices 三维观察设备 2.1.6
Three-dimensional clipping algorithms 三维观察裁剪算法
    curve clipping 三维曲线裁剪 10.11.5
    described 三维观察裁剪算法描述 10.11
    line clipping 三维线段裁剪 10.11.3
    point position 三维点裁剪 10.11.3
    polygon clipping 多边形裁剪 10.11.4
    region code 三维区域码 10.11.2
Three-dimensional coordinates 三维坐标系 A.1.5
Three-dimensional geometric transformations 三维几何变换
    affine 三维仿射变换 9.7
    composite 三维复合变换 9.4
    coordinate systems 三维坐标系 9.6
    reflection 三维反射 9.5.1
    rotation 三维旋转 9.2
    scaling 三维缩放 9.3
    shear 三维错切 9.5.2
    translation 平移 9.1
Three-dimensional object representations 三维对象的表示
    boundary representation 边界表示 13
    cubic-surfaces functions 三次曲面函数 13.6
    curved surfaces 三维曲面 13.3
    described 三维对象表示的描述 13
    polyhedra 多面体 13.1
    polyhedron functions 多面体函数 13.2.2
    quadric surface functions 二次曲面函数 13.6
    quadric surfaces 二次曲面 13.4
    superquadrics 超二次曲面 13.5
Three-dimensional viewing 三维观察
    clipping planes 裁剪平面 10.12
    concepts 三维观察概念 10.1
    oblique parallel projections 斜平行投影 10.7
    orthogonal projections 正投影 10.6
    parameters 三维观察参数 10.3
    perspective projections 透视投影 10.8
    pipeline 三维观察流水线 10.2
    program example 三维观察程序示例 10.10.6
    projection transformations 投影变换 10.5
    screen coordinates 三维屏幕坐标系 10.9, A.1.5
    transformation from world to viewing coordinates 世界坐标系到观察坐标系的变换 10.4
    viewing functions 观察函数 10.10
    viewport transformation 视口变换 10.10
Three-point perspective projection 三点透视投影 10.8.3
TIFF(Tag Image-File Format) TIFF B.4.3
Tiling 平铺 5.9.1
Tiling pattern 平铺模式 5.9.1
Time charts 时间图 1.1

Timing animation 定时动画 12.3
Tint-fill algorithms 色彩填充算法 5.9.2
Tints, color 色泽, 颜色 19.2.2, 19.7.2
Tomography 层析 X 射线造影术 1.8
Tones, color 色调, 颜色 19.2.2, 19.7.2
Topline character 顶线字符 5.11
Topological covering methods 拓扑覆盖方法 23.1.3
Torus 环面 13.4.3
Touch panel 触摸板 2.4.8
Trackball 跟踪球 2.4.3
Training applications 培训 1.5
Transformation matrix 变换矩阵 10.7.5
Transformations 变换
  affine 仿射变换 9.7
  color-table 颜色表 12.1.2
  composite 复合变换 7.4, 9.4
  computational efficiency 计算效率 7.4.8
  between coordinate systems 二维坐标系间的变换 7.8
  coordinate systems 坐标系间的变换 7.8, 9.6
  functions for 表 7.1
  geometric 几何变换 3.2, 7
  inverse 逆变换 7.3
  modeling 建模变换 3.2, 7, 11.3.2
  oblique parallel projections 斜平行投影 10.7.6
  orthogonal projection 正投影 10.6.4
  perspective projections 透视投影 10.8
  projection 投影变换 10.5
  raster methods 光栅方法 7.6
  reflection 反射变换 7.5.1, 9.5.1
  rigid body 刚体变换 7.1.1, 7.1.2, 7.4.9
  shear 错切变换 7.5.2, 9.5.2
  three-dimensional 三维变换 9.4, 9.9
  translation 平移 7.1.1, 7.2.2
  two-dimensional geometric 二维几何变换 7.1
  two-dimensional viewing 二维观察 8.1
  viewing 观察变换 3.2
  viewport 视口变换 10.10
  window-to-viewport 窗口到视口的变换 8.1
  world-to-viewing coordinate 世界坐标转换为观察坐标 8.1, 10.4
Transformed values, reduction of 变换值缩减 B.4.1
Translation 平移
  composition 复合平移 7.4.1
  distance 平移距离 7.1.1
  inverse 逆平移 7.3
  matrix representation 平移矩阵表示 7.2.2
  raster methods 光栅方法 7.6
  three-dimensional 三维平移 9.1
  two-dimensional 二维平移 7.1.1, 7.2.2
  vector 平移向量 7.1.1

Translucent materials 半透明材料 17.4.1
Transparency(see also Ray-tracing; Refraction) 透明(又见光线跟踪, 折射)
  basic model 基本模型 17.4.3
  coefficient 系数 17.4.3
  factor 透明因子 5.9.2
  functions 函数 17.11.10
  Snell's law Snell 定律 17.4.2
Transparent material 透明材质 17.4.3
Transparent surfaces 透明曲面
  angle of refraction 折射角 17.4.2
  basic model 基本模型 17.4.3
  A-buffer method A 缓存算法 17.4.3
  double refraction 双重折射 17.4.2
  index of refraction 折射率 17.4.2
  light refraction 光折射 17.4.2
  opacity factor 不透明因子 17.4.3
  opaque material 不透明材质 17.4
  refraction effects 折射效果 17.4.2
  Snell's law Snell 定律 17.4.2
  translucent 半透明 17.4
  translucent materials 半透明材料 17.4.1
  transparency coefficient 透明系数 17.4.3
Transpose, matrix 矩阵转置 A.5.3
Trapezoid rule 梯形定律 A.14.3
Tree, BSP BSP 树 15.5, 16.7
Tree, ray-tracing 树, 光线跟踪 21.1.1
Triangle meshes 三角形网格 4.8
Trimming curves 修整曲线 14.6
Trimming spline surface 修整样条曲面 14.6
Tristimulus theory 三刺激理论 19.4
True-color system 真彩色系统 2.1.4
Truevision Graphics-Adapter Format(TGA) TGA 格式 B.4.11
Two-dimensional coordinates 二维坐标系 A.1.1
Two-dimensional cross-sectional objects 二维"切片"
Two-dimensional geometric transformations 二维几何变换
  basic transformations 基本变换 7.1
  composite 复合 7.4
  coordinate systems 二维坐标系间的变换 7.8
  homogeneous coordinates 齐次坐标 7.2
  matrix representation 矩阵表示 7.2
  raster methods 光栅方法 7.6
  reflection 反射 7.5.1
  shear 错切 7.5.2
Two-dimensional line clipping 二维线段裁剪 8.7
Two-dimensional point clipping 二维点裁剪 8.6
Two-dimensional screen coordinates 二维屏幕坐标系 A.1.1

Two-dimensional viewing transformation 二维观察变换 8.1
Two-dimensional world-coordinate reference frame 二维世界坐标系 4.2
Two-point perspective projection 两点透视投影 10.8.3
Typeface 字体 4.12, 5.11

U

Ultrasonic imaging 超声波图像 1.8
Umbra shadow 本影 21.1.9
Under-sampled animation displays 取样过低的动画显示 12.9
Uniform color-reduction methods 均匀降色法 B.2.1
Uniform curves 均匀曲线 14.10.2
Uniform resource locator(URL) 统一资源定位器 2.7
Uniform scaling 一致缩放 7.1.3
Uniform spatial subdivision 均匀空间分割
  octrees 八叉树 15.4
  ray tracing 光线跟踪 21.1.6
Unit tangent continuity 单位切向量连续 14.12.1
Up vector character 向上向量字符 5.11
URL(uniform resource locator) 统一资源定位器 2.7
User 用户
  dialogue 对话 20.8
  help facilities 帮助功能 20.8.3
  interface 用户界面
  model 模型 20.8.1
Utility 工具
Utility toolkit 工具包
uvn viewing-coordinate reference frame uvn观察坐标系 10.3.3

V

Valuator input devices 定值输入设备 20.2
Vanishing point 灭点 10.8.3
Variable, dependent 自(变量) A.8
Variable, independent 因(变量) A.8
Varifocal mirror 变焦反射镜 2.1.6
Vector 向量
  addition 加 A.2.3
  basis 基 A.4
  binormal 副法线 22.4.3
  column, matrix 列，矩阵 A.5
  cross product 叉积 A.2.5
  curl of 旋度 A.10.6
  data visualization 数据可视化 24.2
  dimension 维数 A.1.1
  direction angles 方向角 A.2.2
  direction cosines 方向余弦 A.2.2
  displays 向量显示器 2.1.3
  divergence of 散度 A.10.5

dot product 点积 A.2.4
edge 边向量 5.11
file 文件 2.1.3
halfway 半角 17.3.3
inner product 内积 A.2.4
knot 节点 14.10.1
light sources 光源 17.1.3
magnitude 幅度 A.2.2
oblique parallel projections 斜平行投影 10.7
orthonormal 正交向量 7.4.9
parallel-projection 平行投影向量 10.7.3
parts 向量部 9.2.3, 23.1
position 位置 A.4.1
product 乘积 A.2.3
properties 属性 A.2.2
quaternion representation 四元数表示 A.7
row, matrix 行，矩阵 A.5
scalar multiplication 标量乘 A.2.3
scalar product 标量积 A.2.4
shading language 着色语言 22.1
space 空间 A.3
specular reflection 镜面反射 17.3.3
surface normal 曲面法向量 A.10.1
tangent 切向量 22.4.3
translation 平移向量 7.1.1
transmission 透射 21.1.1
view-plane normal 观察平面法向量 10.3.1
view-up 向上向量 10.3.1, 10.3.2
Vector format 向量格式 B.1
Vector method, polygon splitting 向量方法，分割多边形 4.7.3
Vertex arrays 顶点数组 4.9
Vertex shaders 顶点着色器 22.2.3
Vertex table 顶点表 4.7.6
Vertical retrace 垂直回扫 2.1.2
Vertices 顶点 4.7
Video controller 显示控制器 2.2.1
Video display devices 视频显示器
  calligraphic 笔迹显示器 2.1.3
  color monitors 彩色监视器 2.1.4
  CRT design CRT设计 2.1.1
  described 视频显示器描述 2.1
  display list 显示表 2.1.3
  display program 显示程序 2.1.3
  flat-panel 平板显示器 2.1.5
  graphics server 图形服务器 2.6
  random-scan displays 随机扫描显示器 2.1.3
  raster-scan displays 光栅扫描显示器 2.1.2
  refresh CRT 刷新式CRT 2.1.1, 2.1.2
  refresh display file 刷新显示文件 2.1.3

索引

Stereoscopic 立体感显示器 2.1.7
stroke-writing 笔划显示器 2.1.3
three-dimensional 三维显示器 2.1.6
vector displays 向量显示器 2.1.3
vector file 向量文件 2.1.3
virtual-reality 虚拟现实显示器 2.1.7
Video lookup table 视频查找表 5.2.2, 17.8.2
View angle, field-of-view 视角, 视场 10.8.6
Viewing 观察
  concepts 观察概念 10.1
  functions 观察函数 8.4, 表 8.1
  panning 移镜 8.1
  scenes 观察场景 10.1
  stereoscopic 立体视图 10.1.7
  three-dimensional 三维观察 10.1
  three-dimensional effects 三维观察效果 10.4
  two-dimensional 二维观察 8
  zooming 拉镜头 8.1
Viewing-coordinate reference frame 观察坐标系 8.1, A.1
Viewing coordinates 观察坐标
  left-handed 左手 A.1.5
  parameters 观察坐标参数 10.3
  three-dimensional 三维 A.1.4
  transformations from world coordinates 世界坐标系到观察坐标系的变换 10.4,
  two-dimensional 二维观察坐标 8.1, A.1.1
  uvn uvn 观察坐标系 10.3.3
Viewing coordinate system 观察坐标系 8.2.1
Viewing pipeline (see also GLSL) 观察流水线(又见GLSL)
  described 观察流水线描述 3.1
  three-dimensional 三维观察流水线 10.2
  two-dimensional 二维观察流水线 8.1
Viewing position 观察位置 10.3.1
Viewing systems 观察系统 2.3
Viewing transformations (see also Projection transformations) 观察变换(又见投影变换)
  clipping algorithms 裁剪算法 8.5
  clipping plane 裁剪平面 10.2, 10.11.6
  clipping window 裁剪窗口 8.1, 8.2
  described 观察变换描述 3.2
  functions 观察函数 8.4, 10.10.1
  line clipping 线段裁剪 8.7
  normalization transformations 规范化口变换 8.3
  normalized square 规范化正方形 8.3.2
  normalized viewport 规范化视口 8.3.1
  pipeline 观察变换流水线 8.1
  point clipping 点裁剪 8.6
  polygon fill-area clipping 多边形填充区裁剪 8.8

screen coordinates 屏幕坐标 A.1.1, A.1.15
text clipping 文字裁剪 8.10
three-dimensional shears 三维错切 9.5.2
two-dimensional 二维观察变换 8.1
viewing-coordinate system 观察坐标系 8.2.1
viewport transformation 视口变换 8.3
wold-coordinate 世界坐标系 8.2.2
Viewing window 观察窗口 8.1
View plane 观察平面 10.1.1, 10.3.1
View point 观察点 10.3.1
Viewpoint transformations 视口变换 8.3
Viewport (see also Clipping window) 视口(又见裁剪窗口)
  described 视口描述 8.1
  functions 视口函数 8.4.3, 10.10.5
  normalized 规范化视口 8.3.1
Viewport transformation 视口变换 10.10
View reference point 观察参考点 10.8
Views, cutaway 视图, 剖面 10.1.6
Views, exploded 视图, 拆散 10.1.6
View-up vector 观察向上向量 8.2.1, 10.3.1, 10.3.2
View volume 观察体
  defined 观察体定义 10.2
  normalized 规范化观察体 10.6.4, 10.8.8
  orthogonal projection 正投影观察体 10.6.3
  perspective projections 透视投影观察体 10.8.4
Virtual-reality, environments 虚拟现实, 环境 1.3, 20.5
Virtual-reality, systems 虚拟现实系统 2.1.7
Virtual-Reality Modeling Language (VRML) 虚拟现实建模语言 3.4
Visibility-detection functions 可见性判别函数 16.14
Visible-line detection methods (see also Depth cueing) 可见线判别算法 16.13 (又见深度提示)
Visible lines, identifying 可见线判定 10.1.4
Visible-surface detection 可见面判定
  algorithm classification 算法分类 16.1
  algorithm comparisons 算法比较 16.11
  area-subdivision method 区域细分算法 16.8
  back-face detection 后向面判别 16.2
  BSP-tree method BSP树方法 15.5, 16.7
  A-buffer method A缓存算法 16.4
  curved-surface representations 曲面表示 16.12.1
  curved surfaces 曲面 16.12
  depth-buffer method 深度缓存算法 16.3
  depth cueing 深度提示 16.13.2
  depth-sorting method 深度排算法 16.6
  described 可见面描述 16
  hidden-line detection methods 隐藏线判别算法 16.13
  hidden-surface elimination 隐藏面消除 16

image-space methods 像空间算法 16.1
object-space methods 物空间算法 16.1
octrees methods 八叉树方法 15.4，16.9
painter's algorithm 画家算法 16.6
ray-casting method 光线投射算法 16.10
scan-line method 扫描线算法 16.5
surface contour plots 曲面的层位线图 16.12.2
visibility-detection functions 可见性判别函数 16.14
visible-line detection methods 可见线判别算法 16.13
wire-frame methods 线框图算法 16.13，16.13.1，16.13.2
Vision, tristimulus theory of 三刺激理论 19.4
Visualization, applications 可视化，应用 1.4
Voice input system 语音输入系统 2.4.10
Volume calculations 体计算 15.3，15，4
Volume elements 体素 15.4
Volume rendering 体绘制 24.1
Volume shaders 体着色器 22.1.3
Volume texture functions 体纹理函数 18.5.3
Volume texture patterns 体纹理图案 18.2.3
Voxels 体元 15.4
VRML(Virtual-Reality Modeling Language) 虚拟现实建模语言 3.4

W

Warn model, light sources Warn模型，光源 17.1.6
Wavelength, light 波长，光 19.1.1
Weighted 加权
 masks 加权掩模 6.15.2
 sampling 取样 6.15.2
Weiler-Atherton polygon clipping Weiler-Atherton多边形裁剪 8.8.2
WGL(Windows-to-OpenGL) Windows到OpenGL的接口 3.5.2
White light 白色光 19.1.1
Width, line 线宽 5.6
Winding number 环绕数 4.7.5
Window (see also Clipping window; Display window; Viewing transformations; Viewpoint) 窗口 8.1（又见裁剪窗口；显示窗口；观察变换视口）
Windowing transformation 窗口变换 8.1
Windows 20.8
Windows interface Windows接口 3.5.2
Windows-to-OpenGL(WGL) Windows到OpenGL的接口 3.5.2
Window-to-viewport transformation 窗口到视口的变换 8.1
Wire-frame 线框图
 depth-cueing algorithm 深度提示算法 16.13.2
 images 图像 1.8
 methods 线框图方法 5.10.3
  surface-visibility algorithms 曲面可见性算法 16.13.1
 views 线框图视图 4.6
Workstation number 工作站号 8.3.4
Workstations 工作站 2.3
Workstation transformation 工作站变换 8.3.4
World coordinate 世界坐标系
 clipping window 世界坐标系裁剪窗口 8.2.2
 described 世界坐标描述 3.1
 reference frame 世界坐标系 4.1
 transformations to viewing coordinates 世界坐标系到观察坐标系的变换 10.4
World Wide Web 万维网 2.7
World window 世界坐标系窗口 8.1

X

x-axis rotation x坐标轴旋转 9.2.1
XBM XBM格式 B.4.5
x-direction shear x方向错切 7.5.2
XPM XPM格式 B.4.5
X-ray photography X射线断层造影术 1.8
X Window interface X窗口系统到OpenGL的接口 3.5.2
X Window System extension X窗口系统扩充 3.5.2
XYZ color model XYZ颜色模型 19.3.1

Y

y-axis rotation y坐标轴旋转 9.2.1
YC_rC_b color models YC_rC_b颜色模型 19.5.3
y-direction shear y方向错切 7.5.2
YIQ color models YIQ颜色模型 19.5
YUV color models YUV颜色模型 19.5.3

Z

z-axis rotation z坐标轴旋转 9.2.1
z buffer method z缓存算法 16.3
Zooming effects "拉镜头"的效果 8.1

OpenGL 函数索引

核心库函数

glActiveTexture 22.4.2
glAttachShader 22.3.2
glBegin
    closed polyline 4.4
    interpolation fill 5.10.2
    line effects 5.7.2
    line segments 3.5.5, 4.4
    points 4.3
    polygon 4.8
    polyline 4.4
    quadrilaterals 4.8, 4.9
    quad strip 4.8
    triangle fan 4.8
    triangles 4.8
    triangle strip 4.8
glBindTexture 18.5.9, 22.4.2
glBitmap 4.11.1
glBlendFunc 5.3.3, 5.13, 17.11.10
glCallList 4.15.2
glCallLists 4.15.2, 11.4
glClear 3.5.5, 16.14.2
glClearColor 3.5.5, 5.3.5, 8.4.5
glClearDepth 16.14.2
glClearIndex 5.3.5, 8.4.5
glClipPlane 10.12
glColor 3.5.5, 5.3.1, 17.11.10
glColorPointer 5.3.4
glCompileShader 22.3.2
glCopyPixels 4.11.3, 7.7
glCopyTexImage 18.5.7
glCopyTexSubImage 18.5.7
glCreateProgram 22.3.2
glCreateShader 22.3.2
glCullFace 16.14.1
glDeleteLists 4.15.3
glDeleteProgram 22.3.2
glDeleteShader 22.3.2
glDeleteTextures 18.5.9
glDepthFunc 16.14.2
glDepthMask 16.14.2, 17.11.10
glDepthRange 16.14.2
glDetachShader 22.3.2
glDisable 5.3.3, 5.7.2, 5.10.1, 10.12, 14.16.1, 16.14.1
glDisableClientState 4.9
glDrawBuffer 4.11.2, 7.7

glDrawElements 4.9
glDrawPixels 4.11.2, 7.7
glEdgeFlag 5.10.3
glEdgeFlagPointer 5.10.3
glEnable
    antialiasing 5.13
    atmospheric effects 17.11.9
    Bèzier curves 14.16.1
    Bèzier surfaces 14.16.2
    color blending 5.3.3, 17.11.10
    depth cueing 16.14.4
    depth testing 16.14.2, 17.11.10
    fill styles 5.9
    halftoning(dither) 17.11.12
    id 10.12
    light source 17.11.1, 17.11.2
    line styles 5.7.2
    optional clipping planes 10.12
    polygon culling 16.14.1
    surface rendering 17.11.11
    texturing 18.5.1, 18.5.2, 18.5.3
    vector normalization 17.11.11
glEnableClientState
    color arrays 5.3.4
    edge flags 5.10.3
    surface normals 17.11.11
    texture-coordinate arrays 18.5.8
    vertex arrays 4.9
glEnd 4.3
glEndList 4.15.1
glEvalCoord
    Bèzier curves 14.16.1
    Bèzier surfaces 14.16.2
glEvalMesh
    Bèzier curves 14.16.1
    Bèzier surfaces 14.16.2
glFlush 3.5.5
glFog 16.14.4, 17.11.9
glFrontFace 16.14.1
glFrustum 10.10.4
glGenLists 4.15.1
glGenTextures 18.5.9, 22.4.2
glGetAttribLocation 22.3.9, 22.4.3
glGetBoolean* 5.14, 12.10
glGetDouble 5.14
glGetFloat* 5.14
glGetInteger* 5.14, 8.4.3, 9.8.1, 10.12, 22.4.2
glGetProgramInfoLog 22.3.2

glGetProgramiv 22.3.2
glGetShaderInfoLog 22.3.2
glGetShaderiv 22.3.2
glGetTexLevelParameter 20.1
glGetUniformfv 22.3.9
glGetUniformiv 22.3.9
glGetUniformLocation 22.3.9, 22.4.2

glIndex 5.3.2
glIndexPointer 5.3.4
glInitNames 20.6.7
glInterleavedArrays 5.3.4
glIsList 4.15.1
glIsTexture 18.5.9

glLight 17.11.1
glLightModel 17.11.6
glLineStipple 5.7.2
glLineWidth 5.7.1
glLinkProgram 22.3.2
glListBase 4.15.2
glLoadIdentity 4.16, 7.9.2, 8.4.1
glLoadMatrix 7.9.2
glLoadName 20.6.7
glLogicOp 4.11.3

glMap
    Bèzier curves 14.16.1
    Bèzier surfaces 14.16.2
glMapGrid
    Bèzier curves 14.16.1
    Bèzier surfaces 14.16.2
glMaterial 17.11.7
glMatrixMode 3.5.5, 7.9.2, 8.4.1, 10.10.1, 10.10.2
glMultMatrix 7.9.2

glNewList 4.15.1, 11.4
glNormal 17.11.11
glNormalPointer 17.11.11
glOrtho 3.5.5, 10.10.2

glPixelStore 4.11.1
glPixelZoom 7.7
glPointSize 5.5
glPolygonMode 5.10.3, 16.14.3
glPolygonOffset 5.10.3
glPolygonStipple 5.10.1
glPopAttrib 5.15
glPopMatrix 9.8.1, 11.4
glPopName 20.6.7
glPushAttrib 5.15
glPushMatrix 9.8.1, 11.4
glPushName 20.6.7

glRasterPos 4.11.1, 4.13
glReadBuffer 4.11.3
glReadPixels 4.11.3, 7.7
glRect 4.8

glRenderMode 20.6.7
glRotate 7.9.1
glScale 7.9.1
glSelectBuffer 20.6.7
glShadeModel 5.7.3, 5.10.2, 17.11.11
glShaderSource 22.3.2

glTexCoord 18.5.1, 18.5.2, 18.5.3, 18.5.15
glTexCoordPointer 18.5.8
glTexEnv 18.5.5
glTexImage1D 18.5.1, 18.5.9
glTexImage2D 18.5.2, 18.5.13
glTexImage3D 18.5.3
glTexParameter 18.5.1, 18.5.2, 18.5.3, 18.5.6, 18.5.11, 18.5.12
glTexSubImage 18.5.10
glTranslate 7.9.1

glUniform* 22.3.9
glUseProgram 22.3.2, 22.3.9

glVertex 4.3
glVertexAttrib1f 22.3.9
glVertexAttrib1fv 22.3.9
glVertexAttrib3fv 22.4.3
glVertexPointer 4.9, 5.3.4
glViewport 8.4.3, 10.10.5

GLSL 函数

gl_BackColor 22.3.1
gl_BackMaterial 22.4.1
gl_Color 22.3.1
gl_FragColor 22.31, 22.4.1, 22.4.2, 22.4.3
gl_FrontColor 22.3.1
gl_FrontMaterial 22.4.1
gl_LightSource 22.4.1
gl_ModelViewMatrix 22.3.1
gl_ModelViewProjectionMatrix 22.3.1
gl_MultiTexCoord0 22.4.2
gl_Position 22.3.1
gl_ProjectionMatrix 22.3.1
gl_TexCoord 22.4.2
gl_Vertex 22.3.1

GLU 函数

gluBeginCurve 14.16.3
gluBeginSurface 14.16.4
gluBeginTrim 14.16.5
gluBuild*MipmapLevels 18.5.11
gluBuild*Mipmaps 18.5.11
gluCylinder 13.6.3
gluDeleteNurbsRender 14.16.3
gluDeleteQuadric 13.6.3
gluDisk 13.6.3
gluEndCurve 14.16.3

gluEndSurface 14.16.4
gluEndTrim 14.16.5
gluErrorString 3.5.6

gluGetNurbsProperty 14.16.4

gluLoadSamplingMatrices 14.16.4
gluLookAt 10.10.1

gluNewNurbsRenderer 14.16.3, 14.16.4
gluNewQuadric 13.6.3

gluNurbsCallback 14.16.4
gluNurbsCallbackData 14.16.4
gluNurbsCurve 14.16.3, 14.16.5
gluNurbsProperty 14.16.3, 14.16.4
gluNurbsSurface 14.16.4

gluOrtho2D 3.5.5, 4.2, 8.4.2

gluPartialDisk 13.6.3
gluPerspective 10.10.3
gluPickMatrix 20.6.7
gluPwlCurve 14.16.5

gluQuadricCallback 13.6.3
gluQuadricDrawStyle 13.6.3
gluQuadricNormals 13.6.3
gluQuadricOrientation 10.10.3
gluQuadricTexture 18.5.14

gluSphere 13.6.3

GLUT 函数

glutAddMenuEntry 20.7.1, 20.7.3
glutAddSubMenu 20.7.3
glutAttachMenu 20.7.1

glutBitmapCharacter 4.13
glutButtonBoxFunc 20.6.5

glutCreateMenu 20.7.1, 20.7.3
glutCreateSubWindow 8.4.11
glutCreateWindow 3.5.4, 8.4.4, 8.4.6

glutDestroyMenu 20.7.2
glutDestroyWindow 8.4.7
glutDetachMenu 20.7.4
glutDeviceGet 20.6.3
glutDialsFunc 20.6.6
glutDisplayFunc 3, 4, 5, 8.4.13

glutFullScreen 8.4.9
glutGet 8.4.15
glutGetMenu 20.7.2
glutGetWindow 8.4.8

glutHideWindow 8.4.10

glutIconifyWindow 8.4.10
glutIdleFunc 8.4.15, 12.10
glutInit 3.5.4, 8.4.4

glutInitDisplayMode 3.5.4, 5.3, 8.4.5, 12.10, 16.14.2
glutInitWindowPosition 3.5.4, 8.4.4
glutInitWindowSize 3.5.4, 8.4.4

glutKeyBoardFunc 20.6.2

glutMainLoop 3.5.4, 8.4.14
glutMotionFunc 20.6.1
glutMouseFunc 20.6.2

glutPassiveMotionFunc 20.6.1
glutPopWindow 8.4.10
glutPositionWindow 8.4.9
glutPostRedisplay 8.4.13, 20.6.7
glutPushWindow 8.4.10

glutRemoveMenuItem 20.7.4
glutReshapeFunc 4.16, 8.4.9
glutReshapeWindow 8.4.9

glutSetColor 5.3.2
glutSetCursor 8.4.12
glutSetIconTitle 8.4.10
glutSetMenu 20.7.2
glutSetWindow 8.4.8, 8.4.10
glutSetWindowTitle 8.4.10
glutShowWindow 8.4.10
glutSolidCone 13.6.1
glutSolidCube 13.2.2
glutSolidDodecahedron 13.2.2
glutSolidIcosahedron 13.2.2
glutSolidOctahedron 13.2.2
glutSolidSphere 13.6.1
glutSolidTeapot 13.6.2
glutSolidTetrahedron 13.2.2
glutSolidTorus 13.6.1
glutSpaceballButtonFunc 20.6.4
glutSpaceballMotionFunc 20.6.4
glutSpaceballRotateFunc 20.6.4
glutSpecialFunc 20.6.2
glutStrokeCharacter 4.13
glutSwapBuffers 12.10, 17.11.10

glutTabletButtonFunc 20.6.3
glutTabletMotionFunc 20.6.3

glutWireCone 13.6.1
glutWireCube 13.2.2
glutWireDodecahedron 13.2.2
glutWireIcosahedron 13.2.2
glutWireOctahedron 13.2.2
glutWireSphere 13.6.1
glutWireTeapot 13.6.2
glutWireTetrahedron 13.2.2
glutWireTorus 13.6.1

反侵权盗版声明

电子工业出版社依法对本作品享有专有出版权。任何未经权利人书面许可，复制、销售或通过信息网络传播本作品的行为；歪曲、篡改、剽窃本作品的行为，均违反《中华人民共和国著作权法》，其行为人应承担相应的民事责任和行政责任，构成犯罪的，将被依法追究刑事责任。

为了维护市场秩序，保护权利人的合法权益，我社将依法查处和打击侵权盗版的单位和个人。欢迎社会各界人士积极举报侵权盗版行为，本社将奖励举报有功人员，并保证举报人的信息不被泄露。

举报电话：（010）88254396；（010）88258888
传　　真：（010）88254397
E-mail：dbqq@phei.com.cn
通信地址：北京市海淀区万寿路 173 信箱
　　　　　电子工业出版社总编办公室
邮　　编：100036